コラム一覧

薬学分野

天然の睡眠薬(16.1 節)
アスピリン，NSAID，および COX-2 阻害剤(16.11 節)
ペニシリンの発見(16.15 節)
ペニシリンと薬剤耐性(16.15 節)
治療に用いられるペニシリン(16.15 節)
合成ポリマー(16.21 節)
医薬品の開発におけるセレンディピティー(17.10 節)
がんの化学療法(17.18 節)
乳がんとアロマターゼ阻害薬(18.12 節)
チロキシン(19.4 節)
最初の抗生物質の発見(19.22 節)
薬物安全性(19.22 節)
ニトロソアミンとがん(19.23 節)
アトロピン(20.2 節)
薬の探索：抗ヒスタミン薬，眠くならない抗ヒスタミン薬，および潰瘍薬(20.7 節)
ポルフィリン，ビリルビン，および黄疸(20.7 節)
糖尿病患者の血糖値の測定(21.8 節)
ラクトース不耐症(21.15 節)
ガラクトース血症(21.15 節)
歯科医が正しいわけ(21.16 節)
細菌の薬剤耐性(21.17 節)
ヘパリン――天然の抗血液凝固薬(21.17 節)
ビタミン C(21.17 節)
アミノ酸と病気(22.2 節)
ペプチド性抗生物質(22.2 節)
糖尿病(22.8 節)
誤った折りたたみ構造のタンパク質によって引き起こされる病気(22.15 節)
Tamiflu® の作用(23.10 節)
ナイアシン欠乏症(24.1 節)
心臓発作後の損傷の測定(24.5 節)
最初の抗菌剤(24.7 節)
抗がん剤と副作用(24.7 節)
抗凝血剤(24.8 節)
フェニルケトン尿症(PKU)：先天性代謝障害(25.9 節)
アルカプトン尿症(25.9 節)
基礎代謝率(25.11 節)
スタチン類がコレステロール値を下げるしくみ(25.17 節)
鎌状赤血球貧血(26.9 節)
翻訳を阻害することにより機能する抗生物質(26.9 節)
抗生物質は共通の機構で働く(26.10 節)
インフルエンザの世界的大流行(26.11 節)
The X PRIZE(26.12 節)
ナノコンテナ(27.5 節)
メラミン中毒(27.8 節)
健康不安：ビスフェノール A とフタル酸エステル(27.8 節)
サンシャインビタミン(28.6 節)

生物学分野

クジラと反響定位(16.13 節)
ヘビ毒(16.13 節)
ホスホグリセリドは膜の成分である(16.13 節)
ペニシリンの半合成(16.15 節)
ダルメシアン：母なる自
生物標本の保存(17.1
生物学的 Friedel-Crafts アルキル化反応(19.8 節)
ノミの駆除(21.16 節)
一次構造と分類学的関係(22.12 節)
拮抗阻害剤(24.7 節)
DNA には四つ以上の塩基がある(26.7 節)

化学分野

ω脂肪酸(16.4 節)
ろうは高分子量のエステルである(16.9 節)
可溶縫合糸(16.21 節)
神経インパルス，麻痺，殺虫剤(16.23 節)
酵素触媒によるカルボニル付加(17.4 節)
炭水化物(17.12 節)
β-カロテン(17.16 節)
有機化合物の合成(17.17 節)
半合成医薬品(17.17 節)
酵素触媒によるシス-トランス相互変換(17.18 節)
アスピリンの合成(18.7 節)
毒性の測定(19.0 節)
できかけの第一級カルボカチオン(19.8 節)
新しい抗がん剤(19.23 節)
オレストラ：風味はあるが無脂肪の食品添加剤(21.11 節)
髪の毛：ストレートかそれともパーマか(22.8 節)
右巻きと左巻きのらせん(22.14 節)
β-ペプチド：自然に改良を加える試み(22.14 節)
ブロッコリーはもうたくさん(24.8 節)
なぜ自然はリン酸を選んだのか？(25.1 節)
タンパク質のプレニル化(25.17 節)
DNA を修飾する天然化合物(26.6 節)
除草剤抵抗性(26.14 節)
高分子の設計(27.8 節)
冷光(28.6 節)
電子環状反応とそれに続くシグマトロピー転位を伴う生体内反応(28.6 節)

一般的分野

セッケンとミセル(16.13 節)
麻薬探知犬が実際に検出しているもの(16.20 節)
ブタンジオン：不快な化合物(17.1 節)
ベンゼンの毒性(19.1 節)
グルコースとデキストロース(21.9 節)
一日許容摂取量(21.19 節)
タンパク質と栄養(22.1 節)
硬水軟化装置：陽イオン交換クロマトグラフィーの利用例(22.5 節)
ビタミン B_1(24.0 節)
二日酔いをビタミン B_1 で治す(24.3 節)
代謝の違い(25.0 節)
DNA の構造：Watson，Crick，Franklin，および Wilkins(26.1 節)
DNA フィンガープリンティング(26.13 節)
テフロン®(Teflon®)：偶然の発見(27.2 節)
リサイクルシンボル(27.2 節)

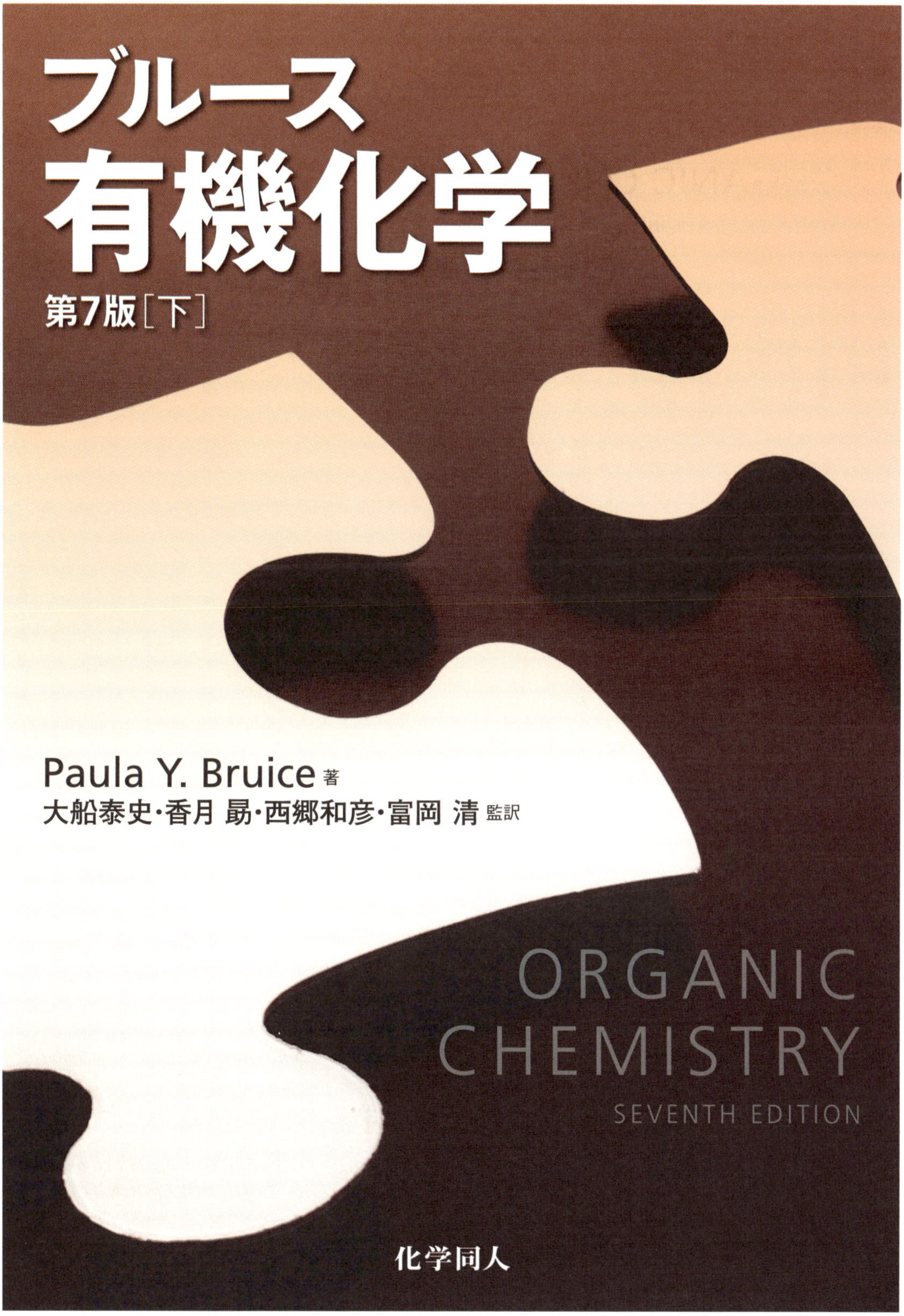

ブルース
有機化学
第7版［下］

Paula Y. Bruice 著
大船泰史・香月 勗・西郷和彦・富岡 清 監訳

ORGANIC
CHEMISTRY
SEVENTH EDITION

化学同人

ORGANIC CHEMISTRY
SEVENTH EDITION

Paula Yurkanis Bruice *University of California, Santa Barbara*

*Authorized translation from the English language edition,
entitled ORGANIC CHEMISTRY, 7th Edition, ISBN:0321803221
by BRUICE, PAULA Y.,
published by Pearson Education, Inc,
Copyright © 2014 by Pearson Education, Inc.*

*All rights reserved. No part of this book may be reproduced or
transmitted in any form or by any means, electronic or mechanical,
including photocopying, recording or by any information storage
retrieval system, without permission from Pearson Education, Inc.*

*JAPANESE language edition published
by KAGAKU DOJIN PUBLISHING CO., INC.
Copyright © 2014*

*Japanese translation rights arranged with
PEARSON EDUCATION, INC.,
through JAPAN UNI AGENCY, INC., TOKYO JAPAN*

◆ 監訳者

大船　泰史	大阪市立大学名誉教授	
香月　勗	九州大学名誉教授	
西郷　和彦	東京大学名誉教授・高知工科大学名誉教授	
富岡　清	京都大学名誉教授・関西大学客員教授	

◆ 訳者一覧（執筆順）

森　聖治	茨城大学理学部 教授（上巻；1, 2, 3章）
伊藤　芳雄	前 九州大学 教授（上巻；4, 5, 6章）
和田　猛	東京理科大学薬学部 教授（上巻；7, 8, 13章）
秋山　隆彦	学習院大学理学部 教授（上巻；9, 10, 11章）
茶谷　直人	広島大学副学長・大阪大学名誉教授（上巻；12章, 下巻；19章）
佐々木　茂貴	長崎国際大学薬学部 教授（上巻；14, 15章）
新藤　充	九州大学先導物質化学研究所 教授（下巻；16, 17章）
杉原　多公通	新潟薬科大学薬学部 教授（下巻；18, 25章）
野崎　京子	東京大学大学院工学系研究科 教授（下巻；20, 27章）
千田　憲孝	慶應義塾大学名誉教授（下巻；21, 22章）
伊東　忍	大阪大学名誉教授（下巻；23, 24章）
中谷　和彦	大阪大学産業科学研究所 教授（下巻；26章）
砂塚　敏明	北里大学学長・大村智記念研究所 教授（下巻；28章）

目次

PART 5 カルボニル化合物　809

16　カルボン酸とカルボン酸誘導体の反応　810

- 16.1　カルボン酸とカルボン酸誘導体の命名法　812
- 16.2　カルボン酸とカルボン酸誘導体の構造　818
- 16.3　カルボニル化合物の物理的性質　819
- 16.4　脂肪酸は長鎖のカルボン酸である　820
- 16.5　カルボン酸およびカルボン酸誘導体はどのように反応するか　822
  - 問題解答の指針　824
- 16.6　カルボン酸とカルボン酸誘導体の反応性の比較　825
- 16.7　求核付加-脱離反応の一般的機構　827
- 16.8　塩化アシルの反応　828
- 16.9　エステルの反応　831
- 16.10　酸触媒によるエステルの加水分解反応とエステル交換反応　833
- 16.11　水酸化物イオンで促進されるエステルの加水分解反応　838
- 16.12　求核付加-脱離反応の機構はどのようにして決められたか　841
- 16.13　脂肪と油はトリグリセリドである　843
- 16.14　カルボン酸の反応　848
  - 問題解答の指針　849
- 16.15　アミドの反応　850
- 16.16　酸触媒アミド加水分解反応とアルコーリシス反応　853
- 16.17　水酸化物イオンが促進するアミドの加水分解反応　855
- 16.18　イミドの加水分解反応：第一級アミンの合成法　856
- 16.19　ニトリル　857
- 16.20　酸無水物　859
- 16.21　ジカルボン酸　862
- 16.22　化学者はカルボン酸をどのように活性化するか　865
- 16.23　細胞はどのようにしてカルボン酸を活性化するか　866

  覚えておくべき重要事項　871
  反応のまとめ　872　■ 章末問題　874

> カルボン酸誘導体である酸無水物の見た目はカルボン酸とは大きく異なっている．そこで無水物の解説を本章の末尾に移動し，まずカルボン酸と塩化アシル，エステル，アミドの類似性に注目できるようにした．酸無水物のすぐ後に，リン酸無水物の解説をするので，よりわかりやすくなった

17　アルデヒドとケトンの反応・カルボン酸誘導体のその他の反応・α, β-不飽和カルボニル化合物の反応　884

- 17.1　アルデヒドおよびケトンの命名法　885
- 17.2　カルボニル化合物の反応性の比較　889
- 17.3　アルデヒドとケトンはどのように反応するか　891
- 17.4　カルボニル化合物と Grignard 反応剤との反応　892
  - 問題解答の指針　896

> 還元反応をより詳しく解説した．化学選択的反応の解説を追加した

17.5 カルボニル化合物とアセチリドイオンとの反応　897
17.6 アルデヒドおよびケトンとシアン化物イオンとの反応　898
17.7 カルボニル化合物とヒドリドイオンとの反応　900
17.8 その他の還元反応　905
17.9 化学選択的反応　907
17.10 アルデヒドおよびケトンとアミンとの反応　909
17.11 アルデヒドおよびケトンと水との反応　916
17.12 アルデヒドおよびケトンとアルコールとの反応　919
　　　問題解答の指針　922
17.13 保　護　基　923
17.14 硫黄求核剤の付加　925
17.15 アルデヒドおよびケトンの過酸との反応　926
17.16 Wittig 反応によるアルケンの生成　928
17.17 切断，シントン，および合成等価体　931　　合成デザインⅣ
17.18 α, β-不飽和アルデヒドおよびケトンへの求核付加反応　934
17.19 α, β-不飽和カルボン酸誘導体への求核付加　939

　　　覚えておくべき重要事項　940
　　　反応のまとめ　941　■　章末問題　945

> エノラートイオンの反応と，交差アルドール付加および縮合の両反応をひとつづきに解説した．逆合成解析の例を新しく追加した

18 カルボニル化合物のα炭素の反応　956

18.1 α 水素の酸性度　957
　　　問題解答の指針　960
18.2 ケト-エノール互変異性体　961
18.3 ケト-エノール相互変換　962
18.4 アルデヒドおよびケトンのα炭素のハロゲン化　963
18.5 カルボン酸のα炭素のハロゲン化：Hell-Volhard-Zelinski 反応　965
18.6 エノラートイオンの生成　966
18.7 カルボニル化合物のα炭素のアルキル化　967
　　　問題解答の指針　969
18.8 エナミン中間体を用いるα炭素のアルキル化とアシル化　971
18.9 β炭素のアルキル化：Michael 反応　972
18.10 アルドール付加はβ-ヒドロキシアルデヒドやβ-ヒドロキシケトンを生成する　974
18.11 アルドール付加生成物の脱水はα, β-不飽和アルデヒドおよびα, β-不飽和ケトンを生成する　976
18.12 交差アルドール付加　978
18.13 Claisen 縮合はβ-ケトエステルを生成する　981
18.14 その他の交差縮合　984
18.15 分子内縮合と分子内アルドール付加　985
18.16 Robinson 環化　988

	問題解答の指針 988	
18.17	3位にカルボニル基をもつカルボン酸は脱炭酸できる 990	
18.18	マロン酸エステル合成：カルボン酸を合成する一方法 992	
18.19	アセト酢酸エステル合成：メチルケトンを合成する一方法 994	
18.20	新しい炭素—炭素結合の形成 995	合成デザインV
18.21	生体におけるα炭素上での反応 997	
18.22	有機化合物の反応についてのまとめ 1002	

覚えておくべき重要事項 1003
反応のまとめ 1003 ■ 章末問題 1006

PART 6 芳香族化合物 1015

19 ベンゼンおよび置換ベンゼンの反応 1016

19.1	一置換ベンゼンの命名法 1018
19.2	ベンゼンはどのように反応するか 1020
19.3	芳香族求電子置換反応の一般的な反応機構 1021
19.4	ベンゼンのハロゲン化 1023
19.5	ベンゼンのニトロ化 1025
19.6	ベンゼンのスルホン化 1026
19.7	ベンゼンのFriedel-Craftsアシル化反応 1028
19.8	ベンゼンのFriedel-Craftsアルキル化反応 1029
19.9	アシル化-還元によるベンゼンのアルキル化反応 1032
19.10	カップリング反応を用いるベンゼンのアルキル化反応 1034
19.11	複数の変換反応をもつことは重要である 1034
19.12	ベンゼン環上の置換基を化学的に変換する方法 1035
19.13	二置換ベンゼンと多置換ベンゼンの命名法 1037
19.14	反応性に対する置換基効果 1040
19.15	配向性に及ぼす置換基の効果 1046
19.16	pK_a に及ぼす置換基の効果 1050

問題解答の指針 1051

19.17	オルト-パラ比 1052	
19.18	置換基効果に関するさらなる考察 1053	
19.19	一置換および二置換ベンゼンの合成 1055	合成デザインVI
19.20	三置換ベンゼンの合成 1058	
19.21	アレーンジアゾニウム塩を用いる置換ベンゼンの合成 1059	
19.22	求電子剤としてのアレーンジアゾニウムイオン 1063	
19.23	アミンと亜硝酸との反応の機構 1065	
19.24	芳香族求核置換：付加-脱離反応 1068	
19.25	環状化合物の合成 1070	合成デザインVII

覚えておくべき重要事項　1072

反応のまとめ　1073　■　章末問題　1075

> 文献に登場する多段階合成2例を含む，合成と逆合成解析に関する新しいチュートリアルである

TUTORIAL　合成と逆合成解析　1088

20　アミンに関するさらなる考察・複素環化合物の反応　1103

- 20.1　アミンの命名法についての追加　1105
- 20.2　アミンの酸-塩基の性質についてのさらなる考察　1106
- 20.3　アミンは塩基としても求核剤としても反応する　1108
- 20.4　アミンの合成　1109
- 20.5　芳香族複素五員環化合物　1110
  - 問題解答の指針　1114
- 20.6　芳香族複素六員環化合物　1115
- 20.7　自然界で重要な役割を担っている複素環化合物のアミン　1121
- 20.8　有機化合物の反応についてのまとめ　1126

覚えておくべき重要事項　1127

反応のまとめ　1127　■　章末問題　1128

PART 7　生体有機化合物　1133

> 芳香族複素環化合物の反応を，その他の芳香族化合物の反応のすぐ後ろ（20章の20.5および20.6節）に移動した

21　炭水化物の有機化学　1135

- 21.1　炭水化物の分類　1137
- 21.2　D,L表記法　1137
- 21.3　アルドースの立体配置　1139
- 21.4　ケトースの立体配置　1141
- 21.5　塩基性溶液中での単糖の反応　1142
- 21.6　単糖の酸化-還元反応　1144
- 21.7　炭素鎖の伸長：Kiliani-Fischer合成　1146
- 21.8　炭素鎖の短縮：Wohl分解　1147
- 21.9　グルコースの立体化学：Fischerの証明　1148
- 21.10　単糖は環状ヘミアセタールを生成する　1151
- 21.11　グルコースは最も安定なアルドヘキソースである　1155
- 21.12　グリコシドの生成　1157
- 21.13　アノマー効果　1159
- 21.14　還元糖と非還元糖　1160
- 21.15　二　糖　1161
- 21.16　多　糖　1164
- 21.17　炭水化物由来のいくつかの天然物　1168

21.18 細胞表面の糖鎖（炭水化物）　1171
21.19 合成甘味料　1173

　　　覚えておくべき重要事項　1175
　　　反応のまとめ　1176　■　章末問題　1177

22　アミノ酸，ペプチド，およびタンパク質の有機化学　1182

> タンパク質の誤った折りたたみ構造によって引き起こされる病気について追加した

22.1　アミノ酸の命名法　1183
22.2　アミノ酸の立体配置　1188
22.3　アミノ酸の酸-塩基としての性質　1190
22.4　等電点　1193
22.5　アミノ酸の分離　1194
22.6　アミノ酸の合成　1199
22.7　アミノ酸のラセミ混合物の分割　1202
22.8　ペプチド結合とジスルフィド結合　1202
22.9　いくつかの興味深いペプチド　1206
22.10　ペプチド結合の合成戦略：N末端の保護とC末端の活性化　1208
22.11　自動ペプチド合成　1212
22.12　タンパク質構造の基礎　1214
22.13　タンパク質の一次構造の決定法　1215
　　　問題解答の指針　1217
22.14　二次構造　1222
22.15　タンパク質の三次構造　1226
22.16　四次構造　1228
22.17　タンパク質の変性　1229

　　　覚えておくべき重要事項　1230　■　章末問題　1230

> 細胞で行われる有機化学反応と，試験管のなかで起こる有機化学反応の関連性を改めて強調した

23　有機反応および酵素反応における触媒作用　1235

23.1　有機反応における触媒作用　1237
23.2　酸触媒作用　1237
23.3　塩基触媒作用　1241
23.4　求核触媒作用　1242
23.5　金属イオン触媒作用　1244
23.6　分子内反応　1246
23.7　分子内触媒作用　1249
23.8　生体反応における触媒作用　1251
23.9　アミドの酸触媒加水分解に類似した二つの酵素触媒反応機構　1253
23.10　二つの連続するS_N2反応を含む酵素触媒反応機構　1260
23.11　塩基触媒エンジオール転位反応に類似した酵素触媒反応機構　1264

23.12 アルドール付加反応に類似した酵素触媒反応機構　1266

覚えておくべき重要事項　1268　■　章末問題　1269

24 補酵素：ビタミン由来の化合物の有機化学　1272

> コハク酸からフマル酸への転換の機構について追加した

24.1 ナイアシン：多くの酸化還元反応に必要なビタミン　1275
24.2 リボフラビン：酸化還元反応で用いられるもう一つのビタミン　1282
24.3 ビタミンB_1：アシル基の転位に必要なビタミン　1286
24.4 ビタミンH：α炭素のカルボキシ化に必要なビタミン　1291
24.5 ビタミンB_6：アミノ酸の変換反応に必要なビタミン　1293
24.6 ビタミンB_{12}：異性化反応に必要なビタミン　1299
24.7 葉酸：1炭素転移反応に必要なビタミン　1301
24.8 ビタミンK：グルタミン酸をカルボキシ化するために必要なビタミン　1307

覚えておくべき重要事項　1310　■　章末問題　1310

25 代謝の有機化学・テルペンの生合成　1314

> 糖新生で起こる有機化学反応について解説し，その熱力学的な制御と代謝経路の調節について議論した．ここでも，細胞で行われる有機化学反応と，試験管のなかで起こる有機化学反応の関連性を改めて強調した．テルペンの生合成について新しい節を追加した

25.1 ATPはリン酸基の転移反応に用いられる　1315
25.2 ATPは優れた脱離基を化合物に与えることにより化合物を活性化する　1317
25.3 細胞内でATPはなぜ速度論的に安定なのか　1318
25.4 リン酸無水物結合の"高エネルギー"特性　1319
25.5 異化の四つの段階　1321
25.6 脂肪の異化　1322
25.7 炭水化物の異化　1325
　　問題解答の指針　1330
25.8 ピルビン酸の運命　1330
25.9 タンパク質の異化　1331
25.10 クエン酸回路　1334
25.11 酸化的リン酸化　1338
25.12 同　化　1339
25.13 糖新生　1340
25.14 代謝経路の調節　1342
25.15 アミノ酸の生合成　1343
25.16 テルペンは5の倍数の炭素原子を含んでいる　1344
25.17 テルペンはどのようにして生合成されるか　1346
　　問題解答の指針　1349
25.18 自然はどのようにコレステロールを合成しているか　1352

覚えておくべき重要事項　1354　■　章末問題　1355

26 核酸の化学　　1359

- 26.1 ヌクレオシドとヌクレオチド　　1359
- 26.2 ほかの重要なヌクレオチド　　1363
- 26.3 核酸はヌクレオチドサブユニットで構成されている　　1364
- 26.4 なぜDNAは2′-OH基をもたないのか　　1367
- 26.5 DNAの生合成は複製と呼ばれる　　1368
- 26.6 DNAと遺伝　　1369
- 26.7 RNAの生合成は転写と呼ばれる　　1370
- 26.8 タンパク質の生合成に使われているRNA　　1372
- 26.9 タンパク質の生合成は翻訳と呼ばれる　　1374
- 26.10 DNAはなぜウラシルの代わりにチミンをもつのか　　1379
- 26.11 抗ウイルス剤　　1380
- 26.12 DNAの塩基配列はどのように決定されるか　　1382
- 26.13 ポリメラーゼ連鎖反応(PCR)　　1384
- 26.14 遺伝子工学　　1385

　　覚えておくべき重要事項　　1386　■　章末問題　　1387

> 抗生物質と，その抗菌活性の化学的な説明に関する節を追加した．また，これまで何も情報を含んでいないと思われていたDNA断片の機能について最新の研究成果を紹介した

PART 8　特筆すべき有機化学のトピックス　　1391

27 合成高分子　　1392

- 27.1 合成高分子には2種類の大きなグループがある　　1394
- 27.2 連鎖重合体　　1394
- 27.3 重合の立体化学・Ziegler-Natta触媒　　1407
- 27.4 ジエンの重合・ゴムの製造　　1408
- 27.5 共重合体　　1411
- 27.6 逐次重合体　　1412
- 27.7 逐次重合の分類　　1413
- 27.8 高分子の物理的性質　　1418
- 27.9 ポリマーのリサイクル　　1421
- 27.10 生分解性ポリマー　　1422

　　覚えておくべき重要事項　　1423　■　章末問題　　1424

28 ペリ環状反応　　1428

- 28.1 3種類のペリ環状反応　　1429
- 28.2 分子軌道と軌道対称性　　1431
- 28.3 電子環状反応　　1435
- 28.4 付加環化反応　　1443

28.5 シグマトロピー転位　1446
28.6 生体内におけるペリ環状反応　1452
28.7 ペリ環状反応の選択則のまとめ　1455

　　　覚えておくべき重要事項　1456　■　章末問題　1456

付　録

問題の解答　A-1　／　用語解説　G-1　／　写真版権一覧　P-1
索　引(用語索引，化合物索引)　I-1

上巻の主要目次

PART 1　有機化学への招待
- **1章**　一般化学の復習：電子構造と結合
- **2章**　酸と塩基：有機化学を理解するための重要なことがら
- **3章**　有機化合物への招待：命名法，物理的性質，および構造の表示法

PART 2　求電子付加反応，立体化学，および電子の非局在化
- **4章**　異性体：原子の空間配置
- **5章**　アルケン：構造，命名法，および反応性の基礎・熱力学と速度論
- **6章**　アルケンの反応・付加反応の立体化学
- **7章**　アルキンの反応──多段階合成の基礎
- **8章**　非局在化電子が安定性，pK_a，および反応生成物に及ぼす効果

PART 3　置換反応と脱離反応
- **9章**　ハロゲン化アルキルの置換反応
- **10章**　ハロゲン化アルキルの脱離反応・置換反応と脱離反応の競争
- **11章**　アルコール，エーテル，エポキシド，アミン，およびチオールの反応
- **12章**　有機金属化合物
- **13章**　ラジカル・アルカンの反応

PART 4　有機化合物の構造決定
- **14章**　質量分析法，赤外分光法，および紫外・可視分光法
- **15章**　NMR 分光法

付録　（Ⅰ：pK_a 値，Ⅱ：反応速度論，Ⅲ：官能基の合成法のまとめ，Ⅳ：炭素-炭素結合形成法のまとめ）

PART 5

カルボニル化合物

PART 5 の三つの章では，カルボニル基を含む化合物の反応に焦点を当てる．カルボニル化合物は二つに分類することができる．一つはほかの基に置換できる基を含むもの（グループⅠ；カルボン酸とカルボン酸誘導体）と，もう一つはほかの基に置換できない基を含むもの（グループⅡ；アルデヒドとケトン）である．

16 章　カルボン酸とカルボン酸誘導体の反応

16 章ではカルボン酸とカルボン酸誘導体の反応について述べる．これらはすべて同様な求核剤との反応様式，すなわち求核付加–脱離反応を行うことを学ぶ．求核付加–脱離反応において，求核剤はカルボニル炭素に付加して不安定な四面体中間体を生成し，この中間体は二つの塩基のうちより弱い塩基が脱離して開裂する．これらの反応の生成物が何になるかを決めるには，もしくは反応が進行するかどうかを判断するには，この四面体中間体での二つの潜在的脱離基の相対的塩基性を知る必要がある．

17 章　アルデヒドとケトンの反応・カルボン酸誘導体のその他の反応・α,β-不飽和カルボニル化合物の反応

17 章では，カルボン酸およびカルボン酸誘導体の反応とアルデヒドおよびケトンの反応との比較から始める．比較する際に，炭素求核剤やヒドリドイオンとの反応を論じる．そこでは，カルボン酸およびカルボン酸誘導体は，炭素求核剤やヒドリドイオンと求核付加–脱離反応を行うことを学ぶ．それはちょうど 16 章で学んだこれらのカルボン酸やその誘導体と窒素求核剤や酸素求核剤との反応に似ている．一方，アルデヒドとケトンは炭素求核剤やヒドリドイオンとは求核付加反応を行い，酸素求核剤や窒素求核剤とは求核付加–脱離反応を行う（脱離するのはいつも水である）．16 章で学んだ四面体中間体の開裂について，この章でもう一度学ぶ．また，α,β-不飽和カルボニル化合物の反応についても述べる．

18 章　カルボニル化合物のα炭素の反応

多くのカルボニル化合物がカルボニル基とα炭素という二つの反応点をもっている．16 章と 17 章では，カルボニル基上で起こる反応について述べるが，18 章ではα炭素上で起こる反応について述べる．

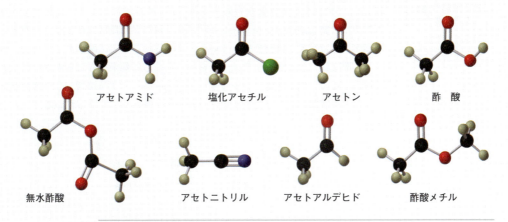

アセトアミド　　塩化アセチル　　アセトン　　酢　酸

無水酢酸　　アセトニトリル　　アセトアルデヒド　　酢酸メチル

16 カルボン酸とカルボン酸誘導体の反応

この章では,なぜクジラは頭部に大量の脂肪をもつのか,アスピリンはどのようにして炎症や発熱を抑えるのか,なぜダルメシアンが尿酸を排泄する唯一の犬なのか,どのようにして微生物はペニシリンに抵抗性をもつようになるのか,なぜ若者は大人よりもよく眠るのか,ということを学ぶ.

私たちはすでに,有機化合物は四つのグループに分類することができて,一つのグループ内の有機化合物はすべて同じような様式で反応することを学んできた(上巻;5.5節参照).本章ではまずグループIIIの化合物群であるカルボニル基をもつ化合物について論じる.

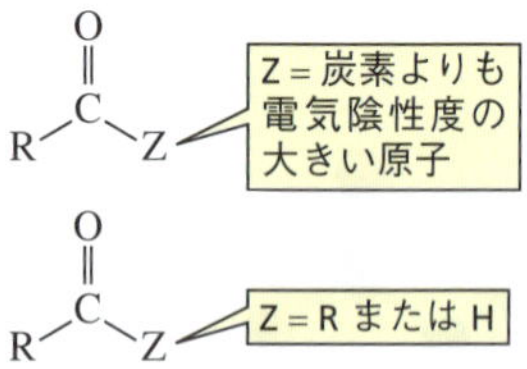

カルボニル基(carbonyl group)(炭素原子が酸素原子と二重結合を形成している)は,おそらく最も重要な官能基であろう.カルボニル基を含む化合物は**カルボニル化合物**(carbonyl compound)と呼ばれ,自然界に豊富に存在し,その多くが生体内反応で重要な役割を担っている.ビタミン,アミノ酸,タンパク質,ホルモン,医薬品,および香辛料は,日常的に私たちに効果をもたらすカルボニル化合物のほんの一例である.**アシル基**(acyl group)は,アルキル基(R)やベンゼンのような芳香族基(Ar)と結合しているカルボニル基から成り立っている.

カルボニル基

アシル基

アシル基に結合している基(または原子)は,カルボニル化合物の反応性に強く影響を与える.実際にカルボニル化合物は結合している基によって2種類に分類できる.グループIは,ほかの基に置換される基(または原子)が結合しているアシル基をもつカルボニル化合物である.カルボン酸,ハロゲン化アシル,エステル,アミドがこの分類に属する.これらの化合物のすべてが,求核剤によって置換される基(OH, Cl, OR, NH₂, NHR, NR₂)をもっている.

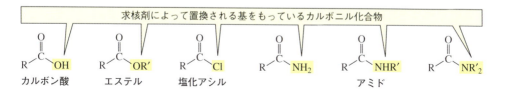

エステル,塩化アシル,およびアミドは**カルボン酸誘導体**(carboxylic acid derivative)と呼ばれる.というのは,これらとカルボン酸との違いは,カルボン酸のOH基を置き換えた基または原子だけだからである.

グループIIは,ほかの基によっては容易には置き換えられない基が結合しているアシル基をもつカルボニル化合物である.アルデヒドとケトンがこの分類に属する.アルデヒドのアシル基に結合しているHや,ケトンのアシル基に結合しているR基は,求核剤によって簡単には置換されることはない.

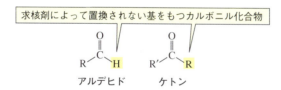

同じ種類の塩基を比較すると,弱塩基は優れた脱離基であり,強塩基は反応性の低い脱離基であることを学んだ(上巻;9.2節参照).さまざまなカルボニル化合物中の脱離基の共役酸のpK_a値を表16.1に示す.カルボン酸とその誘導体のアシル基には,アルデヒドやケトンのアシル基に結合している塩基よりも弱い塩基が結合していることに注目しよう.(pK_aが小さいほど強酸であり,その共役塩の塩基性は弱いことを思い起こそう.)アルデヒドの水素やケトンのアルキル基は塩基性が非常に強いので,ほかの基に置換されない.

この章では,カルボン酸とカルボン酸誘導体の反応について述べる.グループIのカルボニル化合物は,求核剤によって置換されうる基が結合しているアシル基をもっているので,置換反応を受けることを学ぶ.アルデヒドとケトンの反応については17章で論じる.それらのアシル基は,求核剤で置換されない基に結合しているので,これらの化合物が置換反応を受けないことをそこで学ぶ.

カルボン酸

塩化アシル

エステル

アミド

表 16.1　カルボニル化合物中の脱離基の共役酸の pK_a 値

カルボニル化合物	脱離基	脱離基の共役酸	pK_a
カルボン酸とカルボン酸誘導体			
R−C(=O)−Cl	Cl^-	HCl	−7
R−C(=O)−OR′	$^-OR'$	R′OH	~15〜16
R−C(=O)−OH	^-OH	H_2O	15.7
R−C(=O)−NH_2	$^-NH_2$	NH_3	36*
アルデヒドとケトン			
R−C(=O)−H	H^-	H_2	35
R−C(=O)−R	R^-	RH	> 60

*アミドの場合は，脱離基が，($^-NH_2$ ではなくて：訳者注)共役酸($^+NH_4$)の pK_a 値が 9.4 となる NH_3 に変換されたときにだけ置換反応を進行させることができる．

16.1　カルボン酸とカルボン酸誘導体の命名法

まず，カルボン酸がどのように命名されるか見てみよう．これは，ほかのカルボニル化合物の命名の基本となる．

カルボン酸の命名

カルボン酸の官能基は**カルボキシ基**(carboxyl group)と呼ばれる．

　　　　　O
　　　　　‖
　　　　−C−OH　　　−COOH　　−CO_2H
　　　カルボキシ基　　カルボキシ基はしばしば省略形で表される

体系的(IUPAC)命名法では，**カルボン酸**(carboxylic acid)はアルカンの名称の語尾の "e" を "oic acid" に置き換えて命名する．たとえば，1 炭素のアルカンは methane であり，1 炭素のカルボン酸は methanoic acid である†．

† 訳者注：日本語で命名するときには，アルカンの名称のあとに "酸" をつける．たとえばメタン酸．

16.1 カルボン酸とカルボン酸誘導体の命名法

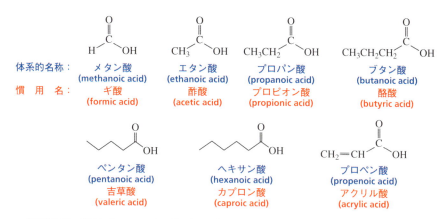

体系的名称:	メタン酸 (methanoic acid)	エタン酸 (ethanoic acid)	プロパン酸 (propanoic acid)	ブタン酸 (butanoic acid)
慣用名:	ギ酸 (formic acid)	酢酸 (acetic acid)	プロピオン酸 (propionic acid)	酪酸 (butyric acid)

	ペンタン酸 (pentanoic acid)	ヘキサン酸 (hexanoic acid)	プロペン酸 (propenoic acid)
	吉草酸 (valeric acid)	カプロン酸 (caproic acid)	アクリル酸 (acrylic acid)

　炭素数が6個以下のカルボン酸は慣用名で呼ばれることが多い。昔の化学者が、その化合物の特徴、とくにその由来を表すように慣用名をつけたのである。たとえば、アリ、ハチ、およびその他の刺咬昆虫（針をもつ昆虫）がもっているギ酸（formic acid）は、その名称がラテン語で"アリ"を意味する *formica* に由来している。酢に含まれている酢酸（acetic acid）は、ラテン語で"酢"を意味する *acetum* が語源である。プロピオン酸（propionic acid）は脂肪酸としての性質を示す最も小さなカルボン酸であるが（16.4 節），その慣用名はギリシャ語の *pro*（最初）と *pion*（脂肪）に由来している。酪酸（butyric acid）は酸敗したバターに含まれ、ラテン語で"バター"を意味する *butyrum* が語源である。吉草酸（valeric acid）は、ギリシャローマ時代から鎮静剤として用いられている薬草であるカノコソウ（*valerian*）から名前をとった。カプロン酸（caproic acid）はヤギの乳に含まれる。もし、ヤギのにおいを嗅いだことがあるならば、カプロン酸がどのようなにおいがするかわかるであろう。*caper* はラテン語で"ヤギ"を意味する。

　体系的命名法では、置換基の位置を番号で示す。カルボニル炭素は常に C-1 炭素である。慣用的命名法では、置換基の位置を小文字のギリシャ文字で表し、カルボニル炭素には何もつけない。したがって、カルボニル炭素の隣りの炭素が **α炭素**（α-carbon）であり、α炭素の隣りの炭素がβ炭素、以下同様である。

体系的命名法： $CH_3CH_2CH_2CH_2\overset{1}{C}(=O)OH$ （6 5 4 3 2）

慣用的命名法： $CH_3CH_2CH_2CH_2C(=O)OH$ （ε δ γ β α）

α ＝ アルファ
β ＝ ベータ
γ ＝ ガンマ
δ ＝ デルタ
ε ＝ イプシロン

　次の例をよく見て、体系的（IUPAC）命名法と慣用的命名法の違いを理解しているかどうか確認しよう。

体系的名称：	2-メトキシブタン酸 (2-methoxybutanoic acid)	3-ブロモペンタン酸 (3-bromopentanoic acid)	4-クロロヘキサン酸 (4-chlorohexanoic acid)
慣用名：	α-メトキシ酪酸 (α-methoxybutyric acid)	β-ブロモ吉草酸 (β-bromovaleric acid)	γ-クロロカプロン酸 (γ-chlorocaproic acid)

カルボキシ基が環に結合しているカルボン酸は，環状化合物の名称に"carboxylic acid"（カルボン酸）をつけて命名する．

シクロヘキサンカルボン酸
(cyclohexanecarboxylic acid)

ベンゼンカルボン酸
(benzenecarboxylic acid)
安息香酸
(benzoic acid)

1,2-ベンゼンジカルボン酸
(1,2-benzenedicarboxylic acid)

塩化アシルの命名

塩化アシル(acyl chloride)はカルボン酸の OH 基の代わりに Cl をもっている．塩化アシルは酸の名称の "ic acid" を "yl chloride" に置き換えて命名する．"carboxylic acid" で終わる環状の酸の場合は，"carboxylic acid" を "carbonyl chloride" で置き換える†．（臭化アシルも存在するが塩化アシルよりもまれである．）

† 訳者注：日本語では「塩化（環の名称）カルボニル」となる．

体系的名称： 塩化エタノイル
(ethanoyl chloride)
慣用名： 塩化アセチル
(acetyl chloride)

臭化 3-メチルペンタノイル
(3-methylpentanoyl bromide)
臭化 β-メチルバレリル
(β-methylvaleryl bromide)

塩化シクロペンタンカルボニル
(cyclopentanecarbonyl chloride)

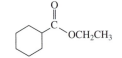

二重結合を形成している酸素がカルボニル酸素であり，単結合の酸素がカルボキシ酸素である．

エステルの命名

エステル(ester)はカルボン酸の OH 基を OR′基に置換した化合物である．エステルを命名するときは，**カルボキシ酸素**(carboxyl oxygen)に結合している R′基の名称が最初にきて，次に酸の名称が続くが，このとき，"ic acid" を "ate" に置き換える†．（R′のダッシュ記号は，そこで示されているアルキル基が，R で示されたアルキル基と同一である必要はないことを示している．）フェニル基とベンジル基との違いを思い出そう（上巻；483 ページ参照）．

体系的名称： エタン酸エチル
(ethyl ethanoate)
慣用名： 酢酸エチル
(ethyl acetate)

プロパン酸フェニル
(phenyl propanoate)
プロピオン酸フェニル
(phenyl propionate)

3-ブロモブタン酸メチル
(methyl 3-bromobutanoate)
β-ブロモ酪酸メチル
(methyl β-bromobutyrate)

シクロヘキサンカルボン酸エチル
(ethyl cyclohexanecarboxylate)

† 訳者注：日本語では酸の名称のあとに R′基の名称が続く．たとえば酢酸エチル．

カルボン酸の塩も同様に命名する．すなわち，カチオンが最初にきて，次に酸の名称が続くが，このとき "ic acid" を "ate" に置き換える．

体系的名称： メタン酸ナトリウム　　エタン酸カリウム　　ベンゼンカルボキシラートナトリウム
　　　　　　(sodium methanoate)　(potassium ethanoate)　(sodium benzenecarboxylate)
慣　用　名： ギ酸ナトリウム　　　酢酸カリウム　　　　安息香酸ナトリウム
　　　　　　(sodium formate)　　(potassium acetate)　(sodium benzoate)

カチオンの名称を省略することも多い．

　　　酢酸塩　　　　　ピルビン酸塩　　　(S)-(+)-乳酸イオン
　　　(acetate)　　　 (pyruvate)　　　 〔(S)-(+)-lactate〕

　環状エステルは**ラクトン**(lactone)と呼ばれる．体系的命名法では，ラクトンは"2-オキサシクロアルカノン"と命名する(「オキサ」は酸素原子を示す)．慣用名はカルボン酸の慣用名から誘導する．炭素鎖の長さをカルボン酸の慣用名で示し，ギリシャ文字は酸素に結合している炭素を特定する．したがって，六員環ラクトンはδ-ラクトン(カルボキシ酸素はδ炭素上にある)であり，五員環ラクトンはγ-ラクトンであり，四員環ラクトンはβ-ラクトンである．

2-オキサシクロペンタノン　2-オキサシクロヘキサノン　3-メチル-2-オキサシクロヘキサノン　3-エチル-2-オキサシクロペンタノン
(2-oxacyclopentanone)　(2-oxacyclohexanone)　(3-methyl-2-oxacyclohexanone)　(3-ethyl-2-oxacyclopentanone)
γ-ブチロラクトン　　δ-バレロラクトン　　δ-カプロラクトン　　γ-カプロラクトン
(γ-butyrolactone)　(δ-valerolactone)　(δ-caprolactone)　(γ-caprolactone)
γ-ラクトン　　　　　δ-ラクトン　　　　　δ-ラクトン　　　　　γ-ラクトン

問題 1 ◆

多くの花や果実の香りは，この問題で示したようなエステルに起因する．これらのエステルの慣用名は何か．(問題 66 も見よ．)

a. ジャスミン　　b. バナナ　　c. リンゴ

問題 2

"ラクトン"という用語は，OH 基がα炭素上にある 3 炭素カルボン酸である乳酸(lactic acid)が語源である．しかし皮肉なことに，乳酸(この構造に関しては上記の乳酸イオンの構造を見よ)からラクトンは生成しない．なぜか．

α-ヒドロキシカルボン酸はスキンケア製品中に含まれており，皮膚の最表層に浸透してその層を剥ぎ落とし，皺をなくす効果があるとされている．

アミドの命名

アミド (amide) は，カルボン酸の OH 基を NH_2, NHR，または NR_2 基に置換したものである．アミドの命名には対応する酸の名称の，"oic acid"，"ic acid"，あるいは "ylic acid" を "amide" に置き換えて命名する．

体系的名称：	エタンアミド (ethanamide)	4-クロロブタンアミド (4-chlorobutanamide)	ベンゼンカルボキサミド (benzenecarboxamide)
慣用名：	アセトアミド (acetamide)	γ-クロロブチルアミド (γ-chlorobutyramide)	ベンズアミド (benzamide)

窒素に置換基が結合していれば，その置換基の名称を最初に書き（二つ以上の置換基が窒素に結合していればアルファベット順に書く），次にアミドの名称を続ける．それぞれの置換基の名称の前に N を書き，その置換基が窒素に結合していることを示す．

N-シクロヘキシルプロパンアミド
(*N*-cyclohexylpropanamide)

N-エチル-*N*-メチルペンタンアミド
(*N*-ethyl-*N*-methylpentanamide)

N,N-ジエチルブタンアミド
(*N,N*-diethylbutanamide)

環状アミドは**ラクタム** (lactam) と呼ばれる．その命名法はラクトンの命名法と同様である．体系的命名法では "2-アザシクロアルカノン" と命名する（"アザ" は窒素原子を表す）．慣用名の場合は，炭素鎖の長さがカルボン酸の慣用名で示され，ギリシャ文字は窒素が結合している炭素を特定する．

🧪 天然の睡眠薬

天然のアミドであるメラトニンは，アミノ酸のトリプトファンから松果体で合成されるホルモンである．アミノ酸とは α-アミノカルボン酸のことである．メラトニンは睡眠と覚醒の周期，体温，そしてホルモンの生合成などを支配する脳内の明暗時計を制御している．

メラトニンの血中濃度は夕方から夜にかけて増大し，朝に向けて減少する．体内のメラトニン濃度が高い人は，低い人よりも長く深く眠る．メラトニンの血中濃度は年齢とともに変化し，6 歳の子どもは 80 歳の老人よりも 5 倍ほど高い．これが若い人が年輩の人よりも睡眠障害が少ない理由の一つである．メラトニンを含む補助食品が不眠症や時差ぼけ，季節性情動障害の治療に用いられている．

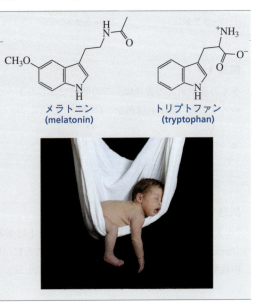

メラトニン
(melatonin)

トリプトファン
(tryptophan)

16.1 カルボン酸とカルボン酸誘導体の命名法   817

2-アザシクロヘキサノン
(2-azacyclohexanone)
δ-バレロラクタム
(δ-valerolactam)
δ-ラクタム

2-アザシクロペンタノン
(2-azacyclopentanone)
γ-ブチロラクタム
(γ-butyrolactam)
γ-ラクタム

2-アザシクロブタノン
(2-azacyclobutanone)
β-プロピオラクタム
(β-propiolactam)
β-ラクタム

問題 3 ◆

次の化合物を命名せよ.

a. $CH_3CH_2CH_2COO^-K^+$

b. プロピオン酸イソブチル構造

c. ヘキサン酸ジメチルアミド構造

d. ペンタノイルクロリド構造

e. 4-メチルヘキサン酸構造

f. $CH_3CH_2CONH_2$

g. 2-ピロリドン構造

h. シクロペンタンカルボン酸 (COOH)

i. 4-メチル-δ-バレロラクトン構造

問題 4

次の化合物の構造を書け.

a. 酢酸フェニル
b. γ-カプロラクタム
c. N-ベンジルエタンアミド
d. γ-メチルカプロン酸
e. 2-クロロペンタン酸エチル
f. β-ブロモブチルアミド
g. 塩化シクロヘキサンカルボニル
h. α-クロロ吉草酸

炭酸の誘導体

炭酸は二つの OH 基がカルボニル炭素に結合した化合物で, 不安定ですぐに CO_2 と H_2O に分解する. その反応は可逆的で, 炭酸は CO_2 を水の中に吹き込むと生成する(上巻；1.17 節参照).

HO–C(=O)–OH ⇌ CO_2 + H_2O

炭 酸
(carbonic acid)

炭酸の OH 基はカルボン酸の OH 基と同様にほかの基に置換可能である.

ホスゲン (phosgene) Cl–C(=O)–Cl

炭酸ジメチル (dimethyl carbonate) CH_3O–C(=O)–OCH_3

尿 素 (urea) H_2N–C(=O)–NH_2

カルバミン酸 (carbamic acid) H_2N–C(=O)–OH

カルバミン酸メチル (methyl carbamate) H_2N–C(=O)–OCH_3

16.2 カルボン酸とカルボン酸誘導体の構造

カルボン酸とカルボン酸誘導体の**カルボニル炭素**(carbonyl carbon)は sp^2 混成している．カルボニル炭素はその三つの sp^2 軌道を使って，カルボニル酸素，α炭素，および置換基(Y)と σ 結合を形成する．カルボニル炭素に結合している三つの原子は同一面にあり，それらの結合角はそれぞれ約 120° である．

カルボニル酸素(carbonyl oxygen)もまた sp^2 混成している．その sp^2 軌道の一つはカルボニル炭素と σ 結合を形成する．ほかの二つの sp^2 軌道はそれぞれ孤立電子対を含んでいる．カルボニル酸素の残りの p 軌道は，カルボニル炭素の残りの p 軌道と重なり，π 結合を形成している(図 16.1)．

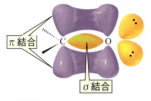

▲ 図 16.1
カルボニル基の結合．π 結合は炭素の p 軌道と酸素の p 軌道が横に平行に並んで重なることによって形成される．

エステル，カルボン酸，アミドには，それぞれ二つの共鳴寄与体がある．塩化アシルでは，右側の共鳴寄与体の寄与が小さいので(16.6 節)，ここでは示していない．

右側の共鳴寄与体では，エステルやカルボン酸よりもアミドのほうが混成体への寄与が大きい．それは，アミドの共鳴寄与体がより安定だからである．窒素は酸素よりも電気陰性度が小さいため，窒素は正電荷をより多く収容することができるのでより安定である．

問題 5 ◆

正しい記述はどちらか．
A エステルの非局在化エネルギーは約 18 kcal mol^{-1} であり，アミドの非局在化エネルギーは約 10 kcal mol^{-1} である．
B エステルの非局在化エネルギーは約 10 kcal mol^{-1} であり，アミドの非局在化エネルギーは約 18 kcal mol^{-1} である．

問題 6 ◆

カルボン酸の炭素—酸素単結合とアルコールの炭素—酸素結合とではどちらが長いか．その理由を述べよ．

問題 7 ◆
酢酸メチルには三つの炭素—酸素結合がある．
a. 結合長を比較せよ．　　b. これらの結合の赤外(IR)伸縮振動数を比較せよ．

問題 8 ◆
次の化合物とカルボニル基の IR 吸収帯の適切な組合せを答えよ．

塩化アシル　　1800 cm^{-1}
エステル　　　1640 cm^{-1}
アミド　　　　1730 cm^{-1}

16.3 カルボニル化合物の物理的性質

　カルボン酸の酸としての性質は上巻の 2.3 節と 8.15 節で述べた．カルボン酸の pK_a 値は約 5 であることを思い出そう．カルボニル化合物の沸点は次のような順になる．

沸点の比較
アミド ＞ カルボン酸 ＞ ニトリル ≫ エステル ～ 塩化アシル ～ ケトン ～ アルデヒド

　同程度の分子量のエステル，塩化アシル，ケトン，およびアルデヒドの沸点はよく似ており，同程度の分子量のアルコールの沸点より低い．それは，アルコール分子だけが互いに水素結合を形成できるからである．これら四つのカルボニル化合物の沸点は同じ大きさのエーテルの沸点より高いが，これは極性をもつカルボニル基間の双極子–双極子相互作用のためである．

CH$_3$CH$_2$CH$_2$OH　　bp = 97.4 ℃

H–C(=O)–OCH$_3$　　bp = 32 ℃

CH$_3$–C(=O)–Cl　　bp = 51 ℃

CH$_3$–C(=O)–CH$_3$　　bp = 56 ℃

CH$_3$CH$_2$–C(=O)–H　　bp = 49 ℃

CH$_3$CH$_2$OCH$_3$　　bp = 10.8 ℃

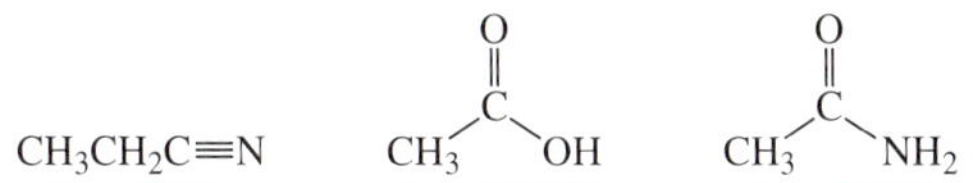

CH$_3$CH$_2$C≡N　　bp = 97 ℃

CH$_3$–C(=O)–OH　　bp = 118 ℃

CH$_3$–C(=O)–NH$_2$　　bp = 221 ℃

　ニトリルは双極子–双極子相互作用が強いのでアルコールと沸点が近い．カルボン酸の沸点は比較的高いが，それはカルボン酸 1 分子に水素結合を形成できる基が二つあるからである．アミドは強く双極子–双極子相互作用をするので，沸点は最も高い．アミドの共鳴寄与体は電荷が分離していて，それがアミド全体の構造に大きな影響を与えていることがその理由である(16.2 節)．さらに，アミドの窒素が水素と結合していれば分子間で水素結合を形成しうる．

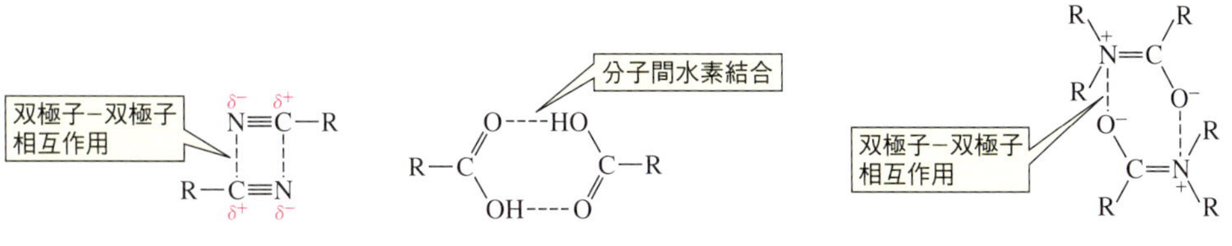

カルボン酸誘導体はエーテルや塩化アルカン, 芳香族炭化水素などの溶媒に溶ける. アルコールやエーテルと同様に, 4炭素未満のカルボニル化合物は水に溶ける.

エステル, N,N-二置換アミド, およびニトリルは, 極性は大きいが活性なOH基やNH$_2$基をもっていないので, しばしば溶媒として用いられる. ジメチルホルムアミド(DMF)が汎用される非プロトン性極性溶媒であることはすでに学んだ(上巻；9.2節参照).

16.4 脂肪酸は長鎖のカルボン酸である

脂肪酸(fatty acid)は, 長い炭化水素鎖をもつ天然のカルボン酸である(表16.2). それらは, 2炭素の酢酸から生合成されるので, 偶数個の炭素数で枝分れのない直鎖構造をもっている. 脂肪酸の生合成の機構は18.20節で述べる.

脂肪酸には, 水素で飽和された(したがって炭素—炭素二重結合をもっていない)ものと, 不飽和な(炭素—炭素二重結合をもっている)ものとがある. 二つ以上の二重結合を含む脂肪酸を**ポリ不飽和脂肪酸**(polyunsaturated fatty acid)と呼ぶ.

飽和脂肪酸の融点は, 分子間のvan der Waals相互作用が大きくなるために, 分子量が増大するとともに高くなる(上巻；3.9節参照). 二重結合数が同じ不飽和脂肪酸の場合も分子量の増大とともに融点は高くなる(表16.2).

🧪 ω脂肪酸

ω(オメガ)は, 不飽和脂肪酸のメチル基末端から数えて最初の二重結合の位置を示すために用いられる記号である. たとえば, リノール酸は最初の二重結合がメチル炭素から6番目にあるのでω-6脂肪酸, リノレン酸は最初の二重結合が3番目にあるのでω-3脂肪酸と呼ばれる. 哺乳類はC-9位(カルボキシ炭素がC-1位)より離れたところに炭素—炭素二重結合を導入する酵素をもっていない. したがって, リノール酸とリノレン酸は哺乳類にとって必須の脂肪酸である. 私たちは生体維持に必須のリノール酸とリノレン酸を生合成できないので, それらを食餌から補給する必要がある.

リノール酸とリノレン酸は哺乳類にとって必須の脂肪酸である.

ω-3脂肪酸は心臓発作による突然死を防ぐ効果があることが見いだされている. ストレスのかかっている状態では, 心臓に致死的な不整脈が生じる. ω-3脂肪酸は心臓の細胞膜へ運ばれて, 心拍を安定化するものと思われる. これらの脂肪酸はニシン, サバ, サーモンといった魚の脂肪に含まれる.

表16.2 天然によく見られる脂肪酸

炭素数	慣用名	体系的名称	構造	融点 (°C)
飽和脂肪酸				
12	ラウリン酸 (lauric acid)	ドデカン酸 (dodecanoic acid)	~~~~~COOH	44
14	ミリスチン酸 (myristic acid)	テトラデカン酸 (tetradecanoic acid)	~~~~~~COOH	58
16	パルミチン酸 (palmitic acid)	ヘキサデカン酸 (hexadecanoic acid)	~~~~~~~COOH	63
18	ステアリン酸 (stearic acid)	オクタデカン酸 (octadecanoic acid)	~~~~~~~~COOH	69
20	アラキジン酸 (arachidic acid)	エイコサン酸 (eicosanoic acid)	~~~~~~~~~COOH	77
不飽和脂肪酸				
16	パルミトレイン酸 (palmitoleic acid)	(9Z)-ヘキサデセン酸 〔(9Z)-hexadecenoic acid〕	~~~~~~~COOH	0
18	オレイン酸 (oleic acid)	(9Z)-オクタデセン酸 〔(9Z)-octadecenoic acid〕	~~~~~~~~COOH	13
18	リノール酸 (linoleic acid)	(9Z,12Z)-オクタデカジエン酸 〔(9Z,12Z)-octadecadienoic acid〕	~~~~~~~~COOH	−5
18	リノレン酸 (linolenic acid)	(9Z,12Z,15Z)-オクタデカトリエン酸 〔(9Z,12Z,15Z)-octadecatrienoic acid〕	~~~~~~~~COOH	−11
20	アラキドン酸 (arachidonic acid)	(5Z,8Z,11Z,14Z)-エイコサテトラエン酸 〔(5Z,8Z,11Z,14Z)-eicosatetraenoic acid〕	~~~~~~~~~COOH	−50
20	EPA	(5Z,8Z,11Z,14Z,17Z)-エイコサペンタエン酸 〔(5Z,8Z,11Z,14Z,17Z)-eicosapentaenoic acid〕	~~~~~~~~~COOH	−50

　天然に存在する不飽和脂肪酸の二重結合はシス配置であり，必ず一つの CH_2 基で隔てられている．シス二重結合は分子内に折れ曲がり構造をつくり，不飽和脂肪酸は飽和脂肪酸のように密に充填されない．その結果，不飽和脂肪酸は分子間相互作用が少なく，分子量がほぼ同じ飽和脂肪酸に比べて低い融点を示す(表16.2)．

不飽和脂肪酸の融点は飽和脂肪酸の融点より低い．

ステアリン酸
18炭素脂肪酸
二重結合なし

オレイン酸
18炭素脂肪酸
二重結合一つ

問題 9
次の脂肪酸について融点の違いを説明せよ．
a. パルミチン酸とステアリン酸　　**b.** パルミチン酸とパルミトレイン酸

問題 10
アラキドン酸を過剰のオゾンと，続いてジメチルスルフィドと反応させた際の生成物は何か．（ヒント：上巻 6.11 節参照）．

16.5 カルボン酸およびカルボン酸誘導体はどのように反応するか

カルボニル化合物の反応性はカルボニル基の極性に依存する．その極性は酸素原子が炭素原子より電気的に陰性であることによる．その結果，カルボニル炭素は電子不足（求電子剤）となり，それゆえ求核剤と反応する．

求核剤がカルボン酸誘導体のカルボニル炭素を攻撃すると，カルボン酸誘導体中の最も弱い結合である π 結合が切断され，中間体が生成する．それは**四面体中間体**(tetrahedral intermediate) と呼ばれる．なぜなら，反応物中の sp^2 炭素が，その中間体内では sp^3 炭素になっているからである．

> 酸素原子に結合している sp^3 炭素がもう一つの電気陰性な原子と結合していれば，その化合物は一般に不安定である．

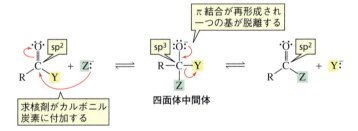

四面体化合物は安定ではないので，最終生成物というより中間体である．一般に，酸素原子に結合している sp^3 炭素がもう一つの電気陰性な原子に結合していれば，その化合物は不安定である．したがって，この四面体中間体は，Y と Z のどちらもが電気陰性な原子であるので不安定である．酸素原子の孤立電子対は π 結合を再形成し，Y^- あるいは Z^- はその結合電子を伴って放出される（ここでは Y^- が脱離することを示してある）．

Y^- と Z^- のどちらが四面体中間体から放出されるかは，それらの相対的な塩基性に依存する．同じ種類の塩基と比較するとより弱い塩基が優先的に脱離するが，これは，塩基性が弱いほどその塩基は優れた脱離基である，という上巻の 9.2 節で初めて学んだ原理のもう一つの例である．弱塩基は強塩基ほど電子を引きつけないので，より弱い塩基はより弱い結合，すなわち，より容易に切断される結合を形成する．

16.5 カルボン酸およびカルボン酸誘導体はどのように反応するか　823

Z^- が Y^- よりはるかに弱い塩基であれば，Z^- が脱離する．

> Z^- は Y^- より弱い塩基なので Z^- が脱離し，反応物が再生する

四面体中間体

塩基性が弱ければ弱いほど，その塩基は優れた脱離基である．

この場合，新たな生成物は得られない．求核剤はカルボニル炭素に付加するが，四面体中間体は求核剤を脱離させ，反応物が再生する．

一方，Y^- が Z^- よりはるかに弱い塩基である場合は，Y^- が脱離し，新たな生成物が得られる．

> Y^- は Z^- より弱い塩基なので Y^- が脱離し，生成物が得られる

四面体中間体

この反応は**求核アシル置換反応**(nucleophilic acyl substitution reaction)と呼ばれる．なぜなら，反応物のアシル基に結合していた置換基(Y^-)が求核剤(Z^-)によって置換されるからである．これは**アシル転移反応**(acyl transfer reaction)とも呼ばれるが，それはアシル基がある基から別の基へ転移するからである．しかし，ほとんどの化学者は，本反応が二段階からなる性質，つまり求核剤が一段階目でカルボニル炭素に付加し，二段階目で一つの基が脱離することを強調するために，**求核付加-脱離反応**(nucleophilic addition–elimination reaction)という名称を用いる．

Y^- と Z^- の塩基性が同じ程度ならば，四面体中間体のある分子は Y^- を脱離させ，またある分子は Z^- を脱離させる．反応の終了時には，反応物と生成物が両方とも存在する．

> Y^- と Z^- の塩基性が同じ程度なので反応物と生成物の混合物が得られる

四面体中間体

したがって，カルボン酸誘導体の反応について次のように一般化できる．

> 四面体中間体において，新たに付加した基が反応物のアシル基に結合していた基より同じか，より強い塩基の場合，カルボン酸誘導体は求核付加-脱離反応を行う．

カルボン酸誘導体が求核付加-脱離反応を行うには，四面体中間体において，新たに付加した基が反応物のアシル基に結合していた基と比べてよほど弱い塩基でなければ，カルボン酸誘導体は求核アシル置換反応を行う．

この二段階の付加-脱離反応を S_N2 反応と比較してみよう．求核剤が炭素を攻撃するとき，その分子中の最も弱い結合が切断される．S_N2 反応での最も弱い結合は，炭素と脱離基との結合である．したがって，この脱離基との結合が，反応の一段階目かつ唯一の段階で切断される結合となる(上巻：9.1節参照)．これと

は対照的に，付加-脱離反応で最も弱い結合はπ結合であるため，このπ結合がまず切断されて，次の段階で脱離基が脱離する．

$$\text{CH}_3\text{CH}_2-\text{Y} + \text{Z}:^- \xrightarrow{\text{S}_\text{N}2\text{ 反応}} \text{CH}_3\text{CH}_2-\text{Z} + \text{Y}:^-$$

カルボニル化合物がどのように反応するかということについて，分子軌道図による説明を見てみよう．最初に分子軌道論を紹介した上巻の 1.6 節で，酸素が炭素より電気的に陰性であるために，酸素の 2p 軌道が結合性π分子軌道により大きく寄与している（エネルギー的により接近している）ことと，炭素の 2p 軌道が反結合性π*軌道により大きく寄与していることを学んだ（上巻；図 1.6 参照）．結果として，炭素原子で最も大きな反結合性π*軌道に求核剤の非結合性軌道（ここでは孤立電子対が占有する）が重なる．これで軌道の重なりが最大となる．より重なりが大きいということはより安定性が大きいことを意味する．二つの軌道が重なった結果，分子軌道が形成される．この場合は，ほかのどの軌道の重なりよりも安定なσ分子軌道が形成される（図 16.2）．

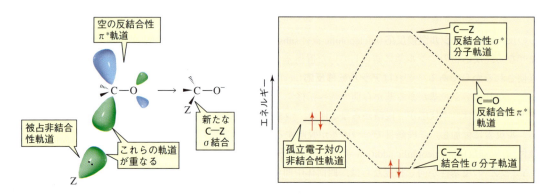

▲ **図 16.2**
求核剤の孤立電子対を含む被占非結合性軌道がカルボニル基の空の反結合性π*軌道と重なり，四面体中間体の新たなσ結合を形成する．

【問題解答の指針】
求核付加-脱離反応の生成物を予測するために塩基性を考慮する

塩化アセチルと CH_3O^- の反応の生成物は何か．HCl の pK_a は -7 で，CH_3OH の pK_a は 15.5 である．

反応の生成物を考えるには，四面体中間体にある二つの基のどちらが脱離するかを判断できるように，これらの塩基性を比較する必要がある．HCl は CH_3OH よりも強酸なので，Cl^- は CH_3O^- よりも弱塩基である．したがって，Cl^- が四面体中間体から脱離して酢酸メチルが反応生成物となる．

$$\underset{\text{塩化アセチル}}{\text{CH}_3-\overset{\overset{\displaystyle O}{\|}}{\text{C}}-\text{Cl}} + \text{CH}_3\text{O}^- \longrightarrow \text{CH}_3-\underset{\text{OCH}_3}{\overset{\overset{\displaystyle O^-}{|}}{\text{C}}}-\text{Cl} \longrightarrow \underset{\text{酢酸メチル}}{\text{CH}_3-\overset{\overset{\displaystyle O}{\|}}{\text{C}}-\text{OCH}_3} + \text{Cl}^-$$

ここで学んだ方法を使って問題 11 を解こう．

問題 11 ◆

a. 塩化アセチルと HO⁻ との反応の生成物は何か．HCl の pK_a は -7 で，H_2O の pK_a は 15.7 である．

b. アセトアミドと HO⁻ との反応の生成物は何か．NH_3 の pK_a は 36 で，H_2O の pK_a は 15.7 である．

16.6 カルボン酸とカルボン酸誘導体の反応性の比較

求核付加–脱離反応には，四面体中間体の生成とその四面体中間体の分解の二段階があることを学んだ．アシル基に結合している塩基が弱ければ弱いほど（表16.1），両段階とも進行しやすくなる．

脱離基の相対的塩基性

最も弱い塩基　Cl⁻ < ⁻OR ≈ ⁻OH < ⁻NH₂　最も強い塩基

それゆえ，カルボン酸誘導体は次の相対的反応性をもつ．

カルボン酸誘導体の相対的反応性

最も反応性が高い　R–C(=O)–Cl > R–C(=O)–OR' ≈ R–C(=O)–OH > R–C(=O)–NH₂　最も反応性が低い
　　　　　　　　　塩化アシル　　エステル　　　カルボン酸　　アミド

アシル基に弱塩基を結合させると，どうして求核付加–脱離反応の一段階目が容易になるのだろうか．鍵となる要因は，Y 上の孤立電子対がどのくらいカルボニル酸素上に非局在化しているかである．

弱塩基は自分の電子をほかに与えにくい性質をもつ．したがって，Y の塩基性が弱いほど Y 上に正電荷をもつ共鳴寄与体の寄与が小さくなる．さらに，Y = Cl のときには，塩素上の大きな 3p 軌道と炭素上のより小さな 2p 軌道との重なりが小さいため，塩素の孤立電子対の非局在化が最小となる．Y 上に正電荷をもつ共鳴寄与体の寄与が小さくなればなるほど，カルボニル炭素はより求電子的になる．このようにして弱塩基はカルボニル炭素をより求電子的にし，求核剤に対する反応性を高めているのである．

カルボン酸あるいはカルボン酸誘導体の共鳴寄与体

相対的反応性：塩化アシル＞エステル≈カルボン酸＞アミド

問題 12 ◆

a. 次の化合物のうち，カルボニル基の伸縮振動の最も高振動数（高波数）なものはどれか：塩化アセチル，酢酸メチル，アセトアミド

b. カルボニル基の伸縮振動の最も低振動数（低波数）のものはどれか．

アシル基に弱塩基が結合すると,付加-脱離反応の二段階目もより容易になる.それは,四面体中間体が分解するとき,弱塩基がより容易に脱離するからである.

16.5節で,求核付加-脱離反応においてカルボニル炭素に付加する求核剤は,アシル基に結合している置換基よりも強い塩基でなければならないことを学んだ.これは,求核付加-脱離反応ではカルボン酸誘導体をより反応性の低いカルボン酸誘導体に変換することはできても,より反応性の高いものには変換できないことを意味する.たとえば,メトキシドイオンのようなアルコキシドイオンは塩化物イオンより強塩基なので,塩化アシルをエステルに変換することができる.

しかし,塩化物イオンはカルボキシラートイオンより弱塩基なので,エステルを塩化アシルに変換することはできない.

さまざまな塩基性の求核剤を用いた求核付加-脱離反応の反応座標図を図16.3に示す(TIは四面体中間体のことである).

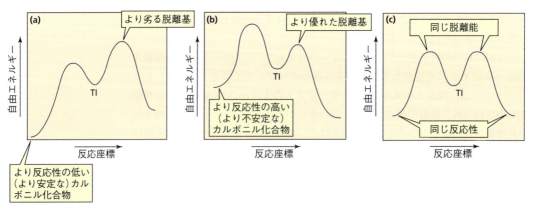

▲ 図 16.3
(a) 求核剤の塩基性が反応物のアシル基に結合している基の塩基性より弱い場合.
(b) 求核剤の塩基性が反応物のアシル基に結合している基の塩基性より強い場合.
(c) 求核剤の塩基性と反応物のアシル基に結合している基の塩基性が近い場合.

1. 反応性の低い化合物からより反応性の高い化合物を合成するには,四面体中間体において,新しく付加した基が反応物のアシル基に結合していた基より弱い塩基とならなければならないだろう.すなわち,より低いエネルギーの経路は,四面体中間体(TI)が新たに付加された基を脱離させ,反応物を再生する経路となる.したがって,反応は進行しない(図 16.3a).

2. 反応性の高い化合物からより反応性の低い化合物を合成するには，四面体中間体において，新しく付加した基が反応物のアシル基に結合していた基より強い塩基とならなければならないだろう．より低いエネルギーの経路は四面体中間体が反応物のアシル基が結合していた基を脱離させ，置換生成物を生成する経路である（図 16.3b）．
3. もし反応物と生成物が同様の反応性をもつならば，四面体中間体において，両方の基が似たような塩基性を示すことになる．この場合，四面体中間体はどちらの基も同じように脱離させることができ，結果として，反応物と置換生成物の混合物が生成する（図 16.3c）．

問題 13◆
表 16.1 の pK_a 値を用いて，次の反応の生成物を予想せよ．

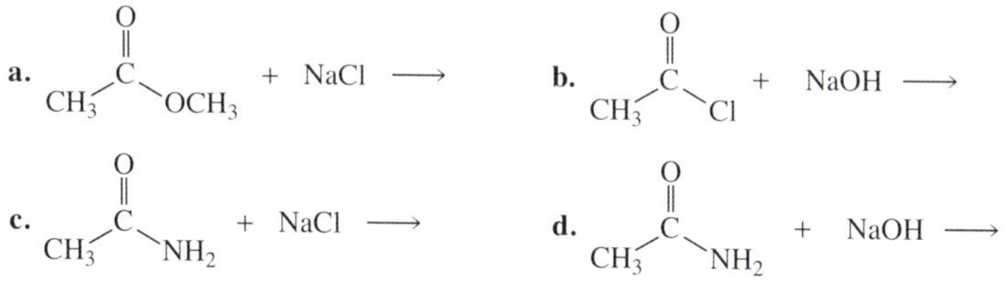

a. CH_3COOCH_3 + NaCl ⟶

b. CH_3COCl + NaOH ⟶

c. CH_3CONH_2 + NaCl ⟶

d. CH_3CONH_2 + NaOH ⟶

問題 14◆
次の記述は正しいか，誤っているか．

四面体中間体において，新たに付加した基が反応物質のアシル基に結合していた基より強い塩基であれば，四面体中間体の生成は求核付加-脱離反応の律速段階である．

16.7 求核付加-脱離反応の一般的機構

すべてのカルボン酸誘導体は同じ反応機構で求核付加-脱離反応を起こす．求核剤が負電荷を帯びていると，ここで示したものと，822〜823 ページで述べた機構は次のようになる．

負電荷を帯びた求核剤との求核付加-脱離反応の機構

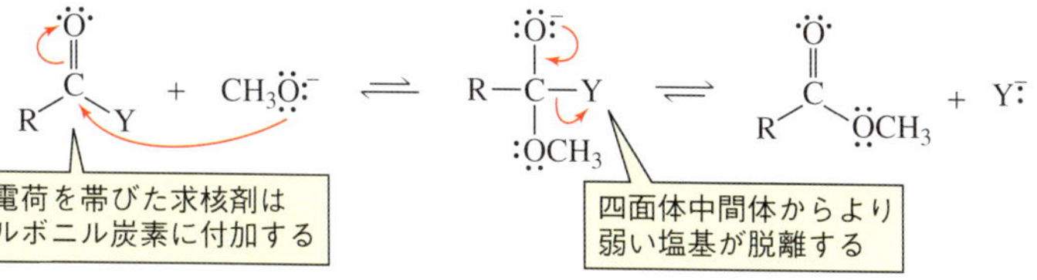

負電荷を帯びた求核剤はカルボニル炭素に付加する

四面体中間体からより弱い塩基が脱離する

- 求核剤がカルボニル炭素に付加し，四面体中間体を生成する．
- 二つの塩基のうち，弱いほうが脱離する．つまり，反応物のアシル基に結合した基か，新たに付加した基のどちらかが脱離して π 結合が再形成される．

求核剤が電子をもっていない場合は，反応機構がもう一段階ある．

中性の求核剤による求核付加-脱離反応の機構

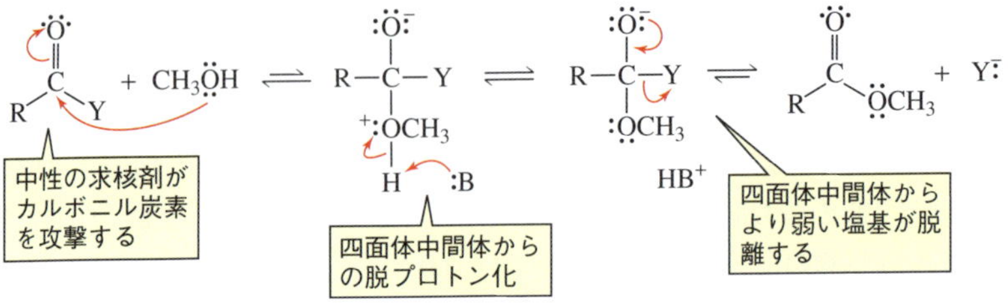

中性の求核剤がカルボニル炭素を攻撃する

四面体中間体からの脱プロトン化

四面体中間体からより弱い塩基が脱離する

:B はプロトンを引き抜くことができる溶液中の化学種を示し，HB$^+$ はプロトンを供与することができる溶液中の化学種を示す．

- 求核剤がカルボニル炭素に付加し，四面体中間体を生成する．
- 四面体中間体からプロトンが脱離し，その結果として，負電荷を帯びた求核剤によって生成したものと同様な四面体中間体が生成する．（酸素上のプロトンの脱着は非常に速い工程である．）
- 二つの塩基（プロトンを失ったあとに新たに付加した基か，反応物のアシル基に結合していた基）のうちの弱いほうが脱離し，π結合が再形成される．

この章の残りの節では，これらの一般的機構に沿った具体例を取り上げる．<u>すべての求核付加-脱離反応は同じ反応機構に従っている</u>ことを覚えておこう．したがって，四面体中間体を調べてより弱い塩基が優先的に脱離することを思い出せば，この章で述べるカルボン酸やカルボン酸誘導体の反応の結果を予測することができる（16.5節）．

問題 15◆

四面体中間体で新たに導入される基が以下の場合に，求核付加-脱離反応の生成物は，新たなカルボン酸誘導体，二つのカルボン酸誘導体の混合物，もとのカルボン酸誘導体のうちのどれになるか．

a. アシル基にもともと結合していた置換基より強い塩基
b. アシル基にもともと結合していた置換基より弱い塩基
c. アシル基にもともと結合していた置換基と同様な強さの塩基

塩化アセチル

16.8 塩化アシルの反応

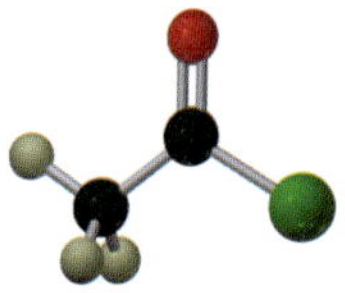

ハロゲン化アシルは，アルコールと反応してエステルを，水とはカルボン酸を，そしてアミンとはアミドを生成する．なぜなら，どの場合も導入される求核剤は脱離するハロゲン化物イオンよりも強塩基だからである（表16.1）．

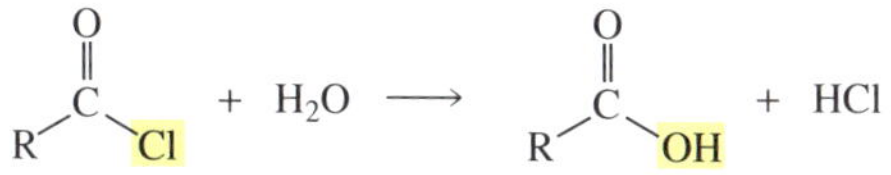

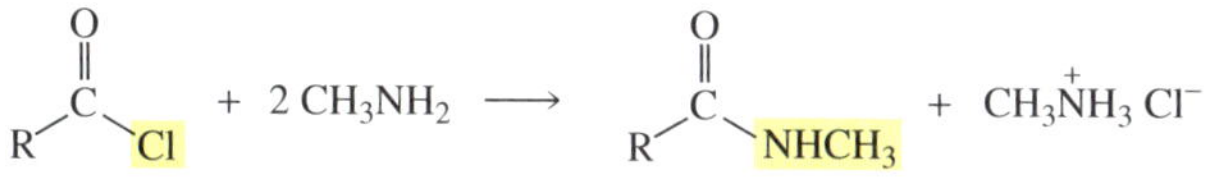

16.8 塩化アシルの反応

$$\text{R-C(=O)-Cl} + \text{CH}_3\text{OH} \longrightarrow \text{R-C(=O)-OCH}_3 + \text{HCl}$$

$$\text{R-C(=O)-Cl} + \text{H}_2\text{O} \longrightarrow \text{R-C(=O)-OH} + \text{HCl}$$

$$\text{R-C(=O)-Cl} + 2\,\text{CH}_3\text{NH}_2 \longrightarrow \text{R-C(=O)-NHCH}_3 + \text{CH}_3\overset{+}{\text{NH}}_3\,\text{Cl}^-$$

これらの反応はすべて，16.7節で述べた一般的な反応機構に従う．

塩化アシルとアルコールとの反応機構

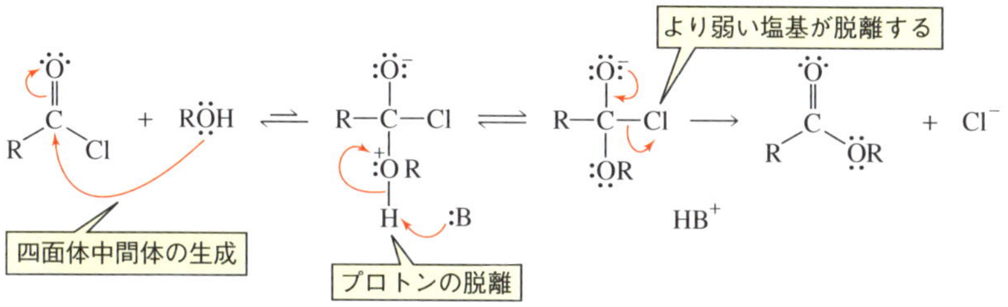

四面体中間体の生成 → プロトンの脱離 → より弱い塩基が脱離する

より弱い塩基が四面体中間体から脱離する．

- 求核的なアルコールが塩化アシルのカルボニル炭素に付加し，四面体中間体を生成する．
- プロトン化されたエーテル基は強酸なので，四面体中間体はプロトンを失う．酸素上のプロトンの脱着は拡散支配なので非常に速い．
- 塩化物イオンはアルコキシドイオンより弱塩基なので，脱プロトン化された四面体中間体から脱離する．

アミン（上記）もしくはアンモニア（次に示す）を塩化アシルと反応させてアミドを生成する反応では，塩化アシルの2倍量のアミンもしくはアンモニアを用いて行うことに注目しよう．それは，反応生成物のHClが，未反応のアミンやアンモニアをプロトン化してしまうからである．いったんプロトン化されると，もはや求核剤ではなくなり，塩化アシルと反応することができない．塩化アシルの2倍量のアミンやアンモニアを用いることで，すべての塩化アシルと反応できる非プロトン化アミンを十分量確保できるのである．

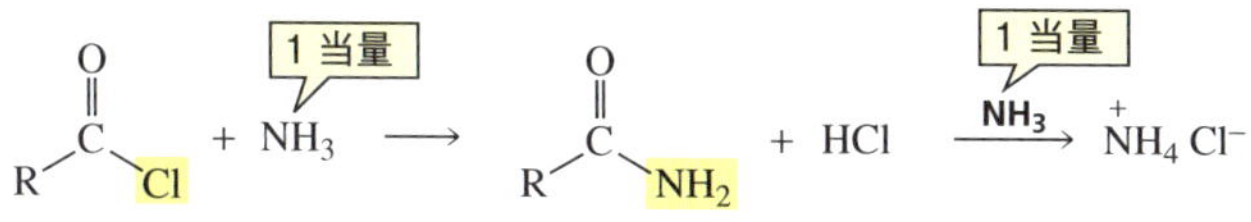

$$\text{R-C(=O)-Cl} \xrightarrow{\text{1当量 NH}_3} \text{R-C(=O)-NH}_2 + \text{HCl} \xrightarrow{\text{1当量 NH}_3} \overset{+}{\text{NH}}_4\,\text{Cl}^-$$

問題 16 ◆

塩化アセチルを出発物質とした場合，次の化合物を合成するのに，どのような中性の求核剤を用いればよいか．

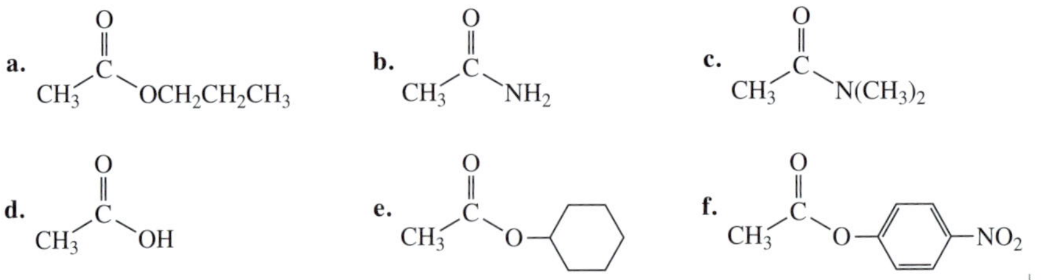

問題 17（解答あり）

a. 1当量のエチルアミンと1当量のプロピルアミンを塩化アセチルと反応させると得られる2種類のアミドは何か．

b. 1当量のエチルアミンと1当量のトリエチルアミンを塩化アセチルと反応させると1種類のアミドのみが得られるのはなぜか．

17a の解答 どちらのアミンも塩化アセチルと反応することができるので，N-エチルアセトアミドと N-プロピルアセトアミドが生成する．

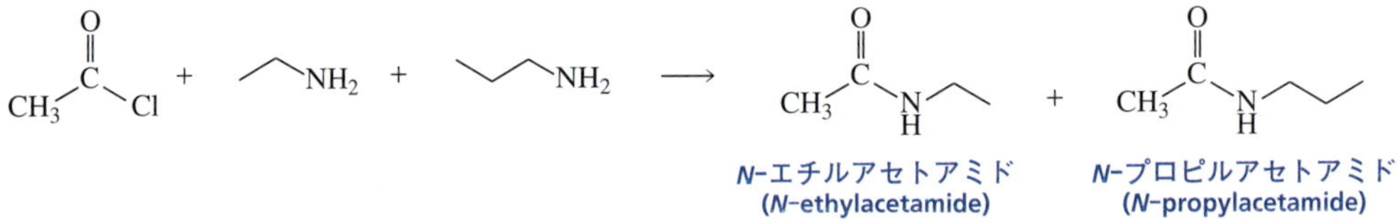

17b の解答 はじめに二つの化合物が生成する．しかし，トリエチルアミンによって生成した化合物は反応性が高い．なぜならば，そのアミドは正電荷を帯びた窒素原子をもち，優れた脱離基となっているからである．したがって，この化合物は速やかに未反応のエチルアミンと反応し，N-エチルアセトアミドを唯一のアミド生成物として与える．

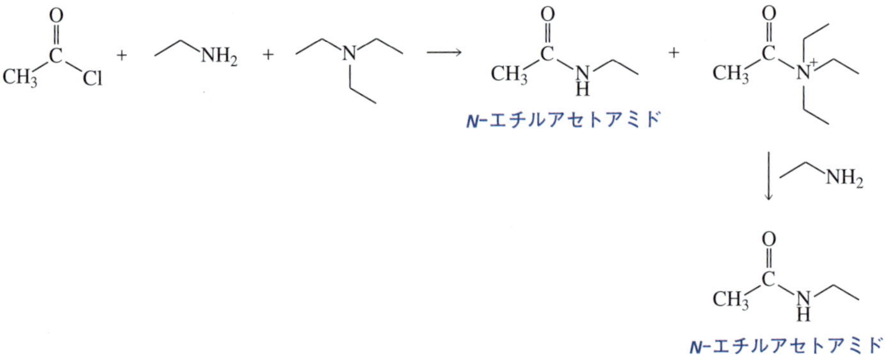

問題 18

次の反応の機構を書け．

a. 塩化アセチルと水の反応で酢酸が生成する反応．

b. 塩化ベンゾイルと過剰のメチルアミンの反応で N-メチルベンズアミドが生成する反応．

16.9 エステルの反応

エステルは塩化物イオンとは反応しない．なぜならば，Cl⁻ はエステルの RO⁻ 基よりもはるかに弱い塩基であり，したがって，(RO⁻ ではなく) Cl⁻ が四面体中間体から脱離する塩基となるからである (表 16.1)．

酢酸メチル

エステルは水と反応してカルボン酸とアルコールを生成する．これは加水分解反応の一例である．**加水分解反応** (hydrolysis reaction) は，ある一つの化合物を水と反応させて二つの化合物に変換する反応である (*lysis* はギリシャ語で "分解する" の意)．

加水分解反応

$$\underset{R}{\overset{O}{\|}}\!\!-\!\!C\!\!-\!\!OCH_3 + H_2O \underset{}{\overset{HCl}{\rightleftharpoons}} \underset{R}{\overset{O}{\|}}\!\!-\!\!C\!\!-\!\!OH + CH_3OH$$

エステルはアルコールと反応して新たなエステルと新たなアルコールを生成する．これは**アルコーリシス反応** (alcoholysis reaction) の一例で，アルコールを用いてある一つの化合物を二つの化合物に変換する反応である．この特別なアルコーリシス反応は，エステルが別のエステルに変換されるので，**エステル交換反応** (transesterification reaction) とも呼ばれる．

エステル交換反応

$$\underset{R}{\overset{O}{\|}}\!\!-\!\!C\!\!-\!\!OCH_3 + CH_3CH_2OH \underset{}{\overset{HCl}{\rightleftharpoons}} \underset{R}{\overset{O}{\|}}\!\!-\!\!C\!\!-\!\!OCH_2CH_3 + CH_3OH$$

エステルの加水分解もアルコーリシス反応も非常に遅い反応である．なぜならば，水もアルコールも求核剤としては劣り，エステルの RO⁻ 基は脱離基としても劣っているからである．したがって，これらの反応を実験室で行うときには必ず触媒を加える．エステルの加水分解もアルコーリシス反応も酸により触媒される (16.10 節)．加水分解の反応速度は水酸化物イオンによっても加速され (16.11 節)，アルコーリシス反応の反応速度も反応物のアルコールの共役塩基 (RO⁻) によって増大される．

エステルはアミンと反応してアミドを生成する．アミンを用いて一つの化合物を二つの化合物に変換する反応を**アミノリシス反応** (aminolysis reaction) と呼ぶ．2 当量のアミンを必要としたハロゲン化アシルとの反応 (16.8 節) とは異なり，エステルのアミノリシス反応は 1 当量のアミンしか要しないことに注目しよう．これはエステルの脱離基 (RO⁻) がアミンより塩基性が強いので，未反応のアミンではなくアルコキシドイオンが，反応で生成するプロトンを捕捉するからである．

アミノリシス反応

R-C(=O)-OCH₂CH₃ + CH₃NH₂ →(Δ) R-C(=O)-NHCH₃ + CH₃CH₂OH

アミンは優れた求核剤なので，エステルとアミンとの反応は，エステルと水あるいはアルコールとの反応ほどには遅くはない．このエステルとアミンの反応は酸によって触媒されないため，この高い反応性は好都合である．酸はアミンをプロトン化してしまい，そのプロトン化されたアミンはもはや求核剤ではない．しかし，この反応の反応速度は熱によって増大させることができる．

上巻の 8.15 節で，フェノールがアルコールより強い酸であることを学んだ．

C₆H₅-OH   CH₃OH
pK_a = 10.0   pK_a = 15.5

したがって，フェノキシドイオン(ArO^-)はアルコキシドイオン(RO^-)より弱塩基となり，その結果，フェニルエステルはアルキルエステルよりも反応性が高くなる．

CH₃-C(=O)-O-C₆H₅   は   CH₃-C(=O)-OCH₃   より反応性が高い

酢酸フェニル   酢酸メチル
(phenyl acetate)   (methyl acetate)

ろうは高分子量のエステルである

ろう(wax)は長鎖のカルボン酸と長鎖のアルコールからなるエステルである．たとえば，ミツバチの巣の構成成分であるみつろうは 26 炭素のカルボン酸と 30 炭素のアルコールからできている．wax という言葉は，古英語で"ミツバチの巣の材料"を意味する weax に由来する．カルナウバろうは，32 炭素のカルボン酸と 34 炭素のアルコールからなり，比較的高分子量であるのでとくに硬いろうである．カルナウバろうは車のワックスや床のつや出しとして広く用いられている．

CH₃(CH₂)₂₄-C(=O)-O(CH₂)₂₉CH₃   CH₃(CH₂)₃₀-C(=O)-O(CH₂)₃₃CH₃   CH₃(CH₂)₁₄-C(=O)-O(CH₂)₁₅CH₃

みつろうの主成分   カルナウバろうの主成分   鯨ろうの主成分
ミツバチの巣の構成成分   ブラジルヤシの葉を   マッコウクジラの
                          コーティングしている   頭部から採れる

巣箱の中の階層化したハチの巣

ろうは生物界に広く見られる．鳥の羽はろうでコーティングされ撥水性を保っている．脊椎動物のなかには，毛を滑らかにし，撥水性を保つためにろうを分泌するものがいる．昆虫は防水性のろう状の層を表皮に分泌する．ろうはある種の葉や果実の表面もコーティングし，寄生虫からの防御や水分蒸発の抑制に役立っている．

羽の上の水滴

問題 19
塩化アシルとアミンとの反応では過剰のアミンを用いる必要があることを学んだ．塩化アシルとアルコールの反応では過剰のアルコールを用いる必要がない理由を説明せよ．

問題 20
次の反応の機構を書け．
a. プロピオン酸メチルの無触媒加水分解反応．
b. メチルアミンを用いるギ酸フェニルのアミノリシス反応．

問題 21 ◆
a. エステルの無触媒加水分解反応が遅い要因を三つ述べよ．
b. エステルの加水分解反応とアミノリシス反応を同じエステルに施した場合，どちらが速いか．その理由も説明せよ．

問題 22（解答あり）
次のエステルを加水分解の反応性の最も高いものから最も低いものの順に並べよ．

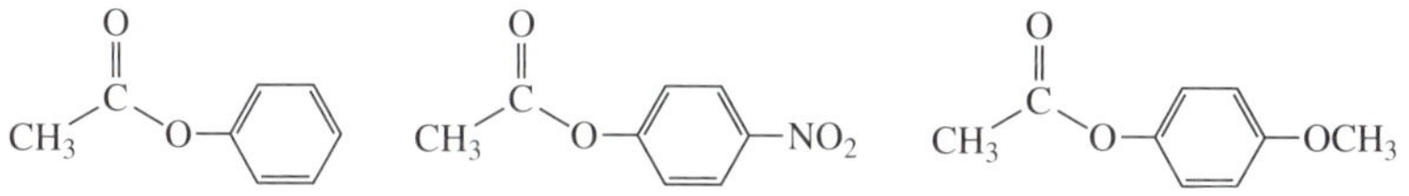

解答　カルボン酸誘導体の反応性はアシル基に結合した基の塩基性に依存する．つまり，塩基性が弱いほど反応の両段階ともより容易に進行することを学んだ（16.6 節）．したがって，ここでは三つのフェノキシドイオンの塩基性を比較する必要がある．

ニトロ基が置換したフェノキシドイオンが最も弱い塩基である．なぜなら，ニトロ基は誘起的および共鳴により電子求引性であり（上巻；415 ページ参照），酸素原子上の負電荷の密度が減少するからである．メトキシ基は誘起的な電子求引性よりも共鳴による電子供与性のほうが強く（上巻；416 ページ参照），酸素原子上の負電荷の密度が上昇するので，メトキシ基が置換したフェノキシドイオンは最も強い塩基である．そのため，三つのエステルは次のような加水分解に対する相対的反応性を示す．

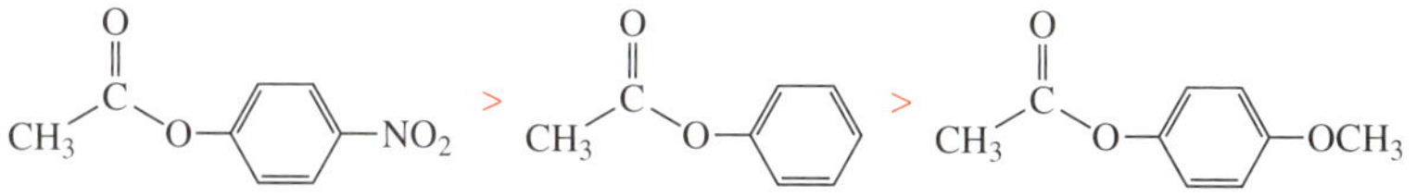

16.10　酸触媒によるエステルの加水分解反応とエステル交換反応

水は求核剤としては劣っており，エステルは比較的塩基性の強い脱離基をもっているので，エステルの加水分解反応は遅いことをこれまでに学んだ．酸によっても水酸化物イオンによっても加水分解反応速度を増大させることができる．これらの反応の機構を考察するとき，すべての有機反応に共通する特徴に注目しよう．

酸性溶液では，すべての有機中間体と生成物は正電荷を帯びているか中性

である．負電荷を帯びている有機中間体や生成物は酸性溶液中では生成しない．

塩基性溶液では，すべての有機中間体と生成物は負電荷を帯びているか中性である．正電荷を帯びている有機中間体や生成物は塩基性溶液中では生成しない．

第一級または第二級アルキル基をもつエステルの加水分解反応

反応に酸が加えられると，まず反応剤の最も電子密度の高い原子が酸によりプロトン化される．したがって，酸をエステルに加えると酸はカルボニル酸素をプロトン化する．

エステルの共鳴寄与体が，カルボニル酸素が最も高い電子密度をもつ原子であることを示している．

酸触媒によるエステル加水分解反応の機構を次に示す．（HB^+ はプロトンを供与できる溶液中の化学種を表し，:B はプロトンを引き抜ける化学種を示す．）

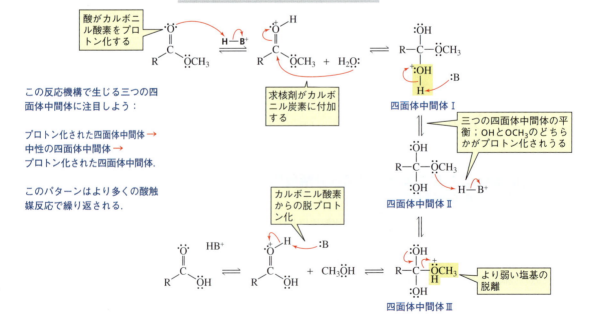

酸触媒によるエステル加水分解反応の機構

- 酸がカルボニル酸素をプロトン化する．
- プロトン化されたカルボニル基のカルボニル炭素に中性の求核剤(H_2O)が付加し，プロトン化四面体中間体が生成する．
- プロトン化四面体中間体(I)は，非プロトン化体(II)と平衡状態にある．
- 非プロトン化四面体中間体はOH上で再プロトン化されると，四面体中間体Iが再生し，またはOCH_3上でプロトン化されると，四面体中間体IIIが生成する．（上巻の2.10節で，三つの四面体中間体の相対量が溶液のpHとプロトン化された中間体のpK_a値に依存することを学んだ．）
- 四面体中間体Iが分解するとき，(H_2Oは弱い塩基なので)CH_3O^-よりH_2Oが優先して脱離し，エステルが再生する．四面体中間体IIIが分解するとき，(CH_3OHがより弱い塩基なので)HO^-よりも優先してCH_3OHが脱離し，カルボン酸が生成する．H_2OとCH_3OHはほぼ同じ塩基性をもっているので，四面体中間体Iが分解してエステルを再生するのと，四面体中間体IIIが分解してカルボン酸を生成するのは同じ程度に起こりうる．（HO^-とCH_3O^-はいずれも強塩基なため脱離基として劣るので，四面体中間体IIは分解しにくい）．
- プロトン化されたカルボン酸からプロトンが脱離すると，カルボン酸が生成し，酸触媒が再生する．

　四面体中間体Iの分解と四面体中間体IIIの分解は同じくらい起こりやすいので，反応が平衡に達するとエステルとカルボン酸の両方が存在するようになる．過剰の水は平衡を右にずらすために用いる(Le Châtelierの原理；上巻5.7節参照)．また，生成物であるアルコールの沸点が反応液中のほかの成分の沸点より著しく低ければ，生成したアルコールを蒸留で取り除き，反応を右にずらすことができる．

$$R-C(=O)-OCH_3 + H_2O \text{(過剰)} \underset{}{\overset{HCl}{\rightleftarrows}} R-C(=O)-OH + CH_3OH$$

16.14節でカルボン酸とアルコールとからエステルと水が生成する酸触媒反応の機構は，エステルからカルボン酸とアルコールが生成する酸触媒加水分解反応の機構とまったく逆であることを学ぶ．

問題 23◆

次のエステルを酸触媒で加水分解すると，どのような生成物が得られるか．

a. C₆H₅-C(=O)-OCH₂CH₃　　b. CH₃CH₂CH₂-C(=O)-OCH₃　　c. δ-バレロラクトン

問題 24

エステルの酸触媒加水分解反応の機構を参考にして，酢酸とメタノールとから酢酸メチルが生成する反応の機構を書け．すべての電子の動きを曲がった矢印で示すこと．プロトンを供与する化学種とプロトンを引き抜く化学種を表すためにHB^+と$:B$を用いよ．

なぜ酸触媒がエステル加水分解反応の速度を増大させるかを考えてみよう．触媒で反応速度を増大させるには，遅い段階の反応速度を増大させなければならない．なぜならば，速い段階の反応速度を変えても，全体の反応速度には影響しないからである．酸触媒によるエステル加水分解反応の機構において，六段階のうち四段階はプロトン移動である．酸素や窒素のような電気的に陰性な原子へのプロトン移動，あるいは原子からのプロトン移動は常に速い過程である．反応機構のなかで残りの二段階，すなわち四面体中間体の生成と分解は，比較的遅い．酸はこれらの段階の反応速度をどちらも増大させる．

酸はカルボニル酸素をプロトン化して四面体中間体の生成速度を増大させる．プロトン化されたカルボニル基はプロトン化されていないカルボニル基よりも求核付加を受けやすい．なぜなら，正電荷を帯びた酸素は電荷を帯びていない酸素よりも電子求引性が高いからである．正電荷を帯びた酸素原子は電子求引性が強くなり，そのため，カルボニル炭素の電子不足性がさらに増大し，求核剤に対する反応性が増大する．

酸触媒は，カルボニル基の求電子性を向上させる．

カルボニル酸素のプロトン化によって，カルボニル炭素は求核剤の付加を受けやすくなる

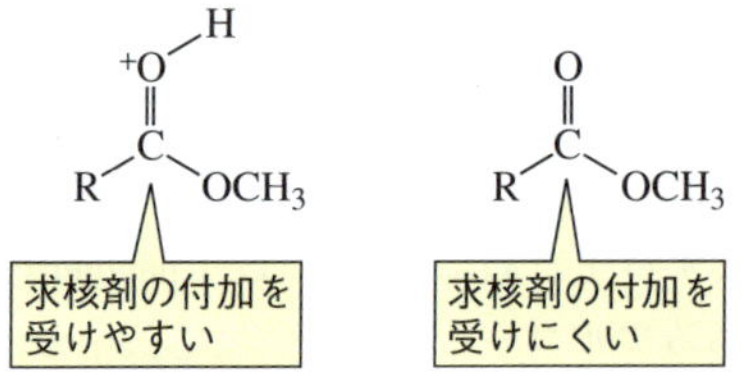

酸は脱離基の塩基性を弱くすることによって四面体中間体の分解速度を増大させ，脱離基の脱離をさらに容易にする．エステルの酸触媒加水分解反応では，脱離基は CH_3OH であり，これは無触媒反応での脱離基 CH_3O^- よりも弱い塩基である．

酸触媒は基の脱離能を向上させる．

問題 25◆

エステルの酸触媒加水分解反応の機構について次の質問に答えよ．

a. HB^+ で表すことができる化学種は何か．

b. :B で表すことができる化学種は何か．

c. 加水分解反応で HB^+ として最もふさわしい化学種は何か．

d. その逆反応で HB^+ として最もふさわしい化学種は何か．

問題 26（解答あり）

標的分子（ブタノン）をブタンから合成するにはどうすればよいか．

解答 最初の反応はすでに学んだラジカルハロゲン化である．なぜなら，これがアルカンを反応させる唯一の反応だからである．臭素化は塩素化よりも望みの2-ハロゲン置換化合物をよりよい収率で与える．それは，臭素ラジカルは塩素ラジカルよりも選択性に富んでいるからである．置換生成物の収率を脱離生成物よりも多く，かつ最大にするには，弱塩基(酢酸イオン)を置換反応に用いる(上巻；10.9節参照)．生成したエステルをアルコールに加水分解し，そのアルコールを酸化して標的分子を合成すればよい．

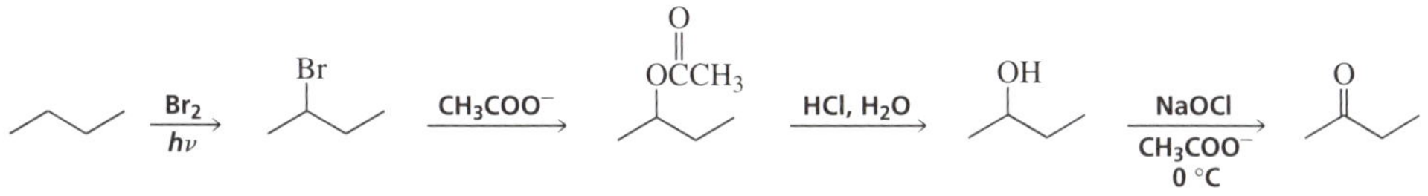

第三級アルキル基をもつエステルの加水分解反応

第三級アルキル基をもつエステルの加水分解反応は，第一級や第二級アルキル基をもつエステルの加水分解反応と同じ生成物，すなわちカルボン酸とアルコールを与えるが，反応機構はまったく異なる．第三級アルキル基をもつエステルの加水分解は求核付加–脱離反応ではなく，S_N1 反応である．なぜなら，カルボン酸が脱離すると，比較的安定な第三級カルボカチオンが生成するからである．

第三級アルキル基をもつエステルの加水分解反応の機構

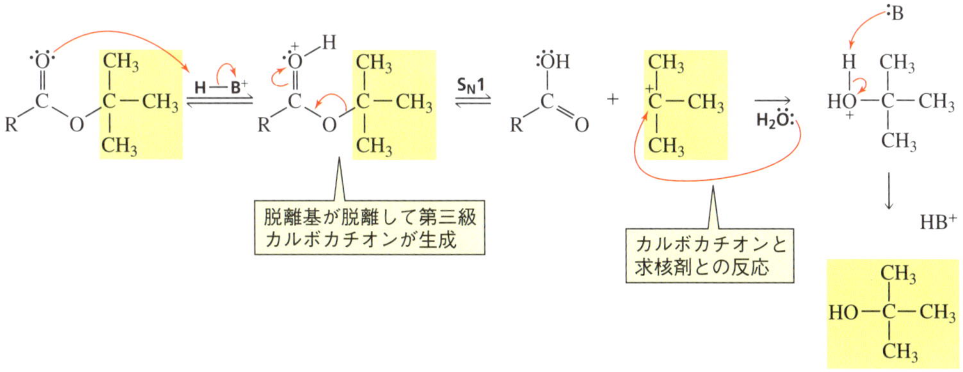

- 酸がカルボニル酸素をプロトン化する．
- 脱離基が脱離して第三級カルボカチオンが生成する．
- 求核剤(H_2O)がカルボカチオンと反応する．
- 塩基が強酸性のプロトン化アルコールからプロトンを引き抜く．

エステル交換反応

エステル交換反応，すなわちエステルとアルコールの反応も酸によって触媒さ

れる．酸触媒によるエステル交換反応の機構は，求核剤が H_2O でなく ROH であるということを除けば，酸触媒によるエステル加水分解反応の機構と同じである．エステルの加水分解反応と同様に，四面体中間体内の脱離基はほとんど同じ塩基性をもっている．したがって，目的の生成物を高収率で得るためには，反応物のアルコールが過剰に必要となる．

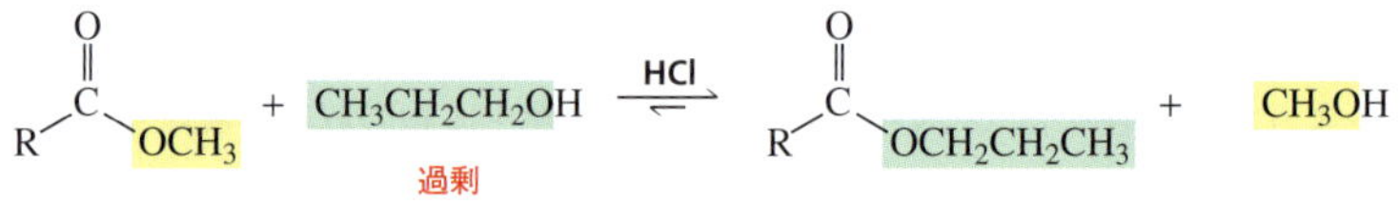

$$R-\underset{\underset{OCH_3}{|}}{\overset{\overset{O}{\|}}{C}} + CH_3CH_2CH_2OH \underset{}{\overset{HCl}{\rightleftharpoons}} R-\underset{\underset{OCH_2CH_2CH_3}{|}}{\overset{\overset{O}{\|}}{C}} + CH_3OH$$

過剰

問題 27 ◆

次の反応からどのような生成物が得られるか．
a. 安息香酸エチル＋過剰のイソプロパノール＋HCl
b. 酢酸フェニル＋過剰のエタノール＋HCl

問題 28

酸触媒による酢酸エチルとメタノールのエステル交換反応の機構を書け．

問題 29

酢酸 *tert*-ブチルとメタノールとの酸触媒エステル交換反応の機構を書け．

16.11 水酸化物イオンで促進されるエステルの加水分解反応

エステルの加水分解反応速度は，水酸化物イオンによって増大される．酸触媒と同様に，水酸化物イオンは遅い二段階，すなわち，四面体中間体の生成と分解の反応速度を増大させる．

水酸化物イオンで促進されるエステルの加水分解反応の機構

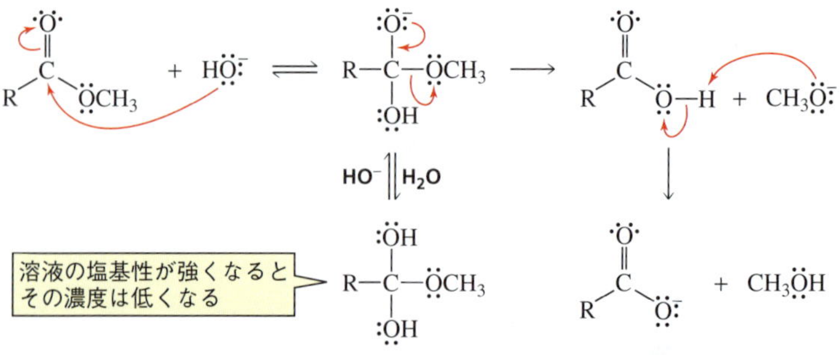

溶液の塩基性が強くなるとその濃度は低くなる

- 水酸化物イオンがエステルのカルボニル炭素に付加する．
- 四面体中間体の二つの潜在的脱離基 (HO^- と CH_3O^-) は同じような脱離能をもっている．HO^- の脱離によってエステルが再生し，一方で CH_3O^- の脱離によってカルボン酸が生成する．
- 最終生成物はカルボン酸とメトキシドイオンではない．なぜなら，もし片方の塩基だけプロトン化されるのであれば，それはより強い塩基のほうである

からである．CH_3O^- は $RCOO^-$ よりも強い塩基であるから，最終生成物はカルボキシラートイオンとメタノールである．

HO^- は H_2O より優れた求核剤なので，水酸化物イオンは四面体中間体の生成速度を増大させる．水酸化物イオンはまた，四面体中間体の分解速度を増大させる．なぜなら，負電荷を帯びた酸素が CH_3O^- を放出する際の遷移状態は，酸素が部分的にも正電荷を帯びることはないので，中性酸素原子が CH_3O^- を放出する遷移状態よりも安定となるからである．

水酸化物イオンは水より優れた求核剤である．

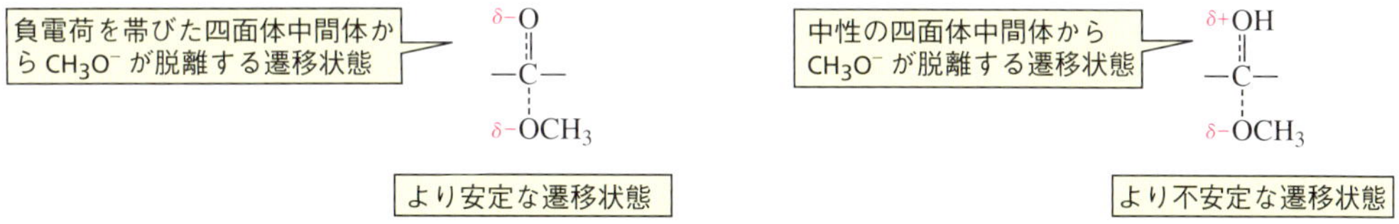

負電荷を帯びた四面体中間体から CH_3O^- が脱離する遷移状態

より安定な遷移状態

中性の四面体中間体から CH_3O^- が脱離する遷移状態

より不安定な遷移状態

それに加えて，負電荷を帯びた四面体中間体の一部は塩基性溶液でプロトン化される．（中性の四面体中間体と負電荷を帯びた四面体中間体の相対量は，溶液のpHと中性の四面体中間体の pK_a 値に依存することを思い出そう；上巻2.10節参照．）

カルボキシラートイオンは負電荷を帯びているので求核剤とは反応しない．したがって，酸触媒による加水分解とは異なり，水酸化物イオンで促進されるエステルの加水分解は可逆反応ではない．

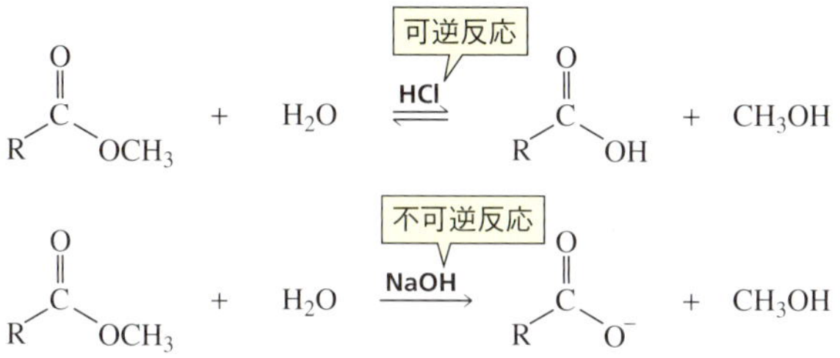

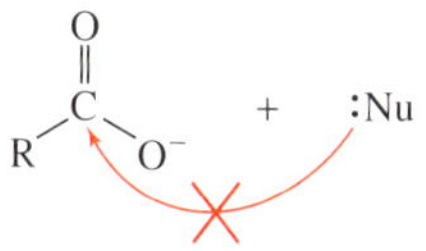

水酸化物イオン存在下でのエステルの加水分解は塩基触媒反応ではなく，水酸化物イオン促進反応と呼ばれる．その理由の一つは，水酸化物イオンが水より強い塩基によってではなく，水より優れた求核剤によって反応の一段階目の速度を増大するからであり，水酸化物イオンが反応全体で消費されることが二つ目の理由である．その化学種が触媒であるためには，反応中に変化してはならず，消費されてもいけない．したがって，水酸化物イオンは確かに触媒というより反応剤である．そのため，水酸化物イオン触媒反応というより水酸化物イオン促進反応と呼ぶほうがより正確である．

水酸化物イオンは加水分解反応だけを促進し，エステル交換反応やアミノリシス反応は促進しない．水酸化物イオンはカルボン酸誘導体とアルコールあるいはアミンとの反応も促進できない．なぜなら，水酸化物イオンの一つの機能は，反応の一段階目に優れた求核剤を提供することだからである．求核剤がアルコールやアミンの場合は，水酸化物イオンが求核付加してしまうと，アルコールやアミンによって生じる生成物とは異なる生成物が生じてしまう．加水分解反応の場合，

付加する求核剤が H_2O でも HO^- でも同じ生成物が生じるので，その促進のために水酸化物イオンを使うことができる．

求核剤がアルコールの場合，アルコールの共役塩基で反応を促進できる．アルコキシドイオンの機能は強い求核剤を反応に提供することであり，したがって，求核剤がアルコールの場合だけ，アルコールの共役塩基で反応を促進できるのである．

$$\underset{OCH_3}{\overset{O}{\underset{\|}{R-C}}} + \underset{過剰}{CH_3CH_2OH} \xrightarrow{CH_3CH_2O^-} \underset{OCH_2CH_3}{\overset{O}{\underset{\|}{R-C}}} + CH_3OH$$

アスピリン，NSAID，および COX-2 阻害剤

ヤナギの樹皮やギンバイカの葉から見いだされたサリチル酸は，おそらく最も古くから知られている薬であろう．紀元前5世紀には，ヒポクラテスがヤナギの樹皮の病気への治癒効果について書き留めている．1897年，ドイツのバイエル社の研究者であった Felix Hoffman は，サリチル酸をアシル化すると発熱や痛みを改善するより有効な医薬品となることを発見し（上巻；134ページ参照），それをアスピリンと名づけた．"a" はアセチル，"spir" はサリチル酸を含むシモツケの花から，"in" は当時よく用いられた医薬品の語尾である．アスピリンはすぐに世界で最もよく売れる薬となった．しかしその作用機序は長らく不明であった．1971年にアスピリンの抗炎症作用および解熱作用がプロスタグランジンの生合成を阻害するエステル交換反応に由来することが発見された．

プロスタグランジンはいくつかの生理学的機能をもっている．一つは炎症の亢進であり，もう一つは発熱である．プロスタグランジン合成酵素は，アラキドン酸を PGH_2 に変換する反応を触媒する．PGH_2 はプロスタグランジンや関連するトロンボキサンの前駆体である．

$$\text{アラキドン酸} \xrightarrow{\text{プロスタグランジン合成酵素}} PGH_2 \begin{matrix} \rightarrow \text{プロスタグランジン} \\ \rightarrow \text{トロンボキサン} \end{matrix}$$

プロスタグランジン合成酵素は二つの酵素からなっている．その一つであるシクロオキシゲナーゼはその活性部位に CH_2OH 基をもち，これは酵素活性に必須である．CH_2OH 基がエステル交換反応においてアスピリンと反応すると，酵素は不活性化される．酵素が失活すると，プロスタグランジンは合成されなくなり，炎症は抑えられ，発熱が治まる．アスピリンのカルボキシ基は塩基触媒であることに注目しよう．これは CH_2OH 基からプロトンを引き抜き，よりよい求核剤にする．これがアスピリンが塩基型で活性が極大値に達する理由である（上巻；85ページ参照）．（赤矢印は四面体中間体の生成を，青矢印は四面体中間体の分解を示している．）

アスピリンは PGH_2 の生成を阻害するので，血液凝固にかかわる化合物であるトロンボキサンの合成も阻害する．おそらくこのために，アスピリンを低用量投与すれば，血栓の形成から生じる脳梗塞や心臓発作の発病率を下げられるのであろう．アスピリンは抗凝固剤としての薬理活性を示すため，医者は手術の前，数日間は患者にアスピリンを投与しない．

ほかの非ステロイド系抗炎症薬(NSAID)，たとえばイブプロフェン(Advil®, Motrin®, Nuprin® の活性成分)やナプロキセン(Aleve® の活性成分)もまたプロスタグランジンの合成を阻害する(上巻；134 ページ参照).

プロスタグランジン合成酵素には 2 種類あり，一つは通常のプロスタグランジンの生産を行うもの，もう一つは炎症に応答して付加的にプロスタグランジンを合成するものである．NSAID はすべてのプロスタグランジンの合成を阻害する．胃酸の生産は 1 種類のプロスタグランジンによって調節されている．そのため，プロスタグランジンの合成が停止すると，胃の酸性度が通常のレベルより上昇する．比較的新しい薬である Celebrex® は，炎症に応答するプロスタグランジン合成酵素のみを阻害する．したがって，有害な副作用を伴わずに炎症を治療できる．

Celebrex®

問題 30 ◆
a. 酢酸メチルを酢酸プロピルに変換するエステル交換反応の反応速度を増大させるには，酸以外にどのような化学種を用いればよいか．
b. エステルのアミノリシス反応の速度を H^+，HO^-，または RO^- で増大させることができない理由を説明せよ．

16.12 求核付加-脱離反応の機構はどのようにして決められたか

　求核付加-脱離反応が，四面体中間体の生成と分解の反応機構で進行することはすでに学んだ．しかし，四面体中間体は不安定すぎて単離できない．では，どうすれば四面体中間体の生成を確認できるのだろうか．反応が，導入される求核剤がカルボニル炭素を攻撃して脱離基と置き換わるという一段階の直接置換機構(S_N2 反応に類似した機構)，すなわちπ結合を切断せず，四面体中間体を生成しない機構でないことはどうすればわかるのだろうか．

仮想的な一段階の直接置換機構での遷移状態

　この質問に答えるため，Myron Bender はカルボニル酸素を ^{16}O の同位体である ^{18}O で標識した安息香酸エチルを用いて，水酸化物イオン促進加水分解反応の研究を行った．反応混合物から安息香酸エチルを単離したところ，エステルの一部はもはや ^{18}O で標識されていないことがわかった．もし反応が一段階の直接置換機構であるならば，単離されたすべてのエステルが標識されたままであるはずである．なぜなら，カルボニル基は反応に関与していないはずだからである．一方，反応機構に四面体中間体が含まれているならば，標識の一部は水酸化物イオンに

転移しているので，単離されたエステルの一部はもはや標識されていないはずである．この Bender の実験により，四面体中間体の可逆的な生成が証明された．

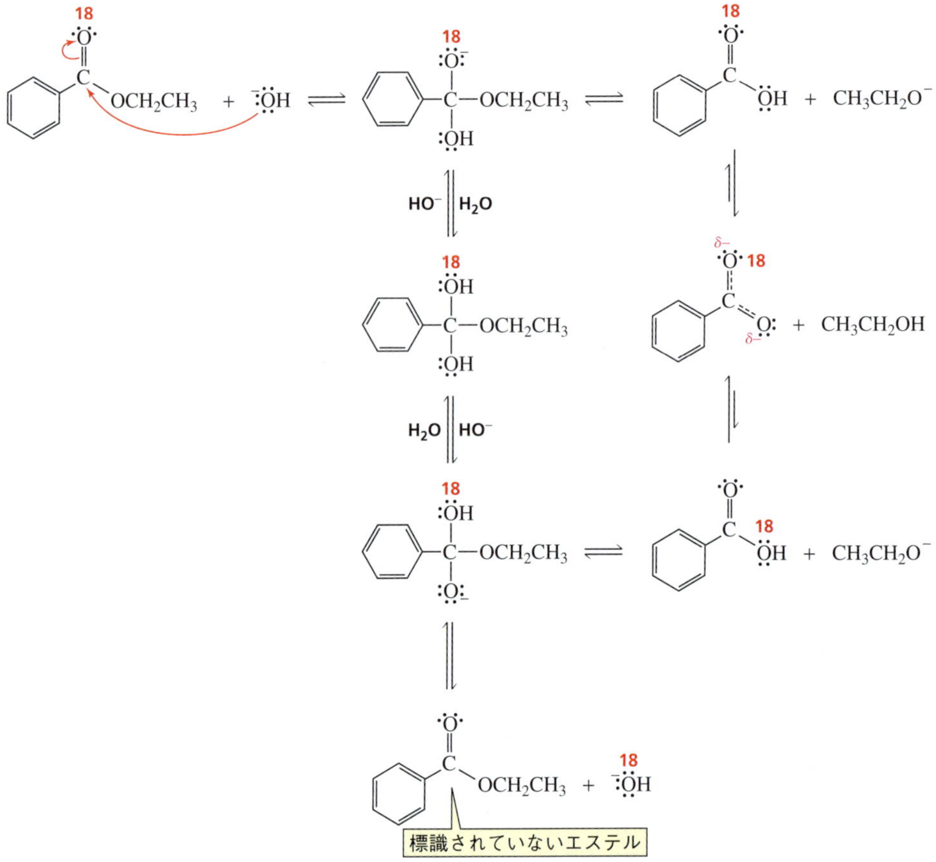

問題 31 ◆
ブタン酸と ^{18}O で標識したメタノールを酸性条件下で反応させると，反応が平衡に達したとき，どの化合物が ^{18}O で標識されているか．

問題 32 ◆
ロシア人化学者 D. N. Kursanov は，エステルの水酸化物イオン促進加水分解反応で切断される結合がアシルの C—O 結合であり，アルキルの C—O 結合でないことを，塩基性条件下での次のエステルとの反応の研究で証明した．

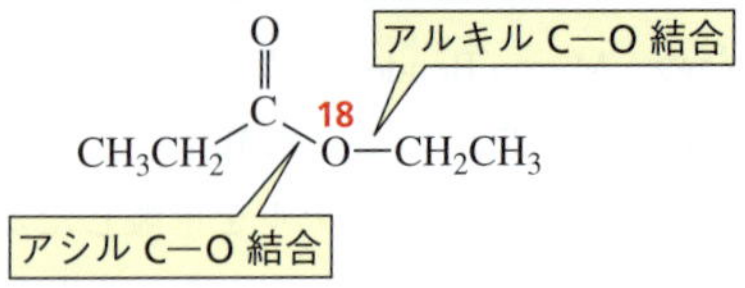

a. どの生成物に ^{18}O の標識が含まれているか．
b. アルキルの C—O 結合が切断された場合には，どの生成物に ^{18}O の標識が含まれているか．

> **問題 33(解答あり)**
>
> 昔の化学者は,水酸化物イオンによって促進されるエステル加水分解反応について三つの機構を考えていた.三つのうちどれが実際の機構であるかを示す実験を考案せよ.
>
> 1. 求核付加-脱離反応 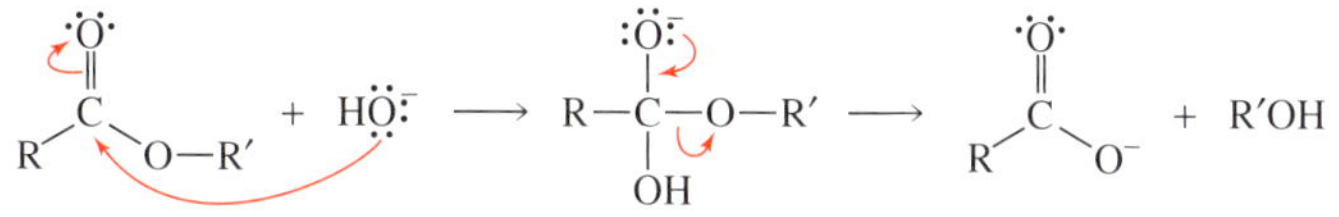
>
> $$R-\overset{\ddot{O}:}{\underset{}{C}}-O-R' + H\ddot{O}:^- \longrightarrow R-\overset{:\ddot{O}:^-}{\underset{OH}{C}}-O-R' \longrightarrow R-\overset{\ddot{O}:}{\underset{}{C}}-O^- + R'OH$$
>
> 2. S_N2 反応 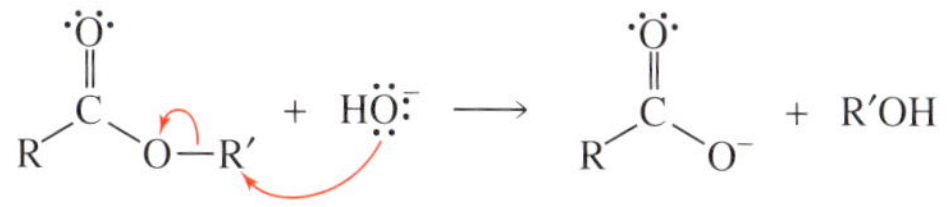
>
> 3. S_N1 反応 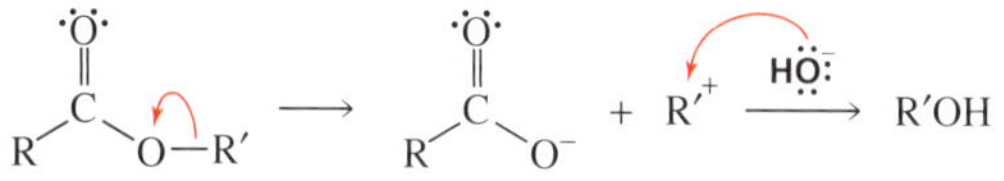
>
> **解答** 不斉中心に結合している OH 基をもつアルコールの単一の立体異性体を用いて,その比旋光度を測定する.それから,塩化アセチルのような塩化アシルを用いてアルコールをエステルに変換する.次に,塩基性条件下でエステルを加水分解し,生成物として得られたアルコールを単離し,その比旋光度を測定する. 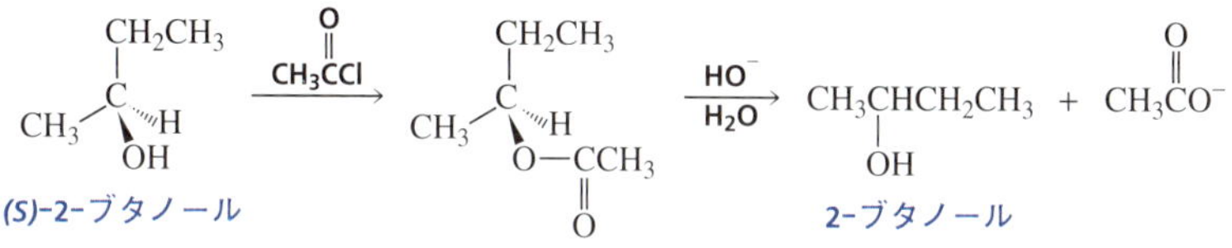
>
> **(S)-2-ブタノール** → **(S)-2-酢酸ブチル** → **2-ブタノール**
>
> その反応が求核付加-脱離反応であれば,不斉中心に結合している結合はエステルの生成や加水分解のあいだ,いずれも切断されないので,生成物のアルコールは反応物のアルコールと同じ比旋光度をもつはずである.
>
> その反応が S_N2 反応であれば,不斉中心への水酸化物イオンの背面攻撃が必要となるので,生成物のアルコールと反応物のアルコールは反対の(符号の)比旋光度をもつはずである(上巻;9.1 節参照).
>
> その反応が S_N1 反応であれば,アルコールをラセミ化させるカルボカチオンが生成するので,生成物のアルコールの比旋光度は小さく(あるいは 0 に)なるはずである(上巻;9.3 節参照).

16.13 脂肪と油はトリグリセリドである

トリグリセリド(triglyceride)は**トリアシルグリセロール**(triacylglycerol)とも呼ばれ,グリセロールの三つの OH 基のそれぞれが脂肪酸とエステルを形成している化合物である.トリアシルグリセリドの三つの脂肪酸成分がすべて同じ場合は,**単純トリアシルグリセリド**(simple triacylglyceride)と呼ばれる.2 種類または 3 種

類の異なる脂肪酸成分を含む場合は**混合トリアシルグリセリド**(mixed triacylglyceride)と呼ばれ，単純トリアシルグリセリドよりも一般的である．

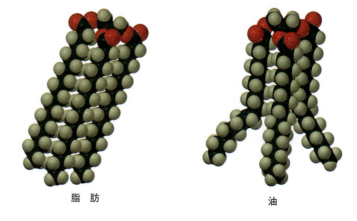

室温で固体あるいは半固体のトリアシルグリセリドは**脂肪**(fat)と呼ばれる．ほとんどの脂肪は動物から得られ，おもに飽和または二重結合を一つだけ含む脂肪酸成分からなるトリアシルグリセリドで構成されている．飽和脂肪酸尾部は互いに密に接しており，それがトリアシルグリセリドに比較的高い融点を付与している．そのため，それらは室温で固体なのである．

飽和脂肪の摂取が心臓病に関係しているという研究を受けて，植物油が料理によく使われるようになってきた．しかし，最近の研究では，不飽和脂肪の心臓病への関連も指摘されている．魚油に高濃度に含まれ，20炭素で五つの二重結合を含む不飽和脂肪酸のEPA(エイコサペンタエン酸)は，ある種の心臓病の進行を抑えると考えられている．このツノメドリの食餌は魚油含有量が高い．

液体のトリアシルグリセロールは**油**(oil)と呼ばれる．油は，おもにトウモロコシ，大豆，オリーブ，ピーナッツなどの植物製品から得られ，その主成分は，不飽和脂肪酸を含むトリアシルグリセリドであり，そのためそれらは互いに密に接することができない．結果的に，それらの融点は比較的低く，室温では液体となる．単一の原料からのトリグリセリド分子が，必ずしも同一であるというわけではない．たとえば，ラードやオリーブ油といった大部分の物質は，数種類のトリグリセリドの混合物である．

ポリ不飽和油の二重結合のいくつかあるいはすべては，接触水素化により還元できる．マーガリンやショートニングは，大豆油やベニバナ油などの植物油を望みの粘稠性を示すまで接触水素化することによってつくられている．しかし，水素化反応は注意深く行わなければならない．なぜならば，すべての炭素—炭素二重結合を還元すると，牛脂と同じ粘稠性をもつ硬い脂肪ができてしまうからである．水素化の過程で，トランス脂肪酸が生成されうるのはすでに学んだ(上巻；6.13節)．

16.13 脂肪と油はトリグリセリドである **845**

脂肪，油，ろう，および脂肪酸をまとめて脂質と呼ぶ．**脂質**（lipid）は非極性溶媒に溶ける天然有機化合物である．それらが非極性溶媒へ溶解するのは，炭化水素部分が多いからである．*lipid* という用語は，〝脂肪〟という意味のギリシャ語 *lipos* からきている．

クジラと反響定位

クジラは体重の33%にも及ぶ巨大な頭をもっており，大量の脂肪を頭や下あごに蓄えている．この脂肪は，クジラの体脂肪やクジラが餌として食べている脂肪とは非常に異なる．この脂肪を蓄えるには，解剖学的に見ても大きな形態の変化が必要であったので，この脂肪はクジラにとって何か重要な役割をもっているに違いない．

現在，この脂肪は反響定位，すなわち，音のパルスを発してはね返ってくるエコーを分析して情報を集めるために用いられていると考えられている．クジラの頭にある脂肪は，パルス状の音波を発するのに用いられ，エコーは下あごの脂肪器官で受け取られる．音はこの器官から脳に伝えられたのち情報処理され，クジラに水深や海底の形状，海岸線の位置などの情報を与える．頭部や下あごに蓄えられた脂肪は，クジラ独特の音響探知システムとして機能し，同様のセンサーをもつサメの攻撃から身を守る手段となっている．

セッケンとミセル

脂肪や油のエステル基を塩基性溶液中で加水分解すると，グリセロールと脂肪酸が生成する．溶液が塩基性なので脂肪酸は塩基型すなわち RCO_2^- である．

脂肪酸のナトリウム塩あるいはカリウム塩は，いわゆる**セッケン**（soap）である．塩基性溶液中でのエステルの加水分解を**ケン化**（saponification）と呼ぶ（ラテン語で〝セッケン〟は *sapo* という）．加水分解後，塩化ナトリウムを加えるとセッケンが沈殿し，これを乾燥させて棒状に圧縮する．香料を加えて香りつきのセッケンをつくったり，染料を加えて色つきセッケンをつくったり，磨き粉を加えて研磨剤入りセッケンをつくったり，空気を吹き込んで水に浮くセッケンをつくったりすることができる．次の化合物は最もありふれた3種類のセッケンである．

ステアリン酸ナトリウム
(sodium stearate)

オレイン酸ナトリウム
(sodium oleate)

リノール酸ナトリウム
(sodium linoleate)

長鎖カルボキシラートイオンは水溶液中で個々のイオンとしては存在しない．その代わりに，**ミセル**（micelle）と呼ばれる球状のクラスターになっている．それぞれのミセルは50〜100個の長鎖カルボキシラートイオンを含んでおり，大きなボールに似ている．それぞれのカルボキシラートイオンとその対イオンからなる極性の大きい頭部は水を引きつけるためにボールの外側にあり，非極性尾部は水との接触を最小限にするためにボールの内側に埋もれている．非極性尾部間の疎水性相互作用は

ミセルの安定性を高める（22.15節参照）.

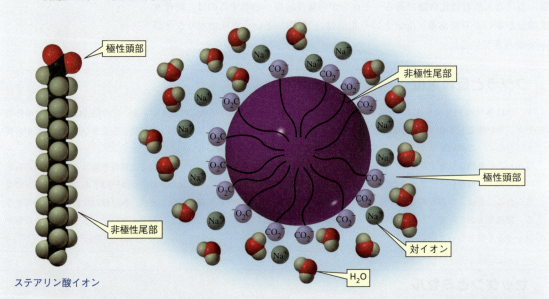

汚れは非極性油分子が運び，水自体にあまり洗浄能力はない．セッケンに洗浄能力があるのは，汚れである非極性の油分子がミセルの内側の非極性部分に溶けて，すすぎのあいだにミセルとともに洗い流されるからである．

ミセルの表面は帯電しているので，個々のミセルはより大きな凝集体を形成しようとクラスター化するのではなく，互いに反発し合う．しかし，硬水，つまりカルシウムイオンやマグネシウムイオンが高濃度で含まれている水ではミセルは凝集体を形成し，"浴槽の輪染み"または"セッケンかす"となる．

ホスホグリセリドは膜の成分である

生命体が適切に機能するためには，生命体のある部分がほかの部分から隔てられていなければならない．たとえば細胞レベルでは，細胞の外と内は隔てられていなければならない．"グリース状の"**脂質膜**(membrane)は障壁として機能する．これらの膜は細胞の内容物を隔離するだけでなく，細胞の内と外へのイオンや有機分子の選択的な移動を可能にする．

ホスホグリセリド(phosphoglyceride)〔**ホスホアシルグリセロール**(phosphoacylglycerol)とも呼ばれる〕は，細胞膜の主要な構成成分である．ホスホアシルグリセリドはグリセロールの末端 OH 基が脂肪酸ではなくリン酸である点を除いては，トリグリセリドに類似している．膜の最も一般的なホスホグリセリドは，二つ目のリン酸エステル結合をもっており，それらはリン酸ジエステルである．ホスホグリセリドは**脂質二重層**(lipid bilayer)を形成して膜を構成している（上巻；138 ページ参照）．

最も一般的には，2 番目のエステル基の生成に用いられるアルコール類はエタノールアミン，コリン，およびセリンである．ホスファチジルエタノールアミンは**セファリン**，ホスファチジルコリンは**レシチン**とも呼ばれている．レシチンはマヨネーズなどの食品に，水分と油分の分離を抑えるために加えられている．

膜の流動性は，ホスホグリセリドを構成する脂肪酸によって調節されている．飽和脂肪

ホスファチジルセリン
ホスホアシルグリセロール

酸は，それらの炭化水素鎖が互いに密に充填されているので，膜の流動性を減少させる．不飽和脂肪酸は，炭化水素鎖があまり密に充填されないので，流動性を増大させる．コレステロールも流動性を低下させる（上巻；138ページ参照）．動物の膜だけがコレステロールを含んでいるため，植物の膜に比べて硬い構造となっている．

ホスホアシルグリセリド

ホスファチジルエタノールアミン (phosphatidylethanolamine) セファリン (cephalin)

ホスファチジルコリン (phosphatidylcholine) レシチン (lecithin)

ホスファチジルセリン (phosphatidylserine)

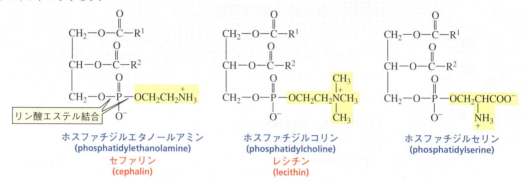

ヘビ毒

ある種の毒ヘビの毒液は，ホスホグリセリドのエステル基を加水分解する酵素であるホスホリパーゼを含んでいる．たとえば，ヒガシダイヤガラガラヘビやインドコブラは，セファリンのエステル結合を加水分解するホスホリパーゼをもち，赤血球の膜を破裂させる．

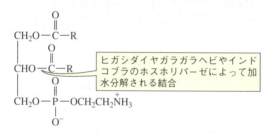

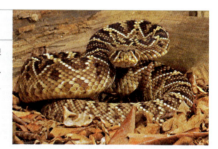

ヒガシダイヤガラガラヘビ

問題 34◆

ココナッツから得られる油は，三つの脂肪酸成分がすべて同一という点で通常と異なる．その油の分子式は $C_{45}H_{86}O_6$ である．その油をケン化したときに得られるカルボキシラートイオンの分子式は何か．

問題 35◆

トリパルミトレイン酸グリセリルとトリパルミチン酸グリセリルとでは，どちらの融点が高いか．（これらの化合物の脂肪酸成分の構造式は表 16.2 で見ることができる．）

問題 36

酸性条件で加水分解すると，グリセロール，1当量のラウリン酸，および2当量のステアリン酸が生成するような光学不活性な油脂の構造式を書け．

> **問題 37**
> 酸性条件で加水分解すると，問題 36 と同じ生成物が生成する光学活性な油脂の構造式を書け．

16.14 カルボン酸の反応

酢　酸

カルボン酸は，酸性型の場合のみ求核付加−脱離反応を起こすことができる．カルボン酸の塩基性型は反応活性でない．なぜなら，負に荷電したカルボキシラートイオンは求核攻撃を受けにくいからである．したがって，カルボキシラートイオンはアミドよりも求核付加−脱離反応における反応性が低い．

求核付加−脱離反応の相対的反応性

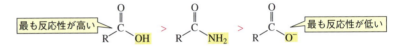

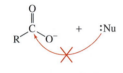

カルボン酸の反応性はエステルのそれとほぼ同じである．なぜなら，カルボン酸の HO⁻ 脱離基の塩基性はエステルの RO⁻ 脱離基の塩基性とほぼ同だからである．

したがって，カルボン酸はアルコールと反応してエステルを生成する．その反応は酸性溶液中で行わなければならないが，それは酸が反応を触媒するだけでなく，求核剤がカルボン酸と反応するように酸性型に保つためである．この反応で生成する四面体中間体は，ほぼ同じ塩基性である二つの潜在的な脱離基をもっているので，生成物のほうに反応を傾けるためには過剰のアルコールを用いて反応を行わなければならない．

Emil Fischer が，カルボン酸と過剰のアルコールを酸触媒存在下で反応させてエステルを合成できることを初めて発見したので，この反応は **Fischer エステル化** (Fischer esterification) と呼ばれる．その反応機構は，835 ページに示した酸触媒によるエステルの加水分解の機構の真逆である．問題 24 も参照せよ．

カルボン酸はアミンとは求核付加−脱離反応を行わない．カルボン酸は酸であり，アミンは塩基であるので，両方を混ぜるとカルボン酸は速やかにプロトンを失ってプロトンをアミンに供与してしまうのである．その結果，カルボン酸のアンモニウム塩が反応の最終生成物となる．ここでカルボキシラートイオンは反応不活性であり，プロトン化されたアミンは求核剤とはならない．

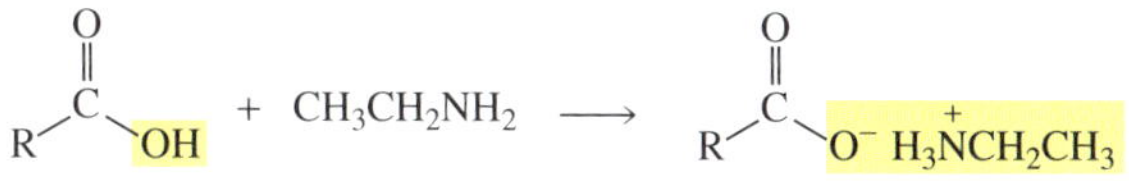

16.14 カルボン酸の反応　849

$$R-\underset{\underset{O}{\|}}{C}-OH + CH_3CH_2NH_2 \longrightarrow R-\underset{\underset{O}{\|}}{C}-O^- \ \overset{+}{H_3N}CH_2CH_3$$

カルボン酸の
アンモニウム塩

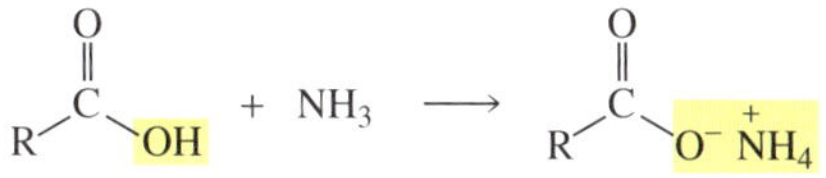

$$R-\underset{\underset{O}{\|}}{C}-OH + NH_3 \longrightarrow R-\underset{\underset{O}{\|}}{C}-O^- \ \overset{+}{N}H_4$$

カルボン酸のアンモニウム塩は加熱すると水を失ってアミドを生成する．

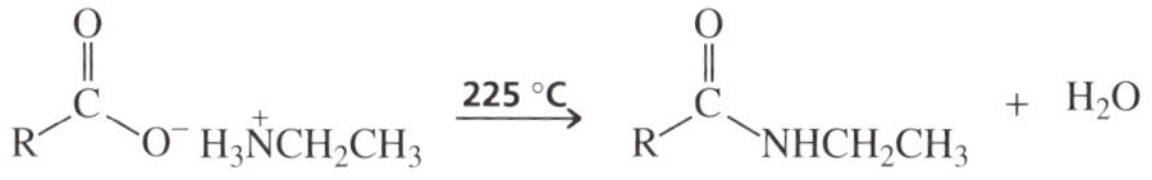

$$R-\underset{\underset{O}{\|}}{C}-O^- \ \overset{+}{H_3N}CH_2CH_3 \xrightarrow{225\ ^\circ C} R-\underset{\underset{O}{\|}}{C}-NHCH_2CH_3 + H_2O$$

問題 38 ◆

出発物質の一つにカルボン酸を用いて，次のエステルを合成する方法を示せ．

a. 酪酸メチル(リンゴの香り)　　**b.** 酢酸オクチル(オレンジの香り)

【問題解答の指針】

反応機構の提案

次の反応の機構を示せ．

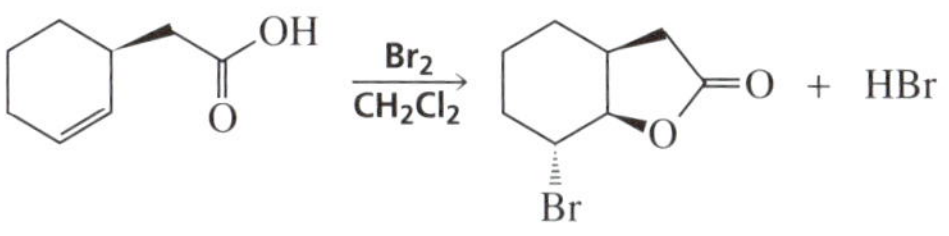

(シクロヘキセニル酢酸) $\xrightarrow[CH_2Cl_2]{Br_2}$ (二環式ブロモラクトン) + HBr

反応機構を問う問題が出されたら，一段階目を決めるために，反応物を注意深く見てみよう．反応物の一つは二つの官能基をもっている．すなわち，カルボキシ基と炭素一炭素二重結合である．もう一つの反応物である Br_2 はカルボン酸とは反応しないが，アルケンとは反応する(上巻；6.9節参照)．二重結合の一方の側への接近はカルボキシ基によって立体的に妨げられる．したがって，Br_2 は二重結合のもう一方の側に付加し，環状ブロモニウムイオンを形成する．

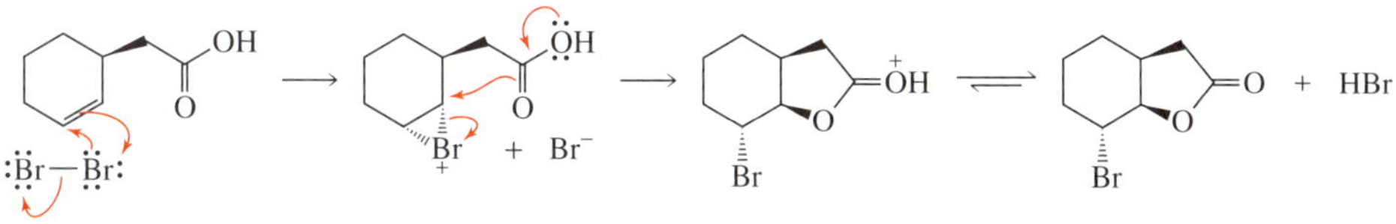

二段階目の付加反応では，求核剤がブロモニウムイオンを攻撃することをすでに学んだ．そこにある二つの求核剤のうちで，カルボニル酸素はブロモニウムイオンの背後を攻撃するのに，臭化物イオンよりもよい位置にあり，結果として，実験で得られた立体配座の生成物が生じる．脱プロトン化が起こると反応の最終生成物が生成する．

ここで学んだ方法を使って問題 39 を解こう．

問題 39

次の反応の機構を示せ．（ヒント：反応物の炭素が最終的に生成物のどの炭素になっているかを知ることが助けになる．そのために炭素に番号をつけよ．）

$$CH_2=CHCH_2CH_2CH=C(CH_3)CH_3 + CH_3COOH \xrightarrow{H_2SO_4} \text{生成物}$$

16.15 アミドの反応

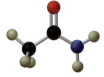

アセトアミド

アミドはきわめて反応性が低い化合物である．タンパク質はアミノ酸どうしがアミド結合によって互いに結合してできている（22.0 節参照）ので，この反応性の低さは都合がよい．アミドはハロゲン化物イオン，アルコール，および水とは反応しない．なぜなら，いずれの場合も導入される求核剤はアミドにある脱離基よりも弱塩基だからである（表 16.1）．

$$R-C(=O)-NHCH_2CH_2CH_3 + Cl^- \longrightarrow \text{反応しない}$$

$$R-C(=O)-NHCH_3 + CH_3OH \longrightarrow \text{反応しない}$$

$$R-C(=O)-NHCH_3 + H_2O \longrightarrow \text{反応しない}$$

しかし，アミドは酸性条件下で水やアルコールと反応する（16.16 節）．

分子軌道理論でアミドの反応性が低い理由を説明できる．16.2 節で，窒素が孤立電子対をカルボニル炭素と共有する，共鳴寄与体がアミドにはあることを学んだ．孤立電子対を含む軌道がカルボニル炭素の空の反結合性π*軌道と重なる．この軌道の重なりが孤立電子対のエネルギーを下げ，塩基性も求核性もないようにし，そしてカルボニル炭素の反結合性π*軌道のエネルギー準位を上げ，求核剤に対する反応性を低下させるのである（図 16.4）．

図 16.4 ▶
窒素の孤立電子対を含む被占非結合性軌道はカルボニル炭素の空の反結合性π*軌道と重なる．これにより孤立電子対が安定化され，カルボニル炭素のπ*軌道のエネルギー準位が上がる．

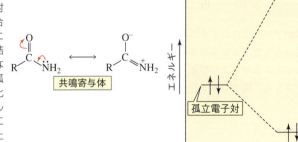

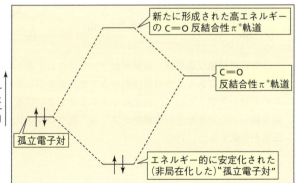

ペニシリンの発見

Alexander Fleming 卿(1881～1955)はロンドン大学の細菌学の教授であった．ペニシリンの発見は次のように語られている．ある日，Fleming は *Penicillium notatum* という珍しいカビの菌株に汚染されたブドウ球菌の培養液を捨てようとした．そのとき，カビの小さな塊があるところでは，その細菌が消えていることに気づいた．それにより，彼はカビが抗菌物質を生産しているに違いないと思ったのである．数年後の 1938 年に，Howard Florey と Ernest Chain はその活性物質であるペニシリン G を単離したが，時間がかかりすぎたために，サルファ剤に最初の抗生物質の座を譲ることになった(19.22 節参照)．ペニシリン G によってマウスの細菌感染が治ることがわかり，1941 年にヒトへの細菌感染で使われ，9 例で成功した．1943 年までにペニシリン G は軍隊用に生産されるようになり，シチリア島とチュニジアでの戦傷者に初めて使われた．1944 年にこの薬は一般市民にも使われるようになった．戦争がペニシリン G の構造決定をあと押しした．なぜなら，その構造が決定されれば，その薬を大量に合成できると考えられたからである．

Fleming, Florey と Chain は，1945 年度のノーベル医学生理学賞を受賞した．Chain はペニシリンを分解する酵素であるペニシリナーゼも発見した(次ページコラム)．一般に Fleming にペニシリン発見の名誉が与えられているが，1865 年に無菌手術を導入したことで知られているイギリスの医師 Joseph Lister 卿(1827～1912)が，19 世紀にカビの殺菌効果に気づいていたという明らかな証拠もある．しかし残念なことに，彼の例に続く外科手術を専門とする人が現れるのに数年を要した．

ペニシリンと薬剤耐性

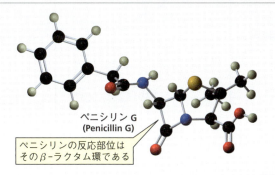

ペニシリン G (Penicillin G)
ペニシリンの反応部位はその β-ラクタム環である

ペニシリンの抗菌活性は，細菌の細胞壁の生合成を行う酵素の CH_2OH 基をアシル化する(アシル基をつける)ことに起因する．アシル化は求核付加-脱離反応によって生じる．つまり CH_2OH 基が β-ラクタムのカルボニル炭素に付加して四面体中間体を生成し(赤色矢印)，π 結合が再形成されるとき，四員環のひずみによりアミノ基の脱離能が増大する(青色矢印)．

アシル化されることによってその酵素は不活性化され，活発に増殖している細菌は機能的な細胞壁を合成できなくなり，死滅する．哺乳類の細胞には細胞壁がないので，ペニシリンは哺乳類には影響を与えない．β-ラクタムの加水分解を最小限にするため，ペニシリンは冷蔵保存する．

ペニシリン耐性の細菌は，β-ラクタムの加水分解を触媒するペニシリナーゼという酵素を分泌する．開環した生成物は抗菌活性を示さない．

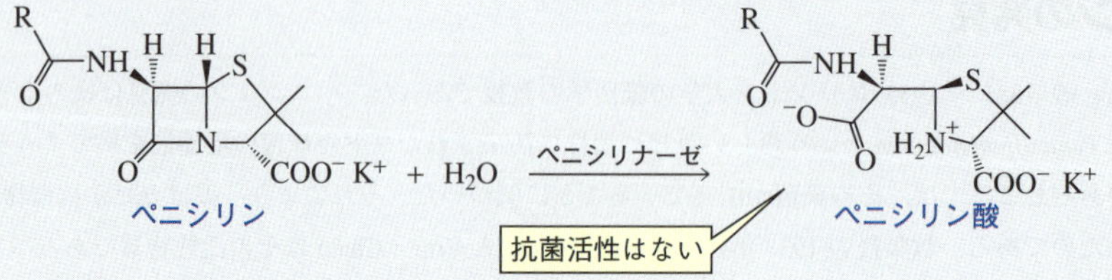

治療に用いられるペニシリン

現在，10 種類以上のペニシリンが臨床治療に用いられている．それらはカルボニル基に結合している R 基だけが異なっている．これらのペニシリンのさまざまな R 基を下に示した．その構造的な違いに加えて，最も効果的に作用する細菌もペニシリンの種類によって異なる．ペニシリナーゼに対する感受性もまた異なる．たとえば，合成ペニシリンのアンピシリンは，天然由来のペニシリンであるペニシリン G の耐性菌に対して臨床的に有効である．ヒトの約 19%がペニシリン G に対してアレルギー症状を示す．

R

ペニシリン G (penicillin G)

アンピシリン (ampicillin)

メチシリン (methicillin)

R

オキサシリン (oxacillin)

クロキサシリン (cloxacillin)

R

アモキシリン (amoxicillin)

$CH_2{=}CHCH_2SCH_2-$　ペニシリン O (penicillin O)

ペニシリン V (penicillin V)

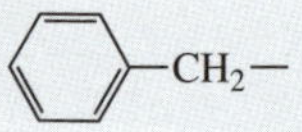

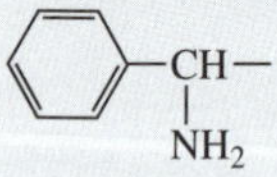

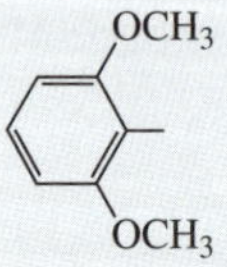

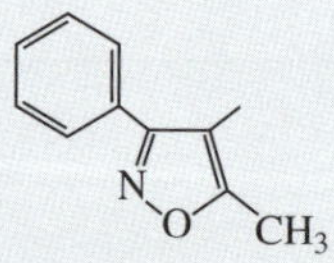

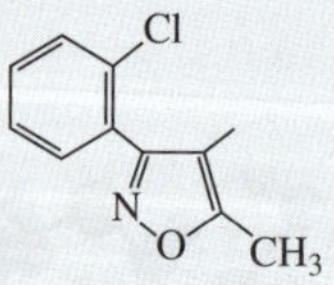

ペニシリンの半合成

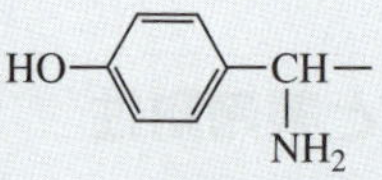

ペニシリン V は半合成ペニシリンであり，臨床治療に用いられている．天然由来のペニシリンでもなく，化学者が合成したものではないので真の合成ペニシリンでもない．*Penicillium* 属のアオカビは，ペニシリン V の R 基に必要な 2-フェノキシエタノールを与えるとペニシリン V を合成する．

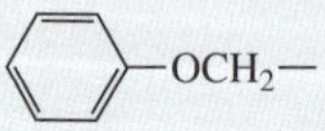

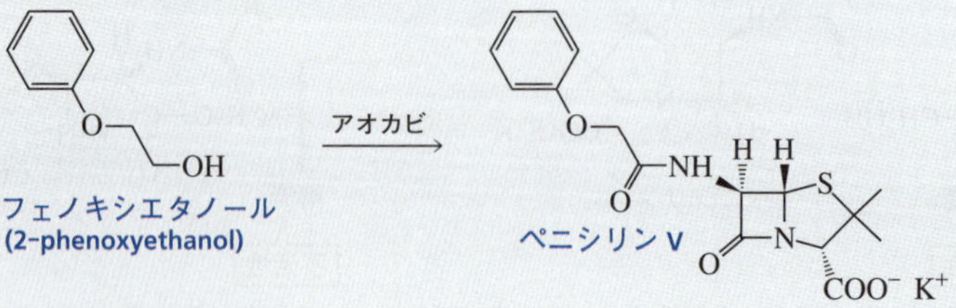

問題 40◆

どのような塩化アシルとアミンを使えば，次のアミドを合成できるか．

a. *N*-エチルブタンアミド　　**b.** *N*,*N*-ジメチルベンズアミド

問題 41 ◆

次の反応のうちでアミドを生成するのはどれか.

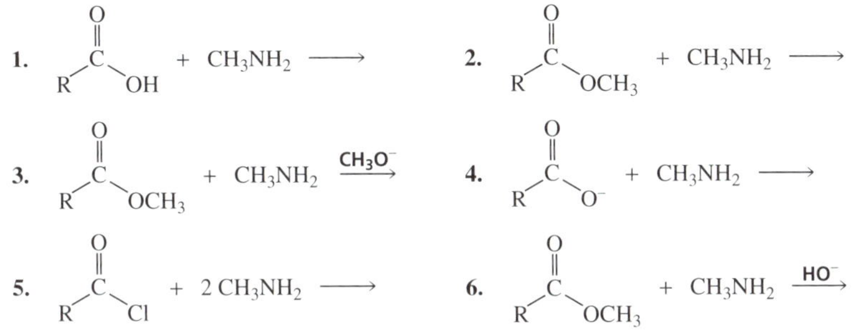

1. R-C(=O)-OH + CH₃NH₂ ⟶

2. R-C(=O)-OCH₃ + CH₃NH₂ ⟶

3. R-C(=O)-OCH₃ + CH₃NH₂ —CH₃O⁻→

4. R-C(=O)-O⁻ + CH₃NH₂ ⟶

5. R-C(=O)-Cl + 2 CH₃NH₂ ⟶

6. R-C(=O)-OCH₃ + CH₃NH₂ —HO⁻→

16.16 酸触媒アミド加水分解反応とアルコーリシス反応

アミドは，酸存在下で水と加熱するとカルボン酸に変換され，アルコールとではエステルに変換される．

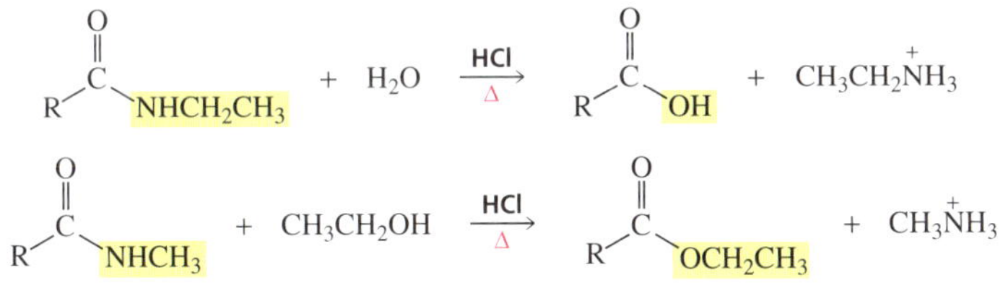

R-C(=O)-NHCH₂CH₃ + H₂O —HCl, Δ→ R-C(=O)-OH + CH₃CH₂N⁺H₃

R-C(=O)-NHCH₃ + CH₃CH₂OH —HCl, Δ→ R-C(=O)-OCH₂CH₃ + CH₃N⁺H₃

酸触媒によるアミドの加水分解反応の機構は，834 ページに示した酸触媒によるエステルの加水分解反応の機構とまったく同じである．

酸触媒によるアミドの加水分解反応の機構

- 酸がカルボニル酸素をプロトン化する
- 求核剤がカルボニル炭素に付加する
- 四面体中間体 I
- NH₂ と OH のどちらかがプロトン化されうる
- 四面体中間体 II
- より弱い塩基が脱離する
- 四面体中間体 III

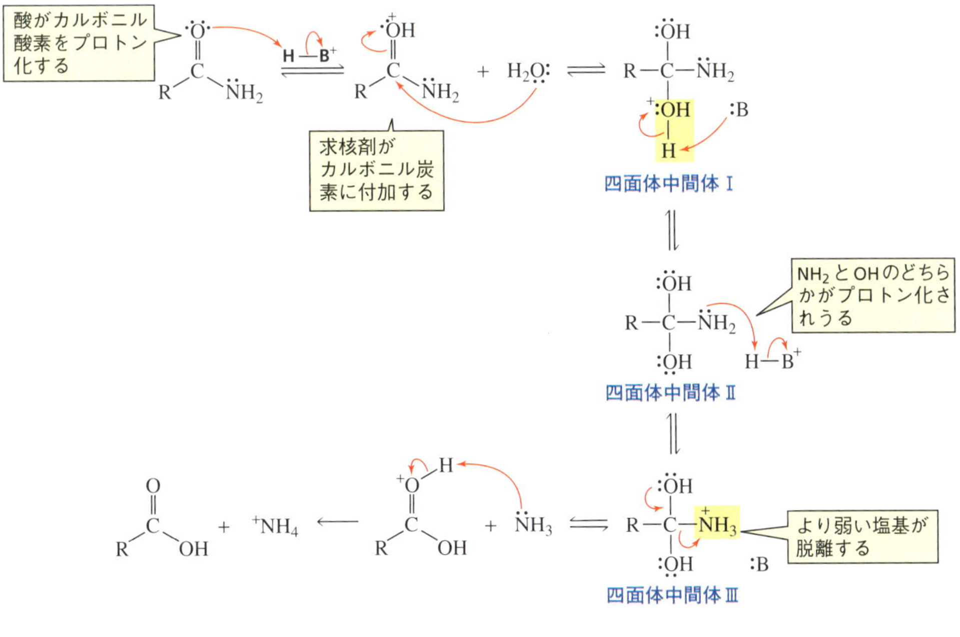

16章 カルボン酸とカルボン酸誘導体の反応

三つの四面体中間体の型にもう一度注目しよう：

プロトン化された四面体中間体 →
中性の四面体中間体 →
プロトン化された四面体中間体.

- 酸はカルボニル酸素をプロトン化し，カルボニル炭素への求核付加をしやすくする．
- 求核剤（H_2O）のカルボニル炭素への求核付加によって四面体中間体Ⅰが生成し，これは非プロトン化体である四面体中間体Ⅱと平衡状態にある．
- 再プロトン化が酸素上で起こり，四面体中間体Ⅰを再生するか，あるいは窒素上で起こり，四面体中間体Ⅲを生成する．ここでは窒素上のプロトン化が優先するが，それは NH_2 基が OH 基よりも強塩基であるからである．
- 四面体中間体Ⅲにおける可能な二つの脱離基（HO^- と NH_3）のうち，より弱い塩基である NH_3 が放出される．
- 反応は酸性溶液中で行われているので，NH_3 は四面体中間体から放出されたあとにプロトン化される．$^+NH_4$ は求核剤ではないので逆反応の進行が妨げられる．

なぜアミドが酸触媒なしでは加水分解されないかをもう少し考えてみよう．無触媒反応ではアミドはプロトン化されないだろう．よって，非常に弱い求核剤である水が中性アミドに付加しなければならないが，この中性アミドはプロトン化されたアミドよりも求核付加をはるかに受けにくい．さらに無触媒反応で重要なことは，四面体中間体の NH_2 基はプロトン化されないであろうということである．そのため，HO^- が四面体中間体から脱離する基となり（なぜなら HO^- は $^-NH_2$ よりも弱塩基であるから），アミドが再生してしまうであろう．

酸触媒によるアミドの加水分解反応の脱離基

(不連続な) 無触媒でのアミドの加水分解反応の脱離基

アミドが酸の存在下でアルコールと反応してエステルを生成するときは，水と反応してカルボン酸を生成するときと同じ反応機構で進む．

🧪 ダルメシアン：母なる自然をもて遊んではいけない

アミノ酸が代謝されると，五つのアミド結合をもつ尿酸のなかに過剰の窒素が濃縮される．一連の酵素触媒加水分解反応によって，尿酸はアンモニウムイオンに完全に分解される．尿酸が分解される度合いは種による．霊長類，鳥類，爬虫類，および昆虫は過剰の窒素を尿酸として排泄する．霊長類以外の哺乳類は過剰の窒素をアラントインとして排泄する．水生動物は過剰の窒素をアラントイン酸，尿素，またはアンモニウム塩として排泄する．

尿酸 (uric acid)
鳥類，爬虫類，昆虫，霊長類による排泄

→ 尿酸オキシターゼ →

アラントイン (allantoin)
哺乳類（霊長類を除く）

→ アラントイナーゼ →

アラントイン酸 (allantoic acid)
脊椎海洋生物

→ アラントイカーゼ →

尿素 (urea)
軟骨魚類，両生類

↓ ウレアーゼ

$^+NH_4X^-$
アンモニウム塩 (ammonium salt)
無脊椎海洋生物

ダルメシアンはほかの犬とは異なり，高レベルの尿酸を排泄する．ブリーダーが黒の斑点の中に白い毛がないイヌを選び出してダルメシアンとしたのだが，その白い毛の遺伝子が尿酸をアラントインに加水分解する遺伝子に連鎖していたのがその理由である．ダルメシアンはそれゆえ，痛風(尿酸が関節に沈着して痛む病気)になりやすい．

問題 42
アミドとアルコールの酸触媒反応でエステルが生成する機構を書け．

問題 43◆
次のアミドを酸触媒加水分解に対する反応性が最も高いものから最も低いものの順に並べよ．

16.17 水酸化物イオンが促進するアミドの加水分解反応

アミドも強塩基条件下で加熱すると，加水分解しうる．

水酸化物イオンが促進するアミドの加水分解反応の機構

- 水酸化物イオンは水に代わる求核剤である．水酸化物イオンは水よりも優れた求核剤であり，四面体中間体をすばやく生成するからである．
- 四面体中間体の二つの可能な脱離基のうち，⁻OH はより弱い塩基で，したがってもう一方がより脱離しやすく，それによりアミドが再生する．
- ⁻NH₂ が脱離することもある．これが起こるのは，生成するカルボン酸が直ちにプロトンを失うからである．この段階は不可逆的であるので(負に電荷した

カルボキシラートイオンは反応しない)，それは平衡を乱し，反応を生成物側に偏らせる．
- 強塩基性溶液中では，反応は水酸化物イオンについて二次で進む．すなわち，2当量の水酸化物イオンが反応に関与する．2当量目の水酸化物イオンははじめに生成した四面体中間体からプロトンを奪う．
- いまや可能性のある脱離基は $^-NH_2$ と O^{2-} である．より弱い塩基である $^-NH_2$ が脱離し，カルボキシラートイオンが生成する．

1当量の水酸化物イオンは触媒にはならない(再生されないため)が，2当量目の水酸化物イオンは再生され，そのため触媒となることに注目しよう．

16.18 イミドの加水分解反応：第一級アミンの合成法

第一級アミンは，ハロゲン化アルキルの S_N2 反応によって合成できるが，収率は低い．それは，一つのアルキル基が窒素上に置換された段階で反応を止めることが難しいからである(827ページの問題14を見よ)．ハロゲン化アルキルから第一級アミンを合成するもっともよい方法が **Gabriel 合成**(Gabriel synthesis)である．Gabriel 合成は，イミドの加水分解を含んでいる．**イミド**(imide)とは窒素に二つのアシル基が結合した化合物である．

$$RCH_2Br \xrightarrow{\text{Gabriel 合成}} RCH_2NH_2$$
ハロゲン化アルキル　　　　　　　　第一級アミン

合成に含まれる段階を次に示す．反応の2段階目で用いられたハロゲン化アルキルのアルキル基は所望の第一級アミンのアルキル基と同じであることに注目しよう．

フタルイミド (phthalimide) $\xrightarrow{HO^-}$ $\xrightarrow[S_N2]{R-Br}$ N-置換イミド $+ Br^-$ $\xrightarrow[\Delta]{HCl, H_2O}$ フタル酸 (phthalic acid) $+ RNH_3^+$ 第一級アルキルアンモニウムイオン $\xrightarrow{HO^-}$ フタル酸カルボキシラート $+ RNH_2$ 第一級アミン

- 塩基がフタルイミドの窒素からプロトンを引き抜く．
- そこで生成した求核剤はハロゲン化アルキルと反応する．これは S_N2 反応なので，第一級ハロゲン化アルキルを用いると最もよく進む(上巻；9.1節参照)．
- N-置換イミドの二つのアミド結合の加水分解は酸によって触媒される．その溶液は酸性なので，最終生成物は第一級アルキルアンモニウムイオンとフタル酸である．
- アルキルアンモニウムイオンを塩基と反応させると，第一級アミンが生成する．

フタルイミドの窒素に結合している水素は一つだけなので，窒素上に導入できるアルキル基は一つのみである．これは Gabriel 合成が第一級アミンの生成だけに適用可能なことを意味している．

問題 44 ◆

次のアミンを合成するには，Gabriel 合成でどのような臭化アルキルを用いればよいか．

a. ペンチルアミン　　　　　b. イソヘキシルアミン
c. ベンジルアミン　　　　　d. シクロヘキシルアミン

問題 45

第一級アミンは，ハロゲン化アルキルとアジドイオンとを反応させ，そのあとに接触水素化しても合成できる．この方法および Gabriel 合成は，ハロゲン化アルキルとアンモニアを用いる第一級アミンの合成と比べて，どのような利点があるか．

$$CH_3CH_2CH_2Br \xrightarrow{\ ^-N_3\ } CH_3CH_2CH_2N\!=\!\overset{+}{N}\!=\!\overset{-}{N} \xrightarrow{\ H_2\ }_{Pd/C} CH_3CH_2CH_2NH_2 \ + \ N_2$$

16.19 ニトリル

ニトリル (nitrile) はシアノ (C≡N) 基を含む化合物である．ニトリルはカルボン酸誘導体と見なされる．なぜなら，ほかのすべてのカルボン酸誘導体と同様に，ニトリルは加水分解されてカルボン酸になるからである．

アセトニトリル

ニトリルの命名

体系的命名法では，ニトリルは親化合物となるアルカンの名称に "nitrile" をつけて命名する．ニトリル基の三重結合を構成している炭素は，連続する最長炭素鎖の炭素数に含まれることに注意しよう．

	$CH_3C\equiv N$	$C_6H_5-C\equiv N$	$CH_3CHCH_2CH_2CH_2C\equiv N$ (CH_3 分枝)	$CH_2=CHC\equiv N$
体系的名称：	エタンニトリル (ethanenitrile)	ベンゼンカルボニトリル (benzenecarbonitrile)	5-メチルヘキサンニトリル (5-methylhexanenitrile)	プロペンニトリル (propenenitrile)
慣用名：	アセトニトリル (acetonitrile)	ベンゾニトリル (benzonitrile)	δ-メチルカプロニトリル (δ-methylcapronitrile)	アクリロニトリル (acrylonitrile)
	シアン化メチル	シアン化フェニル	シアン化イソヘキシル	

慣用的命名法では，ニトリルはカルボン酸の "ic acid" を "onitrile" に置き換えて命名する．三重結合の炭素に結合しているアルキル基の名称を用いて，シアン化アルキル (alkyl cyanide) と命名することもできる．

問題 46 ◆

次のニトリルにそれぞれ 2 種類の名称をつけよ．

a. $CH_3CH_2CH_2C\equiv N$　　　　　b. $CH_3CHCH_2CH_2C\equiv N$
　　　　　　　　　　　　　　　　　　　　　$|$
　　　　　　　　　　　　　　　　　　　　CH_3

ニトリルの反応

ニトリルはアミドよりもいっそう加水分解が難しいが，水と酸を加えて加熱すると，ニトリルはカルボン酸へゆっくりと加水分解される．

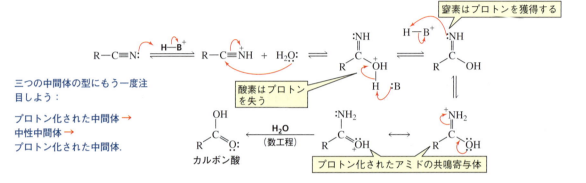

酸触媒によるニトリルの加水分解反応の機構

三つの中間体の型にもう一度注目しよう：

プロトン化された中間体 →
中性中間体 →
プロトン化された中間体．

- 酸はシアノ基（C≡N）の窒素をプロトン化し，水がシアノ基の炭素に付加しやすいようにする．（プロトン化されたシアノ基への水の付加は，プロトン化されたカルボニル基への水の付加に似ている．）
- 塩基は酸素からプロトンを引き抜き，酸素上への再プロトン化もしくは窒素上へのプロトン化が可能な中性反応種を生成する．窒素上へのプロトン化はプロトン化されたアミドを生成する．その二つの共鳴寄与体を示す．（共鳴寄与体の一つがプロトン化されたアミドであることに注目しよう．）
- プロトン化されたアミドはニトリルより容易に加水分解されるので，854 ページに示した酸触媒加水分解機構によって，速やかにカルボン酸に加水分解される．

ニトリルは，ハロゲン化アルキルとシアン化物イオンとの S_N2 反応で合成できる．ニトリルはカルボン酸へ加水分解できるのでハロゲン化アルキルをカルボン酸に変換する方法は自明である．ここで，カルボン酸はハロゲン化アルキルより1個だけ炭素が多いことに注目しよう．

ニトリルの触媒的水素化は第一級アミンを合成するもう一つの方法である．Raney ニッケルはこの還元に適した金属触媒である．

$$RC\equiv N \xrightarrow[\text{Raney ニッケル}]{H_2} RCH_2NH_2$$

問題 47◆

ハロゲン化アルキルをシアン化ナトリウムと反応させ，次に酸性水溶液中で加熱して次のカルボン酸を生成させるには，どのようなハロゲン化アルキルを用いればよいか．

a. 酪酸　　　**b.** イソ吉草酸　　　**c.** シクロヘキサンカルボン酸

問題 48（解答あり）

NH_2 基をもつアミドは，塩化チオニル（$SOCl_2$）を用いて脱水反応をさせてニトリルにすることができる．この反応の機構を示せ．

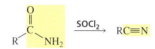

解答

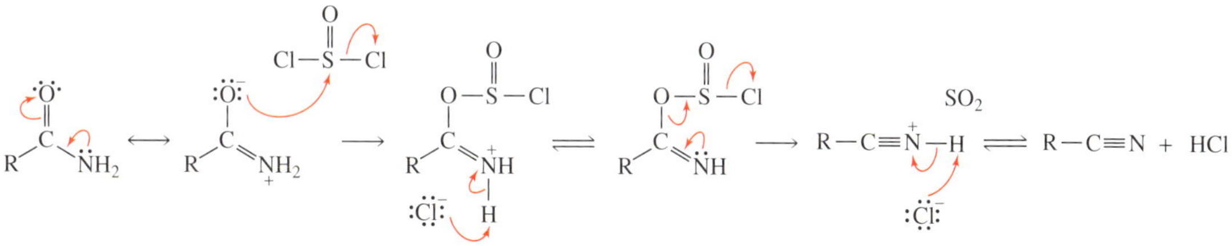

[反応機構の図]

- 生成物は $C\equiv N$ 結合をもっているので，アミドの共鳴寄与体から始めよう．それは $C=N$ 結合をもつので，中間点にあたる．
- 求核的な酸素が求電子的な塩化チオニルと反応する．
- プロトンを失うことで，非常に優れた脱離基をもち，三重結合を形成できる化合物が生成する．
- もう一つのプロトンを失いニトリルが生成する．

16.20 酸無水物

2 分子のカルボン酸から水が引き抜かれると**酸無水物**（acid anhydride）となる．"anhydride" は「水がない」という意味である．無水物はカルボン酸誘導体である．それは，カルボン酸の OH がカルボキシラートイオンで置換されたものだからである．

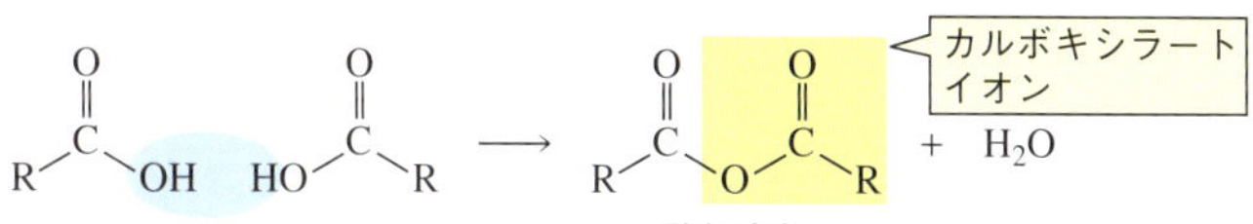

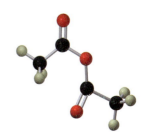

無水酢酸

酸無水物の命名

酸無水物を生成する二つのカルボン酸分子が同じであれば，その無水物は**対称酸無水物**(symmetrical anhydride)である．二つのカルボン酸分子が異なれば，それは**混合酸無水物**(mixed anhydride)である．対称酸無水物の命名には，その酸の名称の，"acid"を"anhydride"に置き換える．混合酸無水物の場合は，両方の酸の名称をアルファベット順に並べ，そのうしろに"anhydride"をつけて命名する．

体系的名称：	エタン酸無水物 (ethanoic anhydride)	エタン酸メタン酸無水物 (ethanoic methanoic anhydride)
慣用名：	無水酢酸 (acetic anhydride)	酢酸ギ酸無水物 (acetic formic anhydride)
	対称酸無水物	混合酸無水物

酸無水物の反応

酸無水物の脱離基はカルボキシラートイオン（この共役酸の pK_a は約 5 ）であり，それは酸無水物が塩化アシルよりも反応性が低いがエステルやカルボン酸よりも反応性が高いことを意味する．

カルボン酸誘導体の相対的反応性

最も反応性が高い　塩化アシル > 酸無水物 > エステル ≈ カルボン酸 > アミド　最も反応性が低い

したがって，酸無水物は，アルコールと反応するとエステルとカルボン酸を生成し，水と反応すると2当量のカルボン酸を，アミンと反応するとアミドとカルボキシラートイオンを生成する．どの場合も，導入される求核剤がプロトンを失うと，もとからあったカルボキシラートイオンよりも強塩基となる．（カルボン酸誘導体はより反応性の低い化合物に変換されるが，より反応性の高い化合物にはならないことを思い出そう）．

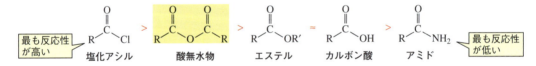

アミンと酸無水物との反応では，反応で生成するカルボニル化合物とプロトンの両方と反応するのに十分なアミンが存在するように，2当量のアミンを用いなければならない(16.8節)．

酸無水物の反応は16.7節で述べた一般的反応機構に従う．たとえば，酸無水物とアルコールとの反応機構を829ページの塩化アシルとアルコールとの反応機構と比較してみよう．

酸無水物とアルコールとの反応機構

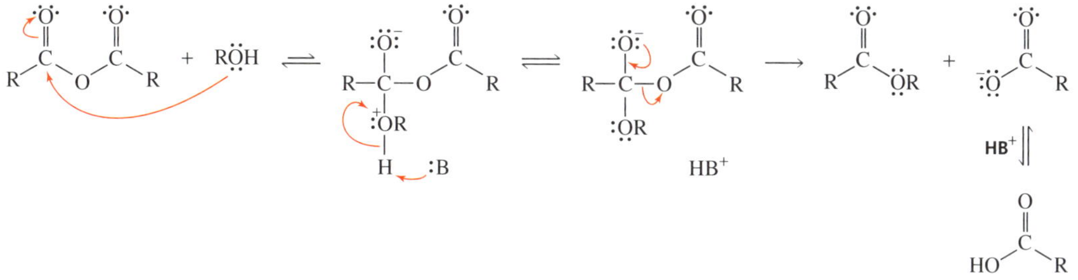

- 求核剤はカルボニル炭素に付加して四面体中間体を生成する．
- プロトンが四面体中間体から遊離する．
- 四面体中間体中の二つの塩基のうち，弱いほうのカルボキシラートイオンが脱離する．

麻薬探知犬が実際に検出しているもの

激しい痛みに対する鎮痛薬として最も広く用いられているモルヒネは，ほかの鎮痛作用をもつ薬物の標準薬として用いられる．科学者はモルヒネを合成することができるが，市販されているすべてのモルヒネは，ケシのミルク状の分泌液からつくられるアヘンから得られている(上巻；4ページ参照)．モルヒネはアヘンのなかに10%の濃度で含まれている．アヘンは紀元前4000年以前から鎮痛薬として使われており，ローマ時代においては，アヘンの使用と麻薬中毒が広がった．モルヒネのOH基の一つをメチル化することでコデインが得られ，それはモルヒネの1/10の鎮静活性をもっている．コデインは咳反射を非常によく抑制する．

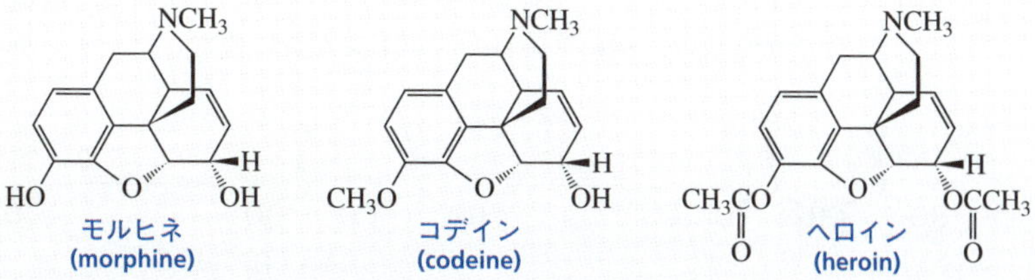

モルヒネ (morphine) コデイン (codeine) ヘロイン (heroin)

モルヒネよりもさらに効き目が強い(また，より広く濫用される)ヘロインは，モルヒネを無水酢酸で処理して合成される．この操作は，モルヒネの二つのOH基にそれぞれアシル基をつけるというものである．そうすると，酢酸も生成する．そこで，麻薬取締機関では，酢酸の刺激臭を検知できるよう訓練された犬を使用している．

問題 49
a. 無水酢酸と水が反応する機構を考えよ.
b. この反応機構は, 無水酢酸とアルコールの反応の機構とどう違うか.

問題 50
塩化アシルと酢酸イオンとの反応で酸無水物が生成する反応機構を示せ.

問題 51 ◆
酸無水物はアルコール, 水, およびアミンと反応することを学んだ. これら三つの反応のうち, 脱離過程の前にプロトンを失わなくてもカルボキシラートイオンを脱離させることができる四面体中間体の反応はどれか. 理由も説明せよ.

16.21 ジカルボン酸

いくつかの一般的なジカルボン酸の構造とそれらの pK_a 値を表 16.3 にあげる.

ジカルボン酸の二つのカルボキシ基は同一であるにもかかわらず, 二つの pK_a 値は異なる. なぜならば, プロトンは一つずつ抜けるため, 異なった化学種からプロトンが離れていくことになるからである. すなわち, 最初のプロトンは中性分子から抜け, 次に 2 番目のプロトンが負に荷電したイオンから抜ける.

$$\text{HOOC-CH}_2\text{-COOH} \underset{pK_{a1}=2.86}{\rightleftarrows} \text{HOOC-CH}_2\text{-COO}^- + \text{H}^+ \underset{pK_{a2}=5.70}{\rightleftarrows} {}^-\text{OOC-CH}_2\text{-COO}^- + \text{H}^+$$

COOH 基は電子を (H よりも) 求引するので, COOH 基は一つ目の COOH 基の酸性度を増大させる (上巻; 2.7 節参照). 二つのカルボキシ基の間隔が広がるにつれて COOH 基の酸性度増大効果が低下することを, ジカルボン酸の pK_a 値は示している.

ジカルボン酸は, 五員環か六員環をもつ環状無水物を生成できる場合には, 加熱すれば容易に脱水する.

表 16.3　単純なジカルボン酸の構造，名称，および pK_a 値

ジカルボン酸	慣用名	pK_{a1}	pK_{a2}
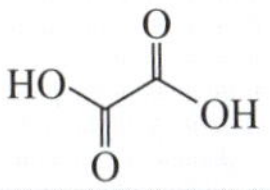 HOOC–COOH	シュウ酸 (oxalic acid)	1.27	4.27
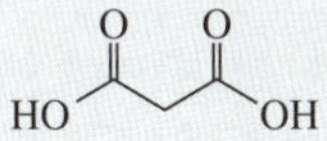 HOOC–CH₂–COOH	マロン酸 (malonic acid)	2.86	5.70
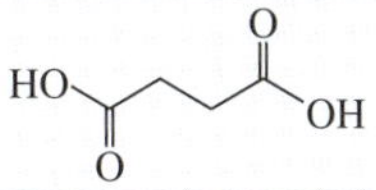 HOOC–(CH₂)₂–COOH	コハク酸 (succinic acid)	4.21	5.64
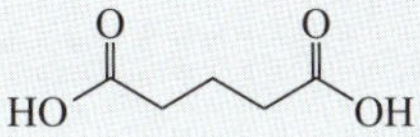 HOOC–(CH₂)₃–COOH	グルタル酸 (glutaric acid)	4.34	5.27
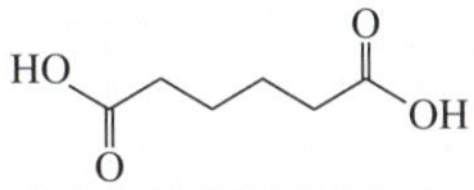 HOOC–(CH₂)₄–COOH	アジピン酸 (adipic acid)	4.41	5.28
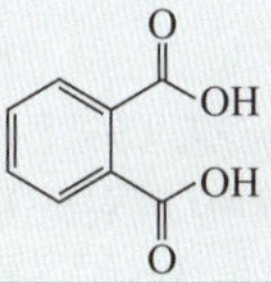 o-C₆H₄(COOH)₂	フタル酸 (phthalic acid)	2.95	5.41

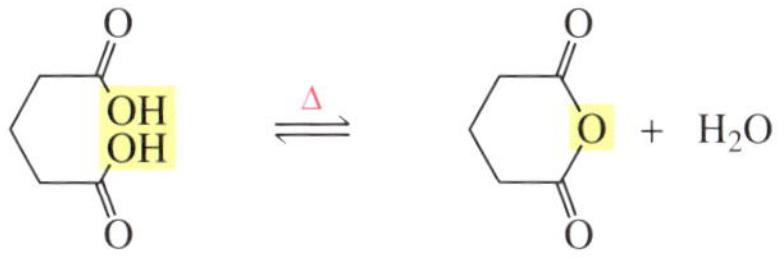

グルタル酸 (glutaric acid) ⇌ (Δ) グルタル酸無水物 (glutaric anhydride) + H₂O

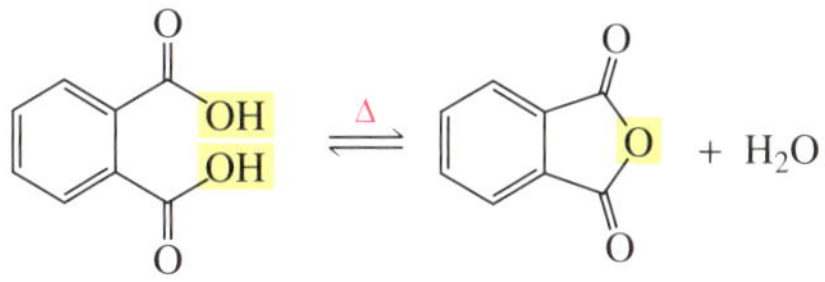

フタル酸 (phthalic acid) ⇌ (Δ) フタル酸無水物 (phthalic anhydride) + H₂O

ジカルボン酸を塩化アセチルや無水酢酸存在下で加熱すれば，環状無水物をもっと容易に合成できる．

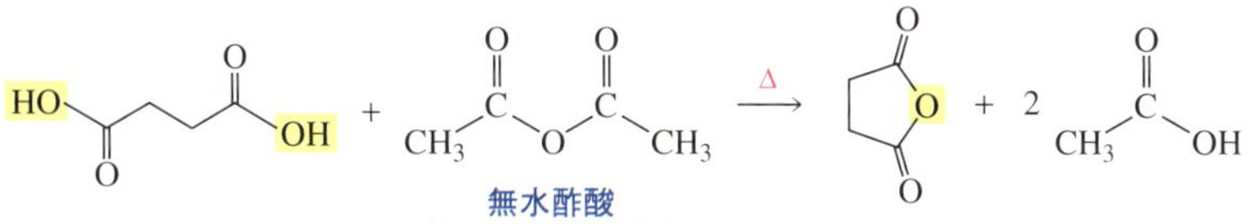

コハク酸 (succinic acid) + 無水酢酸 (acetic anhydride) →(Δ) コハク酸無水物 (succinic anhydride) + 2 CH₃COOH

> **問題 52**
> **a.** 無水酢酸の存在下でのコハク酸無水物の生成の機構を示せ．
> **b.** 無水酢酸はどのようにしてコハク酸無水物の生成を容易にするのか．

🧪 合成ポリマー

　合成ポリマーは私たちの日常生活において重要な役割を担っている．ポリマーは，モノマー（単量体）と呼ばれる多くの小分子が互いに結合してできる化合物である．多くの合成ポリマーのモノマーは，エステル結合やアミド結合によって互いに結合している．たとえば，Dacron® はポリエステルであり，ナイロンはポリアミドである．

$$-[OCH_2CH_2O-\overset{O}{\underset{\|}{C}}-\underset{}{\bigcirc}-\overset{O}{\underset{\|}{C}}-OCH_2CH_2O-]_n$$
Dacron®

$$-[NH(CH_2)_5\overset{O}{\underset{\|}{C}}-NH(CH_2)_5\overset{O}{\underset{\|}{C}}-NH(CH_2)_5\overset{O}{\underset{\|}{C}}-]$$
ナイロン 6
(nylon 6)

　合成ポリマーは，金属や繊維，ガラス，木材，紙の代役となることもでき，天然が供給してくれるものよりもさらに大きな多様性をもつ大量の物質を私たちに供給している．新しいポリマーは，人びとの要求に応えるべくたゆまず開発され続けている．たとえば，Kevlar® は鋼鉄よりも張力が強いので，高性能のスキー板や防弾チョッキに使われている．Lexan® は強く透明なポリマーで，交通信号のレンズやコンパクトディスクなどに使われている．

Kevlar®

Lexan®

　こういった合成ポリマーについては 27 章で詳しく述べる．

🧪 可溶縫合糸

　Dexon® やポリジオキサノン（PDS®）のような可溶縫合糸は，いまや手術でごくふつうに使われている合成ポリマーである．これらの縫合糸に含まれる多くのエステル基は，徐々に加水分解されて小分子となり，それは引き続き代謝され容易に体外へ排出される化合物となる．患者は，昔の縫合糸では必要だった抜糸のための 2 回目の医療処置を受ける必要がもはやなくなった．
　そのポリマーの構造によっては，これらの合成縫合糸は 2〜3 週間後にはその強度の 50% を失い，3〜6 カ月以内には完全に吸収されてしまう．

Dexon®   PDS®

問題 53◆
前述の可溶縫合糸のコラムで示した二つのポリマーの片方は2週間で，もう片方は3週間でその強度の50%を失う．どちらの縫合糸の材料が長くもつか．

16.22 化学者はカルボン酸をどのように活性化するか

　この章で述べたさまざまな種類のカルボニル化合物，すなわちハロゲン化アシル，酸無水物，エステル，カルボン酸，アミドのなかで，実験室や細胞内で最もよく利用される化合物がカルボン酸である．そのため化学者や細胞がカルボン酸誘導体を合成する必要が生じたときに，カルボン酸が最も入手しやすい反応剤である．しかし，カルボン酸は求核付加-脱離反応に対する反応性が比較的低い．なぜなら，カルボン酸のOH基は強塩基であり，そのため脱離基としては劣っているからである．生体内のpH(7.4)では，カルボン酸は求核付加-脱離反応に対してさらに反応性が低いが，それはカルボン酸が負電荷をもつ不活性な塩基型でおもに存在するからである．したがって，有機化学者や細胞が速やかに求核付加-脱離反応を進行させるためには，カルボン酸を活性化する必要がある．最初に，化学者がどのようにしてカルボン酸を活性化するかを学んだあと，細胞がそれをどのようにして行うかを学ぶことにする．

　有機化学者がカルボン酸を活性化する一つの方法は，それをカルボン酸誘導体のなかで最も反応性の高い塩化アシルに変換することである．カルボン酸は塩化チオニル($SOCl_2$)あるいは三塩化リン(PCl_3)と加熱することによって塩化アシルに変換することができる．

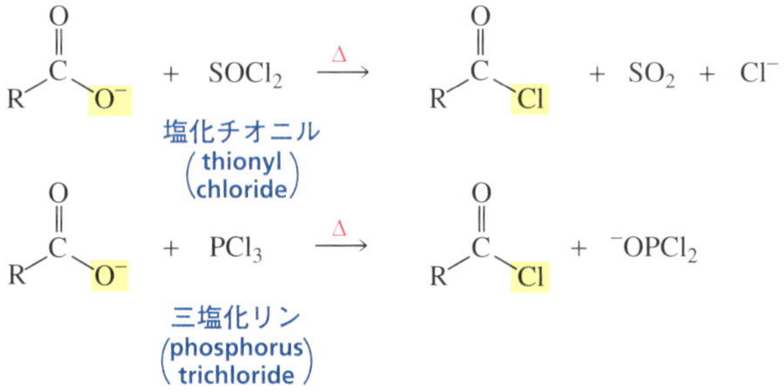

これらの反応剤はカルボン酸の脱離基を塩化物イオンよりも優れた脱離基に変換する．

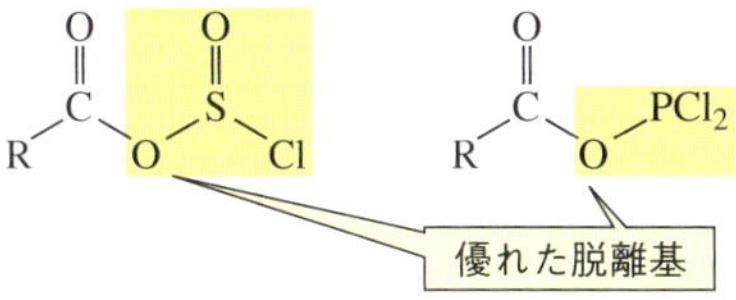

その結果，塩化物イオンがカルボニル炭素に引き続き付加し，四面体中間体を生成する．このとき塩化物イオンは脱離する基ではない．

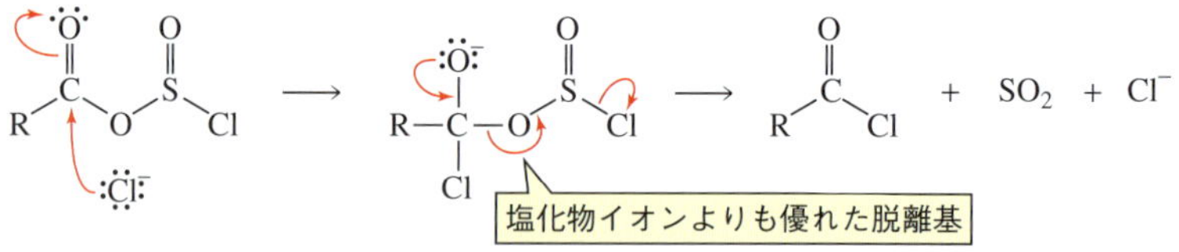

これらの反応剤はアルコールの OH 基を塩素に置き換える反応剤と同じであることに注目しよう(上巻；11.2節参照).

ハロゲン化アシルがいったん生成すれば，それに適切な求核剤を付加させることによってさまざまなカルボン酸誘導体を合成できる．

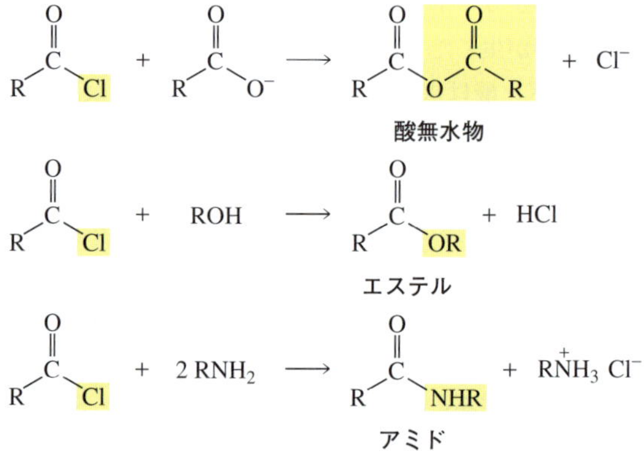

カルボン酸を五酸化二リン(P_2O_5)のような脱水剤で酸無水物に変換しても，カルボン酸が活性化されて求核付加–脱離反応を行えるようになる．

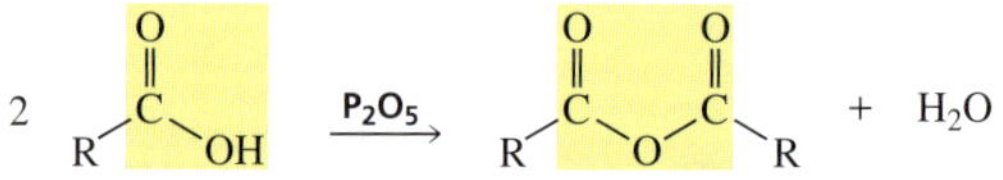

カルボン酸とカルボン酸誘導体は求核付加–脱離反応とは別の方法でも合成できる．

問題 54 ◆

カルボン酸を出発物質として，次の化合物を合成するにはどうすればよいか．

a. 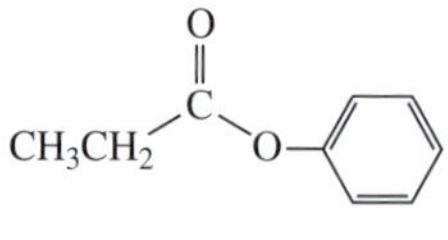 $CH_3CH_2COOC_6H_5$　　b. 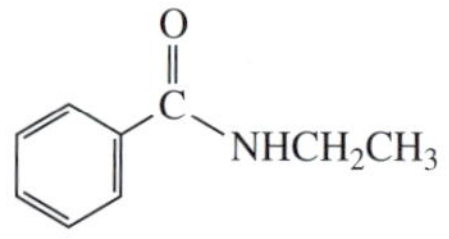 $C_6H_5CONHCH_2CH_3$

16.23 細胞はどのようにしてカルボン酸を活性化するか

生命体による化合物の合成は**生合成**(biosynthesis)と呼ばれる．ハロゲン化アシルや酸無水物は反応性が高すぎるので細胞中では反応剤として用いることができない．細胞はほとんど水系の環境で生きているが，ハロゲン化アシルと酸無水物は速やかに水で加水分解される．したがって，細胞は違った方法でカルボン酸を

16.23 細胞はどのようにしてカルボン酸を活性化するか

活性化しなければならない.

リン酸を P_2O_5 と加熱すると，水を失いピロリン酸と呼ばれるリン酸無水物が生成する．この名称はギリシャ語の〝火〞を意味する *pyr* に由来する．ピロリン酸は〝火〞，すなわち加熱によってつくられるからである．三リン酸やさらなる高次のリン酸も生成する．

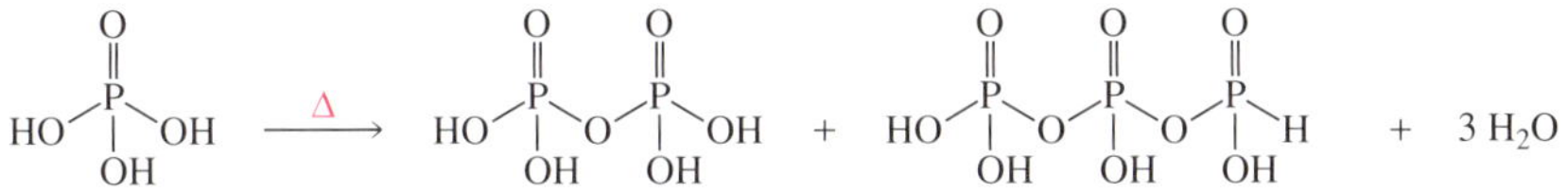

リン酸
(phosphoric acid)

ピロリン酸
(pyrophosphoric acid)
リン酸無水物
(phosphoanhydride)

三リン酸
(triphosphoric acid)

細胞がカルボン酸を活性化できる一つの方法は，アデノシン三リン酸(ATP)を用いてカルボン酸を優れた脱離基をもつカルボニル化合物である**アシルリン酸**(acyl phosphate)もしくは**アシルアデニル酸**(acyl adenylate)に変換することである．ATPは三リン酸のエステルである．その全構造とアデノシル基を〝Ad〞で表した構造を次に示す．

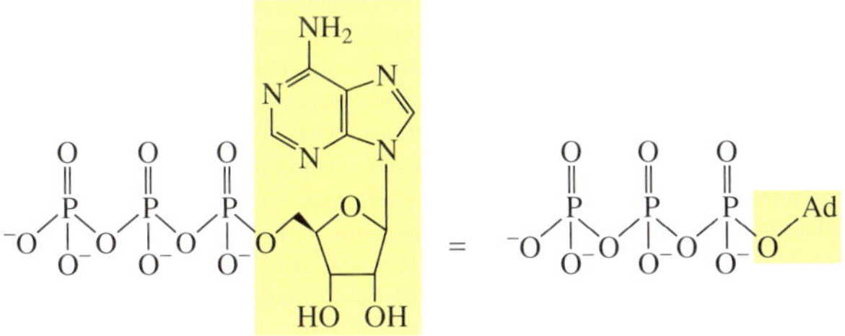

アデノシン三リン酸
(adenosine triphosphate)
ATP

アシルリン酸とアシルアデニル酸は，カルボン酸とリン酸の混合酸無水物である.

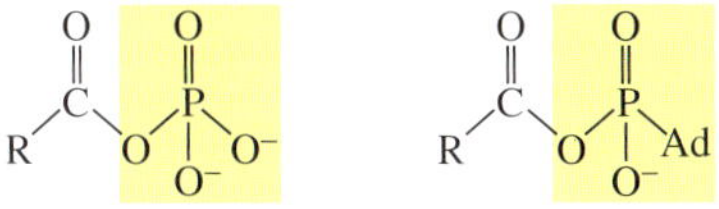

アシルリン酸　　アシルアデニル酸
混合酸無水物

アシルリン酸はATPのγ位のリン（アデノシル基から最も離れたリン）にカルボキシラートイオンが求核攻撃して生成する．求核剤が攻撃することで(π結合というよりむしろ)**リン酸無水物結合**(phosphoanhydride bond)を切断し，中間体は生成しない．本質的に，それはアデノシン二リン酸を脱離基とした S_N2 反応である．

アシルアデニル酸は，カルボキシラートイオンがATPのα位のリンを求核攻撃することによって生成する．どのリンが求核剤に攻撃を受けてアシルリン酸もしくはアシルアデニル酸が生成するのか，ということは反応を触媒する酵素によって決まる．25.2節で，アシルリン酸中間体を必要とする反応とアシルアデニル酸中間体を必要とする反応との違いを学ぶ．

カルボキシラートアニオンもATPもどちらも負電荷を帯びているので，それらは酵素の活性部位にない限り互いに反応することはできない．これらの反応を触媒する酵素の機能の一つは，ATPが求核剤と反応できるようにATPの負電荷を中和することである（16.5節参照）．この酵素のもう一つの機能は，反応が行われる活性部位から水を取り除くことである．さもなければ，カルボキシラートイオンとATPとの反応で生成する混合酸無水物の加水分解が，目的とする求核置換反応と競合してしまう．

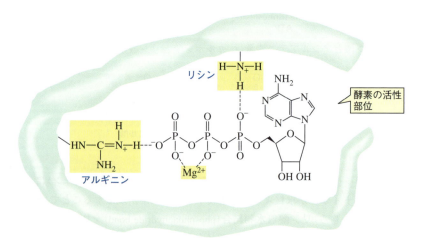

図 16.5 ▶
酵素の活性部位でのATP，Mg^{2+}，および正に帯電した基との相互作用．

反応剤の一つとしてATPを使う酵素触媒反応は，活性部位でのATPの負電荷が減少するのを助けるMg^{2+}を必要とする．

細胞はまたカルボン酸をチオエステルに変換することで活性化することができる．**チオエステル**（thioester）はアルコキシ酸素を硫黄に置き換えたエステルである．

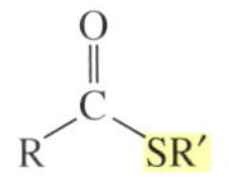

$$\underset{\text{チオエステル}}{\overset{\displaystyle\overset{O}{\underset{\|}{C}}}{R\diagup\diagdown SR'}}$$

チオエステルは，細胞のなかで活性化されたカルボン酸の最も一般的な形である．チオエステルは酸素エステルとほぼ同じくらいの反応速度で加水分解されるが，窒素求核剤や炭素求核剤の付加に対しては酸素エステルよりはるかに反応性が高い．このため，チオエステルは細胞の水系環境のなかで加水分解されないで，求核付加–脱離反応を受けるまで反応剤として残存するのである．

チオエステルのカルボニル炭素は，酸素エステルのカルボニル炭素よりも求核付加を受けやすい．なぜならば，YがOの場合より，YがSの場合のほうがカルボニル基の反応性を低下させるカルボニル酸素上への電子の非局在化が弱いからである．硫黄の3p軌道と炭素の2p軌道の重なりは，酸素の2p軌道と炭素の2p軌道の重なりに比べて少ないので，電子の非局在化がより弱い．さらに，チオエステルから生成した四面体中間体は，酸素エステルから生成した四面体中間体よりも速く脱離する．それは，チオラートイオンがアルコキシドイオンよりも弱い塩基であり，そのためアルコキシドイオンよりも容易に脱離するからである．

$$CH_3CH_2SH \qquad CH_3CH_2OH$$
$$pK_a = 10.5 \qquad pK_a = 15.9$$

チオエステルの生成のために生体系で使われるチオールは補酵素Aである．この化合物は，チオール基がその分子の活性部位であることを強調するために，"CoASH"と表記される．CoASHは脱炭酸されたシステイン（アミノ酸），パントテン酸（ビタミン），およびリン酸化されたアデノシン二リン酸から構成される．

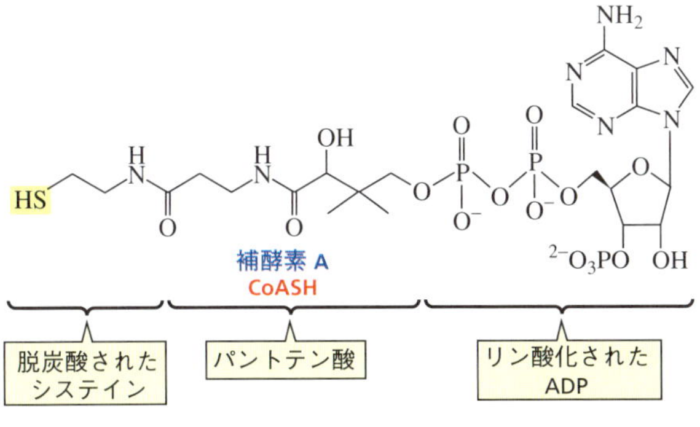

補酵素 A
CoASH

脱炭酸されたシステイン ｜ パントテン酸 ｜ リン酸化されたADP

細胞がカルボン酸をチオエステルに変換するとき，まずカルボン酸をアシルアデニル酸に変換する．次に，アシルアデニル酸はCoASHと反応してチオエステルを生成する．細胞内で最も一般的なチオエステルはアセチル–CoAである．

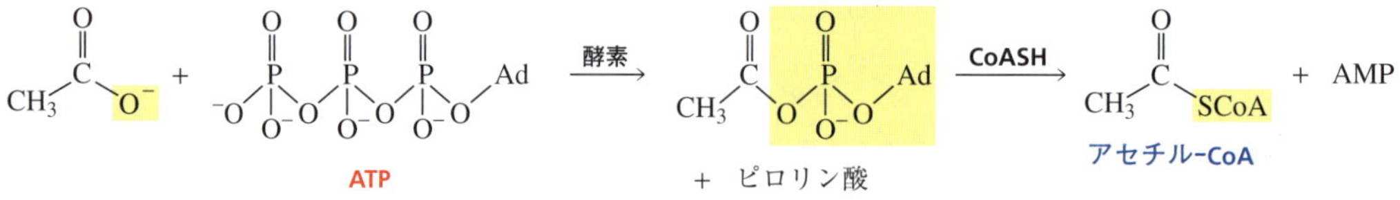

アセチルコリン（エステル）は，細胞がアセチル-CoA を用いて合成する化合物の一例である．アセチルコリンは神経細胞間のシナプス（空間）を介して神経インパルスを伝達する物質，すなわち神経伝達物質である．

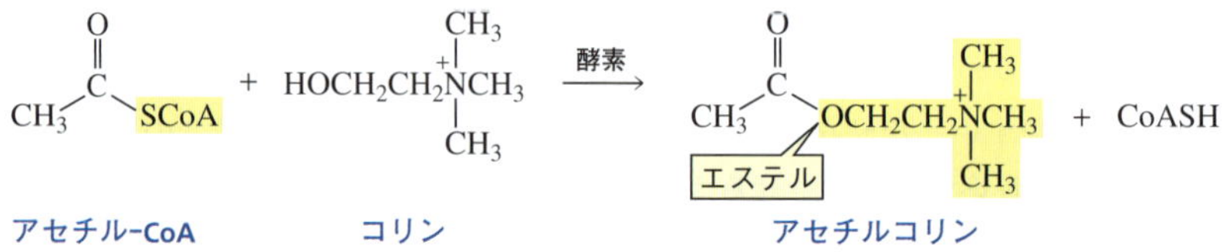

神経インパルス，麻痺，殺虫剤

神経インパルスが二つの神経細胞間で伝達されたあと，受容体細胞が別のインパルスを受けられるようにアセチルコリンは速やかに加水分解されなければならない．この加水分解を触媒する酵素であるアセチルコリンエステラーゼは，触媒活性に必須な CH_2OH 基をもっている．CH_2OH 基はアセチルコリンとのエステル交換反応に関与し，コリンを放出する．酵素に結合したエステル基は加水分解されて活性型に戻る．

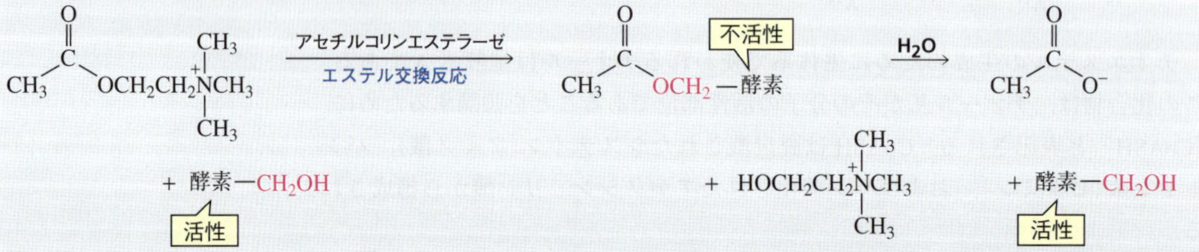

第二次世界大戦で用いられた軍事用神経ガスであるフッ化リン酸ジイソプロピル（DFP）は，アセチルコリンエステラーゼの CH_2OH 基と反応することでこの酵素を不活性化する．この酵素が不活化されると，神経インパルスが適切に伝達されなくなるので麻痺が生じる．DFP はきわめて毒性が強く，その LD_{50}（50％の試験動物が死に至る量）は体重 1 kg あたりわずか 0.5 mg である（920 ページ参照）．

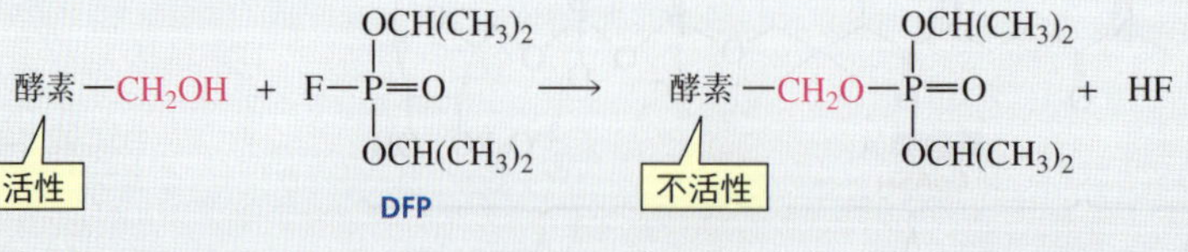

殺虫剤として広く使用されているマラチオンやパラチオンは，DFP と同類の化合物である．マラチオンの LD_{50} は 2800 mg kg^{-1} である．パラチオンははるかに毒性が強く，LD_{50} は 2 mg kg^{-1} である．

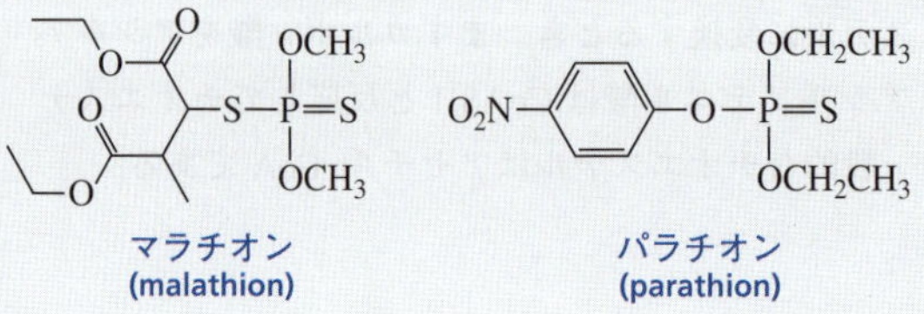

マラチオン
(malathion)

パラチオン
(parathion)

覚えておくべき重要事項

- **カルボニル基**は酸素と二重結合を形成している炭素であり，**アシル基**はアルキル(R)基または芳香族(Ar)基に結合しているカルボニル基である．
- **塩化アシル**，**酸無水物**，**エステル**，および**アミド**は**カルボン酸誘導体**と呼ばれる．なぜなら，それらはカルボン酸のOH基と置き換わった基の性質だけがカルボン酸と異なっているからである．
- 環状エステルは**ラクトン**と呼ばれ，環状アミドは**ラクタム**と呼ばれる．
- カルボニル化合物の反応性はカルボニル基の極性に帰する．カルボニル炭素は部分的に正に荷電しており，求核剤を引きつける．
- カルボン酸とカルボン酸誘導体は**求核付加-脱離反応**を行い，その反応で求核剤が反応物のアシル基に結合していた置換基と置き換わる．
- 四面体中間体のなかの新たに付加された基が，反応物のアシル基に結合していた基よりはるかに弱い塩基でなければ，カルボン酸またはカルボン酸誘導体は求核付加-脱離反応を行う．
- 一般に，酸素に結合しているsp^3炭素をもつ化合物は，そのsp^3炭素にもう一つの電気的に陰性な原子が結合すると不安定になる．
- アシル基に結合している塩基が弱ければ弱いほど，求核付加-脱離反応を行う二つの段階のどちらもが容易に起こる．
- 求核付加-脱離反応に対する相対的な反応性は，塩化アシル>酸無水物>エステルおよびカルボン酸>アミド>カルボキシラートイオンの順である．
- **加水分解**，**アルコーリシス**，および**アミノリシス反応**は，水，アルコール，およびアミンがそれぞれ一つの化合物を二つの化合物に変換する反応である．
- **エステル交換反応**は一つのエステルを別のエステルに変換する．
- カルボン酸を過剰のアルコールと酸触媒で処理する反応はFischerエステル化と呼ばれる．
- 第三級アルキル基をもつエステルの加水分解はS_N1反応で生じる．
- 加水分解速度は酸によってもHO^-によっても増大する．アルコーリシスの反応速度は酸によってもRO^-によっても増大する．
- 酸は，カルボニル酸素をプロトン化することによってそのカルボニル炭素の求電子性を増大させ，四面体中間体の生成速度を増大させる．
- 酸は，脱離基の塩基性を低下させて脱離基の脱離を容易にする．
- 水酸化物(あるいはアルコキシド)イオンは，水(あるいはアルコール)より優れた求核剤であるので，四面体中間体の生成速度を増大させ，遷移状態を安定化することで四面体中間体の分解速度も増大させる．
- 水酸化物イオンは加水分解反応のみを促進し，アルコキシドイオンはアルコーリシス反応のみを促進する．
- 酸触媒反応では，すべての有機反応物，中間体，および生成物は正に荷電しているか中性である．水酸化物イオンやアルコキシドイオンで促進される反応では，すべての有機反応物，中間体，生成物が負に荷電しているか中性である．
- **脂肪**と**油**はグリセロールのトリエステルである．
- アミドは反応性の低い化合物であるが，水やアルコールとの混合物を酸性溶液中で加熱すると反応する．アミドは強塩基性溶液中でも加水分解される．
- ニトリルはアミドよりも加水分解されにくい．
- ハロゲン化アルキルを第一級アミンに変換する**Gabriel合成**はイミドの加水分解を含む．
- 有機化学者はカルボン酸を塩化アシルや酸無水物に変換することによってカルボン酸を活性化させる．
- 細胞はカルボン酸を**アシルリン酸**，**アシルアデニル酸**，または**チオエステル**に変換することによってカルボン酸を活性化する．

反応のまとめ

求核付加-脱離反応の一般的機構は 829 ページに示す.

1. 塩化アシルの反応(16.8 節). 反応機構は 829 ページに示す.

$$\underset{R}{\overset{O}{\underset{\|}{C}}}-Cl + CH_3OH \longrightarrow \underset{R}{\overset{O}{\underset{\|}{C}}}-OCH_3 + HCl$$

$$\underset{R}{\overset{O}{\underset{\|}{C}}}-Cl + H_2O \longrightarrow \underset{R}{\overset{O}{\underset{\|}{C}}}-OH + HCl$$

$$\underset{R}{\overset{O}{\underset{\|}{C}}}-Cl + 2\,CH_3NH_2 \longrightarrow \underset{R}{\overset{O}{\underset{\|}{C}}}-NHCH_3 + CH_3\overset{+}{N}H_3\,Cl^-$$

2. エステルの反応(16.9 ～ 16.12 節). 反応機構は 834, 837, 838 ページに示す.

$$\underset{R}{\overset{O}{\underset{\|}{C}}}-OR + CH_3OH \underset{}{\overset{HCl}{\rightleftharpoons}} \underset{R}{\overset{O}{\underset{\|}{C}}}-OCH_3 + ROH$$

$$\underset{R}{\overset{O}{\underset{\|}{C}}}-OR + CH_3OH \overset{CH_3O^-}{\longrightarrow} \underset{R}{\overset{O}{\underset{\|}{C}}}-OCH_3 + ROH$$

$$\underset{R}{\overset{O}{\underset{\|}{C}}}-OR + H_2O \underset{}{\overset{HCl}{\rightleftharpoons}} \underset{R}{\overset{O}{\underset{\|}{C}}}-OH + ROH$$

$$\underset{R}{\overset{O}{\underset{\|}{C}}}-OR + H_2O \overset{HO^-}{\longrightarrow} \underset{R}{\overset{O}{\underset{\|}{C}}}-O^- + ROH$$

$$\underset{R}{\overset{O}{\underset{\|}{C}}}-OR + CH_3NH_2 \longrightarrow \underset{R}{\overset{O}{\underset{\|}{C}}}-NHCH_3 + ROH$$

3. カルボン酸の反応(16.14 節).

$$\underset{R}{\overset{O}{\underset{\|}{C}}}-OH + CH_3OH \underset{}{\overset{HCl}{\rightleftharpoons}} \underset{R}{\overset{O}{\underset{\|}{C}}}-OCH_3 + H_2O$$

$$\underset{R}{\overset{O}{\underset{\|}{C}}}-OH + CH_3NH_2 \longrightarrow \underset{R}{\overset{O}{\underset{\|}{C}}}-O^-\,\overset{+}{H_3NCH_3} \overset{225\,°C}{\longrightarrow} \underset{R}{\overset{O}{\underset{\|}{C}}}-NH_2 + H_2O$$

4. アミドの反応（16.15 ～ 16.17 節）．反応機構は 853，855，859 ページに示す．

$$\underset{R}{\overset{O}{\|}}\underset{}{C}-NH_2 + H_2O \xrightarrow[\Delta]{HCl} \underset{R}{\overset{O}{\|}}\underset{}{C}-OH + \overset{+}{N}H_4Cl^-$$

$$\underset{R}{\overset{O}{\|}}\underset{}{C}-NH_2 + CH_3OH \xrightarrow[\Delta]{HCl} \underset{R}{\overset{O}{\|}}\underset{}{C}-OCH_3 + \overset{+}{N}H_4Cl^-$$

$$\underset{R}{\overset{O}{\|}}\underset{}{C}-NH_2 + H_2O \xrightarrow[\Delta]{HO^-} \underset{R}{\overset{O}{\|}}\underset{}{C}-O^- + NH_3$$

$$\underset{R}{\overset{O}{\|}}\underset{}{C}-NH_2 \xrightarrow{SOCl_2} RC\equiv N$$

5. 第一級アミンの Gabriel 合成（16.18 節）．

$$\text{フタルイミド} \xrightarrow[\text{3. HCl, H}_2\text{O, }\Delta]{\begin{array}{l}\text{1. HO}^-\\ \text{2. RCH}_2\text{Br}\\ \text{4. HO}^-\end{array}} RCH_2NH_2$$

6. ニトリルの加水分解（16.19 節）．反応機構は 858 ページに示す．

$$RC\equiv N + H_2O \xrightarrow[\Delta]{HCl} \underset{R}{\overset{O}{\|}}\underset{}{C}-OH + \overset{+}{N}H_4Cl^-$$

7. 酸無水物の反応（16.20 節）．反応機構は 861 ページに示す．

$$\underset{R}{\overset{O}{\|}}\underset{}{C}-O-\underset{R}{\overset{O}{\|}}\underset{}{C} + CH_3OH \longrightarrow \underset{R}{\overset{O}{\|}}\underset{}{C}-OCH_3 + \underset{R}{\overset{O}{\|}}\underset{}{C}-OH$$

$$\underset{R}{\overset{O}{\|}}\underset{}{C}-O-\underset{R}{\overset{O}{\|}}\underset{}{C} + H_2O \longrightarrow 2\ \underset{R}{\overset{O}{\|}}\underset{}{C}-OH$$

$$\underset{R}{\overset{O}{\|}}\underset{}{C}-O-\underset{R}{\overset{O}{\|}}\underset{}{C} + 2\ CH_3NH_2 \longrightarrow \underset{R}{\overset{O}{\|}}\underset{}{C}-NHCH_3 + \underset{R}{\overset{O}{\|}}\underset{}{C}-O^-\overset{+}{H_3NCH_3}$$

8. ジカルボン酸の反応(16.21 節).

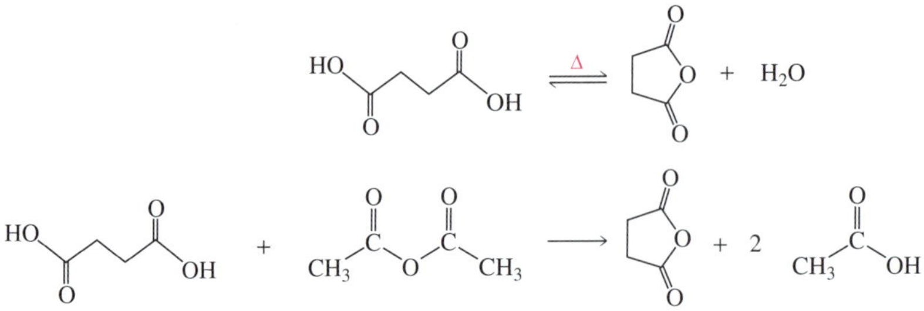

9. 化学者によるカルボン酸の活性化(16.22 節). 反応機構は 866 ページに示す.

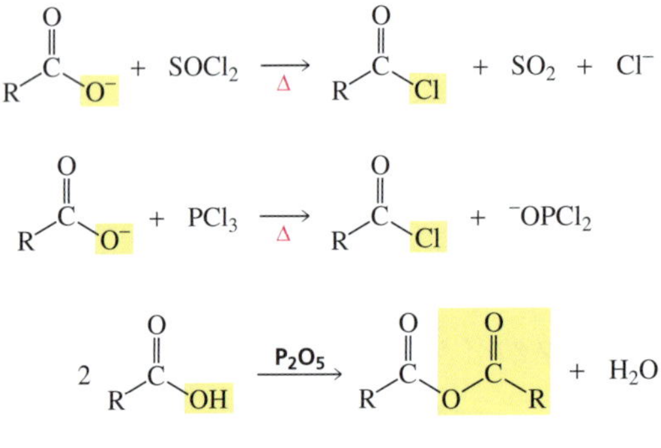

10. 細胞によるカルボン酸の活性化(16.23 節). 反応機構は 867 と 868 に示す.

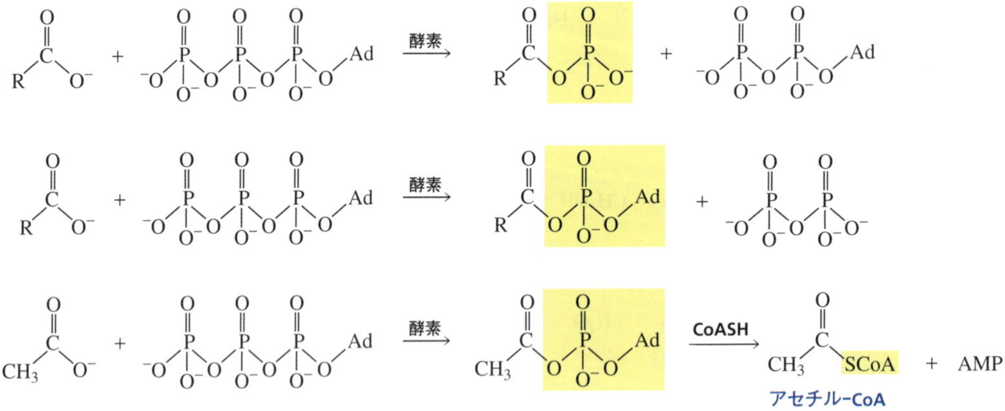

章末問題

55. 次の化合物の構造を書け.
    - a. *N*,*N*-ジメチルヘキサンアミド
    - b. 3,3-ジメチルヘキサンアミド
    - c. 塩化シクロヘキサンカルボニル
    - d. プロパンニトリル
    - e. プロピオンアミド
    - f. 酢酸ナトリウム
    - g. 安息香酸無水物
    - h. β-バレロラクトン
    - i. 3-メチルブタンニトリル
    - j. シクロヘプタンカルボン酸
    - k. 塩化ベンゾイル

56. 次の化合物を命名せよ.

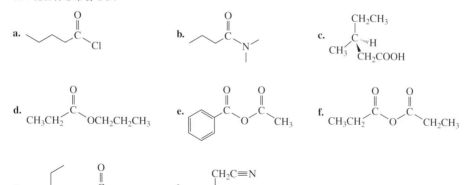

57. 塩化ベンゾイルと次の反応剤との反応の生成物は何か.
- **a.** 酢酸ナトリウム
- **b.** 水
- **c.** 過剰のジメチルアミン
- **d.** HCl 水溶液
- **e.** NaOH 水溶液
- **f.** シクロヘキサノール
- **g.** 過剰のベンジルアミン
- **h.** 4-クロロフェノール
- **i.** イソプロピルアルコール
- **j.** 過剰のアニリン
- **k.** ギ酸カリウム

58. 次の加水分解反応で得られる生成物は何か.

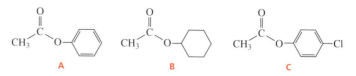

59. a. 次のエステルを求核付加-脱離反応の最初の遅い段階(四面体中間体の生成)での反応性が高い順に並べよ.

    A   B   C

b. 同じエステルを求核付加-脱離反応の二段階目(四面体中間体の分解)で反応性が高い順に並べよ.

60. ブロモシクロヘキサンは第二級ハロゲン化アルキルなので,水酸化物イオンと反応するとシクロヘキサノールとシクロヘキセンがともに生成する.シクロヘキセンをほとんど生成させることなく,ブロモシクロヘキサンからシクロヘキサノールを合成する方法を述べよ.

61. a. 酢酸メチルとブタノンでどちらの双極子モーメントが大きいと考えられるか.

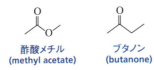

酢酸メチル (methyl acetate)　　ブタノン (butanone)

b. どちらの沸点が高いと考えられるか.

62. どのようにすれば ^{1}H NMR 分光法で次のエステルを区別できるか.

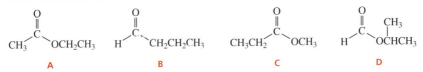

63. 塩化プロピオニルを1当量のメチルアミンに加えた場合，*N*-メチルプロパンアミドは50%しか得られない．しかし，塩化アシルを2当量のメチルアミンに加えると，*N*-メチルプロパンアミドの収率はほぼ100%になる．これらの現象を説明せよ.

64. a. カルボン酸を同位体で標識した水($H_2^{18}O$)に溶かし酸触媒を加えた場合，^{18}O 標識はカルボン酸の両方の酸素に取り込まれる．これを説明するための反応機構を示せ.

b. カルボン酸を同位体で標識したメタノール($CH_3^{18}OH$)に溶かし酸触媒を加えた場合，生成物のどこが標識されるか．

c. エステルを同位体標識された水(H_2O^{18})に溶かし酸触媒を加えた場合，その標識された同位体は生成物のどこに存在するか．

65. 次の化合物を，炭素─酸素二重結合の伸縮振動周波数が小さくなる順に並べよ.

66. 一つはアルコールを用いて，もう一つはハロゲン化アルキルを用いて，次のエステルを合成する方法を2通り示せ.
  a. 酢酸プロピル(洋ナシの香り)　　**b.** 酢酸イソペンチル(バナナの香り)
  c. 酪酸エチル(パイナップルの香り)　　**d.** フェニルエタン酸メチル(蜂蜜の香り)

67. プロパン酸メチルを次の化合物に変換するにはどのような反応剤を用いればよいか.
  a. プロパン酸イソプロピル　　**b.** プロパン酸ナトリウム
  c. *N*-メチルプロパンアミド　　**d.** プロパン酸

68. 次の反応からどのような生成物が得られると期待できるか.
  a. マロン酸 ＋ 2塩化アセチル　　**b.** カルバミン酸メチル ＋ メチルアミン
  c. 尿素 ＋ 水　　**d.** β-エチルグルタル酸 ＋ 塩化アセチル ＋ Δ

69. $C_5H_{10}O_2$ の分子式をもつ化合物の IR スペクトルは次のとおりである．この化合物を酸触媒によって加水分解すると，ここに示した ^{1}H NMR スペクトルの化合物が生成する．これらの化合物は何か．

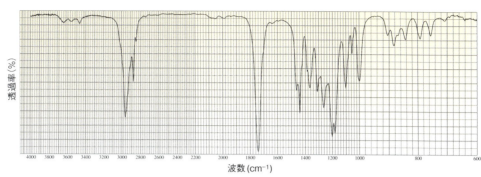

70. アスパルテームは NutraSweet® や Equal® という商品に用いられている甘味料で，砂糖の 200 倍の甘さがある．アスパルテームを HCl 水溶液で完全に加水分解すると，どのような化合物が得られるか．

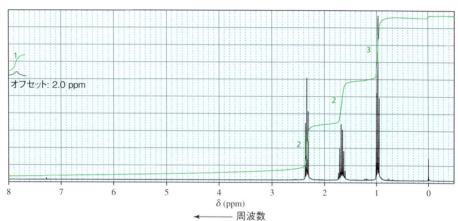

アスパルテーム
(aspartame)

71. a. 次の反応のうちで，示されたカルボニル生成物が得られないものはどれか．

7.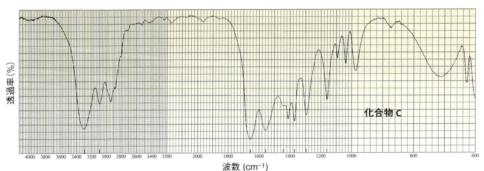
8.
9.
10.

b. このままでは反応は進行しないが，酸触媒を反応混合物に加えれば進行する反応はどれか．

72. 1,4-ジアザビシクロ[2.2.2]オクタン（DABCOと略す）はエステル交換反応を触媒する第三級アミンである．DABCOがどのように触媒するか，その反応機構を示せ．

1,4-ジアザビシクロ[2.2.2]オクタン
(1,4-diazabicyclo[2.2.2]octane)
DABCO

73. 1-ブロモブタンとNH$_3$との反応で二つの生成物 **A** および **B** が得られる．化合物 **A** は塩化アセチルと反応して **C** を生成し，**B** は塩化アセチルと反応して **D** を生成する．**C** と **D** のIRスペクトルを次に示す．**A**, **B**, **C**, **D** の構造を示せ．

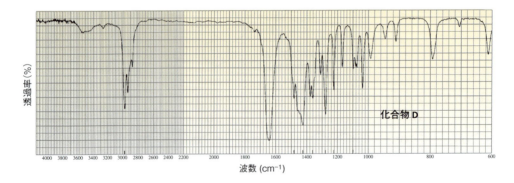

化合物 C

化合物 D

74. ホスゲン（COCl$_2$）は第一次世界大戦で毒ガスとして使われた．ホスゲンと次のそれぞれの反応剤との反応で得られる生成物は何か．

　a. 1当量のメタノール　　**b.** 過剰のメタノール
　c. 過剰のプロピルアミン　**d.** 過剰の水

75. 次の反応を行うためには，どのような反応剤を用いるべきか．

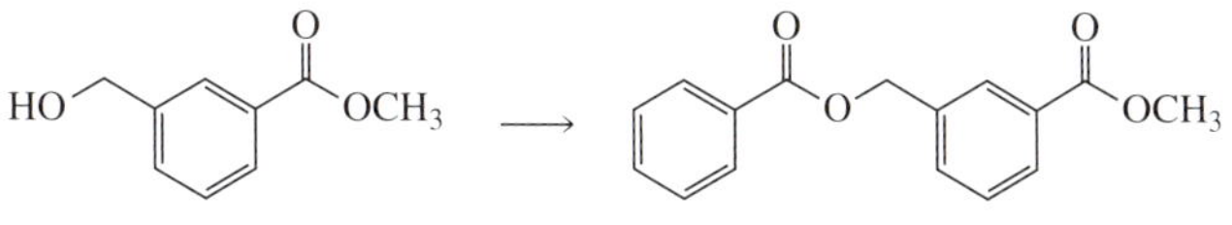

76. ある学生がブタン二酸を塩化チオニルで処理したところ，得られた生成物が塩化アセチルではなく酸無水物であることがわかり，彼女は驚いた．なぜ酸無水物が得られたのかを説明するための反応機構を示せ．

77. 次の反応の生成物は何か．

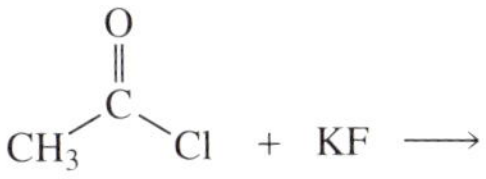

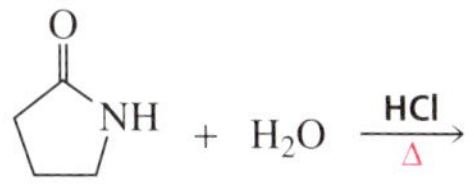

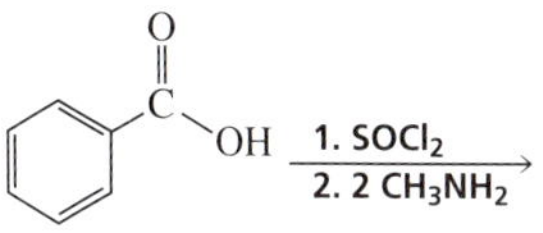

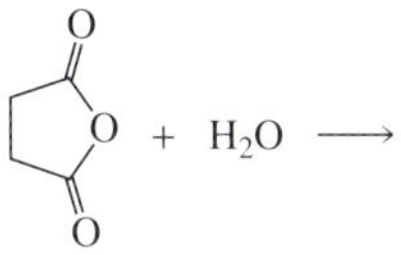

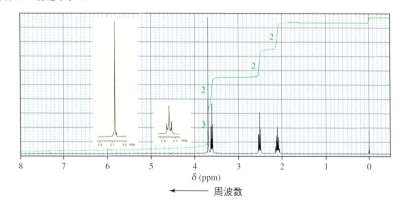

78. $C_4H_6Cl_2O$ の分子式をもつ化合物 **A** を 1 当量のメタノールで処理すると，次の ^1H NMR スペクトルを示す化合物が生成する．化合物 **A** の構造を示せ．

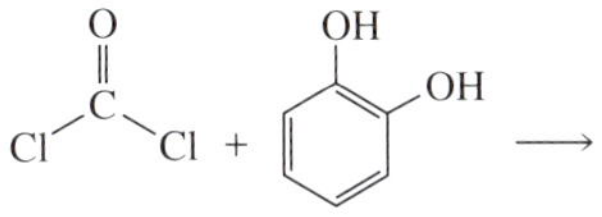

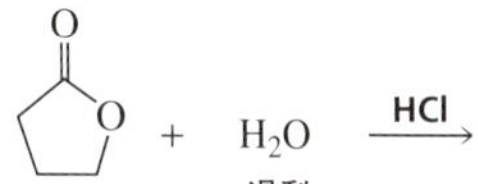

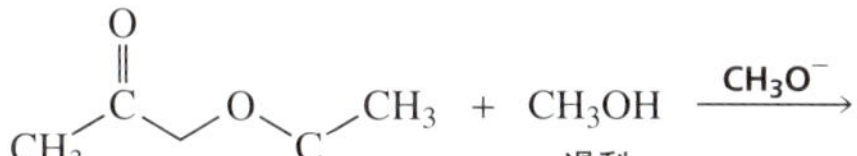

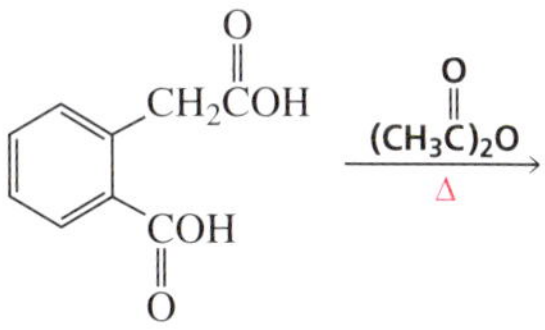

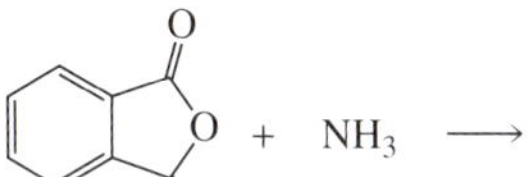

← 周波数

79. a. 次の反応で得られる二つの生成物の構造を示せ.

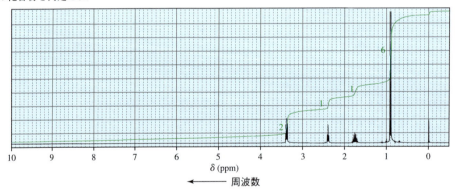

b. ある学生が上記の反応を行ったが，その反応が半分ほど進行したところで反応を止め，すぐに主生成物を単離した．彼が単離したものは，反応が完結したら得られるはずの生成物ではなかった．彼が単離した生成物は何か．

80. 第一級アミンまたは第二級アミンの水溶液を塩化アシルと反応させると，主生成物としてアミドが生成する．しかし，アミンが第三級であるとアミドは生成しない．このときの生成物は何か．説明せよ．

81. 次の反応の主生成物と副生成物は何か．

82. a. ある学生は 2,4,6-トリメチル安息香酸をメタノールの酸性溶液に加えたがエステルは得られなかった．その理由を説明せよ．（ヒント：分子モデルを組み立ててみよう．）
b. 彼が 4-メチル安息香酸のメチルエステルを同様に合成しようとしたら，同じ問題にぶつかるだろうか．

83. 分子式が $C_{11}H_{14}O_2$ の化合物を酸触媒で加水分解すると，単離された生成物の一つは次の ^1H NMR スペクトルを示した．この化合物を同定せよ．

84. 高血圧治療薬である Cardura® は次のように合成されている．

a. 中間体（**A**）を示し，その生成機構を示せ．
b. **A** から **B** への変換機構を示せ．**A** と **B** のどちらが速く生成すると考えられるか．

85. a. 酢酸とエタノールから酢酸エチルを合成する反応の平衡定数が 4.02 である場合，酢酸とエタノールを等量用いて反応を行ったときの平衡状態での酢酸エチルの濃度を求めよ．

b. 酢酸に対して 10 倍のエタノールを用いて反応を行った場合の平衡状態での酢酸エチルの濃度を求めよ（ヒント：二次方程式の解は，$ax^2 + bx + c = 0$ に対して次式となることを思い出そう．）

$$x = \frac{-b \pm (b^2 - 4ac)^{1/2}}{2a}$$

c. 酢酸に対して 100 倍のエタノールを用いて反応を行った場合の平衡状態での酢酸エチルの濃度を求めよ．

86. 分子式が $C_8H_8O_2$ の二つのエステルの ^1H NMR スペクトルを次に示す．それぞれのエステルを pH 10 の水溶液に加えたとき，どのエステルがより速く加水分解されているか．

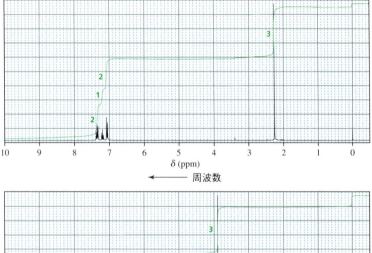

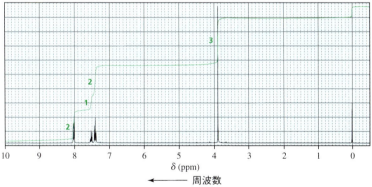

87. 与えられた出発物質からそれぞれの生成物を合成する方法を示せ．必要な有機反応剤と無機反応剤は何を用いてもよい．

88. アセトアミドの酸触媒加水分解は可逆反応か非可逆反応か．説明せよ．

89. 次の反応からどのような生成物が得られると期待できるか．

a. 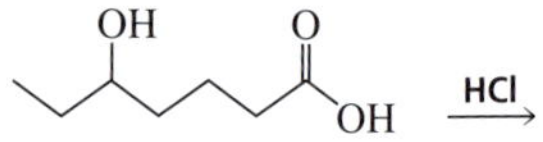 HOCH(CH₂CH₃)CH₂CH₂CH₂COOH →(HCl)

b. 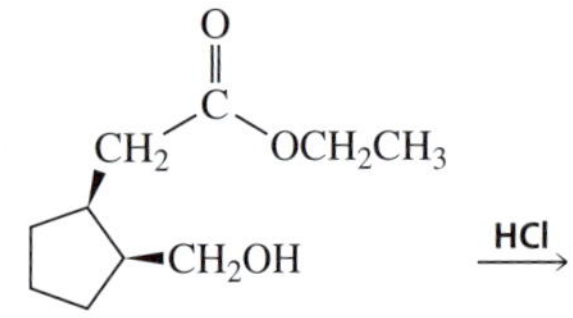 シクロペンタン環にCH₂C(=O)OCH₂CH₃とCH₂OHが結合した化合物 →(HCl)

90. 強酸の存在下にニトリルとアルコールを反応させると N- 置換アミドが生成する．Ritter 反応として知られるこの反応は，第一級アルコールの場合は進行しない．

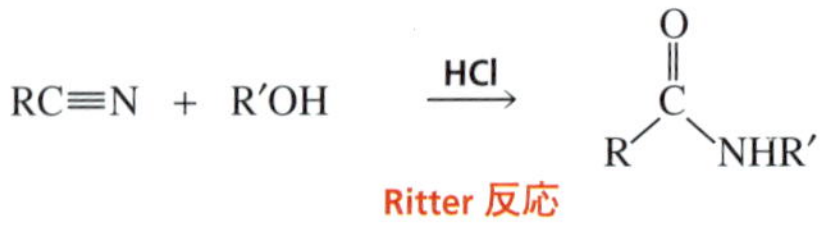

$$RC\equiv N + R'OH \xrightarrow{HCl} \underset{\text{Ritter 反応}}{RC(=O)NHR'}$$

 a. Ritter 反応の機構を示せ．
 b. Ritter 反応は第一級アルコールの場合はなぜ進行しないのか．
 c. Ritter 反応は第一級アミドを生成するニトリルの酸触媒加水分解とはどう違うか．

91. 次の中間体は，水酸化物イオンで促進されるエステル基の加水分解反応で生成する．この反応の機構を示せ．

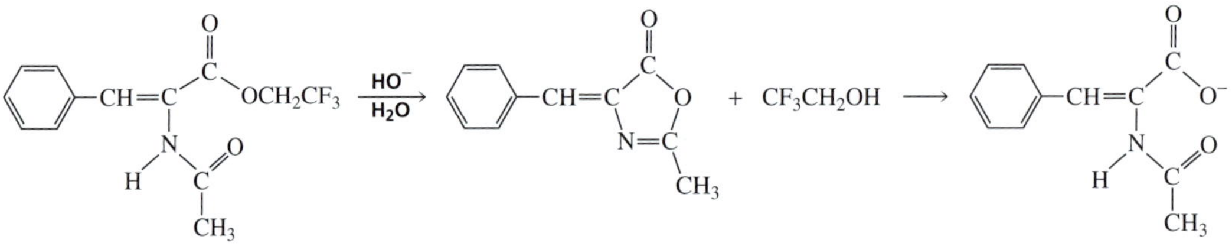

92. 次の化合物はペニシリナーゼの阻害剤であることがわかっている．酵素ペニシリナーゼはヒドロキシルアミン（NH₂OH）で再活性化される．阻害と再活性化を説明する反応機構を示せ．

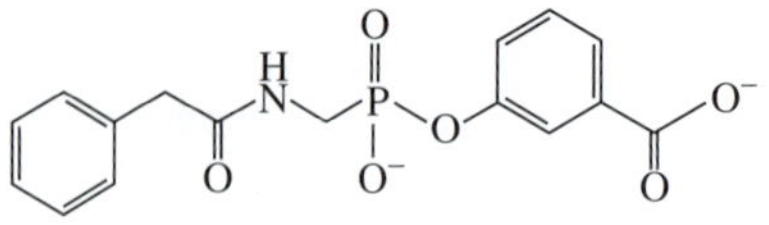

93. 次の生成物の生成を説明する反応機構を示せ．

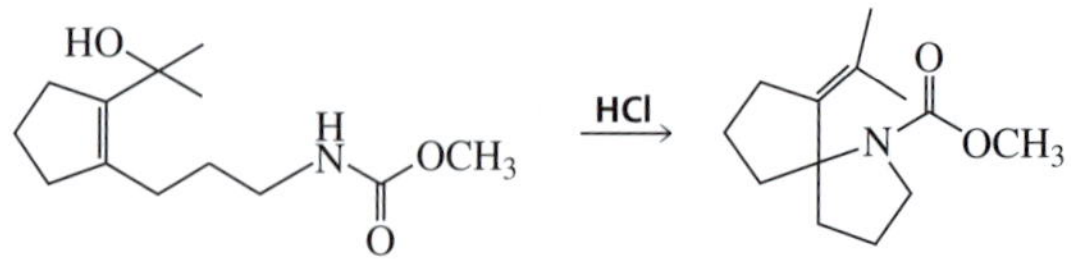

94. 触媒抗体は基質の立体配座を遷移状態の方向に向けさせることによって反応を触媒する．抗体の合成は遷移状態アナログ(構造的に遷移状態に類似した安定な分子)の存在下で行われる．このようにして遷移状態を認識し，結合し，遷移状態を安定化する抗体が生成される．たとえば，次の遷移状態アナログは，構造的に似ているエステルの加水分解を触媒する触媒抗体を調製するために用いられている．

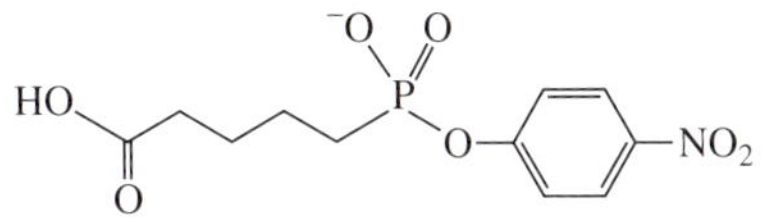

遷移状態アナログ

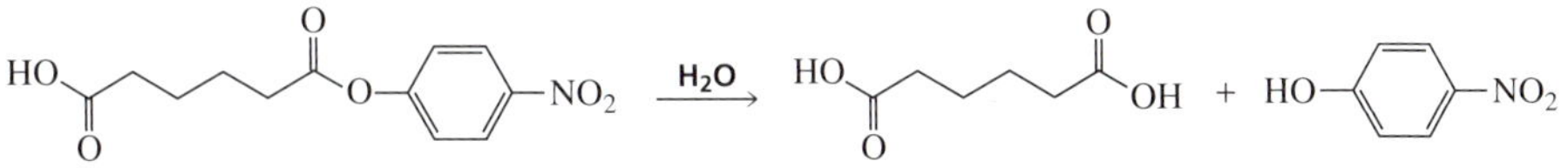

a. 加水分解反応の遷移状態を書け．
b. 次の遷移状態アナログは，エステルの加水分解の触媒としての触媒抗体を調製するために用いられている．この触媒抗体によって加水分解速度が増大するエステルの構造を書け．

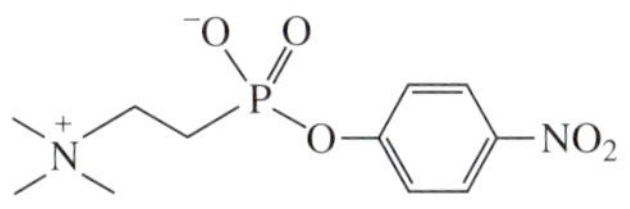

c. 次に示したアミド基の加水分解を触媒する遷移状態アナログをデザインせよ．

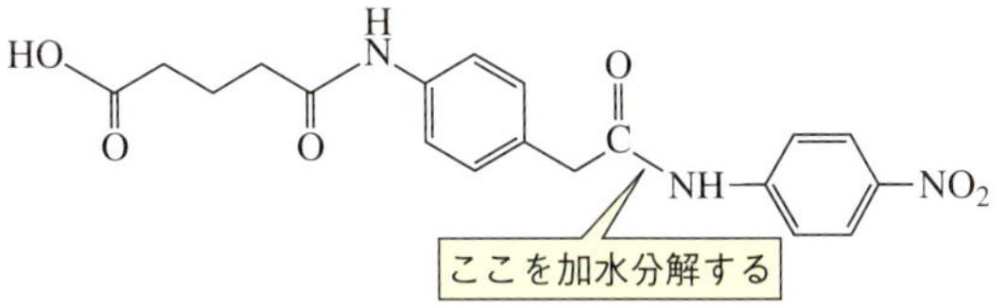

ここを加水分解する

95. 一連の置換ベンゼンによって行われる反応の機構についての情報は，ある置換基の Hammet 置換基定数(σ)に対してある pH で決定された実測の反応速度定数の対数をプロットすることによって得られる．水素のσ値は 0 である．電子供与性基は負のσ値をもち，電子求引性基は正のσ値をもつ．置換基の電子供与性が高ければ高いほど，そのσ値はより大きな負の値となる．置換基の電子求引性が高ければ高いほど，そのσ値は大きな正の値となる．σ値に対する反応速度定数の対数のプロットの傾きはρ(ロー)値と呼ばれる．水酸化物イオンで促進される一連のメタ置換およびパラ置換の安息香酸エチルの加水分解のρ値は +2.46 である．一連のメタ置換およびパラ置換のアニリンと塩化ベンゾイルとの反応でのアミド生成のρ値は -2.78 である．

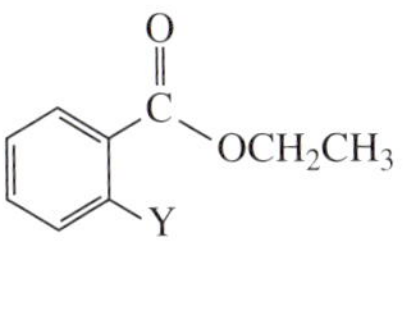

オルト-置換 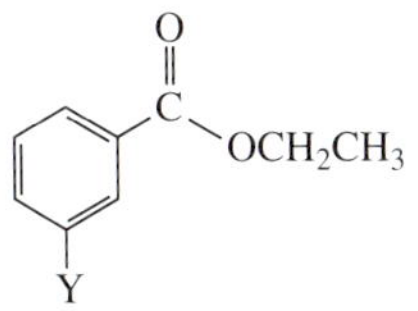   メタ-置換 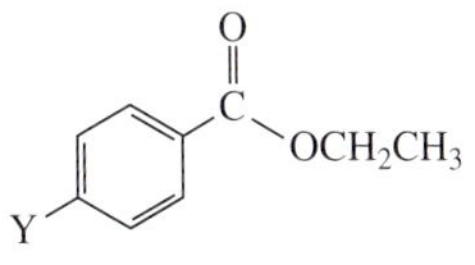   パラ-置換

a. なぜ，ある実験では正のρ値となり，また別の実験では負のρ値となるのか．
b. なぜ，オルト置換化合物をこの実験に含めなかったのか．
c. 一連のメタ置換およびパラ置換の安息香酸のイオン化でρ値の符号はどうなると推測できるか．

17 アルデヒドとケトンの反応・カルボン酸誘導体のその他の反応・α,β-不飽和カルボニル化合物の反応

イチイの森

タキソールはイチイの木の樹皮から抽出された化合物であり，数種のがんに効果のある医薬品であることがわかった．しかし，樹皮を剥ぐと木は死んでしまう．木の生長も遅く，一本の木の樹皮からはほんの少量の薬しか採れない．さらに，イチイの森は絶滅危惧種のニシアメリカフクロウの生息地でもある．化学者はこの薬の構造を決定したとき，これが非常に合成の難しい化合物であると知り落胆した．しかし，現在，タキソールは医療で必要とされる量に十分足りている．この章ではこういったことがどのように成し遂げられたかを学ぶ．

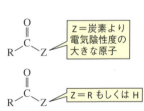

この章ではグループⅢに属する化合物群について引き続き学ぶ．ここではアルデヒドとケトンの反応を見ていこう．すなわち，ほかの基に置換される基をもたないカルボニル化合物の反応である．それを 16 章で学んだカルボン酸誘導体の反応と比較してみよう．

最も単純なアルデヒドであるホルムアルデヒドのカルボニル炭素には二つの水素原子が結合している．ほかのすべての**アルデヒド**(aldehyde)のカルボニル炭素には水素原子とアルキル(またはアリール)基(R)が結合している．**ケトン**(ketone)のカルボニル炭素には二つの R 基が結合している．

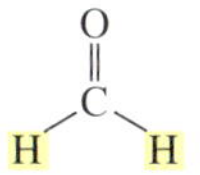

ホルムアルデヒド (formaldehyde)　アルデヒド (aldehyde)　ケトン (ketone)

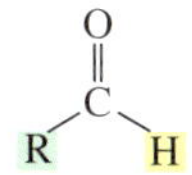

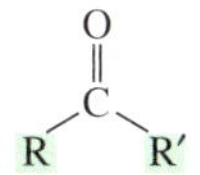

　天然に存在する多くの化合物はアルデヒド官能基やケトン官能基をもっている．アルデヒドは刺激臭をもち，ケトンは甘い香りがする傾向にある．バニリンと桂皮アルデヒドは天然に存在するアルデヒドの例である．バニラエキスをひとかぎすると，バニリンの刺激性の芳香に気づく．ケトンのショウノウやカルボンはクスノキの葉やハッカの葉，およびヒメウイキョウの種子独特の甘い香りの要因である．

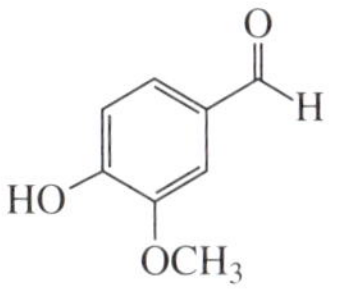

バニリン (vanillin) バニラの香り
桂皮アルデヒド (cinnamaldehyde) シナモンの香り 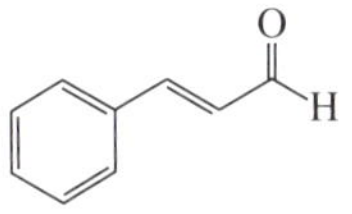
ショウノウ (camphor) 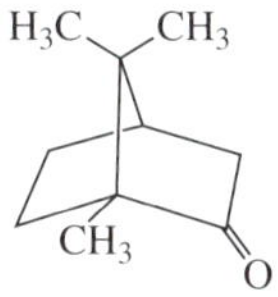
(R)-(−)-カルボン [(R)-(−)-carvone] ハッカ油 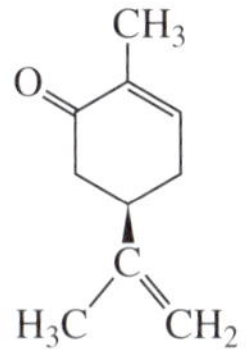
(S)-(+)-カルボン [(S)-(+)-carvone] ヒメウイキョウ油 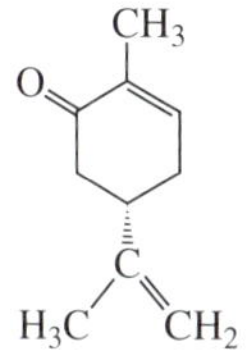

　生物学的に重要なケトンであるプロゲステロンとテストステロンは，構造上のほんの小さな違いが生物活性の大きな違いを生じるのを示す好例である．いずれも性ホルモンだが，プロゲステロンはおもに卵巣でつくられ，テストステロンはおもに精巣でつくられる．

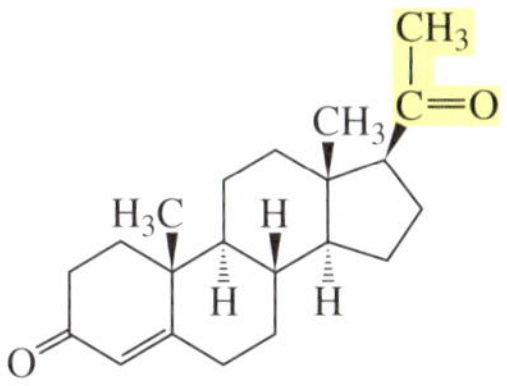

プロゲステロン (progesterone)　　テストステロン (testosterone)

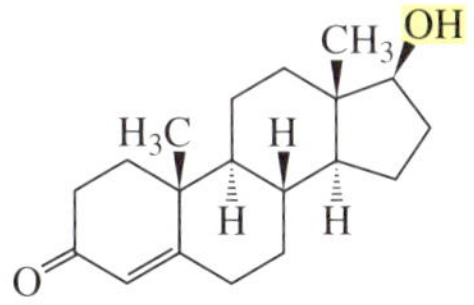

　アルデヒドとケトンの物理的性質は 16.3 節で述べた．アルデヒドとケトンを合成する方法は上巻の付録Ⅲにまとめてある．

17.1 アルデヒドおよびケトンの命名法

アルデヒドの命名

　アルデヒドの体系的名称（IUPAC 名）は，母核となる炭化水素の名称の最後の"e"を"al"に置き換えると得られる．たとえば，1 炭素のアルデヒドはメタナール（methanal）と呼ばれ，2 炭素のアルデヒドはエタナール（ethanal）と呼ばれる．カルボニル炭素の位置を示す必要はない．なぜなら，アルデヒドは常に母核となる炭化水素の末端にあり（さもなければその化合物はアルデヒドではない），した

がって，常に1位であるからである．
　アルデヒドの慣用名は，対応するカルボン酸の慣用名の〝oic acid″（あるいは〝ic acid″）を〝aldehyde″に置き換えればよい．置換基の位置を小文字のギリシャ文字で表すことを思い出そう．カルボニル炭素は位置に数えないので，カルボニル炭素の隣りの炭素がα炭素となる（16.1節参照）．

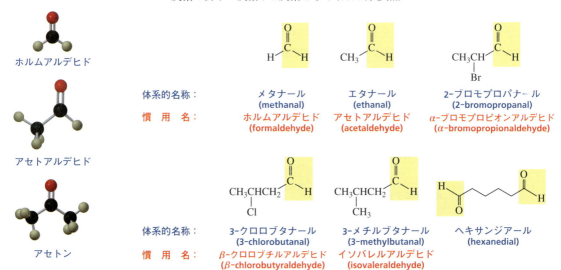

ヘキサンジアールでは母核となる炭化水素の末端の〝e″は除かないことに注意しよう．（末端の〝e″を除くのは母音が二つ続くのを避けるときだけである．）
　アルデヒド基が環に結合している場合は，環状化合物の名称に〝carbaldehyde″を付加して命名する．

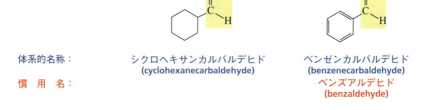

　上巻の7.2節で，カルボニル基はアルコール基やアミン基よりも命名の優先順位が高いことを学んだ．しかし，すべてのカルボニル化合物が同じ優先順位というわけではない．カルボニル基を含むさまざまな官能基を命名する際の優先順位を表17.1にあげる．
　その化合物が二つの官能基をもっている場合は，（官能基のうち一つがアルケンでなければ）優先順位の低いほうの官能基を接頭語で表し，優先順位の高いほうの官能基を接尾語で表す．

17.1 アルデヒドおよびケトンの命名法

表 17.1　官能基の命名法

分　類	接尾語	接頭語
カルボン酸 (carboxylic acid)	-酸 (-oic acid)	カルボキシ (carboxy)
エステル (ester)	-アート (-oate)	アルコキシカルボニル (alkoxycarbonyl)
アミド (amide)	-アミド (-amide)	アミド (amido)
ニトリル (nitrile)	-ニトリル (-nitrile)	シアノ (cyano)
アルデヒド (aldehyde)	-アール (-al)	オキソ(=O) (oxo)
アルデヒド (aldehyde)	-アール (-al)	ホルミル(CH=O) (formyl)
ケトン (ketone)	-オン (-one)	オキソ(=O) (oxo)
アルコール (alcohol)	-オール (-ol)	ヒドロキシ (hydroxy)
アミン (amine)	-アミン (-amine)	アミノ (amino)
アルケン (alkene)	-エン (-ene)	アルケニル (alkenyl)
アルキン (alkyne)	-イン (-yne)	アルキニル (alkynyl)
アルカン (alkane)	-アン (-ane)	アルキル (alkyl)
エーテル (ether)	—	アルコキシ (alkoxy)
ハロゲン化アルキル (alkyl halide)	—	ハロ (halo)

優先順位 ↑

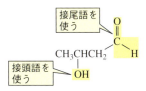

接尾語を使う
接頭語を使う

3-ヒドロキシブタナール
(3-hydroxybutanal)

5-オキソペンタン酸メチル
(methyl 5-oxopentanoate)

4-ホルミルヘキサン酸エチル
(ethyl 4-formylhexanoate)

官能基の一つがアルケンの場合は接尾語には両官能基を用いる．そして，アルケン官能基を最初に示し，二つの母音が並ぶことを避けるために，アルケンの名称の最後の"e"を省く（上巻：7.2節参照）．

CH₃CH=CHCH₂C(=O)H

3-ペンテナール
(3-pentenal)

ケトンの命名

ケトンの体系的名称は，母核となる炭化水素の名称の最後の "e" を "one" に置き換えると得られる．カルボニル炭素がなるべく小さい番号になるように炭素鎖に位置番号をつける．環状ケトンでは，カルボニル炭素が1位ということになっているので，位置番号は不要である．ケトンの場合には，基官能命名法も用いられる．基官能命名法では，カルボニル基に結合している置換基をアルファベット順に並べ，次に "ketone" をつける．

アルデヒドとケトンは官能基の接尾語を用いて命名する．

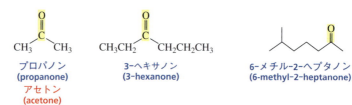

体系的名称：　プロパノン　　　3-ヘキサノン　　　6-メチル-2-ヘプタノン
　　　　　　　(propanone)　　(3-hexanone)　　(6-methyl-2-heptanone)
慣用名：　　　アセトン
　　　　　　　(acetone)
基官能命名法：ジメチルケトン　エチルプロピルケトン　イソヘキシルメチルケトン
　　　　　　　(dimethyl ketone)　(ethyl propyl ketone)　(isohexyl methyl ketone)

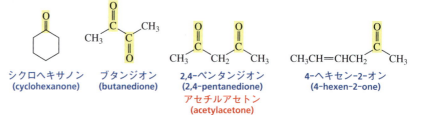

体系的名称：シクロヘキサノン　ブタンジオン　2,4-ペンタンジオン　4-ヘキセン-2-オン
　　　　　　(cyclohexanone)　(butanedione)　(2,4-pentanedione)　(4-hexen-2-one)
慣用名：　　　　　　　　　　　　　　　　　　アセチルアセトン
　　　　　　　　　　　　　　　　　　　　　　(acetylacetone)

慣用名をもっているケトンもわずかだがある．最も小さいケトンであるプロパノンは，通常，慣用名のアセトンと呼ばれる．アセトンは実験室で広く用いられる溶媒である．いくつかのフェニル置換ケトンにも慣用名が用いられる．（フェニル基の炭素以外の）炭素の数が対応するカルボン酸の慣用名で示され，次いで "ic acid" を "ophenone" に置き換える．

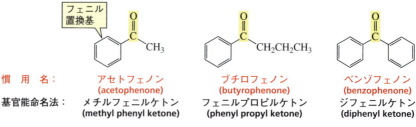

慣用名：　　　アセトフェノン　　ブチロフェノン　　　ベンゾフェノン
　　　　　　　(acetophenone)　(butyrophenone)　　(benzophenone)
基官能命名法：メチルフェニルケトン　フェニルプロピルケトン　ジフェニルケトン
　　　　　　　(methyl phenyl ketone)　(phenyl propyl ketone)　(diphenyl ketone)

ケトンが優先順位の高さでは2番目の官能基である場合は，ケトン酸素は接頭語の "oxo" で表す．

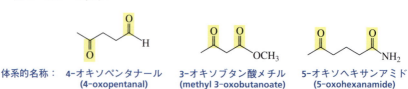

体系的名称：　4-オキソペンタナール　3-オキソブタン酸メチル　5-オキソヘキサンアミド
　　　　　　　(4-oxopentanal)　　(methyl 3-oxobutanoate)　(5-oxohexanamide)

ブタンジオン：不快な化合物

新鮮な汗は無臭である．汗のにおいは，皮膚に常に存在する細菌によって引き起こされる一連の反応の結果である．これらの細菌は酪酸を産生して酸性の環境をつくり，別の細菌が汗の成分を分解するようになる．そして脇の下や汗ばんだ足から連想される不快な臭いの化合物を産生する．そのような化合物の一つがブタンジオンである．

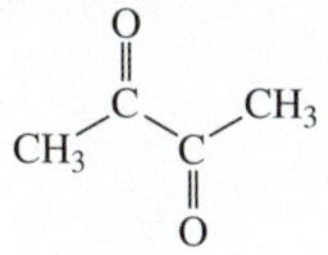

ブタンジオン
(butanedione)

問題 1 ◆
プロパノンやブタンジオンでは官能基の位置を番号で示さないのはなぜか．

問題 2 ◆
次の化合物に二つの名称をつけよ．

a. 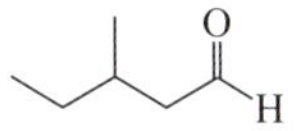 b. 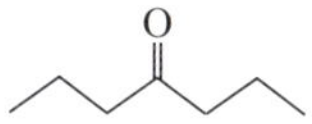 c.

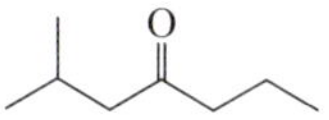

d. 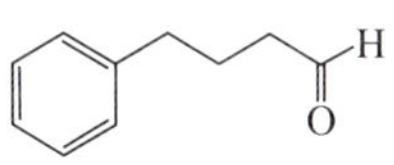 e. 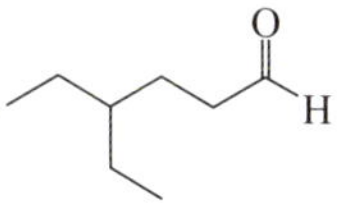 f.

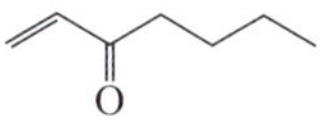

問題 3 ◆
次の化合物を命名せよ．

a. 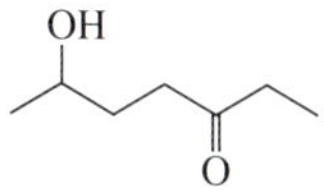 b. 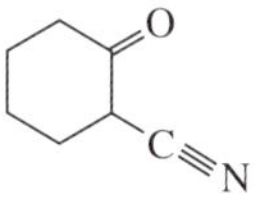 c.

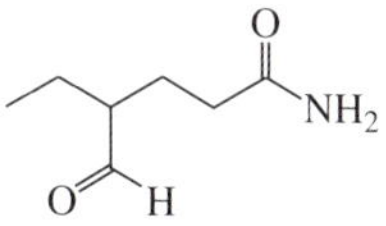

17.2 カルボニル化合物の反応性の比較

　カルボニル基では，酸素が炭素よりも電気陰性なので，酸素が二重結合の電子のかなりの部分を占有しており，極性であることを学んだ(16.5 節参照)．結果として，カルボニル炭素は電子不足(求電子剤)であり，求核剤と反応する．カルボニル炭素の電子不足性は静電ポテンシャル図において青色の部分で示されている．

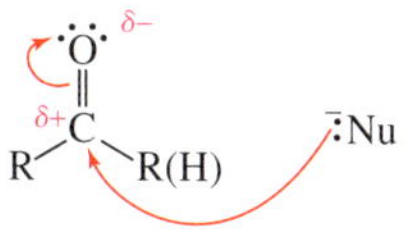

　カルボニル炭素上の局所的な正電荷は，ケトンよりアルデヒドのほうが大きい．

ホルムアルデヒド

アセトアルデヒド

アセトン

なぜなら，水素はアルキル基に比べて電子求引性が高いからである（上巻；6.2節参照）．したがって，アルデヒドはケトンよりも求核付加に対する反応性がより高い．立体因子も，アルデヒドがケトンより反応性が高い一因である．アルデヒドのカルボニル炭素には求核剤が近づきやすい．なぜなら，アルデヒドのカルボニル炭素に結合している水素は，ケトンのカルボニル炭素に結合している2番目のアルキル基よりも立体的に小さいからである．

相対的反応性

最も反応性が高い　ホルムアルデヒド ＞ アルデヒド ＞ ケトン　最も反応性が低い

立体因子は四面体（結合角が 109.5°）である遷移状態でも重要である．これは，結合角が 120° であるカルボニル化合物よりも，アルキル基が互いにより近づいているからである．ケトンは遷移状態において立体的により混み合っていることから，ケトンの遷移状態はアルデヒドのものよりも不安定である．つまり，アルキル基はカルボニル化合物を安定化し，遷移状態を不安定化する．両因子が $\Delta G^{\ddagger}$ を増大させ，その結果，ケトンはアルデヒドよりも反応性が低くなる．

立体的混み合いという同じ理由で，カルボニル炭素に小さなアルキル基が結合しているケトンは，より大きなアルキル基が結合しているケトンよりも反応性が高い．

相対的反応性

最も反応性が高い ＞ ＞ 最も反応性が低い

> **問題 4** ◆
> 各組のどちらのケトンがより反応性が高いか．
> **a.** 2-ヘプタノン　または　4-ヘプタノン
> **b.** ブロモメチルフェニルケトン　または　クロロメチルフェニルケトン

アルデヒドまたはケトンの求核剤に対する反応性は，16章で学んだカルボニル化合物の反応性と比べてどうであろうか．アルデヒドとケトンはそれらのちょうど中間にある．すなわち，ハロゲン化アシルと酸無水物より反応性は低く，エステル，カルボン酸，およびアミドよりも反応性が高い．

アルデヒドはケトンよりも反応性が高い．

アルデヒドとケトンは塩化アシルや酸無水物よりも反応性が低いが，エステル，カルボン酸，およびアミドよりは反応性が高い．

カルボニル化合物の相対的反応性

ハロゲン化アシル ＞ 酸無水物 ＞ アルデヒド ＞ ケトン ＞ エステル ≈ カルボン酸 ＞ アミド ＞ カルボキシラートイオン

最も反応性が高い　　最も反応性が低い

17.3 アルデヒドとケトンはどのように反応するか

16.5 節で，カルボン酸やカルボン酸誘導体のカルボニル基に結合している基は，ほかの基に置換できることを学んだ．これらの化合物は**求核付加−脱離反応**（nucleophilic addition–elimination reaction）を行う．この反応では求核剤がカルボニル炭素に付加し，一つの基が四面体中間体から脱離する．全体として Z^- が Y^- に置き換わる置換反応である．

カルボン酸誘導体は求核剤と求核付加−脱離反応を行う．

一方，アルデヒドやケトンのカルボニル基は，通常の条件下では脱離できない強塩基（H^- や R^-）と結合しているので，ほかの基に置換できない．それゆえ，アルデヒドやケトンは求核剤と反応しても置換生成物を与えない．

アルデヒドやケトンのカルボニル炭素への求核剤の付加は，四面体化合物を生成する．その求核剤が R^- や H^- のような強塩基の場合，四面体化合物は安定なので脱離可能な基はない．したがって，その反応は不可逆的**求核付加反応**（nucleophilic addition reaction）である．（四面体化合物は，その sp^3 炭素に酸素ともう一つの電気陰性な原子が結合する場合にかぎり，不安定であることを思い出そう；16.6 節参照．）

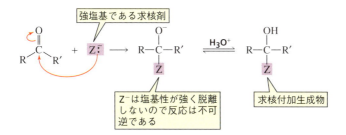

アルデヒドとケトンは強塩基である求核剤と不可逆的求核付加反応を行う．

求核剤の攻撃原子が酸素か窒素で，四面体化合物の OH 基をプロトン化するのに十分な酸が溶液中にある場合，酸素や窒素上の孤立電子対によって付加生成物から水が脱離する．その反応は可逆である．なぜなら，四面体中間体に二つの電気陰性な基が結合していて，そのうちのどちらかはプロトン化されて脱離するからである．脱水生成物がこの先どうなるかは Z の性質で決まる（827 ページを見よ）．

アルデヒドとケトンは攻撃する原子上に孤立電子対をもっている求核剤と求核付加-脱離反応を行う．

求核付加生成物

孤立対電子をもつ求核剤

水が脱離する

求核付加-脱離生成物

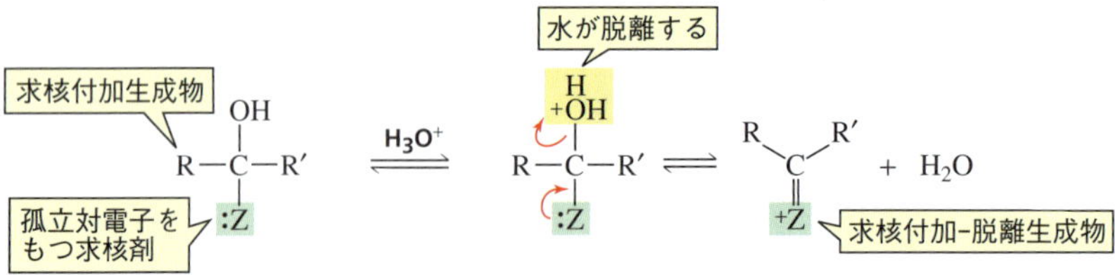

これもまた**求核付加-脱離反応**(nucleophilic addition–elimination reaction)と呼ばれる．しかしながら，アシル基に結合した基が脱離する求核付加-脱離を行うカルボン酸誘導体とは異なり，アルデヒドとケトンは水が脱離する求核付加-脱離反応を行う．

17.4 カルボニル化合物と Grignard 反応剤との反応

Grignard 反応剤のカルボニル化合物への付加は，新しい C—C 結合を形成する便利な反応である．この反応によってさまざまな構造の化合物をつくることができる．なぜなら，カルボニル化合物の構造も Grignard 反応剤の構造も，どちらもさまざまに変化させられるからである．

Grignard 反応剤は，無水条件下のジエチルエーテル中でハロゲン化アルキルにマグネシウム片を加えると調製できることを学んだ（上巻：12.1 節参照）．また，Grignard 反応剤はあたかもカルボアニオンであるかのように反応することも学んだ．したがって，これは強塩基性求核剤である．

$$CH_3CH_2Br \xrightarrow{Mg}_{Et_2O} CH_3CH_2MgBr$$

CH_3CH_2MgBr は，あたかも $CH_3\overset{-}{C}H_2 \ \overset{+}{Mg}Br$ のように反応する

その結果，アルデヒドとケトンは Grignard 反応剤と求核付加反応を行う（17.3 節）．

アルデヒドおよびケトンと Grignard 反応剤との反応

アルデヒドもしくはケトンと Grignard 反応剤との反応は求核付加反応であり，求核剤はカルボニル炭素に付加する．四面体アルコキシドイオンは安定であるが，それは脱離する基をもたないからである．（四面体化合物は sp^3 炭素が酸素ともう一つの電気陰性な原子に結合しているときだけ不安定であることを思い出そう．）

アルデヒドもしくはケトンと Grignard 反応剤との反応の機構

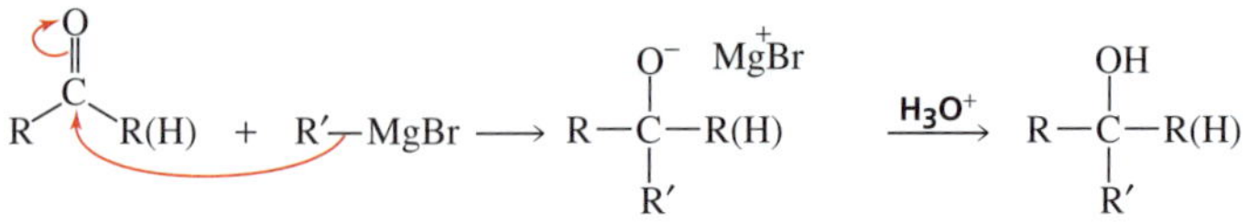

- Grignard 反応剤のカルボニル炭素への求核付加で，マグネシウムイオンと錯体を形成したアルコキシドイオンが生成する．
- 希酸を加えるとその錯体は壊れる．

Grignard 反応剤がホルムアルデヒドと反応すると，その求核付加反応の生成物

17.4 カルボニル化合物とGrignard反応剤との反応

は第一級アルコールとなる.

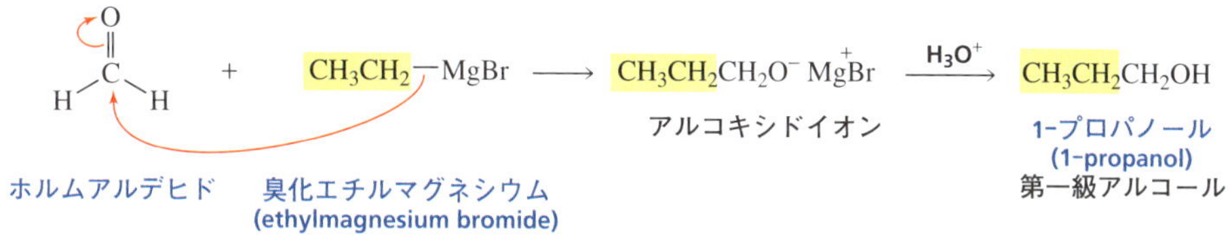

ホルムアルデヒド + 臭化エチルマグネシウム (ethylmagnesium bromide) → CH₃CH₂CH₂O⁻ MgBr⁺ (アルコキシドイオン) →[H₃O⁺] CH₃CH₂CH₂OH 1-プロパノール (1-propanol) 第一級アルコール

Grignard反応剤がホルムアルデヒド以外のアルデヒドと反応すると，その求核付加反応の生成物は第二級アルコールとなる.

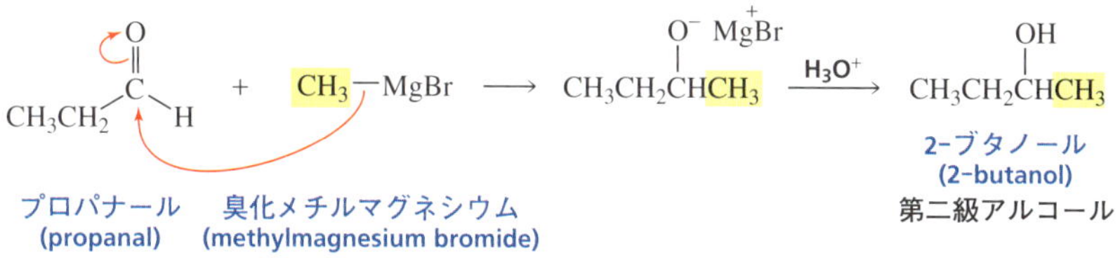

プロパナール (propanal) + 臭化メチルマグネシウム (methylmagnesium bromide) → CH₃CH₂CH(O⁻MgBr⁺)CH₃ →[H₃O⁺] CH₃CH₂CH(OH)CH₃ 2-ブタノール (2-butanol) 第二級アルコール

Grignard反応剤がケトンと反応すると，その求核付加反応の生成物は第三級アルコールとなる.

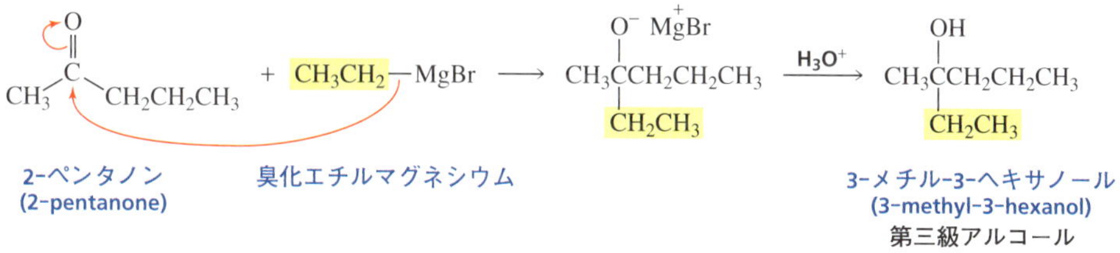

2-ペンタノン (2-pentanone) + 臭化エチルマグネシウム → CH₃C(O⁻MgBr⁺)(CH₂CH₃)CH₂CH₂CH₃ →[H₃O⁺] CH₃C(OH)(CH₂CH₃)CH₂CH₂CH₃ 3-メチル-3-ヘキサノール (3-methyl-3-hexanol) 第三級アルコール

Grignard反応剤は二酸化炭素とも反応する. その反応の生成物はGrignard反応剤よりも1炭素多いカルボン酸である.

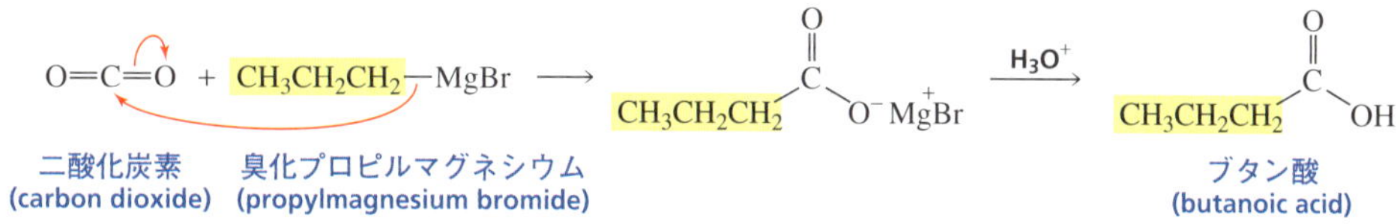

O=C=O + 臭化プロピルマグネシウム (propylmagnesium bromide) → CH₃CH₂CH₂C(=O)O⁻MgBr⁺ →[H₃O⁺] CH₃CH₂CH₂COOH ブタン酸 (butanoic acid)

二酸化炭素 (carbon dioxide)

　次の反応では，Grignard反応剤とカルボニル化合物が反応し終わるまでは酸を加えないことを示すために，反応を示す矢印の上下に記された反応剤に使用する順に番号をつけてある.

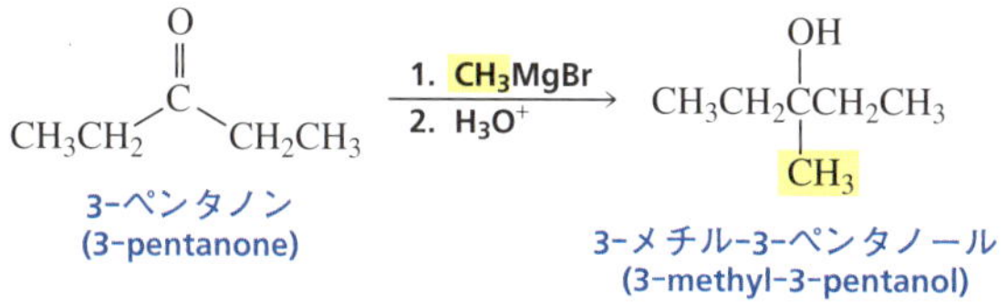

3-ペンタノン (3-pentanone) →[1. CH₃MgBr][2. H₃O⁺] 3-メチル-3-ペンタノール (3-methyl-3-pentanol)

ブタナール (butanal) →[1. C₆H₅MgBr][2. H₃O⁺] 1-フェニル-1-ブタノール (1-phenyl-1-butanol)

1-フェニル-1-ブタノールが生成される前述の反応のように，カルボニル化合物との反応で不斉中心をもつ生成物が得られる場合，その生成物はラセミ混合物である．（不斉中心をもたない反応物が不斉中心を生成する反応を行うときは，その生成物はラセミ混合物となることを思い出そう；上巻6.15節参照．）

酵素触媒によるカルボニル付加

不斉中心をもつ生成物を与えるようなカルボニル化合物との反応が，酵素によって触媒される場合，ラセミ混合物は生成せず，一つのエナンチオマーのみが生成する．酵素はカルボニル化合物の片方の面を攻撃されないようにブロックしたり，片方の面からだけ攻撃できるように求核剤を適切な場所に配置したりできるからである．

問題 5 ◆
次の化合物を CH_3MgBr と反応させ，次いで希酸を加えると，どのような生成物が得られるか．立体異性体は無視せよ．

a. CH_3CH_2–CHO b. CH_3CH_2–CO–CH_3 c. シクロヘキサノン

問題 6 ◆
3-メチル-3-ヘキサノールが，2-ペンタノンと臭化エチルマグネシウムとの反応で得られることを 893 ページで学んだ．同じ第三級アルコールを与えるケトンと Grignard 反応剤との組合せにはほかにどのようなものがあるか．

問題 7 ◆
a. 2-ペンタノンと臭化エチルマグネシウムとを反応させ，続いて希酸処理すると，いくつの立体異性体が得られるか．
b. 2-ペンタノンと臭化メチルマグネシウムとを反応させ，続いて希酸処理すると，いくつの立体異性体が得られるか．

エステルおよび塩化アシルと Grignard 反応剤との反応

Grignard 反応剤は，アルデヒドやケトンとの反応に加えて，16 章で学んだエステルや塩化アシルとも反応する．エステルや塩化アシルは Grignard 反応剤と二つの連続する反応を行う．最初の反応は求核付加-脱離反応である．なぜなら，エステルや塩化アシルはアルデヒドやケトンとは異なり，Grignard 反応剤によって置換される基をもっているからである．2 番目の反応は求核付加反応である．

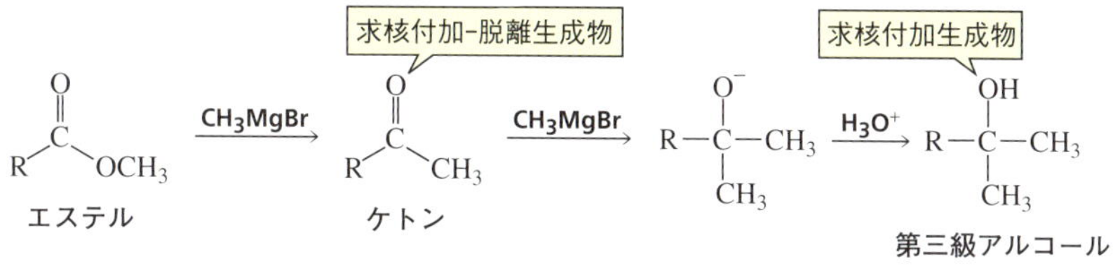

17.4 カルボニル化合物と Grignard 反応剤との反応

エステルと Grignard 反応剤との反応生成物は第三級アルコールである．その第三級アルコールは Grignard 反応剤との二つの連続した反応で生成するので，第三級炭素に結合した少なくとも二つの同じアルキル基をもつことになる．

エステルと Grignard 反応剤との反応の機構

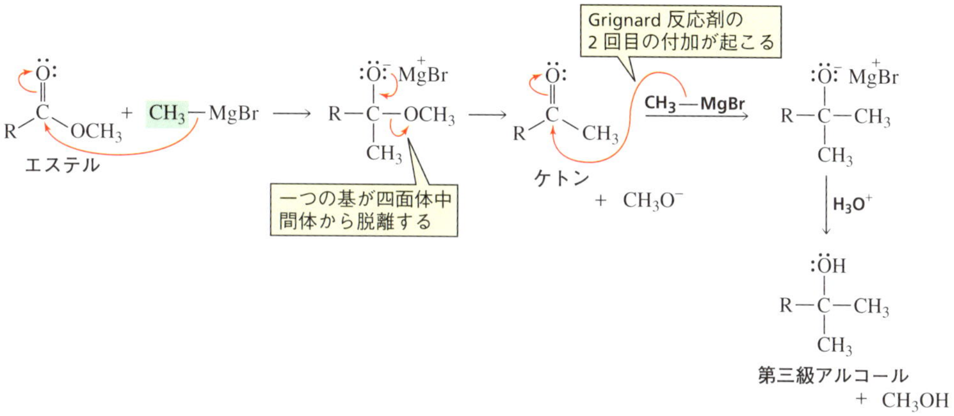

- Grignard 反応剤のカルボニル炭素への求核付加によって四面体中間体が生成する．この四面体中間体は脱離可能な基をもっているので不安定である．
- 四面体中間体からメトキシドイオンが脱離し，ケトンが生成する．
- そのケトンと 2 分子目の Grignard 反応剤との反応でアルコキシドイオンが生成し，プロトン化により第三級アルコールが生成する．

2 当量の Grignard 反応剤と塩化アシルとの反応でも，第三級アルコールが生成する．Grignard 反応剤と塩化アシルの反応機構は，Grignard 反応剤とエステルとの反応の機構と同じである．

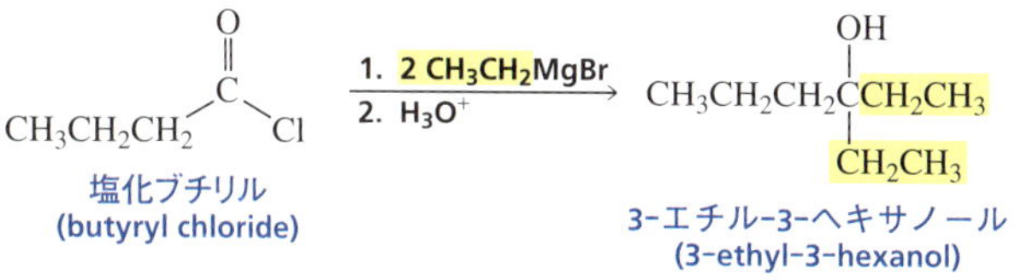

問題 8（解答あり）

a. 次の第三級アルコールのうち，エステルと過剰の Grignard 反応剤との反応で得られないものはどれか．

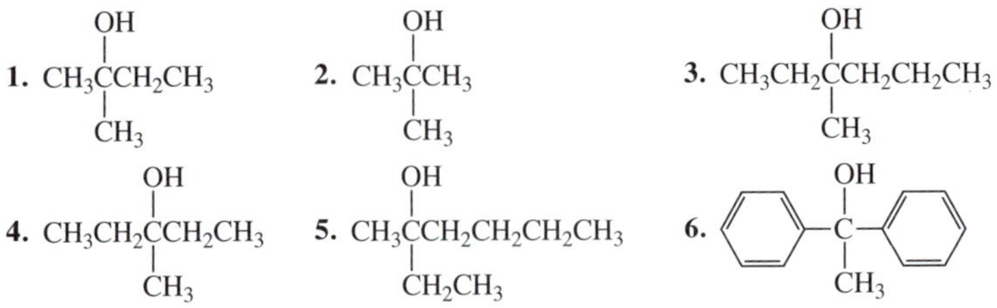

1. CH₃CH(OH)CH₃ with CH₃ (i.e., CH₃C(OH)(CH₃)CH₃)

2. CH₃C(OH)(CH₃)CH₃

3. CH₃CH₂C(OH)(CH₃)CH₂CH₃

4. CH₃CH₂C(OH)(CH₃)CH₃

5. CH₃C(OH)(CH₂CH₃)CH₂CH₃

6. (C₆H₅)₂C(OH)CH₃

b. エステルと過剰の Grignard 反応剤との反応でこれらのアルコールを合成するには,どのようなエステルと Grignard 反応剤を用いればよいか.

8 a の解答　エステルと 2 当量の Grignard 反応剤との反応で得られる第三級アルコールは,OH のある炭素に結合している少なくとも二つの同一の置換基をもっている.なぜなら,その炭素の三つの置換基のうち二つは Grignard 反応剤由来のものだからである.アルコール 3 と 5 には二つの同じ置換基がないので,この方法では合成できない.

8 b(1)の解答　プロパン酸のエステルと過剰の臭化メチルマグネシウム.

問題 9 ◆

次の第二級アルコールのうち,ギ酸メチルと過剰の Grignard 反応剤との反応で生成するのはどれか.

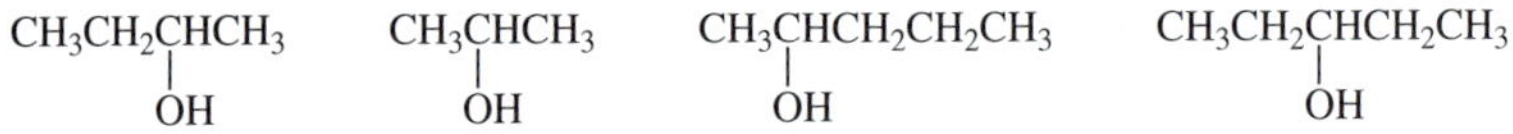

CH₃CH₂CH(OH)CH₃　　CH₃CH(OH)CH₃　　CH₃CH(OH)CH₂CH₃　　CH₃CH₂CH(OH)CH₂CH₃

　　A　　　　　　　　　B　　　　　　　　C　　　　　　　　　D

問題 10

塩化アセチルと臭化エチルマグネシウムとの反応機構を書け.

【問題解答の指針】

Grignard 反応剤との反応の予測

Grignard 反応剤がカルボン酸のカルボニル炭素に付加しないのはなぜか.

Grignard 反応剤がカルボニル炭素に付加することはわかっているので,Grignard 反応剤がカルボニル炭素に付加しないのは,それがそのカルボン酸分子の別の部分とより速やかに反応するに違いないと結論できる.カルボン酸は,Grignard 反応剤と速やかに反応してそれをアルカンに変換してしまう酸性プロトンをもっている.

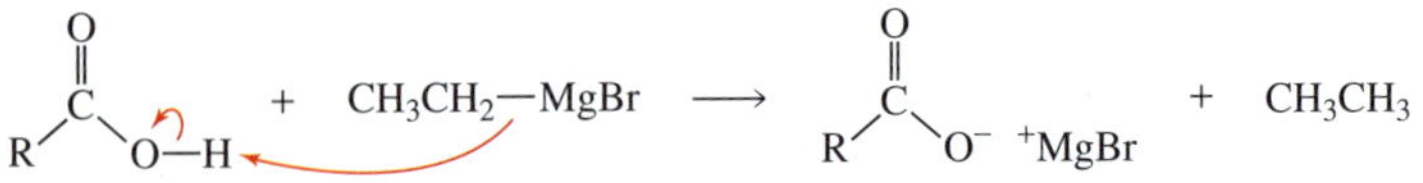

R−C(=O)−O−H + CH₃CH₂−MgBr ⟶ R−C(=O)−O⁻ ⁺MgBr + CH₃CH₃

ここで学んだ方法を使って問題 11 を解こう.

問題 11 ◆

次の化合物のなかで,1 当量の Grignard 反応剤と求核付加反応を起こさないのはどれか.

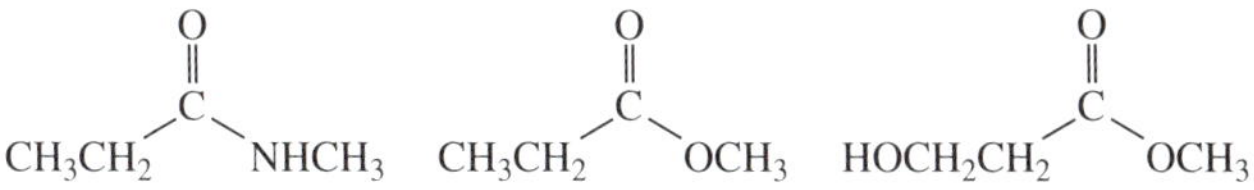

17.5 カルボニル化合物とアセチリドイオンとの反応　**897**

$$\underset{A}{CH_3CH_2-\overset{\overset{O}{\|}}{C}-NHCH_3} \quad \underset{B}{CH_3CH_2-\overset{\overset{O}{\|}}{C}-OCH_3} \quad \underset{C}{HOCH_2CH_2-\overset{\overset{O}{\|}}{C}-OCH_3}$$

逆合成解析

Grignard 反応剤はカルボニル化合物と反応して，どちらの反応剤よりも炭素数が多いアルコールを生成することを学んできた．これにより，アルコールもしくはアルコールから生成する化合物の合成方法を決定するために逆合成解析を使えるようになる．たとえば，3-ヘキサノンを 1-プロパノールとほかに炭素を含まない反応剤からどのように合成するか考えてみよう．

3-ヘキサノンは 3-ヘキサノールから合成できる．3-ヘキサノールは 3 炭素のアルデヒドと 3 炭素の Grignard 反応剤から合成できる．1-プロパノールの酸化で 3 炭素アルデヒドが生成され，1-プロパノールのハロゲン化プロピルへの変換によって 3 炭素の Grignard 反応剤の合成が可能となる．

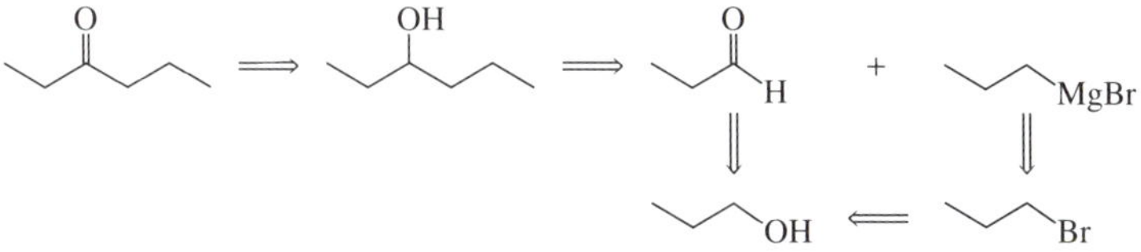

次は，その合成の各段階に必要な反応剤を示して正方向の反応を書いてみよう．酢酸はアルコキシドイオンをプロトン化し，生じたアルコールはケトンに酸化されることに注目しよう．

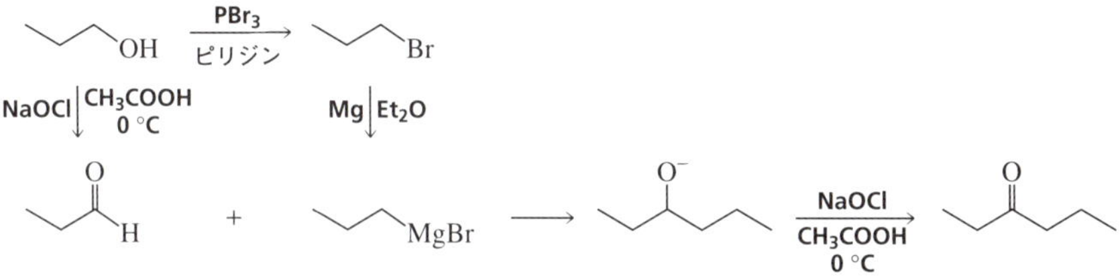

問題 12

次の化合物をシクロヘキサノールから合成する方法を示せ．

a. 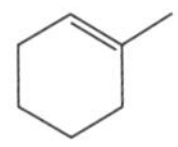 (1-メチルシクロヘキセン) b. 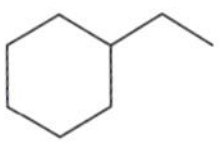 (エチルシクロヘキサン) c. 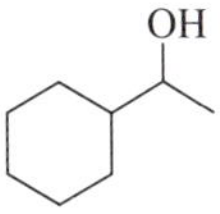 (1-シクロヘキシルエタノール)

17.5 カルボニル化合物とアセチリドイオンとの反応

末端アルキンは強塩基によってアセチリドイオンに変換できることをすでに学んだ（上巻：7.11 節参照）．

$$CH_3C\equiv CH \xrightarrow{NaNH_2} CH_3C\equiv C:^-$$

アセチリドイオンはアルデヒドもしくはケトンと反応し，求核付加生成物を与える炭素求核剤のもう一つの例である．その反応が終わったら，アルコキシドイオンをプロトン化するために弱酸(ここに示したピリジニウムイオンのような三重結合と反応しないもの)を反応混合物に加える．

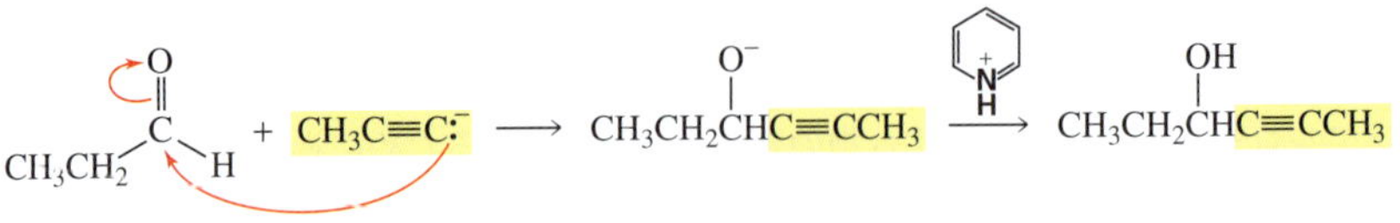

問題 13

出発物質の一つとしてエチンを用いて，次の化合物を合成する方法を示せ．求核付加をしたあとではなく，その前にエチンをアルキル化しなければならないのはなぜか，説明せよ．

a. 1-ペンチン-3-オール
b. 1-フェニル-2-ブチン-1-オール
c. 2-メチル-3-ヘキシン-2-オール

問題 14◆

エステルと過剰のアセチリドイオンを反応させ，続いて塩化ピリジニウムを加えてできる生成物は何か．

17.6 アルデヒドおよびケトンとシアン化物イオンとの反応

シアン化物イオンはアルデヒドやケトンに付加することができるもう一つの炭素求核剤である．その反応の生成物は**シアノヒドリン**(cyanohydrin)である．ほかの炭素求核剤の付加反応とは異なり，シアン化物イオンの付加は酸性条件下で行なわなければならない．(その理由は899ページで説明する．) シアン化物イオンを過剰に用いるのは，シアン化合物イオンがいくらか酸によってプロトン化されてしまうので，求核剤として利用できる量を確保するためである．

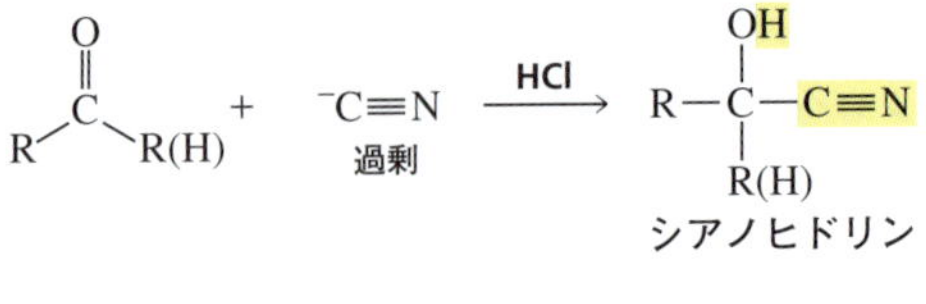

アルデヒドおよびケトンとシアン化水素との反応の機構

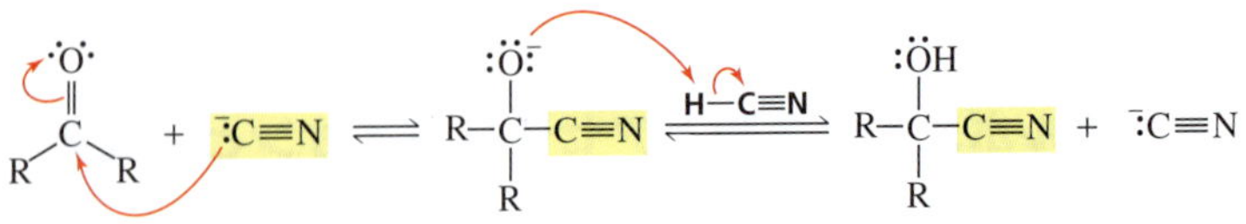

アセトンシアノヒドリン
(acetone cyanohydrin)

17.6 アルデヒドおよびケトンとシアン化物イオンとの反応

- シアン化物イオンがカルボニル炭素に付加する.
- アルコキシドイオンは解離していないシアン化水素分子にプロトン化される.

シアン化物イオンは，Grignard 反応剤やアセチリドイオンと比べて比較的弱い塩基である．CH_3CH_3 の pK_a は 60 以上，$RC≡CH$ の pK_a は 25，$HC≡N$ の pK_a は 9.14 である．（酸が強いほど共役塩基は弱くなることを思い出そう．）そのため，シアノ基は R^- や $RC≡C^-$ 基とは異なり付加生成物から脱離できる.

しかし，シアノヒドリンは安定である．OH 基によってシアノ基が脱離することはない．というのは，脱離反応の遷移状態は，酸素原子上に部分正電荷をもっているので，相対的に不安定となるからである.

しかし，OH 基がプロトンを失えば，シアノ基は脱離する．なぜなら，酸素原子は遷移状態において部分負電荷を帯びるようになるからである．そのために，塩基性溶液中ではシアノヒドリンはカルボニル化合物に戻る.

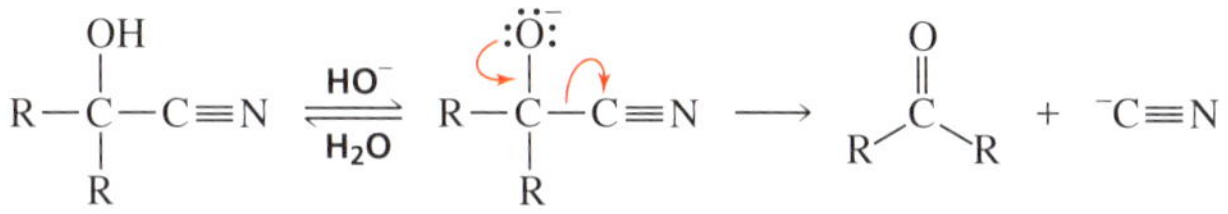

シアン化物イオンは，アルコキシドイオンよりも弱塩基だからシアン化物イオンは四面体中間体から脱離してしまうのでエステルとは反応しない．（入ってくる求核剤がそのアシル基に結合している置換基よりもはるかに弱い塩基ではあり得ないことを思い出そう；16.5 節参照．）

シアン化水素のアルデヒドやケトンへの付加反応は，合成的に有用な反応である．なぜなら，そのシアノヒドリンに対して，引き続き反応を行わせることができるからである．たとえば，シアノヒドリンの酸触媒加水分解反応によってα-ヒドロキシカルボン酸が生成する (16.19 節参照).

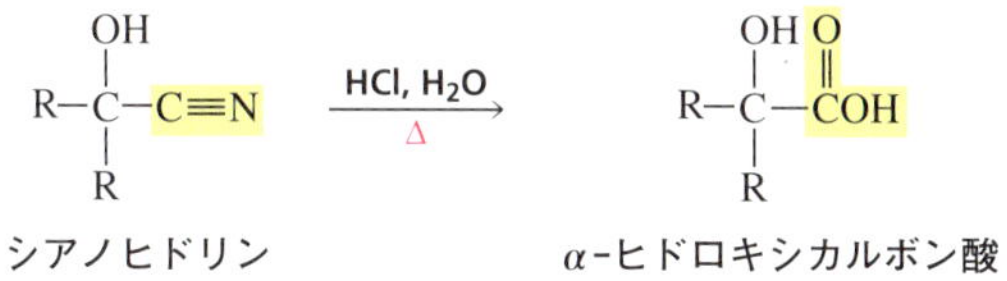

シアノヒドリン　　　　　α-ヒドロキシカルボン酸

シアノヒドリンの三重結合への 2 モルの水素の触媒的付加反応によって，β炭素に OH 基をもつ第一級アミンを合成できる.

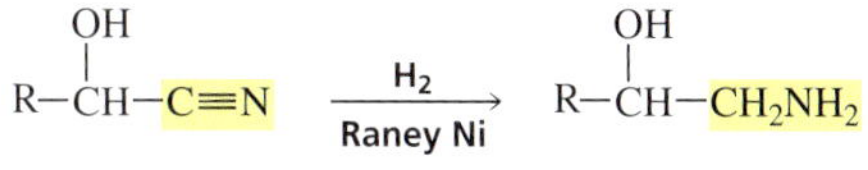

問題 15◆
シアノヒドリンが生成する反応機構で，アルコキシドイオンをプロトン化する酸が HCl でなく HCN であるのはなぜか.

問題 16◆
ケトンをシアン化ナトリウムで処理してシアノヒドリンを調製できるか.

問題 17◆
アルデヒドとケトンはシアン化水素のような弱酸と反応するが，HCl や H_2SO_4 のような強酸とは（プロトン化以外に）反応しないのはなぜか，説明せよ．

問題 18（解答あり）
目的とする生成物よりも 1 炭素少ないカルボニル化合物から，次の化合物を合成するにはどうすればよいか．

a. $HOCH_2CH_2NH_2$

b. $CH_3\underset{OH}{CH}\overset{O}{C}OH$

18a の解答　この 2 炭素化合物の合成の出発物質はホルムアルデヒドでなければならない．シアン化水素の付加と，続くシアノヒドリンの三重結合への H_2 の付加反応によって，標的分子が得られる．

$$H\overset{O}{C}H \xrightarrow[HCl]{NaC\equiv N} HOCH_2C\equiv N \xrightarrow[Raney\ Ni]{H_2} HOCH_2CH_2NH_2$$

18b の解答　シアン化物イオンの付加によって反応物に 1 炭素が付加されるので，この 3 炭素 α-ヒドロキシカルボン酸の合成の出発物質はアセトアルデヒドでなければならない．シアン化水素の付加と，続く生成したシアノヒドリンの加水分解によって，標的分子が得られる．

$$CH_3\overset{O}{C}H \xrightarrow[HCl]{NaC\equiv N} CH_3\underset{OH}{CH}C\equiv N \xrightarrow[\Delta]{HCl,\ H_2O} CH_3\underset{OH}{CH}\overset{O}{C}OH$$

問題 19
ハロゲン化アルキルを 1 炭素多いカルボン酸に変換する方法を二つ示せ．

17.7　カルボニル化合物とヒドリドイオンとの反応

アルデヒドおよびケトンとヒドリドイオンとの反応

ヒドリドイオンは，アルデヒドやケトンと反応して求核付加生成物を生じるもう一つの強塩基性求核剤である．一般に水素化ホウ素ナトリウム（$NaBH_4$）はヒドリドイオン源として使われる．

$$CH_3CH_2CH_2\overset{O}{C}H \xrightarrow[2.\ H_3O^+]{1.\ NaBH_4} CH_3CH_2CH_2CH_2OH$$

ブタナール　　　　　　　　　　　1-ブタノール
アルデヒド　　　　　　　　　　　第一級アルコール

$$CH_3CH_2CH_2\overset{O}{C}CH_3 \xrightarrow[2.\ H_3O^+]{1.\ NaBH_4} CH_3CH_2CH_2\underset{OH}{C}HCH_3$$

2-ペンタノン　　　　　　　　　　2-ペンタノール
ケトン　　　　　　　　　　　　　第二級アルコール

ある化合物への水素の付加は**還元反応**(reduction reaction)であることを思い出そう(上巻；6.12節参照).アルデヒドは第一級アルコールに還元され,ケトンは第二級アルコールに還元される.ヒドリドイオンとカルボニル化合物との反応が完結するまで反応混合物に酸を加えないように気をつけよう.

アルデヒドまたはケトンとヒドリドイオンとの反応の機構

$$\underset{R}{\overset{O}{\underset{\|}{C}}}\text{—R'(H)} + H\text{—}\bar{B}H_3 \longrightarrow R\text{—}\underset{H}{\overset{O^-}{\underset{|}{C}}}\text{—R'(H)} \xrightarrow{H_3O^+} R\text{—}\underset{H}{\overset{OH}{\underset{|}{C}}}\text{—R'(H)} \quad \text{求核付加生成物}$$

- ヒドリドイオンをアルデヒドやケトンのカルボニル炭素に付加するとアルコキシドイオンが生成する.
- 希酸でプロトン化するとアルコールが生成する.

問題 20 ◆

次の化合物を水素化ホウ素ナトリウムで還元すると,どのようなアルコールが得られるか.
a. 2-メチルプロパナール b. シクロヘキサノン
c. 4-*tert*-ブチルシクロヘキサノン d. アセトフェノン

塩化アシルとヒドリドイオンとの反応

塩化アシルは別の基に置換されうる基をもつので,Grignard 反応剤との2回の連続した反応を行うのと同様に(17.4節),ヒドリドイオンと2回の連続した反応を行う.そのため,塩化アシルと水素化ホウ素ナトリウムとの反応ではその塩化アシルと同じ炭素数の第一級アルコールが生成する.

$$\text{CH}_3\text{CH}_2\text{CH}_2\overset{O}{\underset{\|}{C}}\text{Cl} \xrightarrow[\text{2. H}_3\text{O}^+]{\text{1. 2NaBH}_4} \text{CH}_3\text{CH}_2\text{CH}_2\text{CH}_2\text{OH}$$

塩化ブタノイル (butanoyl chloride) → 1-ブタノール (1-butanol)

塩化アシルとヒドリドイオンとの反応の機構

$$\underset{R}{\overset{\ddot{O}:}{\underset{\|}{C}}}\text{Cl} + H\text{—}\bar{B}H_3 \longrightarrow R\text{—}\underset{H}{\overset{:\ddot{O}:^-}{\underset{|}{C}}}\text{—Cl} \longrightarrow \underset{R}{\overset{\ddot{O}:}{\underset{\|}{C}}}\text{H} \xrightarrow{H\text{—}\bar{B}H_3} RCH_2O^- \xrightarrow{H_3O^+} RCH_2OH$$

塩化アシル　　　　　　　　　　　　　　　　　　　　　　　　　　+ Cl⁻　　　　　　　　　　　第一級アルコール
　　　　　　　　　　　　　一つの基が四面体中間体から脱離する　　アルデヒド

求核付加-脱離生成物　　　求核付加生成物

- 塩化アシルは,ヒドリドイオンによって置換される基(Cl⁻)をもっているので,求核付加-脱離反応を行う.この反応の生成物はアルデヒドである.

- アルデヒドは次に2当量目のヒドリドイオンと求核付加反応を行い，アルコキシドイオンを生成する．
- そのアルコキシドイオンのプロトン化で第一級アルコールが生成する．

LiAlH$_4$ の水素のいくつかをアルコキシ(OR)基に置き換えると，金属ヒドリドの反応性は低下する．たとえば，水素化リチウムトリ tert-ブトキシアルミニウムは塩化アシルをアルデヒドまでしか還元しないが[†]，一方で NaBH$_4$ は塩化アシルをアルコールまで還元する．

[†] 訳者注：低温で行う反応なのでアルデヒドで止まる．

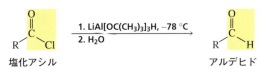

塩化アシル　　　　　　　　　　　アルデヒド

エステルおよびカルボン酸とヒドリドイオンとの反応

水素化ホウ素ナトリウム($NaBH_4$)は，アルデヒドやケトンよりも反応性の低いカルボニル化合物と反応するほど強いヒドリド供与体ではない．したがって，エステル，カルボン酸，およびアミドを還元するには，より反応性の高いヒドリド供与体である水素化アルミニウムリチウム($LiAlH_4$)を用いなければならない．水素化アルミニウムリチウムは水素化ホウ素ナトリウムと比べて安全性や使いやすさでは劣る．水素化アルミニウムリチウムはプロトン性溶媒と激しく反応するので，乾燥した非プロトン性溶媒中で用いなければならず，$NaBH_4$ が代わりに使えるのならば使われることはない．

エステルと $LiAlH_4$ との反応では二つのアルコールが生成する．一つはエステルのアシル基部分由来，もう一つはアルキル基部分由来のアルコールである．

$$CH_3CH_2\overset{O}{\underset{}{C}}OCH_3 \xrightarrow[\text{2. } H_3O^+]{\text{1. } 2LiAlH_4} CH_3CH_2CH_2OH + CH_3OH$$

プロパン酸メチル　　　　　1-プロパノール　メタノール
エステル

エステルとヒドリドイオンとの反応の機構

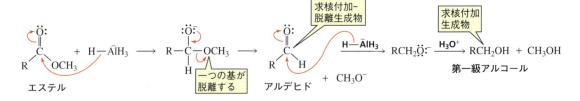

塩化アシルおよびエステルは，ヒドリドイオンや Grignard 反応剤と二つの連続した反応を行う．

- エステルは求核付加-脱離反応を起こす．というのは，エステルはヒドリドイオンによって置換されうる基(CH_3O^-)をもっているからである．この反応の生成物はアルデヒドである．
- このアルデヒドは次に2当量目のヒドリドイオンの求核付加反応を受け，ア

ルコキシドイオンが生成する．
- 二つのアルコキシドイオンがプロトン化されて二つのアルコールが生成する．

エステルとヒドリドイオンとの反応はアルデヒドの段階では止められない．なぜなら，アルデヒドはエステルよりも求核付加に対して反応性が高いからである（17.2 節）．

しかし，水素化ジイソブチルアルミニウム（diisobutylalminum hydride, DIBALH）をヒドリドイオン供与体として低温下でこの反応に用いれば，アルデヒドの段階で反応を止められる．それゆえ DIBALH はエステルのアルデヒドへの変換を可能にする．

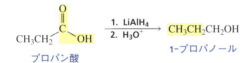

この反応は −78 ℃（ドライアイス / アセトン浴の温度）で行う．この温度では，最初に生成した四面体中間体が安定なため，アルコキシドイオンが脱離しない．すべての未反応のヒドリド供与体を反応溶液を昇温する前に取り除くと，四面体中間体がアルコキシドイオンを脱離させるときに生成するアルデヒドと反応するヒドリドイオンはもはや存在しない．

カルボン酸とヒドリドイオンとの反応ではそのカルボン酸と同じ炭素数の第一級アルコールが得られる．

カルボン酸とヒドリドイオンとの反応の機構

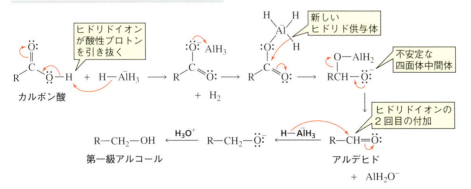

- ヒドリドイオンがカルボン酸の酸性水素と反応する．この反応はヒドリドイオンのカルボニル炭素への付加反応より速いからである．反応生成物は H_2 とカルボキシラートイオンである．
- 求核剤はその負電荷のためにカルボキシラートイオンには付加しないことをすでに学んだ（16.14 節参照）．しかし，この反応では求電子剤（AlH_3）がカルボキ

シラートイオンから一対の電子を受け取り，それを中和して新しいヒドリド供与体が生成する．

- ヒドリドイオンの付加に続く不安定四面体化合物からの脱離によりアルデヒドが生成する．
- ヒドリドイオンのアルデヒドへの付加で第一級アルコールが生成する．

問題 21◆

次の化合物と $LiAlH_4$ との反応に続く希酸処理により生成する化合物は何か．

a. ブタン酸エチル　　**b.** 安息香酸

c. 安息香酸メチル　　**d.** ペンタン酸

アミドとヒドリドイオンとの反応

アミドを $LiAlH_4$ と反応させた場合も，ヒドリドイオンの連続した付加反応が進行する．全体として，この反応はカルボニル基をメチレン(CH_2)基へ変換するので，反応の生成物はアミンである．アミドの窒素に結合している置換基の数によって，第一級，第二級，第三級アミンを生成できる．(H_3O^+ よりむしろ H_2O が反応の二段階目で用いられていることに注目しよう．H_3O^+ が用いられた場合，生成物はアミンではなくアンモニウムイオンとなる．)

ベンズアミド
(benzamide)

ベンジルアミン
(benzylamine)
第一級アミン

N-メチルアセトアミド
(*N*-methylacetamide)

エチルメチルアミン
(ethylmethylamine)
第二級アミン

N-メチル-γ-ブチロラクタム
(*N*-methyl-γ-butyrolactam)

N-メチルピロリジン
(*N*-methylpyrrolidine)
第三級アミン

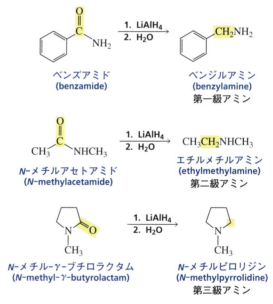

反応機構を見れば，反応の生成物がアミンである理由がわかる．この機構がカルボン酸とヒドリドイオンとの反応の機構に類似している点に注目しよう．

N-置換アミドとヒドリドイオンとの反応の機構

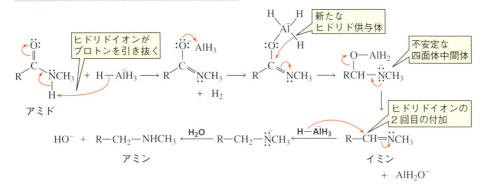

- ヒドリドイオンがアミドの窒素から酸性プロトンを引き抜き，残された電子は酸素上に非局在化する．
- 求電子剤（AlH$_3$）がそのアニオンから1組の電子を受け取り，新しいヒドリド供与体を生成する．
- ヒドリドイオンの付加，不安定な四面体中間体からの脱離，ヒドリドイオンの2回目の付加に続くプロトン化によりアミンが生成する．

無置換およびN,N-二置換アミドとでは，LiAlH$_4$との反応の機構がやや異なっているが，カルボニル基のメチレン基への変換という同じ結果となる．

生体反応もヒドリドイオンをカルボニル基へ届ける反応剤を必要とする．細胞はNADHとNADPHをヒドリド供与体として用いている．（水素化ホウ素ナトリウムと水素化リチウムアルミニウムは反応性が高すぎて生体反応には使えない．）これらのヒドリド供与体については24.1節で述べる．

問題 22◆

次のアミンを生成するには，どのようなアミドをLiAlH$_4$と反応させればよいか．

a. ベンジルメチルアミン　　b. エチルアミン
c. ジエチルアミン　　　　　d. トリエチルアミン

問題 23

N-ベンジルベンズアミドから，次の化合物を合成する方法を示せ．

a. ジベンジルアミン　　b. 安息香酸　　c. ベンジルアルコール

17.8　その他の還元反応

有機化合物は水素（H$_2$）が付加されると，還元される．H$_2$分子は，(1) 1個のヒドリドイオンと1個のプロトン，(2) 2個の水素原子，あるいは(3) 2個の電子と2個のプロトンからなっていると考えられる．還元反応の生成物は反応剤よりも多くのC—H結合をもっていることを思い出そう．

H:H の成分

H:⁻ H⁺	H・ ・H	・⁻ H⁺ ・⁻ H⁺
1個のヒドリドイオンと1個のプロトン	2個の水素原子	2個の電子と2個のプロトン

1個のヒドリドイオンと1個のプロトンの付加による還元

アルデヒドとケトンが $NaBH_4$ によりアルコールに還元されるとき，ヒドリドイオンの付加に続くプロトンの付加の結果として還元が起こることをすでに学んだ．

$$R-\underset{R'}{\overset{O}{C}}= + H-\bar{B}H_3 \longrightarrow R-\underset{H}{\overset{O^-}{C}}-R' \xrightarrow{H_3O^+} R-\underset{H}{\overset{OH}{C}}-R'$$

（H⁻ の付加／H⁺ の付加）

2個の水素原子の付加による還元反応

金属触媒の存在下に，水素が炭素—炭素二重結合や三重結合に付加することを思い出そう（上巻；6.12節および7.9節参照）．**接触水素化**（catalytic hydrogenation）と呼ばれるこれらの反応では H—H 結合が均一に切断され，2個の水素原子が反応剤へ付加することで還元が起こる．

$$CH_3CH_2CH=CH_2 + H_2 \xrightarrow{Pd/C} CH_3CH_2CH_2CH_3$$
1-ブテン　　　　　　　　　　　　　　　　ブタン
(1-butene)　　　　　　　　　　　　　　　(butane)

$$CH_3CH_2CH_2C\equiv CH + 2H_2 \xrightarrow{Pd/C} CH_3CH_2CH_2CH_2CH_3$$
1-ペンチン　　　　　　　　　　　　　　　ペンタン
(1-pentyne)　　　　　　　　　　　　　　(pentane)

接触水素化は炭素—窒素二重結合や炭素—窒素三重結合を還元するのにも利用される．この反応の生成物はアミンである（16.19節および17.10節参照）．

$$CH_3CH_2CH=NCH_3 + H_2 \xrightarrow{Pd/C} CH_3CH_2CH_2NHCH_3$$
メチルプロピルアミン
(methylpropylamine)

$$CH_3CH_2CH_2C\equiv N + 2H_2 \xrightarrow{Raney\ Ni} CH_3CH_2CH_2CH_2NH_2$$
ブチルアミン
(butylamine)

ケトンとアルデヒドの C＝O 基も，接触水素化により還元できる．パラジウム触媒はこれらのカルボニル基を還元するにはあまり有効ではない．しかし，ニッケル触媒では容易に還元される．（Raney ニッケルは，水素を吸着した，細かな粒子状のニッケルなので，外から H_2 を加える必要はない．）アルデヒドは第一級アルコールに，ケトンは第二級アルコールに還元される．

17.9 化学選択的反応

アルデヒド $\xrightarrow[\text{Raney Ni}]{H_2}$ 第一級アルコール (RCH$_2$OH)

ケトン $\xrightarrow[\text{Raney Ni}]{H_2}$ 第二級アルコール (RCH(OH)R)

カルボン酸，エステル，およびアミドの C=O 基は，アルデヒドやケトンの C=O 基よりも反応性が低いので，還元されにくい(17.7節)．(激しい反応条件下を除けば)これらは接触水素化によっては還元できない．

問題 24 ◆

次の反応の生成物は何か．

a. C$_6$H$_5$CHO $\xrightarrow[\text{Raney Ni}]{H_2}$

b. CH$_3$CH$_2$CH$_2$C≡N $\xrightarrow[\text{Raney Ni}]{H_2}$

c. シクロヘキサノン $\xrightarrow[\text{Raney Ni}]{H_2}$

d. CH$_3$C(O)OCH$_3$ $\xrightarrow[\text{Raney Ni}]{H_2}$

1個の電子，1個のプロトン，1個の電子，さらにもう1個のプロトンの付加による還元

アルキンは液体アンモニア中のナトリウムを用いて *trans*-アルケンに還元できることを学んだ(上巻；7.9節参照)．**溶解金属還元**(dissolving metal reduction)と呼ばれるこの反応では，ナトリウムがアルキンに1電子を供与し，アンモニアが1プロトンを供与する．この一連の反応が繰り返されるので，全体として1個の電子，1個のプロトン，1個の電子，さらに1個のプロトンがアルキンに付加されることになる．

$$CH_3C\equiv CCH_3 \xrightarrow[\text{NH}_3(\text{液体})]{\text{Na または Li}} \text{trans-2-ブテン}$$

2-ブチン
(2-butyne)

trans-2-ブテン
(*trans*-2-butene)

17.9 化学選択的反応

化学選択的反応(chemoselective reaction)とはほかの官能基に優先して特定の官能基と反応するような反応剤を用いて行う反応のことである．たとえば，水素化ホウ素ナトリウムは，エステル，アミド，およびカルボン酸を還元できないので，反応性の低いカルボニル基を合わせもつ化合物では，アルデヒドやケトンだけを選択的に還元できる．反応の二段階目ではエステルの加水分解が進行しないように，酸性水溶液ではなく水を用いる．

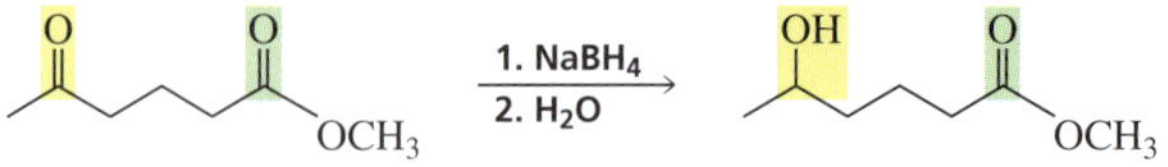

液体アンモニア中のナトリウム（またはリチウム）は炭素—炭素三重結合は還元できるが，炭素—炭素二重結合は還元できない．したがって，この反応剤は二重結合と三重結合を合わせもつ分子の三重結合だけを還元するのに有用である．

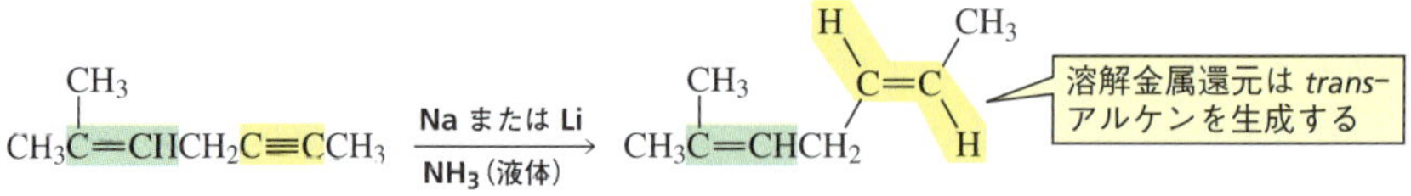

溶解金属還元は *trans*-アルケンを生成する

水素化ホウ素ナトリウムのようなヒドリドイオン供与体である還元剤は，炭素—炭素二重結合や炭素—炭素三重結合を還元できない．なぜなら，ヒドリドイオンとそういった二重，三重結合はいずれも求核剤だからである．そのため，アルケン官能基を合わせもつ化合物のカルボニル基だけを選択的に還元できる．反応の二段階目では二重結合への酸の付加を避けるため，酸性水溶液ではなく水を用いる．

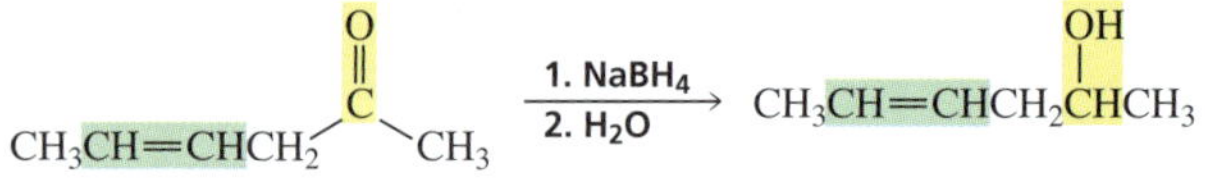

問題 25
目的とする標的分子を得るためにはどのような還元剤を用いるべきか．

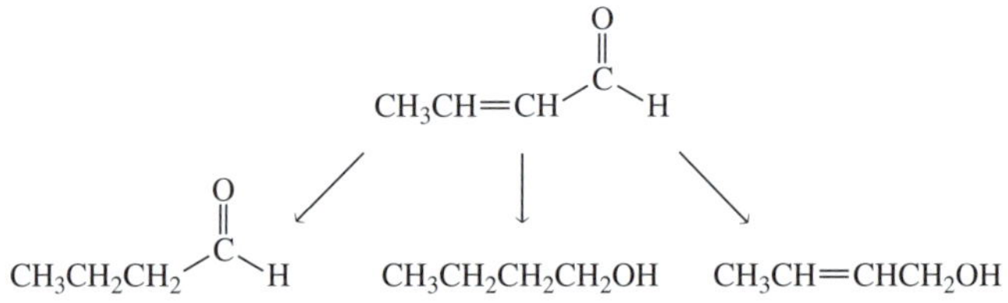

問題 26 ◆
炭素—窒素二重結合や炭素—窒素三重結合は $NaBH_4$ のようなヒドリド供与体で還元されるのに，炭素—炭素二重結合や炭素—炭素三重結合が還元されない理由を説明せよ．

問題 27
次の反応の生成物は何か．

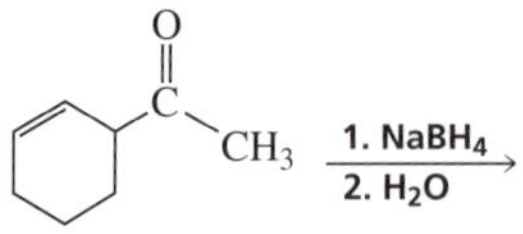

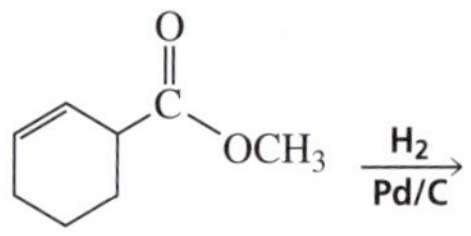

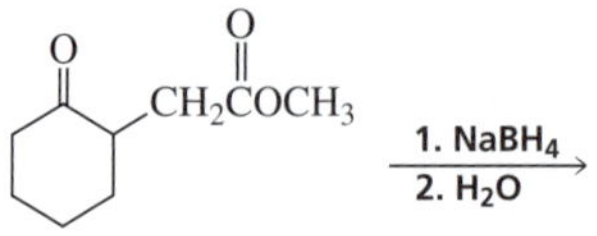

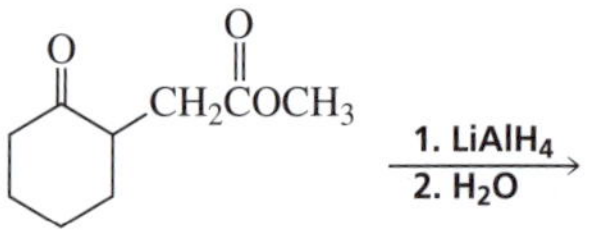

17.10 アルデヒドおよびケトンとアミンとの反応

アルデヒドとケトンは第一級アミンと反応してイミンを生成する

アルデヒドまたはケトンは，第一級アミンと反応してイミン〔Schiff 塩基(Schiff base)とも呼ばれる〕を生成する．イミン(imine)は炭素—窒素二重結合をもつ化合物である．この反応は微量の酸を必要とする．イミンの生成により C＝O が C＝NR に置き換わっていることに注目しよう．

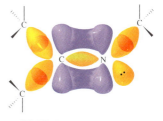

▲ 図 17.1
イミンの結合 π結合は炭素のp軌道と窒素のp軌道との横の重なりによって形成される；それはオレンジ色の軌道に直交する．

C＝N 基(図 17.1)は C＝O 基(図 16.1 参照)と似ている．イミンの窒素は sp^2 混成している．sp^2 軌道の一つはイミンの炭素と σ結合を形成し，もう一つは置換基とσ結合を形成している．三つ目の sp^2 軌道は孤立電子対を含んでいる．窒素の p 軌道と炭素の p 軌道が重なり，π結合を形成している．

イミン生成の反応機構を次に示す．反応混合物の pH は注意深く制御しなければならないことがわかるであろう．(HB^+ はプロトンを供与できる溶液中での化学種を示し，:B はプロトンを引き抜くことができる溶液中の化学種を示す．)

イミン生成の反応機構

- アミンがカルボニル炭素に付加する．
- アルコキシドイオンのプロトン化と，アンモニウムイオンの脱プロトン化により，中性の四面体中間体が生成する．
- カルビノールアミンと呼ばれる中性の四面体中間体が，二つのプロトン化された中間体と平衡にある．なぜなら，その酸素(正反応)またはその窒素(逆反応)のどちらかがプロトン化されうるからである．

16 章の酸触媒反応の機構で学んだ三つの四面体中間体の様式がこの反応機構でも現れていることに注目しよう：

プロトン化された四面体中間体 →
中性四面体中間体 →
プロトン化された四面体中間体．

- 求核剤が孤立電子対をもっているので，酸素原子がプロトン化されている中間体から水が脱離し，プロトン化されたイミンが生成する．
- 塩基が窒素からプロトンを引き抜きイミンが生成する．

Grignard 反応剤やヒドリドイオンがアルデヒドやケトンに付加するとき生成する安定な四面体化合物とは異なり，アミンがアルデヒドやケトンに付加するときに生成する四面体化合物は不安定である．それは，プロトン化されると，ほかの電気陰性な原子上の孤立電子対によって脱離させられるのに十分な，弱い塩基となりうる基を含むためである．

アルデヒドとケトンは第一級アミンと反応し，イミンを生成する．

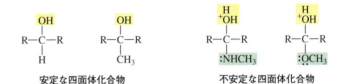

安定な四面体化合物　　不安定な四面体化合物

イミンの生成は可逆的である．なぜならプロトン化された四面体中間体から脱離されうる基が二つあるからである．窒素は酸素よりも塩基性が強く，その平衡は窒素がプロトン化されている四面体中間体に傾いている．しかし，イミンが生成するにつれて，水の除去により平衡は酸素がプロトン化された四面体中間体の方向へ向かい，それによりイミンの方向に傾かせることができる．

全体として，アルデヒドやケトンへのアミンの付加は求核付加-脱離反応である．すなわち，アミンの求核付加で四面体中間体が生成し，続いて水が脱離する．

pH の制御

イミンを生成させるときは，pH を慎重に制御しなければならない．塩基性の強い HO^- でなく H_2O が脱離基となれるように，四面体中間体をプロトン化するのに十分な酸が存在しなければならない．しかし，酸が多すぎると，反応物のアミンがすべてプロトン化されてしまう．プロトン化されたアミンは求核剤ではないので，カルボニル基とは反応できない．したがって，16章で学んだ酸触媒の反応とは異なり，反応の一段階目ではカルボニル基をプロトン化するのに十分な酸は必要ない(問題 30 参照)．

アセトンとヒドロキシルアミンとでイミンを生成する反応の実測反応速度定数を，反応混合物の pH の関数としてプロットした図を図 17.2 に示す．

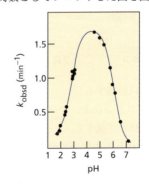

図 17.2 ▶
アセトンとヒドロキシルアミンとの反応の pH-反応速度相関図．反応速度は反応混合物の pH に依存していることがわかる．

こうしたプロットを **pH-反応速度相関図**(pH–rate profile)という．この反応では，pH 4.5 付近に最大速度があり，プロトン化されたヒドロキシルアミンの pK_a(pK_a = 6.0)よりも 1.5 ほど小さい．酸性度が pH 4.5 より大きくなると反応速度は遅くなる．なぜなら，より多くのアミンがプロトン化されるからである．その結果，アミンのなかで求核的な非プロトン化体で存在するものはますます減少する．酸性度が pH 4.5 より小さくなると，反応性の高いプロトン化体で存在する四面体中間体がますます減少するので，反応速度は低下する．

酸性溶液中ではイミンは加水分解されてカルボニル化合物とアミンに戻ることができる．酸性溶液中ではアミンはプロトン化されるため，この反応は不可逆となる．そのため，カルボニル化合物と反応できなくなりイミンは再生しない．

$$\underset{R}{\overset{R}{}}C=NCH_2CH_3 + H_2O \xrightarrow{HCl} \underset{R}{\overset{R}{}}C=O + CH_3CH_2\overset{+}{N}H_3$$

イミンは酸触媒による加水分解を受けて，カルボニル化合物と第一級アミンを生成する．

イミンの生成と加水分解は生体系でも重要な反応である．たとえば，ビタミン B_6 を必要とするすべての反応はイミンの生成を含み(24.5 節参照)，DNA が U ヌクレオチドの代わりに T ヌクレオチドを含むのもイミンが加水分解を受けるためである(26.10 節参照)．

問題 28

ケトンは Grignard 反応剤とニトリルとの反応で合成できる．この反応で生成する中間体を書き，どのようにケトンに変換されるかを示せ．

問題 29 ◆

プロトン化されたヒドロキシルアミンの pK_a 値(6.0)が，プロトン化されたメチルアミン(10.7)のようなプロトン化された第一級アミンの pK_a 値よりはるかに低いのはなぜか．

問題 30 ◆

プロトン化されたアミンの pK_a 値が 10.0 である場合，イミンの生成はどのくらいの pH で進行するか．

問題 31 ◆

プロトン化されたアセトンの pK_a は約 −7.5 であり，プロトン化されたヒドロキシルアミンの pK_a は 6.0 である．

a. pH 4.5 でのアセトンとヒドロキシルアミンとの反応(図 17.2)において，アセトンのうち，プロトン化された酸の形はどれくらいの割合で存在するか．(ヒント：上巻 2.10 節を見よ．)

b. pH 1.5 でのアセトンとヒドロキシルアミンとの反応において，アセトンのうち，プロトン化された酸の形はどれくらいの割合で存在するか．

c. pH 1.5 でのヒドロキシルアミンとアセトンとの反応(図 17.2)において，ヒドロキシルアミンのうちで活性な塩基の形はどれくらいの割合で存在するか．

イミン誘導体の生成

ヒドロキシルアミンやヒドラジンのような化合物は，NH_2 基をもっている点で第一級アミンに似ている．したがって，第一級アミンと同様に，それらはアルデヒドやケトンと反応して<u>イミン誘導体</u>と呼ばれるイミンを生成する．イミン誘導体と呼ばれる理由は，イミンの窒素に結合している置換基が R 基ではないからである．ヒドロキシルアミンとの反応で得られるイミン誘導体は**オキシム** (oxime)，ヒドラジンとの反応で得られるイミン誘導体は**ヒドラゾン**（hydrazone）と呼ばれる．

$$\underset{R}{\overset{R}{>}}C=O + H_2NOH \xrightleftharpoons[]{\text{微量の酸}} \underset{R}{\overset{R}{>}}C=NOH + H_2O$$

ヒドロキシルアミン (hydroxylamine) ／ オキシム (oxime)

$$\underset{R}{\overset{R}{>}}C=O + H_2NNH_2 \xrightleftharpoons[]{\text{微量の酸}} \underset{R}{\overset{R}{>}}C=NNH_2 + H_2O$$

ヒドラジン (hydrazine) ／ ヒドラゾン (hydrazone)

問題 32

イミンには<u>立体異性体</u>が存在し，その異性体は E, Z 表示法で命名される（上巻；5.4 節参照）．孤立電子対は最も優先順位が低い．

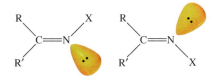

次の化合物の構造を書け．
a. ベンズアルデヒドの (E)-ヒドラゾン
b. プロピオフェノンの (Z)-オキシム

アルデヒドやケトンは第二級アミンと反応してエナミンを生成する

アルデヒドまたはケトンは<u>第二級アミン</u>と反応し，エナミンを生成する．**エナミン** (enamine) は $α, β$-不飽和第三級アミン，つまり窒素に関して $α, β$-位に二重結合をもつ第三級アミンである．その二重結合はアルデヒドもしくはケトン分子由来の部分にあり，第二級アミン由来の部分ではない．その名前は，エン (ene) とアミン (amine) を合わせ，二つの連続する母音を避けるために〝ene〟の 2 番目の〝e〟を省く．イミンの生成と同様に，反応には微量の酸触媒が必要である．

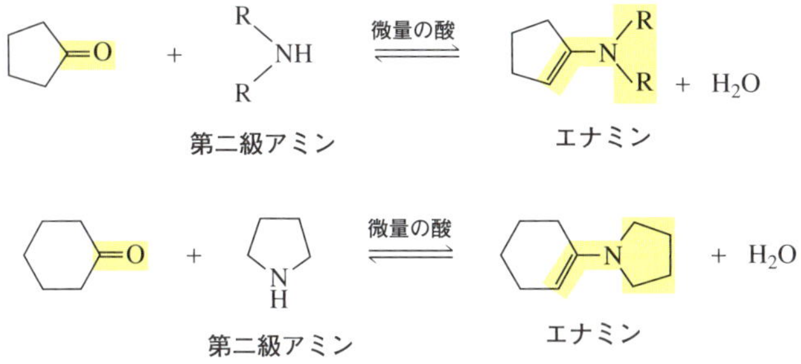

17.10 アルデヒドおよびケトンとアミンとの反応 **913**

アルデヒドとケトンは第二級アミンと反応し，エナミンを生成する．

エナミンの生成機構は，反応の最終段階を除いて，イミンの生成機構とまったく同じであることに注目しよう．

エナミン生成の反応機構

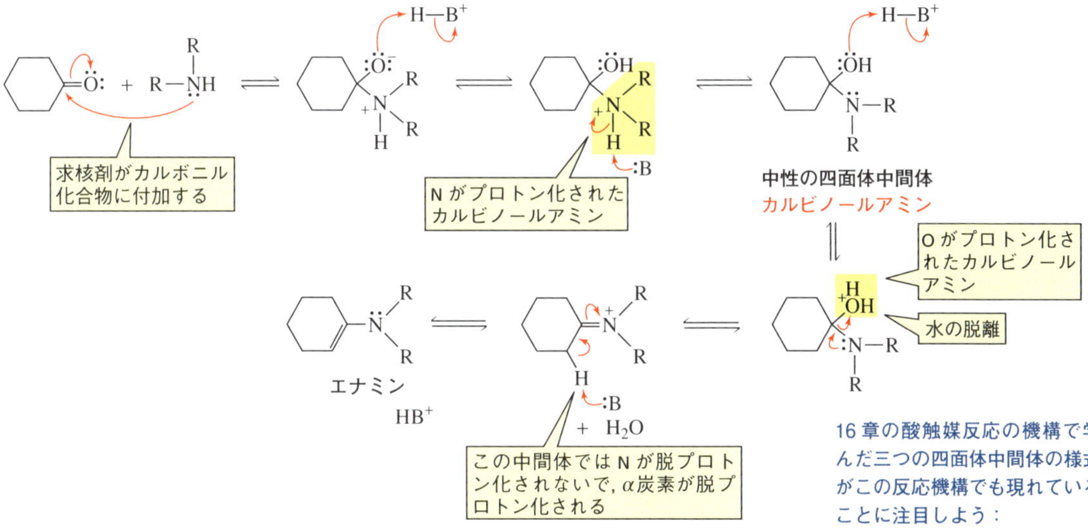

N がプロトン化されたカルビノールアミン

中性の四面体中間体
カルビノールアミン

O がプロトン化されたカルビノールアミン

水の脱離

エナミン

この中間体では N が脱プロトン化されないで，α 炭素が脱プロトン化される

16 章の酸触媒反応の機構で学んだ三つの四面体中間体の様式がこの反応機構でも現れていることに注目しよう：

プロトン化された四面体中間体 →
中性四面体中間体 →
プロトン化された四面体中間体．

- アミンがカルボニル炭素に付加する．
- アルコキシドイオンのプロトン化とアンモニウムイオンの脱プロトン化により中性の四面体中間体（カルビノールアミン）が生成する．
- 中性の四面体中間体は 2 種類のプロトン化体との平衡にあり，それは酸素原子も窒素原子もプロトン化されうるからである．
- 求核剤は孤立電子対をもっているので，酸素がプロトン化された中間体から水が脱離し，それにより正に帯電した窒素をもつ化合物が生成する．
- 第一級アミンがアルデヒドやケトンと反応するとき，プロトンが反応機構の最終段階で正に帯電した窒素から引き抜かれ，中性のイミンが生成する．しかし，アミンが第二級の場合，正に帯電した窒素は水素と結合しない．この場合，カルボニル化合物由来の化合物の α 炭素が脱プロトン化されるときのみ安定な中性分子が得られる．それがエナミンである．

イミンの生成と同様に，平衡をエナミンへ偏らせるために，（反応で）生成する水を除かなくてはならない．

914　17章　アルデヒドとケトンの反応・カルボン酸誘導体のその他の反応・α,β-不飽和カルボニル化合物の反応

酸性水溶液中では，エナミンは加水分解されてカルボニル化合物と第二級アミンに戻る．この反応は，イミンが酸触媒による加水分解でカルボニル化合物と第一級アミンに戻る反応と類似している（912ページ）．

エナミンは酸触媒によって加水分解されてカルボニル化合物と第二級アミンを生成する．

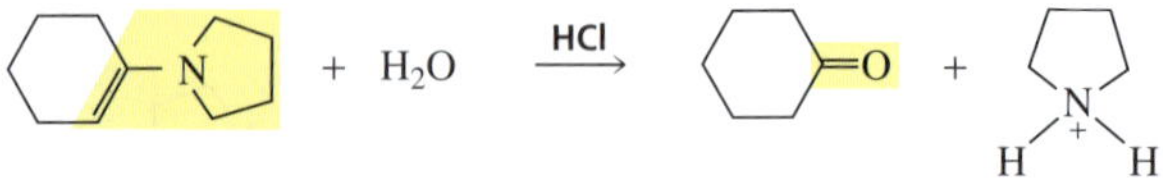

問題 33
a. 次の反応の機構を書け．
1. イミンが酸触媒による加水分解反応でカルボニル化合物と第一級アミンへ変換される反応
2. エナミンが酸触媒による加水分解反応でカルボニル化合物と第二級アミンへ変換される反応

b. これらの反応機構のどこが違うか．

問題 34
次の反応の生成物は何か．（どの場合も微量の酸が必要である．）
a. シクロペンタノン＋エチルアミン
b. シクロペンタノン＋ジエチルアミン
c. アセトフェノン＋ヘキシルアミン
d. アセトフェノン＋シクロヘキシルアミン

還元的アミノ化反応

アルデヒドもしくはケトンとアンモニアとの反応で生成するイミンは比較的不安定である．なぜなら，窒素に結合している置換基はすべて水素原子だからである．しかし，そのイミンは有用な中間体である．

たとえば，アンモニアとの反応をH_2のような還元剤と金属触媒存在下で行うと，その二重結合が還元されて第一級アミンが生成する．アルデヒドもしくはケトンと過剰のアンモニアを用いて還元剤存在下で行う反応を **還元的アミノ化** (reductive amination) という．

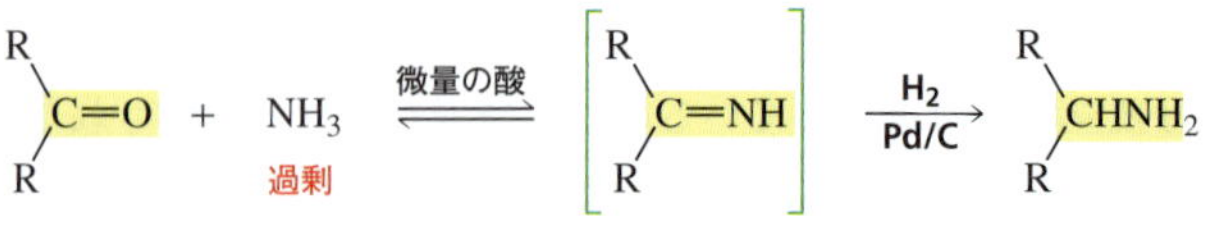

イミンもしくはエナミンの二重結合は C＝O 結合よりも速く還元されるので，カルボニル基の還元はこの反応でのイミンの還元と競争しない．

第二級および第三級アミンはそれぞれ，イミンとエナミンの還元によって合成できる．この還元には，通常，シアノ水素化ホウ素ナトリウム（$NaBH_3CN$）が還元剤として用いられる．これは取扱いが容易で酸性溶液中でさえ安定なためである．（$NaBH_3CN$ は水素の一つが C≡N 基に置き換わっている点で $NaBH_4$ と異な

ることに注目しよう.)

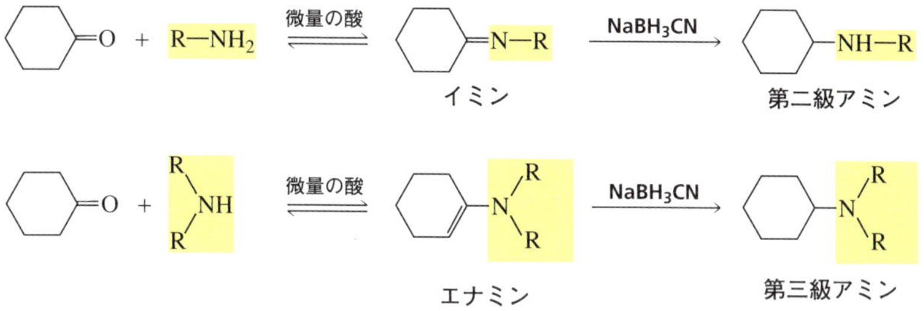

[反応式: シクロヘキサノン + R-NH₂ ⇌(微量の酸) イミン →(NaBH₃CN) 第二級アミン]

[反応式: シクロヘキサノン + R₂NH ⇌(微量の酸) エナミン →(NaBH₃CN) 第三級アミン]

医薬品の開発におけるセレンディピティー†

現在までに多くの医薬品が偶然に発見されてきた.精神安定剤である Librium® も同様に偶然発見された医薬品である.Hoffmann–LaRoche 社の研究者であった Leo Sternbach は一連のキナゾリン 3-オキシド類縁体を合成したが,それらはいずれもまったく薬理活性を示さなかった.また,彼が合成したもののうちの一つはキナゾリン 3-オキシドでなかったために活性試験の計画に入っていなかった.彼のプロジェクトが中止になってから 2 年後,研究室の片づけをしているときに研究員がこの化合物を見つけ,Sternbach はその化合物を捨てる前に活性試験を行ったほうがよいだろうと考えた.活性試験の結果,その化合物が精神安定作用を示すことがわかり,構造を決定したところ,ベンゾジアゼピン 4-オキシドであることがわかった.

メチルアミンは,クロロ置換基への S_N2 反応により置き換わってキナゾリン 3-オキシドを生成するのではなく,六員環のイミン基に付加する.これが開環したあとに再び閉環してベンゾジアゼピンを生成する.この化合物は臨床で用いられるようになった 1960 年に,Librium® という商標名がつけられた.

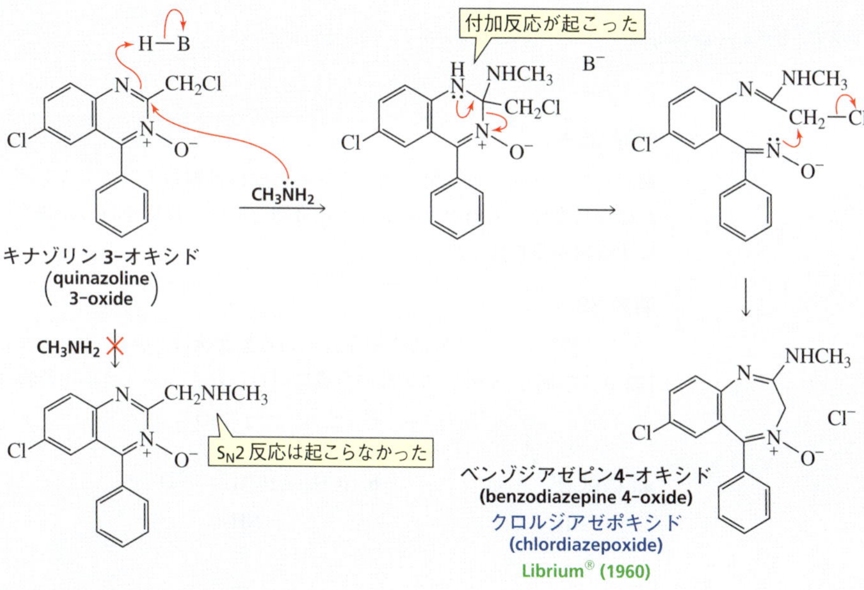

[反応機構図: キナゾリン 3-オキシド (quinazoline 3-oxide) → CH₃NH₂ による付加反応が起こった中間体 → 開環体 → ベンゾジアゼピン 4-オキシド (benzodiazepine 4-oxide) クロルジアゼポキシド (chlordiazepoxide) Librium® (1960)]

[S_N2 反応は起こらなかった経路も示されている]

ほかの精神安定剤を開発するために Librium® の構造を修飾する研究が行われた(上巻;11.9 節参照).そのうちの一つの成功例に Librium® の 10 倍の作用をもつ Valium® がある.近年では,8 種類のベンゾジアゼピンがアメリカや 15 の諸外国の臨床で精神安定剤として用いられている.Rohypnol はその催眠作用のためにデート・レイプ・ドラッグと呼ばれるものの一つである.

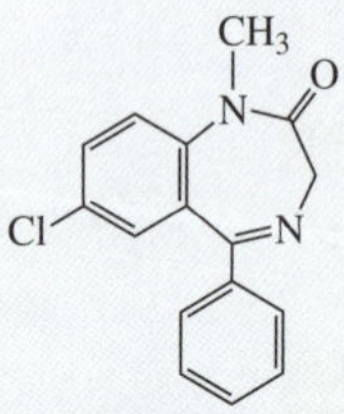

ジアゼパム
(diazepam)
Valium® (1963)

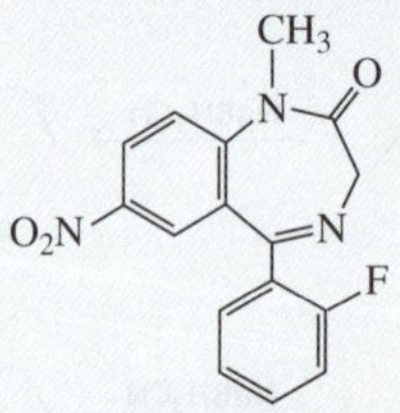

フルニトラゼパム
(flunitrazepam)
Rohypnol® (1963)

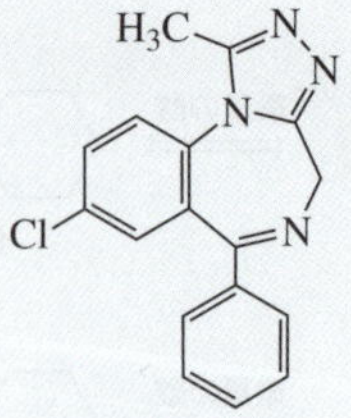

アルプラゾラム
(alprazolam)
Xanax® (1970)

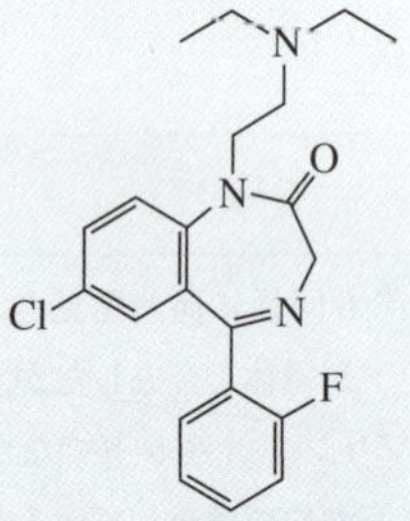

フルラゼパム
(flurazepam)
Dalmane® (1970)

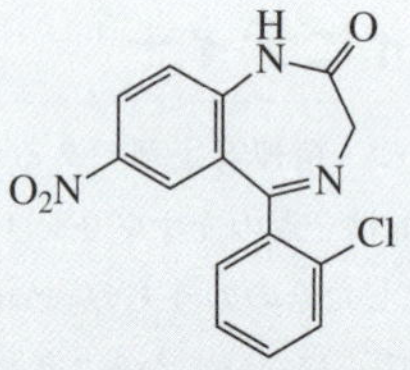

クロナゼパム
(clonazepam)
Klonopin® (1975)

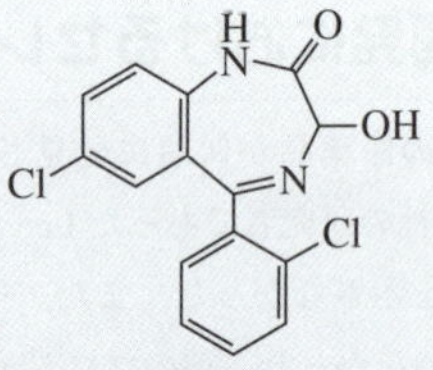

ロラゼパム
(lorazepam)
Ativan® (1977)

バイアグラは，医薬品開発のセレンディピティーにおける最近の例である．もともと心臓の治療薬として臨床試験が行われたが，効果がなかったので臨床試験は中止になった．のちに，臨床試験の登録者が残った錠剤を返却しなかったことから，製薬会社はバイアグラの別の市場的能力に気づいた．

† 訳者注：セレンディピティー（serendipity）とは思いがけない発見あるいは発見する能力のこと．

問題 35 ◆
還元的アミノ化による第一級アミンの合成は過剰のアンモニアを用いて行わなければならない．過剰のカルボニル化合物を用いて反応を行った場合にはどのような生成物が得られるか．

問題 36
"アミノ酸"として一般的に知られている化合物は，α-アミノカルボン酸である（22.0 節参照）．次のアミノ酸の合成に用いられるカルボニル化合物は何か．

a. 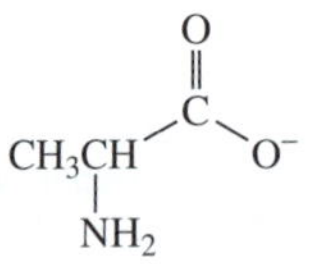 $CH_3CH(NH_2)CO_2^-$　　b. 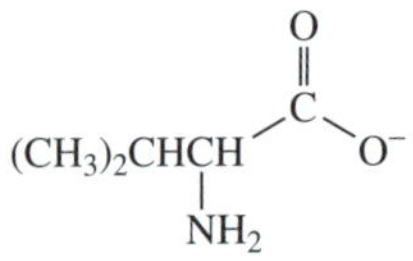 $(CH_3)_2CHCH(NH_2)CO_2^-$

17.11 アルデヒドおよびケトンと水との反応

水はアルデヒドやケトンに付加して水和物を生成する．**水和物**（hydrate）は二つの OH 基が同一炭素に結合している分子である．水和物は **gem-ジオール**（*gem-diol*，*gem* はラテン語で"双子"を意味する *geminus* に由来する）ともいう．

アルデヒドまたはケトン + H₂O ⇌(HCl) gem-ジオール 水和物

　水は求核剤としては劣るため，カルボニル基への付加は比較的遅い．反応速度は酸触媒で増大させることができる（図17.3）．また，触媒はアルデヒドやケトンが水和物に変換される速度に影響を及ぼし，水和物に変換されるアルデヒドやケトンの量には影響を及ぼさないことを覚えておこう（上巻；5.11節参照）．

酸触媒による水和物の生成の反応機構

- 酸はカルボニル酸素をプロトン化し，それによりカルボニル炭素はより求核攻撃されやすくなる（図17.3）．
- 水がカルボニル炭素に付加する．
- プロトン化された四面体中間体からプロトンが脱離することで水和物が生成する．

> **問題37**
> アルデヒドの水和は水酸化物イオンによっても触媒される．反応の機構を示せ．

　アルデヒドやケトンが水溶液中で水和される程度は，カルボニル基に結合している置換基しだいである．たとえば，平衡状態でアセトンは0.2%しか水和されないが，ホルムアルデヒドでは99.9%が水和される．

			K_{eq}
アセトン (CH₃COCH₃) 99.8%	+ H₂O ⇌	CH₃–C(OH)₂–CH₃ 0.2%	2×10^{-3}
アセトアルデヒド (CH₃CHO) 42%	+ H₂O ⇌	CH₃–CH(OH)₂ 58%	1.4

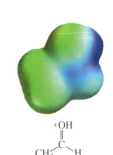

▲ **図 17.3**
プロトン化されたアルデヒドのカルボニル炭素は，プロトン化されていないアルデヒドのカルボニル炭素より求電子性が強い（青色がより濃い）ことが静電ポテンシャル図からわかる．

$$\text{ホルムアルデヒド} + H_2O \rightleftharpoons H-\underset{OH}{\overset{OH}{\underset{|}{\overset{|}{C}}}}-H \qquad 2.3 \times 10^3$$

ホルムアルデヒド 0.1%　　　　99.9%

なぜそのような水和の割合の違いが生じるのだろうか．反応の平衡定数は反応物と生成物の相対的な安定性に依存することはすでに学んだ（上巻；5.7 節参照）．したがって，水和物の生成の平衡定数，すなわち水和の割合は，カルボニル化合物と水和物の相対的安定性に依存する．

$$K_{eq} = \frac{[\text{生成物}]}{[\text{反応剤}]} = \frac{[\text{水和物}]}{[\text{カルボニル化合物}][H_2O]}$$

電子供与性であるアルキル基はカルボニル化合物をより安定化する（より反応性を低くする）ことはすでに学んだ（17.2 節）．

最も安定　$CH_3-\overset{O}{\overset{\|}{C}}-CH_3$ > $CH_3-\overset{O}{\overset{\|}{C}}-H$ > $H-\overset{O}{\overset{\|}{C}}-H$　120°

一方，結合角が 120°から 109.5°に変わると，アルキル基間の立体的相互作用のために水和物はより不安定になる（17.2 節）．

最も不安定　$CH_3-\underset{OH}{\overset{OH}{\underset{|}{\overset{|}{C}}}}-CH_3$ < $CH_3-\underset{OH}{\overset{OH}{\underset{|}{\overset{|}{C}}}}-H$ < $H-\underset{OH}{\overset{OH}{\underset{|}{\overset{|}{C}}}}-H$　109.5°

よって，アルキル基はカルボニル化合物を安定化し水和物を不安定化するので，平衡が左（反応物側）に傾き，K_{eq} を小さくする．結果，平衡状態ではアセトンはホルムアルデヒドよりも水和される割合が低くなる．アルデヒドの水和が相対的に安定であることは，822 ページの「一般に，酸素原子に結合している sp^3 炭素がもう一つの電気陰性な原子に結合していれば，その化合物は不安定である」という記述で「一般に」を使った理由である．

以上をまとめると，平衡状態にある溶液中に存在する水和物の割合には，電子効果と立体効果の両方が関係している．電子供与性基と立体的にかさ高い置換基（アセトンのメチル基など）が，平衡状態で存在する水和物の割合を減少させるが，それとは逆に，電子求引性基と立体的に小さい置換基（ホルムアルデヒドの水素）は平衡状態で存在する水和物の割合を増大させる．

ケトンと水との反応で生成する水和物の量が少なすぎて検出できない場合には，どうすれば反応の進行状況がわかるだろうか．^{18}O で標識した水にケトンを加え，平衡に達してからケトンを単離すると，水和反応が進行していることが証明できる．^{18}O のケトンへの取り込みがわかれば，それは水和の進行を示している．

17.12 アルデヒドおよびケトンとアルコールとの反応

[反応機構の図：酸触媒による水和反応のメカニズム。プロトン化された四面体中間体 → 中性四面体中間体 → プロトン化された四面体中間体の変換を示す]

16章の酸触媒反応の機構で学んだ三つの四面体中間体の様式がこの反応機構でも現れていることに注目しよう．すなわち，

プロトン化された四面体中間体 →
中性四面体中間体 →
プロトン化された四面体中間体．

🧪 生物標本の保存

ホルマリンとして知られるホルムアルデヒドの37％水溶液は，広く生物標本の保存に用いられていた．しかし，ホルムアルデヒドは目や肌に刺激を与えるので，ほとんどの生物学の研究室ではそれに代わるほかの保存剤を用いるようになっている．よく使われる保存剤の一つは2〜5％のフェノールのエタノール溶液に抗菌剤を加えたものである．

問題 38◆

水溶液中で水和物をより多く生成するケトンはどちらか．

[構造式：A はベンゾフェノン，B は 4,4'-ジニトロベンゾフェノン (O_2N-C$_6$H$_4$-CO-C$_6$H$_4$-NO_2)]

問題 39

トリクロロアセトアルデヒドを水に溶かすと，ほとんどすべてが水和物になる．この反応の生成物である抱水クロラールは致死の可能性もある鎮静剤である．これが盛られたカクテルは"ミッキーフィン"として，少なくとも推理小説ではよく知られている．水溶液中のトリクロロアセトアルデヒドのほとんどすべてが水和物になる理由を説明せよ．

$$CCl_3-CHO + H_2O \rightleftharpoons CCl_3-CH(OH)_2$$

トリクロロアセトアルデヒド　　抱水クロラール
(trichloroacetaldehyde)　　　　(chloral hydrate)

17.12 アルデヒドおよびケトンとアルコールとの反応

1当量のアルコールがアルデヒドもしくはケトンに付加した生成物を**ヘミアセ**

タール(hemiacetal)と呼ぶ．もう1当量のアルコールが付加した生成物を**アセタール**(acetal)と呼ぶ．水と同様に，アルコールも求核剤としては劣っているので，妥当な反応速度で反応を行うには酸触媒が必要である．（アルコールとケトンとの反応生成物としてヘミアセタールやアセタールの代わりにヘミケタールやケタールという用語を目にすることもある．）

$$\underset{\text{アルデヒドもしくはケトン}}{\overset{O}{\underset{}{\overset{\|}{R-C-H(R)}}}} + CH_3OH \overset{HCl}{\rightleftharpoons} \underset{\text{ヘミアセタール}}{\overset{OH}{\underset{OCH_3}{R-C-H(R)}}} \overset{CH_3OH, HCl}{\rightleftharpoons} \underset{\text{アセタール}}{\overset{OCH_3}{\underset{OCH_3}{R-C-H(R)}}} + H_2O$$

三つの四面体中間体の様式がこの反応機構でも現れていることに注目しよう．すなわち

プロトン化された四面体中間体 →
中性四面体中間体 →
プロトン化された四面体中間体．

*hemi*はギリシャ語で"半分"を意味する．1当量のアルコールがアルデヒドあるいはケトンに付加して，生成したヘミアセタールは，2当量のアルコール由来の基をもつ最終生成物のアセタールの生成段階における中間体である．

酸触媒によるアセタール生成の反応機構

- 酸はカルボニル酸素をプロトン化し，そのカルボニル炭素が求核付加を受けやすくする(図17.3)．
- アルコールがカルボニル炭素に付加する．
- プロトン化された四面体中間体からプロトンが引き抜かれることによって，中性の四面体中間体(ヘミアセタール)が生成する．
- ヘミアセタールはプロトン化体と平衡状態にある．ヘミアセタールの二つの酸素原子の塩基性は等しく，どちらもプロトン化されうる．
- 求核剤は孤立電子対をもつので，第二のプロトン化された中間体から水が脱離し，それにより正電荷を帯びた酸素のために，非常に反応性の高い中間体が生成する．
- この中間体に二つ目のアルコール分子が求核付加して，次いでプロトンが引き抜かれるとアセタールが生成する．

アセタールのsp³炭素は二つの酸素と結合している(これは不安定であることを示唆する)にもかかわらず，脱離した水を反応混合物から除去すると，アセター

ルを単離できる．この場合，もしまわりに水がなければ，アセタールから変換されうる化合物は *O*-アルキル化された中間体しか考えられず，これはアセタールよりも不安定である．

アセタールは，酸性水溶液中で加水分解によりアルデヒドやケトンに戻せる．

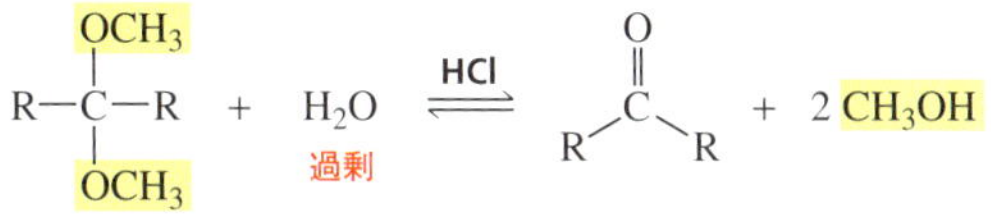

$$R-\underset{OCH_3}{\overset{OCH_3}{C}}-R + H_2O \underset{過剰}{\overset{HCl}{\rightleftharpoons}} R-\underset{}{\overset{O}{C}}-R + 2\,CH_3OH$$

イミン，エナミン，水和物，およびアセタールの生成機構が類似していることに注目しよう．それぞれの反応の求核剤は攻撃する原子上に孤立電子対をもつ．求核剤がカルボニル炭素に付加したあと，プロトン化された四面体中間体から水が引き抜かれて，正電荷を帯びた化学種が生成する．イミンと水和物の生成では，窒素および酸素からそれぞれプロトンが引き抜かれて中性の生成物が生じる．（水和物の生成では，中性の生成物はもとのアルデヒドもしくはケトンである．）エナミンの生成では，α炭素からプロトンが引き抜かれて中性の生成物が生じる．アセタールの生成では，2 当量目のアルコールが付加して中性の生成物が生じる．

🧪 炭水化物

21 章で炭水化物を学ぶとき，炭水化物の個々の糖単位がアセタール基によって互いにつながれていることを知るだろう．たとえば，D-グルコースのアルデヒド基とアルコール基との反応で，ヘミアセタールである環状化合物が生成する．環状化合物の分子は，ある分子のヘミアセタール基ともう一つの分子の OH 基との反応によりつながり，その結果アセタールが生成する．アセタール基によってつながった何百もの環状グルコース分子が，デンプンやセルロースの主要成分である (21.16 節参照)．

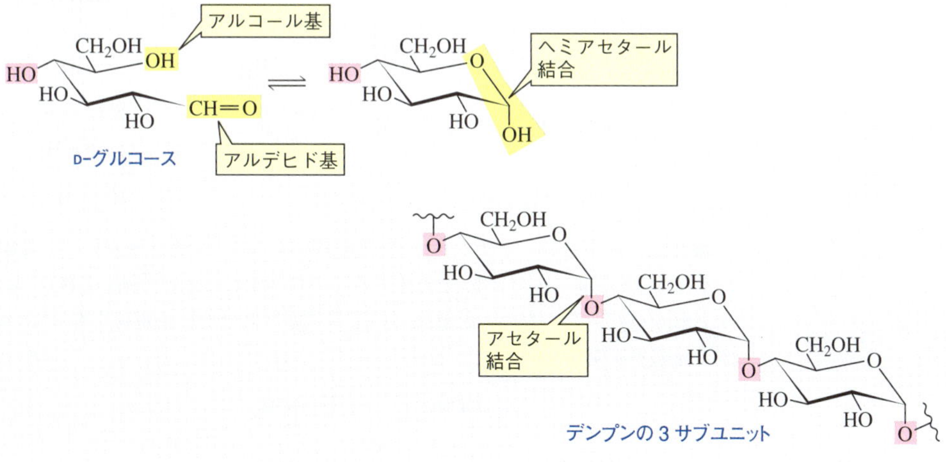

問題 40 ◆

次の 1 ～ 8 の化合物を a ～ c に分類せよ．
 a. ヘミアセタール　　 b. アセタール　　 c. 水和物

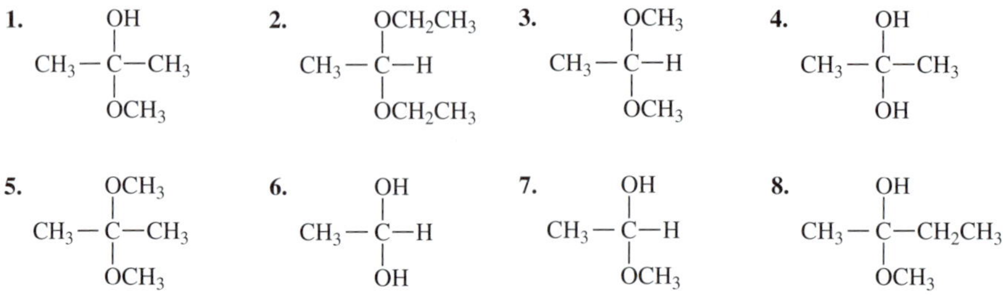

1.
$CH_3-\underset{OCH_3}{\overset{OH}{C}}-CH_3$

2.
$CH_3-\underset{OCH_2CH_3}{\overset{OCH_2CH_3}{C}}-H$

3.
$CH_3-\underset{OCH_3}{\overset{OCH_3}{C}}-H$

4.
$CH_3-\underset{OH}{\overset{OH}{C}}-CH_3$

5.
$CH_3-\underset{OCH_3}{\overset{OCH_3}{C}}-CH_3$

6.
$CH_3-\underset{OH}{\overset{OH}{C}}-H$

7.
$CH_3-\underset{OCH_3}{\overset{OH}{C}}-H$

8.
$CH_3-\underset{OCH_3}{\overset{OH}{C}}-CH_2CH_3$

【問題解答の指針】

アセタールの挙動を分析する

アセタールは酸性水溶液中で加水分解されてアルデヒドやケトンに戻ってしまうが，塩基性水溶液中では安定であるのはなぜか．

　この種の問題の解答を得る最もよい方法は，その質問が示している状況を表す反応機構を書き出すことである．反応機構が書けたら，答えは明らかになるであろう．

　酸性溶液中では，酸がアセタールの酸素をプロトン化する．これによって，脱離する弱塩基(CH_3OH)ができる．この基が脱離すると，水は反応性中間体を攻撃できるようになり，次にケトン（またはアルデヒド）へと戻っていく．

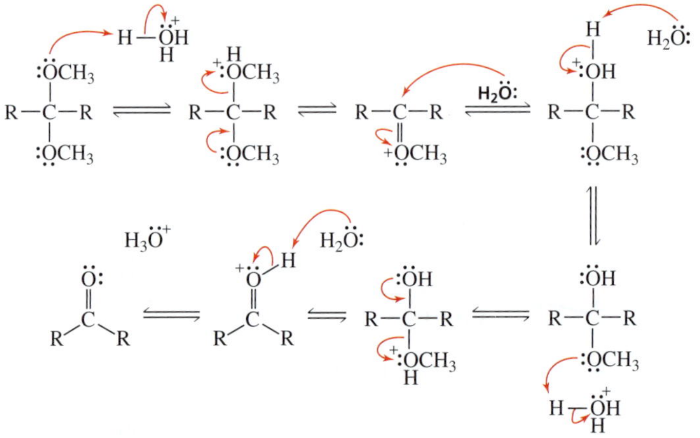

　塩基性溶液中では，アセタールの CH_3O 基はプロトン化されない．したがって，ケトン（またはアルデヒド）を再生するために非常に塩基性の強い CH_3O^- 基が脱離されなければならない．脱離反応の遷移状態は部分的に正電荷をもっているので非常に不安定である．

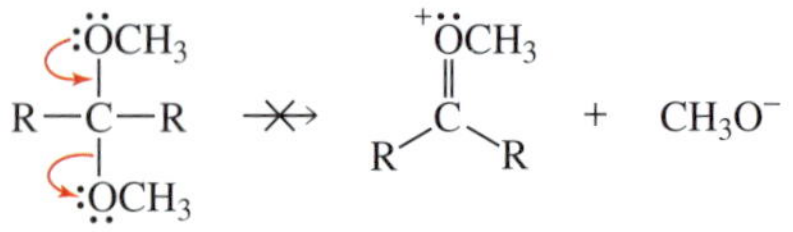

ここで学んだ方法を使って問題41を解こう．

問題 41

a. ヘミアセタールは塩基性溶液中で安定であると期待できるか．説明せよ．

b. アセタールは酸によって触媒されなければ生成しない．CH_3O^- では触媒されない理由を説明せよ．

c. 水和物の生成速度は，酸と同様，水酸化物イオンによっても増大するか．説明せよ．

問題 42
アセタールが単離できるのに，水和物のほとんどが単離できない理由を説明せよ．

17.13 保護基

ケトン（またはアルデヒド）が 1,2-ジオールと反応すると五員環アセタールが生成し，1,3-ジオールと反応すると六員環アセタールが生成する．五員環や六員環は比較的容易に生じることを思い出そう（上巻；9.8 節参照）．反応機構は，カルボニル化合物が二つの別べつのアルコール分子と反応する代わりに，ジオールという一つの分子中の二つのアルコール基と反応する点を除いては，17.12 節で示したアセタールの生成と同じである．

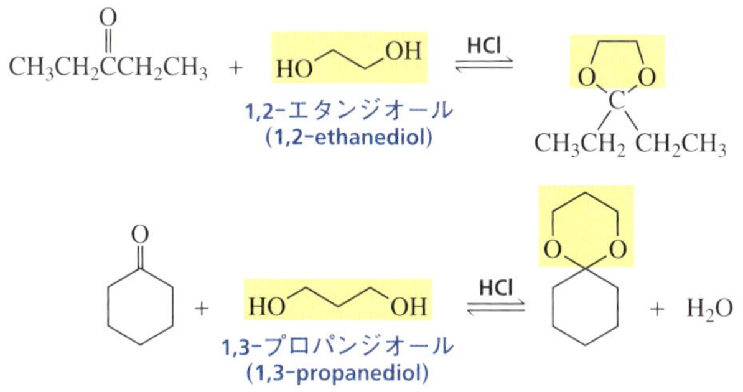

ある化合物が二つの官能基をもっていて，そのいずれもが与えられた反応剤と反応するが，そのうちの一つの官能基だけを反応させたい場合には，もう一つの官能基を反応剤から保護しなければならない．そのままでは官能基が保たれないような合成操作からその官能基を保護する基のことを**保護基**（protective group）と呼ぶ．

スプレーで部屋のペンキ塗りをするとき，塗りたくないもの，たとえば幅木や窓枠などにテープをはるであろう．同じように，1,2-ジオールや 1,3-ジオールはアルデヒドやケトンのカルボニル基を保護する（"テープをはる"）ために使われる．

たとえば，ケトエステルをヒドロキシケトンに変換したいとしよう．ケトエステルの両方の官能基とも $LiAlH_4$ によって還元できる．反応してほしくない官能基であるケト基は，二つの基のうちでより反応性が高い．

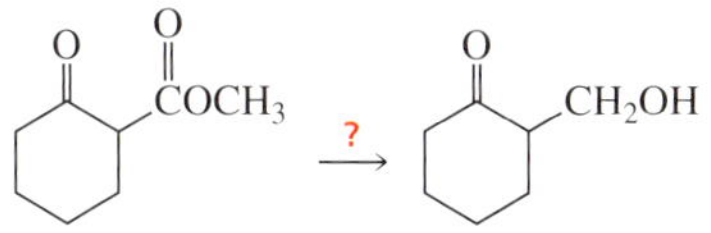

しかし，最初にケト基をアセタールに変換しておけば，エステル基だけがLiAlH$_4$と反応する．エステルを還元したあと，保護基は酸触媒による加水分解で取り除かれる（"脱保護"と呼ぶ）．保護基を取り除くときに使われる重要な条件は，その分子のほかの基に影響を与えないことである．アセタールは，エーテルに似て塩基，還元剤，もしくは酸化剤とは反応しないので優れた保護基である．

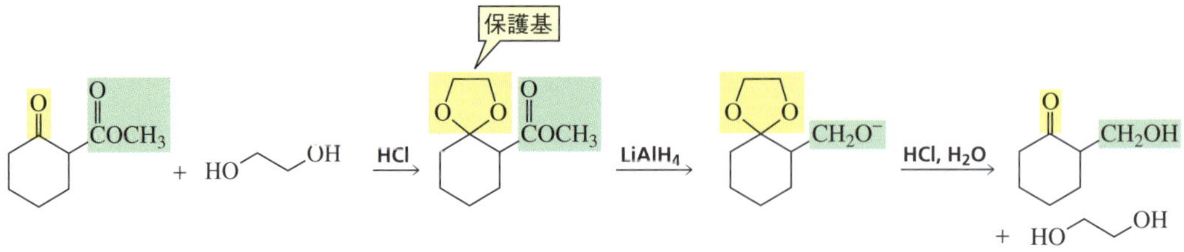

> **問題 43◆**
> **a.** ケト基を保護していない場合には，前述のLiAlH$_4$との反応の生成物は何であろうか．
> **b.** ケト基だけを還元するにはどんな反応剤が使えるか．

> **問題 44**
> アセタールが求核剤と反応しないのはなぜか説明せよ．

アルコールのOH基を保護する最もよい方法の一つは，シリルエーテルに変換することである．この変換によく用いられる反応剤は*tert*-ブチルジメチルクロロシランである．TBDMSエーテルはS_N2反応によって生成する．第三級ハロゲン化アルキルはS_N2反応を行わないが，第三級ケイ素化合物はS_N2反応を行える．それは，Si—C結合がC—C結合よりも長く，求核攻撃される位置の立体障害を減じているからである．アミン（一般にイミダゾール）は，反応混合物に含ませておいて反応で生じたHClと反応する．ここで化合物はもはや酸性OH基をもたないので，Grignard反応剤を合成できる．中性溶液や塩基性溶液中では安定なシリルエーテルは，フッ化テトラブチルアンモニウムを用いて脱保護できる．

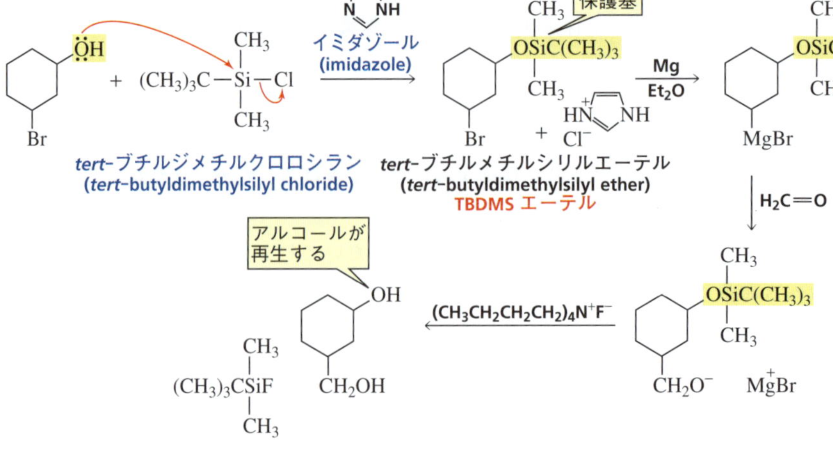

カルボン酸基の OH 基は，カルボン酸をエステルに変換すれば保護できる．そして，そのエステルは塩化チオニルと反応する OH 基を一つだけもっている．

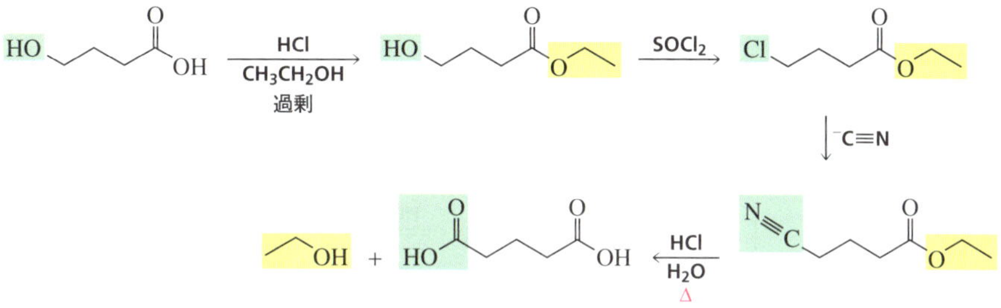

保護基は絶対に必要な場合にのみ用いるべきである．なぜなら，保護と脱保護によって合成は二段階増えてしまい，標的分子（目的とする生成物）の総収率が低下してしまうからである．

問題 45
前述のカルボン酸基を保護しなかったら，どのような生成物が生じるか．

問題 46 ◆
a. 六段階の合成で，各反応の収率が 80% だとしたら，標的分子物の収率はどれくらいになるか．
b. もしもう二段階増えたら（それぞれ収率 80% として），収率はどうなるか．

問題 47
次の化合物を与えられた出発物質から合成可能な方法を示せ．いずれの場合も，保護基を用いる必要がある．

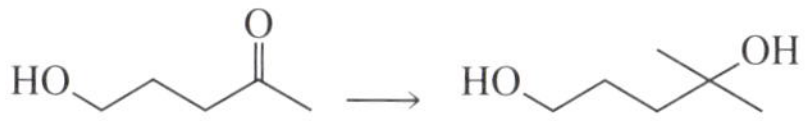

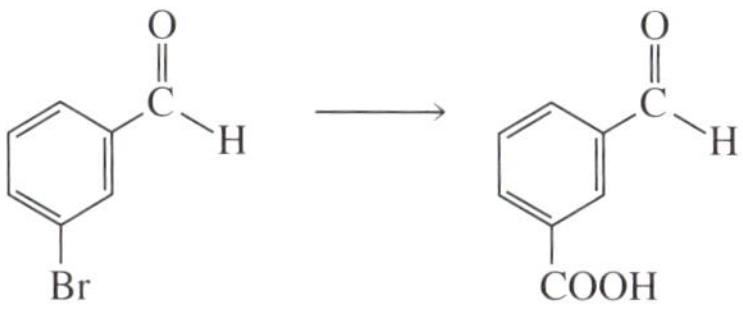

17.14 硫黄求核剤の付加

アルデヒドとケトンはチオール〔アルコールの硫黄類似体；上巻 11.11 節参照〕と反応してチオアセタールを生成する．チオール付加の反応機構はアルコール付加の反応機構と同じである（17.12 節）．

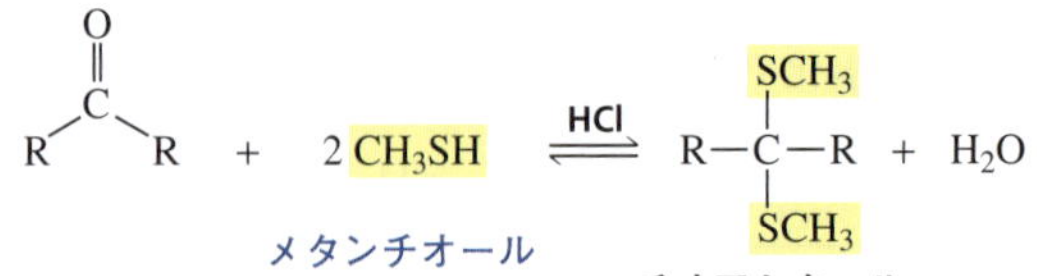

メタンチオール　　チオアセタール

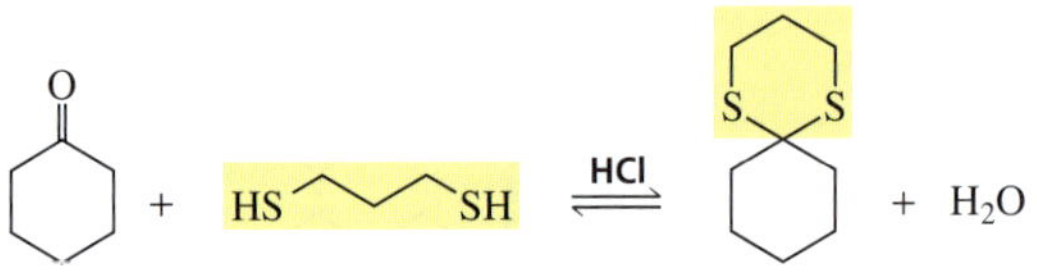

1,3-プロパンジチオール　　チオアセタール

チオアセタールの生成は，有機合成において有用な反応である．というのは，チオアセタールは，H_2 および Raney ニッケルと反応すると脱硫されるからである．**脱硫**(desulfurization)反応によって C—S 結合が C—H 結合と置き換わる．

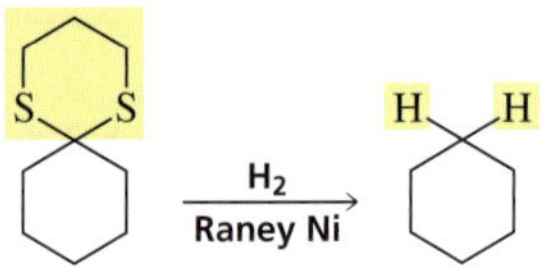

チオアセタールの生成に続く脱硫反応は，カルボニル基をメチレン基に変換する一つの方法である．

17.15 アルデヒドおよびケトンの過酸との反応

アルデヒドとケトンは過酸の共役塩基と反応してそれぞれカルボン酸およびエステルを生成する．**過酸**(peroxyacid)は，カルボン酸よりも酸素原子を1個多くもっていることを思い出そう(上巻；6.10節参照)．また，カルボニル炭素とアルデヒドのHまたはケトンのR基の間に挿入されるのはこの酸素である．この反応は **Baeyer–Villiger 酸化**(Baeyer–Villiger oxidation)と呼ばれている．とくに優れた Baeyer–Villiger 酸化の反応剤はペルオキシトリフルオロ酢酸イオンである．

アルデヒドは過酸によってカルボン酸へと酸化される．

ケトンは過酸によってエステルへと酸化される．

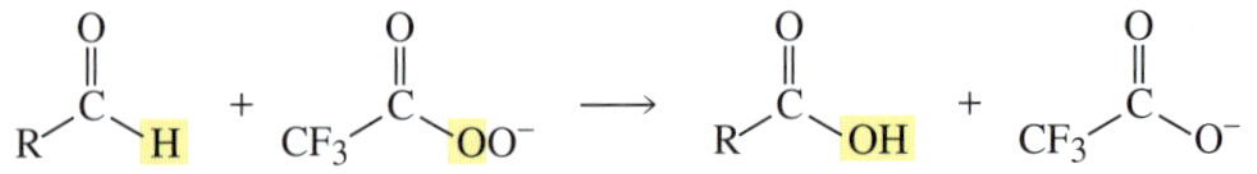

アルデヒド　　カルボン酸

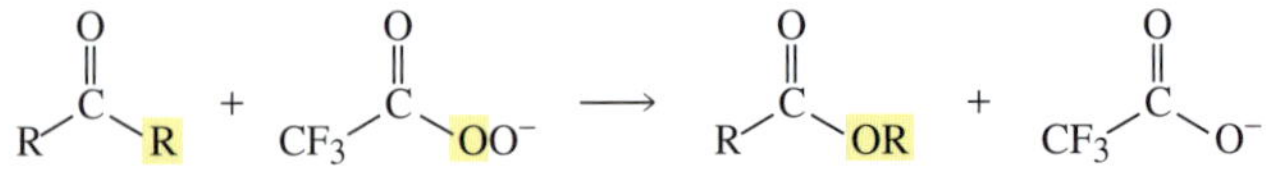

ケトン　　エステル

二つの異なるアルキル基がケトンのカルボニル基に結合している場合，カルボニル炭素のどちら側に酸素が挿入されるだろうか．たとえば，シクロヘキシルメチルケトンの酸化によって，シクロヘキサンカルボン酸メチルまたは酢酸シクロヘキシルのどちらが生成するだろうか．

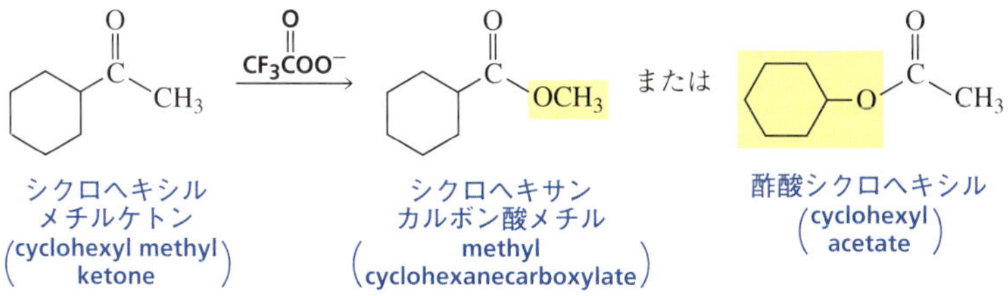

17.15 アルデヒドおよびケトンの過酸との反応

シクロヘキシル メチルケトン (cyclohexyl methyl ketone) → シクロヘキサン カルボン酸メチル (methyl cyclohexanecarboxylate) または 酢酸シクロヘキシル (cyclohexyl acetate)

この問いに答えるためには，反応機構を考える必要がある．

Baeyer–Villiger 酸化の反応機構

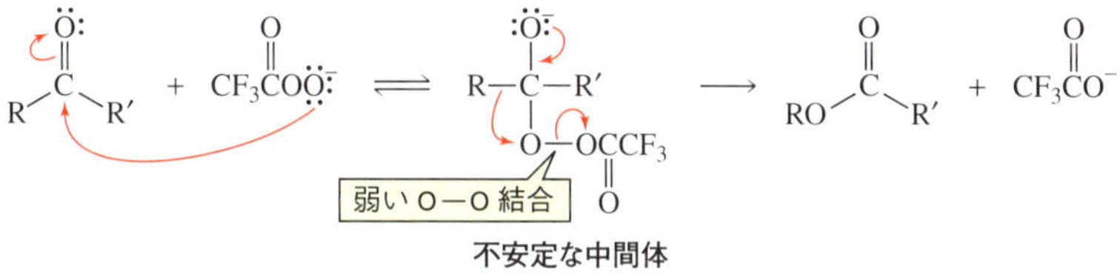

弱い O—O 結合
不安定な中間体

- 過酸の求核性酸素がカルボニル炭素に付加し，弱い O—O 結合をもつ不安定な四面体中間体が生成する．
- π結合が再生し O—O 結合が不均等に開裂するのに伴い，アルキル基の一つが酸素上へ転位する．この転位は，カルボカチオンが転位する際に起こる 1,2-シフトに似ている（上巻；6.7 節参照）．

異なる置換基の転位のしやすさについての研究から，次に示す順番であることが確かめられた．

相対的転位のしやすさ

最も転位しやすい → H > tert-アルキル > sec-アルキル ～ フェニル > 第一級アルキル > メチル ← 最も転位しにくい

その結果によれば，第二級アルキル基（シクロヘキシル基）のほうがメチル基よりも転位しやすいので，シクロヘキシルメチルケトンの Baeyer–Villiger 酸化の生成物は，酢酸シクロヘキシルであると考えられる．H は最も転位しやすい官能基なので，アルデヒドの酸化では常にカルボン酸を生じる．

問題 48

次のそれぞれの反応の生成物を示せ．

a. 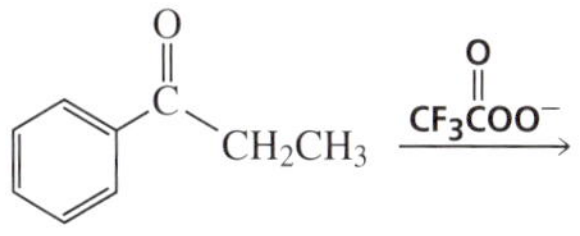 PhCOCH$_2$CH$_3$ + CF$_3$COO⁻ →

b. 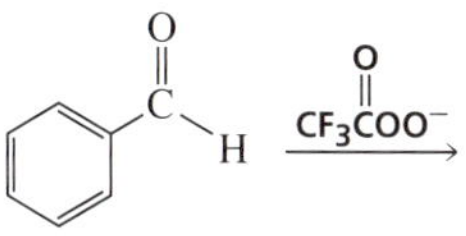 PhCHO + CF$_3$COO⁻ →

c. 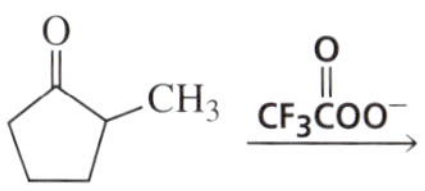 2-メチルシクロペンタノン + CF$_3$COO⁻ →

d. 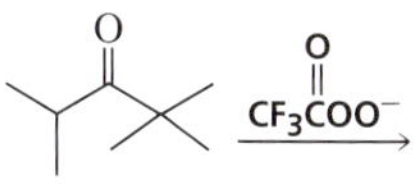 (CH$_3$)$_2$CHCOC(CH$_3$)$_3$ + CF$_3$COO⁻ →

17.16 Wittig 反応によるアルケンの生成

アルデヒドあるいはケトンは<u>ホスホニウムイリド</u>と反応してアルケンを生成する．この反応は **Wittig 反応**（Wittig reaction）と呼ばれ，カルボニル化合物の二重結合の酸素とホスホニウムイリドの二重結合の炭素とを交換する．

$$\underset{R}{\overset{R}{>}}C=O + (C_6H_5)_3P=\underset{H}{\overset{CH_3}{C}} \longrightarrow \underset{R}{\overset{R}{>}}C=\underset{H}{\overset{CH_3}{C}} + (C_6H_5)_3P=O$$

基が入れ替わる ホスホニウムイリド (phosphonium ylide) トリフェニルホスフィンオキシド (triphenylphosphine oxide)

イリド（ylide）は，共有結合で結合している隣接するオクテットを満たした原子上に互いに反対の電荷をもつ化合物である．リンは 8 個以上の価電子をもてることから，イリドは二重結合を用いても書ける．

$$(C_6H_5)_3\overset{+}{P}-\overset{..}{C}HR \longleftrightarrow (C_6H_5)_3P=CHR$$

ホスホニウムイリド

Wittig 反応は協奏的な[2+2]付加環化反応である．（付加環化反応については上巻の 8.19 節で学んだ．）この反応を[2+2]付加環化反応と呼ぶのは，環状遷移状態に含まれる 4 個のπ電子のうちの 2 個がカルボニル基に由来し，残りの 2 個がイリドに由来するからである．

Wittig 反応の機構

$$\underset{R}{\overset{O}{\underset{R}{>}}}\underset{:CHCH_3}{\overset{+\overset{+}{P}(C_6H_5)_3}{|}} \longrightarrow \underset{R}{\overset{O-P(C_6H_5)_3}{\underset{|}{C}-CHCH_3}} \longrightarrow \underset{R}{\overset{O=P(C_6H_5)_3}{+\underset{R}{>}C=CHCH_3}}$$

[2+2] 付加環化反応

- イリドの求核性炭素がカルボニル炭素に付加し，一方，カルボニル酸素が求電子性リンに付加する．
- トリフェニルホスフィンオキシドの脱離によってアルケンが生成する．

個々の合成に必要なホスホニウムイリドは，トリフェニルホスフィンと適切な炭素数をもつハロゲン化アルキルとの S_N2 反応によって得られる．正に帯電したリン原子に隣接した炭素上のプロトンは，ブチルリチウムのような強塩基で脱離させるのに十分な酸性度（$pK_a = 35$）をもっている（上巻；12.2 節参照）．

$$(C_6H_5)_3P: + CH_3CH_2-Br \xrightarrow{S_N2} (C_6H_5)_3\overset{+}{P}-CH_2CH_3 \xrightarrow{CH_3CH_2CH_2CH_2\overset{-}{Li}} (C_6H_5)_3\overset{+}{P}-\overset{..}{C}HCH_3$$

トリフェニルホスフィン　　　　　　　　　　　　Br^-　　　　　　　　　　　ホスホニウムイリド

Wittig 反応は完全に位置選択的であり，二重結合が 1 カ所だけにできるので，アルケンの合成にはたいへん強力な方法である．

$$\text{シクロヘキサノン} + (C_6H_5)_3P=CH_2 \longrightarrow \text{メチレンシクロヘキサン} + (C_6H_5)_3P=O$$

メチレンシクロヘキサン
(methylenecyclohexane)

Wittig 反応はまた，メチレンシクロヘキサンのような末端アルケンの合成にも最良の方法である．なぜなら，ほかの方法では末端アルケンはたとえできたとしても微量しかできないからである．

(1-ブロモ-1-メチルシクロヘキサン) $\xrightarrow{HO^-}$ (1-メチルシクロヘキセン) + (メチレンシクロヘキサン, 微量)

(ブロモメチルシクロヘキサン) $\xrightarrow{HO^-}$ (ヒドロキシメチルシクロヘキサン) + (メチレンシクロヘキサン, 微量)

Wittig 反応の制約は，内部アルケンを合成するのに使うと E と Z の立体異性体の混合物が一般に得られることである．

β-カロテン

β-カロテンは，アンズ，マンゴー，ニンジン，サツマイモといった橙色および黄橙色の果物や野菜に含まれる．それはまた，フラミンゴの特徴的な色にも関与している．β-カロテンは食品産業でマーガリンの着色に用いられている．ビタミン A からの食品用 β-カロテンの合成は，産業における Wittig 反応の重要な利用の一例である．

ビタミン A アルデヒド
(vitamin A aldehyde)

β-カロテン
(β-carotene)

多くの人びとが β-カロテンを栄養補助食品として摂取している．というのは，β-カロテンの大量摂取が発がん率の低下に効果的であることが知られているからである．しかし最近では，錠剤で β-カロテンを摂取しても，食物から摂取したときと同じような β-カロテンのがん抑制効果はないというデータもある．

逆合成解析

Wittig 反応を用いてアルケンを合成するとき，最初にやるべきことはアルケンのどちらの部分がカルボニル由来で，どちらの部分がイリド由来かを決定することである．カルボニル化合物とイリドのどちらの組合せも利用可能なら，S_N2 反応によるイリドの合成にとっては，より立体障害の小さいハロゲン化アルキルを用いた組合せがより望ましい選択である．（ハロゲン化アルキルの立体障害が大

きくなるほど，S_N2 反応の反応性は低くなることを思い出そう；上巻 9.1 節参照）．

$$\text{CH}_3\text{CH}_2\underset{\text{CH}_3\text{CH}_2}{\overset{\text{CH}_2\text{CH}_3}{>}}\text{C}=\text{C}\overset{\text{CH}_2\text{CH}_3}{\underset{\text{H}}{<}}$$

3-エチル-3-ヘキセン
(3-ethyl-3-hexene)

$\underset{\text{CH}_3\text{CH}_2}{\overset{\text{CH}_3\text{CH}_2}{>}}\text{C}=\text{O} + (\text{C}_6\text{H}_5)_3\text{P}=\text{C}\overset{\text{CH}_2\text{CH}_3}{\underset{\text{H}}{<}}$ 　好ましい反応剤

$\underset{\text{H}}{\overset{\text{CH}_3\text{CH}_2}{>}}\text{C}=\text{O} + (\text{C}_6\text{H}_5)_3\text{P}=\text{C}\overset{\text{CH}_2\text{CH}_3}{\underset{\text{CH}_2\text{CH}_3}{<}}$

3-エチル-3-ヘキセンを合成するには，たとえば，3炭素のハロゲン化アルキル由来のイリドと5炭素のカルボニル化合物の組合せが，5炭素のハロゲン化アルキル由来のイリドと3炭素のカルボニル化合物の組合せよりもよい．それは，第二級ハロゲン化アルキル（3-ブロモペンタン）からイリドを生成するよりも第一級ハロゲン化アルキル（1-ブロモプロパン）からイリドを生成するほうが容易だからである．

問題 49（解答あり）

a. 次のそれぞれのアルケンの合成にはどのような反応剤の2種類の組合せ（それぞれカルボニル化合物とホスホニウムイリドを含む）を用いることができるか．

1. $\text{CH}_3\text{CH}_2\text{CH}_2\text{CH}=\underset{\underset{\text{CH}_3}{|}}{\text{C}}\text{CH}_3$ 　　2. ⬡=CHCH$_2$CH$_3$

3. $(\text{C}_6\text{H}_5)_2\text{C}=\text{CHCH}_3$ 　　4. C$_6$H$_5$-CH=CH$_2$

b. 設問 a のそれぞれのホスホニウムイリドを調製するのにどのようなハロゲン化アルキルが必要か．

c. それぞれの合成で用いる反応剤の組合せで最適のものはどれか．

49a(1) の解答 二重結合のどちら側の原子もカルボニル化合物から導けるので，使える化合物の組合せは2組ある．

$\underset{\text{CH}_3}{\overset{\text{O}}{\overset{\|}{\text{C}}}}\text{CH}_3 + (\text{C}_6\text{H}_5)_3\text{P}=\text{CHCH}_2\text{CH}_2\text{CH}_3$ 　または　 $\text{CH}_3\text{CH}_2\text{CH}_2\overset{\overset{\text{O}}{\|}}{\text{C}}\text{H} + (\text{C}_6\text{H}_5)_3\text{P}=\text{C}\overset{\text{CH}_3}{\underset{\text{CH}_3}{<}}$

49b(1) の解答 ホスホニウムイリドを合成するのに必要なハロゲン化アルキルは，第一の反応剤の組である 1-ブロモブタンと第二の組である 2-ブロモプロパンのどちらかである．

$\text{CH}_3\text{CH}_2\text{CH}_2\text{CH}_2\text{Br}$ 　または　 $\underset{\underset{\text{Br}}{|}}{\text{CH}_3\text{CHCH}_3}$

49c(1) の解答 イリドを調製するために必要な S_N2 反応において，より反応性が高いのは第一級ハロゲン化アルキルである．したがって，第一の反応剤の組（アセトンと 1-ブロモブタンから得られるイリド）を使うのが最良の方法である．

17.17 切断，シントン，および合成等価体

複雑な分子を単純な出発物質から合成するルートが，いつも明白であるとはかぎらない．目的とする生成物から入手可能な出発物質まで逆にたどること，すなわち逆合成解析と呼ばれるプロセスのほうが，多くの場合容易であることをこれまでに学んできた（上巻；7.12 節参照）．逆合成解析において，化学者は容易に入手可能な出発物質にたどりつくために分子をどんどん小さく断片化していく．

逆合成解析

標的分子 ⟹ Y ⟹ X ⟹ W ⟹ 出発物質

逆合成解析で有用な過程は**切断**（disconnection），すなわち一つの結合を切って二つの断片にすることである．一般的には，一つの断片が正に荷電しており，もう一つが負に荷電している．切断によって生じた断片は**シントン**（synthon）と呼ばれる．シントンは実際の化合物ではないことが多い．たとえば，シクロヘキサノールの逆合成解析を考える場合，切断操作で二つのシントン，すなわち α-ヒドロキシカルボカチオンとヒドリドイオンが得られる．

逆合成解析

（α切断により，シクロヘキサノールが α-ヒドロキシカルボカチオン（シントン）と H^- に分けられる図．白抜き矢印は逆合成操作を表す）

合成等価体（synthetic equivalent）は実際にシントン源として使われる反応剤である．シクロヘキサノールの合成において，シクロヘキサノンは α-ヒドロキシカルボカチオンの合成等価体であり，水素化ホウ素ナトリウムはヒドリドイオンの合成等価体である．したがって，標的分子であるシクロヘキサノールは，シクロヘキサノンを水素化ホウ素ナトリウムで処理すれば調製できる．

合成

シクロヘキサノン $\xrightarrow{\text{1. NaBH}_4,\ \text{2. H}_3\text{O}^+}$ シクロヘキサノール

切断操作をするときには，結合を切ったあとにどの断片が正の電荷をもち，どの断片が負の電荷をもつかを決めなければならない．シクロヘキサノールの逆合成解析では，水素に正電荷をもたせ，多くの酸（HCl，HBr など）を H^+ の合成等価体として用いることも可能であったかもしれない．しかし，α-ヒドロキシカルボアニオンの合成等価体を見つけようとすると行き詰まってしまうだろう．そのため，この切断では正電荷を炭素に，負電荷を水素に割り振ったのである．

C—H 結合の代わりに C—O 結合を切断して，シクロヘキサノールをカルボカチオンと水酸化物イオンにすることも可能である．

逆合成解析

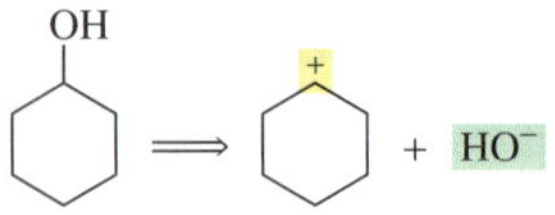

シクロヘキサノール ⟹ シクロヘキシルカチオン + HO⁻

ここで問題となるのは，カルボカチオンの合成等価体の選択である．正に帯電したシントンの合成等価体は，しかるべき場所に電子求引性基を必要とする．電子求引性基である臭素原子をもつ臭化シクロヘキシルは，シクロヘキシルカルボカチオンの合成等価体である．したがって，シクロヘキサノールは臭化シクロヘキシルを水酸化物イオンで処理すれば調製できる．しかし，この方法は最初に提案した合成法，すなわちシクロヘキサノンの還元ほど満足のいくものではない．なぜなら，そのハロゲン化アルキルの一部はアルケンに変換されて，標的分子の総収率が低くなるからである．

合成

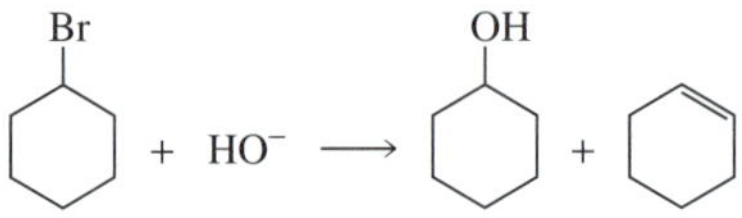

臭化シクロヘキシル + HO⁻ ⟶ シクロヘキサノール + シクロヘキセン

1-メチルシクロヘキサノールは，α-ヒドロキシカルボカチオンの合成等価体であるシクロヘキサノンとメチルアニオンの合成等価体である臭化メチルマグネシウムとの反応で合成できることが，逆合成解析によりわかる．

逆合成解析

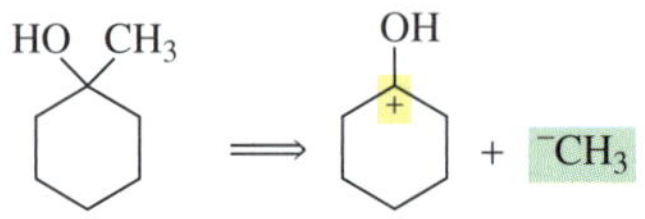

1-メチルシクロヘキサノール ⟹ 1-ヒドロキシシクロヘキシルカチオン + ⁻CH₃

合成

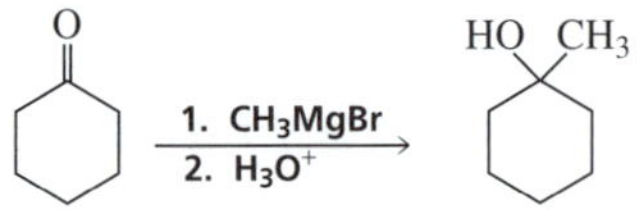

シクロヘキサノン $\xrightarrow{\text{1. CH}_3\text{MgBr} \quad \text{2. H}_3\text{O}^+}$ 1-メチルシクロヘキサノール

1-メチルシクロヘキサノールはほかの場所での切断も可能である．というのは，炭素の結合はどんな結合も切断部位とすることができるからである．たとえば，環のC—C結合は切断できる．しかし，その切断で生成するシントンの合成等価体は容易には調製できないので，その切断操作は適切でない．切断して容易に入手可能な出発物質にまで到達しなければならないのである．

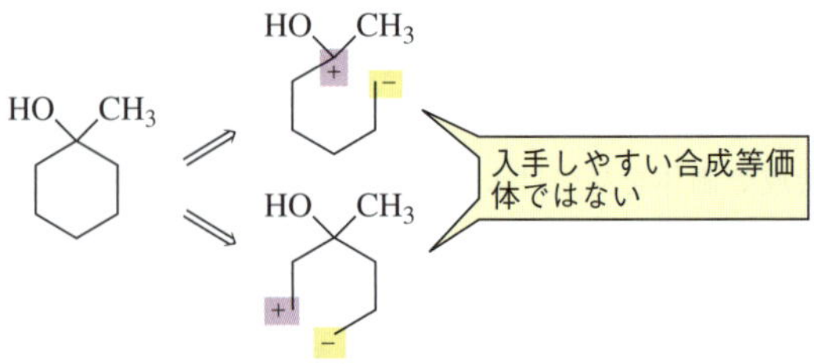

入手しやすい合成等価体ではない

逆合成解析を用いた追加の演習が 1088 ページのチュートリアルにある．

問題 50
ブロモシクロヘキサンを出発物質として，次の化合物を合成するにはどうすればよいか．

a. 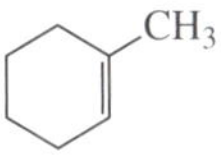 シクロヘキセン-CH₃
b. 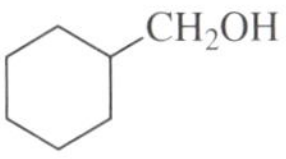 シクロヘキシル-CH₂OH
c. 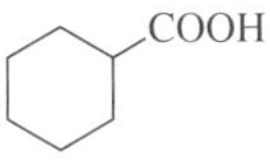 シクロヘキシル-COOH
d. 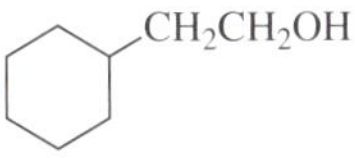 シクロヘキシル-CH₂CH₂OH
e. 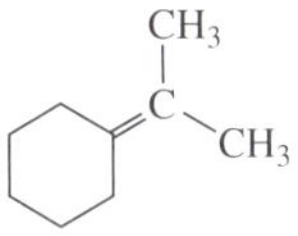 シクロヘキシリデン=C(CH₃)₂
f. 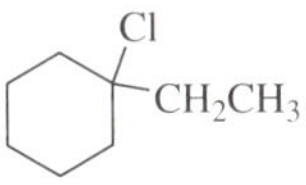 シクロヘキシル(Cl)(CH₂CH₃)

有機化合物の合成

有機化学者が化合物を合成する理由はいろいろある．たとえば，その性質を研究するため，さまざまな化学の問題を解決するため，一つもしくはそれ以上の有用な性質を利用するため，などである．化学者が天然物，すなわち天然で合成された化合物を合成する一つの理由は，天然から得られる量よりも多くの量を供給することにある．たとえば，細胞分裂阻害をすることで卵巣がんや乳がん，ある種の肺がんの治療に有効な化合物である Taxol® は，北米太平洋側の北西地区に生えているイチイ(*Taxus*)の樹皮から抽出される．イチイはありふれた木というわけではなく，成長

鷹匠の手から飛び立つニシアメリカフクロウ(*Strix occidentalis*)

も非常に遅く，樹皮をはぐと枯れてしまうので，天然の Taxol® の供給量は限られている．200 年かけて生長した約 12 m の高さの木の樹皮からたった 0.5 kg の薬しか採れない．さらに，イチイの森は絶滅危惧種のニシアメリカフクロウの生息地であり，木の伐採はそのフクロウの絶滅に拍車をかけてしまう．化学者が Taxol® の構造を決定するとすぐに，抗がん剤として広く利用できるようにその合成に力が注がれた．そしていくつかの合成法の開発に成功した．

イチイの木

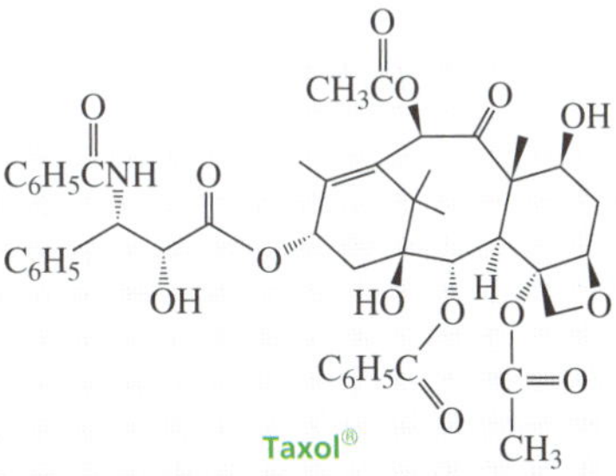

Taxol®

いったんある化合物が合成されると，化学者はそれがどのように作用するかを知るために，その化合物の性質を研究できるようになる．それから，より安全でより有効な薬剤を得るために誘導体をデザインし，合成できるようになる(上巻；11.9 節参照)．

半合成医薬品

Taxol® は多くの官能基と 11 の不斉中心をもつために合成は困難である．化学者は合成のはじめの部分を，ありふれた灌木であるヨーロッパイチイに行わせて，Taxol® の合成をもっと容易にした．化学者はその木の針状葉から Taxol® の前駆体を抽出し，その前駆体を研究室で四段階の操作を行って Taxol® に変換している．したがって，Taxol® そのものは生長の遅いイチイを枯らすことによってしか得られないが，その前駆体は再生可能な原料から単離している．これは，化学者が自然と連携して化合物の合成をどのようにして学んだかを示す一例である．

イチイの低木

17.18 α,β-不飽和アルデヒドおよびケトンへの求核付加反応

α,β-不飽和カルボニル化合物の共鳴寄与体は，その分子がカルボニル炭素とβ炭素という二つの求電子部位をもっていることを示している．

このことは，求核剤がカルボニル炭素とβ炭素のどちらにも付加できることを意味している．

カルボニル炭素への求核付加は **直接付加**（direct addition）あるいは 1,2-付加と呼ばれる．

β炭素への求核付加は **共役付加**（conjugate addition）あるいは 1,4-付加と呼ばれる．というのは，付加が 1 位と 4 位で起こるからである．1,4-付加の生成物はエノールであり，ケトンまたはアルデヒドに互変異性化する（上巻；7.7 節参照）．したがって，求核剤のβ炭素への付加と反応混合物由来のプロトンのα炭素への付加により，反応は全体として炭素—炭素二重結合への付加となる．

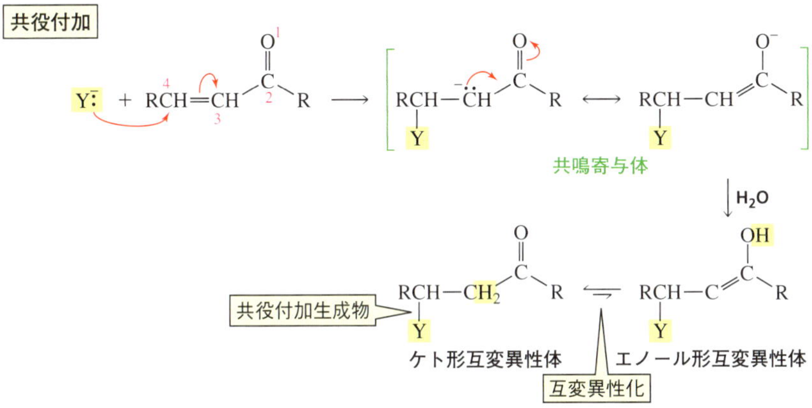

17.18 α,β-不飽和アルデヒドおよびケトンへの求核付加反応

共役付加

[反応機構図：Y⁻ + RCH=CH-C(=O)R → 共鳴寄与体 → 互変異性化によりケト形互変異性体（共役付加生成物）とエノール形互変異性体]

α,β-不飽和アルデヒドまたはケトンへの求核付加で得られる生成物が直接付加生成物であるか共役付加生成物であるかは，求核剤の性質およびカルボニル化合物の構造しだいである．

競合する反応がどちらも不可逆であれば，その反応は速度論支配であり，もしどちらかもしくは両方の反応が可逆であれば，その反応は熱力学支配であることはすでに学んだ（上巻；8.18節参照）．β炭素への付加（共役付加）は一般に不可逆である．直接付加は可逆でも不可逆でもありうる．

求核剤がハロゲン化物イオン，シアニドイオン，チオール，アルコール，またはアミンのような弱塩基であれば，弱塩基は優れた脱離基であるので，直接付加は可逆である．それゆえ，その反応は熱力学支配である．

熱力学支配

[反応図：RCH=CH-C(=O)R' + NuH（弱塩基性求核剤） → 直接付加生成物（直接付加が可逆）と共役付加生成物]

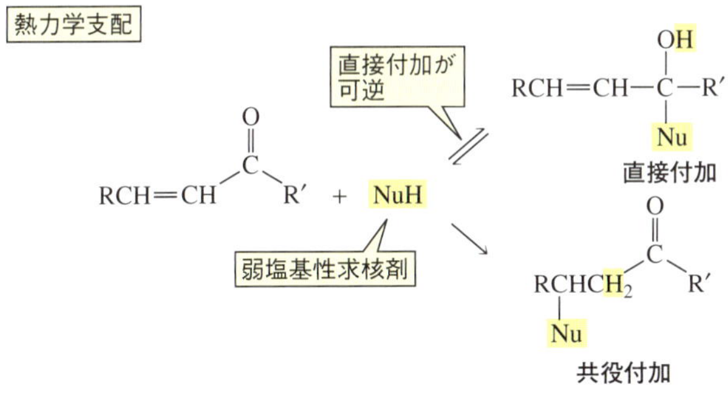

反応が熱力学支配を受けるとき，より安定な生成物を得られる反応が優先する（上巻；8.18節参照）．共役付加生成物は，非常に安定なカルボニル基をもっているので，常により安定な生成物である．したがって，弱塩基は共役付加生成物を生成する．

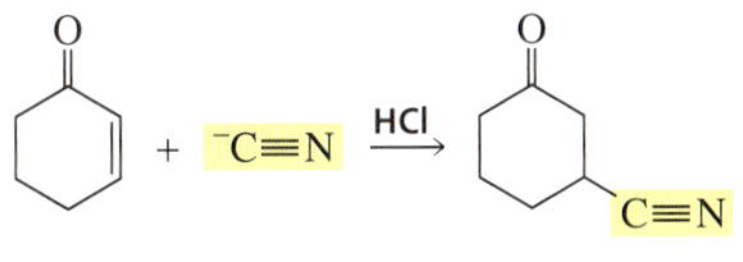

[反応例：シクロヘキセノン + ⁻C≡N, HCl → 3-シアノシクロヘキサノン]

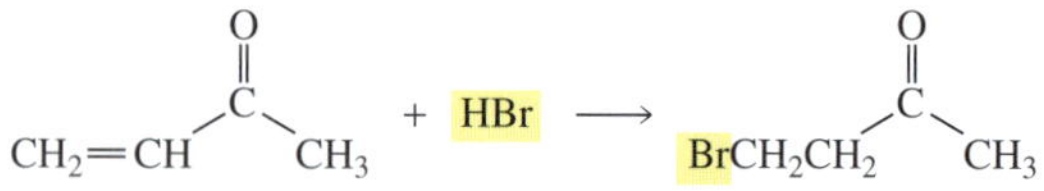

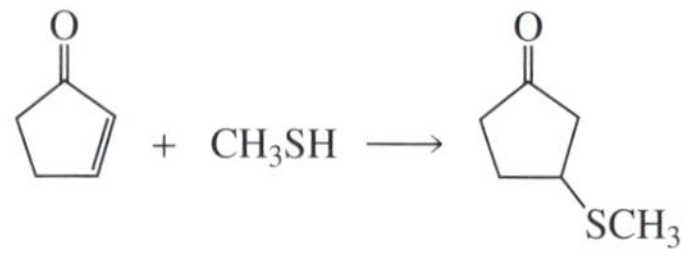

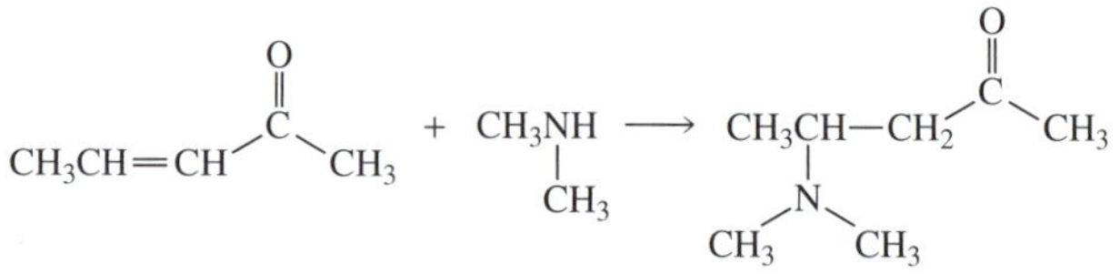

弱塩基である求核剤は共役付加生成物を生成する.

求核剤が Grignard 反応剤やヒドリドイオンのような**強塩基**であれば，直接付加は**不可逆**である．ここで二つの競合する反応が両方とも不可逆なので，その反応は**速度論支配**である．

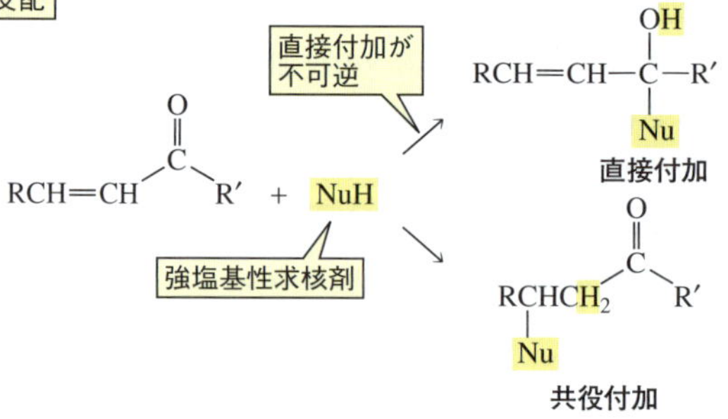

反応が速度論支配の場合は，反応が速いほうが優先する．それゆえ，生成物はカルボニル基の反応性に依存する．反応性の高いカルボニル基をもつ化合物は直接付加生成物を優先的に生じる．それは，このようなカルボニル基をもつ化合物の場合は，直接付加がより速く進行するからである．一方，反応性の低いカルボニル基をもつ化合物は共役付加生成物を生じる．それは，これらのカルボニル基をもつ化合物の場合は，共役付加がより速く進行するからである．

たとえば，アルデヒドはケトンよりも反応性の高いカルボニル基をもつので，アルデヒドは，ヒドリドイオンや Grignard 反応剤とで優先的に直接付加生成物を与える．エタノール(EtOH)はアルコキシドイオンのプロトン化に用いられる．

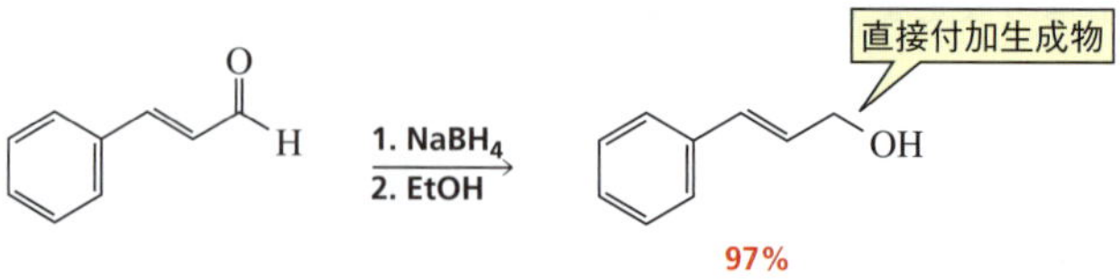

アルデヒドと比べてケトンは立体障害が大きいので，直接付加生成物は少なく，共役付加生成物をより多く生じる．

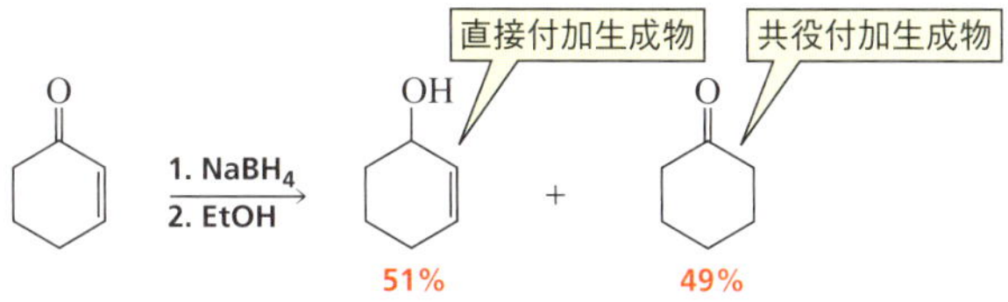

17.18 α,β-不飽和アルデヒドおよびケトンへの求核付加反応

[直接付加生成物 51% + 共役付加生成物 49%: シクロヘキセノン + 1. NaBH₄ 2. EtOH]

強塩基である求核剤は反応性の高いカルボニル基とは直接付加生成物を,反応性の低いカルボニル基とは共役付加生成物を生じる.

ヒドリドイオンと同様に,Grignard 反応剤は強塩基であり,そのためカルボニル基に不可逆的に付加する.したがって,反応は速度論支配である.カルボニル化合物の反応性が高ければ,Grignard 反応剤との反応で直接付加生成物を生じる.

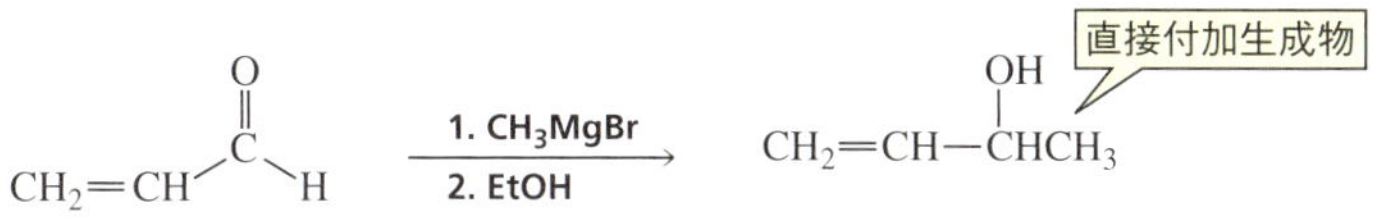

[CH₂=CH-CHO + 1. CH₃MgBr 2. EtOH → CH₂=CH-CH(OH)CH₃ 直接付加生成物]

しかし,直接付加の速度が立体障害により遅くなると,Grignard 反応剤との反応では共役付加生成物を生じる.なぜなら,共役付加が直接付加より速い反応となるからである.

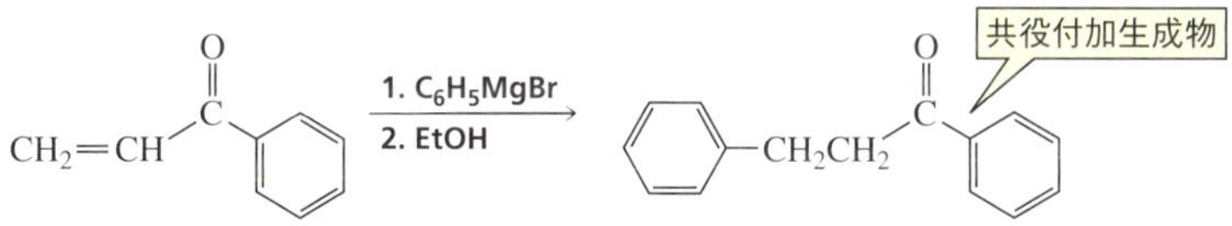

[CH₂=CH-CO-C₆H₅ + 1. C₆H₅MgBr 2. EtOH → C₆H₅-CH₂CH₂-CO-C₆H₅ 共役付加生成物]

有機銅アート反応剤(Gilman 反応剤:上巻 12.3 節参照)がα,β-不飽和アルデヒドやケトンと反応すると,共役付加だけが進行する.したがって,アルキル基をカルボニル炭素に付加させたいときは Grignard 反応剤を用い,アルキル基をβ炭素に付加させたいときは Gilman 反応剤を用いるべきである.

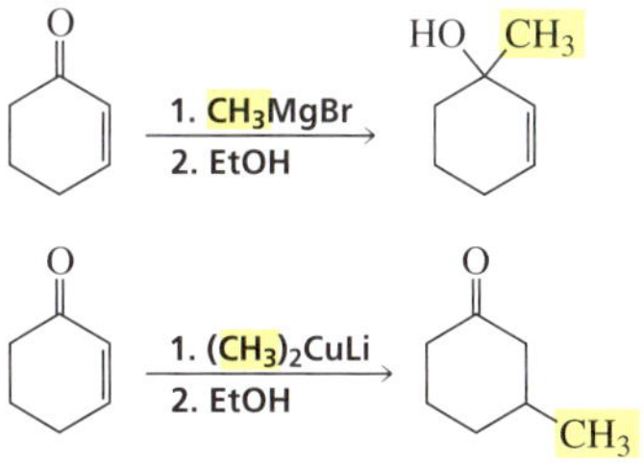

[シクロヘキセノン + 1. CH₃MgBr 2. EtOH → 1-メチル-2-シクロヘキセノール (HO, CH₃)]

[シクロヘキセノン + 1. (CH₃)₂CuLi 2. EtOH → 3-メチルシクロヘキサノン (CH₃)]

求電子剤と求核剤はどちらも "硬い(hard)" ものと "軟らかい(soft)" ものに分類できる.硬い求電子剤と求核剤は軟らかいものよりも分極している.硬い求核剤は硬い求電子剤と反応しやすく,軟らかい求核剤は軟らかい求電子剤と反応しやすい.したがって,高度に分極している C—Mg 結合をもつ Grignard 反応剤はより硬い C=O 結合と反応しやすく,一方,それよりはるかに分極の小さい C—Cu 結合をもつ Gilman 反応剤はより軟らかい C=C 結合と反応しやすい.

がんの化学療法

ベルノレピンとヘレナリンという二つの化合物は，共役付加反応によって抗がん剤としての効果を示す．

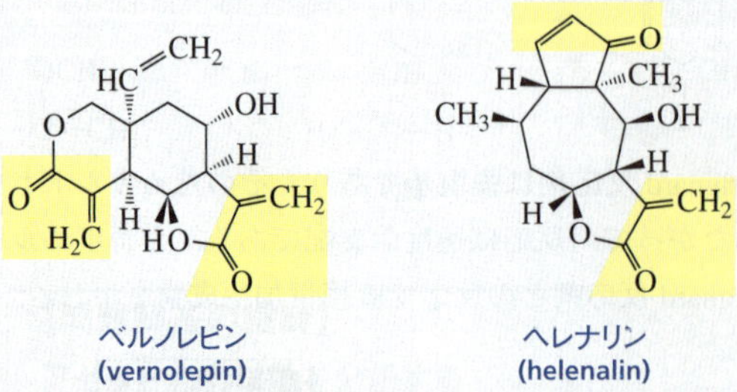

ベルノレピン
(vernolepin)

ヘレナリン
(helenalin)

がん細胞はその成長を制御する能力を失った細胞であり，したがって増殖が速い．DNA ポリメラーゼは新しい細胞のための DNA のコピーをつくるのに必要な酵素である．DNA ポリメラーゼは活性部位に SH 基をもち，これらの化合物はそれぞれ二つの α, β-不飽和カルボニル基をもっている．DNA ポリメラーゼの SH 基がベルノレピンやヘレナリンの α, β-不飽和カルボニル基の一つの β 炭素に不可逆に付加すると，化合物により酵素活性部位が阻害されて，酵素が基質と結合できなくなるため，DNA ポリメラーゼは不活性化される．

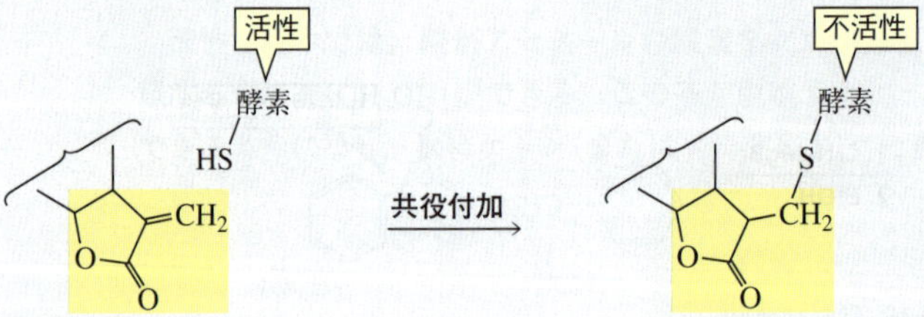

酵素触媒によるシス-トランス相互変換

シス異性体とトランス異性体の相互変換を触媒する酵素をシス-トランス異性化酵素という．異性化酵素はすべてチオール (SH) 基を含むことが知られている．チオールは弱塩基であるので α, β-不飽和ケトンの β 炭素に付加し（共役付加），その結果生じた炭素—炭素単結合は，エノールがケトンへ互変異性化する前に回転する．互変異性化が進行する際に，α 炭素の近くの酵素の活性部位にプロトンがないと，α 炭素へのプロトンの付加が阻害される．そのためチオールは脱離し，二重結合の立体配置のみ異なったもとの化合物に戻る．

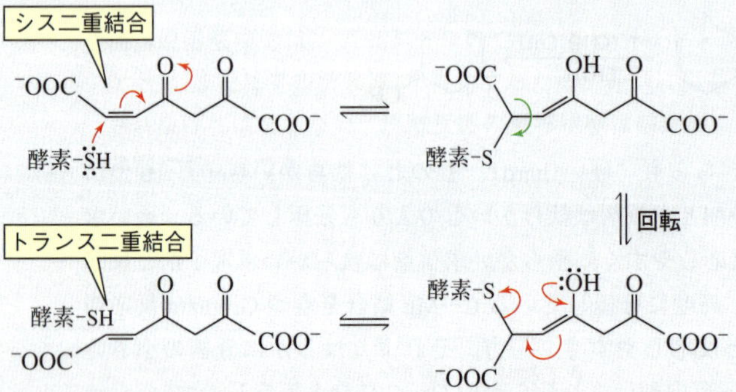

問題 51
次のそれぞれ反応の主生成物は何か.

a. 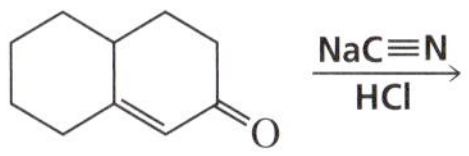 (bicyclic enone) $\xrightarrow{\text{NaC}\equiv\text{N}}_{\text{HCl}}$

b. 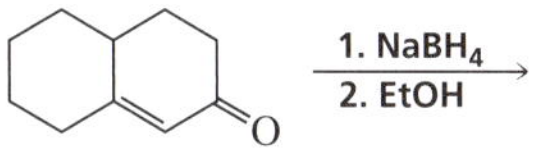 (bicyclic enone) $\xrightarrow{\text{1. NaBH}_4}_{\text{2. EtOH}}$

c. 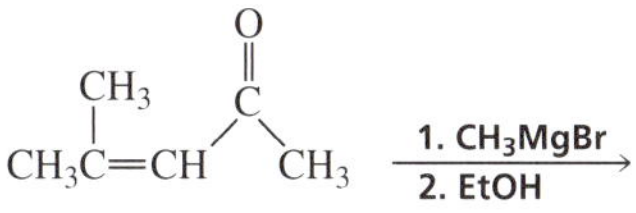 $(CH_3)_2C=CH-CO-CH_3$ $\xrightarrow{\text{1. CH}_3\text{MgBr}}_{\text{2. EtOH}}$

d. 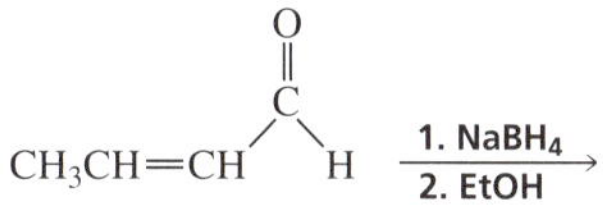 $CH_3CH=CH-CHO$ $\xrightarrow{\text{1. NaBH}_4}_{\text{2. EtOH}}$

17.19 α,β-不飽和カルボン酸誘導体への求核付加

α,β-不飽和カルボン酸誘導体は，α,β-不飽和アルデヒドやα,β-不飽和ケトンと同様に，求核付加に対する二つの求電子的な反応部位をもつ．α,β-不飽和カルボン酸誘導体は，共役付加反応か求核付加-脱離反応を行える．α,β-不飽和カルボン酸誘導体は，求核剤によって置き換えられる基をもっているので，直接求核付加反応ではなく求核付加-脱離反応を行うことに注目しよう．いいかえれば，そのカルボニル基が求核剤で置き換えられる基に結合している場合，直接求核付加反応は求核付加-脱離反応となる(17.3節)．

求核剤は，塩化アシルのような活性なカルボニル基をもつα,β-不飽和カルボン酸誘導体とカルボニル基で反応し，求核付加-脱離生成物を生じる．共役付加生成物は，エステルやアミドのような反応活性が乏しいカルボニル基と求核剤との反応で生成する．

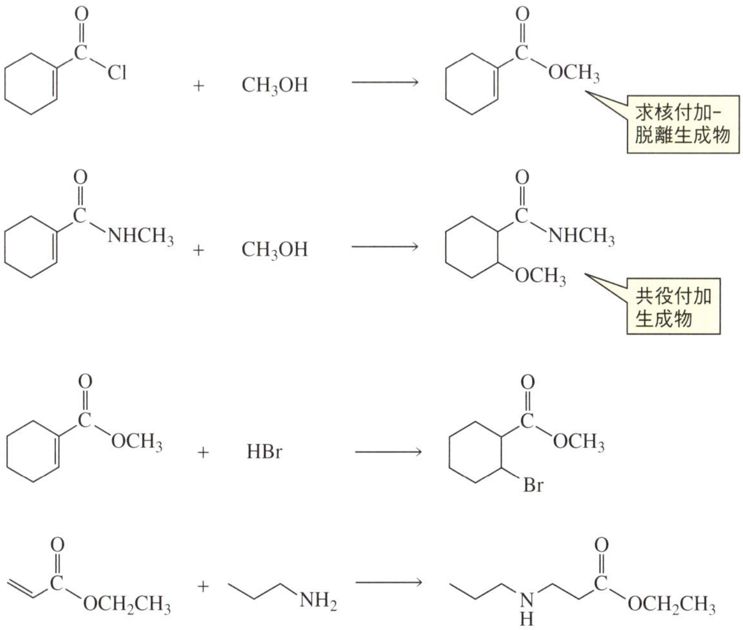

(シクロヘキセニル-COCl) + CH₃OH ⟶ (シクロヘキセニル-COOCH₃)　　求核付加-脱離生成物

(シクロヘキセニル-CONHCH₃) + CH₃OH ⟶ (2-メトキシシクロヘキシル-CONHCH₃)　　共役付加生成物

(シクロヘキセニル-COOCH₃) + HBr ⟶ (2-ブロモシクロヘキシル-COOCH₃)

$CH_2=CH-COOCH_2CH_3$ + $CH_3CH_2NH_2$ ⟶ $CH_3CH_2NH-CH_2CH_2-COOCH_2CH_3$

問題 52
次のそれぞれの反応の主生成物は何か.

a. CH₃CH=CH-C(=O)-OCH₃ + HBr →

b. CH₃CH=CH-C(=O)-Cl + CH₃OH →

c. CH₃CH=CH-C(=O)-OCH₃ + NH₃ →

d. CH₃CH=CH-C(=O)-Cl + 過剰の NH₃ →

覚えておくべき重要事項

- アルデヒドとケトンはそれぞれ一つのHとRに結合しているアシル基をもっている.
- アルデヒドとケトンは塩基性の強い求核剤(R^- や H^-)と求核付加反応を行い,OやN求核剤とは求核付加-脱離反応を行う.
- 塩化アシルとエステルは塩基性の強い求核剤(R^- や H^-)と求核付加-脱離反応を行い,ケトンもしくはアルデヒドを生成し,それらは2当量目の求核剤と求核付加反応を行う.
- 電子的および立体的な要因のために,求核付加に対してアルデヒドはケトンよりも反応性が高い.
- アルデヒドやケトンはハロゲン化アシルや酸無水物よりも反応性が低く,エステル,カルボン酸,およびアミドよりは反応性が高い.
- Grignard反応剤はアルデヒドと反応して第二級アルコールを生成し,ケトン,エステル,およびハロゲン化アシルと反応して第三級アルコールを生成し,二酸化炭素と反応してカルボン酸を生成する.
- アルデヒド,塩化アシル,エステル,およびカルボン酸はヒドリドイオンによって還元されると第一級アルコールになり,ケトンは還元されると第二級アルコールに,アミドは還元されるとアミンになる.
- アルデヒドとケトンは第一級アミンと反応してイミンを生成し,第二級アミンと反応してエナミンを生成する.その反応機構は,最後の段階でどこからプロトンが引き抜かれるかという点以外は同一である.
- イミンとエナミンは酸性条件下でカルボニル化合物とアミンに加水分解される.

- アルデヒドやケトンは酸触媒によって水が付加して水和物を生成する.電子供与性でかさ高い置換基によって,平衡時に存在する水和物の割合が低下する.ほとんどの水和物は不安定すぎて単離できない.
- 酸触媒によるアルコールのアルデヒドまたはケトンへの付加によってヘミアセタールが生成し,アルコールの2回目の付加でアセタールが生成する.アセタールの生成は可逆的である.
- アルデヒドまたはケトンのカルボニル基はアセタールへ変換されることにより保護される.アルコールのOH基はTBDMSエーテルへ変換されることにより保護される.また,カルボン酸のOH基はエステルに変換されることにより保護される.
- アルデヒドやケトンはチオールと反応してチオアセタールを生成し,脱硫によってC—S結合はC—H結合に置き換わる.
- アルデヒドやケトンは過酸の共役塩基によってそれぞれカルボン酸とエステルへと酸化される.
- アルデヒドやケトンはホスホニウムイリドと Wittig 反応を行ってアルケンを生成する.Wittig反応は協奏的な[2+2]付加環化反応である.
- 逆合成解析での有用な段階は,結合を切って二つの断片をつくる切断である.シントンは切断操作によってできる断片である.合成等価体はシントン源として使われる反応剤である.
- α,β-不飽和アルデヒドあるいはケトンのカルボニル炭素への求核付加は直接付加と呼ばれる.β炭素への付加は共役付加と呼ばれる.

- 直接付加と共役付加のどちらが起こるかは，求核剤の性質やカルボニル化合物の構造による．
- 弱塩基，すなわちハロゲン化物イオン，シアン化物イオン，チオール，アルコール，アミンである求核剤は，共役付加生成物を生成する．
- 強塩基，すなわちヒドリドイオンやカルボアニオンである求核剤は，反応性の高いカルボニル基と反応すると直接付加生成物を生成し，反応性の低い（立体的に混んだ）カルボニル基と反応すると共役付加生成物を生成する．
- Grignard 反応剤は直接付加生成物を生成する．
- 有機銅アート反応剤は共役付加生成物を生成する．
- 求核剤は，反応性の高いカルボニル基をもつ α,β-不飽和カルボン酸誘導体と反応して求核付加-脱離生成物を生じ，より反応性の低いカルボニル基をもつ化合物と反応して共役付加生成物を生じる．

反応のまとめ

1. カルボニル化合物と Grignard 反応剤との反応（17.4 節）

   a. ホルムアルデヒドと Grignard 反応剤との反応で第一級アルコールが生成する．反応機構は 893 ページに示す．

   $$\underset{H}{\overset{O}{\underset{\|}{C}}}\underset{H}{} \xrightarrow[\text{2. H}_3\text{O}^+]{\text{1. CH}_3\text{MgBr}} CH_3CH_2OH$$

   b. ホルムアルデヒド以外のアルデヒドと Grignard 反応剤との反応で第二級アルコールが生成する．反応機構は 893 ページに示す．

   $$\underset{H}{\overset{O}{\underset{\|}{R-C}}} \xrightarrow[\text{2. H}_3\text{O}^+]{\text{1. CH}_3\text{MgBr}} R-\underset{CH_3}{\overset{OH}{\underset{|}{C}}}-H$$

   c. ケトンと Grignard 反応剤との反応で第三級アルコールが生成する．反応機構は 893 ページに示す．

   $$\underset{R'}{\overset{O}{\underset{\|}{R-C}}} \xrightarrow[\text{2. H}_3\text{O}^+]{\text{1. CH}_3\text{MgBr}} R-\underset{CH_3}{\overset{OH}{\underset{|}{C}}}-R'$$

   d. CO_2 と Grignard 反応剤との反応でカルボン酸が生成する．反応機構は 893 ページに示す．

   $$O{=}C{=}O \xrightarrow[\text{2. H}_3\text{O}^+]{\text{1. CH}_3\text{MgBr}} \underset{CH_3}{\overset{O}{\underset{\|}{C}}}OH$$

   e. エステルと過剰の Grignard 反応剤との反応で二つの同じ置換基をもつ第三級アルコールが生成する．反応機構は 895 ページに示す．

   $$\underset{OR'}{\overset{O}{\underset{\|}{R-C}}} \xrightarrow[\text{2. H}_3\text{O}^+]{\text{1. 2 CH}_3\text{MgBr}} R-\underset{CH_3}{\overset{OH}{\underset{|}{C}}}-CH_3$$

   f. 塩化アシルと過剰の Grignard 反応剤との反応で二つの同じ置換基をもつ第三級アルコールが生成する．

   $$\underset{Cl}{\overset{O}{\underset{\|}{R-C}}} \xrightarrow[\text{2. H}_3\text{O}^+]{\text{1. 2 CH}_3\text{MgBr}} R-\underset{CH_3}{\overset{OH}{\underset{|}{C}}}-CH_3$$

2. カルボニル化合物とアセチリドイオンとの反応(17.5 節). 反応機構は 898 ページに示す.

$$\underset{R}{\overset{O}{\underset{\|}{C}}}\underset{R}{} \xrightarrow[\text{2. }H_3O^+]{\text{1. }RC\equiv C^-} \underset{R}{\overset{OH}{\underset{|}{R-C-C\equiv CR}}}$$

3. 酸性条件下でのアルデヒドやケトンとシアン化物イオンとの反応でシアノヒドリンが生成する(17.6 節). 反応機構は 899 ページに示す.

$$\underset{R}{\overset{O}{\underset{\|}{C}}}\underset{R}{} \xrightarrow[\text{HCl}]{^-C\equiv N} \underset{R}{\overset{OH}{\underset{|}{R-C-C\equiv N}}}$$

4. カルボニル化合物とヒドリドイオン供与体との反応(17.7 節)
   a. アルデヒドと水素化ホウ素ナトリウムとの反応で第一級アルコールが生成する. 反応機構は 901 ページに示す.

$$\underset{R}{\overset{O}{\underset{\|}{C}}}\underset{H}{} \xrightarrow[\text{2. }H_3O^+]{\text{1. NaBH}_4} RCH_2OH$$

   b. ケトンと水素化ホウ素ナトリウムとの反応で第二級アルコールが生成する. 反応機構は 901 ページに示す.

$$\underset{R}{\overset{O}{\underset{\|}{C}}}\underset{R}{} \xrightarrow[\text{2. }H_3O^+]{\text{1. NaBH}_4} \underset{}{\overset{OH}{\underset{|}{R-CH-R}}}$$

   c. 塩化アシルと水素化ホウ素ナトリウムとの反応で第一級アルコールが生成する. 反応機構は 901 ページに示す.

$$\underset{R}{\overset{O}{\underset{\|}{C}}}\underset{Cl}{} \xrightarrow[\text{2. }H_3O^+]{\text{1. 2NaBH}_4} R-CH_2-OH$$

   d. 塩化アシルと水素化リチウムトリ tert-ブトキシアルミニウムとの反応でアルデヒドが生成する.

$$\underset{R}{\overset{O}{\underset{\|}{C}}}\underset{Cl}{} \xrightarrow[\text{2. }H_2O]{\text{1. LiAl[OC(CH}_3)_3]_3\text{H, }-78\,°C} \underset{R}{\overset{O}{\underset{\|}{C}}}\underset{H}{}$$

   e. エステルと水素化アルミニウムリチウムとの反応で二つのアルコールが生成する. 反応機構 902 ページに示す.

$$\underset{R}{\overset{O}{\underset{\|}{C}}}\underset{OR'}{} \xrightarrow[\text{2. }H_3O^+]{\text{1. 2LiAlH}_4} RCH_2OH + R'OH$$

   f. エステルと水素化ジイソブチルアルミニウム(DIBALH)との反応でアルデヒドが生成する.

$$\underset{R}{\overset{O}{\underset{\|}{C}}}\underset{OR'}{} \xrightarrow[\text{2. }H_2O]{\text{1. [(CH}_3)_2\text{CHCH}_2]_2\text{AlH, }-78\,°C} \underset{R}{\overset{O}{\underset{\|}{C}}}\underset{H}{}$$

   g. カルボン酸と水素化アルミニウムリチウムとの反応で第一級アルコールが生成する. 反応機構は 903 ページに示す.

$$\underset{R}{\overset{O}{\underset{\|}{C}}}\underset{OH}{} \xrightarrow[\text{2. }H_3O^+]{\text{1. LiAlH}_4} R-CH_2-OH$$

   h. アミドと水素化アルミニウムリチウムとの反応でアミンが生成する. 反応機構は 905 ページに示す.

$$\underset{R}{\overset{O}{\underset{\|}{C}}}\underset{NH_2}{} \xrightarrow[\text{2. }H_2O]{\text{1. LiAlH}_4} R-CH_2-NH_2$$

$$\underset{R}{\overset{O}{\underset{\|}{C}}}-NHR' \xrightarrow[\text{2. H}_2\text{O}]{\text{1. LiAlH}_4} R-CH_2-NHR'$$

$$\underset{R}{\overset{O}{\underset{\|}{C}}}-\underset{R''}{\overset{R'}{N}} \xrightarrow[\text{2. H}_2\text{O}]{\text{1. LiAlH}_4} R-CH_2-\underset{R''}{\overset{R'}{N}}$$

5. アルデヒドやケトンとアミンやアミン誘導体との反応（17.10節）
    a. 第一級アミンとの反応でイミンが生成する．反応機構は909ページに示す．

$$\underset{R}{\overset{R'}{C}}=O + H_2NZ \underset{\text{微量の酸}}{\rightleftharpoons} \underset{R}{\overset{R'}{C}}=NZ + H_2O$$

$$Z = R, NH_2, OH$$

    b. 第二級アミンとの反応でエナミンが生成する．反応機構は912ページに示す．

$$\underset{-CH}{\overset{R}{C}}=O + R'NHR'' \underset{\text{微量の酸}}{\rightleftharpoons} \underset{-C}{\overset{R}{C}}-\underset{R''}{\overset{R'}{N}} + H_2O$$

6. 還元的アミノ化：アルデヒドとケトンのアンモニアと第一級および第二級アミンとの反応で生成するイミンとエナミンは，第一級，第二級，第三級アミンへと還元される（17.10節）．

$$\underset{R}{\overset{R}{C}}=O + NH_3 \underset{\text{微量の酸}}{\rightleftharpoons} \left[\underset{R}{\overset{R}{C}}=NH\right] \xrightarrow[\text{Pd/C}]{H_2} \underset{R}{\overset{R}{C}}HNH_2$$

シクロヘキサノン + R—NH$_2$ ⇌（微量の酸）シクロヘキサン=N—R →（NaBH$_3$CN）シクロヘキサン—NH—R

シクロヘキサノン + R$_2$NH ⇌（微量の酸）シクロヘキサン—NR$_2$ →（NaBH$_3$CN）シクロヘキサン—NR$_2$

7. アルデヒドまたはケトンと水との反応で水和物が生成する（17.11節）．反応機構は917ページに示す．

$$\underset{R}{\overset{O}{\underset{\|}{C}}}-R' + H_2O \underset{}{\overset{HCl}{\rightleftharpoons}} R-\underset{OH}{\overset{OH}{C}}-R'$$

8. アルデヒドまたはケトンと過剰のアルコールとの反応ではじめにヘミアセタール，次にアセタールが生成する（17.12節）．反応機構は 920 ページに示す．

$$\underset{R}{\overset{O}{\underset{\|}{C}}}\!-\!R' + 2\,R''OH \overset{HCl}{\rightleftharpoons} R\!-\!\underset{OR''}{\overset{OH}{\underset{|}{C}}}\!-\!R' \rightleftharpoons R\!-\!\underset{OR''}{\overset{OR''}{\underset{|}{C}}}\!-\!R' + H_2O$$

9. 保護基（17.13節）

   a. アルデヒドとケトンはアセタールに変換されることで保護される．

   $$\underset{R}{\overset{O}{\underset{\|}{C}}}\!-\!R + HOCH_2CH_2OH \overset{HCl}{\rightleftharpoons} \text{（環状アセタール）} + H_2O$$

   b. アルコールの OH 基はシリルエーテルに変換されることで保護される．

   $$R\!-\!OH + (CH_3)_3CSi(CH_3)_2Cl \xrightarrow{\text{イミダゾール}} R\!-\!OSi(CH_3)_2C(CH_3)_3$$

   c. カルボン酸の OH 基はエステルに変換されることで保護される．

   $$\underset{R}{\overset{O}{\underset{\|}{C}}}\!-\!OH + CH_3OH\,(\text{過剰}) \overset{HCl}{\rightleftharpoons} \underset{R}{\overset{O}{\underset{\|}{C}}}\!-\!OCH_3 + H_2O$$

10. アルデヒドまたはケトンとチオールとの反応でチオアセタールが生成し，チオアセタールの脱硫反応でアルカンが生成する（17.14節）．

$$\underset{R}{\overset{O}{\underset{\|}{C}}}\!-\!R' + 2\,R''SH \overset{HCl}{\rightleftharpoons} R\!-\!\underset{SR''}{\overset{SR''}{\underset{|}{C}}}\!-\!R' + H_2O \xrightarrow[\text{Raney Ni}]{H_2} R\!-\!CH_2\!-\!R'$$

11. アルデヒドとケトンは過酸により（Baeyer–Villiger 酸化），それぞれカルボン酸とエステルに酸化される（17.15節）．反応機構は 928 ページに示す．相対的な転移のしやすさは，H ＞ 第三級 ＞ 第二級 ～フェニル ＞ 第一級 ＞ メチル，の順である．

$$\underset{R}{\overset{O}{\underset{\|}{C}}}\!-\!H + \underset{CF_3}{\overset{O}{\underset{\|}{C}}}\!-\!OO^- \longrightarrow \underset{R}{\overset{O}{\underset{\|}{C}}}\!-\!OH + \underset{CF_3}{\overset{O}{\underset{\|}{C}}}\!-\!O^-$$

$$\underset{R}{\overset{O}{\underset{\|}{C}}}\!-\!R + \underset{CF_3}{\overset{O}{\underset{\|}{C}}}\!-\!OO^- \longrightarrow \underset{R}{\overset{O}{\underset{\|}{C}}}\!-\!OR + \underset{CF_3}{\overset{O}{\underset{\|}{C}}}\!-\!O^-$$

12. アルデヒドまたはケトンとホスホニウムイリドとの反応（Wittig 反応）でアルケンが生成する（17.16節）．反応機構は 929 ページに示す．

$$\underset{R}{\overset{R}{\underset{|}{C}}}\!=\!O + (C_6H_5)_3P\!=\!\underset{H}{\overset{CH_3}{\underset{|}{C}}} \longrightarrow \underset{R}{\overset{R}{\underset{|}{C}}}\!=\!\underset{H}{\overset{CH_3}{\underset{|}{C}}} + (C_6H_5)_3P\!=\!O$$

13. α,β-不飽和アルデヒドやα,β-不飽和ケトンと求核剤との反応で，求核剤によって直接付加生成物および/もしくは共役付加生成物が生成する(17.18節)．反応機構は935ページに示す．

$$\text{RCH=CH}-\underset{\underset{\text{O}}{\|}}{\text{C}}-\text{R}' + \text{NuH} \longrightarrow \text{RCH=CH}-\underset{\underset{\text{Nu}}{|}}{\overset{\overset{\text{OH}}{|}}{\text{C}}}-\text{R} + \text{RCHCH}_2-\underset{\underset{\text{O}}{\|}}{\text{C}}-\text{R}'$$

直接付加　　　　　共役付加

弱塩基性の求核剤($^-$C≡N, RSH, RNH$_2$, Br$^-$)は共役付加生成物を与える．強塩基である求核剤(RLi, RMgBr, H$^-$)は反応性の高いカルボニル基との反応で直接付加生成物を生じ，活性の低いカルボニル基との反応で共役付加生成物を生じる．有機銅アート反応剤(R$_2$CuLi)は共役付加生成物を与える．

14. α,β-不飽和カルボン酸誘導体と求核剤との反応で，反応性の高いカルボニル基との反応で求核付加-脱離生成物を生じ，反応性の低いカルボニル基との反応で共役付加生成物を生じる(17.19節)．

$$\text{RCH=CH}-\underset{\underset{\text{O}}{\|}}{\text{C}}-\text{Cl} + \text{NuH} \longrightarrow \text{RCH=CH}-\underset{\underset{\text{O}}{\|}}{\text{C}}-\text{Nu} + \text{HCl}$$

求核付加-脱離

$$\text{RCH=CH}-\underset{\underset{\text{O}}{\|}}{\text{C}}-\text{NHR} + \text{NuH} \longrightarrow \text{RCHCH}_2-\underset{\underset{\text{O}}{\|}}{\text{C}}-\text{NHR}$$

共役付加

章末問題

53. 次のそれぞれの構造を書け．
 a. イソブチルアルデヒド　　b. 4-ヘキセナール　　c. ジイソペンチルケトン
 d. 3-メチルシクロヘキサノン　　e. 2,4-ペンタンジオン　　f. 4-ブロモ-3-ヘプタノン
 g. γ-ブロモカプロアルデヒド　　h. 2-エチルシクロペンタンカルボアルデヒド
 i. 4-メチル-5-オキソヘキサナール

54. 次の反応の生成物は何か．

a. $\text{CH}_3\text{CH}_2\text{CHO} + \text{CH}_3\text{CH}_2\text{OH} \xrightarrow[\text{過剰}]{\text{HCl}}$

b. $\text{C}_6\text{H}_5\text{COCH}_2\text{CH}_3 + \text{NH}_2\text{NH}_2 \xrightarrow{\text{微量の酸}}$

c. $\text{CH}_3\text{CH}_2\text{COCH}_3 \xrightarrow[\text{2. H}_3\text{O}^+]{\text{1. NaBH}_4}$

d. $\text{CH}_3\text{CH}_2\text{COCH}_2\text{CH}_3 + \text{NaC≡N} \xrightarrow[\text{過剰}]{\text{HCl}}$

e. $\text{CH}_3\text{CH}_2\text{CH}_2\text{COOCH}_2\text{CH}_3 \xrightarrow[\text{2. H}_3\text{O}^+]{\text{1. 2LiAlH}_4}$

f. $\text{CH}_3\text{CH}_2\text{CH}_2\text{COCH}_3 + \text{HOCH}_2\text{CH}_2\text{OH} \xrightarrow{\text{HCl}}$

g. 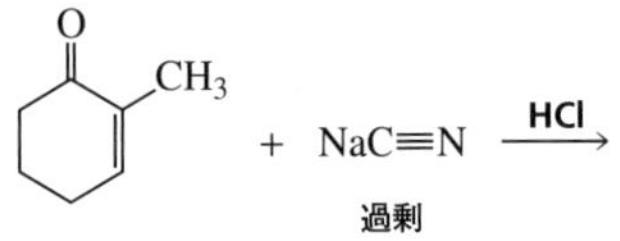 [2-メチルシクロヘキセノン] + NaC≡N (過剰) →(HCl)

55. 次の化合物を求核付加に対する反応性の最も高いものから最も低いものの順に並べよ.

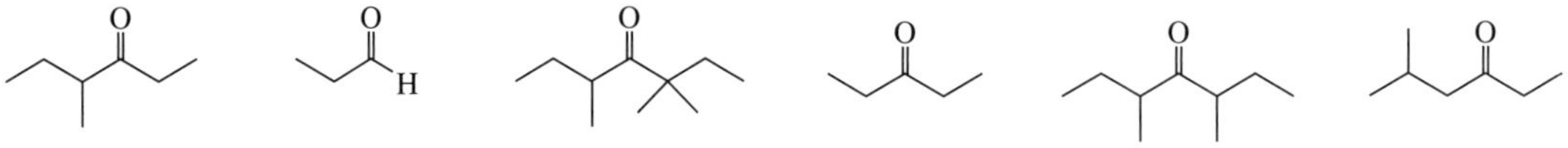

56. a. 次のそれぞれの反応で第一級アルコールを生成させるのに必要な反応剤を示せ.

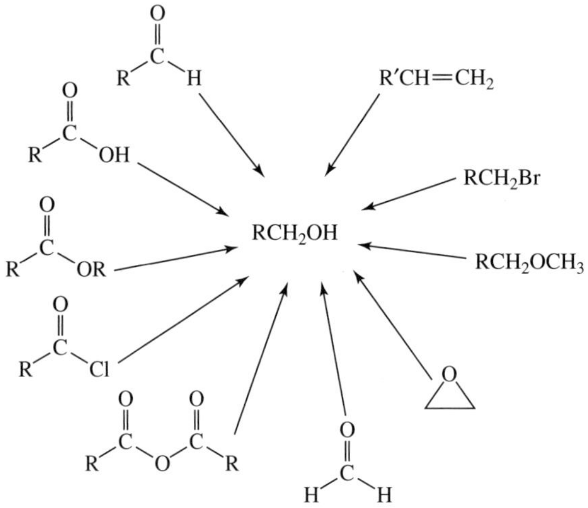

b. イソブチルアルコールの合成に使えない反応はどれか.

57. 次の反応の生成物を書け. それぞれの反応が酸化か還元か示せ.

a. $CH_3CH_2CH_2C\equiv CCH_3 \xrightarrow{Na}{NH_3(液体)}$

b. 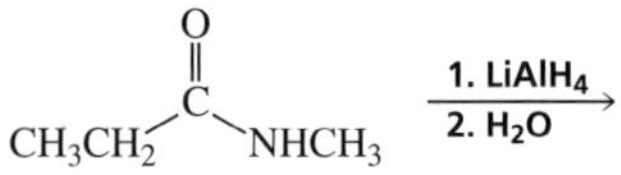 $CH_3CH_2C(=O)NHCH_3 \xrightarrow{1.\ LiAlH_4}{2.\ H_2O}$

c. [PhCH=CHCH$_3$] $\xrightarrow{H_2}{Pd/C}$

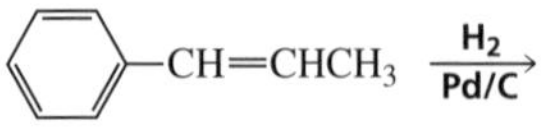

d. 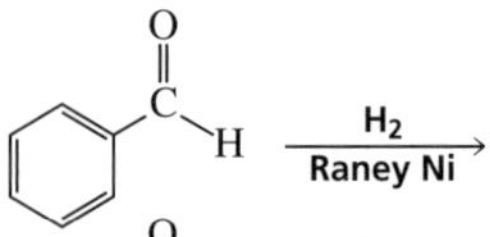 [PhCHO] $\xrightarrow{H_2}{Raney\ Ni}$

e. 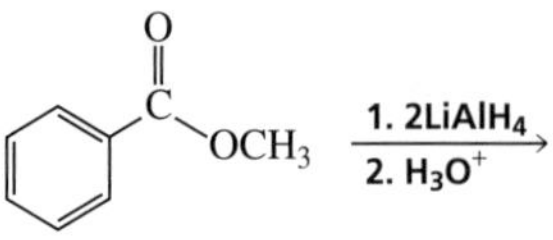 [PhC(=O)OCH$_3$] $\xrightarrow{1.\ 2LiAlH_4}{2.\ H_3O^+}$

f. 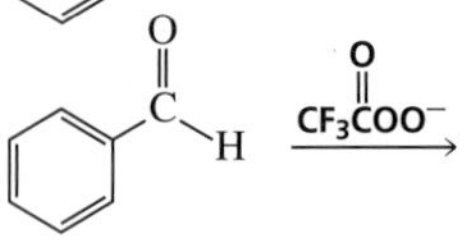 [PhCHO] $\xrightarrow{CF_3COO^-}$

58. シクロヘキサノンを出発物質に用いて，次のそれぞれの化合物を合成する方法を示せ．

a. 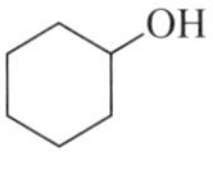 シクロヘキサノール
b.  シクロヘキセン
c. 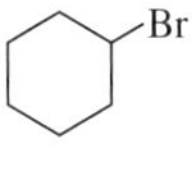 ブロモシクロヘキサン
d. 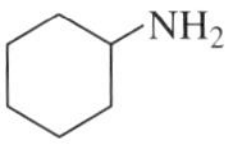 シクロヘキシルアミン
e. 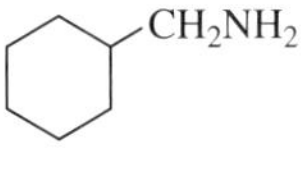 (アミノメチル)シクロヘキサン
f. 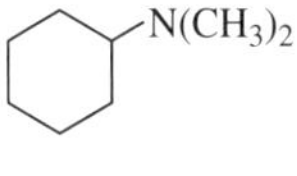 N,N-ジメチルシクロヘキシルアミン
g. 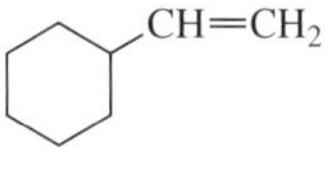 ビニルシクロヘキサン
h.  シクロヘキサン（2通りの方法を示せ）
i. 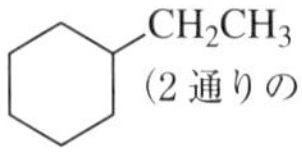 エチルシクロヘキサン（2通りの方法を示せ）

59. 次の反応の機構を示せ．

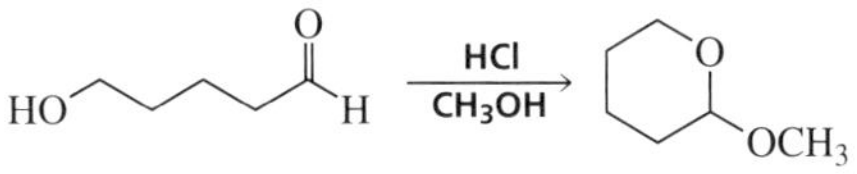

HO–(CH₂)₃–CHO + HCl / CH₃OH → 2-メトキシテトラヒドロピラン

60. 与えられた出発物質を用いて次のそれぞれの化合物の合成法を示せ．

a. 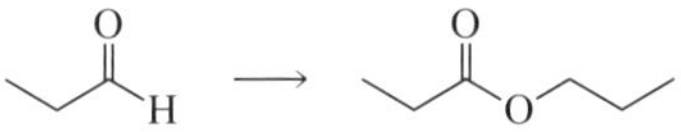 プロパナール → プロピオン酸プロピル
b. 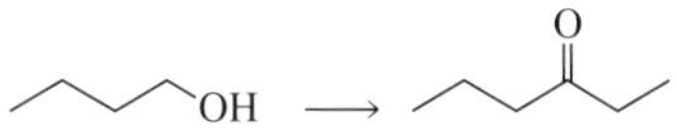 1-ブタノール → 3-ヘキサノン
c. 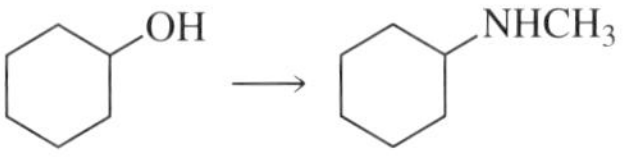 シクロヘキサノール → N-メチルシクロヘキシルアミン
d. 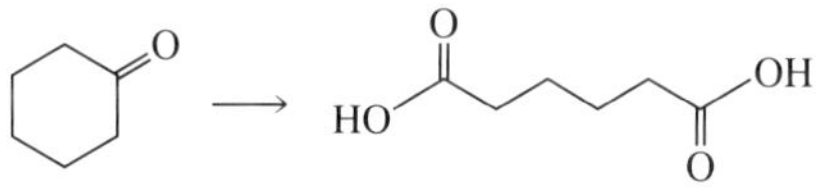 シクロヘキサノン → ヘキサン二酸 (アジピン酸)
e. 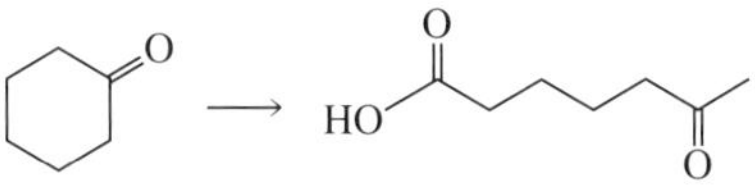 シクロヘキサノン → 6-オキソヘプタン酸

61. 適切な反応剤を用いて次の□を埋めよ．

a. CH₃OH → CH₃Br → □ → (1./2.) → CH₃CH₂OH

b. CH₄ → CH₃Br → □ → (1./2.) → CH₃CH₂CH₂OH

62. 次の反応の生成物は何か．

a. 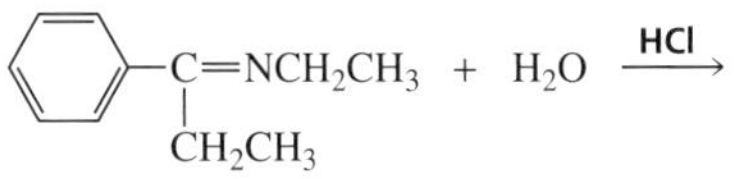 C₆H₅–C(=NCH₂CH₃)–CH₂CH₃ + H₂O → (HCl)
b. CH₃CH₂–CO–CH₃ → 1. CH₃CH₂MgBr / 2. H₃O⁺
c. シクロペンタノン + (C₆H₅)₃P=CHCH₃ →
d. 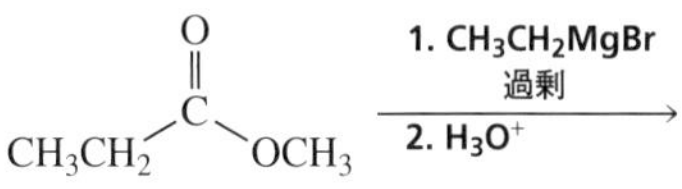 CH₃CH₂–CO–OCH₃ → 1. CH₃CH₂MgBr 過剰 / 2. H₃O⁺
e. 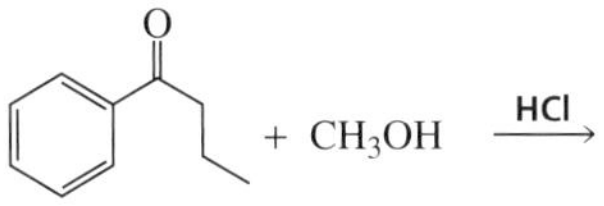 C₆H₅–CO–CH₂CH₂CH₃ + CH₃OH → (HCl)
f. 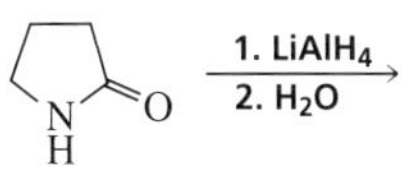 2-ピロリドン → 1. LiAlH₄ / 2. H₂O

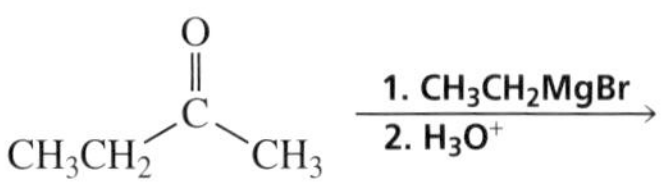

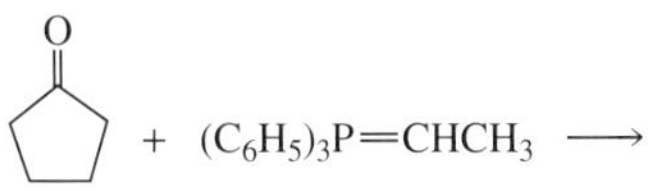

g. シクロヘキサノン + CH$_3$CH$_2$NH$_2$ $\xrightarrow{\text{微量の酸}}$

h. シクロヘキサノン + (CH$_3$CH$_2$)$_2$NH $\xrightarrow{\text{微量の酸}}$

i. CH$_2$=CHCOOCH$_3$ + CH$_3$NH$_2$ ⟶

j. 2 CH$_2$=CHCOOCH$_3$ + CH$_3$NH$_2$ ⟶

63. A 〜 O を同定せよ．

メチルシクロヘキサン $\xrightarrow[h\nu]{\text{Br}_2}$ **A** $\xrightarrow{\text{HO}^-}$ **B** $\xrightarrow[\text{H}_3\text{O}^+]{\text{Br}_2}$ **C** + **D**

B $\xrightarrow{\text{1. BH}_3/\text{THF}}_{\text{2. H}_2\text{O}_2, \text{HO}^-}$ **E**

B $\xrightarrow{\text{1. O}_3, -78\,°\text{C}}_{\text{2. (CH}_3)_2\text{S}}$ **I** $\xrightarrow{\text{H}_2\text{CrO}_4}$ **J** $\xrightarrow{\text{SOCl}_2}$ **K** $\xrightarrow{\text{CH}_3\text{OH}}$ **L**

B ⟶ **M** $\xrightarrow{\text{HBr}}$ **N** $\xrightarrow[\text{2. エチレンオキシド}]{\text{1. Mg, Et}_2\text{O}}$ **O**

E $\xrightarrow{\text{HOCl}}$ **F** $\xrightarrow[\text{過剰}]{\text{HCl / CH}_3\text{CH}_2\text{OH}}$ **G**

F $\xrightarrow[\text{微量の H}^+]{\text{CH}_3\text{CH}_2\text{NH}_2}$ **H**

64. チオールは，チオ尿素とハロゲン化アルキルとの反応に続く水酸化物イオンで促進される加水分解で生成される．

H$_2$N−C(=S)−NH$_2$ (チオ尿素 thiourea) $\xrightarrow{\text{1. CH}_3\text{CH}_2\text{Br}}_{\text{2. HO}^-, \text{H}_2\text{O}}$ H$_2$N−C(=O)−NH$_2$ (尿素 urea) + CH$_3$CH$_2$SH (エタンチオール ethanethiol)

a. この反応の機構を示せ．
b. ハロゲン化アルキルとして臭化ペンチルを使うと，どのようなチオールが生成するか．

65. 化合物 **Z** に次の反応を施して得られる唯一の有機化合物は，下に示す ^{1}H NMR スペクトルを与える．化合物 **Z** を同定せよ．

化合物 **Z** $\xrightarrow{\text{1. 臭化フェニルマグネシウム}}_{\text{2. H}_3\text{O}^+}$ $\xrightarrow[\text{CH}_3\text{COOH}]{\text{NaOCl}}$ 0 °C

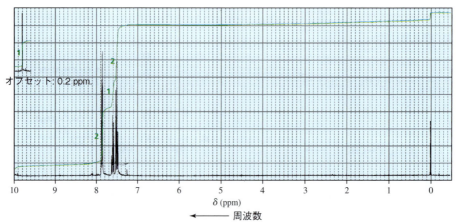

66. 次のそれぞれの反応の機構を示せ.

a. 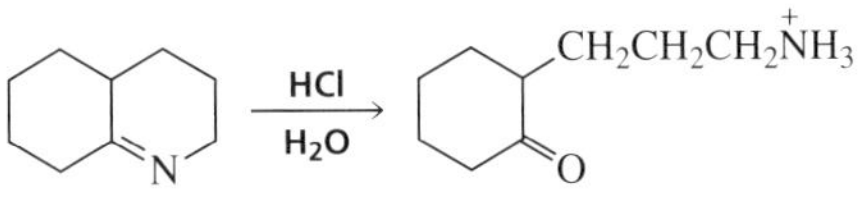 [二環式イミン] + HCl/H₂O → 2-(3-アンモニオプロピル)シクロヘキサノン

b. 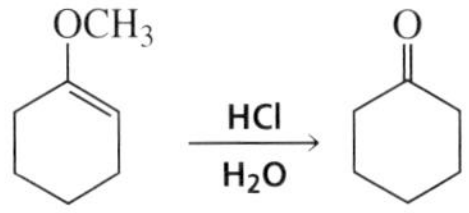 1-メトキシシクロヘキセン + HCl/H₂O → シクロヘキサノン

c. 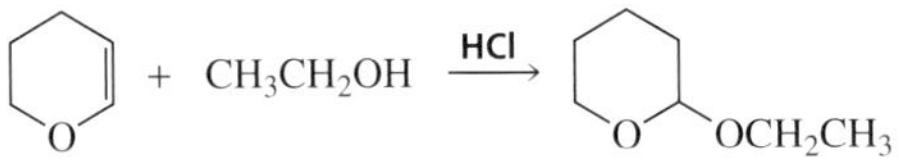 3,4-ジヒドロ-2H-ピラン + CH₃CH₂OH → 2-エトキシテトラヒドロピラン (HCl)

67. 次の反応の生成物は何本のシグナルを示すか.

    a. ^{1}H NMR スペクトル   b. ^{13}C NMR スペクトル

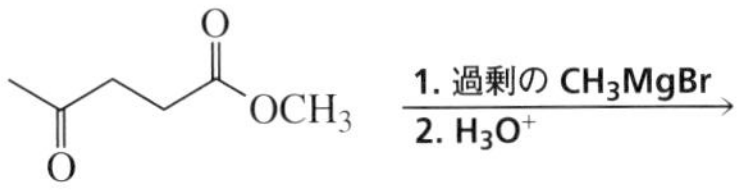

メチル 4-オキソペンタノアート + 1. 過剰の CH₃MgBr / 2. H₃O⁺

68. 適切な反応剤を用いて次の□を埋めよ.

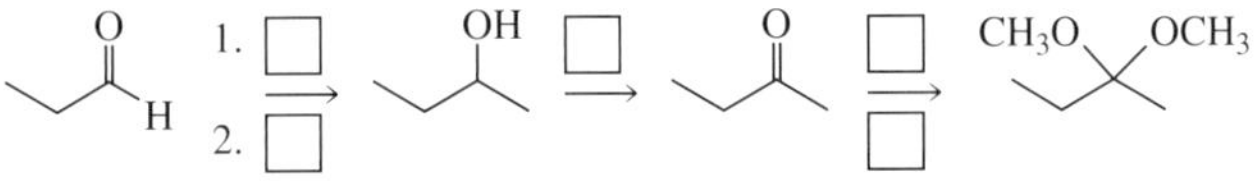

プロパナール → 1.□ 2.□ → 2-ブタノール → □ → 2-ブタノン → □ → 2,2-ジメトキシブタン

69. N-メチルベンズアミドを次の化合物に変換するにはどうすればよいか.

    a. N-メチルベンジルアミン   b. 安息香酸   c. 安息香酸メチル   d. ベンジルアルコール

70. 次の反応の生成物は何か. 生成するすべての立体異性体を示せ.

a. 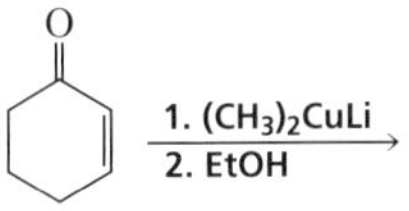 2-シクロヘキセノン + 1. (CH₃)₂CuLi / 2. EtOH

b. 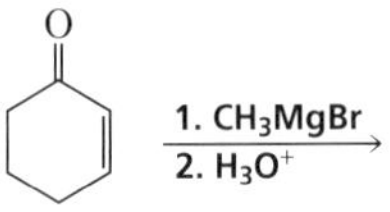 2-シクロヘキセノン + 1. CH₃MgBr / 2. H₃O⁺

c. 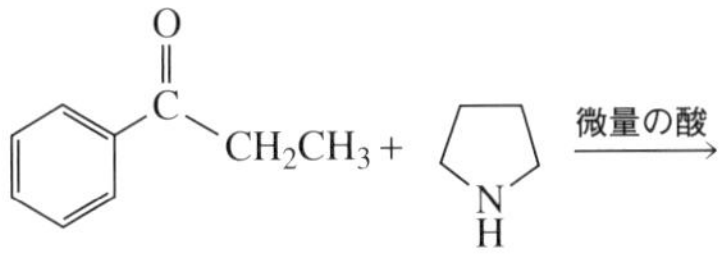 プロピオフェノン + ピロリジン / 微量の酸

d. 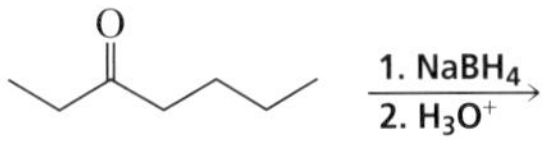 3-ヘキサノン + 1. NaBH₄ / 2. H₃O⁺

71. 次の第三級アルコールを合成するのに必要な反応剤(カルボニル化合物と Grignard 反応剤)の組合せを3組あげよ.

a. 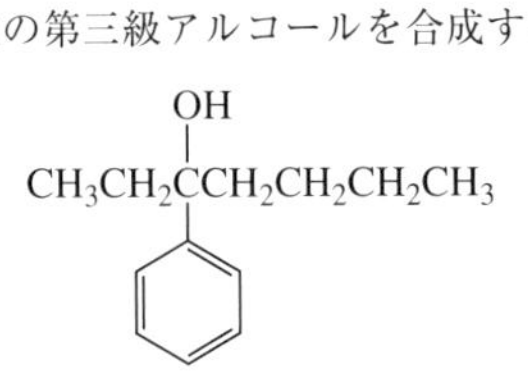 CH₃CH₂C(OH)(C₆H₅)CH₂CH₂CH₃

b. 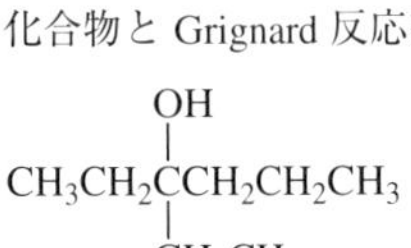 CH₃CH₂C(OH)(CH₂CH₃)CH₂CH₃ (3-エチル-3-ペンタノール類似)

72. 3-メチル-2-シクロヘキセノンと次の反応剤を反応させて生じる生成物は何か.

    a. CH₃MgBr に引き続き H₃O⁺   b. (CH₃CH₂)₂CuLi に引き続き H₃O⁺

    c. HBr   d. CH₃CH₂SH

73. Norlutin® と Enovid® は排卵を抑制するケトンであり，そのため避妊薬として臨床的に用いられている．これらの化合物のうちのどちらが，赤外吸収スペクトルのカルボニルの吸収（C＝O 伸縮）が高周波数側にあると考えられるか．説明せよ．

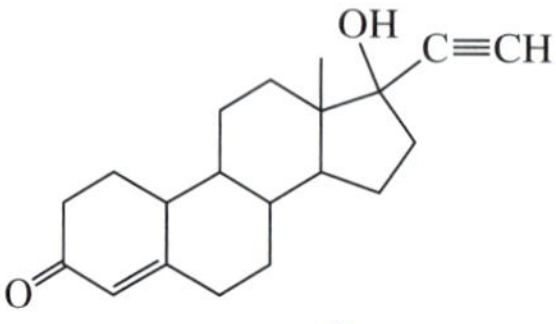

74. 次のそれぞれの反応の生成物は何か．

a. 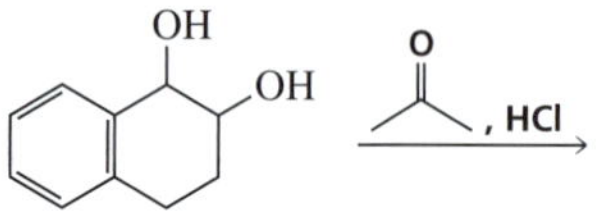 (1,2-ジヒドロキシテトラリン) + アセトン, HCl →

b. 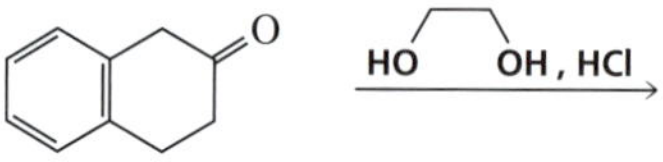 (2-テトラロン) + HOCH₂CH₂OH, HCl →

75. 次のそれぞれの反応の生成物は何か．

a. 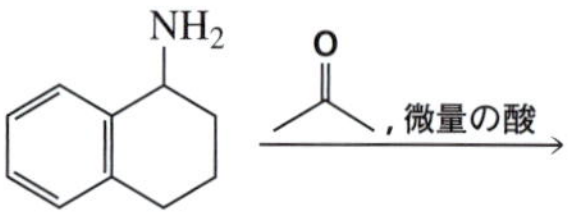 (1-アミノテトラリン) + アセトン, 微量の酸 →

b. 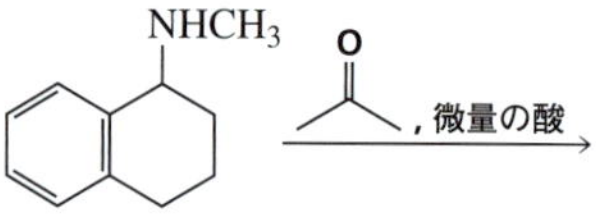 (1-メチルアミノテトラリン) + アセトン, 微量の酸 →

c. 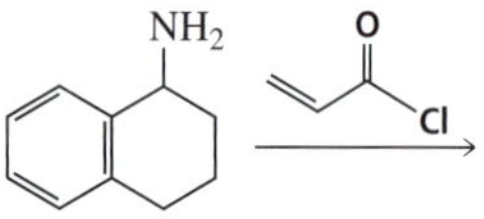 (1-アミノテトラリン) + アクリロイルクロリド →

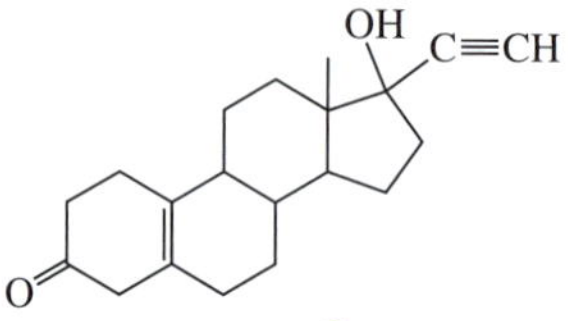

d. 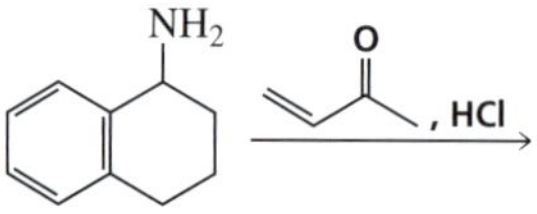 (1-アミノテトラリン) + メチルビニルケトン, HCl →

76. 次のそれぞれの反応の合理的な反応機構を示せ．

a. 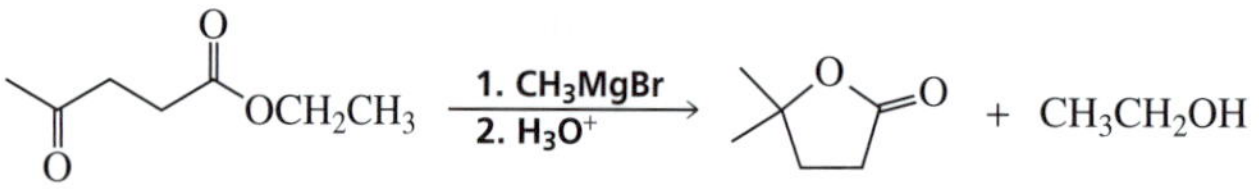 CH₃COCH₂CH₂C(O)OCH₂CH₃ —[1. CH₃MgBr / 2. H₃O⁺]→ γ-ブチロラクトン誘導体 + CH₃CH₂OH

b. 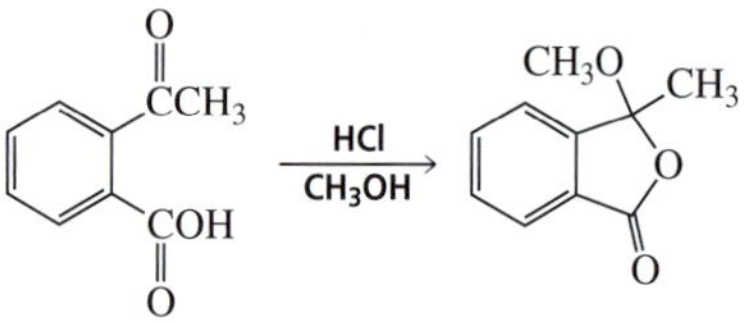 o-アセチル安息香酸 —[HCl / CH₃OH]→ メトキシ環状生成物

77. ジメチルスルホキシドと塩化オキサリルが反応して，どのように Swern 酸化において酸化剤として用いられる塩化ジメチルスルホニウムイオンを生成するかを説明する反応機構を示せ．

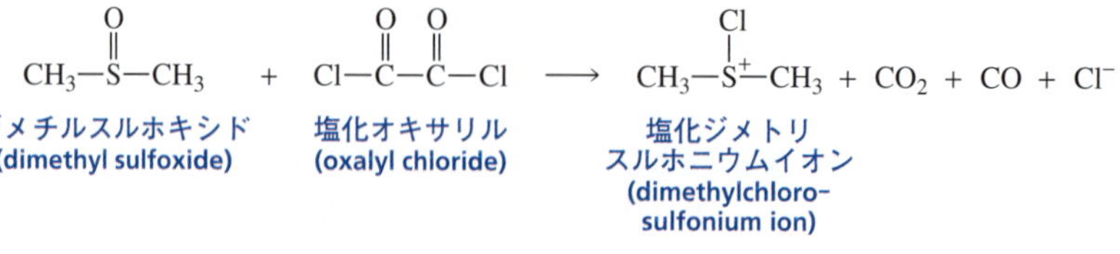

CH₃—S(=O)—CH₃ + Cl—C(=O)—C(=O)—Cl → CH₃—S⁺(Cl)—CH₃ + CO₂ + CO + Cl⁻

ジメチルスルホキシド (dimethyl sulfoxide)　　塩化オキサリル (oxalyl chloride)　　塩化ジメチルスルホニウムイオン (dimethylchlorosulfonium ion)

78. ある化合物は次の IR スペクトルを示す．水素化ホウ素ナトリウムと反応させたあと，酸性にすると生じる生成物の ^{1}H NMR スペクトルがここに示してある．これらの出発物質と生成物を同定せよ．

79. a. 次の反応の機構を示せ．

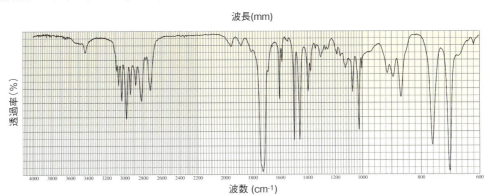

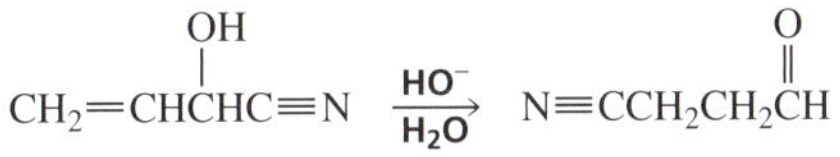

b. 次の反応の生成物は何か．

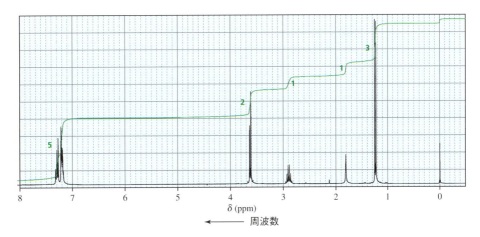

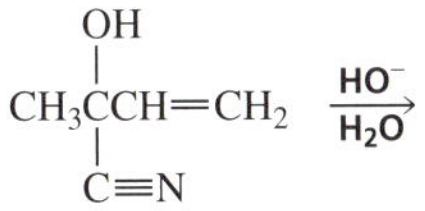

80. アルデヒドやケトンと反応してアルケンを生じるホスホニウムイリドとは異なり，スルホニウムイリドはアルデヒドやケトンと反応してエポキシドを生成する．一方のイリドがアルケンを生成し，もう一方のイリドがエポキシドを生成するのはなぜか，説明せよ．

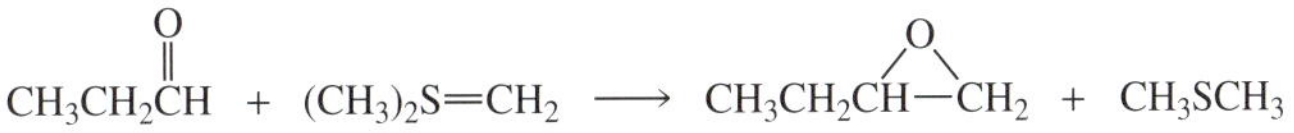

$$\text{CH}_3\text{CH}_2\overset{\overset{O}{\|}}{\text{CH}} + (\text{CH}_3)_2\text{S}=\text{CH}_2 \longrightarrow \text{CH}_3\text{CH}_2\overset{\overset{O}{\diagdown \diagup}}{\text{CH}-\text{CH}_2} + \text{CH}_3\text{SCH}_3$$

81. 次の化合物を与えられた出発物質から合成する方法を示せ.

a. 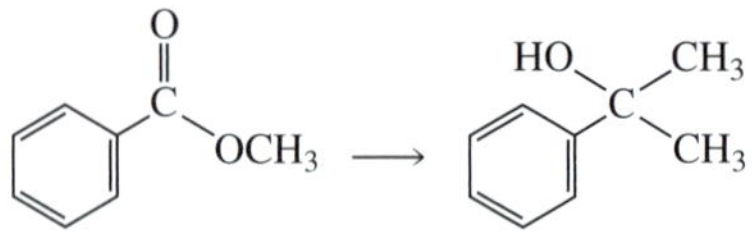 PhCO₂CH₃ → PhC(OH)(CH₃)₂

b. 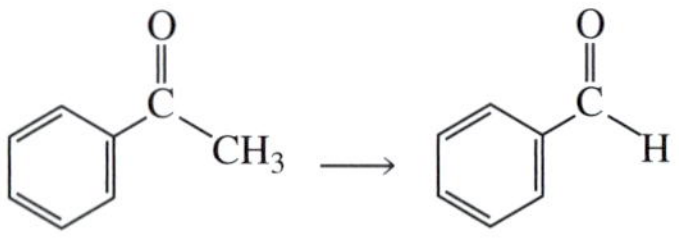 PhCOCH₃ → PhCHO

c. 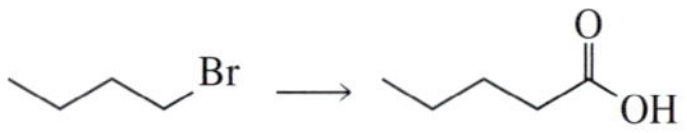 CH₃CH₂CH₂CH₂Br → CH₃CH₂CH₂CH₂CO₂H

d. 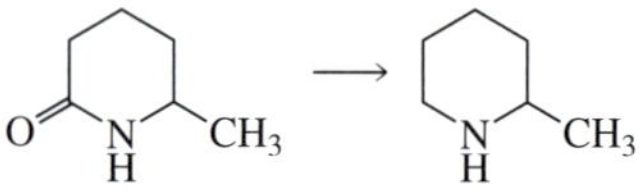 6-メチル-2-ピペリジノン → 2-メチルピペリジン

e. 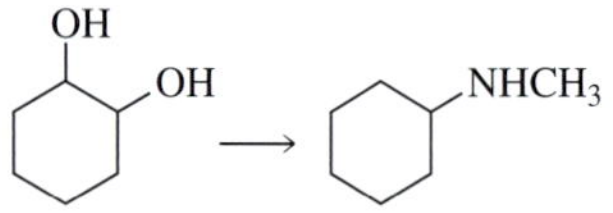 シクロヘキサン-1,2-ジオール → N-メチルシクロヘキシルアミン

82. 次のそれぞれの反応の合理的な機構を示せ.

a. 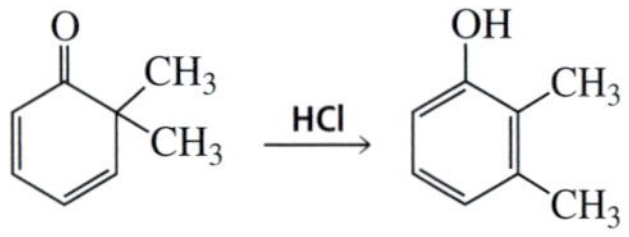 6,6-ジメチルシクロヘキサ-2,4-ジエノン + HCl → 2,3-ジメチルフェノール

b. 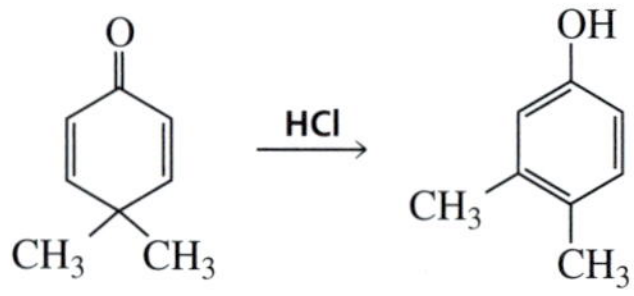 4,4-ジメチルシクロヘキサ-2,5-ジエノン + HCl → 3,4-ジメチルフェノール

83. a. 水溶液中でD-グルコースは二つの六員環化合物が平衡状態をとって存在する. これらの化合物の構造を書け.
    b. どちらの六員環化合物がより多く存在するか.

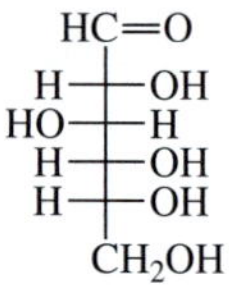

D-グルコース (D-glucose)

84. ここに示したのは $C_{11}H_{14}$ という分子式をもつ化合物を合成するためのWittig反応でケトンと反応するホスホニウムイリドを調製するのに用いられる臭化アルキルの ^1H NMR スペクトルである. そのWittig反応で得られる生成物は何か.

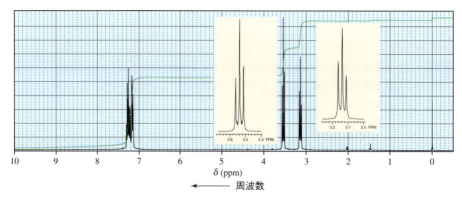

85. 酸触媒の存在下，アセトアルデヒドはパラアルデヒドとして知られる三量体を生成する．それを動物に大量に投与すると眠りを誘発するので，パラアルデヒドは鎮静剤や催眠薬として用いられる．パラアルデヒドの生成機構を示せ．

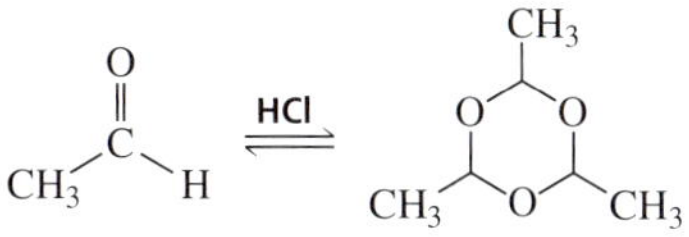

86. 次の化合物を合成するのにどんなカルボニル化合物とどんなホスホニウムイリドが必要か．

a. 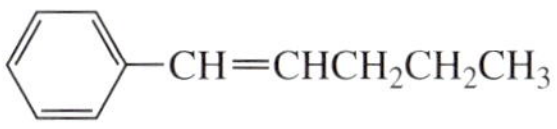 C₆H₅—CH=CHCH₂CH₂CH₃   b. 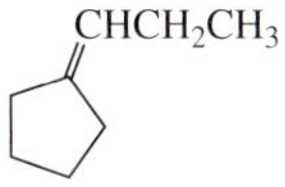 シクロペンチリデン=CHCH₂CH₃   c. 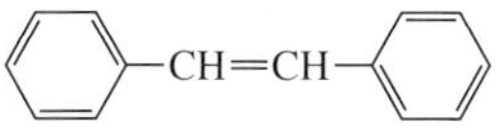 C₆H₅—CH=CH—C₆H₅   d. 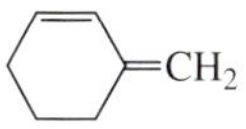 シクロヘキシリデン=CH₂

87. 化合物 A と化合物 B を同定せよ．

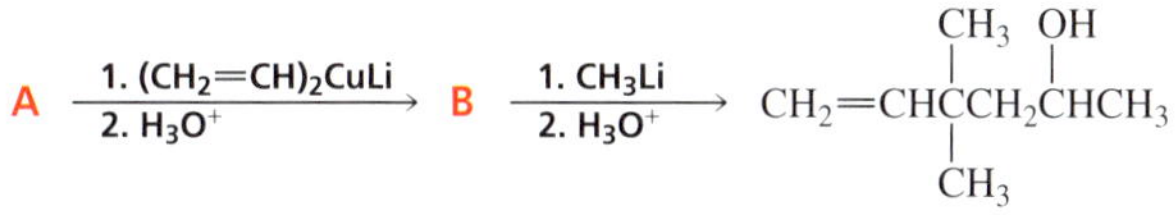

$$A \xrightarrow[2.\ H_3O^+]{1.\ (CH_2=CH)_2CuLi} B \xrightarrow[2.\ H_3O^+]{1.\ CH_3Li} CH_2=CHC(CH_3)_2CH(OH)CH_3$$

88. 次のそれぞれの反応の合理的な機構を示せ．

a.

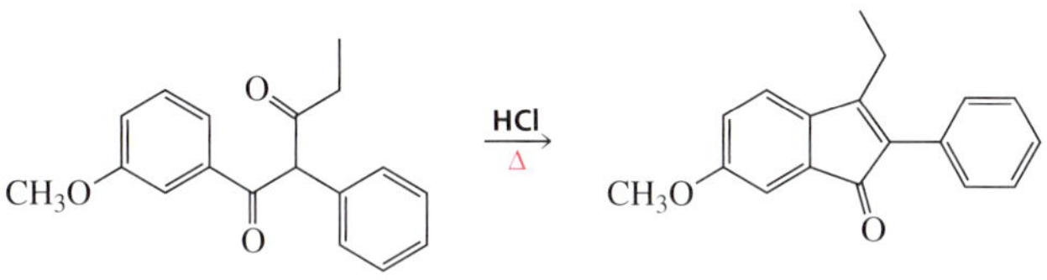

b. 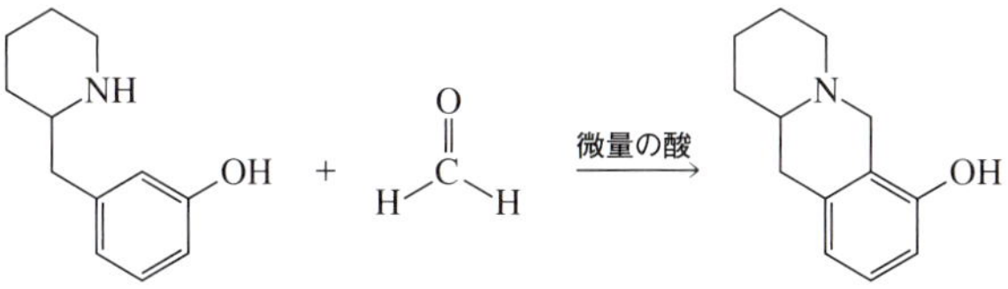 (ピペリジン-2-イルメチル)フェノール + HCHO $\xrightarrow{微量の酸}$ 縮合生成物

89. ある化合物を臭化メチルマグネシウムと反応させたあと，酸で処理すると，次の ¹H NMR スペクトルを示す化合物が生成した．この化合物を同定せよ．

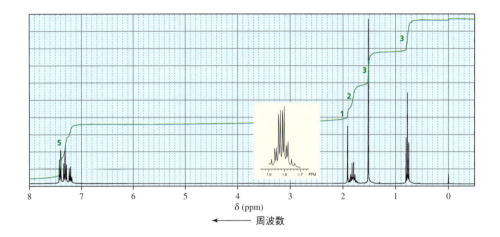

90. 次のそれぞれの化合物を与えられた出発物質から合成する方法を示せ．どの場合も保護基を用いる必要がある．

a. CH₃CHCH₂COCH₃ → CH₃CHCHCH₃
　　　|　　　　　　　　　|　|
　　　OH　　　　　　　　OH OH

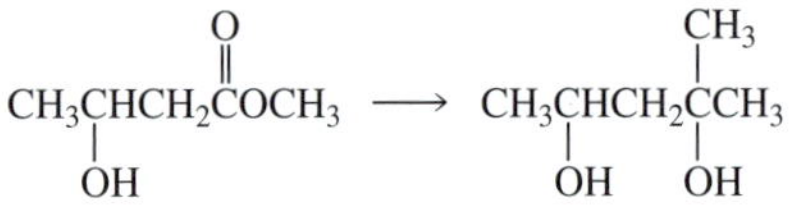

b. (2-クロロシクロヘキサノール) → (2-ヒドロキシシクロヘキサンカルボン酸)

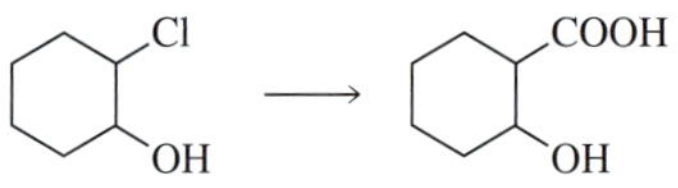

c. 3-ブロモアセトフェノン → 3-(2-ヒドロキシエチル)アセトフェノン

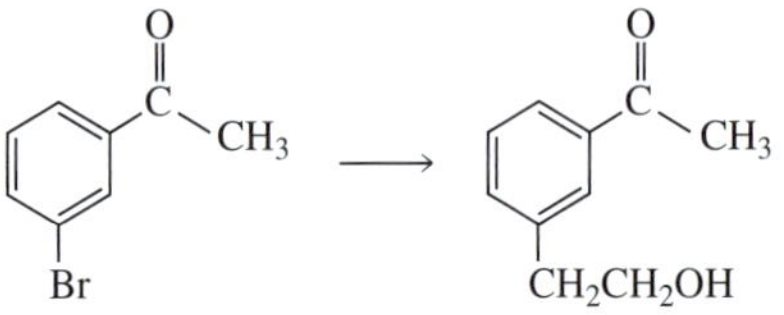

91. 環状ケトンがジアゾメタンと反応すると，次のより大きな環状ケトンが生成する．これは環拡大反応と呼ばれる．次の環拡大反応の反応機構を書け．

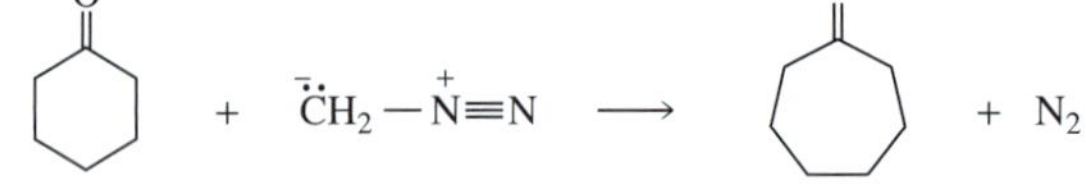

シクロヘキサノン (cyclohexanone) + ⁻CH₂—N⁺≡N (diazomethane) → シクロヘプタノン (cycloheptanone) + N₂

92. 1-エチルシクロヘキサノールからどうすればシクロヘキサンを合成できるか示せ．無機反応剤，溶媒，および有機反応剤は 2 炭素以下であるかぎり何を用いてもよい．

93. オキサロ酢酸のカルボン酸基の pK_a 値は 2.22 と 3.98 である．

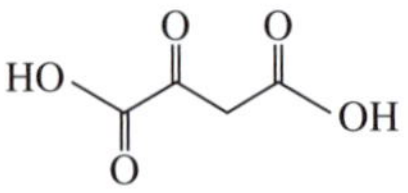

オキサロ酢酸 (oxaloacetic acid)

a. どちらのカルボキシ基がより酸性度が大きいか．
b. オキサロ酢酸の水溶液中に存在する水和物の量は溶液のpHに依存する．pH 0 では 95%，pH 1.3 では 81%，pH 3.1 では 35%，pH 4.7 では 13%，pH 6.7 では 6%，pH 12.7 では 6%である．このpH依存性を説明せよ．

94. Baylis-Hillman 反応は，α, β-不飽和カルボニル化合物とアルデヒドとの反応を DABCO(1,4-ジアザビシクロ[2.2.2]オクタン)が触媒し，アリルアルコールを生成する反応である．この反応の機構を示せ．(ヒント：DABCO は反応において求核剤としても塩基としても作用する．)

95. この問題を解くには，16章の章末問題95で述べた Hammett の σ 値，ρ 値に関する説明を読む必要がある．パラ置換のプロピオフェノンのモルホリンエナミンの加水分解の反応速度定数が，pH 4.7 のときは ρ 値が正であるが，pH 10.4 のときは負である．
a. 塩基性溶液中でこの加水分解反応を行ったとき，律速段階はどこか．
b. 酸性溶液中でこの加水分解反応を行ったとき，律速段階はどこか．

96. 次のそれぞれの反応の機構を示せ．

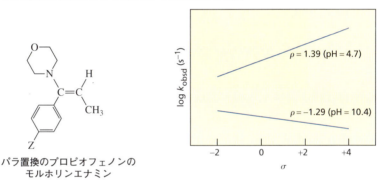

18 カルボニル化合物の α炭素の反応

カジノキ(梶の木)

乳がんの治療に用いられる 15 種のアロマターゼ阻害薬が，カジノキ(梶の木)の葉から単離された(980 ページ参照).

16 章と 17 章でカルボニル化合物の反応について学び，その反応点は，求核剤が付加する，部分的に正に帯電したカルボニル炭素であることを見てきた．

多くのカルボニル化合物は第二の反応点をもっている．すなわち，<u>カルボニル炭素に隣接する炭素に結合した水素</u>である．この水素は十分に酸性であり，強塩基によって引き抜ける．カルボニル炭素に隣接するこの炭素は，**α炭素**(α-carbon)と呼ばれる．そのため，α炭素上の水素は**α水素**(α-hydrogen)と呼ばれる．

18.1節では，α炭素に結合している水素が，なぜほかのsp³炭素に結合している水素よりも強い酸性を示すのかを理解したうえで，この酸性度に基づくいくつかの反応を学ぶ．この章の後半を学習すれば，α炭素からの引き抜きが可能な置換基が水素だけではないことも理解できるはずである．すなわち，α炭素に結合しているカルボキシ基も，CO_2として除去される．章末では，α炭素からのプロトンやカルボキシ基の引き抜きに基づくいくつかの重要な生体反応を紹介する．

18.1 α水素の酸性度

水素と炭素は同程度の電気陰性度を示す．これは，二つの原子を結びつけている電子が二つの原子でほとんど等しく共有されていることを意味する．その結果，炭素に結合している水素は通常は酸性を示さない．これらの炭素の電気陰性度は水素とほとんど同じであるので(上巻；7.10節参照)，sp³炭素に結合している水素の場合はとくにそれがいえる．たとえば，エタンのpK_a値は60より大きい．

$$CH_3CH_3 \quad \boxed{pK_a > 60}$$

しかし，カルボニル炭素に隣接するsp³炭素(α炭素)に結合している水素は，ほかのsp³炭素に結合している水素よりもより強い酸性を示す．たとえば，アルデヒドやケトンのα炭素からプロトンが解離するときのpK_a値は16〜20の範囲にあり，エステルのα炭素からプロトンが解離するときのpK_a値は約25である(表18.1)．sp³炭素に結合している比較的強い酸性を示す水素をもつ化合物は，**炭素酸**(carbon acid)と呼ばれている．

$$RCH_2-\overset{O}{\overset{\|}{C}}-H \quad RCH_2-\overset{O}{\overset{\|}{C}}-R \quad RCH_2-\overset{O}{\overset{\|}{C}}-OR$$

$\boxed{pK_a = 約16〜20}$ $\boxed{pK_a = 約25}$

ケトンやアルデヒドのα水素はエステルのα水素よりも酸性である．

α炭素に結合している水素は，ほかのsp³炭素に結合している水素よりも強い酸性を示す．なぜなら，α炭素からプロトンが引き抜かれて生じる塩基が比較的安定だからである．そして，すでに学んだように，塩基が安定であればあるほど，その共役酸は強い(上巻；2.6節参照)．

なぜα炭素からプロトンが引き抜かれて生じる塩基は，ほかのsp³炭素からプロトンが引き抜かれて生じる塩基よりも安定なのだろうか．エタンからプロトンを引き抜いたとき，あとに残った電子対は炭素上にのみ局在化している．炭素はそれほど電気陰性度が大きくないので，この局在化したカルボアニオンは不安定である．結果として，共役酸のpK_a値が非常に大きくなる．

$$CH_3CH_3 \rightleftharpoons CH_3\overset{..}{C}H_2 + H^+$$

局在化電子対

一方，α炭素からプロトンを引き抜いたときには，生成する塩基の安定性を増す要因が二つ存在する．一つは，プロトンを引き抜かれたあとに残った電子対が非

表 18.1　炭素酸の pK_a 値

化合物	pK_a	化合物	pK_a
CH₂(H)–C(=O)–N(CH₃)₂	30	N≡C–C(H)H–C≡N	11.8
CH₂(H)–C(=O)–OCH₂CH₃	25	CH₃–C(=O)–C(H)H–C(=O)–OCH₂CH₃	10.7
CH₂(H)–C≡N	25	C₆H₅–C(=O)–C(H)H–C(=O)–CH₃	9.4
CH₂(H)–C(=O)–CH₃	20	CH₃–C(=O)–C(H)H–C(=O)–CH₃	8.9
CH₂(H)–C(=O)–H	17	CH₃CH(H)NO₂	8.6
CH₃CH₂O–C(=O)–C(H)H–C(=O)–OCH₂CH₃	13.3	CH₃–C(=O)–C(H)H–C(=O)–H	5.9
		O₂N–CH(H)–NO₂	3.6

局在化し，この電子対の非局在化が安定性を増大する（上巻；8.6 節参照）．さらに重要なのは，酸素原子は炭素原子よりも電気陰性度が大きいので，酸素原子上に電子対がとどまることである．

$$\text{RCH(H)}-\overset{\cdot\cdot}{\underset{\cdot\cdot}{\text{O}}}\!\!=\!\!\text{C}-\text{R} \;\;\rightleftharpoons\;\; \text{RCH}^{-}-\overset{\cdot\cdot}{\underset{\cdot\cdot}{\text{O}}}\!\!=\!\!\text{C}-\text{R} + \text{HB} \;\;\longleftrightarrow\;\; \text{RCH}\!\!=\!\!\text{C}(-\overset{\cdot\cdot}{\underset{\cdot\cdot}{\text{O}}}^{-})-\text{R}$$

電子は C 上よりも O 上にとどまっている
非局在化電子対　共鳴寄与体

なぜアルデヒドやケトン（pK_a = 16〜20）がエステル（pK_a = 25）よりも酸性なのかはもう理解できるだろう．アルデヒドやケトンからプロトンが引き抜かれたあとに残った電子対とは異なり，エステルのα炭素からプロトンが引き抜かれたあとに残った電子対は，カルボニル酸素へ非局在化しにくい（赤矢印で示す）．この理由は，エステルの OR 基の酸素原子がもっている孤立電子対（緑矢印で示す）もカルボニル酸素上へ非局在化できるからである．このように，2 組の電子対が同じ酸素原子上への非局在化を競っている．

プロトンが引き抜かれたあとに残った電子対が，炭素よりも電気陰性度の大きい原子上へ非局在化するので，ニトロアルカン，ニトリル，および N,N-二置換アミドもまた同様に，比較的強い酸性を示す α 水素をもっている（表 18.1）．

$CH_3CH_2NO_2$
ニトロエタン
(nitroethane)
$pK_a = 8.6$

$CH_3CH_2C\equiv N$
プロパンニトリル
(propanenitrile)
$pK_a = 26$

$CH_3\underset{\underset{O}{\|}}{C}N(CH_3)_2$
N,N-ジメチルアセトアミド
(N,N-dimethylacetamide)
$pK_a = 30$

問題 1 ◆

プロペンの sp^3 炭素に結合している水素の pK_a 値は表 18.1 に列挙したどの炭素酸の pK_a 値よりも大きい（$pK_a = 42$）が，アルカンの pK_a 値よりは小さい（$pK_a > 60$）のはなぜか，説明せよ．

α 炭素が二つのカルボニル基にはさまれていれば，α 水素の酸性度はさらに大きくなる（表 18.1）．たとえば，二つのケトンのカルボニル基にはさまれた α 炭素をもつ 2,4-ペンタンジオンの α 炭素からプロトンが解離するときの pK_a 値は 8.9 である．また，ケトンのカルボニル基とエステルのカルボニル基にはさまれた 3-オキソブタン酸エチルの α 炭素からプロトンが解離するときの pK_a 値は 10.7 である．3-オキソブタン酸エチルは，β 位にカルボニル基をもつエステルなので **β-ケトエステル**（β-keto ester）として分類される．また，2,4-ペンタンジオンは **β-ジケトン**（β-diketone）である．

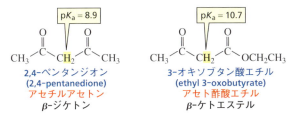

2,4-ペンタンジオン

プロトンが引き抜かれたあとに残った電子対は，二つの酸素のどちらかの上に非局在化できるので，二つのカルボニル基にはさまれた炭素に結合している α 水素の酸性度は大きくなる．すでに学んだように，電子はエステルのカルボニル酸素上に非局在化するよりも，ケトンのカルボニル酸素上に非局在化するほうが容易なので，β-ジケトンは β-ケトエステルよりも小さい pK_a 値を示す．

問題 2 ◆

次のそれぞれに分類される化合物を一つあげよ．

a. β-ケトニトリル　　b. β-ジエステル　　c. β-ケトアルデヒド

【問題解答の指針】

カルボニル化合物の酸-塩基としての挙動

塩基がカルボン酸のα炭素からプロトンを引き抜けないのはなぜか説明せよ．

塩基がカルボン酸のα炭素からプロトンを引き抜けないとすれば，その塩基はその分子の別の部分とより速く反応しているのに違いない．カルボキシ基のプロトンはα炭素上のプロトンよりも酸性（pK_a = 約 5 ）なので，塩基はα炭素からよりもカルボキシ基からプロトンを引き抜くと結論できる．

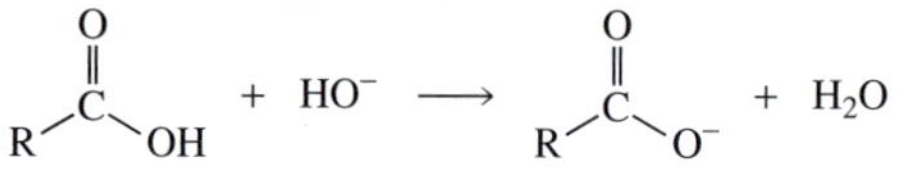

$$R-COOH + HO^- \longrightarrow R-COO^- + H_2O$$

ここで学んだ方法を使って問題 3 を解こう．

問題 3 ◆

塩基は N,N-ジメチルエタンアミドのα炭素からプロトンを引き抜けるが，N-メチルエタンアミドやエタンアミドのα炭素からプロトンを引き抜けないのはなぜか，説明せよ．

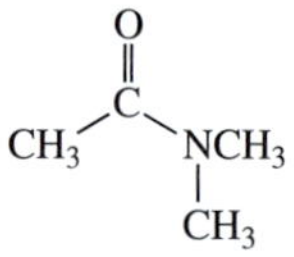

N,N-ジメチルエタンアミド　　　N-メチルエタンアミド　　　エタンアミド
(N,N-dimethylethanamide)　　　(N-methylethanamide)　　　(ethanamide)

問題 4 ◆

N,N-二置換アミドのα水素（pK_a = 30）がエステルのα水素（pK_a = 25）よりも酸性が弱いのはなぜか，説明せよ．

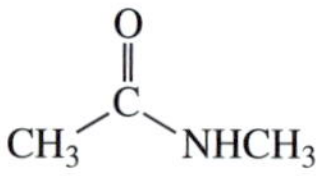

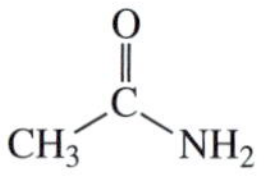

問題 5 ◆

次の各組の化合物を最も強い酸から最も弱い酸の順に並べよ．

a. $CH_2=CH_2$　　CH_3CH_3　　CH_3CHO　　$HC≡CH$

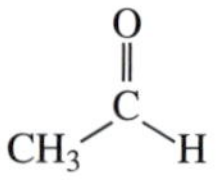

b. 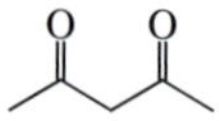 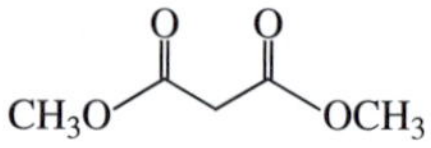 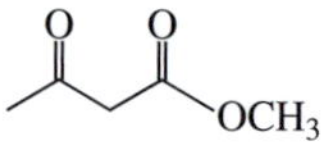  （ペンタン-2,4-ジオン）　（マロン酸ジメチル）　（アセト酢酸メチル）　（アセトン）

c. 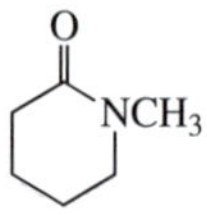 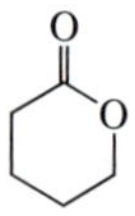 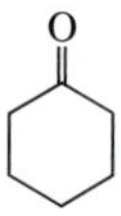 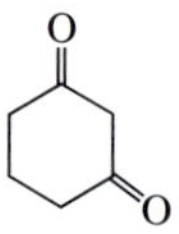 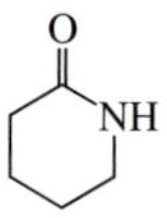 （N-メチル-δ-バレロラクタム）　（δ-バレロラクトン）　（シクロヘキサノン）　（1,3-シクロヘキサンジオン）　（δ-バレロラクタム）

18.2 ケト-エノール互変異性体

ケトンはその互変異性体であるエノールと平衡状態で存在する．**互変異性体** (tautomers)は速い平衡状態にある異性体であることを思い出そう（上巻；7.7節参照）．ケト-エノール互変異性体は二重結合と水素の位置が異なっている．

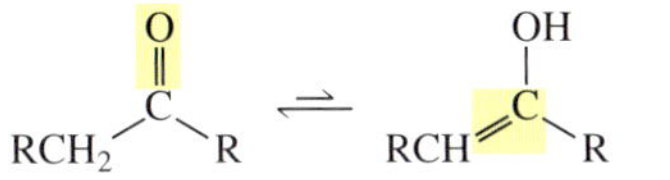

RCH₂−C(=O)−R ⇌ RCH=C(OH)−R
ケト互変異性体　　エノール互変異性体

ほとんどのケトンの場合，**エノール互変異性体**(enol tautomer)は**ケト互変異性体**(keto tautomer)よりもはるかに不安定である．たとえば，水溶液中でアセトンは，99.9%以上のケト互変異性体と0.1%以下のエノール互変異性体の平衡混合物として存在している．

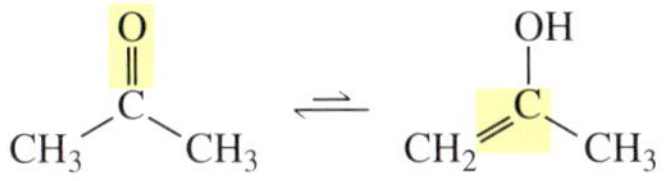

CH₃−C(=O)−CH₃ ⇌ CH₂=C(OH)−CH₃
> 99.9%　　　　　< 0.1%
ケト互変異性体　　エノール互変異性体

β-ジケトンの場合，非プロトン性溶媒中では分子内水素結合や，第二のカルボニル基と炭素−炭素二重結合との共役によってエノール互変異性体が安定化されるので，水溶液中ではエノール互変異性体の割合が大きくなる．

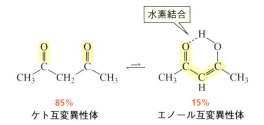

フェノールの場合，エノール互変異性体は芳香族性を示すがケト互変異性体は示さないので，エノール互変異性体のほうがケト互変異性体に比べより安定である．（上巻；8.8節参照）．

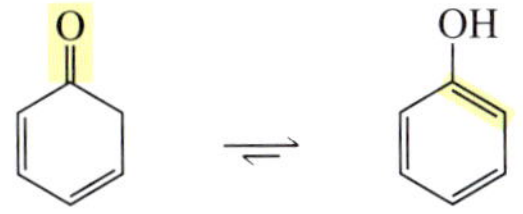

シクロヘキサジエノン ⇌ フェノール
ケト互変異性体　　エノール互変異性体
非芳香族性　　　　芳香族性

問題 6

ヘキサン中では2,4-ペンタンジオンの92%がエノール互変異性体として存在するが，水中では15%しかエノール互変異性体として存在しないのはなぜか，説明せよ．

18.3 ケト-エノール相互変換

α水素がいくぶん酸性であることを学んだので,上巻の7.7節で学んだように,ケト互変異性体とエノール互変異性体がなぜ相互変換するのかがよりよく理解できる.**ケト-エノール相互変換**(keto–enol interconversion)〔**互変異性化**(tautomarization)ともいう〕は,酸や塩基によって触媒される.

塩基触媒によるケト-エノール相互変換の反応機構

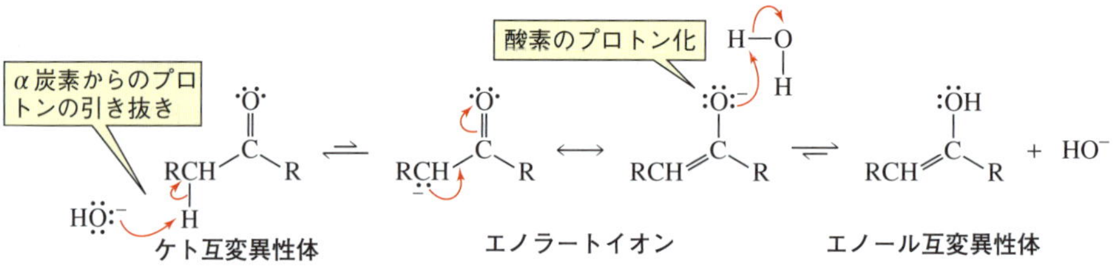

- 水酸化物イオンがケト互変異性体のα炭素からプロトンを引き抜き,**エノラートイオン**(enolate ion)と呼ばれるアニオンを生成する.エノラートイオンは二つの共鳴寄与体をとる.
- 酸素のプロトン化は,エノール互変異性体を生じ,一方,α炭素のプロトン化では,ケト互変異性体が再生する.

酸触媒によるケト-エノール相互変換の反応機構

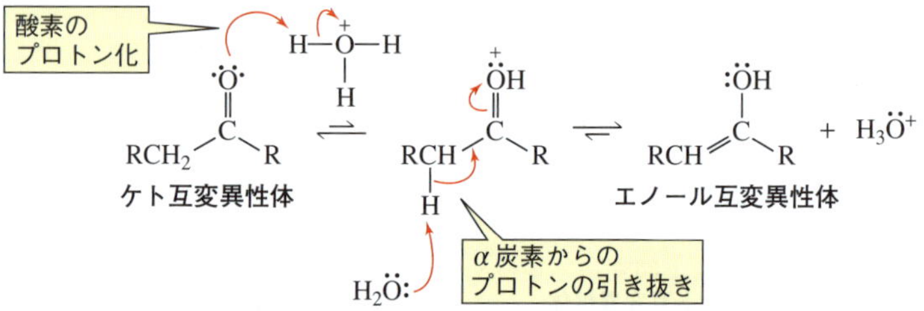

- 酸はケト互変異性体のカルボニル酸素をプロトン化する.
- 水がα炭素からプロトンを引き抜き,エノール互変異性体が生成する.

塩基触媒および酸触媒による相互交換では,これらの過程が可逆的であることに注目しよう.塩基触媒反応では,最初に塩基がα炭素からプロトンを引き抜き,次に酸素がプロトン化される.酸触媒反応では,最初に酸素がプロトン化され,次にα炭素からプロトンが引き抜かれる.酸触媒および塩基触媒による反応において,触媒が再生されていることにも注目しよう.

問題7◆

次のそれぞれの化合物のエノール互変異性体の構造を書け.二つ以上のエノール互変異性体がある場合には,最も安定なものの構造を書け.

a. 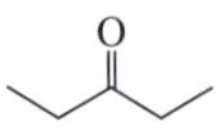 ペンタン-3-オン b. 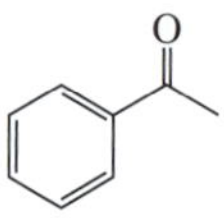 アセトフェノン c. 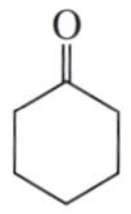 シクロヘキサノン

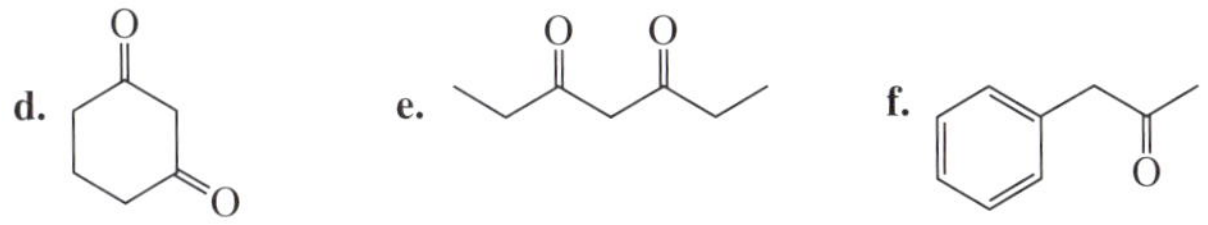

d. (structure: cyclohexane-1,3-dione) e. (structure: heptane-3,5-dione) f. (structure: 1-phenylpropan-2-one)

問題 8
NaODを含むD₂Oにアセトアルデヒドを溶かした希釈溶液を振り混ぜたとき, メチル基の水素だけが重水素で交換されて, カルボニル炭素に結合した水素は重水素で交換されないのはなぜか, 説明せよ.

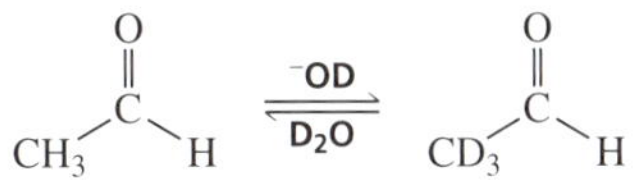

$$\text{CH}_3\text{-CO-H} \underset{\text{D}_2\text{O}}{\overset{\text{-OD}}{\rightleftharpoons}} \text{CD}_3\text{-CO-H}$$

18.4 アルデヒドおよびケトンのα炭素のハロゲン化

アルデヒドやケトンの溶液に Br_2, Cl_2, または I_2 を加えると, カルボニル化合物の一つあるいはそれ以上のα水素がハロゲンで置換される. この反応は酸または塩基によって触媒される. α炭素上において一つの求電子剤(H^+)がほかの求電子剤(Br^+)と置き換わっているので, この反応は**α置換反応**(α-substitution reaction)である.

酸触媒によるハロゲン化

酸触媒による反応では, α水素の一つがハロゲンで置換される.

$$\text{cyclohexanone} + Cl_2 \xrightarrow{H_3O^+} \text{2-chlorocyclohexanone} + HCl$$

$$\text{propiophenone} + I_2 \xrightarrow{H_3O^+} \text{α-iodopropiophenone} + HI$$

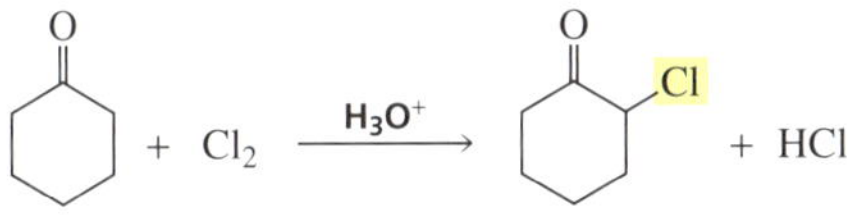

> 酸性条件下では, α水素の一つがハロゲンで置換される.

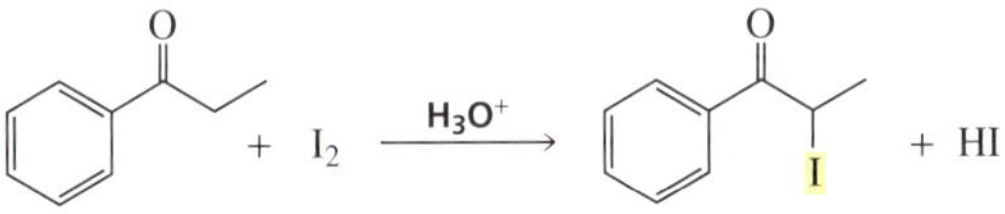

酸触媒によるハロゲン化の反応機構

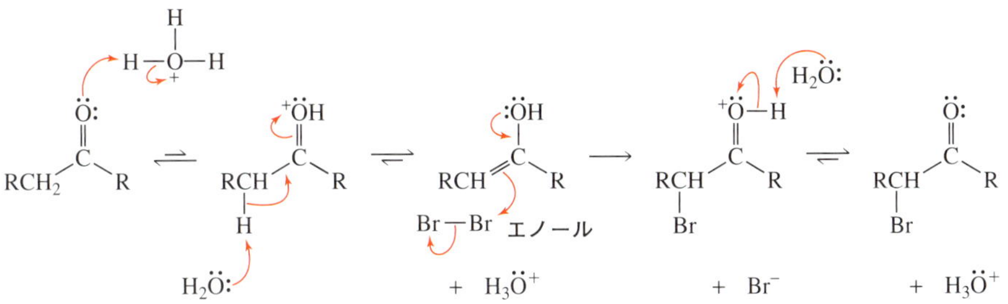

[反応機構の図]

- カルボニル酸素がプロトン化される.
- 水がα炭素からプロトンを引き抜き, エノールが生成する.

- エノールが求電子的なハロゲン原子と反応する．もう一つのハロゲン原子は結合電子対を保持したままである．
- 強い酸性を示すプロトン化されたカルボニル基がプロトンを失う．

塩基によって促進されるハロゲン化

アルデヒドやケトンの塩基性溶液に過剰量の Br_2, Cl_2, または I_2 を加えると，すべてのα水素がハロゲンで置換される．

塩基性条件下では，すべてのα水素がハロゲンで置換される．

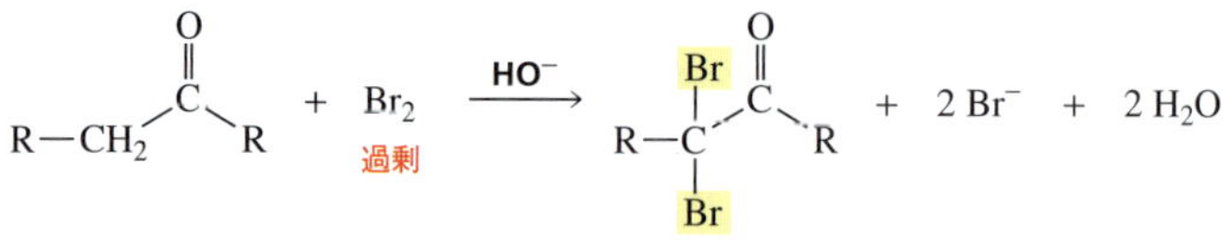

$$R-CH_2-\overset{O}{\underset{}{C}}-R + Br_2\text{(過剰)} \xrightarrow{HO^-} R-\overset{Br}{\underset{Br}{C}}-\overset{O}{\underset{}{C}}-R + 2Br^- + 2H_2O$$

塩基によって促進されるハロゲン化の反応機構

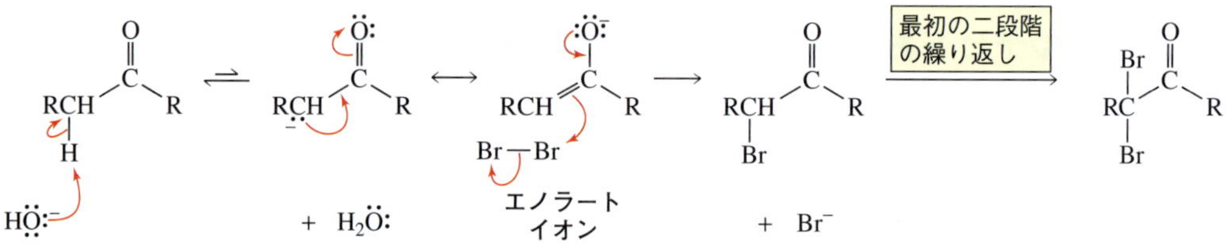

- 水酸化物イオンがα炭素からプロトンを引き抜き，エノラートイオンが生成する．
- エノラートイオンが求電子的なハロゲン原子と反応する．もう一つのハロゲン原子は結合電子対を保持したままである．水酸化物イオンは再生されず，そのため水酸化物イオンは反応を促進するが触媒しないことに注目しよう．

すべてのα水素がハロゲンで置換されるまで，これらの二段階が繰り返される．電子求引性を示すハロゲン原子が残っているα水素の酸性度を増大させるので，繰り返し行われるこのハロゲン化は，反応が進行すればするほど，前の反応よりもより速やかに進行する．これが，すべてのα水素がハロゲンで置換される理由である．

一方，酸性条件下では，電子求引性を示すハロゲン原子がカルボニル酸素の塩基性を低下させ，それによって，カルボニル酸素のプロトン化(酸触媒による反応の一段階目)を進行しにくくするので，繰り返し行われるハロゲン化は，反応が進行すればするほど，前の反応よりも遅くなる．

ケト-エノール相互変換とα置換反応の類似性に注目しよう．水素は，α炭素から引き抜かれる求電子剤として働き，またエノールやエノラートイオンがケト互変異性体に戻るときにはα炭素に付加される求核剤として働いているので，ケト-エノール相互変換は，α置換反応といえる．

問題 9

(R)-4-メチル-3-ヘキサノンを酸性または塩基性溶液に溶かしたとき，ラセミ体が生成するのはなぜか，説明せよ．

問題 10 ◆

ケトンでは，酸触媒による臭素化反応，酸触媒による塩素化反応，ラセミ化反応，(上巻；480 ページ参照)および酸触媒によるα炭素上での重水素交換反応が，ほぼ同じ反応速度で起こる．このことは，これらの反応機構について何を物語っているか．

18.5 カルボン酸のα炭素のハロゲン化：Hell-Volhard-Zelinski 反応

カルボン酸はα炭素上で置換反応を起こさない．なぜなら，OH 基はより酸性が強いために，塩基がα炭素からではなく OH 基からプロトンを引き抜くからである．しかし，カルボン酸を PBr_3 と Br_2 で処理すると，α炭素を臭素化できる．このハロゲン化反応は Hell-Volhard-Zelinski 反応 (Hell-Volhard-Zelinski reaction)，あるいはより簡略に HVZ 反応 (HVZ reaction) と呼ばれる．〔リン (P) と過剰の Br_2 を反応させると PBr_3 を生じるので，PBr_3 の代わりに赤リンを用いることもできる．〕

HVZ 反応

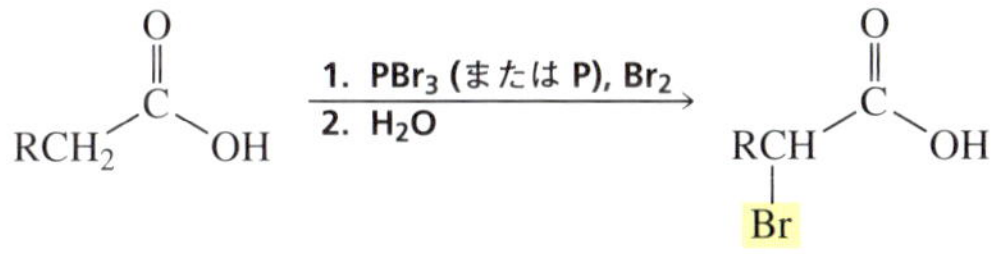

反応を調べてみると，α置換反応を行っている化合物はカルボン酸ではなく臭化アシルであることがわかる．

Hell-Volhard-Zelinski 反応の工程

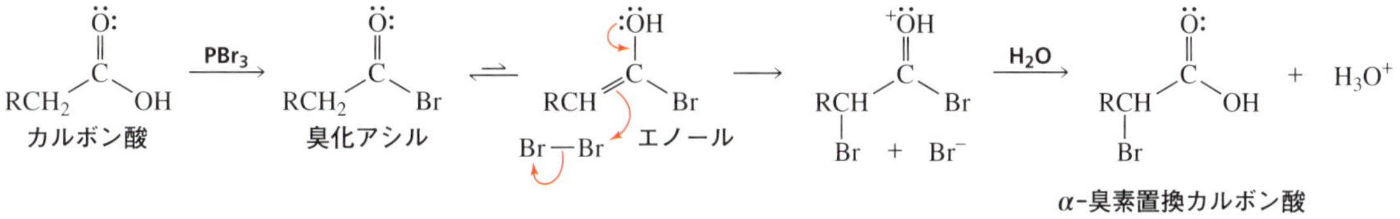

- PBr_3 がカルボン酸を臭化アシルに変換する (16.22 節参照)．臭化アシルはそのエノールとの平衡混合物として存在する．
- エノールの臭素化によってプロトン化されたα-臭素置換臭化アシルが生成し，これが加水分解されてα-臭素置換カルボン酸が生成する (16.8 節参照)．

アルデヒドとケトンのα炭素に結合した臭素原子は，カルボキシラートイオンのような弱塩基性の求核剤によってのみ置換することができる．強塩基性の求核剤はエノラートイオンを生成し，ほかの反応へと導く．

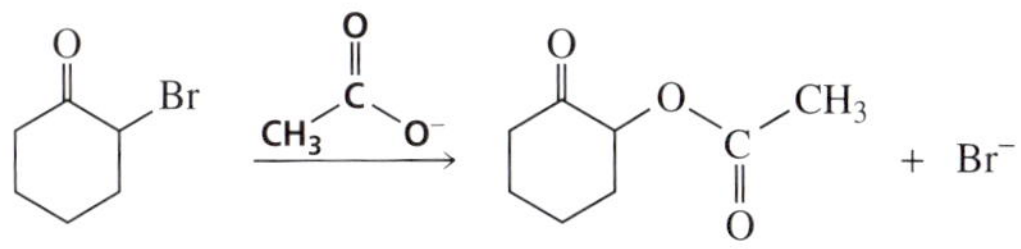

しかし，カルボキシラートイオンはエノラートイオンを生成しないので，カルボキシラートイオンのα炭素上の臭素原子は，塩基性の求核剤によって置換できる．エノラートイオンの生成は，化合物に二つ目の負電荷を加えることになる．

$$\text{CH}_3\text{CHBrCOO}^- \xrightarrow{(\text{CH}_3)_2\text{NH}} \text{CH}_3\text{CH}(\overset{+}{\text{N}}\text{H}(\text{CH}_3)_2)\text{COO}^- + \text{Br}^-$$

問題 11

次の化合物を与えられた出発物質から合成するにはどうすればよいか示せ．

a. $\text{CH}_3\text{CH}_2\text{COO}^- \longrightarrow \text{CH}_3\text{CH(OH)COO}^-$ b. $\text{CH}_3\text{COO}^- \longrightarrow \text{CH}_3\text{CH}_2\text{COO}^-$

18.6 エノラートイオンの生成

エノラートイオンに変換されるカルボニル化合物の量は，カルボニル化合物のpK_a値と，α水素を引き抜く際に用いる塩基の種類に依存する．

たとえば，シクロヘキサノンからα水素を引き抜くのに水酸化物イオンまたはアルコキシドイオンを用いると，生成物である酸(H_2O)が反応物である酸(ケトン)よりもより強い酸であるので，少量のカルボニル化合物がエノラートイオンに変換されるだけである．(酸–塩基反応の平衡は，強酸が解離し，弱酸が生成する方向に傾くことを思い出そう．上巻；2.5節参照)．

シクロヘキサノン + HO⁻ ⇌ エノラート (< 0.1%) + H_2O
$pK_a = 17$ ， $pK_a = 15.7$

対照的に，α水素を引き抜くのに，LDA(リチウムジイソプロピルアミド)を用いると生成物である酸(ジイソプロピルアミン，DIA)が反応物である酸(ケトン)よりもより弱い酸であるので，ほとんどすべてのカルボニル化合物がエノラートイオンに変換される．したがって，求電子剤と反応させる前に，カルボニル化合物を完全にエノラートイオンに変換する必要がある反応では，LDAを塩基として用いるとよいことがわかる(18.7節)．

シクロヘキサノン + LDA ⟶ エノラート (約100%) + DIA (ジイソプロピルアミン)
$pK_a = 17$ ， $pK_a = 35$

LDAは，ジイソプロピルアミンのTHF溶液に−78℃(すなわち，ドライアイ

ス/アセトン浴の温度)でブチルリチウムを加えれば容易に調製できる.

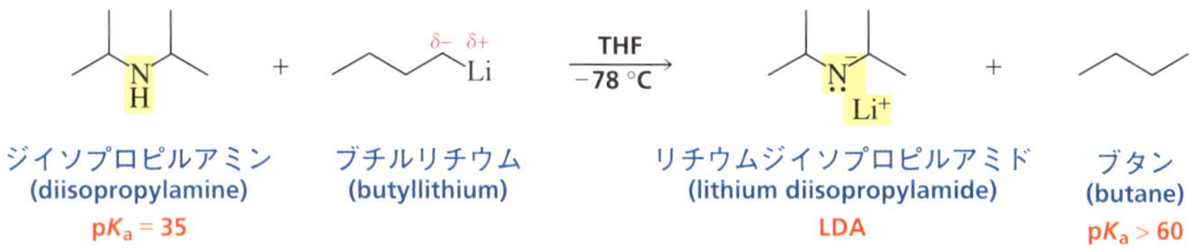

ジイソプロピルアミン (diisopropylamine) pK_a = 35 + ブチルリチウム (butyllithium) →[THF][−78 ℃] リチウムジイソプロピルアミド (lithium diisopropylamide) LDA + ブタン (butane) pK_a > 60

　窒素塩基は求核剤としても反応してカルボニル炭素に付加することができるので，エノラートを生成するために窒素塩基を用いると，新たな問題を生じる可能性がある（17.10節参照）．しかし，LDA 中の窒素原子には二つのかさ高いイソプロピル基がついており，窒素原子がカルボニル炭素に接近して反応するのを妨げている．その結果，LDA は強塩基であるが，求核性が低い．すなわち，LDA はカルボニル炭素へ付加するよりもはるかに速く α 水素を引き抜く．

問題 12 ◆
シクロヘキサノンの希薄溶液を D_2O 中で NaOD と数時間振り混ぜたときに得られる生成物は何か.

18.7 カルボニル化合物の α 炭素のアルキル化

　カルボニル化合物の α 炭素へアルキル基を導入することは，炭素—炭素結合を形成する重要な反応の一つである．アルキル化は，はじめに，LDA のような強塩基を用いて α 炭素からプロトンを引き抜き，次に，適当なハロゲン化アルキルを加えて行われる．アルキル化は S_N2 反応であるので，ハロゲン化メチルや第一級ハロゲン化アルキルを用いたときに最もよく進行する（上巻；9.2節参照）．

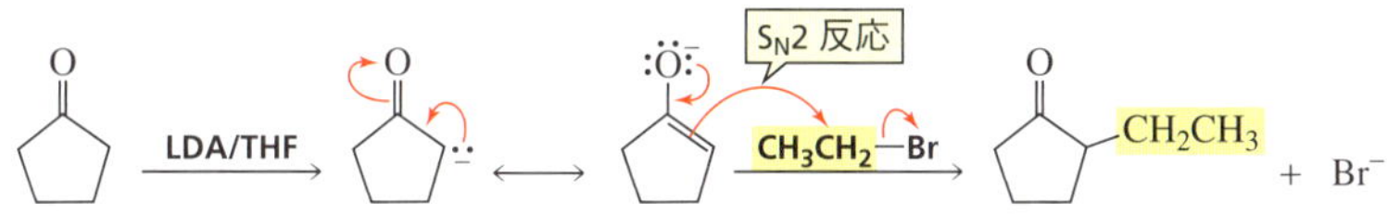

　エノラートイオンは二つの共鳴寄与体をもつが，簡略化のため，この章で示す反応の多くでは炭素上に負電荷をもつ共鳴寄与体だけを示す．たとえば，次の表記と上の表記を比較してみるとよい．

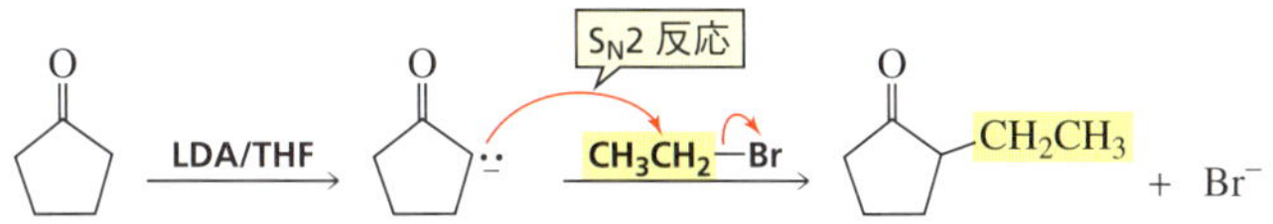

　エノラートイオンを生成するには，LDA のような強塩基を用いることが重要である．水酸化物イオンやアルコキシドイオンのようなより弱い塩基を用いた場合，所望するモノアルキル化生成物はほんのわずかしか得られないであろう．これらのより弱い塩基は，平衡状態において少量のエノラートイオンしか生成しないことをすでに学んだ（18.6節）．それゆえ，モノアルキル化が進行したあと，

溶液中にはまだたくさんの塩基が存在しており，モノアルキル化されたケトンやアルキル化されていないケトンからエノラートを生成できる．その結果，ジ-，トリ-，およびテトラ-アルキル化された生成物が得られる．

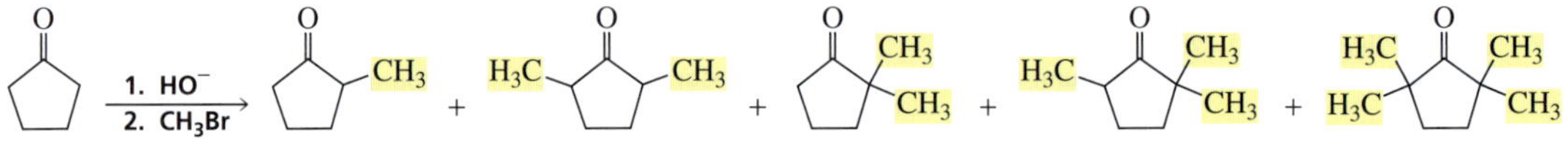

ケトン，アルデヒド，エステル，およびニトリルはα炭素上でアルキル化できる．

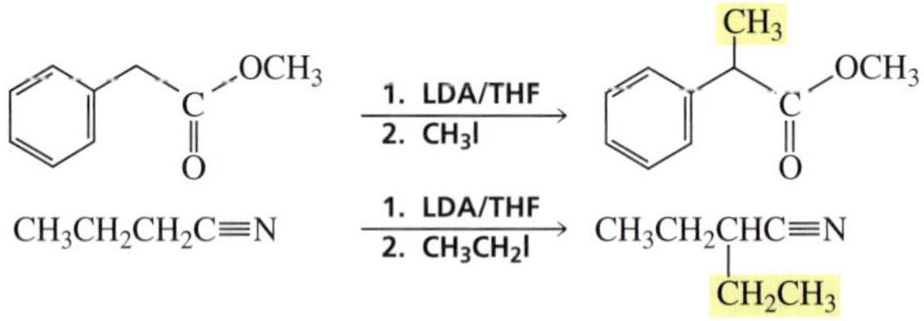

問題 13

第一級ハロゲン化アルキルを用いて反応を行うと，α炭素のアルキル化が高収率で進行し，また，第三級ハロゲン化アルキルを用いて反応を行うと，まったく反応が進行しないのはなぜか，説明せよ．

非対称ケトンのアルキル化

ケトンが非対称であり二つのα炭素がともに水素をもつと，どちらのα炭素もアルキル化されるので，2 種類のモノアルキル化生成物が得られる．たとえば，1 当量のヨウ化メチルを用いて 2-メチルシクロヘキサノンのメチル化を行うと，2,6-ジメチルシクロヘキサノンと 2,2-ジメチルシクロヘキサノンが得られる．これら 2 種類の生成物の生成比は反応条件に依存している．

2-メチルシクロヘキサノン (2-methylcyclohexanone)

2,6-ジメチルシクロヘキサノン (2,6-dimethylcyclohexanone)

2,2-ジメチルシクロヘキサノン (2,2-dimethylcyclohexanone)

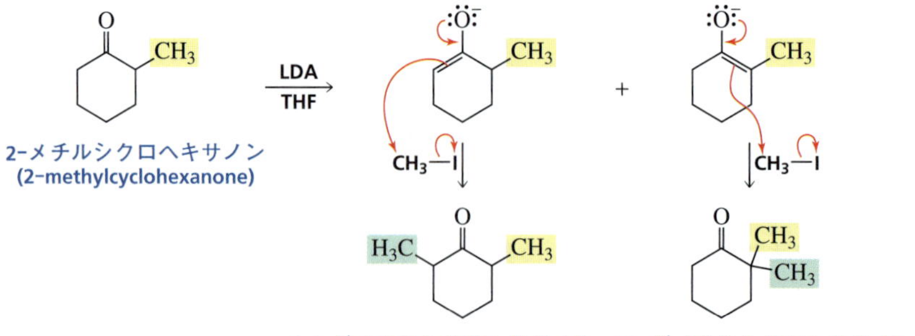

2,6-ジメチルシクロヘキサノンを生成するエノラートイオンは，このエノラートイオンを生成する際に引き抜かれるα水素が（とくに LDA のようなかさ高い塩基を用いた場合には）塩基の攻撃を受けやすく，さらにやや酸性度が大きいので，より速く生成される．そのため速度論的エノラートイオンと呼ばれる．というのは，2,6-ジメチルシクロヘキサノンはより速く生成し，不可逆的に進行する条件（−78 ℃）で反応を行う場合には主生成物となるからである（上巻；8.18 節参照）．

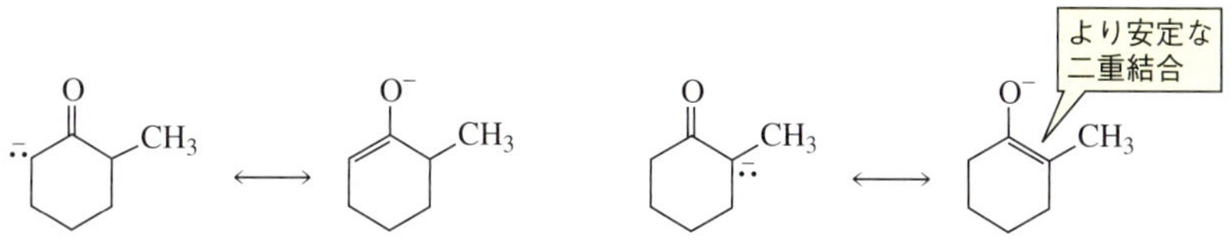

速度論的エノラートイオン　　　　　　　熱力学的エノラートイオン

2,2-ジメチルシクロヘキサノンを生成するエノラートイオンは，より置換基の多い二重結合をもち，それゆえエノラートイオンがより安定になるので，熱力学的エノラートイオンという．（アルキル置換基が増えるとアルケンが安定性を増すのと同じ理由で，アルキル置換基が増えるとエノラートイオンの安定性が増す．上巻；6.13節参照）．したがって，エノラートイオンの生成が可逆的な条件下で反応を行う場合には，2,2-ジメチルシクロヘキサノンが主生成物となる．

🧪 アスピリンの合成

アスピリンの工業的合成の一段階目は，**Kolbe-Schmitt カルボキシ化反応**（Kolbe-Schmitt carboxylation reaction）としてよく知られている．この段階で，フェノラートイオンを加圧下に二酸化炭素と反応させると，サリチル酸が生じる．サリチル酸と無水酢酸との反応は，アセチルサリチル酸（アスピリン）を生成する．

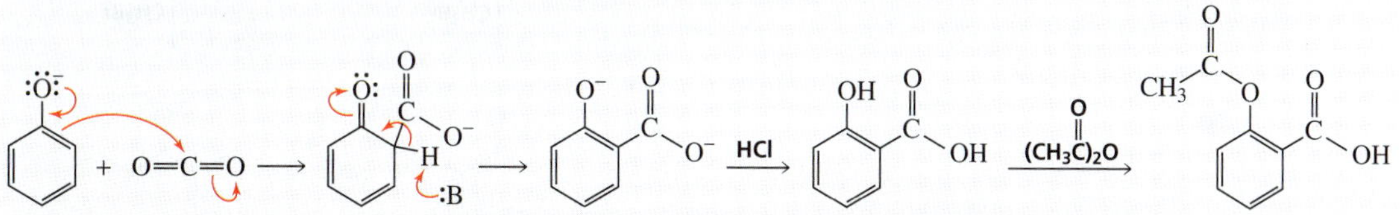

サリチル酸 (salicylic acid)
o-ヒドロキシ安息香酸 (o-hydroxybenzoic acid)

アセチルサリチル酸 (acetylsalicylic acid)
アスピリン (aspirin)

第一次世界大戦中，ドイツのBayer社が，できる限り大量のフェノールを国際市場で買い占め，すべてのフェノールをアスピリンの製造のために用いた．このことによって，当時汎用された爆薬である 2,4,6-トリニトロフェノール〔ピクリン酸（picric acid）〕の合成に必要なフェノールが，ほかの国ぐににはほとんど供給されなかった．

【問題解答の指針】
カルボニル化合物のアルキル化

6炭素以下のケトンから4-メチル-3-ヘキサノンを合成するにはどうすればよいか．

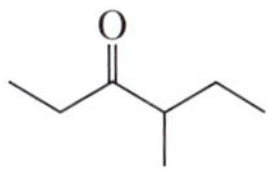

4-メチル-3-ヘキサノン
(4-methyl-3-hexanone)

合成には，ケトンとハロゲン化アルキルの2組の組合せが考えられる．1組は3-ヘキサノンとハロゲン化メチルであり，もう1組は3-ペンタノンとハロゲン化エチルである．

3-ヘキサノン (3-hexanone)　　3-ペンタノン (3-pentanone)

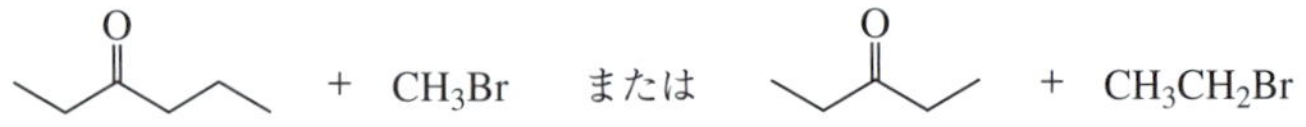

3-ペンタノンは対称な分子であり，反応によってただ一つの α 置換ケトンが得られるので，3-ペンタノンとハロゲン化エチルの組合せは，より望ましい出発物質である．

3-ペンタノン

4-メチル-3-ヘキサノン (4-methyl-3-hexanone)

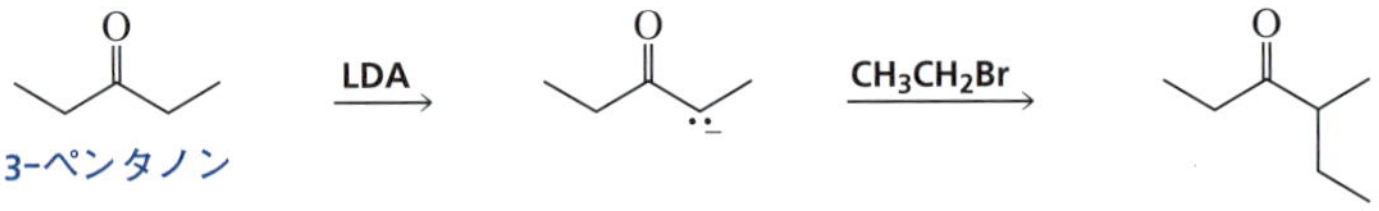

これに対し，3-ヘキサノンは二つの異なるエノラートイオンを生じ，したがって，2 種類の α-置換ケトンが生成し，標的分子(4-メチル-3-ヘキサノン)の収率が低下する．

3-ヘキサノン

4-メチル-3-ヘキサノン　　2-メチル-3-ヘキサノン

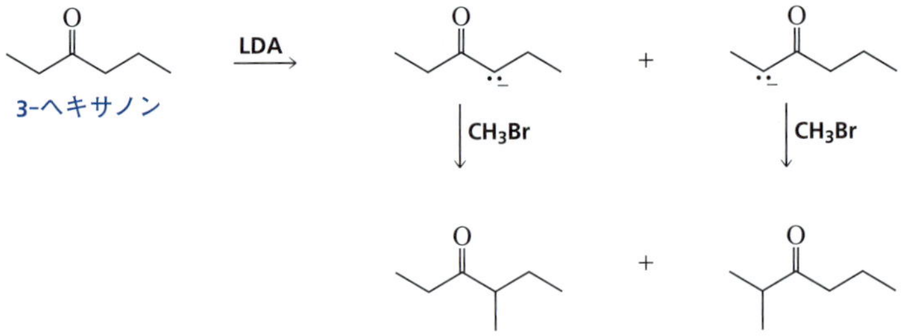

ここで学んだ方法を使って問題 14 を解こう．

問題 14

次の化合物をケトンとハロゲン化アルキルから合成するにはどうすればよいか．

a. 　**b.**

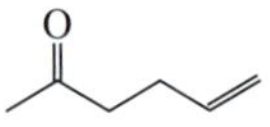

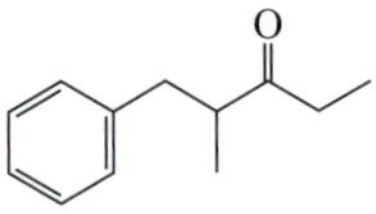

問題 15◆

問題 14 のそれぞれの化合物の合成においていくつの立体異性体が得られるか．

問題 16

次のそれぞれの化合物をシクロヘキサノンから合成するにはどうすればよいか．

a. 　**b.** 　**c.**

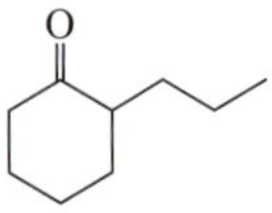

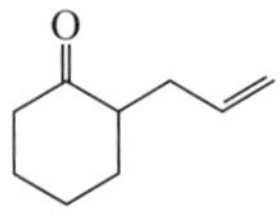

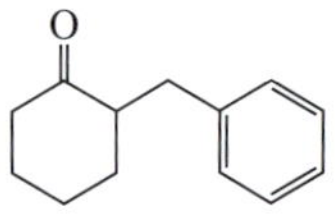

18.8 エナミン中間体を用いるα炭素のアルキル化とアシル化

アルデヒドやケトンと第二級アミンとの反応によってエナミンが生成することはすでに学んだ(17.10節参照).

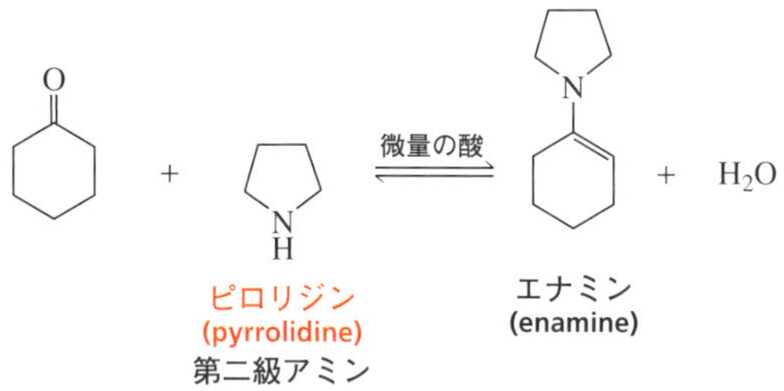

エナミンは，エノラートイオンと同じ様式で求電子剤と反応する.

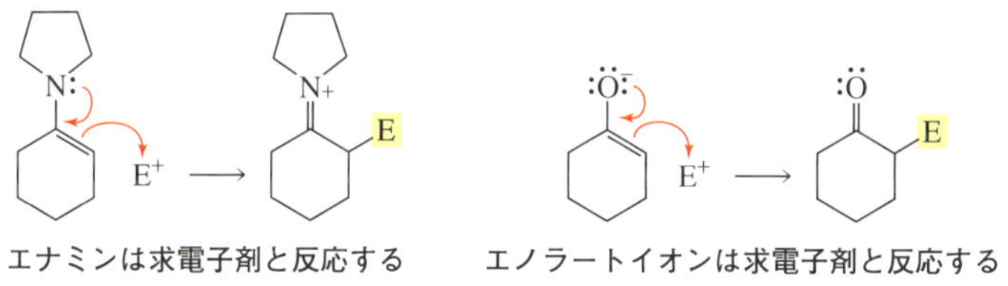

エナミンは求電子剤と反応する　　エノラートイオンは求電子剤と反応する

結果として，アルデヒドやケトンはエナミン中間体を経由してα炭素をアルキル化できる.

エナミンを経由したα炭素のアルキル化の工程

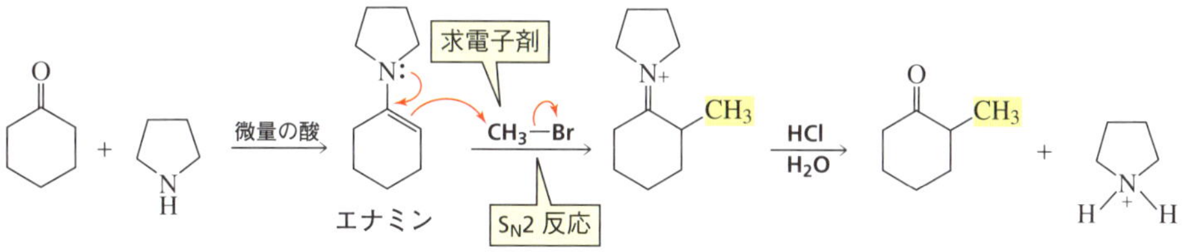

- カルボニル化合物は(微量の酸の存在下でカルボニル化合物を第二級アミンと反応させることにより)エナミンに変換される.
- エナミンはS_N2反応によってハロゲン化アルキルと反応する.
- イミンはαアルキル化されたケトンとエナミンを生成する際に用いた第二級アミンへと加水分解される.

アルキル化の段階はS_N2反応であるので，第一級ハロゲン化アルキルやハロゲン化メチルだけを用いる必要がある(上巻；9.2節参照).アルデヒドやケトンのアルキル化にエナミン中間体を利用するおもな利点は，強塩基(LDA)を用いることなくモノアルキル化生成物だけが得られることである.

アルデヒドやケトンのα炭素のアルキル化にエナミンを用いることに加え，エ

ナミンはα炭素のアシル化にも用いることができる.

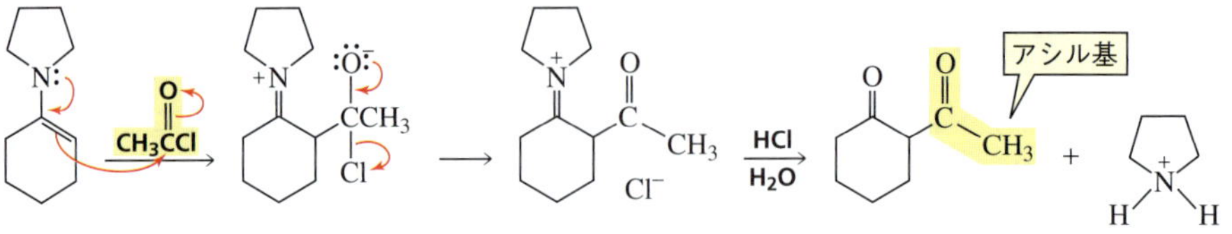

エナミンは共役付加反応によって，アルデヒドやケトンのα炭素をα,β-不飽和カルボニル化合物のβ炭素に結合させることもできる.

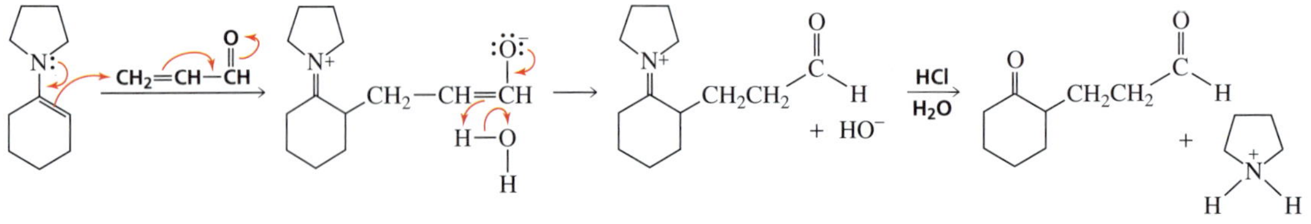

問題 17

エナミン中間体を用いて，シクロヘキサノンから次の化合物を合成するにはどうすればよいか.

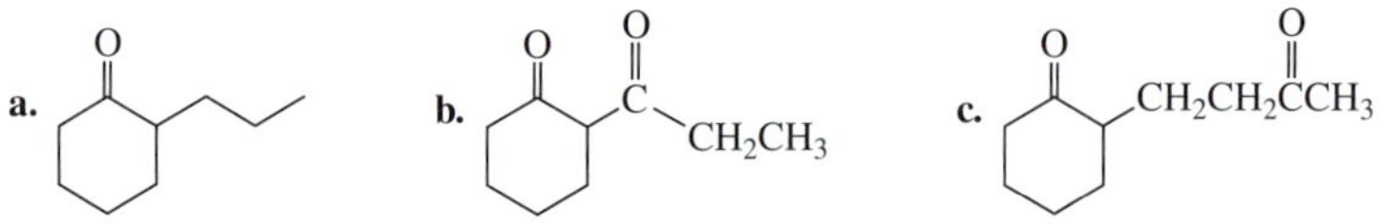

a. (シクロヘキサノンにプロピル基) b. (シクロヘキサノンに -C(O)CH$_2$CH$_3$) c. (シクロヘキサノンに -CH$_2$CH$_2$C(O)CH$_3$)

18.9 β炭素のアルキル化：Michael 反応

17.18 節では，求核剤がα,β-不飽和アルデヒドやα,β-不飽和ケトンと反応し，カルボニル基に直接（求核）付加した生成物または共役付加した生成物が得られることを学んだ.

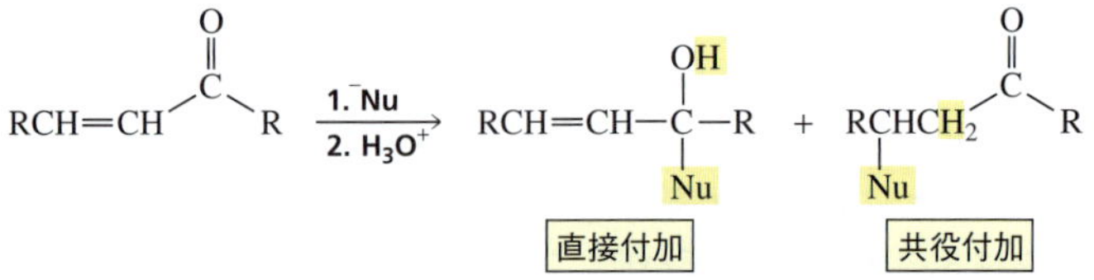

$$RCH=CH-\overset{O}{\underset{}{C}}-R \xrightarrow[2.\ H_3O^+]{1.\ ^-Nu} RCH=CH-\underset{Nu}{\overset{OH}{\underset{|}{C}}}-R + RCH\underset{Nu}{CH_2}-\overset{O}{\underset{}{C}}-R$$

直接付加　　共役付加

エノラートイオンをこれらの反応の求核剤として用いた場合，付加反応は **Michael 反応** (Michael reaction) と呼ばれる．Michael 反応を最も優れて進行させるエノラートイオンは，二つの電子求引性基に隣接した炭素酸から生成したものである．すなわち，β-ジケトン，β-ジエステル，β-ケトエステル，およびβ-ケトニトリル由来のエノラートイオンである．

なぜなら，これらのエノラートイオンは比較的弱い塩基なので，共役付加反応，すなわち，α,β-不飽和アルデヒドやα,β-不飽和ケトンのβ炭素への付加が進行

18.9 β炭素のアルキル化：Michael 反応

するからである．カルボニル基の反応性が低いために，α,β-不飽和エステルやα,β-不飽和アミドのβ炭素にもエノラートイオンが付加する．**Michael 反応によって 1,5-ジカルボニル化合物が生成する**ことに注目しよう．

> Michael 反応によって 1,5-ジカルボニル化合物が生成する．

$$\text{CH}_2=\text{CH}-\overset{\text{O}}{\overset{\|}{\text{C}}}-\text{H} + \text{CH}_3\text{O}-\overset{\text{O}}{\overset{\|}{\text{C}}}-\text{CH}_2-\overset{\text{O}}{\overset{\|}{\text{C}}}-\text{OCH}_3 \xrightarrow{\text{CH}_3\text{O}^-}$$

α,β-不飽和アルデヒド (α,β-unsaturated aldehyde) + β-ジエステル (β-diester) → 生成物

$$\text{CH}_3\text{CH}=\text{CH}-\overset{\text{O}}{\overset{\|}{\text{C}}}-\text{CH}_3 + \text{CH}_3-\overset{\text{O}}{\overset{\|}{\text{C}}}-\text{CH}_2-\overset{\text{O}}{\overset{\|}{\text{C}}}-\text{CH}_3 \xrightarrow{\text{HO}^-}$$

α,β-不飽和ケトン (α,β-unsaturated ketone) + β-ジケトン (β-diketone) → 生成物

Michael 反応の機構

- 塩基が炭素酸のα炭素からプロトンを引き抜く．
- 生じたエノラートイオンがα,β-不飽和カルボニル化合物のβ炭素へ付加する．
- α炭素がプロトン化される．

Michael 反応の反応物の一つがエステル基をもっている場合，αプロトンを引き抜くのに用いる塩基は，エステルの脱離基と同じものでなければならないことに注目しよう (18.13 節)．

問題 18

次の反応の生成物を書け．

a. $\text{CH}_3\text{CH}=\text{CH}-\overset{\text{O}}{\overset{\|}{\text{C}}}-\text{NH}_2 + \text{CH}_3\text{CH}_2-\overset{\text{O}}{\overset{\|}{\text{C}}}-\text{CH}_2-\overset{\text{O}}{\overset{\|}{\text{C}}}-\text{OCH}_3 \xrightarrow{\text{CH}_3\text{O}^-}$

b. $\text{CH}_3\text{CH}_2\text{CH}=\text{CH}-\overset{\text{O}}{\overset{\|}{\text{C}}}-\text{OCH}_3 + \text{CH}_3-\overset{\text{O}}{\overset{\|}{\text{C}}}-\text{CH}_2\text{C}\equiv\text{N} \xrightarrow{\text{CH}_3\text{O}^-}$

問題 19◆
次の化合物を合成するにはどのような反応剤を用いればよいか.

a. (シクロヘキサノン環にジケトン側鎖が結合した構造)

b. CH_3-CO-CH_2CH_2CH(COOCH$_2$CH$_3$)$_2$

18.10 アルドール付加はβ-ヒドロキシアルデヒドやβ-ヒドロキシケトンを生成する

アルデヒドやケトンのカルボニル炭素は求電子剤であることを 17 章で学んだ. 本章で, アルデヒドやケトンのα炭素からプロトンが引き抜かれて, α炭素が求核剤に転換することを学んだ. **アルドール付加**(aldol addition)では求電子剤と求核剤の両方の役割が見られる. 1 分子のカルボニル化合物がα炭素からプロトンを引き抜かれたあとに, 求核剤として反応し, もう 1 分子のカルボニル化合物の求電子的なカルボニル炭素へ付加する.

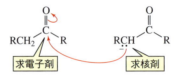

アルドール付加

アルドール付加は 2 分子のアルデヒドあるいは 2 分子のケトンの間で行われる反応である. アルデヒドを用いて反応を行った場合, 生成物は**β-ヒドロキシアルデヒド**(β-hydroxyaldehyde)である. この生成物を生じることが, この反応がアルドール付加と呼ばれる理由である(アルデヒドを意味する "ald" とアルコールを意味する "ol" から aldol と名づけられた). ケトンを用いて反応を行った場合, 生成物は**β-ヒドロキシケトン**(β-hydroxyketone)である. この反応は, 一方の分子のα炭素を, もう一方の分子のもともとのカルボニル炭素と結合させる, 新しい C—C 結合を形成することに注目しよう.

アルドール付加

2 CH$_3$CH$_2$CHO $\xrightleftharpoons{\text{HO}^-, \text{H}_2\text{O}}$ CH$_3$CH$_2$CH(OH)CH(CH$_3$)CHO

β-ヒドロキシアルデヒド

> 新しい結合は, もとはカルボニル炭素だった炭素とα炭素間に形成される

2 CH$_3$COCH$_3$ $\xrightleftharpoons{\text{HO}^-, \text{H}_2\text{O}}$ CH$_3$C(OH)(CH$_3$)CH$_2$COCH$_3$

β-ヒドロキシケトン

18.10 アルドール付加はβ-ヒドロキシアルデヒドやβ-ヒドロキシケトンを生成する

付加反応は可逆的であるので，反応溶液から生成物が除去される場合にのみ，高収率で付加生成物が得られる．

アルドール付加の反応機構

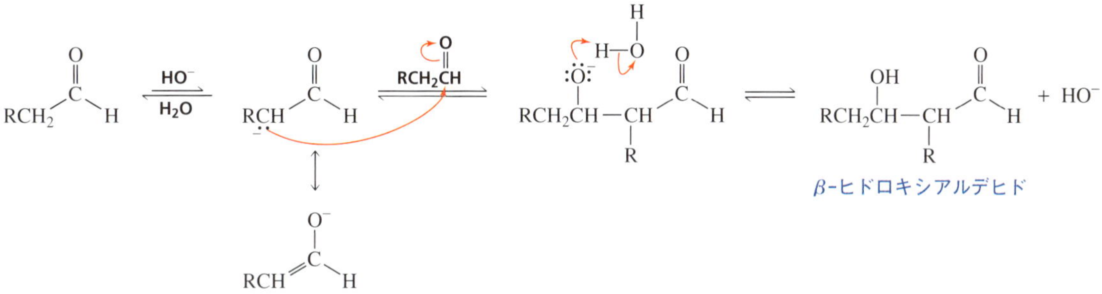

- 塩基がα炭素からプロトンを引き抜き，エノラートイオンが生成する．
- エノラートイオンは，もう1分子のカルボニル化合物のカルボニル炭素に付加する．
- 負電荷を帯びた酸素原子がプロトン化される．

ケトンはアルデヒドに比べて求核攻撃を受けにくい（17.2節参照）ので，ケトンを用いた場合には，アルドール付加はゆっくりと進行する．

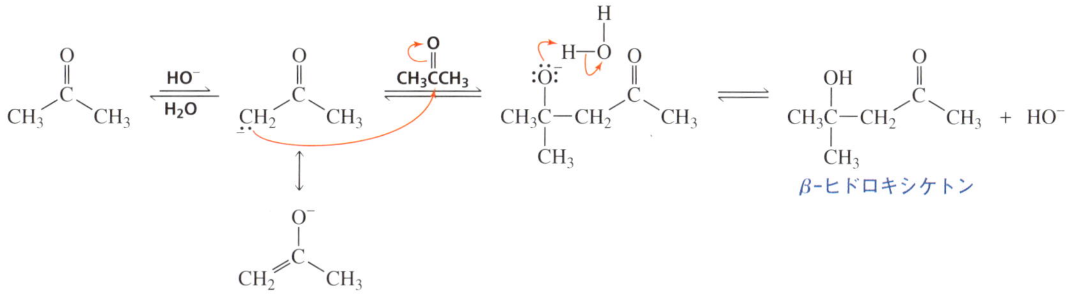

アルドール付加は求核付加反応であることに注目しよう．アルデヒドやケトンがほかの炭素求核剤と反応する求核付加反応と同じである（17.4節参照）．アルドール付加は同じカルボニル化合物の2分子間で起こるので，生成物の炭素数は反応物のアルデヒドやケトンの炭素数の2倍になる．

アルドール付加はβ-ヒドロキシアルデヒドやβ-ヒドロキシケトンを生成する．

問題 20

次の化合物のアルドール付加生成物は何か．

a. 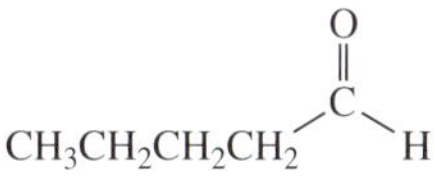 $CH_3CH_2CH_2CHO$ b. 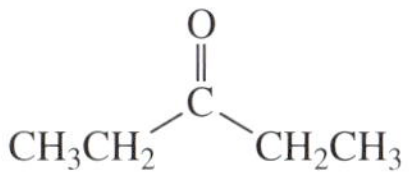 $CH_3CH_2COCH_2CH_3$ c. 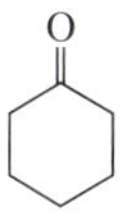 シクロヘキサノン

逆アルドール付加

アルドール付加は可逆的なので，アルドール付加生成物（β-ヒドロキシアルデ

ヒドあるいは β-ヒドロキシケトン）を水酸化物イオンの水溶液とともに加熱すると，アルドール付加生成物の出発物質であるアルデヒドあるいはケトンを再生できる．18.21 節では，逆アルドール付加が解糖において重要な反応であることを学ぶ．

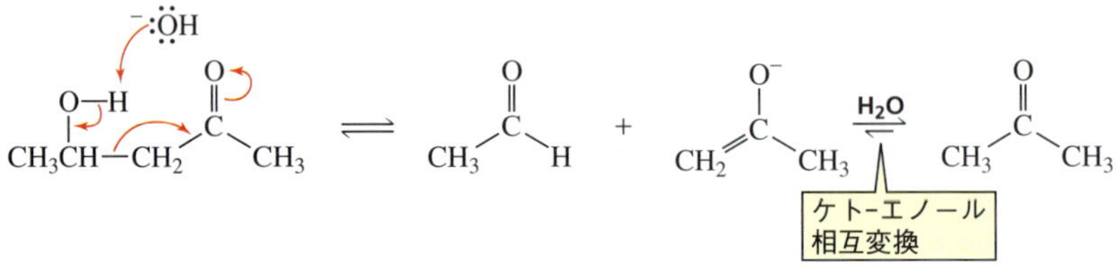

問題 21 ◆
次の化合物を塩基性水溶液中で加熱したときに得られるアルデヒドやケトンは何か．

a. 2-エチル-3-ヒドロキシヘキサナール
b. 4-ヒドロキシ-4-メチル-2-ペンタノン
c. 2,4-ジシクロヘキシル-3-ヒドロキシブタナール
d. 5-エチル-5-ヒドロキシ-4-メチル-3-ヘプタノン

18.11 アルドール付加生成物の脱水は α, β-不飽和アルデヒドおよび α, β-不飽和ケトンを生成する

アルコールを酸とともに加熱すると，アルコールの脱水が起こることはすでに学んだ（上巻；11.4 節参照）．化合物が脱水反応したときに生成する二重結合がカルボニル基と共役するので，アルドール付加生成物である β-ヒドロキシアルデヒドや β-ヒドロキシケトンは，ほかの多くのアルコールよりも脱水されやすい．共役は生成物の安定性を増大するので，その生成は促進される（上巻；8.13 節参照）．

アルドール付加生成物が脱水されると，その反応全体は**アルドール縮合**（aldol condensation）と呼ばれる．**縮合反応**（condensation reaction）とは，小さな分子（通常は水やアルコール）の脱離を伴って，新しい C—C 結合が形成されることによって二つの分子が結びつく反応である．アルドール縮合によってエノン（enone，"ene" は二重結合を意味し，"one" はカルボニル基を意味する）と呼ばれる **α, β-不飽和アルデヒド**（α, β-unsaturated aldehyde）や **α, β-不飽和ケトン**（α, β-unsaturated ketone）が生成することに注目しよう．

アルドール付加生成物は水分子を失って，アルドール縮合生成物を生じる．

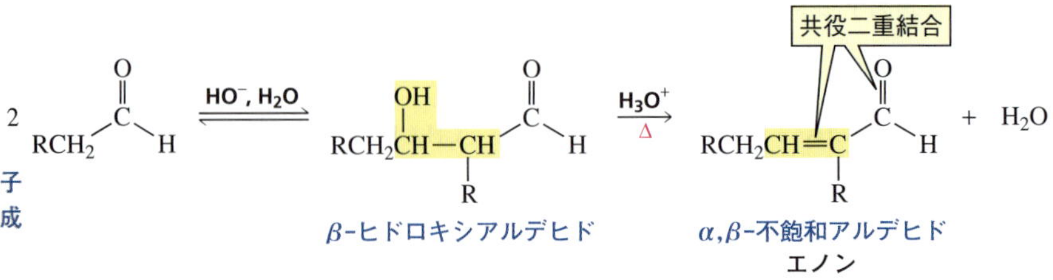

酸性条件下においてのみ脱水することができるアルコールとは異なり，β-ヒド

18.11 アルドール付加生成物の脱水はα,β-不飽和アルデヒドおよびα,β-不飽和ケトンを生成する

ロキシアルデヒドやβ-ヒドロキシケトンは，塩基性条件下でも脱水することができる．したがって，アルドール付加生成物を酸あるいは塩基中で加熱すると脱水反応が起こる．

$$2\ CH_3COCH_3 \xrightleftharpoons[]{HO^-,\ H_2O} CH_3C(OH)(CH_3)CH_2COCH_3 \xrightarrow[\Delta]{HO^-} CH_3C(CH_3)=CHCOCH_3 + H_2O$$

β-ヒドロキシケトン　　　α,β-不飽和ケトン
　　　　　　　　　　　　　エノン

アルドール縮合はα,β-不飽和アルデヒドやα,β-不飽和ケトンを生じる．

上巻の10章において，E1反応(カルボカチオン中間体を生成する二段階脱離反応)とE2反応(協奏的脱離反応)を学んだ．先に示した塩基触媒下の脱水は3番目の種類の脱離反応である．いいかえれば，**E1cB**(elimination unimolecular conjugated base，脱離単分子共役塩基)**反応**であり，カルボアニオン中間体を生成する二段階脱離反応である．電子の非局在化によってカルボアニオンが安定化されるときだけ，E1cB反応が進行する．

E1cB反応の機構

$$RCH(OH)-CH(H)-C(=O)R\ \xrightarrow{:OH^-}\ RCH(OH)-CH^--C(=O)R\ \longleftrightarrow\ RCH(OH)-CH=C(O^-)R\ \xrightarrow{}\ RCH=CH-C(=O)R + H_2O$$

- 水酸化物イオンがα炭素からプロトンを引き抜き，それによってエノラートイオンが生成する．
- エノラートイオンがOH基を脱離する．その際，OH基はプロトンを捕まえ，それによってより優れた脱離基となる．

加熱しなくても，アルドール付加が行われる反応条件下において，脱水反応が起こる場合がときどきある．たとえば，次の反応において，アルドール付加生成物は，その生成と同時に水の脱離が起こる．なぜなら，新しく形成された二重結合が，カルボニル基だけでなくベンゼン環とも共役するからである．(より安定なアルケンはより生成しやすいことを思い出そう．)

$$2\ PhCOCH_3\ \xrightleftharpoons[]{HO^-,\ H_2O}\ [Ph C(OH)(CH_3)CH_2 COPh]\ \longrightarrow\ PhC(CH_3)=CH COPh + H_2O$$

問題 22◆

シクロヘキサノンのアルドール縮合によって得られる生成物は何か．

問題 23(解答あり)

3 炭素以下の出発物質を用いて，次の化合物を合成するにはどうすればよいか．

a. 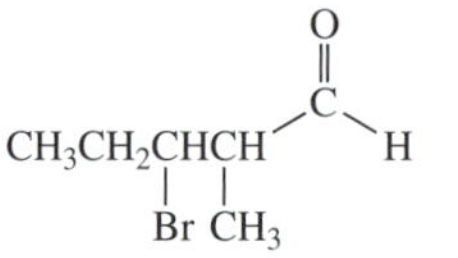 CH₃CH₂CH(Br)CH(CH₃)CHO

b. 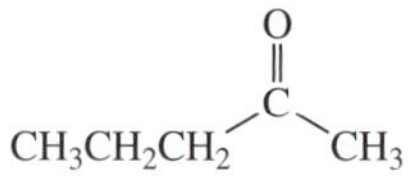 CH₃CH₂COCH₃

23a の解答　3 炭素のアルデヒドがアルドール付加反応を行えば，6 炭素骨格からなる化合物が得られる．付加生成物の脱水反応によって α,β-不飽和アルデヒドが生成する．HBr の共役付加反応によって(17.18 節参照)，標的分子が得られる．

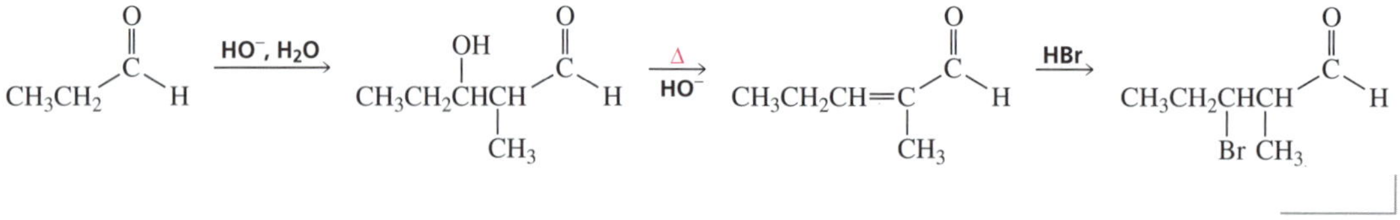

CH₃CH₂CHO →(HO⁻, H₂O)→ CH₃CH₂CH(OH)CH(CH₃)CHO →(Δ, HO⁻)→ CH₃CH₂CH=C(CH₃)CHO →(HBr)→ CH₃CH₂CH(Br)CH(CH₃)CHO

18.12　交差アルドール付加

アルドール付加において 2 種の異なるカルボニル化合物を用いると，4 種の生成物を生じる．これは**交差アルドール付加**(crossed aldol addition)として知られている．なぜなら，水酸化物イオンとの反応は 2 種の異なるエノラートイオン(**A⁻** および **B⁻**)を生じ，どちらのエノラートイオンも 2 種のカルボニル化合物(**A** あるいは **B**)とそれぞれ反応することができるからである．4 種の生成物を同時に生じる反応は，合成化学的に有用な反応とはいえないのは明らかである．

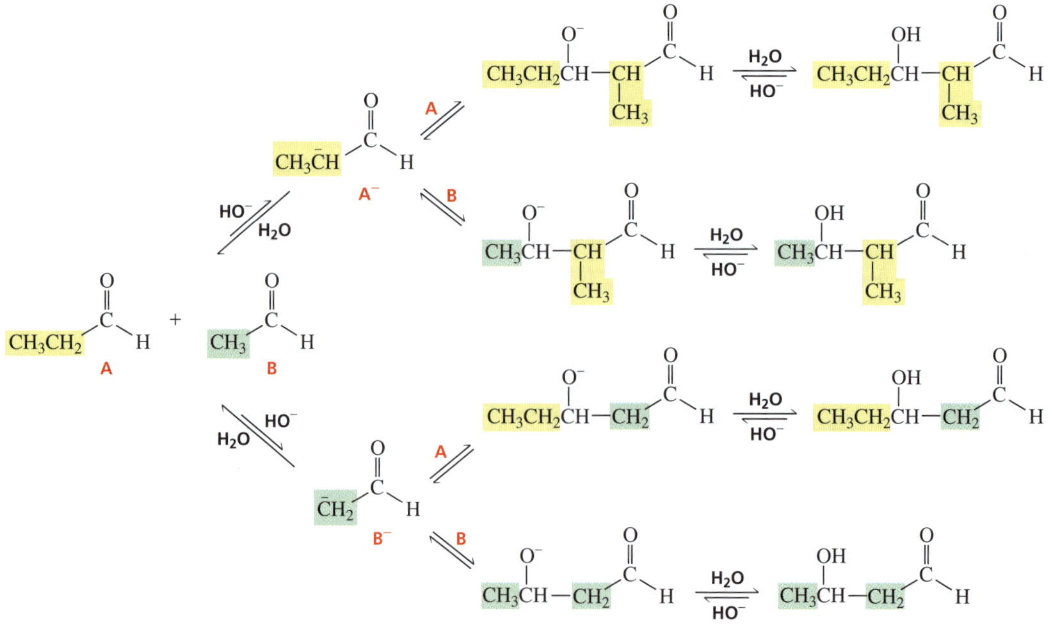

2 種のアルデヒドのうちの一方が α 水素をもたず，それゆえ，エノラートイオンを生成できないとすると，交差アルドール付加によっておもに 1 種の生成物の

みが得られる．これは4種の可能な生成物を2種に減らしている．そして，α水素をもたないアルデヒドと水酸化物イオンの溶液にα水素をもつアルデヒドをゆっくり加えると，α水素をもつアルデヒドがエノラートイオンを生成したあとに，もとのカルボニル化合物どうしで反応する機会が最小限にまで減らされる．それゆえ，可能な生成物を基本的に1種にできる．

（反応式：ベンズアルデヒド + CH₃COC(CH₃)₃ → HO⁻, H₂O/EtOH → PhCH=CHC(CH₃)₃ + H₂O，90%，「ゆっくり加える」）

> 一方のカルボニル化合物がα水素をもたない場合には，α水素をもたない化合物と塩基の入った溶液に，α水素をもつ化合物をゆっくり加える．

この交差アルドール縮合は，**Claisen-Schmidt 縮合**（Claisen-Schmidt condensation）という人名を冠した名前が与えられており，とても重要な反応である．

2種のアルデヒドがともにα水素をもつ場合には，エノラートイオンを生成するのにLDAを用いてα水素を引き抜くと，おもに1種のアルドール付加生成物が得られる．LDAは強塩基なので，すべてのカルボニル化合物がエノラートイオンに変換され，反応溶液中には，このエノラートイオンがアルドール付加を行えるカルボニル化合物は存在しない．そのため，第二のカルボニル化合物を反応混合物中に添加するまで，アルドール付加反応は起こらない．第二のカルボニル化合物をゆっくり加えると，このカルボニル化合物がエノラートイオンを生成して同じカルボニル化合物どうしで反応する機会を最小限に抑えられる．

（反応式：シクロヘキサノン → LDA → シクロヘキサノンエノラート → 1. CH₃CH₂CH₂CHO（ゆっくり加える），2. H₂O → 2-(1-ヒドロキシブチル)シクロヘキサノン）

> 2種の反応物がともにα水素をもっていて縮合反応が進行するような場合には，エノラートイオンを生成するのにまずLDAを用い，そのあとでもう1種のカルボニル炭素をゆっくり加える．

逆合成解析

アルドール付加によって生成する化合物を合成するのに必要な出発物質を決めるためには，まず，1分子のカルボニル化合物のα炭素ともう1分子のカルボニル炭素との間で形成された炭素—炭素結合を特定する．次に，アルドール付加の反応物である二つのカルボニル化合物を書く．

（反応式：CH₃CH₂CH(OH)CH₂CHO ⟹ CH₃CH₂CHO + CH₃CHO，「アルドール付加によって形成された炭素—炭素結合」）

標的分子を合成するためには，求核剤にするα炭素をもつカルボニル化合物にLDAを加える．次に，生じたエノラートイオンにもう一方のカルボニル化合物をゆっくりと加える．

980　18章　カルボニル化合物のα炭素の反応

$$\text{CH}_3-\overset{O}{\underset{}{C}}-H \xrightarrow[\text{THF}]{\text{LDA}} {}^-\text{CH}_2-\overset{O}{\underset{}{C}}-H \xrightarrow[\text{2. H}_2\text{O}]{\text{1. CH}_3\text{CH}_2\overset{O}{\underset{}{C}}H \;\text{ゆっくり加える}} \text{CH}_3\text{CH}_2-\underset{\text{OH}}{\overset{}{C}}H-\text{CH}_2-\overset{O}{\underset{}{C}}H$$

アルドール縮合によって生成する化合物を合成するのに必要な出発物質を決めるためには，まず，α,β-不飽和カルボニル化合物をβ-ヒドロキシカルボニル化合物に変換し，次に前述のように行う．

$$\text{CH}_3\text{CH}_2-\underset{\underset{\text{CH}_2\text{CH}_3}{\|}}{C}-\overset{O}{\underset{}{C}}-H \;\Longrightarrow\; \text{CH}_3\text{CH}_2-\underset{\underset{\text{CH}_2\text{CH}_3}{\|}}{\overset{OH}{C}}-\overset{O}{\underset{}{C}}-H \;\Longrightarrow\; \text{CH}_3-\overset{O}{\underset{}{C}}-H \;+\; \text{CH}_3\text{CH}_2-\overset{O}{\underset{}{C}}-H$$

β-ヒドロキシアルデヒド

乳がんとアロマターゼ阻害薬

最近の統計では，女性の8人に1人が乳がんを発症する．男性も同様に乳がんになるが，女性に比べその確率は1/100である．乳がんになるような腫瘍は数種類あり，そのうちのいくつかはエストロゲン依存性を示す．エストロゲン依存性腫瘍はエストロゲンが結合する受容体をもっている．エストロゲンがない状態では腫瘍は成長しない．

[A環を含むステロイド構造] →アロマターゼ(aromatase)→ エストロン(estrone) →還元→ エストラジオール(estradiol)

エストロゲンホルモン（エストロンとエストラジオール）のA環は芳香族のフェノールである（上巻；3.15節参照）．コレステロールからエストロゲンホルモンが生合成される行程の最終段階の一つは，アロマターゼとよばれる酵素によって触媒される．アロマターゼはA環を芳香環に変換する反応を触媒する．そのため，乳がん治療の一つの方法はアロマターゼを阻害するような薬物を投与することである．アロマターゼが阻害されれば，エストロゲンホルモンを合成することができないが，コレステロールから生合成されるほかの重要なホルモンは影響を受けない．数種のアロマターゼ阻害薬が市販されており，科学者はより活性の高い化合物を探し続けている．15種類の異なるアロマターゼ阻害薬がカジノキ（*Broussonetia papyifera*）の葉から単離されており，その一つがモラカルコンAである（956ページ参照）．

モラカルコンA (morachalcone A)

問題 24
合成の一段階目でアルドール付加を用いて次の化合物を合成するにはどうすればよいか．

a. (構造式: 2-(1-ヒドロキシ-3-メチルブチル)シクロヘキサノン)

b. $CH_3CH_2\overset{\displaystyle O}{\overset{\|}{C}}\overset{\displaystyle }{\underset{\displaystyle CH_3}{CH}}CHCH_2OH$

c. (構造式: 5-メチル-2-ヘプテナール)

d. (構造式: 2-ベンジリデンシクロヘキサノン)

問題 25
Claisen–Schmidt 縮合を用いてモラカルコン A（前ページのコラムで述べたアロマターゼ阻害薬）を合成するのに必要な二つのカルボニル化合物は何か．

問題 26
次の反応の機構を示せ．

$PhCH_2COCH_2Ph + PhCO-COPh \xrightarrow[EtOH]{HO^-}$ テトラフェニルシクロペンタジエノン

18.13 Claisen 縮合は β-ケトエステルを生成する

2 分子のエステルが縮合するとき，その反応を **Claisen 縮合**（Claisen condensation）という．Claisen 縮合の生成物は **β-ケトエステル**（β-keto ester）である．アルドール付加と同様に Claisen 縮合では，1 分子のカルボニル化合物が求核剤となり，もう 1 分子のカルボニル化合物が求電子剤となる．そして，アルドール付加と同様に，新しく形成する炭素—炭素結合は一方の分子の α 炭素を，もう一方の分子のもともとのカルボニル炭素と結合させる．

$$2\ CH_3CH_2\overset{O}{\overset{\|}{C}}OCH_2CH_3 \xrightarrow[2.\ HCl]{1.\ CH_3CH_2O^-} CH_3CH_2\overset{O}{\overset{\|}{C}}\underset{CH_3}{CH}\overset{O}{\overset{\|}{C}}OCH_2CH_3 + CH_3CH_2OH$$

新しい結合は，α 炭素とカルボニル炭素間に形成される

β-ケトエステル

Claisen 縮合において α 炭素からプロトンを引き抜くのに用いる塩基は，エステルの脱離基と同じものでなければならない．これは必要条件である．なぜなら，塩基は α 炭素からプロトンを引き抜くことができ，また求核剤としても反応し，エステルのカルボニル基に付加することができるからである．もし，求核剤がエステルの OR 基と同じものであったなら，カルボニル基に対する求核付加が起こっても反応物の構造は変化しないであろう．

Claisen 縮合の反応機構

Claisen 縮合は β-ケトエステル を生成する．

- 塩基は α 炭素からプロトンを引き抜き，エノラートイオンを生成する．用いる塩基はエステルの脱離基と同じものである．
- エノラートイオンは，もう 1 分子のエステルのカルボニル炭素に付加し，四面体中間体を生成する．
- アルコキシドイオンの脱離によって π 結合が再生する．

よって，エステルとほかの求核剤との反応のように，Claisen 縮合も求核付加-脱離反応である(16.5 節参照)．

Claisen 縮合とアルドール付加反応では求核付加のあとが異なることに注目しよう．Claisen 縮合反応では，負電荷を帯びた酸素が炭素—酸素間 π 結合を再び形成し，$^-$OR 基が脱離する．アルドール付加では，負電荷を帯びた酸素は溶媒からプロトンをもらう．

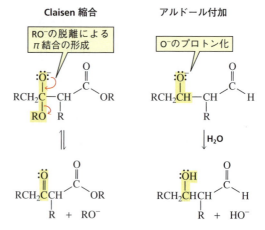

エステルはアルデヒドやケトンとは異なるので，Claisen 縮合の最終段階はアルドール付加の最終段階と異なる．エステルにおいては，負に帯電した酸素原子と結合した炭素原子は，脱離できる置換基とも結合している．一方，アルデヒドや

ケトンにおいては，負に帯電した酸素原子と結合した炭素原子は，脱離できる置換基とは結合していない．よって，Claisen 縮合は求核付加-脱離反応であり，アルドール付加は求核付加反応である．

　β-ケトエステルよりも反応物のほうが安定であることから，Claisen 縮合は可逆的であり，反応物の生成が優先する．しかし，β-ケトエステルからプロトンが引き抜かれると，縮合反応は終結する方向へ進む(Le Châtelier の原理；上巻 5.7 節参照)．β-ケトエステルの中央に位置する α 炭素は二つのカルボニル基にはさまれており，その α 水素はエステルの α 水素よりもさらに酸性度が大きくなっているので，プロトンが容易に引き抜かれる．

$$2\ RCH_2\overset{O}{\underset{}{C}}OCH_3 \underset{}{\overset{CH_3O^-}{\rightleftharpoons}} RCH_2\overset{O}{\underset{}{C}}\underset{R}{CH}\overset{O}{\underset{}{C}}OCH_3 + CH_3O^- \longrightarrow RCH_2\overset{O}{\underset{}{C}}\underset{R}{\overset{-}{C}}\overset{O}{\underset{}{C}}OCH_3 + CH_3OH$$

β-ケトエステル　　　　　　β-ケトエステルアニオン

したがって，Claisen 縮合を成功させるためには，二つの α 水素をもつエステルと，触媒量ではなく 1 当量の塩基が必要である．反応が終結したとき，反応混合物に酸を加えると，反応系内にある β-ケトエステルアニオンが再びプロトン化されるとともにアルコキシドイオンもプロトン化され，逆反応が進まなくなる．

問題 27◆

次の反応の生成物を書け．

a. $CH_3CH_2CH_2\overset{O}{\underset{}{C}}OCH_3$　$\overset{1.\ CH_3O^-}{\underset{2.\ HCl}{\longrightarrow}}$　　b. $CH_3\underset{CH_3}{CHCH_2}\overset{O}{\underset{}{C}}OCH_2CH_3$　$\overset{1.\ CH_3CH_2O^-}{\underset{2.\ HCl}{\longrightarrow}}$

問題 28◆

次のエステルのうちで，Claisen 縮合が進行しない化合物はどれか．

A. $CH_3CH=CH\overset{O}{\underset{}{C}}OCH_3$　　B. $H\overset{O}{\underset{}{C}}OCH_3$　　C. $CH_3\overset{O}{\underset{}{C}}OCH_3$　　D. $C_6H_5\overset{O}{\underset{}{C}}OCH_3$

交差 Claisen 縮合

　交差 Claisen 縮合 (crossed Claisen condensation) は，二つの異なるエステル間で行われる縮合反応である．交差アルドール付加の場合と同様に，一つの主生成物だけが得られる条件下で反応を行う場合には，交差 Claisen 縮合は有用な反応である．そうでない場合には，分離が困難な生成物の混合物が生じる．

　一方のエステルが α 水素をもたない(それゆえエノラートイオンを生成することができない)場合には，α 水素をもたないエステルとアルコキシドイオンの入っ

た溶液にα水素をもつエステルをゆっくり加えると，交差 Claisen 縮合によりおもに一つの生成物が生じる．

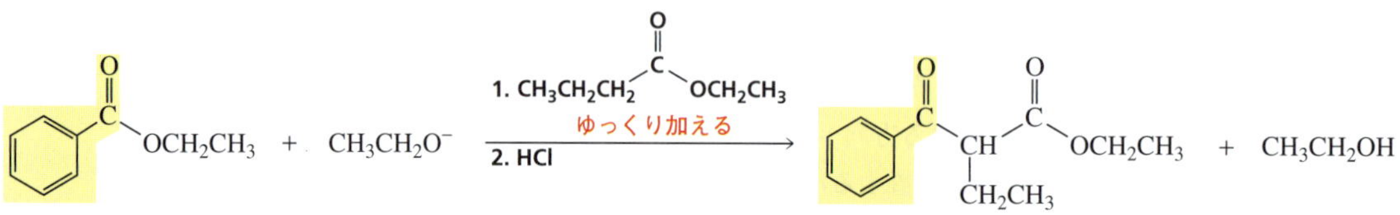

両方のエステルがα水素をもつ場合でも，LDA がα水素を引き抜いてエステルエノラートイオンを生成するのであれば，おもに一つの生成物を得ることができる．エステルがエノラートイオンを生成し，もう1分子のもとのエステルと反応するような機会を最小限にするため，もう一方のエステルをゆっくり加える．

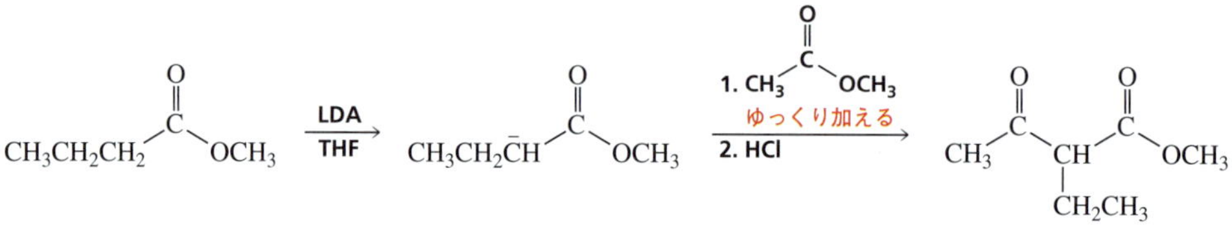

問題 29

次の反応の生成物を書け．

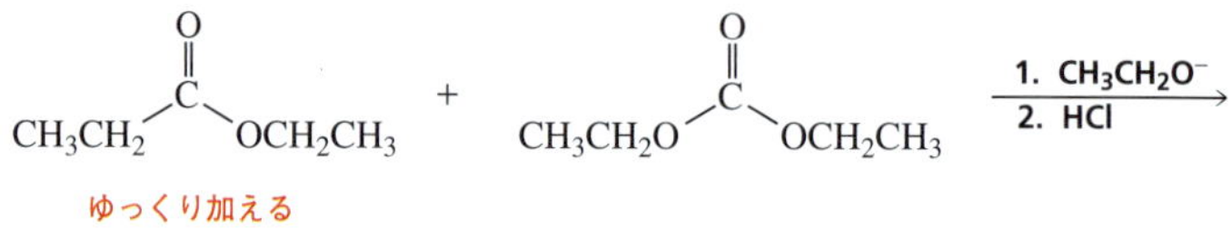

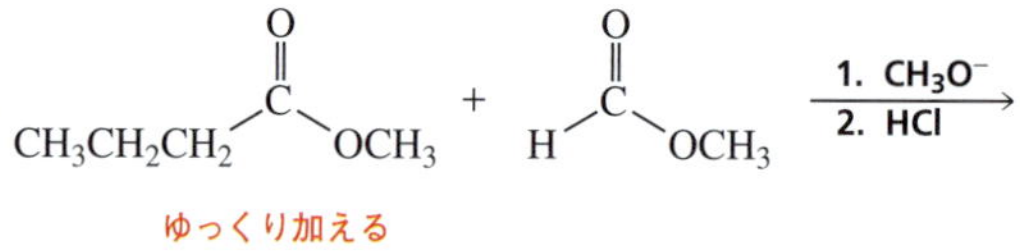

18.14 その他の交差縮合

交差アルドール付加や交差 Claisen 縮合に加え，ケトンはエステルと交差縮合する．ケトンとエステルがともにα水素をもつ場合，必要とされるエノラートイオンの生成に LDA を用いる．そして，エステルがエノラートイオンを生成し，もう1分子のもとのエステルと反応するような機会を最小限に抑えるため，もう一方のカルボニル化合物(エステル)をエノラートイオンにゆっくり加える．

一方のカルボニル化合物がα水素をもたない場合，α水素をもたない化合物と塩基の入った溶液にα水素をもつ化合物をゆっくり加える．

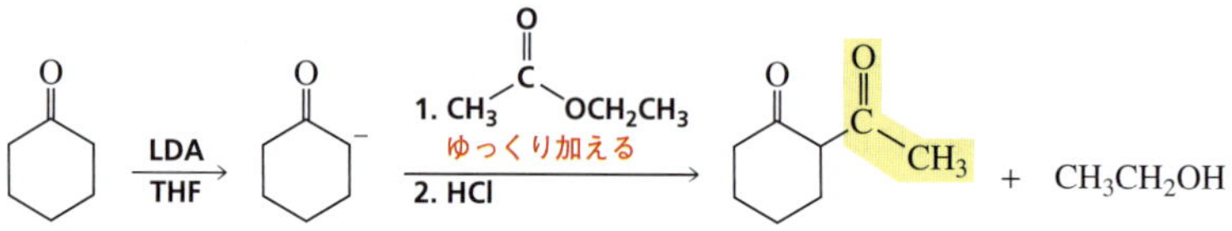

一方のカルボニル化合物がα水素をもたない場合，α水素をもたない化合物と塩基の入った溶液にα水素をもつ化合物をゆっくり加える．ケトンがギ酸エステルと縮合すると，β-ケトアルデヒドが生成する．

ケトンとエステル間の縮合は1,3-ジカルボニル化合物を生成する．

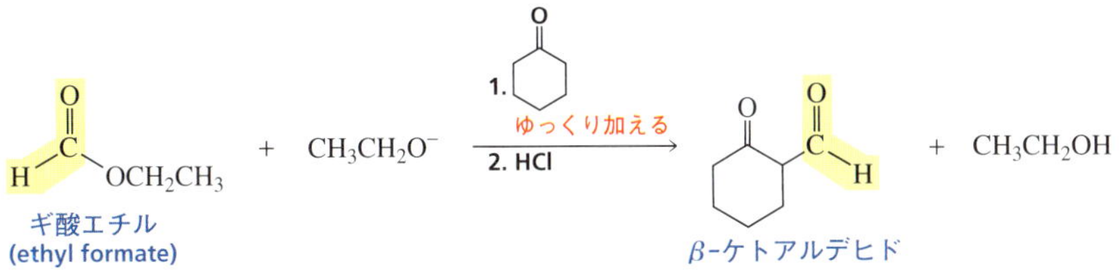

ギ酸エチル (ethyl formate) + CH₃CH₂O⁻ → [1. シクロヘキサノン, ゆっくり加える, 2. HCl] → β-ケトアルデヒド + CH₃CH₂OH

縮合反応を行う反応物がともにα水素をもつ場合，エノラートイオンの生成にLDAを用い，もう一方のカルボニル炭素をもつ化合物をゆっくり加える．

ケトンが炭酸ジエチルと縮合すると，β-ケトエステルが生成する．

炭酸ジエチル (diethyl carbonate) + CH₃CH₂O⁻ → [1. シクロヘキサノン, ゆっくり加える, 2. HCl] → β-ケトエステル + CH₃CH₂OH

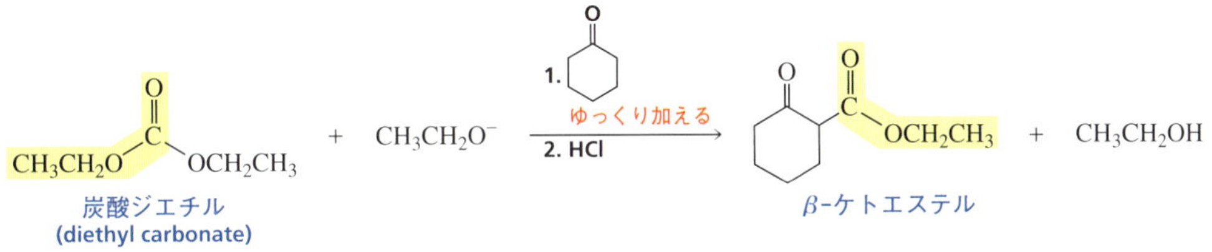

問題 30
次のそれぞれの化合物をメチルフェニルケトンから合成する方法を示せ．

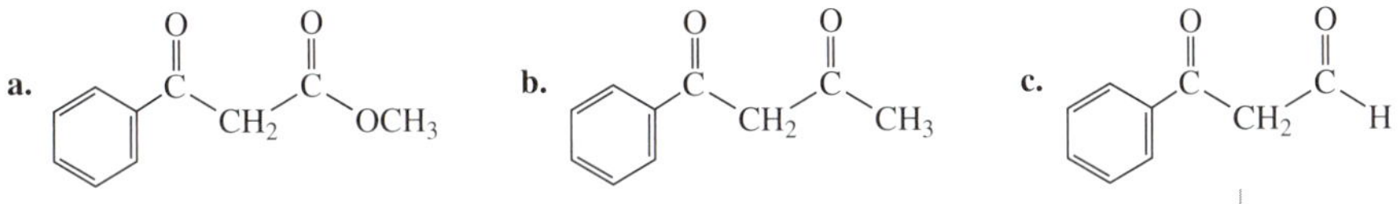

a. PhCOCH₂COOCH₃　　b. PhCOCH₂COCH₃　　c. PhCOCH₂CHO

18.15 分子内縮合と分子内アルドール付加

ある化合物が互いに反応できる二つの官能基をもっている場合，反応により五員環や六員環を生成するときには，分子内反応が容易に進行することをすでに学んだ（上巻：9.8節参照）．したがって，五員環や六員環をもつ生成物が得られる場合には，二つのエステル基，アルデヒド基，またはケトン基をもつ化合物は分子内反応が進行する．

分子内 Claisen 縮合

1,6-ジエステルに塩基を加えると，分子内 Claisen 縮合が進行し，五員環構造をもつβ-ケトエステルが生成する．分子内 Claisen 縮合は **Dieckmann 縮合** (Dieckmann condensation) と呼ばれている．

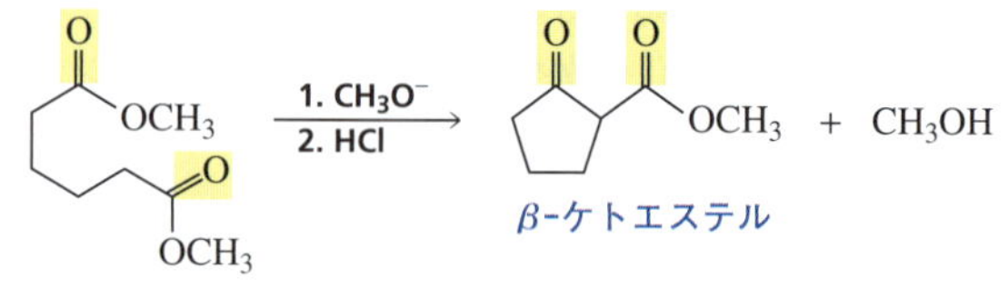

$$\text{1,6-ジエステル} \xrightarrow[\text{2. HCl}]{\text{1. CH}_3\text{O}^-} \text{β-ケトエステル} + \text{CH}_3\text{OH}$$

六員環構造をもつβ-ケトエステルは，1,7-ジエステルの Dieckmann 縮合により得られる．

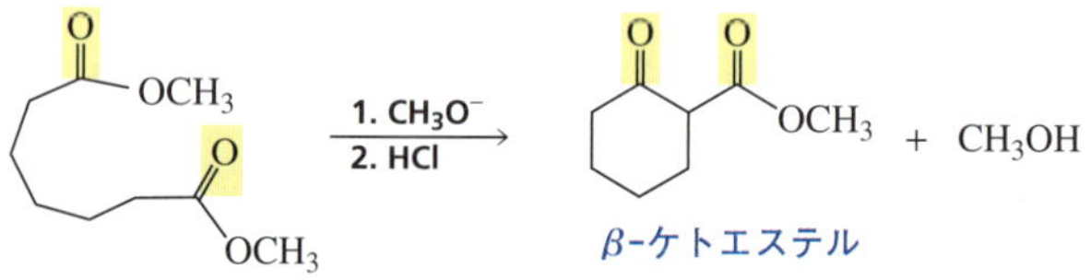

$$\text{1,7-ジエステル} \xrightarrow[\text{2. HCl}]{\text{1. CH}_3\text{O}^-} \text{β-ケトエステル} + \text{CH}_3\text{OH}$$

Dieckmann 縮合の反応機構は，Claisen 縮合の反応機構と同じである．Claisen 縮合ではエノラートイオンと求核付加-脱離を受けるカルボニル基が異なる分子中にあるが，Dieckmann 縮合ではこれらが一つの分子内にある点が両反応の唯一の違いである．

Dieckmann 縮合の反応機構

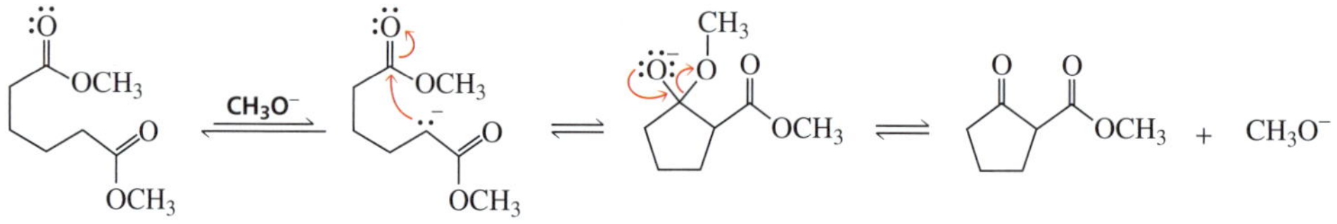

- 塩基はα炭素からプロトンを引き抜き，エノラートイオンが生成する．
- エノラートイオンはカルボニル炭素に付加する．
- アルコキシドイオンが脱離し，π結合が再生する．

Claisen 縮合と同様，Dieckmann 縮合も，反応を終結させるために，β-ケトエステル生成物のα炭素からプロトンを引き抜くのに十分な量の塩基を用いて行われる．反応が終結したときには，縮合生成物を再びプロトン化するために酸を加え，残っている塩基を中和する．

> **問題 31**
> 塩基によって，1,7-ジエステルから環状β-ケトエステルが生成する反応機構を書け．

分子内アルドール付加

1,4-ジケトンは異なる2組のα水素をもっているので，異なる二つのβ-ヒドロキシケトンを生成する可能性がある．その二つの生成物とは，一つが五員環化

合物であり，もう一つが三員環化合物である．五員環化合物はより安定なので，通常，これらの化合物が優先的に生成する（上巻；3.11節参照）．実際，1,4-ジケトンの分子内アルドール付加では五員環化合物が唯一の生成物として得られる．

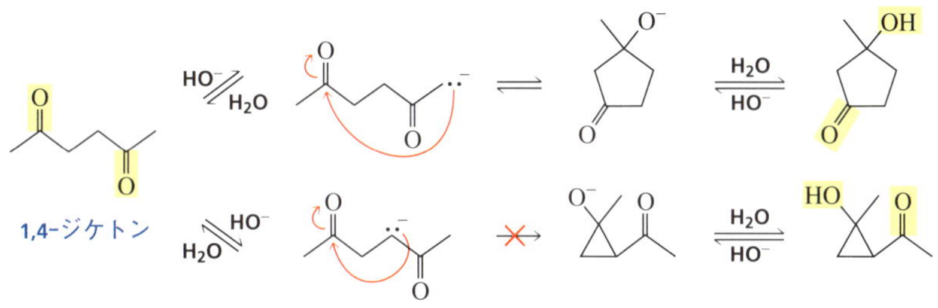

1,6-ジケトンの分子内アルドール付加によって，七員環あるいは五員環化合物が生成する可能性がある．この場合も五員環化合物のほうがより安定であり，これが反応で得られる唯一の生成物である．

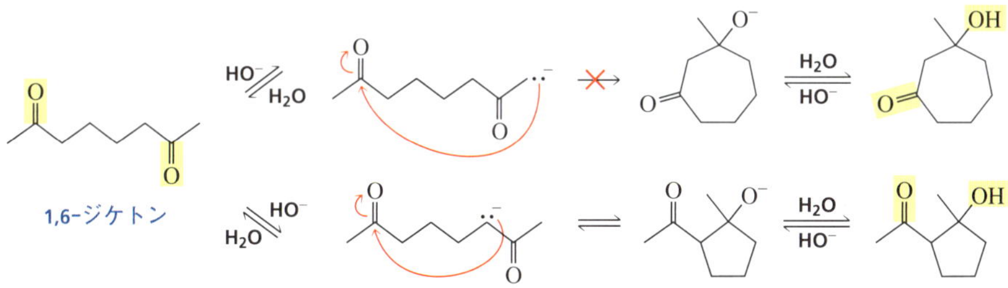

1,5-ジケトンと1,7-ジケトンは，分子内アルドール付加が起こると六員環β-ヒドロキシケトンを生成する．

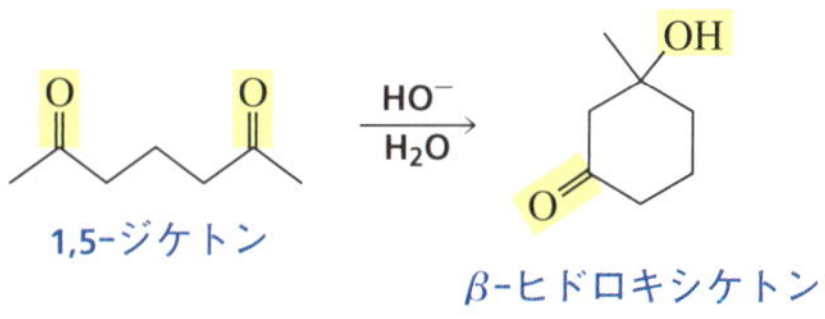

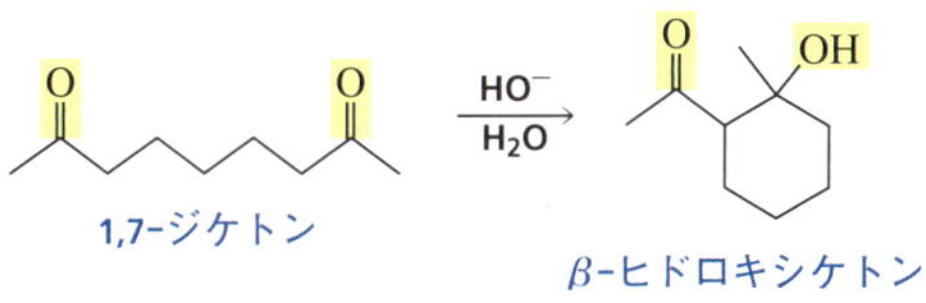

問題 32◆

六員環の生成がそれほど優先して起こらないとすれば，次の化合物の分子内アルドール付加によって，六員環以外にどのような化合物が生成するか．
  a. 2,6-ヘプタンジオン   **b.** 2,8-ノナンジオン

問題 33

2,4-ペンタンジオンにおいて分子内アルドール付加は進行するか．進行するとすればなぜ進行するのか．進行しないとすればなぜ進行しないのか．

問題 34 ◆

次のそれぞれの化合物を塩基と反応させたときに得られる生成物を書け．

a. [2-(3-オキソブチル)シクロヘキサノン]
b. [シクロデカン-1,6-ジオン]
c. [ヘプタンジアール (OHC-(CH₂)₅-CHO)]
d. [2-(4-オキソペンチル)シクロヘキサノン]

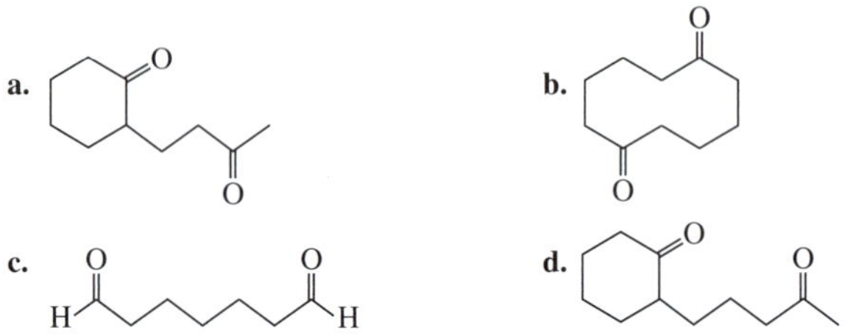

18.16 Robinson 環化

Michael 反応とアルドール付加はともに新しい炭素—炭素結合を形成することを学んだ．**Robinson 環化**(Robinson annulation)は，これら二つの炭素—炭素結合形成反応を合わせて一つにしたものであり，α,β-不飽和環状ケトンを生成するための反応である．"annulation" はラテン語で "環" を意味する *annulus* に由来する．すなわち，**環化反応**(annulation reaction)とは環構築反応である．Robinson 環化は多くの複雑な有機分子の合成を可能にする．

Robinson 環化の工程

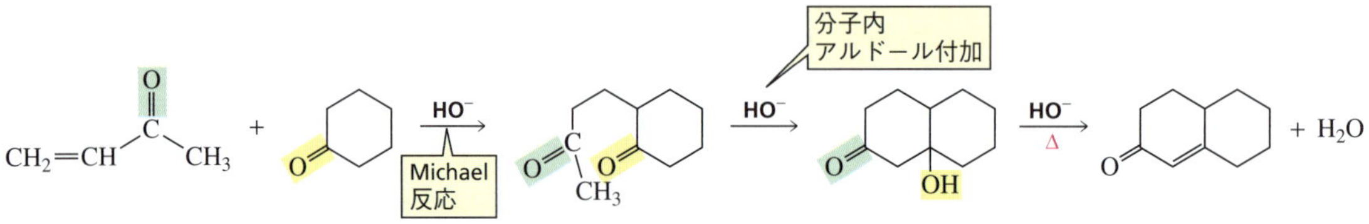

$CH_2=CH-CO-CH_3$ + [シクロヘキサノン] $\xrightarrow{HO^-}$ [Michael 反応生成物] $\xrightarrow{HO^-}$ [分子内アルドール付加生成物] $\xrightarrow{HO^-, \Delta}$ [オクタヒドロナフタレノン] + H_2O

- Robinson 環化の最初の段階は，1,5-ジケトンを生じる Michael 反応である．
- 二段階目は分子内アルドール付加である．
- 塩基性溶液を加熱するとアルコールの脱水が起こる．

Robinson 環化反応は，2-シクロヘキセノン環をもつ化合物を生成することに注目しよう．

【問題解答の指針】
Robinson 環化生成物の解析

塩基性溶液中で，ケトンのそれぞれの組を加熱したときに得られる生成物を書け．

a. [ヘキセ-3-エン-2-オン] + [シクロヘキサノン]
b. [ブテ-3-エン-2-オン] + [ペンタン-2,4-ジオン]

a. はじめに，カルボニル酸素が 7 時の方向，次に，二重結合が構造の最上部に向くように，α,β-不飽和カルボニル化合物を配置する．第二のカルボニル化合物のカルボニル酸素を 7 時の方向に向けるようにして，最初に書いたカルボニ

ル化合物の右側に書く．2組の炭素どうしを結合させ，脱水の結果生じる二重結合を書く．

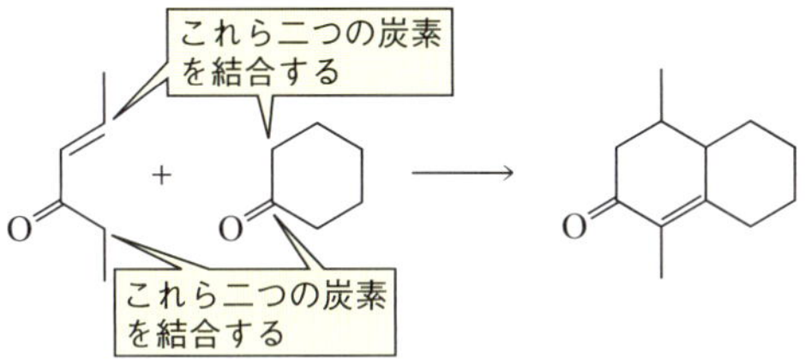

Robinson 環化は α,β-不飽和環状ケトンを生成する．

b. 設問 a で述べたように，カルボニル化合物を配置する．右側に置いたカルボニル化合物は二つの異なる α 炭素をもつ．最も酸性度の大きい α 水素は水酸化物イオンによって引き抜かれることになるが，この α 水素をもつ α 炭素が α,β-不飽和カルボニル化合物の β 炭素のところにくるように配置していることを確認する．

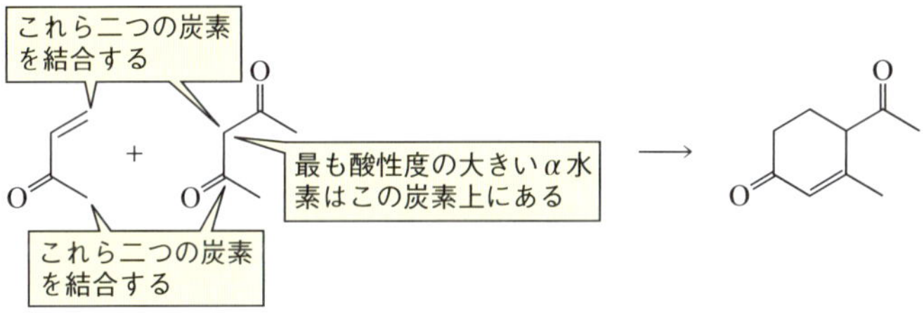

ここで学んだ方法を使って問題 35 を解こう．

問題 35

塩基性溶液中，各対のケトンを加熱したときに得られる生成物を書け．

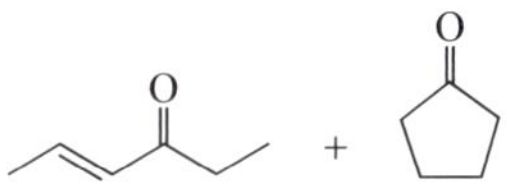

逆合成解析

Robinson 環化によって 2-シクロヘキセノンを合成するのに必要な出発物質を決めるため，はじめに，分子を分離する線を書く．線は二重結合と，二重結合を含まない側の分子の β 炭素と γ 炭素の間の σ 結合を切断するように書く．この β 炭素は α,β-不飽和カルボニル化合物に由来する．また，この γ 炭素は，Michael 反応において β 炭素に付加する別のカルボニル化合物のエノラートイオンの α 炭素である．α,β-不飽和カルボニル化合物のエノラートイオンと別分子のカルボニル化合物のカルボニル炭素との反応によって二重結合が形成される．

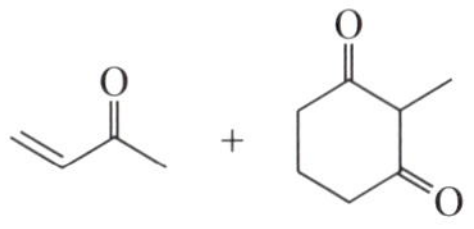

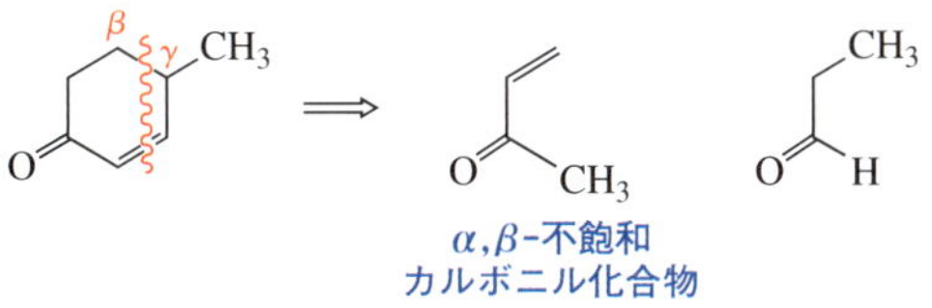

α,β-不飽和カルボニル化合物

同様の方法により次の化合物を切断すると，その合成に必要な反応物を特定することができる．

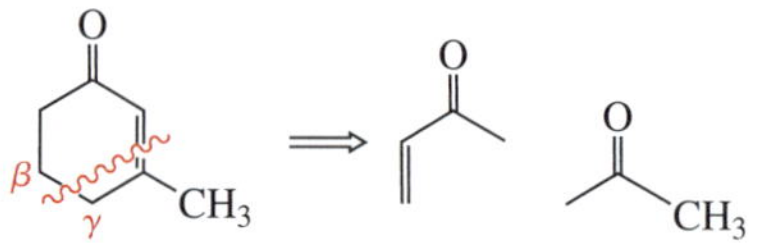

問題 36
Robinson 環化を用いて次の化合物を合成するのに必要な二つのカルボニル化合物はそれぞれ何か．

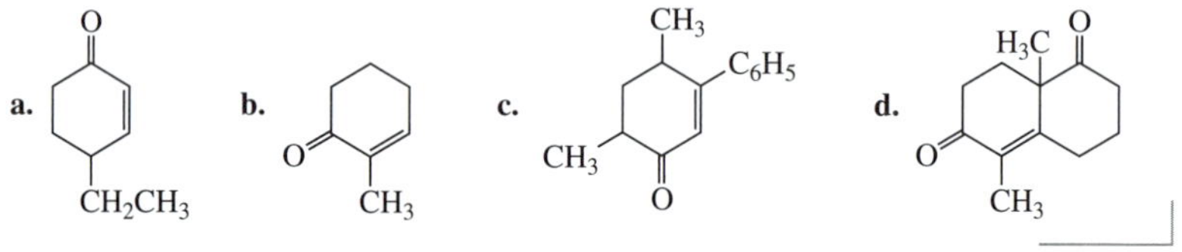

a.　b.　c.　d.

18.17　3 位にカルボニル基をもつカルボン酸は脱炭酸できる

エタンのようなアルカンからプロトンが脱離しないのと同じ理由で，カルボン酸イオンから CO_2 は脱離しない．すなわち，脱離基がカルボアニオンだからである．カルボアニオンは超強塩基であり，それゆえ，劣った脱離基となっている．

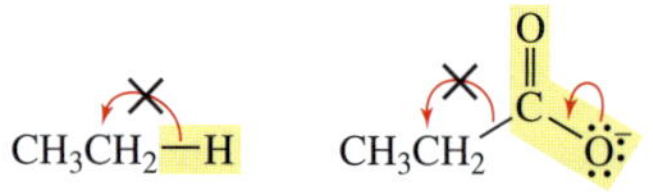

しかし，CO_2 基がカルボニル炭素に隣接する炭素に結合していれば，CO_2 基の脱離によって残された電子がカルボニル酸素上に非局在化するので，CO_2 基は除去できる．したがって，3 位にカルボニル基をもつカルボキシラートイオン（3-オキソカルボキシラートイオン）を穏やかに加熱（約 50 ℃）すると，CO_2 が脱離する．ある分子から CO_2 が脱離する反応を**脱炭酸**（decarboxylation）という．

α炭素からの CO_2 の脱離

3-オキソカルボン酸を加熱すると脱炭酸が進行する．

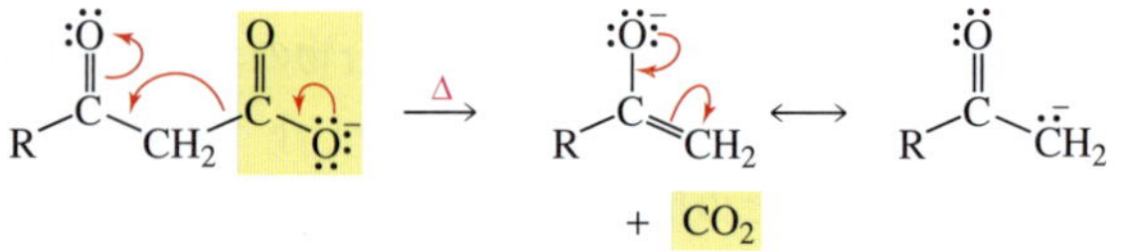

3-オキソカルボキシラートイオンからの CO_2 の脱離と，α炭素からのプロトンの脱離の間には類似性があることに注目しよう．両反応において，置換基（一方は CO_2 で，他方は H^+）がα炭素から脱離し，そこにあった結合電子対が酸素へ非局在化している．

18.17 3位にカルボニル基をもつカルボン酸は脱炭酸できる

α炭素からのプロトンの脱離

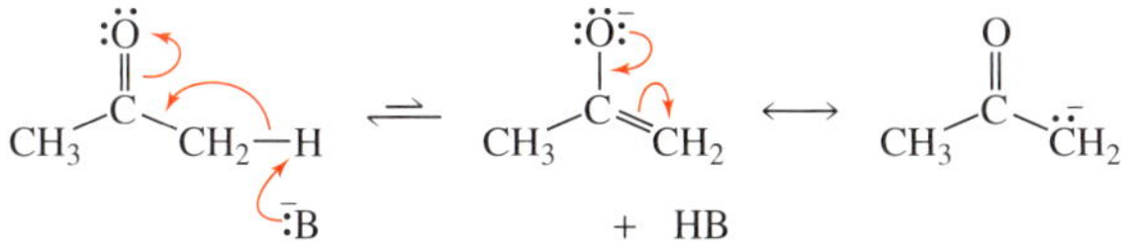

カルボキシ基からカルボニル酸素へのプロトンの分子内移動によって反応が触媒されるので、酸性条件下で反応を行うと、脱炭酸は速やかに（約30℃）起こる。反応の進行とともに生じたエノールは、直ちにケトンへ互変異性化する。

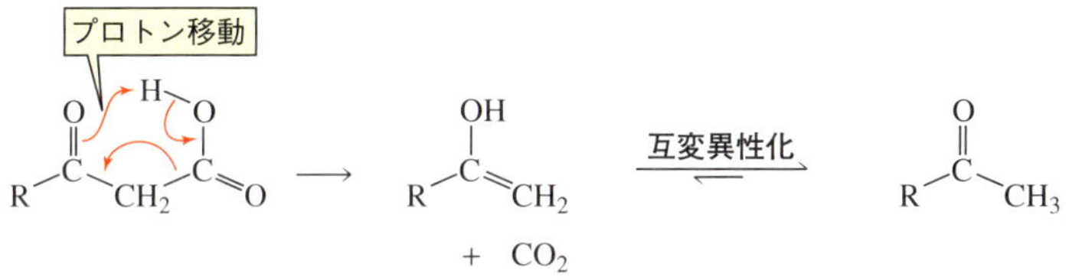

18.1節において、ケトンのカルボニル基よりもエステルのカルボニル基に電子が非局在化するほうが、α炭素からのプロトンの引き抜きがより難しいことを学んだ。同じ理由で、マロン酸のようなβ-ジカルボン酸から脱炭酸するほうがβ-ケト酸から脱炭酸するよりもより高い温度（約135℃）が必要となる。

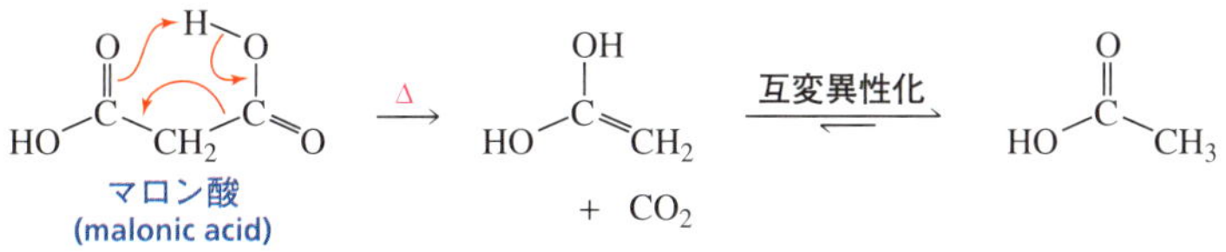

まとめると、3位にカルボニル基をもつカルボン酸は、加熱すると CO_2 を失う。

3-オキソヘキサン酸 (3-oxohexanoic acid) → 2-ペンタノン (2-pentanone) + CO_2

2-オキソシクロヘキサンカルボン酸 (2-oxocyclohexanecarboxylic acid) → シクロヘキサノン (cyclohexanone) + CO_2

問題 37◆

次の化合物のうちで加熱すると脱炭酸が進行すると考えられるのはどれか.

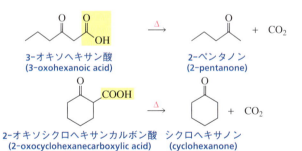

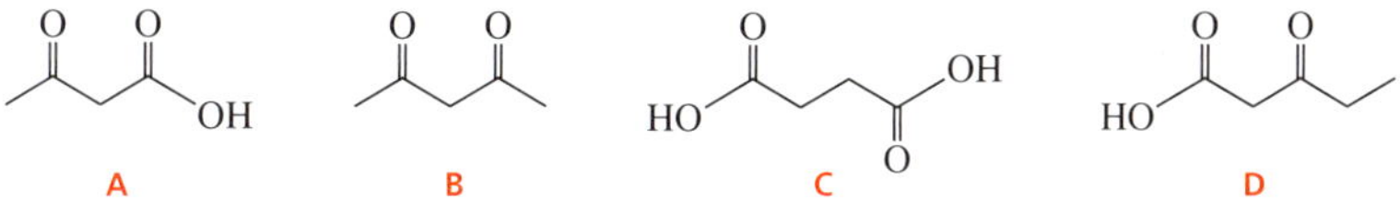

A　　B　　C　　D

18.18 マロン酸エステル合成：カルボン酸を合成する一方法

　この章では，α炭素のアルキル化と 3-オキソカルボン酸の脱炭酸の二つの反応を組み合わせると，望みの鎖長をもつカルボン酸が合成できることを述べてきた．カルボン酸の合成における出発物質がマロン酸のジエチルエステルであることから，この方法は**マロン酸エステル合成**(malonic ester synthesis)と呼ばれている．

　合成されたカルボン酸のカルボニル炭素とα炭素はマロン酸エステルに由来し，残りの炭素部分は合成の二段階目で用いたハロゲン化アルキルに由来する．したがって，マロン酸エステル合成ではハロゲン化アルキルと比べて 2 炭素増えたカルボン酸が得られる．

マロン酸エステル合成

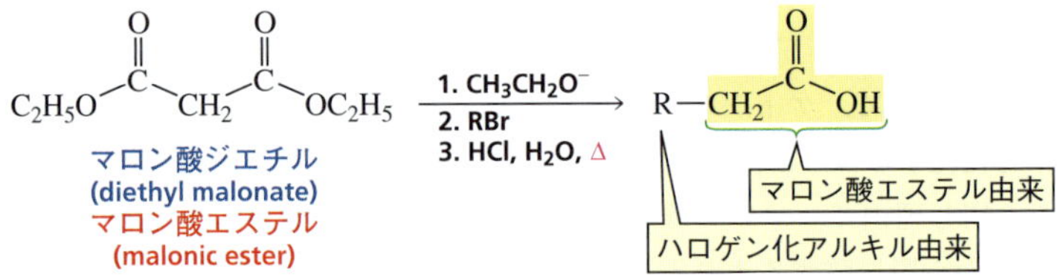

マロン酸ジエチル
(diethyl malonate)
マロン酸エステル
(malonic ester)

マロン酸エステル合成の工程

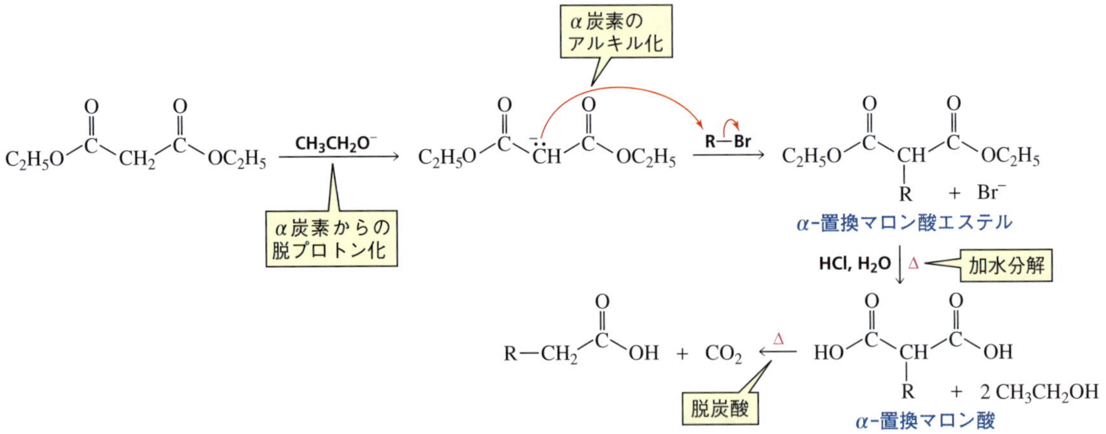

- α炭素は二つのカルボニル基にはさまれているので，プロトンはα炭素から容易に引き抜かれる．
- 生じたαカルボアニオンはハロゲン化アルキルと反応し，α-置換マロン酸エステルを生成する．アルキル化は S_N2 反応なので，この過程は第一級ハロゲン化アルキルやハロゲン化メチルを用いるとうまく進む（上巻；9.2 節参照）．
- α-置換マロン酸エステルを酸性水溶液中で加熱すると，二つのエステル基がカルボン酸まで加水分解され，α-置換マロン酸が生成する．
- さらに加熱し続けると脱炭酸が進み，3-オキソカルボン酸が生成する．

18.18 マロン酸エステル合成：カルボン酸を合成する一方法

二つの置換基がα炭素に結合しているカルボン酸は，α炭素のアルキル化を2回続けて行うと合成できる．

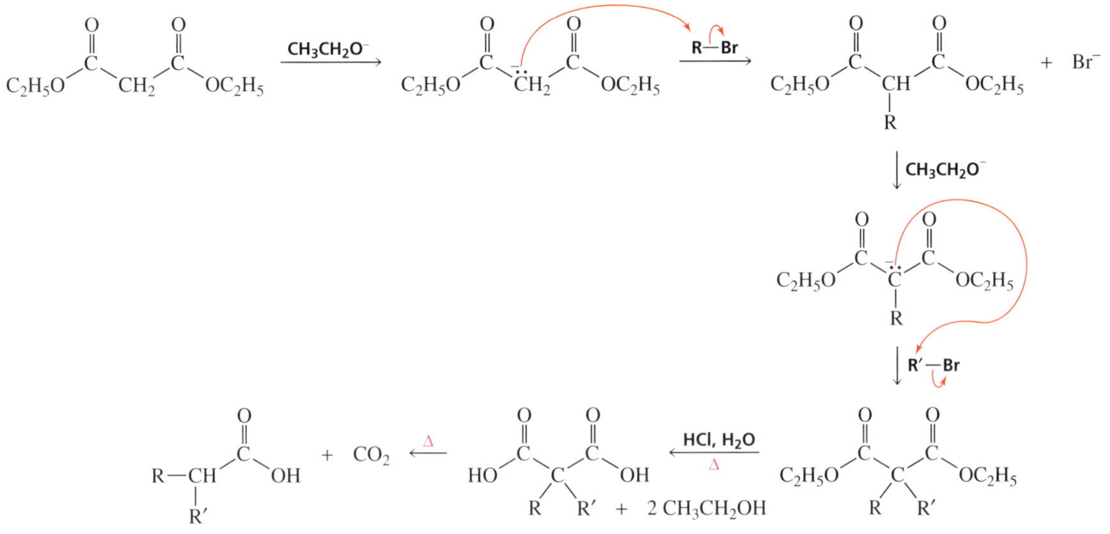

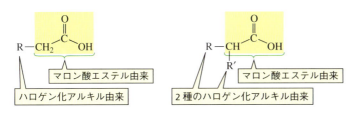

逆合成解析

マロン酸エステル合成によってカルボン酸を合成するとき，カルボニル炭素とα炭素がマロン酸エステルに由来することを学んだ．α炭素に結合した置換基は，合成の二段階目で用いるハロゲン化アルキルに由来する．α炭素が二つの置換基をもつ場合，α炭素の連続する二度のアルキル化によって目的とするカルボン酸が得られる．

問題 38 ◆

次のそれぞれのカルボン酸をマロン酸エステル合成を用いて合成するとき，どんな臭化アルキルを用いればよいか．

a. プロパン酸　　　　　　　b. 2-メチルプロパン酸
c. 3-フェニルプロパン酸　　d. 4-メチルペンタン酸

問題 39

次のカルボン酸をマロン酸エステル合成を用いて合成できないのはなぜか，説明せよ．

a. 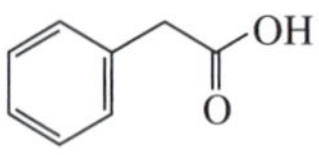　b. 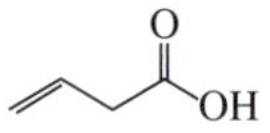　c. 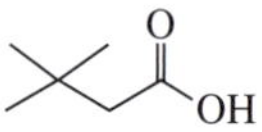
OH
O
O
OH
O
OH

18.19　アセト酢酸エステル合成：メチルケトンを合成する一方法

アセト酢酸エステル合成とマロン酸エステル合成の唯一の違いは，マロン酸エステルの代わりにアセト酢酸エステルを出発物質として用いることである．出発物質が違うので，**アセト酢酸エステル合成**(acetoacetic ester synthesis)の生成物はカルボン酸ではなくメチルケトンになる．メチルケトンのカルボニル基とその両側にある炭素原子はアセト酢酸エステルに由来し，ケトンのほかの部分は合成の二段階目で用いられるハロゲン化アルキルに由来する．

アセト酢酸エステル合成によってハロゲン化アルキルより3炭素増えたメチルケトンが生成する．

アセト酢酸エステル合成

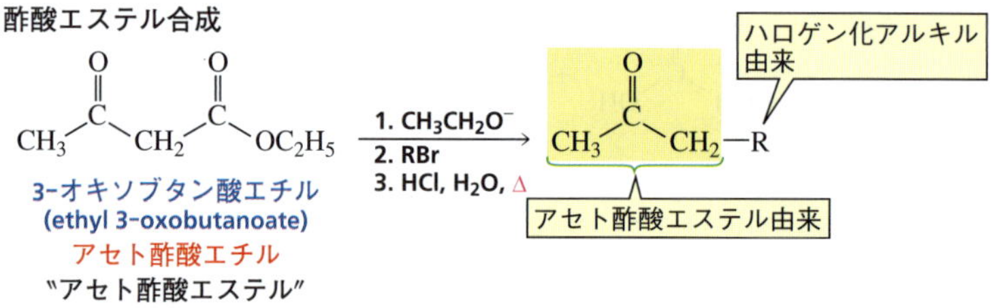
ハロゲン化アルキル由来
1. $CH_3CH_2O^-$
2. RBr
3. HCl, H_2O, Δ
アセト酢酸エステル由来
3-オキソブタン酸エチル
(ethyl 3-oxobutanoate)
アセト酢酸エチル
"アセト酢酸エステル"

アセト酢酸エステル合成の工程はマロン酸エステル合成の工程と同じである．

アセト酢酸エステル合成の工程

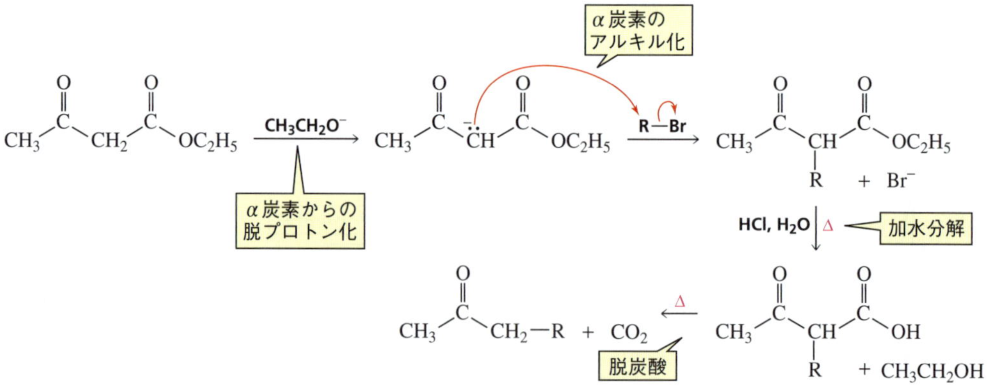
$CH_3CH_2O^-$
α炭素からの脱プロトン化
α炭素のアルキル化
R—Br
+ Br^-
HCl, H_2O Δ
加水分解
Δ
+ CO_2
脱炭酸
+ CH_3CH_2OH

- 二つのカルボニル基にはさまれたα炭素からプロトンが引き抜かれる．
- αカルボアニオンがハロゲン化アルキルと S_N2 反応を行う．
- 加水分解と脱炭酸によってメチルケトンが生成する．

逆合成解析

アセト酢酸エステル合成によってメチルケトンを合成するとき，カルボニル炭素とその両側にある二つの炭素はアセト酢酸エステルに由来する．α炭素に結合した置換基は，合成の二段階目で用いるハロゲン化アルキルに由来する．

18.20 新しい炭素—炭素結合の形成 **995**

```
          O   ←─ ハロゲン化アルキル由来
          ‖
    CH₃ — C — CH₂ — R
          └──────┘
         アセト酢酸エステル由来
```

問題 40 ◆

次のそれぞれのメチルケトンのアセト酢酸エステル合成にはどのような臭化アルキルを用いればよいか．

a. 2-ペンタノン **b.** 2-オクタノン **c.** 4-フェニル-2-ブタノン

問題 41（解答あり）

プロパン酸メチルから出発して 4-メチル-3-ヘプタノンを合成するにはどうすればよいか．

$$CH_3CH_2-C(=O)-OCH_3 \xrightarrow{?} CH_3CH_2-C(=O)-CH(CH_3)-CH_2CH_2CH_3$$

プロパン酸メチル → 4-メチル-3-ヘプタノン

解答 出発物質はエステルであり，標的分子は出発物質よりも多くの炭素原子を余分にもっているので，Claisen 縮合がこの合成の一段階目として好ましい．Claisen 縮合によってβ-ケトエステルを生成し，二つのカルボニル基にはさまれた目的とする炭素上でアルキル化を容易に行うことができる．酸触媒を用いた加水分解によって 3-オキソカルボン酸が生成し，さらに加熱すると脱炭酸が進行する．

$$CH_3CH_2-C(=O)-OCH_3 \xrightarrow[\text{2. } H_3O^+]{\text{1. } CH_3O^-} CH_3CH_2-C(=O)-CH(CH_3)-C(=O)-OCH_3 \xrightarrow[\text{2. } CH_3CH_2CH_2Br]{\text{1. } CH_3O^-} CH_3CH_2-C(=O)-C(CH_3)(CH_2CH_2CH_3)-C(=O)-OCH_3$$

$$\downarrow \Delta, HCl, H_2O$$

$$CH_3CH_2-C(=O)-CH(CH_3)-CH_2CH_2CH_3 \xleftarrow{\Delta} CH_3CH_2-C(=O)-C(CH_3)(CH_2CH_2CH_3)-C(=O)-OH$$

18.20 新しい炭素—炭素結合の形成   合成デザインⅤ

新しい炭素—炭素結合の形成を必要とする化合物の合成を計画するときには，はじめに，新しく形成する結合の位置を特定する必要がある．たとえば，次のβ-ジケトンの合成では，第二の五員環を構築する結合を新しく形成する．

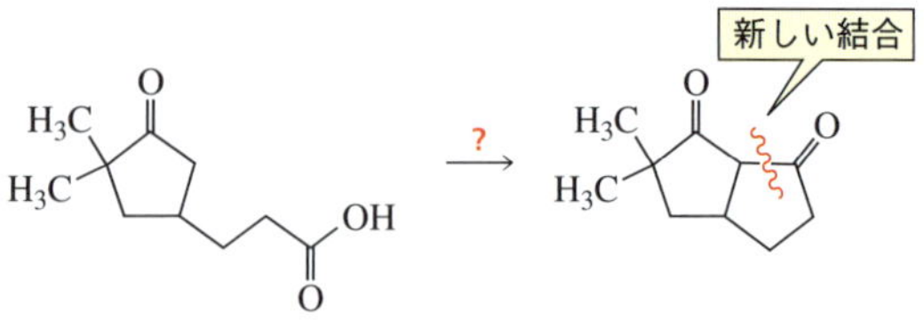

次に，結合を形成する二つの原子のうち，どちらが求核剤として働き，どちらが求電子剤として働くのかを決める必要がある．この場合，カルボニル炭素が求電子剤であるのはわかっているので，考えられる二つの可能性のうちから一つを選ぶことは容易である．

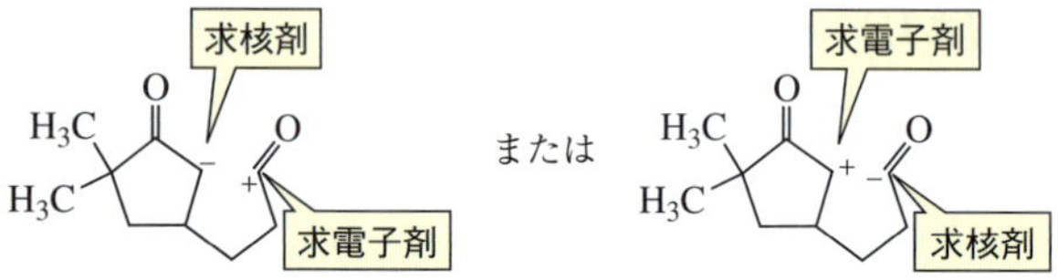

そして，望む求電子的な部位と求核的な部位を発生させるために，どのような化合物を使うかを決める必要がある．出発物質が何であるのかがわかっていれば，望みの化合物に到達する手掛かりとして用いればよい．たとえば，エステルのカルボニル基は脱離基をもっているので，この合成に適した優れた求電子剤となる．さらにつけ加えれば，ケトンのα水素はエステルのα水素に比べて酸性が強いので，望みの求核剤は容易に得られる．したがって，出発物質からエステルを合成し（16.22節参照），続く分子内縮合によって標的分子を生成する．

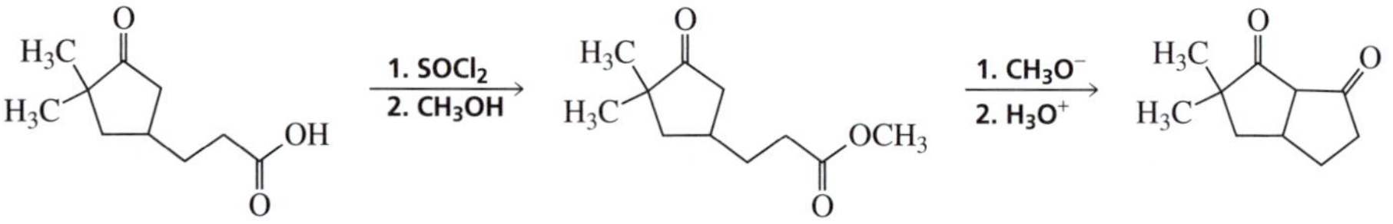

次の合成では，二つの新しい炭素—炭素結合を形成しなければならない．

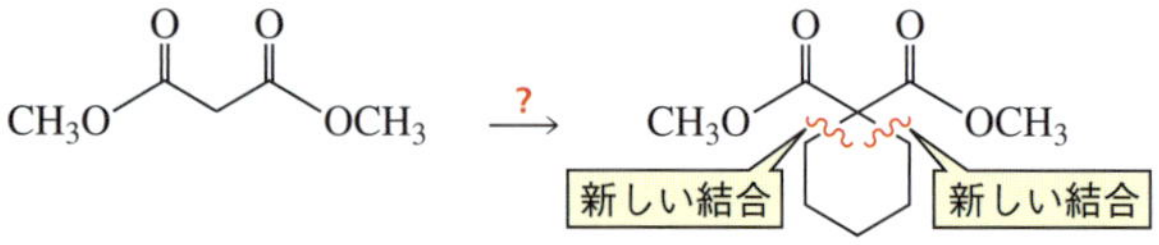

求電子的な部位と求核的な部位を決めると，1,5-ジブロモペンタンをハロゲン化アルキルとして用いて，マロン酸ジエステルを2回続けてアルキル化すれば標的分子を合成できる．

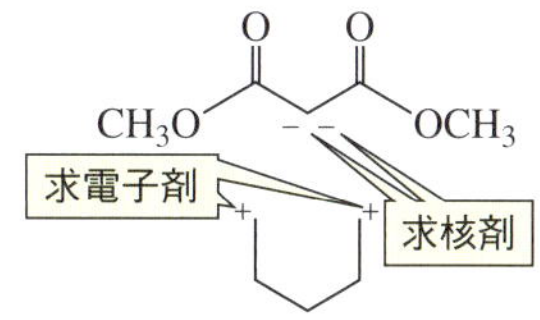

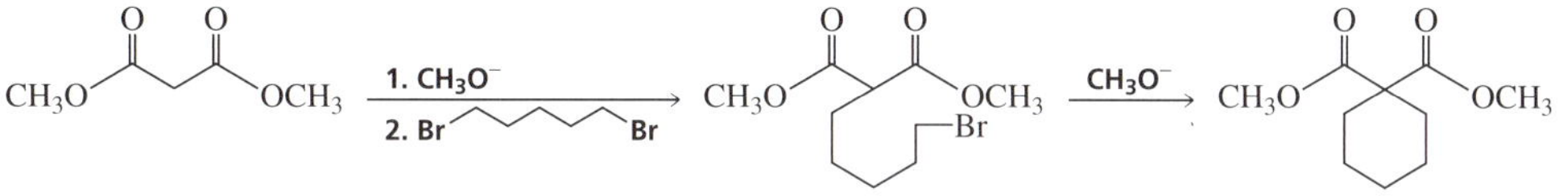

次の合成を計画する際には，出発物質としてジエステルが与えられているので，環状化合物を合成するために Dieckmann 縮合を用いればよいことがわかる．

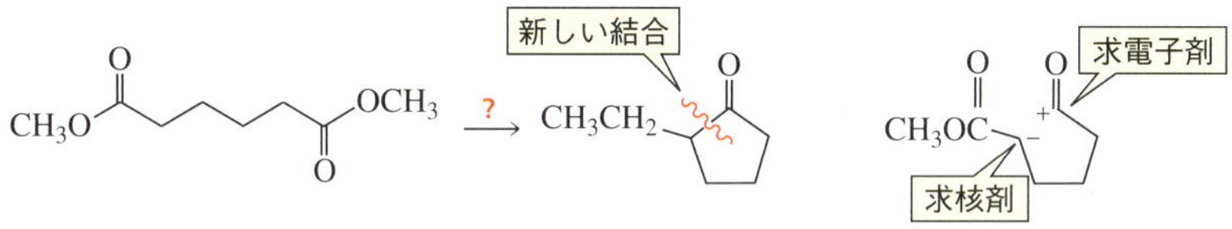

Dieckmann 縮合のあと，シクロペンタノン環の α 炭素をアルキル化する．続いて β-ケトエステルの加水分解と脱炭酸を行えば標的分子が得られる．

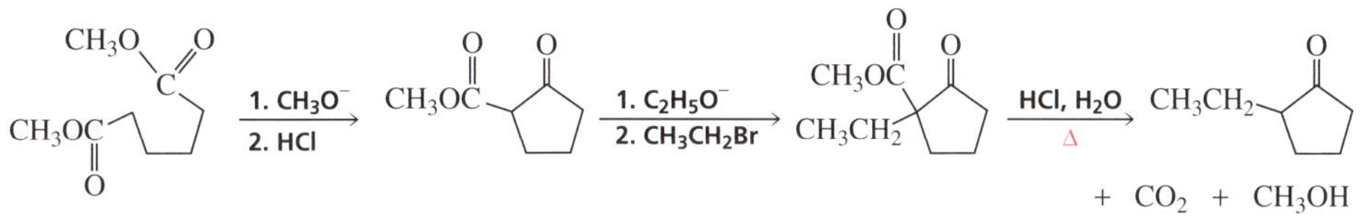

問題 42

与えられた出発物質を用いて，次のそれぞれの化合物を合成する計画を立てよ．

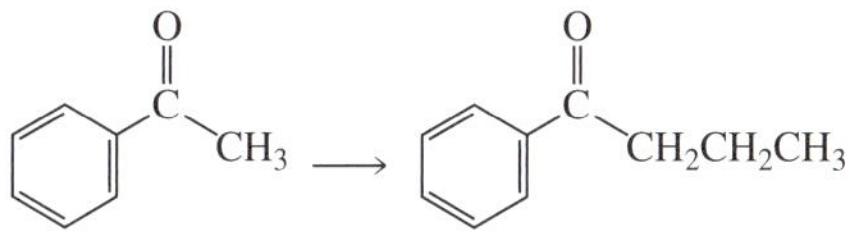

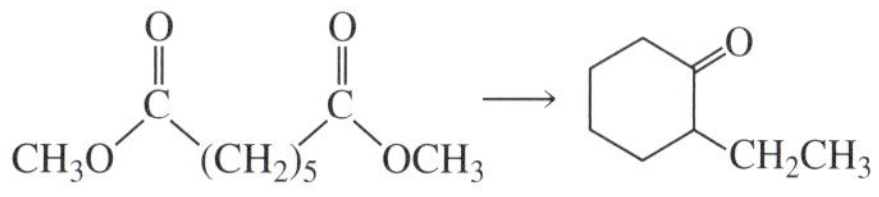

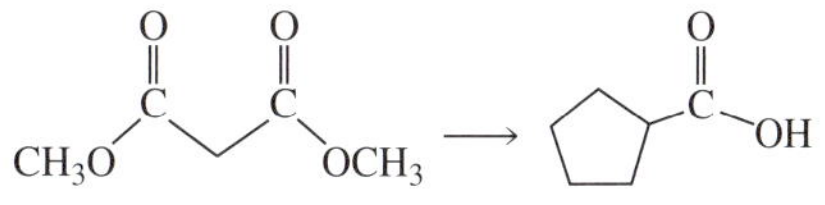

18.21 生体における α 炭素上での反応

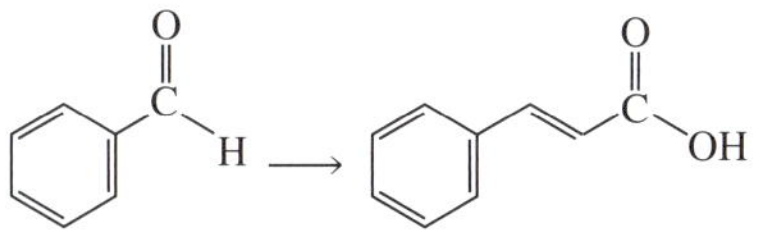

細胞内で進行している反応の多くが，この章で学んできた種類の反応，つまり α 炭素上で進行する反応を含んでいる．ここでは，そのいくつかの例について見ていく．

生体でのアルドール付加

グルコースは天然に最も豊富に存在する糖であり，細胞内では 2 分子のピルビン酸から合成されている．2 分子のピルビン酸をグルコースに変換する一連の反応は，**糖新生**(gluconeogenesis)と呼ばれる(25.13 節参照)．その逆の過程，すなわちグルコースを 2 分子のピルビン酸に分解する反応は，**解糖**(glycolysis)と呼ばれる(25.6 節参照)．

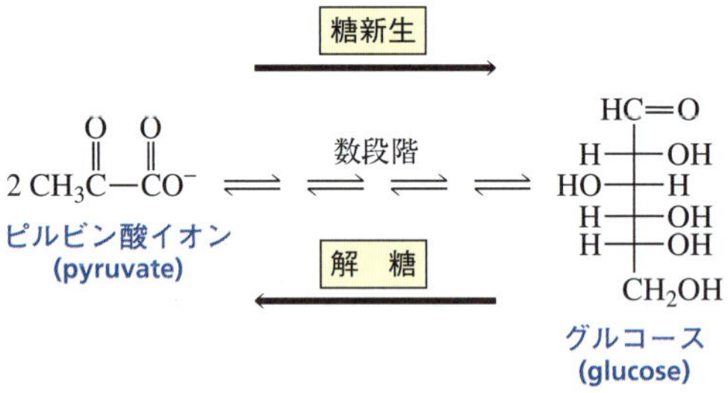

$$2\ CH_3-C-CO^- \quad \underset{\text{解糖}}{\overset{\text{糖新生}}{\rightleftharpoons}} \quad \text{グルコース}$$

ピルビン酸イオン (pyruvate) ⇌ 数段階 ⇌ グルコース (glucose)

グルコースはピルビン酸の 2 倍の数の炭素をもっているので，グルコースの生合成における一つの過程がアルドール付加であることは驚くにあたらない．アルドラーゼと呼ばれる酵素が，ジヒドロキシアセトンリン酸とグリセルアルデヒド-3-リン酸との間のアルドール付加を触媒している．この反応の生成物はフルクトース-1,6-二リン酸であり，これが続く過程によってグルコースに変換される．

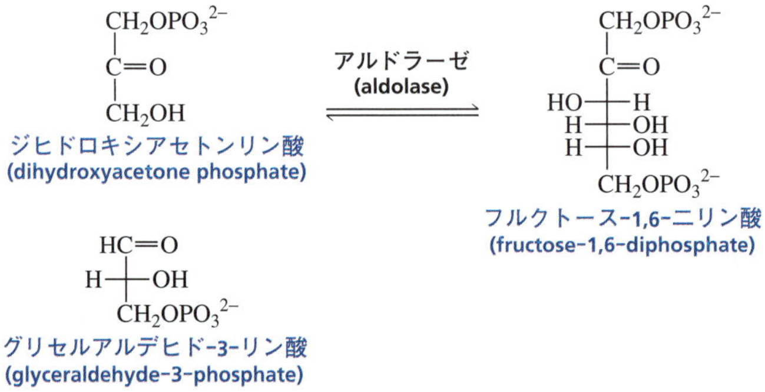

ジヒドロキシアセトンリン酸 (dihydroxyacetone phosphate) + グリセルアルデヒド-3-リン酸 (glyceraldehyde-3-phosphate) ⇌ アルドラーゼ (aldolase) ⇌ フルクトース-1,6-二リン酸 (fructose-1,6-diphosphate)

アルドラーゼによって触媒される反応は可逆的である．逆反応であるジヒドロキシアセトンとグリセルアルデヒド-3-リン酸へのフルクトース-1,6-二リン酸の開裂は，逆アルドール付加である(976 ページ参照)．この反応の機構は 23.12 節で述べる．

問題 43

水酸化物イオンを触媒として用い，ジヒドロキシアセトンリン酸とグリセルアルデヒド-3-リン酸からフルクトース-1,6-二リン酸を生成する反応の機構を示せ．

生体でのアルドール縮合

コラーゲンは哺乳動物において最も豊富に存在するタンパク質であり，総タンパク質の 1/4 を占める．コラーゲンは，骨，歯，皮膚，軟骨，および腱を構成す

る主要な繊維成分である．個々のコラーゲン分子はトロポコラーゲンと呼ばれ，若い動物の組織からしか単離されない．動物が年をとると，個々のコラーゲン分子はその分子間で複雑に結合する．年をとった動物の肉が若い動物の肉に比べて硬いのは，このコラーゲン分子の架橋結合のためである．コラーゲン分子間の架橋結合はアルドール縮合の一例である．

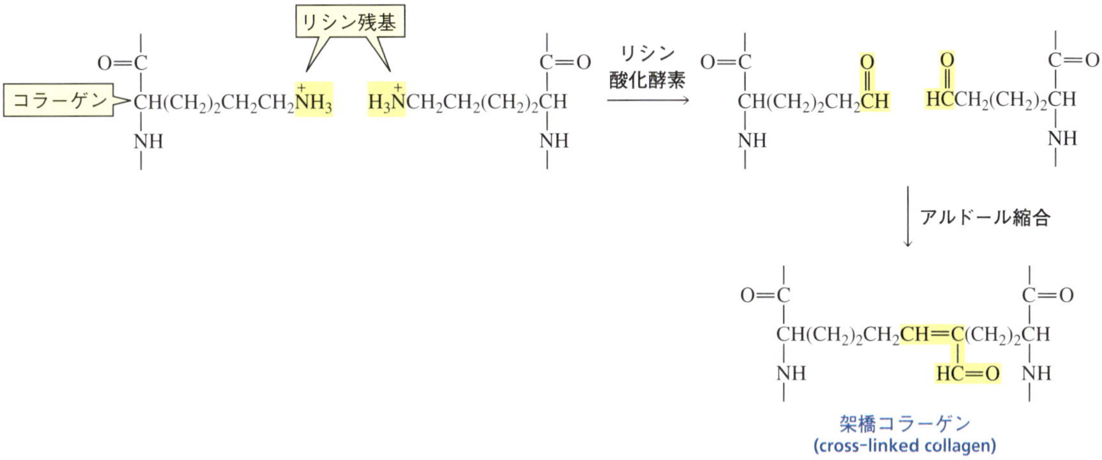

コラーゲン分子が架橋結合を形成する前には，コラーゲン中のリシン残基にある第一級アミノ基がアルデヒド基に変換されなければならない．（リシンはアミノ酸である．）この反応を触媒する酵素はリシン酸化酵素と呼ばれる．二つのアルデヒド基間でアルドール縮合が行われ，架橋結合タンパク質が生成する．

生体での Claisen 縮合

脂肪酸は長鎖のカルボン酸である（16.4 節参照）．天然に存在する脂肪酸は，2 炭素からなる酢酸から合成されているので直鎖であり，偶数個の炭素をもつ．

16.23 節では，補酵素 A のチオエステルへの変換によって，細胞内でカルボン酸が活性化されることを学んだ．

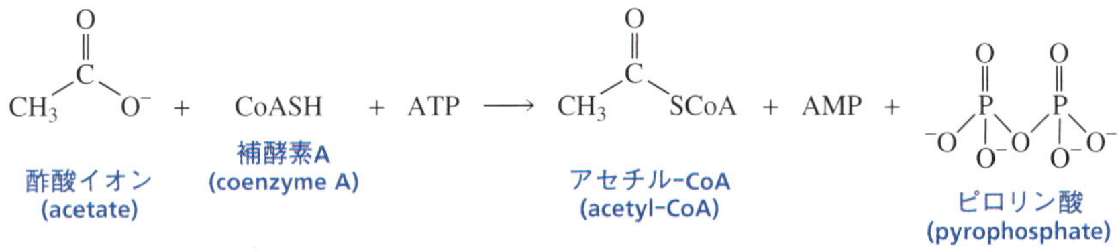

脂肪酸の生合成に必要な反応物の一つはマロニル-CoA であり，これはアセチル-CoA のカルボキシ化によって得られる．この反応の機構については 24.4 節で述べる．

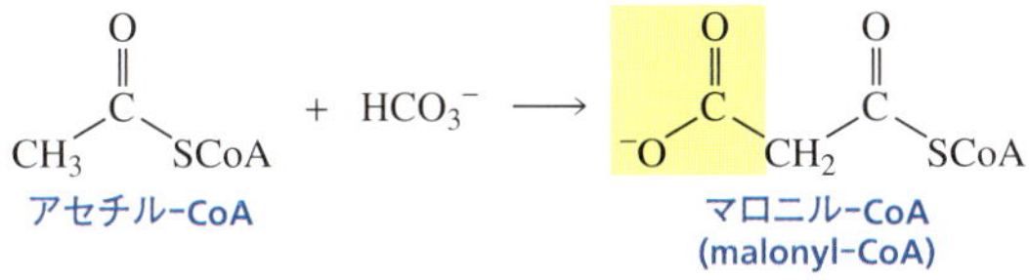

しかし，脂肪酸の合成が行われる前に，アセチル-CoA とマロニル-CoA のアシル基は，エステル交換反応によりほかのチオールへ転位される．

$$\underset{CH_3}{\overset{O}{\underset{\|}{C}}}-SCoA + RSH \longrightarrow \underset{CH_3}{\overset{O}{\underset{\|}{C}}}-SR + CoASH \quad \text{エステル交換反応}$$

$$^{-}O-\overset{O}{\underset{\|}{C}}-CH_2-\overset{O}{\underset{\|}{C}}-SCoA + RSH \longrightarrow {}^{-}O-\overset{O}{\underset{\|}{C}}-CH_2-\overset{O}{\underset{\|}{C}}-SR + CoASH$$

1 分子のアセチルチオエステルと 1 分子のマロニルチオエステルが，脂肪酸生合成の一段階目における反応物である．

脂肪酸生合成の工程

(2 炭素のチオエステル ⟶ ⟶ ⟶ 還元 ⟶ 脱水 ⟶ 還元 ⟶ 4 炭素のチオエステル)

- 一段階目は Claisen 縮合である．Claisen 縮合に必要な求核剤は，マロニルチオエステルのα炭素からプロトンを引き抜くのではなく，CO_2 を脱離させて調製する．(3-オキソカルボン酸は容易に脱炭酸されることを思い出そう；18.17 節．) CO_2 の脱離は縮合反応を終結させるときにも働く．
- 縮合反応の生成物は還元，脱水，および 2 度目の還元反応を経て，4 炭素のチオエステルを生成する．(ケトンはエステルよりも容易に還元されることを思い出そう．) 各反応は異なる酵素により触媒される．

4 炭素のチオエステルともう 1 分子のマロニルチオエステルが，二段階目の反応剤である．

$$CH_3CH_2CH_2-\overset{O}{\underset{\|}{C}}-SR + {}^{-}O-\overset{O}{\underset{\|}{C}}-CH_2-\overset{O}{\underset{\|}{C}}-SR \xrightarrow{\text{Claisen 縮合}} CH_3CH_2CH_2-\overset{O}{\underset{\|}{C}}-CH_2-\overset{O}{\underset{\|}{C}}-SR + CO_2$$

$$\downarrow \begin{array}{l} 1.\,還元 \\ 2.\,脱水 \\ 3.\,還元 \end{array}$$

$$CH_3CH_2CH_2CH_2CH_2-\overset{O}{\underset{\|}{C}}-SR$$

- Claisen 縮合の生成物は再び，還元，脱水，および 2 度目の還元反応を経て，今度は 6 炭素のチオエステルを生成する．

- この一連の反応が繰り返され，それぞれの過程で2炭素単位ずつ炭素鎖が伸長する．

一連の反応により，天然に存在する脂肪酸には枝分れがなく，偶数個の炭素からなるのはなぜかについて説明がつく．適当な数の炭素をもつチオエステルが合成されると，脂肪，油，およびリン脂質を生成するために，グリセロール-3-リン酸との間でエステル交換反応が進行する(25.12節参照).

問題 44 ◆
パルミチン酸は16炭素の直鎖の飽和脂肪酸である．1分子のパルミチン酸を合成するのに何分子のマロニル-CoAが必要か．

問題 45 ◆
a. 重水素化された CD_3COSR (アセチルチオエステル)と重水素化されていないマロニルチオエステルからパルミチン酸が生合成されたとすると，パルミチン酸のなかにはいくつの重水素原子が取り込まれるか．
b. 重水素化された $^-OOCCD_2COSR$ (マロニルチオエステル)と重水素化されていないアセチルチオエステルからパルミチン酸が生合成されたとすると，パルミチン酸のなかにはいくつの重水素原子が取り込まれるか．

生体での脱炭酸
細胞内で行われる脱炭酸の例は，アセト酢酸の脱炭酸である．

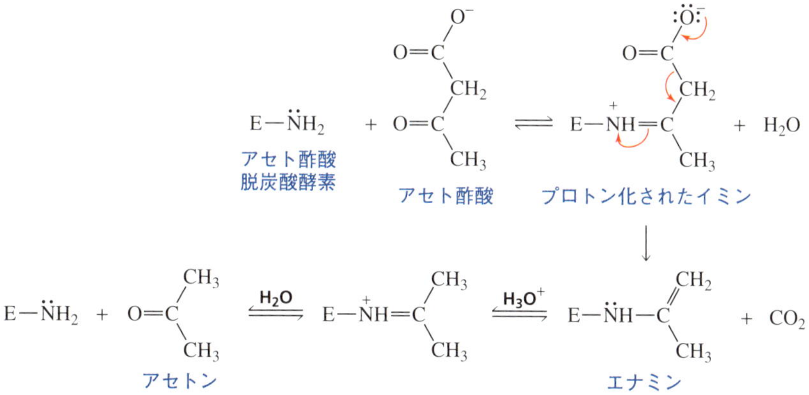

- この反応を触媒するアセト酢酸脱炭酸酵素は，アセト酢酸をイミンに変換する．
- このイミンが生理的条件下でプロトン化され正に帯電した窒素原子は，CO_2 の脱離によって残された電子対を速やかに受け取る．
- 脱炭酸によりエナミンが生成する．
- エナミンのプロトン化，続く加水分解により脱炭酸生成物であるアセトンが生じ，酵素が再生する(17.10節参照).

糖尿病患者の病態として見られるケトーシスでは，体が代謝する量よりも多くのアセト酢酸が生成する．過剰のアセト酢酸は脱炭酸されアセトンになるので，ヒ

トの呼気からアセトン臭がするとケトーシスであることがわかる.

> **問題 46**
> 酵素によるアセト酢酸の脱炭酸反応を $H_2^{18}O$ 中で行うと,生じたすべてのアセトンは ^{18}O を含んでいる.このことは反応機構に関して何を物語っているか.

18.22 有機化合物の反応についてのまとめ

　有機化合物は四つのグループのいずれかに分類でき,一つのグループに属するすべての化合物は同じような反応をすることを学んだ.もうすぐ,グループIIIに属する化合物群に関して学習を終えようとしており,いま一度このグループに関して振り返ってみよう.

　グループIIIの二つの化合物群はカルボニル基をもち,カルボニル炭素が求電子剤であることから,このグループの二つの化合物群はともに求核剤と反応する.

- 第一の化合物群(カルボン酸とカルボン酸誘導体)は,ほかの置換基と置き換えることができるような置換基がカルボニル炭素に結合している.そのため,この化合物群では,求核付加-脱離反応が進行する.

- 第二の化合物群(アルデヒドとケトン)は,ほかの置換基と置き換えることができるような置換基はカルボニル炭素に結合していない.そのため,この化合物群では,R^- や H^- のような強塩基性の求核剤による求核付加反応が進行する.求核剤中の攻撃する原子が酸素や窒素であり,求核付加反応によって生じる四面体化合物の OH 基をプロトン化するのに十分な酸が溶液中に存在する場合には,付加生成物から水分子が脱離する.

- アルデヒド,ケトン,エステル,および N,N-二置換アミドは,強塩基によって引き抜くことができる水素をα炭素上にもつ.α炭素から水素が引き抜かれるとエノラートイオンが生成し,求電子剤と反応することができる.

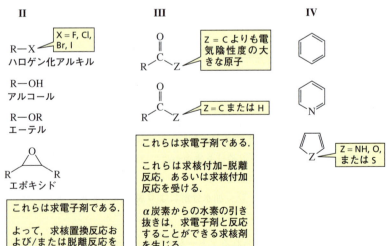

覚えておくべき重要事項

- アルデヒド，ケトン，エステル，または N,N-二置換アミドのα炭素に結合している水素は，十分に酸性であり，強塩基を用いて引き抜くことができる．
- **炭素酸**とは，sp^3炭素に結合している比較的強い酸性を示す水素をもつ化合物である．
- アルデヒドとケトン(pK_a = 約 16 ～ 20)はエステル(pK_a = 約 25)より酸性である．**β-ジケトン**(pK_a = 約 9)と**β-ケトエステル**(pK_a = 約 11)はさらに酸性である．
- **ケト-エノール相互変換**は酸や塩基によって触媒される．一般に，**ケト互変異性体**はより安定である．
- アルデヒドとケトンは Br_2, Cl_2, あるいは I_2 と反応する．酸性条件下では，ハロゲンが一つのα水素と置き換わる．一方，塩基性条件下では，ハロゲンがカルボニル化合物のすべてのα水素と置き換わる．
- **HVZ 反応**はカルボン酸のα炭素を臭素化する．
- 求電子剤と反応する前に，すべてのカルボニル化合物をエノラートイオンへ変換する必要がある反応では，エノラートの生成に LDA (強く，かさ高い塩基だが求核性は低い) が用いられる．
- ハロゲン化アルキルを求電子剤として用いれば，エノラートイオンがアルキル化される．速度論支配の条件下で反応を行うと，より置換基の少ないα炭素がアルキル化される．一方，熱力学支配の条件下で反応を行うと，より置換基の多いα炭素がアルキル化される．
- アルデヒドとケトンは，エナミン中間体を経由してα炭素上でアルキル化したりアシル化したりすることができる．
- β-ジケトン，β-ジエステル，β-ケトエステル，およびβ-ケトニトリル由来のエノラートイオンは，α,β-不飽和カルボニル化合物と **Michael 反応**を行う．Michael 反応によって 1,5-ジカルボニル化合物が生成する．
- **アルドール付加**では，アルデヒドやケトン由来のエノラートイオンが，もう一分子のアルデヒドやケトンのカルボニル炭素と反応し，β-ヒドロキシアルデヒドやβ-ヒドロキシケトンが生成する．一方の分子のα炭素ともう一方の分子のカルボニル炭素との間に新しい C—C 結合が形成される．
- アルドール付加生成物は，酸性や塩基性条件下で脱水され，**アルドール縮合**生成物を生じる．塩基触媒下の脱水は **E1cB 反応**である．
- **Claisen 縮合**では，エステル由来のエノラートイオンがもう 1 分子のエステルと反応し，⁻OR 基の脱離を伴ってβ-ケトエステルを生じる．**Dieckmann 縮合**は，分子内 Claisen 縮合である．
- **Robinson 環化**は，Michael 反応と分子内アルドール縮合が連続的に進行する環構築反応である．
- 3 位にカルボニル基をもつカルボン酸は，加熱すると**脱炭酸**される．
- **マロン酸エステル合成法**を用いると，カルボン酸を合成できる．得られたカルボン酸は，反応に用いたハロゲン化アルキルよりも 2 炭素長い．
- メチルケトンは**アセト酢酸エステル合成法**によって合成できる．生じたメチルエステルはハロゲン化アルキルよりも 3 炭素(カルボニル炭素とその両隣りの炭素)長い．

反応のまとめ

1. ケト-エノール相互変換(18.3 節)．反応機構は 962 ページに示す．

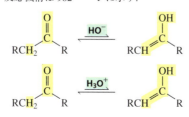

2. アルデヒドとケトンのα炭素のハロゲン化（18.4節）．反応機構は963ページと964ページに示す．

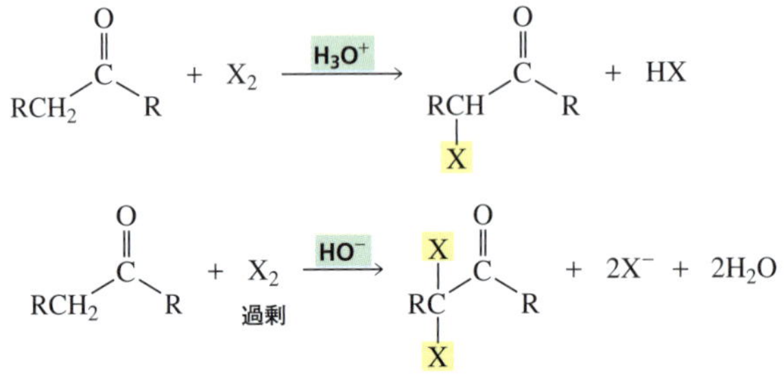

$$RCH_2COR + X_2 \xrightarrow{H_3O^+} RCHXCOR + HX$$

$$RCH_2COR + X_2 \text{（過剰）} \xrightarrow{HO^-} RCX_2COR + 2X^- + 2H_2O$$

$X_2 = Cl_2, Br_2,$ または I_2

3. カルボン酸のα炭素のハロゲン化：Hell-Volhard-Zelinski 反応（18.5節）．反応工程は965ページに示す．

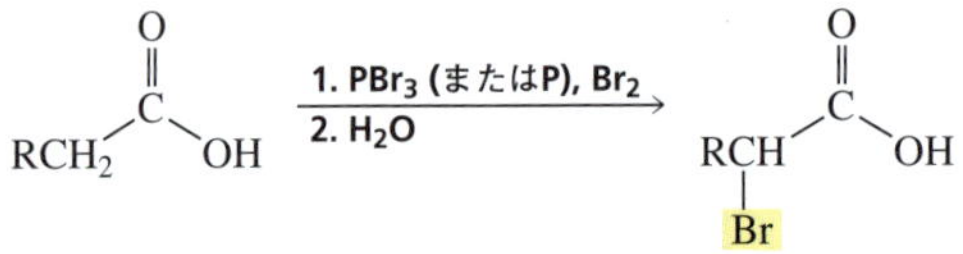

$$RCH_2COOH \xrightarrow[\text{2. H}_2\text{O}]{\text{1. PBr}_3 \text{（または P）, Br}_2} RCHBrCOOH$$

4. カルボニル化合物のα炭素のアルキル化（18.7節）．反応機構は967ページに示す．

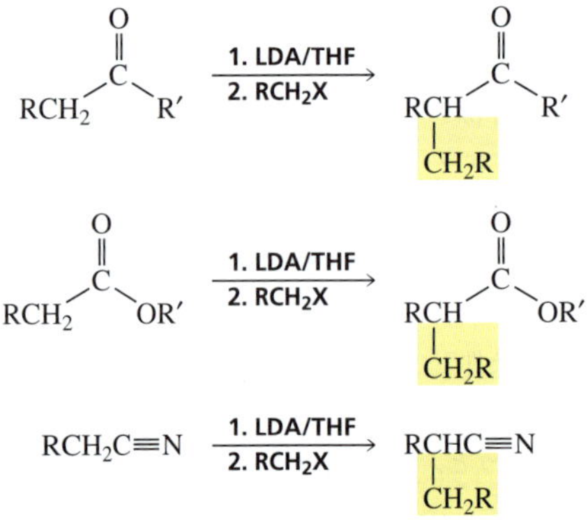

$$RCH_2COR' \xrightarrow[\text{2. RCH}_2\text{X}]{\text{1. LDA/THF}} RCH(CH_2R)COR' \quad X = \text{ハロゲン}$$

$$RCH_2COOR' \xrightarrow[\text{2. RCH}_2\text{X}]{\text{1. LDA/THF}} RCH(CH_2R)COOR'$$

$$RCH_2C\equiv N \xrightarrow[\text{2. RCH}_2\text{X}]{\text{1. LDA/THF}} RCH(CH_2R)C\equiv N$$

5. エナミン中間体を利用したアルデヒドやケトンのα炭素のアルキル化やアシル化（18.8節）．反応工程は971〜972ページに示す．

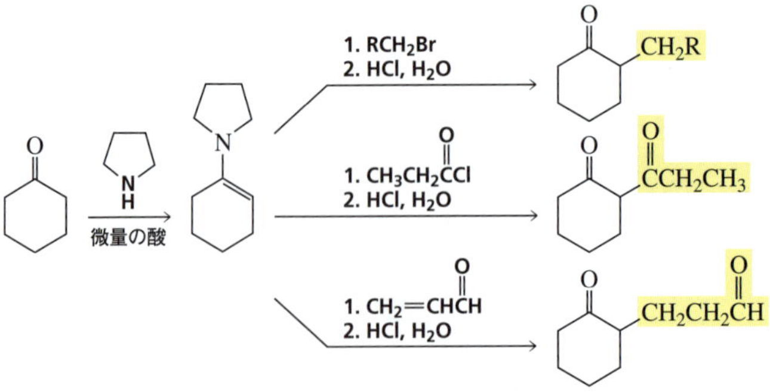

6. Michael 反応：α,β-不飽和カルボニル化合物へのエノラートイオンの付加（18.9 節参照）．反応機構は 973 ページに示す．

$$RCH=CH-\overset{O}{\underset{\|}{C}}-R + R-\overset{O}{\underset{\|}{C}}-CH_2-\overset{O}{\underset{\|}{C}}-R \xrightarrow{HO^-} RCHCH_2-\overset{O}{\underset{\|}{C}}-R$$
$$\underset{\underset{O}{\|}}{\overset{R}{\underset{|}{C}}}\overset{CH}{\underset{O}{\|}}\underset{\underset{O}{\|}}{\overset{R}{C}}$$

7. 二つのアルデヒド，二つのケトン，またはアルデヒドとケトンとのアルドール付加（18.10 節）．反応機構は 975 ページに示す．

$$2\ RCH_2-\overset{O}{\underset{\|}{C}}-H \xrightleftharpoons{HO^-,\ H_2O} RCH_2\overset{OH}{\underset{|}{C}H}\overset{O}{\underset{\|}{C}}-H$$
$$\ \ \ R$$

8. アルドール縮合はアルドール付加と，それに続く酸触媒あるいは塩基触媒下での脱水からなる（18.11 節）．塩基触媒下における脱水の反応機構は 976 ページに示す．

$$RCH_2\overset{OH}{\underset{|}{C}H}\overset{O}{\underset{\|}{C}}-H \xrightleftharpoons[\Delta]{H_3O^+\ \text{または}\ HO^-} RCH_2CH=\overset{}{\underset{R}{C}}-\overset{O}{\underset{\|}{C}}-H + H_2O$$

9. 二つのエステルの Claisen 縮合（18.13 節）．反応機構は 982 ページに示す．

$$2\ RCH_2-\overset{O}{\underset{\|}{C}}-OCH_3 \xrightarrow[\text{2. HCl}]{\text{1. CH}_3\text{O}^-} RCH_2-\overset{O}{\underset{\|}{C}}-\overset{}{\underset{R}{C}H}-\overset{O}{\underset{\|}{C}}-OCH_3 + CH_3OH$$

10. 交差付加および縮合反応：

   a. 一方のカルボニル化合物がα水素をもたないとき（18.12 節および 18.14 節）．

   シクロヘキサノン + HCHO $\xrightarrow[\text{2. HCl}]{\text{1. HO}^-}$ 2-(ヒドロキシメチル)シクロヘキサノン
   （ゆっくり加える）

   シクロヘキサノン + HCOOCH$_2$CH$_3$ $\xrightarrow[\text{2. HCl}]{\text{1. CH}_3\text{CH}_2\text{O}^-}$ 2-ホルミルシクロヘキサノン + CH$_3$CH$_2$OH
   （ゆっくり加える）

   シクロヘキサノン + CH$_3$CH$_2$O-CO-OCH$_2$CH$_3$ $\xrightarrow[\text{2. HCl}]{\text{1. CH}_3\text{CH}_2\text{O}^-}$ 2-(エトキシカルボニル)シクロヘキサノン + CH$_3$CH$_2$OH
   （ゆっくり加える）

b. 両方のカルボニル化合物がα水素をもつとき（18.12 節および 18.14 節）．

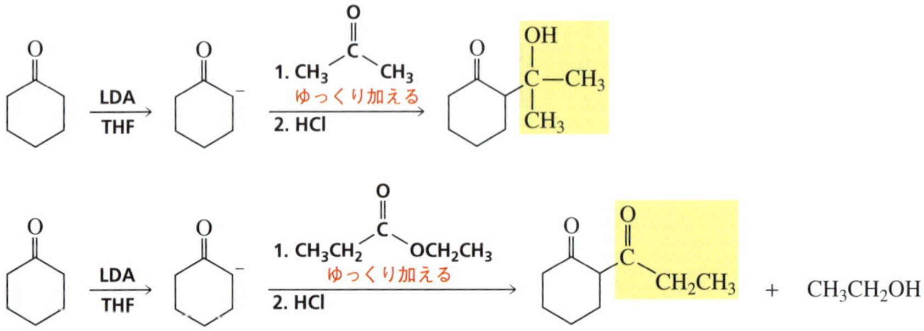

11． Robinson 環化（18.16 節）．反応工程は 990 ページに示す．

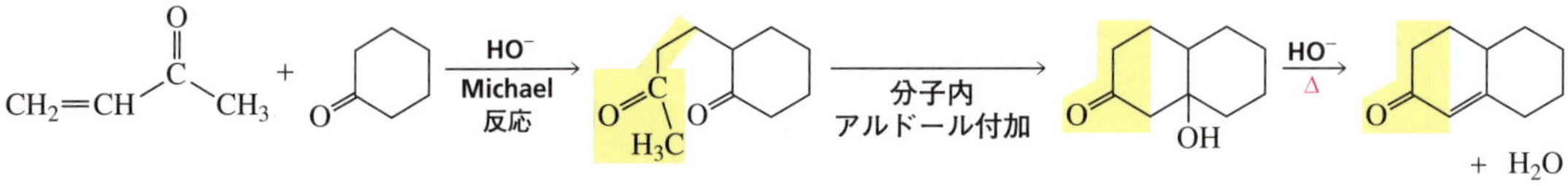

12． 3-オキソカルボン酸の脱炭酸（18.17 節）．反応機構は 990 ページに示す．

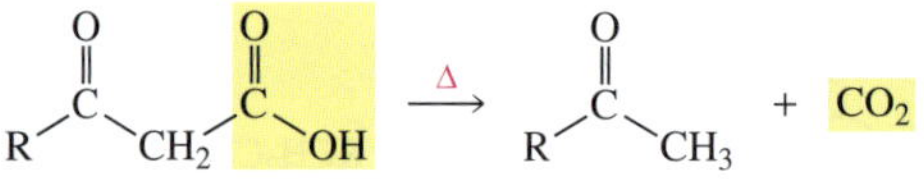

13． マロン酸エステル合成：カルボン酸の合成（18.18 節）．反応工程は 992 ページに示す．

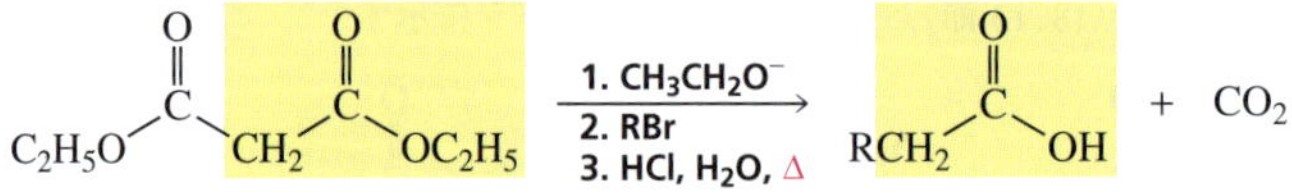

14． アセト酢酸エステル合成：メチルケトンの合成（18.19 節）．反応工程は 994 ページに示す．

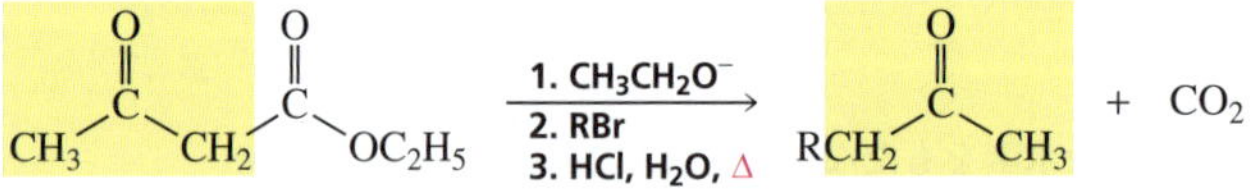

章末問題

47． 次のそれぞれの化合物の構造を書け．
  a. アセト酢酸エチル　　b. α-メチルマロン酸　　c. β-ケトエステルの一例
  d. シクロペンタノンのエノール互変異性体
  e. ハロゲン化アルキルとして臭化プロピルを用いたときにマロン酸エステル合成によって生成するカルボン酸

48． 次の反応で得られる生成物を書け．
  a. ヘプタンジカルボン酸ジエチル：(1) ナトリウムエトキシド；(2) HCl
  b. ペンタン酸 + PBr_3 + Br_2，続いて加水分解
  c. アセトン + LDA/THF：(1) 酢酸エチルをゆっくり加える；(2) HCl

d. 2-エチルアジピン酸ジエチル：(1)ナトリウムエトキシド；(2) HCl
e. マロン酸ジエチル：(1)ナトリウムエトキシド；(2)臭化イソブチル；(3) HCl, H₂O + Δ
f. アセトフェノン + LDA/THF：(1)炭酸ジエチルをゆっくり加える；(2) HCl

49. pK_a値が大きくなる順番に次の化合物に番号をつけよ．（最も酸性度の大きい化合物が1となる．）

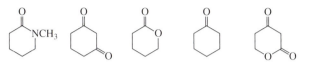

50. ニトロメタン，ジニトロメタン，およびトリニトロメタンの¹H NMR化学シフト値は，δ 6.10, δ 4.33, およびδ 7.52 のどれかである．それぞれの化学シフト値と化合物を結びつけよ．また，化学シフト値がpK_aとどのように相関しているかを説明せよ．

51. 次の化合物のうち加熱すると脱炭酸するものはどれか．

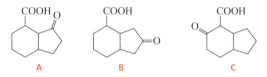

52. 次の反応の生成物を書け．
a. 1,3-シクロヘキサンジオン + LDA/THF，続いて臭化アリル
b. γ-ブチロラクトン + LDA/THF，続いてヨウ化メチル処理
c. 2,7-オクタンジオン + 水酸化ナトリウム
d. 1,2-ベンゼンジカルボン酸ジエチル + ナトリウムエトキシド：(1)酢酸エチルをゆっくり加える；(2) HCl

53. (R)-2-メチル-1-フェニル-1-ブタノンを酸性あるいは塩基性水溶液に溶かすと，2-メチル-1-フェニル-1-ブタノンのラセミ体が得られる．酸あるいは塩基触媒下のラセミ化が進行するほかのケトンを例示せよ．

54. 次の反応の生成物を書け．

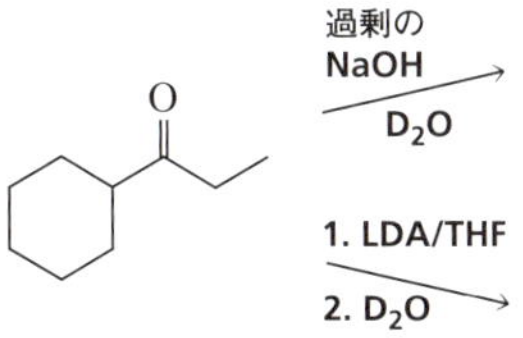

55. 次の反応の生成物は何か．

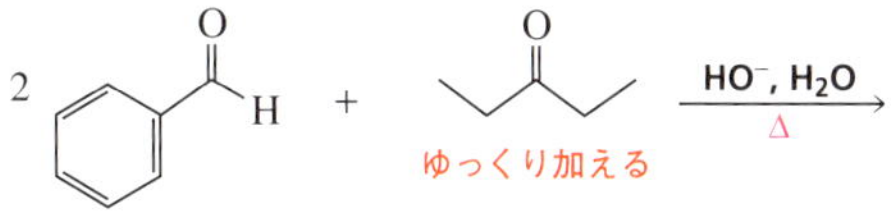

56. アルドール付加は酸と同様に塩基でも触媒される．酸触媒下のプロパナールのアルドール付加の反応機構を示せ．

57. 過剰の塩基と過剰のハロゲンの存在下で，メチルケトンはカルボキシラートイオンに変換される．生成物の一つがハロホルムであることから，この反応はハロホルム反応として知られている．分光法が分析手法として汎用されるようになる前，ハロホルム反応はメチルケトンの試験法として用いられてきた．淡黄色化合物であるヨードホルムの生成は，メチルケトンが存在する指標である．なぜメチルケトンだけがハロホルムを生成するのか．

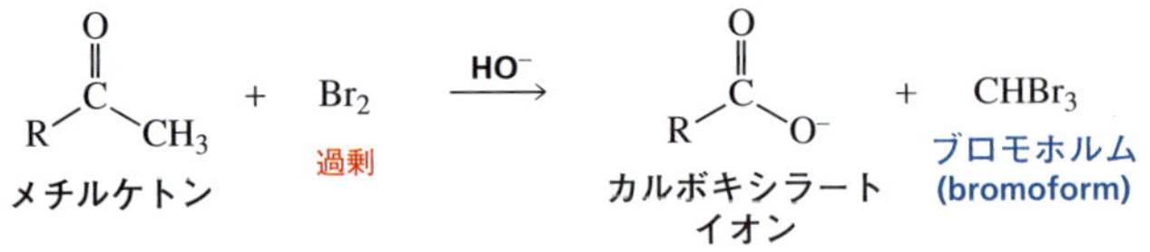

58. 次の **A ~ L** の化合物の構造を書け．（ヒント：**A** については，^{1}H NMR スペクトルにおいて 3：2：3 の積分比を示す 3 本の一重線が観測され，ヨードホルム試験は陽性である；問題 57 を見よ．）

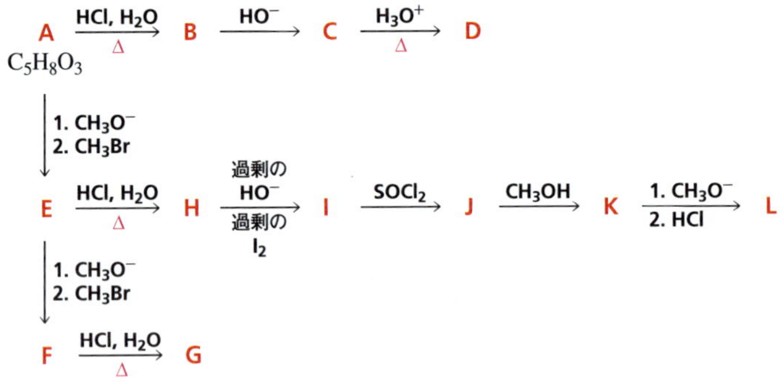

59. シクロペンタノンを反応物として用いた場合，次の反応の生成物を示せ．
   a. 酸触媒下のケト-エノール相互変換　　b. アルドール付加　　c. アルドール縮合

60. 次の化合物をシクロヘキサノンから合成するにはどうすればよいか示せ．

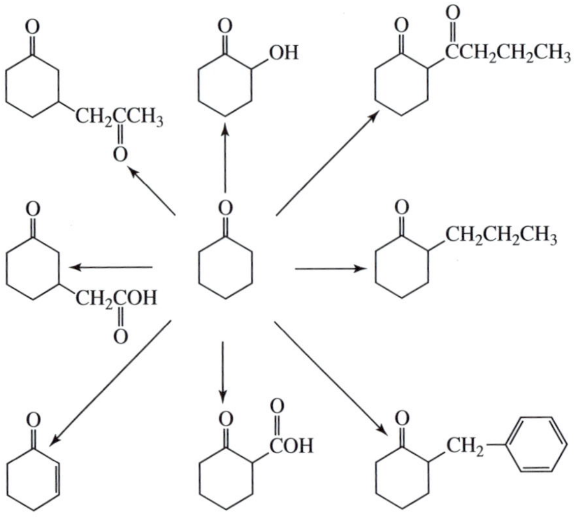

61. β,γ-不飽和カルボニル化合物は，酸または塩基存在下で，より安定な共役α,β-不飽和カルボニル化合物へ異性化する．

a. 塩基触媒による異性化反応の機構を示せ．　　**b.** 酸触媒による異性化反応の機構を示せ．

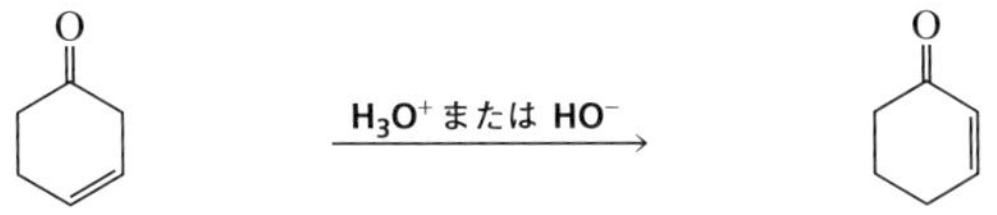

O
H₃O⁺ または HO⁻
O

β,γ-不飽和カルボニル化合物　　**α,β-不飽和カルボニル化合物**

62. アルドール縮合や Claisen 縮合に類似した縮合反応はほかにもある．

a. Perkin 縮合は芳香族アルデヒドと無水酢酸の縮合反応である．次の Perkin 縮合によって得られる生成物の構造を書け．

O
C
H
+
CH₃
O
O
CH₃
CH₃CO⁻

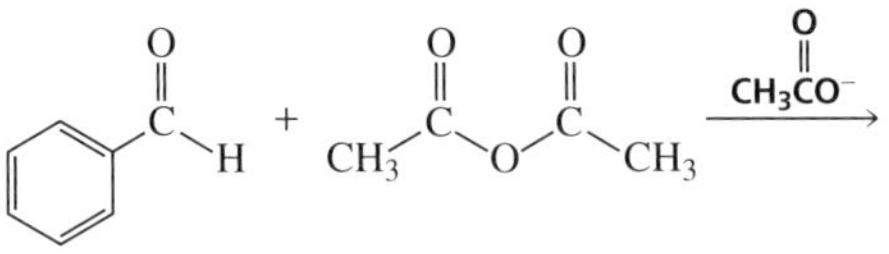

b. Perkin 縮合の生成物に水を加えると，どのような化合物が生じるか．

c. Knoevenagel 縮合は，α水素をもたないアルデヒドやケトンとマロン酸ジエチルのように二つの電子求引性基にはさまれたα炭素をもつ化合物の縮合反応である．Knoevenagel 縮合によって得られる生成物を書け．

O
C
H
+
C₂H₅O
CH₂
OC₂H₅
CH₃CH₂O⁻

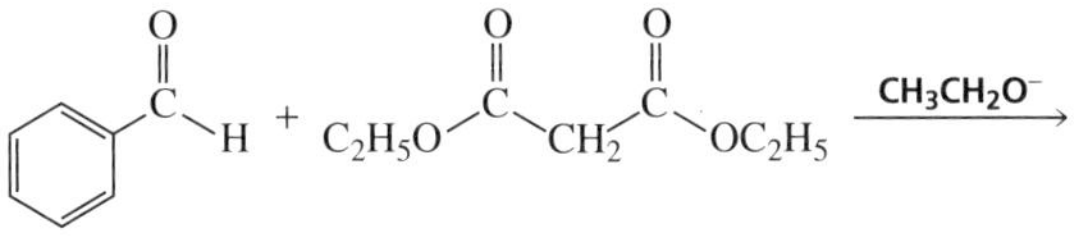

d. Knoevenagel 縮合の生成物を酸性水溶液中で加熱すると，どのような生成物が得られるか．

63. Reformatsky 反応は，Grignard 反応剤の代わりに有機亜鉛反応剤をアルデヒドやケトンのカルボニル基への付加に用いる付加反応である．有機亜鉛反応剤は Grignard 反応剤よりも反応性が低いので，エステル基に対する求核付加は起こらない．有機亜鉛反応剤はα-ブロモエステルを亜鉛と処理すると調製できる．

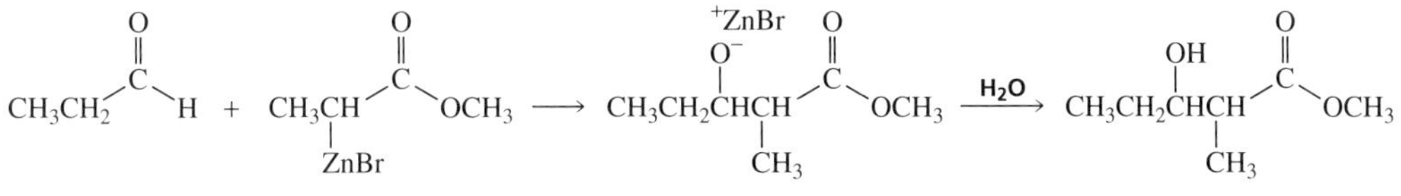

CH₃CH₂
H
+
CH₃CH
ZnBr
OCH₃
⁺ZnBr
O⁻
CH₃CH₂CHCH
CH₃
OCH₃
H₂O
OH
CH₃CH₂CHCH
CH₃
OCH₃

有機亜鉛反応剤　　**β-ヒドロキシエステル**

Reformatsky 反応を用いて次の化合物をどのようにして合成できるか述べよ．

a.
OH
CH₃CH₂CH₂CHCH₂
OCH₃

b.
OH
CH₃CH₂CHCH
CH₂CH₃
OH

c.
CH₃CH₂CH=C
CH₃
OH

d.
OH
CH₃CH₂CCH₂
CH₂CH₃
OCH₃

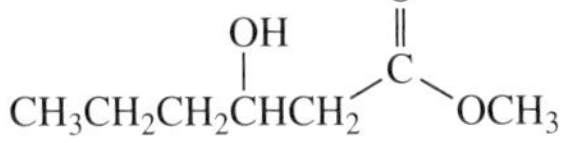

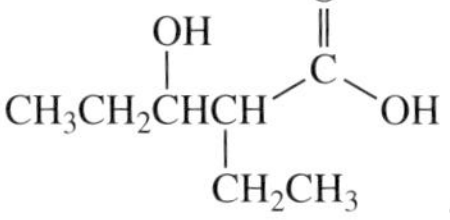

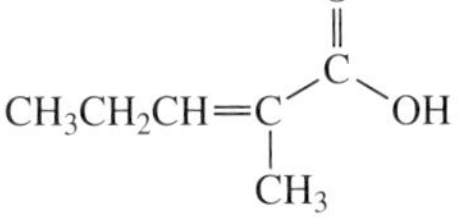

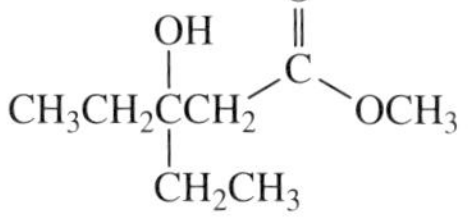

64. 次の ^{1}H NMR スペクトルを示すケトンは，アセト酢酸エステル合成の生成物として得られたものである．この合成に用いられたハロゲン化アルキルは何か．

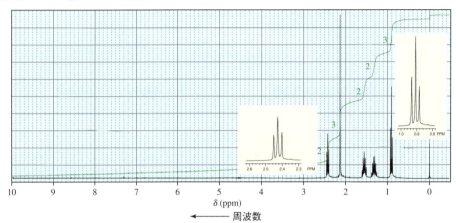

65. 次の化合物を，シクロヘキサノンとほかの必要な反応剤を用いて合成する方法を示せ．

a. [2-プロピルシクロヘキサノン] b. [2-ブタノイルシクロヘキサノン] (二つの経路) c. [2-(エトキシカルボニル)シクロヘキサノン]

d. [2-ホルミルシクロヘキサノン] e. [デカヒドロナフタレン-2-オン]

66. 分子式 C_6H_{10} をもつ化合物 **A** は，^{1}H NMR スペクトルにおいて，9：1 比の二つの一重線のピークを示す．化合物 **A** は，硫酸水銀（II）を含んだ酸性水溶液中で反応し，化合物 **B** を生じる．この得られた化合物 **B** はヨードホルム試験（問題 57）に陽性であり，^{1}H NMR スペクトルにおいて，3：1 比の二つの一重線のピークを示す．化合物 **A** および **B** を同定せよ．

67. 次のそれぞれの化合物を，与えられた出発物質とほかの必要な反応剤を用いて合成する方法を示せ．

a. $CH_3COCH_3 \rightarrow CH_3COCH_2COCH_3$

b. $CH_3CO(CH_2)_3COOCH_3 \rightarrow$ 2,2-ジメチルシクロヘキサン-1,3-ジオン

c. $CH_3COCH_2COOCH_2CH_3 \rightarrow CH_3COCH_2$-シクロペンチル

d. $CH_3CH_2OOC(CH_2)_4COOCH_2CH_3 \rightarrow$ 2-プロピルシクロペンタノン

68. 次の反応の生成物を書け．

a. 2 [ジエチルスクシナート] $\xrightarrow{\text{1. CH}_3\text{CH}_2\text{O}^-}_{\text{2. H}_3\text{O}^+}$

b. [フタルアルデヒド] + [1,4-シクロヘキサンジオン] $\xrightarrow{\text{HO}^-}$

c. [トランス-2-ブロモ-1,3-シクロデカンジオン] $\xrightarrow{\text{HO}^-}$

d. [シクロヘキシル=シアノアセタート（2-ブロモ置換）] $\xrightarrow{\text{HO}^-}$

69. 5炭素以下の出発物質から次の化合物を合成する方法を示せ．

70. a. アミノ酸のアラニンをプロパン酸から合成するにはどうすればよいか示せ．（アミノ酸の構造は 1184 ページを参照．）

b. アミノ酸のグリシンをフタルイミドと 2-ブロモマロン酸ジエチルから合成するにはどうすればよいか示せ．

71. ある女子学生がアルドール縮合を用いて次の化合物を合成しようと試みた．これらの化合物のうちで彼女が合成に成功した化合物はどれか．また，それら以外の化合物の合成には成功しなかったのはなぜか説明せよ．

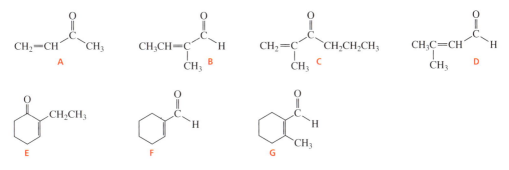

72. 次の化合物を合成するにはどうすればよいか，示せ．各合成スキームの炭素を含む化合物だけが与えられている．

1012 18章 カルボニル化合物のα炭素の反応

73. 次のブロモケトンは異なる反応条件下では異なる二環式化合物を生じるのはなぜか，説明せよ．

74. Mannich 反応は，炭素酸のα炭素上へ R₂NCH₂— 基を導入する反応である．この反応の機構を示せ．

75. 次の ¹H NMR スペクトルを示す分子式 $C_{10}H_{10}O$ の化合物を合成するためにはどのようなカルボニル化合物が必要か．

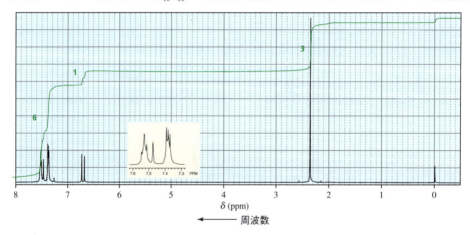

76. ニンヒドリンはアミノ酸と反応して紫色の化合物を生成する．この化合物の生成機構を示せ．

ニンヒドリン (ninhydrin)　アミノ酸　　紫色の化合物

77. β-ハロケトンを水酸化物イオンと反応させるとカルボン酸が生成する．この反応は Favorskii 反応と呼ばれている．次に示した Favorskii 反応の機構を示せ．（ヒント：一段階目は，HO⁻ が Br の結合していないα炭素からプロトンを引き抜く過程である．二段階目で三員環化合物が生成する．そして，三段階目では HO⁻ が求核剤として働く．）

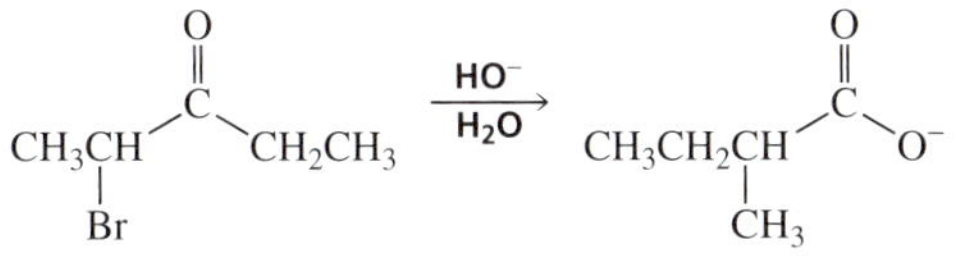

[反応式: CH₃CH(Br)−CO−CH₂CH₃ → HO⁻/H₂O → CH₃CH₂−COO⁻ (CH₃側鎖)]

78. α, β-不飽和カルボニル化合物は，セレネニル化-酸化反応として知られる一連の反応により合成できる．セレノキシドが中間体として生成する．この反応の反応機構を示せ．

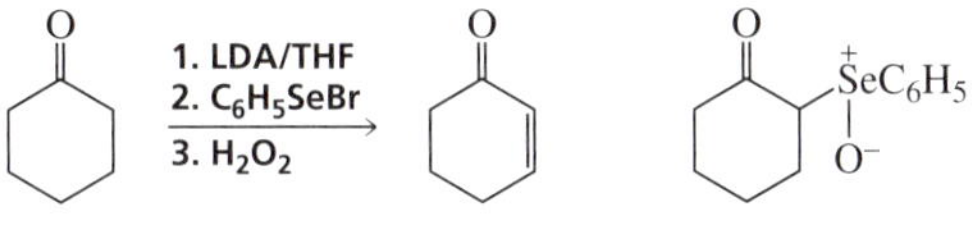

[反応式: シクロヘキサノン → 1. LDA/THF, 2. C₆H₅SeBr, 3. H₂O₂ → シクロヘキセノン (中間体: セレノキシド)]

セレノキシド (selenoxide)

79. a. 1当量のマロン酸エステルと1当量の1,5-ジブロモペンタン，および2当量の塩基を用いてマロン酸エステル合成を行うと，どのようなカルボン酸が生成するか．

b. 2当量のマロン酸エステルと1当量の1,5-ジブロモペンタン，および2当量の塩基を用いてマロン酸エステル合成を行うと，どのようなカルボン酸が生成するか．

80. Cannizzaro 反応は，α水素をもたないアルデヒドを水酸化ナトリウムの濃水溶液で処理する反応である．この反応では，半分のアルデヒドがカルボン酸に，残り半分のアルデヒドがアルコールに変換される．次の Cannizzaro 反応の機構を示せ．

[反応式: 2 PhCHO → 濃 NaOH → PhCOO⁻ + PhCH₂OH]

81. 次の反応の機構を示せ．

a. [1-シクロヘキセニル−CO−CH₂−CH=CH₂ → H₃O⁺ → メチル置換インダノン]

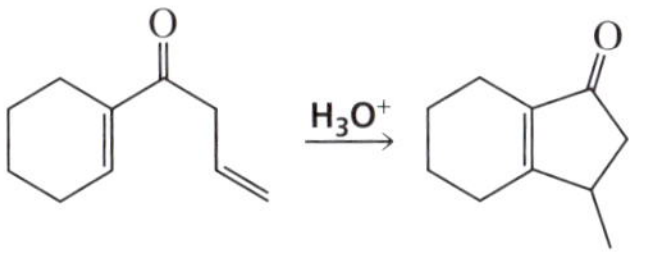

b. [ビシクロエノン類 → H₃O⁺ → 4-(2-メチル-5-ヒドロキシフェニル)酪酸]

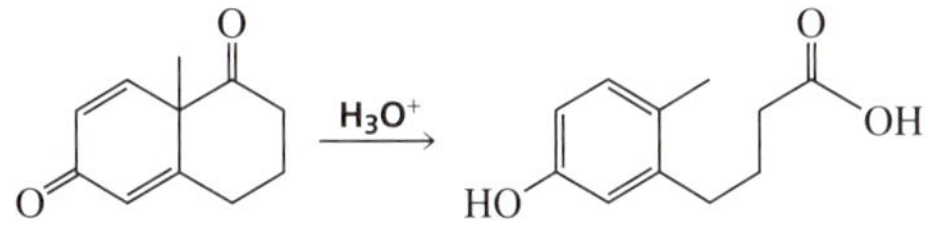

82. 次の反応はベンゾイン縮合として知られている．この反応は，青酸ナトリウムの代わりに水酸化ナトリウムを用いるとまったく進行しない．この反応の機構を示せ．また水酸化物イオンを塩基として用いると反応が進行しないのはなぜか，説明せよ．

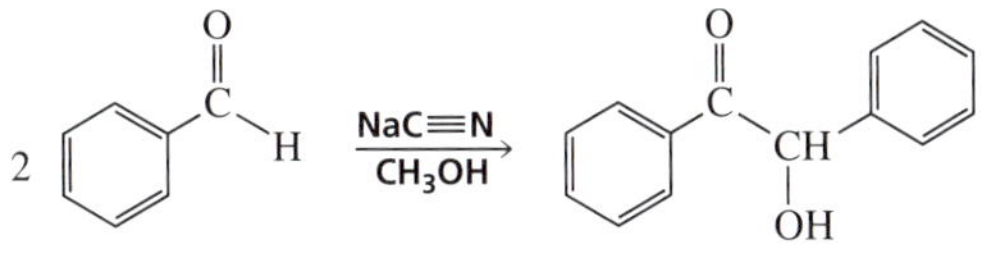

[反応式: 2 PhCHO → NaC≡N / CH₃OH → Ph−CO−CH(OH)−Ph]

ベンゾイン (benzoin)

83. 地衣類によく見られる成分であるオルセリン酸は，アセチルチオエステルとマロニルチオエステルの縮合によって生合成されている．カルボニル炭素を ¹⁴C で放射性ラベルした酢酸を含む培地で地衣類を培養すると，オルセリン酸のどの炭素がラベルされるか．

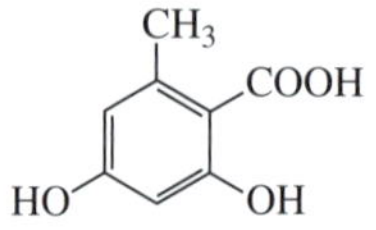

18章　カルボニル化合物のα炭素の反応

オルセリン酸
(orsellinic acid)

84. 次の反応の機構を示せ．（ヒント：中間体は連続した二重結合をもつ．）

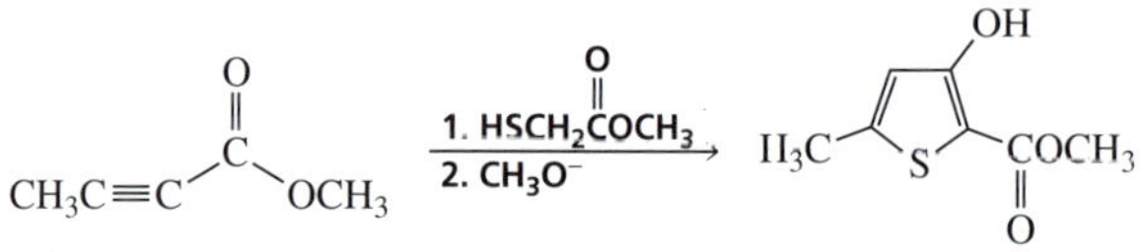

$$CH_3C\equiv C-COOCH_3 \xrightarrow[\text{2. CH}_3\text{O}^-]{\text{1. HSCH}_2\text{COCH}_3} H_3C\text{-チオフェン-OH, COCH}_3$$

85. Hagemann のエステルとして知られる化合物は，ホルムアルデヒドとアセト酢酸エチルとを最初に塩基で処理し，続いて酸で処理し，最後に加熱することにより合成される．反応の各段階の生成物の構造を書け．
  a. 一段階目はアルドール縮合に似た反応である．
  b. 二段階目は Michael 反応である．
  c. 三段階目は分子内アルドール縮合である．
  d. 四段階目は脱水および加水分解と続く脱炭酸である．

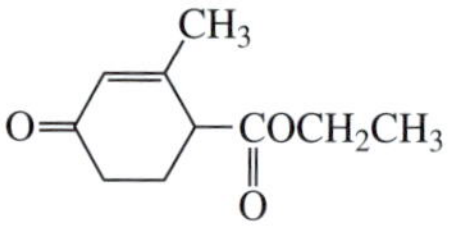

Hagemann のエステル

86. アモバルビタールは，Amytal® という商標名で市販されている鎮静剤である．マロン酸ジエチルと尿素（上巻 2 ページ）を出発物質に用いるアモバルビタールの合成法を示せ．

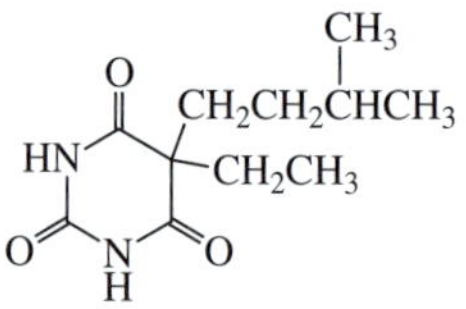

Amytal®

87. 次の反応の機構を示せ．

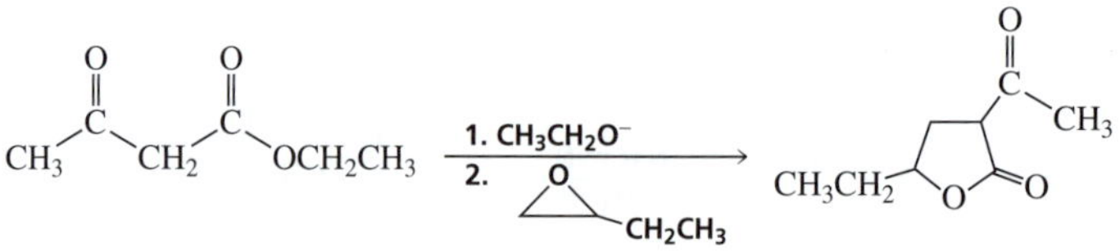

PART 6 芳香族化合物

PART 6 の二つの章では，芳香族化合物の反応について議論する．上巻の 8 章では最も一般的な芳香族化合物であるベンゼンの構造について学び，そしてなぜそれが芳香族に分類されるかを学んだ．ここでは，芳香族化合物の反応の種類について考えていく．

19 章　ベンゼンおよび置換ベンゼンの反応

19 章では，ベンゼンと置換ベンゼンの反応に焦点を当てる．ベンゼン，アルケン，およびジエンはすべて炭素—炭素 π 結合をもっているので求核剤であるが，ベンゼンの芳香族性は，アルケンやジエンが反応するのとはまったく違った経路で反応を引き起こす．どのようにして置換基をベンゼン環上に導入するか，そして，ベンゼン環上に導入された置換基を変換するいくつかの反応を見ていく．さらに，ベンゼン環の反応性と置換反応の位置の両方に与える置換基の影響について学ぶ．19 章ではまた，置換ベンゼンを合成するのに用いられるさらに二つの別の反応，すなわち，アレーンジアゾニウム塩の反応と芳香族求核置換反応についても述べる．

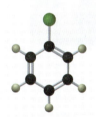  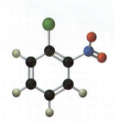 

クロロベンゼン　　*meta*-ブロモ安息香酸　　*ortho*-クロロニトロベンゼン　　*para*-ヨードベンゼンスルホン酸

20 章　アミンに関するさらなる考察・複素環化合物の反応

上巻の 2 章で，初めてアミンについて学んで以来，以降のほとんどすべての章でアミンは登場し続けてきた．20 章では，アミンについてさらに深く掘り下げるところから始める．アミンは付加，置換，あるいは脱離反応を起こさないことを学んできた．アミンの化学では，ほかの有機化合物と反応する際に，塩基として反応するのか，それとも求核剤として反応するのかという点が重要である．20 章ではまた，芳香族複素環化合物についても述べる．それらがベンゼンおよび置換ベンゼンと同様の反応機構で進行することを学ぶ．

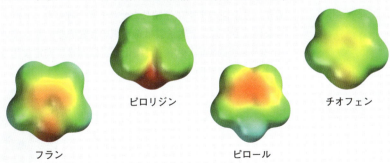

フラン　　ピロリジン　　ピロール　　チオフェン

19 ベンゼンおよび置換ベンゼンの反応

街頭のガス灯

私たちがベンゼンとして知っている化合物は，1825年に Michael Faraday によって初めて単離された．彼は，ガス灯に使われるガスを製造するために，鯨油を加圧下で加熱したあとに得られた液体残渣からベンゼンを抽出した．1834年，Eilhard Mitscherlich は，Faraday が単離した化合物の分子式 (C_6H_6) を正しく決定した．そして，すでに知られていた安息香酸 (benzoic acid) との関連からそれをベンジンと命名した．のちに，その名称はベンゼンに変えられた．

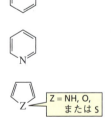

IV

有機化合物は四つの化合物群に分類されること，そして，同じグループに属する化合物群はすべて同じ方法で反応することを学んできた (上巻；5.6節参照)．この章では，グループ IV の化合物群である芳香族化合物の議論から始める．

上巻の8章では，ベンゼンは二つの共鳴寄与体によって表される芳香族化合物であることを学んだ．ある化合物が芳香族であるためには，環状であり，平面であり，分子面の上下に連続したπ電子雲と呼ばれるπ電子をもっていなければならない．さらに，π電子雲は奇数組のπ電子対をもっていなければならないこと (上巻；8.8節参照) や，芳香族化合物は非常に安定な化合物であることも学んだ (上巻；8.7節参照)．

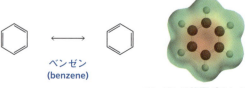

ベンゼン (benzene)

ベンゼンの静電ポテンシャル図

はじめに

自然界には多くの置換ベンゼンが存在する．生理活性をもついくつかの置換ベンゼンを下に示す．

アドレナリン (adrenaline)
エピネフリン (epinephrine)
興奮によって体内から分泌されるホルモン

エフェドリン (ephedrine)
気管支拡張剤

クロラムフェニコール (chloramphenicol)
腸チフスにとくに効果的な抗生物質

メスカリン (mescaline)
ペヨーテ(サボテン)の活性成分

化学者は，自然界に存在しない生理活性をもつ置換ベンゼンを数多く合成してきた．実際，商標名のついた医薬品やジェネリック医薬品の上位400種のうち2/3以上は，ベンゼン環を含んでいる．最も一般的に処方される医薬品のうち三つを下に示す．

Lexapro®
抗鬱剤

Plavix®
血小板凝集阻害剤

Zyrtec®
抗ヒスタミン剤

また，天然由来の化合物が望ましい生理活性をもつとわかれば，化学者はそれらが有用な製品に発展することを期待して，構造の類似した化合物を合成しようとする(上巻；11.9節参照)．たとえば，化学者はアドレナリンと類似した構造をもつ化合物，中枢神経系興奮剤であるアンフェタミンや，それときわめて類似するメタンフェタミン(メチル化アンフェタミン)を合成した．アンフェタミンとメタンフェタミンはどちらも食欲抑制剤として治療に使われている．その即効性と強い精神昂揚性のために，"スピード"という名で知られるメタンフェタミンも，合成されて違法に売られている．ここに示した化合物は，商品として合成された多くの置換ベンゼン類のほんの一部にすぎない．

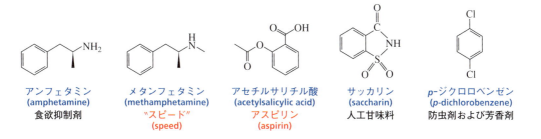

アンフェタミン (amphetamine)
食欲抑制剤

メタンフェタミン (methamphetamine)
"スピード" (speed)

アセチルサリチル酸 (acetylsalicylic acid)
アスピリン

サッカリン (saccharin)
人工甘味料

p-ジクロロベンゼン (p-dichlorobenzene)
防虫剤および芳香剤

毒性の測定

ベトナム戦争の際に枯葉剤として広く使われた Agent Orange は，二つの合成置換ベンゼン，2,4-D と 2,4,5-T の混合物である．Agent Orange の製造過程で生成する汚染物質であるダイオキシン（TCDD）は，戦争中に枯葉剤に曝露されることによって引き起こされたさまざまな症状の原因物質であるといわれている．

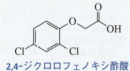

2,4-ジクロロフェノキシ酢酸
(2,4-dichlorophenoxyacetic acid)
2,4-D

2,4,5-トリクロロフェノキシ酢酸
(2,4,5-trichlorophenoxyacetic acid)
2,4,5-T

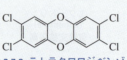

2,3,7,8-テトラクロロジベンゾ
[*b,e*][1,4]ジオキシン
(2,3,7,8-tetrachlorodibenzo
[*b,e*][1,4]dioxin)
TCDD

化合物の毒性は LD_{50} 値，すなわち，その化合物を投与した試験動物の 50% が死に至る投与量で表される．モルモットに対する LD_{50} 値が 0.0006 mg kg^{-1} であるダイオキシンは非常に毒性が高い．比較すると，よく知られてはいるがより毒性の低い毒物の LD_{50} 値はストリキニーネで 0.96 mg kg^{-1}，三酸化ヒ素とシアン化ナトリウムで 15 mg kg^{-1} である．知られている最も毒性の高い毒物の一つはボツリヌス中毒症を引き起こすボツリヌス毒素（トキシン）で，LD_{50} 値は約 1×10^{-7} mg kg^{-1} である．

19.1 一置換ベンゼンの命名法

一置換ベンゼンは，置換基名のうしろに単純に"ベンゼン"をつけて命名する．

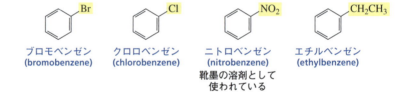

ブロモベンゼン
(bromobenzene)

クロロベンゼン
(chlorobenzene)

ニトロベンゼン
(nitrobenzene)
靴墨の溶剤として
使われている

エチルベンゼン
(ethylbenzene)

置換基と一体となって命名される一置換ベンゼンもある．あいにく，これらの名称は覚えておかなければならない．

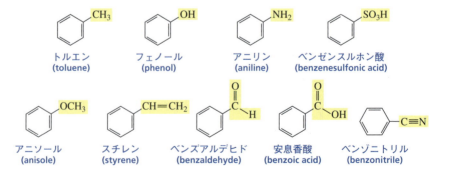

トルエン
(toluene)

フェノール
(phenol)

アニリン
(aniline)

ベンゼンスルホン酸
(benzenesulfonic acid)

アニソール
(anisole)

スチレン
(styrene)

ベンズアルデヒド
(benzaldehyde)

安息香酸
(benzoic acid)

ベンゾニトリル
(benzonitrile)

ベンゼン環が置換基のときは，ベンゼン環は**フェニル基**（phenyl group）と呼ばれ，メチレン基をもつベンゼン環は**ベンジル基**（benzyl group）と呼ばれることを思い出そう（上巻：9.5 節参照）．

19.1 一置換ベンゼンの命名法

フェニル基　　ベンジル基

クロロメチルベンゼン　　ジフェニルエーテル　　ジベンジルエーテル
(chloromethylbenzene)　　(diphenyl ether)　　(dibenzyl ether)
塩化ベンジル
(benzyl chloride)

トルエンを除いて，アルキル置換基のついたベンゼン環は，アルキル置換ベンゼン（アルキル置換基に名前がある場合），あるいはフェニル置換アルカン（アルキル置換基の名前が使うことができる場合）として命名する．たとえば，下に示した右二つの化合物はともに *sec*-ペンチルベンゼンと呼ばれることになるので，*sec*-ペンチルを置換基名として使うことはできない．名前は，ただ一つの化合物を示すものでなければならない．

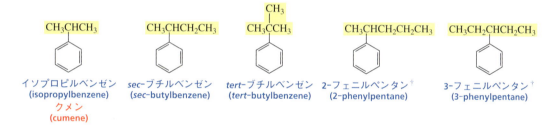

イソプロピルベンゼン　　*sec*-ブチルベンゼン　　*tert*-ブチルベンゼン　　2-フェニルペンタン†　　3-フェニルペンタン†
(isopropylbenzene)　　(*sec*-butylbenzene)　　(*tert*-butylbenzene)　　(2-phenylpentane)　　(3-phenylpentane)
クメン
(cumene)

アルキル基（R）がアルカン由来の基の一般名であるのと同様に，アリール基（Ar）はフェニル基や置換フェニル基の一般名である．つまり，ArOH は下のフェノール類を表すために使われている．

† 訳者注：それぞれペンタン-2-イルベンゼン，ペンタン-3-イルベンゼンとも命名できる．

ベンゼンの毒性

化学合成に広く使われ，また，溶媒としてもよく用いられるベンゼンには毒性がある．慢性的な曝露による重大かつ有害な影響は，中枢神経系と骨髄に見られる．それは白血病や再生不良性貧血を引き起こす．空気中にわずか1 ppm 程度の薄い濃度のベンゼンでも，長時間それにさらされている作業員の白血病発症率は平均より高い．

トルエンもベンゼンと同じく中枢神経系の機能を低下させるが，白血病や再生不良性貧血症を起こさないので，ベンゼンの代わりに溶媒として用いられている．非常に危険な行為である〝シンナーの吸引〟により，シンナーに含まれるトルエンが原因で麻酔性中枢神経障害が引き起こされる．

> **問題 1**
> 次のそれぞれの化合物の構造を書け.
> a. 2-フェニルヘキサン b. ベンジルアルコール
> c. 3-ベンジルペンタン d. ブロモメチルベンゼン

19.2 ベンゼンはどのように反応するか

ベンゼンのような芳香族化合物は，ベンゼン環に結合している水素の一つを求電子剤で置き換える**芳香族求電子置換反応**(electrophilic aromatic substitution reaction)を起こす.

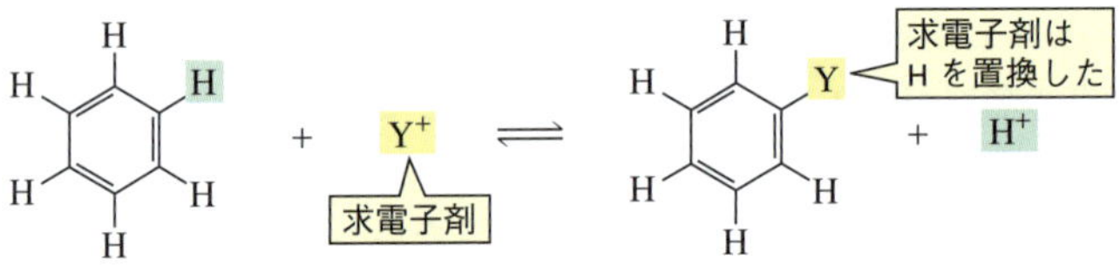

さて，なぜこの置換反応が起こるのかを見ていくことにしよう．ベンゼン環の平面の上下にはπ電子雲があるので，ベンゼンは求核剤として働き，したがって，ベンゼンは求電子剤(Y^+)と反応する．求電子剤がベンゼン環に結合すると，カルボカチオン中間体が生成する.

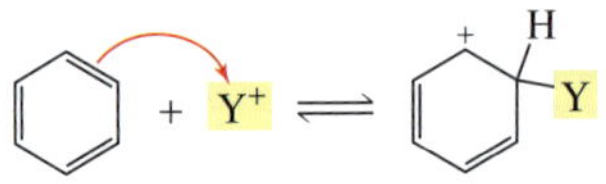

アルケンの求電子付加反応の一段階目を思い起こしてみよう．求核的なアルケンは求電子剤と反応し，カルボカチオン中間体が生成する(上巻；6.0節参照)．この反応の二段階目では，カルボカチオンは求核剤(Z^-)と反応し，付加生成物が生じる.

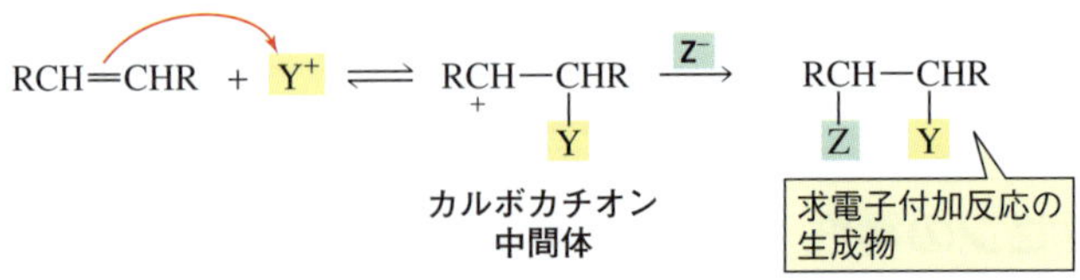

ベンゼンと求電子剤との反応で生成するカルボカチオン中間体が，求核剤と同じように反応するならば(図 19.1 経路 a)，生成する付加体は芳香族ではない．しかし，カルボカチオンから求電子付加した位置のプロトンが失われ，置換生成物が生じると(図 19.1 経路 b)，ベンゼン環の芳香族性が再生する.

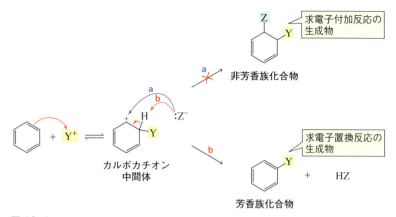

▲ 図 19.1
ベンゼンと求電子剤との反応．芳香族生成物はより安定なので，求電子付加反応ではなく（経路 a），求電子置換反応が進行する（経路 b）．

芳香族置換生成物は非芳香族付加生成物よりもきわめて安定なので（図 19.2），アルケンに特徴的な反応であって，芳香族性を破壊する<u>求電子付加反応</u>よりも，芳香族性が保たれる<u>求電子置換反応</u>をベンゼンは起こす．この置換反応は，求電子剤が芳香族化合物の水素原子を置換するので，より正確には**芳香族求電子置換反応**（electrophilic aromatic substitution reaction）と呼ばれる．

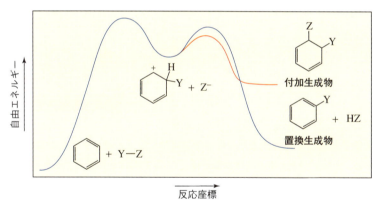

▲ 図 19.2
ベンゼンの芳香族求電子置換反応とベンゼンへの求電子付加反応の反応座標図．

問題 2
ベンゼンへの求電子付加が全体的に見て吸エルゴン反応であるとすると，アルケンへの求電子付加が全体的に見て発エルゴン反応となるのはなぜか．

19.3　芳香族求電子置換反応の一般的な反応機構

芳香族求電子置換反応では，求電子剤は環上の炭素に結合し，H^+ が同じ環上

の炭素から外れる.

芳香族求電子置換反応

$$\text{C}_6\text{H}_5\text{-H} + \text{Y}^+ \longrightarrow \text{C}_6\text{H}_5\text{-Y} + \text{H}^+$$

(求電子剤)

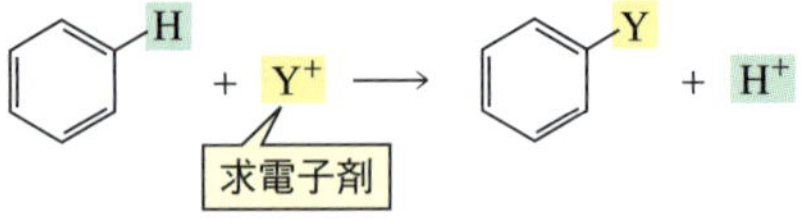

最も一般的な芳香族求電子置換反応には次の五つの反応がある.

1. ハロゲン化(halogenation)：臭素(Br)，塩素(Cl)，またはヨウ素(I)が水素と置換する.
2. ニトロ化(nitration)：ニトロ基(NO_2)が水素と置換する.
3. スルホン化(sulfonation)：スルホン酸基(SO_3H)が水素と置換する.
4. Friedel-Crafts アシル化(Friedel-Crafts acylation)：アシル基(RC=O)が水素と置換する.
5. Friedel-Crafts アルキル化(Friedel-Crafts alkylation)：アルキル基(R)が水素と置換する.

これらの五つの反応は，すべて同じ二段階機構で進行する.

芳香族求電子置換反応の一般的な反応機構

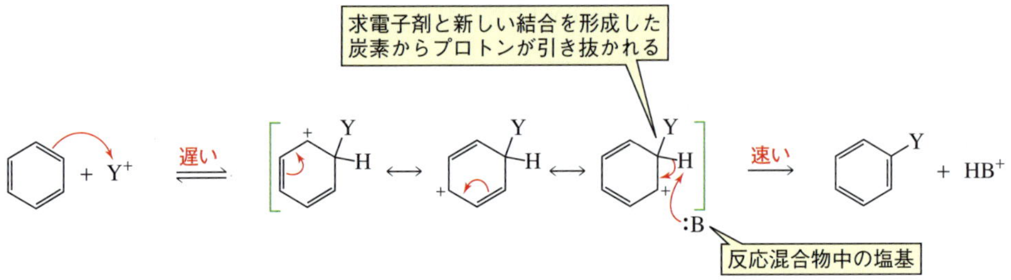

（求電子剤と新しい結合を形成した炭素からプロトンが引き抜かれる）

（反応混合物中の塩基）

- 求電子剤(Y^+)が求核的なベンゼン環に付加し，カルボカチオン中間体が生成する．カルボカチオン中間体の構造は，三つの共鳴寄与体で表すことができる.
- 反応系中の塩基(:B)がカルボカチオン中間体からプロトンを引き抜き，プロトンを保持していた電子はベンゼン環に移動し芳香族性が再生する．<u>求電子剤と結合を形成した炭素からプロトンが必ず引き抜かれる</u>ことに注目しよう.

芳香族化合物がより不安定な非芳香族中間体に変換されるので，一段階目は相対的に遅く，吸エルゴン的である(図 19.2)．二段階目では，安定性が増大する芳香族性が再生するので，二段階目は速く，きわめて発エルゴン的である.

これから前述の五つの芳香族求電子置換反応を一つずつ見ていくことにする．それらを調べていくと，反応の違いは単に反応を起こさせるのに必要な求電子剤(Y^+)がどう発生するかだけであることに気づくだろう．そして，いったん求電子剤が生成したら，五つの反応は示してきたようにすべて同じ二段階の芳香族求電子置換反応の機構で進行する.

19.4 ベンゼンのハロゲン化

ベンゼンの臭素化や塩素化には，臭化鉄(Ⅲ)や塩化鉄(Ⅲ)のような Lewis 酸触媒が必要である．Lewis 酸とは電子対を共有することができる化合物であることを思い出そう(上巻：2.12 節参照)．

臭素化

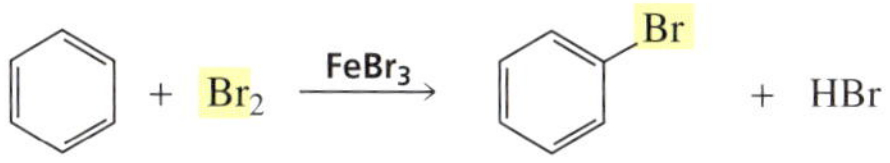

C₆H₆ + Br₂ →(FeBr₃) C₆H₅Br + HBr

ブロモベンゼン
(bromobenzene)

塩素化

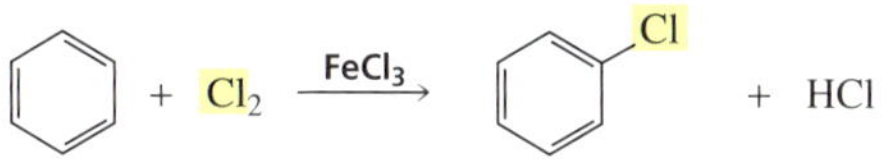

C₆H₆ + Cl₂ →(FeCl₃) C₆H₅Cl + HCl

クロロベンゼン
(chlorobenzene)

アルケンと Br_2 や Cl_2 との反応では触媒が不必要なのに，なぜベンゼンとこれらの反応剤との反応では触媒が必要なのであろうか．ベンゼンの芳香族性がベンゼンをより安定にしており，そのためにベンゼンはアルケンよりもはるかに反応性が低い．したがって，ベンゼンにはより優れた求電子剤が必要である．孤立電子対を Lewis 酸に供与することで Br—Br(あるいは Cl—Cl)結合は弱まり，それによってより優れた脱離基を与え，Br_2 (あるいは Cl_2)をより優れた求電子剤に変える．

求電子剤の発生

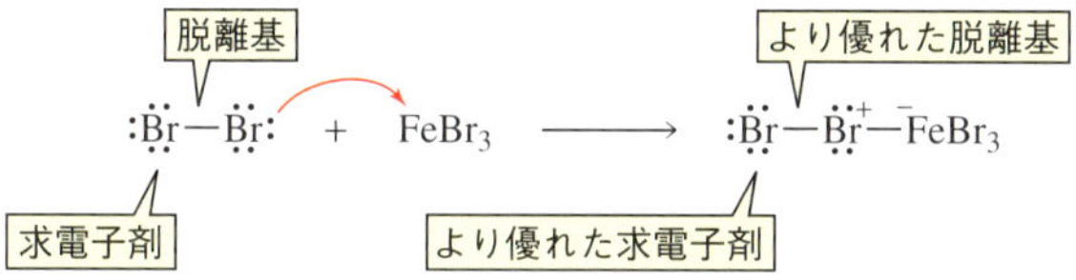

:Br—Br: + FeBr₃ ⟶ :Br—Br⁺—⁻FeBr₃

（脱離基）（求電子剤）→（より優れた脱離基）（より優れた求電子剤）

臭素化の反応機構

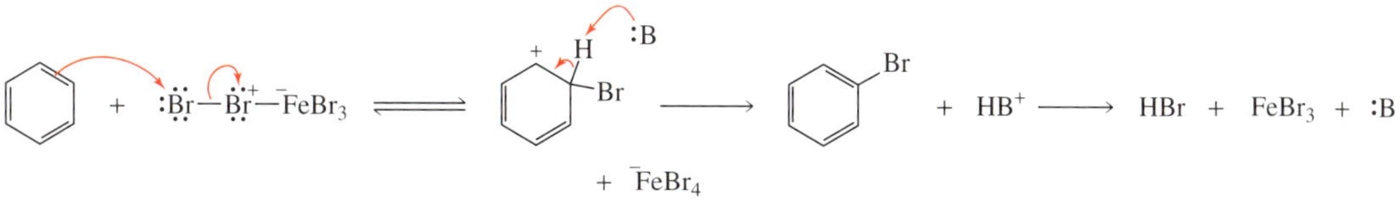

C₆H₆ + :Br—Br⁺—⁻FeBr₃ ⇌ [C₆H₆Br]⁺ + ⁻FeBr₄ ⟶ C₆H₅Br + HB⁺ ⟶ HBr + FeBr₃ + :B

- 求電子剤がベンゼン環に付加する．
- 反応混合物中の塩基(:B)(⁻FeBr₄ あるいは溶媒)は求電子剤との結合を形成した炭素からプロトンを引き抜く．触媒が再生することに気づこう．

簡明にするために，これ以降の芳香族求電子置換反応においては，カルボカチオン中間体の三つの共鳴寄与体のうちの一つだけを示すことにする．しかし，19.3 節で示したように，実際には，それぞれのカルボカチオン中間体には三つの共鳴寄与体があることを覚えておこう．

ベンゼンの塩素化の反応機構は、臭素化の反応機構と同じである.

塩素化の反応機構

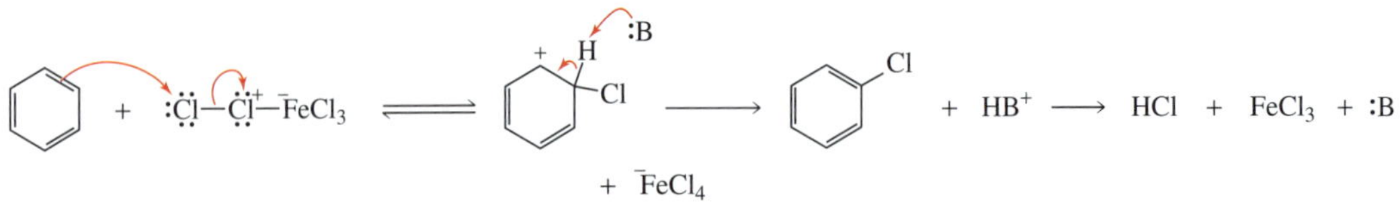

臭化鉄(Ⅲ)と塩化鉄(Ⅲ)触媒は操作中に空気中の湿気と容易に反応し、その活性が失われる。この問題を避けるため、これらの触媒は鉄粉と臭素(あるいは塩素)を用いて反応系中(反応混合物中)で発生させる。その結果、Lewis 酸のハロゲン成分は置換反応で使われたハロゲンと同じになる(Br_2 と $FeBr_3$ または Cl_2 と $FeCl_3$).

$$2\,Fe + 3\,Br_2 \longrightarrow 2\,FeBr_3$$

$$2\,Fe + 3\,Cl_2 \longrightarrow 2\,FeCl_3$$

問題 3
$FeBr_3$ が水和によって不活性化するのはなぜか.

ヨードベンゼンは酸性条件下、I_2 と酸化剤から合成することができる。過酸化水素が酸化剤として一般的に使われる.

ヨウ素化

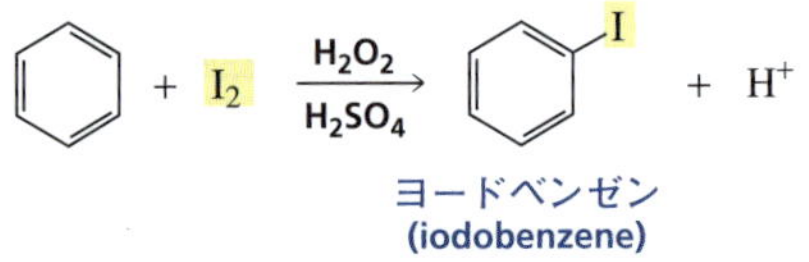

ヨードベンゼン
(iodobenzene)

酸化剤は I_2 を求電子的なヨードニウムイオン(I^+)に変換する.

求電子剤の発生

$$I_2 \xrightarrow{\text{酸化剤}} 2\,I^+$$

いったん求電子剤が生成すると、ベンゼンのヨウ素化は臭素化や塩素化と同じ機構で進行する.

ヨウ素化の反応機構

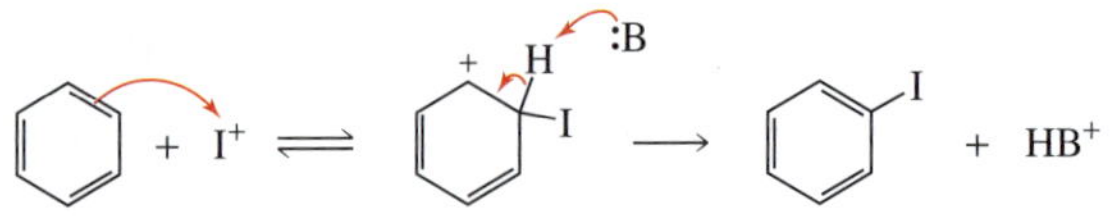

- 求電子剤がベンゼン環に付加する.
- 反応混合物中の塩基(:B)は求電子剤との結合を形成した炭素からプロトンを引き抜く.

チロキシン

甲状腺でつくられるホルモンの1種であるチロキシンは，脂肪，炭水化物，およびタンパク質の代謝速度を増大させる．ヒトは，チロシン(アミノ酸の一つ)とヨウ素からチロキシンを得ている．甲状腺は，体内でヨウ素を使用する唯一の器官であり，私たちは，おもに海産物(魚介類)やヨウ化塩からヨウ素を摂取している．

ヨードペルオキシダーゼと呼ばれる酵素は，私たちが摂取した I^- を，ベンゼン環をヨウ素化するのに必要な I^+ に変換する．ヨウ素不足は子どもの知的障害の最大の要因であるが，予防することができる．

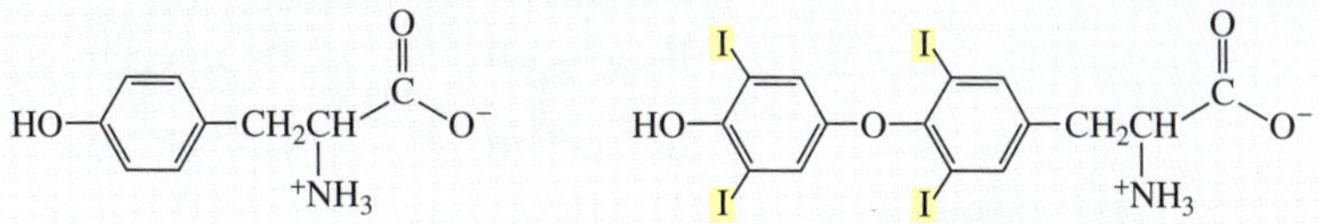

チロシン
(tyrosine)

チロキシン
(thyroxine)

慢性的なチロキシン不足に陥ると，無駄にチロキシンを多くつくろうとするので，甲状腺肥大を引き起こす．これは，甲状腺腫として知られている症状である．チロキシン不足はチロキシンを経口摂取することによって補うことができる．最もよく知られたチロキシンの商標である Synthroid® は，アメリカで最もよく処方されている薬の一つである．

19.5 ベンゼンのニトロ化

硝酸によるベンゼンのニトロ化には触媒として硫酸が必要である．

ニトロ化

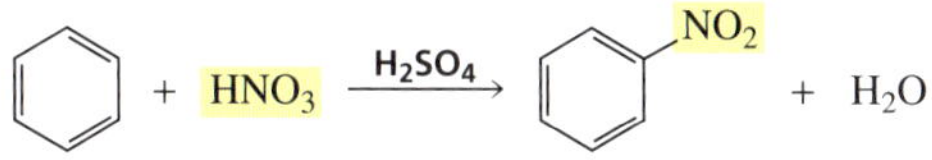

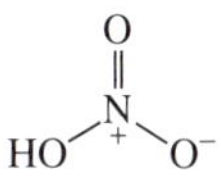

ニトロベンゼン
(nitrobenzene)

硝酸

$O{=}\overset{+}{N}{=}O$

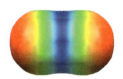

ニトロニウムイオン

硫酸は硝酸をプロトン化することにより必要な求電子剤を発生させる．プロトン化された硝酸が脱水されると，ニトロ化に必要な求電子剤であるニトロニウムイオンが生成する．

求電子剤の発生

硝酸
(nitric acid)

ニトロニウムイオン
(nitronium ion)

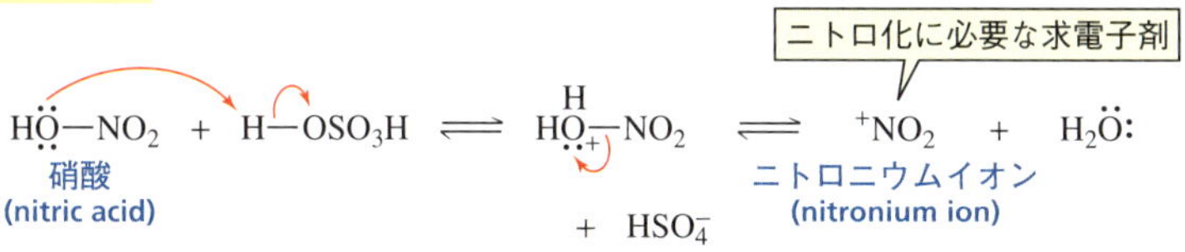

芳香族求電子置換反応の機構は，19.4節で見た芳香族求電子置換反応の機構と同じである．

ニトロ化の反応機構

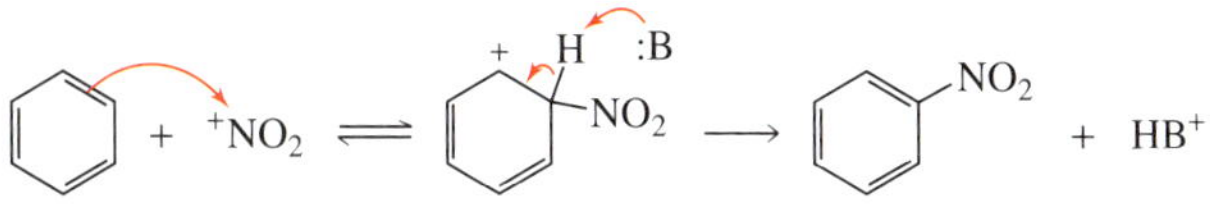

- 求電子剤がベンゼン環に付加する．
- 反応混合物（たとえば H_2O, HSO_4^-, または溶媒）は，求電子剤との結合を形成した炭素からプロトンを引き抜く．

> **問題 4（解答あり）**
>
> 次の反応の機構を示せ． 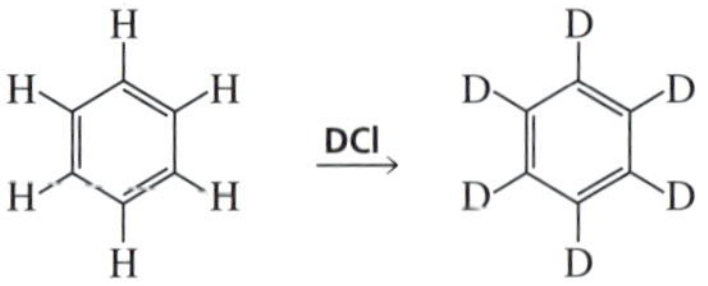
>
> ベンゼン $\xrightarrow{DCl}$ ベンゼン-d_6
>
> **解答** 得られる唯一の求電子剤は D^+ である．したがって，D^+ は環炭素に付加し，H^+ が同じ環炭素から外れる．この反応はほかの五つの環炭素それぞれで繰り返される．
>
> ベンゼン + D^+ ⇌ 中間体 → 一置換体 + H^+

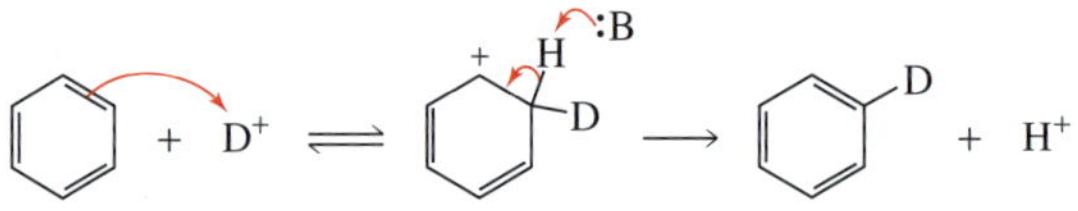

19.6 ベンゼンのスルホン化

芳香環のスルホン化には，濃硫酸か発煙硫酸（濃硫酸に SO_3 を吸収させたもの）が用いられる．

スルホン化

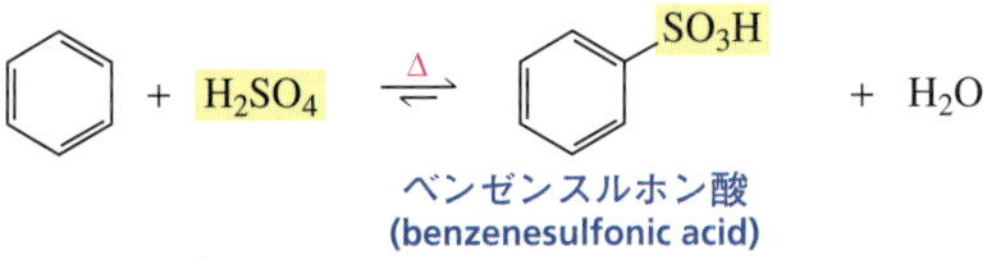

ベンゼン + H_2SO_4 $\underset{}{\overset{\Delta}{\rightleftarrows}}$ ベンゼンスルホン酸 (benzenesulfonic acid) + H_2O

スルホン化で求電子剤の $^+SO_3H$ が発生する機構と，ニトロ化で求電子剤の $^+NO_2$ が発生する機構との類似性に気づいてほしい．濃硫酸を加熱すると，$^+SO_3H$ 求電子剤からプロトンが失われて，十分な量の求電子的な三酸化硫黄（SO_3）が発生する．

求電子剤の発生

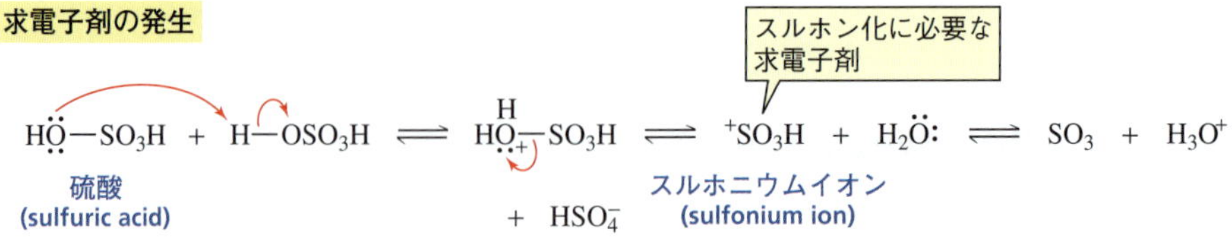

$HO-SO_3H$ + $H-OSO_3H$ ⇌ $HO^+_2-SO_3H$ ⇌ $^+SO_3H$ + $H_2\ddot{O}:$ ⇌ SO_3 + H_3O^+

硫酸 (sulfuric acid) ／ ＋ HSO_4^- ／ スルホニウムイオン (sulfonium ion) ／ スルホン化に必要な求電子剤

スルホン化の反応機構

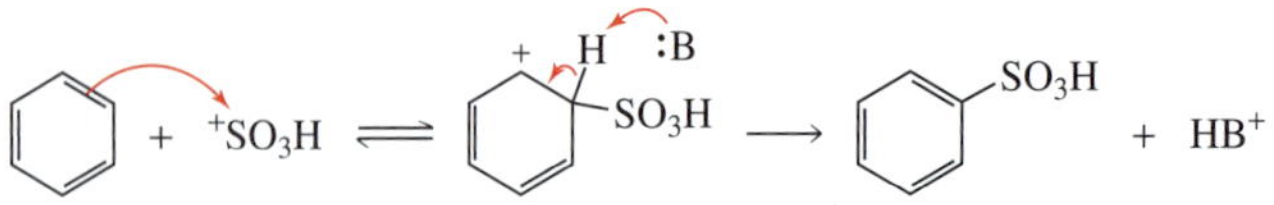

ベンゼン + $^+SO_3H$ ⇌ 中間体 → ベンゼンスルホン酸 + HB^+

- 求電子剤がベンゼン環に結合する.
- 反応混合物中の塩基(:B)(たとえば,H_2O,HSO_4^-,または溶媒)は,求電子剤と結合を形成した炭素からプロトンを引き抜く.

これまで見てきたように,スルホン酸の共役塩基はその負電荷が三つの酸素に非局在化しているためとくに安定(弱い)なので,スルホン酸は強酸である(上巻;11.3節参照).

ベンゼンスルホン酸 ⇌ ベンゼンスルホン酸イオン + H^+ ($pK_a = -6.5$)

ベンゼンのスルホン化は可逆的である.ベンゼンスルホン酸を希薄な酸中で加熱すると,H^+が環に付加し,スルホン酸基が環から外れる.

PhSO$_3$H $\xrightarrow{H_3O^+ / 100\ °C}$ ベンゼン + SO_3 + H^+

脱スルホン化の反応機構

PhSO$_3$H + $H-\overset{+}{O}H_2$ ⇌ 中間体 + H_2O ⇌ ベンゼン + $^+SO_3H$ ⇌ SO_3 + H^+

微視的可逆性の原理(principle of microscopic reversibility)はすべての反応に適用できる.この原理は,微視的に見れば逆反応の機構は正反応の機構とまったく同じで,ただ反応は逆の経路を通って進むことを意味している.したがって,正逆反応ともに同じ中間体を経ていなければならず,さらに,反応座標で最も高い地点である"山"は正逆両方の律速段階でなければならない.

たとえば,スルホン化は図 19.3 の反応座標図の左から右へ進む.したがって,脱スルホン化は同じ反応座標図の右から左へ進む.スルホン化の律速段階は,$^+SO_3H$ イオンのベンゼンへの付加である.一方,脱スルホン化の律速段階はカ

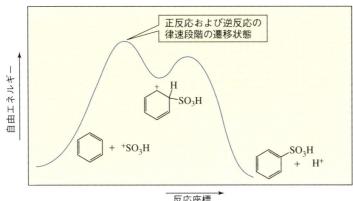

◀ **図 19.3**
ベンゼンのスルホン化(左から右)とベンゼンスルホン酸の脱スルホン化(右から左)の反応座標図.

ルボカチオン中間体から $^+SO_3H$ イオンが失われる段階である．問題 31 を解くときに，いかに脱スルホン化が化合物合成に有用であるかがわかるだろう．

問題 5

図 19.3 の反応座標図は，スルホン化では二段階のうちの遅いほうが律速段階であり，これに対して，脱スルホン化では二段階のうちの速いほうが律速段階であることを示している．速いほうの段階がなぜ律速段階になりうるのか，説明せよ．

19.7 ベンゼンの Friedel-Crafts アシル化反応

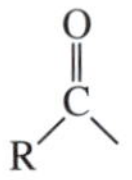

二つの求電子置換反応には，Charles Friedel と James Crafts の二人の化学者の名前がつけられている．Friedel-Crafts アシル化は，ベンゼン環にアシル基を導入する反応であり，Friedel-Crafts アルキル化は，ベンゼン環にアルキル基を導入する反応である．

塩化アシルや酸無水物は，Friedel-Crafts アシル化に必要なアシル基源として用いられる．

Friedel-Crafts アシル化反応

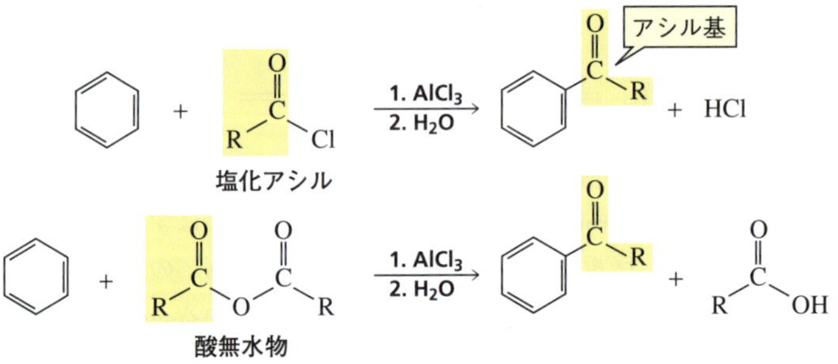

反応に必要な求電子剤（アシリウムイオン）は，塩化アシル（あるいは酸無水物）と Lewis 酸である $AlCl_3$ との反応によって生成する．酸素と炭素がアシリウムイオンの正電荷を共有している．

求電子剤の発生

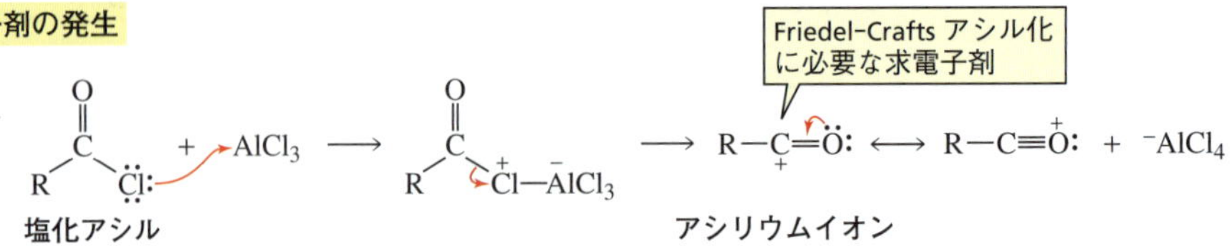

Friedel-Crafts アシル化反応の機構

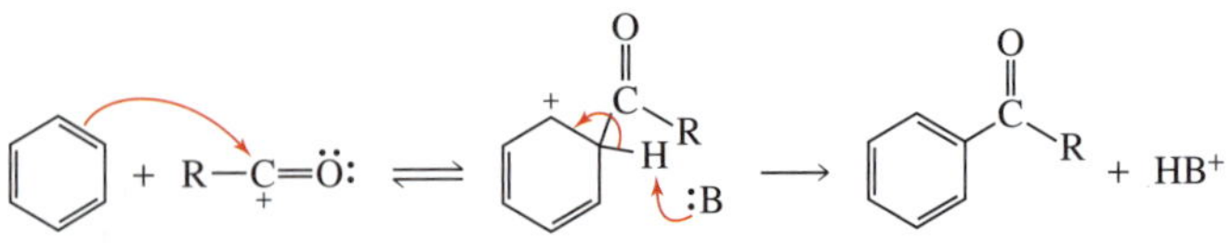

- 求電子剤（この場合，アシリウムイオン）がベンゼン環に付加する．
- 反応混合物中の塩基(:B)は求電子剤と結合を形成した炭素からプロトンを引き抜く．

Friedel-Crafts アシル化の生成物は，$AlCl_3$ と錯体を形成できるカルボニル基を含んでいるので，1当量以上の $AlCl_3$ を用いる必要がある．反応の終了後，錯体から生成物を得るために水を反応混合物に加える．

$$\text{PhC(=O)R} + AlCl_3 \rightleftharpoons \text{PhC(=O-AlCl}_3)\text{R} \xrightarrow{3 H_2O} \text{PhC(=O)R} + Al(OH)_3 + 3 HCl$$

ベンゼンからのベンズアルデヒドの合成は困難である．これは，この反応に必要なハロゲン化アシルである塩化ホルミルが不安定で，系中で発生させなければならないためである．**Gatterman-Koch 反応**（Gatterman-Koch reaction）では，塩化ホルミルを発生させるために高圧の一酸化炭素と HCl，および塩化アルミニウム-塩化銅触媒を用いる．

$$CO + HCl \underset{\text{高圧}}{\rightleftharpoons} [HC(=O)Cl] \xrightarrow{AlCl_3/CuCl} \text{PhCHO}$$

塩化ホルミル (formyl chloride) 不安定 ベンズアルデヒド

問題 6

アシリウムイオン源として，塩化アシルの代わりに酸無水物を用いた場合のアシリウムイオン発生の反応機構を示せ．

19.8 ベンゼンの Friedel-Crafts アルキル化反応

Friedel-Crafts アルキル化は，ベンゼンの水素をアルキル基に置き換える反応である．

Friedel-Crafts アルキル化反応

$$\text{C}_6\text{H}_6 + RCl \xrightarrow{AlCl_3} \text{C}_6\text{H}_5\text{R} + HCl$$

（アルキル基）

反応に必要な求電子剤（カルボカチオン）は，ハロゲン化アルキルと $AlCl_3$ との反応で生成する．ハロゲン化アルキルには塩化アルキル，臭化アルキル，およびヨウ化アルキルのすべてを用いることができる．ハロゲン化ビニルやハロゲン化アリールは，それらのカルボカチオンが不安定なため生成しないので，用いることができない（上巻；9.5 節参照）．

求電子剤の発生

> Friedel-Crafts アルキル化に必要な求電子剤

$$R-\ddot{C}l: + AlCl_3 \longrightarrow R-\overset{+}{C}l-\overset{-}{A}lCl_3 \longrightarrow R^+ + {}^-AlCl_4$$

ハロゲン化アルキル　　　　　　　　　　　　　　　　カルボカチオン

Friedel-Crafts アルキル化反応の機構

$$\text{ベンゼン} + R^+ \longrightarrow \underset{\text{アレニウムイオン}}{[\text{C}_6\text{H}_5\text{(H)(R)}]^+} \xrightarrow{:B} \text{C}_6\text{H}_5\text{R} + HB^+$$

- 求電子剤がベンゼン環に付加する.
- 反応混合物中の塩基(:B)は求電子剤と結合を形成した炭素からプロトンを引き抜く.

　アルキル置換ベンゼンはベンゼンよりも反応性が高いことを 19.14 節で学ぶ. したがって, いったん生成したアルキル置換ベンゼンがさらにアルキル化されるのを防ぐために, Friedel-Crafts アルキル化反応では大過剰のベンゼンを用いる. ベンゼンが過剰にあると, 求電子剤はより反応性の高いアルキル置換ベンゼンよりも大過剰にあるベンゼンと反応する.

　より安定なカルボカチオンに転位可能なら, カルボカチオンは転位することを学んだ(上巻: 6.7 節参照). Friedel-Crafts アルキル化反応で生成したカルボカチオンが転位した場合, 主生成物は, 転位したアルキル基がベンゼン環に導入された生成物である. たとえば, ベンゼンと 1-クロロブタンとの反応では, 60～80%(実際の比は反応条件に左右される)の生成物が転位したアルキル置換基をもつ生成物である. (コラム "できかけの第一級カルボカチオン"を参照.)

$$\text{ベンゼン(過剰)} + CH_3CH_2CH_2CH_2Cl \xrightarrow{AlCl_3} \underset{\text{1-フェニルブタン (1-phenylbutane)}}{\text{Ph-CH}_2\text{CH}_2\text{CH}_2\text{CH}_3} + \underset{\substack{\text{2-フェニルブタン (2-phenylbutane)}\\60\sim80\%}}{\text{Ph-CH(CH}_3\text{)CH}_2\text{CH}_3}$$

（転位していないアルキル置換基／転位したアルキル置換基）

カルボカチオンの転位

$$\underset{\text{第一級カルボカチオン}}{CH_3CH_2\overset{+}{C}H\text{–}CH_2\text{–}H} \xrightarrow{\text{1,2-ヒドリドシフト}} \underset{\text{第二級カルボカチオン}}{CH_3CH_2\overset{+}{C}HCH_3}$$

　ベンゼンと 1-クロロ-2,2-ジメチルプロパンを反応させると, 最初に生成した第一級カルボカチオンは第三級カルボカチオンに転位し, この場合, (すべての反応条件下で)生成物の 100% が転位したアルキル置換基をもつ.

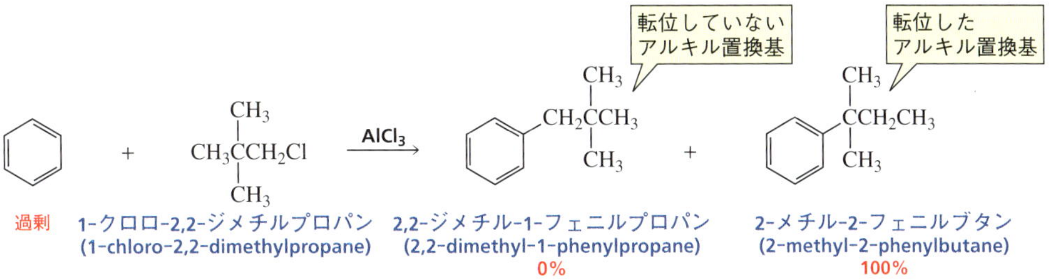

19.8 ベンゼンの Friedel-Crafts アルキル化反応

過剰　1-クロロ-2,2-ジメチルプロパン　　2,2-ジメチル-1-フェニルプロパン　　2-メチル-2-フェニルブタン
(1-chloro-2,2-dimethylpropane)　(2,2-dimethyl-1-phenylpropane)　(2-methyl-2-phenylbutane)
0%　　　　　　　　　　　　　　100%

カルボカチオンの転位

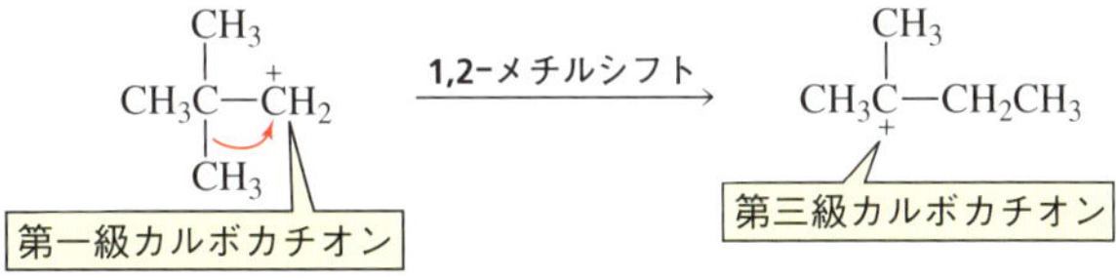

第一級カルボカチオン → 1,2-メチルシフト → 第三級カルボカチオン

できかけの第一級カルボカチオン

わかりやすくするために，これまで見てきたカルボカチオン転位を含む二つの反応では，第一級カルボカチオンが生成するように書かれている．しかし，第一級カルボカチオンは非常に不安定なために生成しないことを学んだ（上巻；9.4 節参照）．当然のことながら，Friedel-Crafts アルキル化では真の第一級カルボカチオンは決して生成しない．その代わり，カルボカチオンは，Lewis 酸との錯体の形で存在している．いわゆる〝できかけの〟カルボカチオンである．できかけのカルボカチオンは，転位するのに十分なカチオン性をもっているので，カルボカチオンの転位が起こる．

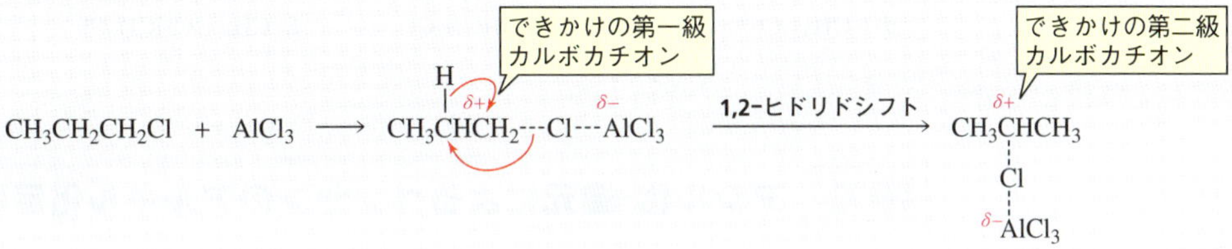

$CH_3CH_2CH_2Cl + AlCl_3 \rightarrow$ できかけの第一級カルボカチオン $CH_3CHCH_2\cdots Cl\cdots AlCl_3$ → 1,2-ヒドリドシフト → できかけの第二級カルボカチオン CH_3CHCH_3 / Cl / $\delta-AlCl_3$

生物学的 Friedel-Crafts アルキル化反応

Friedel-Crafts アルキル化は，血餅を生成するのに必要な補酵素であるビタミン KH_2 の生合成における段階の一つである（24.8 節参照）．非常に優れた脱離基であるピロリン酸基は S_N1 反応で脱離し，アリルカチオンを生成する．Friedel-Crafts アルキル化により，ベンゼン環上に長鎖アルキル基を導入する．カルボキシ基は，数段階経てメチル基に変換され，ビタミン KH_2 が生成する．

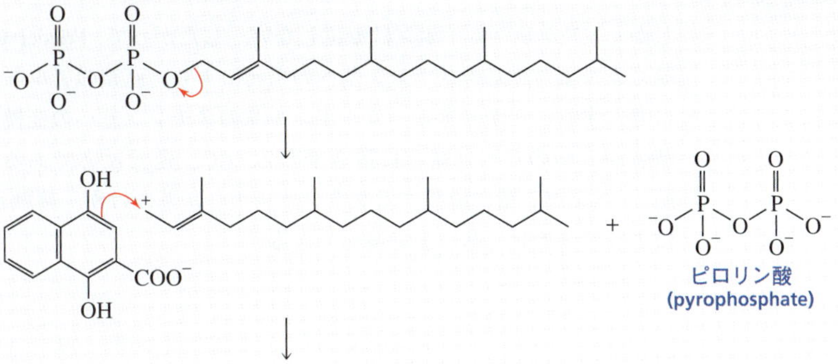

ピロリン酸
(pyrophosphate)

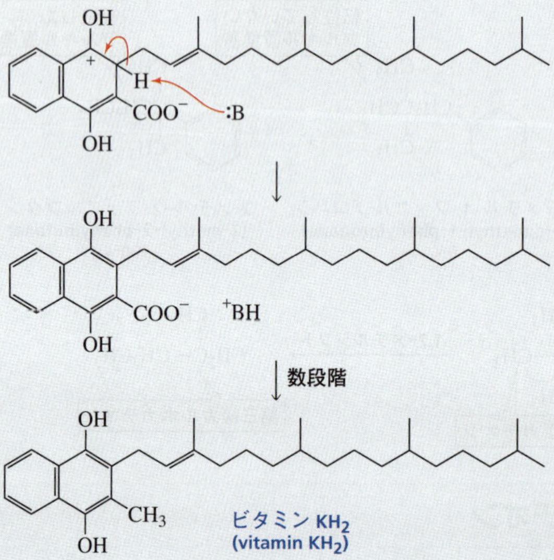
OH
H
COO⁻
:B
OH
OH
COO⁻
⁺BH
OH
数段階
OH
CH₃
OH
ビタミン KH₂
(vitamin KH₂)

問題 7

次の塩化アルキルによる Friedel–Crafts アルキル化反応の主生成物は何か.

a. CH_3CH_2Cl　**b.** $CH_3CH_2CH_2Cl$　**c.** $CH_3CH_2CH(Cl)CH_3$

d. $(CH_3)_3CCl$　**e.** $(CH_3)_2CHCH_2Cl$　**f.** $CH_2{=}CHCH_2Cl$

19.9 アシル化–還元によるベンゼンのアルキル化反応

できかけの第一級カルボカチオンはより安定なカルボカチオンへ転位するので，Friedel–Crafts アルキル化では直鎖のアルキル基をもつアルキルベンゼンを良い収率で得ることはできない.

CH₃
CHCH₃
CH₂CH₂CH₃
CH₃CH₂CH₂Cl
AlCl₃
主生成物
副生成物

しかし，アシリウムイオンは転位しない．したがって，Friedel–Crafts アシル化と，続くカルボニル基のメチレン基への還元により，直鎖のアルキル基をベンゼン環に導入することができる．カルボニル基のメチレン基への変換は，二つの C—O 結合が二つの C—H 結合に置き換わるので，還元反応である（上巻；6.13 節参照）．ベンゼン環に隣接するケトンカルボニル基だけが，接触水素化（H_2 + Pd/C）によってメチレン基にまで還元できる.

19.9 アシル化–還元によるベンゼンのアルキル化反応

(反応式: ベンゼン + CH₃CH₂COCl → [1. AlCl₃, 2. H₂O] → アシル置換ベンゼン (PhCOCH₂CH₃) → [H₂, Pd/C] → アルキル置換ベンゼン (PhCH₂CH₂CH₃))

カルボカチオンの転位を避けられるだけでなく，大過剰のベンゼンを使う必要がないのも，アシル化–還元によるアルキル置換ベンゼンの合成が，直接アルキル化よりも有利な点である(19.8節)．ベンゼンよりも反応性が高いアルキル置換ベンゼンと違って，アシル置換ベンゼンはベンゼンよりも反応性が低い．そのため，いったん生成したアシル置換ベンゼンが2回目のFriedel-Crafts反応を起こすことはない(19.14節)．

ケトンのカルボニル基をメチレン基にまで還元できる方法は，ほかにもいくつかある．これらの方法は，ベンゼン環に隣接しているケトンだけではなく，すべてのケトンカルボニル基を還元する．最も効率的な二つの方法はClemmensen還元とWolff-Kishner還元である．**Clemmensen還元**(Clemmensen reduction)では，還元剤として亜鉛アマルガムの酸性溶液を用いる．**Wolff-Kishner還元**(Wolff-Kishner reduction)では，塩基性条件下でヒドラジン(H_2NNH_2)を用いる．

(反応式: PhCOCH₂CH₃ →[Zn(Hg), HCl, Δ] Clemmensen還元→ PhCH₂CH₂CH₃; PhCOCH₂CH₃ →[H_2NNH_2, HO^-, Δ] Wolff-Kishner還元→ PhCH₂CH₂CH₃)

ヒドラジンはケトンと反応し，ヒドラゾンを与えることを学んだ(17.10節参照)．水酸化物イオンと加熱が，通常のヒドラゾン生成とWolff-Kishner還元との違いである．

Wolff-Kishner還元の反応機構

(反応機構図:
$R_2C=O + NH_2NH_2 \rightleftharpoons R_2C=N-NH_2$ (ヒドラゾン) $+ HO^-$ (プロトンの引き抜き) → $R_2C=N-\ddot{N}H^-$ ↔ $R_2\ddot{C}^--N=N-H$ (負電荷の非局在化)

→ $R_2CH-N=N-H + HO^-$ (プロトンの引き抜き) → $R_2CH-N=\ddot{N}^-$ → $R_2\ddot{C}H^- + N_2$ (脱離反応の結果もたらされる窒素ガスの生成) → R_2CH_2 + HO^-)

- 909ページのイミン生成の反応機構に従って，ケトンはヒドラジンと反応してヒドラゾンを生成する．
- 水酸化物イオンはヒドラゾンのNH_2基からプロトンを引き抜く．このプロト

- ンは弱い酸なので，反応には加熱が必要である．
- 負電荷は炭素上に非局在化でき，その炭素は水からプロトンを引き抜く．
- 最後の二段階が繰り返し起こり，脱酸素された生成物と窒素ガスが生成する．

19.10 カップリング反応を用いるベンゼンのアルキル化反応

直鎖のアルキル基をもつアルキルベンゼンは，Suzuki（鈴木）反応あるいは有機銅アート反応剤を使って，ブロモベンゼンあるいはクロロベンゼンからも合成できる．

Suzuki 反応

$$\text{C}_6\text{H}_5\text{Cl} + \text{CH}_3\text{CH}_2\text{CH}_2-\text{B}(\text{OR})(\text{OH}) \xrightarrow{\text{PdL}_2} \text{C}_6\text{H}_5\text{CH}_2\text{CH}_2\text{CH}_3$$

有機ホウ素化合物 → プロピルベンゼン (propylbenzene)

有機銅アート反応剤との反応

$$\text{C}_6\text{H}_5\text{Br} + (\text{CH}_3\text{CH}_2\text{CH}_2)_2\text{CuLi} \longrightarrow \text{C}_6\text{H}_5\text{CH}_2\text{CH}_2\text{CH}_3 + \text{CH}_3\text{CH}_2\text{CH}_2\text{Cu} + \text{LiBr}$$

問題 8

次のそれぞれの化合物をベンゼンから合成する方法を二つ述べよ．

a. C₆H₅-CH(CH₃)CH₂CH₃

b. C₆H₅-CH₂CH₂CH₂CH₃

19.11 複数の変換反応をもつことは重要である

この時点では，同じ変換反応をするのになぜ二つ以上の方法が必要なのか不思議に思うかもしれない．それは，目的の反応を行うのに使われる反応剤と反応する官能基が同じ分子中にある場合に対応するためである．たとえば次の反応では，$\text{H}_2 + \text{Pd/C}$ はカルボニル基とニトロ基の両方を還元するが（19.12節），Wolff-Kishner 還元はカルボニル基のみを還元する．

m-H₂N-C₆H₄-CH₂CH₃ ←[H₂, Pd/C]— m-O₂N-C₆H₄-C(=O)CH₃ —[H₂NNH₂, HO⁻, Δ Wolff-Kishner 還元]→ m-O₂N-C₆H₄-CH₂CH₃

19.12 ベンゼン環上の置換基を化学的に変換する方法

19.3 節で述べられた五つの反応によってベンゼン環に導入できる置換基以外の置換基をもつベンゼン環は，それらの置換ベンゼンをまず合成し，そして，その置換基を化学変換することにより合成できる．これらの反応のいくつかは，すでに学んだ反応である．

アルキル置換基の反応

臭素はラジカル置換反応でベンジル位の水素を選択的に置換することを学んだ（上巻；13.9 節参照）．

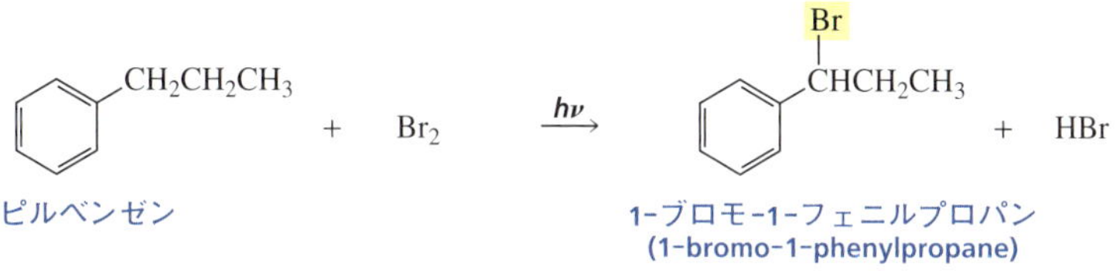

プロピルベンゼン　＋　Br_2　$\xrightarrow{h\nu}$　1-ブロモ-1-フェニルプロパン (1-bromo-1-phenylpropane)　＋　HBr

いったんハロゲンをベンジル位に導入すると，S_N2 反応や S_N1 反応を経て求核剤と置き換えることができる（上巻；9.1 節および 9.3 節参照）．さまざまな置換ベンゼンをこの方法で合成できる．

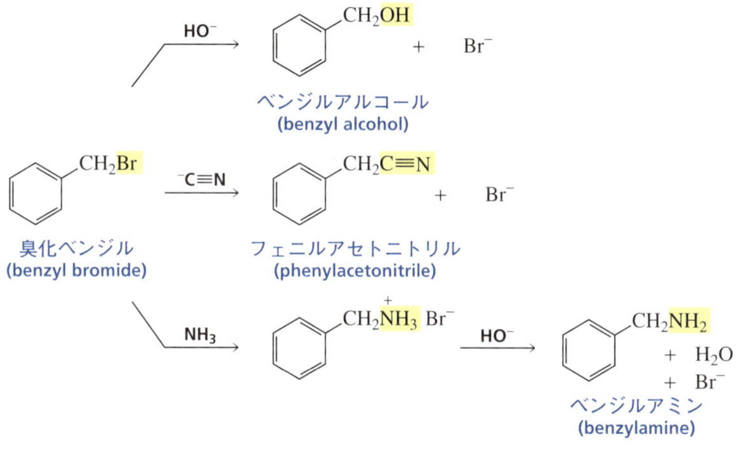

臭化ベンジル (benzyl bromide)

- $\xrightarrow{HO^-}$ ベンジルアルコール (benzyl alcohol) ＋ Br^-
- $\xrightarrow{^-C\equiv N}$ フェニルアセトニトリル (phenylacetonitrile) ＋ Br^-
- $\xrightarrow{NH_3}$ $PhCH_2NH_3^+\,Br^-$ $\xrightarrow{HO^-}$ ベンジルアミン (benzylamine) ＋ H_2O ＋ Br^-

ハロゲン化アルキルは E2 反応や E1 反応を起こすことを思い出そう（上巻；10.1 節および 10.3 節参照）．かさ高い塩基（$tert$-BuO$^-$）を使うと，置換ではなく脱離が優先する．

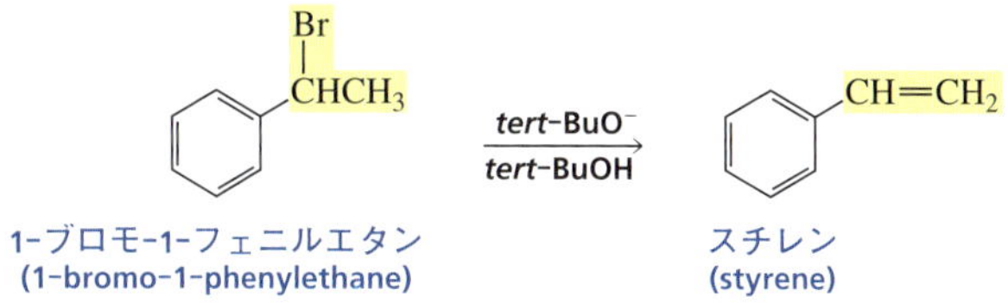

1-ブロモ-1-フェニルエタン (1-bromo-1-phenylethane) $\xrightarrow[tert\text{-BuOH}]{tert\text{-BuO}^-}$ スチレン (styrene)

二重結合や三重結合をもっている置換基は接触水素化により還元することがで

きる(上巻；6.13 節および 17.6 節参照).

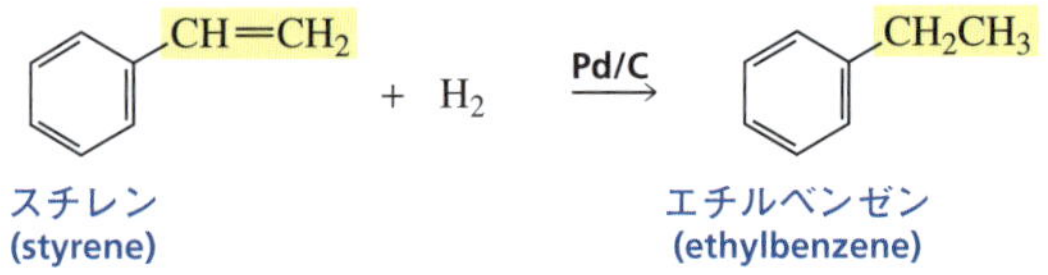
CH=CH2
+ H2
Pd/C
CH2CH3
スチレン
(styrene)
エチルベンゼン
(ethylbenzene)

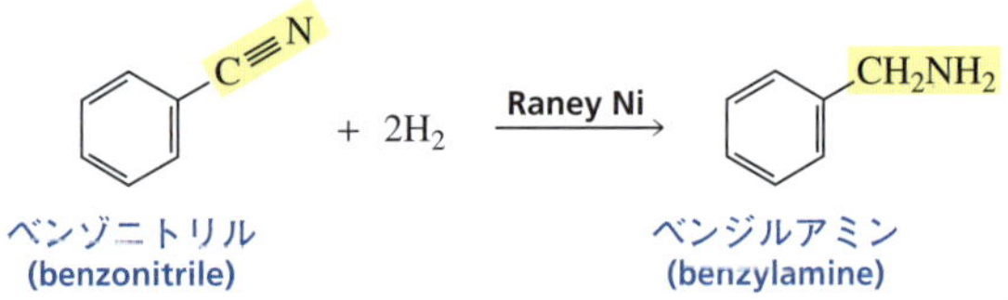
C≡N
+ 2H2
Raney Ni
CH2NH2
ベンゾニトリル
(benzonitrile)
ベンジルアミン
(benzylamine)

ベンゼンは非常に安定な化合物なので，高温，高圧下でのみ還元できることを学んだ(上巻；8.1 節参照)．したがって，置換基だけが前述の反応で還元される．

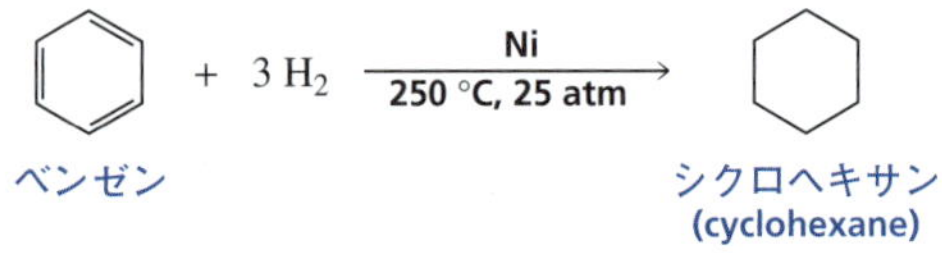
+ 3 H2
Ni
250 °C, 25 atm
ベンゼン
シクロヘキサン
(cyclohexane)

ベンゼン環に結合したアルキル基はカルボニル基に酸化できる．クロム酸が酸化剤として広く用いられている．ベンゼン環は非常に安定なので酸化されず，アルキル基だけが酸化される．

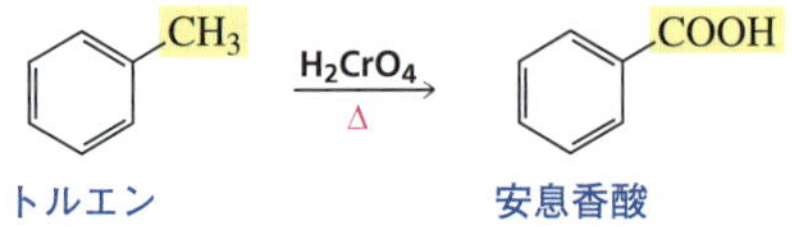
CH3
H2CrO4
Δ
COOH
トルエン
安息香酸

アルキル置換基の長さに関係なく水素がベンジル位の炭素に結合していれば，アルキル基は COOH 基にまで酸化される．

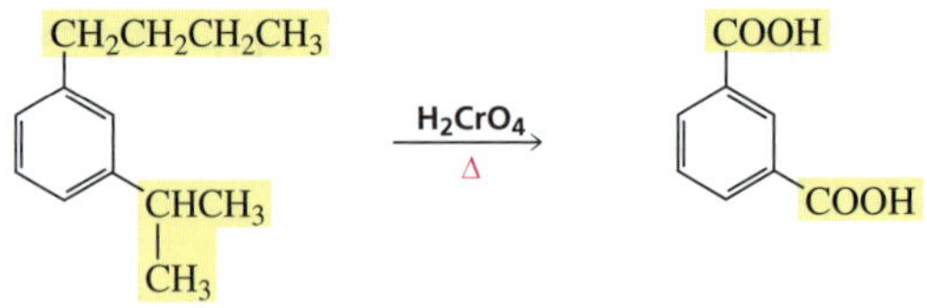
CH2CH2CH2CH3
CHCH3
CH3
H2CrO4
Δ
COOH
COOH

アルキル基にベンジル位水素がない場合，酸化反応は起こらない．これは，酸化反応の一段階目がベンジル位炭素から水素を引き抜くためである．

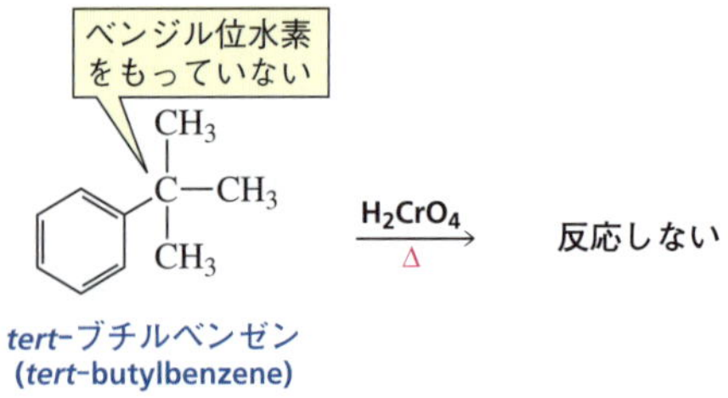
ベンジル位水素をもっていない
CH3
C—CH3
CH3
H2CrO4
Δ
反応しない
tert-ブチルベンゼン
(tert-butylbenzene)

ニトロ置換基の還元

ニトロ置換基はアミノ基に還元できる．この反応には接触水素化がよく使われる．

$$\text{C}_6\text{H}_5\text{NO}_2 + \text{H}_2 \xrightarrow{\text{Pd/C}} \text{C}_6\text{H}_5\text{NH}_2$$

問題 9 ◆

次の反応の生成物は何か．

a. イソプロピルベンゼン $\xrightarrow[\Delta]{\text{H}_2\text{CrO}_4}$

b. 3-エチルトルエン $\xrightarrow[\Delta]{\text{H}_2\text{CrO}_4}$

c. トルエン $\xrightarrow[\text{2. CH}_3\text{O}^-]{\text{1. Br}_2, h\nu}$

d. トルエン $\xrightarrow[\text{3. H}_2, \text{Raney Ni}]{\substack{\text{1. Br}_2, h\nu \\ \text{2. }^-\text{C}\equiv\text{N}}}$

問題 10（解答あり）

次の化合物をベンゼンから合成する方法を示せ．

a. ベンズアルデヒド　　b. スチレン　　c. 1-ブロモ-2-フェニルエタン
d. 2-フェニルエタノール　　e. アニリン　　f. 安息香酸

10a の解答　ベンズアルデヒドは Gatterman-Koch 反応（1029 ページ）あるいは次の反応式で合成できる．

$$\text{ベンゼン} \xrightarrow[\text{AlCl}_3]{\text{CH}_3\text{Cl} \text{（過剰）}} \text{トルエン} \xrightarrow[\text{過酸化物}]{\text{NBS}, \Delta} \text{PhCH}_2\text{Br} \xrightarrow{\text{HO}^-} \text{PhCH}_2\text{OH} \xrightarrow[\substack{\text{CH}_3\text{COOH} \\ 0\,°\text{C}}]{\text{NaOCl}} \text{PhCHO}$$

19.13　二置換ベンゼンと多置換ベンゼンの命名法

19.1 節では，一置換ベンゼンの命名法について学んだ．ここでは，二つ以上の置換基をもつベンゼン環の命名法について見ていこう．

二置換ベンゼンの命名

ベンゼン環上の二つの置換基の相対的な位置は，番号またはオルト（*ortho*），メタ（*meta*），パラ（*para*）の接頭語によって示される．隣接する置換基はオルト，炭素一つ離れた置換基はメタ，互いに反対の位置にある置換基はパラと呼ばれる．化合物の命名には，それらの接頭語の省略形（*o*, *m*, *p*）がよく使われる．

1,2-ジブロモベンゼン
(1,2-dibromobenzene)
ortho-ジブロモベンゼン
o-ジブロモベンゼン

1,3-ジブロモベンゼン
(1,3-dibromobenzene)
meta-ジブロモベンゼン
m-ジブロモベンゼン

1,4-ジブロモベンゼン
(1,4-dibromobenzene)
para-ジブロモベンゼン
p-ジブロモベンゼン

　二つの置換基が異なっている場合は，置換基をアルファベット順に並べ，その位置を示す番号をつける．最初の置換基を1位とし，2番目の置換基が最小になるようにベンゼン環に番号をつけていく．

1-クロロ-3-ヨードベンゼン
(1-chloro-3-iodobenzene)
meta-クロロヨードベンゼン
(1-ヨード-3-クロロベンゼンや
meta-ヨードクロロベンゼンではない)

1-ブロモ-3-ニトロベンゼン
(1-bromo-3-nitrobenzene)
meta-ブロモニトロベンゼン

1-クロロ-4-エチルベンゼン
(1-chloro-4-ethylbenzene)
para-クロロエチルベンゼン

　置換基の一つが化合物名に含まれている場合は，その名称を使い，その置換基の位置を1位とする．しかし，環上に二つ目の置換基をもつ化合物を命名するときにはトルエンではなくメチルベンゼンを使う．

2-クロロベンズアルデヒド
(2-chlorobenzaldehyde)
ortho-クロロベンズアルデヒド
(*ortho*-クロロホルミルベンゼンではない)

4-ニトロアニリン
(4-nitroaniline)
para-ニトロアリニン
(*para*-アミノニトロベンゼンではない)

2-エチルフェノール
(2-ethylphenol)
ortho-エチルフェノール
(*ortho*-エチルヒドロキシベンゼンではない)

3-ブロモ-1-メチルベンゼン
(3-bromo-1-methylbenzene)
meta-ブロモメチルベンゼン
(*meta*-ブロモトルエンではない)

　二つの置換基を含めて命名される二置換ベンゼンもいくつかある．

ortho-トルイジン
(*ortho*-toluidine)

meta-キシレン
(*meta*-xylene)

para-クレゾール
(*para*-cresol)
(木材保存剤として使用されていたが，環境に影響を与えるため禁止された)

問題 11 ◆
次の化合物を命名せよ.

a.   b.   c.   d.

問題 12
次のそれぞれの化合物の構造を書け.
a. *para*-トルイジン
b. *meta*-クレゾール
c. *para*-キシレン
d. *ortho*-クロロベンゼンスルホン酸

多置換ベンゼンの命名

ベンゼン環に置換基が三つ以上ある場合，できるかぎり小さい番号がつくように置換基に番号をつける．置換基は，その位置を示す番号をつけてアルファベット順に並べる．

2-ブロモ-4-クロロ-1-ニトロベンゼン
(2-bromo-4-chloro-1-nitrobenzene)

4-ブロモ-1-クロロ-2-ニトロベンゼン
(4-bromo-1-chloro-2-nitrobenzene)

1-ブロモ-4-クロロ-2-ニトロベンゼン
(1-bromo-4-chloro-2-nitrobenzene)

二置換ベンゼンと同様に，置換基の一つが化合物名に含まれている場合はその名称を使い，その置換基の位置を1位とする．そして，環の位置番号はできるかぎり小さくなるようにつける．

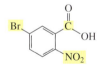
5-ブロモ-2-ニトロ安息香酸
(5-bromo-2-nitrobenzoic acid)

3-ブロモ-4-クロロフェノール
(3-bromo-4-chlorophenol)

2-エチル-4-ヨードアニリン
(2-ethyl-4-iodoaniline)

問題 13
次のそれぞれの化合物の構造を書け.
a. *m*-クロロメチルベンゼン
b. *p*-ブロモフェノール
c. *o*-ニトロアニリン
d. *m*-クロロベンゾニトリル
e. 2-ブロモ-4-ヨードフェノール
f. *m*-ジクロロベンゼン
g. 2,5-ジニトロベンズアルデヒド
h. 4-ブロモ-3-クロロアニリン
i. *o*-キシレン

> **問題 14◆**
> 次のうちで誤っている名称を訂正せよ．
> **a.** 2,4,6-トリブロモベンゼン   **b.** 3-ヒドロキシニトロベンゼン
> **c.** *para*-メチルブロモベンゼン   **d.** 1,6-ジクロロベンゼン

19.14 反応性に対する置換基効果

ベンゼンと同様に，置換ベンゼン類も 19.13 節で述べたハロゲン化，ニトロ化，スルホン化，Friedel-Crafts アシル化，および Friedel-Crafts アルキル化の五つの芳香族求電子置換反応を起こす．

そこで，置換ベンゼンがベンゼンそのものより反応性が高いのか，それとも低いのかを知っておく必要がある．その答えは置換基に依存している．ある置換基は芳香族求電子置換反応に対する反応性をベンゼンよりも高くし，あるものは低くする．

芳香族求電子置換反応の遅い段階（律速段階）は，求電子剤が求核的な芳香環に付加し，カルボカチオン中間体が生成する段階である（図 19.2 参照）．ベンゼンをより優れた求核剤にする置換基は求電子剤をより引きつけ，ベンゼンをより劣った求核剤にする置換基は求電子剤をより引きつけにくくする．

さらに，遅い段階の遷移状態はベンゼンよりもカルボカチオン中間体のエネルギーに近いので（19.2 節），遷移状態はカルボカチオン中間体に似ている（上巻；6.3 節参照）．したがって，遷移状態は部分正電荷をもっている．

その結果，ベンゼン環に電子を供与する置換基はベンゼンの求核性を増大させ，部分的に正に荷電した遷移状態を安定化し，そのため芳香族求電子置換反応の反応速度は増大する．これらは**活性化置換基**（activating substituent）と呼ばれている．これに対して，ベンゼン環から電子を求引する置換基はベンゼンの求核性を低下させ，遷移状態を不安定化する．その結果，芳香族求電子置換反応の反応速度は低下する．これらは**不活性化置換基**（deactivating substituent）と呼ばれている．

芳香族求電子置換反応の相対的速度

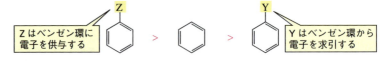

置換基が電子を供与あるいは求引する方法を見ていこう．

電子求引性誘起効果

ベンゼン環に結合している置換基が水素より電子求引性が高い場合，その置換基は水素よりも強くベンゼン環からσ電子を奪い取る．σ結合を通じた電子の求引は**電子求引性誘起効果**（inductive electron withdrawal）と呼ばれる（上巻；2.7 節参照）．$^+NH_3$ 基は水素より電気陰性なので，誘起的に電子を求引する置換基の例である．

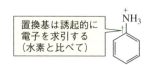

置換基は誘起的に
電子を求引する
（水素と比べて）

超共役による電子供与

CH$_3$ 基のようなアルキル置換基は超共役，つまり空の p 軌道への電子の供与によってカルボカチオンを安定化することを学んだ（上巻；6.2 節参照）．

共鳴による電子供与

置換基がベンゼン環に直接結合している原子上に孤立電子対をもっている場合，その孤立電子対はベンゼン環に非局在化することができる．これを置換基の**共鳴による電子供与**（donate electron by resonance）という（上巻；8.15 節参照）．NH$_2$，OH，OR，および Cl のような置換基は，共鳴により電子を供与する．また，水素よりも電気陰性度の大きな原子がベンゼン環に直接結合しているので，これらの置換基は誘起的には電子の求引もする．

共鳴によるベンゼン環への電子供与

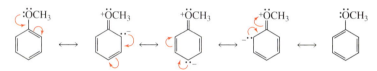

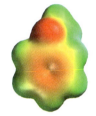

アニソール
(anisole)

共鳴による電子求引

より電気陰性度の大きな原子と二重結合あるいは三重結合している原子によって置換基がベンゼン環に結合している場合，環の電子はその置換基上に非局在化できる．これを置換基の**共鳴による電子求引**（withdraw electron by resonance）という．C＝O，C≡N，SO$_3$H，および NO$_2$ のような置換基は，共鳴によって電子を求引する．これらの置換基は，ベンゼン環に結合している原子が完全な正電荷あるいは部分正電荷をもっており，それゆえ水素より電気陰性であるため，誘起的にも電子を求引する．

共鳴によるベンゼン環からの電子求引

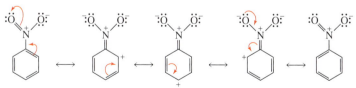

ニトロベンゼン
(nitrobenzene)

問題 15◆

次のそれぞれの置換基は，誘起的に電子を求引する，超共役により電子を供与する，共鳴により電子を求引する，共鳴により電子を供与する，のいずれであるかを示せ．（それらの効果を水素と比較しよう．多くの置換基は，二つ以上の性質をもつことができることを思い出そう．）

a. Br b. CH₂CH₃ c. $\overset{\overset{O}{\|}}{C}CH_3$ d. NHCH₃ e. OCH₃ f. ⁺N(CH₃)₃

置換ベンゼンの相対的反応性

表 19.1 に，さまざまな置換基が芳香族求電子置換反応におけるベンゼン環の反応性にどのように影響を与えているかを，置換基が水素の場合のベンゼンと比較して示す．活性化置換基は芳香族求電子置換反応に対してベンゼン環をより活性にし，不活性化置換基はベンゼン環をより不活性にする．活性化置換基はベンゼン環に電子を供与し，不活性化置換基はベンゼン環から電子を求引することを思い出そう．

強く活性化する置換基はすべて，環に結合している原子に孤立電子をもっているので，共鳴によって環に電子を供与している．さらに，それらはすべて，環に結合している原子が水素より電気陰性度が大きいので，誘起的に環から電子を求引している．これらの置換基がベンゼン環をより活性にするという実験事実は，共鳴による環への電子供与が環からの電子求引性誘起効果よりも重要であることを示している．

強く活性化する置換基

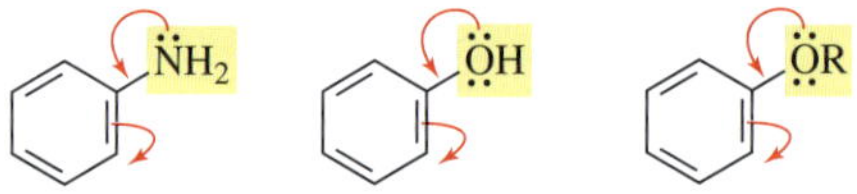

中程度に活性化している置換基も共鳴により環に電子を供与し，誘起的に環から電子を求引する．これらの置換基は中程度に活性化するだけなので，強く活性化する置換基よりも共鳴による環への電子供与が効率的に起こっていないことがわかる．

中程度に活性化する置換基

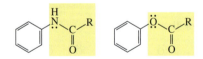

共鳴によって環にのみ電子を供与しているだけの強く活性化する置換基と違って，中程度に活性化する置換基は，環へ電子供与する共鳴と環から離れた方向へ電子供与する共鳴という二つの競争的な共鳴があるため，共鳴による環への電子供与が効率的でない．これらの置換基がベンゼン環の反応性を増大させているという事実は，環への共鳴による電子供与は小さくなるけれども，全体としては誘起的な電子求引よりも共鳴による電子供与が大きいことを示している．

19.14 反応性に対する置換基効果

表 19.1 芳香族求電子置換反応に対するベンゼン環の反応性に及ぼす置換基の効果

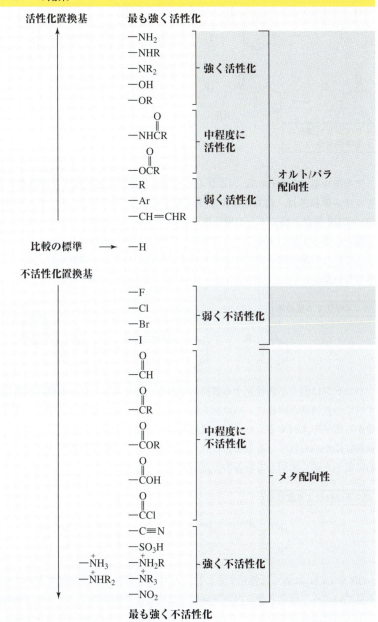

電子供与性置換基は，芳香族求電子置換に対するベンゼン環の反応性を増大する．

電子求引性置換基は，芳香族求電子置換に対するベンゼン環の反応性を低下させる．

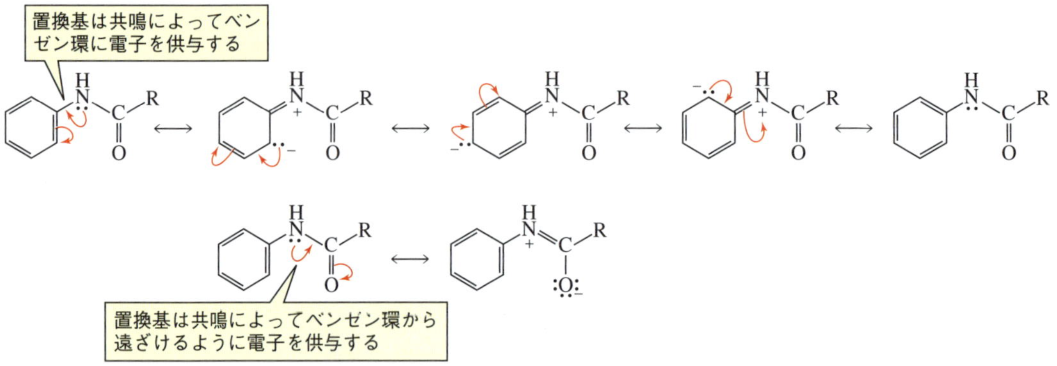

[置換基は共鳴によってベンゼン環に電子を供与する]

[置換基は共鳴によってベンゼン環から遠ざけるように電子を供与する]

アルキル基，アリール基，および CH＝CHR 基は<u>弱く活性化する置換基</u>である．アルキル置換基は，超共役により環に電子を供与する（図 19.5）．アリール基と CH＝CHR 基は共鳴によって環に電子を供与することもでき，また，共鳴によって環から電子を求引することもできる．これらが弱い活性化基であるという事実は，これらの基が電子求引性よりも電子供与性がわずかではあるが大きいことを示している．

[弱く活性化する置換基]

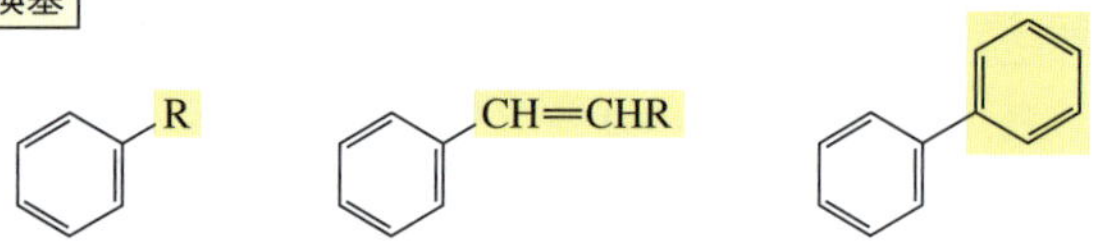

ハロゲンは弱く不活性化する置換基である．強くあるいは中程度に活性化するすべての置換基と同様に，ハロゲンは共鳴によって環に電子を供与し，誘起的に環から電子を求引する．ハロゲン置換基はベンゼンをより不活性にすることが実験的に確かめられているので，これらは共鳴によって電子を供与するよりも誘起的に電子を強く求引しているのであろう．

[弱く不活性化する置換基]

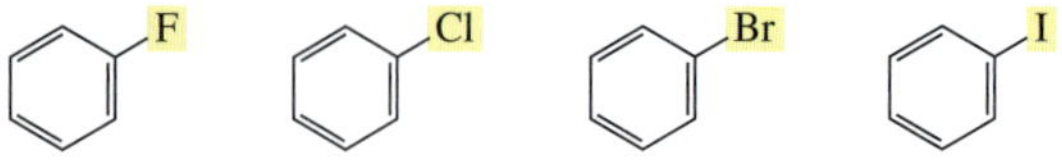

OH や OCH_3 は<u>強く活性化</u>するのに，ハロゲンが<u>弱く不活性化</u>するのはなぜかを見ていこう．塩素と酸素の電気陰性度は同程度であるので，それらは同程度の電子求引性誘起効果をもつ．しかし，塩素が共鳴によって電子を供与するときには，塩素の 3p 軌道を使って炭素の 2p 軌道と π 結合を形成するので，塩素は酸素のようには共鳴による電子の供与ができない．3p-2p 軌道の重なりは，炭素と酸素の間で π 結合を形成する 2p-2p 軌道の重なりより効果的でない．

フッ素は酸素と同様，2p 軌道を使うので，塩素より効率的に共鳴によって電子を供与する．しかし，誘起的に強い電子求引性をもたらすフッ素の大きな電気陰性度がそれを上まわる．臭素とヨウ素は，塩素よりも誘起的な電子求引性は低いが，それらはそれぞれ 4p と 5p 軌道を使っているので，共鳴による電子供与性も

低い．つまり，すべてのハロゲンは共鳴によって電子を供与するより強く誘起的に電子を求引する（問題17を見よ）．

中程度に不活性化する置換基はすべて，ベンゼン環に直接結合しているカルボニル基をもっている．カルボニル基は誘起的にも共鳴によってもベンゼン環から電子を求引する．

中程度に不活性化する置換基

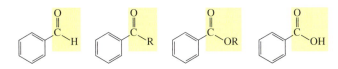

強く不活性化する置換基は，非常に強く電子を求引する．アンモニウムイオン（$^+NH_3$，$^+NH_2R$，$^+NHR_2$，$^+NR_3$）を除いて，これらの置換基は誘起的にも共鳴によっても電子を求引する．アンモニウムイオンには共鳴効果がないが，窒素原子上の正電荷が誘起的に電子を強く求引する．

強く不活性化する置換基

アニソール，ベンゼン，およびニトロベンゼンの静電ポテンシャル図を比較してみよう．電子供与性基（OCH_3）は環の部分をより赤く（より負に）するが，電子求引性基（NO_2）は赤の程度を弱くする（負を弱める）．

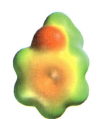

アニソール

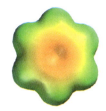

ベンゼン

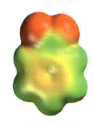

ニトロベンゼン

問題 16◆

次の各組の化合物を，芳香族求電子置換反応における反応性の最も高いものから最も低いものの順に並べよ．

a. ベンゼン，フェノール，トルエン，ニトロベンゼン，ブロモベンゼン
b. ジクロロメチルベンゼン，ジフルオロメチルベンゼン，トルエン，クロロメチルベンゼン

問題 17（解答あり）

ハロゲン置換ベンゼンが表19.1に示した相対的反応性を示すのはなぜか，説明せよ．

解答 表19.1によると，フッ素がハロゲン置換基のなかで最も弱く不活性化し，ヨウ素が最も強く不活性化する．フッ素はハロゲンのなかでは最も電気陰性度が大きいことを学んだ．これは，フッ素が誘起的に最も強く電子を求引することを意味している．塩素の3p軌道，臭素の4p軌道，およびヨウ素の5p軌道と比べて，π結合を形成するときフッ素の2p軌道と炭素の2p軌道との重なりが一番よいので，フッ素は共鳴によって最も電子を供与する．したがって，フッ素は共鳴によって電子を最も強く供与し，誘起的にも電子を最も強く求引する．そのため，フッ

素はハロゲンのなかで最も弱い不活性基であるので，共鳴による電子供与がハロゲン置換ベンゼンの相対的反応性を決定する最も重要な要素であるに違いない．

19.15 配向性に及ぼす置換基の効果

置換ベンゼンの芳香族求電子置換反応では，新しく導入される置換基はどこに結合するのだろうか．いいかえれば，反応の生成物は，オルト異性体，メタ異性体，パラ異性体のいずれであるのだろうか．

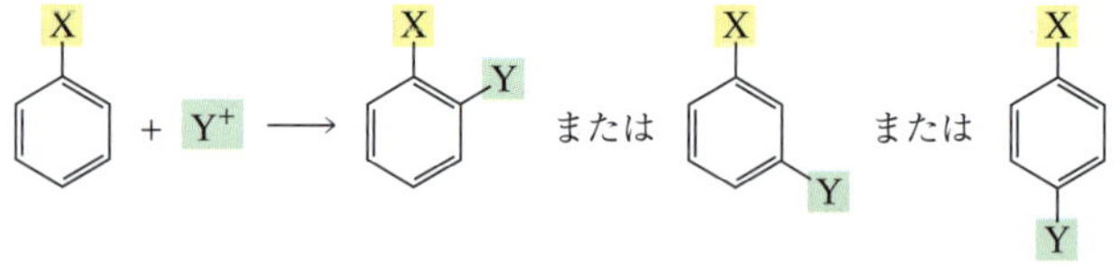

オルト異性体　　　メタ異性体　　　パラ異性体

ベンゼン環にすでに結合している置換基が，新しい置換基の配向性を決める．それには二つの可能性がある．すなわち，もともとある置換基が新しく導入される置換基をオルト位およびパラ位に配向させるか，あるいはメタ位に配向させるかである．

すべての活性化置換基と弱く不活性化するハロゲンは**オルト-パラ配向基**(ortho–para director)であり，ハロゲンよりも強く不活性化するすべての置換基は**メタ配向基**(meta director)である．したがって，置換基は次の三つに分類することができる．

1. すべての活性化置換基は，導入される求電子剤をオルト位およびパラ位に配向させる．

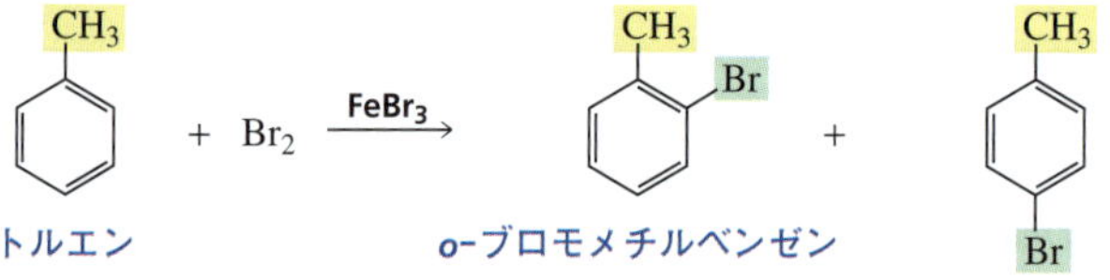

トルエン　　　　　　　　　o-ブロモメチルベンゼン　　　　p-ブロモメチルベンゼン

すべての活性化置換基は，オルト-パラ配向基である．

2. 弱く不活性化するハロゲンも，導入される求電子剤をオルト位およびパラ位に配向させる．

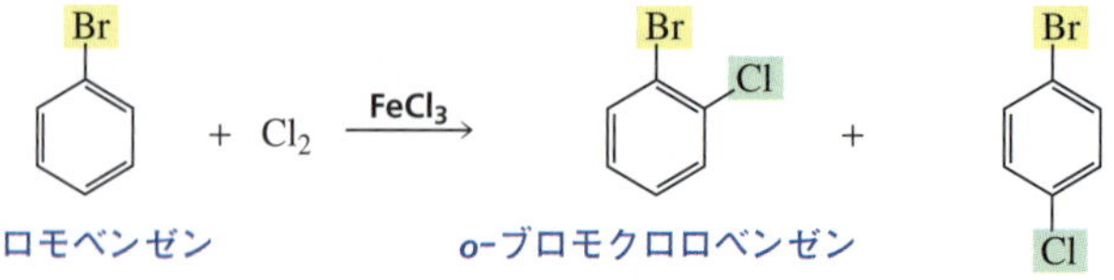

ブロモベンゼン　　　　　　o-ブロモクロロベンゼン　　　　p-ブロモクロロベンゼン

弱く不活性化するハロゲンは，オルト-パラ配向基である．

3. すべての中程度および強い不活性化置換基は，導入される求電子剤をメタ位に配向させる．

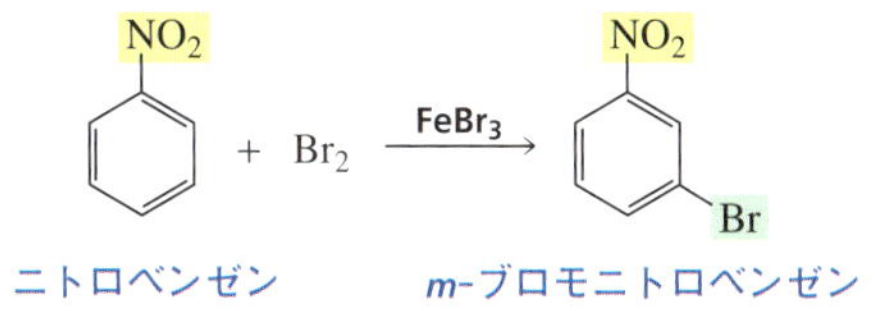

ニトロベンゼン + Br₂ —FeBr₃→ m-ブロモニトロベンゼン

　置換基が，導入される求電子剤をある特定の位置へ配向させる理由を理解するためには，カルボカチオン中間体の安定性を見ればよい．律速段階の遷移状態はカルボカチオン中間体に似ているので，カルボカチオン中間体を安定化するすべての要因がカルボカチオン中間体生成の遷移状態を安定化するといえる（図19.3）．

　置換ベンゼンに芳香族求電子置換反応が起こると，オルト置換のカルボカチオン，メタ置換のカルボカチオン，およびパラ置換のカルボカチオンの三つの異なるカルボカチオン中間体が生成する．カルボカチオンが安定であるほど，遷移状態もより安定であり，それゆえより速く生成するので（上巻；6.3節参照），三つのカルボカチオンの相対的安定性がどの経路を優先するかを決定する．

　置換基が共鳴によって電子を供与する場合は，導入される求電子剤がオルト位およびパラ位で反応したときに生成するカルボカチオンは四つ目の共鳴寄与体をもつ（図19.4）．この四つ目の共鳴寄与体はすべての原子（水素を除く）が完全にオクテットを満たす唯一の共鳴寄与体なので，これはとくに安定である．それは置換基をオルト位およびパラ位に配向させることによってのみ得られる．したがって，共鳴によって電子を供与するすべての置換基はオルト-パラ配向基である．

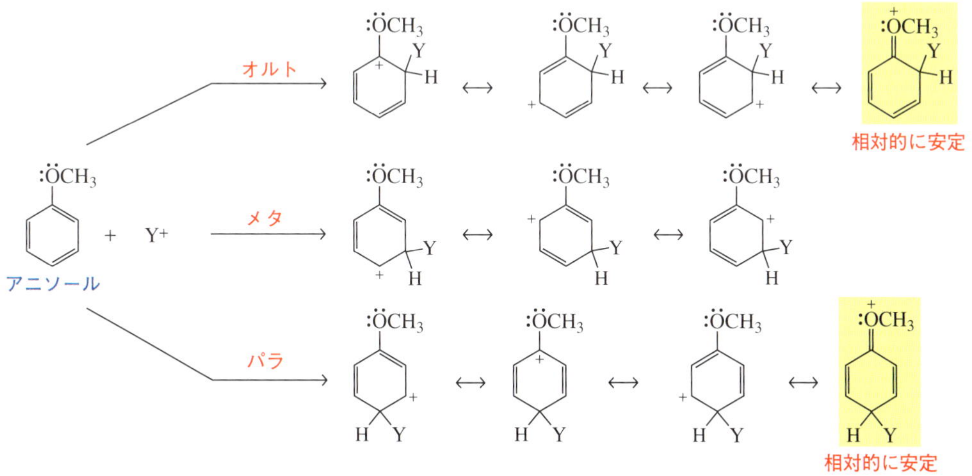

> すべての不活性化置換基（ハロゲンを除く）は，メタ配向基である．

▲ 図 19.4
アニソールのオルト，メタ，パラ位で求電子剤が反応したときに生成するカルボカチオン中間体の構造．

　置換基がアルキル基のとき，図19.5で黄色で強調されている共鳴寄与体が最も安定である．これらの寄与体では，アルキル置換基は正に帯電した炭素に直接結合しており，超共役により安定化している．いずれのメタ置換の共鳴混成体も超共役によって安定化されない．したがって，アルキル置換基はオルト-パラ配

向基である.

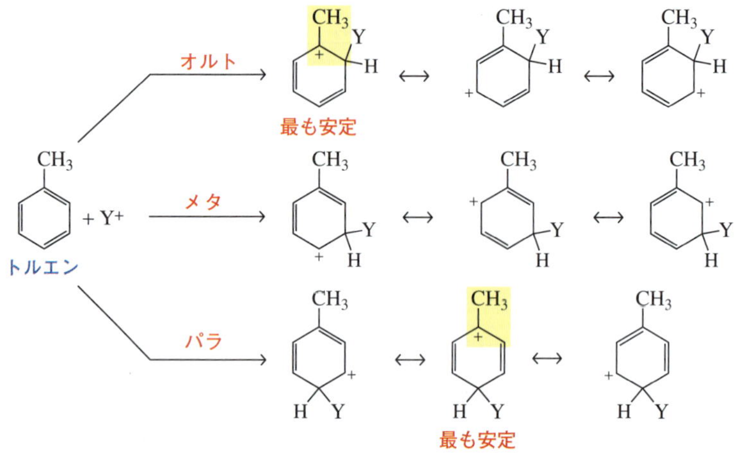

▲ 図 19.5
トルエンのオルト,メタ,パラ位で求電子剤が反応したときに生成するカルボカチオン中間体の構造.

　ベンゼン環に結合している原子に正電荷あるいは部分正電荷をもつ置換基は,ベンゼン環から誘起的に電子を求引し,大部分は共鳴によっても電子を求引する.これらすべての置換基については,図 19.6 に黄色で強調されている共鳴寄与体が,隣接した二つの原子がそれぞれ正電荷をもっているため,最も不安定である.したがって,導入された求電子剤がメタ位に配向したときに,最も安定なカルボカチオンが生成する.すなわち,共鳴によって電子を供与するのでオルト-パラ配向基であるハロゲンを除いて,電子を求引するすべての置換基はメタ配向基である.

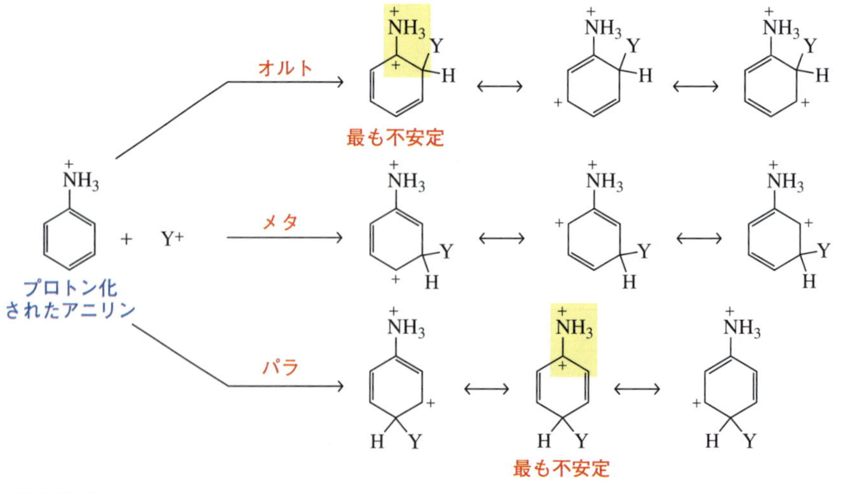

▲ 図 19.6
プロトン化されたアニリンのオルト,メタ,パラ位で求電子剤が反応したときに生成するカルボカチオン中間体の構造.

　図 19.5 と 19.6 に示された三つの可能なカルボカチオン中間体は,置換基を除けば同じであることに注目しよう.置換基の性質が,正に荷電した炭素に直接結

合している置換基をもつ共鳴寄与体が最も安定(それらが電子供与性置換基をもつ場合)か，最も不安定(それらが電子求引性置換基をもつ場合)かどうかを決める．

以上をまとめると，すべての活性化置換基と弱く不活性化しているハロゲンはオルト–パラ配向基であり(表 19.1)，一方，ハロゲンより強く不活性化しているすべての置換基はメタ配向基である．いいかえると，共鳴あるいは超共役のどちらかによって電子を供与するすべての置換基はオルト–パラ配向基で，環に電子を供与できないすべての置換基はメタ配向基である．

どの置換基がオルト–パラ配向基であるかメタ配向基であるかを個別に覚えておく必要はない．アルキル基，アリール基，および CH＝CHR 基以外のすべてのオルト–パラ配向基は，環に直接結合している原子に少なくとも 1 組の孤立電子対をもっている．すべてのメタ配向基は，環に直接結合している原子に正電荷か部分正電荷をもっている．表 19.1 に示されている置換基を見て，これが正しいかどうか考察しよう．

共鳴あるいは超共役によって電子を供与するすべての置換基は，オルト–パラ配向基である．

電子を供与できないすべての置換基は，メタ配向基である．

問題 18
a. ベンズアルデヒドの共鳴寄与体を書け．
b. クロロベンゼンの共鳴寄与体を書け．

問題 19 ◆
次のそれぞれの化合物をニトロ化して得られる生成物は何か．
a. プロピルベンゼン　　b. ブロモベンゼン　　c. ベンズアルデヒド
d. ベンゾニトリル　　e. ベンゼンスルホン酸　　f. シクロヘキシルベンゼン

問題 20 ◆
次の置換基はオルト–パラ配向基かメタ配向基か．
a. CH＝CHC≡N　　b. NO_2　　c. CH_2OH
d. COOH　　e. CF_3　　f. N＝O

問題 21 (解答あり)
次のそれぞれの化合物を，$FeBr_3$ を触媒として用いて 1 当量の Br_2 と反応させたときに得られる生成物は何か．

a. [構造式: フェニル–O–C(=O)–フェニル]

b. [構造式: CH_3–フェニル–C(=O)–フェニル–$COCH_3$]

c. [構造式: フェニル–CH_2–O–フェニル]

d. [構造式: CH_3O–フェニル–フェニル–NO_2]

21a の解答　左側の環には共鳴によって電子を供与することで環を活性化する置換基が結合している．これに対して，右側の環には共鳴によって環から電子を求引することで環を不活性化する置換基が結合している．

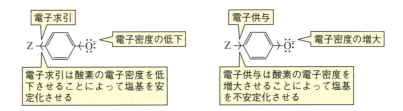

つまり，左側の環は芳香族求電子置換反応に対してより反応性が高い．その活性化置換基は左側の環のオルトとパラの位置に臭素を配向する．

19.16 pK_a に及ぼす置換基の効果

置換基がベンゼン環から電子を求引したりベンゼン環に電子を供与したりするなら，その電子求引あるいは供与を反映して置換フェノール，安息香酸，およびプロトン化アニリンの pK_a 値は変化するだろう．

電子求引性基は塩基を安定化し，それゆえその共役酸の酸性度は増大する．電子供与性基は塩基を不安定化し，共役酸の酸性度を低下させる(上巻; 2.7 節参照)．酸が強ければ強いほどその共役塩基はより安定(より弱く)になることを思い出そう．

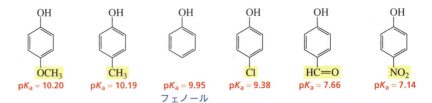

例として，フェノールと置換フェノールの pK_a 値を見てみよう．フェノールの pK_a は 9.95 である．ニトロ置換基は環から電子を求引するので，*para*-ニトロフェノールの pK_a はより小さくなる(7.14)．これに対して，メトキシ置換基は環に電子を供与するので，*para*-メトキシフェノールの pK_a は大きくなる(10.20)．

OCH$_3$	CH$_3$	(フェノール)	Cl	HC=O	NO$_2$
pK_a = 10.20	pK_a = 10.19	pK_a = 9.95	pK_a = 9.38	pK_a = 7.66	pK_a = 7.14

置換基が芳香族求電子置換反応に対するベンゼン環の反応性に与える影響と，フェノールの pK_a に対する影響を比較してみよう．置換基がより強い不活性化基(たとえば NO$_2$)であるほどフェノールの pK_a はより小さくなり，より強い活性化基(たとえば OCH$_3$)であるほどフェノールの pK_a はより大きくなる．

電子求引は芳香族求電子置換反応に対する反応性を低下させ，酸性度を増大させる．それに対し，電子供与は芳香族求電子置換反応に対する反応性を増大させ，酸性度を低下させる．

pK_a に対する同様の置換基効果は，置換安息香酸やプロトン化された置換アニリンでも観測されている．すなわち，電子求引性置換基は酸性度を増大させるが，電子供与性置換基は酸性度を低下させる．

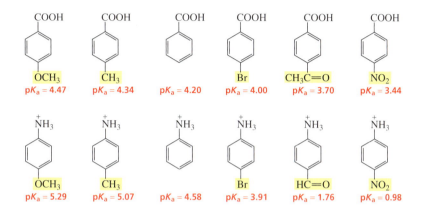

置換基がより不活性化基（電子求引性）であればあるほど，ベンゼン環に結合している COOH 基，OH 基，あるいは $^+$NH$_3$ 基の酸性度は増大する．

置換基がより活性化基であればあるほど（電子供与性），ベンゼン環に結合している COOH 基，OH 基，あるいは $^+$NH$_3$ 基の酸性度は低下する．

問題 22◆

次の各組のどちらの化学種がより酸性であるか．

a. CH$_3$COOH と ClCH$_2$COOH
b. O$_2$NCH$_2$COOH と O$_2$NCH$_2$CH$_2$COOH
c. CH$_3$CH$_2$COOH と $\overset{+}{\text{H}_3}$NCH$_2$COOH
d. 4-メトキシ安息香酸 と 安息香酸
e. HOOCCH$_2$COOH と $^-$OOCCH$_2$COOH
f. HCOOH と CH$_3$COOH
g. FCH$_2$COOH と ClCH$_2$COOH
h. 4-フルオロ安息香酸 と 4-クロロ安息香酸

【問題解答の指針】

pK_a に及ぼす置換基効果の説明

para-ニトロアニリニウムイオンはアニリニウムイオンよりも pK_a 値で 3.60 も酸性である（pK_a = 0.98 対 4.58）が，*para*-ニトロ安息香酸は安息香酸よりも pK_a 値でわずか 0.76 しか酸性ではない（pK_a = 3.44 対 4.20）．ニトロ置換基が，ある場合には pK_a に大きな影響を与えるのに，ある場合には小さな変化しかもたらさないのはなぜか，説明せよ．

この種の問題は簡単に解けると思ってはいけない．まず，化合物の酸性度は共役塩基の安定性に依存していることを思い出そう（上巻：2.6 節および 8.15 節参照）．

次に，それらの安定性を比較するために，問題の二つの共役塩基の構造を書こう．

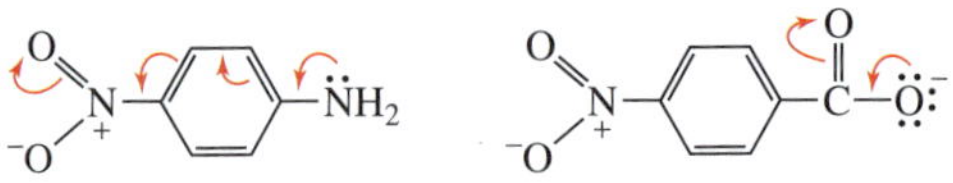

para-ニトロアニリニウムイオンがプロトンを失うと，残された電子は5個の原子で共有される．（どの原子に電子が共有されるかを知りたい場合は共鳴寄与体を書こう．）それとは対照的に，para-ニトロ安息香酸がプロトンを失うと，残された電子は2個の原子に共有される．いいかえれば，プロトンの脱離によって，ある塩基では別の塩基よりも非常に大きな電子の非局在化が起こる．電子の非局在化は化合物の安定化をもたらすので，電子の非局在化の違いによって，ニトロ置換基がアニリニウムイオンの酸性度に及ぼす効果は安息香酸の酸性度に及ぼす効果よりも大きい理由を説明できる．

ここで学んだ方法を使って問題23を解こう．

問題 23
meta-ニトロフェノールの pK_a は 8.39 であるが，para-ニトロフェノールの pK_a は 7.14 であるのはなぜか，説明せよ．

問題 24 ◆
a. 安息香酸，ortho-フルオロ安息香酸，および ortho-クロロ安息香酸のなかで最も強い酸はどれか．（ヒント：問題17を見よ．）
b. これらの化合物のなかで最も弱い酸はどれか．

19.17 オルト-パラ比

オルト-パラ配向基をもっているベンゼン環の芳香族求電子置換反応では，オルト異性体とパラ異性体の生成物の比はどのくらいであろうか．

単に確率だけで考えれば，導入される求電子剤が反応できるオルト位は二つあるがパラ位は一つしかないので，オルト生成物が多いと期待される．しかし，パラ位に比べてオルト位は環上の置換基によって立体的に込んでいる．その結果，環の置換基あるいは導入される求電子剤が立体的に大きい場合には，パラ異性体が優先して得られる．次のニトロ化反応でも，環上の置換基が大きくなるほどオルト-パラ比が低下しているのがわかる．

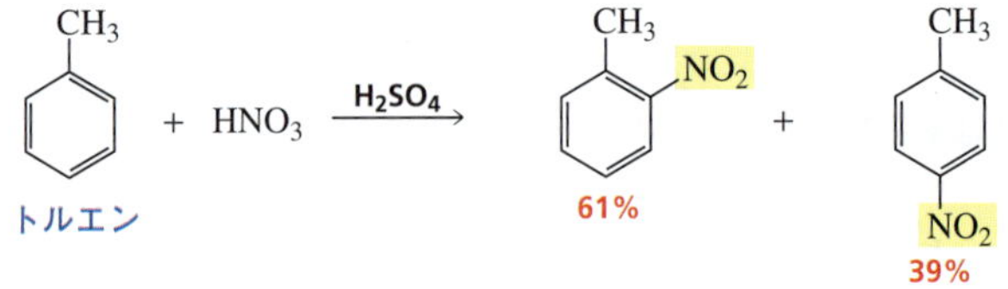

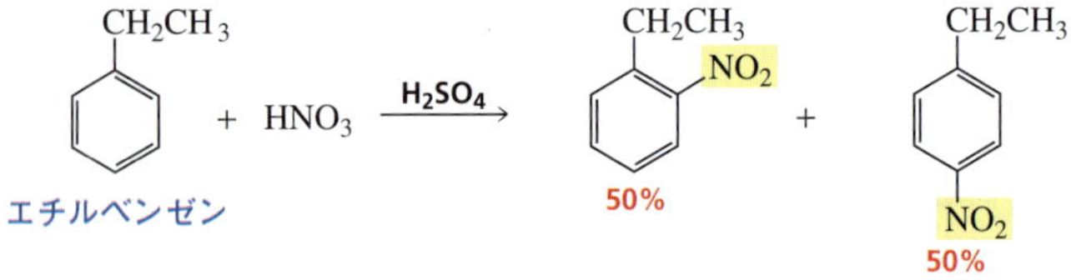

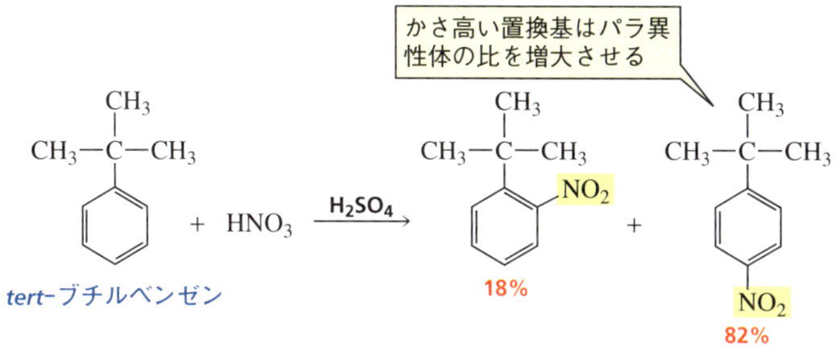

[tert-ブチルベンゼン] + HNO₃ →(H₂SO₄) オルト異性体 (18%) + パラ異性体 (82%)

> かさ高い置換基はパラ異性体の比を増大させる

幸い，オルト置換異性体とパラ置換異性体の物理的性質が大きく異なっているので，それらを分離することは容易である．その結果，目的とする生成物を反応混合物から容易に分離することができるので，オルト異性体とパラ異性体の両方を生成する芳香族求電子置換反応は合成反応として有用である．

19.18 置換基効果に関するさらなる考察

置換基が活性化あるいは不活性化しているのかを知ることは，反応の条件を決めるうえで重要である．ハロゲン化は最も速い芳香族求電子置換反応である．したがって，環に強い活性化置換基がある場合，ハロゲン化は Lewis 酸触媒（FeBr₃ あるいは FeCl₃）なしで行うほうがよい．

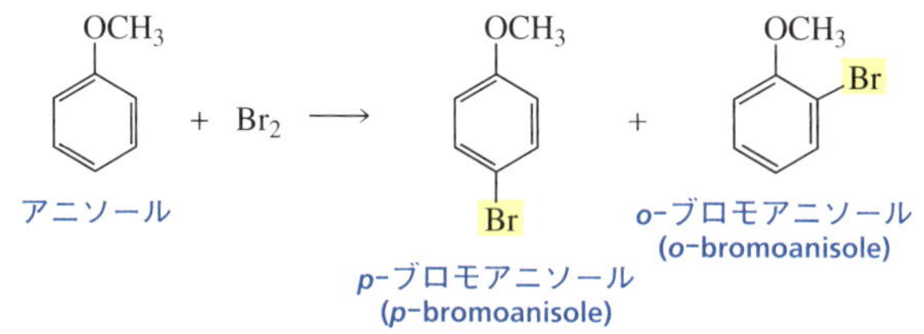

アニソール + Br₂ → p-ブロモアニソール (p-bromoanisole) + o-ブロモアニソール (o-bromoanisole)

Lewis 酸触媒と過剰の臭素を使った場合，三臭素化物が得られる．

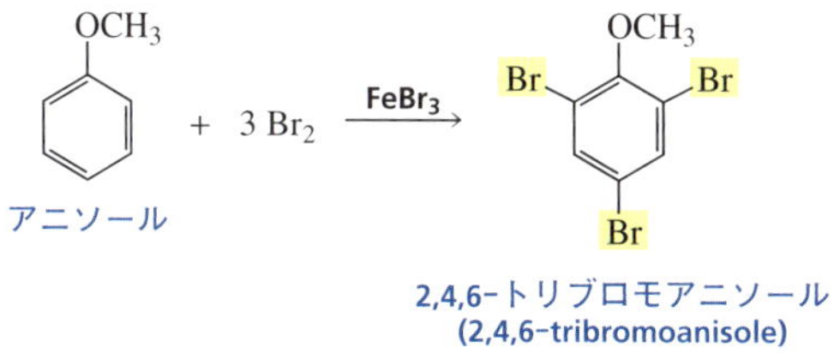

アニソール + 3 Br₂ →(FeBr₃) 2,4,6-トリブロモアニソール (2,4,6-tribromoanisole)

Friedel–Crafts 反応は最も遅い芳香族求電子置換反応である．したがって，ベンゼン環が中程度にあるいは強く不活性化されていると，すなわち，メタ配向基をもつ場合，環が非常に不活性になり，Friedel–Crafts アシル化も Friedel–Crafts アルキル化も起こらない．実際，ニトロベンゼンは非常に反応性が低いので，Friedel–Crafts 反応の溶媒としてよく用いられる．

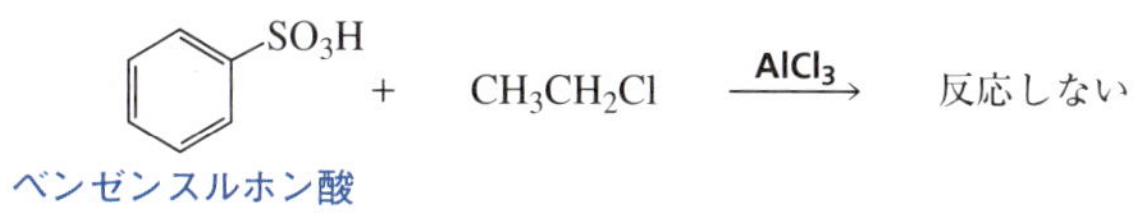

ベンゼンスルホン酸 + CH₃CH₂Cl →(AlCl₃) 反応しない

> メタ配向基をもつベンゼン環は，Friedel–Crafts 反応を起こさない．

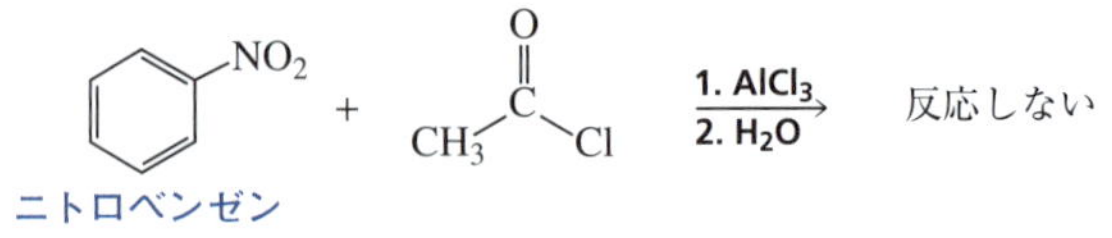

アニリンと N-置換アニリンも Friedel-Crafts 反応を起こさない．アミノ基の孤立電子対が，反応を起こすのに必要な Lewis 酸触媒($AlCl_3$)と錯体化するため，NH_2 置換基を不活性化基であるメタ配向基に変えてしまうからである．ここまで見てきたように，メタ配向基をもつベンゼン環では Friedel-Crafts 反応は起こらない．

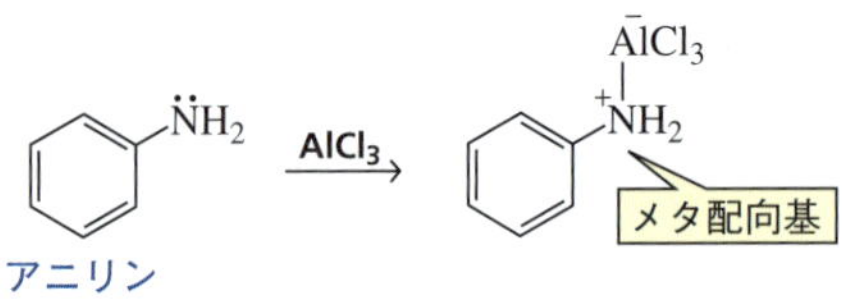

酸素は窒素よりも弱い塩基なので，Lewis 酸とは錯体を形成しない．したがって，フェノールやアニソールではオルト位とパラ位で Friedel-Crafts 反応が起こる．（ベンゼン環に直接結合している部分正電荷をもつ酸素と違って，カルボニル酸素は部分負電荷をもっているので，カルボニル酸素は Lewis 酸と錯体を形成する．）

硝酸は酸化剤であり，NH_2 基が容易に酸化されるので，アニリンもニトロ化されない．（硝酸とアニリンの組合せは爆発する可能性がある．）しかし，アミノ基が保護されている場合，環はニトロ化される．アセチル基は，そのあとに酸触媒の加水分解によって取り除くことができる(16.16 節参照)．

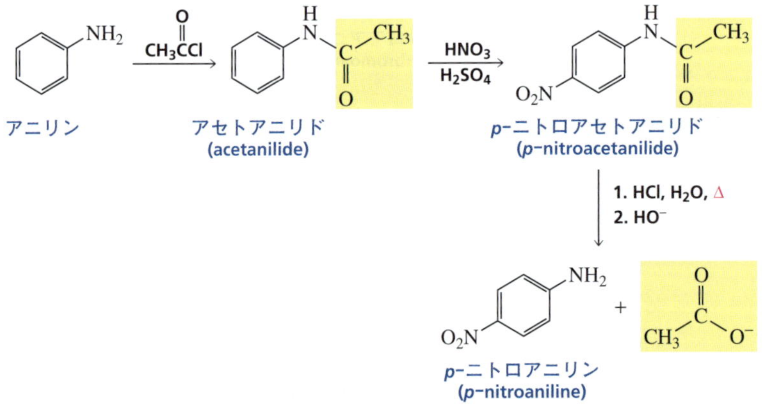

問題 25

次の化合物をベンゼンから合成する方法を示せ．

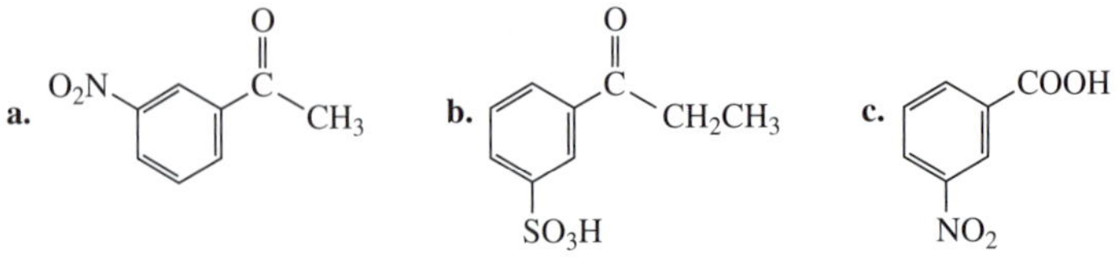

> **問題 26** ◆
> 次のそれぞれの反応の生成物がもしあれば答えよ．
> **a.** ベンゾニトリル＋塩化メチル＋ AlCl₃
> **b.** アニリン＋ Br₂
> **c.** 安息香酸＋ CH₃CH₂Cl ＋ AlCl₃
> **d.** ベンゼン＋ 2CH₃Cl ＋ AlCl₃

19.19 一置換および二置換ベンゼンの合成

合成デザインⅥ

学んだ反応の数が増えてきたので，合成をデザインするときの選択の幅も広がってきた．たとえば，ベンゼンから 2-フェニルエタノールを合成するとき，二つの大きく異なる経路をデザインできる．

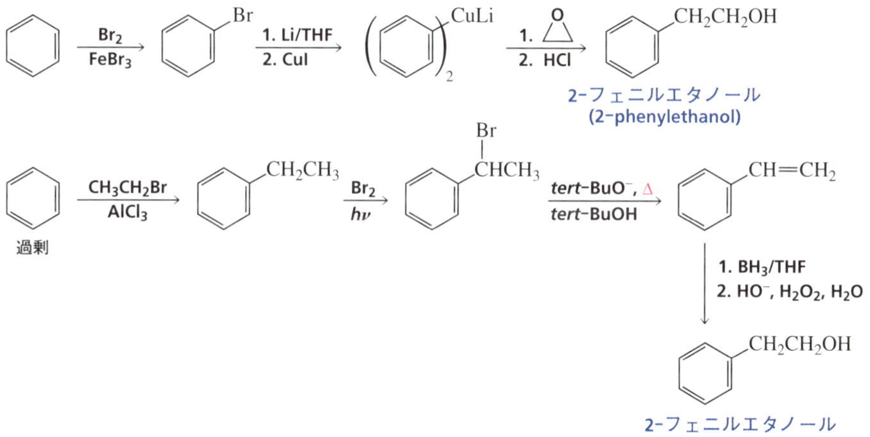

望ましい経路は，簡便さ，コスト，そして標的分子（目的生成物）の収率といった要因に依存する．たとえば，2-フェニルエタノールの合成については，二つ目の経路は反応工程の数が多く，ポリアルキル化を防ぐために過剰のベンゼンを必要とし，不必要な副生成物が生じる可能性のあるラジカル反応を使っているので，一つ目の経路がより優れた方法である．さらに，脱離反応の収率も高くない（ある程度の置換生成物が得られるため）．

二置換ベンゼンを合成する際には，置換基を環に導入する順序を注意深く考えなければならない．たとえば，m-ブロモベンゼンスルホン酸を合成したい場合，スルホン酸基はブロモ置換基を望ましいメタ位に配向するので，最初にスルホン酸基を環に導入しなければならない．

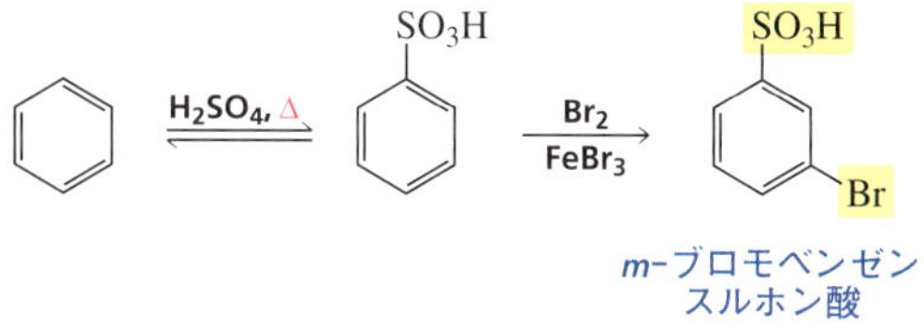

しかし，p-ブロモベンゼンスルホン酸を合成したい場合には，ブロモ置換基だけがオルト–パラ配向基なので，二つの反応の順序を逆にしなければならない．

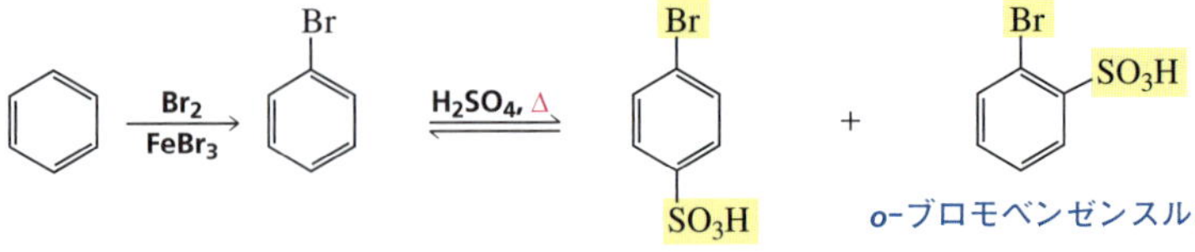

[反応式: ベンゼン → (Br₂/FeBr₃) → ブロモベンゼン → (H₂SO₄, Δ) → p-ブロモベンゼンスルホン酸 + o-ブロモベンゼンスルホン酸]

m-ニトロアセトフェノンの置換基は二つともメタ配向基である．しかし，ニトロベンゼンは，Friedel–Crafts 反応を起こさないので，まず Friedel–Crafts アシル化反応を行わなければならない（19.18 節）．

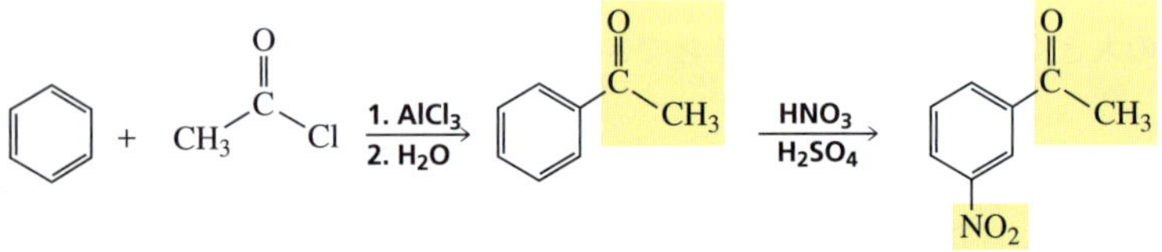

[反応式: ベンゼン + CH₃COCl → (1. AlCl₃, 2. H₂O) → アセトフェノン → (HNO₃/H₂SO₄) → *m*-ニトロアセトフェノン (*m*-nitroacetophenone)]

考慮すべき別の問題点は，置換基を反応のどの段階で化学的に変換させるかである．たとえば，次の反応では，塩素置換基をパラ位に導入した<u>あとに</u>メチル基を酸化する（*o*-クロロ安息香酸もこの反応で生成する）．

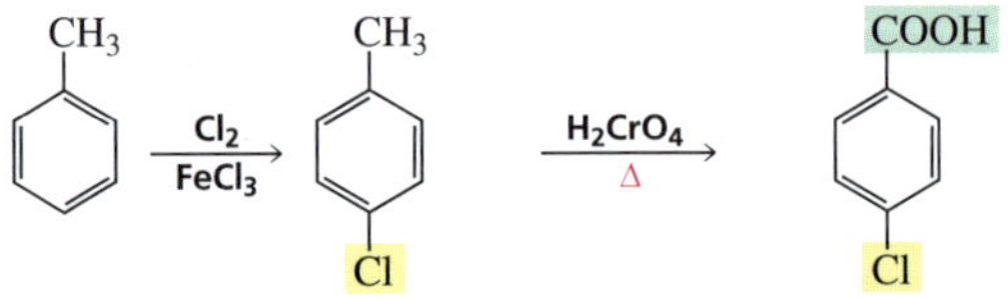

[反応式: トルエン → (Cl₂/FeCl₃) → *p*-クロロトルエン → (H₂CrO₄, Δ) → *p*-クロロ安息香酸 (*p*-chlorobenzoic acid)]

しかし，次の反応では，メタ配向基が望みの生成物を得るために必要なので，メチル基は塩素化の<u>前に</u>酸化する．

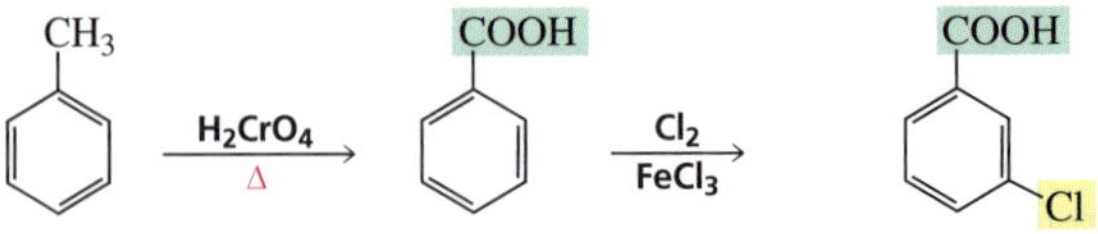

[反応式: トルエン → (H₂CrO₄, Δ) → 安息香酸 → (Cl₂/FeCl₃) → *m*-クロロ安息香酸]

化学者は反応を行うための方法を常にいくつかもっているが，ある一つの方法を用いるのには理由がある．たとえば，ベンゼン環に直鎖アルキル基を導入するための方法には二つ以上あることを学んだ（19.9 および 19.10 節）．次の合成では，Friedel–Crafts アシル化／還元が二つ目のアルキル基導入ではなく，最初のアルキル基を導入するのに使われている．環に二つ目のアルキル置換基を導入するためにメタ配向基が必要であり，Friedel–Crafts 反応はメタ配向基をもつ環では使うことができない．代わりに，標的分子はカップリング反応を使って合成しなければならない．

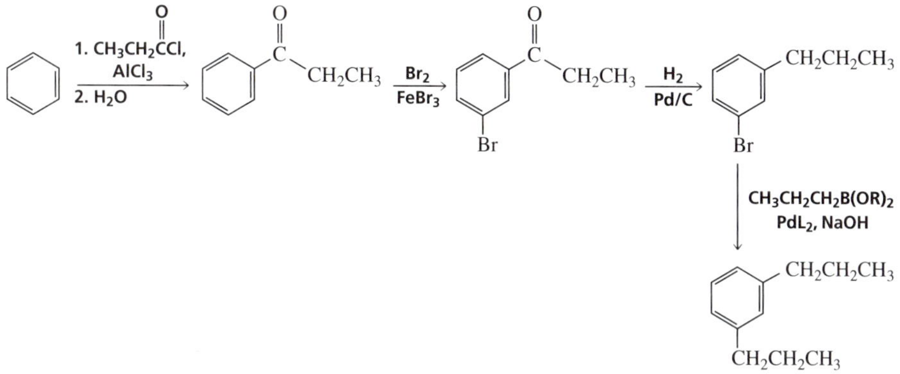

19.19 一置換および二置換ベンゼンの合成 **1057**

m-ジプロピルベンゼン
(*m*-dipropylbenzene)

問題 27 ◆

a. *p*-ジプロピルベンゼンを合成するためにはカップリング反応を使わなければならないか.
b. *p*-ジプロピルベンゼンを合成するためにカップリング反応を使えるか.

次の合成では，用いる反応の形式，置換基をベンゼン環に導入する順序，そして置換基を化学修飾するタイミングなど，すべての段階を考慮しなければならない．Friedel-Crafts アルキル化反応で起こるカルボカチオンの転位を避けるために，直鎖のプロピル置換基は Friedel-Crafts アルキル化反応ではなく Friedel-Crafts アシル化反応によって環に導入しなければならない．Friedel-Crafts アシル化はスルホン酸置換基をもつ環では起こらないため，Friedel-Crafts アシル化はスルホン化の前に行わなければならない．カルボニル基をメチレン基に還元したあと，最後にスルホン酸基を環に導入しなければならない．そうすれば，スルホン酸基はアルキル基によってパラ位に優先的に導入される．

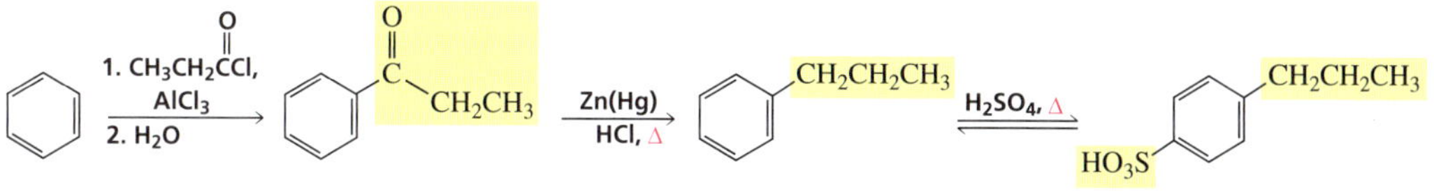

p-プロピルベンゼンスルホン酸
(*p*-propylbenzenesulfonic acid)

その他の方法では，ブロモベンゼンのカップリング反応を用いてプロピルベンゼン中間体を合成できる．

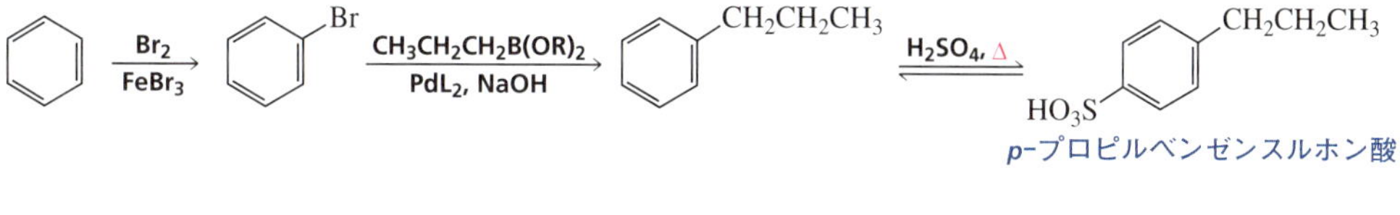

p-プロピルベンゼンスルホン酸

> **問題 28**
>
> 次のそれぞれの化合物をベンゼンから合成する方法を示せ．
> a. *p*-クロロアニリン   b. *m*-クロロアニリン
> c. *m*-キシレン   d. 2-フェニルプロペン
> e. *m*-ニトロ安息香酸   f. *p*-ニトロ安息香酸
> g. *m*-ブロモプロピルベンゼン h. *o*-ブロモプロピルベンゼン
> i. 1-フェニル-2-プロパノール

19.20 三置換ベンゼンの合成

二置換ベンゼンの芳香族求電子置換反応では，両方の置換基の配向効果を考慮しなければならない．二つの置換基がともに導入される置換基を同じ位置に配向する場合は，反応の生成物を容易に予想できる．

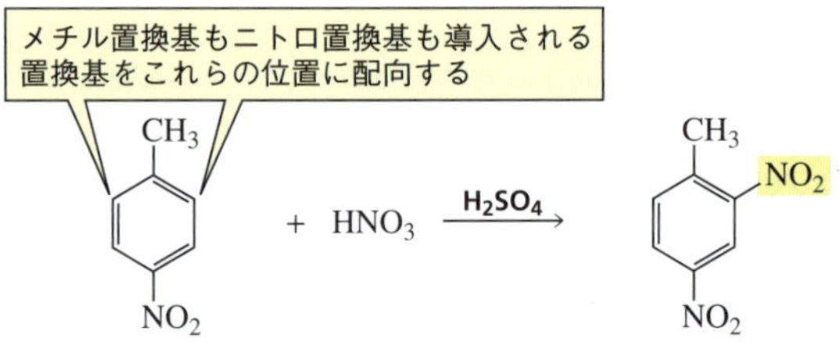

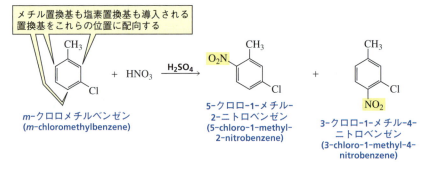

次の反応では3カ所が活性化されているが，新しい置換基は3カ所のうちのおもに2カ所にしか導入されないことに注目しよう．立体障害により置換基にはさまれた位置には近づけないために，三つ目の生成物は非常に少量しか生成しない．

二つの置換基が新しい置換基を異なる位置に配向する場合は，強く活性化する置換基が，弱く活性化する置換基や不活性化基に打ち勝つ．

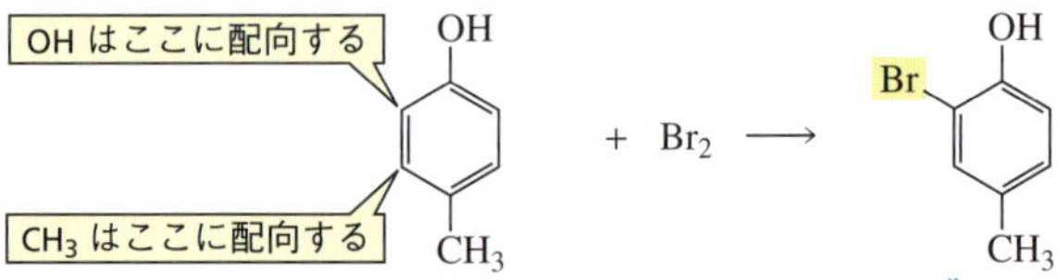

二つの置換基が同程度の活性化能をもつ場合は，どちらも優先することなく混合物が得られる．

p-エチルメチルベンゼン
(*p*-ethylmethylbenzene)
(CH₃ はここに配向する / CH₃CH₂ はここに配向する)

+ HNO₃ →(H₂SO₄)

4-エチル-1-メチル-2-ニトロベンゼン
(4-ethyl-1-methyl-2-nitrobenzene)

+ 1-エチル-4-メチル-2-ニトロベンゼン
(1-ethyl-4-methyl-2-nitrobenzene)

問題 29 ◆

次のそれぞれの反応の主生成物は何か．

a. *p*-メチル安息香酸の臭素化
b. *o*-ベンゼンジカルボン酸の塩素化
c. *p*-クロロ安息香酸の臭素化
d. *p*-フルオロアニソールのニトロ化
e. *p*-メトキシベンズアルデヒドのニトロ化
f. *p*-*tert*-ブチルメチルベンゼンのニトロ化

問題 30 ◆

ある学生が3種類のエチル置換ベンズアルデヒドを合成したが，それらにラベルを貼るのを怠っていた．隣りの実験台の学生が，それぞれの試料を臭素化し何種類の臭素化物ができるかがわかればそれらを同定できる，といった．この学生のアドバイスは正しいか．

問題 31（解答あり）

フェノールを Br_2 と反応させると，二臭化フェノールと三臭化フェノールだけでなく，*ortho*-ブロモフェノールと*para*-ブロモフェノールの混合物が得られる．フェノールを優先的に *ortho*-ブロモフェノールに変換する合成法をデザインせよ．

解答 一段階目で，立体的にかさ高いスルホン酸基(SO_3H)は優先的にパラ位に付加する．OH基と SO_3H 基はともに OH 基のオルト位に臭素を配向する．希酸中で加熱すると SO_3H 基を除去できる(19.6節)．

フェノール →(H_2SO_4, Δ) 4-ヒドロキシベンゼンスルホン酸 →(Br_2) 3-ブロモ-4-ヒドロキシベンゼンスルホン酸 →(H_3O^+, 100 °C) *o*-ブロモフェノール

パラ位をふさぐために SO_3H 基を利用することは，オルト置換化合物を高収率で合成するのによく用いられる方法である．

19.21 アレーンジアゾニウム塩を用いる置換ベンゼンの合成

ここまでに，19.3節に示した置換基や，これらの置換基の化学変換により得られる置換基など，ある限られた数の異なる置換基をベンゼン環に導入する方法

を学んできた(19.12 節参照). **アレーンジアゾニウム塩**(arenediazonium salt)を用いると，ベンゼン環に導入できる置換基の種類が多くなる.

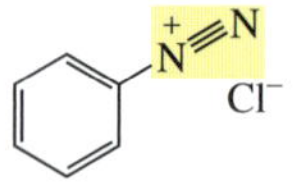

アレーンジアゾニウム塩

非常に安定な窒素ガスが生成するので(上向きの矢印によって示されている)，ジアゾニウムイオン脱離基を求核剤で容易に置き換えることができる．ある置換反応ではフェニルカチオンが関与しているが，別の反応ではラジカルが関与しており，実際の反応機構は求核剤の種類に依存している.

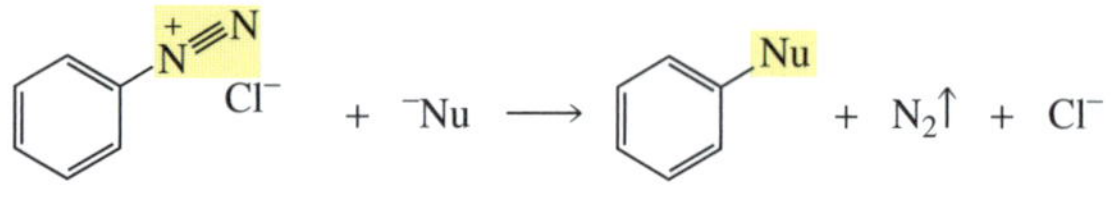

塩化ベンゼンジアゾニウム
(benzenediazonium chloride)

アニリンを亜硝酸(HNO_2)と反応させるとアレーンジアゾニウム塩が生成する．亜硝酸は不安定なので，亜硝酸ナトリウム水溶液と酸を用いて系中で発生させなければならない．実際 N_2 は優れた脱離基なので，ジアゾニウム塩は 0 ℃で合成し，単離することなくすぐに用いる．第一級アミノ基(NH_2)のジアゾニウム基($^+N\equiv N$)への変換の反応機構は 19.23 節に示す.

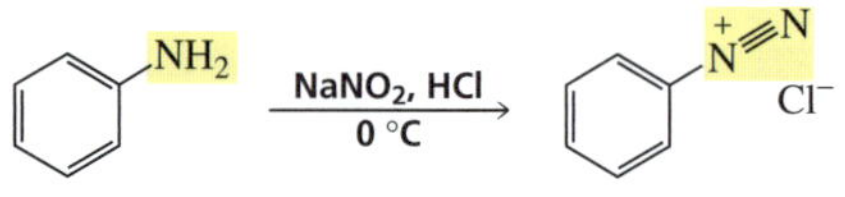

アレーンジアゾニウム塩を含む溶液に適当な銅(I)塩を加えると，ジアゾニウム基を $^-C\equiv N$, Cl^-, および Br^- のような求核剤で置き換えることができる．アレーンジアゾニウム塩と銅(I)塩との反応は，**Sandmeyer 反応**(Sandmeyer reaction)として知られている.

Sandmeyer 反応

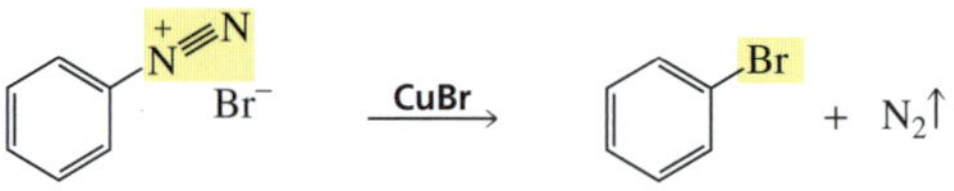

臭化ベンゼンジアゾニウム
(benzenediazonium bromide)

ブロモベンゼン
(bromobenzene)

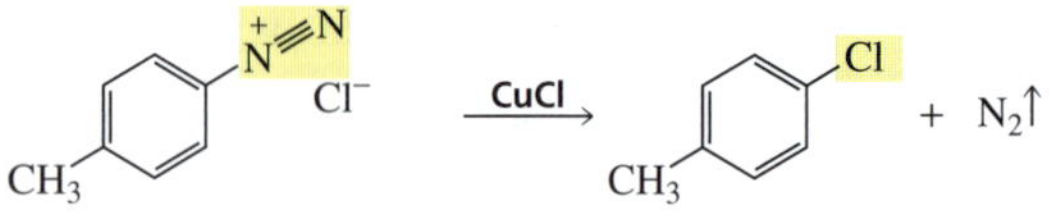

塩化 p-トルエンジアゾニウム
(p-toluenediazonium chloride)

p-クロロメチルベンゼン
(p-chloromethylbenzene)

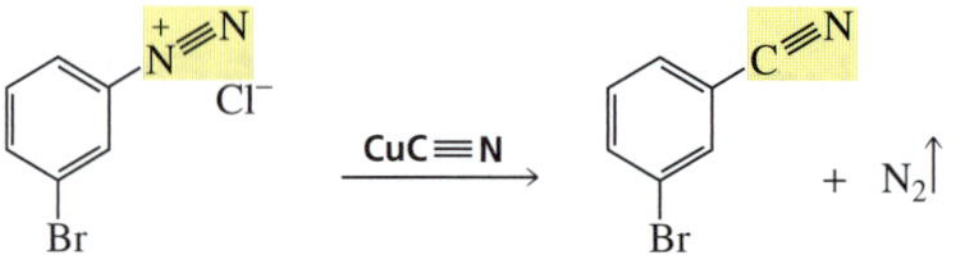

塩化 m-ブロモベンゼンジアゾニウム
(m-bromobenzenediazonium chloride)

m-ブロモベンゾニトリル
(m-bromobenzonitrile)

Sandmeyer 反応においては，CuCl や CuBr の代わりに KCl や KBr を用いることはできない．反応には銅(I)塩が必要であり，それは銅(I)イオンが重要な役割を担っていることを示している．正確な反応機構はわかっていないが，銅(I)イオンがジアゾニウム塩に 1 電子を供与し，アリールラジカルと窒素ガスを生成すると考えられている．

塩素置換基や臭素置換基はハロゲン化によりベンゼン環に直接導入することができるが，Sandmeyer 反応は別法として有用である．たとえば，para-クロロエチルベンゼンを合成したい場合，エチルベンゼンの塩素化ではオルト異性体とパラ異性体の混合物が生じる．

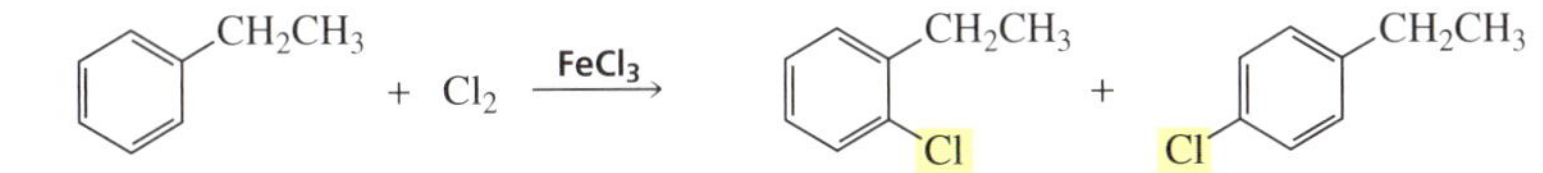

エチルベンゼン + Cl_2 —$FeCl_3$→ o-クロロエチルベンゼン + p-クロロエチルベンゼン

しかし，para-エチルアニリンを出発物質として塩素化に Sandmeyer 反応を用いると，望みのパラ生成物のみが得られる．

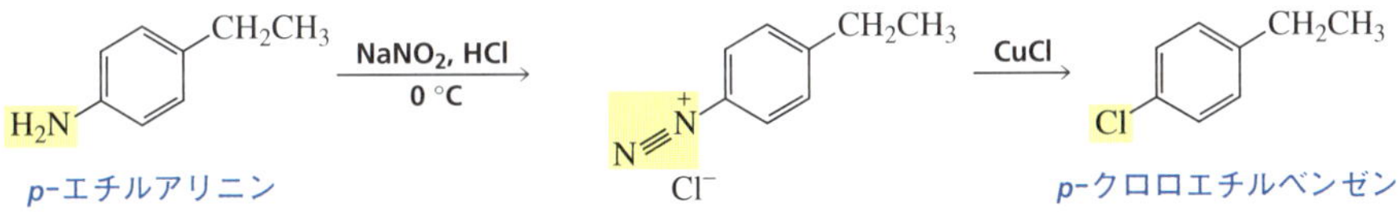

p-エチルアニリン —$NaNO_2$, HCl, 0 °C→ [ジアゾニウム塩] —CuCl→ p-クロロエチルベンゼン

ヨウ化カリウムをジアゾニウムイオンを含む溶液に加えると，ジアゾニウム基はヨウ素置換基に置き換わる．

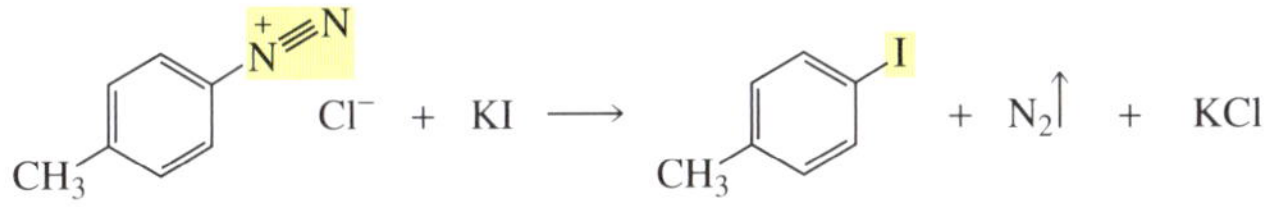

塩化 p-トルエンジアゾニウム + KI ⟶ p-ヨードトルエン (p-iodotoluene) + N_2↑ + KCl

アレーンジアゾニウム塩を四フッ化ホウ酸(HBF_4)とともに加熱すると，フッ素置換が起こる．この反応は **Schiemann 反応**（Schiemann reaction）として知られている．

Schiemann 反応

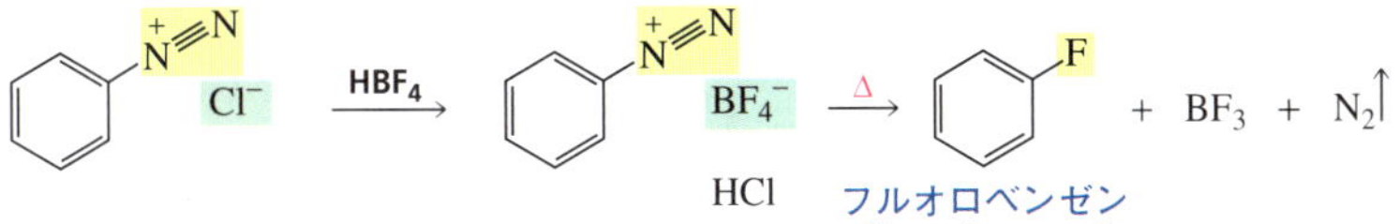

[ジアゾニウム塩 Cl^-] —HBF_4→ [ジアゾニウム塩 BF_4^-] + HCl —Δ→ フルオロベンゼン (fluorobenzene) + BF_3 + N_2↑

ジアゾニウム塩を合成した際の酸性水溶液を加熱すると，ジアゾニウム基は OH 基に置き換わる．（H_2O が求核剤である．）

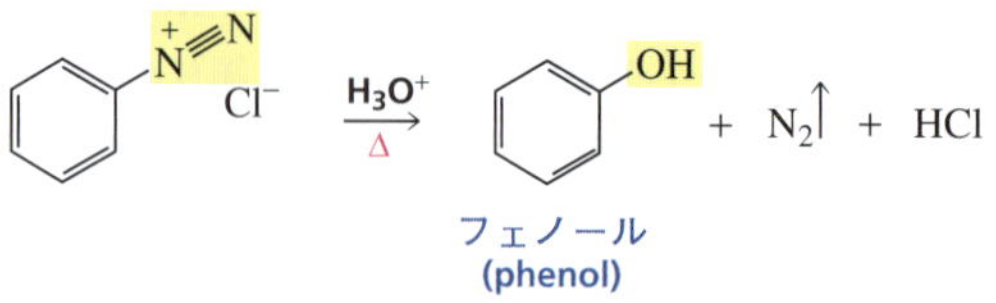

[PhN₂⁺Cl⁻] →(H₃O⁺, Δ) フェノール (phenol) + N₂↑ + HCl

酸化銅(I)と硝酸銅(II)水溶液を冷却した溶液中に加えると，フェノールがより良い収率で得られる．

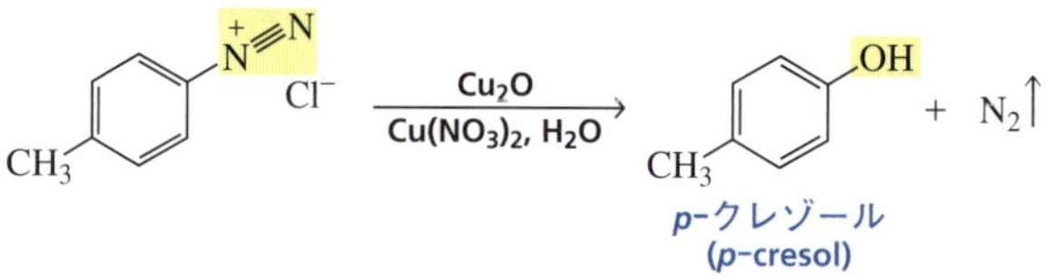

[p-CH₃-C₆H₄-N₂⁺Cl⁻] →(Cu₂O, Cu(NO₃)₂, H₂O) p-クレゾール (p-cresol) + N₂↑

アレーンジアゾニウム塩を次亜リン酸(H_3PO_2)で処理すると，ジアゾニウム基は水素で置き換わる．アミノ基やニトロ基の配向性を利用したあと，最後にそれらを除かなければならない場合には，この方法は有用な反応である．たとえば，この反応を使わないで 1,3,5-トリブロモベンゼンを合成するのは困難であることがわかる．

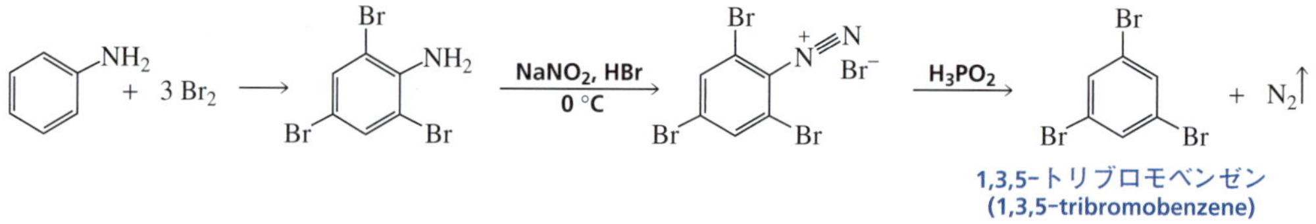

アニリン + 3 Br₂ → 2,4,6-トリブロモアニリン →(NaNO₂, HBr / 0 ℃) ジアゾニウム塩 →(H_3PO_2) 1,3,5-トリブロモベンゼン (1,3,5-tribromobenzene) + N₂↑

アレーンジアゾニウムイオンは高い温度では不安定なので，アレーンジアゾニウムイオンの反応は 0 ℃ で行わなければならないことを覚えておこう．

逆合成解析

複雑な合成をデザインするとき，逆から考えると多くの場合簡単であることを学んできた．たとえば，meta-ジブロモベンゼンの合成をデザインするとき，臭素置換基はオルト-パラ配向なので，環上に臭素置換基を二つとも導入するためにハロゲン化を利用することはできない．臭素置換基は Sandmeyer 反応でベンゼン環に導入することができ，もともとメタ配向基だったニトロ置換基を Sandmeyer 反応で臭素置換基に置き換えられることを知っているので，標的分子を合成できることになる．

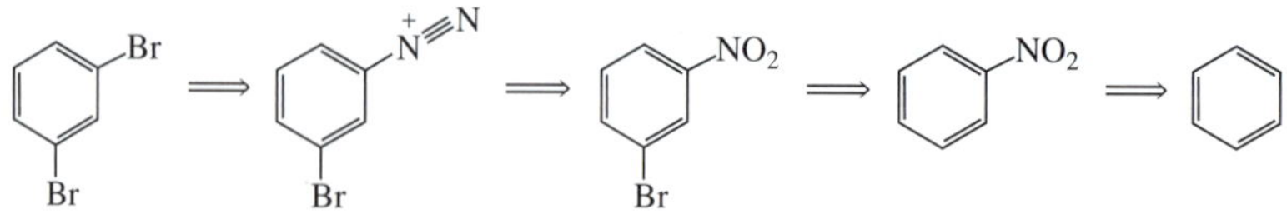

m-ジブロモベンゼン ⇒ m-Br-C₆H₄-N₂⁺ ⇒ m-Br-C₆H₄-NO₂ ⇒ C₆H₅-NO₂ ⇒ C₆H₆

各段階を行うのに必要な反応剤を含んだ正方向の反応を書くことができる．

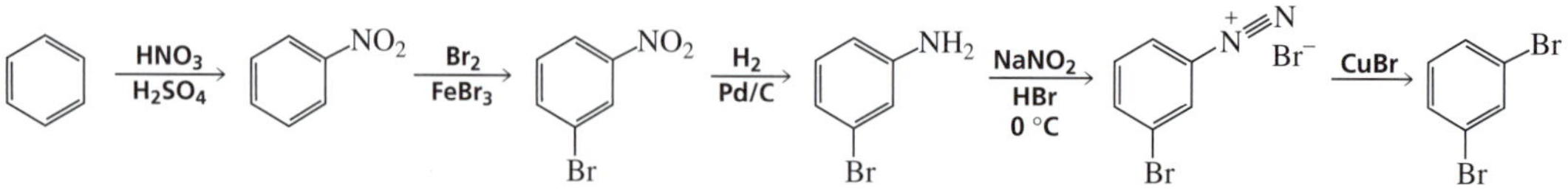

ベンゼン →(HNO₃, H₂SO₄) ニトロベンゼン →(Br₂, FeBr₃) m-ブロモニトロベンゼン →(H₂, Pd/C) m-ブロモアニリン →(NaNO₂, HBr, 0 ℃) ジアゾニウム塩 →(CuBr) m-ジブロモベンゼン

問題 32 ◆
1,3,5-トリブロモベンゼンの合成の一段階目で，なぜ FeBr₃ は触媒に用いられないのか．

問題 33
ベンゼン環上のジアゾニウム基は，導入される置換基をメタ位へ配向するのに用いることができないのはなぜかを説明せよ．

問題 34
ベンゼンの塩化ベンゼンジアゾニウムへの変換反応に必要な一連の段階を書け．

問題 35
次の化合物をベンゼンから合成する方法を示せ．

a. *m*-ニトロ安息香酸
b. *m*-ブロモフェノール
c. *o*-クロロフェノール
d. *m*-メチルニトロベンゼン
e. *p*-メチルベンゾニトリル
f. *m*-クロロベンズアルデヒド

19.22 求電子剤としてのアレーンジアゾニウムイオン

アレーンジアゾニウムイオンは，置換ベンゼンの合成だけでなく，芳香族求電子置換反応にも求電子剤として用いられる．アレーンジアゾニウムイオンは室温では不安定なので，室温以下の温度で進行する反応にしか用いることができない．いいかえれば，非常に活性化されたベンゼン環(フェノール類，アニリン類，および *N*-アルキルアニリン類)のみ，アレーンジアゾニウムイオンを求電子剤として芳香族求電子置換反応に用いることができる．この反応の生成物は**アゾ化合物**(azo compound)である．N＝N 結合は**アゾ結合**(azo linkage)と呼ばれている．

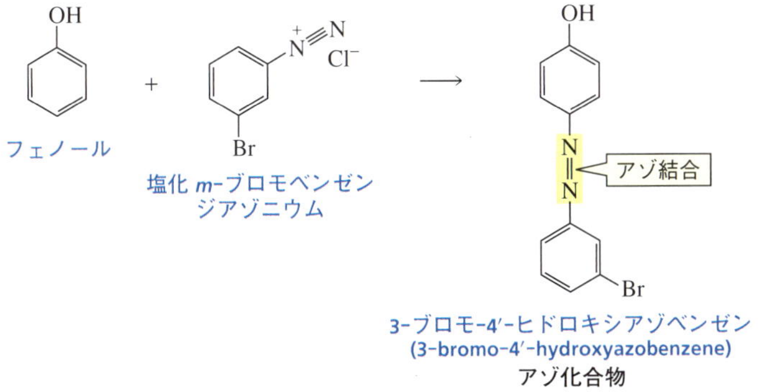

フェノール + 塩化 *m*-ブロモベンゼンジアゾニウム ⟶ 3-ブロモ-4'-ヒドロキシアゾベンゼン
(3-bromo-4'-hydroxyazobenzene)
アゾ化合物

求電子剤であるアレーンジアゾニウムイオンは立体的に非常に大きいので，立体的に込み合いの少ないパラ位で優先的に反応する．しかし，パラ位がふさがれている場合には，オルト位で置換が起こる．

アレーンジアゾニウムイオンを求電子剤とする芳香族求電子置換反応の機構は，ほかの求電子剤を用いる芳香族求電子置換反応と同じである．

アレーンジアゾニウムイオンを求電子剤とする芳香族求電子置換反応の機構

N,N-ジメチルアニリン
(N,N-dimethylaniline)

p-N,N-ジメチルアミノアゾベンゼン
(p-N,N-dimethylaminoazobenzene)

- 求電子剤がベンゼン環に付加する.
- 溶液中の塩基が,求電子剤との結合を形成した炭素からプロトンを引き抜く.

アルケンと同様に,アゾ化合物にもシス形とトランス形が存在する.シス異性体には立体ひずみがあるので,トランス異性体のほうがより安定である(上巻;6.13 節参照).

trans-アゾベンゼン
(trans-azobenzene)

cis-アゾベンゼン
(cis-azobenzene)

拡張した共役のために,アゾベンゼンは色のついた化合物である(上巻;14.21 節参照).アゾベンゼンは染料として使われている.

最初の抗生物質の発見

アゾ染料が羊毛繊維(動物性タンパク質)を有効に染めるという事実は,そのような染料は細菌タンパク質とも結合し,おそらくその過程で細菌を傷つけることを示唆している.10,000 以上の染料が *in vitro*(試験管中)で調べられたが,どれも抗生物質活性を示さなかった.そこで,研究者は染料を *in vivo*(生体内)で調べることにした.

培養した細菌に感染させたマウスを使って *in vivo* 研究を行ったところ,幸運にもいくつかの染料がグラム陽性菌感染を抑えることがわかった.これらのうち最も低毒性の Prontosil®(鮮やかな赤い染料)は,細菌感染症を治療する最初の薬となった.

Prontosil®

Prontosil® が *in vitro* では不活性だったのに *in vivo* では活性であったという事実は,染料がマウスによって活性な化合物に変換された証しであると気づくべきであったが,有用な抗生物質を見つけたことに満足していた研究者は気づかなかった.

のちにパスツール研究所の科学者が Prontosil® を調べた際に,薬を投与されたマウスは赤い化合物を排泄しないことに気づいた.尿分析の結果,マウスが無色の *para*-アセトアミドベンゼンスルホンアミドを代わりに排泄していることがわかった.

化学者はアニリンが*in vivo*でアセチル化されることを知り，アセチル化されていない化合物（スルファニルアミド）を合成した．スルファニルアミドを連鎖状球菌に感染したマウスに投与したところ，すべてのマウスは治癒したが，未処置のマウスは死んだ．

para-アセトアミドベンゼンスルホンアミド
(*para*-acetamidobenzenesulfonamide)

para-アミノベンゼンスルホンアミド
(*para*-aminobenzenesulfonamide)
スルファニルアミド
(sulfanilamide)

Prontosil® は，体内で反応したあとにのみ効果的な薬になる**プロドラッグ**（prodrug）の例である．スルファニルアミドは初めてのサルファ剤であり，サルファ剤は最高の抗生物質であった．スルファニルアミドは，細菌が成長するのに必要な化合物である葉酸を合成する細菌酵素のはたらきを抑制する（24.8 節参照）．

🧪 薬物安全性

1937 年 10 月，テネシー州の会社からスルファニルアミドを入手した患者が，死に至る昏睡状態に陥る前に激しい腹痛を経験した．FDA はシカゴ大学の薬理学者である Eugene Geiling と彼の研究室の大学院生である Frances Kelsey に調査を依頼した．彼らは，製薬会社がスルファニルアミドを飲み込みやすくするために甘味性液体のジエチレングリコールに溶解したことを突き止めた．しかし，ヒトに対するジエチレングリコールの安全性は調べられたことがなく，結局それは毒薬であることがわかった．興味深いことに，Frances Kelsey はのちにアメリカでサリドマイドが市販されるのを差し止めた人でもある（上巻；327 ページ参照）．

スルファニルアミドの調査の段階では，致死作用のある薬の販売を差し止める法律はなかった．そこで，1938 年 6 月，アメリカ連邦食品・医薬品・化粧品法が制定された．この法律は，すべての食品，医薬品，および化粧品に対し市販される前にその効果と安全性を詳細に試験することを定めた．法律は環境の変化に合わせてときどき改正されている．

問題 36
p-メチルフェノールと塩化ベンゼンジアゾニウムとの反応で得られる生成物は何か．

問題 37
ジアゾニウムイオンを求電子剤とする芳香族求電子置換反応の機構では，求核剤が形式的に正電荷をもつ窒素ではなく，末端のジアゾニウムイオンの窒素を攻撃するのはなぜか．

問題 38
次のそれぞれの化合物（構造は上巻の 719 ページ参照）を合成するときに用いられる活性化ベンゼン環とジアゾニウムイオンの構造を書け．
 a. バターイエロー **b.** メチルオレンジ

19.23 アミンと亜硝酸との反応の機構

NH_2 基のジアゾニウム基への変換には，<u>ニトロソニウムイオン</u>が必要である．硝酸からニトロニウムイオン（19.5 節）や硫酸からスルホニウムイオン（19.6 節）

1066 19章 ベンゼンおよび置換ベンゼンの反応

が発生するのと同じように，ニトロソニウムイオンはプロトン化した亜硝酸から水が脱離して生成する．

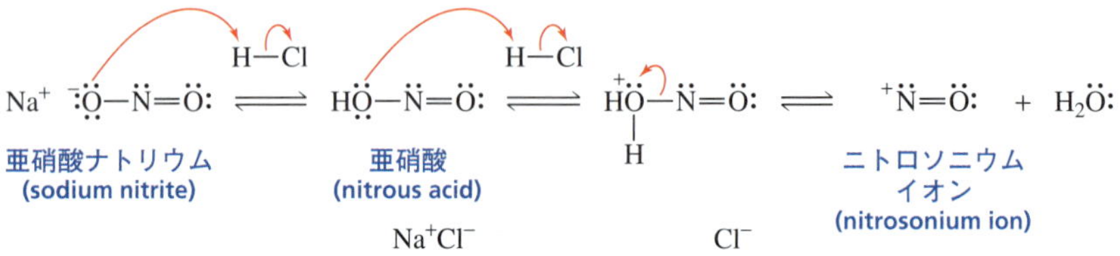

亜硝酸ナトリウム (sodium nitrite) ⇌ 亜硝酸 (nitrous acid) ⇌ ⇌ ニトロソニウムイオン (nitrosonium ion) + H_2O

ジアゾニウムイオンがアニリンから生成する反応機構

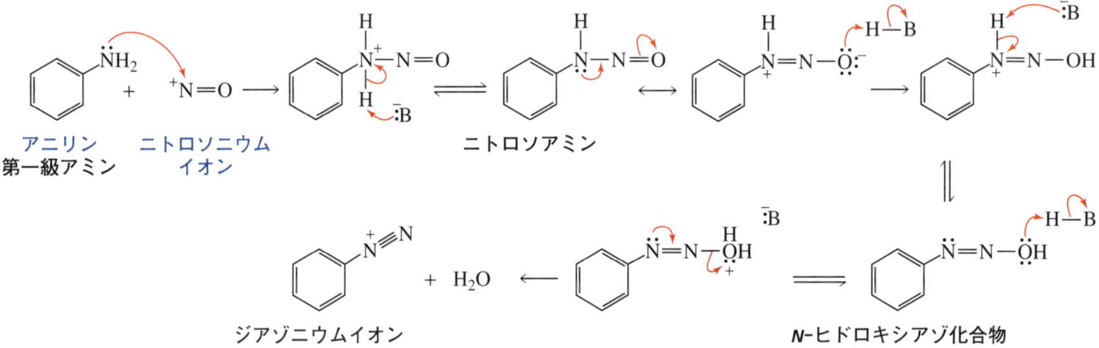

アニリン（第一級アミン） + ニトロソニウムイオン → → ⇌ ニトロソアミン ↔ → → N-ヒドロキシアゾ化合物 ⇌ ← ジアゾニウムイオン + H_2O

いくつかのほかの反応機構で見てきた三つの中間体のパターンに気づこう：
プロトン化中間体 →
中性中間体 →
プロトン化中間体．

- アニリンがニトロソニウムイオンと電子対を共有する．
- 窒素からプロトンが引き抜かれて**ニトロソアミン**(nitrosamine)が生成する．
- 窒素の孤立電子対の非局在化と酸素のプロトン化によって，プロトン化された N-ヒドロキシアゾ化合物が生成する．
- プロトン化された N-ヒドロキシアゾ化合物は非プロトン化体と平衡にある．
- N-ヒドロキシアゾ化合物は，逆反応で窒素が再プロトン化されるか，または正反応で酸素がプロトン化される．
- 水が脱離するとジアゾニウムイオンが生成する．

🧪 新しい抗がん剤

故 Ted Kennedy 上院議員の脳腫瘍の治療に使われたテモゾロミドは，比較的新しい抗がん剤である．その薬は経口服用できる．循環系において，それは水と反応し CO_2 を失って活性形へと変換される．いったん細胞に取り込まれると，薬は非常に活性なメチル化剤であるメチルジアゾニウムイオンを脱離させる．上巻の 11.11 節で学んだように，メチル化 DNA はがん細胞の死をもたらす．テモゾロミドは，プロドラッグのもう一つの例である（19.22 節）．

19.23 アミンと亜硝酸との反応の機構

テモゾロミド (temozolomide) → 活性形 → メチルジアゾニウムイオン

問題 39◆
テモゾロミドのメチルジアゾニウムへの変換の一段階目では，どのアミド結合が加水分解されるか．

問題 40
ニトロソニウムイオンと反応させたとき，第二級アミンからジアゾニウムイオンではなくニトロソアミンが生成するのはなぜか，説明せよ．

第二級アミン + $^+N=O$ → ニトロソアミン + H^+

🧪 ニトロソアミンとがん

1962年にノルウェーで起きた羊の食中毒は，亜硝酸処理された魚肉の摂取が原因であることが明らかになった．この事件で，亜硝酸処理された食物をヒトが摂取することに対する懸念が生じた．というのも，亜硝酸ナトリウムは食品保存料としてよく使われていたからである．亜硝酸ナトリウムは食物中に含まれる天然由来の第二級アミンと反応して，発がん性物質として知られているニトロソアミンを生成する．魚の燻製，保存肉，およびビールにはすべてニトロソアミンが含まれている．チーズは亜硝酸ナトリウムを使って保存するので，ニトロソアミンはチーズにも含まれており，また，チーズには第二級アミンも豊富に含まれている．アメリカの消費者グループは，亜硝酸ナトリウムの保存料としての使用を禁止するようにアメリカ食品医薬品局に求めたが，この要求は食肉包装業界の激しい反対にあった．

詳細な調査にもかかわらず，食物に含まれている少量のニトロソアミンが健康に害をもたらすかどうかは明らかにはならなかった．この疑問に答えがでるまで，亜硝酸ナトリウムを日常の食事から除くことは難しい．しかし，日本は胃がんの割合と亜硝酸ナトリウムの平均摂取量がともに最も高いのが気にかかる．良いニュースとしては，ベーコンに含まれているニトロソアミンの濃度は，ニトロソアミン阻害剤であるアスコルビン酸を加えると低下することが，近年判明している．また，醸造技術の改良により，ビール中のニトロソアミンの量も低下している．食物中の亜硝酸ナトリウムはその欠点を補う特長をもっており，ボツリヌス中毒(激しい食中毒の一種)を防いでいるいくつかの証拠がある．

> **問題 41**
> ジアゾメタンはカルボン酸のメチルエステルへの変換に用いられる．この反応の機構を示せ．
>
> $$\underset{\text{カルボン酸}}{R-\overset{O}{\overset{\|}{C}}-OH} + \underset{\text{ジアゾメタン}}{{}^{-}\!:\!CH_2-\overset{+}{N}\equiv N} \longrightarrow \underset{\text{メチルエステル}}{R-\overset{O}{\overset{\|}{C}}-OCH_3} + N_2\uparrow$$

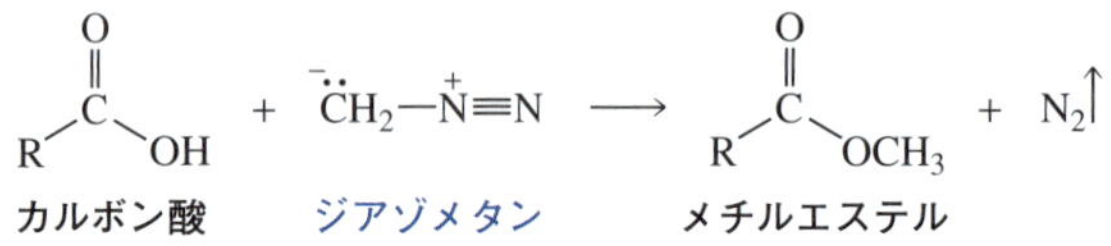

19.24 芳香族求核置換：付加−脱離反応

ハロゲン化アリールは，π電子雲が求核剤の接近を妨害するので，通常の反応条件では求核剤と反応しない（上巻；9.5 節参照）．

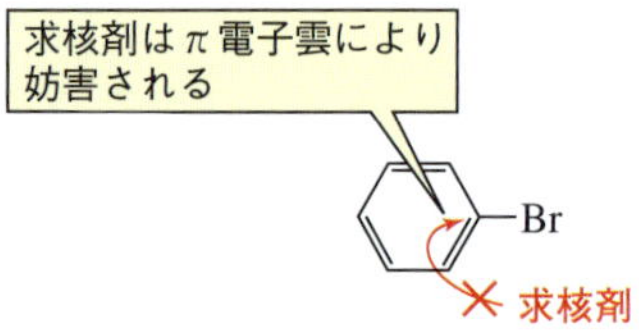

しかし，ハロゲン化アリールが共鳴によって環から強く電子を求引する置換基を一つ以上もっている場合には，**芳香族求核置換**（nucleophilic aromatic substitution）反応が進行する．電子求引性基はハロゲンのオルト位かパラ位になければならない．ハロゲンのオルト位およびパラ位の電子求引性置換基の数が多ければ多いほど，芳香族求核置換反応はより容易に起こる．各反応に必要な反応条件に注目しよう．

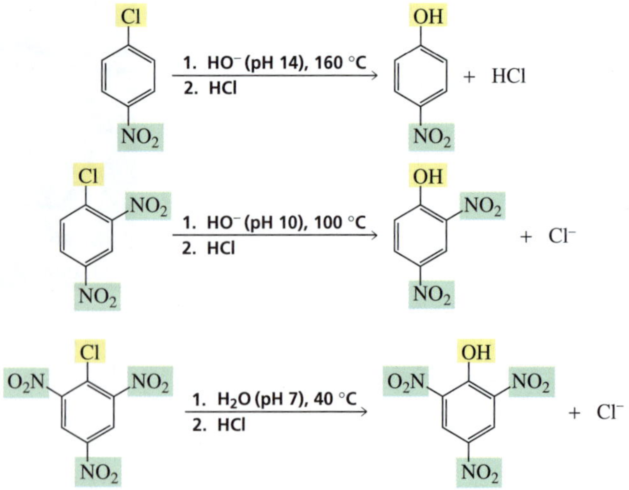

芳香族求核置換反応は二段階機構を経て進行する．この反応は **S_NAr 反応**（S_NAr reaction）と呼ばれる．

19.24 芳香族求核置換：付加-脱離反応

芳香族求核置換反応の一般的機構

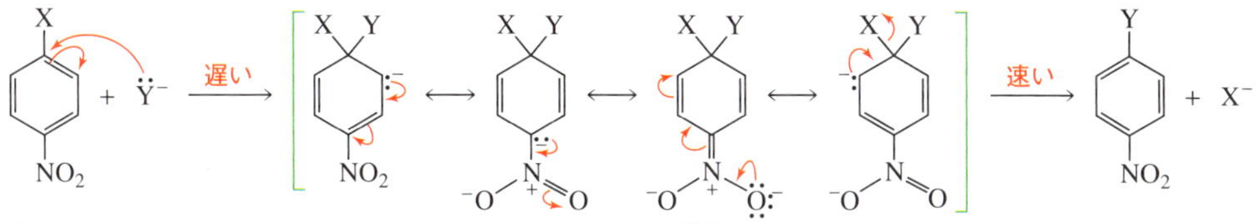

[反応機構図：p-ニトロハロベンゼンと求核剤 Y^- の反応、遅い段階で Meisenheimer 錯体を経由し、速い段階で X^- が脱離して生成物となる]

- 求核剤は芳香環にほとんど直交する方向から脱離基が結合した炭素を攻撃する．（上巻の 9.5 節で学んだように，脱離基は背面攻撃によって sp^2 炭素原子から置換されない．）求核攻撃により，Meisenheimer 錯体と呼ばれる共鳴安定化カルボアニオン中間体が生成する．
- 脱離基が脱離し，環の再芳香化が起こる．

芳香族求核置換反応においては，導入される求核剤は置換される脱離基より強い塩基でなければならない．なぜなら，二つの塩基のうちの弱いほうが中間体から脱離するからである．

　電子求引性置換基は求核剤が攻撃する位置のオルト位かパラ位になければならない．なぜなら，攻撃する求核剤の電子はその置換基がオルト位かパラ位のどちらかにあるときのみその置換基上まで非局在化できるからである．

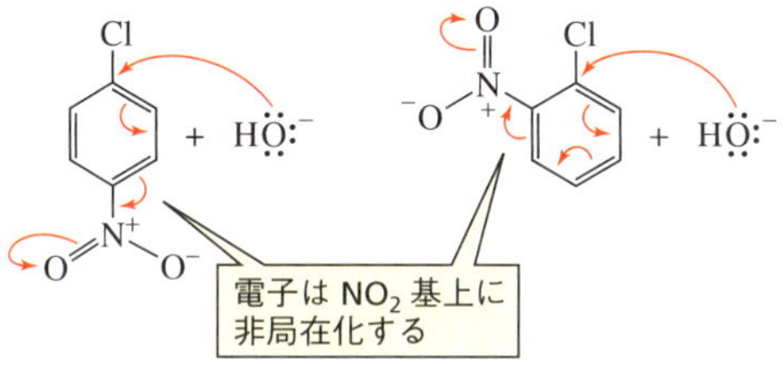

[反応機構図：p-クロロニトロベンゼン および o-クロロニトロベンゼンと HO^- の反応、電子は NO_2 基上に非局在化する]

　芳香族求核置換反応によってさまざまな置換基をベンゼン環に導入できる．ただ，新たに導入される基は脱離する基よりも強い塩基でなければならない．

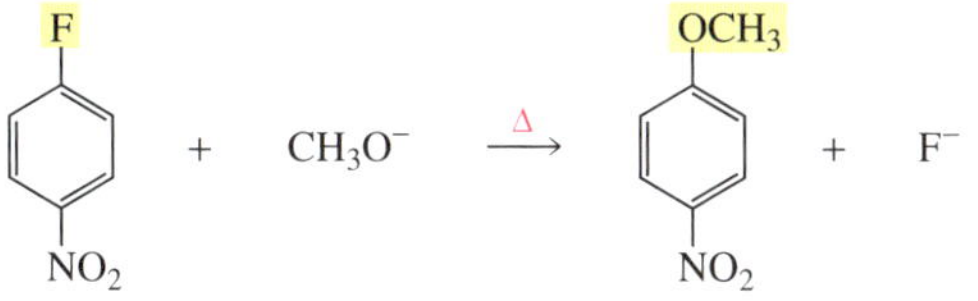

[反応式：p-フルオロニトロベンゼン (p-fluoronitrobenzene) + CH_3O^- → p-ニトロアニソール (p-nitroanisole) + F^-]

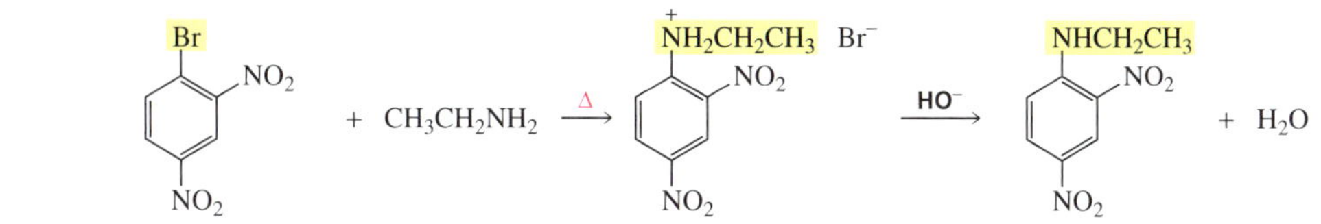

[反応式：1-ブロモ-2,4-ジニトロベンゼン (1-bromo-2,4-dinitrobenzene) + $CH_3CH_2NH_2$ → 中間体 ($NH_2CH_2CH_3$) Br^- → HO^- → N-エチル-2,4-ジニトロアニリン (N-ethyl-2,4-dinitroaniline) + H_2O]

電子求引性置換基は，求核置換反応に対してはベンゼン環の反応性を増大させ，求電子置換反応に対してはベンゼン環の反応性を低下させる．

芳香族求核置換反応に対してベンゼン環を活性化する強電子求引性のニトロ置換基は，芳香族求電子置換反応に対しては環を不活性化することに気づこう（表19.1）．いいかえれば，環をより電子不足にするほど求核剤に対してより反応性が増大し，求電子剤に対してはより反応性が低下する．

> **問題 42**
> *meta*-クロロニトロベンゼンが水酸化物イオンと反応して生成するカルボアニオンの共鳴寄与体を書け．なぜ反応は起こらないのか．

> **問題 43◆**
> **a.** 次の化合物を芳香族求核置換反応が起こりやすいものから起こりにくいものの順に並べよ．
>   クロロベンゼン　　1-クロロ-2,4-ジニトロベンゼン　　*p*-クロロニトロベンゼン
> **b.** 上記の化合物を芳香族求電子置換反応が起こりやすいものから起こりにくいものの順に並べよ．

> **問題 44**
> 次のそれぞれの化合物をベンゼンから合成する方法を示せ．
> **a.** *o*-ニトロフェノール　　**b.** *p*-ニトロアニリン
> **c.** *p*-ブロモアニソール　　**d.** アニソール

合成デザインⅦ

19.25 環状化合物の合成

ここまでに学んできた反応のほとんどは反応する二つの基が別べつの分子である分子間反応であった．環状化合物は反応する二つの基が同じ分子中にある分子内反応で生成する．もし五員環や六員環をもつ化合物を生成するならば，分子内反応はとくに起こりやすいことをすでに学んだ（上巻；9.8 節参照）．

環状化合物の合成をデザインする際に，その合成を成功させるために必要な反応性に富んだ基の種類を決めなければならない．たとえば，ケトンはベンゼン環と塩化アシルとの Friedel-Crafts アシル化で生成することを学んだ（19.7 節）．したがって，ベンゼン環と塩化アシル基を両方もつ化合物に Lewis 酸（AlCl₃）を加えれば環状ケトンが得られる．環の大きさは二つの基の間にある炭素数で決まる．

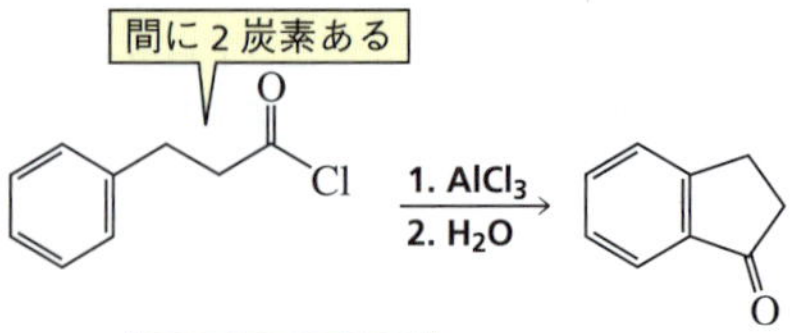

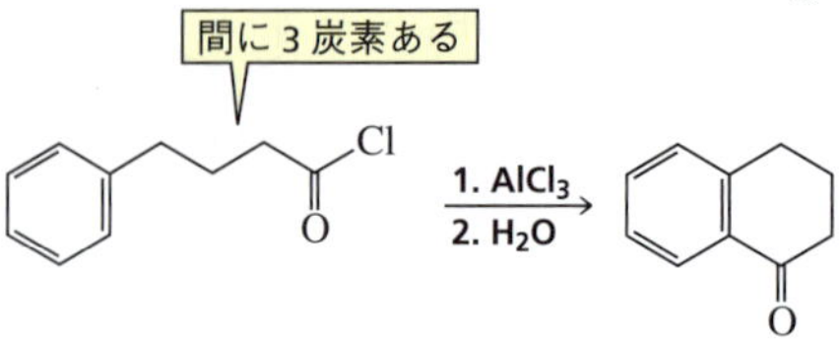

エステルがカルボン酸とアルコールとの反応で生成することを学んだ．したがって，ラクトン（環状エステル）は同一分子内にカルボン酸基とアルコール基の両方をもち，両方が適切な炭素原子数だけ離れている反応物から合成できる．

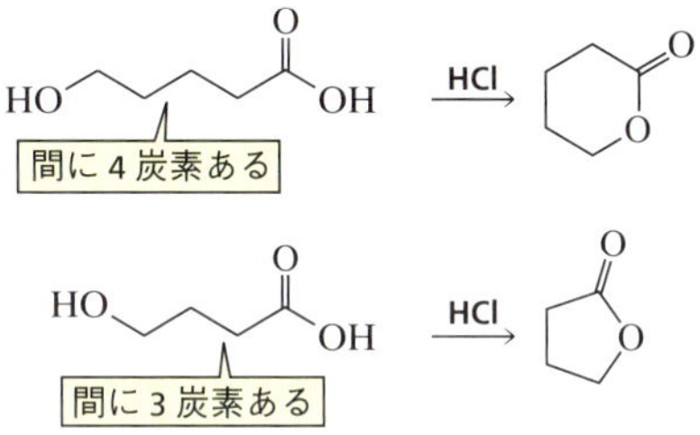

環状エーテルは分子内 Williamson エーテル合成で合成できる（上巻：10.10 節参照）．

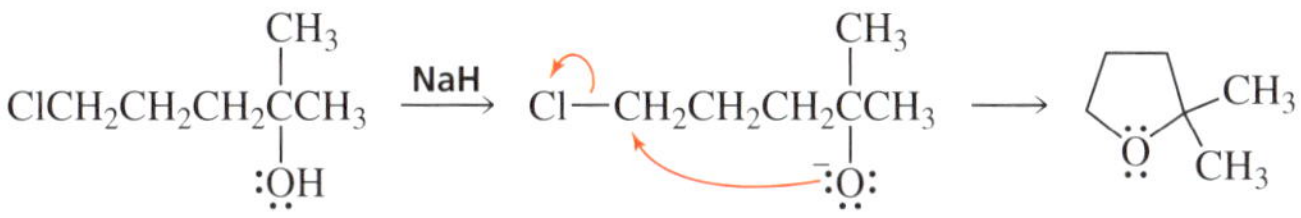

環状エーテルは分子内求電子付加反応によっても合成できる．

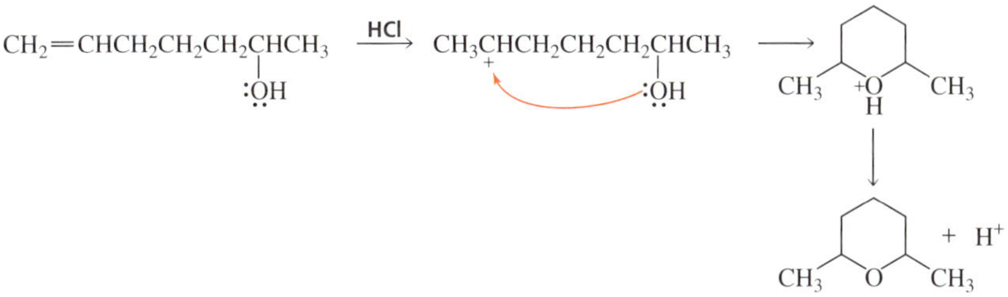

分子内反応で得られた生成物に，さらに反応を起こさせて多くのさまざまな異なる化合物を合成できる．たとえば，次の反応で生成する環状臭化アルキルは，脱離反応や，さまざまな求核剤との置換反応，あるいは多くの異なる求電子剤と反応する Grignard 反応剤への変換などを行うことができる．

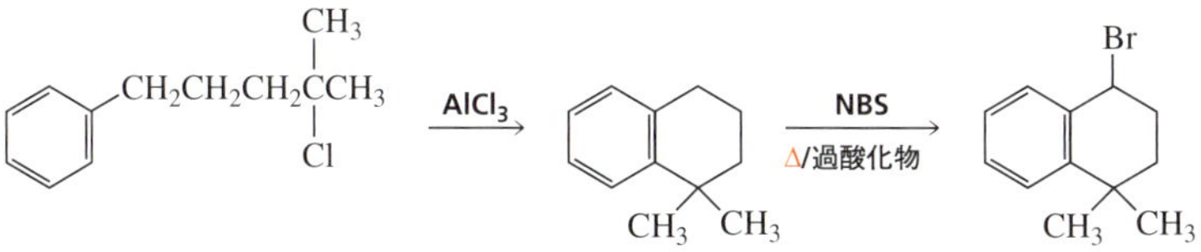

問題 45

次のそれぞれの化合物を分子内反応で合成する方法をデザインせよ．

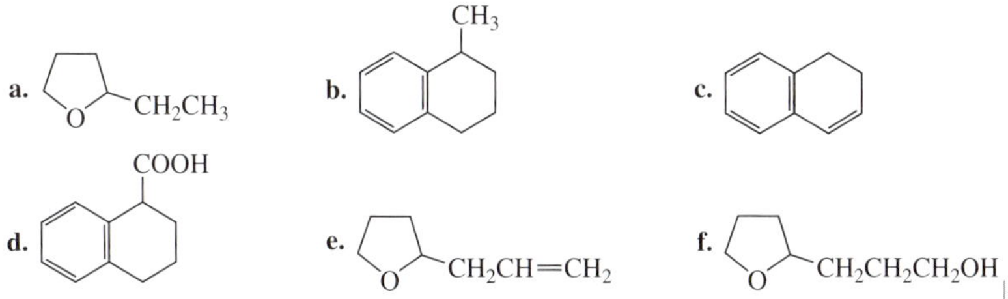

覚えておくべき重要事項

- ある種の一置換ベンゼンは置換ベンゼンとして命名される（たとえば，ブロモベンゼン，ニトロベンゼン）．置換基を含めた名称で呼ばれるものもある（たとえば，トルエン，フェノール，アニリン，アニソール）．
- ベンゼンは芳香族性をもつので**芳香族求電子置換反応**を起こす．
- 最も一般的な芳香族求電子置換反応は，ハロゲン化，ニトロ化，スルホン化，Friedel-Crafts アシル化，および Friedel-Crafts アルキル化である．
- いったん求電子剤が生じると，すべての芳香族求電子置換反応は同じ二段階機構で進行する．(1) ベンゼンが求電子剤と結合し，カルボカチオン中間体が生成する．(2) 塩基が求電子剤が結合した炭素からプロトンを引き抜く．
- **微視的可逆性の原理**より，逆反応の機構は正反応の機構の逆を正確にたどる．
- Friedel-Crafts アルキル化反応で用いたハロゲン化アルキルから生成したカルボカチオンが転位した場合，転位したアルキル基をもった化合物が主生成物となる．
- 直鎖アルキル基をベンゼン環に導入する方法として，Friedel-Crafts アシル化反応に続いてカルボニル基を接触還元する方法である **Clemmensen 還元**，あるいは **Wolff-Kishner 還元**が用いられる．
- 直鎖のアルキル基をもつアルキルベンゼンも，カップリング反応によりブロモベンゼンから合成できる．
- ベンゼン環上の二つの置換基の相対的位置は，化合物の名称にその場所を示す番号か接頭語のオルト，メタ，パラのいずれかをつけて示される．
- 置換基の性質はベンゼン環の反応性に影響を与える．芳香族求電子置換反応の反応速度は電子供与性基によって増大し，電子求引性基によって低下する．
- 置換基は**誘起的**に電子を求引することができ，**超共役**により電子を供与することができ，さらに**共鳴**によって電子を求引することも供与することもできる．
- 電子求引性基は置換フェノール，安息香酸，およびプロトン化アニリンの酸性度を増大する（pK_a を低下させる）が，一方，電子供与性基はそれらの酸性度を低下させる（pK_a 値を増大させる）．
- 置換基の性質は導入される置換基の位置に影響を与える．すべての活性化置換基と弱い不活性化基であるハロゲンは**オルト-パラ配向基**である．ハロゲンよりも不活性な置換基はすべて**メタ配向基**である．
- アルキル基，アリール基，および CH＝CHR 基以外のオルト-パラ配向基は，環に結合している原子に孤立電子対をもっている．メタ配向基は環に結合している原子上に正電荷あるいは部分正電荷をもっている．
- オルト-パラ配向基は，その置換基あるいは導入される求電子剤が立体的に大きいときには，パラ異性体を優先的に与える．
- 二置換ベンゼンの合成を計画する際には，置換基を環に導入する順番と置換基を化学修飾するタイミングをよく考える必要がある．
- 二置換ベンゼンに芳香族求電子置換反応を行うときには，二つの置換基の配向性効果を考慮しなければならない．
- メタ配向基が結合しているベンゼン環は Friedel-Crafts 反応を起こさない．
- ベンゼン環に付与することができる置換基の種類は，アレーンジアゾニウム塩，および芳香族求核置換反応を使うことにより増える．
- アニリンを亜硝酸と反応させると**アレーンジアゾニウム塩**が生成する．ジアゾニウム基は求核剤と置き換わることができる．
- アレーンジアゾニウムイオンは求電子剤として用いることができ，反応性の高いベンゼン環と反応し，シス形およびトランス形が存在する**アゾ化合物**を生成する．
- 脱離基のオルト位かパラ位に一つ以上の強く電子を求引する基をもつハロゲン化アリールは**芳香族求核置換（S_NAr）反応**を起こす．導入された求核剤は置換されるハロゲン化イオンより強い塩基でなければならない．
- 求電子置換反応に対してベンゼン環を不活性化する置換基は求核置換反応を活性化する．逆もまた同様である．

反応のまとめ

1. 芳香族求電子置換反応

   a. ハロゲン化（19.4 節）．反応機構は 1023 および 1024 ページに示す．

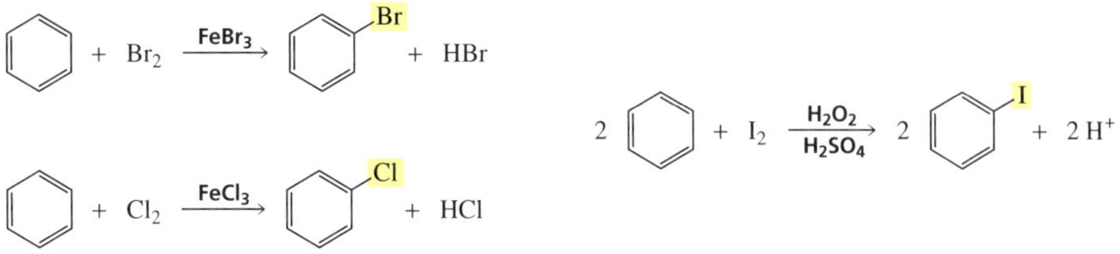

   $$C_6H_6 + Br_2 \xrightarrow{FeBr_3} C_6H_5Br + HBr$$

   $$2\,C_6H_6 + I_2 \xrightarrow[H_2SO_4]{H_2O_2} 2\,C_6H_5I + 2\,H^+$$

   $$C_6H_6 + Cl_2 \xrightarrow{FeCl_3} C_6H_5Cl + HCl$$

   b. ニトロ化，スルホン化，および脱スルホン化（19.5 節および 19.6 節）．反応機構は 1025，1026，および 1027 ページに示す．

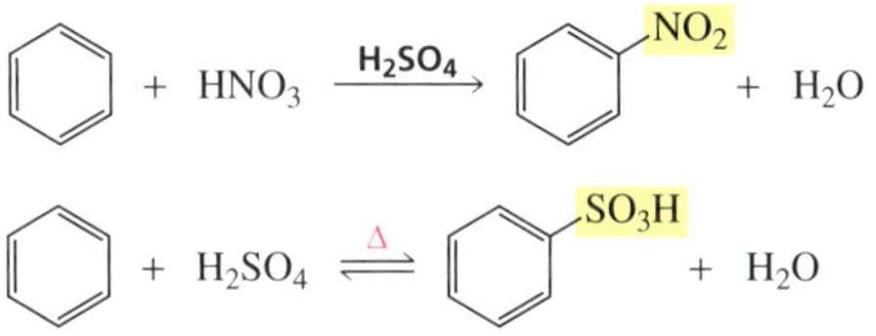

   $$C_6H_6 + HNO_3 \xrightarrow{H_2SO_4} C_6H_5NO_2 + H_2O$$

   $$C_6H_6 + H_2SO_4 \underset{}{\overset{\Delta}{\rightleftharpoons}} C_6H_5SO_3H + H_2O$$

   c. Friedel–Crafts アシル化反応および Friedel–Crafts アルキル化反応（19.7 節および 19.8 節）．反応機構は 1028 および 1030 ページに示す．

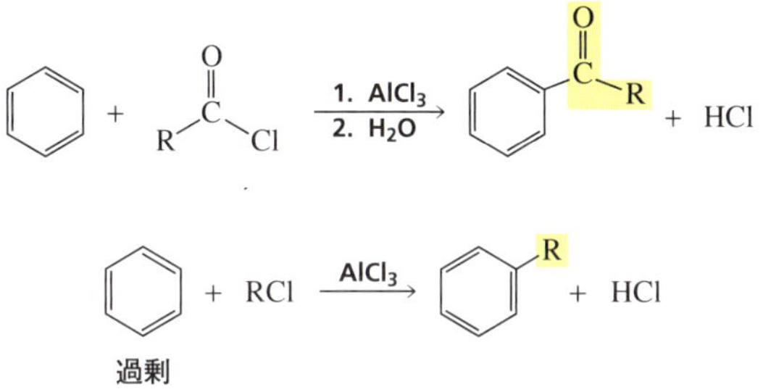

   $$C_6H_6 + RCOCl \xrightarrow[2.\ H_2O]{1.\ AlCl_3} C_6H_5COR + HCl$$

   $$C_6H_6\ (過剰) + RCl \xrightarrow{AlCl_3} C_6H_5R + HCl$$

   d. Gatterman–Koch 反応によるベンズアルデヒドの生成（19.8 節）．

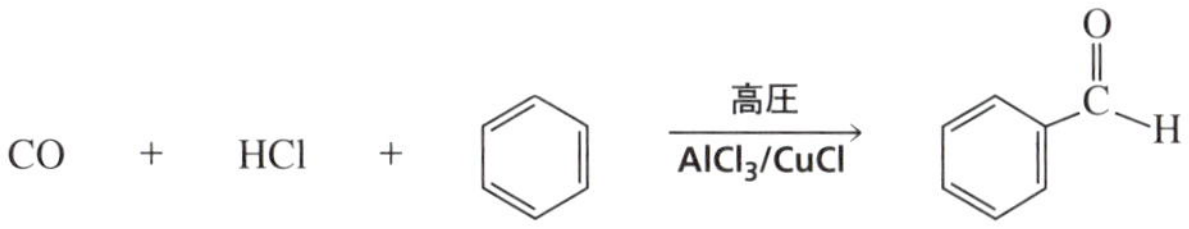

   $$CO + HCl + C_6H_6 \xrightarrow[AlCl_3/CuCl]{高圧} C_6H_5CHO$$

2. カルボニル基のメチレン基への還元（19.9 節）．

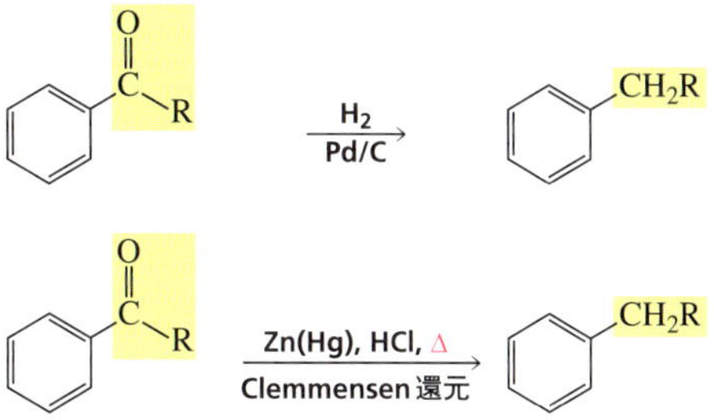

   $$C_6H_5COR \xrightarrow{H_2,\ Pd/C} C_6H_5CH_2R$$

   $$C_6H_5COR \xrightarrow[\text{Clemmensen 還元}]{Zn(Hg),\ HCl,\ \Delta} C_6H_5CH_2R$$

19章 ベンゼンおよび置換ベンゼンの反応

$$\text{C}_6\text{H}_5\text{-CO-R} \xrightarrow[\text{Wolff-Kishner還元}]{\text{H}_2\text{NNH}_2,\ \text{HO}^-,\ \Delta} \text{C}_6\text{H}_5\text{-CH}_2\text{R}$$

3. **カップリング反応を経るアルキル化(19.10節)**

   a. Suzuki 反応によるアルキル化

   $$\text{C}_6\text{H}_5\text{-Br} + \text{R-B(OR)}_2 \xrightarrow[\text{HO}^-]{\text{PdL}_2} \text{C}_6\text{H}_5\text{-R}$$

   b. 有機銅アート反応剤によるアルキル化

   $$\text{C}_6\text{H}_5\text{-Br} + \text{R}_2\text{CuLi} \longrightarrow \text{C}_6\text{H}_5\text{-R} + \text{RCu} + \text{LiBr}$$

4. **ベンゼン環上の置換基の反応(19.12節)**

   $$\text{C}_6\text{H}_5\text{-CH}_3 \xrightarrow[h\nu]{\text{Br}_2} \text{C}_6\text{H}_5\text{-CH}_2\text{Br} \xrightarrow{\text{Z}^-} \text{C}_6\text{H}_5\text{-CH}_2\text{Z} \quad \text{Z}^- = \text{求核剤}$$

   $$\text{C}_6\text{H}_5\text{-CH}_3 \xrightarrow[\Delta]{\text{H}_2\text{CrO}_4} \text{C}_6\text{H}_5\text{-COOH}$$

   $$\text{C}_6\text{H}_5\text{-NO}_2 \xrightarrow[\text{Pd/C}]{\text{H}_2} \text{C}_6\text{H}_5\text{-NH}_2$$

5. **アニリンと亜硝酸との反応(19.23節). 反応機構は1066ページに示す.**

   $$\text{C}_6\text{H}_5\text{-NH}_2 \xrightarrow[0\ ^\circ\text{C}]{\text{NaNO}_2,\ \text{HCl}} \text{C}_6\text{H}_5\text{-N}_2^+\ \text{Cl}^-$$

6. **ジアゾニウム基の置換(19.21節)**

   $$\text{C}_6\text{H}_5\text{-N}_2^+\ \text{Br}^- \xrightarrow{\text{CuBr}} \text{C}_6\text{H}_5\text{-Br} + \text{N}_2\uparrow$$

   $$\text{C}_6\text{H}_5\text{-N}_2^+\ \text{Cl}^- \xrightarrow{\text{CuCl}} \text{C}_6\text{H}_5\text{-Cl} + \text{N}_2\uparrow$$

   $$\text{C}_6\text{H}_5\text{-N}_2^+\ \text{Cl}^- \xrightarrow{\text{CuC}\equiv\text{N}} \text{C}_6\text{H}_5\text{-C}\equiv\text{N} + \text{N}_2\uparrow$$

$$\text{PhN}_2^+\text{Cl}^- \xrightarrow[\Delta]{\text{HBF}_4} \text{PhF} + \text{BF}_3 + \text{N}_2\uparrow$$

$$\text{PhN}_2^+\text{Cl}^- \xrightarrow{\text{KI}} \text{PhI} + \text{N}_2\uparrow$$

$$\text{PhN}_2^+\text{Cl}^- \xrightarrow[\Delta]{\text{H}_3\text{O}^+} \text{PhOH} + \text{HCl} + \text{N}_2\uparrow$$

$$\text{PhN}_2^+\text{Cl}^- \xrightarrow[\text{Cu(NO}_3)_2, \text{H}_2\text{O}]{\text{Cu}_2\text{O}} \text{PhOH} + \text{N}_2\uparrow$$

$$\text{PhN}_2^+\text{Cl}^- \xrightarrow{\text{H}_3\text{PO}_2} \text{PhH} + \text{N}_2\uparrow$$

7. アゾ化合物の生成(19.22節). 反応機構は1064ページに示す.

$$\text{PhOH} + \text{PhN}_2^+\text{Cl}^- \longrightarrow \text{HO-C}_6\text{H}_4\text{-N=N-Ph}$$

8. 芳香族求核置換反応(19.24節). 反応機構は1069ページに示す.

$$\text{4-O}_2\text{N-C}_6\text{H}_4\text{-Br} + \text{CH}_3\text{O}^- \xrightarrow{\Delta} \text{4-O}_2\text{N-C}_6\text{H}_4\text{-OCH}_3 + \text{Br}^-$$

章末問題

46. 次のそれぞれの化合物の構造を書け.
    - **a.** フェノール
    - **b.** ベンジルフェニルエーテル
    - **c.** ベンゾニトリル
    - **d.** ベンズアルデヒド
    - **e.** アニソール
    - **f.** スチレン
    - **g.** トルエン
    - **h.** *tert*-ブチルベンゼン
    - **i.** 塩化ベンジル

47. 次の化合物を命名せよ.

    a. 3-ブロモ安息香酸   b. 1,2,4-トリブロモベンゼン   c. 2,6-ジメチルフェノール

1076 19章 ベンゼンおよび置換ベンゼンの反応

d. 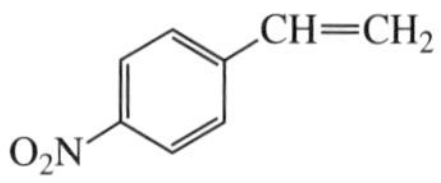 4-nitrostyrene (CH=CH₂, O₂N)

e. 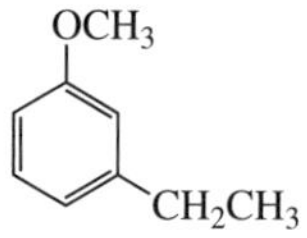 3-methoxy-ethylbenzene (OCH₃, CH₂CH₃)

f. 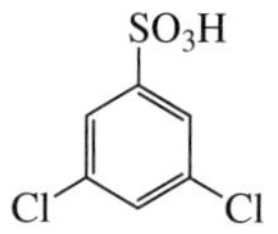 3,5-dichlorobenzenesulfonic acid (SO₃H, Cl, Cl)

g. 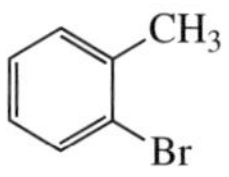 2-bromotoluene (CH₃, Br)

h. 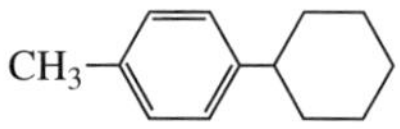 4-methyl-cyclohexylbenzene (CH₃)

i. 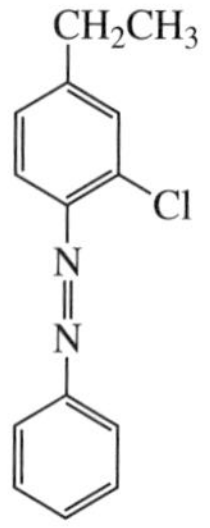 2-chloro-4-ethyl-azobenzene (CH₂CH₃, Cl, N=N–Ph)

48． それぞれの反応に必要な反応剤を矢印の隣りに示せ．

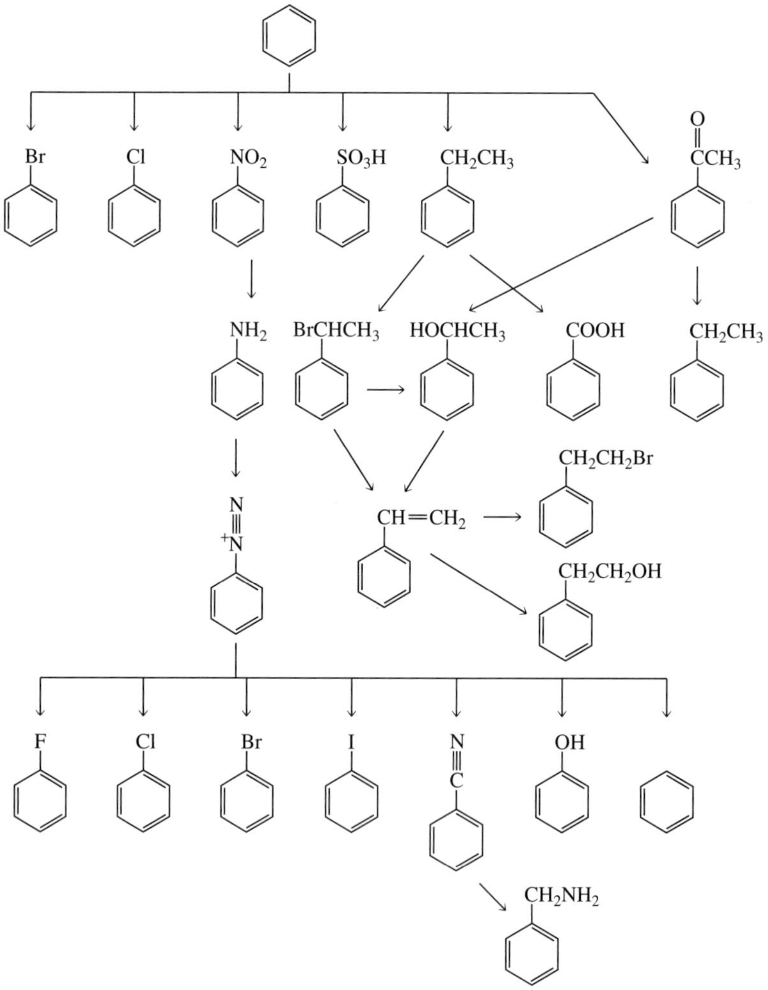

49. 次のそれぞれの化合物の構造を書け．
  a. *m*-エチルフェノール　　**b.** *p*-ニトロベンゼンスルホン酸　　**c.** (*E*)-2-フェニル-2-ペンテン
  d. *o*-ブロモアニリン　　**e.** 4-ブロモ-1-クロロ-2-メチルベンゼン　　**f.** *m*-クロロスチレン
  g. *o*-ニトロアニソール　　**h.** 2,4-ジクロロメチルベンゼン　　**i.** *m*-クロロ安息香酸

50. カラムⅠの各説明文に対して，化合物の記述に適した置換基を右のカラムⅡから選べ．

カラムⅠ	カラムⅡ
a. Z は超共役によって電子を供与するが，共鳴によって電子を供与も求引もしない．	OH
b. Z は誘起的にも共鳴によっても電子を求引する．	Br
c. Z は環を不活性化し，オルト-パラ配向性を示す．	$^+NH_3$
d. Z は誘起的に電子を求引するが，共鳴によって電子を供与し，環を活性化する．	CH_2CH_3
e. Z は誘起的に電子を求引するが，共鳴によって電子を供与も求引もしない．	NO_2

51. 次のそれぞれの反応剤と過剰のベンゼンとの反応で得られる生成物は何か．
  a. 塩化イソブチル + $AlCl_3$　　**b.** 1-クロロ-2,2-ジメチルプロパン + $AlCl_3$　　**c.** ジクロロメタン + $AlCl_3$

52. 次のそれぞれの反応の生成物を書け．
  a. 安息香酸 + HNO_3/H_2SO_4　　　　　　　　　**b.** イソプロピルベンゼン + Cl_2 + $FeCl_3$
  c. *p*-キシレン + 塩化アセチル + $AlCl_3$，続いて H_2O　　**d.** *o*-メチルアニリン + 塩化ベンゼンジアゾニウム
  e. シクロヘキシルフェニルエーテル + Br_2　　　　**f.** フェノール + H_2SO_4 + Δ
  g. エチルベンゼン + $Br_2/FeBr_3$　　　　　　　　**h.** *m*-キシレン + $Na_2Cr_2O_7$ + HCl + Δ

53. 次の置換アニリンを最も塩基性が強いものから弱いものの順に並べよ．

CH₃—C₆H₄—NH₂　　CH₃O—C₆H₄—NH₂　　CH₃C(=O)—C₆H₄—NH₂　　Br—C₆H₄—NH₂

54. 置換ベンゼンのそれぞれの横の列の組合せから下の **a** ～ **c** にあてはまるものを示せ．
  a. 芳香族求電子置換反応に対して最も反応性の高い置換ベンゼン．
  b. 芳香族求電子置換反応に対して最も反応性の低い置換ベンゼン．
  c. 芳香族求電子置換反応においてメタ生成物の生成の割合が最も高い置換ベンゼン．

C₆H₅–CH₃　　C₆H₅–CHF₂　　C₆H₅–CF₃

C₆H₅–$\overset{+}{N}$(CH₃)₃　　C₆H₅–CH₂$\overset{+}{N}$(CH₃)₃　　C₆H₅–CH₂CH₂$\overset{+}{N}$(CH₃)₃

C₆H₅–OCH₂CH₃　　C₆H₅–CH₂OCH₃　　C₆H₅–C(=O)CH₃

55. ここに示したのは芳香族求電子置換反応に高い活性を示すことが知られている化合物の ^{1}H NMR スペクトルである．この化合物の構造を同定せよ．

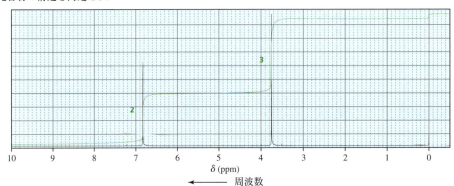

56. 次のそれぞれの反応の生成物を書け．

a.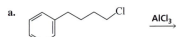

b.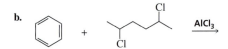

57. 次の化合物をベンゼンから合成する方法を示せ．

　　a. *m*-クロロベンゼンスルホン酸　　b. *m*-クロロエチルベンゼン　　c. *m*-ブロモベンゾニトリル
　　d. 1-フェニルペンタン　　　　　　　e. *m*-ブロモ安息香酸　　　　　f. *m*-ヒドロキシ安息香酸
　　g. *p*-クレゾール　　　　　　　　　h. ベンジルアルコール　　　　　i. ベンジルアミン

58. 塩素化で得られる芳香族求電子置換生成物はいくつあるか．

　　a. *o*-キシレン　　　　b. *p*-キシレン　　　　c. *m*-キシレン

59. 次の各組の化合物を芳香族求電子置換反応の反応性が最も高いものから低いものの順に並べよ．

　　a. ベンゼン，エチルベンゼン，クロロベンゼン，ニトロベンゼン，アニソール
　　b. 1-クロロ-2,4-ジニトロベンゼン，2,4-ジニトロフェノール，1-メチル-2,4-ジニトロベンゼン
　　c. トルエン，*p*-クレゾール，ベンゼン，*p*-キシレン
　　d. ベンゼン，安息香酸，フェノール，プロピルベンゼン
　　e. *p*-メチルニトロベンゼン，2-クロロ-1-メチル-4-ニトロベンゼン，1-メチル-2,4-ジニトロベンゼン，*p*-クロロメチルベンゼン
　　f. ブロモベンゼン，クロロベンゼン，フルオロベンゼン，ヨードベンゼン

60. 次の反応の生成物は何か．

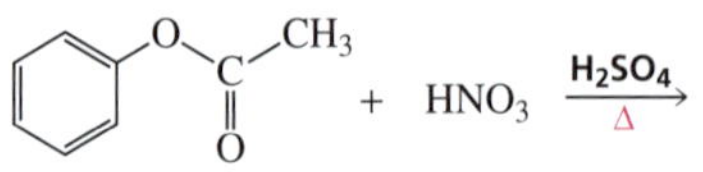

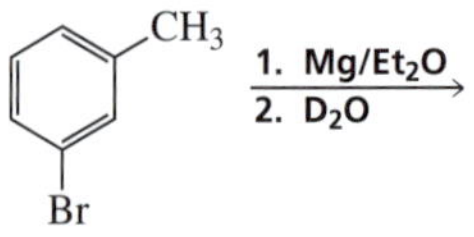

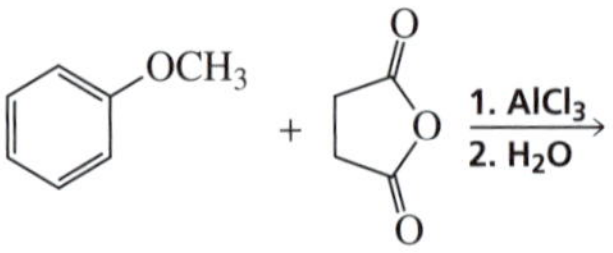

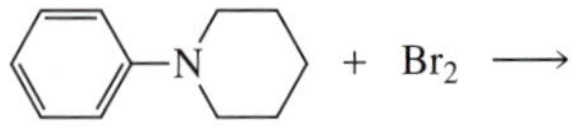

e. 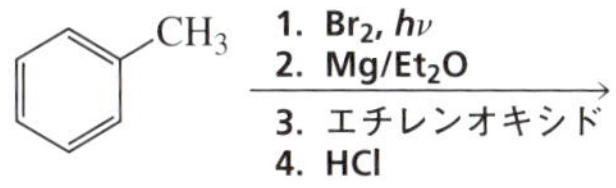 (トルエン) 1. Br₂, hν 2. Mg/Et₂O 3. エチレンオキシド 4. HCl

f. 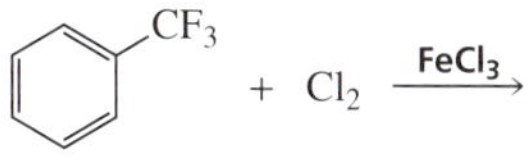 (C₆H₅CF₃) + Cl₂ →(FeCl₃)

61. ベンゼンからアニソールを合成する方法を二つ述べよ．

62. 次のそれぞれの化合物を HNO₃/H₂SO₄ で処理した場合にニトロ化される環炭素を示せ．

a. 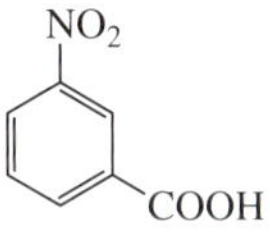 3-ニトロ安息香酸
b. 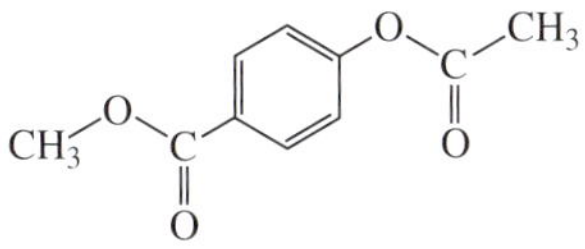 メチル 4-アセトキシベンゾアート
c. 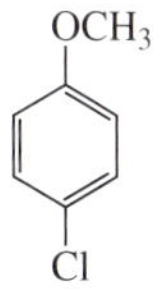 4-クロロアニソール
d. 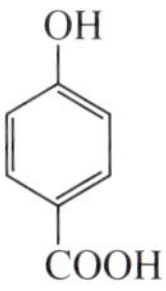 4-ヒドロキシ安息香酸
e. 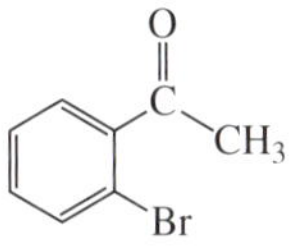 2'-ブロモアセトフェノン
f. 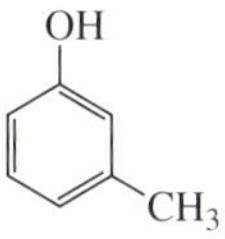 3-メチルフェノール
g. 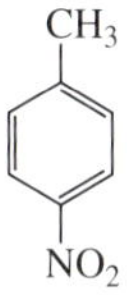 4-ニトロトルエン
h. 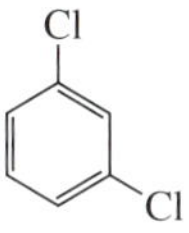 1,3-ジクロロベンゼン

63. 次の化合物を合成する方法を二つ示せ．

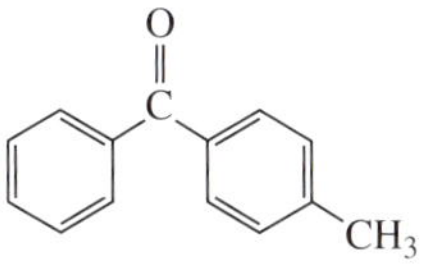

(4-メチルベンゾフェノン)

64. 同じ条件下でアニソールがチオアニソールよりも速くニトロ化するのはなぜか．

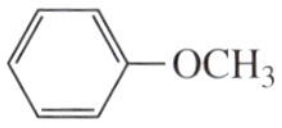

アニソール (PhOCH₃)　　チオアニソール (PhSCH₃) (thioanisole)

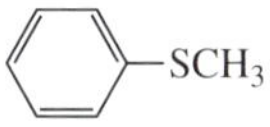

65. アニソールを少量の D₂SO₄ を含む D₂O 中に入れておくと，どのような生成物が得られるか．

66. 次の化合物のうちどちらが HBr とより速く反応するか．

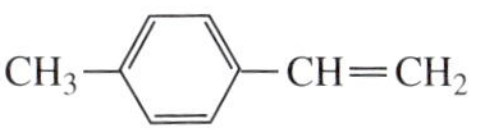

CH₃—C₆H₄—CH=CH₂　　または　　CH₃O—C₆H₄—CH=CH₂

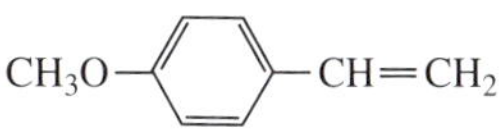

67. 分子式 $C_{13}H_{20}$ の芳香族炭化水素は，7 ppm 付近に 5H の面積のシグナルをもつ ¹H NMR スペクトルが観測される．この化合物はさらに二つの一重線をもっており，そのうち一つは別のものより 1.5 倍の面積をもつ．この芳香族炭化水素の構造は何か．

68. 次の第三級臭化アルキルは，アセトン水溶液中でS_N1反応を起こし，対応する第三級アルコールを生成する．第三級臭化アルキルを反応性の最も高いものから最も低いものの順に並べよ．

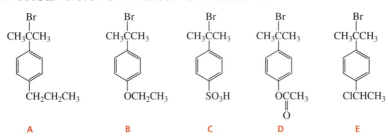

69. 次の化合物をベンゼンから合成する方法を示せ．
   a. ヨウ化 N,N,N-トリメチルアニリニウム
   b. 2-メチル-4-ニトロフェノール
   c. p-ベンジルクロロベンゼン
   d. ベンジルメチルエーテル
   e. p-ニトロアニリン
   f. m-ブロモヨードベンゼン
   g. p-ジジュウテリオベンゼン
   h. p-ニトロ-N-メチルアニリン
   i. 1-ブロモ-3-ニトロベンゼン

70. 次に示した四つの化合物を用いて，次の設問に答えよ．

COOH   COOH   COOH   COOH
        F   Cl   Br
pK_a = 4.2   pK_a = 3.3   pK_a = 2.9   pK_a = 2.8

   a. なぜ $ortho$-ハロ置換安息香酸は安息香酸よりも強い酸なのか．
   b. なぜ $ortho$-フルオロ安息香酸は $ortho$-ハロ置換安息香酸のなかで最も酸性が弱いのか．
   c. なぜ $ortho$-クロロ安息香酸と $ortho$-ブロモ安息香酸は同程度の pK_a 値をもつのか．

71. a. 次のエステルを求核付加-脱離反応の最初の遅い段階(四面体中間体の生成)において，反応性の最も高いものから最も低いものの順に並べよ．

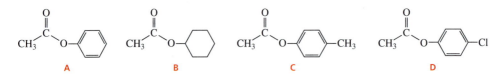

   b. 同じエステルを求核付加-脱離反応の二つ目の遅い段階(四面体中間体の分解)において，反応性の最も高いものから最も低いものの順に並べよ．

72. 0.10 mol のベンゼンと 0.10 mol の p-キシレンの混合物を 0.10 mol のニトロニウムイオンがなくなるまで反応させた．0.002 mol と 0.098 mol の 2 種類の生成物が得られた．
   a. 主生成物は何か．
   b. なぜ一つの生成物がほかのものより多く得られるのか．

73. 次の反応の生成物は何か．

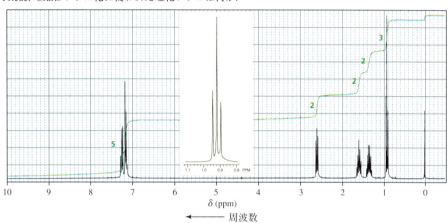

74. ベンゼンを Friedel–Crafts アシル化したのち，Clemmensen 還元した．生成物は次の ^{1}H NMR スペクトルを与えた．Friedel–Crafts アシル化に使われた塩化アシルは何か．

75. m-キシレンと p-キシレンとではどちらが $Cl_2 + FeCl_3$ とより速く反応するか．その理由を説明せよ．

76. 次の化合物を H_2CrO_4 と加熱下で反応させたときに得られる生成物は何か．

77. 次の各組で下線の水素のどちらがより高磁場に ^{1}H NMR シグナルをもっているか．

   a. $CH_3CH_2C\underline{H}_3$ または $CH_3OCH_2C\underline{H}_3$ b. $CH_3CH=C\underline{H}_2$ または $CH_3OCH=C\underline{H}_2$

78. Friedel–Crafts アルキル化反応は，ハロゲン化アルキルと $AlCl_3$ との反応以外の反応で生成するカルボカチオンを用いても起こせる．次の反応の機構を示せ．

79. 与えられた出発物質から次の化合物を合成する方法を示せ．どのような有機および無機反応剤を使ってもよい．

a. C₆H₅CH₃ → C₆H₅C(O)NHCH₃

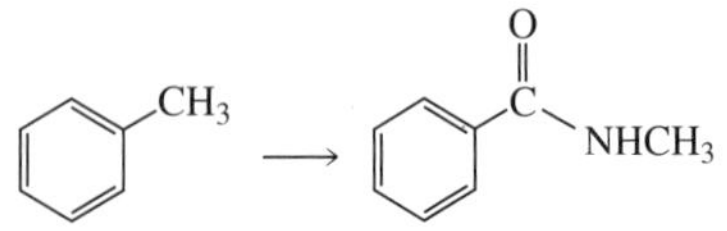

b. C₆H₅CH₃ → C₆H₅CH₂COOH

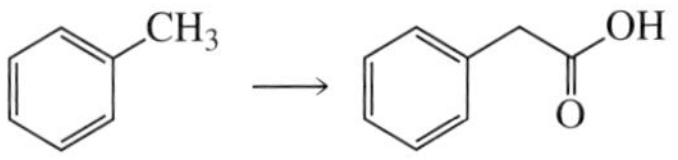

80. ある化学者は分子式が $C_6H_4Br_2$ の芳香族化合物を単離した．彼は，この化合物を硝酸と硫酸とで処理して，分子式が $C_6H_3Br_2NO_2$ の三つの異なる異性体を単離した．もとの化合物の構造は何か．

81. 次の化合物を水和物生成の最も大きな K_{eq} から最も小さい K_{eq} の順に並べよ．

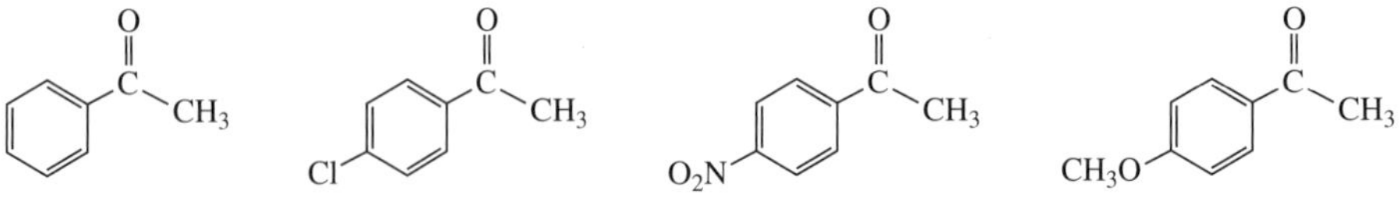

(acetophenone, 4'-chloroacetophenone, 4'-nitroacetophenone, 4'-methoxyacetophenone)

82. a. 次の反応を実現する四つの方法を書け．

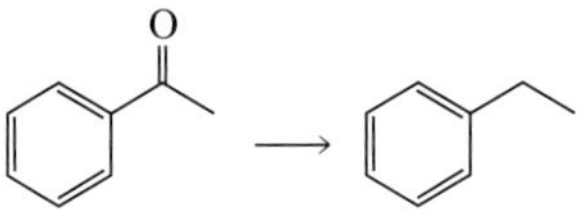

C₆H₅C(O)CH₃ → C₆H₅CH₂CH₃

b. 次の反応を実現する三つの方法を書け．

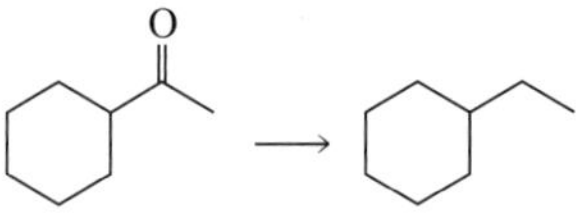

cyclohexyl-C(O)CH₃ → cyclohexyl-CH₂CH₃

83. 次の反応の反応機構を示せ．

a. C₆H₅CH₂CH(CH₃)CH=CH₂ + HCl → 1,1-dimethyl-1-ethylindane type product

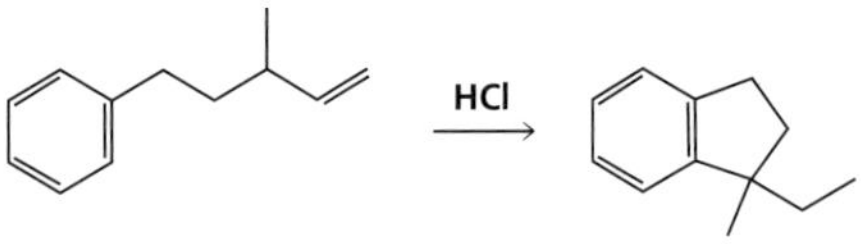

b. C₆H₅CH=CH₂ + HCl → 1-methyl-3-phenylindane

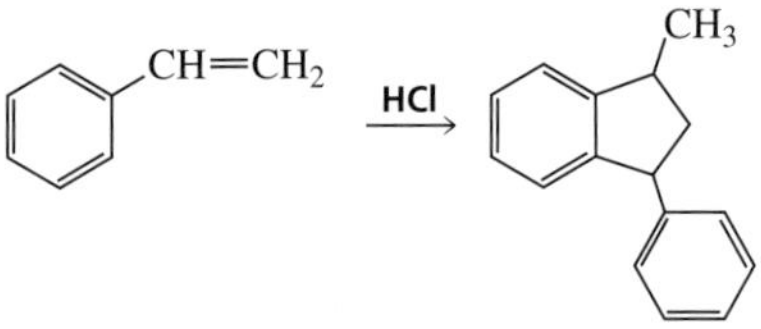

84. ベンゼンを出発物質の一つにして次の化合物を合成するにはどうすればよいか．

a. biphenyl   b. benzophenone (Ph-CO-Ph)

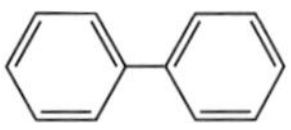

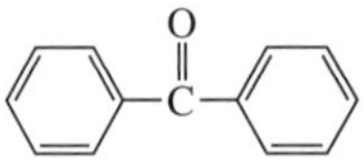

85. 与えられた出発物質からナフタレンを合成する方法を示せ．

C₆H₅CH₂CH₂C(O)Cl →? ナフタレン

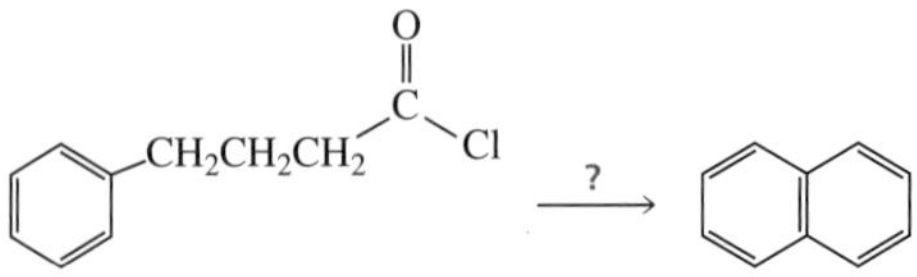

86. A～J を同定せよ．

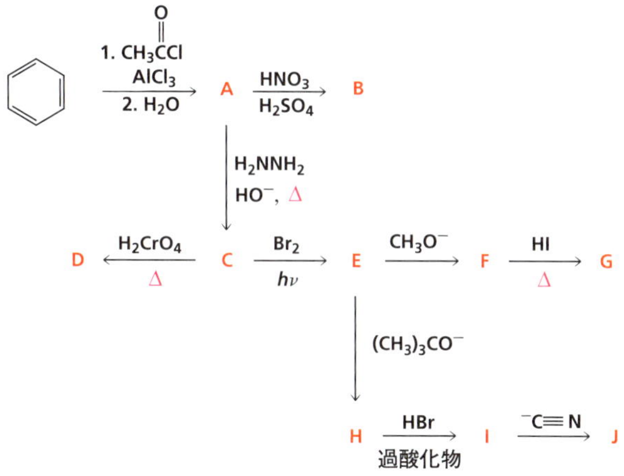

87. カルボカチオン中間体の共鳴寄与体を用いてフェニル基がオルト–パラ配向基なのはなぜかを説明せよ．

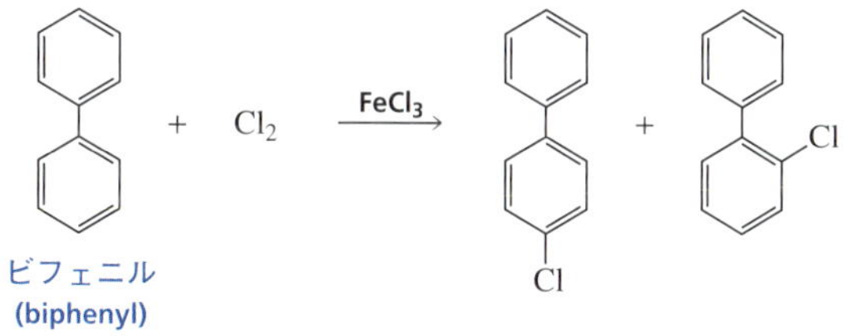

88. いくつかのオルト-，メタ-，パラ-置換安息香酸の pK_a 値を下に示す．

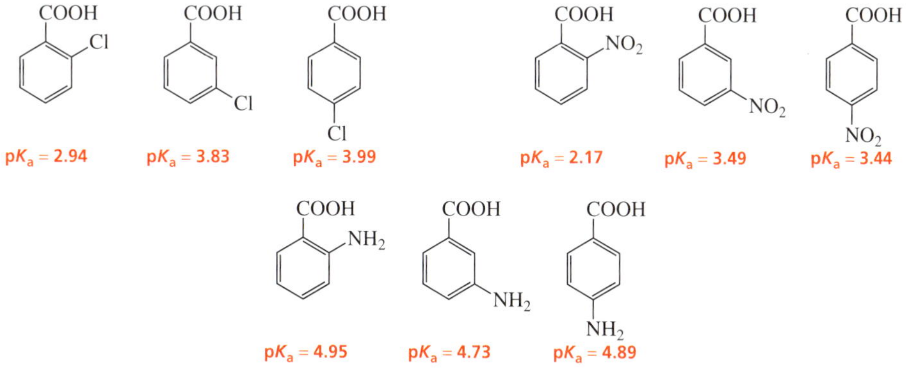

$pK_a = 2.94$　　$pK_a = 3.83$　　$pK_a = 3.99$　　$pK_a = 2.17$　　$pK_a = 3.49$　　$pK_a = 3.44$

$pK_a = 4.95$　　$pK_a = 4.73$　　$pK_a = 4.89$

相対的な pK_a 値は置換基に依存する．塩素置換安息香酸では，オルト異性体は最も酸性度が大きく，パラ異性体は最も酸性度が小さい．ニトロ置換安息香酸では，オルト異性体は最も酸性度が大きく，メタ異性体は最も酸性度が小さい．アミノ置換安息香酸では，メタ異性体は最も酸性度が大きく，オルト異性体は最も酸性度が小さい．これらの相対的酸性度を説明せよ．

a. Cl：オルト＞メタ＞パラ　　b. NO_2：オルト＞パラ＞メタ　　c. NH_2：メタ＞パラ＞オルト

89．化合物 **A** をクロム酸と加熱すると安息香酸が得られた．¹H NMR スペクトルから化合物 **A** を同定せよ．

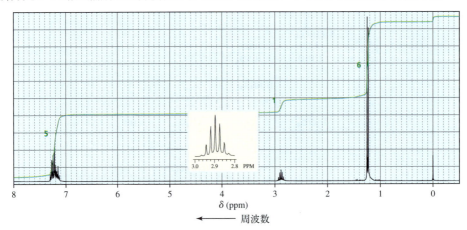

90．ベンゼンから *p*-メトキシアニリンを合成する経路を二つ示せ．

91．次の各組においてどちらの中間体がより安定か．

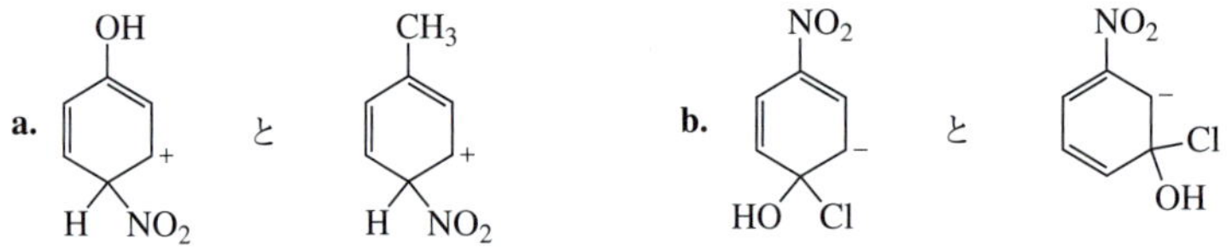

92．次の変換反応を行うのに必要な反応剤は何か．

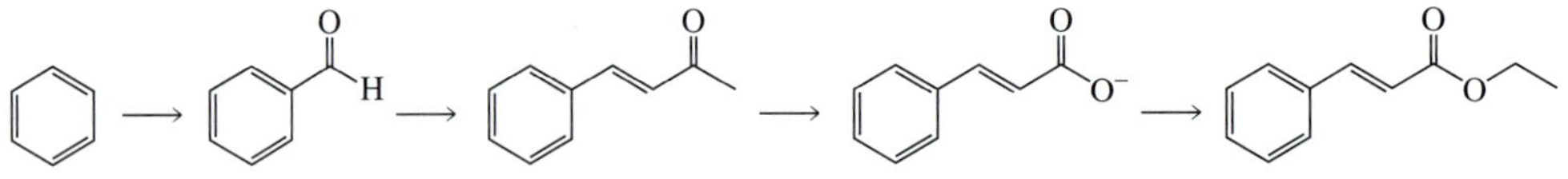

93．次の化合物をベンゼンから合成する方法を示せ．

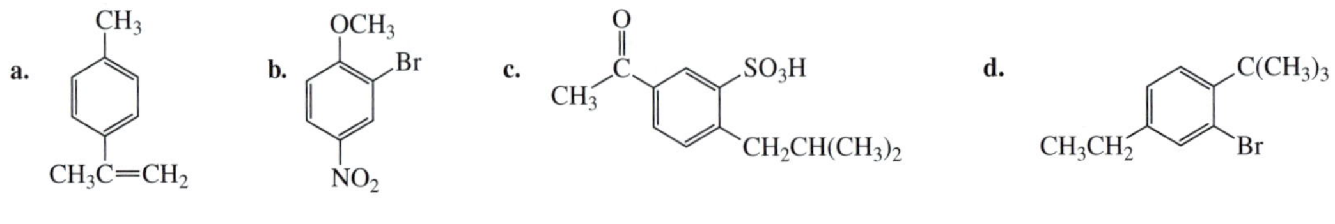

94．ある構造不明の化合物を塩化エチルおよび塩化アルミニウムと反応させると，下の¹H NMR を示す生成物が得られた．この化合物の構造は何か．

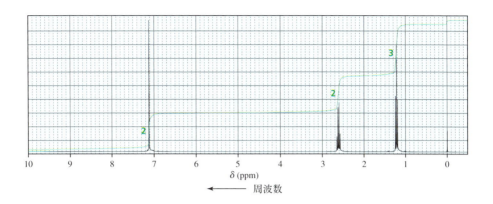

95. a および b を用いて次の化合物はどのようにして区別できるか．
　　a. IR スペクトル　　**b.** ^{1}H NMR スペクトル

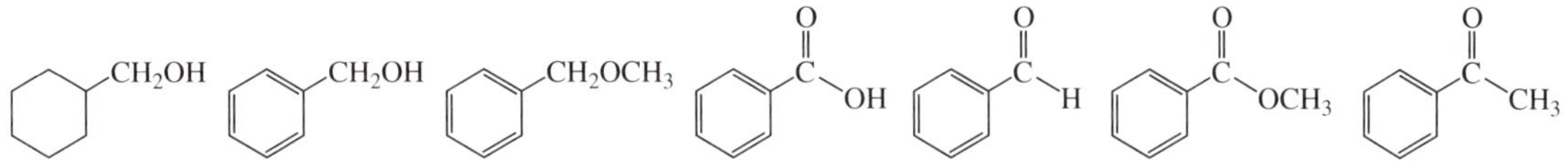

　　A　　B　　C　　D　　E　　F　　G

96. p-フルオロニトロベンゼンは p-クロロニトロベンゼンよりも水酸化物イオンに対して反応性が高い．この事実は，芳香族求核置換反応の律速段階について何を意味しているか．

97. a. 次のような反応が起こるのはなぜか，説明せよ．

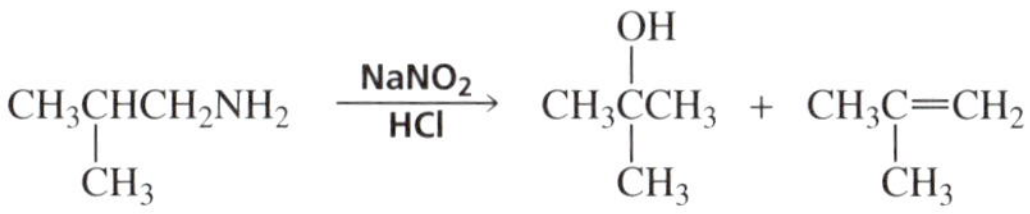

$$CH_3CHCH_2NH_2 \xrightarrow[HCl]{NaNO_2} CH_3\underset{CH_3}{\overset{OH}{C}}CH_3 + CH_3C=CH_2$$
　　　　　CH_3　　　　　　　　　　CH_3　　　　CH_3

b. 次の反応から得られる生成物は何か．

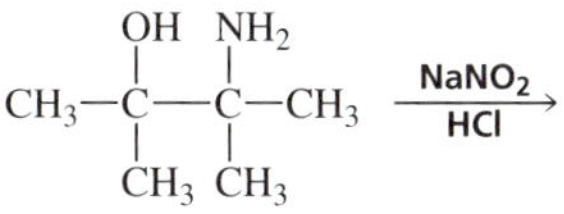

$$CH_3-\underset{CH_3}{\overset{OH}{C}}-\underset{CH_3}{\overset{NH_2}{C}}-CH_3 \xrightarrow[HCl]{NaNO_2}$$

98. ベンゼンからメスカリンを合成する方法を示せ．メスカリンの構造は 1017 ページにある．

99. 次の反応の機構を示し，反応物の不斉中心の立体配置が生成物でも保持されているのはなぜかを説明せよ．

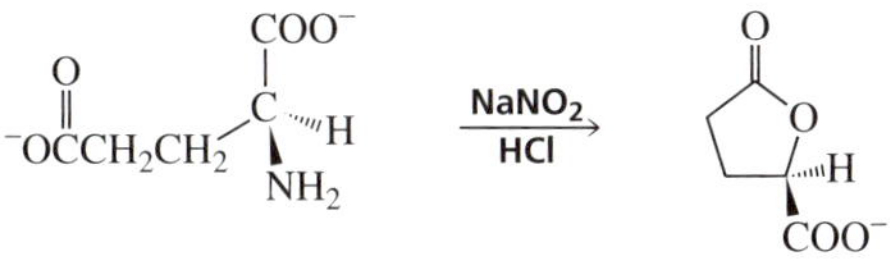

100. 水酸化物イオンは，ピペリジンと 2,4-ジニトロアニソールとの反応を触媒するが，ピペリジンと 1-クロロ-2,4-ジニトロベンゼンとの反応には効果がないのはなぜかを説明せよ．

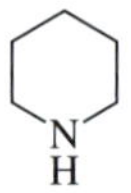

ピペリジン
(piperidine)

101. 次のそれぞれの反応の適切な機構を示せ．

a.

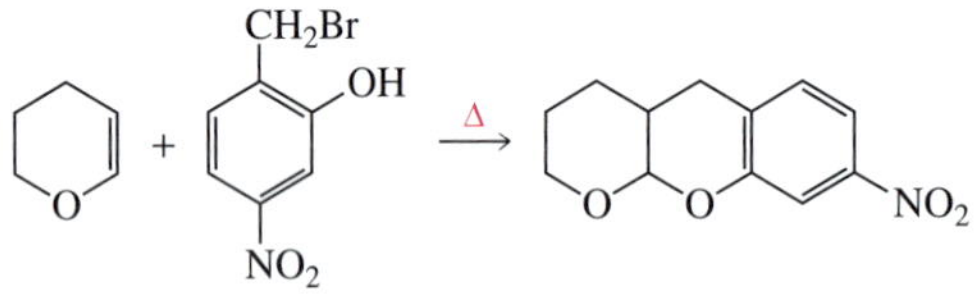

b.

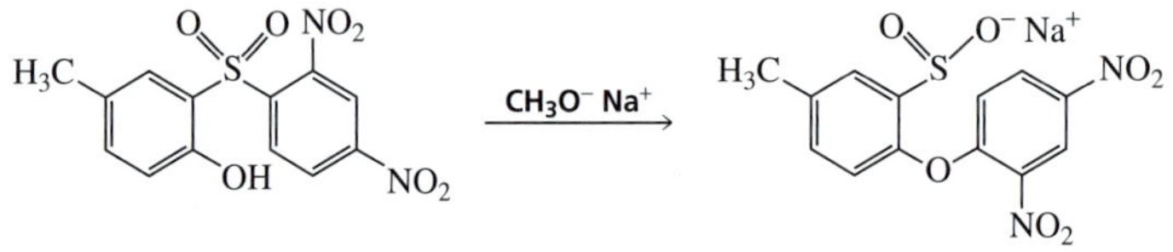

102. 次の反応の生成物は何か．

a.

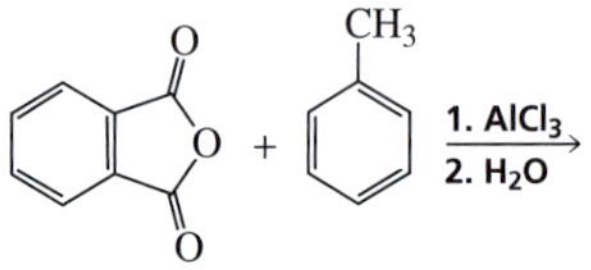

b.

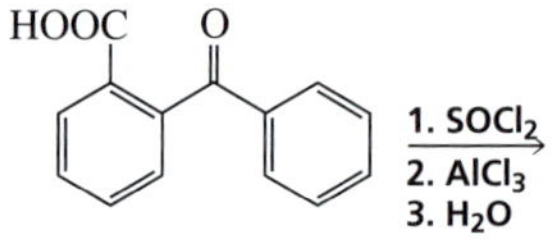

103. チラミンはヤドリギや熟成したチーズに含まれているアルカロイドである．ドーパミンは中枢神経系の調節にかかわる神経伝達物質である．

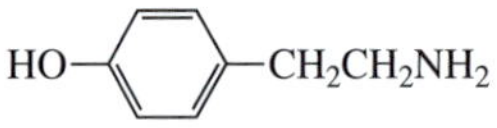

チラミン
(tyramine)

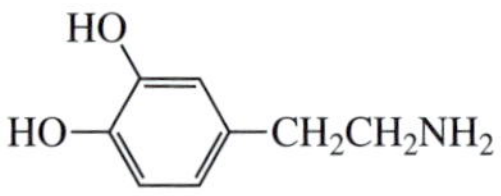

ドーパミン
(dopamine)

a. どうすればチラミンを β-フェニルエチルアミンから合成できるか．
b. どうすればドーパミンをチラミンから合成できるか．
c. 塩化 β-フェニルエチルから β-フェニルエチルアミンを合成する方法を二つ示せ．
d. どうすれば β-フェニルエチルアミンを塩化ベンジルから合成できるか．
e. どうすれば β-フェニルエチルアミンはをベンズアルデヒドから合成できるか．

104. 3-メチル-1-フェニル-3-ペンタノールをベンゼンから合成する方法を述べよ．必要などんな無機反応剤や溶媒，および炭素数が2個以下の有機反応剤を使ってもよい．

105. a. どうすればアスピリンをベンゼンから合成できるか．
b. イブプロフェンは Advil®, Motrin®, および Nuprin® のような鎮痛剤の活性成分である．どうすればイブプロフェンをベンゼンから合成できるか．

c. アセトアミノフェンは Tylenol® の活性成分である．どうすればアセトアミノフェンをベンゼンから合成できるか．

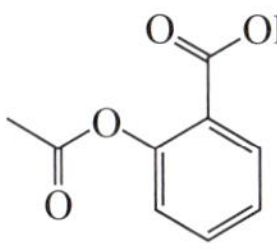

アスピリン
(aspirin)

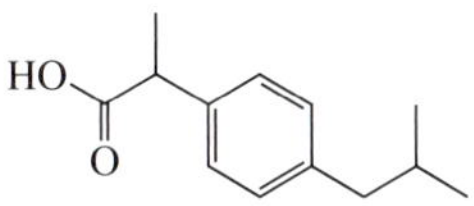

イブプロフェン
(ibuprofen)

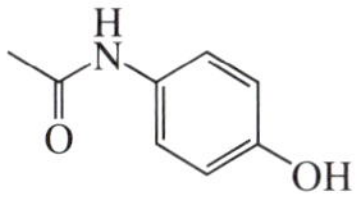

アセトアミノフェン
(acetaminophen)

106. a. イブプロフェンと同様，ケトプロフェンは消炎鎮痛剤である．どうすればケトプロフェンを与えられた出発物質から合成できるか．

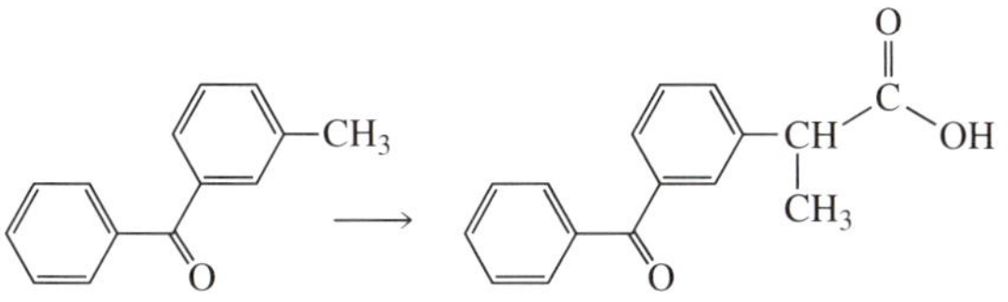

ケトプロフェン
(ketoprofen)

b. ケトプロフェンとイブプロフェン（問題 105 を見よ）はともにプロパン酸置換基をもっている．同じ置換基なのに異なる方法で合成するのはなぜか，説明せよ．

107. 歯科医によって頻繁に使われる鎮痛剤である Novocain® をベンゼンと炭素数が 4 個以下の化合物から合成する方法を示せ．

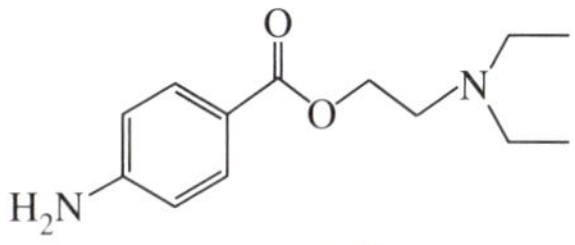

Novocain®

108. 最も広く使われている注射用麻酔薬であるリドカインをベンゼンと炭素数が 4 個以下の化合物から合成する方法を示せ．

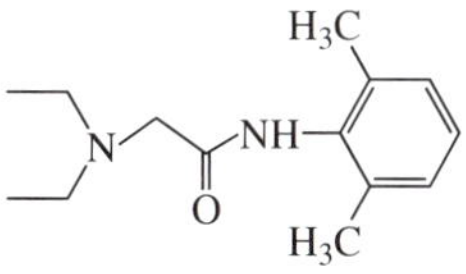

リドカイン
(lidocaine)

109. 人工甘味料であるサッカリンはスクロース（ショ糖）の 300 倍甘い．サッカリンをベンゼンから合成する方法を示せ．

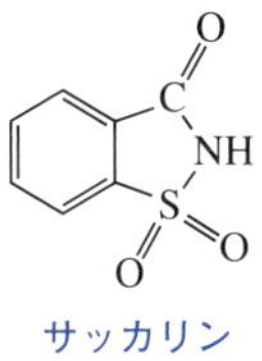

サッカリン
(saccharin)

TUTORIAL

合成と逆合成解析

　有機合成とは，有機化合物から別の有機化合物をつくることである．"synthesis"という語彙は，"putting together"（まとめる，一緒にする）という意味のギリシャ語の *synthesis* が語源である．これまで有機合成の多くの概念を学んできたし，また，多くの有機化合物の合成をデザインする練習もしてきた．ここでは，合成をデザインするときに化学者が使う戦略を考察していくことにする．

　合成のデザインで最も重要な要素は，有機反応を使いこなすことである．知っている反応が多ければ多いほど，役に立つ合成にたどり着く機会も多くなる．合成のデザインの指針はできる限り単純にすることである．合成のデザインが単純なほど，成功する可能性が高くなる．

官能基変換

　合成をデザインするにあたって最初にすべきことは，反応物と生成物の炭素骨格と官能基の位置の両方を比較することである．もし，両方とも同じであれば，必要なことは，反応物の官能基を生成物中の官能基にどのようにして変換するかだけである．下に示した例に加えて，上巻6章の問題70,7章の問題32,9章の問題36,11章の問題52,下巻17章の問題56,18章の問題61を復習しよう．

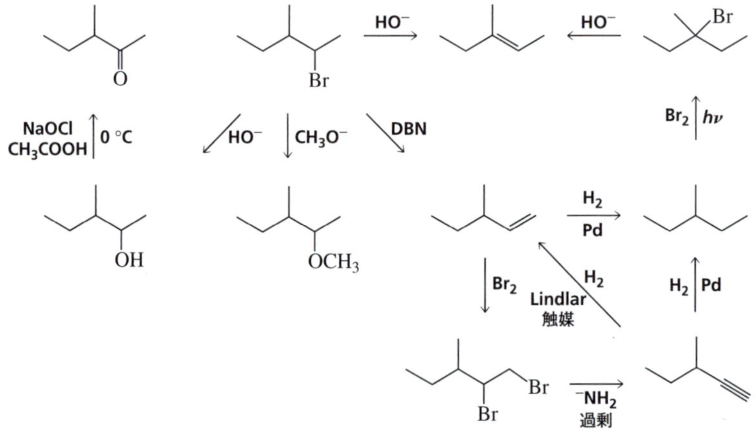

　HO^- は，C-2位とC-3位間の二重結合を形成するための塩基として使われているが，一方でかさ高い塩基(DBN)はC-1位とC-2位間の二重結合を形成するのに必要であることに気づこう．ここでは，S_N2 反応は二つだけ示しているが(CH_3O^- と HO^-)，求核剤を変えるだけでより多くのほかの化合物を合成することができる．単結合，二重結合，および三重結合をどのようにすれば相互変換できるかにも注目しよう．

炭素の官能基化

　炭素はラジカル反応によって官能基化できることを思い出そう．

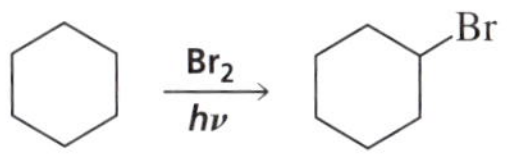

官能基の位置変換

炭素骨格は変化しないが官能基の位置が変化しているのであれば，官能基の位置が変わる反応を考える必要がある．ここで示した求電子付加反応では，求電子剤である·Br と R_2BH（OH に置き換わる）が最も多くの水素をもつ sp^2 炭素に結合することを思い出そう．

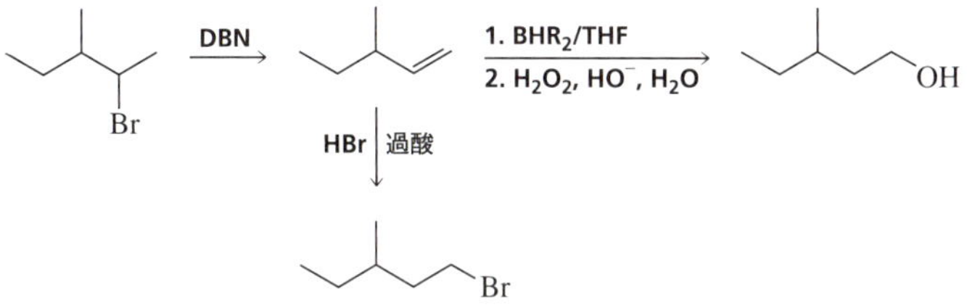

炭素骨格の変換

より安定なカルボカチオンへ転位することを学んだので，炭素数が変化しないのであれば，炭素骨格の変化したカルボカチオン中間体が生成する反応を考える必要がある．

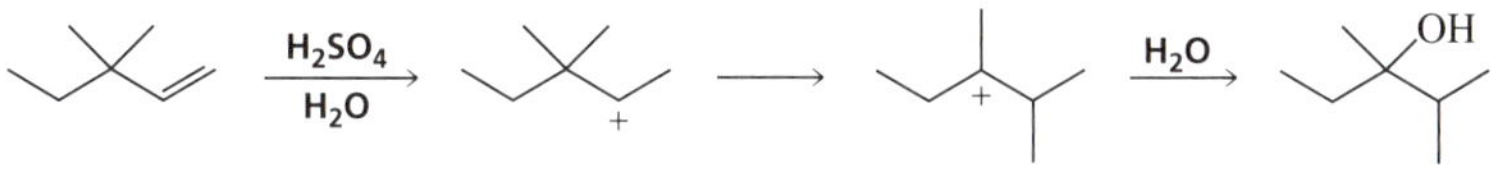

問題 1 次の反応物を生成物に変換するために必要な反応剤は何か．

a.,  b.,  c., 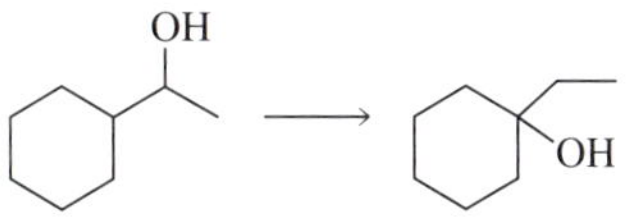 d., 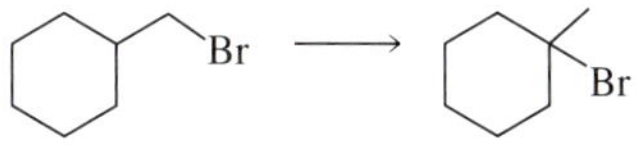 e.,  f., 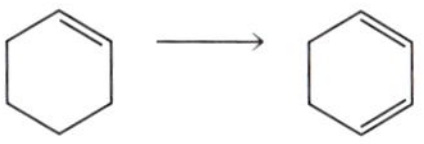 g., 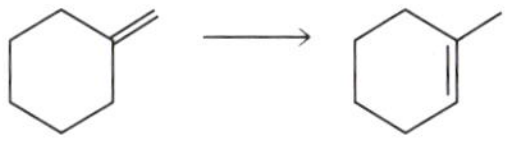 h.

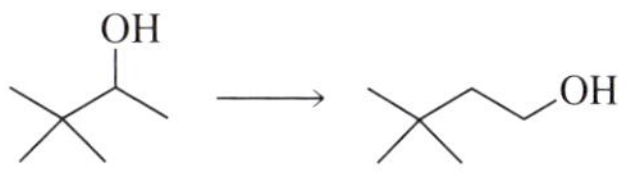

炭素骨格に1炭素付与する

反応物より1炭素多い生成物を合成する方法はいくつかある. 選択する方法は, 生成物に導入したい官能基による.

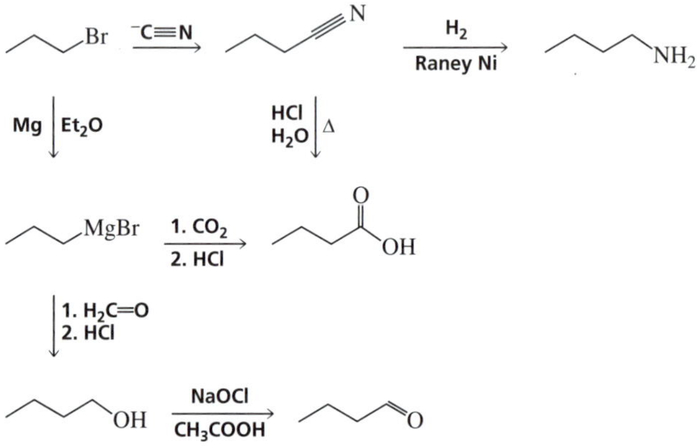

炭素骨格に2炭素以上付与する

炭素骨格を2炭素以上増やすための方法も複数ある. アセチリドイオン, エポキシド, Grignard 反応剤, アルドール付加, Wittig 反応, およびカップリング反応を利用できる. 新しい C—C 結合の形成に使われる一般的方法は上巻の付録Ⅳにまとめられている.

問題2 ブロモシクロヘキサンから出発して, 次のそれぞれの化合物を合成するにはどうすればよいか.

a. 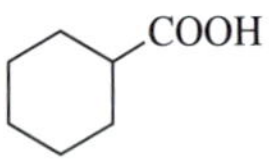 シクロヘキシル-COOH b. 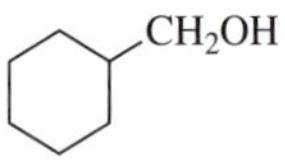 シクロヘキシル-CH₂OH c. 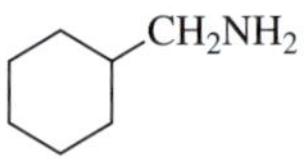 シクロヘキシル-CH₂NH₂ d. 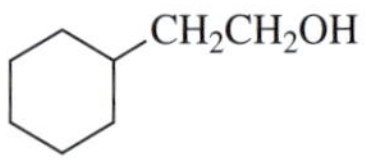 シクロヘキシル-CH₂CH₂OH e. 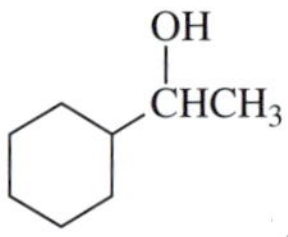 シクロヘキシル-CH(OH)CH₃

問題3 炭素数が6個以下の化合物から, 次の化合物を合成する方法を示せ. (トリフェニルホスフィンも用いることができる.)

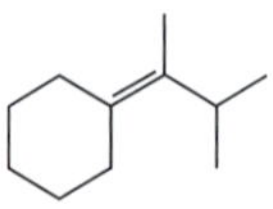

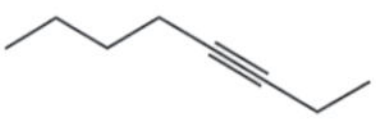

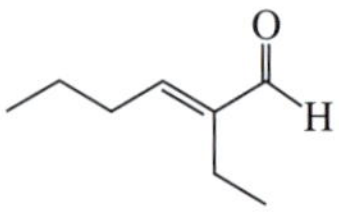

官能基を創製するための逆合成解析

創り出したい官能基が何なのかわかっているときには, それを合成できるさまざまな方法を思い出してみよう. たとえば, ケトンはアルキンへの水の酸触媒付加, アルキンのヒドロホウ素化-酸化, 第二級アルコールの酸化, アルケンのオ

ゾン分解で合成できる．オゾン分解は分子の炭素数が減少することに注目しよう．

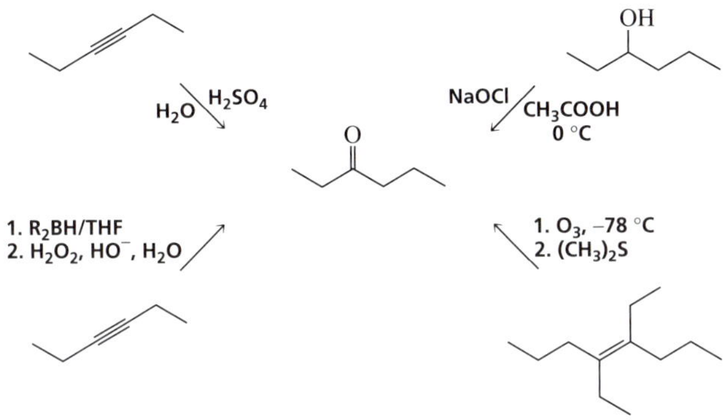

さらに，メチルケトンはアセト酢酸エステル合成により合成でき，芳香族ケトンは Friedel-Crafts アシル化により合成でき，また環状ケトンをジアゾメタンと反応させると一つ環が大きくなった環状ケトンが得られる．ひときわ優れた記憶力でもない限り，官能基を合成するために学んできた方法のすべてを覚えておくことは困難である．したがって，上巻の付録Ⅲにそれらをまとめておいた．

問題 4 いくつの合成方法を思い出すことができるか．

a. エーテル　　**b.** アルデヒド　　**c.** アルケン　　**d.** アミン

問題 5 次の化合物の合成方法を三つ述べよ．

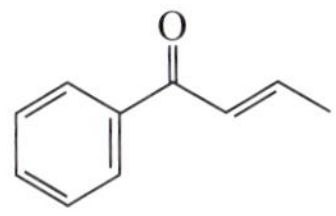

逆合成解析における切断の利用

切断は逆合成解析において有用な手段であることを見てきた（17.7 節および 18.20 節）．切断は，二つの断片を与える結合の開裂を含み，一つの断片には正電荷を，もう片方には負電荷を与えることを思い出そう．次の化合物が結合 **a** で切断された場合，標的分子はシクロヘキサノンと Grignard 反応剤で合成できることがわかるだろう．

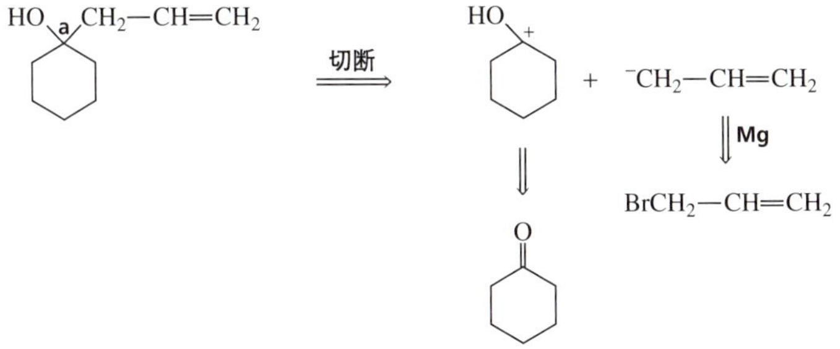

これに対して，化合物が結合 **b** で切断された場合，エポキシドが求電子剤の合成等価体で，有機銅アート反応剤が求核剤の合成等価体となることがわかるだろ

う.

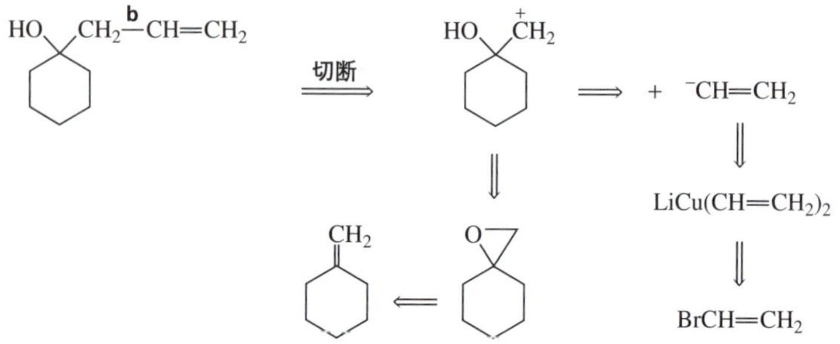

[反応スキーム: HOCH₂CH=CH₂ 置換シクロヘキサン → 切断 → カチオン中間体 + ⁻CH=CH₂ ⇒ LiCu(CH=CH₂)₂ ⇒ BrCH=CH₂；下方にエキソメチレンシクロヘキサンおよびスピロエポキシド中間体]

> **問題 6** 次の化合物を逆合成解析して出発物質にたどり着け.
>
> a. アルケン → 4-オクタノール（OHをもつ枝分かれ鎖）
>
> b. 末端アルケン + HCHO + エポキシド（オキシラン） → 長鎖ケトン

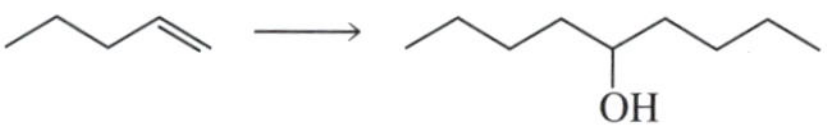

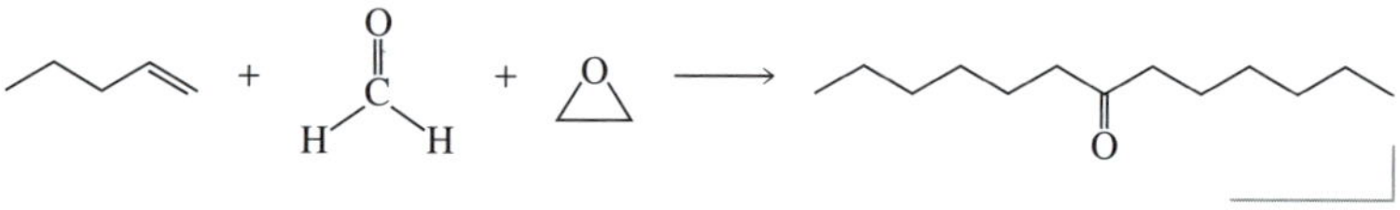

合成をデザインするための二つの官能基の相対的位置の利用

化合物が二つの官能基をもっているならば，その二つの相対的位置関係が合成をどのようにして始めるかに貴重なヒントを与えてくれる．たとえば，次の合成は **1,2-二酸素化**(1,2-dioxygenated)化合物を与える．

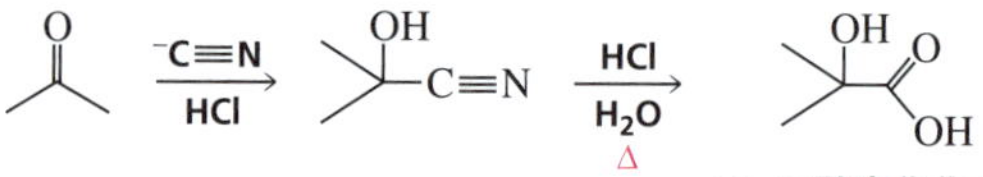

[反応スキーム: アセトン →(⁻C≡N, HCl)→ シアノヒドリン →(HCl, H₂O, Δ)→ α-ヒドロキシ酸（1,2-二酸素化化合物）]

逆合成解析は **1,3-二酸素化**(1,3-dioxygenated)化合物がアルドール付加によって生成することを示している．

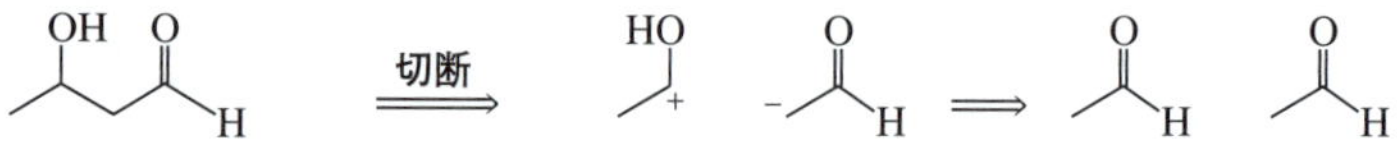

[反応スキーム: 3-ヒドロキシブタナール（1,3-二酸素化化合物） → 切断 → カチオン + エノラート ⇒ 2分子のアセトアルデヒド]

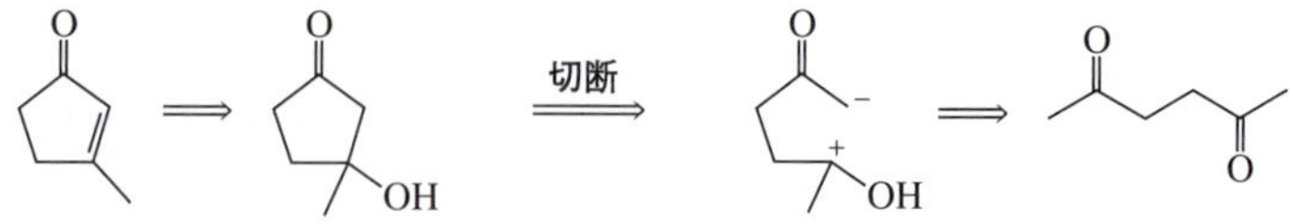

[反応スキーム: 3-メチル-2-シクロペンテノン ⇒ 3-ヒドロキシ-3-メチルシクロペンタノン（1,3-二酸素化化合物） → 切断 → 開環中間体 ⇒ 2,5-ヘキサンジオン]

1,4-二酸素化(1,4-dioxygenated)化合物の切断は，負に荷電したα炭素(エノラートイオン)が正に荷電しているα炭素をもつ化合物への求核的攻撃によって合成できることを示している．

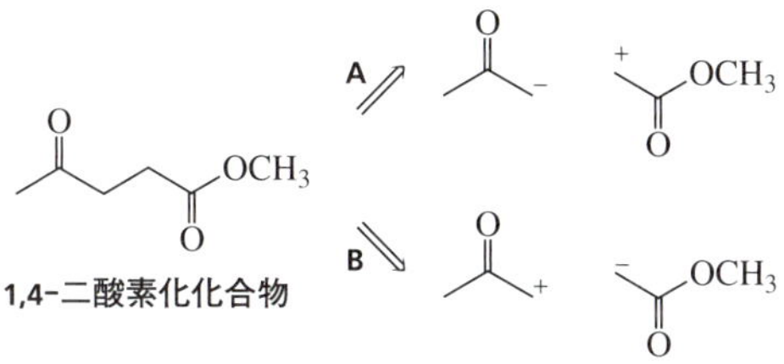

1,4-二酸素化化合物

α-ブロモカルボニル化合物は正に荷電したα炭素と合成等価体であり，エナミンは負に帯電したα炭素と合成等価体である．エナミンを用いると強塩基を使わなくて済む．強塩基は臭素化されていないカルボニルα炭素よりもむしろ臭素化されたα炭素からプロトンを引き抜いてしまう．エステルはエナミンを生成しないので，経路 A が好ましい切断である．幸い，イミニウムイオンはエステルよりも容易に加水分解される．

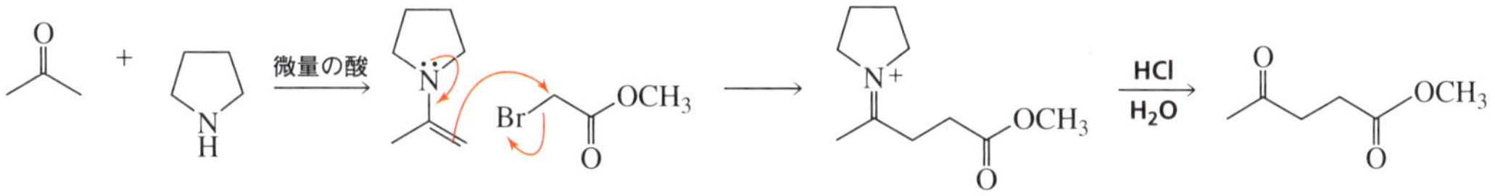

1,5-二酸素化(1,5-dioxygenated)化合物の切断は，カルボニル化合物の負に荷電したα炭素が，正に荷電しているβ炭素への求核的攻撃によって合成できることを示している．

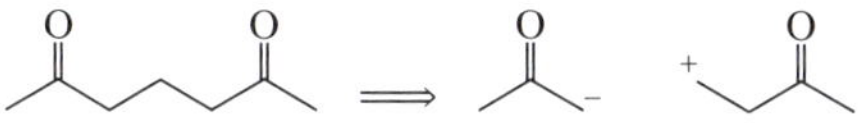

1,5-二酸素化化合物

α,β-不飽和カルボニル化合物は正に荷電したβ炭素をもつ化合物と合成等価体である．エナミンは負に荷電したα炭素と合成等価体であることはすでに学んだ．

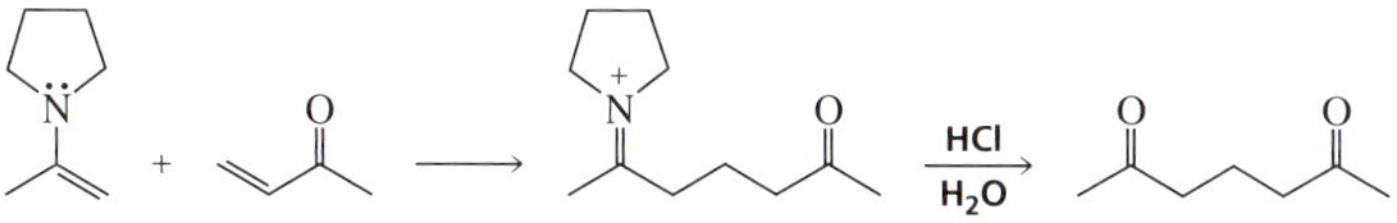

問題 7 次の化合物を炭素数が 6 個以下の化合物から合成する方法を述べよ．

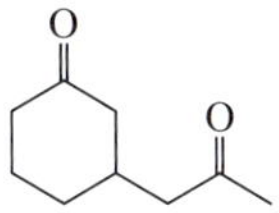

1,6-二酸素化(1,6-dioxygenated)化合物の切断は，カルボニル化合物の負に荷電したα炭素が，正に荷電しているγ炭素への求核的攻撃によって合成できることを示している．

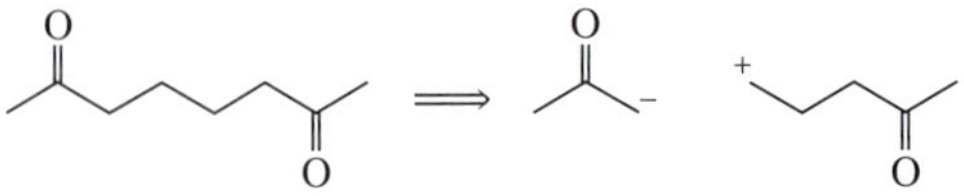

1,6-二酸素化化合物

† 訳者注：原著では，〝正に荷電しているγ炭素をもつカルボニル化合物の合成等価体はない〟となっているが，実際にはシクロプロピルメチルケトンなどの例が知られている．

正に荷電しているγ炭素をもつカルボニル化合物の合成等価体はない[†]ので，別の経路を考えなければならない．六員環をもつ化合物はDiels–Alder反応により容易に合成することができるので，1,6-二酸素化化合物はシクロヘキセンの酸化的開裂によって合成できることがわかれば，標的分子への簡単な経路が与えられる．

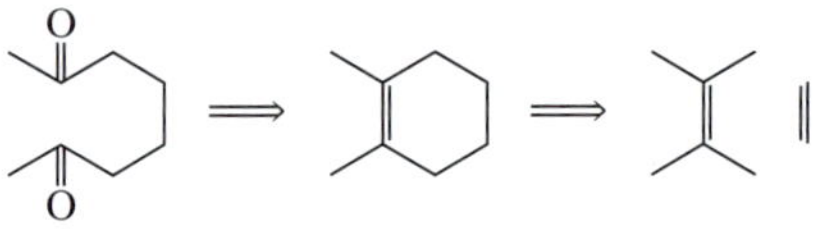

問題 8　次のそれぞれの化合物の逆合成解析を行い出発物質を示せ．

a. **b.** **c.**

d. **e.**

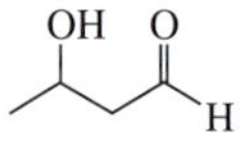

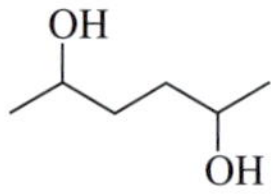

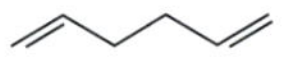

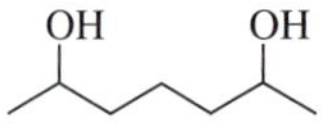

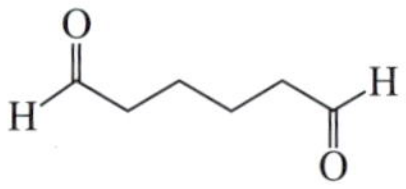

問題 9　逆合成解析を使って，次の標的分子を生成する合成をデザインせよ．その合成のために入手可能な炭素を含む化合物は，シクロヘキサノール，エタノール，二酸化炭素のみである．

a. **b.** **c.** **d.**

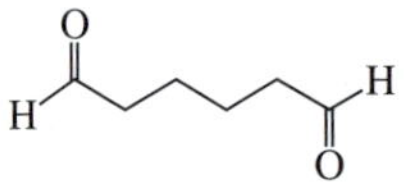

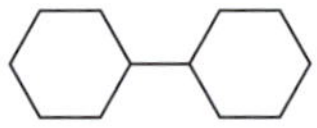

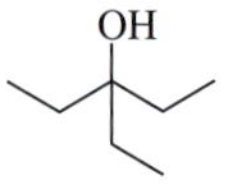

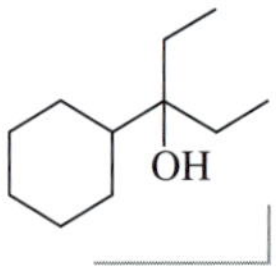

問題 10　次の化合物を炭素数が4個以下の出発物質から合成するにはどうすればよいか．

a. **b.** **c.** **d.**

問題 11　与えられた出発物質から次の化合物を合成する方法を示せ．

a. CH_3Br

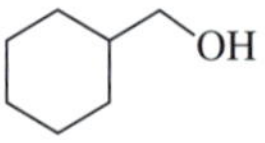

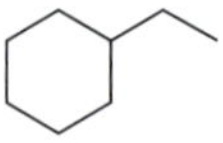

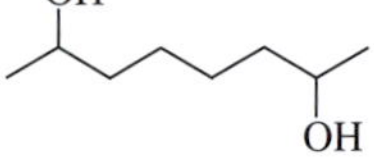

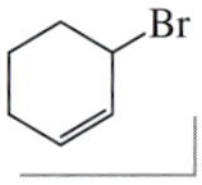

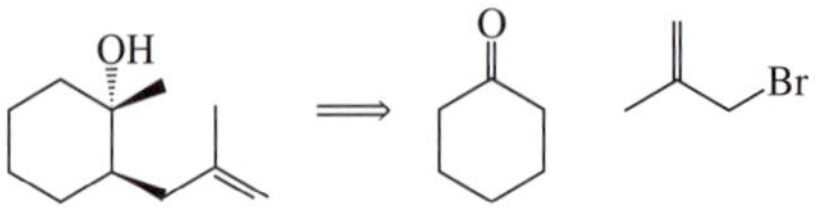

b. [構造式]

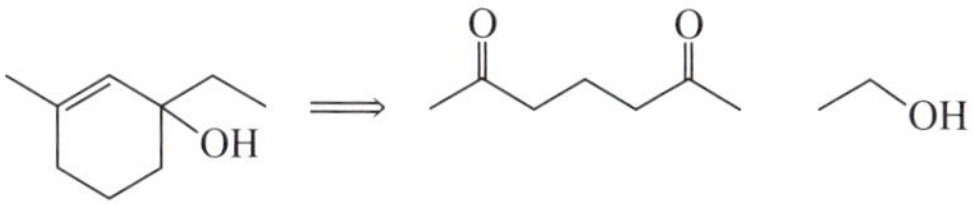

多段階有機合成の例

　複雑な分子の合成に必要な考え方を得るために，R.B.Woodwardによって成されたリゼルグ酸の合成と，E.J.Coreyによって成されたカリオフィレンの合成を見ていこう．Woodward(1965年)とCorey(1990年)はともに合成有機化学への貢献によりノーベル賞を受賞した．

　リゼルグ酸は1954年にWoodwardによって初めて合成された．リゼルグ酸のジエチルアミド(LSD)は幻覚を誘発する特性をもつので有名な化合物である．リゼルグ酸の次の合成が1969年まで達成されなかったことは，合成化学者としてのWoodwardの能力の高さを証明している．リゼルグ酸はインドール環をもっている．インドールは酸性条件下では不安定なので(20.5節参照)，Woodwardは最終段階までインドール部分が生成しない合成をデザインした．

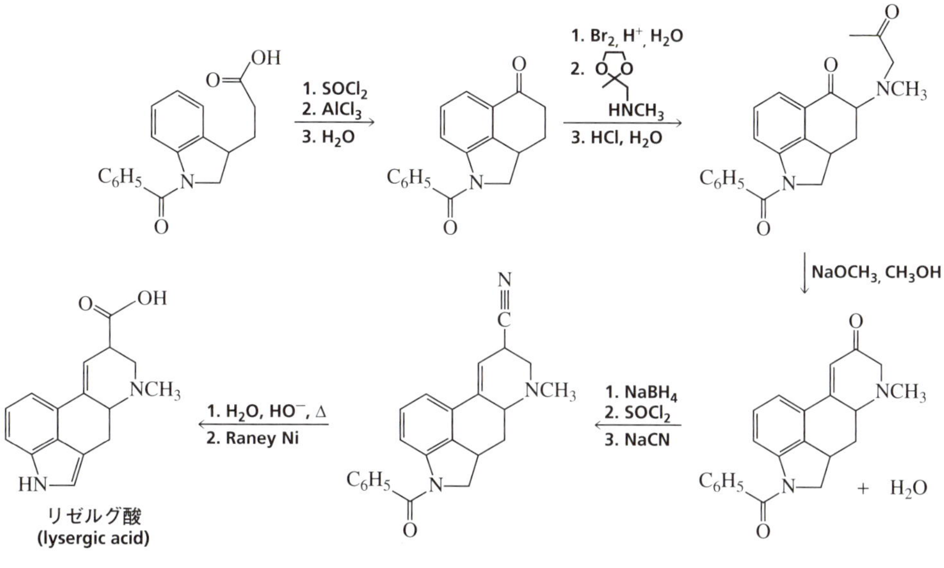

[反応スキーム図：リゼルグ酸(lysergic acid)の合成]

- 出発物質は，窒素がアミド基として保護されたジヒドロインドールカルボン酸である．
- 分子内Fridel-Crafts反応により三つ目の環が生成する．
- α炭素の酸触媒臭素化，続くアミンによる臭素のS_N2置換反応，そしてケトン保護基の除去．
- アルドール縮合により四つ目の環が生成する．
- ケトンカルボニル基はOH基に還元され，それは塩化チオニルにより活性化されシアノ基で置換される．
- シアノ基と保護されたアミド基はともに加水分解される．

- 最終段階は二重結合の水素化還元反応の逆反応である．水素が共存しない条件下で，典型的な水素化触媒を用いて行われる．

カリオフィレンは，クローブ(チョウジノキと呼ばれる植物)から発見された油である．その合成で最も重要な戦略は，九員環を五員環と縮合した六員環のフラグメンテーション(断片化)によって生成することであった．そこで，問題は，フラグメンテーションを起こす化合物の合成デザインにあった．

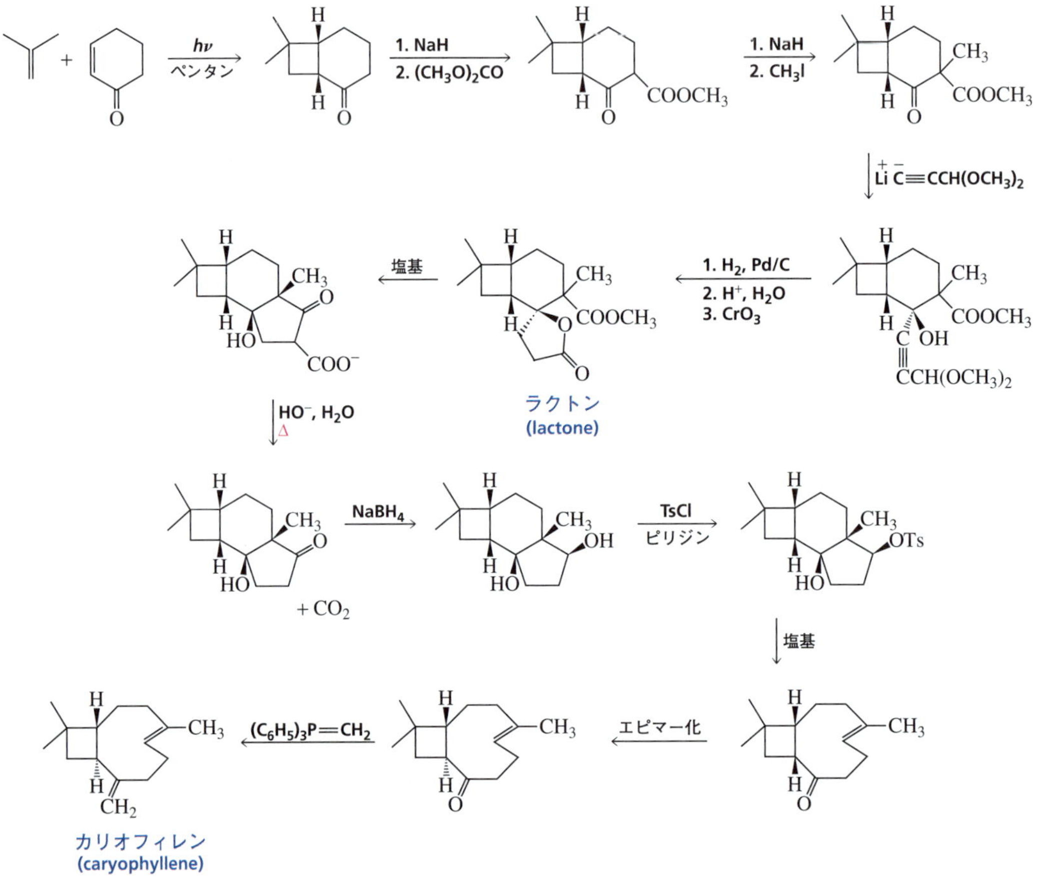

[反応スキーム図]

ラクトン (lactone)

カリオフィレン (caryophyllene)

- 一段階目は光[2+2]付加環化反応である(28.4節参照)．
- その結果生じたケトンのα水素の一つはメトキシカルボニル基に置換され，同じ炭素の二つ目のα水素はメチル基に置換される．(今日では NaH ではなく LDA を使うであろう．)
- アセチリドイオンを3炭素フラグメントとして，ケトンのカルボニル基に付加させる．
- 三重結合は還元され，アセタールは加水分解され，生じたアルデヒドはラクトンを生成するためにカルボン酸に酸化される．
- ラクトンの Claisen 縮合と加水分解により 3-オキソカルボン酸を生成し，それは脱炭酸により環状ケトンを与える．

- ケトンの還元はアルコールを生成する.
- 第二級アルコールは立体障害のある第三級アルコールより反応性が高いので, 望みのトシル酸エステルが生成する.
- 望みのフラグメンテーション反応を行う準備が整った. この反応は, OH 基からのプロトンの引き抜きを含んでおり, それによって酸素はカルボニル基を生成し, トシル基が脱離する.
- いったんケトンが生成すると, カルボニル基の隣りの不斉中心のエピマー化が起こる.
- Wittig 反応により環外二重結合が生成する.

問題の解答

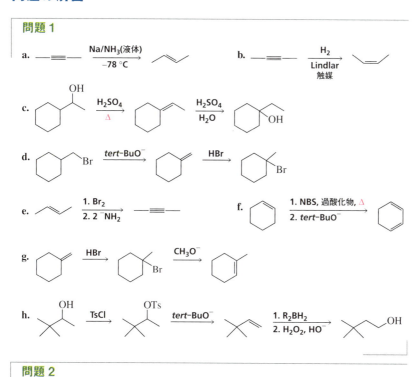

d. 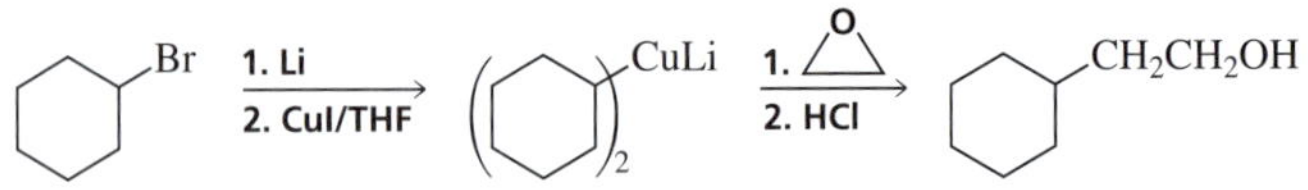 (cyclohexyl-Br) →[1. Li / 2. CuI/THF] (cyclohexyl)₂CuLi →[1. エポキシド(エチレンオキシド) / 2. HCl] シクロヘキシル-CH₂CH₂OH

e. 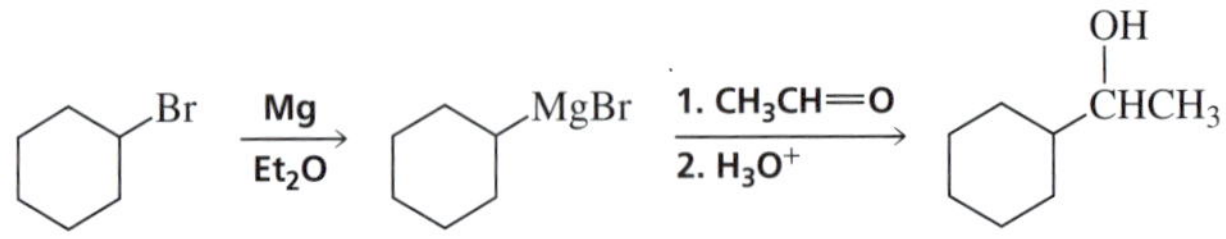 (cyclohexyl-Br) →[Mg / Et₂O] シクロヘキシル-MgBr →[1. CH₃CH=O / 2. H₃O⁺] シクロヘキシル-CH(OH)CH₃

問題 3

a. アルケンは Wittig 反応により一段階で合成できる．

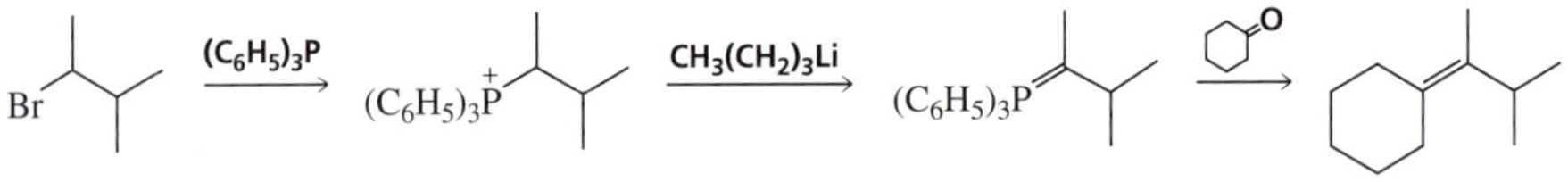

Br-CH(CH₃)CH(CH₃)₂ →[(C₆H₅)₃P] (C₆H₅)₃P⁺-CH(CH₃)CH(CH₃)₂ →[CH₃(CH₂)₃Li] (C₆H₅)₃P=C(CH₃)CH(CH₃)₂ →[シクロヘキサノン] シクロヘキシリデン=C(CH₃)CH(CH₃)₂に相当するアルケン

b. アルキンは，ここに示したように 1-ヘキシンと臭化エチルあるいは，1-ブチンと臭化ブチルにより合成できる．

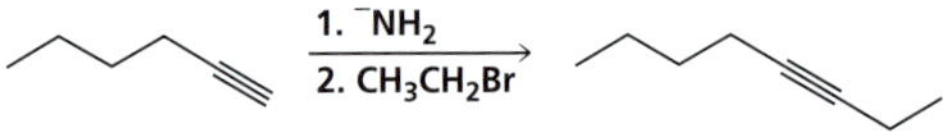

1-ヘキシン →[1. ⁻NH₂ / 2. CH₃CH₂Br] 3-オクチン

c. 望みのアルデヒドは 8 炭素をもっており，その構造は 4 炭素をもつアルデヒドを使ったアルドール縮合により合成できることを示唆している．

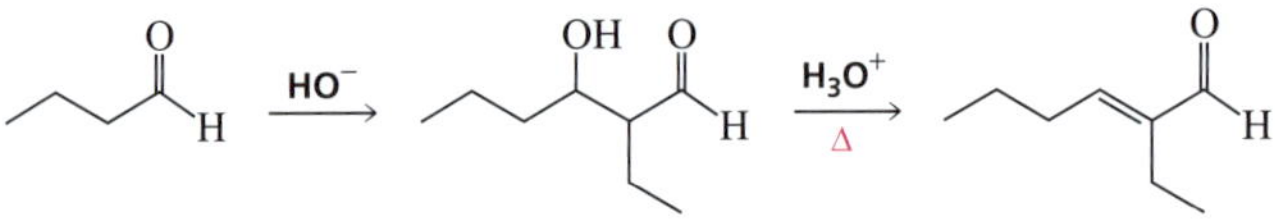

ブタナール →[HO⁻] 3-ヒドロキシ-2-エチルヘキサナール →[H₃O⁺, Δ] 2-エチル-2-ヘキセナール

d.

(設問 b の合成生成物) 3-オクチン →[H₂ / Lindlar 触媒] (Z)-3-オクテン →[MCPBA] エポキシド

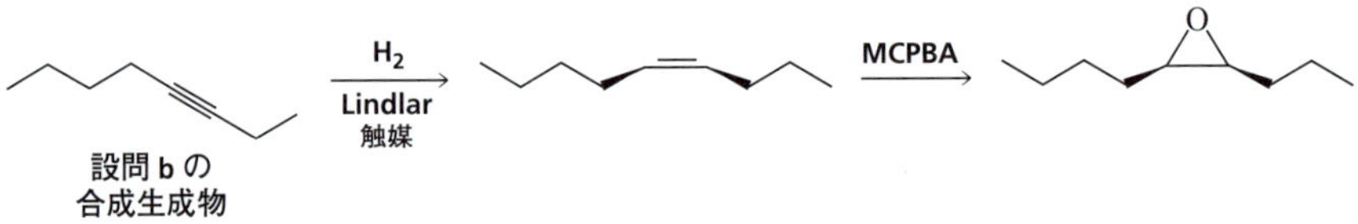

問題 4 上巻の A-7 ～8 ページにある付録Ⅲを見よ．

問題 5

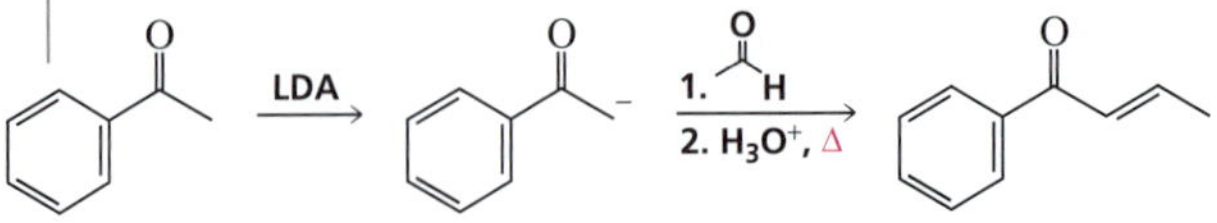

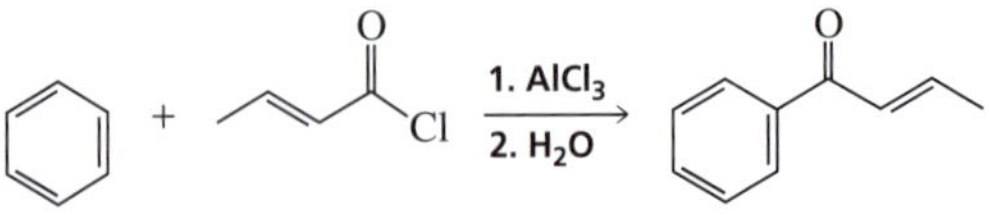

アセトフェノン →[LDA] エノラート →[1. CH₃CHO(アセトアルデヒド) / 2. H₃O⁺, Δ] PhCOCH=CHCH₃

ベンゼン + CH₃CH=CHCOCl →[1. AlCl₃ / 2. H₂O] PhCOCH=CHCH₃

問題 6

問題 7 標的分子は，1,5-二酸素化化合物なので，負に荷電したα炭素（合成等価体としてエナミンを利用する）とα,β-不飽和ケトンから合成できる．

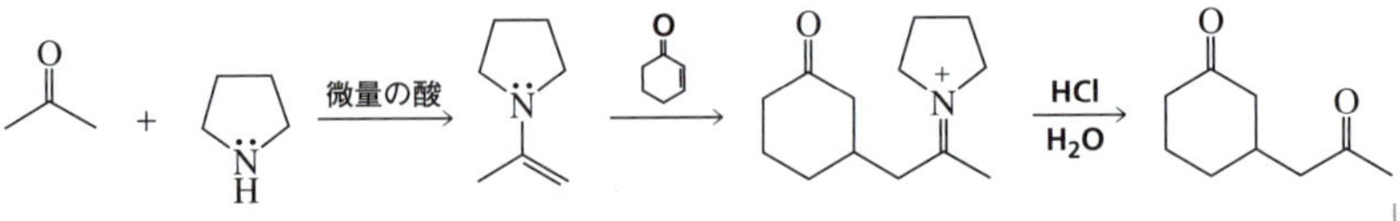

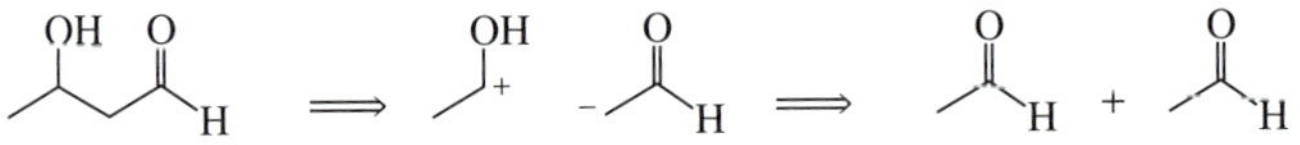

問題 8

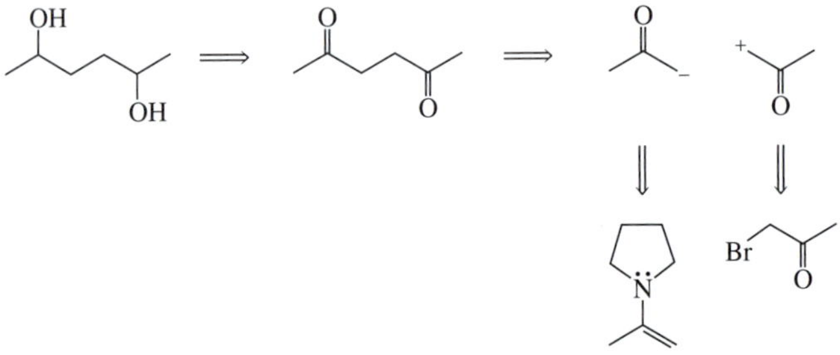

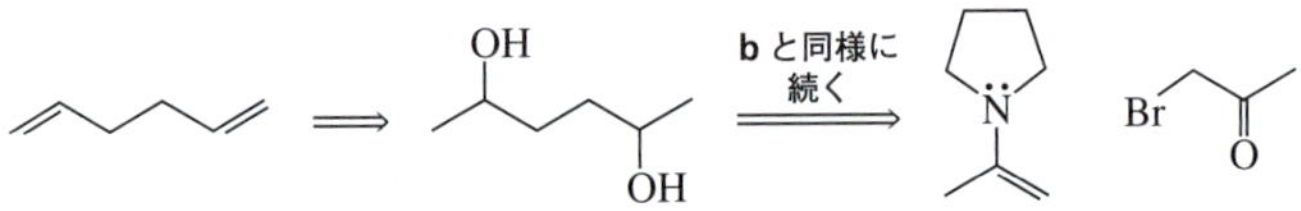

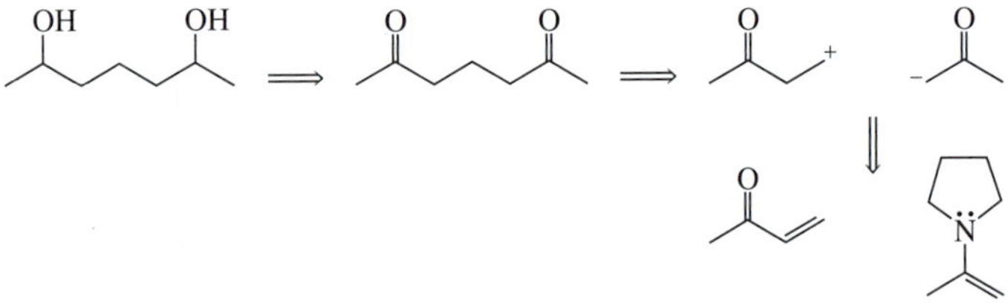

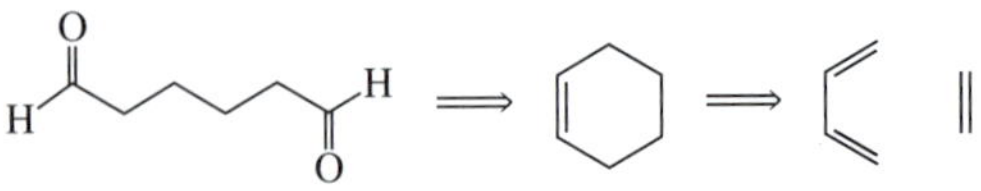

問題 9

問題 10

20 アミンに関するさらなる考察・複素環化合物の反応

Auletta 属（海綿動物の仲間）

1994 年，カリフォルニア大学サンタクルーズ校のチームが，海綿動物の Auletta 属の一種から採取した化合物，milnamide A および B の構造を報告した．次いで，ほかのさまざまな国の研究者たちが，サンゴ礁に生息する異なる 3 種の海綿動物からこれらの化合物を単離した．ブリティッシュコロンビア大学とワイス・ファーマシューティカルズ（Wyeth Pharmaceuticals，現 Pfizer Inc.）の科学者は，共同研究によって，milnamide A の飽和複素環が開裂してできる化合物（milnamide B）が，なぜ固形腫瘍がん細胞に対してより高い効能を示すのかを解明した．エーザイ株式会社の化学者は，milnamide B をリード化合物（上巻：589 ～ 599 ページ参照）として E7974 を設計・合成した．この化合物はヒトのさまざまな腫瘍に対して広い活性を示し，よく知られた抗がん剤の 5-フルオロウラシル（1305 ページ参照）よりも効き目が強い．現在，E7974 は抗がん剤として第 1 相試験（フェーズ I）の臨床試験中である（上巻：342 ページ参照）．この海綿動物にヒントを得た化合物が，いつかブロックバスター薬（巨大な利益を生み出す新薬）になると信じている人も多い．

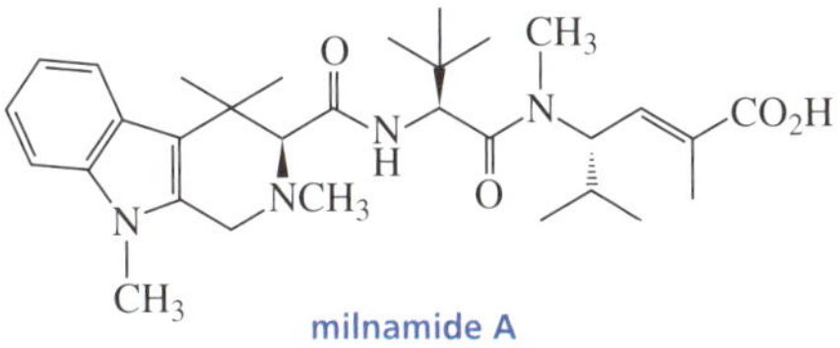

milnamide A

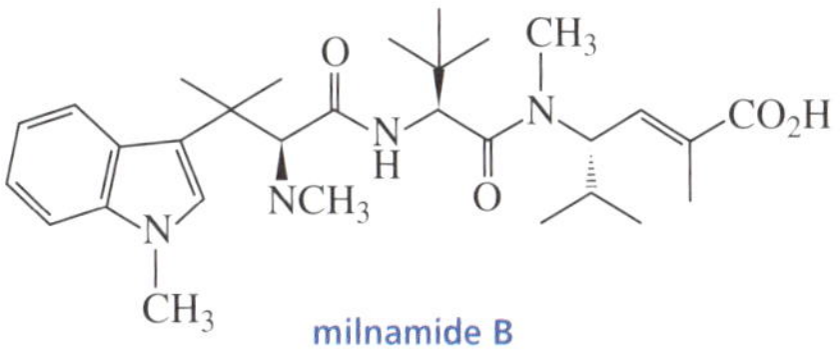

milnamide B

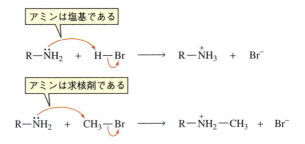

E7974

アミンとは，アンモニア(NH_3)の一つまたは複数の水素がアルキル基で置換された化合物群であり，生物の世界において最も豊富に存在する化合物の一つである．22 章ではアミノ酸とタンパク質の構造と性質，23 章では酵素の触媒反応，24 章ではビタミンの誘導体である補酵素が補助する酵素の触媒反応，26 章では核酸(DNA と RNA)について学ぶ．それらを学べばアミンの生物学的な重要性をよく理解できるであろう．

アミン(amines)は有機化学者にとって非常に重要な化合物である．あまりに重要な化合物なので，もう一度アミンについて学んでおこう．私たちはすでにアミンという化合物およびその化学について多くのことを学んできた．たとえば，アミンの窒素は sp^3 混成しており，孤立電子対は sp^3 軌道に存在していることをすでに学んだ(上巻；3.8 節参照)．また，アミンは室温で，sp^3 窒素が sp^2 窒素になる遷移状態を経て即座に反転することも知っている(上巻；4.16 節参照)．アミンの物理的性質，すなわち水素結合性，沸点，溶解性(上巻；3.9 節参照)，およびアミンの命名法についても学んだ(上巻；2.7 節参照)．これまで学んできたなかで最も重要なことは，窒素原子の孤立電子対はアミンを塩基として反応させ(プロトンと孤立電子対を共有し)，そしてまた求核剤としても反応させる(プロトン以外の原子と孤立電子対を共有する)ということである．

アミンは塩基である

$R-\ddot{N}H_2 \ + \ H-Br \longrightarrow R-\overset{+}{N}H_3 \ + \ Br^-$

アミンは求核剤である

$R-\ddot{N}H_2 \ + \ CH_3-Br \longrightarrow R-\overset{+}{N}H_2-CH_3 \ + \ Br^-$

この章では，再びこのようなアミンのはたらきを取り上げ，これまで考察しなかったアミンの側面およびその化学について目を向けることにする．

いくつかのアミンは**複素環化合物**(heterocyclic compounds)〔または**複素環**(heterocycles)〕である．複素環化合物とは環状化合物の一種で，環骨格を形成する一つあるいは複数の原子が**ヘテロ原子**(heteroatom)である化合物を指す(上巻；8.10 節参照)．具体的には，N，O，S，Se，P，Si，B，および As などの原子が組み込まれた環をいう．

複素環化合物は非常に重要な化合物類であり，現在知られている有機化合物の半分以上が複素環化合物である．大部分の医薬品およびビタミン(24 章参照)，その他の多くの天然物が複素環化合物である．この章では，複素環化合物のなかでもとくに広く知られている化合物，すなわちヘテロ原子 N，O，または S を含

20.1 アミンの命名法についての追加

上巻の3.7節で，アミンはアンモニアの水素がいくつアルキル基で置換されているかによって分類され，一つ置換されていれば第一級，二つならば第二級，三つならば第三級と分類されることを学んだ．また，アミンには慣用名と体系的名称の両方があることも学んだ．慣用名は，窒素にくっついているアルキル置換基の名称（アルファベット順に並べる）の最後に"アミン"をつけると得られる．一方，体系的名称は，官能基接尾語として"アミン"をつけて命名する．

	第一級アミン	第二級アミン	第三級アミン
体系的名称：	1-ペンタンアミン (1-pentanamine)	N-エチル-1-ブタンアミン (N-ethyl-1-butanamine)	N-エチル-N-メチル-1-プロパンアミン (N-ethyl-N-methyl-1-propanamine)
慣用名：	ペンチルアミン (pentylamine)	ブチルエチルアミン (butylethylamine)	エチルメチルプロピルアミン (ethylmethylpropylamine)

飽和環状アミン，すなわち二重結合をもたない環状アミンは，窒素原子を表す接頭語のアザをつけて環状アルカンとして命名する．しかし，そのほかにも使用できる名称があり，なかでもよく用いられるものを下に示す．複素環の原子に番号をつける際には，ヘテロ原子にできるだけ小さいに番号をつける．

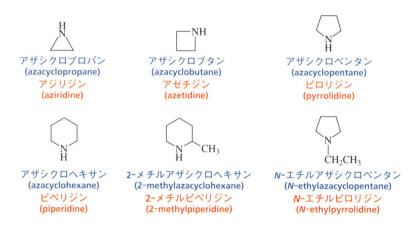

ヘテロ原子の酸素や硫黄を含む飽和複素環も同様に命名される．酸素を表す接頭語はオキサ，硫黄を表す接頭語はチアである．

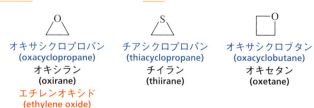

オキサシクロペンタン
(oxacyclopentane)
テトラヒドロフラン
(tetrahydrofuran)

オキサシクロヘキサン
(oxacyclohexane)
テトラヒドロピラン
(tetrahydropyran)

1,4-ジオキサシクロヘキサン
(1,4-dioxacyclohexane)
1,4-ジオキサン
(1,4-dioxane)

問題 1 ◆

次の化合物を命名せよ.

20.2 アミンの酸-塩基の性質についてのさらなる考察

アミンは最も一般的な有機塩基である. アンモニウムイオンの pK_a 値は約 10 であり(上巻;2.3 節参照), アニリニウムイオンの pK_a 値は約 5 である(上巻;8.15 節および 19.16 節参照)ことをすでに学んだ. また, アニリニウムイオンがアンモニウムイオンより酸性度が大きいのは, アニリニウムイオンの共役塩基が電子の非局在化により安定化されるためであることも学んだ. アミンの pK_a 値は非常に大きく, たとえばメチルアミンの pK_a 値は 40 である.

$$CH_3CH_2CH_2\overset{+}{N}H_3 \qquad C_6H_5\overset{+}{N}H_3 \qquad CH_3NH_2$$

アンモニウムイオン   アニリニウムイオン   アミン
$pK_a = 10.8$ $pK_a = 4.58$ $pK_a = 40$

五員環以上の飽和含窒素複素環は, 非環状アミンと同様の物理的および化学的性質をもっている. たとえば, ピロリジン, ピペリジン, およびモルホリンは典型的な第二級アミンであるし, N-メチルピロリジンとキヌクリジンは典型的な第三級アミンである. これらのアミンの共役酸の pK_a 値はアンモニウムイオンから予想される程度の値である.

各種アミンのアンモニウムイオン:

ピロリジニウム
イオン
(pyrrolidinium ion)
$pK_a = 11.27$

ピペリジニウム
イオン
(piperidinium ion)
$pK_a = 11.12$

モルホリニウム
イオン
(morpholinium ion)
$pK_a = 9.28$

N-メチルピロリジニウム
イオン
(N-methylpyrrolidinium ion)
$pK_a = 10.32$

キヌクリジニウム
イオン
(quinuclidinium ion)
$pK_a = 11.38$

アトロピン

アトロピンはチョウセンアサガオやベラドンナ(ナス科の植物, *Atropa belladonna*)に含まれる天然の複素環化合物である. *R* 異性体は天然物だが, 単離の途中でラセミ化する. アトロピンは医薬品としてのいろいろな用途があり, 世界保健機構(WHO)が基礎医療に必要と認めた医薬品リストに載っている.

Atropa belladonna

アトロピンはアセチルコリン受容体を阻害し, 副交感神経系で制御されているすべての筋肉の活動を低下させる. そのため, 低心拍数や消化管のけいれん, パーキンソン病からくる震えなどに処方される. アトロピンは多くの器官からの分泌物を抑制し, 有機リン中毒の解毒剤としても使われており(870 ページ), また, 瞳孔を開く作用もある. ローマ人はアトロピンをアヘンと組み合わせて麻酔薬として使った. ルネッサンス時代の女性たちは, ベラドンナの果実のジュースを飲んで瞳孔を広げ, 魅力的に見せようとした. かのクレオパトラもそうしていたという. *belladonna* はイタリア語で"美しい女性"という意味である.

問題 2 ◆
モルホリンの共役酸がピペリジンの共役酸よりも強い酸なのはなぜか.

問題 3 ◆
a. 3-キヌクリジノンの構造を書け.
b. 3-キヌクリジノンの共役酸のおおよその pK_a 値はいくらか.
c. 3-ブロモキヌクリジンの共役酸の pK_a 値と 3-クロロキヌクリジンの共役酸の pK_a 値とでは, どちらが小さいか.

問題 4 (解答あり)
ピペリジニウムイオンとアジリジニウムイオンの pK_a 値の違いを説明せよ.

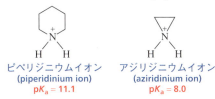

ピペリジニウムイオン
(piperidinium ion)
$pK_a = 11.1$

アジリジニウムイオン
(aziridinium ion)
$pK_a = 8.0$

ピペリジニウムイオンは一般のアンモニウムイオンとしての pK_a 値を示すが, アジリジニウムイオンの pK_a 値はかなり小さい. 三員環の結合角は通常よりも小さいため, 外側の結合角が通常よりも大きくなる. 結合角が大きくなると, 水素の軌道と重なる窒素の軌道は, 通常の sp^3 窒素よりも s 性が強い(上巻; 1.15 節参照). このため, アジリジニウムイオンの窒素は電気的により陰性となり pK_a 値が小さくなる(上巻; 2.7 節参照).

20.3 アミンは塩基としても求核剤としても反応する

アミンの脱離基($^-NH_2$)は塩基としては強すぎるために,ハロゲン化アルキル,アルコール,およびエーテルで進行するような置換反応や脱離反応が進行しないことを学んだ(上巻;11.9節参照).sp^3炭素に結合した電子求引性基をもっているこれらの化合物の相対的な反応性は,それらの脱離基の共役酸のpK_a値を比較すれば理解できる.酸が弱ければ弱いほど,その共役塩基はより強い塩基であることを覚えておこう.同じ種類の塩基と比べると,塩基が強ければ強いほど,脱離基としてはより劣っている(上巻;9.2節参照).

相対的反応性

最も反応性が高い → RCH_2F > RCH_2OH ~ RCH_2OCH_3 > RCH_2NH_2 ← 最も反応性が低い

最も強い酸,それは最も弱い共役塩基を与える → HF, H_2O, CH_3OH, NH_3 ← 最も弱い酸,それは最も強い共役塩基を与える

$pK_a = 3.2$, $pK_a = 15.7$, $pK_a = 15.5$, $pK_a = 36$

プロトン移動反応や脱離反応において,アミンが塩基として働くことをすでに学んだ(上巻;2.3節,11.2節,および12.4節参照).

窒素上の孤立電子対により,アミンは塩基性をもつと同時に求核性ももつ.また,いくつもの異なる反応でアミンが求核剤としても働くこともすでに学んだ.たとえば,アミンをアルキル化する次のような求核置換反応(上巻;9.2節参照)や,

CH_3CH_2Br + CH_3NH_2 ⟶ $CH_3CH_2\overset{+}{N}H_2CH_3$ Br^- ⇌ $CH_3CH_2NHCH_3$ + HBr
メチルアミン (methylamine)　　　　　　　　　　エチルメチルアミン (ethylmethylamine)

アミンをアシル化する次のような求核付加-脱離反応(16.8, 16.9, および16.20節参照)などである.

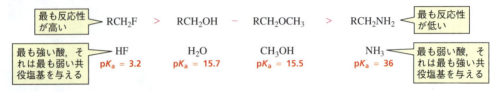

また,アルデヒドおよびケトンと第一級アミンが反応してイミンが生成したり,アルデヒドおよびケトンと第二級アミンが反応してエナミンが生成したりすることや(17.10節参照),

シクロヘキサノン + ピロリジン(第二級アミン, HN) ⇌(微量のH⁺) エナミン + H₂O

さらに，共役付加反応でもアミンが求核剤となる(17.18 節参照)ことも学んだ．

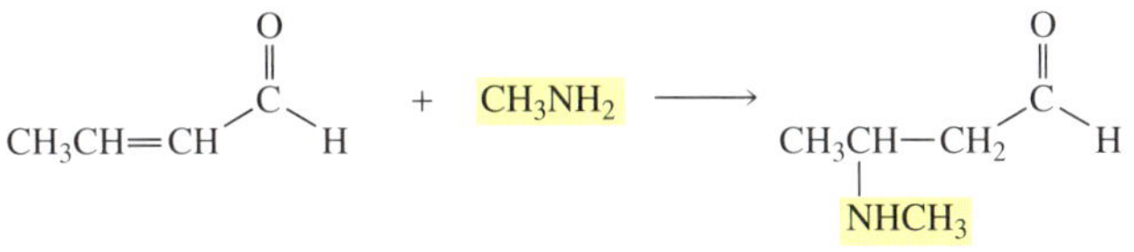

$CH_3CH=CH-CHO$ + CH_3NH_2 ⟶ $CH_3CH(NHCH_3)-CH_2-CHO$

第一級アリールアミンは亜硝酸と反応し，安定なアレーンジアゾニウム塩を生成することもすでに学んだ(19.23 節参照)．ジアゾニウム基はさまざまな求核剤によって置換されるので，ジアゾニウム塩は合成化学者にとって有用である．

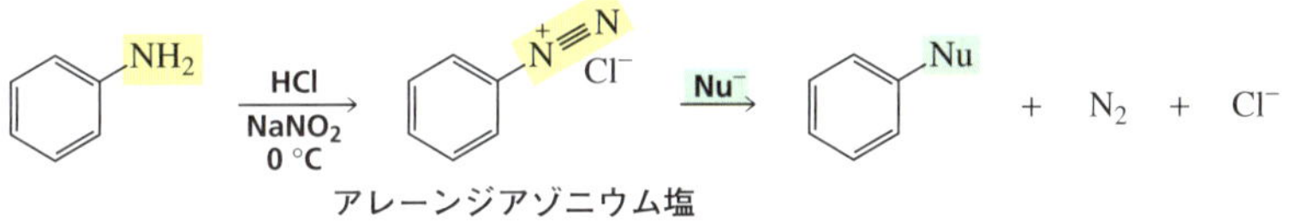

PhNH₂ →(HCl, NaNO₂, 0 °C) PhN₂⁺Cl⁻ (アレーンジアゾニウム塩) →(Nu⁻) Ph–Nu + N₂ + Cl⁻

問題 5

次のそれぞれの反応の生成物を書け．

a. 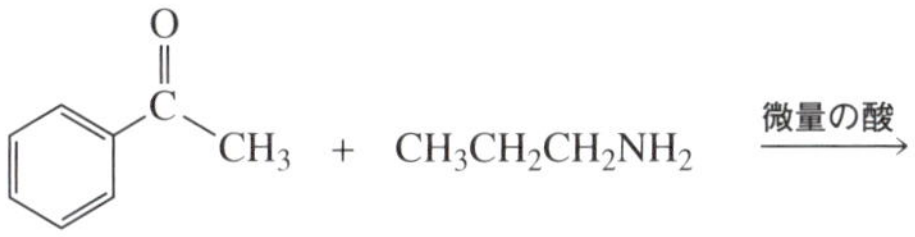 PhC(=O)CH₃ + $CH_3CH_2CH_2NH_2$ →(微量の酸)

b. 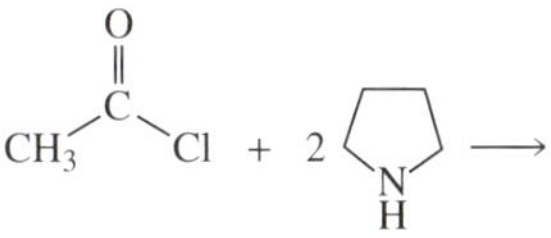 CH_3C(=O)Cl + 2 ピロリジン(NH) ⟶

c. PhNH₂ →(1. HCl, NaNO₂, 0 °C / 2. H₂O, Cu₂O, Cu(NO₃)₂)

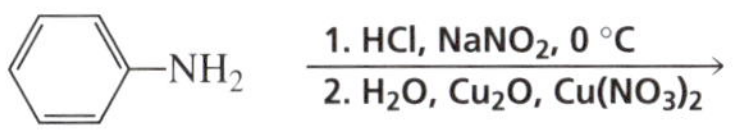

d. 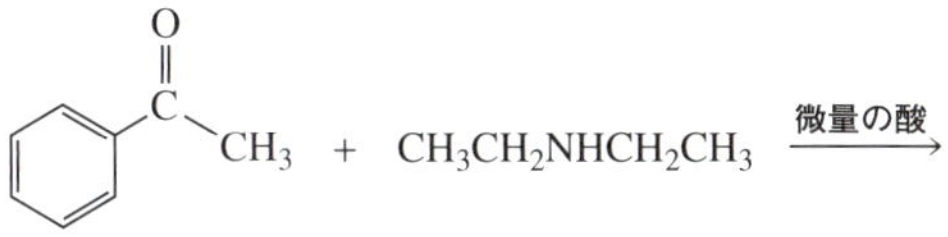 PhC(=O)CH₃ + $CH_3CH_2NHCH_2CH_3$ →(微量の酸)

20.4 アミンの合成

アミン合成のいろいろな反応やその反応機構については，本書のそれぞれのところですでに述べた．これらの反応は各所まとめてあり，議論した部分については上巻の付録Ⅲ(A-7)に載っている．

20.5 芳香族複素五員環化合物

五員環の芳香族複素環化合物について考察しよう.

ピロール，フラン，およびチオフェン

ピロール(pyrrole), **フラン**(furan), および**チオフェン**(thiophene)は五員環の複素環化合物である. これらの化合物は環状平面構造であり, 環を形成するそれぞれの炭素原子がp軌道をもち, π電子雲が3組のπ電子対からなっているので, 芳香族性を示すことはすでに学んだ(上巻；8.8節および8.10節参照).

ピロール (pyrrole)　フラン (furan)　チオフェン (thiophene)

ピロールの軌道の形　フランの軌道の形

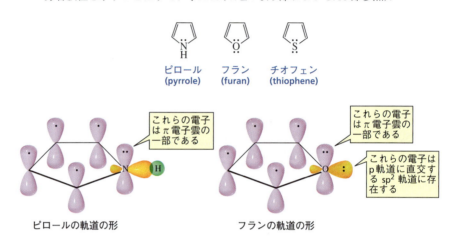

五員環の中に孤立電子対として示されている電子はπ電子雲の一部となっているので, ピロールは非常に弱い塩基である. すなわち, 窒素は(共鳴寄与体が示すように)孤立電子対を五員環に与える. そのため, ピロールがプロトン化されると, その芳香性を失う. これらのことからもわかるように, ピロールの共役酸は非常に強い酸($pK_a = -3.8$)である.

ピロールの共鳴寄与体

共鳴混成体

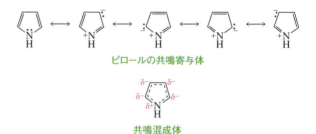

問題 6

ピロールにおいて, 一つの共鳴寄与体から次の共鳴寄与体へ移行する際の電子の動きを示す矢印を書け.

ピロールは1.80 Dの双極子モーメントをもっている(上巻；1.16節参照). 五員環の飽和アミンであるピロリジンは, 1.57 Dと少し小さい双極子モーメント

をもっているが，静電ポテンシャル図を見ればわかるとおり，二つの双極子モーメントは反対の方向を向いている(ピロールでは環内，ピロリジンでは窒素上の赤い部分). ピロリジンの双極子モーメントは，窒素の電子求引性誘起効果によるものである．これは共鳴効果によるピロールの窒素から環への電子供与が，電子求引性誘起効果に勝っていることを示している(19.14 節参照).

ピロール   μ = 1.80 D   μ = 1.57 D   ピロリジン

上巻の 8.6 節で学んだとおり，共鳴寄与体が安定であるほど，そして共鳴寄与体どうしが等価であるほど，その化合物の非局在化エネルギーは増大する．実際，ピロール，フラン，およびチオフェンの非局在化エネルギーは，すべての共鳴寄与体が等価なベンゼンやシクロペンタジエニルアニオンの非局在化エネルギーほど大きくはない．

芳香族化合物の相対的非局在化エネルギー

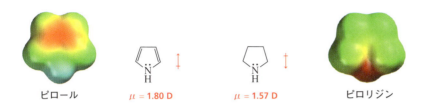

また，最も電気陰性度の小さいヘテロ原子をもつチオフェンは非局在化エネルギーが三つのなかで最も大きく，逆に最も電気陰性度の大きいヘテロ原子をもつフランは非局在化エネルギーが三つのなかで最も小さい．これは予想どおりに，電気陰性度が最も小さいヘテロ原子をもつ化合物はヘテロ原子上に正電荷をもつ共鳴寄与体が最も安定であり，電気陰性度が最も大きいヘテロ原子をもつ化合物はヘテロ原子上に正電荷をもつ共鳴寄与体が最も不安定になるからである．

このようにピロール，フラン，およびチオフェンは芳香族性をもつので，これらの化合物では芳香族求電子置換反応が進行する．

フラン + Br$_2$ ⟶ 2-ブロモフラン + HBr
2-ブロモフラン
(2-bromofuran)

2-メチルピロール + Br$_2$ ⟶ 2-ブロモ-5-メチルピロール + HBr
2-ブロモ-5-メチルピロール
(2-bromo-5-methylpyrrole)

この反応の機構はベンゼンの芳香族求電子置換反応と同じである(19.13 節参照).

芳香族求電子置換反応の機構

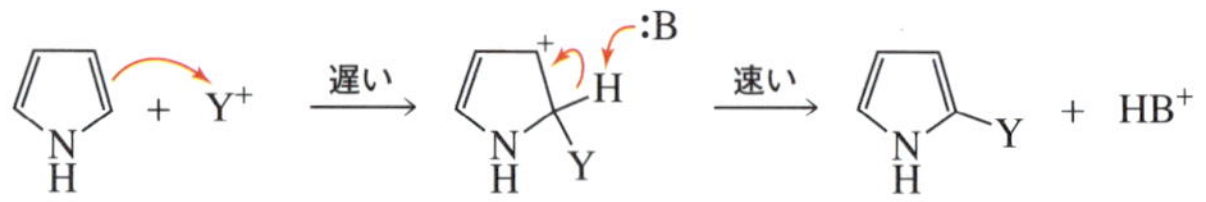

- 求電子剤がピロール環に付加する．
- 反応系中の塩基（:B）が求電子剤と結合を形成した炭素からプロトンを引き抜く．

置換はC-2位で優先的に起こる．これはC-2位に置換基が導入されて生じた中間体がC-3位に置換基が導入して生じた中間体よりも安定だからである（図20.1）．これらの中間体にはいずれも，H以外のすべての原子がオクテットを満たしている，比較的安定な共鳴寄与体が存在する．さらに，ピロールのC-2位で置換して生じた中間体は共鳴寄与体をさらに二つもつ．一方，C-3位で置換して生じた中間体は共鳴寄与体をもう一つだけしかもたない．

> ピロール，フラン，およびチオフェンでは，C-2位で優先的に芳香族求電子置換反応が進行する．

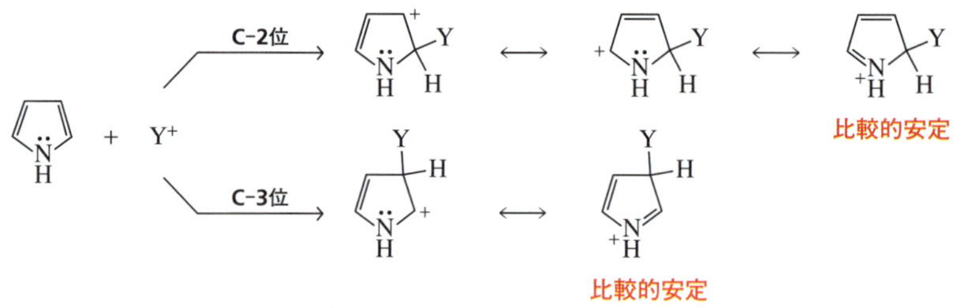

図 20.1 ▶
ピロールのC-2位とC-3位で求電子剤が反応したときに生成するであろう反応中間体の構造．

比較的安定

ただし，ヘテロ原子の両隣りの炭素がともに置換基をもてば，C-3位で求電子置換が進行する．

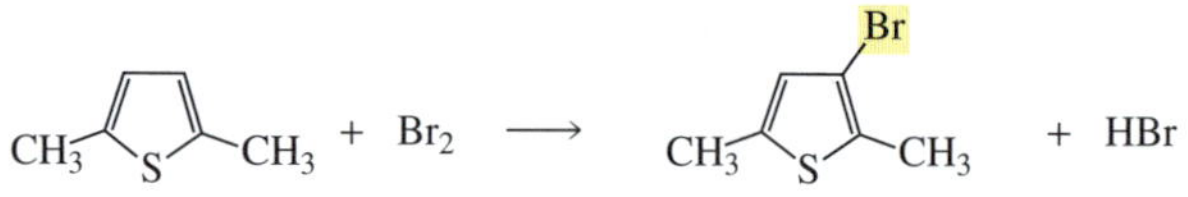

3-ブロモ-2,5-ジメチルチオフェン
(3-bromo-2,5-dimethylthiophene)

ピロール，フラン，およびチオフェンはすべてベンゼンよりも芳香族求電子置換に対して反応性が高い．なぜならば，これらの化合物ではヘテロ原子がその孤立電子対を共鳴により環に供与することで，カルボカチオン中間体をより安定化できるからである（図20.1）．

フランは芳香族求電子置換反応においてピロールほど反応性が高くない．その理由は，フランの酸素はピロールの窒素よりも電気的に陰性であるため，その酸素は窒素ほどカルボカチオンの安定化能力が高くないからである．チオフェンはフランよりさらに反応性が低いが，これは硫黄の3p軌道が，窒素や酸素の2p軌道と比べ，炭素の2p軌道との重なりが小さいためである．欄外の静電ポテンシャル図は，これら三つの環の電子密度の違いを表している．

20.5 芳香族複素五員環化合物

芳香族求電子置換反応に対する相対的反応性

ピロール (pyrrole) > フラン (furan) > チオフェン (thiophene) > ベンゼン (benzene)

ピロール, フラン, およびチオフェンは, 芳香族求電子置換反応に対してベンゼンよりも反応性が高い.

　ピロール, フラン, およびチオフェンの相対的な反応性は, その化合物のFriedel–Craftsアシル化(19.7節参照)に必要なLewis酸に反映する. ベンゼンの反応では比較的強いLewis酸である$AlCl_3$を必要とする. チオフェンはベンゼンより反応性が高いので, 弱いLewis酸である$SnCl_4$でFriedel–Crafts反応が進行する. 反応物がフランである場合, さらに弱いLewis酸であるBF_3を用いることができる. ピロールはきわめて反応性が高いので, 酸塩化物の代わりに酸無水物を用いることもでき, 触媒も不要である.

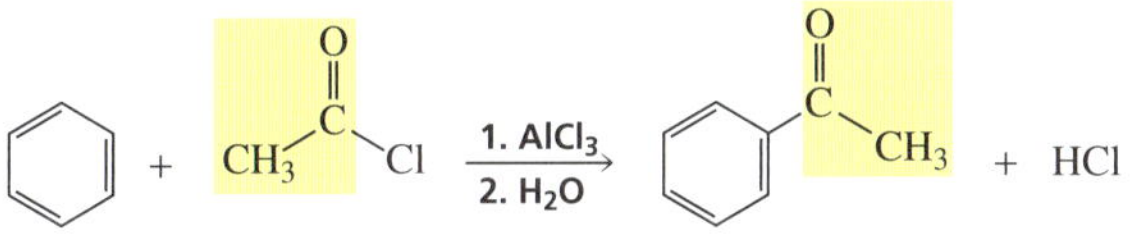

ベンゼン + CH_3COCl → (1. $AlCl_3$, 2. H_2O) → フェニルエタノン (phenylethanone) + HCl

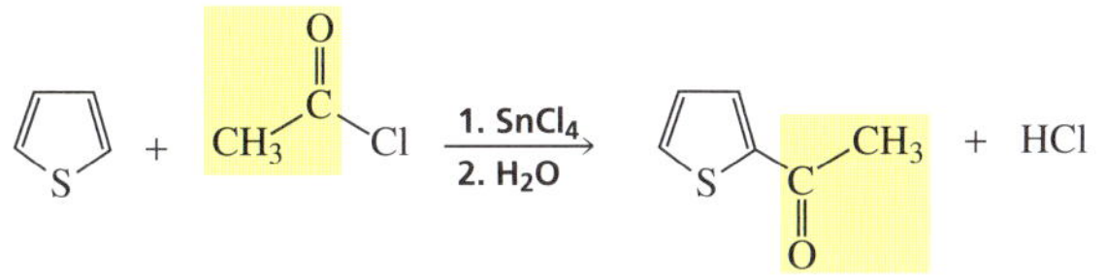

チオフェン + CH_3COCl → (1. $SnCl_4$, 2. H_2O) → 2-アセチルチオフェン (2-acetylthiophene) + HCl

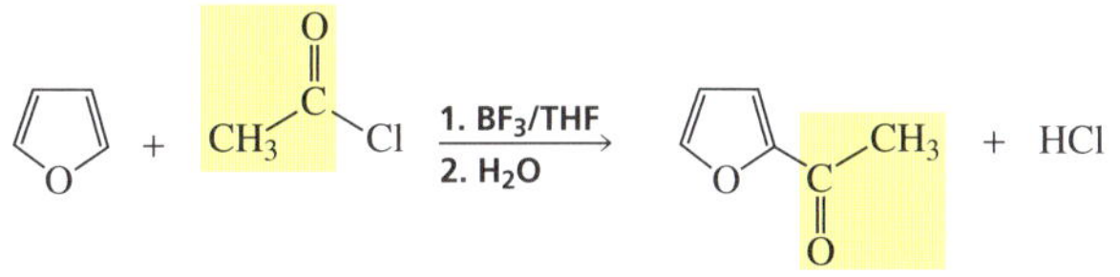

フラン + CH_3COCl → (1. BF_3/THF, 2. H_2O) → 2-アセチルフラン (2-acetylfuran) + HCl

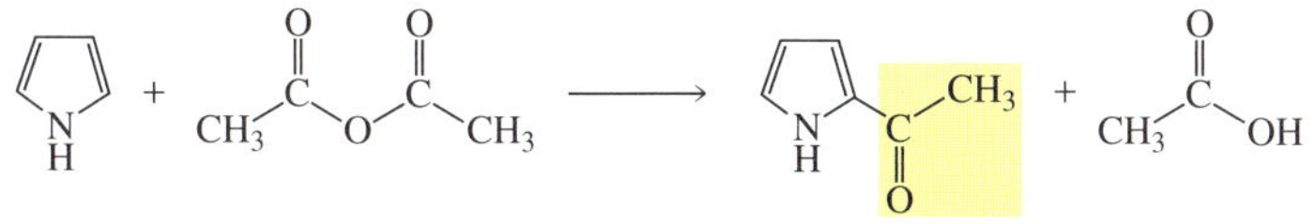

ピロール + ($CH_3CO)_2O$ → 2-アセチルピロール (2-acetylpyrrole) + CH_3COOH

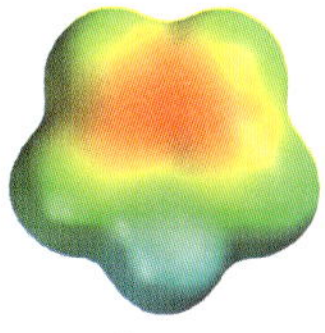

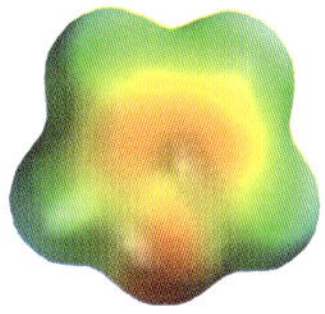

　ピロールの共鳴混成体(1110ページ参照)は窒素が部分的に正電荷を帯び, それぞれの炭素が部分的に負電荷を帯びていることを示している. その結果, ピロールでプロトン化されるのは窒素でなくC-2位の炭素である. これは, プロトンが求電子剤であることと, 求電子剤はピロールのC-2位に結合することから理解できるであろう.

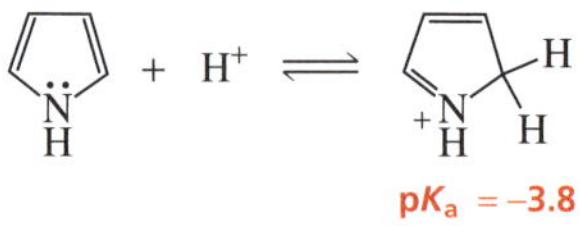

20章 アミンに関するさらなる考察・複素環化合物の反応

$$\text{ピロール} + H^+ \rightleftharpoons \text{プロトン化ピロール}$$
$pK_a = -3.8$

いったんプロトン化されると，ピロールは容易に重合してしまうので，強酸性溶液中では不安定である．

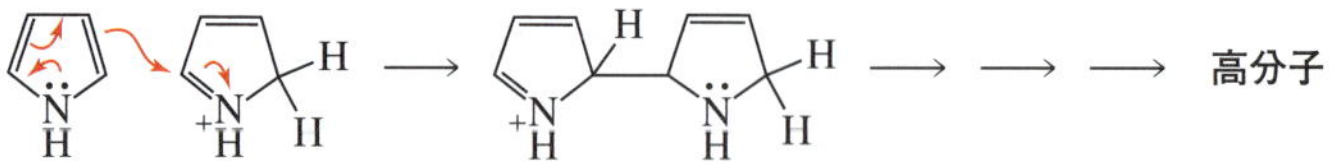

→ → → 高分子

ピロールの sp^2 窒素は飽和アミンの sp^3 窒素よりも電気的に陰性である（上巻；2.6節参照）．その結果，ピロール（pK_a 約17）は同じ形の飽和アミン（pK_a 約36）よりも酸性度が大きい．（共鳴混成体から明らかなように）窒素原子上には部分正電荷があることも，ピロールの酸性度を増大する大きな要因である．

$pK_a = $ 約 17 $pK_a = $ 約 36

いくつかの含窒素複素環化合物の pK_a 値を表 20.1 に示す．

表 20.1　いくつかの含窒素複素環化合物の pK_a 値

$pK_a = -3.8$	$pK_a = -2.4$	$pK_a = 1.0$	$pK_a = 2.5$	$pK_a = 4.85$	$pK_a = 5.16$
$pK_a = 6.8$	$pK_a = 8.0$	$pK_a = 11.1$	$pK_a = 14.4$	$pK_a = $ 約 17	$pK_a = $ 約 36

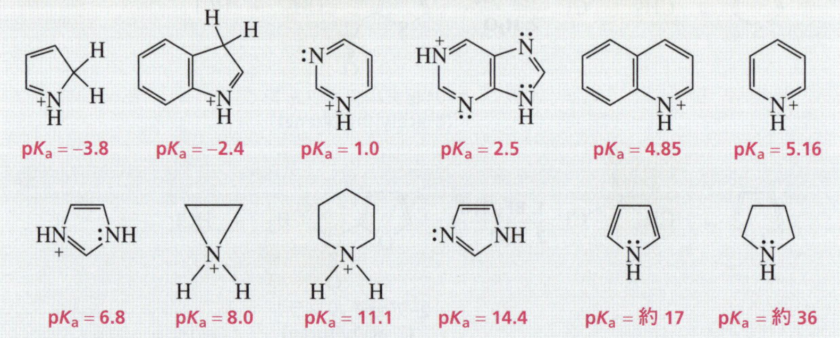

問題 7

ピロールを D_2SO_4 の希薄 D_2O 溶液に加えると，C-2 位が重水素化されたピロールが生成する．この化合物の生成を説明する反応機構を示せ．

【問題解答の指針】

相対的な塩基性の決定

次の化合物を塩基性の最も弱いものから最も強いものの順に並べよ．

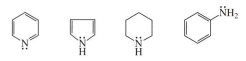

まず，プロトン化されたときに芳香族性を失う化合物があるかどうかを見よう．

このような化合物は非常にプロトン化されにくいので，非常に弱い塩基である．ピロールがこれにあてはまる．次に，非局在化できる孤立電子対のある化合物があるかどうかを見よう．非局在化している孤立電子対は，局在化しているものよりプロトン化されにくい．アニリンがこれに当てはまる．最後に，窒素の混成を見よう．不飽和六員環の窒素は sp^2 混成で，飽和六員環の窒素は sp^3 混成である．sp^2 窒素はより電気的に陰性であり，sp^3 窒素よりプロトン化されにくい．したがって，塩基性の順番は，

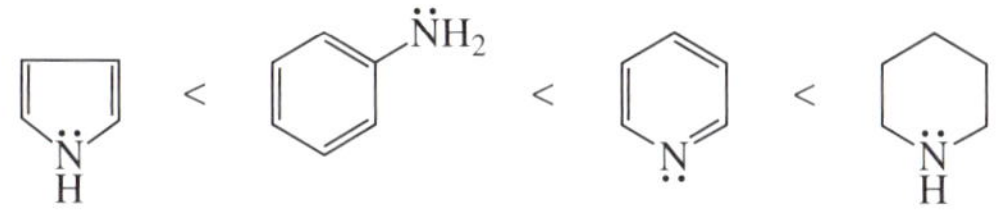

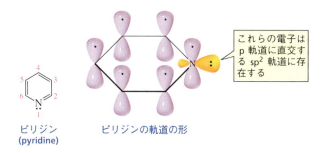

となる．

ここで学んだ方法を使って問題 8 を解こう．

問題 8 ◆

窒素は炭素よりも電気的に陰性であるにもかかわらず，ピロール（pK_a 約 17）よりシクロペンタジエン（pK_a = 15）のほうが酸性が強いのはなぜか，説明せよ．

20.6　芳香族複素六員環化合物

次に，六員芳香環をもつ複素化合物について見ていこう．

ピリジン

すでに学んだように，**ピリジン**（pyridine）はベンゼン環の炭素の一つを窒素に置き換えた芳香族化合物である（上巻；8.10 節参照）．

ピリジン（pyridine）　　ピリジンの軌道の形

ピリジニウムイオンは，典型的なアンモニウムイオンよりも強い酸である．これはプロトンが sp^2 窒素に結合しており，sp^2 窒素が sp^3 窒素よりも電気的に陰性なためである（上巻；2.6 節参照）．

ピリジニウムイオン (pyridinium ion) pK_a = 5.16　　ピリジン (pyridine)

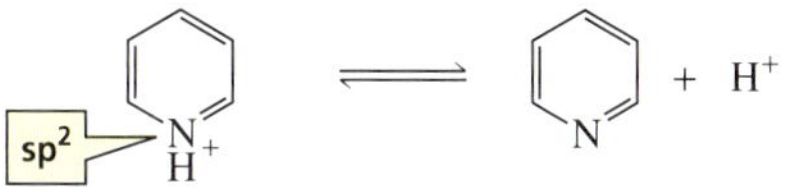

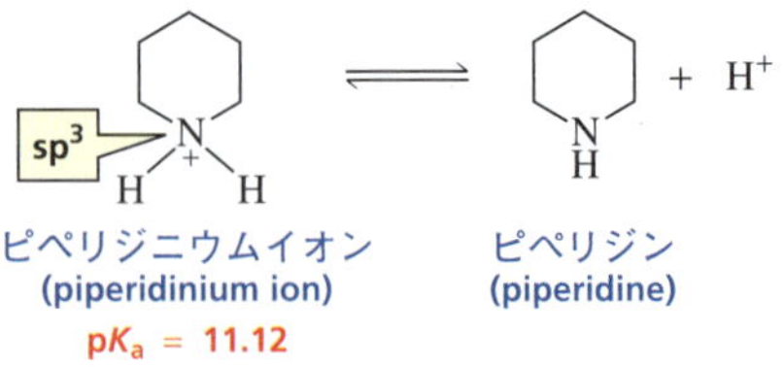

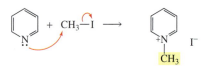

ピペリジニウムイオン (piperidinium ion) ⇌ ピペリジン (piperidine) + H⁺

pK_a = 11.12

ピリジンの双極子モーメントの大きさは 1.57 D であり，静電ポテンシャル図が示すとおり，電子求引性の窒素が双極子のマイナス端である．

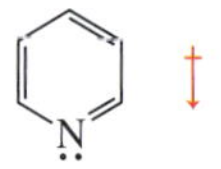

μ = 1.57 D

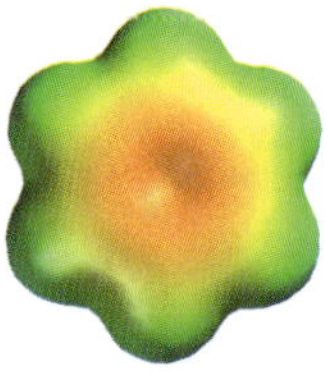

ピリジンは，第三級アミンに特徴的な反応を起こす．たとえば，ピリジンはハロゲン化アルキルとは S_N2 反応を起こす（上巻；9.2 節参照）．

ヨウ化 N-メチルピリジニウム (N-methylpyridinium iodide)

ベンゼン

ピリジン

問題 9（解答あり）

塩化アシルとピリジンを水溶液中で反応させると最終生成物はアミドであるか．答えとその理由を述べよ．

解答 付加–脱離反応によって最初に生成したカルボニル化合物では，窒素が正電荷を帯びているためピリジンは優れた脱離基となる．そのため，この化合物は速やかに加水分解される．よって，最終生成物はカルボン酸になる．（最終的に溶液の pH がカルボン酸の pK_a より大きくなった場合は，カルボン酸の大部分はその共役塩基型として存在する．）

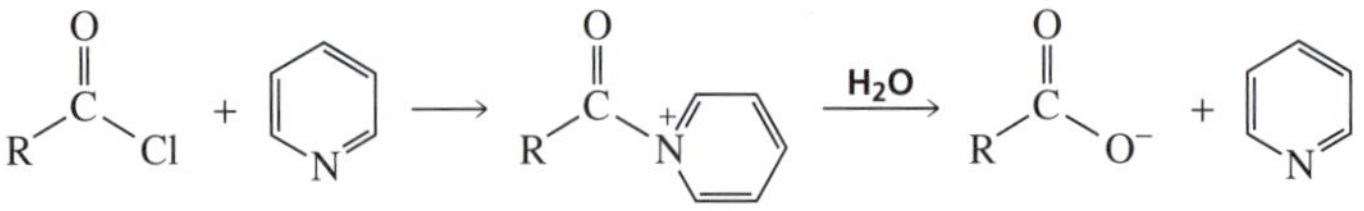

ピリジンは芳香族であり，ベンゼンと同様に，電荷をもたない共鳴寄与体が二つ存在する．ピリジンの場合は電子求引性の窒素があるので，ベンゼンの場合とは異なり，電荷をもった共鳴寄与体が三つ存在する．

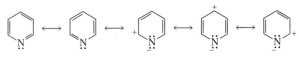

ピリジンの共鳴寄与体

ピリジンは芳香族なので，ベンゼンのような芳香族求電子置換反応が進行する．

芳香族求電子置換反応の機構

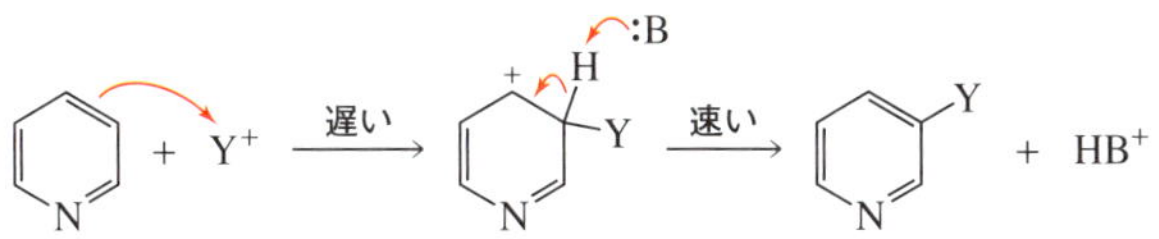

- 求電子剤はピリジン環に付加する．
- 反応混合物中の塩基(:B)が，求電子剤と結合を形成した炭素からプロトンを引き抜く．

ピリジンの芳香族求電子置換反応はC-3位で起こる．これは，求電子剤として導入された置換基がC-3位に結合して生じる中間体が最も安定だからである（図20.2）．置換基がC-2位またはC-4位に結合して生じる中間体には，窒素原子がオクテットを満たしておらず，さらに正に帯電しているため，非常に不安定な共鳴寄与体である．

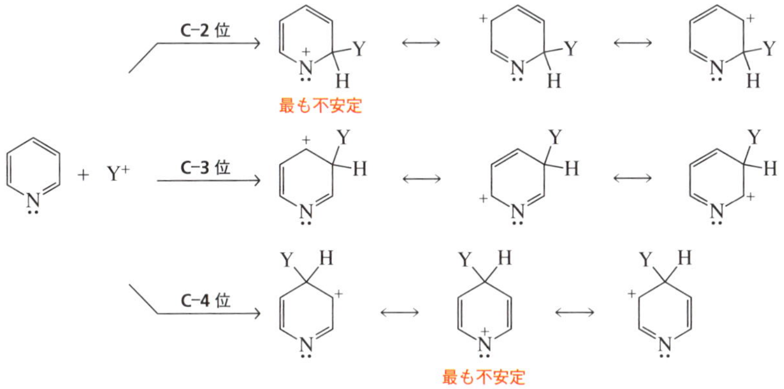

▲ 図 20.2
ピリジンと求電子剤との反応で生成するであろう反応中間体の構造．

電子求引性の窒素原子の影響で，ピリジンの芳香族求電子置換反応で得られる中間体は，ベンゼンの芳香族求電子置換反応で得られるカルボカチオン中間体よりも不安定になる．そのため，ピリジンはベンゼンよりも反応性が低く，それどころかニトロベンゼンよりも反応性が低い．（電子求引性のニトロ基が，ベンゼン環の芳香族求電子置換反応に対する反応性を著しく低下させることは19.14節で学んだ．）

芳香族求電子置換における相対的反応性

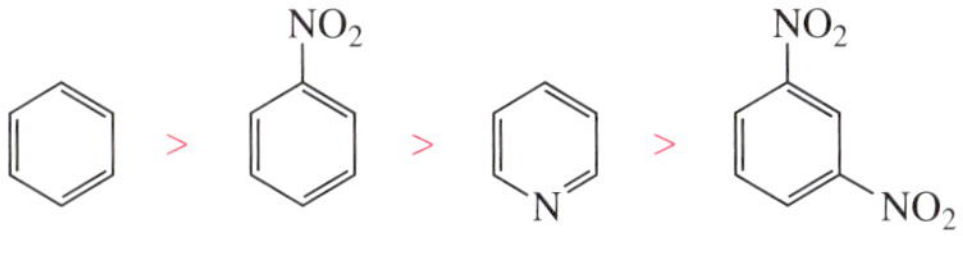

したがって，ピリジンでは過酷な条件下でしか芳香族求電子置換反応が進行せ

ず，しかもこれらの反応の収率は非常に低いことが多い．反応条件下でピリジンの窒素がプロトン化されるようなことが起こった場合，窒素原子は正に帯電してカルボカチオン中間体はますます不安定になり，反応性はさらに低下する．

ピリジンでは C-3 位で芳香族求電子置換反応が進行する．

$$\text{ピリジン} + Br_2 \xrightarrow[300\ °C]{FeBr_3} \text{3-ブロモピリジン} + HBr$$

3-ブロモピリジン
(3-bromopyridine)
30%

$$\text{ピリジン} \xrightarrow[\text{2. HO}^-]{1.\ H_2SO_4/230\ °C} \text{ピリジン-3-スルホン酸} + H_2O$$

ピリジン-3-スルホン酸
(pyridine-3-sulfonic acid)
71%

$$\text{ピリジン} \xrightarrow[\text{2. HO}^-]{1.\ HNO_3,\ H_2SO_4/300\ °C} \text{3-ニトロピリジン} + H_2O$$

3-ニトロピリジン
(3-nitropyridine)
22%

著しく不活性化されたベンゼン環では，Friedel-Crafts アルキル化や Friedel-Crafts アシル化が進行しないことはすでに学んだ（19.18 節参照）．ピリジンの反応性は高度に不活性化されたベンゼン環の反応性と似ており，したがって，ピリジンでもこれらの反応は進行しない．

問題 10◆

ピリジンと臭化エチルの反応で得られる生成物を書け．

ピリジンは，芳香族求電子置換反応に対してはベンゼンより反応性が低いが，芳香族求核置換反応に対してはベンゼンより反応性が高い．

芳香族求電子置換反応では，ピリジンのほうがベンゼンよりも反応性が低いことがわかったが，逆に芳香族求核置換反応では，ピリジンはベンゼンよりも反応性が高い．このことはとくに驚きでもないだろう．電子求引性の窒素原子は，芳香族求電子置換反応では中間体を不安定化するが，芳香族求核置換反応では逆に中間体を安定化する．芳香族求電子置換反応では，求核剤で置換される脱離基が環上にあることに注目しよう．

芳香族求核置換反応の機構

$$\text{ピリジン-Z} + :Y^- \xrightarrow{\text{遅い}} \text{中間体} \xrightarrow{\text{速い}} \text{ピリジン-Y} + Z^-$$

- 脱離基の結合した環炭素に求核剤が付加する．
- 脱離基が脱離する．

　ピリジンの芳香族求核置換反応は C-2 位または C-4 位で起こる．これは，これらの位置で付加が起こったときの中間体が最も安定だからである．これらの位

置で付加が起こった場合のみ，環のなかで最も電気陰性な原子である窒素の電子密度が最も大きい共鳴寄与体が生成する（図 20.3）．

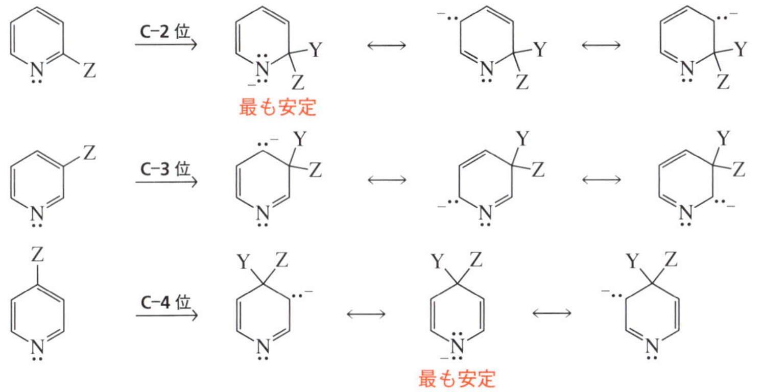

最も安定（C-2 位）

最も安定（C-4 位）

◀ **図 20.3**
一置換ピリジンと求核剤との反応で生成するであろう反応中間体の構造．

C-2 位と C-4 位に異なる脱離基が存在する場合，求核剤はより弱い塩基（より優れた脱離基）と優先的に置換する．

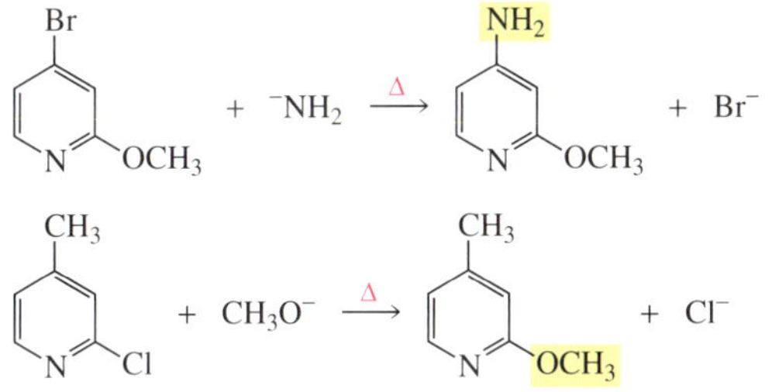

ピリジンでは C-2 位と C-4 位で芳香族求核置換反応が進行する．

問題 11

次の反応の機構を比較せよ．

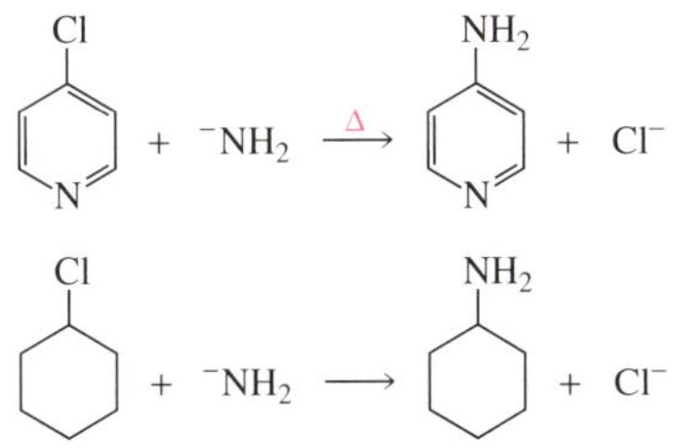

問題 12

a. 次の反応の機構を示せ．

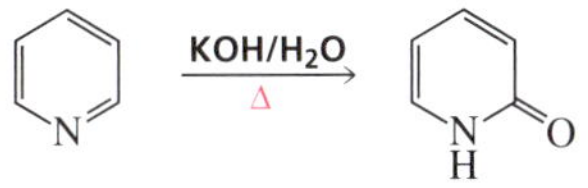

b. この反応ではほかにどのような生成物が生じるか．

置換ベンゼンと同様，置換ピリジンでは側鎖上で多くの反応が進行する．たとえば，アルキル基が置換したピリジンでは，側鎖の臭素化や酸化が進行する．

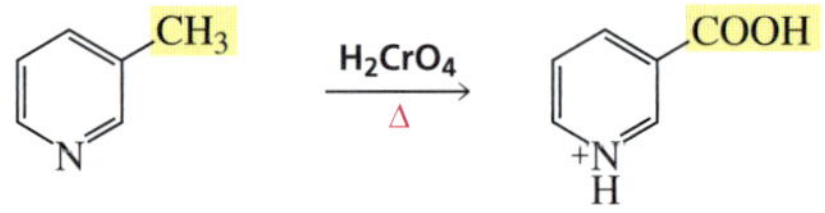

2-または4-アミノピリジンをジアゾ化すると，それぞれ2-ピリドンと4-ピリドンが生成する．これはジアゾニウム塩が直ちに水と反応し，ヒドロキシピリジンを生成するためである（19.21節参照）．反応の生成物としてピリドンが得られるのは，ケト形であるピリドンのほうがエノール形のヒドロキシピリジンよりも安定だからである．（第一級アミノ基がジアゾニウム基に変換される反応機構については19.23節に示す．）

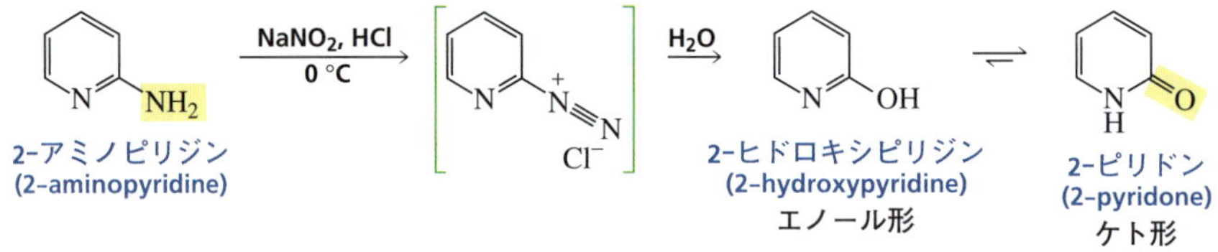

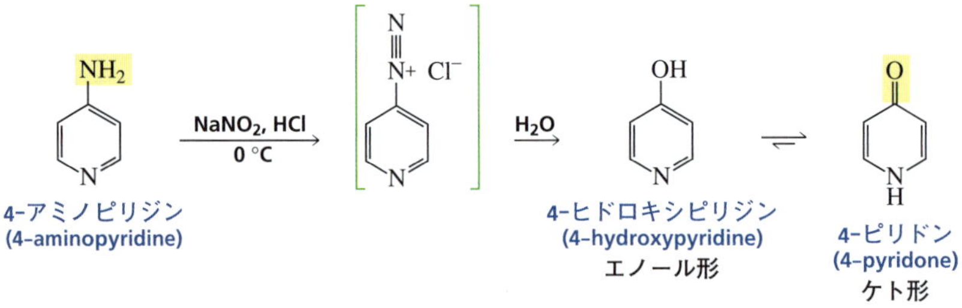

窒素が電子求引性であり，負電荷を非局在化できることから，ピリジン環のC-2位およびC-4位の炭素上の水素は，ケトンのα炭素上の水素と同程度の酸性を示す（18.1節参照）．

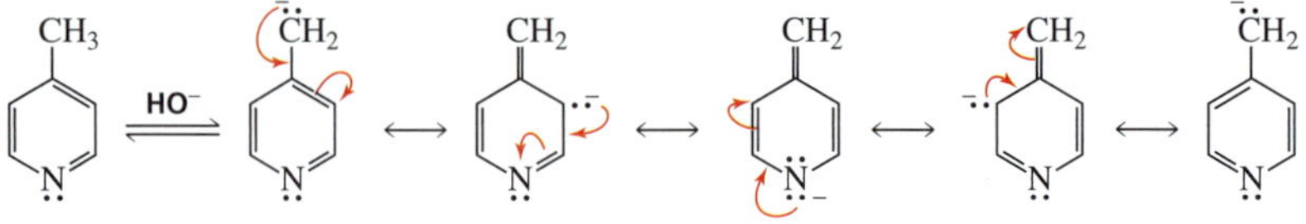

そのため，これらの水素は塩基によって引き抜くことができ，その結果生じるカルボアニオンは求核剤として働く．

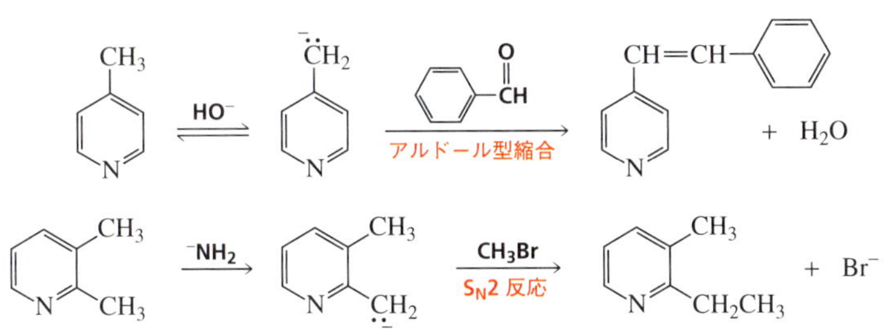

20.7 自然界で重要な役割を担っている複素環化合物のアミン **1121**

問題 13 ◆
次の化合物について，メチル基からプロトンが最も引き抜かれやすいものから最も引き抜かれにくいものの順に並べよ．

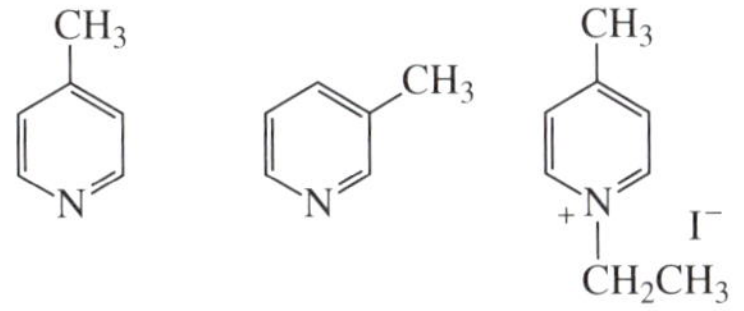

20.7 自然界で重要な役割を担っている複素環化合物のアミン

タンパク質は自然界に存在するα-アミノ酸のポリマーである（22章参照）．最も一般的な20種類のアミノ酸のうちの3種類がその構造中に複素環をもっている．プロリンがピロリジン環を，トリプトファンがインドール環を，そしてヒスチジンがイミダゾール環をもっている．

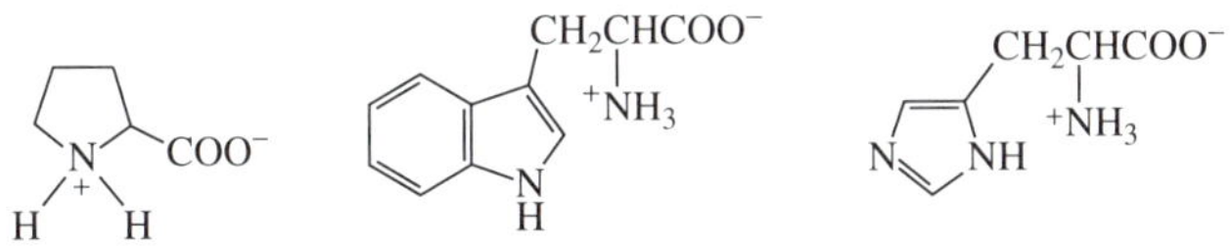

プロリン
(proline)

トリプトファン
(tryptophan)

ヒスチジン
(histidine)

イミダゾール

イミダゾール（imidazole）は，ヒスチジンの複素環で，平面環状構造であり，環を構成するどの原子もp軌道をもつ．また，π電子雲が3組のπ電子対からなるので，芳香族化合物である（上巻；8.8節参照）．二つある窒素の孤立電子対のうち，N-1位の孤立電子対はp軌道にあるためπ電子雲の一部であるが，N-3位の孤立電子対はp軌道と直交するsp^2軌道にあるため，π電子雲の一部ではない．

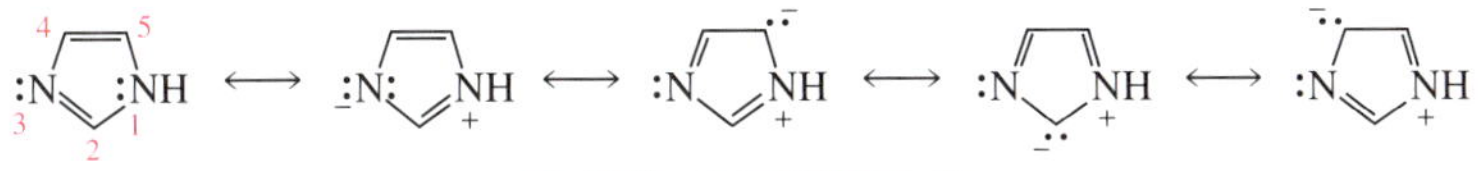

イミダゾールの共鳴寄与体

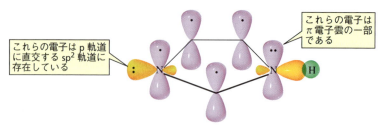

イミダゾールの軌道の形

　sp²軌道の孤立電子対はπ電子雲の一部ではないので，イミダゾールは酸性溶液中でプロトン化される．イミダゾールの共役酸のpK_a値は6.8である．したがって，生理的pH(7.4)ではイミダゾールはプロトン化体と非プロトン化体の両方で存在する．イミダゾール環をもつアミノ酸のヒスチジンは，多くの酵素の触媒作用を示す構成部位となる(1258ページ参照).

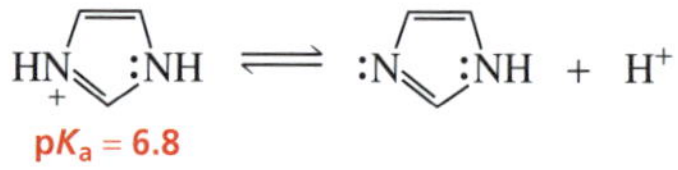

$$\text{HN}{+}\text{NH} \rightleftharpoons \text{:N}{:}\text{NH} + \text{H}^+$$

pK_a = 6.8

　プロトン化されたイミダゾールとイミダゾールアニオンのどちらにも等価な共鳴寄与体が二つ存在するということに注目しよう．したがって，イミダゾールがプロトン化あるいは脱プロトン化された場合，二つの窒素は等価になる.

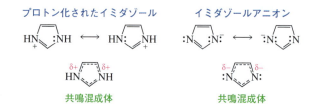

薬の探索：抗ヒスタミン薬，眠くならない抗ヒスタミン薬，および潰瘍薬

　ある特定の医薬品がその受容体とどのような相互作用をするかといったような薬理作用を分子レベルで理解すると，科学者は望みの生理活性を示す可能性のある化合物を設計して，合成することができる．たとえば，ヒスチジンは酵素触媒反応で脱炭酸されてヒスタミンになる(1294ページを見よ)．体が過剰のヒスタミンを生産すると，一般的な風邪やアレルギーの症状が現れる．生理的pHのもとでアミンが正電荷をもつという情報は科学者にとって，ヒスタミンが受容体にどのように作用するかのヒントになる.

　詳細な研究の結果，ここに示す(ほかにもいくつかの例がある)ヒスタミン受容体に結合するがヒスタミンのような作用は引き起こさない，抗ヒスタミン薬と呼ばれる化合物が見つかった．ヒスタミンと同様，これらの薬はプロトン化されたアミノ基をもつ．それらはまた，ヒスタミンが受容体に近づくのを防ぐかさ高い置換基ももっている.

20.7 自然界で重要な役割を担っている複素環化合物のアミン

抗ヒスタミン薬

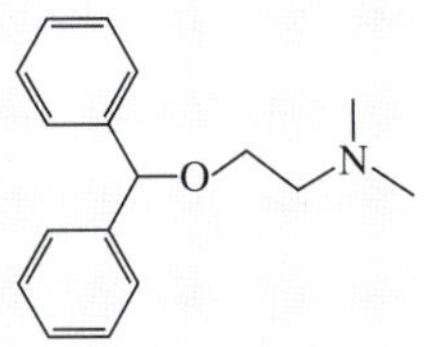

ジフェンヒドラミン
(diphenhydramine)
Benadryl®

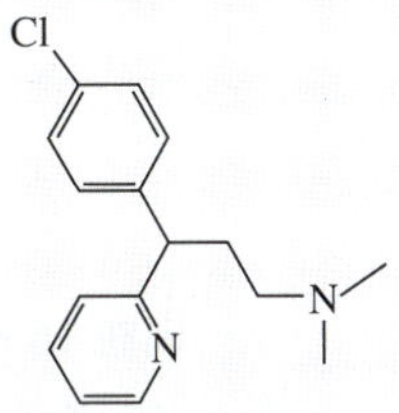

クロルフェニラミン
(chlorpheniramine)
Chlortrimetron®

しかし，これらの化合物は血液脳関門を通り抜けて，中枢神経の受容体に結合し，眠気を引き起こす．これは抗ヒスタミン薬のよく知られた副作用である．そこで次に，ヒスタミン受容体に結合するが，血液脳関門を通り抜けないような化合物の探索が行われた．血液脳関門は非極性のため，化合物に極性基を結合させればよい．Allegra®，Claritin®，およびZyrtec®は眠くならない抗ヒスタミン薬である．2007年にZyrtec®は処方箋がなくとも店頭で買えるようになった．

眠くならない抗ヒスタミン薬

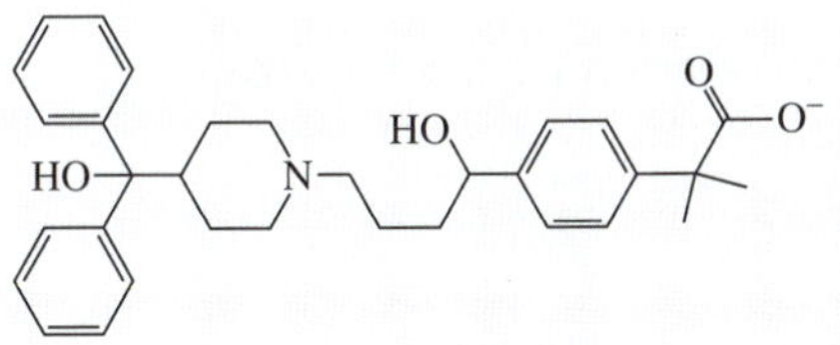

フェキソフェナジン
(fexofenadine)
Allegra®

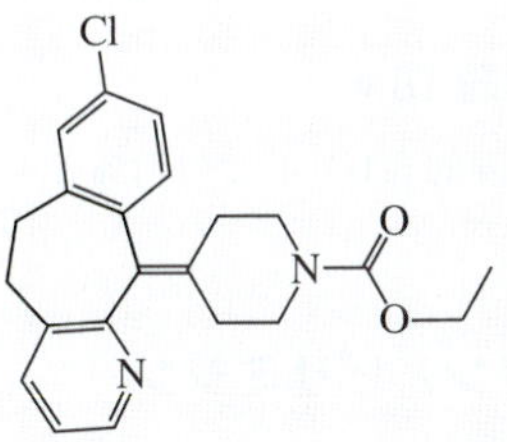

ロラタジン
(loratadine)
Claritin®

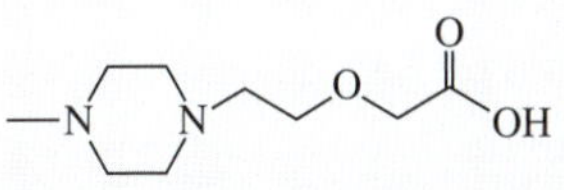

セチリジン
(cetirizine)
Zyrtec®

アレルギー反応に加えて，体内での過剰のヒスタミン生産は胃の内壁細胞からのHClの分泌過多を引き起こし，潰瘍を形成する．アレルギー反応を抑える抗ヒスタミン薬はHCl生成には影響を与えない．これはヒスタミンH_2受容体と呼ばれる別の種類のヒスタミン受容体がHClの分泌を促すからである．

4-メチルヒスタミンが弱いながらもHClの分泌を阻害することが見つかったため，この化合物がリード化合物として用いられた（上巻；11.9参照）．10年にわたって500以上の分子修飾を行った結果，ヒスタミンH_2受容体に結合する可能性のある化合物が見つかった．

1976年に販売されたTagamet®は最初の消化性潰瘍治療薬であった．以前は消化性潰瘍にかかると，ベッドで長く休み，刺激の少ない食餌を摂り，制酸薬を飲むしか治療法はなかった．続いて1981年にZantac®が販売され，1988年には世界で最もよく売れた消化性潰瘍治療薬になった．1994年にはProtonix®が入手できるようになった．

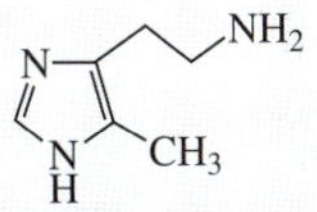

4-メチルヒスタミン
(4-methylhistamine)

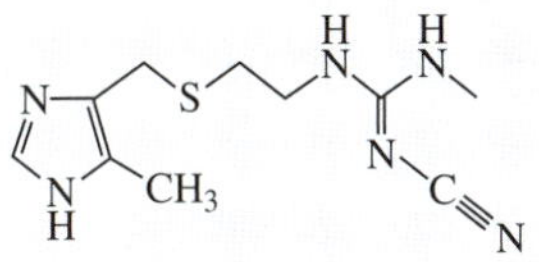

シメチジン
(cimetidine)
Tagamet®

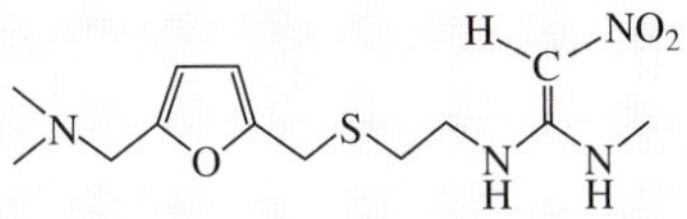

ラニチジン
(ranitidine)
Zantac®

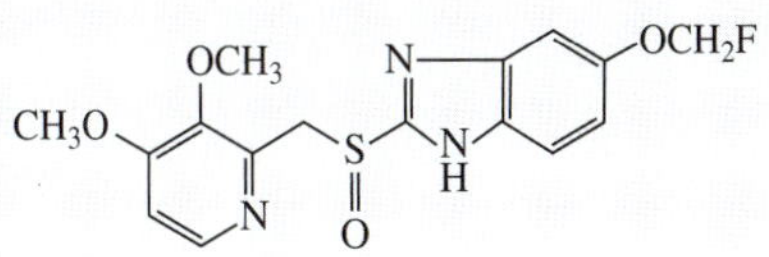

パントプラゾール
(pantoprazole)
Protonix®

問題 14◆
次の反応の主生成物は何か.

$$\text{N} \diagup \text{N-CH}_3 + \text{Br}_2 \xrightarrow{\text{FeBr}_3}$$

問題 15◆
イミダゾール,ピロール,およびベンゼンを芳香族求電子置換反応に対する反応性の最も高いものから最も低いものの順に並べよ.

問題 16◆
イミダゾールの沸点は257 ℃である.一方,N-メチルイミダゾールの沸点は199 ℃である.この沸点の違いを説明せよ.

問題 17
イミダゾール($pK_a = 14.4$)がピロール(pK_a 約 17)よりも強い酸なのはなぜか.

問題 18◆
生理的pH(7.4)では何%のイミダゾールがプロトン化されているか.

プリンとピリミジン

核酸(DNAとRNA)は置換プリン(purine)と置換ピリミジン(pyrimidine)をその構造中に含んでいる(26.1節参照).具体的には,DNAはアデニン(A),グアニン(G),シトシン(C),およびチミン(T)を,RNAはアデニン(A),グアニン(G),シトシン(C),およびウラシル(U)を含んでいる.なぜDNAがUの代わりにTを含んでいるかについては26.10節で説明する.無置換のプリンとピリミジンは天然には存在しない.グアニン(ヒドロキシプリン)とシトシン,ウラシル,およびチミン(ジヒドロキシピリミジン)はケト形のほうがエノール形よりも安定であるので,ここではケト形で示す.ケト形が有利であるということがDNAの適切な塩基対形成に不可欠であることをあとで学ぶ(26.3節参照).

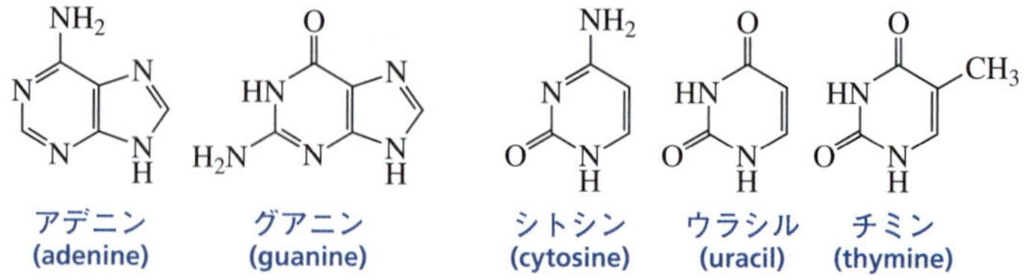

プリン
(purine)

ピリミジン
(pyrimidine)

アデニン
(adenine)

グアニン
(guanine)

シトシン
(cytosine)

ウラシル
(uracil)

チミン
(thymine)

問題 19 ◆
グアニンとシトシンのエノール形を書け．

問題 20 ◆
プロトン化されたピリミジン($pK_a = 1.0$)がプロトン化されたピリジン($pK_a = 5.2$)よりも酸性度が大きいのはなぜか．

ポルフィリン

置換ポルフィリンは天然に存在する重要な複素環化合物のもう一つのグループである．**ポルフィリン環構造**(porphyrin ring system)は，四つのピロール環が間に炭素一つをはさんで橋かけされて成り立っている．ヘモグロビンとミオグロビン中にあるヘムと呼ばれる構造には鉄イオン(Fe^{II})が含まれており，この鉄イオンにはポルフィリン環構造の四つの窒素が配位している．**配位**(ligation)とは孤立電子対を金属イオンと共有することを意味する．

ポルフィリン環構造

ヘム

ヘモグロビンは四つのポリペプチド鎖と四つのヘム基をもっている(1229 ページ参照)．また，ミオグロビンは一つのポリペプチド鎖に一つのヘム基をもっている．ヘモグロビンは酸素を細胞へ運搬し，また二酸化炭素を細胞から運び出す役割を担っている．一方，ミオグロビンは細胞内に酸素を蓄える役割を担っている．ヘモグロビンやミオグロビンに含まれる鉄原子には，ポルフィリン環の四つの窒素原子に加えて，さらにタンパク質部分(グロビン)のヒスチジンも配位している．そして，六つ目の配位子として，酸素あるいは二酸化炭素が鉄に配位する．

一酸化炭素(CO)は，形も大きさも酸素分子(O_2)とほとんど同じだが，CO は O_2 よりも強く鉄に結合する．いったんヘモグロビン分子が二つの CO 分子と結合すると，もはや O_2 に結合するのに必要な立体配置をとれなくなってしまう．その結果，血流を介しての酸素の運搬を阻害するので，CO を吸入すると命取りになる．

血液の特徴的な赤色は，ヘムの長い共役系に由来する．そのモル吸光率は非常に大きい(約 $160,000 \text{ L mol}^{-1} \text{ cm}^{-1}$)ため，$1 \times 10^{-8} \text{ mol L}^{-1}$ 程度の低い濃度であっても，UV 分光法により検出できる(上巻；14.21 節参照)．

植物の緑色のもととなっているクロロフィル a の環構造(上巻；718 ページ参照)は，ポルフィリンと似ているが，シクロペンタノン環をもっている点と，ピロール環の一つが還元されている点で異なる．また，クロロフィル a にも金属イオン

であるマグネシウムイオン(Mg^{II})が含まれている.

ビタミンB_{12}もまたポルフィリン環に似た環構造をもっているが, 金属イオンはコバルトイオン(Co^{III})である. ビタミンB_{12}の構造と化学については, あとの24.6節で学ぶ.

🧪 ポルフィリン, ビリルビン, および黄疸

平均的なヒトの体内では, 毎日, 約6gのヘモグロビンが分解されている. ヘモグロビンのうち, タンパク質部位(グロビン)と鉄は再利用されるが, ポルフィリン環はA環とB環の間で切断され, 緑色の化合物であるビリベルジンと呼ばれる直鎖状のテトラピロールになる. 次にC環とD環の架橋が還元され, 赤橙色の化合物であるビリルビンが生成する. どこかにぶつけてあざができて, 色が変わった経験があるだろう. あれがヘムの分解によるものである.

大腸中の酵素はビリルビンをウロビリノーゲンに変換する. ウロビリノーゲンのいくらかは腎臓に運ばれて, 黄色の化合物であるウロビリンに変換されて, 排出される. これが尿の特徴的な色のもとである. 肝臓で代謝され, 排出できる量以上のビリルビンが生成した場合には, ビリルビンは血液中に蓄積される. そして血液中のビリルビンがある濃度に達すると, ビリルビンは生体組織に拡散し, その結果, 組織が黄色くなる. この症状が黄疸である.

20.8 有機化合物の反応についてのまとめ

これまで, 有機化合物群は四つのグループのうちの一つに分類できること, またそのグループに属する化合物はみな同様の反応をすることを見てきた. これまでにグループⅣの化合物群についても学び終えたので, これらの化合物がどのように反応するかをまとめてみよう.

I

R—CH=CH—R
アルケン

R—C≡C—R
アルキン

R—CH=CH—CH=CH—R
ジエン

> これらは求核剤である.
> これらは求電子付加反応を起こす.

II

R—X (X = F, Cl, Br, I)
ハロゲン化アルキル

R—OH
アルコール

R—OR
エーテル

エポキシド

> これらは求電子剤である.
> これらは求核置換および/または脱離反応を起こす.

III

カルボン酸 および カルボン酸誘導体 (Z = Cよりも電気陰性度の大きな原子)

アルデヒド および ケトン (Z = CまたはH)

> これらは求電子剤である.
> これらは求核付加-脱離反応または求核付加反応を起こす.
> α炭素から水素を引き抜くと求電子剤と反応する求核剤が生成する.

IV

ベンゼン

ピリジン

ピロール, フラン, チオフェン (Z = NH, O, またはS)

> これらは求核剤である.
> これらは芳香族求電子および/または求核置換反応をする.

グループⅣの化合物はすべて芳香族である. 環の芳香族性を保つため, これらの化合物は芳香族求電子および/または求核置換反応を起こす.

- ベンゼンおよび置換ベンゼンは求核剤であり，求電子剤と芳香族求電子置換反応を起こす．強い電子求引性基によってベンゼン環の電子密度が減少すると，ハロ置換ベンゼンでは芳香族求核置換反応が進行する．
- ピロール，フラン，およびチオフェンはベンゼンよりもはるかに求核性が高く，芳香族求電子置換反応における反応性が高い．
- ピリジンはベンゼンよりもはるかに求核性が低く，過激な条件下でしか芳香族求電子置換反応は起こらない．一方，ハロ置換ピリジンでは芳香族求核置換反応が速やかに進行する．

覚えておくべき重要事項

- アミンは，アンモニアの水素がアルキル基によって一つ置換されているか，二つ置換されているか，三つ置換されているかによって，第一級，第二級，第三級に分類される．
- いくつかのアミンは**複素環化合物**である．複素環化合物とは，環を構成する一つあるいは複数の炭素がほかの元素に置き換わった環状化合物である．
- 複素環では，**ヘテロ原子**ができるだけ小さい数になるように番号をつける．
- アミンは窒素上に孤立電子対があるので，塩基であり，求核剤でもある．
- アミンは酸–塩基反応および脱離反応において塩基として働く．
- アミンは，求核置換反応，求核付加–脱離反応，および共役付加反応で求核剤として働く．
- 飽和複素環は，その複素環と同じヘテロ原子をもつ非環状化合物と類似の物理的および化学的性質をもっている．
- **ピロール**，**フラン**，および**チオフェン**は，芳香族求電子置換反応をC-2位で優先的に起こす芳香族複素環化合物である．これらの化合物は芳香族求電子置換反応に対してはベンゼンよりも反応性が高い．
- ピロールはプロトン化されると芳香族性が消失し，強酸性の溶液中では重合する．
- ベンゼンの炭素の一つを窒素に置換すると**ピリジン**になる．ピリジンは芳香族複素環化合物であり，芳香族求電子置換反応はC-3位で，芳香族求核置換反応はC-2位かC-4位で起こる．ピリジンは芳香族求電子置換反応に対してはベンゼンよりも反応性が低いが，芳香族求核置換反応に対してはベンゼンよりも反応性が高い．
- 複素環をもつアミノ酸には，**イミダゾール**環をもつヒスチジン，**ピロリジン**環をもつプロリン，**インドール**環をもつトリプトファンの三つがある．
- **核酸**(DNAとRNA)は置換プリンと置換ピリミジンを含んでいる．ヒドロキシプリンとヒドロキシピリミジンはケト形のほうが安定である．
- **ポルフィリン環構造**は，四つのピロール環が間に炭素一つをはさんで橋かけされて成り立っている．ヘモグロビンとミオグロビンでは，四つの窒素はFe^{II}に配位している．クロロフィルaでは，金属イオンはマグネシウムであり，ビタミンB_{12}ではコバルトである．

反応のまとめ

1. 求核剤としてのアミンの反応(20.3節)
    a. アルキル化反応において(上巻；9.2節)
    b. 脱離基をもつカルボニル基との反応において(16.8, 16.9, および16.20節参照)
    c. アルデヒドまたはケトンとイミンまたはエナミンを生成する反応において(17.10節参照)
    d. 共役付加反応において(17.18 および 17.19節参照)

e. 硝酸との反応において：第一級アリールアミンからアレーンジアゾニウム塩が生成する（19.23 節参照）

2. 芳香族求電子置換反応
   a. ピロール，フラン，およびチオフェン（20.5 節）：反応機構は 1111 ページに示す．

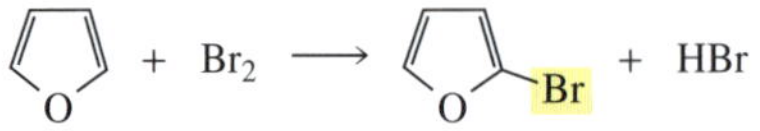

   $$\text{furan} + Br_2 \longrightarrow \text{2-bromofuran} + HBr$$

   b. ピリジン（20.6 節）：反応機構は 1118 ページに示す．

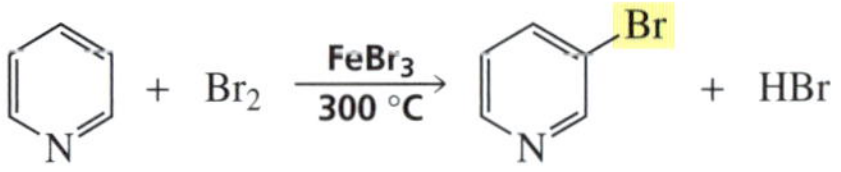

   $$\text{pyridine} + Br_2 \xrightarrow[300\ °C]{FeBr_3} \text{3-bromopyridine} + HBr$$

3. ピリジンの芳香族求核置換反応（20.6 節）：反応機構は 1119 ページに示す．

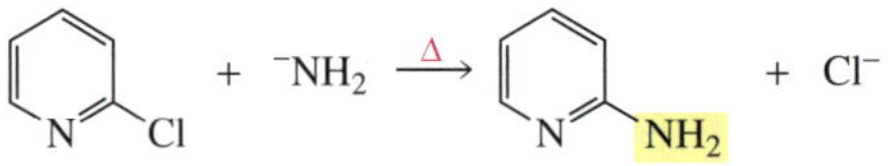

   $$\text{2-chloropyridine} + {}^-NH_2 \xrightarrow{\Delta} \text{2-aminopyridine} + Cl^-$$

4. ピリジン環上の置換基の反応（20.6 節）

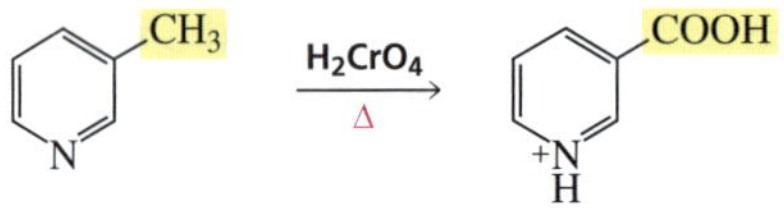

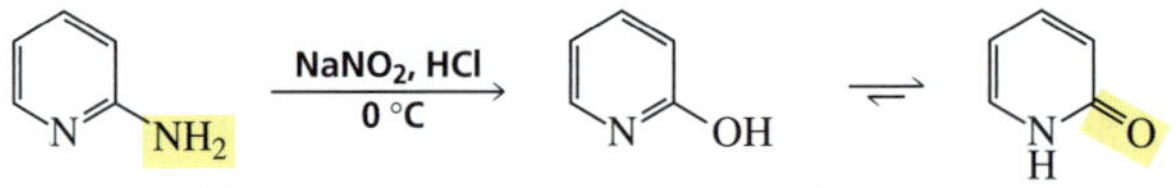

   2-エチルピリジン $\xrightarrow[\Delta/過酸化物]{NBS}$ 2-(1-ブロモエチル)ピリジン

   3-メチルピリジン $\xrightarrow[\Delta]{H_2CrO_4}$ ニコチン酸

   2-アミノピリジン $\xrightarrow[0\ °C]{NaNO_2,\ HCl}$ 2-ヒドロキシピリジン（エノール形）$\rightleftharpoons$ 2-ピリドン（ケト形）

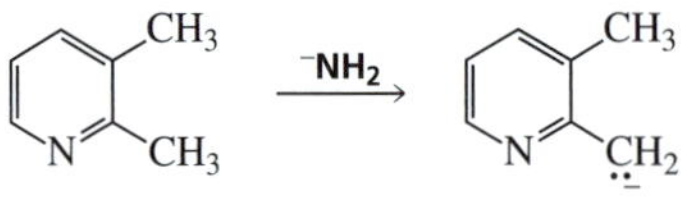

   2,3-ジメチルピリジン $\xrightarrow{{}^-NH_2}$ （カルバニオン中間体）

章末問題

21. 次のそれぞれの化合物を命名せよ．

a. 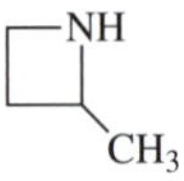 2-メチルアゼチジン b. 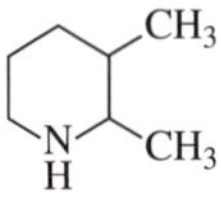 2,3-ジメチルピペリジン c. 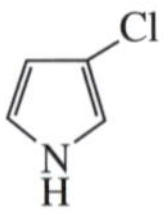 3-クロロピロール d. 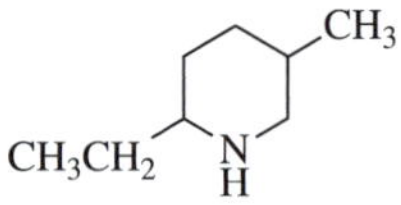 2-エチル-5-メチルピペリジン

22． 次の反応の生成物は何か．

a. 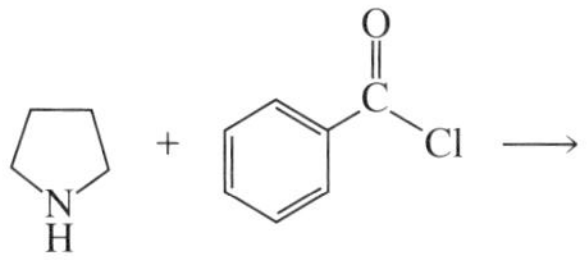 ピロリジン + ベンゾイルクロリド ⟶

b. 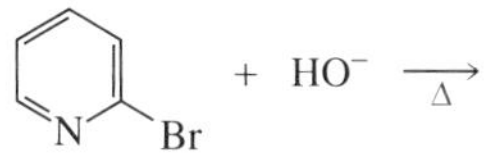 2-ブロモピリジン + HO⁻ →(Δ)

c. CH₃CH₂CH₂CH₂Br   1. ⁻C≡N / 2. H₂, Raney Ni

d. 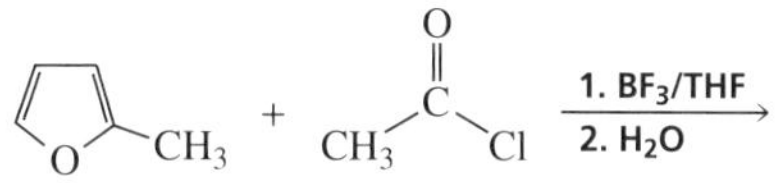 2-メチルフラン + CH₃COCl   1. BF₃/THF / 2. H₂O

e. 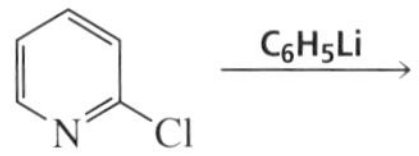 2-クロロピリジン   C₆H₅Li

f.  シクロヘキシルアミン + CH₃CH₂CH₂Br ⟶

g. 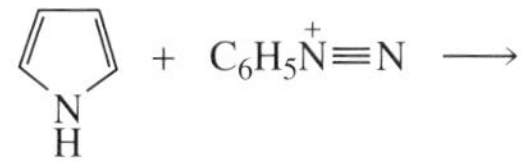 ピロール + C₆H₅N⁺≡N ⟶

h. 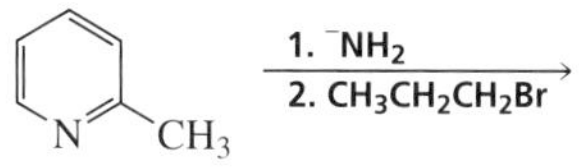 2-メチルピリジン   1. ⁻NH₂ / 2. CH₃CH₂CH₂Br

i. 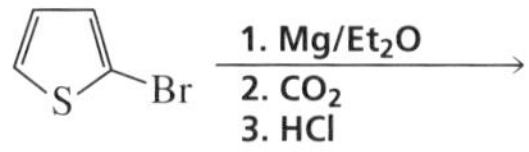 2-ブロモチオフェン   1. Mg/Et₂O / 2. CO₂ / 3. HCl

23． 次の化合物を酸性度の最も大きいものから最も小さいものの順に並べよ．

（ピリジニウム，ピロリウム，ピペリジン，イミダゾリウム(N3H)，イミダゾリウム(N1H)，ピロール，ピペリジニウム）

24． 次の化合物のうち脱炭酸しやすい化合物はどちらか．

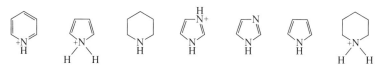

　　ピリジン-2-カルボン酸　または　ピリジン-2-酢酸

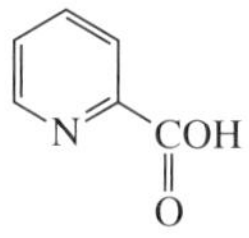

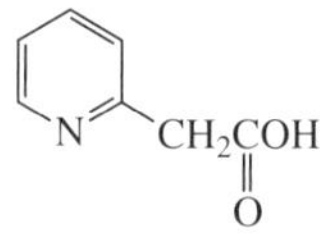

25． 次の化合物を芳香族求電子置換反応に対する反応性の最も高いものから最も低いものの順に並べよ．

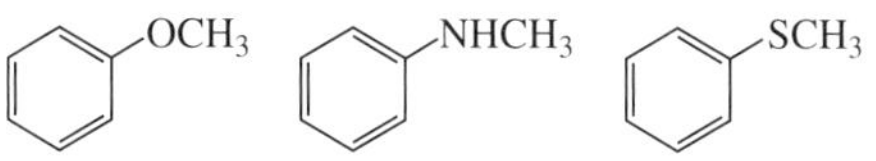

C₆H₅OCH₃　　C₆H₅NHCH₃　　C₆H₅SCH₃

26． 次の化合物のうちの一方はおもにC-3位で芳香族求電子置換が起こり，もう一方はおもにC-4位で芳香族求電子置換が起こる．どちらが前者でどちらが後者か．

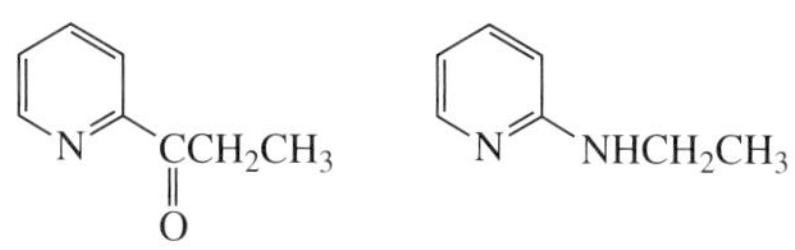

2-プロパノイルピリジン　　2-(エチルアミノ)ピリジン

27. ベンゼンは AlCl₃ のような Lewis 酸存在下，アジリジン類と芳香族求電子置換反応を起こす.

   a. 次の反応の主生成物と副生成物は何か.

$$\text{C}_6\text{H}_6 + \underset{\underset{\text{CH}_3}{|}}{\overset{\overset{\text{CH}_3}{|}}{\text{N}}}\!\!\triangle \xrightarrow{\text{AlCl}_3}$$

   b. エポキシドでも同様の反応が進行するか.

28. フランとテトラヒドロフランは同じ向きの双極子モーメントをもっている．一方の双極子モーメントの絶対値は 0.70 D であり，もう一方のそれは 1.73 D である．どちらが前者でどちらが後者か．

29. 第三級アミンは過酸化水素と反応して第三級アミンオキシドを生成する．

$$\underset{\text{第三級アミン}}{R-\underset{R}{\overset{R}{\underset{|}{\overset{|}{N}}}}-R} + \text{HO}-\text{OH} \longrightarrow R-\underset{\text{OH}}{\overset{R}{\underset{|}{\overset{|}{N^+}}}-R} + \text{HO}^- \longrightarrow \underset{\text{第三級アミンオキシド}}{R-\underset{O^-}{\overset{R}{\underset{|}{\overset{|}{N^+}}}}-R} + \text{H}_2\text{O}$$

第三級アミンオキシドでは Cope 脱離 (Cope elimination) と呼ばれる，Hofmann 脱離反応とよく似た反応が進行する (上巻；11.10 節参照)．この反応では，第四級アンモニウムイオンとしてよりも第三級アミンオキシドの脱離反応が進行する．アミンオキシド自身が塩基として働くので，Cope 脱離には強い塩基は必要ない．

$$\text{CH}_3\text{CH}_2\text{CH}_2\underset{\underset{O^-}{|}}{\overset{\overset{\text{CH}_3}{|}}{N^+}}\text{CHCH}_3 \ \underset{\ }{\overset{\Delta}{\longrightarrow}} \ \text{CH}_3\text{CH}=\text{CH}_2 + \underset{\underset{\text{OH}}{|}}{\overset{\overset{\text{CH}_3}{|}}{N}}\text{CHCH}_3$$

Cope 脱離反応の遷移状態は，アルケンとカルボアニオンのどちらの構造に近いか．

30. 次の第三級アミンを過酸化水素と反応させ，続いて加熱した際に得られる生成物を示せ．

   a. $\text{CH}_3\overset{\overset{\text{CH}_3}{|}}{\text{N}}\text{CH}_2\text{CH}_3$
   b. $\text{CH}_3\overset{\overset{\text{CH}_3}{|}}{\text{N}}\text{CH}_2\text{CH}_3$ (N bonded to phenyl)
   c. $\text{CH}_3\overset{\overset{\text{CH}_3}{|}}{\text{N}}\text{CHCH}_3$ (with CH₃)
   d. ピペリジン環 N-CH₃, 2-CH₃

31. ピロール，ピリジン，およびピロリジンの C-2 位の水素の化学シフトは，それぞれ，2.82 ppm, 6.42 ppm, 8.50 ppm のどれかである．それぞれの複素環と化学シフトを対応させよ．

32. アニリンがプロトン化されるとその UV スペクトルに大きな影響が見られるのに対し，ピリジンがプロトン化されてもその UV スペクトルには少しの変化しか見られないのはなぜか，説明せよ．

33. ピロール (pK_a 約 17) がアンモニア (pK_a = 36) よりはるかに強い酸であるのはなぜか，説明せよ．

$$\underset{\text{p}K_a \text{ 約 } 17}{\text{pyrrole-NH}} \rightleftharpoons \text{pyrrole-N}^- + \text{H}^+ \qquad \underset{\text{p}K_a = 36}{\text{NH}_3} \rightleftharpoons {}^-\text{NH}_2 + \text{H}^+$$

34. 次の反応の機構を示せ.

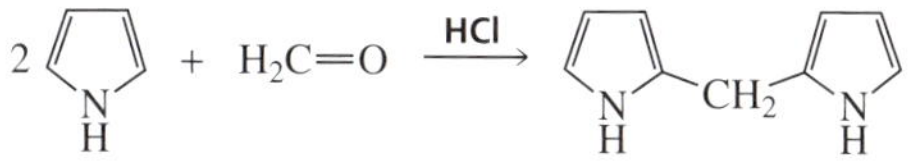

35. キノリンはベンゼン環と縮環したピリジン環をもつ複素環化合物であり，一般に Skraup 合成として知られる方法で合成される．この反応では，酸性条件下でアニリンがグリセロールと反応する．反応混合物には酸化剤としてニトロベンゼンを加える．この反応の一段階目はグリセロールの脱水であり，プロペナールが生成する.

グリセロール (glycerol)　　キノリン (quinoline)

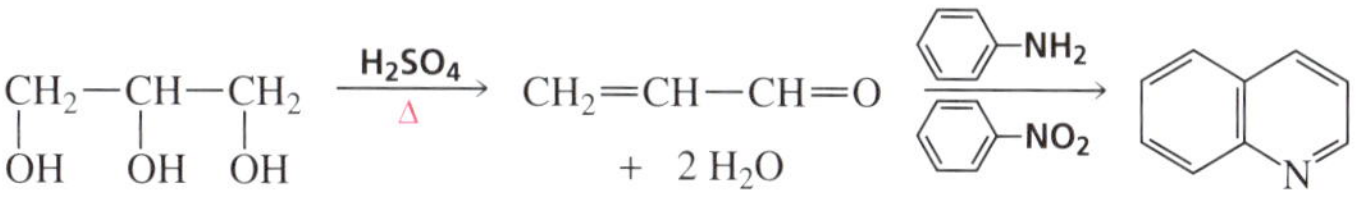

a. アニリンの代わりに *para*– エチルアニリンを使うとどのような生成物が得られるか.

b. グリセロールの代わりに 3–ヘキセン–2–オンを使うとどのような生成物が得られるか.

c. この方法で 2,7–ジエチル–3–メチルキノリンを合成するには，どのような出発物質を用いればよいか.

36. 次の反応の機構を示せ.

a.

b.

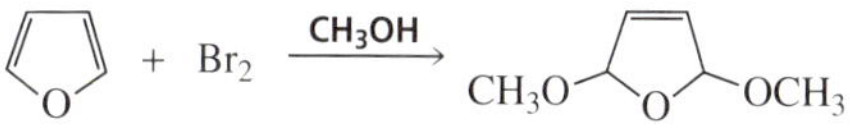

37. 次のそれぞれの反応の主生成物は何か.

a.

b.

c.

d.

e.

f.

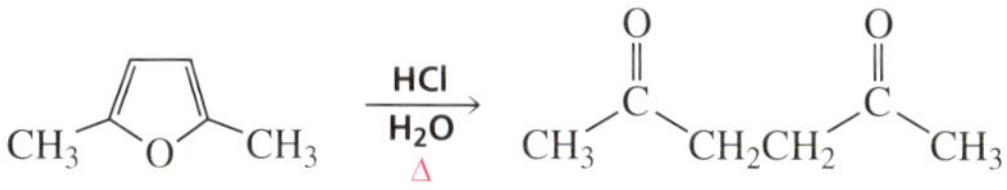

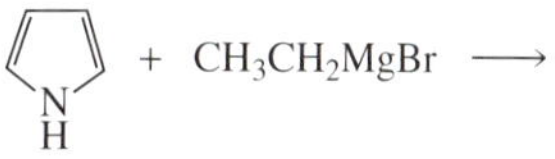

38. a. ピリジン–*N*–オキシドがピリジンよりも芳香族求電子置換反応に対して反応性が高いのはなぜか，共鳴寄与体を用いて説明せよ.

b. ピリジン–*N*–オキシドではどの位置で芳香族求電子置換反応が進行するか.

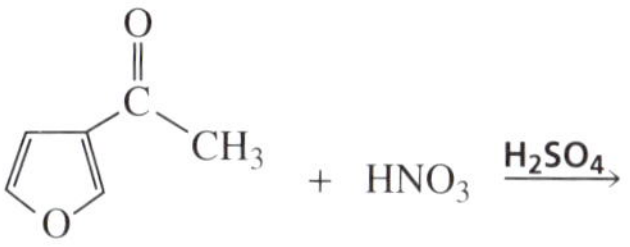

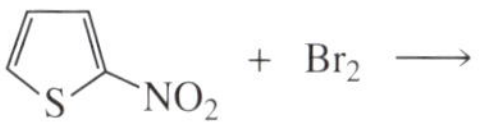

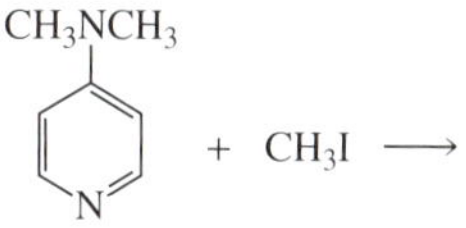

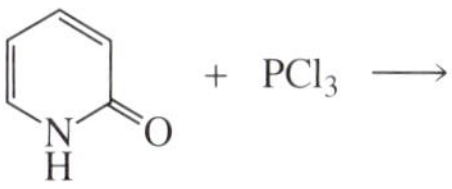

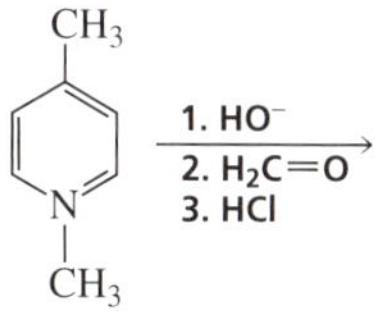

39. 次の反応の機構を示せ.

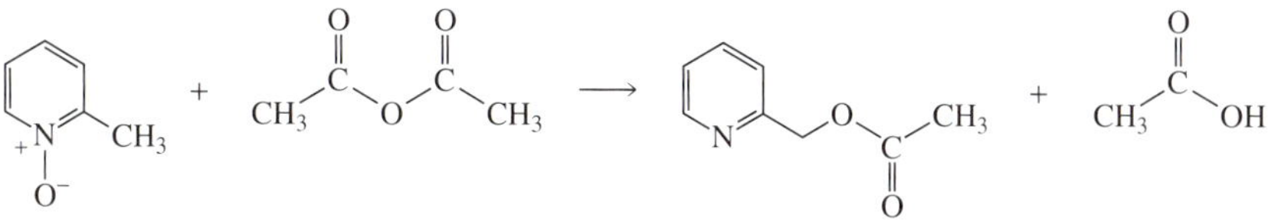

40. ピロールは過剰の *para*-(*N*,*N*-ジメチルアミノ)ベンズアルデヒドと反応して濃い色の生成物を与える．この有色の化合物の構造を書け．

41. 2-フェニルインドールは，アセトフェノンとフェニルヒドラジンとの反応によって合成され，この方法は Fischer インドール合成として知られている．この反応の機構を示せ．（ヒント：反応活性中間体はフェニルヒドラゾンのエナミン互変異性体である．）

2-フェニルインドール
(2-phenylindole)

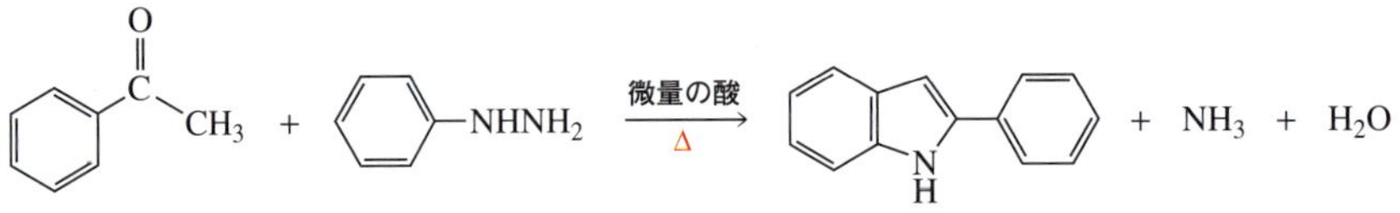

PART 7　生体有機化合物

21 章から 26 章では，生体有機化合物，つまり生体に存在する有機化合物の化学について述べる．これらの化合物の多くは，本書でこれまでに扱ってきた有機化合物より大きく，複数の官能基をもっているものが少なくない．しかし，それらの構造と反応性を支配する原理は，これまでに学んできた有機化合物に関するものと本質的に同じである．したがって，21 〜 26 章では，有機反応の知識を生体有機化合物に適用することによって，これまでに学んできた有機化学の各分野の復習をする．

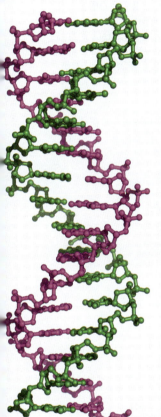

DNA

21 章　炭水化物の有機化学

21 章では，生物界に最も多量に存在する化合物群である炭水化物の有機化学を紹介する．はじめに，単糖の構造と反応について学び，次に，単糖がどのように結合して二糖や多糖を形成するかを学ぶ．また，自然界に存在する多種多様な炭水化物についても学ぶ．

22 章　アミノ酸，ペプチド，およびタンパク質の有機化学

22 章では，アミノ酸の物性を概観し，次に，アミノ酸どうしがどのように結合してペプチドやタンパク質を生成するかを見ていく．また，実験室ではどのようにしてタンパク質を合成するかを学ぶ．のちに 26 章において，この合成法と生体内でのタンパク質合成法とを比較する．また，23 章で学ぶ，酵素が化学反応を触媒するしくみを理解するために，22 章ではタンパク質の構造について学ぶ．

23 章　有機反応および酵素反応における触媒作用

23 章では，はじめに触媒の作用によって進行するさまざまな有機反応例を学ぶ．次に，酵素が細胞内で，同様の方法で有機反応を触媒する機構について述べる．

24 章　補酵素：ビタミン由来の化合物の有機化学

24 章では，特定の酵素が生物学的反応を触媒する場合に必要とする有機化合物である補酵素の化学について学ぶ．補酵素はさまざまな化学的役割を果たしている．あるものは酸化剤および還元剤として働き，あるものは電子の非局在化を促し，あるものはさらなる反応に必要な官能基を活性化し，あるものは反応に必要な優れた求核剤または強塩基を提供する．補酵素はビタミン類から誘導されるので，細胞で起こる多くの有機反応にビタミン類が必須である理由がわかるだろう．

25章　代謝の有機化学・テルペンの生合成

25章では，細胞が必要とするエネルギーや化合物を得るために行う反応について学ぶ．細胞で起こる多くの反応が，ATPの存在なくしては起こりえないことが理解できるであろう．また，テルペン類の生合成についても述べる．

26章　核酸の化学

26章ではヌクレオシド，ヌクレオチド，および核酸（DNAとRNA）の構造と化学について学ぶ．ヌクレオチドがどのように結合して核酸を形成しているのか，なぜDNAはウラシルではなくチミンをもつのか，なぜDNAにはRNAがもっている2′位のOH基が存在しないのか，また，DNAにコードされている遺伝情報はどのようにしてmRNAに転写され，タンパク質にまで翻訳されるのか．さらに，DNAの塩基配列はどのように決定されるのか．これらのことについて見ていく．

21 炭水化物の有機化学

サトウキビ畑

生体有機化合物とは，生体に見いだされる有機化合物のことである．最初に取り上げる一群の生体有機化合物は炭水化物(糖)である．炭水化物は生物界に最も多量に存在する化合物であり，地球上のバイオマスの乾燥重量の50%以上を占めている．炭水化物はすべての生命体の重要な構成要素であり，また，さまざまな異なる機能をもっている．あるものは細胞の重要な構造成分であり，あるものは細胞表面での認識部位として機能している．たとえば，私たちすべての生命誕生の最初のできごとは，精子が卵子の外表面に存在するある特定の糖鎖(炭水化物)を認識することである(受精)．別の炭水化物は代謝エネルギーの主要な源として働いている．たとえば，植物の葉，果実，種子，茎，根には炭水化物が含まれているが，それらは植物自身の代謝に使われるだけでなく，その植物を食べる動物の代謝にも利用されている．

D-グルコース

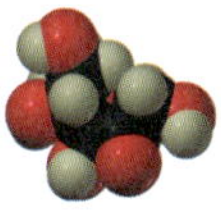

D-フルクトース

生体有機化合物(bioorganic compound)の構造はきわめて複雑であるが，それらの反応性を支配する原理は，本書でこれまでに学んできた比較的単純な有機分子のものと同じである．化学者が実験室で行う有機反応と細胞内で自然に行われている有機反応とは，多くの点で似通っている．すなわち，生体有機反応は，細胞という小さなフラスコのなかで起こっている有機反応と考えることができる．

ほとんどの生体有機化合物は，これまでに見てきた有機化合物と比べて，構造的により複雑である．しかしながら，複雑に見える構造ゆえに，それらの化学も見た目と同様に複雑であると誤解してはいけない．生体有機化合物が複雑な構造をもつ理由の一つに，それらの分子が生体において互いに認識できなければなら

1135

ないということがある．実際，生体有機化合物の多くはその目的に適合した構造をしており，その機能は**分子認識**(molecular recognition)と呼ばれる．

昔の化学者たちは，炭水化物の名称の由来となっている炭水化物が，炭素の水和物と思われる分子式 $C_n(H_2O)_n$ をもっていることに気づいていた．のちの構造研究から，これらの化合物は水分子そのものを含んでいるわけではなく，水和物ではないことが明らかとなったが，"炭水化物"という名称はそのまま残ることとなった．

現在では，グルコースのようなポリヒドロキシアルデヒドやフルクトースのようなポリヒドロキシケトン，またポリヒドロキシアルデヒドまたはポリヒドロキシケトンが結合することによって生成するスクロースのような化合物(21.15 節)を総称して**炭水化物**(carbohydrate)と呼んでいる．炭水化物の化学構造は一般的に Fischer 投影式によって表現される．グルコースもフルクトースもともに同じ $C_6(H_2O)_6$ に対応する $C_6H_{12}O_6$ の分子式をもっていることに気づこう．この分子式のため，昔の化学者はこれらを炭素の水和物と考えてしまったのである．グルコースとフルクトースの構造式において，上部の二つの炭素の構造だけが異なることに注意しよう．

> Fischer 投影式においては，水平方向の線が紙面から読者に向かって突き出ていることを思い出そう(上巻；4.6 節参照)．

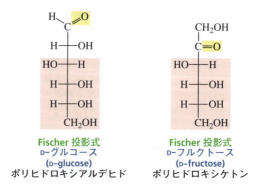

天然に最も多量に存在する炭水化物はグルコースである．動物はグルコースを含んでいる植物などを食べることによってグルコースを得ている．植物は光合成によってグルコースをつくりだす．光合成においては，植物は水を根から吸収し，空気中の二酸化炭素を利用してグルコースと酸素を合成する．光合成は，生物がエネルギーを獲得するためのプロセス，すなわち，グルコースの酸化により二酸化炭素と水を生成する反応の逆反応なので，植物は光合成を進行させるためにエネルギーを必要とする．植物はこのエネルギーを太陽光から得ている．緑色植物のクロロフィル分子が光合成に使用する光エネルギーを捕集しているのである．光合成は動物が老廃物として排出する CO_2 を使用して，動物が生きていくために必須な O_2 を生産している．地球大気に含まれる酸素のほとんどは，光合成プロセスによってつくりだされたものである．

$$C_6H_{12}O_6 + 6\,O_2 \underset{光合成}{\overset{酸化}{\rightleftharpoons}} 6\,CO_2 + 6\,H_2O$$

グルコース
(glucose)

21.1 炭水化物の分類

炭水化物，糖類(糖質)，および糖という用語はよく同義語として用いられる[†]．糖質という単語は，いくつかの古い言語において砂糖(sugar)を意味する言葉に由来している(サンスクリット語の *sarkara*，ギリシャ語の *sakcharon*，ラテン語の *saccharum*)．

単純な炭水化物(simple carbohydrate)は**単糖**(monosaccharide，単一の糖)であり，**複雑な炭水化物**(complex carbohydrate)は二つまたはそれ以上の単糖(それぞれの単糖を単糖サブユニットと呼ぶ)が互いに結合したものである．**二糖**(disaccharide)は二つの単糖サブユニットが，**オリゴ糖**(oligosaccharide，*oligos* はギリシャ語で"少数の"を意味する)は 3 〜 10 の単糖サブユニットが，また**多糖**(polysaccharide)は 10 またはそれ以上の単糖サブユニットが互いに結合したものである．二糖，オリゴ糖，および多糖は，加水分解によって単糖へ分解できる．

[†] 訳者注：文部科学省の『学術用語集（化学編）』では，saccharides を糖類，sugar を糖または砂糖としている．最近では carbohydrates, saccharides, sugars のいずれをも総称して"糖質"と呼ぶことが多い．

単糖はグルコースのようなポリヒドロキシアルデヒド構造，またはフルクトースのようなポリヒドロキシケトン構造をもっている．ポリヒドロキシアルデヒド構造のものを**アルドース**(aldose，"ald" はアルデヒドを意味し，"ose" は糖を表す接尾語)と呼び，ポリヒドロキシケトン構造のものを**ケトース**(ketose)という．

単糖はその炭素数によっても分類される．3 炭素のものを**トリオース**(triose)，4 炭素のものを**テトロース**(tetrose)，5 炭素のものを**ペントース**(pentose)，6 炭素のものを**ヘキソース**(hexose)，7 炭素のものを**ヘプトース**(heptose)と呼ぶ．したがって，グルコースのような 6 炭素からなるポリヒドロキシアルデヒドはアルドヘキソースであり，フルクトースのような 6 炭素のポリヒドロキシケトンはケトヘキソースと呼ばれる．

問題 1 ◆

次の単糖を分類せよ．

D-リボース
(D-ribose)

D-セドヘプツロース
(D-sedoheptulose)

D-マンノース
(D-mannose)

21.2 D,L 表記法

最も小さいアルドースで，例外的にその名称に "ose" という接尾語をもたない唯一のものが，アルドトリオースのグリセルアルデヒドである．

四つの異なる置換基が結合している炭素は不斉中心である.

グリセルアルデヒド
(glyceraldehyde)

グリセルアルデヒドは一つの不斉中心をもっているので，1組のエナンチオマー対が存在する．下の透視式の左側の異性体は，最も優先順位が高い置換基（OH）から次に優先順位の高い置換基（HC＝O）へ矢印を書くと時計回りとなり，かつ最も優先順位の低い置換基が破線で結合している（紙面奥を向いている）ので，R 配置である（上巻；4.7 節参照）．R および S エナンチオマーの Fischer 投影式を右側に示した.

時計回り = R 配置

(R)-(+)-グリセルアルデヒド　(S)-(−)-グリセルアルデヒド
透視式

H は水平方向にあるので反時計回り = R 配置

(R)-(+)-グリセルアルデヒド　(S)-(−)-グリセルアルデヒド
Fischer 投影式

D,L 表記法は炭水化物の立体配置を表記する場合に使用される．単糖を Fischer 投影式で書くときは，アルドースの場合であればカルボニル基が必ず1番上にくるようにし，ケトースの場合であればカルボニル基がなるべく上にくるように書く．Fishcer 投影式でガラクトースを書くと，化合物中に四つの不斉中心（C-2, C-3, C-4，および C-5）が存在することがわかる．<u>最も下に位置する不斉中心（下から2番目の炭素）に結合している OH 基が右側にあれば，その化合物は D 糖であり，その OH 基が左側にあれば，その化合物は L 糖である．</u>天然に見いだされるほとんどすべての糖は D 糖である．D 糖の鏡像体が L 糖である.

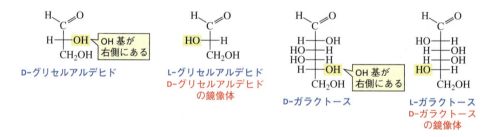

D-グリセルアルデヒド　　L-グリセルアルデヒド　　D-ガラクトース　　L-ガラクトース
　　　　　　　　　　　　D-グリセルアルデヒド　　　　　　　　　　　　D-ガラクトース
　　　　　　　　　　　　の鏡像体　　　　　　　　　　　　　　　　　　の鏡像体

OH 基が右側にある

OH 基が右側にある

単糖の慣用名はその単糖のすべての不斉中心の立体配置を示しているので，その慣用名に D または L の表示を加えることにより，単糖の絶対構造は一義的に決定される．たとえば，L-ガラクトースの絶対構造は，D-ガラクトースの<u>すべての不斉中心の立体配置を反転したものである.</u>

Emil Fischer と共同研究者たちは 19 世紀後半に炭水化物の研究を精力的に展開した．まだ化合物の立体配置を決定する技術がなかった時代である．Fischer は右旋性を示すグリセルアルデヒド（これを現在私たちは D-グリセルアルデヒドと

呼んでいる)の構造を，Rの立体配置と仮定した．彼の仮定は，のちに正しかったことがわかった．すなわち，D-グリセルアルデヒドは(R)-$(+)$-グリセルアルデヒドであり，L-グリセルアルデヒドは(S)-$(-)$-グリセルアルデヒドであったのである．

DとLは，RとSのように不斉中心の立体配置を示すものであるが，それらはその化合物が偏光の偏光面を右側($+$側)または左側($-$側)のどちらに回転するかを表すものではない(上巻；4.8節参照)．たとえば，D-グリセルアルデヒドは右旋性であるが，D-乳酸は左旋性である．すなわち，旋光度は融点や沸点と同じように化合物の物理的性質であり，一方，"R, S, D, L"は不斉中心の立体配置を記述するために，人間がつくりだした約束事を表す記号なのである．

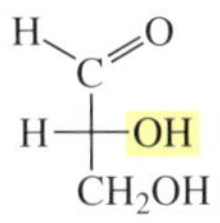

D-(+)-グリセルアルデヒド
[D-(+)-glyceraldehyde]

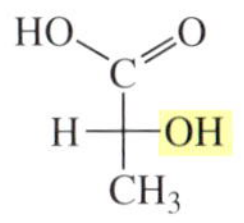

D-(−)-乳酸
[D-(−)-lactic acid]

問題 2

L-グルコースとL-フルクトースの構造をFischer投影式で書け．

問題 3 ◆

次のそれぞれの構造式はD-グリセルアルデヒドであるか，L-グリセルアルデヒドであるか．水平方向の線は紙面から手前(上)に向いている結合を表し，垂直方向の線は紙面奥(下)に向かう結合であることに注意しよう(上巻；4.6節参照)．

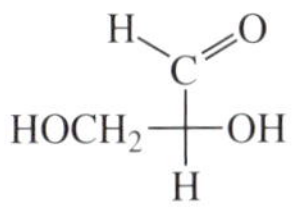

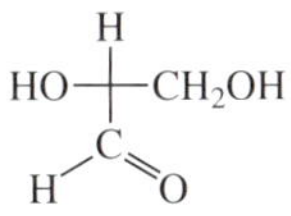

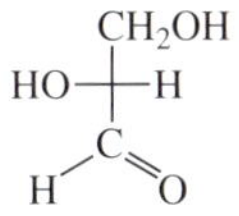

21.3 アルドースの立体配置

アルドテトロースは二つの不斉中心をもっている．したがって，4種類の立体異性体が存在しうる．立体異性体のうちの二つはD糖であり，残りの二つはL糖である．アルドテトロースであるエリトロースとトレオースの名称は，上巻の4.11節で学んだ相対立体配置を表す名称("エリトロ"と"トレオ")にも使われている．

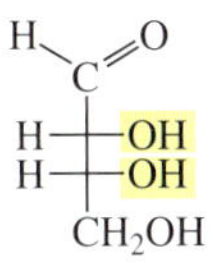

D-エリトロース
(D-erythrose)

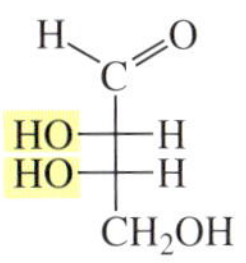

L-エリトロース
(L-erythrose)

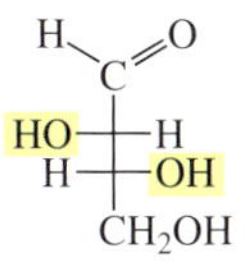

D-トレオース
(D-threose)

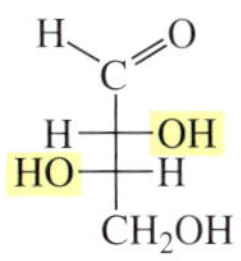

L-トレオース
(L-threose)

アルドペントースには三つの不斉中心があるので，8種類の立体異性体（4組のエナンチオマー対）が存在する．一方，アルドヘキソースは四つの不斉中心をもつので，16種類の立体異性体（8組のエナンチオマー対）が存在する．4種類のD-アルドペントースと8種類のD-アルドヘキソースの構造を表21.1に示す．

表 21.1　D-アルドースの立体配置

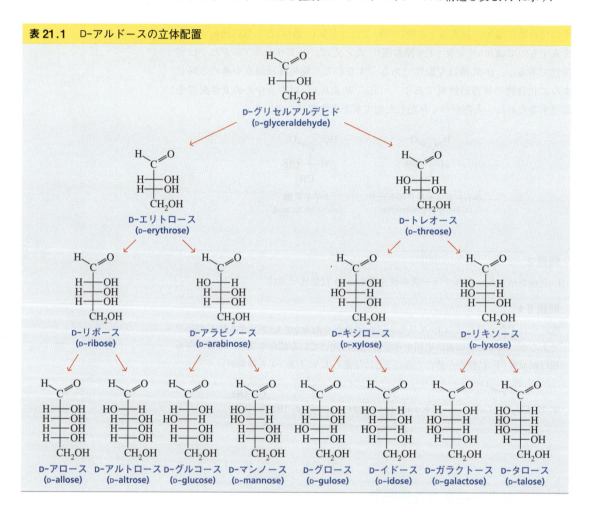

ただ一つの不斉中心の立体配置だけが異なる1組のジアステレオマーを，互いに**エピマー**（epimers）と呼ぶ．たとえば，D-リボースとD-アラビノースはC-2位の立体配置のみが異なるのでC-2位におけるエピマー対である．また，D-イドースとD-タロースはC-3位におけるエピマー対である．エピマーとは，いわば一種の特別なジアステレオマーである．（ジアステレオマーはエナンチオマーの関係にない立体異性体であることを思い出そう；上巻4.11節参照．）

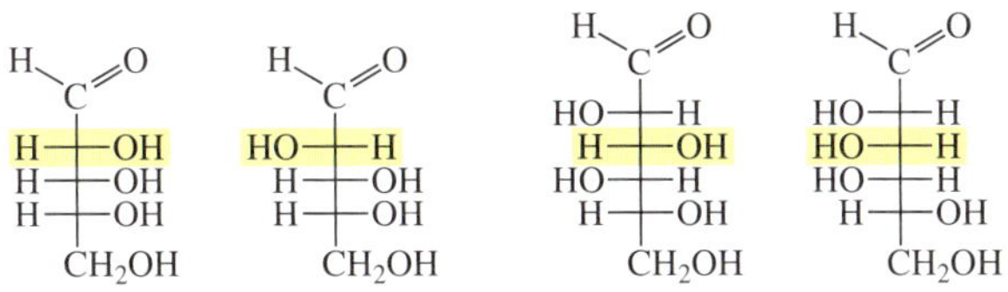

D-リボース　　D-アラビノース　　　　D-イドース　　D-タロース
　　C-2 エピマー対　　　　　　　　C-3 エピマー対

D-グルコース，D-マンノース，およびD-ガラクトースは，生体系において最もよく見いだされるアルドヘキソースである．これらの糖の構造を覚える簡単な方法は，まずD-グルコースの構造式を暗記することである．次に，D-マンノースがD-グルコースのC-2位に関するエピマーであり，D-ガラクトースはD-グルコースのC-4位のエピマーであるということを覚えればよい．

D-マンノースはD-グルコースのC-2位のエピマーである．

D-ガラクトースはD-グルコースのC-4位のエピマーである．

ジアステレオマーはエナンチオマーの関係にはない立体異性体である．

問題 4 ◆
a. D-エリトロースとL-エリトロースはエナンチオマー対か，あるいはジアステレオマー対か．
b. L-エリトロースとL-トレオースはエナンチオマー対か，あるいはジアステレオマー対か．

問題 5 ◆
a. D-キシロースのC-3位のエピマーはどのような糖か．
b. D-アロースのC-5位のエピマーはどのような糖か．
c. L-グロースのC-4位のエピマーはどのような糖か．
d. D-リキソースのC-4位のエピマーはどのような糖か．

問題 6 ◆
次の化合物のIUPAC（体系）名は何か．また，それぞれの不斉中心の立体配置（RかSか）を示せ．
a. D-グルコース　　b. D-マンノース　　c. D-ガラクトース　　d. L-グルコース

21.4 ケトースの立体配置

天然に存在するケトースの構造式を表21.2に示す．これらはすべて2位にケトン基をもっている．ケトースは炭素数が同じアルドースよりも，不斉中心が一つ少ない．したがって，ケトースの立体異性体の数は，炭素数が同じアルドースの立体異性体の半分ということになる．

問題 7 ◆
D-フルクトースのC-3位のエピマーはどのような糖か．

問題 8 ◆
次の化合物には何種類の立体異性体が存在するか．
a. ケトヘプトース　　b. アルドヘプトース　　c. ケトトリオース

表 21.2　D-ケトースの立体配置

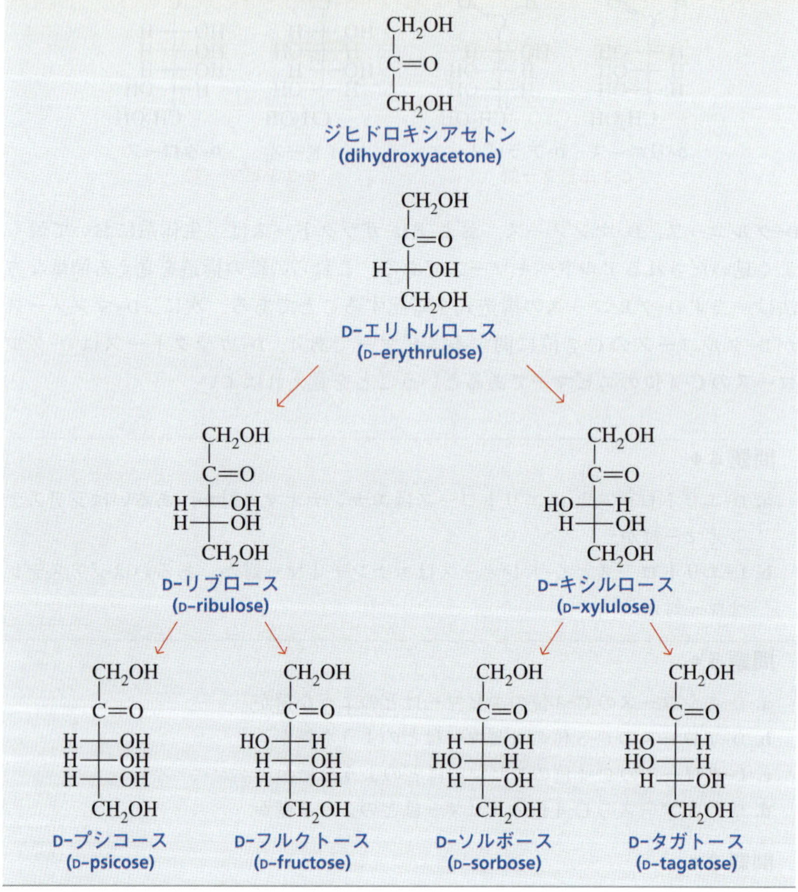

```
            CH2OH
            |
            C=O
            |
            CH2OH
     ジヒドロキシアセトン
     (dihydroxyacetone)

            CH2OH
            |
            C=O
            |
         H—OH
            |
            CH2OH
       D-エリトルロース
       (D-erythrulose)
```

D-リブロース (D-ribulose), D-キシルロース (D-xylulose)

D-プシコース (D-psicose), D-フルクトース (D-fructose), D-ソルボース (D-sorbose), D-タガトース (D-tagatose)

21.5　塩基性溶液中での単糖の反応

単糖は塩基性溶液中でポリヒドロキシアルデヒドとポリヒドロキシケトンの混合物に変化する．塩基性溶液中で D-グルコースにどのようなことが起こっているかを見ていこう．最初に起こるのは C-2 位エピマーへの変換である．

塩基性触媒による単糖のエピマー化の反応機構

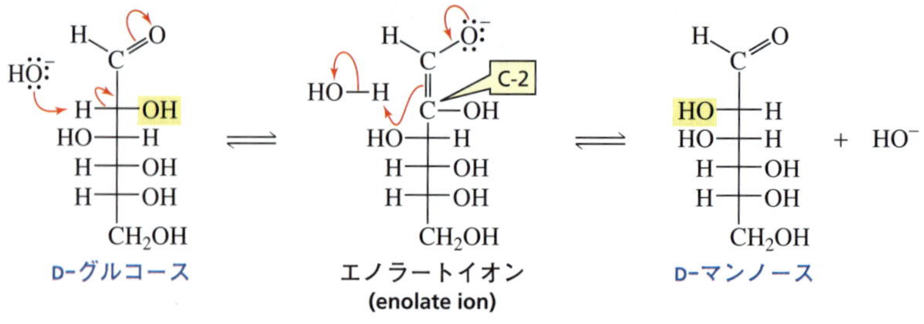

D-グルコース ⇌ エノラートイオン (enolate ion) ⇌ D-マンノース + HO⁻

- 塩基が α 炭素からプロトンを引き抜き，エノラートイオンが生成する（18.3 節

参照).エノラートイオンにおいては,C-2 位はもはや不斉中心ではないことに注目しよう.
- C-2 位が再プロトン化するとき,プロトンは平面構造である sp^2 炭素の上面または下面から結合し,D-グルコースと D-マンノースの両方が生成する(C-2 位エピマー対).

この反応によりエピマー対が生じるので,この反応はエピマー化と呼ばれる.**エピマー化**(epimerization)は,炭素上のプロトンの引き抜きと再結合により,その炭素の立体配置を変化させる.

塩基性溶液中において,D-グルコースは C-2 位のエピマーを生じるだけでなく,**エンジオール転位**(enediol rearrangement)も起こし,D-フルクトースとほかのケトヘキソース類が生成する.

塩基性触媒による単糖のエンジオール転位の反応機構

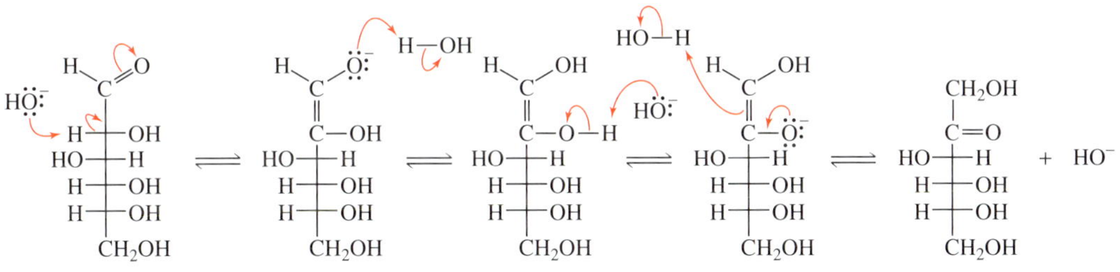

- 塩基が α 炭素からプロトンを引き抜き,エノラートイオンが生成する.
- エノラートイオンがプロトン化され,エンジオールが生じる.
- エンジオールにはカルボニル基を生成しうる OH 基が 2 個存在する.C-1 位の OH 基の互変異性化(先に示した塩基性触媒による D-グルコースのエピマー化を見よ)により D-グルコースが再生するか,または D-マンノースが生成する.一方,C-2 位の OH 基の互変異性化で D-フルクトースが生成する.

D-フルクトースの C-3 位のプロトンが塩基により引き抜かれると,新たなエンジオール転位が起こり,エンジオールの互変異性化によりカルボニル基を C-2 位または C-3 位にもつケトースが生成する.したがって,カルボニル基は炭素鎖上を上下に移動できるようになる.

> 塩基性溶液中では,アルドースは C-2 位エピマーと 1 種類またはより多くの種類のケトースを生成する.

問題 9
エンジオール転位により,フルクトースのカルボニル炭素が C-2 位から C-3 位にどのように移動するか示せ.

問題 10
塩基触媒存在下,D-フルクトースが D-グルコースと D-マンノースに異性化する反応機構を示せ.

問題 11◆

D-タガトースに塩基性水溶液を加えたところ，単糖の平衡混合物が得られた．そのうち二つはアルドヘキソースであり，ほかの二つはケトヘキソースであった．生じたアルドヘキソースとケトヘキソースは何か．

21.6 単糖の酸化-還元反応

単糖は官能基としてアルコールとアルデヒド，またはケトンをもっているので，単糖の反応は，アルコール，アルデヒド，およびケトンの反応についてこれまで学んできたことの延長である．たとえば，単糖に存在するアルデヒド基は酸化または還元することができ，また求核剤と反応してイミン，ヘミアセタール，およびアセタールを生成する．この節やこのあとの節では，同様の反応を単純な有機化合物で議論した節の番号を参照している．その節に戻って以前の議論をもう一度確認すれば，炭水化物についての理解がより深まるであろう．

還 元

アルドースとケトースのカルボニル基は，$NaBH_4$（17.7 節参照）によって還元することができる．還元反応の生成物は**アルジトール**（alditol）と呼ばれるポリアルコールである．一つのアルドースを還元すると，1 種類のアルジトールが生成する．たとえば，D-マンノースを還元すると D-マンニトールが得られる．D-マンニトールはキノコ，オリーブ，タマネギなどに含まれるアルジトールである．

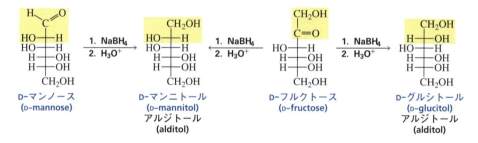

一つのケトースを還元すると，反応により生成物中に新たに不斉中心が生じるので，2 種類のアルジトールが生成する．たとえば，D-フルクトースを還元すると，D-マンニトールとその C-2 位のエピマーである D-グルシトールが得られる．D-グルシトールはソルビトールとも呼ばれ，ショ糖の約 60% の甘味をもっている．これはプラム，洋ナシ，サクランボ，イチゴなどに含まれており，キャンディーをつくるときに砂糖の代用品として使われている．D-グルシトールが砂糖の代わりに使われる理由については，1166 ページで述べる．

問題 12◆

次の化合物を還元したときに得られる生成物は何か．
 a. D-イドース　　　 b. D-ソルボース

問題 13◆

a. ある単糖を還元したところ，次に示した単糖の還元生成物のみを生成した．ある単糖(示した単糖を除く)とは何か．

1. D-タロース 2. D-グルコース 3. D-ガラクトース

b. ある単糖を還元したところ，2種類のアルジトールが生じた．そのうちの一つは次に示した単糖の還元生成物と同じものであった．ある単糖とは何か．

1. D-タロース 2. D-アロース

酸化

Br_2 水溶液を加えたときの溶液の色の変化を見れば，アルドースとケトースを区別することができる．Br_2 は温和な酸化剤であり，容易にアルデヒド基を酸化するが，ケトンやアルコールを酸化できない．したがって，少量の Br_2 水溶液をある単糖に加えたとき，もしその単糖がアルドースならば，Br_2 の赤褐色は消えるであろう．なぜならば Br_2 は Br^- に還元され，Br^- は無色だからである．一方，赤褐色がついたままであれば，Br_2 とは反応しないことを示しているので，その単糖はケトースである．このアルドースの酸化反応で生成する化合物を**アルドン酸**(aldonic acid)という．

D-グルコース (D-glucose) + Br_2 (赤褐色) $\xrightarrow{H_2O}$ D-グルコン酸 (D-gluconic acid) アルドン酸 (aldonic acid) + 2 Br^- (無色)

アルドースとケトースはともに Tollens 試薬(Ag^+, NH_3, HO^-)で酸化され，アルドン酸を与える．したがって，Tollens 試薬ではアルドースとケトースを区別することができない．Tollens 試薬はアルデヒド基のみを酸化する．しかしながら，酸化反応を塩基性条件下で行うと，ケトースはエンジオール転位(21.5節)によりアルドースへ変換される．次いで，生じたアルドースが Tollens 試薬により酸化される．

ケトース ⇌ アルドース $\xrightarrow{Ag^+, NH_3, HO^-}$ カルボキシラートイオン

硝酸(HNO_3)の希薄溶液は Br_2 や Tollens 試薬よりも強い酸化剤であり，アルデヒド基だけでなく，第一級アルコールも酸化する．ただし，第二級アルコールは酸化しない．アルドースのアルデヒド基と第一級アルコール基の両方が酸化されたときに得られる生成物を**アルダル酸**(aldaric acid)という．

アルドン酸(aldonic acid)では糖の末端の一方が酸化されている(<u>one</u> end is oxidized).

アルダル酸(aldaric acid)では糖の末端の両方ともが酸化されている(both ends <u>are</u> oxidized).

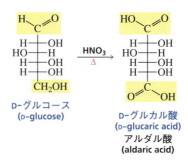

問題 14◆
a. D-グルコース以外のアルドヘキソースで,硝酸により酸化されて D-グルカル酸を与えるものは何か.
b. D-グルカル酸のもう一つの名称は何か.
c. 酸化により同一のアルダル酸を与える,もう一つのアルドヘキソースの対は何か.

21.7 炭素鎖の伸長:Kiliani–Fischer 合成

アルドースの炭素鎖は改良 Kiliani-Fischer 合成(modified Kiliani-Fischer synthesis)により1炭素増やすことができる.したがって,テトロースをペントースへ,ペントースをヘキソースへ変換することができる.

改良 Kiliani-Fisher 合成法の工程

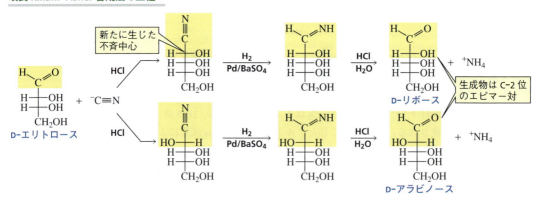

- 一段階目は,シアン化水素のカルボニル基への付加である(17.6 節参照).この反応により,出発物質に存在するカルボニル炭素が不斉中心に変換される.この結果,C-2 位の立体配置のみが異なる2種類の生成物が生じることになる.この反応の過程では不斉中心が関係する結合の開裂はまったく起こらないので,ほかの不斉中心の立体配置は変化しない.

- C≡N 結合は,やや活性を落としたパラジウム触媒を用いれば,イミンへ還元することができる.この触媒を使用すると,イミンのアミンへのさらなる還元は進行しない(上巻;7.9 節参照).

- 二つのイミンは,加水分解により2種類のアルドースを生成する(17.10節参照).

改良 Kiliani-Fischer 合成では,C-2 位のエピマー対が得られることに留意しよう.このエピマー対は等量ずつ生成するわけではない.なぜなら,この反応の最初の工程はジアステレオマー対を与えるが,それぞれのジアステレオマーの生成量は一般に異なるからである(上巻;6.15節参照).

問題 15◆

次の単糖を出発物質として改良 Kiliani-Fischer 合成を行ったとき,どんな単糖が生成するか.
  a. D-キシロース   **b.** L-トレオース

改良 Kiliani-Fischer 合成によって C-2 位のエピマー対が生成する.

21.8 炭素鎖の短縮:Wohl 分解

Kiliani-Fischer 合成の逆反応にあたる **Wohl 分解**(Wohl degradation)はアルドース鎖を 1 炭素だけ短くする.すなわち,ヘキソースはペントースに,ペントースはテトロースに変換される.

Wohl 分解の工程

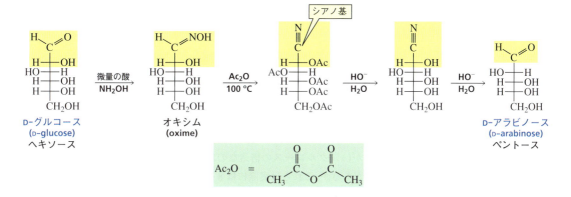

- 反応の一段階目ではアルデヒドがヒドロキシルアミンと反応してオキシムを生成する(17.10 節参照)
- 無水酢酸と加熱することによりオキシムの脱水反応が起こり,ニトリルが生成する.このとき,すべての OH 基は無水酢酸と反応することによりエステルへ変換される(16.20 節参照).
- 塩基性水溶液で処理することにより,すべてのエステル基は加水分解され,かつシアノ基の脱離が起こる(16.11 節と 17.6 節参照).

🧪 糖尿病患者の血糖値の測定

グルコースはヘモグロビン中の NH_2 基と反応してイミンを生成し(17.10 節参照),続いて非可逆的な転位反応を起こして,ヘモグロビン A_{1c} として知られている,より安定な α-アミノケトンへと変換される.

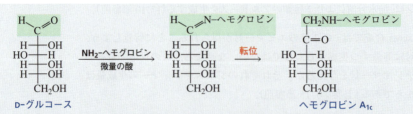

インスリンは血中のグルコース濃度，つまり，ヘモグロビン A_{1c} の量を調節するホルモンである．糖尿病は，生体が十分な量のインスリンを生産できないか，生産されたインスリンが適切に機能しない場合に発症する．治療を受けていない糖尿病患者の血中のグルコース濃度は高く，ヘモグロビン A_{1c} の濃度も，糖尿病でない人に比べると高くなっている．したがって，ヘモグロビン A_{1c} の濃度を測定することにより，糖尿病患者の血糖値が制御されているか否かがわかる．

白内障は糖尿病の合併症の一つであるが，眼球レンズ中のタンパク質の NH_2 基がグルコースと反応することによって引き起こされる．老人によく見られる動脈硬化も，同様にグルコースとタンパク質中の NH_2 基との反応に起因するものと考えられている．

問題 16◆

Wohl 分解することにより次の糖を与える単糖をそれぞれ 2 種類ずつ示せ．
a. D-リボース　　　　**b.** D-アラビノース　　　　**c.** L-リボース

21.9　グルコースの立体化学：Fischer の証明

1891 年，Emil Fischer により行われたグルコースの立体化学の決定法は，優れた推論の例である．彼は(+)-グルコースを研究対象に選んだが，これは(+)-グルコースが天然では最もありふれた単糖であったからである．

Fischer は(+)-グルコースがアルドヘキソースであることは知っていた．しかし，アルドヘキソースについては 16 の異なる構造式を書くことができる．そのうちのどれが(+)-グルコースの構造なのだろうか．アルドヘキソースには 16 の立体異性体があるが，これらは実際には 8 組のエナンチオマー対である．したがって，片方のエナンチオマーの組に存在する 8 種類の化合物の構造が決定できれば，これらの構造は自動的に決定される．すなわち，Fischer は 8 種類の組合せのみを考えればよいということになる．彼はまず，この 8 種類の立体異性体は C-5 位の OH 基が Fischer 投影式で右側を向いていると考えた (現在では D-アルドースと呼ばれるここに示した立体異性体)．これらの異性体のうちの一つが(+)-グルコースであり，その鏡像体が(-)-グルコースである．

21.9 グルコースの立体化学：Fischer の証明

Fischer はグルコースの立体化学を決定するために，次の手順を踏んだ．すなわち，グルコースのそれぞれの不斉中心の立体配置を決定していったのである．

1. (−)-アラビノースとして知られていた糖に Kiliani-Fischer 合成を行うと，(+)-グルコースと(+)-マンノースの2種類の糖が得られた．このことは，(+)-グルコースと(+)-マンノースが C−2 位のエピマー対であることを示している．したがって，(+)-グルコースと(+)-マンノースは，糖 1 と 2, 3 と 4, 5 と 6, または 7 と 8 の 4 組のうちのどれか 1 組であることになる．

2. (+)-グルコースと(+)-マンノースはともに硝酸により酸化され，光学活性なアルダル酸に変換される．糖 1 と 7 から得られるアルダル酸は対称面をもっているので光学活性ではない（上巻の 4.13 節で学んだように，分子内に対称面を有する化合物はアキラルである）．よって糖 1 と 7 は候補から外れることになり，(+)-グルコースと(+)-マンノースは，糖 3 と 4，または 5 と 6 のどちらかの組となる．

3. (−)-アラビノースの Kiliani-Fischer 合成により得られた生成物が(+)-グルコースと(+)-マンノースであったことから，Fischer は次のような結論を得た．すなわち，(−)-アラビノースがここに示した左の構造をもつ場合には，(+)-グルコースと(+)-マンノースは糖 3, 4 の組となる．一方，(−)-アラビノースがここに示した右の構造をもつ場合には，(+)-グルコースと(+)-マンノースは糖 5, 6 の組である．

(+)-グルコースと(+)-マンノースが
糖 3 と 4 と仮定した場合の
(−)-アラビノースの構造式

(+)-グルコースと(+)-マンノースが
糖 5 と 6 と仮定した場合の
(−)-アラビノースの構造式

(−)-アラビノースを硝酸で酸化したところ，光学活性なアルダル酸が生成した．この事実は生じたアルダル酸が分子内に対称面をもっていないことを意味する．上に示した右の構造をもつ糖のアルダル酸は対称面をもっているので，(−)-アラビノースは上に示した左の構造をもつに違いない．よって，(+)-グルコースと(+)-マンノースは，糖 3 と 4 の組である．

4. 最後に残された唯一の問題は，(+)-グルコースが糖 3 なのか糖 4 なのかということである．この答えを得るためには，Fischer はアルドヘキソースに存在するアルデヒド基と第一級アルコール基を相互に変換するための，化学的手法を開発しなければならなかった．(+)-グルコースとして知られている糖のこれらの基を化学的に相互変換したところ，もとの(+)-グルコースとは異なるアルドヘキソースが得られた．一方，(+)-マンノースにも同様に化学的な変換を行ったところ，今度はもとと同じ(+)-マンノースが得られた．これらの実験結果から，Fischer は，(+)-グルコースは糖 3 であると

Emil Fischer (1852〜1919) はドイツのケルン近くの村で生まれた．商人として成功した父親は息子が家業を継ぐことを望んでいたが，彼はそれには従わず，化学者となった．エルランゲン，ウルツブルグ，ベルリンの各大学の化学の教授を歴任し，1902年，糖に関する研究でノーベル化学賞を受賞した．第一次世界大戦中にはドイツの化学産業を組織化した．3人の息子のうち2人をこの戦争で亡くしている．

結論づけた．なぜなら，糖 3 のアルデヒド基と第一級アルコール基の相互変換は，もとの糖とは異なる糖（L-グロース）を与えたからである．

（+）-グルコースが糖 3 の構造をもっているのであれば，（+）-マンノースは糖 4 に違いない．構造式からわかるように，糖 4 においてアルデヒド基とヒドロキシメチル基を互いに入れかえても，得られるのはもとと同じ糖 4 である．

　同様な論理を用いて，Fischer はほかのアルドヘキソース類の立体構造を決定した．1902 年，Fischer はこの業績によりノーベル化学賞を受賞した．（+）-グルコースは D 糖であるという彼の最初の推論は，1951 年になって X 線構造解析と現在は異常分散として知られている新しい技法により正しかったことが証明され，Fischer の決定したすべての構造式は正しいことがわかった．もし彼が（+）-グルコースは L 糖であるという間違った推理をしていたとしても，Fischer がアルドースの立体化学解明に果たした貢献の重要さに変わりはない．ただ，彼が決定した立体構造すべてが，そのエナンチオマーに変わることになったであろうが．

🧪 グルコースとデキストロース

André Dumas は，ハチミツとブドウから得られた甘い化合物の名称として，1838 年にグルコースという用語を最初に用いた．その後，Kekulé（上巻；8.1 節参照）は，その化合物が右旋性（dextrorotatory）を示すことから，デキストロースと呼ばれるべきであると主張した．Fischer は糖の研究を行っているとき，グルコースという名称を用い，Fischer 以降，化学者はグルコースと呼ぶようになった．まれに食品のラベルにデキストロースと記載されることがある．

問題 17（解答あり）

アルドペントース C に Kilani–Fischer 合成を行うと，アルドヘキソース A と B が得られた．A を硝酸によって酸化すると光学活性なアルダル酸が生じ，B を同様

に酸化すると光学不活性なアルダル酸が生じ，**C**の酸化では光学活性なアルダル酸が生じた．**C**を Wohl 分解すると **D** が生じ，**D** を硝酸で酸化すると光学活性なアルダル酸が生成する．**D** を Wohl 分解すると (+)-グリセルアルデヒドが生成する．**A**，**B**，**C**，および **D** を同定せよ．

解答 これは，最後からさかのぼって解くべき種類の問題である．**D** は，分解反応により (+)-グリセルアルデヒドを生じるから，Fischer 投影式で 1 番下の不斉中心は右側を向いた OH 基をもっている．**D** は酸化されると光学活性なアルダル酸を生じるから，D-トレオースである．**C** の Wohl 分解で **D** を生じることから，**C** と **D** の Fischer 投影式で下から二つ目の不斉中心は，同じ立体配置をもっていることがわかる．**C** の硝酸による酸化は光学活性なアルダル酸を与えるから，**C** は D-リキソースである．したがって，**A** と **B** は D-ガラクトースと D-タロースである．**A** の硝酸による酸化は光学活性なアルダル酸を与えるから，**A** は D-タロースで，**B** は D-ガラクトースである．

問題 18◆

問題 17 で，**D** が硝酸による酸化で，光学不活性なアルダル酸を与え，**A**，**B**，および **C** の酸化によってそれぞれ光学活性なアルダル酸が生じ，また **A** のアルデヒド基とアルコール基の相互変換によって **A** とは異なる糖が生じたとする．この場合の **A**，**B**，**C**，および **D** を同定せよ．

21.10 単糖は環状ヘミアセタールを生成する

D-グルコースは三つの異なる形状で存在する．一つはここまで扱ってきた直鎖状の D-グルコースであり，ほかの二つは α-D-グルコースおよび β-D-グルコースと呼ばれる環状構造をもつものである．これら二つの環状構造をもつグルコースはそれぞれ異なる融点と異なる比旋光度(上巻：4.8 節参照)をもっており，互いに異なる化合物である．

D-グルコースはどのようにして環状構造をとるのであろうか．17.12 節で学んだように，アルデヒドはアルコールと反応し，ヘミアセタールを生成する．D-グルコースの C-5 位のアルコール基がアルデヒド基と反応すると，二つの環状ヘミアセタール(六員環構造)を生じる．

C-5 位の OH 基がアルデヒド基を攻撃する適当な空間配置をとることができることを理解するためには，D-グルコースの Fischer 投影式を平面環状構造式へ変換する必要がある．この変換を行うには，まず第一級アルコール基を左奥に，かつ上向きに書く．次に，Fischer 投影式で右向きに存在する基は平面環状構造式においては下向きに，Fischer 投影式で左向きに存在する基は平面環状構造式においては上向きに書く．

Fischer 投影式で右向きに位置する置換基は，Haworth 投影式では下向きとなる．

Fischer 投影式で左向きに位置する置換基は，Haworth 投影式では上向きとなる．

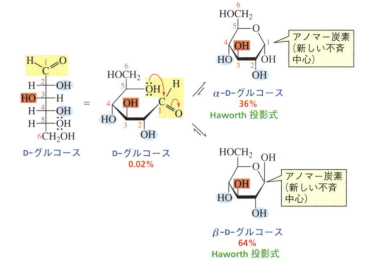

　ここに示した環状ヘミアセタールは Haworth 投影式で書いてある．**Haworth 投影式**(Haworth projection)においては，六員環は平面に書き，C-2—C-3 結合が紙面の手前にあるように配置する．環内酸素原子は常に紙面奥の右側の角に，C-1 位の炭素は右側に位置させる．また，C-5 位炭素に結合した第一級アルコール基は紙面奥の左側の角の炭素(C-5)から上向きに伸びている結合上に書く．

　直鎖状アルデヒドのカルボニル炭素は，環状ヘミアセタールにおいては新たな不斉中心となるので，二つの異なる環状ヘミアセタールが生成する．新たに生じる不斉中心に結合している OH 基が下を向いていれば(C-5 位の第一級アルコール基に対してトランスであれば)，そのヘミアセタールはα-D-グルコースである．OH 基が上を向いていれば(C-5 位の第一級アルコール基に対してシスであれば)，それはβ-D-グルコースである．環状ヘミアセタールが生成する機構は，アルデヒドをもった化合物とアルコールをもった別の化合物が 2 分子でヘミアセタールを生じる機構とまったく同じである(17.12 節参照)．

　α-D-グルコースとβ-D-グルコースは互いにアノマーの関係にある．**アノマー**(anomers)とは，直鎖状のときにカルボニル炭素であった炭素上の立体配置のみが異なる 2 種類の糖のことであり，この炭素を**アノマー炭素**(anomeric carbon)と呼ぶ．接頭語のαやβは，アノマー炭素の立体配置を示している．アノマーはエピマーと同様に，一つの炭素の立体配置だけが異なるもので，ジアステレオマーの特殊な例である．アノマー炭素は糖分子中で二つの酸素原子と結合している唯一の炭素であることに注目しよう．

水溶液中では，直鎖状の D-グルコースは，2 種類の環状ヘミアセタール化合物と平衡にある．この場合，直鎖状のヘミアセタールと異なり，環形成の方向に平衡が偏っており，直鎖状化合物として存在する割合は非常に小さい(約 0.02％)．直鎖状で，遊離のアルデヒドをもっている糖の存在比率は小さいが，それでも糖は，前節までに述べてきたアルデヒド基の存在に由来する数々の反応(酸化,還元,およびイミンの生成など)を起こす．これは反応剤が，少量存在している直鎖状のアルデヒドと反応するからである．反応によりアルデヒド基をもつ直鎖状の糖が消費されると，平衡がずれて，新たな直鎖状のアルデヒドが生成し，これはさらに反応を起こす．結果として直鎖状構造を経由し，すべてのグルコース分子がこれらの反応剤と反応することになる．

純粋な α-D-グルコースの結晶を水に溶解すると，比旋光度の値は ＋112.2 から ＋52.7 へ徐々に変化する．純粋な β-D-グルコースの結晶を同様に水に溶解した場合，比旋光度は ＋18.7 から ＋52.7 へゆっくり変化していく．水中でヘミアセタールの環が開いて直鎖状アルデヒドへ変化し，次いで再閉環するが，この段階で α-D-グルコースと β-D-グルコースの両方が生じることによってこの旋光度の変化は起こる．やがて 3 種類のグルコースは平衡濃度に達し，平衡状態においては，β-D-グルコース(64％)が α-D-グルコース(36％)の約 2 倍量存在している．このときの平衡混合物の比旋光度は ＋52.7 を示す．これが，純粋な α-D-グルコースまたは β-D-グルコース，または両方の混合物を水に溶解させても，最終的な比旋光度の値が同じになる理由である．旋光度の値が徐々に変化して平衡値に達する現象は，**変旋光**(mutarotation)と呼ばれている．

アルドースが五員環または六員環の構造をとれる場合，溶液中では，ほとんど環状ヘミアセタールとして存在する．五員環と六員環のどちらが生じるかは，それらの構造の相対的な安定性により決まる．D-リボースは五員環構造のヘミアセタールを生成するアルドースの例であり，α-D-リボースと β-D-リボースとなる．Haworth 投影式で五員環構造の糖を表現する場合，C-2—C-3 結合が紙面の手前にあるように配置し，環内酸素原子は読者から紙面奥に位置させる．アノマー炭素は分子の右側に，第一級アルコール基は左側の角の炭素から上向きに書く．この場合も，アノマー炭素は分子中で二つの酸素原子と結合している唯一の炭素であることに注目しよう．

六員環構造の糖を**ピラノース**(pyranose)と呼び，五員環構造の糖を**フラノース**(furanose)と呼ぶ．これらの名称は，ピランとフランといった環状エーテルの名称に由来している(ピランとフランの構造を欄外に示した)．したがって，α-D-グルコースは α-D-グルコピラノースと呼ばれ，同様に α-D-リボースは α-D-リボフラノースと呼ばれる．接頭語 "α" はアノマー炭素の立体配置を示し，ピラ

ピラン
(pyran)

フラン
(furan)

ノースやフラノースは環の大きさを示している.

α-D-グルコース
α-D-グルコピラノース

α-D-リボース
α-D-リボフラノース

ケトースも溶液中ではおもに環状構造をとる.たとえばD-フルクトースは，C-5位のOH基がケトンカルボニル基と反応して，五員環のヘミケタール構造を形成する.新たに生じた不斉中心のOH基が第一級アルコール基に対してトランス位にあれば，その化合物はα-D-フルクトフラノースであり，OH基が第一級アルコール基に対してシス位にあれば，その化合物はβ-D-フルクトフラノースである.アノマー炭素がアルドースとは異なり，C-1位ではなくC-2位であるということに注意しよう.

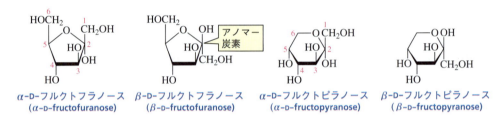

α-D-フルクトフラノース
(α-D-fructofuranose)

β-D-フルクトフラノース
(β-D-fructofuranose)

α-D-フルクトピラノース
(α-D-fructopyranose)

β-D-フルクトピラノース
(β-D-fructopyranose)

D-フルクトースはC-6位のOH基を使えば，六員環構造を形成することもできる.このピラノース構造はフルクトースが単糖として存在する場合に優先する構造であり，一方，二糖類の構成ユニットとして存在する場合は，フラノース構造が優先する(1164ページのスクロースの構造を見よ).

Haworth投影式は，環上のOH基が互いにシスであるかトランスであるかを容易に判断することができるので便利である.五員環は一般に平面に近い構造をもっているので，フラノースはHaworth投影式によってかなり正確に表現される.しかし，ピラノース類においては，Haworth投影式は構造上の誤解を与えることになる.なぜなら，六員環は実際には平面構造をとるわけではなく，一般的にいす形配座をとって存在するからである(上巻；3.12節参照).

問題19(解答あり)

4-ヒドロキシアルデヒドと5-ヒドロキシアルデヒドはおもに環状ヘミアセタール構造で存在する.次のそれぞれの化合物から生じる環状ヘミアセタールの構造を示せ.

a. 4-ヒドロキシブタナール　　**b.** 4-ヒドロキシペンタナール
c. 5-ヒドロキシペンタナール　**d.** 4-ヒドロキシヘプタナール

19a の解答　反応物の構造を，アルコール基とカルボニル基がともに分子の同じ側に向くようにして書く.次いでどのような大きさの環が生じるかを確認する.

反応物のカルボニル炭素は環を形成した生成物においては，新たな不斉中心となるので，2 種類の環状生成物が得られる.

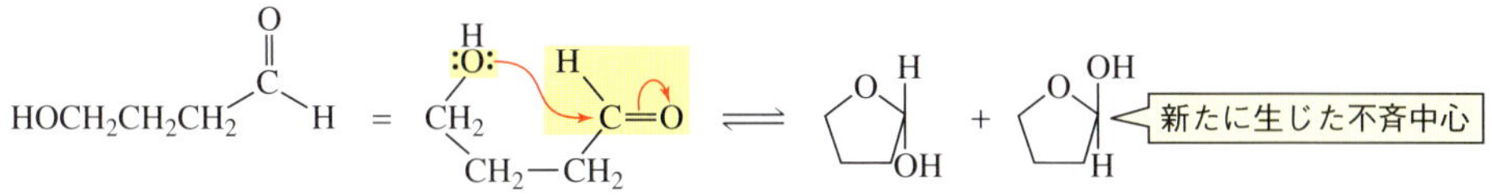

> **問題 20**
> 次の糖を Haworth 投影式で書け.
> **a.** β-D-ガラクトピラノース **b.** α-D-タガトピラノース
> **c.** α-L-グルコピラノース

> **問題 21**
> D-グルコースはおもにピラノースとして存在している．しかし，フラノースとして存在することもできる．α-D-グルコフラノースの Haworth 投影式を書け.

> **問題 22 ◆**
> D-エリトロフラノースの 2 種類のアノマーの構造を書け.

21.11 グルコースは最も安定なアルドヘキソースである

　グルコースをいす形配座で書いてみると，これがなぜ自然界に最も普遍的に存在するアルドヘキソースであるかがわかる．D-グルコースの Haworth 投影式をいす形配座に変換するためには，次の手順を踏めばよい．まず，いすの背の部分が左側に，足のせ部分が右側にくるようにいす形を書く．次に，環内酸素原子を紙面奥の右側角に置き，第一級アルコール基をエクアトリアル位に配置する．第一級アルコール基は置換基のなかで最も立体的に大きく，大きい置換基はエクアトリアル位に存在するほうが，その立体ひずみが小さくなりより安定となる（上巻；3.13 節参照）．

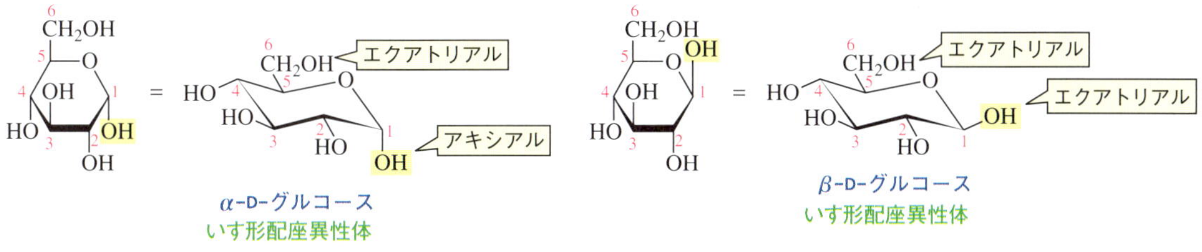

　C-4 位の炭素に結合している OH 基は，第一級アルコール基とトランスの関係にある（このことは Haworth 投影式を見ると簡単に理解できる）ので，C-4 位の OH 基もまたエクアトリアル位に位置する．（上巻の 3.14 節で学んだように，1,2-ジエクアトリアルの関係にある置換基は互いにトランスの関係にあることを思い出そう．）C-3 位の OH 基は C-4 位の OH 基とトランスの関係にあるので，これもまたエクアトリアル位に位置する．このようにして環上の置換基を配置していくと，β-D-グルコースにおいては，すべての OH 基がエクアトリアル位に位置し

ていることがわかる．アキシアル位はすべて空間的に小さく，それゆえに立体障害がほとんどない水素原子により占められている．β-D-グルコース以外のアルドヘキソースは，このようなひずみのない立体配座をとることはできない．このことは，β-D-グルコースがアルドヘキソース類のなかで最も安定なものであることを意味しており，したがって，これが自然界に最も多く存在するアルドヘキソースであるという事実は，驚くにあたらない．

アノマー炭素に結合している OH 基は，β-D-グルコースではエクアトリアル位に位置し，α-D-グルコースではアキシアル位を占めている．したがって，β-D-グルコースはα-D-グルコースよりも安定で，水溶液中での平衡状態ではより多く存在する．

α 配向は Haworth 投影式では下向き，いす形配座ではアキシアル位となる．

β 配向は Haworth 投影式では上向き，いす形配座ではエクアトリアル位となる．

β-D-グルコースにおいては，すべての OH 基がエクアトリアル位を占めているということを覚えておけば，ほかのどんなピラノースについても，そのいす形配座異性体を簡単に書くことができる．例として，α-D-ガラクトースのいす形配座異性体を書いてみよう．C-4 位の OH 基（ガラクトースはグルコースの C-4 位のエピマーである）と C-1 位の OH 基（いま書こうとしているのはα-アノマーなので）以外のすべての OH 基をエクアトリアル位に，そして C-4 位と C-1 位の OH 基をアキシアル位に位置させればよい．

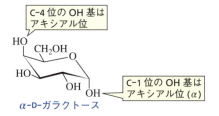

L-ピラノースの構造を書くには，まず対応する D-ピラノースのいす形配座を書き，次にこの鏡像を書けばよい．たとえば，β-L-グロースを書くには，最初にβ-D-グロースを書き，次にその鏡像を書けばよい．（グロースは C-3 位と C-4 位の立体配置がグルコースと異なるので，これら二つの OH 基をアキシアル位に位置させればよい．）

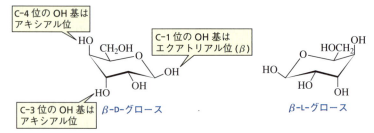

オレストラ：風味はあるが無脂肪の食品添加剤

化学者は食品の風味を損なうことなく，カロリーを低減させる方法を研究している．"無脂肪"の食品には"風味がない"と考えている多くの人にとって，この研究は意義深いものであろう．Procter & Gamble 社は 30 年以上の歳月と 20 億ドル以上のコストを費やし，オレストラ（オレアンとも呼ばれる）と名づけた脂肪の代替物を開発した．150 以上もの試験の末に，アメリカ食品医薬品局（FDA）は 1996 年，スナック菓子に限定してオレストラの使用を許可した．

グルコース

エステル基は立体的に混み合っているため加水分解されない

フルクトース

オレストラ
(Olestra)

オレストラは天然には存在しないが，その構成成分は天然に存在するので半合成化合物である．通常の食品に含まれている成分から合成された化合物なら，毒性を示す可能性は低いであろうとの見込みから開発が進められた．オレストラはショ糖（D-グルコースと D-フルクトースからなる二糖；1164 ページ参照）のすべての OH 基を，綿実油と大豆油から得られた脂肪酸によりエステル化してつくられる．したがって，オレストラの成分は砂糖と植物油ということになる．オレストラのエステル結合は立体的に非常に混み合っているため消化酵素による加水分解を受けない．オレストラは脂肪と同様の風味をもっているが，体内では消化されないので，カロリーはゼロとなる．

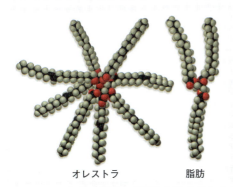

オレストラ　　脂肪

Procter & Gamble 社のご厚意による

問題 23 ◆（解答あり）

次の糖において，どの OH 基がアキシアル位に位置するか．

a. β-D-マンノピラノース　　b. β-D-イドピラノース
c. α-D-アロピラノース

23a の解答　β-D-グルコースの OH 基はすべてエクアトリアル位である．β-D-マンノースは β-D-グルコースの C-2 位エピマーであるので，β-D-マンノースにおいては，C-2 位の OH 基のみがアキシアル位となる．

21.12 グリコシドの生成

ヘミアセタールがアルコールと反応してアセタールを生成するのと同様に（17.12 節参照），単糖から生じた環状のヘミアセタールもアルコールと反応して 2 種類のアセタールを生成する．

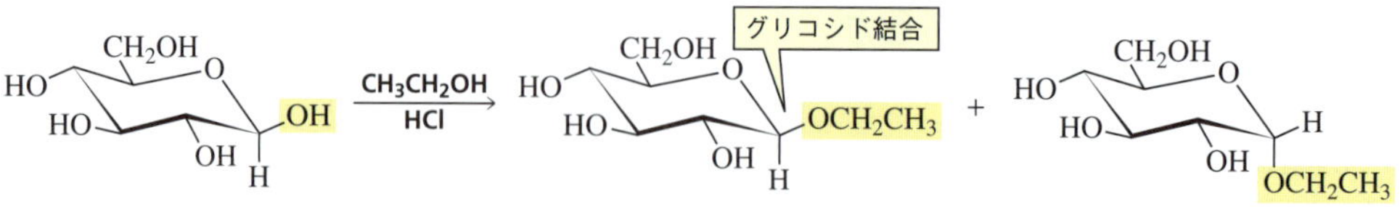

β-D-グルコース
β-D-グルコピラノース

エチル β-D-グルコシド
エチル β-D-グルコピラノシド
アセタール

エチル α-D-グルコシド
エチル α-D-グルコピラノシド
アセタール

糖のアセタールは**グリコシド**(glycoside)と呼ばれ，アノマー炭素とアルコキシ酸素との間の結合を**グリコシド結合**(glycosidic bond)と呼ぶ．グリコシドの名称は，糖の名称の最後の〝e″を〝ide″に置き換えることにより得られる．すなわち，グルコース(glucose)のグリコシドはグルコシド(glucoside)であり，ガラクトース(galactose)のグリコシドはガラクトシド(galactoside)，という具合である．ピラノースやフラノースの名称を使う場合には，アセタール構造のものをそれぞれ**ピラノシド**(pyranoside)または**フラノシド**(furanoside)と呼ぶ．

ヘミアセタールの単一アノマーとアルコールとの反応により，α-グリコシドとβ-グリコシドの両方が生成することに注目しよう．この反応機構が，なぜ両方のグリコシドが生成するのかを教えてくれる．

グリコシドが生成する反応機構

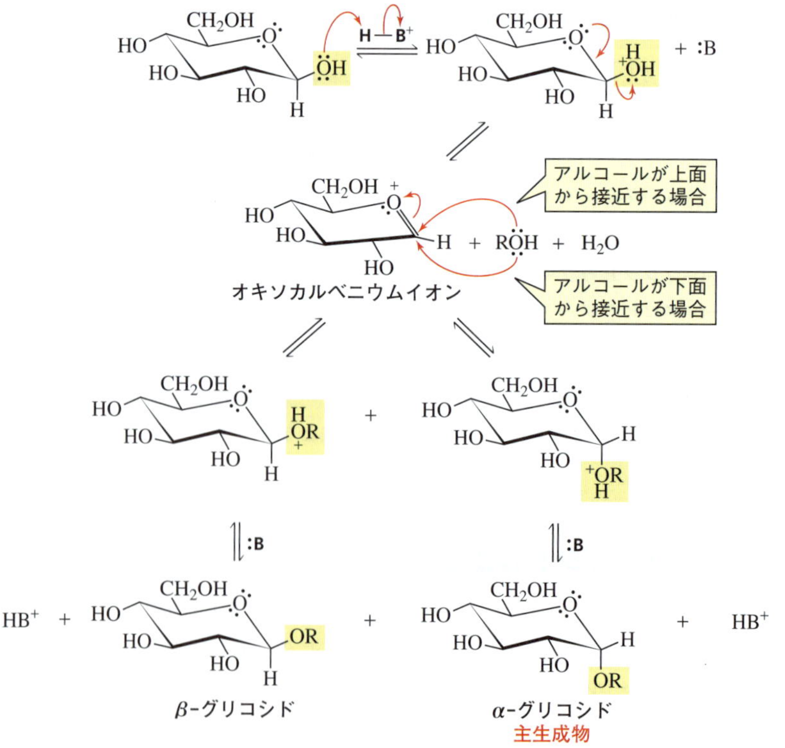

- 酸はアノマー炭素に結合している OH 基をプロトン化する．
- 環内酸素に存在する孤立電子対が水分子の脱離を促進する．その結果生じる

オキソカルベニウムイオン中のアノマー炭素は sp^2 混成しているので，この部位は平面となる．〔**オキソカルベニウム**(oxocarbenium)イオンは炭素と酸素の両方に分布している正電荷をもっている〕．

- アルコールが平面の上から接近すると，β-グリコシドが生成する．アルコールが平面の下から接近すると，α-グリコシドが生成する．

この反応機構は 17.12 節で述べたアセタール生成の機構と同一のものであることに注目しよう．驚くべきことに，D-グルコースはβ-グリコシドよりもα-グリコシドのほうを多く生成する．この理由については次の節で説明する．

問題 24◆

β-D-ガラクトースをエタノールと HCl と反応させたとき生成する化合物の構造を書け．

単糖とアルコールの反応と似た反応には，微量の酸存在下での単糖とアミンの反応がある．この反応の生成物は ***N*-グリコシド**(*N*-glycoside)と呼ばれる化合物であり，グリコシド結合の酸素が窒素に置き換わったものである．DNA や RNA のサブユニットはβ-*N*-グリコシドである(26.1 節参照)．

N-フェニル β-D-リボシルアミン
(*N*-phenyl β-D-ribosylamine)
β-*N*-グリコシド

N-フェニル α-D-リボシルアミン
(*N*-phenyl α-D-ribosylamine)
α-*N*-グリコシド

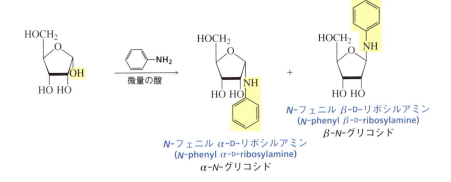

問題 25◆

N-グリコシドの生成反応において，酸を微量しか用いないのはなぜか．

21.13 アノマー効果

置換基がエクアトリアル位を占めている場合，空間的により空いた状態であるので，β-D-グルコースはα-D-グルコースよりも安定であるということを学んだ．しかしながら，OH 基がエクアトリアル位を優先する傾向は予想されるほど大きくない．たとえば，β-D-グルコースとα-D-グルコースの相対存在比は 2：1 であるのに対し(21.10 節)，シクロヘキサノールの OH 基のエクアトリアル位とアキシアル位の相対存在比は 5.4：1 である(上巻；150 ページの表 3.9 を参照)．

グルコースがアルコールと反応してグルコシドを生成する場合，主生成物は

α-グルコシドである．アセタール生成は可逆反応なので，α-グルコシドはβ-グルコシドよりも安定に違いない．アノマー炭素に結合したある種の置換基が，アキシアル位に優先に位置することを**アノマー効果**(anomeric effect)と呼ぶ．

では，アノマー効果は何に起因するのだろうか．アノマー位の置換基がアキシアル位に存在する場合，環内酸素原子の孤立電子対の一つがC–Z結合の反結合性σ*軌道†と平行になる．酸素のsp³軌道にある電子密度のいくらかが反結合性σ*軌道に移動する．この電子の非局在化により，その分子は安定化される．アノマー位の置換基がエクアトリアル位に存在する場合は，環内酸素原子上の二つの孤立電子対の軌道は，ともに反結合性σ*軌道と有効に重なり合うことはできない．

† 訳者注：アノマー効果を示すZは孤立電子対をもち，同時に電気陰性度の大きい原子(酸素，ハロゲンなど)である．一般的に電気陰性度の大きい原子と炭素のσ結合は，炭素—炭素結合のσ結合より高いエネルギー準位をもち，かつその反結合性σ*結合のエネルギー準位は炭素—炭素結合のそれより低い．電気陰性度の大きい原子と炭素の反結合性σ*結合は，その低いエネルギー準位のため，環内酸素原子の孤立電子対と相互作用しやすい．

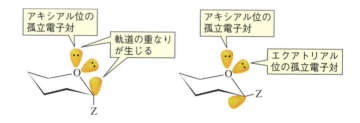

21.14 還元糖と非還元糖

グリコシドはアセタールなので，水溶液中では直鎖状アルデヒド(またはケトン)と平衡の関係にない．カルボニル基をもっている化合物との平衡がないので，グリコシドはAg^+によって酸化されない．すなわち，グリコシドは非還元糖(Ag^+を還元しない糖)である．

一方，ヘミアセタールは水溶液中で直鎖状の糖との平衡にあるので，Ag^+を還元することができる．つまり，糖がアルデヒド，ケトン，またはヘミアセタール基をもっていれば，その糖はAg^+を還元することができる．このような糖を**還元糖**(reducing sugar)と呼ぶ．アセタール構造の糖は**非還元糖**(nonreducing sugar)である．

アルデヒド，ケトン，またはヘミアセタール基をもっている糖は還元糖である．
アセタール構造をもつ糖は非還元糖である．

問題26◆(解答あり)

次の化合物の名称を答えよ．また，それらは還元糖か非還元糖かをそれぞれ示せ．

26a の解答 設問 a に唯一存在するアキシアル位の OH 基は C-3 位にある．した

がって，この糖はD-グルコースのC-3位エピマーであり，D-アロースである．アノマー炭素上の置換基がβ位にあるので，この糖の名称はプロピル β-D-アロシド，またはプロピル β-D-アロピラノシドである．この糖はアセタール構造であるので，非還元糖である．

21.15 二　糖

単糖のヘミアセタール基が，別の単糖のアルコール基と反応してアセタールを生成する場合，生じたグリコシドを二糖と呼ぶ．**二糖**(disaccharide)は二つの単糖サブユニットがグリコシド結合を介して互いに結合したものである．たとえば，マルトースはデンプンの加水分解により得られる二糖であり，グリコシド結合で互いに結合した二つのD-グルコースサブユニットからなっている．マルトースに見られる特有の結合様式を**α-1,4′-グリコシド結合**(α-1,4′-glycosidic linkage)と呼ぶ．というのは，その結合が一方の糖のC-1位ともう一方の糖のC-4位の間に形成されており，グリコシド結合を形成しているアノマー炭素に結合している酸素原子がα位であるからである．添字のプライム(′)は，C-4位とC-1位が，それぞれ異なる糖に存在しているということを示している†．

糖をいす形立体配座で書いた場合，α位はアキシアル位となり，β位はエクアトリアル位となることを覚えておこう．

† 訳者注：〝1,4′-〟のプライムを取り去り，単に〝1,4-〟と表記することもある．

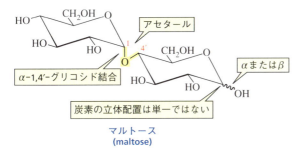

マルトース
(maltose)

マルトースの構造式を見ると，アセタールを形成していないアノマー炭素の立体配置が示されていないことに気がつく(マルトースの右側の糖では，立体配置が示されていないことを表すため，OH基とアノマー炭素は波線で結ばれている)．これは，マルトースがα形とβ形のどちらでも存在できるためである．α-マルトースにおいては，アノマー炭素に結合しているOH基はアキシアル位に配向している．また，β-マルトースではOH基はエクアトリアル位に配向している．マルトースはα形とβ形のどちらでも存在できるので，どちらかの純粋な結晶を溶媒に溶解させると，変旋光が観測される．マルトースは，その右側のサブユニットがヘミアセタール構造をもち，直鎖状アルデヒドと平衡にあり，このアルデヒドが容易に酸化されるので，還元糖としての性質を示す．

セロビオースはセルロースの加水分解により得られる二糖であり，二つのD-グルコースサブユニットからなる．これらの違いは，セロビオースにおいては，二つのD-グルコースサブユニットが**β-1,4′-グリコシド結合**(β-1,4′-glycosidic linkage)で結ばれているという点である．すなわち，マルトースとセロビオースの構造上の違いは，グリコシド結合の立体配置だけである．マルトースと同様，セロビオースにおいてもアノマー炭素がアセタールを形成していないので，この炭素に結合しているOH基はアキシアル位(この場合はα-セロビオースとなる)

またはエクアトリアル位（この場合は β-セロビオース）のどちらの配向もとれる．よって，α 形と β 形の両方のセロビオースが存在する．右側の単糖サブユニットはヘミアセタール構造をもっているので，セロビオースは還元糖である．

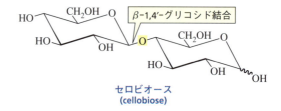

セロビオース
(cellobiose)

ラクトースは乳中に存在する二糖であり，牛乳中には 4.5％（重量比），ヒトの母乳中には 6.5％含まれている．ラクトースを構成するサブユニットは D-ガラクトースと D-グルコースである．D-ガラクトースサブユニットはアセタール構造，D-グルコースサブユニットはヘミアセタール構造をもっている．これらのサブユニットは β-1,4′-グリコシド結合で結ばれている．サブユニットの一つがヘミアセタール構造をもっているので，ラクトースは還元糖であり，変旋光を示す．

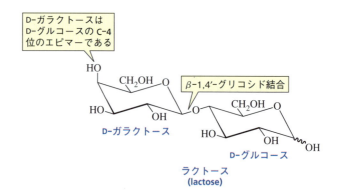

ラクトース
(lactose)

簡単な実験によって，ラクトースのヘミアセタール構造がガラクトース部ではなく，グルコース部に存在していることを確かめることができる．Ag_2O 存在下，ラクトースを過剰のヨウ化メチルと反応させると，S_N2 反応によりすべての OH 基がメチル化される．OH 基は比較的弱い求核剤であるため，酸化銀を用いてヨウ化物イオンの脱離能を高めている．生成物は酸性条件下で加水分解される．

この処理によって，二つのアセタール基が加水分解されるが，OH 基のメチル化によって形成されたすべてのエーテル結合は変化しない．生成物の構造を調べてみると，グルコースの C-4 位の OH 基がメチル化されていない（この OH 基はガラクトースとアセタールを形成するのに使われているので，ヨウ化メチルと反応することができない）ことから，グルコースが二糖の状態では C-4 位の OH 基がヘミアセタール基を形成していたことがわかる．一方，ガラクトースの C-4 位の OH 基はヨウ化メチルと反応することができる．

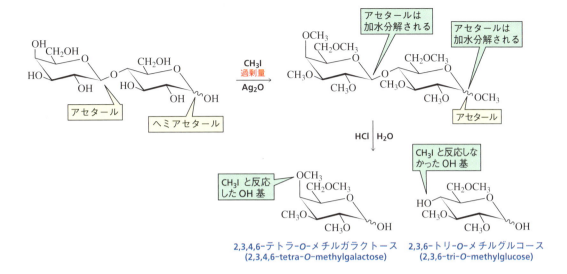

ラクトース不耐症

ラクターゼはラクトースの β-1,4'-グリコシド結合を特異的に切断する酵素である．ネコやイヌは成長すると腸内のラクターゼを失い，ラクトースを消化できなくなる．このため，ネコやイヌに牛乳や乳製品を与えると，分解されなかったラクトースにより，腹部膨満や腹痛，下痢といった消化器に関連する問題（ラクトース不耐症）が起こる．血流に吸収されるのは単糖のみであるため，ラクトースは消化されないまま大腸まで移動することになり，これらの症状が引き起こされる．

ヒトもインフルエンザによって胃に異常をきたしたり，ほかの腸障害を起こしている場合には，短期間ではあるがラクターゼを失い，ラクトース不耐症となることがある．約75%のヒトが成人するまでにラクターゼを完全に失ってしまう．"ラクトースフリー"（ラクトースを含まない）製品をよく見かけるのはこのためである．ラクトース不耐症のヒトがラクトースを含む食物を摂る場合には，ラクターゼを含む錠剤を食前に飲めばよい．

乳製品を生産していなかった地域の祖先をもつ人びとにとっては，ラクトース不耐症はかなり一般的なものである．たとえば，デンマーク人ではわずか3%であるが，中国人と日本人の90%が，またタイ人においては97%もの人がラクトース不耐症である．中国料理のメニューに乳製品を使ったものがきわめて少ないのはこのためである．

ガラクトース血症

ラクトースがグルコースとガラクトースに分解されたのち，細胞で使用される前に，ガラクトースはグルコースへ変換されなければならない．ガラクトースをグルコースへ変換する酵素をもっていない人は，ガラクトース血症と呼ばれる遺伝病を発症する．この酵素欠損によりガラクトースは血流中に蓄積され，幼児においては精神発育障害を起こしたり，場合によっては死に至ることもある．ガラクトース血症の治療法は，飲食物からガラクトースを除くことである．

最も身近な二糖のスクロースは砂糖として知られている物質である．テンサイ（サトウダイコン）やサトウキビから得られるスクロースは，D-グルコースサブユニットとD-フルクトースサブユニットからなり，グルコースのC-1位（α位）とフルクトースのC-2位（β位）の間のグリコシド結合によってつながっている．毎年，世界で約9千万トンのスクロースが生産されている．

これまで述べてきたほかの二糖とは異なり，スクロースは還元糖ではなく，また変旋光も示さない．これはグリコシド結合がグルコースのアノマー炭素とフルクトースのアノマー炭素の間に存在するからである．したがって，スクロースはヘミアセタール基をもっておらず，そのため，水溶液中で容易に酸化される直鎖状アルデヒドまたは直鎖状ケトンと平衡ではない．

スクロース，グルコース，およびフルクトースの混合物

スクロースの比旋光度は+66.5である．これを加水分解して1:1のグルコースとフルクトースからなる混合物とすると，観測される比旋光度は-22.0である．スクロースの加水分解により比旋光度の符号が+から-に（逆）転化（invert）することから，グルコースとフルクトースの1:1の混合物を転化糖(invert sugar)と呼ぶ．また，スクロースの加水分解を触媒する酵素を転化酵素(invertase)という．ミツバチは転化酵素をもっているので，ミツバチがつくりだす"ハチミツ"はスクロース，グルコース，およびフルクトースの混合物である．フルクトースはスクロースよりも甘みに富んでいるので，転化糖はスクロースよりも甘い．

いくつかの"ライト"という名前のついた飲食品はスクロースの代わりにフルクトースを含んでいる．フルクトースを使用することにより，より少ない量の糖（より低カロリー）で，同じレベルの甘さが得ることができる．

問題 27◆

平衡状態でのフルクトースの比旋光度の値を求めよ．（ヒント：平衡状態でのグルコースの比旋光度は+52.7である．）

21.16 多 糖

多糖は少なくとも10個，多くは数千個の単糖がグリコシド結合で互いに結合した化合物である．最も身近な多糖はデンプンとセルロースである．

デンプンは小麦粉，ジャガイモ，米，ソラマメ，トウモロコシ，エンドウマメなどの主要構成成分であり，2 種類の異なる多糖の混合物，すなわちアミロース（約 20%）とアミロペクチン（約 80%）からなっている．アミロースは D-グルコースユニットが α-1,4′-グリコシド結合でつながった枝分れのない糖鎖である．

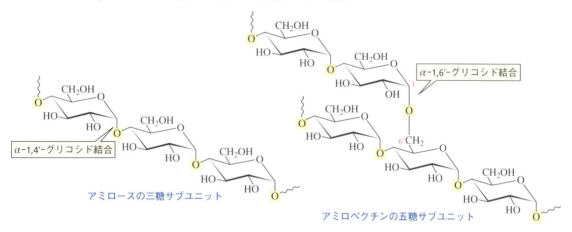

アミロペクチンは枝分れのある多糖で，アミロースと同様に，D-グルコースユニットが α-1,4′-グリコシド結合でつながった糖鎖をもっている．アミロースと異なる点は，アミロペクチンには **α-1,6′-グリコシド結合**（α-1,6′-glycosidic linkage）も存在することである．このため，多糖中に枝分れが生じることとなる（図 21.1）．アミロペクチンには最大 10^6 個程度のグルコースユニットが含まれており，これは天然において最も大きな分子の一つである．

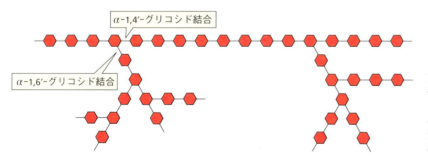

◀ **図 21.1**
アミロペクチンの枝分れの様子．六角形はグルコースユニットを表しており，グルコースは α-1,4′- および α-1,6′-グリコシド結合で互いに結合している．

細胞中におけるエネルギー獲得の一連のプロセスの一段階目は D-グルコースの酸化である（25.7 節参照）．動物は，エネルギー獲得のうえで必要量以上の D-グルコースをもっている場合，余剰分をグリコーゲンという多糖に変換する．グリコーゲンはアミロペクチンと似た構造をもっているが，アミロペクチンよりも多くの枝分れがある（図 21.2）．グリコーゲンにおいては，おおよそ単糖ユニット 10 個あたりに一つの枝分れが存在するが，アミロペクチンにおいては，単糖ユニット 25 個あたりに一つの枝分れがある．グリコーゲンの枝分れの度合いが大きいということは，生理学的に重要な意味がある．すなわち，動物がエネルギーを必要としたとき，枝分れした糖鎖の末端からグルコースが外れて体内に放出されるため，枝分れが多いほど一度に放出されるグルコースユニットの数が多くな

るからである．植物では，余剰の D-グルコースはデンプンに変換される．

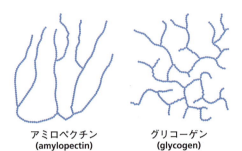

図 21.2 ▶
アミロペクチンとグリコーゲンの枝分かれの比較．

アミロペクチン
(amylopectin)

グリコーゲン
(glycogen)

🧪 歯科医が正しいわけ

口のなかにいる細菌はスクロースをデキストランと呼ばれる多糖に変換する酵素をもっている．デキストランはグルコースユニットがおもに α-1,3′- および α-1,6′-グリコシド結合により連結した構造をもつ．歯垢の約 10% はこのデキストランにより構成されており，歯垢中に潜んでいる細菌が歯のエナメル質を攻撃する．これが，歯科医がキャンディーを食べないように注意する化学的な根拠である．また，ソルビトールやマンニトールが"シュガーレス"ガムに添加される理由でもある．これらの糖質はデキストランに変換されない．

セルロースは植物のおもな構成成分である．たとえば，綿の約 90% はセルロースからなり，木の約 50% もセルロースである．アミロースと同様，セルロースも D-グルコースユニットの枝分かれのない糖鎖から構成されているが，アミロースと異なり，セルロースは α-1,4′-グリコシド結合ではなく，β-1,4′-グリコシド結合によりグルコースユニットがつながっている（1163 ページ参照）．

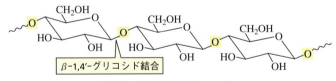

β-1,4′-グリコシド結合

セルロースの三糖サブユニット

デンプンとセルロースに見られるグリコシド結合の様式の違いは，これらの化合物の物理的な性質を大きく異なるものとしている．デンプンにおける α 結合により，アミロースはらせん状の構造をとる．このらせん構造は OH 基と水分子との水素結合の形成を助け（図 21.3），その結果，デンプンは水に可溶となる．

一方，セルロースにおける β 結合は分子内水素結合の生成を促進する．その結果，これらの分子は直線状に並ぶように配置され（図 21.4），隣り合った糖鎖間に形成される水素結合によって束になる．大きな集合体形成のため，セルロースは水に不溶である．このように，ポリマー鎖が束状の強い集合体を形成することから，セルロースは強固な構造物となる．セルロースを加工すれば，紙やセロハンといった製品にもなる．

▲ **図 21.3**
アミロースに見られる α-1,4′-グリコシド結合は，左巻きのらせん構造を形成する．OH 基の多くは水分子と水素結合を形成する．

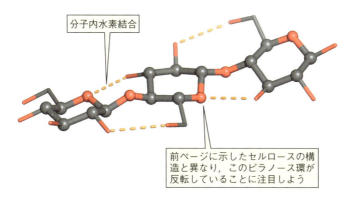

植物の細胞壁のセルロース繊維

▲ 図 21.4
セルロースのβ-1,4'-グリコシド結合は分子内水素結合を形成する．これによりセルロース分子は直線状に並んだ構造となる．（この図中では水素は表示されていないことに注意しよう．）

　すべての哺乳動物は，アミロース，アミロペクチン，およびグリコーゲン中でグルコースユニットを結合させているα-1,4'-グリコシド結合を加水分解する酵素（α-グルコシダーゼ）をもっているが，β-1,4'-グリコシド結合を加水分解する酵素（β-グルコシダーゼ）はもっていない．このため，哺乳動物は，必要とするグルコースをセルロースの経口からの摂取では得ることができない．しかし，草食動物の消化管中には，β-グルコシダーゼをもっている細菌が存在しているので，ウシは草を，ウマは干し草を食べてグルコースを得て，必要な栄養量を満たすことができる．また，シロアリも食べた木材中のセルロースを分解する細菌を宿している．

　キチンはセルロースと類似の構造をもつ多糖の一つであり，甲殻類（ロブスター，カニ，エビなど）の殻，昆虫類やその他の節足動物の外殻の主要構成成分であり，また，真菌類の構成成分でもある．セルロースと同様に，キチンもβ-1,4'-グリコシド結合をもっているが，セルロースとの違いは，キチンではC-2位のOH基がN-アセチルアミノ基に置き換わっている点である．β-1,4'-グリコシド結合により，キチンも構造的に剛直である．

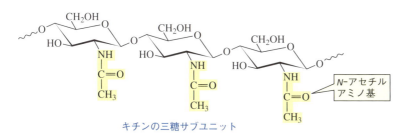

キチンの三糖サブユニット

オーストラリアに生息する真っ赤なカニ．この甲羅は，おもにキチンからできている．

ノミの駆除

ペットにつくノミの駆除を行うための薬が数種類開発されている。このうちの一つがルフェヌロンであり、Program® の活性成分である。ルフェヌロンはノミがキチンを生産するのを阻害する。ノミの外殻はおもにキチンからできているので、キチン合成が阻害されれば、ノミは生きていくことができない。

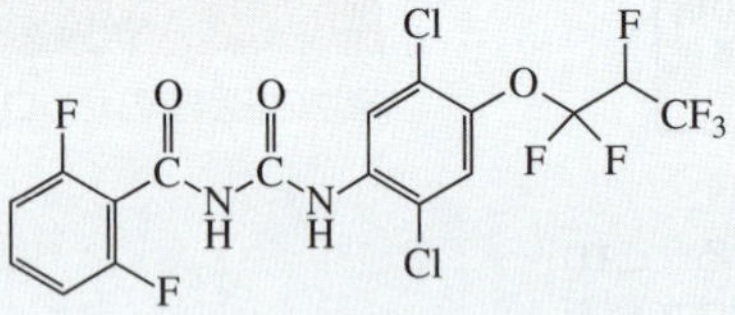

ルフェヌロン
(lufenuron)

問題 28◆

次の二つの物質間のおもな構造の違いは何か。
- **a.** アミロースとセルロース
- **b.** アミロースとアミロペクチン
- **c.** アミロペクチンとグリコーゲン
- **d.** セルロースとキチン

21.17 炭水化物由来のいくつかの天然物

デオキシ糖(deoxy sugar)は糖中の OH 基のうちの一つが水素と置き換わったものである(デオキシとは"without oxygen"、すなわち"酸素(oxy)がない(de)"という意味である)。リボースの C-2 位の OH 基が水素で置換されたものが 2-デオキシリボースである。D-リボースはリボ核酸(RNA)の構成糖であり、2-デオキシリボースはデオキシリボ核酸(DNA)の構成糖である(26.1 節参照)。

β-D-リボース β-D-2-デオキシリボース
(β-D-ribose) (β-D-2-deoxyribose)

アミノ糖(amino sugar)では、糖の OH 基の一つがアミノ基に置き換わっている。キチンのサブユニットであり、また細菌の細胞壁のサブユニットの一つである N-アセチルグルコサミン(23.12 節参照)は、アミノ糖の一例である。

いくつかの重要な抗生物質はアミノ糖を構成成分としている。たとえば、抗生物質であるゲンタマイシンの三つのサブユニットのうちの二つはデオキシアミノ糖である。なお、中央のサブユニットは、環内酸素原子をもっていないので糖ではない。

21.17 炭水化物由来のいくつかの天然物

ゲンタマイシン
(gentamicin)
抗生物質

ゲンタマイシンはアミノグリコシド系抗生物質の一つで，ストレプトマイシンやネオマイシンもそうである．この系統の抗生物質は，細菌のタンパク合成をつかさどるリボソーム(26.8節参照)に結合する．その結果，細菌がタンパク質を合成することを阻害する．

細菌の薬剤耐性

細菌類は通常 15 〜 20 年かけて，抗生物質(薬剤)に対する耐性を獲得する．たとえば，ペニシリンは 1944 年から広く用いられるようになったが，1952 年までには黄色ブドウ球菌による感染症のうちの 60％がペニシリン耐性であった(852 ページ参照)．アミノグリコシド系抗生物質も多く使用されたため，いくつかの細菌は抗生物質の OH 基や NH_2 基をアセチル化またはリン酸エステル化する酵素を生産するようになった．このことにより，アミノグリコシド系抗生物質はその細菌のリボソームと結合できなくなり，抗菌活性を示さなくなった．

1970 年代を最後に新しいタイプの抗生物質の発見がなかったため，近年は，細菌類の**薬剤耐性**(drug resistance)が創薬化学の分野できわめて重要な問題となっていた．1989 年まではバイコマイシン耐性菌の出現が報告されていなかったので，バイコマイシンは抗生物質の最後の切り札であったが，1989 年以降は多くの細菌がバンコマイシン耐性を獲得してしまった．

Zyvox®(リネゾリド)は 2000 年 4 月に FDA が認可を与えた抗生物質であった．この薬剤は，オキサゾリジノン骨格をもつ新しいタイプの抗生物質の第一号であったため，医療現場の人びとに大きな安心を与えた．臨床試験において Zyvox® は，ほかの薬剤耐性を示す細菌による感染症患者の 75％を治癒した．別の新しい抗生物質も開発されており，FDA が 2005 年に認可した Cubicin®(ダプトマイシン)は環状リポペプチド系抗生物質の最初の例である．

リネゾリド
(linezolid)
Zyvox®

ヘパリン――天然の抗血液凝固薬

ヘパリンはおもに動脈壁の細胞中に存在する多糖である．そのヒドロキシ基とアミノ基のいくつかはスルホン化されており，またいくつかのヒドロキシ基は酸化され，いくつかのアミノ基はアセチル化されている．ヘパリンは，組織が負傷した際に，過度の凝血を防ぐために分泌される抗凝血物質である．ヘパリンは抗血液凝固薬として，とくに外科手術など，広く臨床で用いられている．

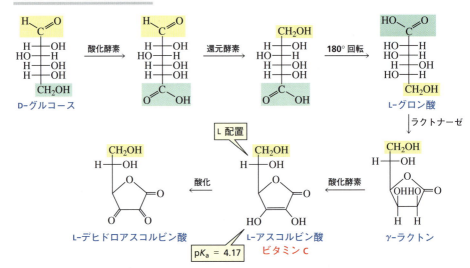

L-アスコルビン酸（ビタミンC）は，植物やほとんどの脊椎動物の肝臓でD-グルコースから生合成される．霊長類やモルモットはビタミンCの生合成に必要な酵素をもっていないので，それらを食餌から摂取しなければならない．

- ビタミンCの生合成にはD-グルコースをL-グロン酸へ変換する反応が含まれており，この変換は"Fischerの証明"の最終段階を連想させる．
- L-グロン酸は酵素ラクトナーゼによりγ-ラクトンとなる．
- ラクトンはL-アスコルビン酸へ酸化される．アスコルビン酸のLの立体配置はC-5位の立体配置（これはD-グルコースではC-2位であり，L-グロン酸ではC-5位にあたる）に由来している．

L-アスコルビン酸はカルボン酸官能基をもたないが，C-3位のOH基のpK_aは4.17なので，酸性化合物である．L-アスコルビン酸は容易に酸化され，L-デヒドロアスコルビン酸となるが，これも生理活性を示す．加水分解によりラクトン環が開くと，ビタミンC活性はすべて失われる．したがって，食品を長時間加熱すると，その食品中のビタミンC含量はかなり少なくなる．さらにもし水中で調理し，その水を捨ててしまったとすると，水に可溶なビタミンCのほとんどが水とともに流れ去ってしまう．

ビタミン C

ビタミン C は水溶液環境中で発生するラジカルを捕捉し，ラジカルが引き起こす生体に有害な酸化反応を抑制するので，抗酸化剤である(上巻；13.11 節参照)．ビタミン C の生理学的な役割のすべてが明らかになっているわけではないが，一つわかっているのは，ビタミン C はコラーゲン線維を正しく生成するのに必要であるということである．コラーゲンは皮膚，腱，結合組織，骨などの構造タンパク質である．

ビタミン C は柑橘類やトマトに多く含まれているが，食餌のなかにビタミン C が含まれていないと，皮膚に障害が起こったり，歯茎や関節，内皮でひどい出血があったり，けがの治癒が遅くなったりする．ビタミン C 不足により起こるこのような症状は壊血病(scurvy)として知られている．壊血病は食事療法により治療されるようになった最初の疾患である．1700 年代の終わりごろから外洋に進出したイギリス人船員たちは，壊血病を防ぐためにライムを食べる必要があった．これが，彼らがのちに"lymeys"と呼ばれるようになった由縁である．それから 200 年あまり経って，ようやく壊血病を防ぐ物質がビタミン C であることがわかった．*Scorbutus* はラテン語で"壊血病"を意味するので，*ascorbic* は"no scurvy"，すなわち"壊血病知らず"という意味になる．

1829 年ごろのイギリスの船員

問題 29 ◆

ビタミン C の C-3 位の OH 基は C-2 位のそれよりも強い酸性を示すのはなぜか説明せよ．

21.18 細胞表面の糖鎖(炭水化物)

多くの細胞はその表面に短いオリゴ糖鎖をもっており，この糖鎖が細胞どうしを認識して相互作用させたり，侵入してきたウイルスや細菌と細胞の相互作用に働いたりしている．これらのオリゴ糖は，細胞膜タンパク質の OH 基または NH_2 基と，環状糖のアノマー炭素とが反応することにより細胞表面に結合している．オリゴ糖と結合しているタンパク質を**糖タンパク質**(glycoprotein)という．糖タンパク質に含まれるオリゴ糖の割合はさまざまであり，重量比で 1% 以下のオリゴ糖しか含まない糖タンパク質もあれば，80% ものオリゴ糖を含むものもある．

細胞どうしは，互いを認識するための方法として，細胞表面の糖鎖を利用している．また，糖鎖は細胞がほかの細胞やウイルス，毒素などと相互作用する場合の接着点としての役割も果たす．したがって，細胞表面の糖鎖は，感染，感染の

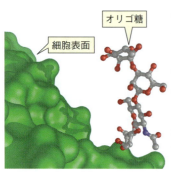

防御，受精，慢性関節リウマチや敗血性ショックなどの炎症，および凝血など，多様な活性発現において重要な役割を果たしている．既存のいくつかの抗生物質がアミノ糖を含んでいるという事実は(21.17節)，抗生物質が標的細胞を認識して作用を発現していることを示唆している．糖鎖の相互作用は，細胞の成長の制御にも関係しており，膜糖タンパク質の変化は，細胞の腫瘍化と関連していると考えられている．

血液型(A，B，またはO型)の違いは，赤血球の外表面に結合している糖鎖の違いである．それぞれの血液型は異なる糖鎖をもっている(図21.5)．AB型の血液はA型とB型の両方の構造をもっている．

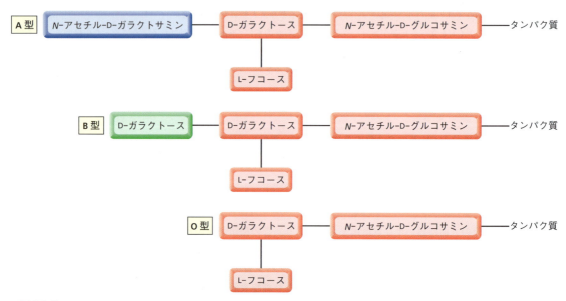

▲ 図 21.5
血液型は赤血球表面に存在する糖の種類により決定される．フコースは6-デオキシガラクトースである．

抗体は生体外から入りこんできた物質，すなわち抗原に応答して，生体内で合成されるタンパク質である．抗体は抗原と相互作用し，抗原を不溶化させるか，破壊すべしとの目印を抗原につけて免疫系細胞に攻撃させる．この抗原-抗体相互作用を考えると，たとえばなぜ血液型が異なる人の間での輸血ができないかが理解できる．血液型が一致しない場合，他人の血液は異物と認識され，免疫反応が引き起こされるからである．

図21.5を見ると，血液型がA型の人の免疫システムがB型の血液を，B型の人の免疫システムがA型の血液を，それぞれ外来物と認識することがわかる．A，B，またはAB型の人の免疫システムは，O型の人の血液を外来物とは認識しない．これは，O型の人の血液の糖鎖がA，B，AB型の血液の糖鎖の一部となっているからである．したがって，誰でもO型の血液の輸血を受け入れることができ，血液型がO型の人は"万能提供者"と呼ばれる．AB型の血液型をもっている人はAB，A，B，O型の血液を受け入れることができ，"万能受容者"と呼ばれる．

問題 30

図 21.5 を参考にして，次の質問に答えよ．

a. O 型の血液型の人は誰にでも血液を与えることができる．しかし，O 型の人が輸血を受ける場合は，血液型を選ばなければならない．O 型の人が受け入れることができないのはどの血液型の人か．

b. AB 型の血液型の人は誰の血液でも受け入れることができる．しかし，誰にでも血液を与えることはできない．AB 型の血液を輸血できないのはどの血液型の人か．

21.19 合成甘味料

ある分子が甘く感じられるためには，その分子が舌の味蕾に存在する受容体に結合しなければならない．分子が結合すると神経インパルスが発生し，信号が味蕾から脳に達して，"この分子は甘い"と解釈される．糖はその種類により，"甘さ"の度合いが異なる．グルコースの相対的甘さを 1.00 とすると，スクロースの甘さは 1.45，フルクトース（これが糖類のなかでは最も甘い）は 1.65 である．

合成甘味料を開発しようとする場合には，研究者は開発すべき製品の"味"に加えて，毒性，安定性，そして価格など，いくつかの要素を評価する必要がある．最初の合成甘味料であるサッカリン（Sweet'N Low®）は Ira Remsen により 1879 年に偶然発見された．ある日の夕方，Remsen がディナーロール（ロールパン）を食べたとき，最初は甘く，次に苦い味がすることに気がついた．彼の妻はそのような変な味は感じなかったようなので，彼は自分の指をなめてみると，先ほどと同じ奇妙な味がした．次の日，彼は前日に取り扱った化合物を次つぎに口に入れてみた．すると，一つの化合物がきわめて甘いことに気がついた．（今日では奇妙に思えるかもしれないが，化学者が化合物の同定のためにそれらを少量なめてみることが当たり前の時代もあったのである．）彼はこの化合物をサッカリンと名づけたが，実際，この化合物はグルコースの 300 倍の甘さを呈することがわかった．サッカリン（saccharin）は，その名称にもかかわらず糖（saccharide）ではないことに留意しよう．

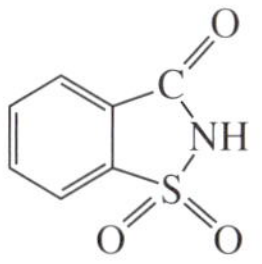

サッカリン
(saccharin)

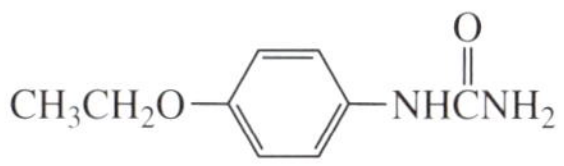

ズルチン
(dulcin)

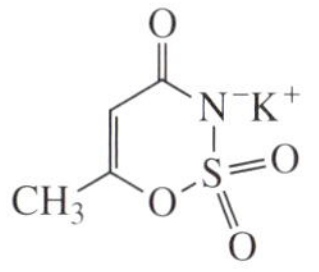

アセスルファムカリウム
(acesulfame potassium)

シクラミン酸ナトリウム
(sodium cyclamate)

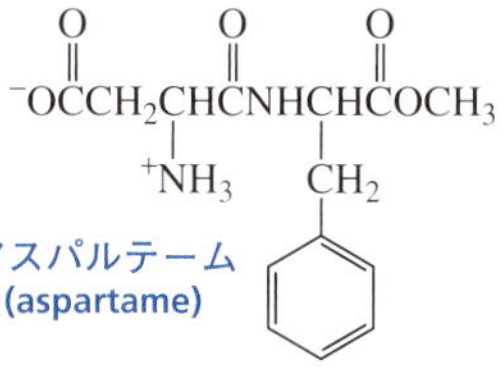

アスパルテーム
(aspartame)

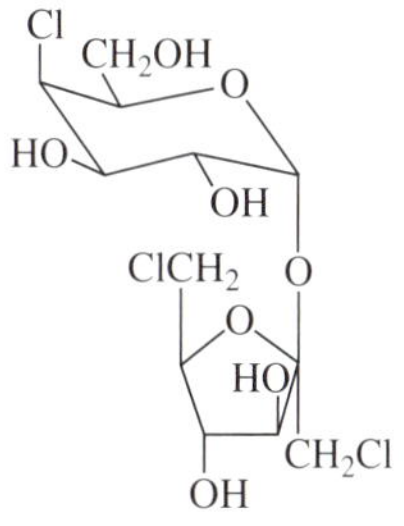

スクラロース
(sucralose)

サッカリンはカロリーがほとんどなかったので，これが1885年に市販され，スクロースの重要な代替品となった．西洋における栄養学的に主要な課題は，現在でもそうであるが，糖の過剰摂取とその結果生じる肥満，心臓病，虫歯などの疾病であった．サッカリンはスクロースとグルコースの摂取が制限されている糖尿病患者にも重要である．サッカリンが最初に市販された時点では，その毒性については注意深く研究されていなかった（化合物の毒性に関する意識はかなり近年になってようやく高まった）．発売後に行われた広範囲にわたる研究により，サッカリンは安全な砂糖代替品であることが明らかにされた．1912年，アメリカではサッカリンの使用が一時的に禁止されたが，これはサッカリンの毒性への懸念によるものではなく，サッカリンの常用により人びとが砂糖の栄養学的な利点を失ってしまうかもしれないという懸念のためであった．

Dulcin® は1884年に発見された2番目の合成甘味料である．Dulcin® は，サッカリンで感じられる苦味（金属的な後味）を呈さない化合物であったが，世間に広まることはなかった．Dulcin® は安全性への懸念から，1951年には販売が禁止された．

シクラミン酸ナトリウム（チクロ）は1950年代に栄養分のない甘味料として広く使われるようになった．しかし，それから約20年後には，大量のシクラミン酸ナトリウムがマウスの肝臓がんを引き起こすという二つの研究報告により，アメリカでの使用が禁止された．

スクロースの約200倍の甘さを示すアスパルテーム（NeutraSweet®，Equal®）はアメリカ食品医薬品局（FDA）により1981年に認可された．NutraSweet® はフェニルアラニンをサブユニットとして含有しているので，フェニルケトン尿症（PKU）として知られている遺伝病（1332ページ参照）の人は使用できない．

アセスルファムカリウム（Sweet and Safe®，Sunette®，Sweet One®）は1988年に認可された．アセスルファムKとも呼ばれるこの物質はグルコースの約200倍の甘さを呈し，サッカリンよりも後味が少なく，高温でアスパルテームよりも化学的に安定である．

スクラロース（Splenda®）は最も最近に（1991年）認可された合成甘味料であり，グルコースの600倍の甘さを呈する．この化合物は食品を長期間保存する低温でも，また調理に使われる高温でもその甘みを保つ．スクラロースは，スクロースを出発物質とし，スクロースに存在するOH基のうちの特定の三つを選択的に塩素に置換してつくられている．この塩素化の過程で，グルコースの4位の立体配置が反転するのでスクラロースはグルコピラノシドではなく，ガラクトピラノシドである．スクラロースは炭水化物とよく似た構造をもつ唯一の合成甘味料である．しかしながら，塩素原子の存在のため，生体はスクラロースを炭水化物とは認識せず，これを代謝することなく体外へ排出する．

これらの合成甘味料がこのような異なる構造をもっているという事実は，"甘味"という感覚が，単一の分子形状によって引き起こされるわけではないことを示している．

一日許容摂取量

アメリカ食品医薬品局（FAD）は，食品添加物の利用に関し，それらの多くに対して1日当たりの許容摂取量（ADI）を設定している．ADIはヒトが生涯にわたって毎日摂取しても安全な1日当たりの物質の摂取量である．たとえば，アセスルファムカリウムのADIは $15\ mg\ kg^{-1}\ day^{-1}$ である．この数値の意味するところは，体重132ポンド（約60 kg）のヒトが，この合成甘味料を使用している飲料2ガロン（7.6 L）分に含まれているアセスルファムカリウムを毎日摂取しても安全である，ということである．スクラロースのADIも約 $15\ mg\ kg^{-1}\ day^{-1}$ である．

覚えておくべき重要事項

- **生体有機化合物**とは生体で見いだされる有機化合物であるが，その構造と反応性を支配する原則は，より小さな有機分子と同じである．
- ほとんどの生体有機化合物の構造は**分子認識**の機能をもっている．
- **炭水化物**はポリヒドロキシアルデヒド（**アルドース**）とポリヒドロキシケトン（**ケトース**），またはそれらが互いに結合したものである．
- D,L 表記法は**単糖**を Fischer 投影式で書いたとき，最も下にある不斉中心の立体配置を表す．天然で最もよく見られる糖は D 糖である．
- 天然に存在するケトースはケトン基を2位にもっている．
- ただ一つの不斉中心の立体配置が異なる異性体を**エピマー**という．D-マンノースはD-グルコースのC-2位エピマーであり，D-ガラクトースはD-グルコースのC-4位エピマーである．
- 塩基性溶液中では，単糖はポリヒドロキシアルデヒドとポリヒドロキシケトンの混合物に変換される．
- アルドースを還元すると1種類の**アルジトール**が生成し，ケトースを還元すると2種類のアルジトールが生成する．
- Br_2 はアルドースを酸化するが，ケトースは酸化しない．Tollens 試薬は両方ともを酸化する．
- アルドースが酸化されると**アルドン酸**または**アルダル酸**となる．
- Kiliani-Fischer 合成によりアルドースの炭素鎖は1炭素伸長され，もとのアルドースより1炭素増えたC-2エピマー対の糖が得られる．
- Wohl 分解はアルドース類の炭素鎖を1炭素だけ短くする．
- 単糖の OH 基はヨウ化メチル/酸化銀と反応してエーテルを生成する．
- 単糖のアルデヒド基またはケトン基は，同一分子内の OH 基の一つと反応して環状ヘミアセタールを生成する．グルコースはこれにより α-D-グルコースと β-D-グルコースとなる．水中での平衡条件下では β-D-グルコースのほうが α-D-グルコースよりも多く存在する．
- α-D-グルコースと β-D-グルコースは**アノマー対**である．これらは直鎖状のときにカルボニル炭素であった炭素（**アノマー炭素**）の立体配置のみが異なる．
- アノマーが平衡に達する過程での比旋光度のゆっくりとした変化を**変旋光**という．
- 単糖をいす形配座で書いたとき，α 位はアキシアル位に置換基をもち，Haworth 投影式で書いた場合は下向きに置換基をもつ．β 位はいす立体配座ではエクアトリアル位に，Haworth 投影式では上向きに置換基をもつ．
- 六員環をもった糖を**ピラノース**と呼び，五員環をもった糖を**フラノース**と呼ぶ．
- 天然に最も多く存在する単糖は D-グルコースである．β-D-グルコースのすべての OH 基はエクアトリアル位に位置している．
- 環状ヘミアセタールは，アルコールと反応して**グリコシド**と呼ばれるアセタールを生成する．"ピラノース"または"フラノース"の名称を使う場合は，アセタールをそれぞれ**ピラノシド**または**フラノシド**と呼ぶ．
- アノマー炭素とアルコキシ酸素との結合を**グリコシド結合**という．
- アノマー炭素に結合したある種の置換基が，アキシアル位に位置することを優先する現象を**アノマー効果**とい

- う.
- 糖がアルデヒド基，ケトン基，ヘミアセタール構造，またはヘミケタール構造をもつとき，その糖は**還元糖**と呼ばれる．アセタールは還元糖ではない．
- **二糖**は二つの単糖サブユニットがグリコシド結合で連結したものである．マルトースは二つのグルコースサブユニット間に**α-1,4'-グリコシド結合**，セロビオースは二つのグルコースサブユニット間に**β-1,4'-グリコシド結合**をもっている．
- 最も多く見られる二糖はスクロースで，これはD-グルコースサブユニットとD-フルクトースサブユニットが，アノマー炭素どうしで結合したものである．
- **多糖**は少ないもので10，多いもので数千の単糖ユニットがグリコシド結合で互いに連結したものである．
- デンプンはアミロースとアミロペクチンからなり，アミロースはD-グルコースユニットがα-1,4'-グリコシド結合で連結した枝分かれのない糖鎖をもつ．
- アミロペクチンもα-1,4'-グリコシド結合のD-グルコース糖鎖からなるが，α-1,6'-グリコシド結合も存在するため，枝分かれ構造をもつ．グリコーゲンはアミロペクチンと類似しているが，より多くの枝分かれ構造をもっている．
- セルロースはD-グルコースがβ-1,4'-グリコシド結合で連結した，枝分かれのない糖鎖からなる．
- アミロースのα結合はらせん構造をつくる．アミロースは水に可溶である．セルロースのβ結合は分子が直線上に並ぶように配置させる．セルロースは水に不溶である．
- 多くの細胞表面には短いオリゴ糖鎖が存在し，細胞どうしの相互作用において重要な役割を果たしている．オリゴ糖鎖は細胞表面に存在するタンパク質と結合している．
- オリゴ糖と結合しているタンパク質を**糖タンパク質**と呼ぶ．

反応のまとめ

1. エピマー化(21.5節)．反応機構は1142ページに示す．

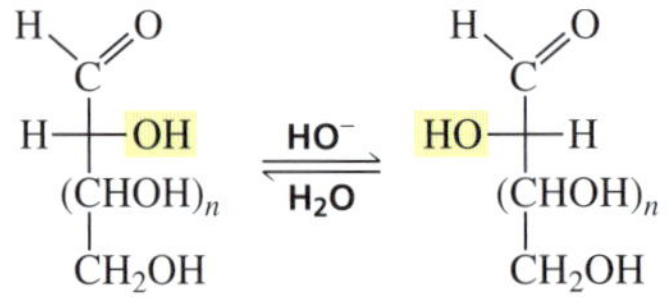

2. エンジオール転位(21.5節)．反応機構は1143ページに示す．

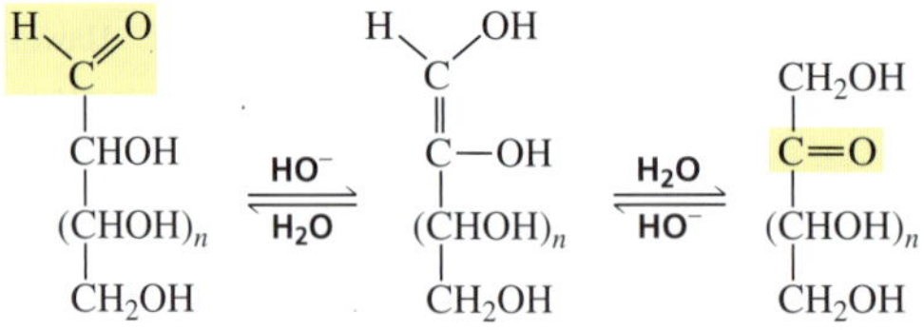

3. 還元(21.6節)

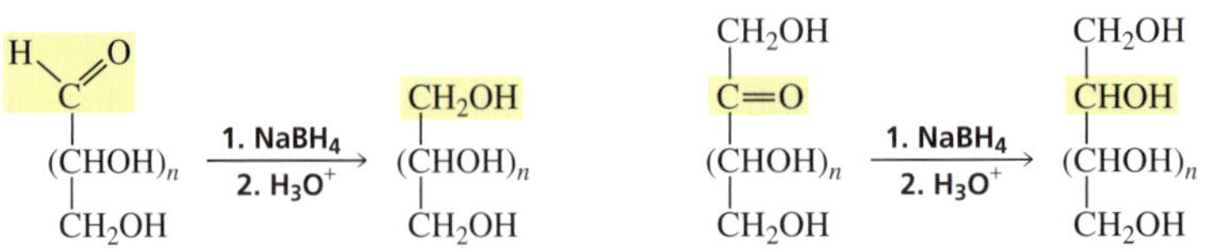

4. 酸化(21.6節)

a. 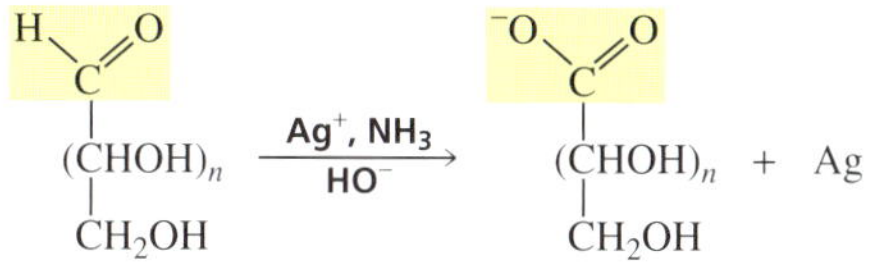 (CHOH)$_n$ の鎖で H-C(=O) 端 → Ag$^+$, NH$_3$ / HO$^-$ → カルボキシラート + Ag

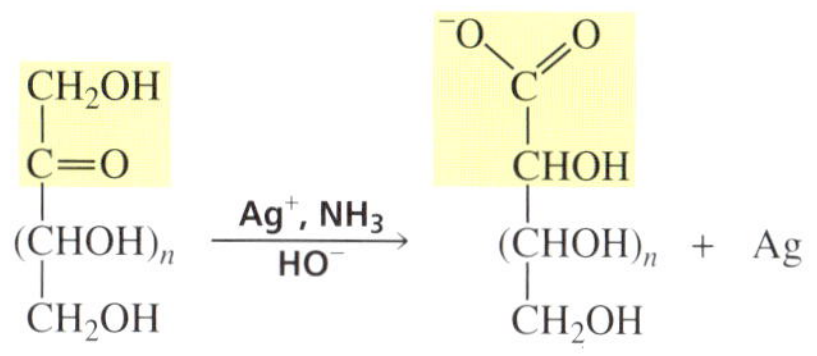

b. CH$_2$OH-C(=O)-(CHOH)$_n$-CH$_2$OH → Ag$^+$, NH$_3$ / HO$^-$ → カルボキシラート(CHOH)$_n$CH$_2$OH + Ag

c. H-C(=O)(CHOH)$_n$CH$_2$OH → Br$_2$ / H$_2$O → HO-C(=O)(CHOH)$_n$CH$_2$OH + 2 Br$^-$

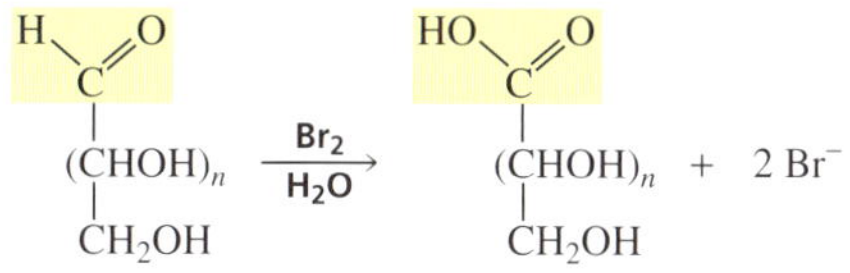

d. 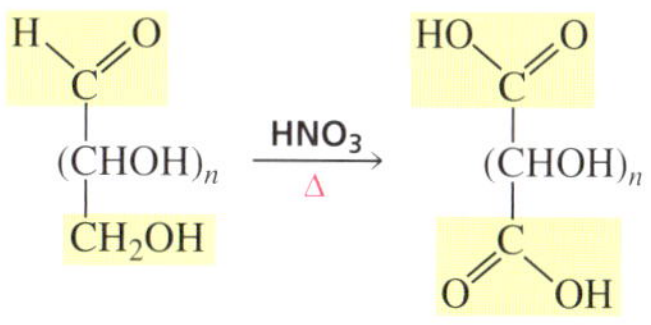 H-C(=O)(CHOH)$_n$CH$_2$OH → HNO$_3$, Δ → HO-C(=O)(CHOH)$_n$C(=O)OH

5. 炭素鎖の伸長：Kiliani-Fischer 合成(21.7節)

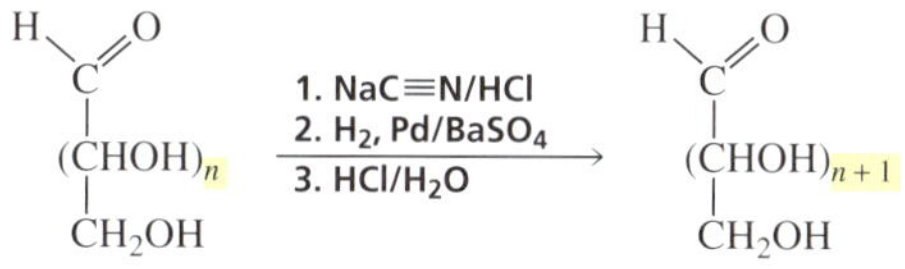

H-C(=O)(CHOH)$_n$CH$_2$OH → 1. NaC≡N/HCl 2. H$_2$, Pd/BaSO$_4$ 3. HCl/H$_2$O → H-C(=O)(CHOH)$_{n+1}$CH$_2$OH

6. 炭素鎖の短縮：Wohl 分解(21.8節)

H-C(=O)(CHOH)$_n$CH$_2$OH → 1. NH$_2$OH/微量の酸 2. Ac$_2$O, 100 ℃ 3. HO$^-$, H$_2$O → H-C(=O)(CHOH)$_{n-1}$CH$_2$OH

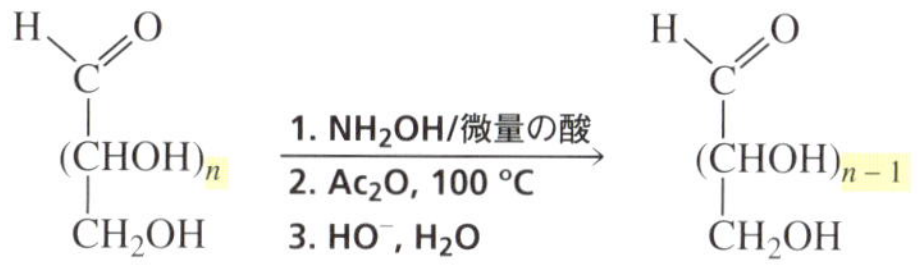

7. ヘミアセタールの生成(21.11節)

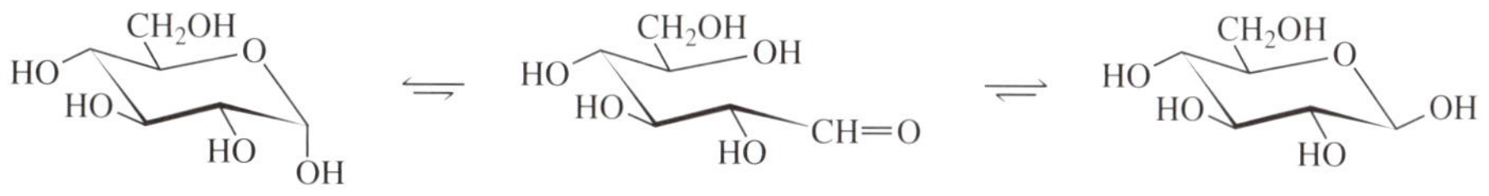

8. グリコシド結合の生成(21.12節). 反応機構は 1158 ページに示す.

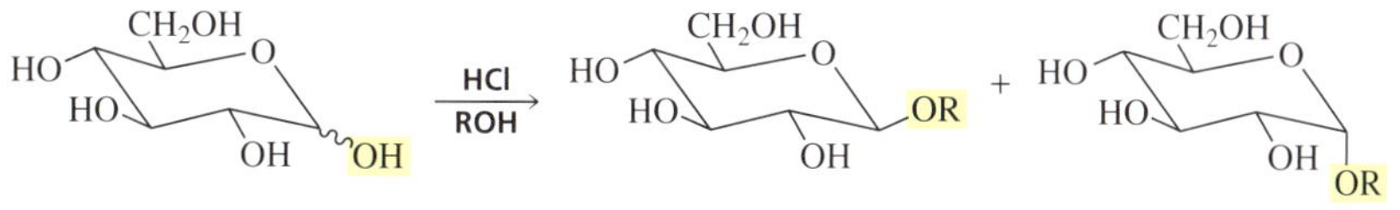

章末問題

31. D-ガラクトースを次の反応剤と反応させたときの生成物(一つとは限らない)を示せ.
    a. 硝酸 + Δ　　**b.** Ag$^+$, HN$_3$, HO$^-$　　**c.** NaBH$_4$, 続いて H$_3$O$^+$　　**d.** 過剰の CH$_3$I + Ag$_2$O
    e. 水中で Br$_2$　　**f.** エタノール + HCl　　**g. 1.** ヒドロキシルアミン/微量の酸, **2.** 無水酢酸/Δ, **3.** HO$^-$/H$_2$O

32. D-グルコースのすべてのエピマーの名称を書け．

33. 次の糖は何か．
    a. D-アラビノースとは異なり，NaBH₄ で還元すると D-アラビニトールを与えるアルドペントース．
    b. D-アルトロース以外で，硝酸による酸化で D-アルトラル酸を与える糖．
    c. NaBH₄ で還元したとき，D-アルトリトールと D-アリトールを生成するケトース．

34. D-キシロースと D-リキソースは，D-トレオースに Kiliani-Fischer 合成を施したときに生成する．D-キシロースを酸化すると光学不活性なアルダル酸が得られるが，D-リキソースの酸化は光学活性なアルダル酸を与える．D-キシロースと D-リキソースの構造を書け．

35. 8種類のアルドペントースについて，次の質問に答えよ．
    a. エナンチオマー対はどれか．
    b. C-2 位のエピマー対の組合せはどれか．
    c. 硝酸で酸化したとき，光学活性な化合物を与えるものはどれか．

36. 次の糖を Fischer 投影式で示したとき，それぞれの不斉中心の立体配置を示せ．
    a. D-グルコース   b. D-ガラクトース   c. D-リボース   d. D-キシロース   e. D-ソルボース

37. D-リボースを 1 当量のメタノールと HCl 存在下で反応させたところ，4 種類の生成物が得られた．生成物の構造を書け．

38. 次の化合物の名称を書け．

    a. [構造式]   b. [構造式]   c. [構造式]

39. ある学生が単糖を単離し，その分子量が 150 であることを決定した．驚いたことに，この糖は光学活性ではなかった．この単糖の構造を書け．

40. 塩基溶液中で D-グルコースから D-アロースが生じる反応機構を書け．

41. アルドース A を水素化ホウ素ナトリウムと反応させたところ，光学不活性なアルジトールが生成した．A を Wohl 分解すると B が生成したが，B から得られるアルジトールも光学不活性であった．B を Wohl 分解すると D-グリセルアルデヒドが得られた．A と B は何か．

42. (+)-グリセルアルデヒドに対し，3 回の連続した Kiliani-Fischer 合成を行ったところ，あるヘキソースが得られた．次に示す実験結果からこのヘキソースの構造を決定せよ：硝酸で酸化すると光学活性なアルダル酸が生じた；Wohl 分解の生成物を硝酸で酸化したところ光学不活性なアルダル酸を生じた；Wohl 分解を 2 度行うとエリトロースが生成した．

43. 希塩酸中での α-D-グルコースと β-D-グルコースの相互変換の反応機構を書け．

44. 構造が不明のβ-D-アルドヘキソースがある．この糖にはアキシアル配向の置換基は一つしかない．Wohl 分解を行い，得られた生成物を水素化ホウ素ナトリウムと反応させると，光学活性なアルジトールが得られた．これらの結果から，もとのβ-D-アルドヘキソースの構造には二つの可能性があることがわかる．どのような実験を行えば，この二つの可能性のある構造を区別することができるか．

45. D-グルコースの ^{1}H NMR スペクトルを D_2O 中で測定すると，2 種類の二重線が高周波側に観測される．これらの二重線はどの水素のものか．

46. D-グルクロン酸は動植物中に広く見いだされる化合物である．生体内での機能の一つは，肝臓で OH 基をもつ毒性の物質と反応してグルクロニド（グルクロン酸のグリコシド）を生成し，解毒することである．グルクロニドは水に可溶なので，速やかに排泄される．テレビン油やフェノールなどの毒物が体内に入ると，これらの化合物のグルクロニドが尿中に検出される．β-D-グルクロン酸とフェノールとの反応で生成するグルクロニドの構造を書け．

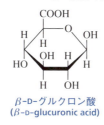

β-D-グルクロン酸
(β-D-glucuronic acid)

47. Fischer が D-グルコースの構造を証明したときに用いたのと同様の論理を使って，D-ガラクトースの構造を決定せよ．

48. ある D-アルドペントースを硝酸により酸化したところ，光学活性なアルダル酸が生成した．このアルドペントースを Wohl 分解して得られる単糖を硝酸で酸化すると，光学不活性なアルダル酸が生成した．この D-アルドペントースは何か．

49. α-D-ガラクトースとβ-D-グルコースを希塩酸と反応させるとβ-マルトースが生成する反応機構を書け．

50. ヒアルロン酸は結合組織の成分で，関節の潤滑剤のはたらきをする流動性の高い化合物であり，N-アセチル-D-グルコサミンと D-グルクロン酸サブユニットがβ-1,3'-グリコシド結合で交互に連結したポリマーである．ヒアルロン酸の繰返し構造を書け．

51. ある学生は D-ガラクトースを合成するために，その出発物質として用いる D-リキソースを取りに貯蔵室に出向いた．ところが，D-リキソースと D-キシロースがそれぞれ入っている二つの試薬瓶のラベルが，両方ともはがれ落ちていた．彼女はどうすれば D-リキソースの入っている試薬瓶がどちらであるか見分けられるだろうか．

52. D-グルコース由来のアルドン酸は単一の五員環ラクトンを生成する．この構造式を書け．

53. D-グルコース由来のアルダル酸は 2 種類の五員環ラクトンを生成する．これらの構造式を書け．

54. β-マルトースの酸加水分解の反応機構を書け．

55. 16 種類のアルドヘキソースから，何種類のアルダル酸が生成するか．

56. 熱帯性植物である *Sterculia setigera*(ピンポンノキ属)の木からの抽出物を酸加水分解したところ，あるヘキソースが得られた．次に示す実験結果を与えるこのヘキソースの構造を決定せよ：このヘキソースは変旋光を示す；Br_2とは反応しない；Tollens 試薬との反応により，D-ガラクトン酸と D-タロン酸を生じた．

57. D-フルクトースを D_2O に溶解し，その溶液を塩基性にしたところ，この溶液から回収した D-フルクトースには，C-1 位の炭素に結合した重水素が 1 分子当たり 1.7 個存在していた．D-フルクトースに重水素が取り込まれる反応機構を示せ．

58. 次のそれぞれの化合物の構造式を書け．
   a. β-D-タロピラノース b. α-D-イドピラノース c. α-D-タガトピラノース
   d. β-D-プシコフラノース e. β-L-タロピラノース f. α-L-タガトピラノース

59. α-D-グルコース，β-D-グルコース，およびそれらの平衡混合物の比旋光度の値から，平衡状態における α-D-グルコースと β-D-グルコースの存在比を計算し，21.10 節で述べた値と比較せよ．〔ヒント：混合物の比旋光度の値は次の式で求まる．（α-D-グルコースの比旋光度の値）×（α-D-グルコースの全グルコースに対する分率）+（β-D-グルコースの比旋光度の値）×（β-D-グルコースの全グルコースに対する分率）．〕

60. α-D-ガラクトースの比旋光度は 150.7°であり，β-D-ガラクトースのそれは 52.8°である．70%の α-D-ガラクトースと 30%の β-D-ガラクトースからなる混合物を水に溶解し，平衡状態に達したときの比旋光度は 80.2°であった．平衡状態での各アノマーの濃度(存在比)を求めよ．

61. 構造不明の二糖がある．この二糖は Tollens 試験で陽性(銀鏡が生じる)であった．グリコシダーゼを作用させると D-ガラクトースと D-マンノースを生成した．この二糖をヨウ化メチルと Ag_2O で処理し，次に希塩酸で加水分解したところ，得られた生成物は 2,3,4,6-テトラ-*O*-メチルガラクトースと 2,3,4-トリ-*O*-メチルマンノースであった．この二糖の構造を書け．

62. D-アルトロースでは，ピラノース構造またはフラノース構造のどちらが優先的に存在するか．（ヒント：五員環化合物において最も安定な立体配置は，隣り合った置換基がすべてトランスの関係にある場合である．）

63. トレハロースは $C_{12}H_{22}O_{11}$ の分子式をもつ非還元糖である．ショ糖の 45%の甘みしか示さないが，吸湿性が低いためサラサラで乾いた状態を長く保つ．トレハロースの酸加水分解，または酵素マルターゼとの反応は，D-グルコースのみを与えた．また，Ag_2O 存在下，過剰のヨウ化メチルと反応させたあとに酸加水分解すると，2,3,4,6-テトラ-*O*-メチル-D-グルコースのみが得られた．トレハロースの構造を書け．

64. α-ヒドロキシイミンが微量の酸の存在下で α-アミノケトンに変換される転位反応の機構を示せ(1148 ページ)．

65. デキストラン中のグルコースユニットはすべて六員環構造をもっている．デキストランをヨウ化メチルと Ag$_2$O で処理し，生成物を酸性条件下で加水分解すると，2,3,4,6-テトラ-*O*-メチル-D-グルコース，2,4,6-トリ-*O*-メチル-D-グルコース，2,3,4-トリ-*O*-メチル-D-グルコース，および 2,4-ジ-*O*-メチル-D-グルコースが得られる．デキストランの繰返し構造を書け．

66. ピラノースがいす形配座をもち，かつ CH$_2$OH 基と C-1 位の OH 基がともにアキシアル位に配向している場合，これら二つの官能基が反応して分子内アセタールを生成することがある．このアセタールを糖のアンヒドロ形と呼ぶ（水分子が失われているので）．D-イドースのアンヒドロ形構造を下に示した．100℃の水溶液中では，D-イドースはその約 80% がアンヒドロ形で存在している．同様の条件下で，D-グルコースのアンヒドロ形はわずか約 0.1% しか存在しないのはなぜか説明せよ．

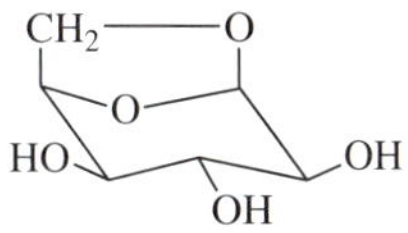

D-イドースのアンヒドロ形

22 アミノ酸, ペプチド, およびタンパク質の有機化学

クモの巣, 絹, 筋肉, および羊毛はすべてタンパク質でできている. 本章では, 筋肉や羊毛が伸び縮みできるのに, クモの巣や絹はそうではない理由を学ぶ. また, 還元反応に続く酸化反応により, 髪の毛(これもタンパク質である)にパーマやストレートパーマをかけることができる理由についても学ぶ.

天然に広く存在するポリマーは, 多糖, タンパク質, および核酸の3種類である. 多糖についてはすでに学んだ(21.16節参照). 本章では, タンパク質およびタンパク質と構造は似ているが, より短い構造をもつペプチドに着目する. (核酸については26章で学ぶ.)

ペプチド(peptide)と**タンパク質**(protein)はアミノ酸のポリマーであり, アミノ酸がアミド結合を介して互いに結合している. **アミノ酸**(amino acid)はα炭素上にプロトン化したアミノ基をもつカルボン酸である.

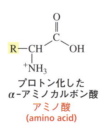

プロトン化した
α-アミノカルボン酸
アミノ酸
(amino acid)

アミノ酸はアミド結合で互いに結合している
トリペプチド
(tripeptide)

アミノ酸ポリマーはあらゆる数のアミノ酸から構成されうる．**ジペプチド**（dipeptide）は 2 個のアミノ酸，**トリペプチド**（tripeptide）は 3 個のアミノ酸，**オリゴペプチド**（oligopeptide）は 4 〜 10 個のアミノ酸，そして**ポリペプチド**（polypeptide）はそれ以上の多くのアミノ酸で構成されている．タンパク質は天然に存在するポリペプチドで，40 〜 4000 個のアミノ酸からなる．タンパク質は生体で多くの機能を担っている（表 22.1）．

表 22.1 生体に存在するタンパク質の多様な機能の例

構造タンパク質	生体構造に強度を与えたり，生体を外界から保護したりする役割をもつ．たとえば，コラーゲンは骨，筋肉，および腱の主要構成成分であり，ケラチンは毛，角，羽，毛皮，および皮膚の外層の主要構成成分である．
防御タンパク質	ヘビ毒や植物毒は毒生産者を外敵から守るタンパク質である．血液凝固タンパク質は血管系が傷害を受けたときにそれらを保護する．抗体やペプチド性抗生物質はヒトを疾病から守る．
酵 素	酵素は細胞中で起こる反応を触媒するタンパク質である．
ホルモン	生体系中での反応を制御するホルモンのうちのいくつかはタンパク質である．
生理的機能をもつタンパク質	生体内での酸素の輸送と貯蔵，および筋肉中での酸素の貯蔵，および筋肉の収縮などをつかさどる．

タンパク質は繊維状または球状に分類することができる．**繊維状タンパク質**（fibrous protein）は，神経や筋肉の細長い繊維束に見られる長いポリペプチド鎖をもっている．これらのタンパク質は水に不溶である．**球状タンパク質**（globular protein）は，球状の形をとる傾向が強く，そのほとんどは水に可溶である．すべての構造タンパク質は繊維状タンパク質であり，酵素のほとんどは球状タンパク質である．

22.1 アミノ酸の命名法

天然に最もよく見られる 20 種類のアミノ酸の構造と，タンパク質中におけるそれらの存在比を表 22.2 に示す．天然には表にあげた以外のアミノ酸も存在するが，それらの存在比は非常に小さい．アミノ酸の違いは α 炭素に結合している置換基（R）の違いだけであることに注目しよう．これらの置換基〔**側鎖**（side chain）と呼ばれる〕は多種多様であり，この種類の多さがタンパク質の構造の多様性，ひいては機能の多様性をもたらしている．プロリン以外のすべてのアミノ酸は第一級アミノ基をもっていることにも注目しよう．プロリンには五員環に第二級アミノ基が存在する．

ほとんどの場合，アミノ酸は慣用名で呼ばれる．慣用名はそのアミノ酸に関するなんらかの性質を示していることが多い．たとえば，グリシンの名称はそれが呈する甘みに由来している（*glykos* はギリシャ語で〝甘い〞を意味する）．バリン

は吉草酸(valeric acid)と同数の五つの炭素をもっている．アスパラギンは最初にアスパラガス中に見いだされたし，チロシンはチーズから単離された(tyros はギリシャ語で〝チーズ〟を意味する)．

表 22.2 天然によく見られるアミノ酸：生理的 pH(7.4)で優位に存在する構造

	構造	名称	略号		タンパク質中の平均相対含有量
脂肪族側鎖をもつアミノ酸	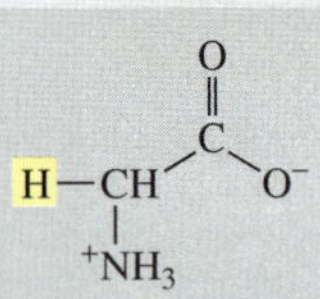 H−CH(+NH₃)−COO⁻	グリシン (glycine)	Gly	G	7.5%
	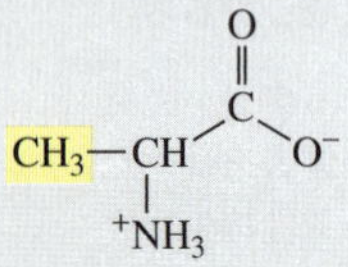 CH₃−CH(+NH₃)−COO⁻	アラニン (alanine)	Ala	A	9.0%
	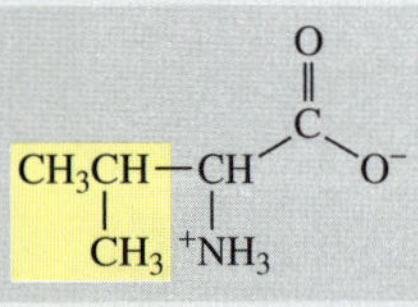 (CH₃)₂CH−CH(+NH₃)−COO⁻	バリン* (valine)	Val	V	6.9%
	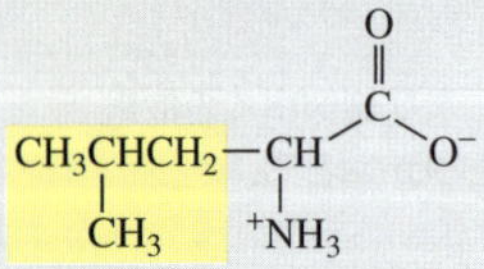 (CH₃)₂CHCH₂−CH(+NH₃)−COO⁻	ロイシン* (leucine)	Leu	L	7.5%
	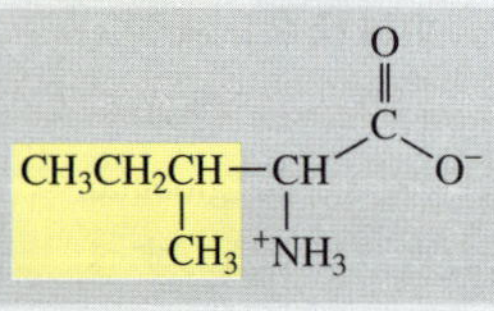 CH₃CH₂CH(CH₃)−CH(+NH₃)−COO⁻	イソロイシン* (isoleucine)	Ile	I	4.6%
ヒドロキシ基をもつアミノ酸	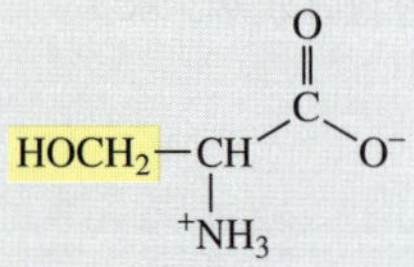 HOCH₂−CH(+NH₃)−COO⁻	セリン (serine)	Ser	S	7.1%
	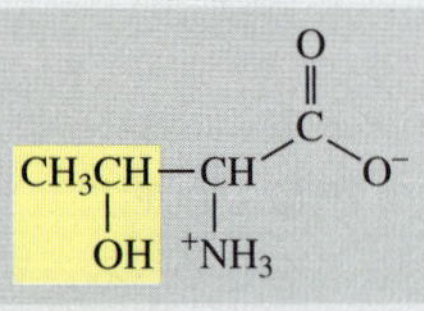 CH₃CH(OH)−CH(+NH₃)−COO⁻	トレオニン* (threonine)	Thr	T	6.0%
硫黄を含むアミノ酸	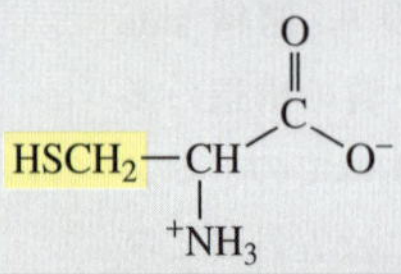 HSCH₂−CH(+NH₃)−COO⁻	システイン (cysteine)	Cys	C	2.8%
	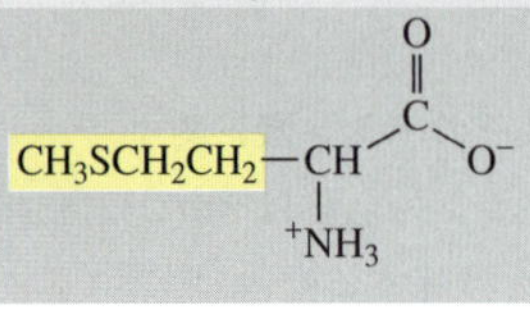 CH₃SCH₂CH₂−CH(+NH₃)−COO⁻	メチオニン* (methionine)	Met	M	1.7%

22.1 アミノ酸の命名法

分類	構造	名称	略号3	略号1	%
酸性アミノ酸	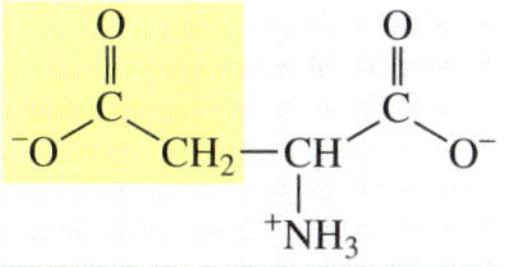 ⁻O–CO–CH₂–CH(⁺NH₃)–CO–O⁻	アスパラギン酸アニオン (aspartate) [アスパラギン酸 (aspartic acid)]	Asp	D	5.5%
	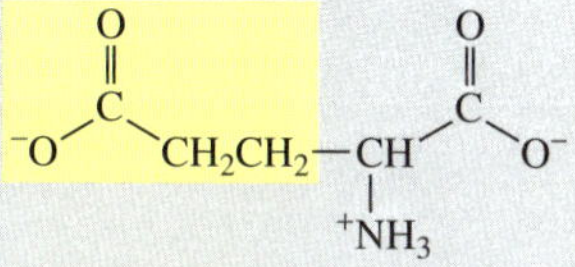 ⁻O–CO–CH₂–CH₂–CH(⁺NH₃)–CO–O⁻	グルタミン酸アニオン (glutamate) [グルタミン酸 (glutamic acid)]	Glu	E	6.2%
酸性アミノ酸のアミド体	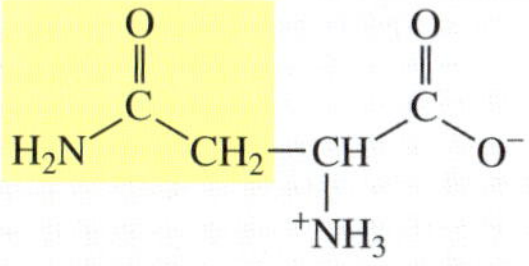 H₂N–CO–CH₂–CH(⁺NH₃)–CO–O⁻	アスパラギン (asparagine)	Asn	N	4.4%
	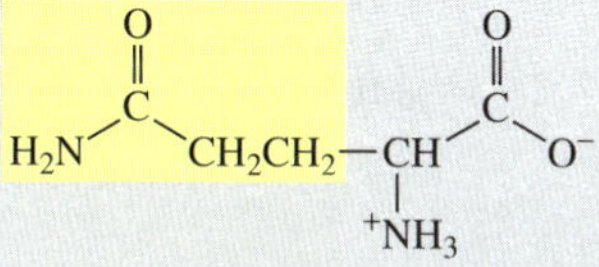 H₂N–CO–CH₂–CH₂–CH(⁺NH₃)–CO–O⁻	グルタミン (glutamine)	Gln	Q	3.9%
塩基性アミノ酸	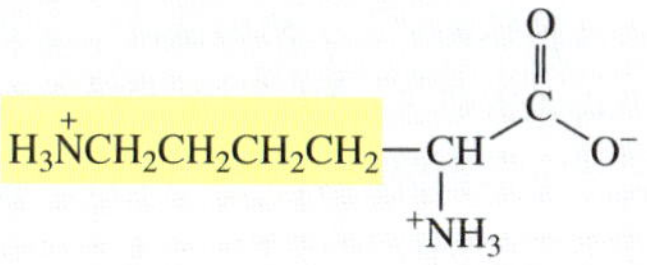 H₃⁺NCH₂CH₂CH₂CH₂–CH(⁺NH₃)–CO–O⁻	リシン* (lysine)	Lys	K	7.0%
	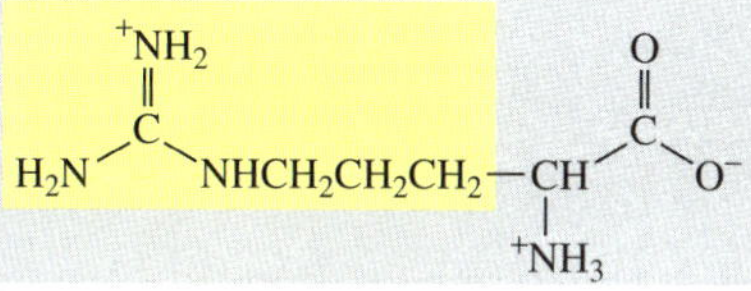 H₂N–C(=⁺NH₂)–NHCH₂CH₂CH₂–CH(⁺NH₃)–CO–O⁻	アルギニン* (arginine)	Arg	R	4.7%
ベンゼン環をもつアミノ酸	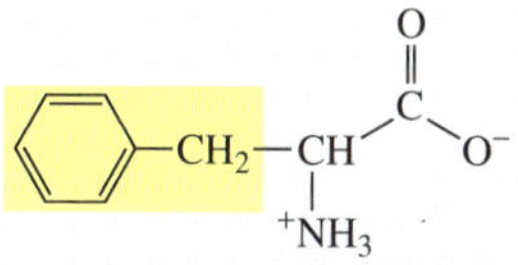 C₆H₅–CH₂–CH(⁺NH₃)–CO–O⁻	フェニルアラニン* (phenylalanine)	Phe	F	3.5%
	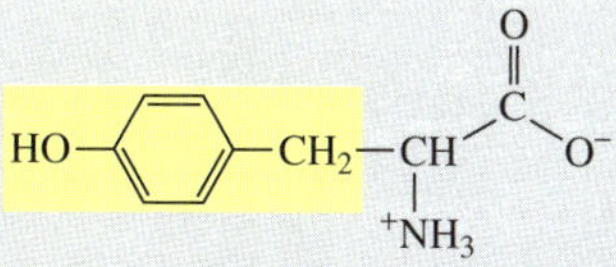 HO–C₆H₄–CH₂–CH(⁺NH₃)–CO–O⁻	チロシン (tyrosine)	Tyr	Y	3.5%
複素環をもつアミノ酸	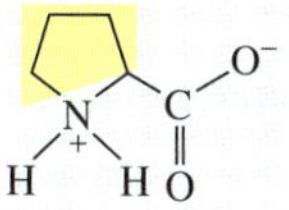 プロリン構造	プロリン (proline)	Pro	P	4.6%
	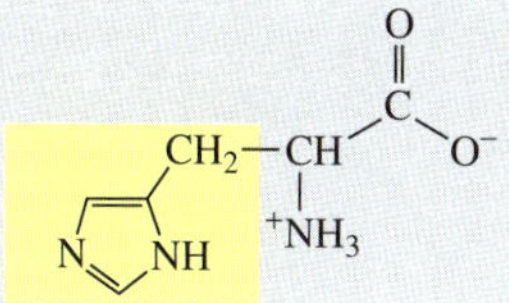 イミダゾール–CH₂–CH(⁺NH₃)–CO–O⁻	ヒスチジン* (histidine)	His	H	2.1%

| | トリプトファン* | Trp | W | 1.1% |
| | (tryptophan) | | | |

*必須アミノ酸

† 訳者注：これらの酸性アミノ酸は，生理的pHでは負電荷をもっているので，それぞれアスパラギン酸アニオンおよびグルタミン酸アニオンと呼ばれるが，単に〝アスパラギン酸〟および〝グルタミン酸〟と呼ばれることが多い．

表 22.2 に示したように，アミノ酸をいくつかのカテゴリーに分類すると，より容易に覚えられる．脂肪族側鎖をもつアミノ酸には，側鎖が水素のみ（R = H）のグリシンと，アルキル側鎖をもつ次の四つのアミノ酸がある．アラニンはメチル基を側鎖にもち，バリンはイソプロピル基を側鎖にもつ．イソロイシンは，その名称にもかかわらずイソブチル基ではなく，sec-ブチル基をもっていることに注意しよう．ロイシンはイソブチル基をもっているアミノ酸である．それぞれのアミノ酸は3文字略号（ほとんどの場合，名称の最初の3文字が対応している），または1文字略号で表現される．

セリンとトレオニンの2種類のアミノ酸の側鎖にはアルコール基がある．セリンはアラニンのメチル基の水素原子1個がOH基で置換されたものであり，トレオニンには枝分れしたエタノール置換基が存在する．硫黄を含むアミノ酸も2種類あり，システインはアラニンのメチル基の水素原子1個がSH基で置換されたものであり，メチオニンは2-メチルチオエチル基をもっている．

酸性アミノ酸（二つのカルボキシ基をもつアミノ酸）にはアスパラギン酸アニオンとグルタミン酸アニオンの2種類がある†．アスパラギン酸アニオンはアラニンのメチル基の水素原子1個がカルボキシ基で置換されたものであり，グルタミン酸アニオンはアスパラギン酸アニオンにさらにメチレン基が導入された構造をもっている（これらのカルボキシ基がプロトン化された場合，名称はそれぞれアスパラギン酸とグルタミン酸となる）．アスパラギンとグルタミンは酸性アミノ酸のアミドである．すなわち，アスパラギン酸のアミドがアスパラギン，グルタミン酸のそれがグルタミンである．ここでこれらのアミノ酸を1文字略号で表現する場合，単純にAやGを使用できないことに注意しよう．なぜなら，AとGはそれぞれアラニンとグリシンを表す略号だからである．このため，アスパラギン酸とグルタミン酸の1文字略号にはそれぞれDとEが，アスパラギンとグルタミンの1文字略号にはそれぞれNとQが与えられている．

塩基性アミノ酸（塩基性を示す含窒素官能基を二つもつアミノ酸）には，リシンとアルギニンの2種類がある．リシンはε-アミノ基をもち，アルギニンはδ-グアニジノ基をもっている．生理的なpHでは，これらの含窒素官能基はプロトン化されている．εやδの記号により，これらのアミノ酸には何個のメチレン基が存在するかがわかる．

[構造式: リシンとアルギニン、プロトン化された ε-アミノ基、プロトン化された δ-グアニジノ基]

フェニルアラニンとチロシンの二つのアミノ酸はベンゼン環をもっている．その名称からもわかるように，フェニルアラニンはアラニンがフェニル基で置換されたものである．チロシンはパラ位に OH 基をもつフェニルアラニンである．

複素環をもつアミノ酸としては，プロリン，ヒスチジン，およびトリプトファンがある．プロリンはその窒素原子が五員環に組み込まれており，第二級アミノ基をもつ唯一のアミノ酸である．ヒスチジンはアラニンのメチル基の水素がイミダゾールで置換された構造である．イミダゾールは平面環状構造で，環を形成している原子はすべて p 軌道をもっており，非局在化した 3 組の π 電子対が存在する芳香族化合物である (20.7 節参照)．プロトン化されたイミダゾール環の pK_a は 6.0 であるので，生理的 pH (7.4) において，イミダゾール環は酸の形と塩基の形の両方で存在している．

プロトン化された　　イミダゾール
イミダゾール　　　　(imidazole)

トリプトファンはアラニンがインドール環で置換された構造である．イミダゾールと同様，インドールも芳香族化合物である．インドール環にある窒素原子上の孤立電子対は化合物の芳香族性に必要なので，インドールはきわめて弱い塩基である．(プロトン化されたインドールの pK_a は -2.4 である．) したがって，生理的な条件では，トリプトファンの環窒素原子がプロトン化されることはない．

[構造式: インドール (indole)]

表 22.2 で＊をつけた 10 種類のアミノ酸は**必須アミノ酸** (essential amino acid) である．ヒトはこれら 10 種類の必須アミノ酸を体内でまったく，あるいは必要な量を合成できないため，食餌から得なければならない．たとえば，ヒトはベンゼン環を合成できないため，フェニルアラニンを食餌から摂取する必要がある．しかし，チロシンを食餌から摂取する必要はない．その理由は，ヒトは必要量のチロシンをフェニルアラニンから体内で合成することができるからである (25.9 節参照)．ヒトはアルギニンを合成することができるが，成長期にあっては体内で合成される量では不足となる．したがって，アルギニンは子どもにとっては必須アミノ酸であり，大人にとってはそうではない．

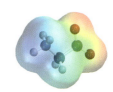

グリシン

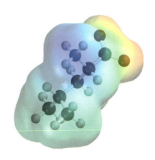

ロイシン

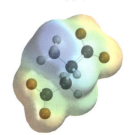

アスパラギン酸

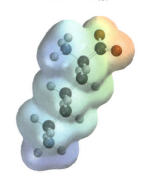

リシン

タンパク質と栄養

タンパク質は私たちの食餌中の重要な成分である．食餌から摂取したタンパク質は生体内でアミノ酸分子にまで加水分解され，そのうちのいくつかは生体に必要なタンパク質合成に利用される．また，アミノ酸のいくつかはさらに分解(代謝)されて生体中でのエネルギー源となったり，チロキシン(19.4節参照)，アドレナリン，およびメラニン(25.9節参照)といったような，生体が必要とする非タンパク質性化合物を合成するための出発物質として利用されたりする．

完全タンパク質食品(肉，魚，卵，および牛乳)は10種類の必須アミノ酸をすべて含んでいるが，不完全タンパク質食品ではヒトの成長に必要な必須アミノ酸を1種類以上含むがその量は非常に少ない．たとえば，ダイズやエンドウなどにはメチオニンが不足しているし，トウモロコシにはリシンとトリプトファンが不足している．また，コメにはリシンとトレオニンが不足している．よって，ベジタリアンはさまざまな食品からタンパク質を摂る必要がある．

問題 1

a. ヒスチジンのイミダゾール環がプロトン化されるとき，二重結合をもつ窒素がプロトン化されるのはなぜか，説明せよ．

b. アルギニンのグアニジノ基がプロトン化されるとき，二重結合をもつ窒素がプロトン化されるのはなぜか，説明せよ．

† 訳者注：イソロイシンとトレオニンにおいては，その側鎖にも不斉中心が存在する(表22.2を見よ)．イソロイシンとトレオニンは2個の不斉中心をもっているので，それぞれ4種類の立体異性体が存在する．天然のイソロイシンはL-イソロイシンであり，C-3位(C-2位がα炭素，C-3位がβ炭素である)の立体配置はSである．よって天然のイソロイシンは$2S,3S$の立体配置をもっている．イソロイシンのC-3位(β炭素)エピマー($2S,3R$の立体配置をもつ)はL-アロイソロイシン(L-alloisoleucine)と呼ばれる．天然のトレオニンはL-トレオニンであり，C-3位の立体配置はRである．そのC-3位エピマー($2S,3S$の立体配置をもつ)はL-アロトレオニン(L-allothreonine)と呼ばれる(問題3を参照せよ)．

22.2 アミノ酸の立体配置

天然に存在するすべてのアミノ酸のα炭素は，グリシンを除き不斉中心である．したがって，表22.2に示した20種類のアミノ酸のうちの19種類にはエナンチオマーが存在する†．単糖に対して使用したD,L表記法(21.2節参照)はアミノ酸にも使える．すなわち，アミノ酸のカルボキシ基が垂直線上に，R基が下に位置するようにFischer投影式を書いたとき，アミノ基が右に位置すれば**D-アミノ酸**(D-amino acid)であり，左に位置すれば**L-アミノ酸**(L-amino acid)となる．単糖の場合は，天然に存在する異性体はD体であったが，ほとんどの天然アミノ酸はLの立体配置をもっている．これまでのところ，数種のペプチド系抗生物質や細菌の細胞壁に結合している小さいペプチド中などに，D-アミノ酸残基が存在していることが明らかとなっている．(25.4節では，どのようにすればL-アミノ酸をD-アミノ酸へ変換できるかについて学ぶ．)

22.2 アミノ酸の立体配置

H—C=O
H—OH
CH₂OH
D-グリセルアルデヒド

H—C=O
HO—H
CH₂OH
L-グリセルアルデヒド

⁻O—C=O
H—⁺NH₃
R
D-アミノ酸

⁻O—C=O
H₃N⁺—H
R
L-アミノ酸

天然に存在する単糖はDの立体配置をもっている.

天然に存在するアミノ酸はLの立体配置をもっている.

　なぜ糖はD体で，アミノ酸はL体なのだろうか．自然がどちらの異性体を合成すべきものとして"選んだ"かはさほど問題ではなく，重要なのは片方の異性体のみが選ばれたことである．たとえば，D体とL体の両方のアミノ酸を含むタンパク質は正しい折りたたみ構造をとることができず，正しい折りたたみ構造をもたないタンパク質には触媒作用がない(22.15節)．もう一つ重要なことは，すべての生物が同じ異性体を合成しているという事実である．たとえば，哺乳動物が最終的にL-アミノ酸をもつようになったのであれば，哺乳動物が食物として依存するほかの生物において合成されるアミノ酸はL-アミノ酸である必要がある．

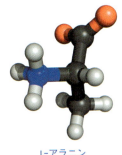
L-アラニン
アミノ酸

🧪 アミノ酸と病気

グアムに住むチャモロ族は，筋萎縮性側索硬化症(ALS，Lou Gehrig 病とも呼ばれる)と似た，パーキンソン病や痴呆症の症状を呈する症候群の発生率が高い．この症候群は第二次世界大戦中，部族の人びとが食糧難のため，*Cycas circinalis*(ソテツ科の植物)の種子を大量に食したことによって発生した．この種子にはβ-メチルアミノ-L-アラニンが含まれているが，細胞中のL-グルタミン酸受容体と結合することが知られている．サルにβ-メチルアミノ-L-アラニンを与えると，この症候群の特徴的な症状が現れる．β-メチルアミノ-L-アラニンの作用機構の研究により，ALSやパーキンソン病発症の謎が解明されるかもしれない．

COO⁻
CH₃—C⁽‴⁾H
　　⁺NH₃
L-アラニン

COO⁻
CH₃NH₂CH₂—C⁽‴⁾H
　　⁺NH₃
β-メチルアミノ-L-アラニン

　　O　　　COO⁻
⁻OCCH₂CH₂—C⁽‴⁾H
　　　　　⁺NH₃
L-グルタミン酸

問題 2 ◆

a. (*R*)-アラニンと(*S*)-アラニンのどちらの異性体が D-アラニンであるか．
b. (*R*)-アスパラギン酸と(*S*)-アスパラギン酸のどちらの異性体が D-アスパラギン酸であるか．
c. *R*, *S* と D, L の関係に一般性はあるか．

🧪 ペプチド性抗生物質

グラミシジンSはある種の細菌が生産する抗生物質で，環状のデカペプチドである．10種類あるアミノ酸のうちの一つが，オルニチンであることに注目しよう．オルニチンは自然界にはまれにしか存在しないアミノ酸で，表22.2には示されていない．

リシンと似た構造をしているが，側鎖のメチレン基が一つ少ない．グラミシジンSには二つのD-アミノ酸が含まれていることにも注目しよう．

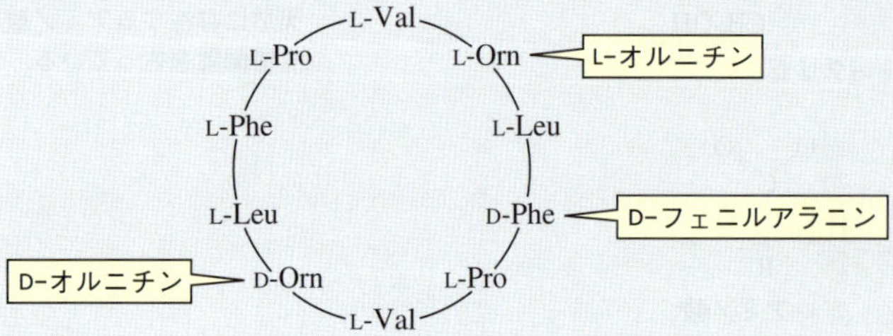

グラミシジンS (gramicidin S)

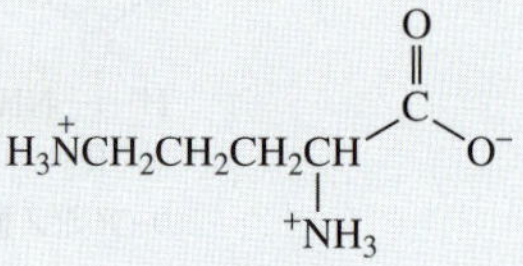

オルニチン (ornithine)

問題 3（解答あり）

トレオニンは2個の不斉中心をもっている．よって4種類の立体異性体が存在する．天然のL-トレオニンは$(2S, 3R)$-トレオニンである．どの立体異性体がL-トレオニンか．

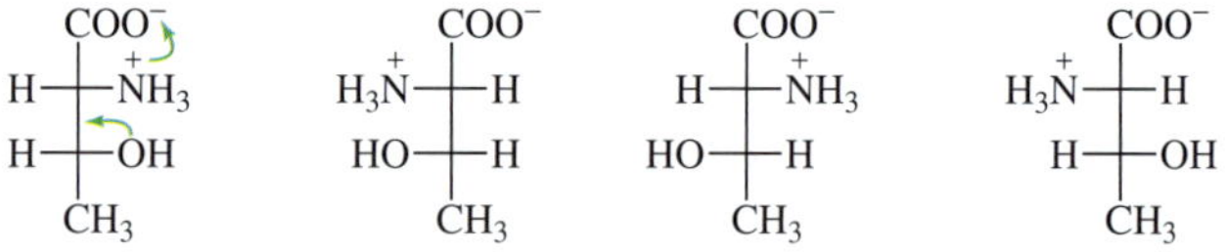

解答 立体異性体 **A** においては，最も優先順位が高い置換基から出発して次に優先順位の高い置換基へ書いた矢印が反時計回りであるので，C-2位，C-3位ともR配置を示す．C-2位，C-3位とも最も優先順位が低い置換基(H)が水平方向にあるので，反時計回りはR配置を示す(上巻；4.7節参照)．よって，立体異性体 **A** のC-2位およびC-3位の立体配置はともにRである．$(2S, 3R)$-トレオニンの立体配置を立体異性体 **A** と比較すると，C-2位の立体配置は立体異性体 **A** とは逆で，C-3位のそれは同じである．したがって，L-トレオニンは立体異性体 **D** である．Fischer 投影式において，$^+NH_3$ 基が左に位置していれば，それは天然型のL-アミノ酸であるということを覚えておこう．

問題 4 ◆

表22.2中のアミノ酸で，不斉中心を2個以上もっているものはどれか．

22.3 アミノ酸の酸-塩基としての性質

すべてのアミノ酸はカルボキシ基とアミノ基をもっており，それらの官能基はアミノ酸が溶けている溶液のpHにより，酸の形または塩基の形として存在する．

化合物が自身のpK_a値よりもより酸性の溶液中にあるときは，おもに酸の形(すなわちプロトンをもっている形)で存在し，pK_a値よりも塩基性の溶液中にあるときは，おもに塩基の形(すなわちプロトンを失った形)で存在することはすでに学んだ(上巻；2.10節参照)．

22.3 アミノ酸の酸-塩基としての性質

$$R-\underset{\underset{^+NH_3}{|}}{CH}-COOH \rightleftharpoons R-\underset{\underset{^+NH_3}{|}}{CH}-COO^- + H^+ \rightleftharpoons R-\underset{\underset{NH_2}{|}}{CH}-COO^- + H^+$$

pH = 約0　　　　双性イオン　　　　pH = 約12
　　　　　　　　pH = 7

アミノ酸中のカルボキシ基の pK_a 値は約 2 であり，プロトン化されたアミノ基のそれは約 9 である(表 22.3). したがって，非常に強い酸性溶液(pH = 約 0)中では，両方の官能基は酸の形として存在する．pH = 7 の溶液中では，pH の値はカルボキシ基の pK_a よりも大きいが，プロトン化されたアミノ基の pK_a より小さいので，カルボキシ基は塩基の形として，アミノ基は酸の形としてそれぞれ存在する．強い塩基性溶液(pH = 約 12)中では，カルボキシ基とアミノ基はともに塩基の形となる．

ある化合物が自身がもつイオン化しうる基の pK_a 値よりも低い pH の溶液中にあるとき，その化合物はおもに酸の形(プロトンをもつ)で存在し，pK_a 値よりも高い pH の溶液中にあるときは，おもに塩基の形(プロトンを失う)で存在する．

pH = pK_a のときには，酸の形と塩基の形が等量ずつ存在することをHenderson-Hasselbalch 式 (上巻；2.10 節参照)から思い出そう．

表 22.3 アミノ酸の pK_a 値

アミノ酸	pK_a α-COOH	pK_a α-$\overset{+}{N}H_3$	pK_a 側鎖
アラニン	2.34	9.69	—
アルギニン	2.17	9.04	12.48
アスパラギン	2.02	8.84	—
アスパラギン酸	2.09	9.82	3.86
システイン	1.92	10.46	8.35
グルタミン酸	2.19	9.67	4.25
グルタミン	2.17	9.13	—
グリシン	2.34	9.60	—
ヒスチジン	1.82	9.17	6.04
イソロイシン	2.36	9.68	—
ロイシン	2.36	9.60	—
リシン	2.18	8.95	10.79
メチオニン	2.28	9.21	—
フェニルアラニン	2.16	9.18	—
プロリン	1.99	10.60	—
セリン	2.21	9.15	—
トレオニン	2.63	9.10	—
トリプトファン	2.38	9.39	—
チロシン	2.20	9.11	10.07
バリン	2.32	9.62	—

溶液の pH の値にかかわらず，アミノ酸は電荷をもたない化合物としては決して存在できないことに注意しよう．電荷をもたない構造をとるとすれば，pK_a が約 2 の COOH 基がプロトンを放出する前に，pK_a が約 9 の $^+NH_3$ 基がプロトンを失わなければならない．これは不可能である．なぜなら，弱酸(pK_a = 9)が強酸(pK_a = 2)より容易にプロトンを放出することはあり得ないからである．した

がって，生理的な pH(7.4)においては，アミノ酸は双性イオンと呼ばれる双極イオンとして存在する．**双性イオン**(zwitterion)とは，負電荷をある原子上に，そして，負電荷をもっている原子と隣り合っていない別の原子上に正電荷を同時にもっている化合物のことである．（この名称はドイツ語で〝雌雄同体の〟または〝混種の〟を意味する *zwitter* に由来する．）

問題 5 ◆

アラニンの pK_a 値は 2.34 と 9.69 である．よって，アラニンがおもに双性イオンとして存在する水溶液の pH は　pH > ___ と pH < ___ である．

アミノ酸のなかにはイオン化しうる水素をもつものがある（表 22.3）．たとえば，ヒスチジンのイミダゾール側鎖がプロトン化された化合物の pK_a は 6.04 であるので，ヒスチジンは四つの異なる形で存在する．どの形が優位となるかは，溶液の pH による．

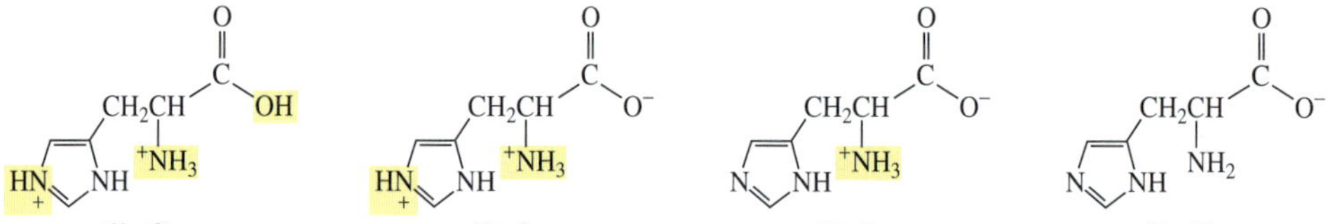

pH = 0　　　　pH = 4　　　　pH = 8　　　　pH = 12

ヒスチジン

問題 6 ◆

アミノ酸に存在するカルボン酸基の pK_a は約 2 であり，通常のカルボン酸（たとえば酢酸の pK_a は 4.76）よりかなり強い酸性を示すのはなぜか．

問題 7（解答あり）

次のそれぞれのアミノ酸が生理的 pH(7.4)において優位となる構造を書け．

a. アスパラギン酸　　b. ヒスチジン　　c. グルタミン
d. リシン　　　　　　e. アルギニン　　f. チロシン

7 a の解答　溶液の pH はカルボキシ基の pK_a 値より大きいので，カルボキシ基は両方とも塩基の形（カルボキシラートイオン）で存在する．一方，溶液の pH はプロトン化されたアミノ基の pK_a 値より小さいので，アミノ基は酸の形（プロトン化されたアミノ基）で存在する．

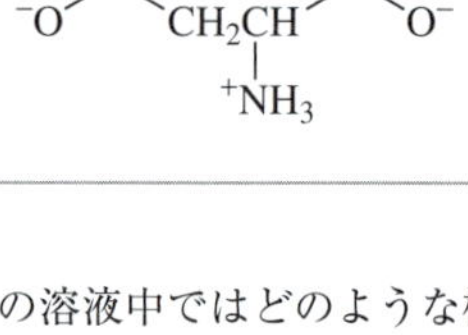

問題 8 ◆

グルタミン酸は次に示す pH の溶液中ではどのような構造をとるか書け．

a. pH = 0　　b. pH = 3　　c. pH = 6　　d. pH = 11

問題 9

a. グルタミン酸の側鎖の pK_a 値がアスパラギン酸の側鎖のそれよりも大きいのはなぜか.

b. アルギニンの側鎖の pK_a 値がリシンの側鎖のそれよりも大きいのはなぜか.

22.4 等電点

アミノ酸の**等電点**(isoelectric point, pI)は,アミノ酸の実効電荷がゼロとなる pH の値である.いいかえれば,アミノ酸がもつ正電荷の量と負電荷の量が正確に一致する pH のことである.

pI = 実効電荷がゼロとなる pH

イオン化しうる側鎖をもたないアミノ酸(たとえばアラニン)の pI は,そのアミノ酸の二つの pK_a 値の平均となる.pH = 2.34 では,半分の分子が負電荷をもったカルボキシ基をもち,残りの半分が電荷をもたないカルボキシ基をもっている.一方,pH = 9.69 においては,半分の分子が正電荷をもったアミノ基をもち,残り半分が電荷をもたないアミノ基をもっている.pH が 2.34 より大きくなると,カルボキシ基が負電荷をもつ分子が増え,pH が 9.69 より小さくなると,正電荷をもつ分子が増える.したがって,二つの pK_a 値の平均では,負電荷をもった基の数と正電荷をもった基の数が等しくなる.

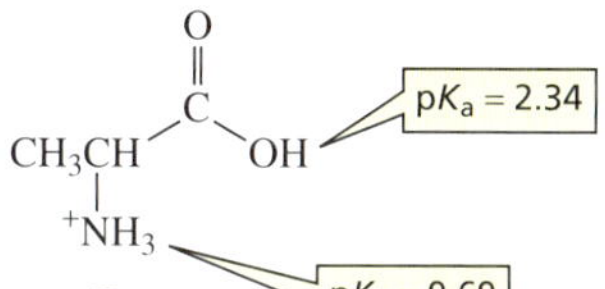

$$pI = \frac{2.34 + 9.69}{2} = \frac{12.03}{2} = 6.02$$

イオン化しうる側鎖をもつほとんどのアミノ酸の pI(問題 13 参照)は,同じ方向(正電荷をもつ基がイオン化されて電荷をもたない基へ,または電荷をもたない基がイオン化されて負電荷をもつ基へ)にイオン化する基の pK_a 値の平均となる.たとえば,リシンの pI は,酸性の形では正電荷をもち,塩基性の形では電荷をもたない二つの官能基の pK_a 値の平均となる.一方,グルタミン酸の pI は,酸性の形では電荷をもたず,塩基性の形では負電荷をもつ二つの基の pK_a 値の平均となる.

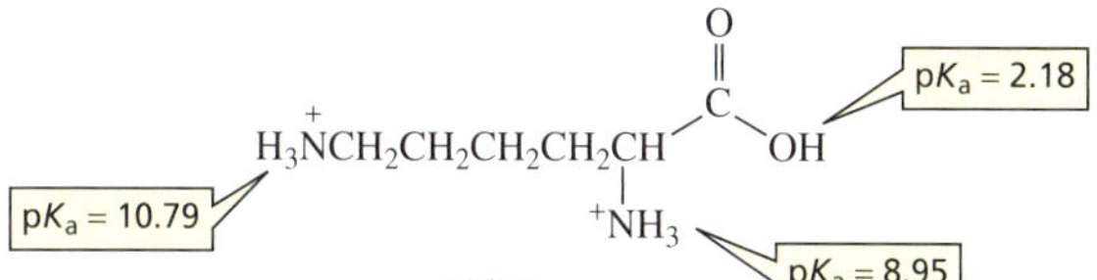

$$pI = \frac{8.95 + 10.79}{2} = \frac{19.74}{2} = 9.87$$

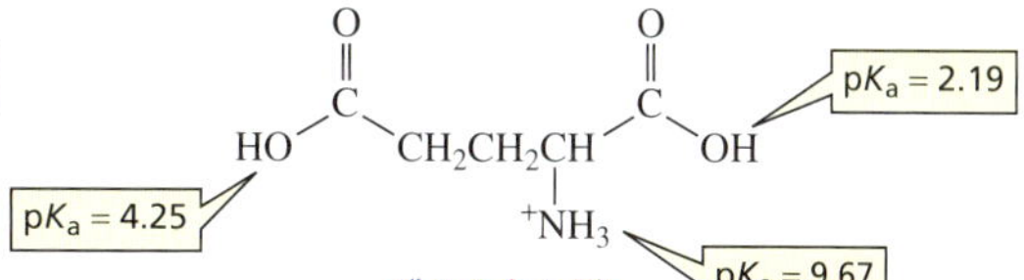

$$pI = \frac{2.19 + 4.25}{2} = \frac{6.44}{2} = 3.22$$

問題 10
リシンの pI 値がプロトン化された二つのアミノ基の pK_a 値の平均となるのはなぜか，説明せよ．

問題 11 ◆
次のそれぞれのアミノ酸の pI 値を計算せよ．
a. アスパラギン **b.** アルギニン **c.** セリン **d.** アスパラギン酸

問題 12 ◆
a. 最も低い pI 値をもつアミノ酸は何か．
b. 最も高い pI 値をもつアミノ酸は何か．
c. pH = 6.20 において，最も多くの負電荷をもつアミノ酸は何か．
d. pH = 6.20 において，グリシンとメチオニンとでは，どちらがより多くの負電荷をもつか．

問題 13
チロシンとシステインの pI 値が，ここで述べた方法では決定できないのはなぜか，説明せよ．

22.5 アミノ酸の分離

アミノ酸の混合物は電気泳動，ろ紙／薄層クロマトグラフィー，およびイオン交換クロマトグラフィーなど，いくつかの異なる手段により分離することができる．

電 気 泳 動

電気泳動(electrophoresis)により，混合物に含まれているアミノ酸の数を決めることができる．これはアミノ酸の pI 値の違いを利用して分離する手法である．数滴のアミノ酸混合物溶液をろ紙またはゲルの中央にたらす．このろ紙またはゲルを緩衝液中で二つの電極間に置いて電流を流すと(図 22.1)，緩衝液の pH よりも大きい pI をもつアミノ酸は分子全体で正電荷をもつので，陰極(負電極)に向かって移動する．

> アミノ酸溶液の pH がそのアミノ酸の pI 値よりも低ければ，アミノ酸は正に帯電し，pH が pI 値よりも高ければ負に帯電する．

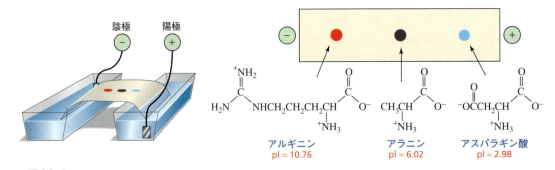

▲ 図 22.1
pH = 5 での電気泳動により分離されたアルギニン，アラニン，およびアスパラギン酸．

アミノ酸の pI が緩衝液の pH よりさらに大きくなると，アミノ酸はより多くの

正電荷をもつようになり，単位時間あたりの陰極への移動距離はさらに大きくなる．一方，緩衝液の pH より小さい pI をもつアミノ酸は，分子全体で負電荷をもつので陽極(正の電極)に向かって移動する．二つの異なる分子が等しい総電荷をもつ場合，電気泳動においては，より大きい分子の移動距離が小さくなる．これは，大きい分子のほうが，単位重量あたりの電荷が小さくなるためである．

アミノ酸は無色なので，それらが分離された様子を検出するにはどうすればよいだろうか．電気泳動によりアミノ酸を分離したのち，ろ紙にニンヒドリン溶液を塗り，乾燥器で乾燥する．ほとんどのアミノ酸は，ニンヒドリンとともに加熱すると，紫色の物質を生成する．混合物中にあるアミノ酸の数は，ろ紙上の呈色したスポットの数から決定できる．分離された個々のアミノ酸の種類は，ろ紙上のスポットの位置を標準試料のそれと比較することにより同定できる．

アミノ酸とニンヒドリンにより着色物質が生成する反応機構を次に示す．ただし，脱水，イミンの生成，およびイミンの加水分解の反応機構は省略してある．(これらの機構は 17.10 節と 17.11 節で述べた．)

アミノ酸とニンヒドリンが反応して着色物質を生成する反応機構

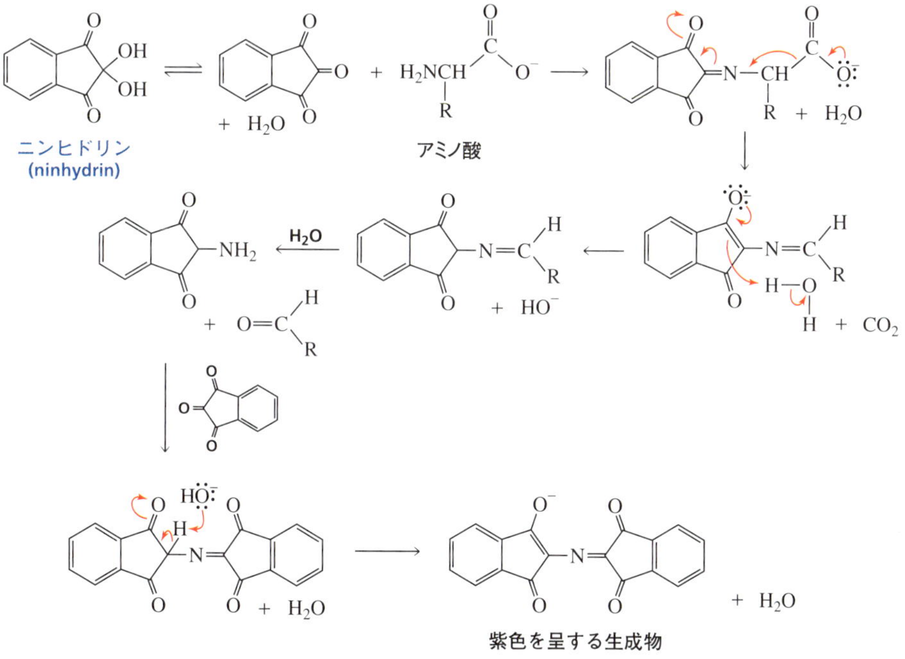

- 水和物から水が失われ，ケトンが生じる．これがアミノ酸と反応し，イミンを生成する．
- 残った電子がカルボニル酸素上に非局在化できるため，脱炭酸が起こる．
- 互変異性化に続くイミンの加水分解により，脱アミノ化したアミノ酸とアミノ化されたニンヒドリンが生成する．
- このアミンがもう 1 分子のニンヒドリンと反応し，イミンを生じる．プロトンが失われて，高度に共役した(着色した)生成物が生じる(上巻；14.21 節参照)．

指紋のついた紙にニンヒドリン溶液を塗布すると，指紋が(指から付着したアミノ酸の呈色により)可視化される．

> **問題 14◆**
> バリンをニンヒドリンと反応させたとき生成するアルデヒドは何か．

ろ紙／薄層クロマトグラフィー

ろ紙クロマトグラフィー(paper chromatography)は，ごく単純な装置によってアミノ酸を分離する手法で，かつては生化学分野の分析に広く利用されていた．現在では，より新しいアミノ酸分離方法が一般的だが，これらの分離に関する原理は，ろ紙クロマトグラフィーのそれとほぼ同一である．そこでまず，ろ紙クロマトグラフィーの原理について述べることにする．

ろ紙クロマトグラフィーは各アミノ酸の極性の違いを利用してアミノ酸を分離する．数滴のアミノ酸混合物の溶液を細長く切ったろ紙の下の部分に吸収させ，ろ紙の下端を溶媒に浸す．溶媒は毛管現象により，アミノ酸とともにろ紙中を上昇していく．アミノ酸はその極性の大小により，移動相(溶媒)と固定相(ろ紙)に対して異なる親和力を示すので，あるアミノ酸はほかのアミノ酸より，より長い距離を移動する．

溶媒の極性がろ紙のそれよりも小さいとき，アミノ酸の極性が大きければ大きいほど，比較的極性の大きいろ紙により強く吸収される．極性の小さいアミノ酸は，固定相であるろ紙よりも移動相に対して大きい親和性をもつので，極性の大きいアミノ酸に比べてろ紙上をより長い距離上昇する．したがって，ろ紙をニンヒドリンで処理したとき，原点に1番近いところに見られる着色スポットが最も極性の大きいアミノ酸であり，原点から1番遠くまで移動したスポットが，最も極性の小さいアミノ酸である(図 22.2)．

> 溶媒の極性がろ紙の極性よりも小さいとき，極性の小さいアミノ酸はろ紙上をより速い速度で(より長い距離)移動する．

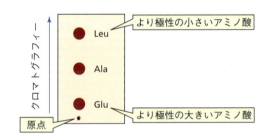

図 22.2 ▶
ろ紙クロマトグラフィーによるグルタミン酸，アラニン，およびロイシンの分離．

側鎖に電荷をもっているアミノ酸は，最も極性が大きく，次に極性が大きいのは水素結合を形成できる側鎖をもつアミノ酸である．炭化水素の側鎖をもっているアミノ酸の極性は最も小さい．炭化水素の側鎖をもつアミノ酸では，アルキル基が大きくなるほど，アミノ酸の極性は小さくなる．たとえば，ロイシン[R = —CH$_2$CH(CH$_3$)$_2$]はバリン[R = —CH(CH$_3$)$_2$]よりも極性が小さい．

今日では，**薄層クロマトグラフィー**(thin-layer chromatography，TLC)がろ紙クロマトグラフィーに代わって広く利用されている．TLCはろ紙の代わりに固体物質を塗布した板を使う点がろ紙クロマトグラフィーと異なる．アミノ酸がどのように分離されるかは，塗布された固体物質と移動相として使用される溶媒により決定される．

クロマトグラフィーは極性の違いを利用してアミノ酸を分離する技術であり，

電気泳動は電荷の違いを利用してアミノ酸を分離する．この2種類の技術を，1枚の同一のろ紙上で適用することができる．**フィンガープリンティング法**（fingerprinting）と呼ばれるこの手法は，二次元の分離（すなわち，アミノ酸が極性と電荷の差異の両方により分離される）を行うものである（問題54と67を見よ）．

問題 15◆

7種類のアミノ酸（グリシン，グルタミン，ロイシン，リシン，アラニン，イソロイシン，およびアスパラギン酸）の混合物をクロマトグラフィーにより分離した．クロマトグラフィー板表面にニンヒドリンを塗布して加熱したところ，6種類のスポットしか検出されなかったのはなぜか説明せよ．

イオン交換クロマトグラフィー

イオン交換クロマトグラフィー（ion-exchange chromatography）と呼ばれる分離法は，アミノ酸の分離と同定の両方に利用でき，また，混合物中のそれぞれのアミノ酸の相対的な量も決定することができる．この手法はカラムと呼ばれる中空の円柱状の管に不溶性の樹脂を詰めたものを使用する．アミノ酸の混合物溶液をカラムの上端部に載せ，はじめはpHの低い緩衝液を，次いでpHを徐々に高くした緩衝液をカラムの上から流す．アミノ酸はその種類によりカラムの中を異なる速度で移動し，分離される．

樹脂は化学的に不活性な物質で，電荷を帯びた置換基をもっている．よく用いられる樹脂の構造を図22.3に示す．この樹脂を詰めたカラムに，リシンとグルタミン酸のpH 6の混合物溶液を載せて溶液を展開すると，グルタミン酸（このpHではアニオンとなっている）は，自身のもつ側鎖上の負電荷が樹脂上のスルホン酸基の負電荷と反発するため，カラム中をより速く移動する．一方，リシンの側鎖は正電荷をもっているので，カラム中に長くとどまることになる．このように，SO_3^-基上のNa^+対イオンが，カラムに注入された正電荷をもつ物質と交換する性質をもつ樹脂を**陽イオン交換樹脂**（cation-exchange resin）と呼ぶ．さらに，樹脂極性が比較的小さいため，極性の大きいアミノ酸よりも極性の小さいアミノ酸を長時間カラム中に保持させる作用も示す．

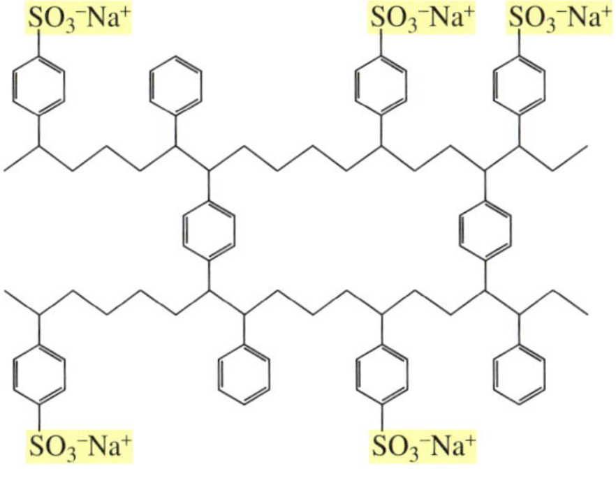

◀ **図 22.3**
陽イオン交換樹脂の部分構造．この樹脂はDowex®50と呼ばれている．

正に帯電した官能基をもつ樹脂は**陰イオン交換樹脂**（anion-exchange resin）と呼ばれる．負電荷をもった物質をカラムに通すと，樹脂上の負電荷をもつ対イオン

と入れ換わるため，カラム中に長くとどまることになる．一般的な陰イオン交換樹脂(Dowex® 1)は図22.3の—$SO_3^-Na^+$基の代わりに—$CH_2N^+(CH_3)_3Cl^-$基をもっている．

アミノ酸分析計(amino acid analyzer)は，イオン交換クロマトグラフィーを自動的に行う機器である．アミノ酸の混合物溶液を，陽イオン交換樹脂の詰まった分析計カラムに通すと，各アミノ酸はその総電荷の違いにより，カラム中を異なる速度で移動する．溶出液(カラムから出てくる溶液)は1種類のアミノ酸すべてが一つの画分に含まれる程度の間隔で集められ，画分を受ける試験管を適宜変えていく(図22.4)．

> カチオンは陽イオン交換樹脂と非常に強く結合する．
>
> アニオンは陰イオン交換樹脂と非常に強く結合する．

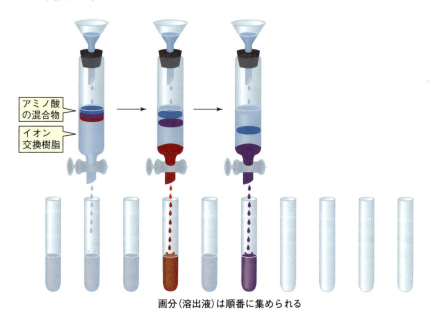

図 22.4 ▶
イオン交換クロマトグラフィーによるアミノ酸の分離．

各画分にニンヒドリンを加え，570 nmでの吸収量を測定することで，画分中のアミノ酸の濃度が求まる．これは，アミノ酸とニンヒドリンとの反応により生成する着色物質が，570 nmに吸収極大(λ_{max})をもっているからである(上巻；14.9節参照)．画分中の濃度と，各画分のカラム内での移動速度がわかれば，アミノ酸混合物中の各アミノ酸の種類とその相対量を決定することができる(図22.5)．

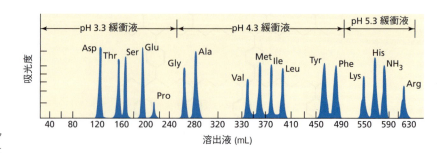

図 22.5 ▶
自動アミノ酸分析計を用いてアミノ酸混合物を分離したときに得られる典型的なクロマトグラム．

硬水軟化装置：陽イオン交換クロマトグラフィーの利用例

硬水軟化装置には，濃食塩水(NaCl水溶液)で処理した陽イオン交換樹脂の詰まったカラムがついている．"硬水"(Ca^{2+}やMg^{2+}を高濃度に含む水；16.13節参照)をこのカラムに通すと，Ca^{2+}やMg^{2+}は，Na^+より樹脂とより強く結合する．よって，この装置は水中のCa^{2+}やMg^{2+}を取り除き，それらをNa^+と置き換える．樹脂は使用するたび，再び濃いNaCl水溶液で処理し，樹脂に結合したCa^{2+}やMg^{2+}をNa^+に置換する必要がある．

問題 16
図22.5に示したクロマトグラムを得る際，カラムからの溶出に用いられる緩衝液のpHが徐々に高くなっているのはなぜか．(溶出とは，化合物が溶媒によってカラムから流し出されることである).

問題 17
次のアミノ酸の混合物をDowex®50(図22.3)を詰めたカラムに通したとき(pH 4の緩衝液を溶出液として使用)，次に示した順番でアミノ酸が溶出した．この現象を説明せよ．

a. アスパラギン酸のあとにセリン　　**b.** セリンのあとにアラニン
c. バリンのあとにロイシン　　**d.** チロシンのあとにフェニルアラニン

問題 18◆
ヒスチジン，セリン，アスパラギン酸，およびバリンの混合物溶液を，陰イオン交換樹脂(Dowex® 1)を詰めたカラムに載せ，pH 4の緩衝液を用いて溶出させた．カラムから溶出する順番を答えよ．

22.6 アミノ酸の合成

アミノ酸を合成するにあたり，化学者は自然に頼る必要はない．さまざまな方法を用いて，実験室で合成することができるからである．ここではアミノ酸合成法のいくつかを学ぶ．

HVZ反応に続くアンモニアとの反応

アミノ酸合成の最も古典的な方法の一つは，HVZ反応によりカルボン酸のα水素を臭素で置換する変換である(18.5節参照)．得られたαブロモカルボン酸は，アンモニアとのS_N2反応によりアミノ酸を生成する(上巻；9.2節参照)．

$$\underset{\text{カルボン酸}}{RCH_2-\overset{O}{\underset{\|}{C}}-OH} \xrightarrow[\text{2. } H_2O]{\text{1. } Br_2,\ PBr_3} \underset{\underset{Br}{|}}{RCH}-\overset{O}{\underset{\|}{C}}-OH \xrightarrow{\text{過剰の}NH_3} \underset{\underset{^+NH_3}{|}}{\underset{\text{アミノ酸}}{RCH}}-\overset{O}{\underset{\|}{C}}-O^- + {}^+NH_4Br^-$$

問題 19◆
前述の反応で過剰のアンモニアが用いられるのはなぜか．

還元的アミノ化

アミノ酸はα-ケト酸の還元的アミノ化によっても合成することができる（17.10節参照）．

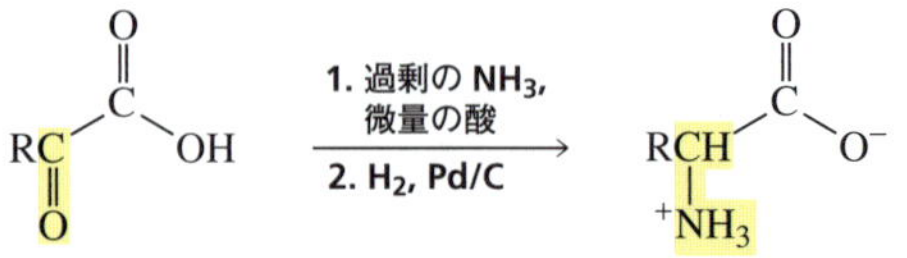

$$RC(=O)COOH \xrightarrow[\text{2. H}_2\text{, Pd/C}]{\text{1. 過剰の NH}_3\text{, 微量の酸}} RCH(NH_3^+)COO^-$$

問題 20 ◆

細胞もα-ケト酸をアミノ酸に変換できる．しかし，細胞内では有機化学者がこの反応に使う反応剤を用いることはできないので，細胞は異なる機構によってこの反応を行っている（24.5節参照）．

a. 次の代謝中間体のそれぞれが還元的アミノ化が細胞内で進行するとき，生じるアミノ酸は何か．

ピルビン酸
(pyruvic acid)

オキサロ酢酸
(oxaloacetic acid)

α-ケトグルタル酸
(α-ketoglutaric acid)

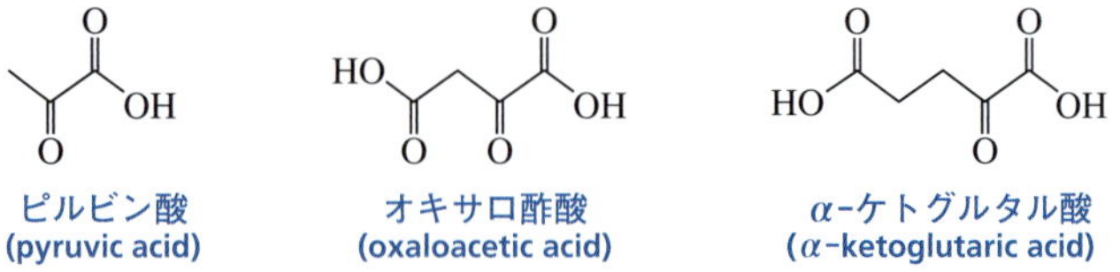

b. 同じ代謝中間体を使って，実験室で還元的アミノ化を行った場合，生じるアミノ酸は何か．

N-フタルイミドマロン酸エステル合成

アミノ酸は，N-フタルイミドマロン酸エステル合成により，前に述べた二つの方法よりもはるかに高い収率で合成することができる．この合成法はマロン酸エステル合成（18.18節参照）と Gabriel 合成（16.18節参照）を組み合わせたものである．

N-フタルイミドマロン酸エステル合成の各工程

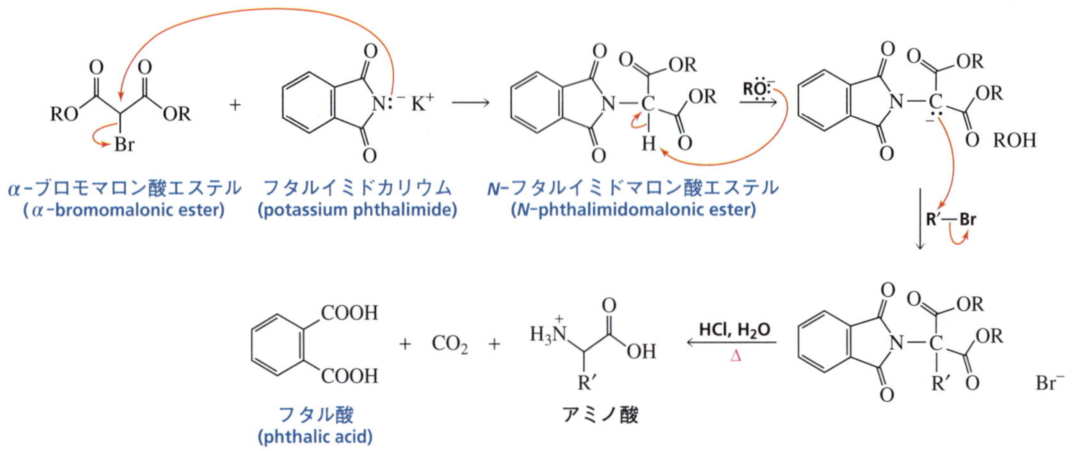

α-ブロモマロン酸エステル
(α-bromomalonic ester)

フタルイミドカリウム
(potassium phthalimide)

N-フタルイミドマロン酸エステル
(N-phthalimidomalonic ester)

フタル酸
(phthalic acid)

アミノ酸

- α-ブロモマロン酸エステルとフタルイミドカリウムが S_N2 反応を起こす.
- N-フタルイミドマロン酸エステルのα炭素には二つのカルボニル基が結合しているので,プロトンは容易に引き抜かれる(18.1 節参照).
- 生じたカルボアニオンがハロゲン化アルキルと S_N2 反応を起こす.
- 酸性水溶液中で加熱することにより,二つのエステル基と二つのアミド結合がともに加水分解され,生じた 3-オキソカルボン酸の脱炭酸が起きる.

N-フタルイミドマロン酸エステル合成の変法として,N-フタルイミドマロン酸エステルの代わりにアセトアミドマロン酸エステルを用いる方法がある.

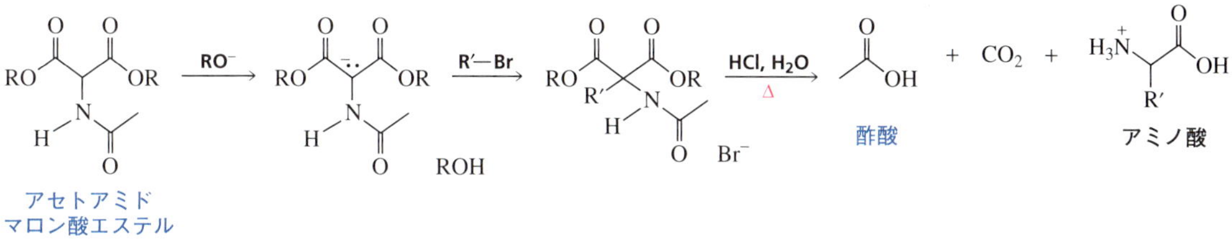

Strecker 合成

Strecker 合成においては,まずアルデヒドがアンモニアと反応し,イミンを生じる.シアン化物イオンがイミンに付加し中間体が生じる.この中間体を加水分解するとアミノ酸が生成する(16.19 節参照).この反応を 21.7 節で述べたアルドースの Kiliani–Fischer 合成と比較してみよう.

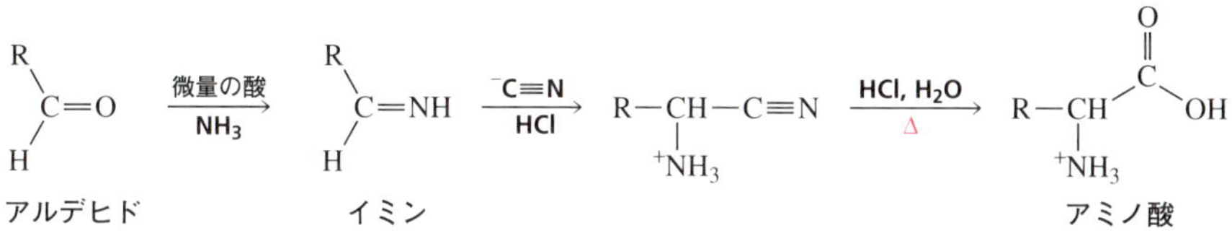

問題 21 ◆

N-フタルイミドマロン酸エステル合成の三段階目に次のハロゲン化アルキルを用いたとき,生じるアミノ酸は何か.

a. CH₃CHCH₂Br
　　　|
　　　CH₃

b. CH₃SCH₂CH₂Br

問題 22 ◆

アセトアミドマロン酸エステル合成によって次のアミノ酸を合成したいとき,どのようなハロゲン化アルキルを用いればよいか.

a. リシン　　　　b. フェニルアラニン

問題 23 ◆

Strecker 合成で次のアルデヒドを用いたとき,生じるアミノ酸は何か.

a. アセトアルデヒド　　b. 2-メチルブタナール　　c. 3-メチルブタナール

22.7 アミノ酸のラセミ混合物の分割

自然界でアミノ酸が合成される際，Lエナンチオマーのみが生成する（上巻；6.17節参照）．しかし，実験室でアミノ酸を合成した場合には，生成物はD体とL体のアミノ酸のラセミ体として得られる．もし，片方のエナンチオマーのみが必要ならば，これらを分割しなければならない．それには，酵素触媒反応を利用することができる．

酵素はキラルなので，それぞれのエナンチオマーとは異なる速度で反応する（上巻；6.17節参照）．たとえば，ブタ腎臓由来のアミノアシラーゼは N-アセチル-L-アミノ酸の加水分解を触媒する酵素であり，N-アセチル-D-アミノ酸とは反応しない．したがって，アミノ酸のラセミ体を N-アセチルアミノ酸へ導き，これをブタ腎臓アミノアシラーゼにより加水分解すれば，生成物は L-アミノ酸と未反応の N-アセチル-D-アミノ酸となり，これら二つの生成物は容易に分離できる．

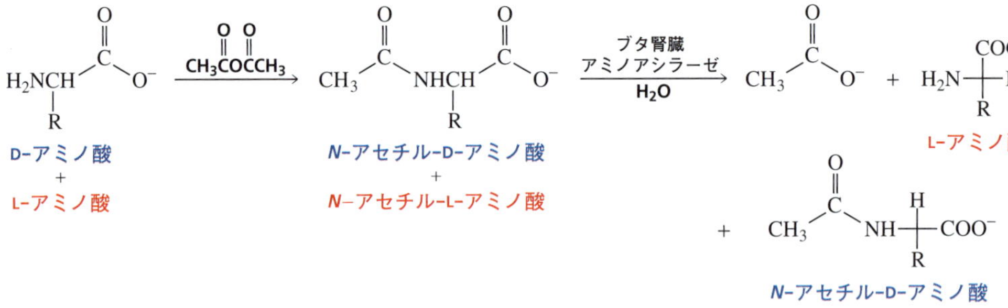

この場合，エナンチオマー対の分割（分離）は，2種類の N-アセチル化合物と酵素との反応速度の違いを利用している．このような分離法は**速度論的分割**（kinetic resolution）と呼ばれる．上巻の6.17節において，アミノ酸のラセミ体が，D-アミノ酸酸化酵素によっても分割できることを学んだ．

> **問題 24**
> ブタ肝臓由来のエステラーゼはエステルの加水分解を触媒する酵素であり，L-アミノ酸のエステルを，D-アミノ酸のエステルよりも速く加水分解する．どうすればアミノ酸のラセミ体の分割にこの酵素を使えるだろうか．

22.8 ペプチド結合とジスルフィド結合

ペプチドやタンパク質中で，アミノ酸どうしをつないでいる共有結合は，ペプチド結合とジスルフィド結合の2種類のみである．

ペプチド結合

アミノ酸を連結しているアミド結合を**ペプチド結合**（peptide bond）と呼ぶ．ペプチドやタンパク質を表記する場合には約束事として，遊離のアミノ基〔**N 末端アミノ酸**（N-terminal amino acid）〕を左側に，遊離のカルボキシ基〔**C 末端アミノ酸**（C-terminal amino acid）〕を右側に書く．

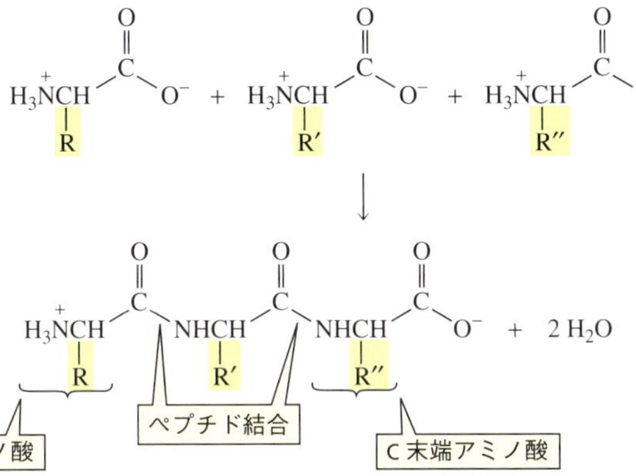

22.8 ペプチド結合とジスルフィド結合

(構造式：3つのアミノ酸が結合してトリペプチドを形成する反応図)

N末端アミノ酸 — ペプチド結合 — C末端アミノ酸
トリペプチド

あるペプチドを構成しているアミノ酸の種類はわかっているが，その結合の順番が不明であるとき，構成アミノ酸をそれぞれコンマで区切って表記する．結合の順序がわかっている場合には，アミノ酸をハイフンでつないで表記する．たとえば，次に示した右側のペンタペプチドでは，その表記からバリンがN末端アミノ酸であり，ヒスチジンがC末端アミノ酸であることがわかる．また，各アミノ酸には，N末端から順に番号をつける．すなわち，アラニンはN末端アミノ酸から数えて3番目に位置しているので，Ala 3 のように表記する．

Glu, Cys, His, Val, Ala	Val-Cys-Ala-Glu-His
5種類のアミノ酸からなるペンタペプチドだが，結合の順番はわかっていない	ペンタペプチドを形成しているアミノ酸．示した順に結合している

ペプチドを命名する場合には，C末端アミノ酸を除いた各アミノ酸の名称の最後(ine)を "yl" に換えることによって形容詞とし，結合順につないでいく．したがって，このペンタペプチドの名称はバリルシステイルアラニルグルタミルヒスチジン(valylcysteylalanylglutamylhistidine)である．とくに示されていない場合は，それぞれのアミノ酸はL立体配置をもつ．

ペプチド結合は，電子の非局在化により約40％の二重結合性をもっている (16.2節参照)．アミド結合の両隣りのα炭素が，シスの立体配置(二重結合の同じ側)をとると立体ひずみを生じるため，アミド結合がより安定となるようにトランスの立体配置(二重結合の反対側)となる．

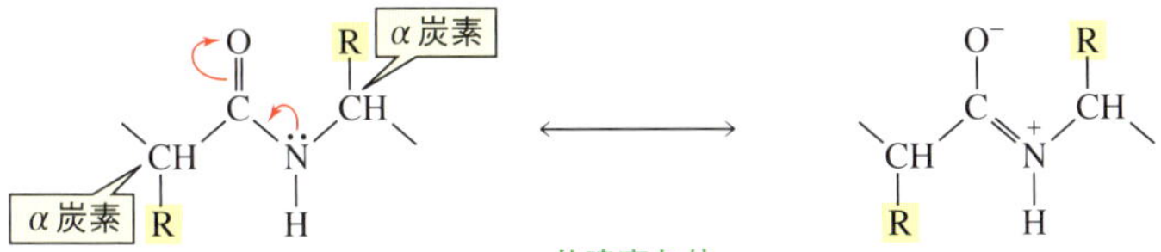

(共鳴構造式：ペプチド結合の共鳴寄与体)

共鳴寄与体

ペプチド結合はその部分二重結合性のために自由回転できないので，ペプチド結合を形成している炭素原子と窒素原子，およびそれらにそれぞれ結合している二つの原子は同じ平面上にしっかりと固定されている(図22.6)．この部分的な平面性は，アミノ酸鎖の折りたたみ方に影響を与え，また，ペプチドやタンパク質の三次元構造とも密接な関連をもっている(22.14節)．

図 22.6 ▶

ポリペプチド鎖の部分構造．それぞれのペプチド結合が形成する平面を色のついた四角形で示した．α炭素に結合しているR基がペプチド骨格とは異なる面をそれぞれ向いていることに注目しよう．

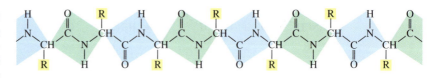

問題 25
テトラペプチド Ala–Thr–Asp–Asn の構造式を書き，ペプチド結合を示せ．

問題 26◆
Ala，Gly，および Met からなる 6 種類のトリペプチドを 3 文字略号を使って書け．

問題 27
シス立体配置をもつペプチド結合を書け．

問題 28◆
ペプチド鎖中にある結合のうち，自由回転できるものはどれか．

ジスルフィド結合

チオールが温和な条件下で酸化されると，S—S 結合をもった化合物，ジスルフィド (disulfide) を生成する．（C—H 結合と同様，酸化反応では S—H 結合の数が減少し，還元反応では増加する．）

$$2\,\text{R—SH} \xrightarrow{\text{温和な酸化}} \text{RS—SR}$$
チオール　　　　　　　　　　ジスルフィド

この反応によく使われる酸化剤は，塩基性溶液中の Br_2（または I_2）である．

チオールの酸化によりジスルフィドが生成する反応機構

$$\text{R—}\ddot{\text{S}}\text{H} \xrightleftharpoons[H_2O]{HO^-} \text{R—}\ddot{\ddot{\text{S}}}{}^- \xrightarrow{Br—Br} \text{R—}\ddot{\text{S}}\text{—Br} \xrightarrow{R—\ddot{S}^-} \text{R—}\ddot{\text{S}}\text{—}\ddot{\text{S}}\text{—R} + Br^-$$
$$+ Br^-$$

- チオラートイオンが求電子的な Br_2 の臭素を攻撃する．
- もう 1 分子のチオラートイオンが硫黄を攻撃し，Br^- が脱離する．

チオールがジスルフィドに酸化されるのに対して，ジスルフィドはチオールに還元される．

ジスルフィドは還元によりチオールとなる．

$$\text{RS—SR} \xrightarrow{\text{還元}} 2\,\text{R—SH}$$
ジスルフィド　　　　チオール

アミノ酸であるシステインはチオール基を含むので，2 分子のシステインは，ジスルフィドに酸化される．このジスルフィドは，シスチンと呼ばれる．

22.8 ペプチド結合とジスルフィド結合

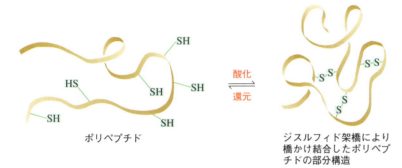

チオールは酸化によりジスルフィドとなる．

タンパク質中の二つのシステインは，酸化されてジスルフィドを生成する．生じたジスルフィドを**ジスルフィド架橋**(disulfide bridge) という．ジスルフィド架橋は，ペプチドやタンパク質において，隣り合っていないアミノ酸間に見られる唯一の共有結合である．図 22.7 に示すように，この結合はペプチド鎖中の異なる領域に存在するシステインどうしを結合させることにより，タンパク質全体の構造に影響を与える．

◀図 22.7
ジスルフィド架橋により橋かけ結合したポリペプチドの部分構造．

ホルモンの1種であるインスリンは，膵臓中のランゲルハンス島として知られる細胞で合成され，血中のグルコース濃度を適切なレベルに保つはたらきをしている．インスリンは二つのペプチド鎖からなるポリペプチドで，一つの鎖は21分子のアミノ酸からなり，もう一つの鎖は30分子のアミノ酸からなる．これら二つの鎖は**ペプチド鎖間ジスルフィド架橋**(interchain disulfide bridge)（二つの異なる鎖間の結合）で結ばれている．インスリンは一つの**ペプチド鎖内ジスルフィド架橋**(intrachain disulfide bridge)（同じ鎖内での結合）ももっている．

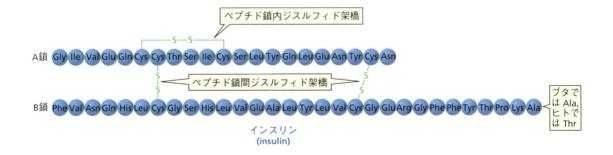

糖尿病

アメリカでは，糖尿病は死因の第 3 位（第 1 位は心臓病，第 2 位はがん）の疾病である．糖尿病はインスリンの分泌不全（1 型糖尿病），あるいはインスリンによる標的細胞の刺激作用が弱くなる（2 型糖尿病）ことにより発症する．インスリンを注射することにより，糖尿病により引き起こされる症状を改善することができる．

遺伝子工学の技術が普及する以前は（22.11 節），ヒトの糖尿病治療に使用するインスリンはブタから得ていた．ブタ由来のインスリンは高い効果をもっていたが，糖尿病罹患者の数の増加に対して，十分な量のインスリンを長期間に渡って供給できるかどうかが懸念された．また，ブタ由来のインスリンの B 鎖の C 末端アミノ酸はアラニンであるのに対し，ヒトのそれはトレオニンである．この相違により，アレルギー反応を示す患者もいた．現在では遺伝子工学により改変された宿主細胞を使い，ヒトインスリンと化学的に同一の合成インスリンが大量に生産されている（26.13 節参照）．

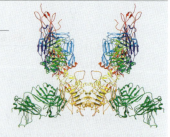

インスリン受容体

インスリンは細胞表面に存在するインスリン受容体と結合し，血流中のグルコースを細胞内に取り込むようにとの指示を出す．

髪の毛：ストレートかそれともパーマか

髪の毛はケラチンというタンパク質からできている．ケラチンは異常に多くのシステインを含んでおり（ほかのタンパク質が平均して全アミノ酸の 2.8％ であるのに比べケラチンは約 8％），これにより多くのジスルフィド架橋をつくって，その三次元構造を保っている．

私たちは，「あまりにも直毛すぎる」，「巻ぐせが強い」と思ったときなどに，これらのジスルフィド架橋の位置を変えて，自分の髪の毛の構造に変化を与えることができる．この作業の一段階目では，還元剤を髪の毛に作用させて，タンパク質鎖中のすべてのジスルフィド架橋を還元する．次に，髪の毛を望みの形状にし（カーラーで巻き毛とするか，すいて巻ぐせを取って真っ直ぐにする），酸化剤を作用させて新たなジスルフィド架橋を形成させる．新たに生じたジスルフィド架橋が髪の毛を新たな形状に保ってくれるのである．この一連の作業が直毛の髪の毛を巻き毛にするように施されたとき，これを"パーマ（パーマネント，permanent）"という．この作業が巻き毛を直毛にするように施されたときは"ストレートパーマ（hair straightening）"という．

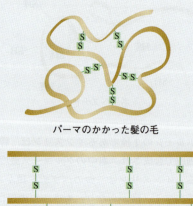

パーマのかかった髪の毛

真っ直ぐな髪の毛

22.9 いくつかの興味深いペプチド

β-エンドルフィン，ロイシンエンケファリン，メチオニンエンケファリンなどのペプチドホルモンは，痛みを和らげるために生体内で合成される．β-エンドルフィンは 31 分子のアミノ酸からなるペプチド鎖をもっているのに対し，2 種のエンケファリンはペンタペプチドである．β-エンドルフィンの N 末端にある五つのアミノ酸は，メチオニンエンケファリンのそれと同一である．これらのペプチドはある種の脳細胞内に存在する受容体と結合して，生体の痛みに対する感受性を制御する．これらペプチドとモルヒネが結合する受容体は同一であるので，ペプチドの三次元構造の一部はモルヒネの三次元構造と類似しているに違いない．"ランナーズハイ"として知られている激しい運動後に起こる現象や，針治療による鎮痛効果はこれらのペプチドが分泌されることにより引き起こされると

考えられている.

Tyr-Gly-Gly-Phe-Leu　　Tyr-Gly-Gly-Phe-Met
ロイシンエンケファリン　　メチオニンエンケファリン
(leucine enkephalin)　　(methionine enkephalin)

ノナペプチドであるブラジキニン，バソプレッシン，オキシトシンもペプチドホルモンである．ブラジキニンは組織の炎症を抑制する．バソプレッシンは平滑筋の収縮を制御することにより，血圧を調整する．また，抗利尿作用ももっている．オキシトシンは子宮筋を刺激して収縮させ妊婦に陣痛を誘発する．また育児中の母親には母乳の生産を促す作用をもつ．バソプレッシンとオキシトシンはβ-エンドルフィンやエンケファリンと同様に，脳にも作用する．バソプレッシンは"闘争あるいは逃走"ホルモンであり，ヒトを興奮状態にする．一方，オキシトシンはその逆の作用を示し，興奮を鎮め，社会性を増進させる．このように，非常に異なった生理学的作用を示すバソプレッシンとオキシトシンだが，構造的にはアミノ酸残基がわずか2カ所異なっているだけである．

ブラジキニン (bradykinin)　Arg-Pro-Pro-Gly-Phe-Ser-Pro-Phe-Arg

バソプレッシン (vasopressin)　Cys-Tyr-Phe-Gln-Asn-Cys-Pro-Arg-Gly-NH$_2$
　　　　　　　　　　　　　　　　　|_____|
　　　　　　　　　　　　　　　　　S　　　　　　　　　S

オキシトシン (oxytocin)　Cys-Tyr-Ile-Gln-Asn-Cys-Pro-Leu-Gly-NH$_2$
　　　　　　　　　　　　　　|_____|
　　　　　　　　　　　　　　S　　　　　　　　　S

バソプレッシンとオキシトシンはともにペプチド鎖内ジスルフィド架橋をもち，またC末端アミノ酸はカルボキシ基ではなくアミド基となっている．C末端アミノ酸の名称のあとに"NH$_2$"を書き加えることによりC末端アミド基を表現することに留意しよう．

合成甘味料のアスパルテーム（Equal®，NutraSweet®；21.19節参照）はスクロースの約200倍の甘さをもっており，L-アスパラギン酸とL-フェニルアラニンからなるジペプチドのメチルエステルである．同じジペプチドのエチルエステルは甘くない．また，アスパルテームのL-アミノ酸のどちらかをD-アミノ酸で置き換えると，甘さよりむしろ苦味を呈する．

アスパルテーム (aspartame)
Equal®, NutraSweet®

問題 29 ◆

アスパルテームに存在する不斉中心の立体配置をそれぞれ示せ．

問題 30

グルタチオンはトリペプチドで，生体内の有毒な酸化剤を取り除く機能をもっている．酸化剤は，老化現象に関連していると考えられており，また，がんの原因にもなると考えられている．グルタチオンは酸化剤を還元することによって生体内からそれらを除いている．この過程で，グルタチオンは酸化され，2分子のグルタチオンの間にジスルフィド結合が形成される．続いて，ある種の酵素によりジスルフィド結合が還元されるとグルタチオンが再生し，ほかの酸化剤と再び反応する．

酸化型グルタチオン

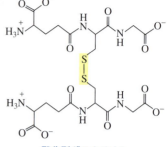

グルタチオン (glutathione)

酸化型グルタチオン (oxidized glutathione)

a. グルタチオンを構成しているアミノ酸は何か．
b. グルタチオンの通常のペプチドとは異なる構造とは何か．（解答がわからない場合は，まず一般的なトリペプチドの構造を書き，次にそれをグルタチオンの構造と比較してみよう．）

22.10 ペプチド結合の合成戦略：N末端の保護とC末端の活性化

ポリペプチドを合成しようとするときの困難な点は，アミノ酸が二つの官能基をもつため，異なる様式での結合が可能であることである．たとえば，Gly-Ala というジペプチドの合成を考えてみよう．このジペプチドを，単にアラニンとグリシンを混合し，加熱することによって合成しようとすると，次の4種類のジペプチドが生成する可能性がある．望みの Gly-Ala はそのうちのただ一つである．

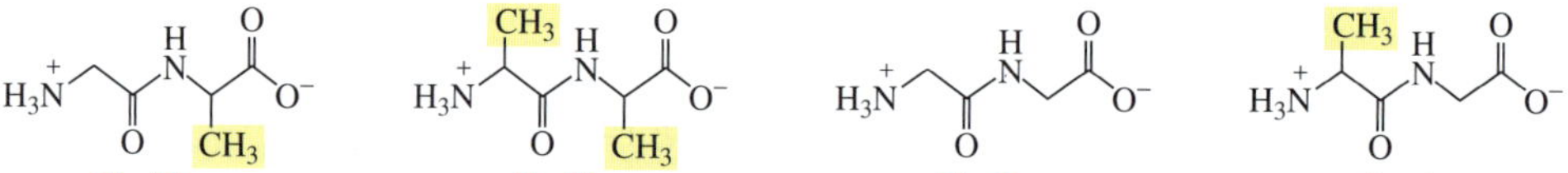

Gly-Ala　　Ala-Ala　　Gly-Gly　　Ala-Gly

N末端となるべきアミノ酸（この場合は Gly）のアミノ基を保護すれば（17.13 節参照），このアミノ基を使ったペプチド結合は形成しないことになる．また，このアミノ酸のカルボキシ基を第二のアミノ酸を加える前に活性化することができれば，第二のアミノ酸（この場合は Ala）のアミノ基は，別のアラニンの活性化されていないカルボキシ基よりも活性化されたグリシンのカルボキシ基と優先的に反応する．

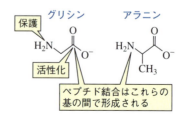

N末端アミノ酸は保護されたアミノ基と活性化されたカルボキシ基をもつ必要がある．

22.10 ペプチド結合の合成戦略：N末端の保護とC末端の活性化

　アミノ酸のアミノ基を保護する際に最もよく用いられる反応剤はジ-tert-ブチルジカルボナートである．アミノ基がアミノ酸のカルボキシ基ではなく，ジ-tert-ブチルジカルボナートと反応していることに注目しよう．これはアミノ基のほうがより求核性が大きいからである．グリシンがジ-tert-ブチルジカルボナートと付加-脱離反応すると，酸無水物結合が開裂し，CO_2 と tert-ブチルアルコールが生成する．

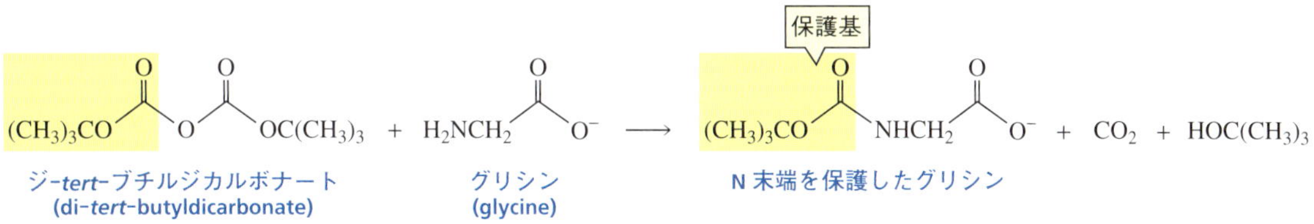

$(CH_3)_3CO\underset{\text{ジ-}tert\text{-ブチルジカルボナート}}{\underset{\text{(di-}tert\text{-butyldicarbonate)}}{\text{—CO—O—CO—OC}(CH_3)_3}} + \underset{\underset{\text{(glycine)}}{\text{グリシン}}}{H_2NCH_2\text{—COO}^-} \longrightarrow \underset{\text{N末端を保護したグリシン}}{(CH_3)_3CO\text{—CO—NHCH}_2\text{—COO}^-} + CO_2 + HOC(CH_3)_3$

（保護基：$(CH_3)_3CO\text{—CO—}$）

　カルボキシ基を活性化する際に最もよく用いられる反応剤はジシクロヘキシルカルボジイミド（DCC）である．DCCにより，カルボキシ基のカルボニル炭素には優れた脱離基が導入され，活性化される．

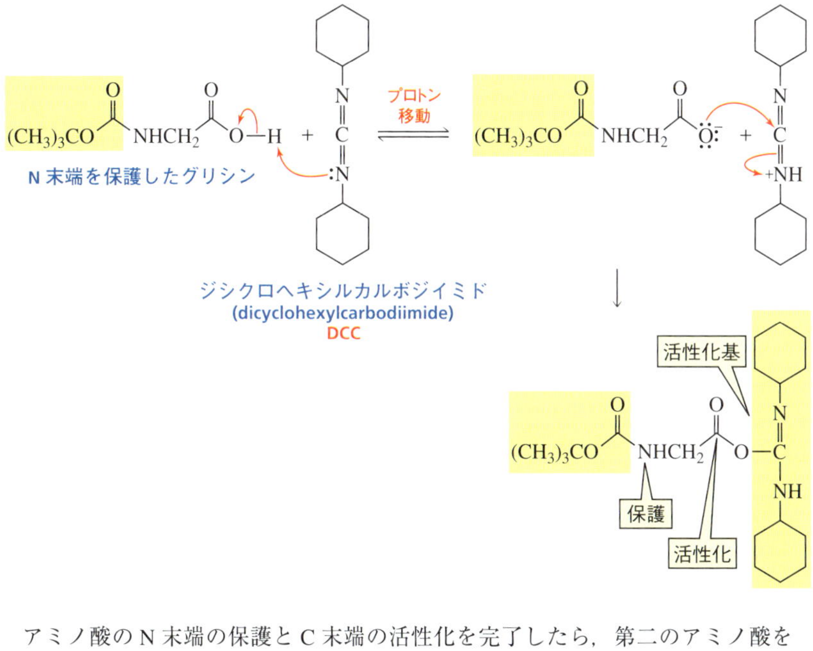

N末端を保護したグリシン + ジシクロヘキシルカルボジイミド (dicyclohexylcarbodiimide) DCC ⇌ (プロトン移動) → 活性化された中間体（保護基：$(CH_3)_3CO\text{—CO—}$, 活性化基：シクロヘキシル-N=C(-NH-シクロヘキシル)-O-）

　アミノ酸のN末端の保護とC末端の活性化を完了したら，第二のアミノ酸を加える．第二のアミノ酸の保護されていないアミノ基は，活性化されたカルボキシ基に付加し，四面体中間体を生成する．生じた四面体中間体のC—O結合は，その結合性電子対が非局在化するために容易に切断される．この結合の開裂により安定なジアミドであるジシクロヘキシル尿素が生成する．

ジシクロヘキシル尿素
(dicyclohexylurea)
ジアミド

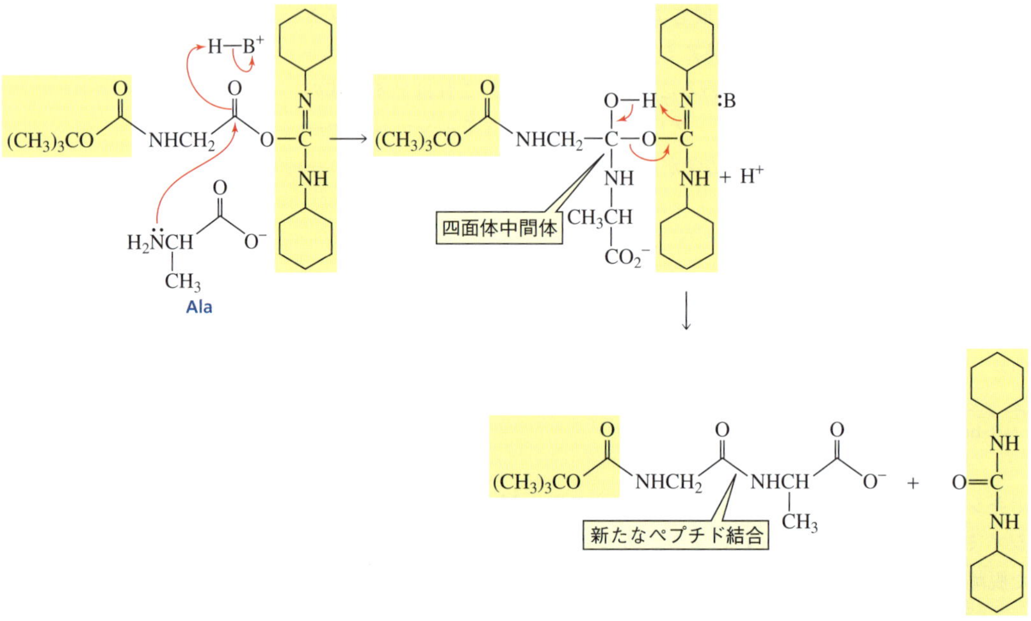

ペプチドの C 末端アミノ酸のカルボキシ基を DCC で処理して活性化し，続いて新たなアミノ酸と反応させる，という 2 工程の繰り返しによって，アミノ酸を C 末端に次つぎに付加することができる．

N 末端を保護した Gly–Ala　　N 末端を保護した Gly–Ala–Val

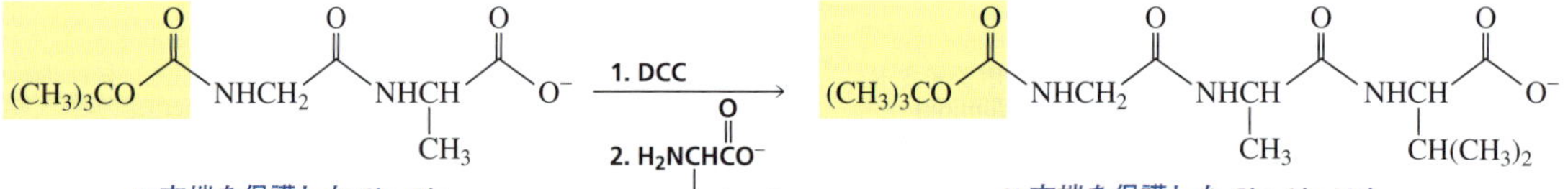

望みの数のアミノ酸を付加し終わったら，その頭文字から *t*–Boc(*tert*–ブチルジカルボニル，〝ティーボック〟と発音する)として知られている保護基を，塩化メチレン中でトリフルオロ酢酸を反応させて，N 末端アミノ酸から取り除く．この反応条件ではほかの共有結合は切断されない. 保護基は脱離反応により除去され，イソブチレンと二酸化炭素が生成する．(図中の赤い曲がった矢印は四面体中間体の生成を，青い曲がった矢印は四面体の分解を示している.) *t*–Boc 基は容易に除去でき，また，除去する反応生成物は気体であるため反応系外に放出され，反応は完結に向かう．よって，*t*–Boc 基は理想的な保護基である．

この手法を使えば, 理論的には望みの長さのペプチドを合成することができる. しかしながら，反応は 100％の収率で進行するわけではなく，精製過程で収率はさらに低下する．(反応剤が残存すると，次の工程で望ましくない副反応が引き起こされる可能性があるので，合成の 1 工程ごとに生じたペプチドを精製する必要がある.) あるペプチドの合成において，アミノ酸を導入する反応が 80％の収率で進行したとしよう(合成実験の経験がある読者ならば，この収率は比較的良

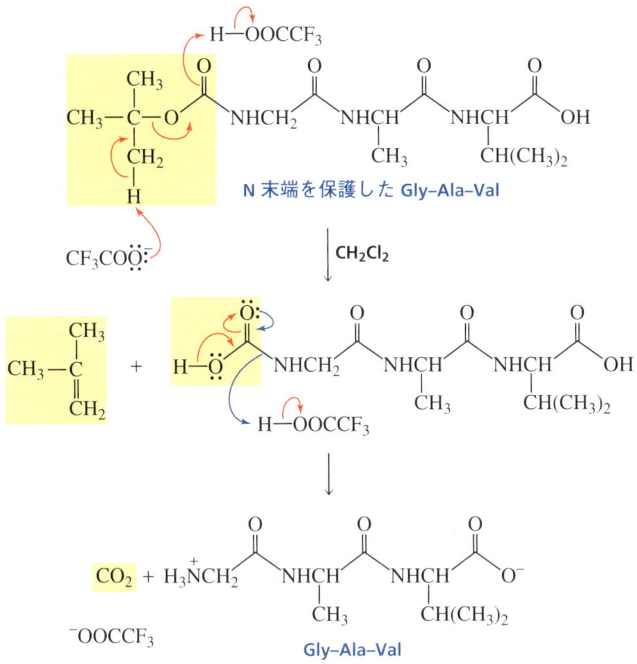

好なものであると理解できるだろう).するとブラジキニンのようなノナペプチドの全収率は17%となってしまう.したがって,大きなポリペプチドをこの方法で合成することは,明らかに現実的でない.

	アミノ酸の数							
	2	3	4	5	6	7	8	9
全収率	80%	64%	51%	41%	33%	26%	21%	17%

問題 31 ◆
バリンと窒素を保護したロイシンの混合物を加熱して生じるジペプチドは何か.

問題 32
Val-Ser の構造をもつジペプチドを合成したい.窒素を保護したバリンのカルボキシ基を塩化チオニルで活性化したときに得られる生成物と,DCC で活性化したときに得られる生成物を比較せよ.

問題 33
Leu-Phe-Lys-Val の構造をもつテトラペプチドの合成における各工程を示せ.

問題 34 ◆
a. ブラジキニンの合成において,各アミノ酸の導入反応の収率が70%であるときの全収率を計算せよ.
b. アミノ酸が15個のペプチドを合成するとき,各アミノ酸の導入反応の収率が80%であるとすると,全収率は何%となるか.

22.11 自動ペプチド合成

　22.10 節で述べたペプチド合成法は，全収率が低いという欠点に加えて，生じたペプチドを各工程ごとに精製しなければならず，非常に手間と時間を要するものであった．1969 年，Bruce Merrifield はペプチドを驚くほど短時間で，しかもかなりの高収率で合成できる革命的な手法を発表した．さらに，その方法は自動化され，合成の際の研究者の操作はきわめて短時間で済むようになった．この方法を適用すると，ブラジキニンは 27 時間で，しかも 85% の全収率で合成できた．その後の改良により，現在では 100 個のアミノ酸からなるペプチドを 4 日間で，満足すべき収率で合成できるようになっている．

　Merrifield 法では，合成はカラム中の固体担体上で行われる．固体担体は，イオン交換クロマトグラフィー(22.5 節)で使われていたものと似た樹脂であり，ベンゼン環上のスルホン酸基の代わりにクロロメチル基が導入された構造をもっている．

　C 末端アミノ酸を固体担体に結合させる前に，アミノ基が固体担体と反応しないようにまずそのアミノ基を t-Boc 基で保護する．次に，S_N2 反応により C 末端アミノ酸を固体担体に結合させる．この反応では，カルボキシ基が固体担体上のベンジル位炭素を攻撃し，塩化物イオンと置換する(上巻；9.2 節参照)．

　C 末端アミノ酸を樹脂に結合させたあと，t-Boc 基を脱保護し(22.10 節)，第二のアミノ酸(アミノ基を t-Boc 基で保護し，カルボキシ基を DCC で活性化したもの)をカラムに加え，保護基を除去する．次に，新たな N 末端が保護されて，かつ C 末端が活性化されたアミノ酸をカラムに加える．このようにしてタンパク質は C 末端側から N 末端側に向かって合成される．(自然界ではタンパク質は N 末端側から C 末端側に向かって合成される；26.9 節参照.) Merrifield のペプチド合成法は固体担体を利用し，また自動化されているので，**自動固相ペプチド合成** (automated solid-phase peptide synthesis)と呼ばれている．

Merrifield の自動固相合成によるトリペプチドの各工程

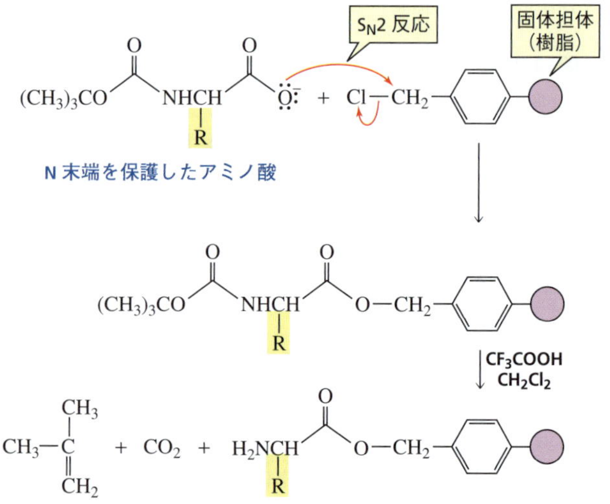

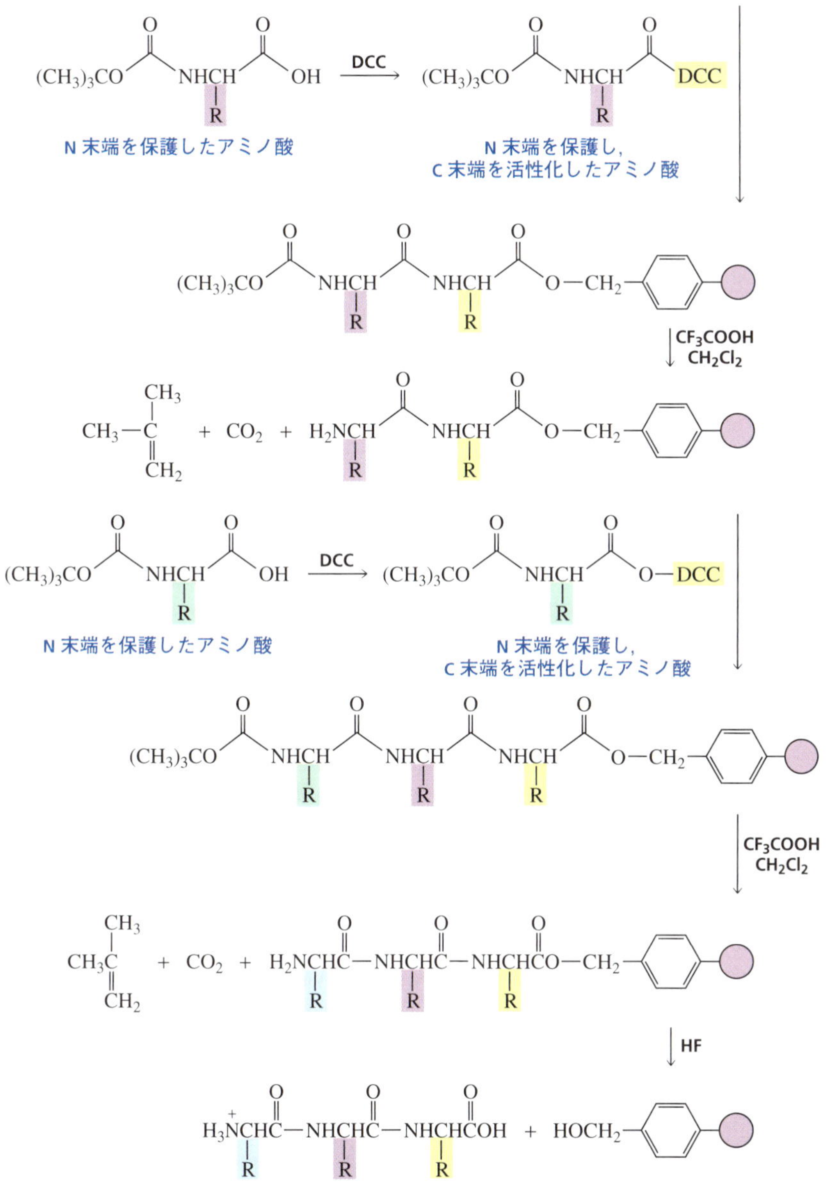

22.11 自動ペプチド合成

(CH₃)₃CO-C(=O)-NHCH(R)-COOH →[DCC] (CH₃)₃CO-C(=O)-NHCH(R)-C(=O)-DCC

N末端を保護したアミノ酸 → N末端を保護し，C末端を活性化したアミノ酸

(以下，樹脂への結合，脱保護，次のアミノ酸のカップリングを繰り返す図)

$\downarrow$ CF₃COOH, CH₂Cl₂

$\downarrow$ HF

Merrifield 法のペプチド合成における大きな利点の一つは，各反応のあとにカラムを適当な溶媒で洗うだけで，合成されたペプチドを簡単に精製できることである．不純物は固体担体とは結合していないので，カラムから洗い流すことができる．また，ペプチドは共有結合により樹脂に固定されているので，精製過程で失われることもなく，生成物が高い収率で得られる．

必要なアミノ酸を順番に加えて望みのペプチドを合成したのち，樹脂を HF で処理すればペプチドを切り離すことができる．この温和な条件下では，ペプチド結合が損なわれることはない．

現在までに Merrifield 法には改良が施され，ペプチドをより早く，より効率的に合成できるようになってきた．しかしながら，それでも天然におけるペプチド

合成とは比較にならない．細菌の細胞は数千のアミノ酸からなるタンパク質を数秒で合成でき，しかも数千種類の異なるタンパク質を同時に，かつ間違うことなく合成している．

1980年代初期から，**遺伝子工学の技術**(genetic engineering techniques)(26.14節参照)によってタンパク質を合成できるようになった．すなわち，DNA鎖を宿主細胞に導入し，その細胞に望みのタンパク質を大量に生産させるのである．遺伝子工学の技術は，天然のタンパク質とは，1個あるいは数個のアミノ酸のみが異なるタンパク質の合成でも威力を発揮している．この手法により得られた合成タンパク質は，たとえば1個のアミノ酸をほかのアミノ酸と取り換えることによって，タンパク質の性質がどのような影響を受けるかといった研究に利用されている(23.9節参照)．

問題 35

問題33に示したペプチドをMerrifield法によって合成する工程を示せ．

22.12 タンパク質構造の基礎

タンパク質は一次構造，二次構造，三次構造，および四次構造と呼ばれる四つの階層的な構造により表現される．

- **一次構造**(primary structure)は，タンパク質を構成しているアミノ酸の種類と結合の順番，およびジスルフィド架橋の位置を示す．
- **二次構造**(secondary structure)は，タンパク質骨格の部分構造が折りたたまれることにより形成される，規則的な立体配座を示す．
- **三次構造**(tertiary structure)は，タンパク質全体の三次元構造を示す．
- タンパク質が2本以上のポリペプチド鎖から構成されている場合は，四次構造が存在する．**四次構造**(quaternary structure)は，個々のポリペプチド鎖が互いにどのような配置をとっているかを示す．

一次構造と分類学的関係

異なる生物種において，同一の機能をもつタンパク質の一次構造を調べると，それらのタンパク質中で異なっているアミノ酸の数と，生物種間の分類学上の関係の近さを関連づけることができる．たとえば，生体内での酸化において電子を伝達するタンパク質であるシトクロム c は，約100個のアミノ酸からなる．酵母のシトクロム c とウマのシトクロム c の一次構造を比較すると，48ものアミノ酸が異なっている．一方，アヒルとニワトリのシトクロム c の一次構造では，アミノ酸の違いは二つだけである．アヒルとニワトリの分類学上の関係は，ウマと酵母のそれよりもはるかに近いということになる．また，ニワトリとシチメンチョウのシトクロム c は同一の一次構造をもっている．ヒトのシトクロム c とチンパンジーのそれは同一のアミノ酸配列であり，ベンガルザルのシトクロム c とはアミノ酸が一つ異なっているだけである．

22.13 タンパク質の一次構造の決定法

ポリペプチド(またはタンパク質)中のアミノ酸配列を決定する際の最初の工程は，ジスルフィド架橋の還元である．これにより直線状のペプチド鎖が得られる．よく用いられる還元剤は 2-メルカプトエタノールである．2-メルカプトエタノールがジスルフィド架橋を還元するとき，自身はジスルフィドに酸化されることに注目しよう(22.8 節)．生じたタンパク質中のチオール基をヨード酢酸と反応させ，酸素による酸化でのジスルフィド結合の再生を防ぐ．

ジスルフィド架橋の還元

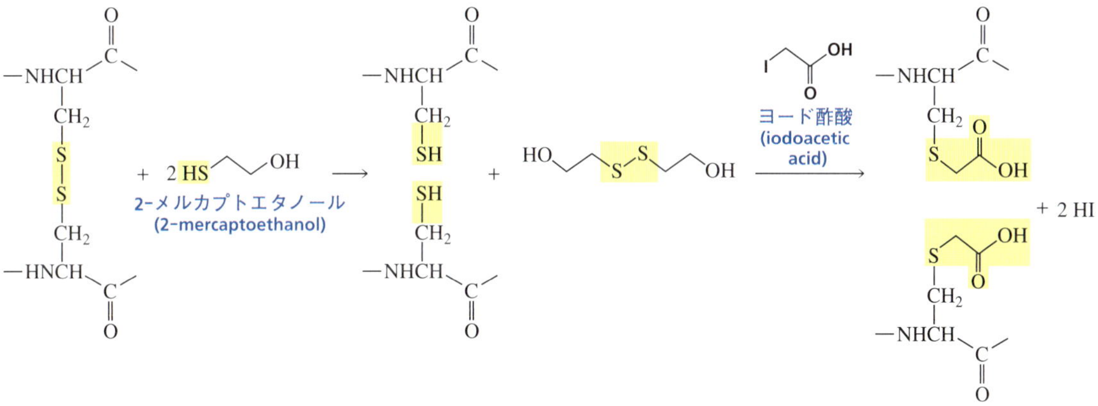

問題 36
システイン側鎖とヨード酢酸の反応の機構を示せ．

次に，ポリペプチド鎖に含まれているアミノ酸の数と種類を決定する必要がある．このために，ポリペプチドをを $6\ \text{mol L}^{-1}$ の HCl 水溶液に溶解し，100 ℃ で 24 時間加熱する．この操作によりポリペプチド中のすべてのアミド結合(アスパラギンやグルタミンの側鎖のアミド結合も含む)が加水分解される．

$$\text{タンパク質} \xrightarrow[\substack{100\ ℃ \\ 24\ \text{h}}]{6\ \text{mol L}^{-1}\ \text{HCl}} \text{アミノ酸}$$

生じたアミノ酸の混合物をアミノ酸分析計で分離することにより，ポリペプチドに含まれていたアミノ酸の種類を同定し，またそれぞれのアミノ酸の数を決定できる(22.5 節)．

この方法では，アスパラギンとグルタミンはそれぞれアスパラギン酸とグルタミン酸に加水分解されるので，分析の結果得られたアスパラギン酸またはグルタミン酸の数は，もとのタンパク質中のアスパラギン酸とアスパラギン，またはグルタミン酸とグルタミンの和となる．したがって，アスパラギン酸とアスパラギンまたはグルタミン酸とグルタミンをそれぞれ区別するためには，異なる手法が必要となる．

また，加水分解での強い酸性条件のため，酸性では不安定なインドール環(20.5

節参照)をもつトリプトファンはすべて分解してしまう．ペプチド中のトリプトファン含有量は，ペプチドを水酸化物イオンによって加水分解することにより決定できるが，強い塩基性条件はほかのいくつかのアミノ酸を分解してしまうので一般的な分析方法ではない．

N末端アミノ酸の決定

ポリペプチドのN末端アミノ酸を同定するために最も一般的に用いられている方法の一つは，ポリペプチドを **Edman 反応剤**(Edman's reagent)として広く知られているフェニルイソチオシアナート(PITC)との反応である．Edman 反応剤はN末端アミノ酸と反応し，温和な酸性条件下でポリペプチドからチアゾリノン誘導体が放出され，アミノ酸が一つ少なくなったポリペプチドが生成する．

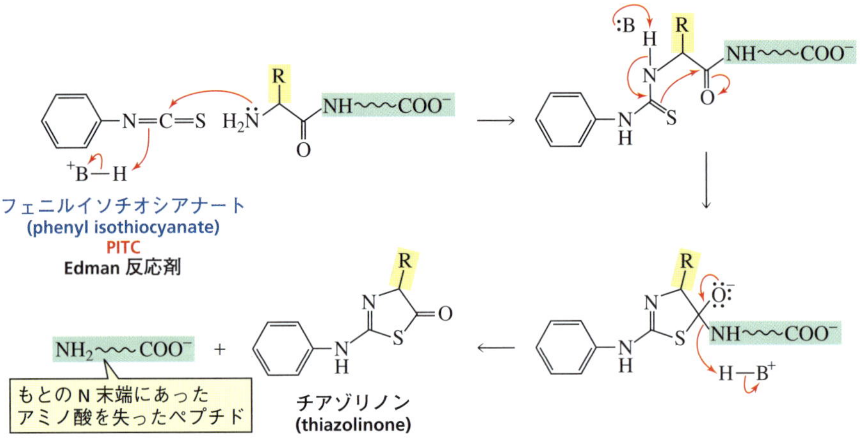

チアゾリンは薄い酸中で転位し，より安定なフェニルチオヒダントイン(PTH)となる(問題72を参照).

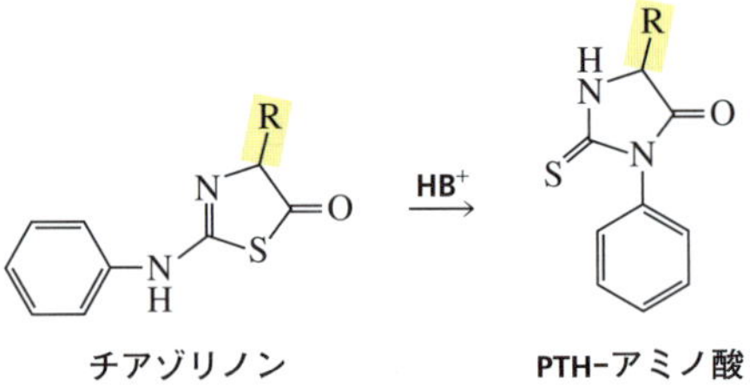

それぞれのアミノ酸は異なる側鎖(R)をもっているので，アミノ酸の種類によりそれぞれ異なる PTH-アミノ酸を生成する．PTH-アミノ酸の標準試料を用意しておけば，どのアミノ酸由来の PTH-アミノ酸であるかをクロマトグラフィーにより同定することができる．

<u>シークエンサー</u>(sequencer, 配列決定装置)として知られる機器を使用すれば，一つのポリペプチドに対して，約50回(最新の機器では100回以上)の連続した Edman 分解反応を行える．ところがこの方法では，反応結果の解析を困難にする副生成物がしだいに反応系中に蓄積してしまうため，ポリペプチド全体の一次構造を決定することはできない．

問題 37 ◆
インスリンの一次構造を決定する際に，インスリンが複数のポリペプチド鎖をもつことを確認するにはどうすればよいか．

C 末端アミノ酸の決定

ポリペプチド中のC末端アミノ酸は，カルボキシペプチダーゼという酵素を使えば同定することができる．この酵素はペプチド結合のC末端の加水分解を触媒する．すなわち，C末端アミノ酸を切断する．カルボキシペプチダーゼAはC末端アミノ酸がアルギニンまたはリシンでないかぎり，C末端アミノ酸を切断する．一方，カルボキシペプチダーゼBはC末端アミノ酸がアルギニンかリシンである場合のみ，これらを切断する．カルボキシペプチダーゼは**エキソペプチダーゼ**(exopeptidase)であり，ペプチド鎖の末端にあるペプチド結合の加水分解を触媒する酵素である．

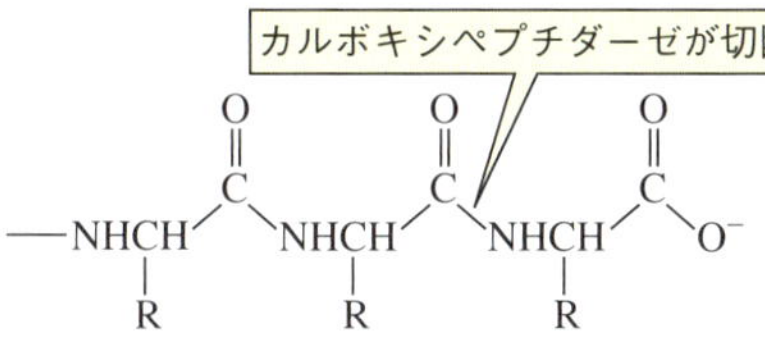

カルボキシペプチダーゼで連続的にアミノ酸を切断しても，ペプチドのC末端のアミノ酸配列を決定することはできない．これはペプチド結合の加水分解の速度がアミノ酸の種類によって異なるためである．たとえば，C末端のアミノ酸の加水分解の速度が遅く，2番目のアミノ酸の加水分解が速い場合は，1番目と2番目のアミノ酸が同じような速度で切断されるように見えるため，結合の順番を決めることは難しくなる．

部分加水分解

N末端アミノ酸とC末端アミノ酸を同定することができたならば，次にそのポリペプチドを，いくつかのペプチド結合のみを加水分解する穏やかな条件下で加水分解する．これは**部分加水分解**(partial hydrolysis)として知られている方法である．得られた断片ペプチドを分離し，断片ごとにそこに含まれているアミノ酸の組成を電気泳動やアミノ酸分析計を使って決定する．このプロセスを繰り返し，得られた断片ペプチドを並べ，アミノ酸が重なっている部分を探し出すことにより，もとのポリペプチドのアミノ酸配列を決定できる．（必要ならば，各断片のN末端アミノ酸とC末端アミノ酸も同定できる．）

【問題解答の指針】
オリゴペプチドのアミノ酸配列解析

あるノナペプチドを部分加水分解したところ，複数のジペプチド，2種類のトリペプチド，および1種類のテトラペプチドが得られた．それらの構成アミノ酸を以下に示す．もとのノナペプチドとEdman反応剤との反応はPTH-Leuを生成した．

ノナペプチドのアミノ酸配列を示せ．

1. Pro, Ser
2. Gly, Glu
3. Met, Ala, Leu
4. Gly, Ala
5. Glu, Ser, Val, Pro
6. Glu, Pro, Gly
7. Met, Leu
8. His, Val

- N 末端アミノ酸は Leu であることがわかっているので，Leu を含む断片を探す．断片 7 から，Met が Leu の隣にあることがわかる．断片 3 より Ala が Met と隣り合っていることがわかる．
- 次に，Ala を含む断片を探してみよう．断片 4 が Ala をもっており，Gly が Ala の隣りにあることがわかる．
- 断片 2 からその隣りが Glu であることがわかる．Glu は断片 5 と 6 の両方に含まれている．
- 断片 5 には，まだ順番を決めていないペプチドが 3 種類（Ser, Val, Pro）あるが，断片 6 の未決定アミノ酸は 1 種類のみである．よって断片 6 から Pro が Glu の隣りにくるべきものであることがわかる．
- 断片 1 は Pro の次のアミノ酸が Ser であることを示している．ここで断片 5 を使うことにする．断片 5 は Ser の次のアミノ酸は Val であることを示し，断片 8 より His が最後の，すなわち C 末端アミノ酸であることがわかる．
- よって，このノナペプチドのアミノ酸配列は Leu-Met-Ala-Gly-Glu-Pro-Ser-Val-His となる．

ここで学んだ方法を使って問題 38 を解こう．

問題 38◆

あるデカペプチドを部分加水分解したところ，次に示したアミノ酸をもつペプチドが得られた．もとのペプチドの Edman 反応剤との反応は PTH–Gly を生成した．このデカペプチドのアミノ酸配列を示せ．

1. Ala, Trp
2. Val, Pro, Asp
3. Pro, Val
4. Ala, Glu
5. Trp, Ala, Arg
6. Arg, Gly
7. Glu, Ala, Leu
8. Met, Pro, Leu, Glu

エンドペプチダーゼによる加水分解

ポリペプチドは，**エンドペプチダーゼ**（endopeptidase）によっても部分加水分解できる．この酵素はペプチド鎖中の内側，すなわち末端以外のペプチド結合の加水分解を触媒する．トリプシン，キモトリプシン，およびエラスターゼは表 22.4 に示す特定のペプチド結合の加水分解を触媒するエンドペプチダーゼである．たとえば，トリプシンは正に帯電した側鎖をもつアミノ酸（アルギニンまたはリシン）の C 側（右側）のペプチド結合の加水分解を触媒する．これらの酵素は**消化酵素**（digestive enzymes）として知られている酵素のグループに属する．

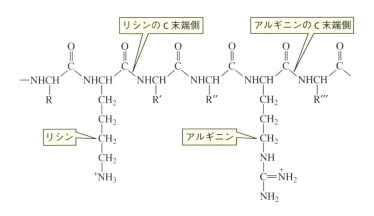
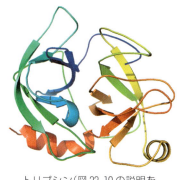

トリプシン（図 22.10 の説明を見よ）．

表 22.4　ペプチドまたはタンパク質切断の特異性

反応剤	特異性
試薬	
Edman 反応剤	N 末端にあるアミノ酸を除去する
臭化シアン	Met の C 末端側を加水分解する
エキソペプチダーゼ*	
カルボキシペプチダーゼ A	C 末端にあるアミノ酸を除去する（Arg または Lys は除去されない）
カルボキシペプチダーゼ B	C 末端にあるアミノ酸を除去する（Arg または Lys の場合のみ）
エンドペプチダーゼ*	
トリプシン	Arg と Lys の C 側を加水分解する
キモトリプシン	芳香族六員環をもつアミノ酸（Phe, Tyr, Trp）の C 側を加水分解する
エラスターゼ	小さいアミノ酸（Gly, Ala, Ser, および Val）の C 側を加水分解する
サーモリシン	Ile, Met, Phe, Trp, Tyr, および Val の C 側を加水分解する

* 加水分解部位に Pro が存在する場合は切断が起こらない．

したがって，次に示したポリペプチドにおいては，トリプシンは 3 カ所のペプチド結合の加水分解を触媒し，1 種類のヘキサペプチド，1 種類のジペプチド，および 2 種類のトリペプチドを生成する．

キモトリプシンは芳香族六員環をもつアミノ酸（Phe, Tyr, Trp）の C 末端側のペプチド結合の加水分解を触媒する．

エラスターゼは最も小さい2種類のアミノ酸(Gly, Ala, Ser, および Val)のC末端側のペプチド結合の加水分解を触媒する．キモトリプシンとエラスターゼは，トリプシンと比較すると，その特異性はかなり低い．（これらの酵素の特異性については 23.9 節で説明する．）

ここまでに議論したエキソペプチダーゼとエンドペプチダーゼのいずれもが，プロリンが関与しているペプチドの加水分解を触媒することはなかった．これらの酵素は，分子の形状と電荷により加水分解すべき位置を認識している．プロリンの環状構造が，酵素にその三次元形状を加水分解すべき位置と認識できないようにしているのである．

Ala-Lys-Pro	Leu-Phe-Pro	Pro-Phe-Val
トリプシンは切断しない	キモトリプシンは切断しない	キモトリプシンは切断する

臭化シアン(BrC≡N)はメチオニンのC側のペプチド結合を加水分解する．臭化シアンは，切断するペプチド結合についてエンドペプチダーゼよりも高い特異性を示すので，一次構造について，より信頼性の高い情報を与える．臭化シアンはタンパク質ではないので，基質をその形状で認識しているわけではない．このため，加水分解部位にプロリンがあっても，ペプチド結合を切断する．

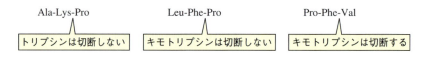

臭化シアンによるペプチド結合切断の反応機構

- 求核性のメチオニンの硫黄原子が臭化シアンを攻撃し，臭素イオンと置き換わる．

- メチレン基への酸素の求核攻撃により，弱い塩基性の脱離基が脱離して五員環が形成される（上巻；9.2 節参照）．
- 酸触媒によるイミンの加水分解によりタンパク質の切断が起こる（17.10 節参照）．
- 生じたラクトン（環状エステル）がさらに加水分解を受け，環が開いてカルボキシ基とアルコール基を生成する（16.10 節参照）．

タンパク質の一次構造決定の最終段階は，ジスルフィド結合の位置を特定することである．これはジスルフィド結合を切断していない，もとのタンパク質の加水分解によって求まる．システインを含む断片中のアミノ酸を決定することにより，タンパク質中に存在するジスルフィド結合の位置がわかる（章末問題 61）．

問題 39
臭化シアンはなぜシステインの C 側のペプチド結合を切断しないのか．

問題 40 ◆
次のペプチドを示した反応剤により処理した場合，生じるペプチドは何か．
a. His-Lys-Leu-Val-Glu-Pro-Arg-Ala-Gly-Ala をトリプシン処理
b. Leu-Gly-Ser-Met-Phe-Pro-Tyr-Gly-Val をキモトリプシン処理

問題 41（解答あり）
次の実験結果からこのポリペプチドのアミノ酸配列を決定せよ：

酸加水分解により Ala, Arg, His, 2 Lys, Leu, 2 Met, Pro, 2 Ser, Thr, Val が得られた．
カルボキシペプチダーゼ A で処理すると Val が得られた．
Edman 反応剤との反応で PTH-Leu が生じた．
臭化シアンとの反応で次のアミノ酸からなる 3 種類のペプチドが生じた：

1. His, Lys, Met, Pro, Ser **2.** Thr, Val **3.** Ala, Arg, Leu, Lys, Met, Ser

トリプシンを用いた加水分解で 3 種類のペプチドと 1 種類のアミノ酸が得られた：

1. Arg, Leu, Ser **2.** Met, Pro, Ser, Thr, Val **3.** Lys **4.** Ala, His, Lys, Met

解答　酸加水分解の結果から，このポリペプチドは 13 個のアミノ酸から構成されていることがわかる．Edman 反応剤の結果から N 末端アミノ酸は Leu であり，カルボキシペプチダーゼ A の結果から C 末端アミノ酸は Val であることがわかる．

Leu ___ ___ ___ ___ ___ ___ ___ ___ ___ ___ ___ Val

- 臭化シアンは Met の C 側を切断するので，Met を含む断片ペプチドは Met を C 末端アミノ酸としてもっているはずである．したがって，Met を含まない断片ペプチドは C 末端側に存在するペプチドに違いない．よって，12 番目のアミノ酸が Thr であることがわかる．ペプチド **3** は Leu を含んでいるので，N 末端側のペプチドである．これはヘキサペプチドであるから，6 番目のアミノ酸は Met ということになる．また臭化シアンとの反応で Thr, Val のジペプチドを生じるから，11 番目のアミノ酸も Met である．

Leu	Ala,Arg,Lys,Ser	Met	His,Lys,Pro,Ser	Met	Thr	Val
___	___ ___ ___ ___	___	___ ___ ___ ___	___	___	___

- トリプシンは Arg または Lys の C 側を切断するので，Arg または Lys を含む断片ペプチドはそれら（Arg または Lys）を C 末端アミノ酸としてもっていることになる．したがって，トリプシン処理により得られたペプチド 1 においては Arg が C 末端アミノ酸である．これにより，N 末端側の三つの配列は Leu-Ser-Arg であると決定できる．次の二つのアミノ酸は Lys-Ala である．なぜなら，もしこれが Ala-Lys であったならば，トリプシンによる切断はジペプチドの Ala-Lys を与えるはずだからである．また，トリプシンのデータから His と Lys の位置（7 番目と 8 番目）も決定できる．

Leu	Ser	Arg	Lys	Ala	Met	His	Lys	Pro,Ser	Met	Thr	Val
___	___	___	___	___	___	___	___	___ ___	___	___	___

- 最後に，トリプシンは Lys の C 側を切断できたことから，Lys-Pro という構造はないことがわかる．よってポリペプチドのアミノ酸配列は以下のようになる．

Leu	Ser	Arg	Lys	Ala	Met	His	Lys	Ser	Pro	Met	Thr	Val
___	___	___	___	___	___	___	___	___	___	___	___	___

問題 42◆

次の実験結果から，このオクタペプチドの一次構造を決定せよ：

酸加水分解によって 2 Arg, Leu, Lys, Met, Phe, Ser, Tyr が得られた．
カルボキシペプチダーゼ A で処理すると Ser が得られた．
Edman 反応剤との反応で PTH-Leu が放出された．

臭化シアンで処理すると，次のアミノ酸をもつ 2 種類のペプチドが生成した：

1. Arg, Phe, Ser **2.** Arg, Leu, Lys, Met, Tyr

トリプシンを触媒とする加水分解により次の 2 種類のアミノ酸と 2 種類のペプチドが得られた：

1. Arg **2.** Ser **3.** Arg, Met, Phe **4.** Leu, Lys, Tyr

問題 43

2 種類の異なるポリペプチドに，それぞれトリプシン分解を行ったところ，それぞれ下に示す 3 種のペプチドが得られた．下記に示したデータから，ポリペプチドの取りうるアミノ酸配列を示せ．また，これらのポリペプチドの一次構造を決定するには，この次にどのような実験を行えばよいか．

a. 1. Val-Gly-Asp-Lys **2.** Leu-Glu-Pro-Ala-Arg **3.** Ala-Leu-Gly-Asp
b. 1. Val-Leu-Gly-Glu **2.** Ala-Glu-Pro-Arg **3.** Ala-Met-Gly-Lys

22.14 二次構造

二次構造とは，ペプチドあるいはタンパク質骨格の部分構造が形成する繰返し構造の立体配座を表す．いいかえれば，二次構造はポリペプチド鎖の部分構造が

どのように折りたたまれているかを表している．タンパク質の部分構造の二次構造次は，次の三つの要素により決定される．

- それぞれのペプチド結合の部分的平面性（アミド結合が部分的な二重結合性を示すことによる）によりペプチド鎖の可能な立体配座は制限される（22.8節）．
- 水素結合の形成に関与するペプチドの数の最大化（下図に示したようなあるアミノ酸のカルボニル酸素と別のアミノ酸のアミド水素間の水素結合）．これにより系のエネルギーが最小化する．

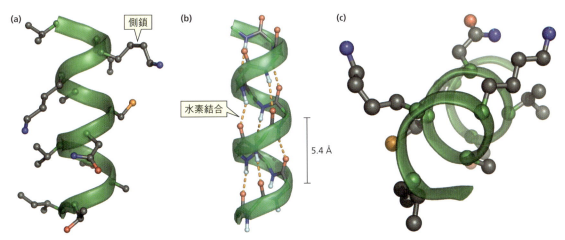

- 近接したR基の適切な距離（立体障害と同種電荷の反発を避けるため）．

αヘリックス

二次構造の一つのタイプが**αヘリックス**（α-helix）である．αヘリックスにおいては，ポリペプチド骨格の鎖は，タンパク質分子の長軸方向のまわりにらせん状に巻きついている．各アミノ酸のα炭素上の置換基（側鎖）はらせん構造の外側に突き出ており，立体障害を最小にしている（図22.8a）．らせん構造は，アミド窒素上の各水素が4アミノ酸先のアミノ酸のカルボニル酸素と水素結合することにより安定化されている（図22.8b）．

▲ **図 22.8**
(a) αヘリックスを形成しているタンパク質の部分構造．
(b) らせん構造はペプチド基間の水素結合により安定化されている．
(c) αヘリックスの縦軸を下から見た図．

アミノ酸はL立体配置をもっているので，αヘリックスは右巻きのらせんとなる．すなわち，下向きにらせんを巻いていくとき，時計回りとなる（図22.8c）．らせんは3.6個のアミノ酸で1回転し，その反復距離（らせんが1回転してもとの位置にくる距離）は5.4Åである．

すべてのアミノ酸がαヘリックス構造にあてはまるわけではない．たとえば，プロリンでは，窒素原子とα炭素間の結合はヘリックス構造に適切な角度に回転することができないので，ヘリックス構造にゆがみを与えてしまう．同様に，β炭素上に一つ以上の置換基をもつアミノ酸(バリン，イソロイシン，またはトレオニン)が隣り合って存在すると，R基どうしの間が立体的に混み合うため，ヘリックス構造にあてはまらなくなる．また，置換基上に同種の電荷をもつアミノ酸が隣接する場合も，R基間の静電的な反発により，ヘリックス構造をとりにくくなる．アミノ酸が巻きついてαヘリックス構造をとる割合は，タンパク質によって異なるが，球状タンパク質では平均すると約25%のアミノ酸がαヘリックスを形成している．

右巻きと左巻きのらせん

L-アミノ酸の鎖から形成されるαヘリックスは右巻きのらせん構造である．科学者がD-アミノ酸からペプチド鎖を合成した場合，その鎖は左巻きのらせん構造となるであろう．これは右巻きのαヘリックスの鏡像である．科学者がD-アミノ酸のみからペプチダーゼを合成した場合，その合成酵素は，自然界に存在するL-アミノ酸からなるペプチダーゼと同様の触媒活性をもっているだろう．しかしながら，D-アミノ酸からつくられたペプチダーゼは，D-アミノ酸からなるポリペプチド鎖中のペプチド結合を切断するのみである．

βプリーツシート

二次構造の二つ目のタイプは**βプリーツシート**(β-pleated sheet)†である．βプリーツシートでは，ポリペプチド骨格はジグザグ構造をとるように伸長しており，あたかも連続した"ひだ"をもつような形状となる．平行に隣り合って並んだペプチド鎖の間には水素結合が起こるが，このとき，ペプチド鎖が同じ方向に並ぶかあるいは逆の方向に並ぶかの二つのタイプがある．これらはそれぞれ，**平行βプリーツシート**(parallel β-pleated sheet)および**逆平行βプリーツシート**(antiparallel β-pleated sheet)と呼ばれる(図22.9)．βプリーツシートでのペプチド鎖はほとんど完全に伸びた状態にあり，アミノ酸2分子からなる繰返し構造の平均距離は7.0Åである．

† 訳者注："β構造"，"βシート構造"，あるいは"ひだ折り構造"とも呼ばれる．

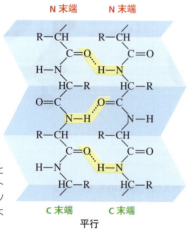
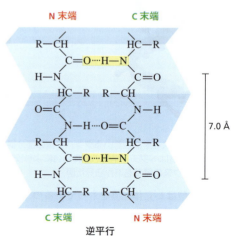

図22.9 ▶ 平行βプリーツシートと逆平行βプリーツシートの部分構造．"プリーツ(ひだ)"構造がわかるように書いてある．

平行　　　　　逆平行

隣り合って並んだペプチド鎖においては，アミノ酸のα炭素上の置換基(R)間の距離はかなり近いので，水素結合による相互作用が最大になるようにペプチド鎖どうしが位置するには，これらの置換基が立体的に小さくなければならない．たとえば，絹はβプリーツシートの存在比率が高いタンパク質であるが，そのアミノ酸残基の多くは比較的小さいアミノ酸(グリシンとアラニン)である．βプリーツシートにおいて隣り合って並ぶペプチド鎖の数は，球状タンパク質においては2〜15である．また，球状タンパク質中でβプリーツシートを構成している標準的なペプチド鎖はアミノ酸6個からなっている．

羊毛や筋肉中の繊維状タンパク質などは，二次構造としてほとんどすべてαヘリックスをもつ．したがって，これらのタンパク質は伸び縮みが可能である．一方，絹やクモの巣をつくっているタンパク質の二次構造は，おもにβプリーツシートである．βプリーツシートはすでに完全に伸長した構造であるので，これらのタンパク質は伸び縮みしない．

コイルコンホメーション

一般的に，タンパク質骨格の1/2以下の部位は定まった二次構造，すなわちαヘリックス構造かβプリーツ構造で配列されている(図22.10)．タンパク質の残りの部分の配列も高度に制御されたものであるが，その形状には繰返し構造がなく，したがって，これを的確に表現することは難しい．このような制御されたポリペプチドのフラグメントの構造は**コイルコンホメーション**(coil conformation)または**ループコンホメーション**(loop conformation)と呼ばれている．

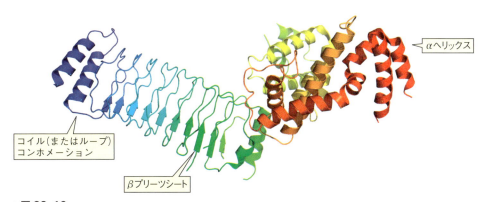

▲ 図 22.10
酵素リガーゼ(26.5節参照)の骨格構造．βプリーツシートの部分は平らな矢印で表してあり，矢印はN末端→C末端の方向を示している．αヘリックスの部分はらせん状のリボンで，コイル(ループ)コンホメーションの部分は細いチューブで示してある．

問題 44 ◆

74個のアミノ酸からなるαヘリックスの長さはどれくらいか．また，同じ数のアミノ酸からなるペプチドが完全に伸長した場合の長さはどうなるか．(完全に伸長したペプチド鎖では，並んだアミノ酸の距離は3.5 Åとなる．また，αヘリックスの繰返し構造の距離は5.4 Åである．)

β-ペプチド：自然に改良を加える試み

β-ペプチドはβアミノ酸のポリマーである．これらβ-ペプチドの骨格は，自然がαアミノ酸を使って合成するペプチドよりも1炭素分ずつ長い．したがって，それぞれのβアミノ酸は，側鎖をもつことができる炭素を2個ずつもつことになる．
α-ポリペプチドと同様，β-ポリペプチドも折りたたみ構造をとり，比較的安定なヘリックスやプリーツシートの立体配座をとることがわかった．そこで科学者は，β-ポリペプチドがもっているかもしれない生物活性について研究した．最近，生物活性をもつβ-ペプチドが合成された．これはホルモンであるソマトスタチンの活性を模したものである．β-ポリペプチドは新しいタイプの医薬品や触媒の原料となることが期待されている．驚くべきことに，β-ポリペプチド中のペプチド結合は，α-ポリペプチドのペプチド結合の加水分解を触媒する酵素に耐性がある（すなわち加水分解されにくい）ことがわかった．これは，β-ポリペプチド構造をもつ医薬品は，血流中でより長い寿命をもつ可能性があることを示唆している．

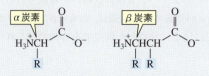

22.15 タンパク質の三次構造

タンパク質の三次構造は，タンパク質中のすべての原子の三次元的な配置を示すものである（図22.11）．タンパク質は，溶液中でより安定に存在するために自発的に折りたたみ構造をとる．任意の2原子間では安定化に向かう相互作用が常に働き，自由エネルギーが放出される．自由エネルギーがより多く放出されればされるほど（$\Delta G°$ がより負の値になればなるほど），そのタンパク質はより安定となる．そのために，タンパク質は安定化する相互作用の数がより多くなるような折りたたみ構造をとる傾向を示す．

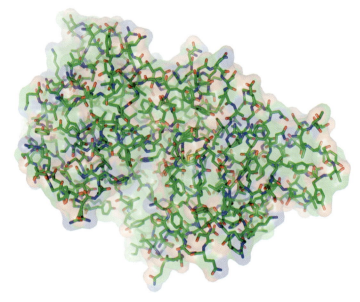

◀ 図 22.11
サーモリシン（エンドペプチダーゼの一つ）の三次構造．

安定化をもたらす相互作用には，ジスルフィド結合，水素結合，静電引力（異なる電荷間の親和力），および疎水性相互作用（van der Waals力）などがある．安

定化相互作用はペプチド基（タンパク質骨格に存在する原子）の間，側鎖（α-置換基）の間，およびペプチドと側鎖の間で生じうる（図22.12）．タンパク質がどのような折りたたみ構造をとるかは，おもに側鎖置換基の種類によって決定される．したがって，タンパク質の三次構造はその一次構造によって決定されることになる．

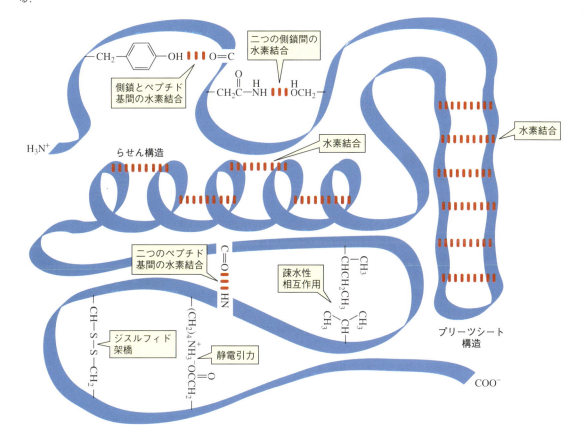

▲ 図 22.12
安定化をもたらす相互作用がタンパク質の三次構造をつくりあげる．

　ジスルフィド結合はタンパク質が折りたたみ構造をとるときに形成される唯一の共有結合である．折りたたみの際に起こるほかの結合性相互作用ははるかに弱いが，それらの相互作用は数多くあるので，タンパク質がどのような折りたたみ構造をとるか決めるうえで重要な役割を果たしている．

　ほとんどのタンパク質は水性の環境中に存在している．したがって，タンパク質は水環境側にできるだけ多くの極性基を露出させ，かつ非極性基を水から離れたタンパク質の内側に位置させるような折りたたみ構造をとる傾向を示す．

　タンパク質の非極性基間の**疎水性相互作用**（hydrophobic interactions）は，系内の水分子のエントロピーを増大させることによりタンパク質の安定性を増大させている．水分子は高度に制御された構造を形成して非極性基を取り囲んでいる．二つの非極性基が互いに接近すると，水と相互作用する表面積が減少する．よって，相互作用により制御された構造を形成している水分子の数も減少し，水分子のエ

ントロピーは増大する．これは自由エネルギーの減少を意味し，したがって，水を含めた系全体で見ると，タンパク質の安定性が増大することになる（$\Delta G° = \Delta H° - T\Delta S°$を思い出そう）．

タンパク質が折りたたみ構造（フォールディングと呼ばれる）をとる正確な機構はいまだ不明で，未解決の問題である．タンパク質は誤った折りたたみ構造をとることがある（ミスフォールディングと呼ばれる）．この誤った折りたたみ構造は，アルツハイマー病やハンチントン病など，多くの病気と関連している．

問題 45

この節で述べた水に可溶なタンパク質の折りたたみ構造と比較して，膜中の疎水性内部に存在するタンパク質はどのような折りたたみ構造をとるか．

誤った折りたたみ構造のタンパク質によって引き起こされる病気

牛海綿状脳症（bovine spongiform encephalopathy, BSE）は狂牛病としてよく知られた病気であり，微生物によって引き起こされるのではない，という点でほかの多くの病気とは異なっている．この病気はプリオンと呼ばれる脳に存在するタンパク質のミスフォールド（誤った折りたたみ構造）が原因である．プリオンタンパク質が，なぜ誤った折りたたみ構造に変化するのかはいまだ不明であるが，プリオンの誤った構造は組織を悪化させ，脳をスポンジのような形状にする．これにより精神機能が失われ，この病気の牛は奇妙な行動をとる（これが狂牛病という名前のいわれである）．この病気は治癒することはなく致命的であるが，伝染しない．感染から病気の最初の症状が現れるまでには数年かかるが，症状が現れたあとは急速に悪化する．

プリオンの誤った構造によって引き起こされ，BSEと同様の症状を見せる病気がほかにもある．クールー病は〝人食い〟によって伝染する病気であり，パプアニューギニアのフォレ族の人に多く発症する（kuruとは〝震える〟という意味である）．スクレイピー病はヒツジやヤギが感染する．発症したヒツジは，倒れないように牧場の柵に寄りかかりながら，毛（羊毛）を柵にこすりつける（scrape）動作をするようになる．これがこの病気の名前の由来である．狂牛病は1985年にイギリスで初めて報告された病気であり，牛がスクレイピー病に感染したヒツジからつくられた肉骨粉飼料を食べたことが原因であると考えられている．

ヒトにおけるこの種の病気はクロイツフェルト-ヤコブ病（CJD）と呼ばれている．発症する平均年齢は64歳であるが，非常に珍しい病気であり，また明らかに自然発生的である．しかしながら，1994年，イギリスで若い成人での発症例が数件あり，これまで200の発症例が報告されている．この新しい変種のクロイツフェルト-ヤコブ病（vCJD）は，この種の病気に感染した動物の肉製品を食べることによって引き起こされる．

22.16 四次構造

いくつかのタンパク質は複数のポリペプチド鎖をもつ．それを構成している個々のペプチド鎖を**サブユニット**（subunit）という．一つのサブユニットのみからなるタンパク質は単量体と呼ばれ，二つのサブユニットをもつものは二量体，三つもつものは三量体，四つもつものは四量体と呼ばれる．タンパク質の四次構造はサブユニットが互いにどのように配置しているかを示している．

サブユニットは同じものでも，異なる鎖のものでもよい．たとえば，ヘモグロビンは四量体であるが，2種類の異なるサブユニットがそれぞれ2個ずつ存在している（22.13 節参照）．上巻の733ページに戻り，七つのサブユニットからなるタンパク質の構造を見てみよう．

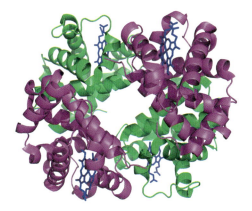

◀ **図 22.13**
ヘモグロビンの四次構造．二つのαサブユニットは緑色で，二つのβサブユニットは紫色で示してある．青い部分はポルフィリン環である．

サブユニットどうしは，個々のタンパク質鎖がそれぞれ特有の三次構造を保持しているのと同じ相互作用，すなわち疎水性相互作用，水素結合，および静電引力により結合している．

問題 46◆

a. 球形のタンパク質，葉巻形のタンパク質，または六量体のサブユニットのうちで極性アミノ酸の存在比率が最も高いものはどれか．

b. 上記の3種類のタンパク質のうちで極性アミノ酸の存在比率が最も低いものはどれか．

22.17 タンパク質の変性

タンパク質の高度に制御された三次構造が破壊されることを**変性**（denaturation）という．三次構造を保つために使われている結合が切断されると，タンパク質の変性（折りたたみ構造がほどけること）が生じる．この三次構造を形成している結合は弱いものが多いので，タンパク質は容易に変性する．タンパク質に変性を起こす方法には次のものがある．

- pH の変化：タンパク質中のアミノ酸残基の側鎖の電荷状態を変化させ，静電的親和力による結合や水素結合を阻害する．
- 尿素やグアニジン塩酸塩のような反応剤：タンパク質中の分子と水素結合を形成する．これらの反応剤とタンパク質の水素結合は，タンパク質どうしの水素結合よりも強いので変性をもたらす．
- 有機溶媒やドデシル硫酸のナトリウム塩のような洗剤：これらはタンパク質中の非極性基と相互作用し，タンパク質本来の疎水性相互作用を阻害する．
- 熱または撹拌：分子の動きを激しくすることにより相互作用を阻害する．卵白を熱したりかき混ぜたりするときに見られる現象がよく知られた例である．

覚えておくべき重要事項

- **ペプチド**と**タンパク質**はアミノ酸が互いにペプチド(アミド)結合で結合したポリマーである．
- さまざまな**アミノ酸**は，α炭素に結合している置換基のみが異なる．
- 天然に存在するほとんどのアミノ酸はL立体配置をもっている．
- アミノ酸に存在するカルボキシ基のpK_a値は約2であり，プロトン化されたアミノ基のそれは約9である．生理的pH(7.4)においてはアミノ酸は**双性イオン**として存在する．
- アミノ酸の**等電点(pI)**は，アミノ酸全体の電荷がゼロになるpHの値である．
- アミノ酸の混合物は，それぞれのアミノ酸のpI値の違いを利用した**電気泳動**や，極性の違いを利用した**ろ紙クロマトグラフィー**または**薄層クロマトグラフィー**により分離することができる．
- アミノ酸の分離は，**陰イオン**または**陽イオン交換樹脂**を用いた**イオン交換クロマトグラフィー**により行うことができる．イオン交換クロマトグラフィーを自動化した機器が**アミノ酸分析計**である．
- アミノ酸はHell-Volhard-Zelinski反応(続く過剰量のNH_3処理)，Strecker合成，還元的アミノ化，N-フタルイミドマロン酸エステル合成，またはアセトアミドマロン酸エステル合成によって合成することができる．
- アミノ酸のラセミ体は，酵素が触媒する反応を用いて**速度論的分割**により分離することができる．
- ペプチド結合はその部分二重結合性のため，回転が制限される．
- 二つのシステイン側鎖は酸化により**ジスルフィド架橋**となる．ジスルフィド架橋は隣り合っていないアミノ酸の間に見られる唯一の共有結合である．
- ペプチドやタンパク質を表記する際には，遊離のアミノ基(**N末端アミノ酸**)を左側に，遊離のカルボキシ基(**C末端アミノ酸**)を右側に書く．

- ペプチド結合を合成するには，N末端アミノ酸のアミノ基を保護しなければならない(t-Boc基により)．また，そのカルボキシ基を活性化する(DCCにより)．第二のアミノ酸を加えるとジペプチドが生成する．この2工程(C末端アミノ酸のDCCによるカルボキシ基の活性化と，それにつぐ新たなアミノ酸との反応)の繰返しにより，アミノ酸をC末端に次つぎと結合させることができる．
- **自動固相ペプチド合成**を利用すればペプチドをより迅速にかつより高収率で合成することができる．
- タンパク質の**一次構造**は，それを構成しているアミノ酸の結合順序とすべてのジスルフィド架橋の位置を示すものである．
- N末端アミノ酸は**Edman反応剤**により決定することができるC末端アミノ酸はカルボキシペプチダーゼにより同定することができる．
- **エキソペプチダーゼ**はペプチド鎖の末端にあるペプチド結合の加水分解を触媒する．**エンドペプチダーゼ**はペプチド鎖の末端にないペプチド結合の加水分解を触媒する．
- タンパク質の**二次構造**は，タンパク質骨格の各区分がどのような折りたたみ構造をもっているかを表すものである．二次構造にはαヘリックスとβプリーツシートの2種類がある．
- タンパク質は，自身が安定化する相互作用の数が最大になるような折りたたみ構造をとる．安定化する相互作用には，ジスルフィド結合，水素結合，**静電的親和力**，および**疎水性相互作用**がある．
- タンパク質の**三次構造**はタンパク質中のすべての原子の三次元的配列を示すものである．
- 二つ以上のペプチド鎖をもつタンパク質において，それぞれの鎖(サブユニット)が互いにどのような配置をとっているかを表しているのが**タンパク質の四次構造**である．

章末問題

47．ほとんどのアミンやカルボン酸と異なり，アミノ酸はジエチルエーテルに不溶であるのはなぜか，説明せよ．

48. グリシンの pK_a 値は 2.34 と 9.60 である．グリシンが次のような構造をとるときの溶液の pH はいくつか．

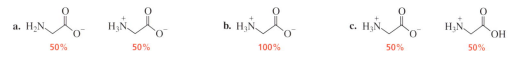

a. 50%　　**b.** 50%　　**c.** 100%　　**d.** 50%　　**e.** 50%

49. 次のペプチドを示した反応剤で切断したときに得られるペプチドを示せ．
　a. Val-Arg-Gly-Met-Arg-Ala-Ser をカルボキシペプチダーゼ A で処理
　b. Ser-Phe-Lys-Met-Pro-Ser-Ala-Asp を臭化シアンで処理
　c. Arg-Ser-Pro-Lys-Lys-Ser-Glu-Gly をトリプシンで処理

50. ロイシン（pI = 5.98）とアスパラギン（pI = 5.43）では，生理的 pH（7.4）において，どちらがより高比率で負電荷をもつか．

51. アスパルテームの pI 値は 5.9 である．生理的 pH（7.4）でのアスパルテームの構造式を書け．

52. アスパラギン酸は次の pH 値ではどのような構造をとるか．
　a. pH = 1.0　　**b.** pH = 2.6　　**c.** pH = 6.0　　**d.** pH = 11.0

53. ある教授が Lys-Lys-Lys からなるトリペプチドの pI 値が 10.6 であるという内容の投稿論文を作成していた．彼女が指導している学生の一人が，彼女の計算に間違いがあると指摘した．すなわち，トリペプチドの pI 値はそれぞれのアミノ酸の pK_a 値よりも大きくなるはずであり，リシンの ε-アミノ基の pK_a 値は 10.8 なので，10.6 という pI 値はおかしいというのである．この学生の指摘は正しいか．

54. アミノ酸の混合物を分離するとき，単一の手段では分離が不十分な場合がある．このような場合に二次元クロマトグラフィーがしばしば用いられる．この方法では，まず，アミノ酸混合物をろ紙に吸着させクロマトグラフィーを行い，次にろ紙を 90°回転させて電気泳動を行う．こうして得られたクロマトグラムはフィンガープリント（指紋）と呼ばれる．Ser, Glu, Leu, His, Met, Thr のアミノ酸混合物から，下に示したフィンガープリントが得られた．どのスポットがどのアミノ酸によるものか示せ．

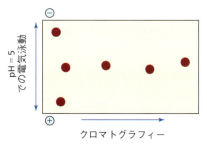

55. 次のデータからこのポリペプチドのアミノ酸配列を決定せよ．
　このペプチドの完全加水分解では Arg，2 Gly，Ile，3 Leu，2 Lys，2 Met，2 Phe，Pro，Ser，2 Tyr と Val が生成した．
　Edman 反応剤との反応で PTH-Gly が生じた．
　カルボキシペプチダーゼ A で処理すると Phe が生じた．
　臭化シアンとの反応により次の 3 種のペプチドを生じた．
　1. Gly-Leu-Tyr-Phe-Lys-Ser-Met　　**2.** Gly-Leu-Tyr-Lys-Val-Ile-Arg-Met　　**3.** Leu-Pro-Phe．
　トリプシン処理により次の 4 種のペプチドを生じた．

1. Gly–Leu–Tyr–Phe–Lys   2. Ser–Met–Gly–Leu–Tyr–Lys   3. Val–Ile–Arg   4. Met–Leu–Pro–Phe．

56. アラニン，セリン，およびシステインのカルボキシ基の pK_a 値の違いを説明せよ．

57. $0.1\ mol\ L^{-1}$ のグリシルグリシルグリシルグリシン水溶液と $0.2\ mol\ L^{-1}$ のグリシン水溶液では，生理的 pH においてどちらがより効果的な緩衝液となるか．

58. Lys–Ser–Asp–Cys–His–Tyr からなるヘキサペプチドがある．次の pH においてこのヘキサペプチドがもつ電荷の種類と位置を示せ．
    a. pH = 7   b. pH = 5   c. pH = 9   d. pH = 12

59. ポリペプチド中のリシンの側鎖が無水マレイン酸と反応した際に生じる生成物を書け．

60. 以下に示したペプチドを無水マレイン酸で処理し，続いてトリプシンで加水分解した．（無水マレイン酸で処理したペプチドは，トリプシンとの反応でアルギニンの C 側のみが切断される）．

    Gly–Ala–Asp–Ala–Leu–Pro–Gly–Ile–Leu–Val–Arg–Asp–Val–Gly–Lys–Val–Glu–Val–Phe–Glu–Ala–Gly–
    Arg–Ala–Glu–Phe–Lys–Glu–Pro–Arg–Leu–Val–Met–Lys–Val–Glu–Gly–Arg–Pro–Val–Gly–Ala–Gly–Leu–Trp

    a. なぜトリプシンは無水マレイン酸と反応したポリペプチドのリシンの C 側を加水分解できないのか．
    b. このポリペプチドから得られるフラグメントの数はいくつか．
    c. フラグメントペプチドを陰イオン交換樹脂を詰めたカラムに通した．溶出液として pH = 5 の緩衝液を使用した場合，カラムから溶出するペプチドの順番はどうなるであろうか．

61. あるポリペプチドを 2-メルカプトエタノールで処理したところ，次のような一次構造をもつ 2 種類のポリペプチドが得られた．

    Val–Met–Tyr–Ala–Cys–Ser–Phe–Ala–Glu–Ser
    Ser–Cys–Phe–Lys–Cys–Trp–Lys–Tyr–Cys–Phe–Arg–Cys–Ser

    もとのポリペプチドをキモトリプシンで処理したところ次に示すアミノ酸を含むペプチドが得られた：
    1. Ala, Glu, Ser   2. 2 Phe, 2 Cys, Ser   3. Tyr, Val, Met   4. Arg, Ser, Cys
    5. Ser, Phe, 2 Cys, Lys, Ala, Trp   6. Tyr, Lys
    以上の結果から，もとのポリペプチド中に存在するジスルフィド架橋の位置を決定せよ．

62. DCC を用いてアスパルテームを合成する方法を示せ．

63. アルデヒドをアンモニアと微量の酸で処理し，続いてシアン化水素と処理する．次に生成物を酸触媒下加水分解すると，α-アミノ酸が合成できる．
    a. この反応で生じる二つの中間体の構造を書け．

b. アルデヒドとして 3-メチルブタナールを用いたとき，生じるアミノ酸は何か．
c. この方法でイソロイシンを合成するにはどんなアルデヒドを用いればよいか．

64. あるポリペプチドをカルボキシペプチダーゼ A で処理したところ Met が検出された．このポリペプチドの部分加水分解によって次のペプチドを生成した．このポリペプチドのアミノ酸配列を決定せよ．

  1. Ser, Lys, Trp **2.** Gly, His, Ala **3.** Glu, Val, Ser **4.** Leu, Glu, Ser **5.** Met, Ala, Gly
  6. Ser, Lys, Val **7.** Glu, His **8.** Leu, Lys, Trp **9.** Lys, Ser **10.** Glu, His, Val
  11. Trp, Leu, Glu **12.** Ala, Met

65. a. 20 種類の天然由来のアミノ酸を出発物質としたとき，何種類の異なるオクタペプチドをつくることができるか．
  b. 20 種類の天然由来のアミノ酸を出発物質としたとき，100 個のアミノ酸からなるタンパク質を何種類つくることができるか．

66. グリシンの pK_a 値は 2.3 と 9.6 である．グリシルグリシンの pK_a 値はグリシンのそれらよりも大きくなるだろうか，それとも小さくなるだろうか．

67. 15 種類のアミノ酸混合物の二次元クロマトグラフィーは次に示したフィンガープリントを与えた（章末問題 54 も見よ）．各スポットがどのアミノ酸のものか示せ．（ヒント 1：Pro はニンヒドリンと反応すると黄色に，Phe と Tyr はともに緑色に着色する．ヒント 2：はじめにスポットの総数を数えよ）．

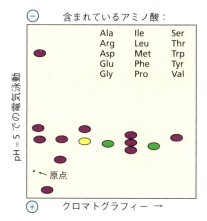

68. アミノ酸とジ-tert-ブチルジカルボナートの反応の機構を示せ．

69. ジチオトレイトールは 2-メルカプトエタノールと同様に，ジスルフィド架橋と反応する．しかしながら，この反応の平衡は 2-メルカプトエタノールと比べてはるかに右側に片寄っている．その理由を説明せよ．

70. バリンを次の方法を用いて合成したい．それぞれの反応条件を示せ．
  a. Hell–Volhard–Zelinski 反応   **b.** Strecker 合成   **c.** 還元的アミノ化反応
  d. N-フタルイミドマロン酸エステル合成   **e.** アセトアミドマロン酸エステル合成

71. ある化学者は，多くのタンパク質においては，タンパク質はエネルギーが最小の立体配座をとったあとにジスルフィド架橋を形成するという仮説を証明しようとしていた．彼は四つのジスルフィド架橋をもつ酵素を実験対象とし，これを 2-メルカプトエタノールと反応させたあとに尿素で処理して酵素を変性させた．酵素が再び折りたたみ構造をとり，さらにジスルフィド架橋を形成するように，加えた反応剤を注意深く取り除いた．回収した酵素は反応前の 80% の活性を示した．もし，酵素中のジスルフィド結合が，三次構造によるものではなく，まったくランダムに形成されたとすると，回収された酵素の活性はもとの酵素の何%となるだろうか．また，この実験結果は彼の仮説を支持しているだろうか．

72. ペプチドと Edman 反応剤により生成するチアゾリノンが，転位反応により PTH-アミノ酸を生じる（1216 ページ参照）反応機構を示せ．（ヒント：チオエステルは加水分解を受けやすい．）

73. あるポリペプチド（通常体）とその変異体をそれぞれエンドペプチダーゼにより同じ条件で加水分解した．通常体と変異体とでは，ただ 1 種類のアミノ酸が異なっており，それらのフィンガープリントは以下に示したものであった．変異の結果，どのようなタイプのアミノ酸が置き換わったのだろうか．（変異体において置き換わったアミノ酸はもとのアミノ酸よりも大きい極性をもつか，あるいは小さい極性をもつか．また，その pI 値はもとのアミノ酸より大きいか，あるいは小さいかを答えよ．）（ヒント：フィンガープリントのコピーをとり，それらを重ね合わせてみよう．）

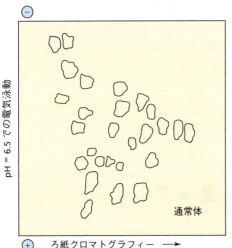
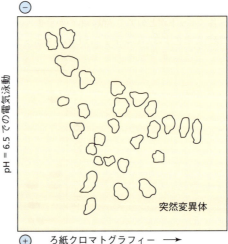

74. 次の実験結果を示したポリペプチドのアミノ酸配列を決定せよ：
ポリペプチドの完全加水分解によって Ala, Arg, Gly, 2 Lys, Met, Phe, Pro, 2 Ser, Tyr, Val が得られた．
Edman 反応剤との反応で PTH-Val が生じた．
カルボキシペプチダーゼ A との処理で Ala が生じた．
臭化シアンとの反応により，次の 2 種類のペプチドが生成した．
1. Ala, 2 Lys, Phe, Pro, Ser, Tyr　　**2.** Arg, Gly, Met, Ser, Val
キモトリプシンで処理したところ，次の 3 種類のペプチドが生成した．
1. 2 Lys, Phe, Pro　　**2.** Arg, Gly, Met, Ser, Tyr, Val　　**3.** Ala, Ser
トリプシンで処理したところ，次の 3 種類のペプチドが生成した．
1. Gly, Lys, Met, Tyr　　**2.** Ala, Lys, Phe, Pro, Ser　　**3.** Arg, Ser, Val

23 有機反応および酵素反応における触媒作用

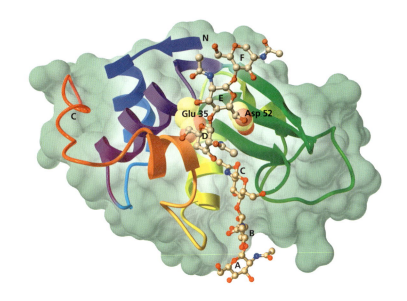

リゾチーム

リゾチームは細菌の細胞壁を加水分解する酵素である．図中の C は酵素のペプチド鎖の炭素末端，N はその窒素末端，および細胞壁を構成する分子を A～F で示してある．リゾチームの触媒官能基 (Glu 35 と Asp 52) も合わせて示してある (23.10 節)．

触媒(catalyst) とは，反応の前後でそれ自身は消費されたり変化したりすることなく，化学反応の速度を増大させる物質である．この章では，有機反応で使われている触媒の種類と，それらがどのようにしてエネルギー的により有利な反応経路を与えるのかについて学ぶ．さらにそれらの触媒が，生体で起こる反応，すなわち酵素触媒反応において，どのように使われているかを学ぶ．酵素が分子間反応の速度を 10^{16} も増大させることができるほどきわめて優れた触媒として働く理由がわかるようになるだろう．一方，非生体触媒による分子間反応の加速効果が 10000 倍を超えることはまれである．

　化学反応の速度は，反応物を生成物に変換する過程において越えなければならない律速段階のエネルギー障壁の高さに依存することはすでに学んだ．"エネルギー障壁" の高さは活性化自由エネルギー ($\Delta G^{\ddagger}$) で表される．触媒は低い $\Delta G^{\ddagger}$ 値をもつ反応経路を提供して化学反応の反応速度を増大させる (上巻；5.11 節参照)．触媒は次に示す三つの方法を用いて $\Delta G^{\ddagger}$ 値を低下させる．

1. 触媒は反応物をより活性 (より不安定) にして $\Delta G^{\ddagger}$ 値を低下させる．この場

合,触媒反応と無触媒反応は異なるが,よく似た反応機構で進行する(図 23.1a).
2. 触媒は反応の遷移状態を安定化して$\Delta G^{\ddagger}$値を低下させる.この場合にも,触媒反応と無触媒反応は異なるが,よく似た反応機構で進行する(図 23.1b).
3. 触媒は完全に反応機構を変えて,無触媒反応よりも小さい$\Delta G^{\ddagger}$値をもったまったく別の反応経路を提供する(図 23.2).

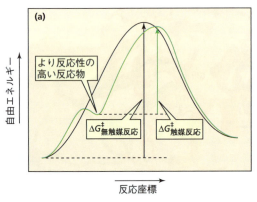
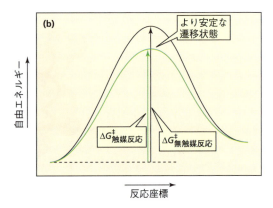

▲ 図 23.1
無触媒反応(黒)と触媒反応(緑)の反応座標図.
(a) 触媒が反応物をより反応性の高い化学種に変換する.
(b) 触媒が反応の遷移状態を安定化する.

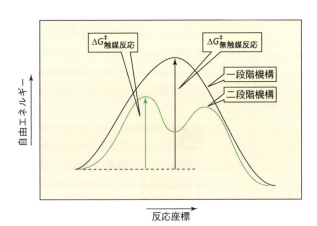

図 23.2 ▶
無触媒反応(黒)と触媒反応(緑)の反応座標図.触媒反応はエネルギー的に有利な異なった反応経路を通って進行する.

触媒は反応の前後で消費されたり変化したりしないと述べたが,それは触媒が反応に直接関与しないことを意味するものではない.触媒は,それが反応を加速するからにはなんらかの形で反応に関与しなければならない.要するに,触媒は反応後も反応前と同じ形を保っているということである.触媒は反応によって消費されないか,たとえ反応のある段階において消費されたとしても,それに続く別の段階で再生されるので,少量あれば有効である.したがって,触媒は反応混合物に反応物のモル数よりはるかに少ない量(通常は反応物のモル数の0.01〜10%)だけ加えればよい.これを触媒量と呼ぶ.

図23.1と23.2からわかるように,反応物と最終生成物の安定性は,触媒反応

でも無触媒反応でも同じである．いいかえれば，触媒は反応の平衡定数(平衡位置)を変えるものではない．触媒は反応の平衡定数の値を変えるものではないので，反応が平衡に達したとき得られる生成物の量は本質的には変わらない．触媒は生成物を与える速度のみを変えるのである．

> **問題 1 ◆**
> 次のパラメータのうちで，反応を触媒存在下で行った場合と，触媒が存在しない系で行った場合とで，異なる値を示すものはどれか．(ヒント：上巻 5.11 節参照)．
> $\Delta G°$, $\Delta H^{\ddagger}$, E_a, $\Delta S^{\ddagger}$, $\Delta H°$, K_{eq}, $\Delta G^{\ddagger}$, $\Delta S°$, $k_{速度}$

23.1 有機反応における触媒作用

有機反応に対して，触媒は次のような方法でより有利な反応経路を提供する．

- 求電子剤の反応性を高め，求核剤との反応をより起こしやすくする．
- 求核剤自身の反応性を高める．
- 脱離基の塩基性を弱めて脱離能を高める．
- 遷移状態の安定性を大きくする．

それでは，最も一般的な触媒である酸触媒，塩基触媒，求核触媒，および金属イオン触媒などを取り上げ，それらがどのようにして有機化合物の反応を触媒するのかを見ていこう．

23.2 酸触媒作用

酸触媒(acid catalyst)は反応物にプロトンを供与し，反応速度を増大させる．これまでの章で，私たちは多くの酸触媒の例を見てきた．たとえば，酸はアルケンへの水やアルコールの付加に必要な求電子的なプロトンを供給することを学んだ(上巻；6.6 節参照)．また，アルコールは，その OH 基をプロトン化するための酸が存在しなければ置換反応や脱離反応を受けないことも学んだ．この場合，OH 基はプロトン化されて弱い塩基になり，脱離しやすくなる(上巻；11.1 節参照)．

酸がどのようにして反応を触媒する方法を復習するために，16.10 節で最初に学んだエステルの酸触媒加水分解反応機構をもう一度見てみよう．反応には二つの遅い過程がある．すなわち，四面体中間体の生成とその分解である．酸素のような電気陰性な原子のプロトン化やそこからの脱プロトン化は常に速い反応である．

エステルの酸触媒加水分解反応の機構

酸触媒反応では反応物にプロトンが供与される.

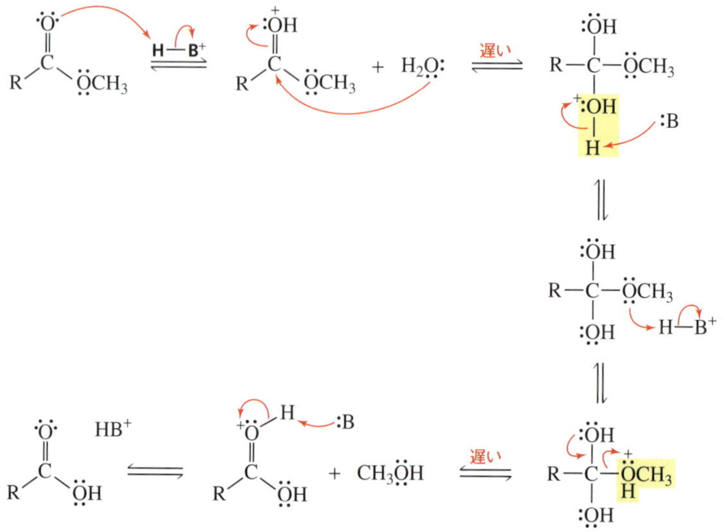

触媒は遅い過程の反応速度を増大させなければならない．なぜならば，速い過程の反応速度を増大させても反応全体の速度は変わらないからである．酸は上に示した加水分解反応の遅い過程の反応速度を両方とも増大させる．カルボニル酸素のプロトン化によって四面体中間体の生成速度は速くなる．したがって，プロトン化されていないカルボニル基よりも求核付加を受けやすくなり，四面体中間体の生成速度が増大する．カルボニル基をプロトン化してその反応性を高めるやり方は，反応物をより反応性の高い活性種に変換する方法の一例である（図23.1a）．

触媒は遅い過程の反応速度を増大しなければならない．速い過程の反応速度を増大しても反応全体の速度は変わらない．

酸触媒反応における最初の遅い過程　**無触媒反応における最初の遅い過程**

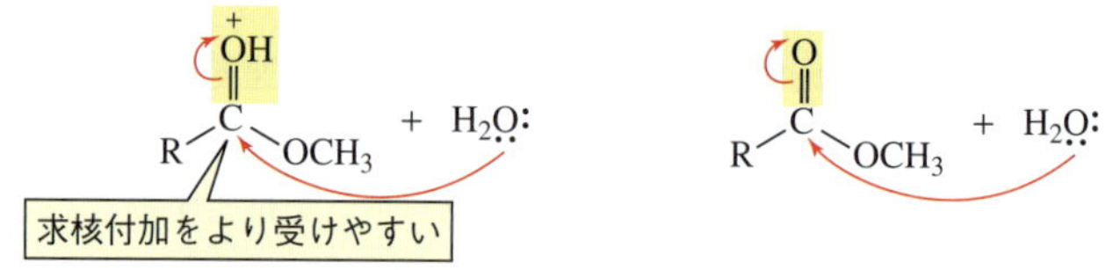

酸は，四面体中間体が分解するときに脱離する脱離基の塩基性を弱めることによって脱離能を高めて，2番目の遅い過程の反応速度を増大させる．酸の存在下では，メタノールが脱離するのに対して，酸が存在しない場合にはメトキシドイオンが脱離する．メタノールはメトキシドイオンよりはるかに弱い塩基であるため，はるかに容易に脱離する．

酸触媒反応における2番目の遅い過程　**無触媒反応における2番目の遅い過程**

エステルの酸触媒加水分解反応機構は，二つの異なる段階に分けることができ

る．すなわち，四面体中間体の生成とその分解である．各段階にはそれぞれ三つの過程が含まれる．いずれの場合にも，最初の過程は速いプロトン化であり，2番目の過程はπ結合の切断あるいはπ結合の形成を含む遅い過程である．そして最後の段階は速い脱プロトン化の過程である（これにより酸触媒が再生される）．

問題 2

次に示したそれぞれの反応の反応機構を，エステルの酸触媒加水分解反応機構の各段階と比較して，**a**. 類似点と，**b**. 相違点を示せ．

1. 酸触媒による水和物の生成（17.11 節参照）
2. 酸触媒によるアルデヒドからヘミアセタールへの変換（17.12 節参照）
3. 酸触媒によるヘミアセタールからアセタールへの変換（17.12 節参照）
4. 酸触媒によるアミドの加水分解（16.16 節参照）

酸触媒作用には，特殊酸触媒作用と一般酸触媒作用の二つのタイプがある．**特殊酸触媒作用**（specific-acid catalysis）においては，反応の遅い過程が進行する前にプロトンは完全に反応物のほうに移動している（図 23.3a）．一方，**一般酸触媒作用**（general-acid catalysis）においては，反応の遅い過程が進行するのと同時にプロトンが移動する（図 23.3b）．特殊酸触媒と一般酸触媒はいずれも同じ方法，すなわちプロトン化により結合の形成と開裂を容易にすることにより反応速度を増大させる．二つの触媒作用の唯一の違いは，反応の遅い過程の遷移状態におけるプロトン化の度合いである．

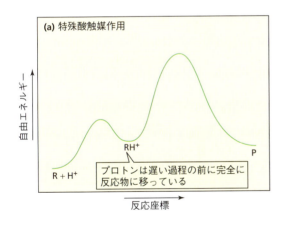
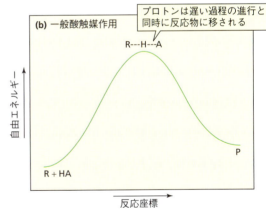

▲ 図 **23.3**
(a) 特殊酸触媒反応の反応座標図．プロトンは反応の遅い過程が進行する前に完全に反応物に移動している（R ＝ 反応物質；P ＝ 生成物）．
(b) 一般酸触媒反応の反応座標図．プロトンは反応の遅い過程の進行と同時に反応物に移動する．

次に示した例において，求核剤が反応物に付加するときのプロトン化の度合いの違いに注目してみよう．

- 特殊酸触媒によるカルボニル基への水の付加では，求核剤である水は完全にプロトン化されたカルボニル基に付加する．一方，一般酸触媒による水

のカルボニル基への付加反応では，プロトン化の進行と同時に水の付加が進行する．

特殊酸触媒による水の付加

[反応式：R-C(=O)-OCH₃ + H⁺ ⇌ R-C(⁺OH)=... -OCH₃ + H₂O: （プロトンが反応物に移ってしまっている）遅い ⇌ R-C(OH)(OCH₃)(⁺OH-H)]

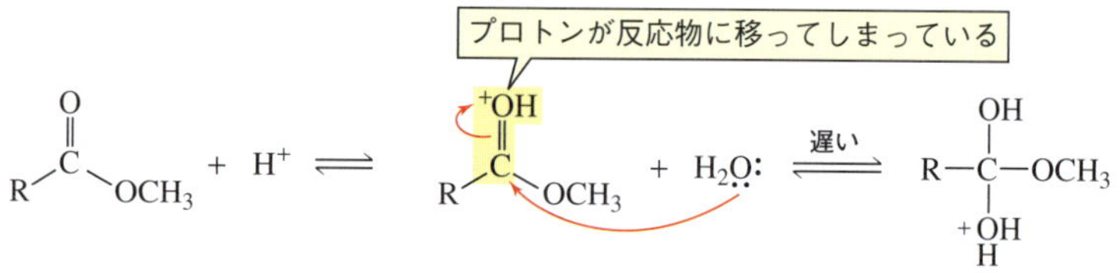

プロトンは，特殊酸触媒反応における遅い過程の前に，また，一般酸触媒における遅い過程と同時に供与される．

一般酸触媒による水の付加

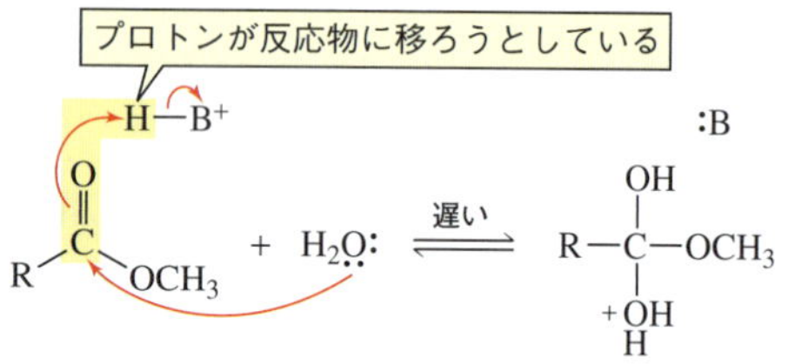

[反応式：H-B⁺がC=Oに配位（プロトンが反応物に移ろうとしている），+ H₂O: 遅い ⇌ R-C(OH)(OCH₃)(⁺OH-H) :B]

- 特殊酸触媒反応における四面体中間体の分解では，完全にプロトン化された脱離基が脱離するのに対して，一般酸触媒反応における四面体中間体の分解では，脱離基がプロトン化を受けながら脱離する．

特殊酸触媒による脱離基の解離

[反応式：R-C(:ÖH)(OH)-OCH₃ + H⁺ ⇌ R-C(:ÖH)(OH)-⁺OCH₃H 遅い ⇌ R-C(⁺OH)=OH + CH₃OH （プロトンが反応物に移ってしまっている）]

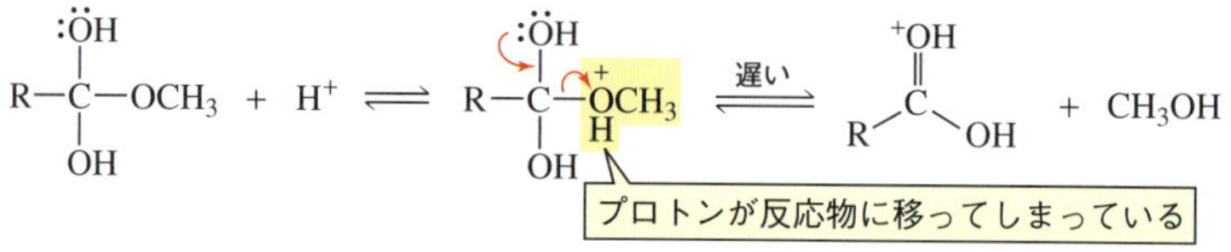

一般酸触媒による脱離基の解離

[反応式：R-C(:ÖH)(OH)-OCH₃ …H-B⁺ 遅い ⇌ R-C(⁺OH)=OH + CH₃OH + :B （プロトンが反応物に移ろうとしている）]

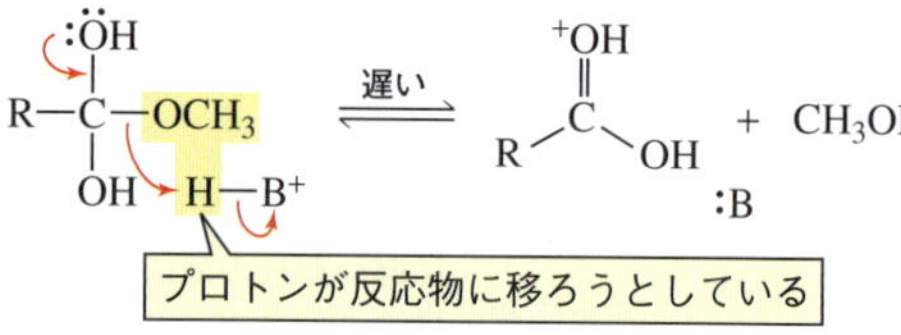

　特殊酸触媒には反応の遅い過程が起こる前に反応物を完全にプロトン化できるだけの十分な HCl や H_3O^+ のような強酸が必要である．これに対して一般酸触媒は，反応の遅い過程の遷移状態を部分的にプロトン化すればよいので弱酸でよい．
　前の章で示した反応機構では，強い酸が触媒として用いられていたので特殊酸触媒反応である．弱い酸を触媒として用いた場合には，プロトン化の段階とそれに続く遅い段階は一段階で進行する．酸とその pK_a 値の一覧が付録Ⅰにある．

問題 3 ◆

742 ページに示したエステルの酸触媒加水分解反応の遅い段階は，一般酸触媒作用かそれとも特殊酸触媒作用か．

問題 4

a. 次の反応において，特殊酸触媒で進行する場合の反応機構を書け．
b. 一般酸触媒で進行する場合の反応機構を書け．

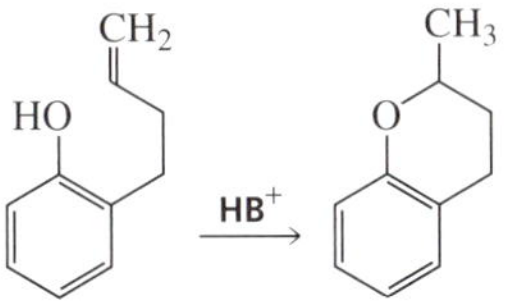

問題 5 （解答あり）

酸の存在しない系ではアルコールはアジリジンとは反応しない．なぜ酸が必要なのか．

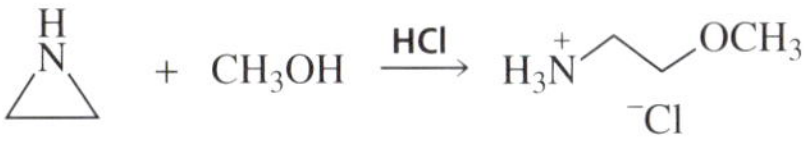

アジリジン (aziridine)

解答 エポキシドの場合は，それ自身の環ひずみの解放だけで開環反応が進行するが(上巻：11.7 節参照)，アジリジンの場合は，環ひずみの解放だけでは開環反応が進行しない．これは負電荷を帯びた窒素は強塩基なので，負電荷を帯びた酸素よりも脱離能が弱いためである．したがって，環窒素をプロトン化して優れた脱離基に変えるのに酸が必要となる．

23.3 塩基触媒作用

私たちはこれまでに，ケト-エノール互変異性(18.3 節参照)，Claisen 縮合(18.13 章参照)，およびエンジオール転位(21.5 節参照)など，いくつかの塩基触媒反応を学んできた．**塩基触媒**(base catalyst)は反応物からのプロトンの引き抜き(脱プロトン化)により反応速度を増大させる．たとえば，水酸化物イオン存在下における水和物の脱水は塩基触媒反応である．水酸化物イオン(塩基)は中性の水和物からのプロトンの引き抜きによって反応速度を増大させる．

特殊塩基触媒による脱水反応

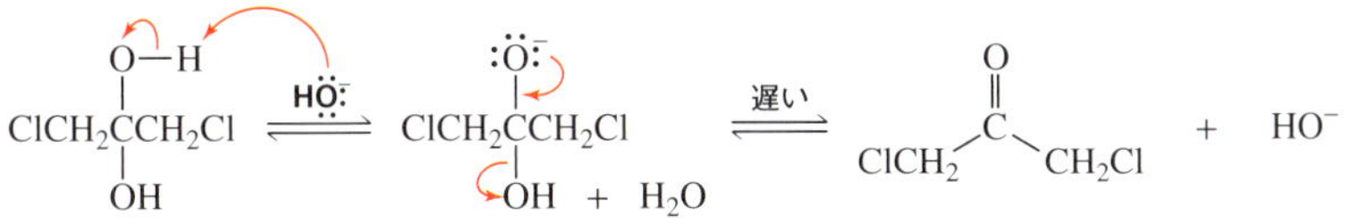

水和物

> 塩基触媒反応では反応物からプロトンが引き抜かれる．

水和物が脱プロトン化を受けると，脱水反応の速度はより安定な遷移状態を経て速くなる．負電荷を帯びた四面体中間体から HO⁻ が脱離する遷移状態は，電気陰性な酸素原子上に正電荷が蓄積されることがないため，より安定になる．中

性の四面体中間体からHO⁻が脱離する場合は，正電荷が酸素原子上に蓄積するため遷移状態が不安定化され，脱水反応は遅くなる．

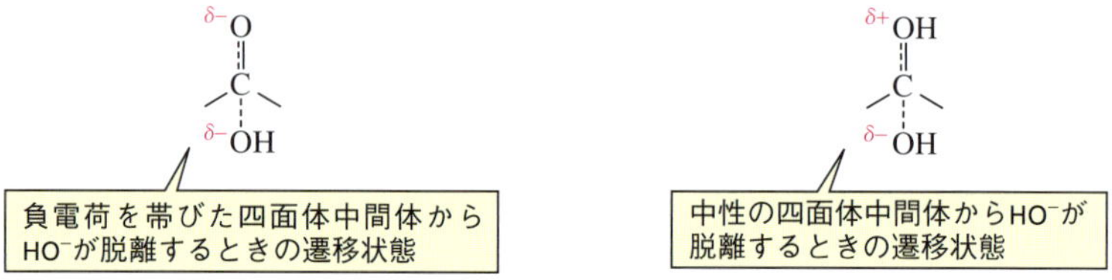

負電荷を帯びた四面体中間体からHO⁻が脱離するときの遷移状態

中性の四面体中間体からHO⁻が脱離するときの遷移状態

先に示した水和物の塩基触媒脱水反応は，特殊塩基触媒反応の例である．**特殊塩基触媒作用**(specific-base catalysis)では，反応の遅い過程が進行する<u>前</u>にプロトンが反応物から完全に引き抜かれる．一方，**一般塩基触媒作用**(general-base catalysis)においては，プロトンは遅い反応が進行するのと<u>同時</u>に反応物から引き抜かれる．先に述べた特殊塩基触媒脱水反応の遅い過程におけるプロトン移動の割合と，次に述べる一般塩基触媒脱水反応の遅い過程におけるプロトン移動の割合を比べてみよう．

一般塩基触媒による脱水反応

$$ClCH_2CH_2Cl\text{(水和物)} \rightleftharpoons ClCH_2C(=O)CH_2Cl + HO^- + HB$$
（遅い）

> プロトンは，特殊塩基触媒反応の場合は遅い過程の前に引き抜かれ，一般塩基触媒反応の場合は遅い過程と<u>同時</u>に引き抜かれる．

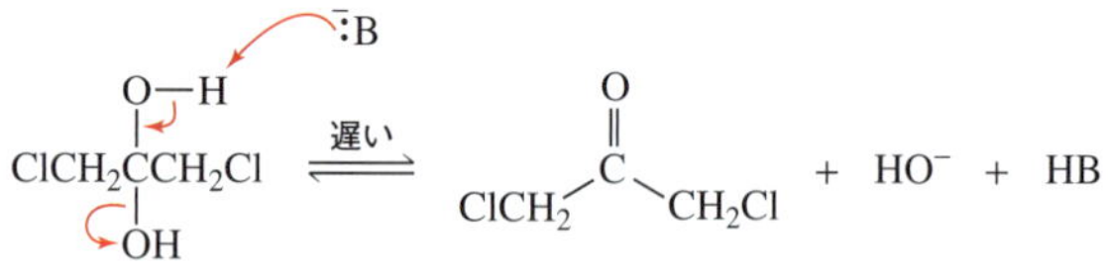

特殊塩基触媒作用においては，反応の遅い過程が始まる前に反応物から完全にプロトンを引き抜くだけの十分に強い塩基が必要である．一方，一般塩基触媒反応では，反応の遷移状態において部分的に脱プロトン化が進めばよいので，弱い塩基でよい．

生理的 pH (7.4) では，特殊酸触媒作用に必要な H⁺ (約 1×10^{-7} mol L⁻¹) や，特殊塩基触媒作用に必要な HO⁻ の濃度は非常に低いので，酵素触媒反応ではもっぱら一般酸触媒や一般塩基触媒が利用されている．

問題 6

a. 次の反応において，特殊塩基触媒で進行する場合の反応機構を書け．

b. 一般塩基触媒で進行する場合の反応機構を書け．

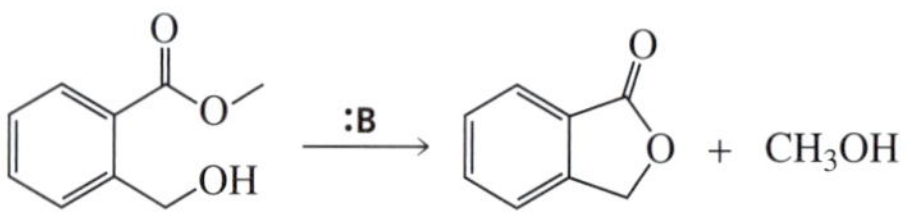

23.4　求核触媒作用

求核触媒(nucleophilic catalyst)は求核剤として機能して，反応物の一つと新しい共有結合を形成して反応速度を増大させる．したがって，**求核触媒作用**

(nucleophilic catalysis)は**共有結合触媒作用**(covalent catalysis)とも呼ばれる．求核触媒は反応機構を完全に別のものに変えて反応速度を増大させる．

次の反応では，ヨウ化物イオンが求核触媒として働き，塩化エチルからエチルアルコールへの変換反応速度を増大させる．

$$\text{CH}_3\text{CH}_2\text{Cl} + \text{HO}^- \xrightarrow[\text{H}_2\text{O}]{\text{I}^-} \text{CH}_3\text{CH}_2\text{OH} + \text{Cl}^-$$

（求核触媒）

> 求核触媒は反応物と共有結合を形成する．

ヨウ化物イオンがどのようにしてこの反応を触媒するのかを理解するためには，無触媒反応と触媒反応の反応機構を比べる必要がある．ヨウ化物イオンが存在しない場合には，塩化エチルは一段階の S_N2 反応でエチルアルコールに変換される．ここでは，求核剤が HO^- で，脱離基が Cl^- である．

無触媒反応の機構

$$\text{HO}^{\ddot{\:}^-} + \text{CH}_3\text{CH}_2\text{—Cl} \longrightarrow \text{CH}_3\text{CH}_2\text{OH} + \text{Cl}^-$$

反応系にヨウ化物イオンが存在する場合には，反応は二つの連続した S_N2 反応で進行する．

ヨウ化物イオンを触媒とする反応の機構

I^- は HO^- よりも優れた求核剤 → $\text{I}^{\ddot{\:}^-} + \text{CH}_3\text{CH}_2\text{—Cl} \longrightarrow \text{CH}_3\text{CH}_2\text{I} + \text{Cl}^-$

I^- は Cl^- よりも優れた脱離基 → $\text{HO}^{\ddot{\:}^-} + \text{CH}_3\text{CH}_2\text{—I} \longrightarrow \text{CH}_3\text{CH}_2\text{OH} + \text{I}^-$

- 触媒反応における最初の S_N2 反応は無触媒 S_N2 反応よりも速い．これは，プロトン性溶媒中においては，無触媒反応における求核剤である水酸化物イオンよりもヨウ化物イオンのほうがより優れた求核剤であるからである(上巻；9.2節参照)．
- 触媒反応における2番目の S_N2 反応もまた無触媒 S_N2 反応よりも速い．これは，ヨウ化物イオンは無触媒反応における脱離基である塩化物イオンよりも弱塩基であり，より優れた脱離基であるからである．

このようにして，ヨウ化物イオンは一つの比較的遅い S_N2 反応を，二つの比較的速い S_N2 反応を含む反応へ置き換えることにより，エタノールの生成速度を増大させる(図23.2)．

ヨウ化物イオンは求核剤として働き，反応物と共有結合を形成するので求核触媒である．ヨウ化物イオンは反応の一段階目では消費されるが，二段階目で再生されるので，反応の前後では変化していないことになる．

求核剤が反応機構を変えて，より有利な反応経路を提供する反応のもう一つの例として，イミダゾールを触媒とするエステルの加水分解反応がある．

酢酸フェニル (phenyl acetate) + H₂O →[求核触媒 イミダゾール] 酢酸 (acetic acid) + フェノール (phenol)

イミダゾールは水よりも優れた求核剤であるので，水よりも速くエステルと反応する．生成したアシルイミダゾールにおいて，イミダゾール基は窒素上に正電荷をもっているため非常に優れた脱離基として働く．したがって，エステル自身よりも非常に速く加水分解を受ける．最初のアシルイミダゾールの生成段階と，それに続く加水分解反応は，いずれもエステルの加水分解反応よりも速く進行するため，全体としてイミダゾールはエステルの加水分解の反応速度を増大させることになる．

23.5 金属イオン触媒作用

金属イオンは孤立電子対をもった原子と錯体形成することによって触媒効果を発揮する．したがって，**金属イオン** (metal ion) は Lewis 酸 (上巻；2.12 節参照) である．<u>金属イオンはいくつかの方法によって反応速度を増大させる</u>．

- **A** に示したように，反応中心の電子受容性 (すなわち，求電子性) を高めることができる．
- **B** に示したように，脱離基の塩基性を弱めて脱離基の脱離能を高めることができる．
- **C** に示したように，水の求核性を高めて加水分解速度を増大させることができる．

金属原子は Lewis 酸である．

AやBの場合，金属イオンはプロトンと同様の触媒効果を発揮する．しかし，金属イオンは+1よりも大きい正電荷をもつことができ，中性のpH条件下でも高い濃度を保てるので，プロトンよりもはるかに活性の高い触媒となりうる．

Cの場合は，金属イオンは水と錯体を形成し，金属に配位した水酸化物イオンに変えることによりその求核性を高める．すなわち金属イオンが水との錯体を生成すると，表23.1に示したpK_a値からわかるように，水はプロトンを失いやすくなる．（水のpK_aは15.7である．）金属に配位した水酸化物イオンは，フリーの水酸化物イオンに比べると弱い求核剤であるが，水そのものよりも優れた求核剤として働く．生体系では生理的pH(7.4)で水酸化物イオンは利用できないので，金属イオンは重要な触媒となる．

表23.1　金属に結合した水のpK_a

M^{2+}	pK_a	M^{2+}	pK_a
Ca^{2+}	12.7	Co^{2+}	8.9
Cd^{2+}	11.6	Zn^{2+}	8.7
Mg^{2+}	11.4	Fe^{2+}	7.2
Mn^{2+}	10.6	Cu^{2+}	6.8
Ni^{2+}	9.4	Be^{2+}	5.7

ここで，金属イオンが触媒するいくつかの有機反応の例を見てみよう．ジメチルオキサロ酢酸からの脱炭酸反応は，Cu^{2+}やAl^{3+}によって触媒される．

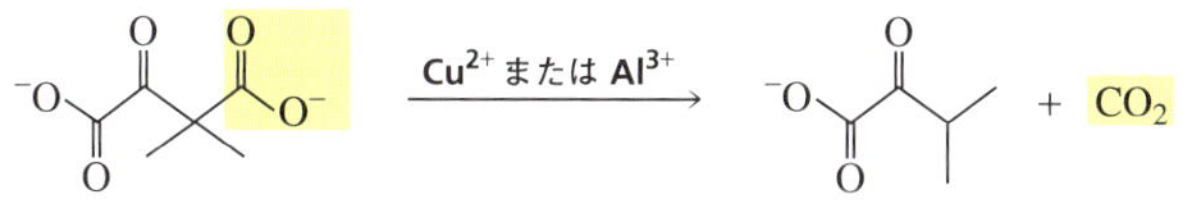

ジメチルオキサロ酢酸
(dimethyloxaloacetate)

この反応では，金属イオンは反応物の二つの酸素原子に配位する．この場合，金属イオンの錯体形成により，CO_2が脱離したあとに生じる電子（負電荷）が，残されたもう一つのカルボニル酸素上でより安定化されるので，脱炭酸の反応速度が増大する．

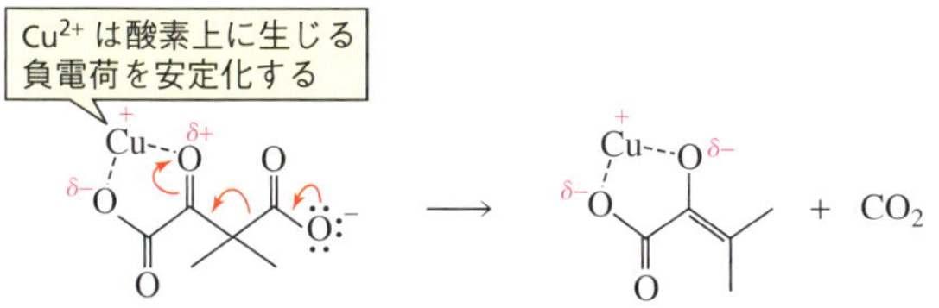

Cu^{2+}は酸素上に生じる負電荷を安定化する

次に示したエステルの加水分解反応は二つの遅い過程を含んでいる．Zn^{2+}は水よりも優れた求核性金属配位性水酸化物イオンを供与して一段階目の遅い過程の反応速度を増大させる．Zn^{2+}はまた，四面体中間体から脱離する脱離基の塩基性を弱めることにより2番目の遅い過程の反応速度を増大させる．

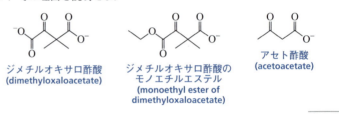

問題7 ◆

金属イオンはジメチルオキサロ酢酸の脱炭酸の反応速度を増大させるが，ジメチルオキサロ酢酸のモノエチルエステルやアセト酢酸の脱炭酸反応には触媒効果を示さない．その理由を説明せよ．

問題8

Co^{2+}が触媒するグリシンアミドの加水分解反応の機構を示せ．

23.6 分子内反応

化学反応の速度は，ある決められた時間(単位時間)内に十分なエネルギーと適切な配向性をもった分子どうしが衝突する回数で決まる(上巻; 5.8 節参照).

$$反応速度 = \frac{衝突回数}{単位時間} \times \frac{十分なエネルギーをもった}{衝突の割合} \times \frac{適切な配向をもった}{衝突の割合}$$

触媒は反応のエネルギー障壁を下げるので，その障壁を越えるために必要なエネルギーをもった分子の衝突回数を増加させる．

分子の衝突回数を増やすことによっても反応速度を増大させられる．そのためには反応物の濃度を上げればよい．さらに，五員環や六員環の生成物を与える分子内反応(intramolecular reaction)のほうが，対応する分子間反応(intermolecular reaction)よりも速やかに進行することをすでに見てきた．これは，分子内反応の

ほうが反応部位が同一分子内にあるため，同じ濃度で溶液中に存在する別べつの分子上にある場合よりも，衝突する機会が多いという優位性をもっているからである（上巻：9.8 節参照）．その結果として，衝突頻度が増加する．

同一分子内にあるということに加えて，さらに反応部位どうしが適切な配向性をもって衝突できるように配置してやれば，反応速度はさらに増大する．表 23.2 に示した相対反応速度を見ると，反応部位の適切な配向により劇的に反応速度が増大することがよくわかる．

一連の反応の速度定数は一般には相対速度として比較される．なぜならば，相対速度で比較したほうが，ある反応がほかの反応に比べてどれだけ速く進むかを一目で判断できるからである．**相対速度**（relative rate）は，各反応の速度定数を一連の反応のなかで最も遅い反応の速度定数で割れば求められる．表 23.2 において，最も遅い反応は分子間反応であり，ほかのすべては分子内反応である．

分子内反応は一次反応（単位は time^{-1}）であり，分子間反応は二次反応（単位は $\text{L time}^{-1} \text{mol}^{-1}$）であるので，表 23.2 に示した相対速度はモル濃度の単位（mol L^{-1}）をもっている（上巻：5.9 節参照）．

$$\text{相対速度} = \frac{\text{一次反応速度定数}}{\text{二次反応速度定数}} = \frac{\text{time}^{-1}}{\text{L time}^{-1} \text{mol}^{-1}} = \text{mol L}^{-1}$$

相対速度は有効モル濃度とも呼ばれる．**有効モル濃度**（effective molarity）とは，分子間反応が分子内反応と同じ速度で進行するために必要な反応物の濃度を意味する．いいかえれば，有効モル濃度とは分子内に反応部位を導入することによって獲得する優位性を意味する．ある場合には，反応部位を適切なところに配置することにより，反応速度の劇的な増大を生み，反応物の有効モル濃度が固体状態の濃度を超えるような場合もありうる．

表 23.2A に示した最初の反応はエステルとカルボキシラートイオンの分子間反応であり，2 番目の反応 B は分子内にそれらの反応部位が存在する場合である．分子内反応は分子間反応よりも 1000 倍速い．

B の反応物には自由に回転できる C—C 結合が四つ含まれている．これに対して，D の反応物にはそのような結合が三つしかない．化合物自身は大きな置換基がより遠ざかるように配置されているほうが安定である．しかし，これらの置換基が遠ざかった状態は反応に対しては好ましくない立体配座である．D の反応物には自由に回転できる結合が B の反応物よりも少ないので，反応に有利な立体配座をとる確率が増大する．したがって，D の反応は B の反応よりも速い．

表 23.2 一つの分子間反応 (A) と五つの分子内反応 (B～F) の相対反応速度

反 応	相対反応速度 (mol L^{-1})
A: $CH_3C(O)-O-C_6H_4-Br + CH_3C(O)-O^- \rightarrow CH_3C(O)-O-C(O)CH_3 + {}^-O-C_6H_4-Br$	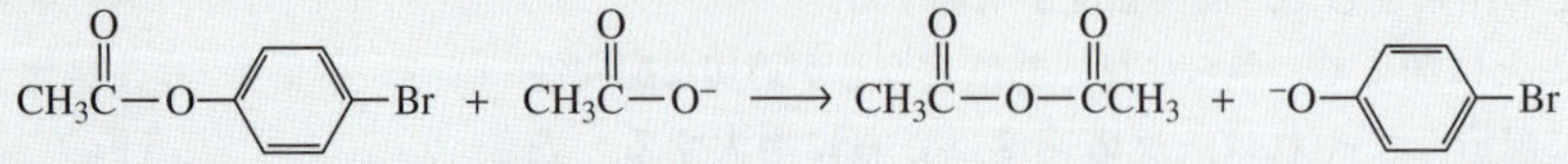 1.0
B: (グルタル酸 4-ブロモフェニルエステルのカルボキシラート) → グルタル酸無水物 + $^-O-C_6H_4-Br$	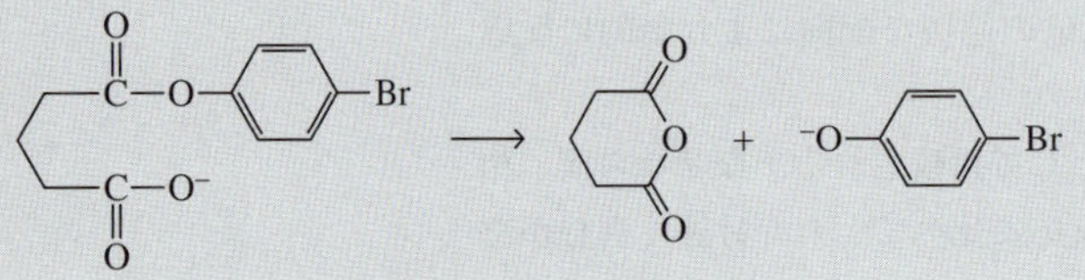 1×10^3
C: 3,3-ジアルキルグルタル酸誘導体 → 環状無水物 + $^-O-C_6H_4-Br$	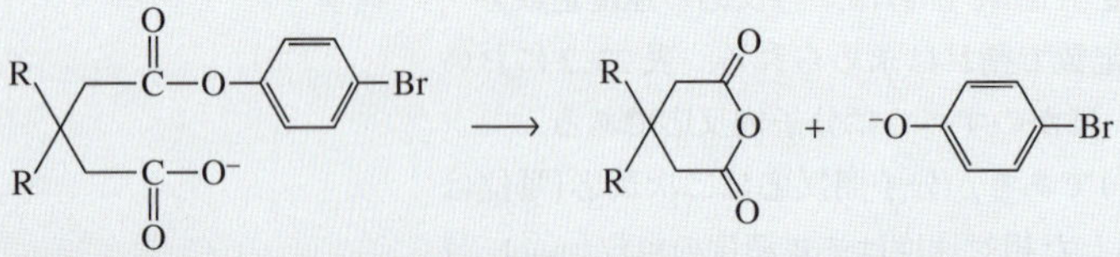 2.3×10^4 R = CH_3 1.3×10^6 R = $(CH_3)_2CH$
D: コハク酸 4-ブロモフェニルエステルのカルボキシラート → コハク酸無水物 + $^-O-C_6H_4-Br$	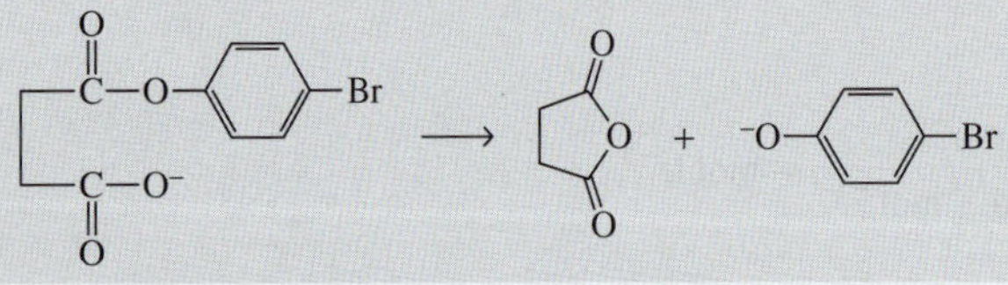 2.2×10^5
E: マレイン酸 4-ブロモフェニルエステルのカルボキシラート → 無水マレイン酸 + $^-O-C_6H_4-Br$	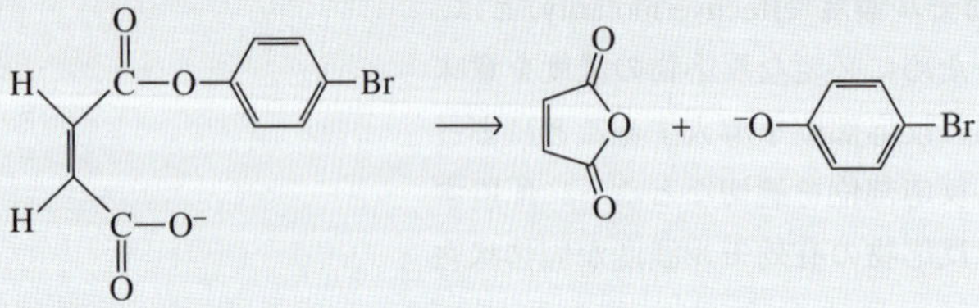 1×10^7
F: 二環性ジカルボン酸誘導体 → 環状無水物 + $^-O-C_6H_4-Br$	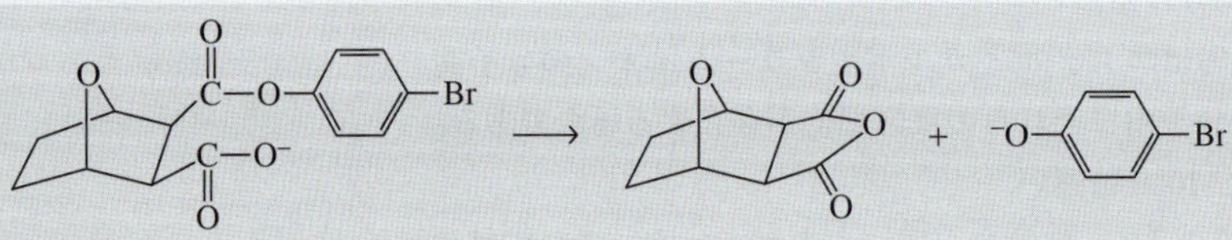 5×10^7

　反応 C は反応 B よりも速い．なぜならば，C の反応物では，アルキル置換基により反応部位が互いに遠ざかるような回転の自由度が低下するからである．したがって，二つの反応部位が閉環反応に有利なような配向をとる確率が上がる．このような効果は，二つのアルキル置換基が同じ (geminal) 炭素に結合しているので，*gem*-ジアルキル効果と呼ばれている．置換基がメチル基の場合とイソプロピル基の場合の反応速度を比べてみると，置換基のサイズが大きくなるほど反応速度も大きくなることがわかる．

　反応 E における速度の増大は，二つの反応部位が互いに遠ざかるような回転を，炭素—炭素二重結合が阻止しているためである．反応 F における二環性化合物の反応はさらに速い．なぜならば，二つの反応部位が反応に適切な位置に固定されているからである．

問題 9 ◆

cis-アルケン (**E**) の相対速度が表 23.2 にある．トランス異性体の反応速度はどのようになると推定されるか．

23.7 分子内触媒作用

同じ分子内に二つの反応部位があるだけで，それらが別べつの分子にあるときよりも反応が効率よく進行する．これと同じように反応部位と触媒が同一分子内にあることによって，それらが別べつの分子にあるときよりも反応速度は増大する．このように触媒が反応分子の一部である場合，その触媒作用を **分子内触媒作用** (intramolecular catalysis) と呼ぶ．分子内一般酸または塩基触媒作用，分子内求核触媒作用，および分子内金属イオン触媒作用のすべてが可能である．

クロロシクロヘキサンをエタノールの水溶液と反応させると，アルコールとエーテルが生成する．これは溶液中に二つの求核種 (H_2O と CH_3CH_2OH) が存在するからである．

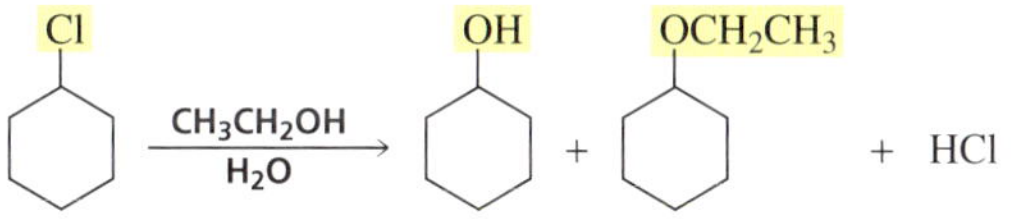

2 位に硫黄置換基をもつクロロシクロヘキサンでも同じ反応が進行する．しかし，反応速度は硫黄置換基が塩素置換基に対してシス位にあるかトランス位にあるかによって大きく異なる．トランス体の反応は 2 位に硫黄置換基がないクロロシクロヘキサンに比べると 70,000 倍も速く進行する．一方，シス体の反応は，硫黄置換基がないクロロシクロヘキサンとほぼ同じ速度で進行する．

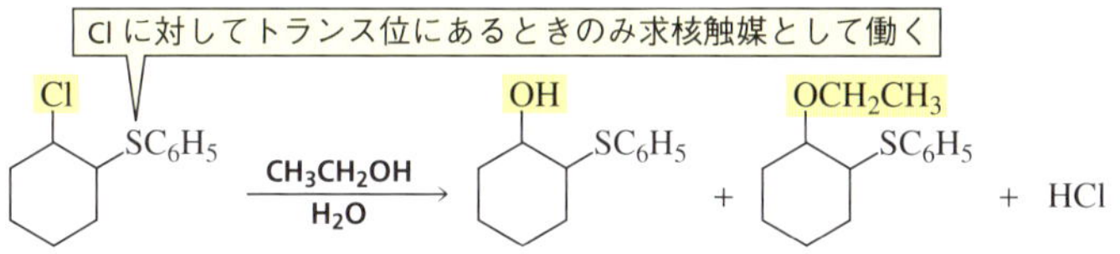

トランス体の反応が非常に速く進行することをどのように説明すればよいだろうか．置換基が塩素のトランス位にあるとき，硫黄置換基は分子内求核触媒として機能する．この置換基は塩素置換基が結合している炭素を背面攻撃し，塩素原子と置き換わる (S_N2 反応)．背面攻撃が起こるためには，両方の置換基がアキシアル位に存在する必要があり，それが可能なのはトランス体である (上巻：3.14 節参照)．続いて，スルホニウムイオンへの水またはエタノールの攻撃がすばやく進行する．なぜならば，正に帯電した硫黄は優れた脱離基であり，三員環の開裂は環のひずみを解放するからである．

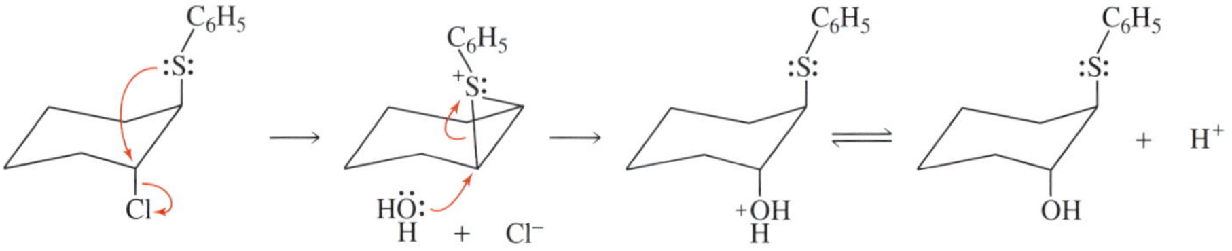

問題 10◆
上に示した反応によって得られる可能なすべての生成物とその立体配置を示せ.

フェニル酢酸の中性的 pH における加水分解の反応速度は芳香族環のオルト位にカルボキシラートイオンがあると 150 倍に増大する. オルト位にカルボキシ基をもつエステルは, 一般にアスピリンとして知られている(16.11 節参照). 次の反応式には, 反応物も生成物も生理的 pH(7.4)において優先的に存在する形で示してある.

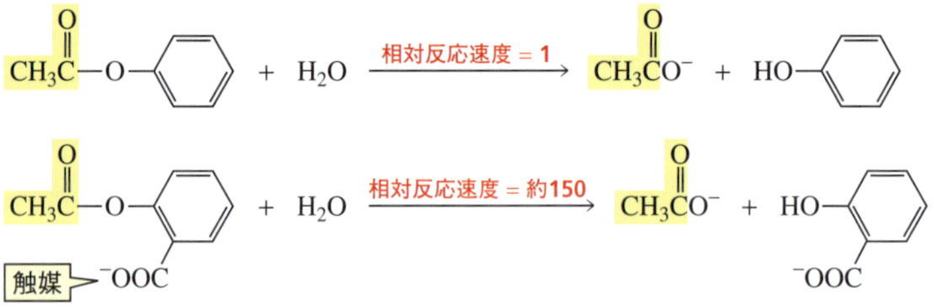

オルト位のカルボキシラート基は分子内一般塩基触媒として働き, 水の求核性を高める. これによって, 四面体中間体の生成速度が増大する(16.6 節参照).

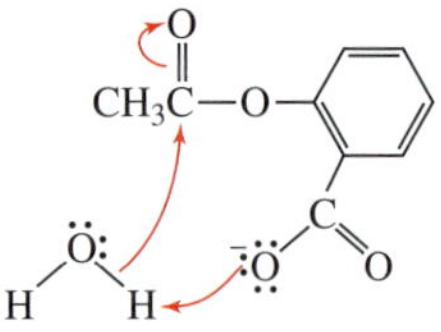

ニトロ基をベンゼン環に導入すると, オルト位のカルボキシ基は分子内一般塩基触媒ではなく分子内求核触媒として働くようになる. この場合, カルボキシ基はエステルをより加水分解を受けやすい酸無水物へ変換され, 反応速度を増大させる(16.20 節参照).

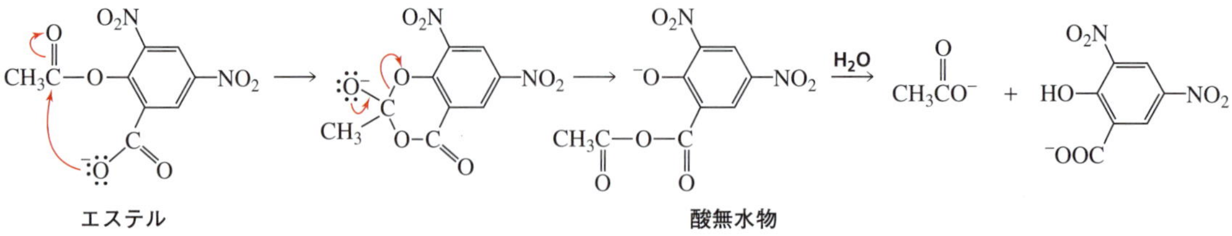

問題 11（解答あり）

オルト位のカルボキシ基が，ある反応では一般塩基触媒になり，別の反応では求核触媒として働くのはなぜか．

解答 位置的にオルト位のカルボキシ基は四面体中間体を生成するのに都合がよい．四面体中間体において，カルボキシ基のほうがフェノキシ基よりも優れた脱離基である場合，カルボキシ基が優先的に脱離してもとの反応物に戻る（青い矢印）．これにより，出発物質が再生し（反応経路 **A**），分子内一般塩基触媒反応を受け加水分解が進行する．これに対して，フェノキシ基のほうがカルボキシ基よりも優れた脱離である場合，フェノキシ基が脱離して（緑の矢印）酸無水物が生成し（反応経路 **B**），求核触媒により反応が進行する．

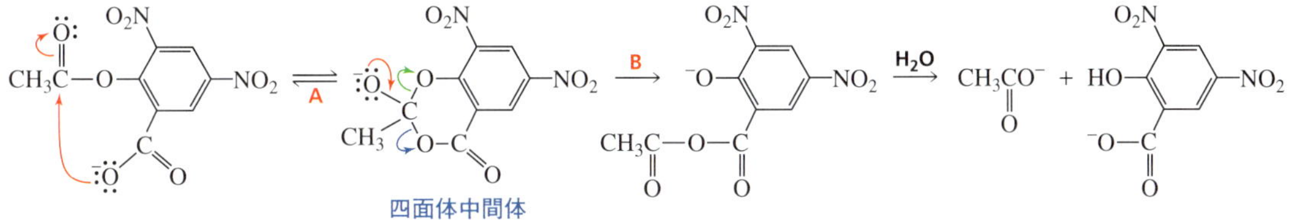

問題 12◆

問題 11 において，ニトロ基を導入することによってカルボキシ基とフェノキシ基の四面体中間体からの相対的脱離能が変わるのはなぜか．

問題 13

オルト位のカルボキシ基が分子内一般塩基触媒として機能するのか，分子内求核触媒として機能するのかを知るためには，アスピリンの加水分解反応を ^{18}O で標識した水を用いて行い，^{18}O がフェノールのオルト位のカルボキシ基に取り込まれたかどうかを調べればよい．二つの触媒機構においてそれぞれどのような生成物が得られるか説明せよ．

23.8 生体反応における触媒作用

細胞内で起こるすべての有機反応には本質的に触媒が必要である．ほとんどの生体触媒は球状タンパク質の**酵素**（enzyme）である（22.0 節参照）．それぞれの生体内反応は異なる酵素によって触媒される．

基質の結合

酵素触媒反応の反応物は**基質**（substrate）と呼ばれる．

$$\text{基質} \xrightarrow{\text{酵素}} \text{生成物}$$

酵素はその表面のくぼみにあるポケット，すなわち**活性部位**（active site）で基質と結合する．すべての反応において，基質が生成物に変換される過程で起こる結合の形成や切断は，基質が活性部位に取り込まれた状態で進行する．

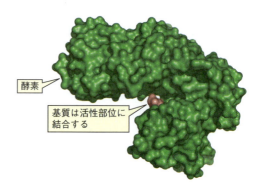

酵素は非生体触媒とは異なり，それが触媒する基質に対して特異性を示す（上巻；6.17節参照）．しかし，すべての酵素が同じ程度の特異性を示すわけではない．あるものは特定の化合物のみに高い特異性を示す．たとえば，グルコース-6-リン酸異性化酵素はグルコース-6-リン酸の異性化のみを触媒する．一方，よく似た構造をしたいくつもの基質の反応を触媒する酵素もある．たとえば，ヘキソキナーゼはどのようなD-ヘキソースのリン酸化でも触媒する．基質に対する酵素の特異性は**分子認識**（molecular recognition），すなわち，ある分子と別の分子を区別する能力として知られている現象のもう一つの例である（21.0節参照）．

活性部位に存在する特定の**アミノ酸側鎖**（amino acid side chain）（α置換基）は，酵素の特異性に寄与している．たとえば，負に帯電した側鎖をもつアミノ酸は基質の正に帯電した部位と相互作用し，水素結合供与基をもつアミノ酸側鎖は基質の水素結合受容基と相互作用する．また，疎水性のアミノ酸側鎖は基質の疎水基と相互作用する．

1894年，Emil Fischerは，酵素の基質に対する特異性を説明するために**鍵と鍵穴モデル**（lock-and-key model）を提唱した．このモデルでは，鍵が鍵穴にうまく合致するように，基質は酵素の活性部位にうまく適合する．

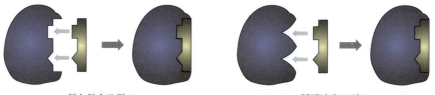

鍵と鍵穴モデル　　　　　　　　誘導適合モデル

1958年，Daniel Koshlandが酵素と基質の結合に対する**誘導適合モデル**（induced-fit model）を提唱した．このモデルでは，基質が酵素に結合するまでは，活性部位の形は基質の形と完全に相補的であるわけではない．基質が結合することによって放出されるエネルギーは，酵素の構造変化を誘発し，それにより基質と酵素活性部位との結合がより緊密なものとなる．誘導適合の例を図23.4に示す．

触媒反応の要因

酵素が驚異的な触媒機能を発揮する理由は単純には説明できない．それぞれの酵素は独特の要因をもって（または機能を使って），反応を触媒している．多くの

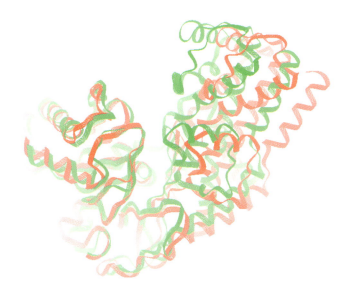

◀図 23.4
基質と結合する前のヘキソキナーゼの構造を赤色で，基質と結合したあとのヘキソキナーゼの構造を緑色で示してある．

酵素に共通して見られる要因（または機能）を次に示す．

- 活性部位において，反応部位は互いに反応に都合のよい方向を向いて配置されている．これは反応部位の適切な配置が分子内反応の反応速度を増大させることとよく似ている（23.6 節）．
- 酵素のアミノ酸側鎖のいくつかは酸，塩基，および求核触媒として機能する．また多くの場合，活性部位に触媒として働く金属イオンをもっている．これらの触媒反応基はまさに反応を受ける基質の方向を向いて配置されている．これは酸，塩基，求核剤，および金属イオンによる分子内触媒作用が反応速度を増大させる方法と類似している（23.7 節）．
- アミノ酸の側鎖は，van der Waals 相互作用，静電的相互作用，および水素結合などを利用して反応の遷移状態や中間体を安定化し，生成しやすくする（図 23.1b）．

ここでは五つの酵素触媒反応の機構を見ていこう．酵素が使っている触媒様式は，一般の有機反応で使われている触媒様式と同じであることがわかる．この章の各所に引用されている関連の節を見直せば，これまでに学んできた有機化学の大部分は，生物界における化合物の反応に適用できることがわかるだろう．酵素の驚異的な触媒能力の一部は，いくつかの触媒作用を一つの反応に同時に作用できることに起因している．

23.9 アミドの酸触媒加水分解に類似した二つの酵素触媒反応機構

酵素の英語の名称はほとんどの場合，"ase（エースあるいはアーゼ）" で終わっており，酵素の名称を見ればそれが触媒する反応が何かわかるようになっている．たとえば，カルボキシペプチダーゼ A は，ポリペプチドの C 末端（カルボキシ末端）のペプチド結合を加水分解して，末端のアミノ酸を放出する（22.13 節参照）．

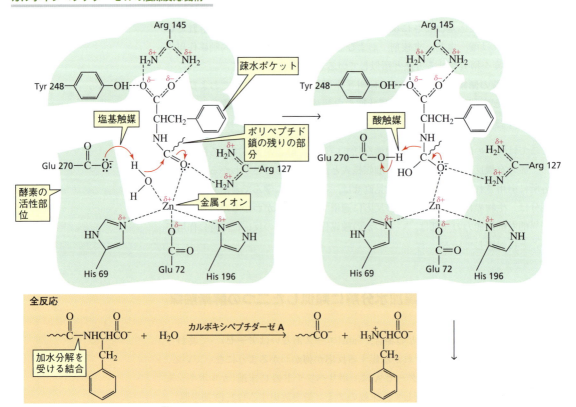

カルボキシペプチダーゼAは，活性部位に金属が強く結合している金属酵素である．カルボキシペプチダーゼAに含まれる金属イオンはZn^{2+}である．約1/3の酵素は触媒作用を発揮するために金属イオンを必要としており，カルボキシペプチダーゼAは，何百種類もある亜鉛酵素の一つである．

ウシの膵臓にあるカルボキシペプチダーゼAの酵素活性部位では，Zn^{2+}は，His 69，Glu 72，および His 196 が水分子と結合して錯体を形成している．（Glu 72 は，酵素のN末端から数えて72番目にあるアミノ酸がGluであることを意味する．）カルボキシペプチダーゼAは起源が異なっても同じ反応機構で反応するが，酵素の一次構造が若干異なる場合があるので，一般的には酵素の起源を明記する．

カルボキシペプチダーゼAの触媒反応機構

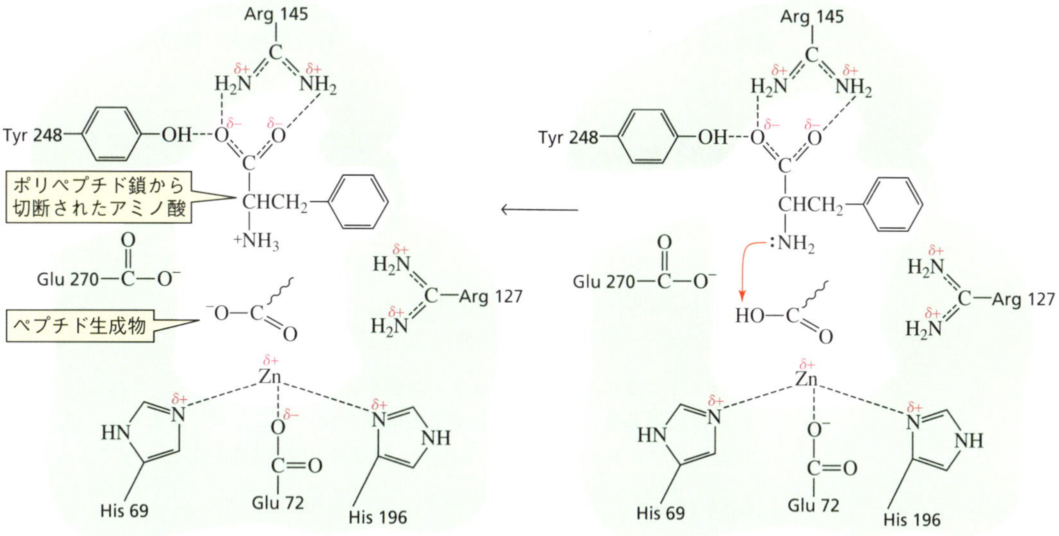

カルボキシペプチダーゼ A の活性部位にあるいくつかのアミノ酸側鎖が，反応に最適な位置に基質を固定するために働いている．基質の C 末端カルボキシ基は Arg 145 との間に二つの水素結合を，また Tyr 248 との間に一つの水素結合をそれぞれ形成する．（この例では，C 末端アミノ酸はフェニルアラニンである．）C 末端のアミノ酸側鎖は疎水ポケットに位置しており，そのためカルボキシペプチダーゼ A は C 末端にアルギニンやリシンをもった基質に対しては不活性である（22.13 節参照）．明らかに，これらのアミノ酸側鎖は長鎖で正電荷を帯びているため（表 22.2 参照），非極性のポケットにはうまく収まらない．

- 活性部位に基質が結合すると，Zn^{2+} が加水分解を受けるアミド結合のカルボニル酸素に部分的に配位する．これにより Zn^{2+} は炭素—酸素二重結合を分極化し，求核付加に対するカルボニル炭素の反応性を高めるとともに，四面体中間体生成の遷移状態で酸素原子上に生じる負電荷を安定化する．Arg 127 もまたカルボニル基の求電子性を高め，酸素原子上に生じる負電荷を安定化する．さらに，Zn^{2+} は水とも錯体を形成し，水からの脱プロトン化を助けて求核性を高める．Glu 270 は一般塩基触媒として働き，水からの脱プロトン化を助けて求核性を高める．
- 次の段階では，Glu 270 が一般酸触媒として働き，アミノ基の脱離能を高める．反応が完結した時点で，アミノ酸（この場合はフェニルアラニン）とアミノ酸が一つ外れたペプチドは酵素から離れ，別の基質が活性部位に結合する．

　生成物のペプチド末端に存在する負に帯電したカルボキシ基と，負に帯電した Glu 270 側鎖間の好ましくない静電的反発が，酵素から生成物が解離する段階を促進しているものと考えられる．

　これらの酵素触媒反応においては，結合形成や結合開裂の過程でプロトン化や脱プロトン化が進行するので，酸–塩基触媒作用とは一般酸–一般塩基触媒作用で

あることに注目しよう(23.2 節と 23.3 節). 生理的 pH(7.4)では, H^+ や HO^- の濃度(約 1×10^{-7} mol L^{-1})が低すぎるため, 特殊酸触媒や特殊塩基触媒は利用できない.

問題 14(解答あり)

次のアミノ酸側鎖のうち, 脱離基の解離を助けるものはどれか.

—CH$_2$CH$_2$SCH$_3$　　—CH(CH$_3$)$_2$　　—CH$_2$—(imidazole-H$^+$)　　—CH$_2$COOH
　　1　　　　　　　　　**2**　　　　　　　　　　　**3**　　　　　　　　　　**4**

解答 **1** と **2** には酸性のプロトンが存在しない. したがって, これらのアミノ酸側鎖は脱離基をプロトン化してその解離を助けることはできない. 一方, **3** と **4** は酸性のプロトンをもっているので, 脱離基の解離を助けることができる.

問題 15◆

次のアミノ酸側鎖のうち, アルデヒドの α 炭素からプロトンを引き抜けるものはどれか.

—CH$_2$CONH$_2$　　—C$_6$H$_4$—O$^-$　　—CH$_2$—(imidazole)　　—CH$_2$COO$^-$
　　1　　　　　　　**2**　　　　　　　　　**3**　　　　　　　　**4**

問題 16◆

次の基質の C 末端ペプチド結合のうちで, カルボキシペプチダーゼ A により効率よく切断されるのはどちらか. その理由も説明せよ.

　　　　　　　　Ser–Ala–Phe　　または　　Ser–Ala–Asp

問題 17

カルボキシペプチダーゼ A はペプチダーゼ活性だけではなく, エステラーゼ活性ももっている. したがって, ペプチド結合だけでなくエステル結合も加水分解できる. カルボキシペプチダーゼ A がエステル結合を加水分解するとき, Glu 270 は一般塩基触媒ではなく求核触媒として働く. カルボキシペプチダーゼ A によるエステル結合の加水分解反応の機構を示せ.

トリプシン, キモトリプシン, およびエラスターゼは, エンドペプチダーゼという酵素群に属し, 総称してセリンプロテアーゼと呼ばれる. (エンドペプチダーゼはペプチド鎖の非末端ペプチド結合を切断する酵素であることを思い出そう; 22.13 節参照). これらの酵素はタンパク質のペプチド鎖の加水分解を触媒するのでプロテアーゼと呼ばれる. これらの酵素はそれぞれ触媒反応に関与するセリン残基を活性部位にもっているのでセリンプロテアーゼと呼ばれる.

さまざまなセリンプロテアーゼは類似の一次構造をもっており, 進化論的に関連があるとされている. そして, これらの酵素はすべて活性部位に同じ三つの触媒側鎖をもっている(それは, Asp, His, および Ser である). しかし, 一つの重

要な違いがある．すなわち，加水分解を受けるペプチド結合のアミノ酸側鎖と結合するための活性部位のポケットの構成である（図 23.5）．このポケットにより各セリンプロテアーゼの基質特異性が異なる（22.13 節参照）．

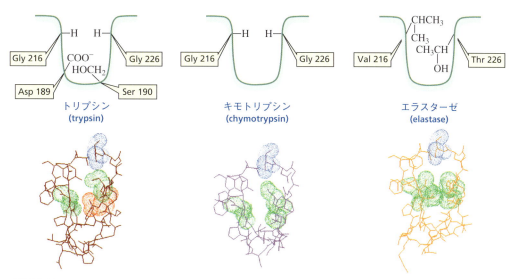

▲ 図 23.5
トリプシン，キモトリプシン，およびエラスターゼの基質結合ポケット．負に帯電したアスパラギン酸は赤色で，また，比較的非極性のアミノ酸は緑色で示してある．基質結合ポケットの構造を見れば，なぜトリプシンが長鎖の正電荷をもったアミノ酸と結合し，キモトリプシンが平らで非極性なアミノ酸と結合し，エラスターゼが小さなアミノ酸のみと結合するのかがわかる．

　トリプシンのポケットは狭く，活性部位の底の部分にセリンと負に帯電したアスパラギン酸のカルボキシ基をもっている．このような基質結合部位の構造と電荷のため，正電荷をもった長鎖のアミノ酸（Lys と Arg）の側鎖をより強く結合する．このような理由で，トリプシンはアルギニンやリシンの C 側のペプチド結合のみを加水分解する．キモトリプシンのポケットは狭くて，非極性アミノ酸が並んでいる．したがって，キモトリプシンは平らで非極性な側鎖をもつアミノ酸（Phe，Tyr，Trp）の C 側のペプチド結合を切断する．一方，エラスターゼでは，トリプシンやキモトリプシンのポケットに存在する二つのグリシンが比較的かさ高いバリンとトレオニンに置き換わっている．その結果，小さなアミノ酸の側鎖しか活性部位のポケットに適合できない．したがって，エラスターゼは小さなアミノ酸（Gly，Ala，Ser，および Val）の C 側のペプチド鎖を加水分解する．

　ここにはウシのキモトリプシンによるペプチドの加水分解の推定機構を示す．ほかのセリンプロテアーゼも同じ反応機構に従う．

セリンプロテアーゼの触媒反応機構

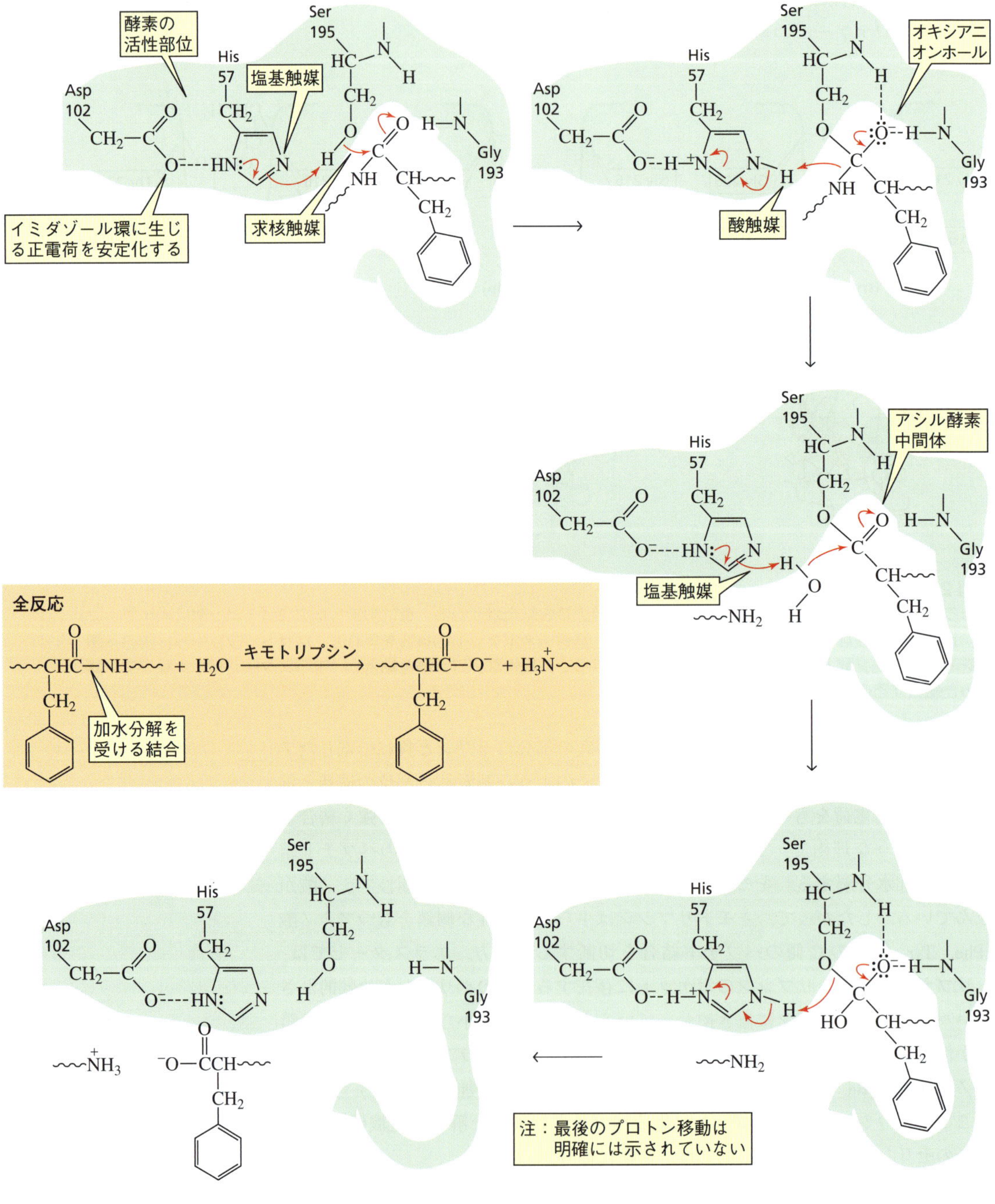

酵素の活性部位
Asp 102
His 57
Ser 195
塩基触媒
イミダゾール環に生じる正電荷を安定化する
求核触媒
Gly 193
オキシアニオンホール
酸触媒
アシル酵素中間体
塩基触媒

全反応

$$\underset{\underset{CH_2}{|}}{\sim\sim\sim CHC-NH\sim\sim\sim} \overset{O}{\|} + H_2O \xrightarrow{\text{キモトリプシン}} \underset{\underset{CH_2}{|}}{\sim\sim\sim CHC-O^-} \overset{O}{\|} + H_3\overset{+}{N}\sim\sim\sim$$

加水分解を受ける結合

注：最後のプロトン移動は明確には示されていない

- 平らで非極性なアミノ酸側鎖が疎水性のポケットに結合することにより，加水分解を受けるアミド結合が Ser 195 に非常に近い位置に固定される．His 57 が一般塩基触媒として働き，カルボニル基に付加するセリンの OH 基の求核性を高める．この過程は，Asp 102 によって促進される．この Asp 102 のカルボキシラートイオンはイミダゾールからプロトンを引き抜くわけではなく，

カルボキシラートイオンのままで存在し，その負電荷を用いて His 57 上に生じる正電荷を安定化し，かつ，His 57 の五員環の塩基性 N 原子をセリンの OH 基の方向へ保持することにより，反応を進行しやすくする．このように，ある電荷が反対の電荷により安定化されることを**静電的触媒作用**(electrostatic catalysis)と呼ぶ．四面体中間体が生成することにより基質タンパク質の立体配座がわずかに変化し，負に帯電した酸素が，前は占有されていなかった<u>オキシアニオンホール</u>と呼ばれる部分に移動する．オキシアニオンホールでは，基質中間体の負に帯電した酸素が酵素の二つのペプチド基(Gly 193 と Ser 195)と水素結合して，四面体中間体を安定化する．

- 次の段階では，四面体中間体が分解し，アミノ基が放出される．この場合，脱離するアミノ基は非常に強い塩基なので，一般酸触媒として機能する His 57 の助けがないと脱離できない．二段階目の生成物は酵素のセリン残基がアシル化されたものであり，つまりアシル基と置き換わっており，**アシル酵素中間体**(acyl-enzyme intermediate)と呼ばれる．
- 三段階目は一段階目とよく似ている．しかし，この場合にはセリンではなく水が求核剤となる．水がアシル酵素中間体のアシル基に付加し，ここでも His 57 が一般塩基触媒として働き水の求核性を高めるとともに，Asp 102 が再び生成するヒスチジン側鎖上の正電荷を安定化する．
- 最後の段階では，四面体中間体はセリンを切り離して分解する．この段階では His 57 は一般酸触媒として機能し，セリンの脱離能を高める．（カルボン酸はアミンより強い酸であるので，カルボン酸がプロトンを失い，アミンがプロトン化される．）

この反応機構は，ヒスチジンが触媒活性基として重要なはたらきをしていることを示している．ヒスチジンのイミダゾール環の pK_a 値($pK_a = 6.0$)は中性に近いので，ヒスチジンは生理的 pH(7.4)で一般酸触媒としても，また一般塩基触媒としても機能する．

部位特異的変異(site-specific mutagenesis)によって酵素触媒反応機構に関する情報が得られる．この方法を用いれば，タンパク質のあるアミノ酸を別のアミノ酸に置き換えることができる．たとえば，キモトリプシンの Asp 102 を Asn 102 に変えると，酵素の基質結合能自身は変化しないが，反応の触媒能は天然の酵素の 0.05％ にまで低下する．この結果から，Asp 102 は明らかに触媒過程に関与していると結論できる．すでに学んだように，Asp 102 はヒスチジンを適正な位置に固定し，カルボキシ基の負電荷を利用してヒスチジンの正電荷を安定化する働きを担っている．

アスパラギン酸 (Asp) の側鎖　　　アスパラギン (Asn) の側鎖

問題 18◆
アルギニンとリシンの側鎖はトリプシンの結合ポケットに適合する（図 23.5）．これらのアミノ酸側鎖のうちの一つは，セリンと直接水素結合するとともに，アスパラギン酸と（水分子を介して）間接的に水素結合する．また，もう一つのアミノ酸側鎖はセリンとアスパラギン酸の両方と直接水素結合している．どちらがどちらのアミノ酸側鎖か．

問題 19
セリンプロテアーゼは，基質アミノ酸の加水分解を受ける部位が D 体である場合，加水分解反応を触媒できないのはなぜか，説明せよ．たとえば，トリプシンは L-Arg や L-Lys の C 側を加水分解するが，D-Arg や D-Lys の C 側は加水分解しない．

23.10 二つの連続する S_N2 反応を含む酵素触媒反応機構

リゾチームは細菌の細胞壁を破壊する酵素である．細菌の細胞壁は β-1,4′-グリコシド結合（21.15 節参照）で交互につながった N-アセチルムラミン酸（NAM）と N-アセチルグルコサミン（NAG）からできている．リゾチームは NAM-NAG 結合を加水分解することにより細胞壁を破壊する．

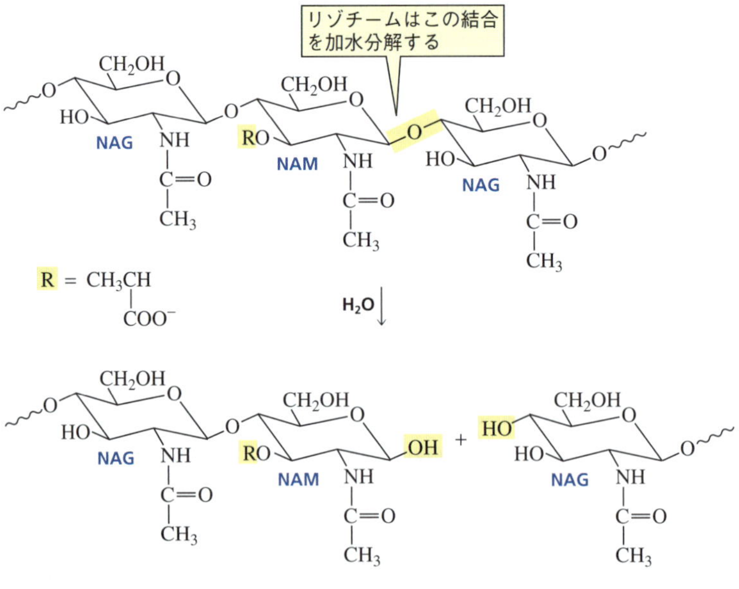

ニワトリ卵白のリゾチームの活性部位は基質の六つの糖残基と結合する．1235 ページと図 23.6 にその様子を示してある．六つの糖残基はそれぞれ **A**, **B**, **C**, **D**, **E**, および **F** とラベルしてある．酵素の活性部位にあるさまざまなアミノ酸側鎖が基質を適切な位置に結合させるために使われている様子が図 23.6 に示されている．NAM の RO 基のカルボン酸置換基は **C** または **E** の結合部位には適合できない．したがって，NAM ユニットは **B** か **D** か **F** の位置にくる必要がある．よって，加水分解は **D** と **E** の間で起こる．

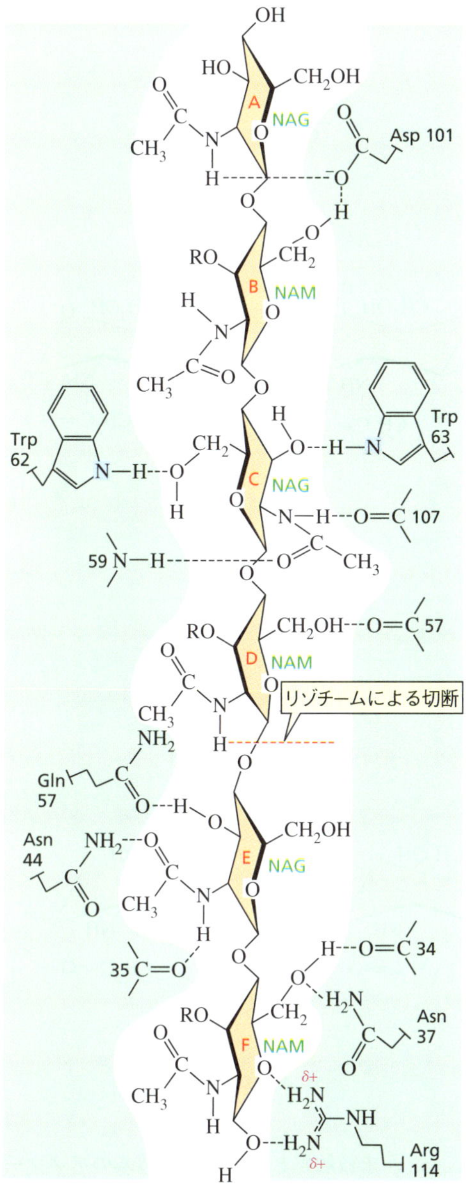

23.10 二つの連続する S_N2 反応を含む酵素触媒反応機構

◀ 図 23.6
リゾチームの活性部位において基質結合に関与するアミノ酸.

　リゾチームの活性部位には二つの触媒反応部位, すなわち Glu 35 と Asp 52 が存在する. この酵素触媒反応はアノマー炭素において立体保持で進行することがわかっている. (S_N2 反応は, 立体配置の反転を伴って進行することを思い出そう; 上巻 9.1 節参照.) したがって, 一段階の S_N2 反応ではなく, 二つの連続した S_N2 反応か, もしくは, 求核攻撃の方向が酵素によりブロックされ一方向のみに限定されたオキソカルベニウムイオン中間体への S_N1 反応であると結論できる. リゾチームはその反応機構が 40 年近くも詳細に研究されてきた最初の酵素であるが, 二つの連続した S_N2 反応で進行することを示すデータが得られたのはつい最近になってからである.

リゾチームの触媒反応機構

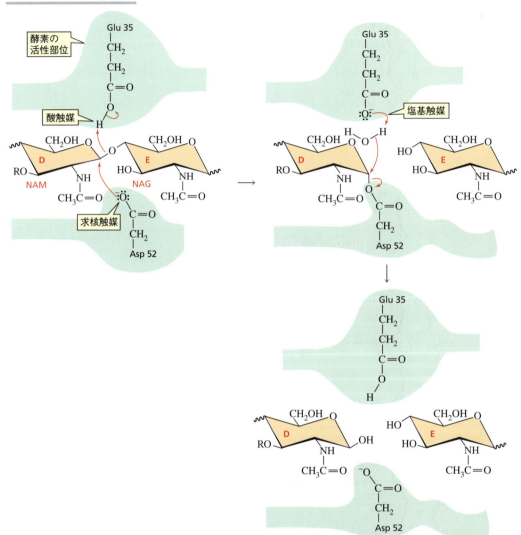

- S_N2 反応の一段階目において，Asp 52 が求核触媒となり，NAM 残基のアノマー炭素（C-1 位）を攻撃し，脱離基と置き換わる．Glu 35 は一般酸触媒として機能し，脱離基をプロトン化することにより，それを弱い塩基に変換して脱離能を高める．

  部位特異的突然変異誘発を用いた研究により，Glu 35 を Asp に置き換えると酵素の活性が弱くなることがわかった．明らかに，Asp はプロトン化されるべき酸素原子に対して適切な位置と角度にない．Glu 35 を酸触媒として機能しえない Ala に置き換えると酵素の活性は完全になくなる．

- S_N2 反応の二段階目では，Glu 35 は一般塩基触媒として働き，水分子の求核性を高める．

> **問題 20◆**
> $H_2^{18}O$ をリゾチームの加水分解反応に用いた場合,標識した酸素原子は NAM と NAG のどちらに含まれるか.

酵素の活性を反応物の pH に対してプロットしたものを **pH-活性相関図**(pH-activity profile)または **pH-反応速度相関図**(pH-rate profile)と呼ぶ(17.10 節参照).リゾチームの pH-活性相関を図 23.7 に示す.pH 5.3 に最高速度をもつ.酵素活性が 50%を示すところは反応速度の上昇側で pH 3.8,下降側で pH 6.7 である.これらの pH 値は酵素反応に関与する触媒反応部位の pK_a 値に相当する.

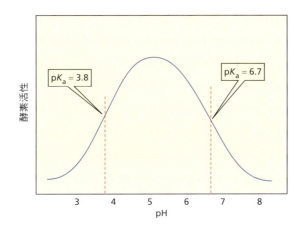

◀**図 23.7**
リゾチーム酵素活性は反応系の pH に依存する.

反応速度上昇側の pK_a は,塩基の形(酸解離形)の触媒活性を示す部位の pK_a に相当する.この触媒反応部位が完全にプロトン化されると(pH = 約 2),酵素は触媒能を失う.反応系の pH が上昇するにつれて,この触媒反応部位の大部分が塩基の形に変換されるため,酵素の活性も増大する.同様に,反応速度下降側の pK_a は,酸の形(非解離形)の触媒反応部位の pK_a である.この触媒反応部位に関しては完全にプロトン化された状態で最も高い活性が発揮される.pH が上昇すると,この触媒反応部位のプロトンが失われるために,酵素の活性は低下する.

リゾチームの反応機構から,Asp 52 は pK_a が 3.8 の触媒反応部位に相当し,Glu 35 は pK_a が 6.7 の触媒反応部位に相当すると結論できる.pH-活性相関は,リゾチームは Asp 52 が塩基の形(酸解離形)で,Glu 35 が酸の形(非解離形)のとき活性が最大となることを示している.

1191 ページの表 22.3 に示したように,アスパラギン酸の pK_a は 3.86 で,グルタミン酸の pK_a は 4.25 である.Asp 52 の pK_a はアスパラギン酸の pK_a と一致するが,Glu 35 の pK_a はグルタミン酸の pK_a よりも非常に大きい.

このように酵素活性部位にあるグルタミン酸の pK_a が,表 22.3 に示したグルタミン酸の pK_a より非常に大きな値を示すのはどうしてだろうか.表に示した pK_a の値は水溶液中で決定されたものである.酵素系において,Asp 52 は極性基に囲まれているので,その pK_a 値は極性溶媒である水中で決定した値と近くなるはずである.しかし,Glu 35 はかなり非極性な局所環境に置かれているので,その pK_a は水中のものに比べると高くなると考えられる.カルボン酸の pK_a 値は非

極性溶媒中のほうが高くなることをすでに学んだ．これは，非極性溶媒中では酸が解離して生成する電荷をもった状態が不安定なためである（上巻；9.7 節参照）．

🧪 Tamiflu® の作用

Tamiflu® は現在入手可能な数少ない抗ウイルス剤の一つであり，A 型と B 型の両方のインフルエンザの予防と治療に使われている．ウイルス粒子が宿主細胞から放出されるためには，ノイラミニダーゼとよばれる酵素によって宿主細胞の表面にある糖タンパク質から糖鎖（N-アセチルノイラミン酸）が切除される必要がある（21.18 節参照）．N-アセチルノイラミン酸と Tamiflu® はよく似た形をしているので，この酵素はこれらの分子を見分けることができない．したがって，酵素はどちらの化合物も活性部位に取り込んでしまう．酵素が Tamiflu® を取り込んだ場合，N-アセチルノイラミン酸は酵素に結合できなくなる．これにより，ウイルス粒子は宿主細胞から放出されなくなり，新しい細胞に感染できなくなる．たくさんの細胞がウイルスに感染してしまったあとでは効果が小さくなるので，Tamiflu® を用いた早期治療が肝心である．この 10 年間に 5 億人もの人びとが Tamiflu® を服用した．

N-アセチルノイラミン酸   Tamiflu®

リゾチームの触媒活性の一部は，酵素活性部位において異なった溶媒環境を提供できる能力に起因している．これにより，ある一定の pH 条件下において，ある触媒反応部位は酸の形（非解離形）に保ちつつ，別の触媒反応部位を塩基の形（酸解離形）に保つことができる．この性質は酵素に特有のものであり，化学者が試験管のなかでの反応（非酵素反応）において，部位ごとに異なった溶媒環境をつくり出すことはできない．

問題 21 ◆

リンゴを切って空気中の酸素にさらすと，酵素触媒反応が進行して褐色に変色する．このような変色は，レモン果汁（pH ＝約 3.5）をコーティングすることにより抑えられる．その理由を説明せよ．

23.11 塩基触媒エンジオール転位反応に類似した酵素触媒反応機構

解糖系とは，グルコースを 2 分子のピルビン酸に変換する一連の酵素触媒反応に与えられた名称である（25.7 節参照）．解糖系の 2 番目の反応は，グルコース-6-リン酸からフルクトース-6-リン酸への異性化である．グルコースはアルドヘキソースであるが，フルクトースはケトヘキソースであることを思い出そう．したがって，この反応を触媒するグルコース-6-リン酸異性化酵素は，アルドースをケトースに変換する酵素であり，その反応機構はエンジオールの転位反応の機構（21.5 節参照）とまったく同じである．

グルコース-6-リン酸異性化酵素の触媒反応機構

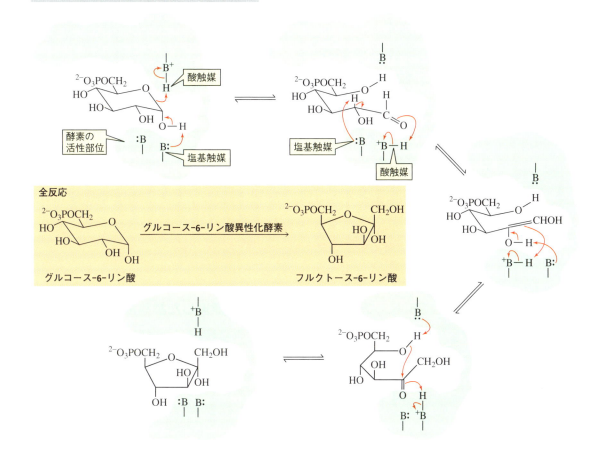

- 一段階目は開環反応である．一般塩基触媒（おそらくヒスチジン側鎖）によるOH基からの脱プロトン化に加え，一般酸触媒（プロトン化されたリシン側鎖）が脱離基である酸素をプロトン化して，その脱離を助ける．結果として，脱離基の塩基性が弱まり，優れた脱離基となる．
- 二段階目では，一般塩基触媒（グルタミン酸側鎖）がアルデヒドのα炭素から水素を引き抜く．そして，一般酸触媒が酸素にプロトンを与えてエンジオールが生成する．アルデヒドのα水素は比較的酸性であることを思い出そう（18.1節参照）．
- 次の段階では，エンジオールがケトンに変換される．
- 最後の段階で，一段階目で酸触媒として機能したアミノ酸側鎖の共役塩基と，塩基触媒として機能したアミノ酸側鎖の共役酸が，閉環反応を触媒する．

問題 22
グルコースが酵素の存在しない系で塩基触媒によって異性化した場合，マンノースが生成物の一つとして得られる．（21.5 節参照）．酵素触媒反応でマンノースが生成しないのはなぜか．

問題 23
グルコース-6-リン酸異性化酵素の pH-活性相関から，$pK_a = 6.7$ の塩基触媒と $pK_a = 9.3$ の酸触媒が反応に関与していることがわかっている．pH-活性相関図を書き，触媒反応に関与する各アミノ酸を同定せよ．

問題 24
酵素活性部位において，次に示す触媒反応部位が一つ関与する場合の pH-活性相関図を書け．

a. 触媒反応部位が $pK_a = 5.6$ の一般酸触媒の場合
b. 触媒反応部位が $pK_a = 7.2$ の一般塩基触媒の場合

23.12 アルドール付加反応に類似した酵素触媒反応機構

解糖系として知られている一連の反応における最初の酵素触媒反応の基質となるのは D-グルコース（6 炭素化合物）である．一方，解糖系の最終生成物は 2 分子のピルビン酸（3 炭素化合物）である．したがって，一連の酵素触媒反応のどこかに，6 炭素化合物が切断され 2 分子の 3 炭素化合物になる段階がある．酵素のアルドラーゼがこの切断反応を触媒する．アルドラーゼは<u>フルクトース 1,6-二リン酸</u>をグリセルアルデヒド-3-リン酸とジヒドロキシアセトンリン酸に変換する．この酵素はレトロ-アルドール付加反応，すなわちアルドール付加反応の逆反応（18.10 節参照）を触媒するので，アルドラーゼと呼ばれる．

アルドラーゼの触媒反応機構

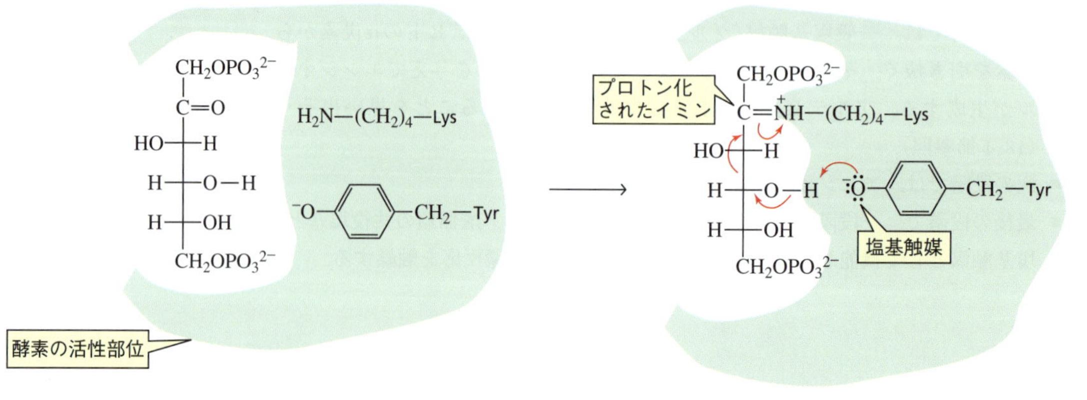

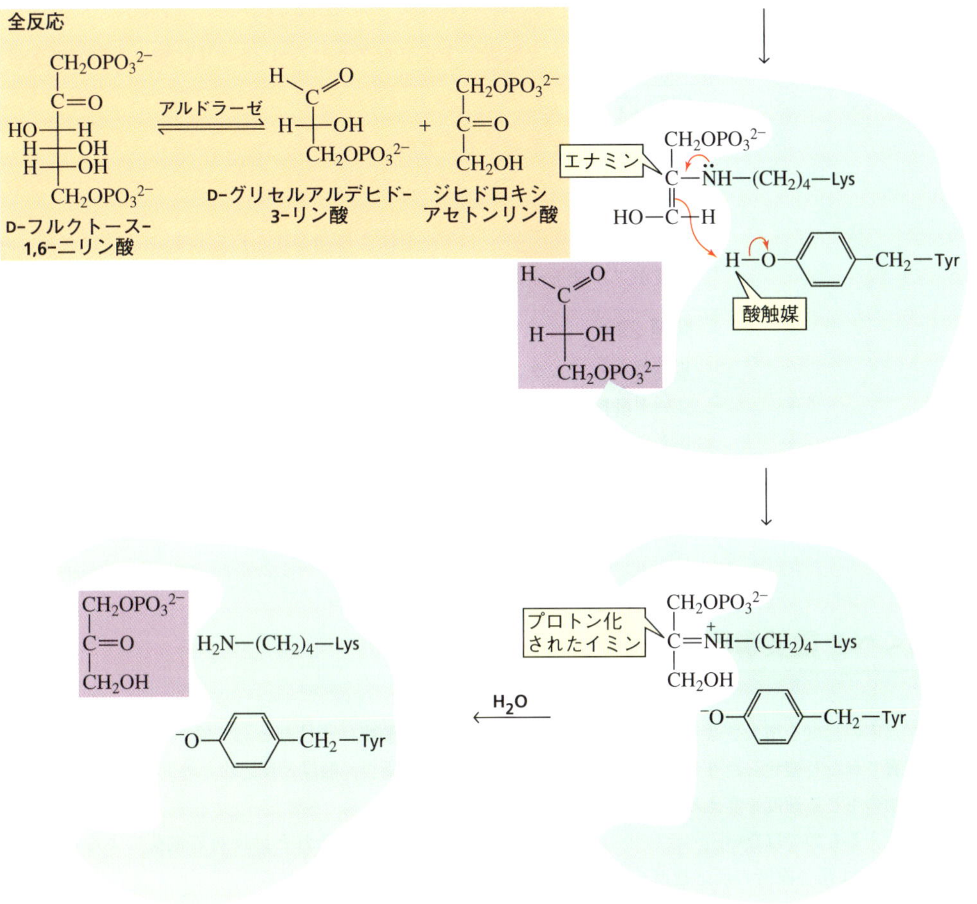

23.12 アルドール付加反応に類似した酵素触媒反応機構

- 一段階目では，フルクトース-1,6-二リン酸が酵素活性部位のリシン側鎖とプロトン化されたイミンを生成する(17.10節参照).
- 次の段階では，チロシンが一般塩基触媒として働き，C-3とC-4の間の結合が切れてエナミンを生成する．この段階で生じたグリセルアルデヒド-3-リン酸(3炭素生成物の一つ)が酵素から解離する．
- 生成したエナミン中間体がプロトン化されたイミンに転位する．このときチロシン側鎖は酸触媒として働く．
- プロトン化されたイミンが加水分解を受け，もう一つの3炭素生成物であるジヒドロキシアセトンリン酸を放出する．

問題 25◆

次のアミノ酸側鎖のうち，基質とイミンを形成できるのはどれか．

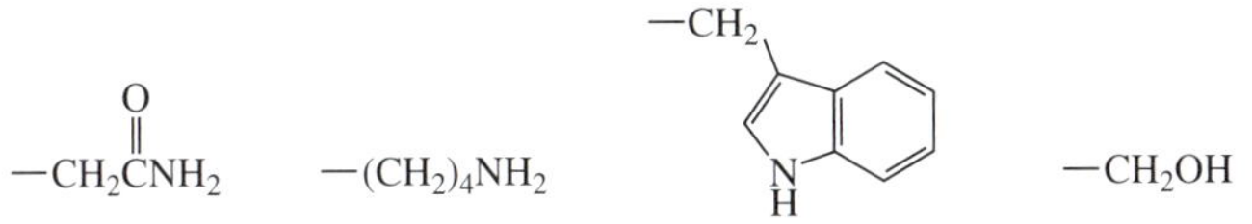

1. $-CH_2CNH_2$ (with C=O)
2. $-(CH_2)_4NH_2$
3. インドール-3-イルメチル ($-CH_2-$ に結合したインドール環)
4. $-CH_2OH$

問題 26
水酸化物イオンを触媒とするフルクトース-1,6-二リン酸の開裂機構を書け.

問題 27
酵素がイミンを形成することの利点は何か.

問題 28
解糖系において，アルドラーゼによる結合切断反応が起こる前にグルコース-6-リン酸がフルクトース-1,6-二リン酸に異性化されなければならないのはなぜか.

問題 29 ◆
基質であるフルクトース-1,6-二リン酸を反応系中に加える前に，アルドラーゼをヨード酢酸で処理すると酵素活性が失活する．なぜ酵素活性が失われるのか推定せよ.

覚えておくべき重要事項

- **触媒**は化学反応の速度を増大させるが，それ自身は反応によって消費されたり変化したりしない.
- 触媒は生成物の生じる速度を変えるが，平衡時の生成物の生成量を変えるものではない.
- 触媒のはたらきは遅い段階の反応速度を増大させることである．これはより小さい $\Delta G^{\ddagger}$ 値をもつ反応経路の提供により達成される．より小さい値の $\Delta G^{\ddagger}$ を与えるために，触媒は反応物をより活性にしたり，遷移状態を安定化したり，あるいは反応機構を完全に変えてしまったりする.
- 触媒はより好ましい反応経路を提供するために求電子剤の反応性を高めたり，求核剤自身の反応性を高めたり，脱離基の脱離性を高めたり，あるいは遷移状態を安定化したりする.
- **酸触媒**は反応物にプロトンを供与することにより反応速度を増大させる．**特殊酸触媒作用**では，プロトンは反応の遅い過程が進行する前に反応物に完全に移行している．一方，**一般酸触媒作用**では，プロトンは反応の遅い過程が進行するのと同時に移動する.
- **塩基触媒**は反応物からプロトンを引き抜くことにより反応速度を増大させる．**特殊塩基触媒作用**では，反応の遅い過程が始まる前にプロトンが反応物から完全に引き抜かれ，**一般塩基触媒作用**では，反応の遅い過程の進行中にプロトンが引き抜かれる.
- **求核触媒**は求核剤として働いて反応速度を増大させる．この場合，触媒と反応物との間に共有結合中間体が生成する.
- ある電荷のそれとは反対の電荷による安定化を**静電的触媒作用**と呼ばれる.
- **金属イオン**は，反応中心がより電子を受け取りやすくしたり，脱離基の塩基性を弱めたり，あるいは水分子の求核性を高めたりして，反応速度を増大させる.
- 化学反応の速度は，2 分子間あるいは分子内の二つの基の間で十分なエネルギーをもって，適切な配向で，ある特定の時間内に衝突する回数で決まる.
- 五員環または六員環を形成するような**分子内反応**は，類似の分子間反応に比べて非常に効率よく進行する．これは，分子内反応のほうが，適切な配向で起こる衝突の回数や確率が増加するからである.
- **有効モル濃度**とは，分子間反応が対応する分子内反応と同じ速度で進行するために必要な反応物の濃度に相当する.
- 触媒が反応分子の一部である場合には，**分子内触媒作用**と呼ばれる.
- ほとんどの生体触媒は**酵素**である．酵素触媒反応における反応物は**基質**と呼ばれる．酵素は特異的に酵素の**活性部位**で基質に結合し，すべての結合形成反応および結合開裂反応は基質が酵素活性部位に結合した状態で進行

する.
- 酵素の基質特異性は**分子認識**の一例である.
- **誘導適合**とは，酵素が基質を結合することによって起こる酵素の構造変化である.
- 酵素の非常に高い触媒活性に寄与する二つの重要な因子は，1. 活性部位において各反応部位を互いに反応に適した位置に配向させたり，2. アミノ酸側鎖（またはいくつかの酵素の場合における金属イオン）を基質が触媒作用を受けるのに適した位置に配置できることである.
- **pH–活性相関図**とは酵素の活性を反応系の pH に対してプロットしたものである.

章末問題

30. 次の二つの化合物のうち，塩基性溶液中で HBr の脱離がより速く進行するのはどちらか.

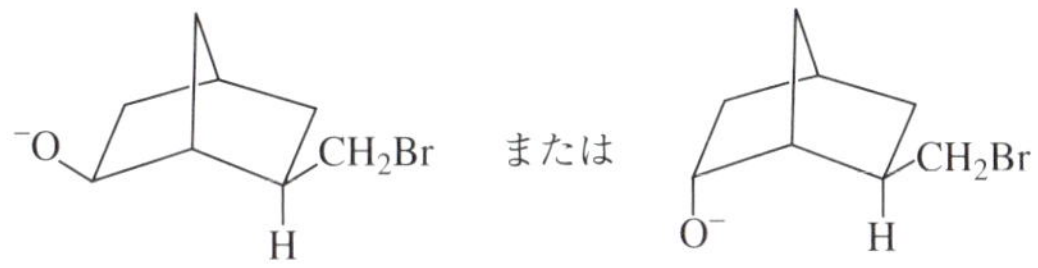

31. 酸無水物がより速く生成するのはどちらの化合物か.

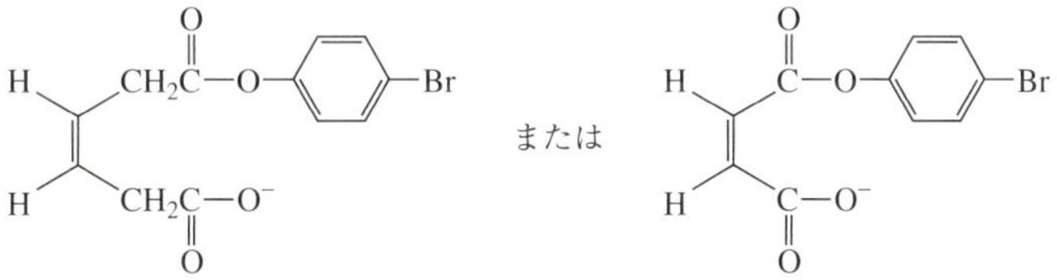

32. ベンズアミド，o-カルボキシベンズアミド，o-ホルミルベンズアミド，あるいは o-ヒドロキシベンズアミドのうち，pH = 3.5 で加水分解速度が最も大きいものはどれか.

33. 次の各反応経路の遅い段階に起こっている触媒作用の様式を示せ.

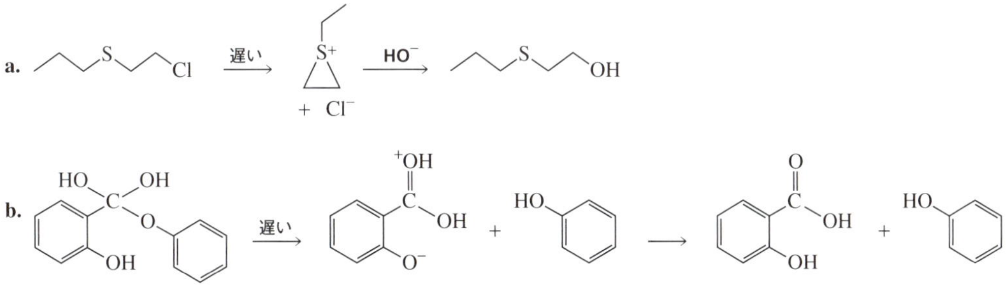

34. アスピリンの加水分解における重水素速度論的同位体効果 (k_{H_2O}/k_{D_2O}) は 2.2 である．このことからオルト位のカルボキシ基によってもたらされる触媒作用の種類について何がいえるか．（ヒント：O—D 結合よりも O—H 結合のほうが切断しやすい.）

35. 2分子のグリシンエチルエステルが無触媒反応によってグリシルグリシンエチルエステルを生成する反応の速度定数は $0.6 \text{ L mol}^{-1} \text{ s}^{-1}$ である．Co^{2+} の存在下では，その速度定数は $1.5 \times 10^6 \text{ L mol}^{-1} \text{ s}^{-1}$ に増大する．触媒はどれだけの反応速度の増大をもたらしたか.

36. Co^{2+}錯体は次に示したラクタムの加水分解反応を触媒する．金属イオン触媒反応の機構を示せ．

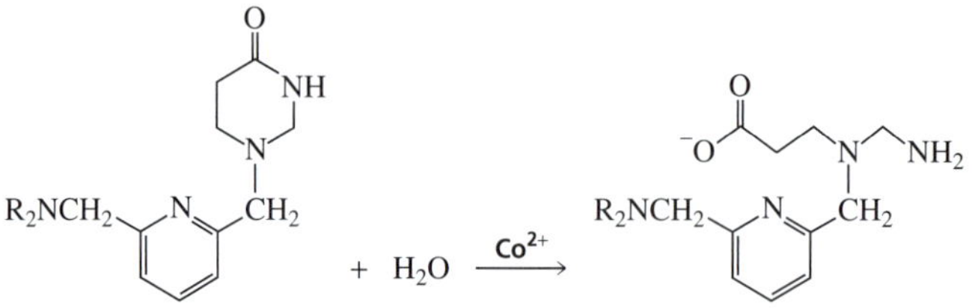

37. アルドラーゼは2種類ある．クラスIアルドラーゼは動物や植物から発見され，クラスIIアルドラーゼは菌類，藻類，およびある種の細菌から発見された．クラスIアルドラーゼのみがイミンを形成する．クラスIIアルドラーゼは活性部位に金属イオン(Zn^{2+})をもっている．クラスIアルドラーゼの触媒反応機構は23.12節に示してある．クラスIIアルドラーゼの触媒反応機構を示せ．

38. 次の反応の機構を示せ．（ヒント：窒素原子をCHで置き換えると反応速度は非常に遅くなる．）

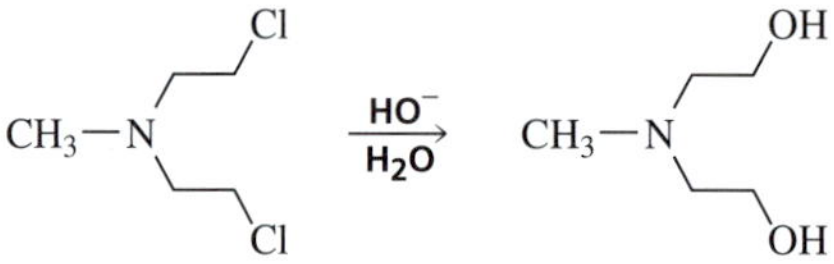

39. 次に示したエステルの加水分解反応は，第二級アミンのモルホリンによって触媒される．反応機構を示せ．（ヒント：モルホリンの共役酸のpK_aは9.3であるので，モルホリンが一般塩基触媒として機能するには塩基性が弱すぎる．）

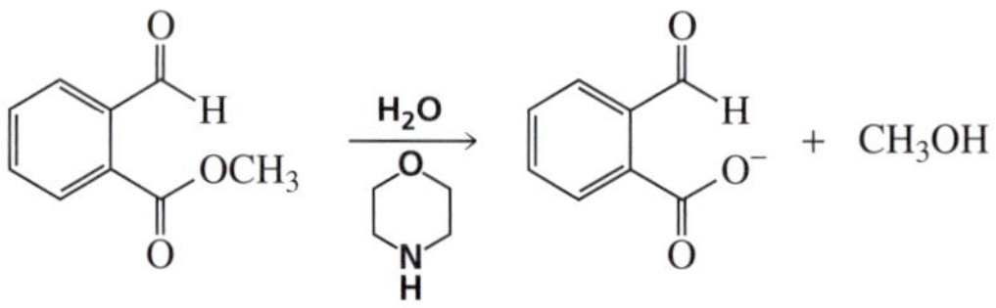

モルホリン
(morpholine)

40. 炭酸デヒドラターゼは二酸化炭素の炭酸水素イオンへの変換反応を触媒する（上巻；2.2節参照）．これは酵素活性部位で三つのヒスチジン側鎖が配位したZn^{2+}を含む金属酵素である．反応機構を示せ．

$$CO_2 + H_2O \xrightarrow{\text{炭酸デヒドラターゼ}} HCO_3^- + H^+$$

41. pH = 12において，エステル**A**の加水分解の反応速度はエステル**B**のそれよりも大きいが，pH = 8ではそれが逆転する（すなわちエステル**B**の加水分解の反応速度がエステル**A**のそれよりも大きくなる）．この結果を説明せよ．

A　　　　　　　　　　　**B**

42. 2-アセトキシシクロヘキシルトシラートは酢酸イオンと反応して1,2-シクロヘキサンジオールジアセタートを与える．この反応は立体特異的であり，生成物の立体化学は用いた反応物の立体化学に依存する．2-アセトキシシクロヘキシルトシラートは二つの不斉中心をもっているので，四つの立体異性体，すなわち二つのシス体と二つのトランス体があることに注意して，次の結果を説明せよ．

a. 二つのシス形反応物はいずれも光学活性なトランス体の生成物を与えるが，それぞれのシス形反応物は異なるトランス体の生成物を与える．
b. 二つのトランス形反応物は同じラセミ体を与える．
c. トランス形反応物はシス形反応物より反応性が高い．

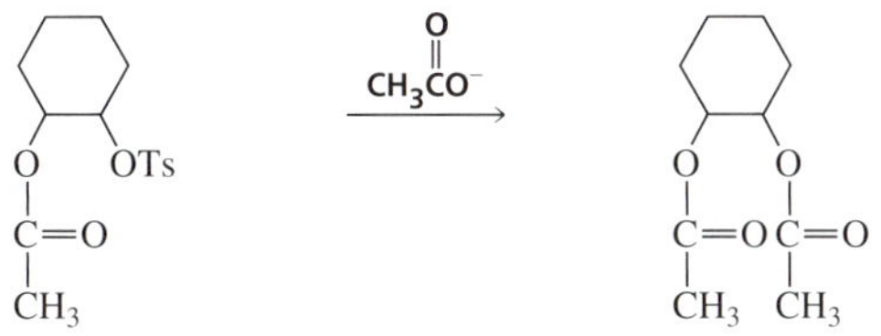

2-アセトキシシクロヘキシルトシラート
(2-acetoxycyclohexyl tosylate) → **1,2-シクロヘキサンジオールジアセタート** (1,2-cyclohexanediol diacetate)

43. アルドラーゼとその基質である D-フルクトース-1,6-二リン酸の間にイミン中間体が生成している証拠は，基質の C-2 位を ^{14}C で標識したものを用いれば得られる．$NaBH_4$ を反応混合物に加えたのち，反応混合物から放射性生成物を単離し，それを酸性溶液中で加水分解すればよい．酸性溶液から得られた放射性生成物の構造を書け．（ヒント：$NaBH_4$ はイミン結合を還元する．）

44. 3-アミノ-2-オキシインドールはα-ケト酸の脱炭酸反応を触媒する．
    a. 触媒反応の機構を示せ．
    b. 3-アミノインドールは同様に触媒として活性であるか．

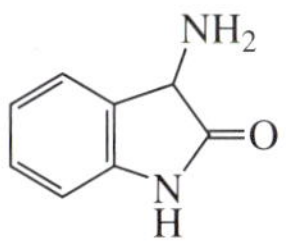

3-アミノ-2-オキシインドール
(3-amino-2-oxindole)

45. a. ここに示したハロゲン化アルキルが（塩化ペンチルのような）第一級ハロゲン化アルキルよりも非常に速くグアニン残基と反応するのはなぜか，説明せよ．

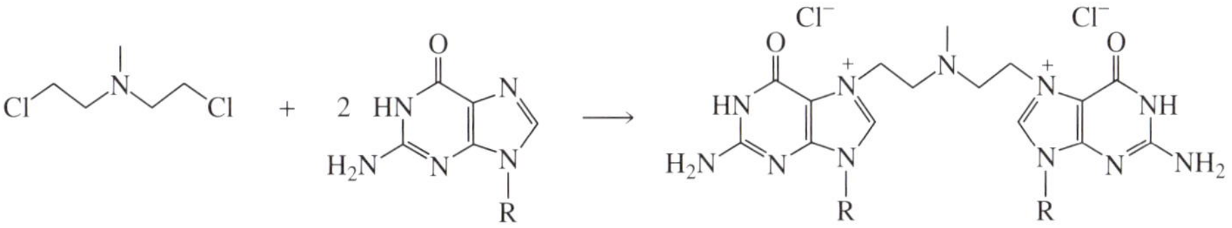

b. このハロゲン化アルキルは二つの異なる DNA 鎖に結合している二つのグアニンと反応して，二つの DNA 鎖を橋かけする．橋かけ反応の機構を示せ．

46. トリオースリン酸異性化酵素（TIM）はジヒドロキシアセトンリン酸をグリセルアルデヒド 3-リン酸に変換する反応を触媒する．酵素の触媒反応部位は Glu 165 と His 95 である．反応の一段階目でこれらの触媒反応部位はそれぞれ一般塩基触媒と一般酸触媒として機能する．反応機構を示せ．

ジヒドロキシアセトンリン酸
(dihydroxyacetone phosphate) → トリオースリン酸イソメラーゼ → **グリセルアルデヒド-3-リン酸** (glyceraldehyde-3-phosphate)

24 補酵素：ビタミン由来の化合物の有機化学

野菜や果物に含まれるビタミン

ライム：ビタミン A, C, K, 葉酸

サヤインゲン：ビタミン A, B_1, B_6, C, K, 葉酸, リボフラビン

リンゴ：ビタミン A, C, K, 葉酸

キュウリ：ビタミン A, C, K, パントテン酸塩

アスパラガス：ビタミン A, B_1, B_6, C, E, K, 葉酸, ナイアシン, リボフラビン

ビタミン(vitamin)とは，ヒトの体内では生産できないが，正常な身体の機能を維持するためにごく少量必要な物質である．この章では，細胞内で起こる，ビタミンが関与するいくつかの有機反応について学ぶ．

多くの酵素は**補因子**(cofactor)の助けがなければ触媒能を発揮できない．このような補因子は，金属イオンである場合と，有機分子である場合とがある．

金属イオンの補因子は Lewis 酸として働き，さまざまな方法で酵素の触媒反応を助ける．基質を酵素の活性部位に保持したり，基質と錯体を形成して基質の反応性を高めたり，酵素の官能基と配位相互作用して，それらを反応に都合のいいように配置したり，また酵素活性部位で水分子の求核性を高めたりする(23.5 節参照)．カルボキシペプチダーゼ A が触媒する加水分解反応において，Zn^{2+} が重要な役割を果たしていることをすでに学んだ(1254 ページ参照)．

> **問題 1 ◆**
> カルボキシペプチダーゼ A に含まれる金属イオンは，どのようにして触媒活性を高めているか．

補因子が有機分子である場合には**補酵素**(coenzyme)と呼ばれる．補酵素は一般にビタミンとして知られている有機化合物から誘導される．食物に含まれる必須な化合物として最初に認知されたものがアミン(ビタミン B_1)であったので，科学者はそのような必須化合物はすべてアミンであると誤って結論した．そのた

め，当初は vitamine（"生命に必要なアミン"）と呼ばれた．名前の最後にある e は，そののち取れてなくなった．表 24.1 にビタミンと，化学的に活性なそれらの補酵素誘導体を並べて示す．

実験室で行われている有機反応の触媒として使われている酸，塩基，および求核剤は，細胞のなかで起こっている有機反応の触媒として使われている酵素の酸性，塩基性，および求核性のアミノ酸側鎖と同じであることをこれまでに学んだ（23.9 から 23.11 節参照）．この章では，補酵素は酵素のアミノ酸側鎖にはできないさまざまな化学的役割を担っていることを学ぶ．ある補酵素は酸化剤や還元剤として機能し，あるものは電子を非局在化させ，またあるものは官能基をさらに活性化したり，個々の反応に必要な優れた求核剤や強い塩基を提供したりする．

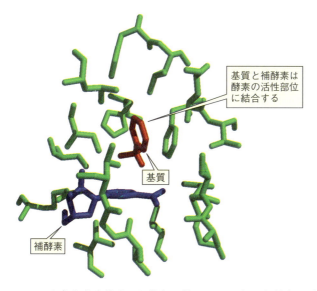

体にとってこのような化合物を 1 回限りで捨てるのはとても効率が悪いので，補酵素は再利用される．すなわち，反応の途中で変化を受けた補酵素は，そのあとでもとの形に戻される．

初期の栄養学において，ビタミンは水溶性ビタミンと非水溶性ビタミンの二つに分類された（表 24.1）．ビタミン K は補酵素の前駆体として機能する唯一の非水溶性ビタミンである．ビタミン A は正常な視覚のために必要とされ，ビタミン D はカルシウムやリン酸の代謝を調節し，ビタミン E は抗酸化剤として機能する．これらのビタミンは補酵素としては働かないので，本章では取り上げない．（ビタミン A と E については上巻の 4.1 節および 13.11 節で述べ，ビタミン D については 28.6 節で取り上げる．）

ビタミン C 以外の水溶性ビタミンはすべて補酵素の前駆体である．ビタミン C はビタミンという名称に反して，高い摂取量が必要であり，ほとんどの動物の体内で合成されるので，ビタミンではない（21.18 節参照）．しかし霊長類とモルモットだけはビタミン C を体内でつくれないので，食餌から摂取する必要がある．ビタミン C とビタミン E はラジカル阻害剤であり，抗酸化剤として働くことはすでに学んだ．ビタミン C は水溶液中で発生したラジカルを捕捉し，ビタミン E は非極性環境下で生成したラジカルを捕捉する（上巻；13.11 節参照）．

表 24.1 ビタミン，それらを前駆体とする補酵素，および補酵素の化学的機能

ビタミン	補酵素	触媒される反応	ヒトにおける欠乏症
水溶性ビタミン			
ナイアシン（ビタミン B_3）	NAD^+, $NADP^+$ NADH, NADPH	酸化 還元	ペラグラ
リボフラビン（ビタミン B_2）	FAD $FADH_2$	酸化 還元	皮膚の炎症
チアミン（ビタミン B_1）	チアミンピロリン酸（TPP）	アシル基転移	脚気
リポ酸（リポ酸塩）	リポ酸 ジヒドロリポ酸	酸化 還元	―
パントテン酸（パントテン酸塩）	補酵素 A（CoASH）	アシル基転移	―
ビオチン（ビタミン H）	ビオチン	カルボキシ化	―
ピリドキシン（ビタミン B_6）	ピリドキサールリン酸（PLP）	脱炭酸，アミノ基転移， ラセミ化，C_α—C_β 結合開裂，α,β- 脱離，β-置換	貧血
ビタミン B_{12}	補酵素 B_{12}	異性化	悪性貧血
葉酸（葉酸塩）	テトラヒドロ葉酸（THF）	1 炭素移動	巨赤芽球性貧血
アスコルビン酸（ビタミン C）	―	―	壊血病
非水溶性ビタミン			
ビタミン A	―	―	―
ビタミン D	―	―	くる病
ビタミン E	―	―	―
ビタミン K	ビタミン KH_2	カルボキシ化	―

　水溶性ビタミンは過剰に摂取しても，余分なものは体外に排泄されてしまう．しかし，非水溶性のビタミンは，過剰に摂取すると体外へは排泄されず，細胞膜や体の非極性な部分に蓄積される．たとえば，過剰のビタミン D は軟組織の石灰化の原因となる．肝臓はとくに石灰化を受けやすく，肝疾患を引き起こす．ビタミン D は太陽光の紫外線による光化学反応により皮膚中に生成する（28.6 節参照）．最近，日焼け止めクリームが多用されているので，多くの子ども達がビタミン D 欠乏症になっている．

ビタミン B_1

Christiaan Eijkman（1858〜1930）は 1886 年に東インド諸島へ脚気の研究をするために送られた研究チームの一員であった．その当時，すべての病気は微生物によって引き起こされると考えられていた．脚気の原因となる微生物が発見できなかったので，その研究チームは東インド諸島をあとにしたが，Eijkman はそこに残って新しい微生物研究所の所長になった．1896 年，Eijkman は研究用に飼っていたニワトリに脚気の徴候が現れるのを見て，偶然病気の原因を突き止めた．彼は，病院の患者のために用意された精白米をニワトリに与えると，病気の徴候が現れることを見つけた．その徴候は玄米を与えると現れなくなった．そののち，米の籾殻にチアミン（ビタミン B_1）が含まれていることがわかり，米の精白によりそれが取り除かれてしまうことが判明した．

24.1 ナイアシン：多くの酸化還元反応に必要なビタミン

アミノ酸側鎖には酸化剤や還元剤として働くものがないので，酸化反応や還元反応を触媒する酵素はすべて補酵素を必要とする．この場合，補酵素が酸化剤あるいは還元剤として機能する．酵素は基質と補酵素を適切な位置に保持して，酸化反応や還元反応を効率よく進行させる役割を担っている(1273 ページのモデル参照)．

ピリジンヌクレオチド補酵素

酸化反応を触媒する酵素の補酵素として用いられる最も一般的なものは，ニコチンアミドアデニンジヌクレオチド(nicotinamide adenine dinucleotide, NAD^+)である．また，還元反応を触媒するのに用いられる最も一般的な補酵素は，還元型のニコチンアミドアデニンジヌクレオチドリン酸(nicotinamide adenine dinucleotide phosphate, NADPH)である．

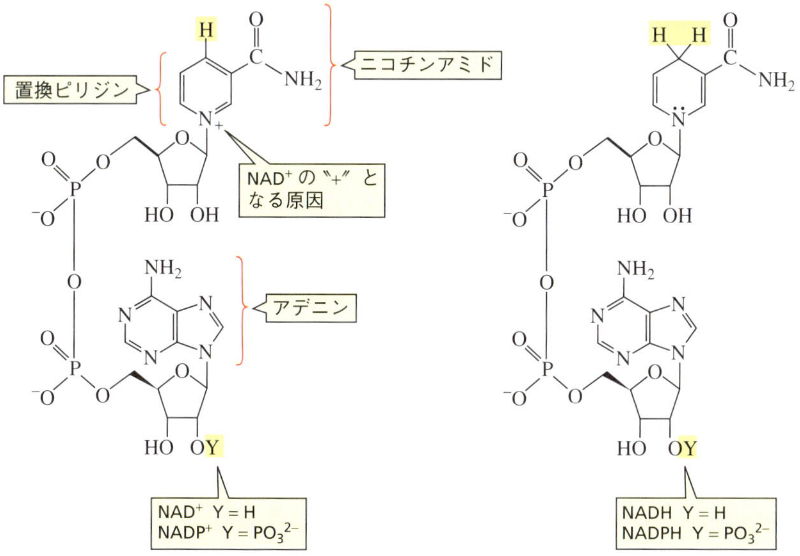

NAD^+ は酸化剤．

NADPH は還元剤．

NAD^+ が基質を酸化すると，補酵素自身は NADH に還元される．NADPH が基質を還元すると，補酵素自身は $NADP^+$ に酸化される．酸化反応を触媒する酵素は，NADH よりも NAD^+ とより強く結合する．酸化反応が終わったときには，比較的弱く結合している NADH は酵素から離れる．同様に，還元反応を触媒する酵素は，$NADP^+$ よりも NADPH とより強く結合し，還元反応が終わったときには，比較的弱く結合している $NADP^+$ が酵素から離れる．これらの補酵素はピリジン環を含んでいるので，**ピリジンヌクレオチド補酵素**(pyridine nucleotide coenzyme) として知られている．なぜ NAD^+ が酸化剤として，また NADPH が還元剤として最も多く用いられるのかを見ていこう(1278 ページ)．

基質 還元型 ＋ NAD^+ $\underset{}{\overset{\text{酵素}}{\rightleftharpoons}}$ 基質 酸化型 ＋ NADH ＋ H^+

基質 酸化型 ＋ NADPH ＋ H^+ $\underset{}{\overset{\text{酵素}}{\rightleftharpoons}}$ 基質 還元型 ＋ $NADP^+$

NAD^+はリン酸基によって互いに結ばれた二つのヌクレオチドからできている．**ヌクレオチド**(nucleotide)は，リン酸化されたリボースの C-1 位にβ結合で付加した複素環化合物から構成されている(26.1 節参照)．すでに学んだように，**複素環化合物**(heterocyclic compound)は炭素以外の元素を環に一つ以上含んでいる(上巻；8.10 節参照)．

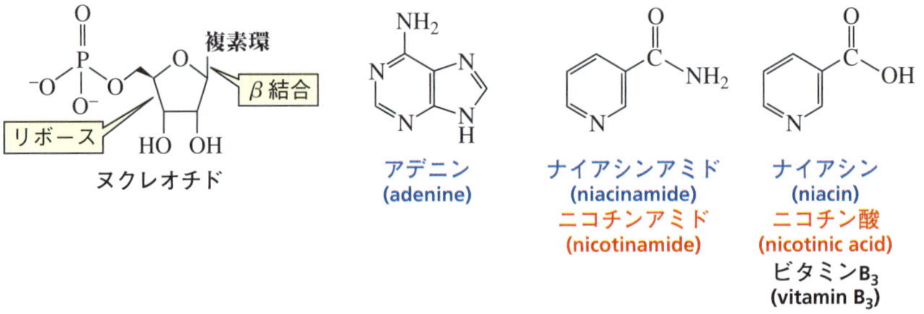

NAD^+においてはヌクレオチドの複素環部位の一つはニコチンアミドであり，もう一つはアデニンである．これが補酵素の名称(ニコチンアミドアデニンジヌクレオチド：**n**icotinamide **a**denine **d**inucleotide)の由来である．略号 NAD^+の正電荷は，置換ピリジン環の窒素上の正電荷を示している．$NADP^+$はアデニンヌクレオチドのリボースの 2′-OH 基にリン酸基が結合しているところのみが NAD^+と異なっている．このため名前に〝P″がついている．

NAD^+と NADH は一般的に**異化反応**(catabolic reaction)(細胞にエネルギーを供給するために起こる複雑な分子の生分解反応)で使われる補酵素であり，$NADP^+$と NADPH は一般的に**同化反応**(anabolic reaction)(生体内で必要とされる複雑な分子の生合成反応)で使われる補酵素である(25.0 節参照)．

補酵素のアデニンヌクレオチド部位は ATP から誘導される．ナイアシン(ビタミン B_3)は，体内で合成できないために，食餌から摂取しなければならない補酵素の一部である．(ヒトはアミノ酸のトリプトファンから少量のビタミン B_3を合成できるが，代謝のために必要十分な量はまかなえない．)

アデノシン三リン酸
(adenosine triphosphate)
ATP

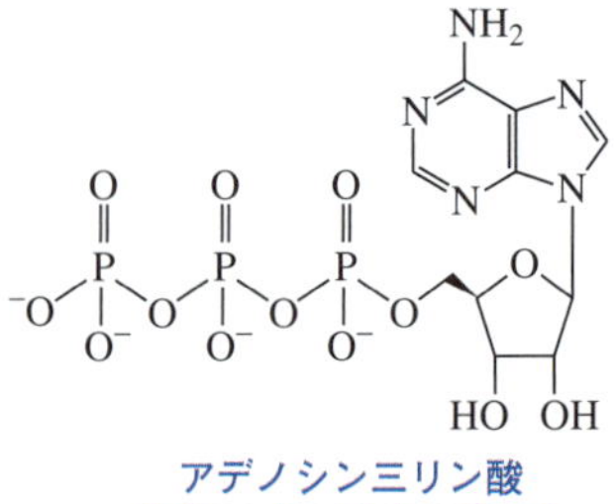

ナイアシン欠乏症

ナイアシンの欠乏は，皮膚炎から始まって精神障害や死に至るペラグラの原因となる．1927年，アメリカで，おもに単調な食事しかできなかった貧困層の人びとにおいて12万以上ものペラグラの症例が報告された．ビタミンB_3の合成過程に存在する因子がペラグラを抑制することは知られていたが，それがニコチン酸であることがわかったのは1937年になってからである．軽度の欠如は，代謝を遅くし，肥満の原因となりうる．

パン工場でパンにニコチン酸を添加して販売しようとしたとき，ニコチン酸という名前は有害物質であるニコチンを連想させ，ビタミン入りのパンに悪い印象を与えるおそれがあったので，ナイアシンという名前に変えられた．

　リンゴ酸脱水素酵素はリンゴ酸の第二級アルコール基を酸化してケトンに変える反応を触媒する酵素である．（この反応はクエン酸回路として知られている異化経路における反応の一つであることを25.10節で学ぶ．）NAD^+はこの反応で酸化剤として働く．酸化反応を触媒する酵素のほとんどは脱水素酵素と呼ばれている．酸化反応ではC—H結合の数が減少することを思い出そう（上巻；11.5節参照）．いいかえれば，脱水素酵素は基質から水素を取り除く酵素である．

リンゴ酸 + NAD^+ →(リンゴ酸脱水素酵素) オキサロ酢酸 + NADH + H^+
（アルコールがケトンに酸化される）
（malate） （oxaloacetate）

β-アスパラギン酸セミアルデヒドは同化においてホモセリンに還元されるが，この場合はNADPHが還元剤である．

β-アスパラギン酸セミアルデヒド + NADPH + H^+ →(ホモセリン脱水素酵素) ホモセリン + $NADP^+$
（アルデヒドがアルコールに還元される）
（β-aspartate-semialdehyde） （homoserine）

　これらの酸化-還元反応を触媒する酵素の強い特異性により，ある種の補酵素については，同化で使われるものと異化で使われるものがはっきりと区別されている．たとえば，酸化反応を触媒するある酵素はNAD^+と$NADP^+$とを簡単に区別できる．その酵素が異化のものであればNAD^+と結合するが，$NADP^+$とは結合しない．

　細胞中の補酵素の相対濃度も適切な補酵素の利用を可能にしている．たとえば，異化反応のほとんどは酸化反応であり，同化反応のほとんどは還元反応である．細胞中では$[NAD^+]/[NADH]$の比は1000近くに保たれており，$[NADP^+]/[NADPH]$

の比は約 0.01 に保たれている．これにより，細胞中では NAD$^+$ が酸化反応のための補酵素として，また，NADPH が還元反応のための補酵素として利用されやすくなっている．

NAD$^+$ はどのようにして基質を酸化するのか？

ピリジンヌクレオチド補酵素の反応はすべてピリジン環の 4 位で起こる．分子のほかの部分は，補酵素を認識し，酵素の適切な部分に結合させる役割を担っている．

酸化反応を受ける基質は，ピリジン環の 4 位にヒドリドイオン（H$^-$）を与える．たとえば次の反応では，第二級アルコールはケトンに酸化されるが，酵素の塩基性アミノ酸側鎖が基質の酸素原子からプロトンを引き抜いて反応を助けている．（本章に示した反応機構において，HB と :B$^-$ はそれぞれ酵素活性部位で，プロトンを与えたり，引き抜いたりすることのできるアミノ酸側鎖を示している．）

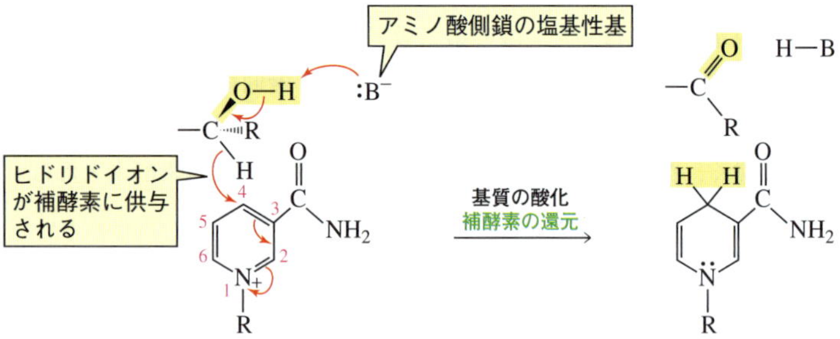

グリセルアルデヒド-3-リン酸脱水素酵素（GAPDH）は，基質の酸化に NAD$^+$ を利用するもう一つの例である．この酵素はグリセルアルデヒド-3-リン酸のアルデヒド基の酸化を触媒し，カルボン酸とリン酸の混合酸無水物を与える．

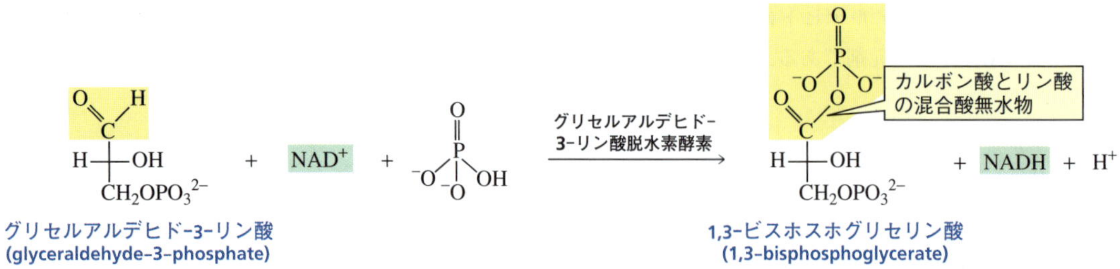

グリセルアルデヒド-3-リン酸
(glyceraldehyde-3-phosphate)

1,3-ビスホスホグリセリン酸
(1,3-bisphosphoglycerate)

グリセルアルデヒド-3-リン酸脱水素酵素(GAPDH)の触媒反応機構

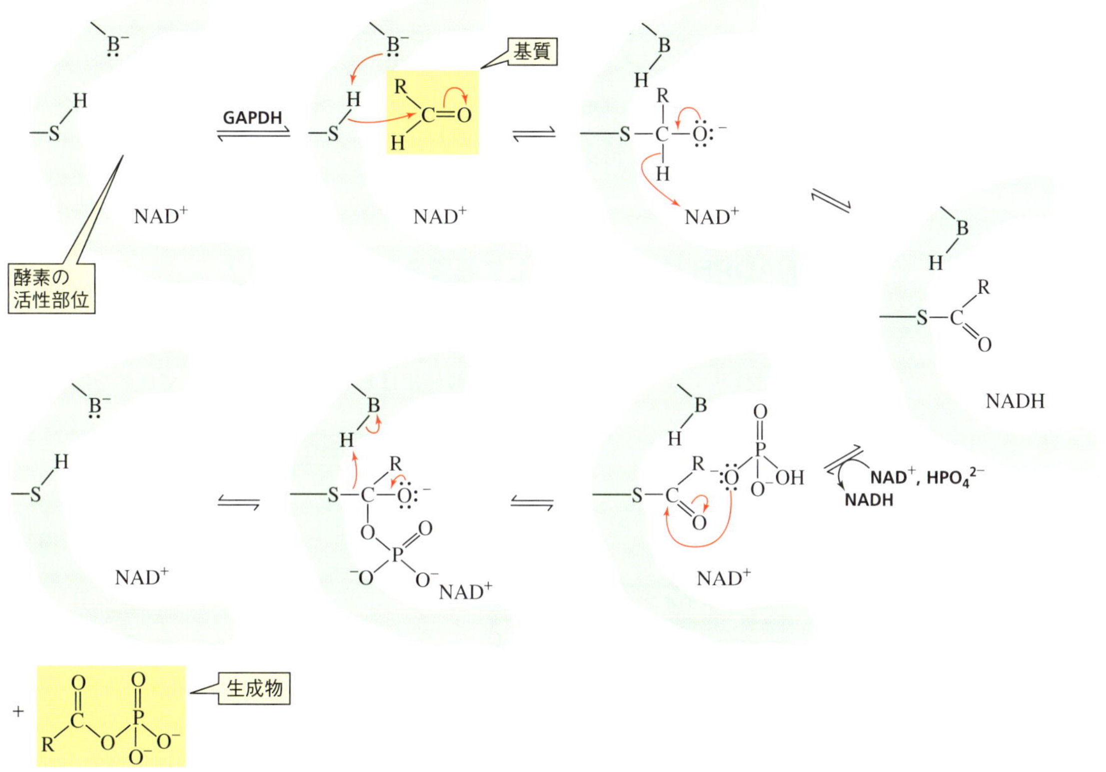

- 基質が酵素の活性部位に結合する．
- システイン側鎖の SH 基(求核剤)がグリセルアルデヒド-3-リン酸のカルボニル炭素に付加して四面体中間体が生成する．このとき酵素の塩基性側鎖がシステインからプロトンを引き抜いて求核性を高める(23.3 節参照)．
- 四面体中間体からヒドリドイオンが脱離して，酵素の活性部位の近傍に結合している NAD^+ のピリジン環の 4 位に移動し，NADH が生成する(NADH が酸化されて NAD^+ に戻る経路については 25.11 節で学ぶ)．
- 生成した NADH は酵素から離れ，酵素は新しい NAD^+ に結合する．(NADH が酸化されて NAD^+ に戻る経路については 25.11 節で説明する.)
- リン酸がチオエステルに付加して四面体中間体を生成し，ここからチオラートイオンが脱離して混合酸無水物を与える(16.20 節参照)．チオラートイオンの脱離能はプロトン化により高められる．〔リン酸の pK_a 値は 1.9, 6.7, および 12.4 であるので，生理的 pH では二つの OH 基はおもに塩基(アニオン)の形で存在している．〕

反応の最後で酵素の構造は，反応の出発時点とまったく同じ形になっているので，ほかのグリセルアルデヒド-3-リン酸分子との反応が可能となり 1,3-ビスホスホグリセリン酸が再び生成することに注目しよう．

問題 2 ◆
次の反応の生成物は何か.

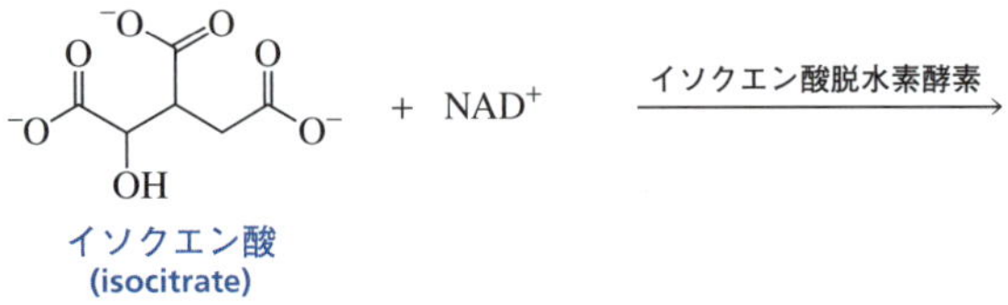

イソクエン酸 (isocitrate) + NAD$^+$ $\xrightarrow{\text{イソクエン酸脱水素酵素}}$

NADPH はどのようにして基質を還元するのか？

NADPH による還元反応の機構は，NAD$^+$ による酸化反応の機構の逆である．基質が還元される場合，ジヒドロピリジン環はその 4 位からヒドリドイオンを基質に供与する．酵素の酸性アミノ酸側鎖は基質をプロトン化して反応を助ける．

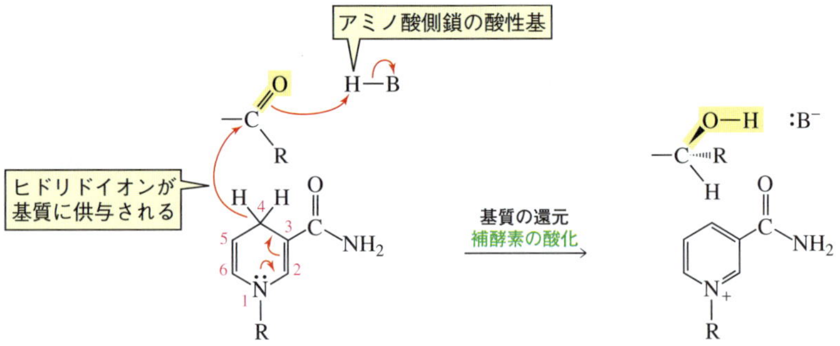

NADPH はヒドリドイオンを供与することによって化合物を還元するので，それらは NaBH$_4$ や LiAlH$_4$，すなわちすでに学んだ非生体反応において還元剤として使われるヒドリド供与体 (17.7 節参照) の生体内における等価体と見なせる．

ではどうして生体内の酸化剤や還元剤は，実験室で同様の反応を行うために用いる反応剤よりも複雑な構造をしているのであろうか．NADH と LiAlH$_4$ はいずれもヒドリドイオンの供与によって化合物を還元するが，NADPH は確かに NaBH$_4$ よりも複雑な構造をしている．補酵素の構造上の複雑性は，**分子認識** (molecular recognition)，すなわち，酵素が補酵素を見分けて結合するために必要なのである．本章で補酵素を学ぶとき，それらの構造の複雑さを見て気おくれしないようにしよう．補酵素のごく一部分のみが実際の化学反応に関与していることに注目しよう．

構造が複雑であるもう一つの理由は，細胞中で用いる反応剤は，実験室で用いる反応剤よりも高い選択性を必要とするため，反応性は低くなければならない (上巻；13.5 節参照)．たとえば，生体内の還元剤は還元できる官能基をもつ化合物をすべて還元してしまうわけではない．生体反応は非常に注意深く制御されていなければならない．補酵素は非生体反応剤に比べると反応性がかなり低いので，酵素がなければ，基質と補酵素の反応はまったく進行しないか，したとしても非常に遅いものである．たとえば，NADPH によるアルデヒドやケトンの還元は，酵素がなければ進行しない．NaBH$_4$ や LiAlH$_4$ はより活性の高いヒドリド供与体

であるため,実際には細胞中のような水溶性環境のなかでは(水とすばやく反応するため)存在すらできない.同様に,NAD^+は実験室で使う一般的な酸化剤よりも非常に反応性の低い酸化剤である.たとえば,NAD^+は酵素がないかぎりアルコールを酸化できない.

生体内の還元剤は(反応後に生成する酸化体を実験室で使う還元剤の場合のように捨ててしまわないで)再利用しなければならないので,酸化型と還元型の間の平衡定数は一般的には1に近い.したがって,生体内の酸化還元反応はそれほど高い発エルゴン(エネルギー発生)過程ではなく,むしろそれらは平衡関係にあって,その平衡は,次の反応によって生成物が消費されることにより適切な方向に移動する(25.7節参照).

実験室で用いる反応剤とは異なり,酸化反応を触媒する酵素は一つの炭素に結合した二つの水素を区別して,そのうちの一つをヒドリドイオンとして引き抜く.たとえば,アルコール脱水素酵素はエタノールの pro-R の水素(H_a)のみを引き抜く.この水素は,重水素で置換されると不斉中心が R 配置となるので,pro-R 水素と呼ばれる.したがって,H_b は pro-S 水素である(上巻;15.15節参照).

$$CH_3\underset{H_b}{\overset{H_a}{-}}{C}-OH + NAD^+ \xrightarrow{\text{アルコール脱水素酵素}} CH_3\underset{H_b}{-}{C}=O + NADH_a + H^+$$

エタノール (ethanol) → アセトアルデヒド (acetaldehyde)

同様に,還元反応を触媒する酵素は NADPH のニコチンアミド環の4位にある二つの水素を区別することができる.酵素には補酵素を結合するための特定の部位があり,そこに補酵素が結合すると,一方の面がブロックされる.もし酵素がNADPH の B 面側をブロックしたとすると,基質は A 面側にしか結合できないので,H_a がヒドリドイオンとして基質に移動する.逆に,酵素が NADH の A 面側をブロックしたとすると,基質は B 面側にしか結合できないので,H_b がヒドリドイオンとして基質に移動する.

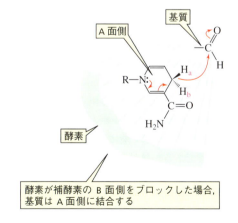

酵素が補酵素の B 面側をブロックした場合,基質は A 面側に結合する

問題3◆

次の反応の生成物は何か.

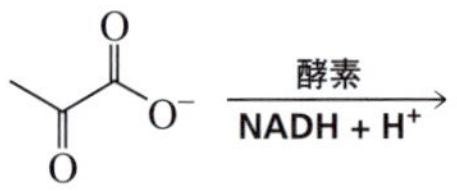

24.2 リボフラビン：酸化還元反応で用いられるもう一つのビタミン

フラビンアデニンジヌクレオチド（flavin adenine dinucleotide，**FAD**）は，NAD^+ と同様に，基質を酸化する補酵素である．その名称が示すように，FAD はジヌクレオチドであり，複素環の一つはフラビンで，もう一つはアデニンである．FAD はリボースの代わりにリボースの還元体（リビトール基）をもっていることに注目しよう．フラビンとリビトールでできた部分はリボフラビンまたはビタミン B_2 と呼ばれる．フラビンは明るい黄色の化合物である．*flavus* はラテン語で"黄色"を意味する．ビタミン B_2 の欠乏は皮膚の炎症を引き起こす．

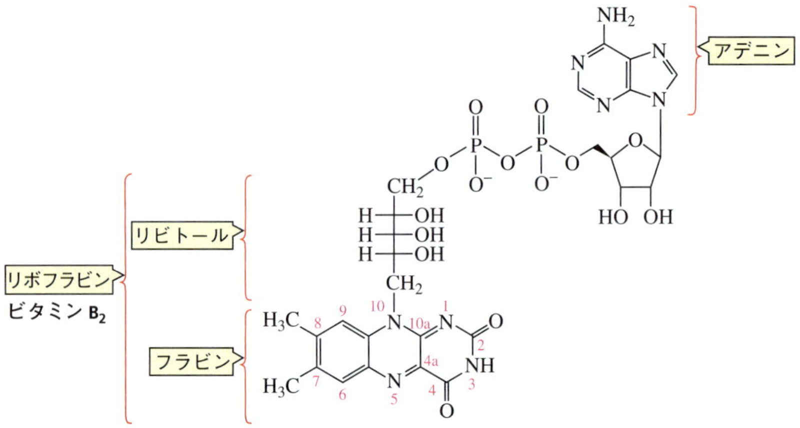

フラビンタンパク質とは，FAD を含む酵素である．ほとんどのフラビンタンパク質は，FAD と非常に強く結合している．このような強い結合は，酵素による補酵素の酸化還元電位の制御を可能とする．（酸化還元電位が高ければ高いほど強い酸化剤である．）結果的に，いくつかのフラビンタンパク質はほかの酵素よりも強い酸化剤となりうる．

NAD^+ ではなくて FAD を酸化補酵素として使うのはどのような酵素なのだろうか．大まかにいえば，NAD^+ はおもにカルボニル化合物（ここではアルコールがケトン，アルデヒド，またはカルボン酸に酸化される）を生成物として与える酵素触媒酸化反応の補酵素であるのに対して，FAD はこれとは異なるタイプの基質の酸化反応の補酵素として用いられる．たとえば，FAD はジチオールをジスルフィドに，飽和アルキル基をアルケンへ，アミンをイミンへ酸化する（これはあくまでも大まかな目安であり，FAD がカルボニル化合物を与える反応に含まれたり，NAD^+ がカルボニル化合物を生成物として含まない反応に関与したりする例もある）．

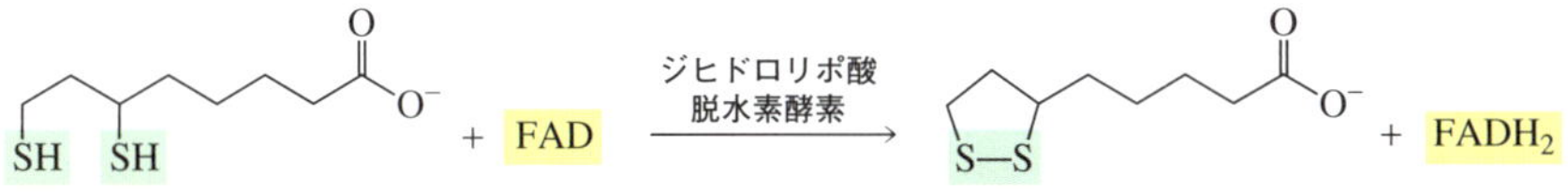

ジヒドロリポ酸 (dihydrolipoate)　　　リポ酸 (lipoate)

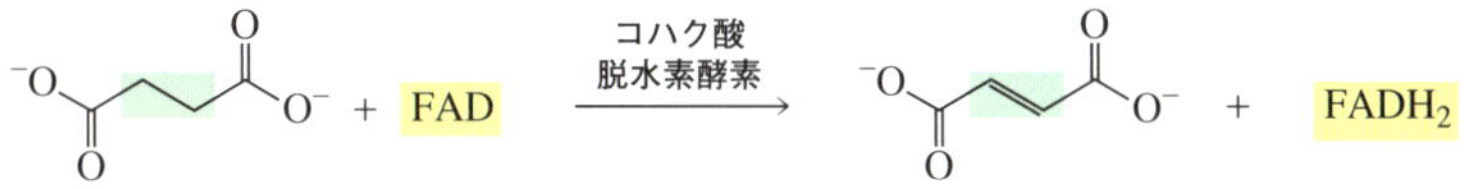

コハク酸 (succinate)　　　フマル酸 (fumarate)

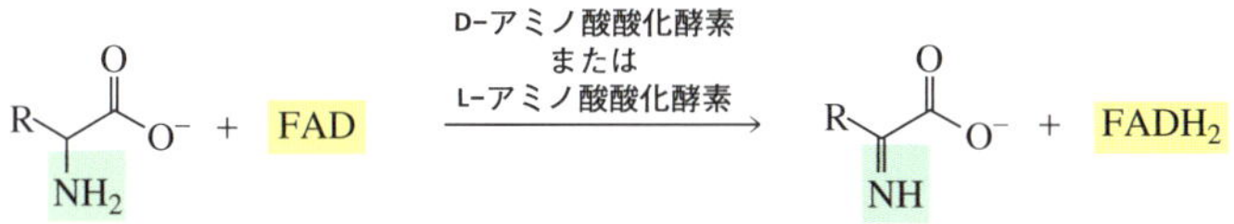

D-アミノ酸　または　L-アミノ酸

FAD が基質(S)を酸化すると，補酵素は $FADH_2$ に還元される．$FADH_2$ は，NADPH と同様に還元剤である．すべての酸化-還元反応はフラビン環上で起こる．フラビン環の還元は共役系を壊すので，還元型補酵素の色は酸化型補酵素の色に比べて薄い(上巻；14.21 節参照).

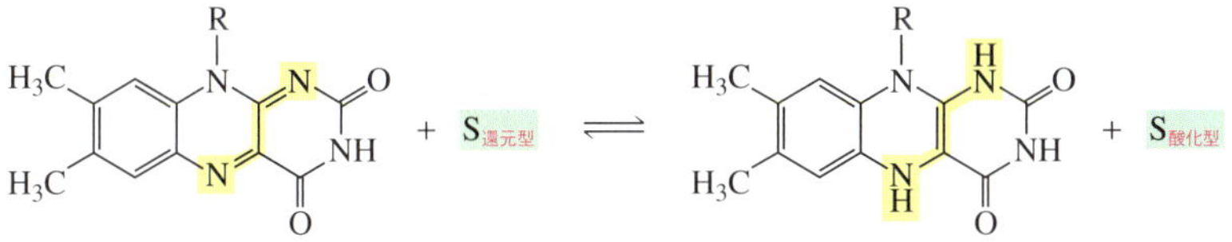

FAD　　　$FADH_2$

FAD は酸化剤である．

$FADH_2$ は還元剤である．

問題 4 ◆

次の化合物中にはいくつの共役二重結合が存在するか．

a. FAD　　　**b.** $FADH_2$

FAD を触媒とするジヒドロリポ酸からリポ酸への酸化反応の機構を次に示す．

ジヒドロリポ酸脱水素酵素の反応機構

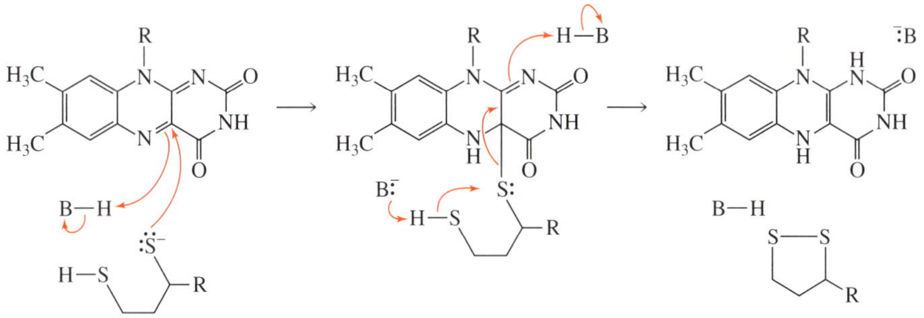

ジヒドロリポ酸　　　リポ酸

- チオラートイオンがフラビン環の 4a 位に付加する．これは一般酸触媒反応であり，N-5 窒素の近くにあるアミノ酸側鎖がプロトンを供与する．

- 2番目のチオラートイオンが補酵素に共有結合した硫黄を攻撃し，酸化生成物と FADH₂ を与える．これは一般塩基触媒反応であり，塩基が硫黄からプロトンを引き抜いてその求核性を高めている．

問題 5 ◆

4a 位への付加と N-5 位へのプロトン化とは別に，チオラートイオンが 10a 位に付加し，N-1 位がプロトン化される経路も考えられる．しかし，実際には 4a 位への付加で反応が進行するのはなぜか．（ヒント：どちらの窒素の塩基性が強いか．）

FAD を触媒とするコハク酸からフマル酸への酸化反応機構は，上記の FAD を触媒とするジヒドロリポ酸からリポ酸への酸化反応機構と同じである．

コハク酸脱水素酵素の触媒反応機構

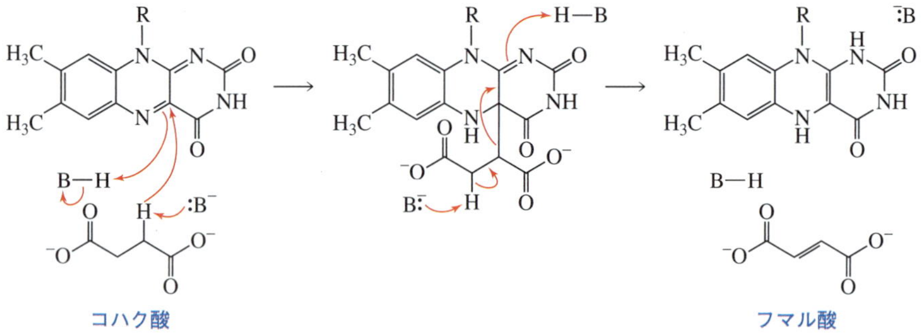

- 塩基はα炭素からプロトンを引き抜いて求核剤となり，フラビン環の 4a 位に付加する．これと同時に N-5 位の窒素がプロトン化される．
- 塩基がもう一つのα炭素からプロトンを引き抜き，酸化生成物と FADH₂ を与える．

FAD が触媒するアミノ酸からイミノ酸への酸化反応機構は，前の二つの FAD 触媒反応機構とはまったく異なっている．すなわち，結合の切断と結合の形成が同時に起こる協奏反応である．

D- あるいは L-アミノ酸酸化酵素の触媒反応機構

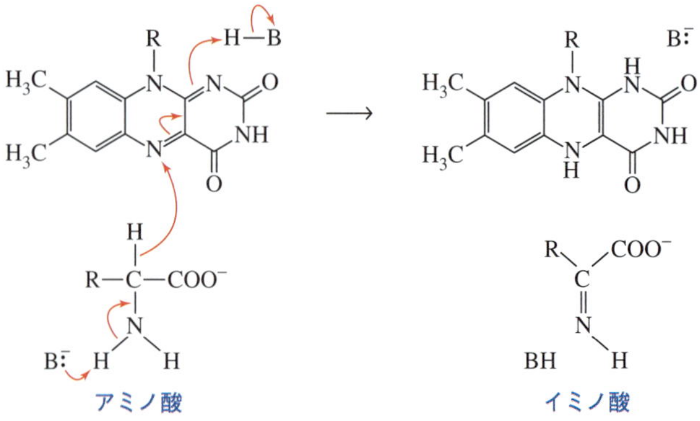

24.2 リボフラビン：酸化還元反応で用いられるもう一つのビタミン

- 塩基性のアミノ酸側鎖が，基質のアミノ酸の窒素からプロトンを引き抜くことによりヒドリドイオンが生じ，これがフラビン環のN-5位に付加する．そして，酸性のアミノ酸側鎖がN-1位をプロトン化する．

これらの機構は，FADがNAD$^+$よりも用途の広い補酵素であることを示している．NAD$^+$は常に同じ反応機構で反応するが，フラビン補酵素はさまざまな反応機構で酸化反応を触媒する．

細胞には低濃度のFADしか存在しないが，NAD$^+$は高濃度で存在する．したがって，NAD$^+$は酵素に弱く結合して，NADHに還元されたのち，酵素から解離すればよい．これに対して，FADは酵素に強く結合しているので，触媒として回転するためには，FADH$_2$に還元されたのちにFADに再酸化される必要がある．このための酸化剤はNAD$^+$またはO$_2$である．それゆえ，NAD$^+$以外の酸化補酵素を利用する酵素は，還元型の補酵素を再酸化するためにNAD$^+$を必要とする．

$$\text{E} + \text{S}_{還元型} \xrightarrow{\text{FAD}} \text{E} + \text{S}_{酸化型} \xrightarrow{\text{FADH}_2 \quad \text{NAD}^+ \quad \text{NADH} + \text{H}^+} \text{E}^{\text{FAD}}$$

問題 6（解答あり）

コハク酸脱水素酵素では，塩基によるC-8位のメチル基の脱プロトン化と，酸によるN-1位のプロトン化によりFADは酵素に共有結合で固定化されている．そして，C-8位のメチレン炭素への酵素のヒスチジン側鎖の付加と，N-5位へのプロトン化が起こる．このような二段階で進行する反応の機構を書け．

解答

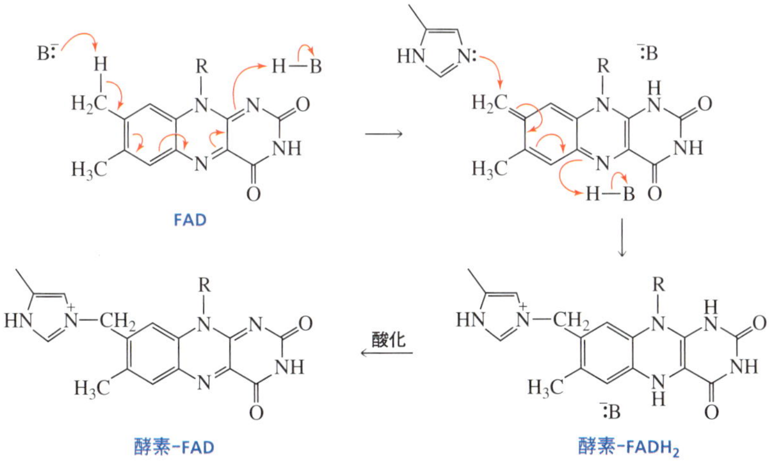

酵素への結合過程において，FADはFADH$_2$に還元されることに注目しよう．この還元体は続いてFADに酸化される．いったん共有結合で固定化されると，補酵素は酵素から解離しなくなる．

> **問題 7**
> C-8 位のメチル基の水素のほうが，C-7 位のメチル基の水素よりも酸性であるのはなぜか説明せよ．

24.3　ビタミン B₁：アシル基の転位に必要なビタミン

チアミンは最初にビタミン B 類として同定された化合物なので，ビタミン B₁ として知られるようになった．食餌にチアミンが欠乏すると脚気という病気になり，心臓に障害を与えたり，反射神経を損なったりする．これがひどくなると麻痺を引き起こす（1274 ページ）．

ビタミン B₁ 由来の補酵素体は**チアミンピロリン酸**（thiamine pyrophosphate, TPP）である．TPP はある分子からほかの分子へのアシル基の転移を触媒する酵素の補酵素である．

ピルビン酸脱炭酸酵素はチアミンピロリン酸を必要とする酵素である．この酵素はピルビン酸の脱炭酸を触媒し，それにより生成するアシル基をプロトンに渡して，アセトアルデヒドに変換する．<u>脱炭酸酵素は，基質からの CO_2 解離反応を触媒する酵素である</u>．

> **チアミンピロリン酸（TPP）**はある分子からほかの分子へのアシル基転移反応を触媒する酵素の補酵素である．

ピルビン酸から CO_2 が抜けたあとに生じる負電荷は，もはやカルボニル酸素上に非局在化できないのに，どうしてピルビン酸のような α-ケト酸が脱炭酸を起こすのか不思議に思うかもしれない．これは補酵素のチアゾリウム環が電子を非局在化させるための場を提供するからである．

TPP のイミン炭素に結合している水素はほかの sp^2 炭素に結合した水素と比べて比較的酸性が強い（$pK_a = 12.7$）．これはプロトンが引き抜かれて生成するイリドが正電荷をもつ隣りの窒素によって安定化されるからである．この TPP イリドは優れた求核剤である．

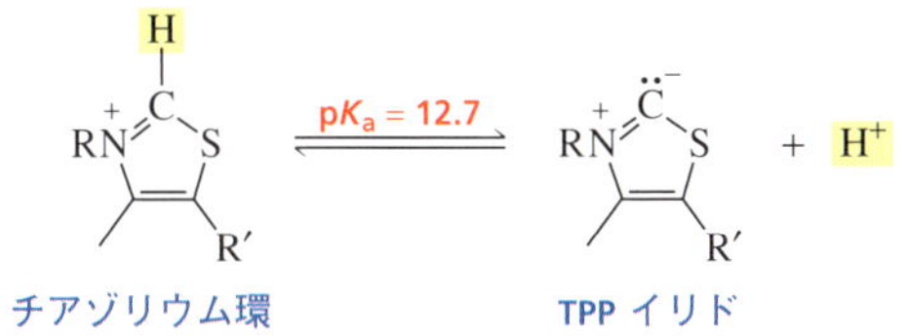

24.3 ビタミン B_1：アシル基の転位に必要なビタミン

チアゾリウム環 ⇌ (pK_a = 12.7) TPP イリド + H^+

ピルビン酸脱炭酸酵素の触媒反応機構

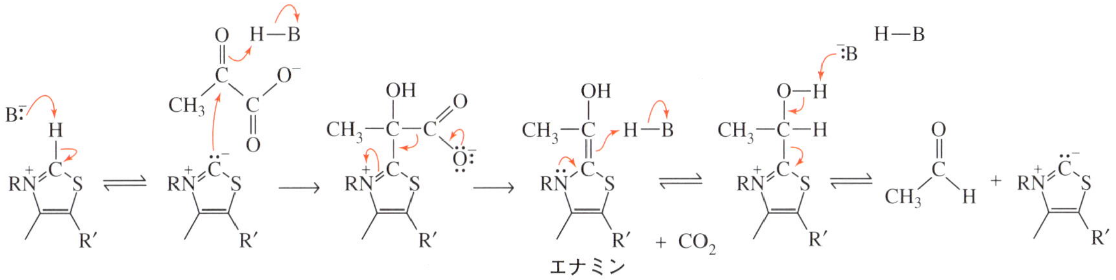

(反応機構図：B:⁻がチアゾリウム環のHを引き抜きTPPイリドを生成 ⇌ ピルビン酸のカルボニル炭素に付加 → 四面体中間体 → 脱炭酸によりエナミン生成 + CO_2 ⇌ プロトン化 ⇌ アセトアルデヒド生成とTPPイリド再生)

- プロトンが脱離したのち，TPP イリドは α-ケト酸のカルボニル炭素に付加する．酵素の酸性側鎖はカルボニル炭素の求電子性を高める．
- 生成した四面体中間体からは脱炭酸が容易に進行する．これは，CO_2 が脱離したあとに残る電子が正電荷をもった窒素原子上にまで非局在化できるからである．
- このエナミンの炭素がプロトン化を受け，続く脱離反応によりアセトアルデヒドが生成し，TPP イリドが再生する．

電子が非局在化する部分を **電子貯め**（electron sink）と呼ぶ．正に帯電した TPP の窒素は，これまでに見てきた β-ケト酸の β-ケト基よりも効率的な電子貯めである．β-ケト基の場合も電子を受け取って簡単に脱炭酸を引き起こす（18.17 節参照）．

問題 8

ピルビン酸—TPP 中間体からの脱炭酸と，β-ケト酸からの脱炭酸が類似していることを構造式を用いて示せ．

問題 9

アセト乳酸合成酵素はもう一つの TPP 依存酵素である．この酵素もやはりピルビン酸の脱炭酸を触媒するが，この場合には脱炭酸で生成したアシル基がほかのピルビン酸分子に移動してアセト乳酸を生成する．この反応はアミノ酸のバリンやロイシンの生合成過程の一段階目である．この反応機構を示せ．

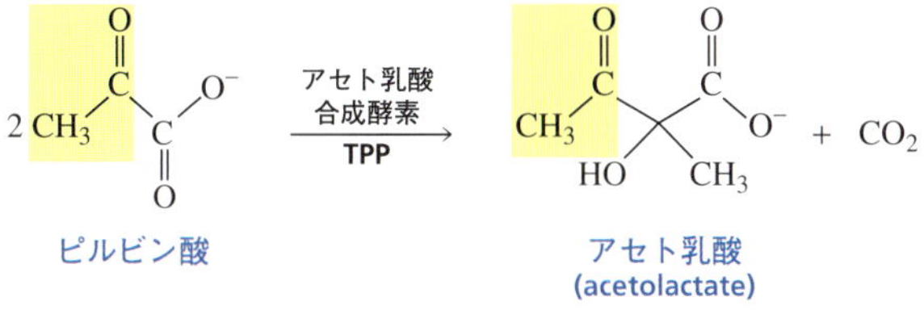

2 ピルビン酸 —(アセト乳酸合成酵素／TPP)→ アセト乳酸 (acetolactate) + CO_2

24章 補酵素：ビタミン由来の化合物の有機化学

> **問題 10**
> アセト乳酸合成酵素はまた，ピルビン酸由来のアシル基をα-ケト酪酸に移すこともできる．この反応はアミノ酸イソロイシン合成の一段階目である．この反応機構を示せ．

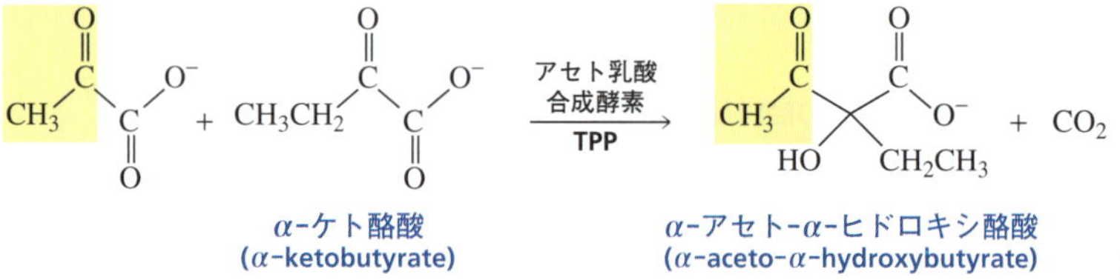

$$CH_3-\underset{O}{\overset{O}{C}}-\underset{}{\overset{}{C}}-O^- + CH_3CH_2-\underset{O}{\overset{O}{C}}-\underset{}{\overset{}{C}}-O^- \xrightarrow[\text{TPP}]{\text{アセト乳酸合成酵素}} CH_3-\underset{O}{\overset{O}{C}}-\underset{HO}{\overset{}{C}}(CH_2CH_3)-\underset{}{\overset{}{C}}-O^- + CO_2$$

α-ケト酪酸
(α-ketobutyrate)

α-アセト-α-ヒドロキシ酪酸
(α-aceto-α-hydroxybutyrate)

炭水化物代謝の最終生成物はピルビン酸であることを25章で学ぶ．ピルビン酸がさらに代謝されるためには，ピルビン酸はアセチル-CoAに変換されなければならない．<u>ピルビン酸脱水素酵素複合体</u>は三つの酵素から成り立っており，ピルビン酸をアセチル-CoAに変換する．

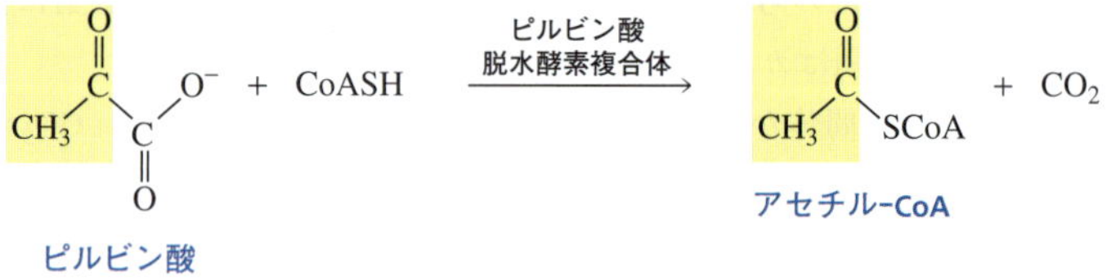

$$CH_3-\underset{O}{\overset{O}{C}}-\underset{}{\overset{}{C}}-O^- + CoASH \xrightarrow{\text{ピルビン酸脱水素酵素複合体}} CH_3-\underset{O}{\overset{O}{C}}-SCoA + CO_2$$

ピルビン酸　　　　　　　　　　　　　　　　　　　　　　　　　アセチル-CoA

ピルビン酸脱水素酵素複合体はTPPのほか，リポ酸，補酵素A(CoASH)，FAD，およびNAD$^+$の四つの補酵素を必要とする．

ピルビン酸脱水素酵素複合体の触媒反応機構

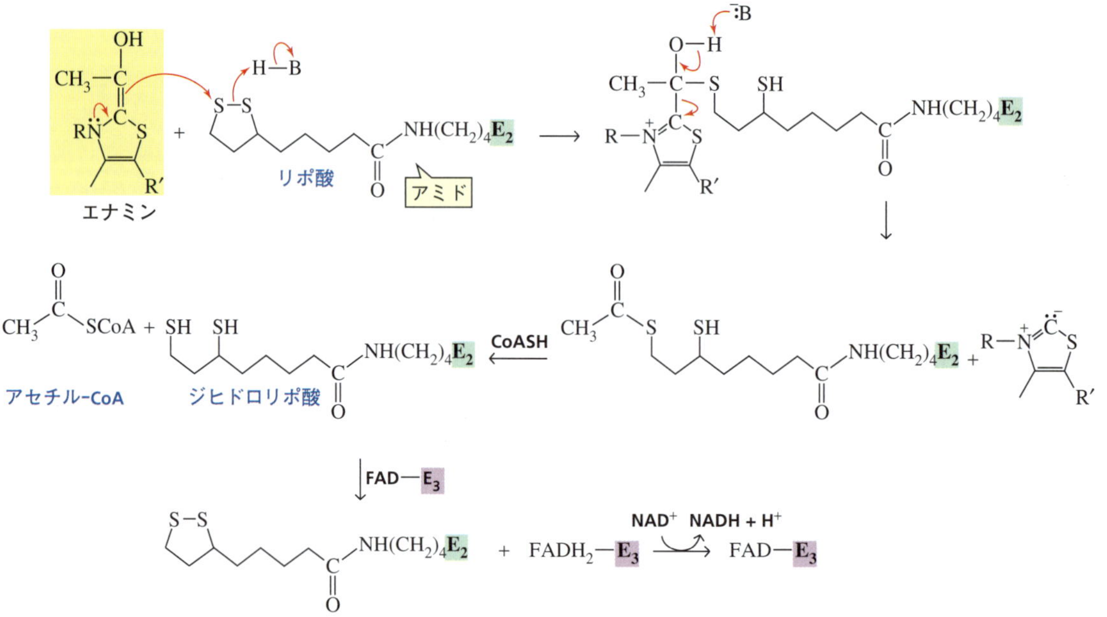

[反応機構の図：エナミン中間体とリポ酸との反応から始まり，アセチル-CoAとジヒドロリポ酸が生成，FAD-E$_3$によりリポ酸が再生され，NAD$^+$がNADH + H$^+$に還元される一連の反応を示す]

- この複合体において，最初の酵素が TPP イリドとピルビン酸の反応を触媒し，ピルビン酸脱水素酵素や問題 9 および 10 で取り上げた酵素の場合と同様のエナミンを生成する．
- 複合体の 2 番目の酵素(E_2)は，リシン側鎖を用いて補酵素〔リポ酸(lipoate)〕との間にアミドを生じる．リポ酸のジスルフィド結合は，エナミンによる求核攻撃を受ける際に開裂する．
- TPP イリドは四面体中間体から解離する．
- 補酵素 A (coenzyme A，**CoASH**)が生成したチオエステル体とチオエステル交換反応(チオエステル基がほかのチオエステル誘導体に変換される反応)を起こし，補酵素 A がジヒドロリポ酸と置き換わる(16.9 節参照)．この時点で，最終生成物(アセチル-CoA)が生成する．
- 次の触媒サイクルが始まる前に，ジヒドロリポ酸は酸化されてリポ酸に戻る必要がある．この反応は FAD 依存性の 3 番目の酵素(E_3)によってなされる．この反応の機構については 24.2 節で取り上げた．ジヒドロリポ酸が FAD によって酸化され，FAD は $FADH_2$ に還元される．
- $FADH_2$ は NAD^+ によって酸化され FAD に戻る．

補酵素 A をつくるために必要なビタミンはパントテン酸である(表 24.1 参照)．補酵素 A において，パントテン酸はデカルボキシシステインとリン酸化した ADP に結合している．すでに学んだように(16.23 節参照)，CoASH は生体においてカルボン酸をチオエステルに変換して活性化する．

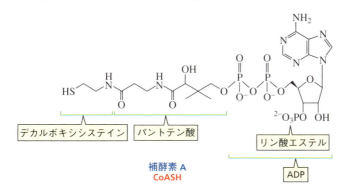

補酵素 A
CoASH

二日酔いをビタミン B_1 で治す

アルコール飲料を飲み過ぎたあとに起こる不快な症状(二日酔い)は，エタノールが酸化されてできるアセトアルデヒドが原因である(上巻；11.5 節参照)．一般的に，ビタミン B_1 がアセトアルデヒドを取り除いて二日酔いを治すと信じられている．ではこのビタミンがどのようにしてそれを可能にしているか見ていこう．

TPP イリドがアセトアルデヒドのカルボニル炭素に付加する．次いで生じた四面体中間体からプロトンを引き抜いて，エナミンを与える．このエナミンは，ピルビン酸脱炭酸酵素やピルビン酸脱水素酵素の反応で生成するエナミンと同じものであるが，唯一違うのは，カルボキシ基の代わりに，プロトンが脱離して生じるところである．そのあとは，ピルビン酸脱水素酵素複合体の場合と同じようにして，エナミンがリポ酸と反応する．結果としてアセトアルデヒドは分解されて，アセチル-CoA に変換される．

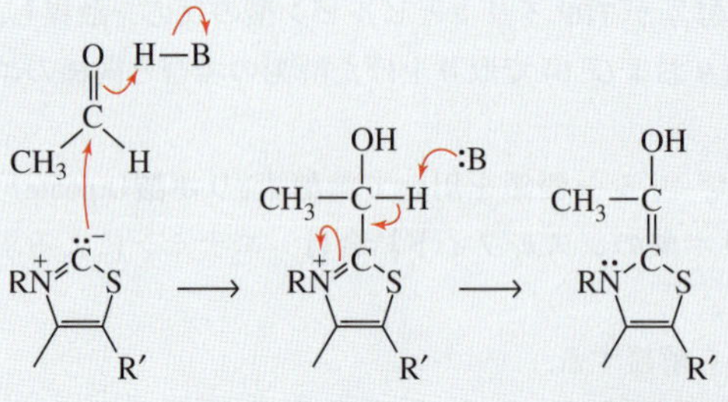

ある一定の時間内に，アセトアルデヒドがアセチル-CoA に変換される量には限界がある．したがって，ビタミンは過度な飲酒で生じるアセトアルデヒドの分解に対応できなくなり二日酔いとなる．

問題 11（解答あり）

TPP はケトン転移酵素の補酵素である．この酵素はケトペントース(キシロース-5-リン酸)やアルドペントース(リボース-5-リン酸)をアルドトリオース(グリセルアルデヒド-3-リン酸)やケトペントース(セドヘプツロース-7-リン酸)に変換する．反応物と生成物の総炭素数は（5 + 5 = 3 + 7）で同じであることに着目して，この反応の機構を示せ．

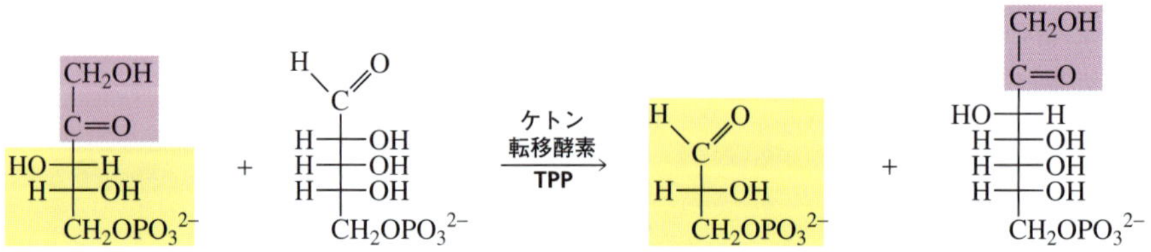

キシロース-5-リン酸 (xylulose-5-P) + リボース-5-リン酸 (ribose-5-P) →[ケトン転移酵素 / TPP] グリセルアルデヒド-3-リン酸 (glyceraldehyde-3-P) + セドヘプツロース-7-リン酸 (sedoheptulose-7-P)

解答 この反応では，アシル基がキシロース-5-リン酸からリボース-5-リン酸に転移する．酵素は TPP を必要とするので，TPP がこのアシル基の脱離と転移にかかわっているに違いない．だとすると，反応は TPP イリドがキシロース-5-リン酸のカルボニル基へ付加するところから始まるはずである．ここでは，カルボニル基への付加により生じる負電荷を受容するための酸性基と，エナミンの生成を助けるための塩基性基が必要となるであろう．この場合，ほかの TPP が触媒する反応と同じように，アシル基の脱離によって生じる負電荷がチアゾリウム環の窒素上まで非局在化する．次に，エナミンがリボース-5-リン酸のカルボニル基に付加してアシル基が移動する．ここでもまた，酸性基がカルボニル基上に生じる負電荷を受容し，塩基性基が TPP イリドの脱離を助ける．

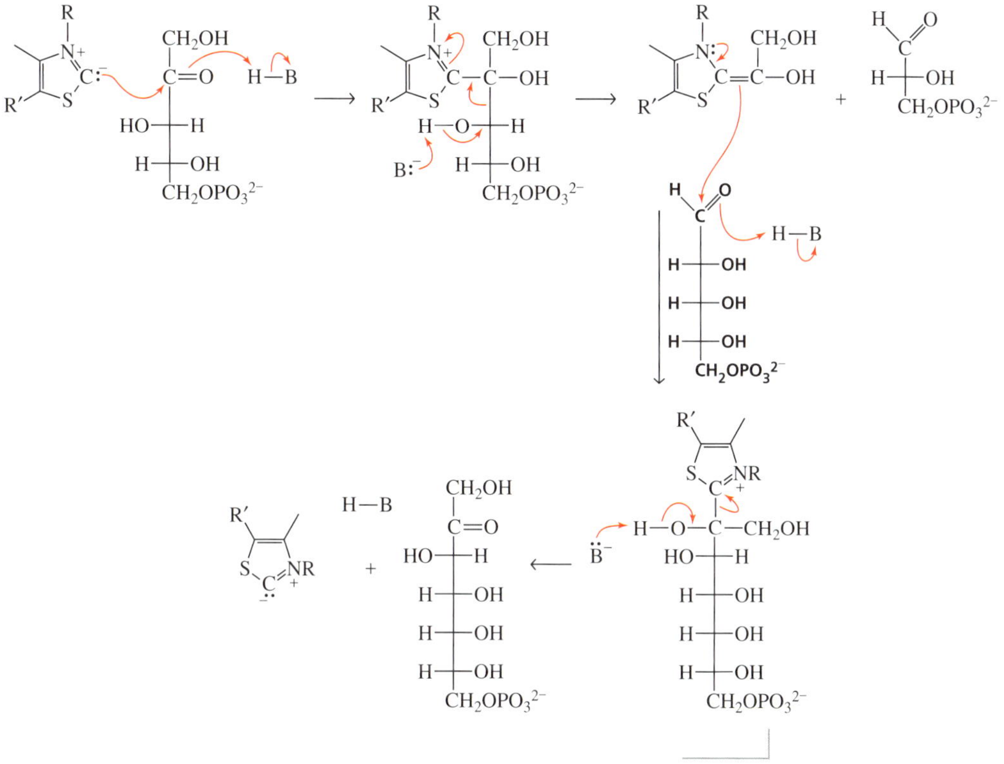

TPPを必要とするすべての酵素において，TPPは同じ役割を果たしていることがわかる．それぞれの反応において，TPPは基質のカルボニル炭素に付加し，結合の開裂によって生じる電子をチアゾリウム環へ非局在化することでそれを助ける．続いてアシル基が，ピルビン酸脱炭酸酵素の場合にはプロトンへ，ピルビン酸脱水素酵素系の場合にはリポ酸を介して補酵素Aへ，そして問題10, 11, 12の場合にはカルボニル基へと転移する．

24.4 ビタミンH：α炭素のカルボキシ化に必要なビタミン

ビオチン(biotin, ビタミンH)は，腸管に生息する細菌によって生産されるので，通常のビタミンとは異なり，私たちの食餌に含まれている必要はなく，欠乏症もほとんどない．しかし，生卵を多く摂る人にはビオチン欠乏症が起こりうる．これは卵白にはビオチンと強く結合するタンパク質(通称アビジン)が含まれており，補酵素としてのはたらきを阻害するからである．卵を調理するとアビジンは変性し，ビオチンとの結合能力を失う．ビオチンはリポ酸の場合と同様，リシン側鎖のアミノ基とアミド結合を形成して酵素(E)と結合している．

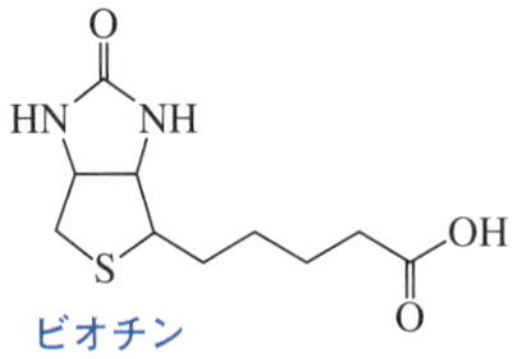

24章 補酵素：ビタミン由来の化合物の有機化学

ビオチン
(biotin)
ビタミンH
(vitamine H)

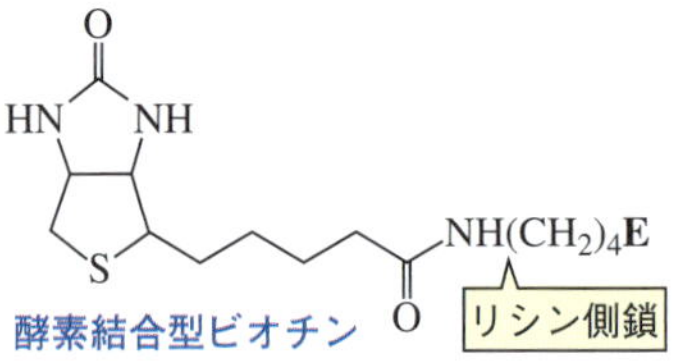

酵素結合型ビオチン ［リシン側鎖］

ビオチンはα炭素（カルボニル基の隣りの炭素）をカルボキシ化する酵素の補酵素である．そのために，補酵素としてビオチンを必要とする酵素はカルボキシ基転移酵素と呼ばれる．

たとえば，ピルビン酸カルボキシ基転移酵素はピルビン酸をオキサロ酢酸に変換し，アセチル-CoA カルボキシ基転移酵素はアセチル-CoA をマロニル-CoA に変換する．ビオチン依存酵素は炭酸水素イオン（HCO_3^-）を出発物質にして基質のα炭素にカルボキシ基を導入する．

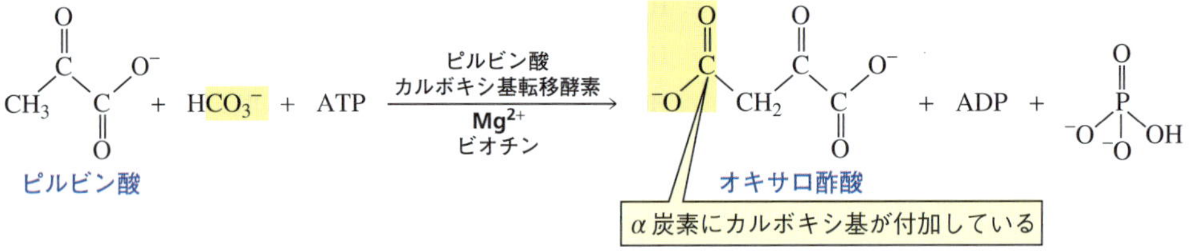

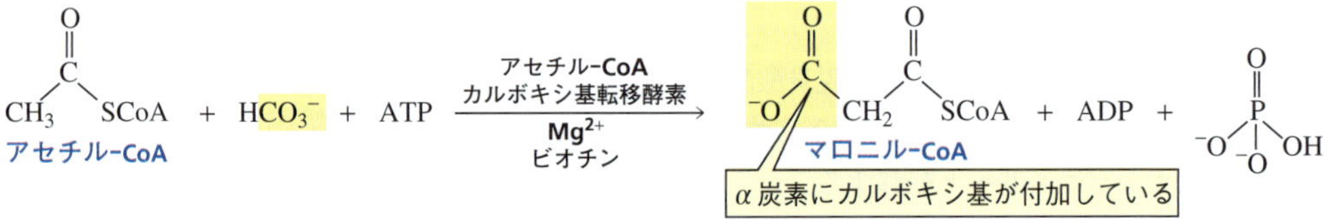

> ビオチンはα炭素のカルボキシ化を触媒する酵素の補酵素である．

ピルビン酸 + HCO_3^- + ATP →[ピルビン酸カルボキシ基転移酵素 / Mg^{2+} / ビオチン]→ オキサロ酢酸 + ADP + リン酸

［α炭素にカルボキシ基が付加している］

アセチル-CoA + HCO_3^- + ATP →[アセチル-CoAカルボキシ基転移酵素 / Mg^{2+} / ビオチン]→ マロニル-CoA + ADP + リン酸

［α炭素にカルボキシ基が付加している］

ビオチン依存酵素は，炭酸水素イオンに加えてATPと Mg^{2+} を必要とする．Mg^{2+} の役割は，ATPの負に帯電した二つの酸素と錯体を形成して，ATP分子全体の負電荷を軽減することである．ATPの負電荷が軽減されなければ，求核剤がATPに近づけない（上巻；774ページの図16.5参照）．

ATPの役割は，炭酸水素イオンに優れた脱離基を導入して〝活性型炭酸水素イオン〟に変換し，炭酸水素イオンの反応性を高めることである．〝活性型炭酸水素イオン〟を生成するために，炭酸水素イオンはATPのγ-リン酸基を攻撃し，ADPを放出する（16.23節参照）．

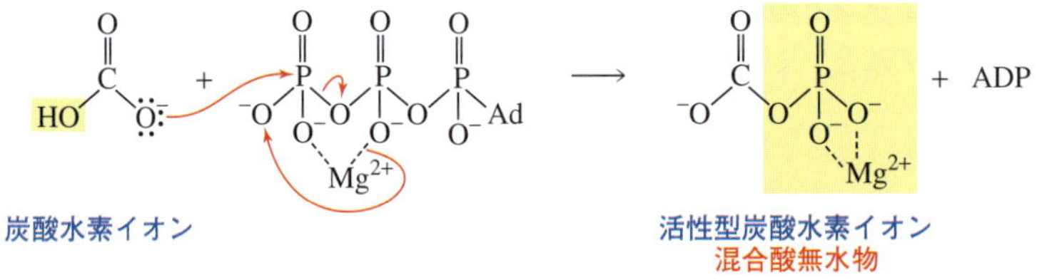

炭酸水素イオン → 活性型炭酸水素イオン（混合酸無水物）+ ADP

炭酸水素イオンが活性化されると，触媒反応が開始される．アセチル-CoA のカルボキシ化の反応機構を次に示す．

アセチル-CoA カルボキシ化酵素の触媒反応機構

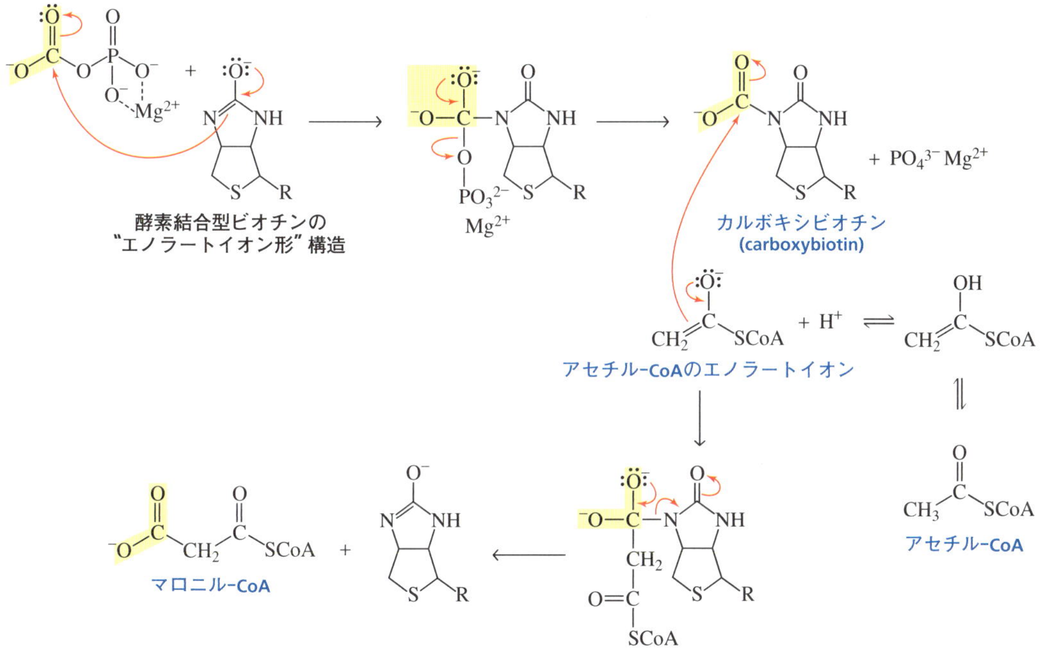

- ビオチンは，活性型炭酸水素イオンと反応し，付加-脱離反応を経てカルボキシビオチンに変換される．ビオチンのアミド窒素は求核性がないので，脱プロトン化して生成するエノラートイオン形構造がビオチンの活性種となる．
- 基質(この場合は，アセチル-CoA のエノラートイオン)がカルボキシビオチンと反応し，もう一度付加-脱離反応を経てカルボキシビオチンのカルボキシ基が基質に転移する．

すべてのビオチン依存酵素は同じ三つの段階を経由して反応する．すなわち，ATP による炭酸水素イオンの活性化，活性型炭酸水素イオンとビオチンとの反応によるカルボキシビオチンの生成，そしてカルボキシビオチンから基質へのカルボキシ基の移動である．

24.5 ビタミン B_6：アミノ酸の変換反応に必要なビタミン

補酵素の**ピリドキサールリン酸**(pyridoxal phosphate，**PLP**)はピリドキシンとして知られているビタミン B_6 から誘導される(pyridoxal の接尾語 "al" は，この補酵素がアルデヒドであることを示している)．ビタミン B_6 の欠乏は貧血の原因となり，極度の欠乏は発作や死を引き起こす．

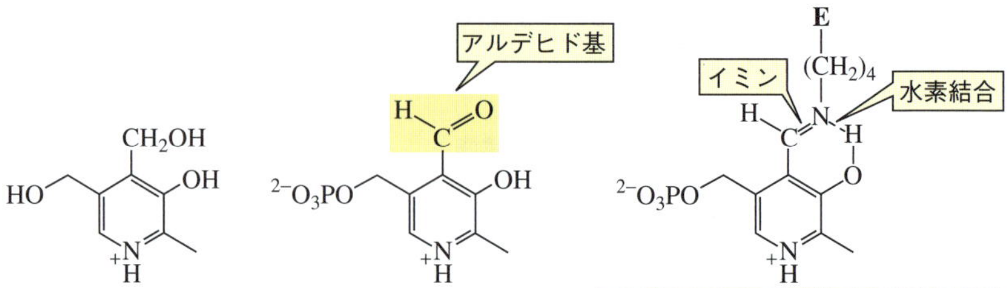

アルデヒド基／イミン／水素結合

ピリドキシン (pyridoxine) ビタミン B_6 (vitamin B_6)

ピリドキサールリン酸 (pyridoxal phosphate) PLP

補酵素はリシン側鎖とのイミン結合を介して酵素に結合している

PLPはアミノ酸の脱炭酸, トランスアミノ化, ラセミ化, C_α—C_β結合開裂, および α,β-脱離などの反応を触媒する酵素の補酵素である.

脱炭酸

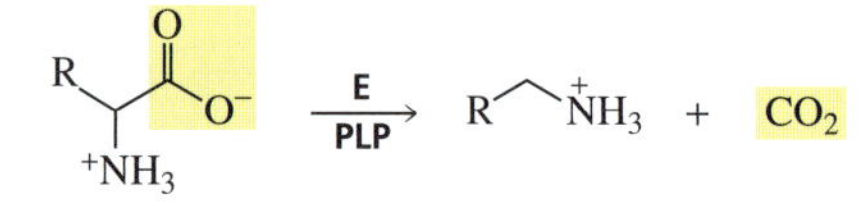

$$R-\underset{+NH_3}{CH}-COO^- \xrightarrow[PLP]{E} R-CH_2-\overset{+}{N}H_3 + CO_2$$

アミノ基転移

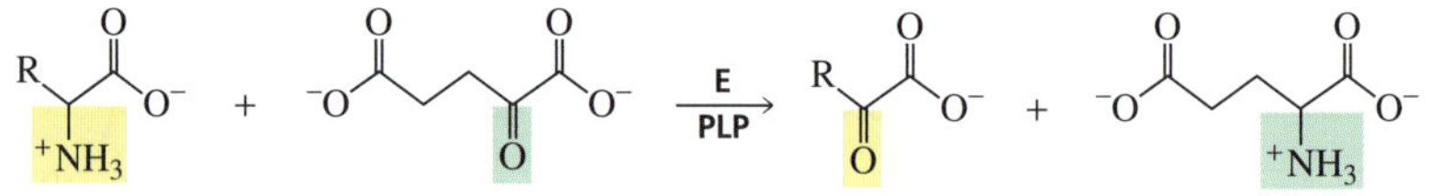

L-アミノ酸 + α-ケトグルタル酸 (α-ketoglutarate) $\xrightarrow[PLP]{E}$ ケト酸 + グルタミン酸 (glutamate)

ピリドキサールリン酸 (PLP) はアミノ酸の化学変換反応を触媒する酵素の補酵素である.

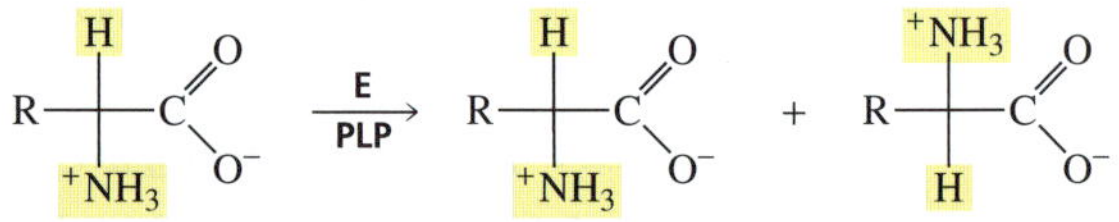

ラセミ化

L-アミノ酸 $\xrightarrow[PLP]{E}$ L-アミノ酸 + D-アミノ酸

C_α—C_β結合開裂

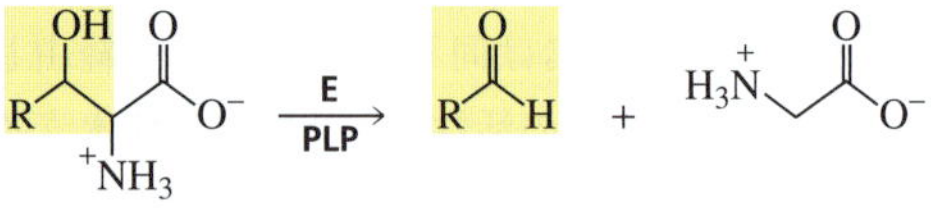

$$R-\underset{+NH_3}{\underset{|}{CH}}-\underset{OH}{\underset{|}{CH}}-COO^- \xrightarrow[PLP]{E} R-CHO + {}^+H_3N-CH_2-COO^-$$

α,β-脱離

$$X-CH_2-\underset{+NH_3}{\underset{|}{CH}}-COO^- \xrightarrow[PLP]{E} CH_3-CO-COO^- + X^- + NH_4^+$$

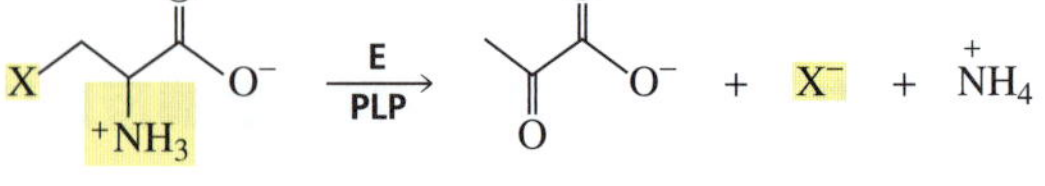

PLPはリシン側鎖のアミノ基とイミンを形成して酵素に結合する. PLP依存酵素が触媒するすべての反応に共通な一段階目は, **イミノ基転移** (transimination) 反応である. この段階では, 一つのイミンがほかのイミンに変換される. すなわち, 基質であるアミノ酸が, PLPとリシン側鎖の間で形成したイミンと反応して, PLPとの間で新たなイミンを形成し, リシン側鎖が外れる.

イミノ基転移反応

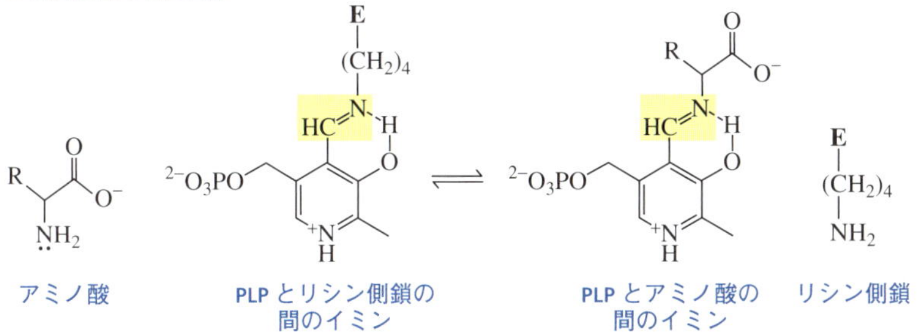

アミノ酸　　　PLPとリシン側鎖の間のイミン　　　PLPとアミノ酸の間のイミン　　　リシン側鎖

いったんアミノ酸とPLPの間でイミンを形成すると，次の段階でアミノ酸のα炭素の結合が開裂する．脱炭酸反応では，カルボキシ基とα炭素との間の結合が切れ，アミノ基転移，ラセミ化，およびα,β-脱離では，水素とα炭素との間の結合が切れる．また，C_α—C_β結合開裂ではR基とα炭素間の結合が切れる．

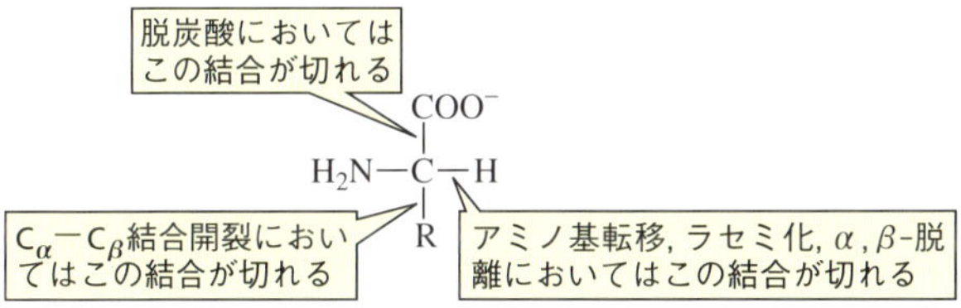

脱炭酸においてはこの結合が切れる
C_α—C_β結合開裂においてはこの結合が切れる
アミノ基転移，ラセミ化，α,β-脱離においてはこの結合が切れる

結合が切れて生じる電子が，プロトン化されて正電荷を帯びたピリジニウム環の窒素上にまで非局在化できるために，α炭素の結合は切断されやすくなる．したがって，プロトン化されたピリジン窒素は電子貯めとして機能する．OH基をピリジン環から除去すると，補酵素の活性はほとんど失われる．この結果から，OH基を介した水素結合がα炭素の結合を弱めていることは明らかである．

脱炭酸

アミノ酸の脱炭酸反応を触媒するすべての酵素は次に示したような反応機構で進行する．

PLP依存触媒によるアミノ酸の脱炭酸の反応機構

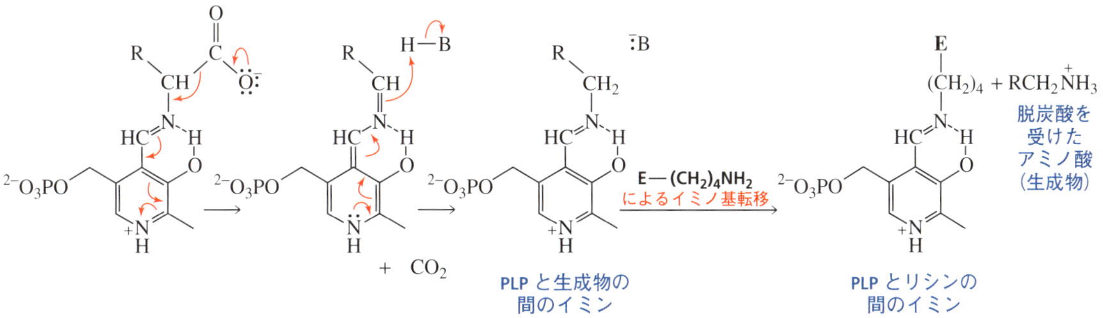

$+ CO_2$　　　PLPと生成物の間のイミン　　　E—$(CH_2)_4NH_2$によるイミノ基転移　　　PLPとリシンの間のイミン　　　脱炭酸を受けたアミノ酸（生成物）

- 一段階目でα炭素からカルボキシ基が脱離する．残された電子は正に帯電したピリジン環の窒素まで非局在化する．
- ピリジニウム環の芳香族性が電子の再配列によって回復し，アミノ酸のもと

- のα炭素にプロトン化が起こる．
- すべての PLP 依存酵素は，最後の段階でもう一度イミノ基転移を行う．酵素触媒反応によって生じた PLP と生成物の間に形成したイミンは酵素のリシン側鎖と反応して PLP のイミンが再生し，生成物を放出する．

ラセミ化

PLP を触媒とする L-アミノ酸のラセミ化の機構を次に示す．エナンチオマー間の相互変換機構は，一段階目でアミノ酸のα炭素から脱離する置換基の違いを除けば，脱炭酸反応の機構と同じである．

PLP 触媒による L-アミノ酸のラセミ化の反応機構

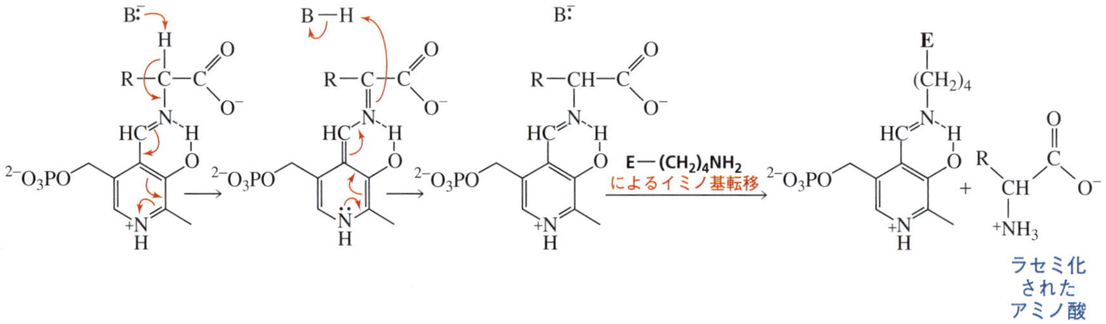

- α炭素からプロトンが脱離し，生じた負電荷が正に帯電したピリジン環の窒素まで非局在化する．
- ピリジニウム環の芳香族性が電子の再配列によって回復し，アミノ酸のもとのα炭素にプロトン化が起こる．
- リシン側鎖との間でイミノ基転移反応が起こり，生成物（ラセミ化されたアミノ酸）が放出され，酵素と PLP の間のイミンが再生する．

反応の二段階目において，プロトン化は sp^2 炭素に起こるが，この場合には二重結合で規定された平面のどちら側からでもプロトンの付加が可能である．その結果，D- および L-アミノ酸の両方が生成する．いいかえれば，L-アミノ酸がラセミ化される．

アミノ基転移

ほとんどのアミノ酸の異化の最初の反応は，アミノ基のケト基による置換である．これは**アミノ基転移**(transamination)反応と呼ばれるが，この反応ではアミノ酸のアミノ基はなくなるのではなく，α-ケトグルタル酸のケト基と置き換えられてグルタミン酸が生成する．

アミノ基転移反応を触媒する酵素はアミノ基転移酵素と呼ばれる．それぞれのアミノ酸に対応したアミノ基転移酵素が存在する．アミノ基転移により異なるアミノ酸のアミノ基が一つのアミノ酸（グルタミン酸）に集められる．これにより，過剰の窒素は簡単に排泄される．（アミノ基転移と，前述したイミノ基転移を混同しないようにしよう．）

PLP依存触媒によるアミノ酸のアミノ基転移の反応機構

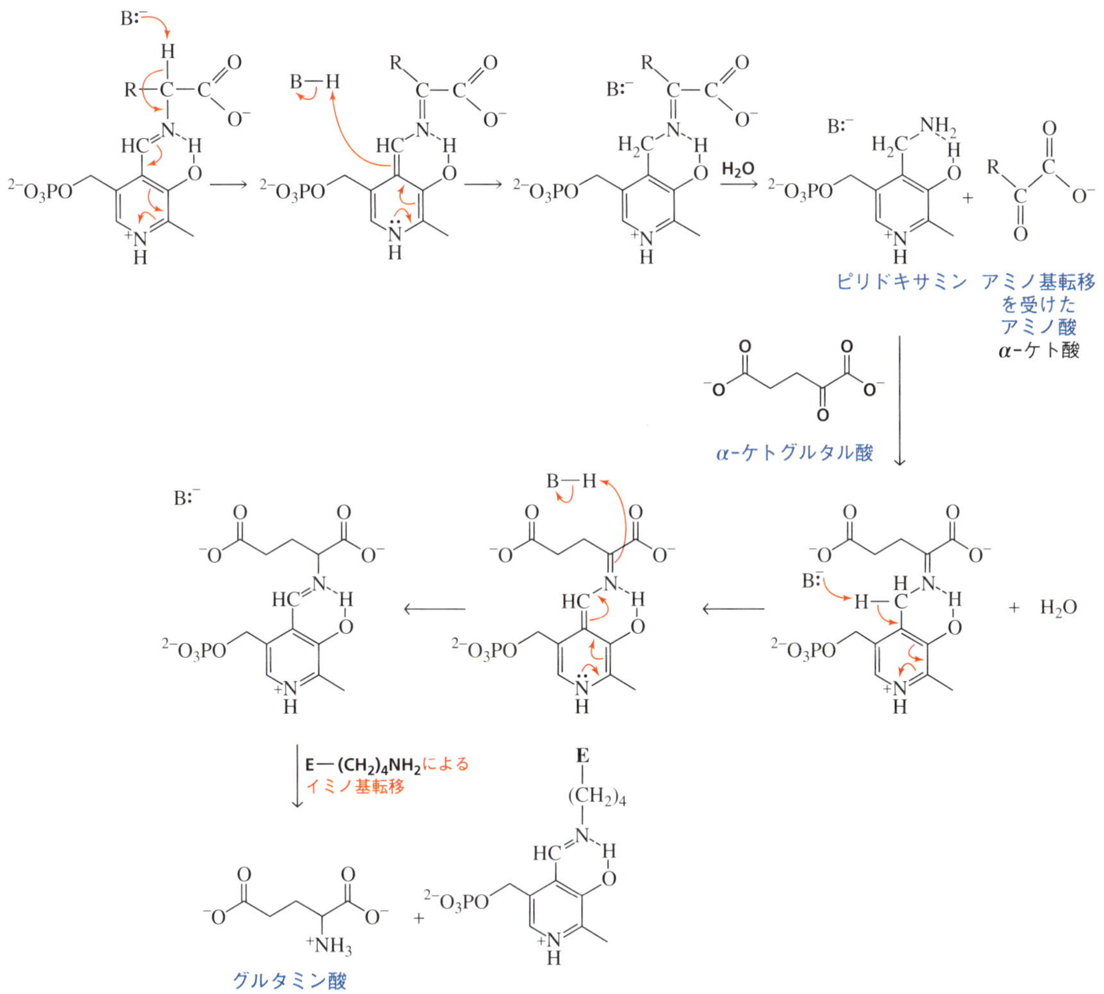

ピリドキサミン　アミノ基転移を受けたアミノ酸　α-ケト酸

α-ケトグルタル酸

E—(CH$_2$)$_4$NH$_2$による
イミノ基転移

グルタミン酸

- 一段階目でα炭素からプロトンが脱離し,生じた負電荷が正に帯電したピリジン環の窒素まで非局在化する.
- ピリジニウム環の芳香族性が電子の再配列によって回復し,ピリジン環に直接結合した炭素がプロトン化される.
- イミンの加水分解により,イミノ基転移を受けたアミノ酸(α-ケト酸)とピリドキサミンが生成する.

この時点で,アミノ酸からアミノ基が脱離し,ピリドキサミンのアミノ基は次の触媒の回転が起こる前に,酵素のリシン側鎖とイミンを形成できるカルボニル基に変換される必要がある.

- ピリドキサミンは2番目の基質であるα-ケトグルタル酸とイミンを形成する.
- ピリジン環に直接結合した炭素からプロトンが脱離し,生じた負電荷が正に帯電したピリジン環の窒素まで非局在化する.

- ピリジニウム環の芳香族性が電子の再配列によって回復し，α炭素がプロトン化される．
- リシン側鎖とのイミノ基転移反応により，反応生成物であるグルタミン酸が放出され，PLPと酵素のリシン側鎖の間のイミンが再生する．

前述の反応において，二つのプロトン移動過程が逆であることに注目しよう．アミノ酸のアミノ基がPLPへ移動するときには，アミノ酸のα炭素からプロトンが脱離して，ピリジン環に結合している炭素のプロトン化が起こる．ピリドキサミンからα-ケトグルタル酸へのアミノ基転移反応では，これらの段階は逆である．すなわち，ピリジン環に結合している炭素からプロトンが脱離し，α-ケトグルタル酸のα炭素がプロトン化される．

　PLPを触媒とするアミノ基転移の二段階目と，PLPを触媒とするラセミ化の二段階目を比較してみよう．アミノ基転移を触媒する酵素では，酸性基は酵素の活性部位において補酵素のピリジン環に結合している炭素にプロトンを供与するのにちょうどよい位置にある．これに対して，脱炭酸やラセミ化を触媒する酵素にはそのような酸性基はなく，そのため，基質のα炭素が再プロトン化を受ける．いいかえれば，補酵素が化学反応を行うのであるが，反応の経路を決めるのは酵素自身である．

心臓発作後の損傷の測定

心臓発作が起こると，アミノ基転移酵素やほかの関連酵素が損傷を受けた心臓の細胞から血液中に放出される．血液中のアラニンアミノ基転移酵素やアスパラギン酸アミノ基転移酵素の濃度を測定すると損傷の大きさがわかる．

問題 12◆

酵素が触媒するアミノ基転移反応では，α-ケトグルタル酸以外のα-ケト酸もピリドキサミンからアミノ基を受け取ることができる．次のα-ケト酸がアミノ基を受け取ると，どのようなアミノ酸が生成するか．

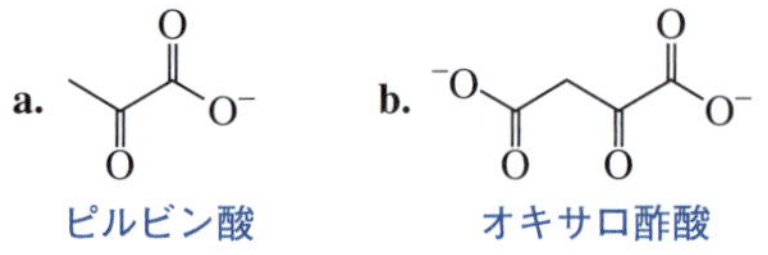

a. ピルビン酸　　b. オキサロ酢酸

問題 13

C_α—C_β結合開裂反応を触媒してセリンをグリシンに変換するPLP依存酵素は，反応の一段階目でα炭素に結合した置換基を除去する．PLPとセリンのイミン付加体からこの反応がどのようにして進行するか，反応機構を示せ．（ヒント：一段階目は，セリンのOH基からプロトンを脱離させる一般塩基触媒を含んでいる．）

問題 14

1294ページに示したPLPを触媒とするα,β-脱離反応の反応機構を示せ．

問題 15◆

次の化合物のうち脱炭酸反応を受けやすいのはどちらか．

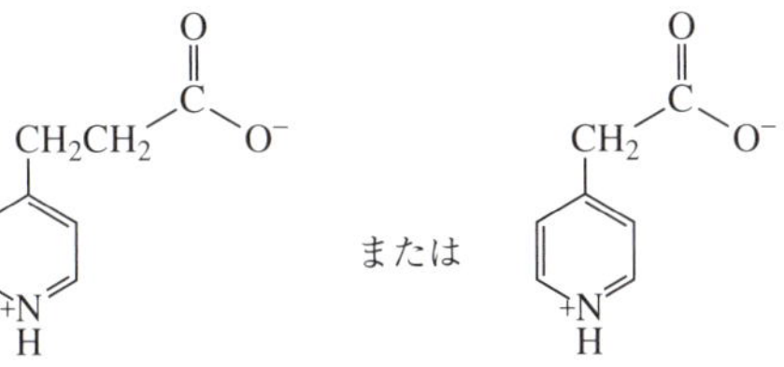

または

問題 16 ◆
PLP 依存酵素の反応をピリジン窒素がプロトン化されない pH で行った場合，アミノ酸に変換する PLP の触媒機能が大きく低下するのはなぜか，説明せよ．

問題 17 ◆
ピリドキサールリン酸の OH 基を OCH₃ 基に置き換えると，アミノ酸に変換する PLP の触媒機能が大きく低下するのはなぜか，説明せよ．

24.6 ビタミン B₁₂：異性化反応に必要なビタミン

　いくつかの異性化反応を触媒する酵素は**補酵素 B₁₂**（coenzyme B₁₂）を必要とする．この補酵素はビタミン B₁₂ から誘導される．ビタミン B₁₂ の構造は X 線結晶構造解析法を用いて Dorothy Crowfoot Hodgkin によって決定された（上巻：15.24 節参照）．このビタミンはコバルトに配位したシアノ基（または HO⁻ か H₂O）をもっている．補酵素ではシアノ基が 5′-デオキシアデノシル基に置き換わっている．

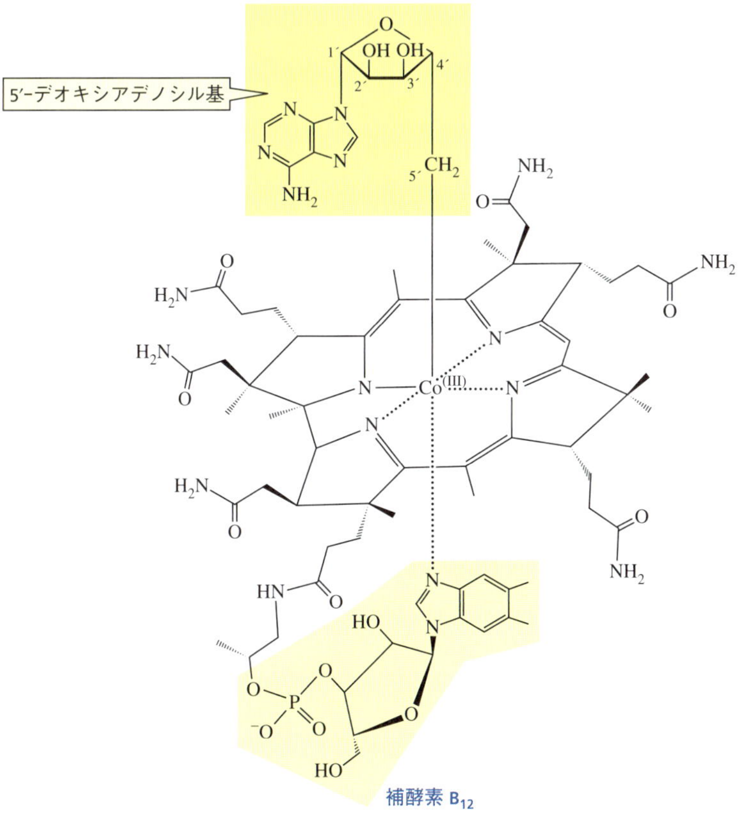

補酵素 B₁₂

動物や植物はビタミン B_{12} をつくることができない．実際にビタミン B_{12} を合成できるのはごく少数の細菌のみである．ヒトは必要なすべてのビタミン B_{12} を食餌，とくに肉類から摂取しなければならない．欠乏症は悪性貧血を引き起こす．ビタミン B_{12} はごく少量あれば十分なので，ビタミンの過剰消費による欠乏症はまれである．しかし，動物由来の食物を摂らないベジタリアンには欠乏症が起こる場合がある．ほとんどの欠乏症は腸からビタミンを吸収できないことが原因で起こる．

補酵素 B_{12} を必要とする酵素触媒反応の例を次に示す．

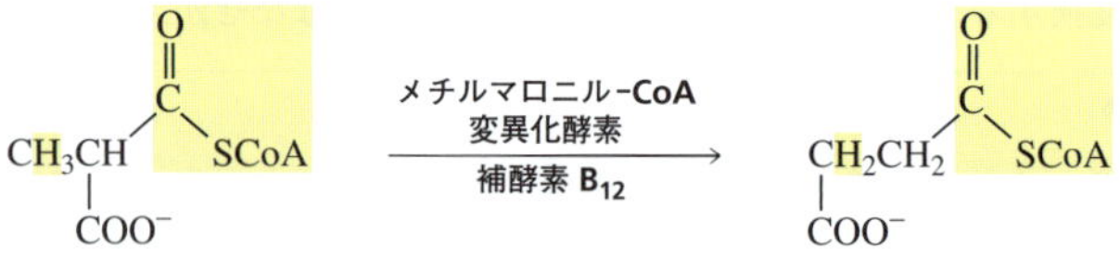

メチルマロニル-CoA → スクシニル-CoA（メチルマロニル-CoA 変異化酵素，補酵素 B_{12}）

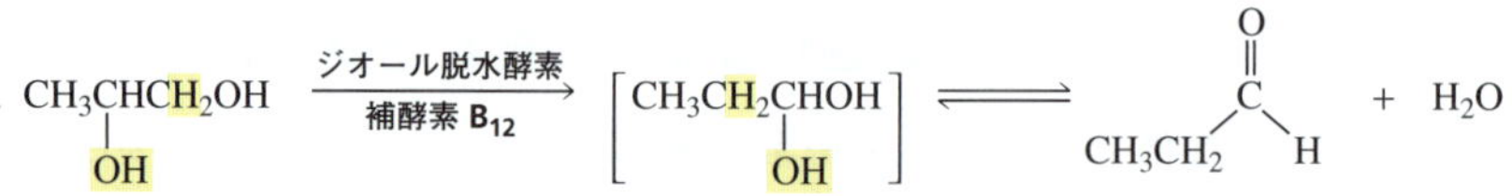

1,2-プロパンジオール → 水和物 ⇌ プロパナール + H_2O（ジオール脱水酵素，補酵素 B_{12}）

補酵素 B_{12} を必要とするこれらの酵素反応においては，ある炭素に結合した水素とその隣りにある炭素に結合した置換基(Y)の場所が入れ替わる．

補酵素 B_{12} は，ある炭素に結合している置換基と，その隣りの炭素に結合している水素間の交換反応を触媒する補酵素である．

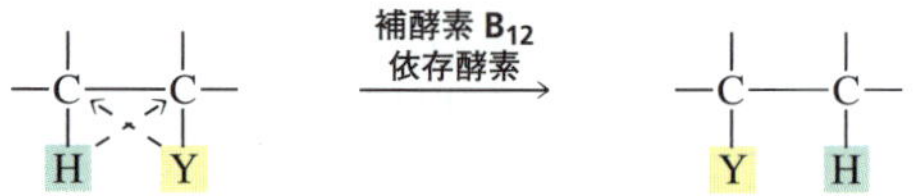

たとえば，メチルマロニル-CoA 転位酵素（ムターゼ）は，ある炭素に結合した水素とその隣りの炭素に結合した C(=O)SCoA 基の場所が入れ替わる反応を触媒する．ジオール脱水酵素が触媒する反応では，H と OH が入れ替わる．（転位酵素は，ある置換基を別の場所に移動させる反応を触媒する酵素である．）

補酵素 B_{12} の化学反応は，コバルトと 5′-デオキシアデノシル基との結合形成から始まる．それは異常に弱い結合である（C—H 結合の結合エネルギーが 99 kcal mol^{-1} であるのに対して，26 kcal mol^{-1} の結合エネルギーしかない）．

ジオール脱水酵素の触媒反応機構

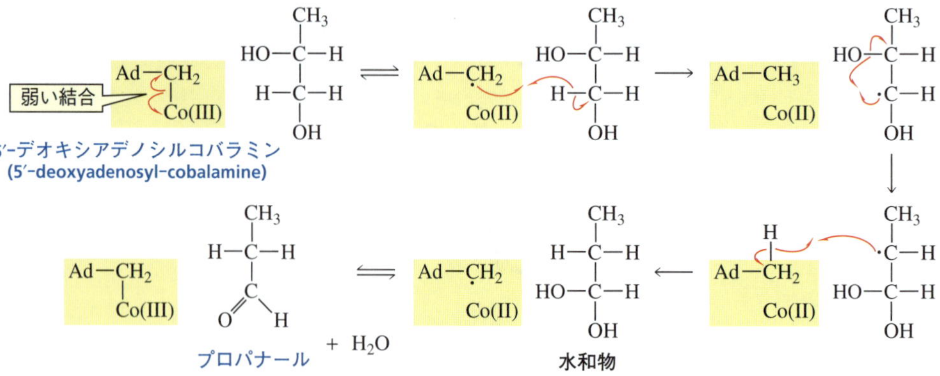

5′-デオキシアデノシルコバラミン
(5′-deoxyadenosyl-cobalamine)

プロパナール + H_2O　　水和物

- Co-C 結合が均等開裂して 5′-デオキシアデノシルラジカルが生成し，Co(III) は Co(II) に還元される．
- 5′-デオキシアデノシルラジカルは，ほかの置換基と位置が入れ替わる水素原子(この場合には C-1 位の炭素に結合した水素)を引き抜き，5′-デオキシアデノシンになる．
- ヒドロキシルラジカル(•OH)が C-2 位から C-1 位に転位し，C-2 位にラジカルが生じる．
- C-2 位のラジカルが 5′-デオキシアデノシンから水素原子を引き抜くことにより，転位生成物とともに 5′-デオキシアデノシルラジカルが再生する．
- 5′-デオキシアデノシルラジカルが Co(II) と再結合することで補酵素が再生し，酵素–補酵素複合体が次の触媒サイクルへ入る．

補酵素 B_{12} 依存酵素のすべての触媒反応は，基本的に同じ反応機構で進行すると考えてよい．補酵素の役割は，基質から水素原子を引き抜くことである．いったん水素原子が引き抜かれると，隣の置換基の転位は容易に起こる．補酵素は転位した置換基がもともとあった位置の炭素に水素原子を戻して反応が完結する．

問題 18

補酵素 B_{12} 依存酵素であるエタノールアミンアンモニアリアーゼは，次の反応を触媒する．この反応の機構を示せ．

$$\text{HO-CH}_2\text{-CH}_2\text{-NH}_2 \xrightarrow{\text{エタノールアミンアンモニアリアーゼ}} \text{CH}_3\text{CHO} + \text{NH}_3$$

問題 19 ◆

偶数個の炭素からなる脂肪酸はアセチル–CoA に代謝されて，クエン酸回路に入り，さらに代謝される(25.10 節参照)．奇数個の炭素からなる脂肪酸はアセチル–CoA と 1 分子のプロピオニル–CoA に代謝される．このプロピオニル–CoA はクエン酸回路に入れないので，二つの補酵素依存酵素によって，回路に入ることのできるスクシニル–CoA へ変換される必要がある．この二つの酵素触媒反応を書き，必要とされる補酵素を示せ．

24.7 葉酸：1 炭素転移反応に必要なビタミン

テトラヒドロ葉酸(tetrahydrofolate，THF)は，1 炭素からなる原子団を基質に移す反応を触媒する酵素の補酵素である．1 炭素原子団としては，メチル基(CH_3)，メチレン基(CH_2)，またはホルミル基(HC=O)などがある．テトラヒドロ葉酸はその前駆体ビタミンである葉酸の二つの二重結合が還元されて生じる．微生物は葉酸を合成できるが，哺乳類は合成できない．

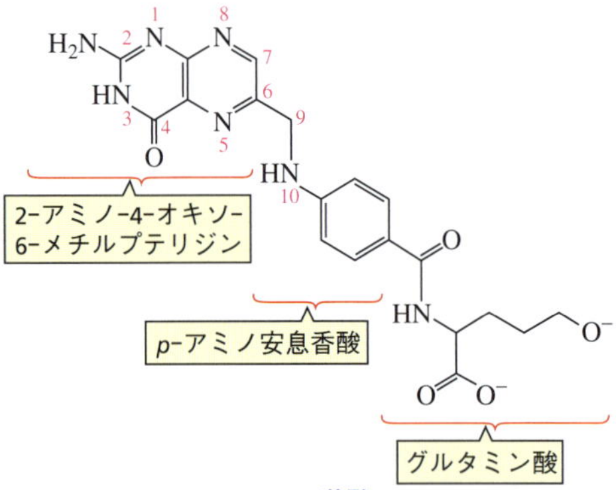

[2-アミノ-4-オキソ-6-メチルプテリジン] — [p-アミノ安息香酸] — [グルタミン酸]

葉酸 (folic acid, folate)

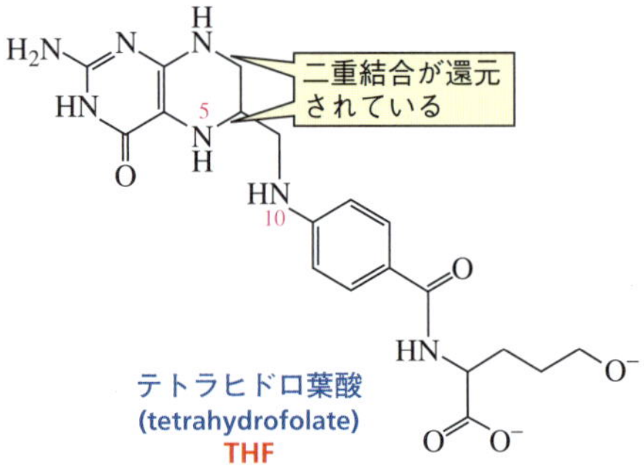

テトラヒドロ葉酸 (tetrahydrofolate) THF — 二重結合が還元されている

テトラヒドロ葉酸 (THF) は1炭素原子団を基質に移動させる酵素の補酵素である.

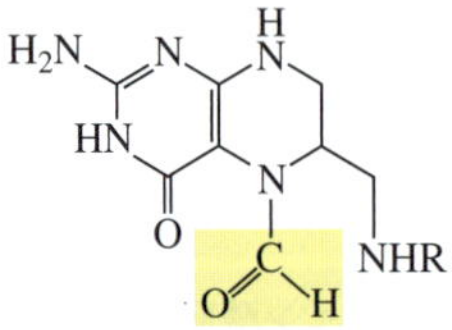

6種類のTHF補酵素がある. N^5-メチル-THF はメチル基の転移, N^5,N^{10}-メチレン-THF はメチレン基の転移, N^5,N^{10}-メチン-THF はメチン基の転移を行う. また,ほかの三つの補酵素はホルミル基の転移を行う.

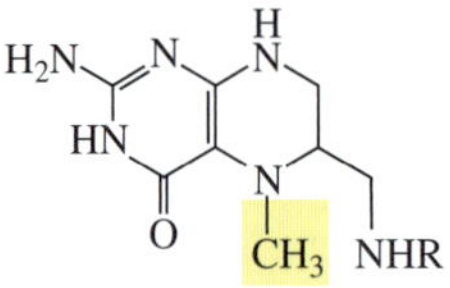

N^5-メチル-THF 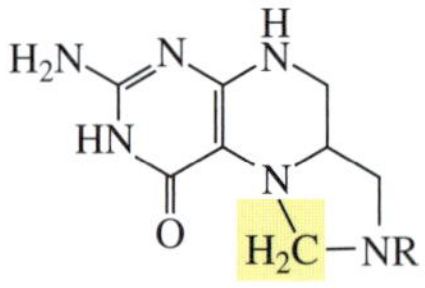 N^5,N^{10}-メチレン-THF 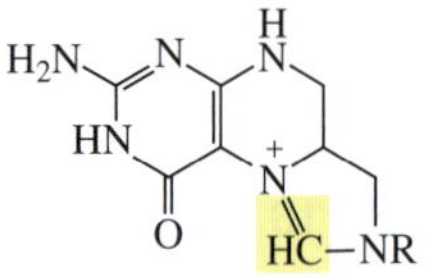 N^5,N^{10}-メテニル-THF

N^5-ホルミル-THF 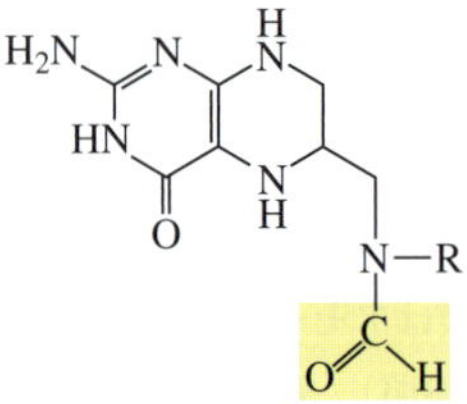 N^{10}-ホルミル-THF 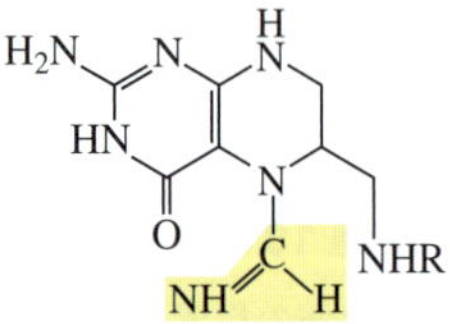 N^5-ホルムイミノ-THF

グリシンアミドリボヌクレオチド(GAR)ホルミル基転移酵素は THF 補酵素を必要とする酵素である. 基質由来のホルミル基は最終的に DNA と RNA を形成する四つの複素環塩基のうち,二つのプリンヌクレオチドの C-8 位の炭素に移る (26.1 節参照).

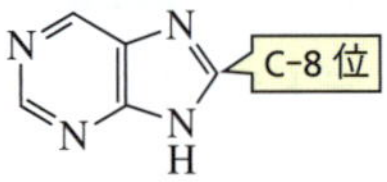

リボース-5-リン酸 + N^{10}-ホルミル-THF →[GAR ホルミル基転移酵素] リボース-5-リン酸 + THF   プリン (C-8 位)

アミノ酸の一つであるメチオニンの合成に必要なホモシステインメチル基転移酵素も THF を補酵素として必要とする.

ホモシステイン + N^5-メチル-THF $\xrightarrow{\text{ホモシステインメチル基転移酵素}}$ メチオニン + THF

ホモシステイン
(homocysteine)

メチオニン
(methionine)

🧪 最初の抗菌剤

一般にサルファ剤として知られているスルホンアミドは，1934 年に最初の有効な抗菌剤として医療に導入されたものである（19.22 節参照）．イギリスの細菌学者であった Donald Woods は，当時，最も広く用いられたスルホンアミドであるスルファニルアミドが，細菌増殖に必要な化合物である p-アミノ安息香酸の構造に似ていることに気づいた．

スルホンアミド
(sulfonamide)

スルファニルアミド
(sulfanilamide)

p-アミノ安息香酸
(p-aminobenzoic acid)

Woods は，スルファニルアミドが p-アミノ安息香酸を葉酸に組み込む反応を担う酵素を阻害すると推定した．酵素はスルファニルアミドと p-アミノ安息香酸を区別できないので，両化合物は競争して酵素の活性部位に結合する．この薬物はヒトに悪い影響を及ぼさない．なぜならば，ヒトは葉酸を合成せず，すべて食餌から摂取しているからである．

チミジル酸合成酵素：U を T に変換する酵素

RNA の複素環塩基は，アデニン，グアニン，シトシン，およびウラシル（A, G, C, U）である．DNA の複素環塩基は，アデニン，グアニン，シトシン，およびチミン（A, G, C, T）である．いいかえれば，RNA と DNA の複素環塩基は，RNA が U を含むのに対して DNA が T を含んでいることを除けば同じである．（これらの塩基については 26.1 節で述べる．DNA がなぜ U の代わりに T を含んでいるのかについては 26.10 節で説明する．）

DNA の生合成に必要な T は，N^5, N^{10}-メチレン-THF を補酵素とするチミジル酸合成酵素により U から合成される．実際の基質は dUMP（2'-デオキシウリジン 5'-一リン酸）で，生成物は dTMP（2'-デオキシチミジン 5'-一リン酸）である．

2'-デオキシウリジン-
5'-一リン酸
dUMP
R = 2'-デオキシリボース-5'-リン酸

+ N^5, N^{10}-メチレン-THF $\xrightarrow{\text{チミジル酸合成酵素}}$

2'-デオキシチミジン-
5'-一リン酸
dTMP
R = 2'-デオキシリボース-5'-リン酸

+ ジヒドロ葉酸
DHF

U と T の唯一の構造上の違いはメチル基ではあるけれども，T の合成では，最初に U へメチレン基が転移する．そしてメチレン基はメチル基に還元される．反応の機構を次に示す．

チミジル酸合成酵素の触媒反応機構

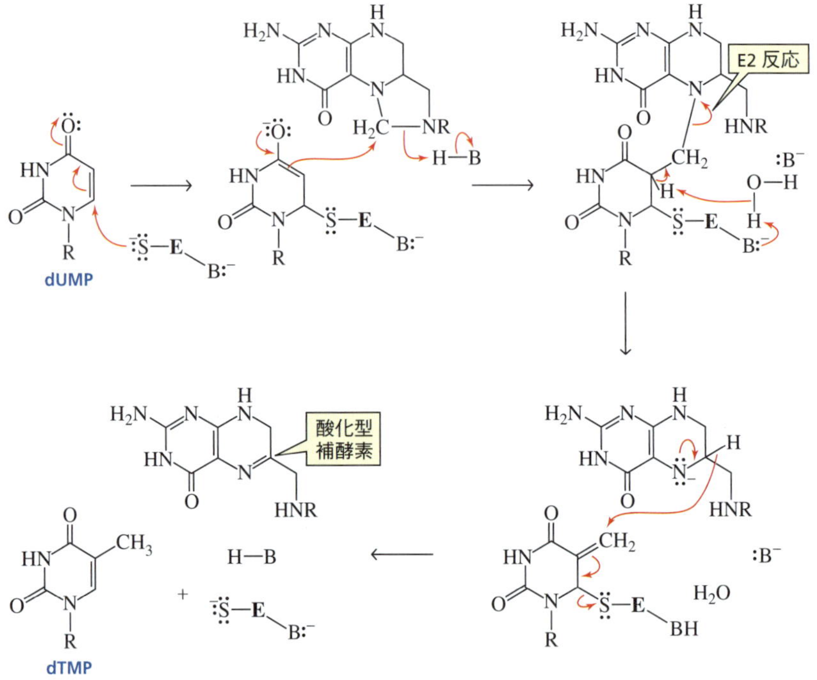

- 酵素活性中心の求核的なシステインが dUMP の β 炭素に付加する．（これは共役付加反応の例である；17.18 節参照．）
- dUMP のエノラートイオンによる N^5,N^{10}-メチレン THF のメチレン基への求核攻撃により，dUMP と補酵素の間に共有結合が形成される．これは S_N2 反応である．脱離基はプロトン化されて脱離しやすくなっている．
- 塩基が α 炭素からプロトンを引き抜き，補酵素は E2 反応で解離する．この場合の塩基は水分子であり，酵素のチロシン側鎖の OH 基（図中の :B⁻）により塩基性が強められると考えられている．
- ヒドリドイオンが補酵素からメチレン基へ移動して酵素から解離し，dTMP とジヒドロ葉酸(DHF)が生成する．

補酵素は，メチレン基を基質に移したあと，さらに還元剤として働き，基質に移したメチレン基をメチル基に還元する．この反応により補酵素は酸化されてジヒドロ葉酸になる．（C—H 結合数の減少は酸化を意味することを思い出そう．）ジヒドロ葉酸はジヒドロ葉酸還元酵素によってメチレン-THF に還元され，テトラヒドロ葉酸補酵素が再生する．これによって生成する補酵素はジヒドロ葉酸である．

ジヒドロ葉酸 + NADPH + H⁺ →(ジヒドロ葉酸還元酵素)→ テトラヒドロ葉酸 + NADP⁺

がんの化学療法

がんとは，細胞の成長が制御不能となり急激に増殖する状態を指す．細胞は DNA を合成できなければ増殖することができないので，科学者は長年チミジル

酸合成酵素やジヒドロ葉酸還元酵素を阻害する化合物を探索してきた．細胞がチミジン（T）を合成できなければDNAも合成できない．細胞には限られた量のテトラヒドロ葉酸しか存在しないので，ジヒドロ葉酸還元酵素を阻害すればチミジンの合成を抑制できる．したがって，ジヒドロ葉酸還元酵素を阻害してジヒドロ葉酸をテトラヒドロ葉酸に戻せないようにすれば，細胞はチミジンの合成を維持できなくなる．

5-フルオロウラシルはチミジル酸合成酵素を阻害する一般的な抗がん剤である．5-フルオロウラシルはdUMPと同じように酵素と反応する．しかし，フッ素は電気陰性度が大きいので，脱離反応（1304ページの反応機構の三段階目）の段階でF^+を放出することができず，5-フルオロウラシルが酵素の活性部位に結合したままになる．その結果，酵素は5-フルオロウラシルと永久的に結合した状態となり，反応はここで停止する（図24.1）．酵素の活性部位は5-フルオロウラシルでふさがれてdUMPと結合できなくなるので，dTMPがそれ以上合成できなくなる．dTMPがなければDNAが合成できなくなり，がん細胞は"チミン不足"で死に至る．

残念ながら，ほとんどの抗がん剤はがん細胞と正常細胞を区別できない．その結果，がん化学療法が重大な副作用をもたらすこともある．しかし，がん細胞は正常細胞よりもはるかに早く分裂するので，抗がん剤の攻撃を正常細胞よりも強く受けることになる．

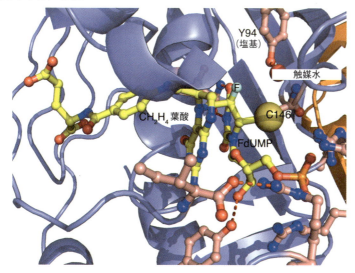

◀図 24.1
テトラヒドロ葉酸補酵素と酵素のC146（146番目のシステイン）に共有結合した5-フルオロ-dUMP（FdUMP）を黄色で示す．フッ素（青緑色），Y94（94番目のチロシン），触媒水も示してある．活性部位で補酵素を適切な位置に保っている側鎖はピンク色で示してある．

5-フルオロウラシルは酵素の反応機構に準拠して開発された阻害剤, **メカニズム準拠型阻害剤**(mechanism-based inhibitor)である. すなわち, 正常の触媒機構の一部に介入して酵素を阻害する. これはまた, **自殺型阻害剤**(suicide inhibitor)とも呼ばれる. なぜならば, 酵素がそれと反応すると, 酵素は"自殺する"からである. 5-フルオロウラシルが治療に使える事実は, 酵素反応機構解明の重要性を示している. つまり, 科学者がいったん反応機構を知れば, 酵素反応のある段階を停止するような阻害剤をデザインできるからである.

拮抗阻害剤

アミノプテリンとメトトレキセートはジヒドロ葉酸還元酵素の阻害剤であるとともに抗がん剤でもある. 構造がジヒドロ葉酸と似ているので, これらはジヒドロ葉酸と競争して酵素の活性中心へ結合する. さらに, これらの化合物はジヒドロ葉酸よりも1000倍強く酵素に結合するので, この結合の競争に勝って酵素の活性を阻害する. このような化合物を**拮抗阻害剤**(competitive inhibitor)という.

アミノプテリン R = H
(aminopterin)
メトトレキセート R = CH₃
(methotrexate)

トリメトプリム
(trimethoprim)

アミノプテリンとメトトレキセートはTHFの合成を阻害するので, 合成の一過程でTHF補酵素を必要とする化合物の合成を妨げる. したがって, これらの阻害剤はチミジンの合成のみならず, DNA合成のために必要なほかの複素環塩基であるアデニンやグアニンの合成も阻害する. なぜならば, アデニンやグアニンの合成にもTHF補酵素(1302ページ参照)が関与しているからである. がん細胞と闘うため, 致死量のメトトレキセートを患者に与えて, がん細胞を殺したあとに, N^5-ホルミル-THFを与えて命を救うというやり方がある.

トリメトプリムは抗生物質として使われるが, これはヒトのジヒドロ葉酸還元酵素よりも微生物のジヒドロ葉酸還元酵素により強く結合するからである.

抗がん剤と副作用

科学者は, がんの化学療法の副作用を抑えるため, がん細胞と正常細胞を見分けることのできる薬を探求している. 現在, 臨床試験で用いられている新薬は, 非常に毒性の高い物質をがん細胞だけに届けることができる.

Herceptin® は, 1998年からある種の乳がんの治療に使われてきた. 最近になって科学者は, 毒性が高すぎて直接使えないような抗がん剤にHerceptin®を結合させることに成功した. いったんHerceptin®が乳がん細胞に結合すると, その毒性の高い薬剤が放出されてがん細胞を殺す. 進行性の乳がんに侵され, この複合剤治療を受けた女性は, ほかの抗がん剤やHerceptin®を単独で用いた治療を受けた女性患者に比べて, 副作用も少なく, 延命期間がほぼ一年延びた.

問題 20◆

テトラヒドロ葉酸とアミノプテリンンの構造上の違いはどこか.

> **問題 21**
> チミジンのメチル基の供給源は何か.

24.8 ビタミン K:グルタミン酸をカルボキシ化するために必要なビタミン

ビタミン K は血液凝固を正常に保つために必要な化合物である. K という文字はドイツ語で"凝固"を意味する *koagulation* に由来する. ビタミン K は緑色植物の葉にも存在する. ビタミン K も腸内細菌によって合成されるので,欠乏症はまれである. **ビタミン KH_2**(vitamin KH_2,ビタミン K のヒドロキノン体)はビタミンの補酵素体である. ビタミン KH_2 の合成は 19.8 節で述べた.

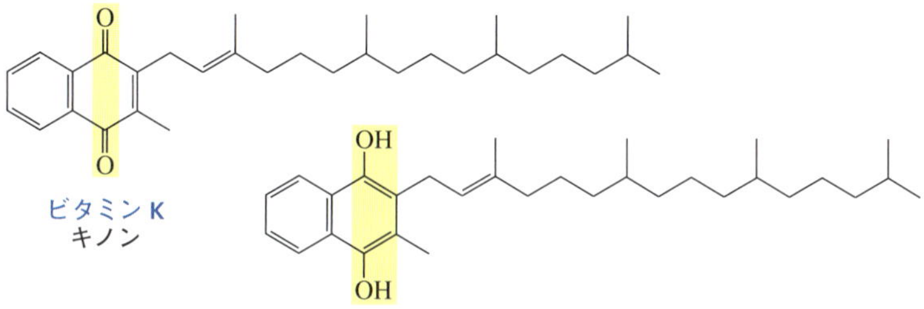

ビタミン K
キノン

ビタミン KH_2
ヒドロキノン

六つのタンパク質からなる一連の反応が血液凝固作用に関与している. 血液が固まるためには,血液凝固タンパク質が Ca^{2+} と結合しなければならない. γ-カルボキシグルタミン酸はグルタミン酸よりも効率よく Ca^{2+} と錯体を形成する.

ビタミン KH_2 は,グルタミン酸を γ-カルボキシグルタミン酸に変換する酵素に必要な補酵素である. この酵素は CO_2 を使ってグルタミン酸側鎖にカルボキシ基を導入する. 血液凝固に関与するタンパク質はすべてタンパク質の N 末端付近にいくつかのグルタミン酸をもっている. たとえば,血液凝固タンパク質のプロトロンビンは 7,8,15,17,20,21,26,27,30,33 の位置にグルタミン酸をもっている.

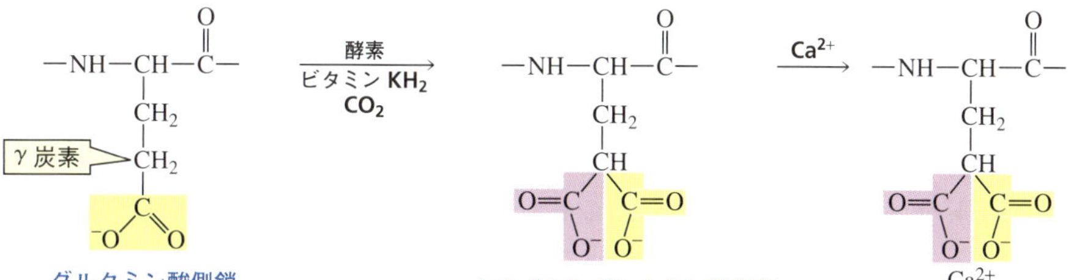

γ炭素

グルタミン酸側鎖   γ-カルボキシグルタミン酸側鎖   カルシウム錯体

ビタミン KH_2 が触媒するグルタミン酸のカルボキシ化反応の機構は化学者にとって難しい問題であった. なぜならば,CO_2 と反応する前にグルタミン酸から抜ける γ 水素はそれほど強い酸ではないからである. したがって,このプロトンを引き抜くためには強い塩基を生じる必要がある. そのために提唱された反応機構を次に示す.

ビタミン KH_2 はタンパク質中のグルタミン酸側鎖の γ 炭素をカルボキシ化する反応を触媒する補酵素である.

ビタミン KH₂ によるグルタミン酸のカルボキシ化反応の機構

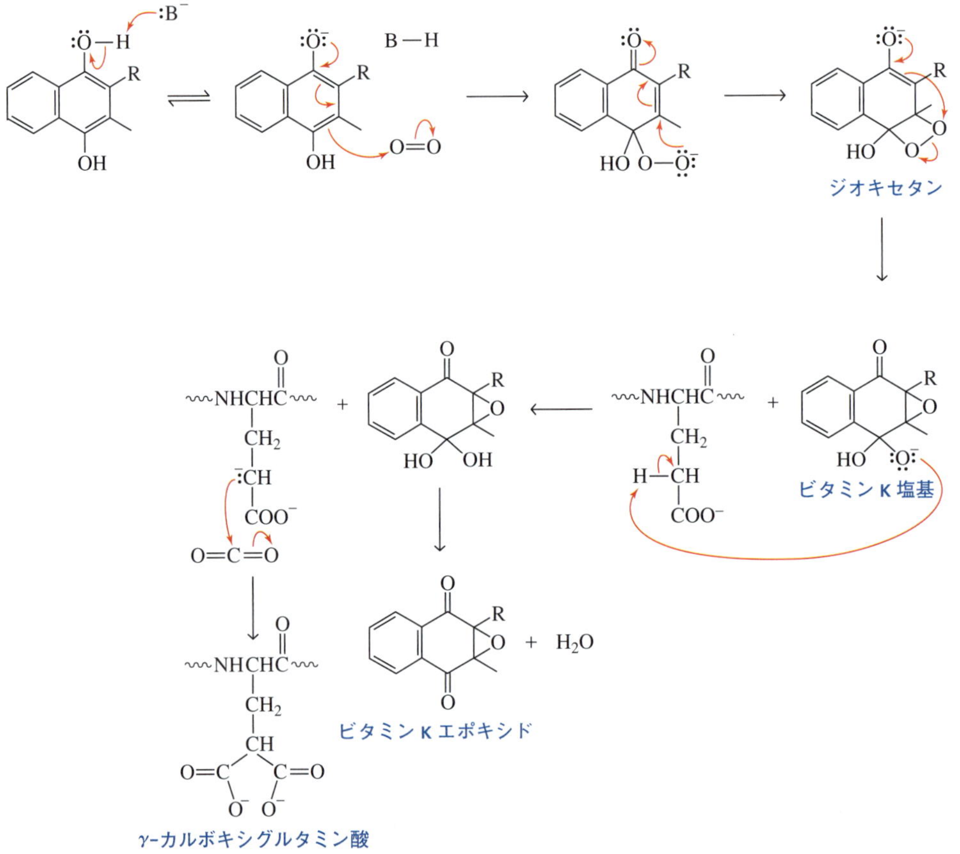

（図：反応機構のスキーム。中間体として「ジオキセタン」「ビタミン K 塩基」「ビタミン K エポキシド」「γ-カルボキシグルタミン酸」が示されている）

- ビタミン KH₂ のフェノール性 OH 基からプロトンが失われる．
- これにより生成した塩基が分子状酸素を攻撃する．
- 共役付加反応（17.18 節参照）によりジオキセタンが生成する．ジオキセタンは二つの炭素と二つの酸素からなる四員環の複素環化合物である．
- ジオキセタンは，ビタミン K 塩基と呼ばれる強い塩基性のアルコキシドをもつエポキシドに組み変わる．
- ビタミン K 塩基はグルタミン酸の γ 炭素からプロトンを引き抜くのに十分な強塩基である．
- 生成したグルタミン酸のカルボアニオンが CO_2 に付加して，γ-カルボキシグルタミン酸が生成し，プロトン化されたビタミン K 塩基（水和物）は水を失ってビタミン K エポキシドとなる．

触媒として回転するためには，ここでビタミン K エポキシドをビタミン KH₂ に戻す必要がある．この酵素触媒反応のために使われる還元剤はジヒドロリポ酸補酵素である．ジヒドロリポ酸は，まずエポキシドをビタミン K に還元し，さらにもう 1 分子のジヒドロリポ酸によりビタミン KH₂ へと還元する．

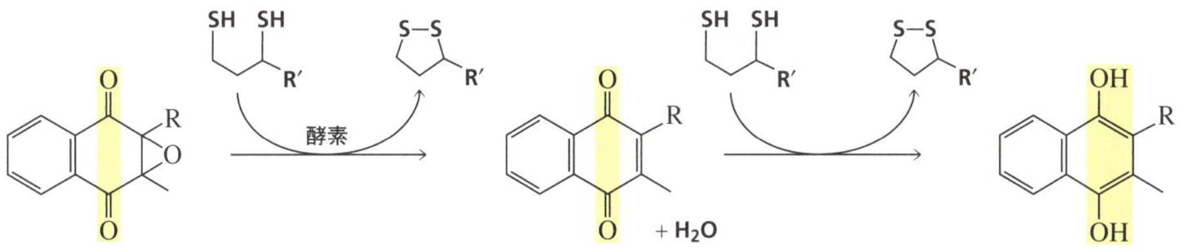

24.8 ビタミン K：グルタミン酸をカルボキシ化するために必要なビタミン

(反応スキーム：ビタミン K エポキシド → ビタミン K → ビタミン KH$_2$)

ビタミン K エポキシド　　　　　ビタミン K　　　　　ビタミン KH$_2$

🧪 抗凝血剤

ワルファリン（warfarin, Coumadin®）とジクマロール（dicoumarol）は抗凝血剤として臨床治療に使われている．これらの化合物は，酵素の活性部位に結合して，ビタミン K エポキシドからビタミン KH$_2$ への変換を阻害して，血液の凝固を抑制する．これら二つの化合物は，酵素がビタミン K エポキシドとの違いを区別できないので，<u>拮抗阻害剤</u>である．ワルファリンは"ねこいらず（殺鼠剤）"としてもよく使われており，内出血を引き起こしてネズミを殺す．

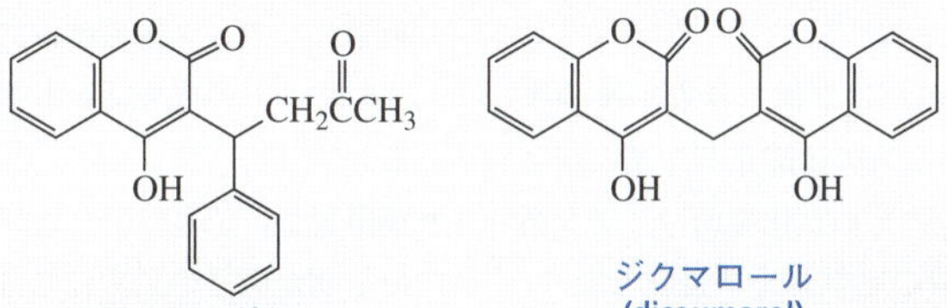

ワルファリン (warfarin) Coumadin®　　　　ジクマロール (dicoumarol)

最近，ビタミン E も抗凝血薬として作用することがわかった．この化合物はグルタミン酸のカルボキシ化をつかさどる酵素を阻害する．

🧪 ブロッコリーはもうたくさん

凝血作用の異常を示す女性二人に Coumadin® を投与しても病状が改善しなかった．彼女らの食事を調べてみたところ，一人の女性は1日に1ポンド以上のブロッコリーを食べており，もう一人の女性は毎日ブロッコリーのスープとサラダを食べていることがわかった．そこで食事からブロッコリーを取り除いたところ，Coumadin® が効果を発揮するようになり，凝血作用の異常は治った．ブロッコリーには多くのビタミン K が含まれており，酵素活性中心に結合する薬物と十分競合するだけのビタミン K を摂取していたため，薬が効かなかったのである．

問題 22

エタンチオールやプロパンチオールのようなチオールは，ビタミン K エポキシドを還元してビタミン KH$_2$ に戻すことができる．しかし，その反応速度はジヒドロリポ酸よりもはるかに遅い．その理由を説明せよ．

覚えておくべき重要事項

- **補因子**は酵素を助けて，酵素のアミノ酸側鎖だけでは触媒できない多種多様な反応を触媒する．補因子は金属イオンである場合や有機分子である場合がある．
- 補因子が有機分子である場合は**補酵素**と呼ばれ，それらは**ビタミン**から誘導される．ビタミンは正常な体の機能を保つうえで微量だけ必要な化合物であり，体内では合成されない．
- ビタミンC以外のすべての水溶性ビタミンは補酵素の前駆体である．ビタミンKは補酵素の前駆体である唯一の非水溶性ビタミンである．
- 補酵素は酵素のアミノ酸側鎖だけではできない多種多様な化学的役割を果たす．あるものは酸化剤や還元剤として機能し，あるものは電子の非局在化を助け，またあるものはさらなる反応のために官能基を活性化したり，反応に必要な優れた求核剤や強塩基を提供する．
- **異化反応**では，複雑な生体分子を分解してエネルギーや単純な分子を得る．一方，**同化反応**では，エネルギーが消費され，複雑な生体分子が合成される．
- NAD^+とFADは，酸化反応を触媒するために利用される補酵素である．
- NADPHと$FADH_2$は，還元反応を触媒するために利用される補酵素である．
- **ピリジンヌクレオチド補酵素**の化学反応はすべてピリジン環の4位で起こる．**フラビン補酵素**の酸化-還元反応はすべてフラビン環上で起こる．
- **チアミンピロリン酸**(TPP)はアシル基の移動を触媒する酵素の補酵素である．
- **ビオチン**はカルボニル基の隣りの炭素のカルボキシ化を触媒する酵素の補酵素である．
- **ピリドキサールリン酸**(PLP)は，脱炭酸，アミノ基転移，ラセミ化，C_α—C_β結合開裂，およびα,β-脱離などの各種アミノ酸変換反応を触媒する酵素の補酵素である．
- **イミノ基転移反応**では，あるイミンがほかのイミンに変換され，**アミノ基転移反応**では，基質からアミノ基を除去して，その部分にケト基を残してほかの分子に変換する．
- **補酵素B_{12}依存酵素反応**では，ある炭素に結合している原子団が隣りの炭素に結合している水素と置き換わる．
- **テトラヒドロ葉酸**(THF)は，基質へメチル基，メチレン基，またはホルミル基などの1炭素原子団の移動を触媒する酵素の補酵素である．
- **ビタミンKH_2**は，凝血作用に必要な反応であるグルタミン酸側鎖のγ炭素のカルボキシ化を触媒する酵素の補酵素である．
- **自殺型阻害剤**は通常の触媒経路に介入して酵素反応を阻害する．
- **拮抗阻害剤**は基質と競争して酵素の活性部位へ結合する．

章末問題

23. 次の質問に答えよ．
    a. ある基質からほかの基質へアシル基の転位を触媒する補酵素は何か．
    b. ピルビン酸脱水素酵素複合体におけるFADの機能は何か．
    c. ピルビン酸脱水素酵素複合体におけるNAD^+の機能は何か．
    d. ビタミンKH_2が触媒する血液凝固作用が正しく進行するために必要な反応は何か．
    e. 脱炭酸反応に使われる補酵素は何か．
    f. 脱炭酸反応を触媒する補酵素はどのような種類の基質に作用するか．
    g. カルボキシ化反応に使われる補酵素は何か．
    h. カルボキシ化を触媒する補酵素はどのような種類の基質に作用するか．

24. 次の触媒機能をもつ補酵素の名称をあげよ．

a. 電子を非局在化させる　　　b. 酸化剤として作用する
c. 強塩基を提供する　　　　　d. 1炭素原子団を与える

25. 次のそれぞれの反応について，反応を触媒する酵素と必要な補酵素の名称をあげよ．

a. 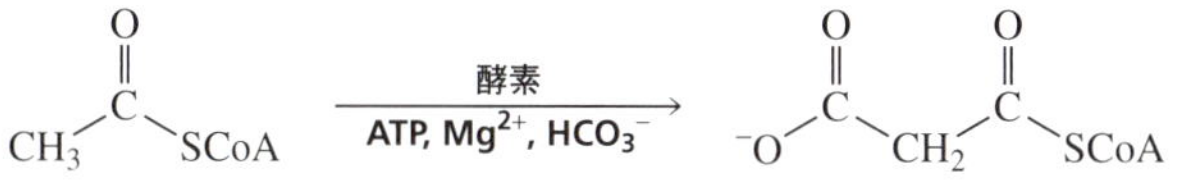 $CH_3-CO-SCoA \xrightarrow[ATP, Mg^{2+}, HCO_3^-]{酵素} {}^-O-CO-CH_2-CO-SCoA$

b.  (ジチオール型ジヒドロリポ酸) $\xrightarrow{酵素}$ (ジスルフィド型リポ酸)

c. 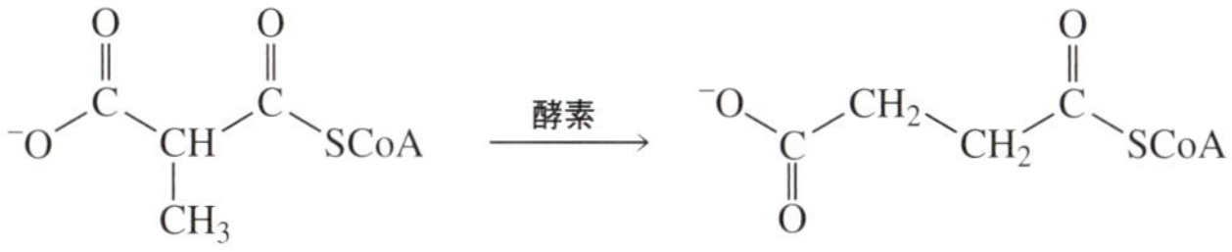 ${}^-O-CO-CH(CH_3)-CO-SCoA \xrightarrow{酵素} {}^-O-CO-CH_2-CH_2-CO-SCoA$

d. 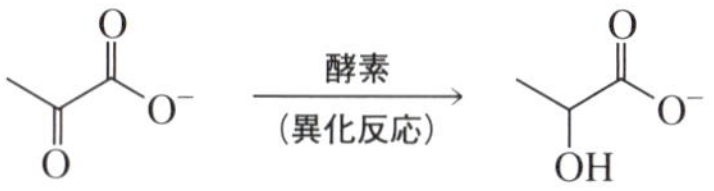 ピルビン酸 $\xrightarrow[(異化反応)]{酵素}$ 乳酸

e.  アスパラギン酸 + α-ケトグルタル酸 $\xrightarrow{酵素}$ オキサロ酢酸 + グルタミン酸

f.  プロピオニル-SCoA $\xrightarrow{酵素}$ メチルマロニル-SCoA

26. S-アデノシルメチオニン（SAM）は ATP とメチオニンとの反応により生成する（上巻：9.9節参照）．このほかに三リン酸も生成する．この反応の機構を示せ．

27. α-ケトグルタル酸脱水素酵素は，クエン酸回路においてα-ケトグルタル酸をスクシニル-CoA に変換する酵素であるが，これには五つの補酵素が必要とされる．
　　a. 必要とされる五つの補酵素をあげよ．　　　b. この反応の機構を示せ．

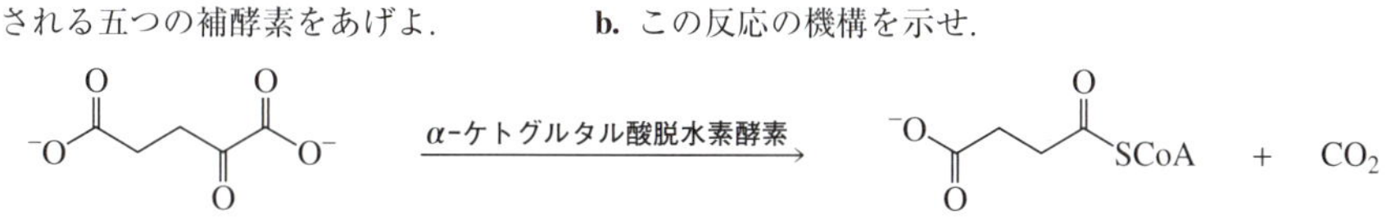

α-ケトグルタル酸 $\xrightarrow{α-ケトグルタル酸脱水素酵素}$ スクシニル-CoA + CO_2

28. チアミンピロリン酸を補酵素とする反応によって転位するアシル基はどのようなものであるか．（ヒント：問題9, 10, 27, 30 を見よ．）

29. 次の反応の機構を示せ.

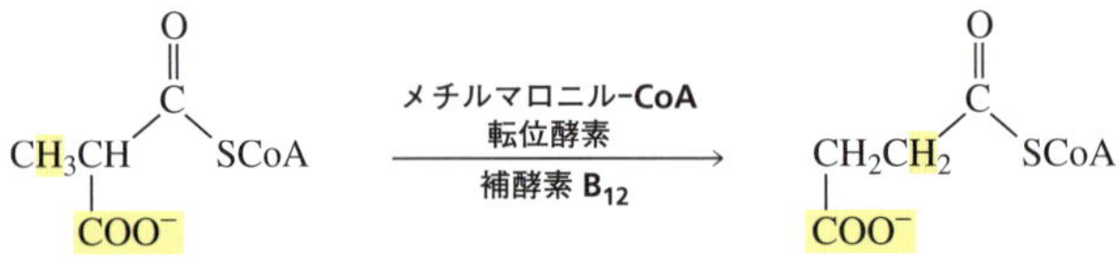

メチルマロニル-CoA → (メチルマロニル-CoA 転位酵素, 補酵素 B_{12}) → スクシニル-CoA

30. アミノ基転移反応によって, 枝分れをもつ三つのアミノ酸(バリン, ロイシン, イソロイシン)はメープルシロップのにおいのする化合物に変換される. また, 枝分れをもつ α-ケト酸脱水素酵素はこれらの化合物を CoA エステルに変換する. この酵素をもたないヒトは, いわゆるメープルシロップ尿症(尿からメープルシロップのにおいがするのでこのように呼ばれる)として知られる遺伝病にかかっている.
  a. メープルシロップのようなにおいのする化合物を書け.
  b. CoA エステルを書け.
  c. 枝分れをもつα-ケト酸脱水素酵素は5種類の補酵素をもっている. それらを示せ.
  d. メープルシロップ尿症の治療法を提案せよ.

31. 次の反応の生成物を書け. ただし T はトリチウムである.

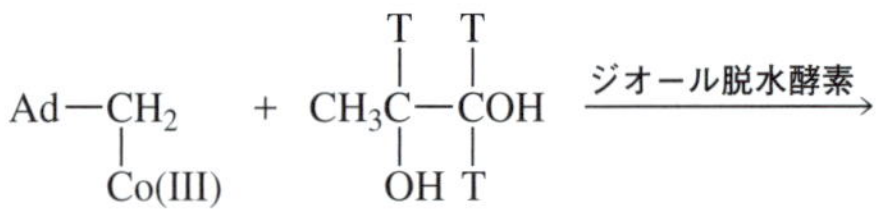

Ad—CH₂—Co(III) (補酵素 B_{12}) + CH₃—C(T)(T)—COH(OH) → (ジオール脱水酵素)

〔ヒント:トリチウム(^{3}H)とは二つの中性子をもつ水素原子である. C—T 結合の開裂は C—H 結合の開裂よりも遅いが, 基質のなかで最初に切れる結合である.〕

32. UMP を T_2O (T = ^{3}H, 問題 31 参照)に溶かすと, 5位のHがTに置き換わる. この交換反応の機構を示せ.

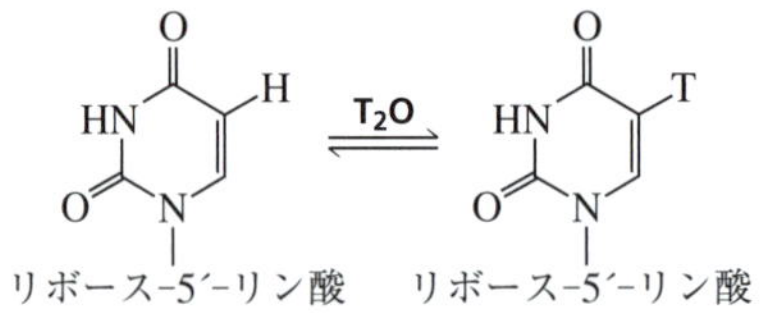

UMP (リボース-5′-リン酸) ⇌ (T₂O) (リボース-5′-リン酸)

33. デヒドラターゼは PLP 依存酵素であり, α, β-脱離反応を触媒する. この反応の機構を示せ.

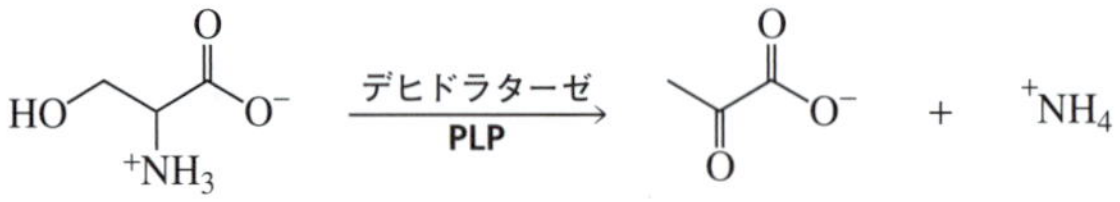

HO-CH₂-CH(⁺NH₃)-COO⁻ → (デヒドラターゼ, PLP) → CH₃-CO-COO⁻ + ⁺NH₄

34. 24.5節で述べた反応に加えて, PLPはβ-置換反応も触媒できる. 次の PLP を触媒とするβ-置換反応の機構を示せ.

X-CH₂-CH(⁺NH₃)-COO⁻ + Y⁻ → (酵素/PLP) → Y-CH₂-CH(⁺NH₃)-COO⁻ + X⁻

35. PLP は α,β-脱離反応(章末問題 33)と β,γ-脱離反応の両方を触媒できる.次の β,γ-脱離反応の機構を示せ.

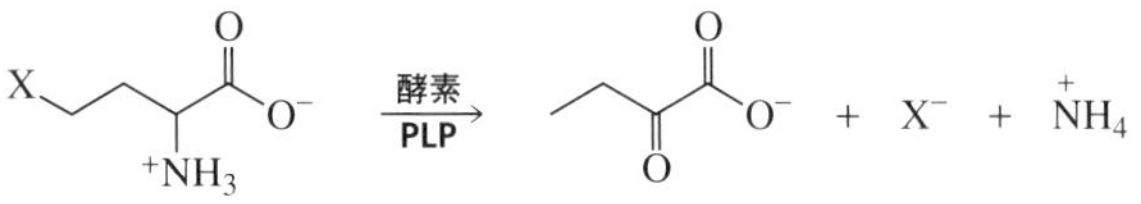

$$\text{X-CH}_2\text{-CH}_2\text{-CH(}^+\text{NH}_3\text{)-COO}^- \xrightarrow{\text{酵素}}_{\text{PLP}} \text{CH}_3\text{-C(=O)-COO}^- + \text{X}^- + {}^+\text{NH}_4$$

36. グリシン開裂系は四つの酵素からなっており,共同して次の反応を触媒する.

$$\text{グリシン} + \text{THF} \xrightarrow{\text{グリシン開裂系}} N^5,N^{10}\text{-メチレン-THF} + CO_2$$

次の情報をもとにして,グリシン開裂系で起こる一連の反応を決定せよ.
  a. 反応の最初に含まれる酵素は PLP 依存脱炭酸酵素である.
  b. 2 番目の酵素はアミノメチル基転移酵素であり,リポ酸を補酵素として含む.
  c. 3 番目の酵素は N^5,N^{10}-メチレン-THF を合成し,${}^+\text{NH}_4$ を生成する.
  d. 4 番目の酵素は FAD 依存酵素である.
  e. この開裂系には NAD^+ も必要である.

37. 非酵素結合型 FAD は NAD^+ よりも強い酸化剤である.では,ピルビン酸脱水素酵素複合体において NAD^+ による還元型フラビンの酸化はどのようにして起こるか.

38. $FADH_2$ は α,β-不飽和チオエステルを飽和チオエステルに還元する.この反応はラジカルを含む反応機構で進行すると考えられている.この反応の機構を示せ.

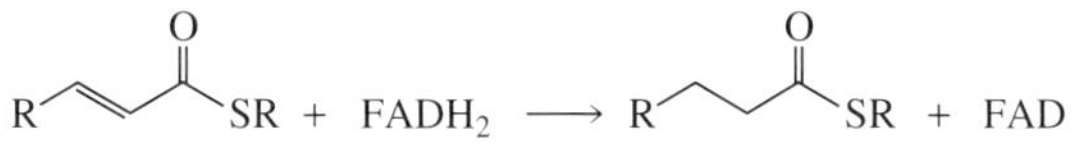

$$\text{R-CH=CH-C(=O)-SR} + FADH_2 \longrightarrow \text{R-CH}_2\text{-CH}_2\text{-C(=O)-SR} + FAD$$

25 代謝の有機化学・テルペンの生合成

あなたはあなた自身が食べたものそのものである.

生物が必要なエネルギーを獲得したり，必要な化合物を合成したりするために行う反応は，**代謝**(metabolism)と総称される．代謝は大きく分けて異化と同化の二つに分類できる．異化反応では，栄養素となる複雑な分子を，合成に使う単純な分子へと変換する．同化反応では，単純な前駆体分子から複雑な生体分子が合成される．異化は，ギリシャ語で"投げ倒す"という意味の *katabol* に由来する.

異化の過程は，複雑な分子を単純な分子に変える一連の反応である．異化の過程は酸化反応を含んでおり，エネルギーを産生する．同化の過程は，単純な分子を複雑な分子に変える一連の反応である．同化の過程は還元反応を含んでおり，エネルギーを必要とする．

異化(catabolism)：　　　　　　　複雑な分子 ⟶ 単純な分子 + エネルギー
同化(anabolism)：単純な分子 + エネルギー ⟶ 複雑な分子

生体で起こるほとんどすべての反応は，酵素によって触媒されることを覚えておく必要がある．酵素は，反応物と必要な補酵素を適切な場所に保持し，酵素触媒反応が起こるように，反応する官能基とアミノ酸の側鎖の触媒部位を一方向に配置する(23.8 節参照).

この章に書かれているほとんどの反応は，すでにこれまでの章で学んだものである．引用した節に戻り，これらの反応を復習してみると，細胞によって行われる有機反応の多くが，化学者によって行われる有機反応と同じであることがわかるだろう．

代謝の違い

ヒトは必ずしもほかの種と同じように化合物を代謝するわけではない．このことは動物を使って医薬品の薬理試験を行うときに重要な問題となる．たとえば，チョコレートはヒトとイヌとで異なった化合物に代謝される．ヒトの代謝産物は無毒なのに対し，イヌの代謝産物は高い毒性を示す．代謝の違いは同じ種のなかでも見られる．たとえば，エジプト人よりもエスキモーのほうがはるかに速く，抗結核薬であるイソニアジドを代謝する．最近の研究では，ある医薬品は男性と女性で異なった代謝を受けることが明らかにされつつある．たとえば，鎮痛薬の一種であるκオピオイドは男性よりも女性のほうが約 2 倍効果があることがわかった．

25.1 ATP はリン酸基の転移反応に用いられる

すべての細胞は生存と増殖のためにエネルギーを必要とする．細胞は，栄養素を化学的に使いやすいかたちに変え，そこから必要なエネルギーを得ている．最も重要な化学エネルギーの保存庫は**アデノシン 5′-三リン酸**(adenosine 5′-triphosphate，**ATP**)である．生体反応にとっての ATP の重要性は，「1 人のヒトが 1 日に体重と同量の ATP を使う」というその回転率に反映されている．

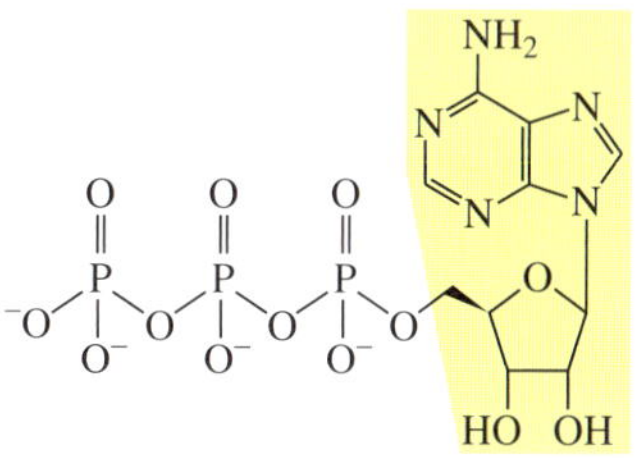

アデノシン三リン酸
(adenosine triphosphate)
ATP

リン酸は，一般的には**リン酸無水物**(phosphoanhydride)として知られるピロリン酸やトリリン酸に脱水されることを学んだ(16.23 節参照)．

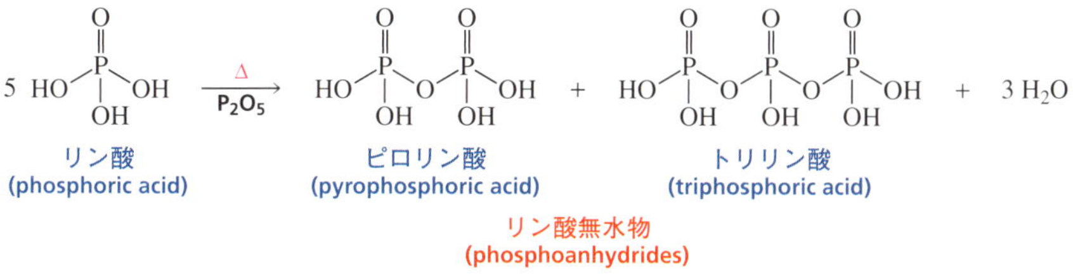

リン酸
(phosphoric acid)

ピロリン酸
(pyrophosphoric acid)

トリリン酸
(triphosphoric acid)

リン酸無水物
(phosphoanhydrides)

リン酸，ピロリン酸，およびトリリン酸のエステル類は重要な生体分子である．これらリン酸がもつおのおのの OH 基はエステル化できる．モノエステルやジエステルは最も一般的な生体分子である．ATP はトリリン酸のモノエステルである．細胞膜の構成成分がリン酸のモノエステルやジエステルであること(16.13 節参照)，および補酵素の多くがリン酸あるいはピロリン酸のモノエステルあるいはジエステルであることをすでに学んだ(24 章参照)．26.1 節では，DNA と RNA がリン酸のジエステルであることを学ぶ．

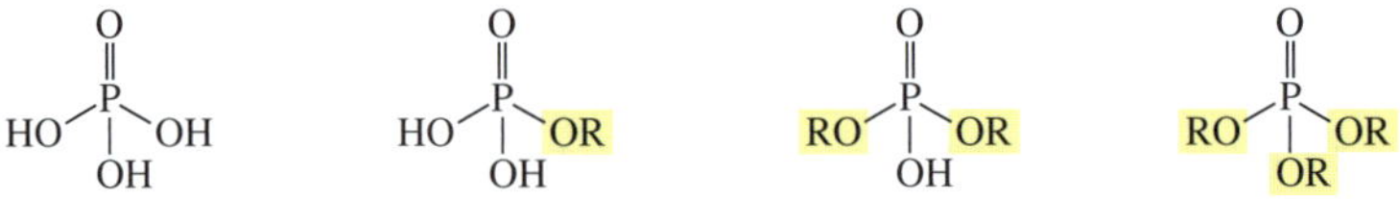

25章 代謝の有機化学・テルペンの生合成

リン酸 / リン酸モノエステル (phosphomonoester) / リン酸ジエステル (phosphodiester) / リン酸トリエステル (phosphotriester)

ATPがないと，多くの重要な生体反応は進行しない．たとえば，グルコースとリン酸水素イオンとを反応させるだけではグルコース-6-リン酸は生成しない．なぜなら，グルコースの6位のOH基がリン酸水素から強塩基性のHO^-基に置換されなければならないからである．

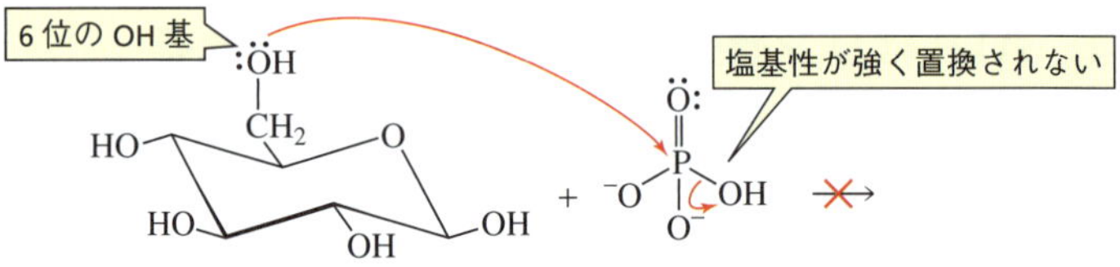

しかし，グルコースとATPとの反応であればグルコース-6-リン酸を生成できる．なぜなら，グルコースの6位のOH基がATPの末端にあるリン酸エステルを攻撃でき，**リン酸無水物結合**(phosphoanhydride bond)が開裂するからである．リン酸無水物結合は，P=Oのπ結合より弱い．それゆえ，グルコースとATPとの反応は，リン原子上で進行する付加-脱離反応(16.5節参照)というよりも，むしろ単純なS_N2反応(上巻；9.1節参照)である．

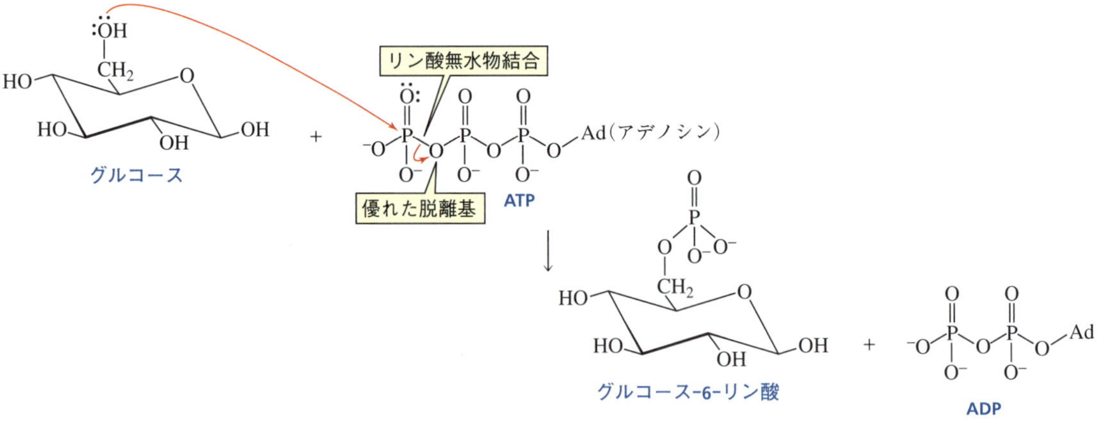

ATPからグルコースへのリン酸基の転移は，細胞内で行われている**リン酸基転移反応**(phosphoryl transfer reaction)の一例である．これらの反応のすべてにおいて，求電子性のリン酸基はリン酸無水物結合を切断することにより求核剤に移される．

🧪 なぜ自然はリン酸を選んだのか？

リン酸の酸無水物やエステルは，生物界で行われている有機化学を支配している．これとは対照的に，リン酸は研究室で行われている有機化学ではほとんど用いられない．代わりに，非生体反応における好ましい脱離基はハロゲン化物イオンやスル

ホン酸イオンなどであることをすでに学んだ(上巻；9.1 節および 11.3 節参照).

なぜ自然はリン酸を選んだのだろう．それにはいくつかの理由が考えられる．細胞膜から分子が漏れ出てくるのを防ぐために電荷をもたせる，近づいてくる分子から反応性の高い求核剤を守るために負電荷をもたせる．そして，RNA や DNA の中の塩基部を結びつけるために，その連結する分子は二つの官能基をもつことが必須となる(26.1 節参照)．三つの OH 基をもつリン酸はこれらの条件をすべて満たす．OH 基のうちの二つは塩基部を連結するのに用いることができ，三つ目の OH 基は生体内の pH において負に帯電している．加えて，多くの生体反応における重要な特徴であるように，リン酸無水物と求核剤との反応が不可逆的に進行することをあとで学ぶ.

25.2 ATP は優れた脱離基を化合物に与えることにより化合物を活性化する

リン酸基転移反応が，反応に使えるように化合物を活性化するのに用いることができることを学んだ(16.23 節参照)．たとえば，カルボキシラートイオンは負に帯電しており，その脱離基は強塩基性を示すので，求核剤とは反応しない(16.14 節参照).

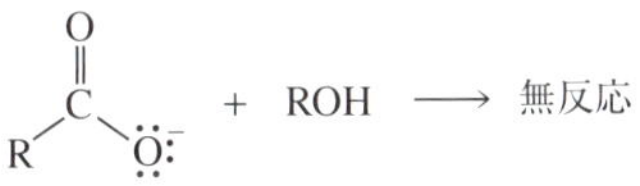

$$\underset{R}{\overset{O}{\underset{\|}{C}}}\!\!-\!\!O^- + ROH \longrightarrow 無反応$$

しかし，二つある方法のうちの一方で，ATP はカルボキシラートイオンを活性化することができる．カルボキシラートイオンは ATP の γ リン原子(末端リン原子)を攻撃でき，**アシルリン酸**(acyl phosphate)を生成する．この反応は，1316 ページで見たように，ATP とグルコース-6-リン酸の反応と同じである．

γ リン原子への求核攻撃

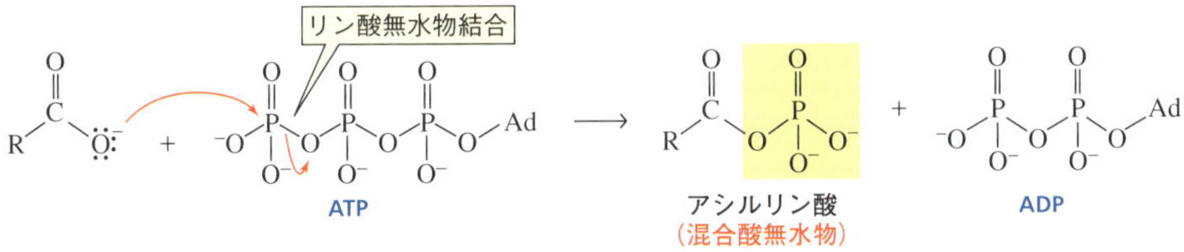

リン酸無水物結合

アシルリン酸 (混合酸無水物)   ADP

カルボキシラートイオンは ATP の α リン原子も攻撃でき，**アシルアデニル酸**(acyl adenylate)を生成する．

α リン原子への求核攻撃

アシルアデニル酸 (混合酸無水物)   ピロリン酸 (pyrophosphate)

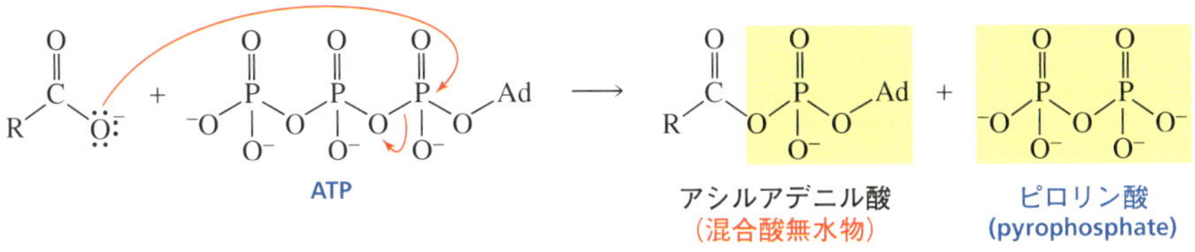

先述の各反応は，カルボン酸とリン酸の混合酸無水物を生じる S_N2 反応である．その結果，酵素触媒反応において求核剤によって容易に置換できる脱離基がカルボキシラートイオン上に導入される．

カルボキシラートイオン以外の求核剤も，細胞内でATPにより同様に活性化される．求核剤がγリン原子とαリン原子のどちらを攻撃するかは，その反応を触媒する酵素に依存している．求核剤がγリン原子を攻撃する場合の副生物はADPであるが，求核剤がαリン原子を攻撃する場合の副生物はピロリン酸であることに注目しよう．ピロリン酸が生成する場合，それに続く加水分解により2当量のリン酸水素イオンが生成する．反応混合物から反応生成物を取り除くことは，反応を右側に傾けさせ，不可逆性を確保することをすでに学んだ（上巻の5.7節で出てきたLe Châtelierの原理を参照）．

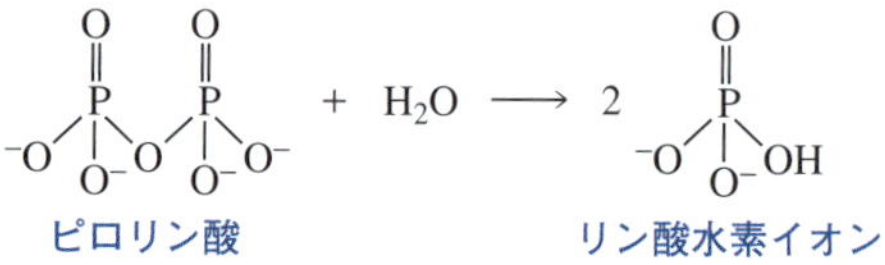

$$\text{ピロリン酸} + H_2O \longrightarrow 2 \text{ リン酸水素イオン}$$

したがって，完全な不可逆性が必須となる酵素触媒反応では，求核剤はATPのαリン原子を攻撃するだろう．たとえば，ヌクレオチドサブユニットが結合しDNAとRNAが生じる反応や，tRNAへアミノ酸が結合する反応（RNAをタンパク質に翻訳する一段階目）の両反応では，ATPのαリン原子への求核攻撃が起こる（26.3節および26.8節をそれぞれ参照）．仮に，これらの反応が可逆的であれば，DNAにおける遺伝情報は保存されず，正しいアミノ酸配列をもたないタンパク質が合成されてしまうだろう．

カルボキシラートイオンはチオエステルに変換されることによって活性化できることを学んだ（16.23節参照）．ATPはこの反応にも必要である．カルボキシラートイオンはATPと反応して，アシルアデニル酸を生成する．優れた脱離基がカルボキシラートイオンに与えられるので，カルボキシラートイオンはチオールと反応できるようになる．

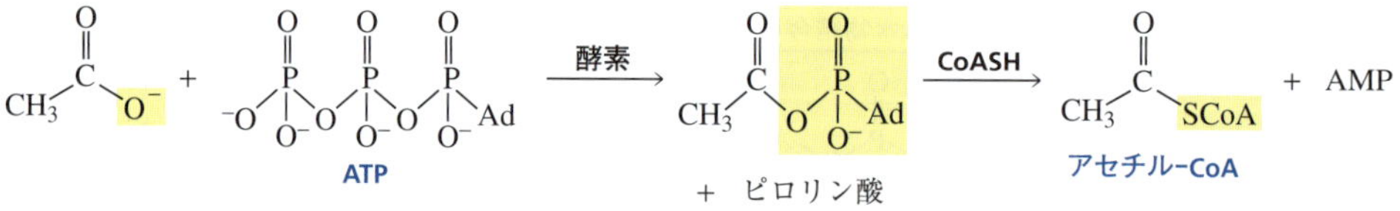

この節で示したリン酸基転移反応は，実際のATPの化学的機能を示している．

<u>ATPは，反応性の低い脱離基しかないために進まない（または非常に遅い）反応に対して，優れた脱離基を供給する．</u>

25.3　細胞内でATPはなぜ速度論的に安定なのか

ATPは酵素触媒反応では速やかに反応するが，酵素のない条件では非常にゆっくりとしか反応しない．たとえば，カルボン酸無水物は数分の間に加水分解されるが，ATP（リン酸無水物）の加水分解には数週間かかる．ATPの加水分解速度が遅いことは重要である．なぜならば，酵素触媒反応に必要とされるまで，ATPは細胞内に存在できるからである．

ATPの負電荷が，ATPの反応性を比較的低くしている要因である．負電荷の

ために求核攻撃を受けにくくなっているのである．ATPが酵素の活性中心に結合すると，ATPはマグネシウム(Mg^{2+})と錯体を形成し，ATPがもつ負電荷全体が減少する．(これがATP依存性酵素がMg^{2+}を必要とする理由である；24.4節参照．) アルギニン側鎖またはリシン側鎖のように，酵素の活性部位において正電荷をもつ置換基との相互作用は，ATPがもつ負電荷をさらに減少させる(868ページの図16.5参照)．したがって，酵素の活性部位に結合すると，求核剤は容易にATPに接近できる．

同様の理由で，アシルリン酸やアシルアデニル酸は，酵素の活性部位に入るまで反応しない．アシルリン酸やアシルアデニル酸の脱離基は，マグネシウムイオンに配位しているので，もともと示されているpK_a値よりも弱い塩基である．金属への配位はそれらの塩基性を弱め，脱離能を高くする．

25.4 リン酸無水物結合の"高エネルギー"特性

(ROHのような)求核剤とリン酸無水物結合との反応は高発エルゴン反応なので，その結合は**高エネルギー結合**(high-energy bond)と呼ばれる．ここで，高エネルギーという用語は，求核剤がATPと反応すると，多量のエネルギーが放出されることを意味する．化学者がその結合を切断することの難しさを表現するために用いる結合エネルギーという用語と混同しないようにしよう(上巻；5.7節参照)．

求核剤とリン酸無水物結合との反応はなぜ高発エルゴン的であるのだろうか．いいかえると，なぜ$\Delta G°'$値が大きい負の値になるのだろうか＊．大きい負の値の$\Delta G°'$は，反応の生成物が反応物よりも十分に安定であることを意味する．以下の反応の反応物と生成物について，なぜそうなっているのかを調べてみよう．

＊ $\Delta G°'$の"プライム"は，上巻の5.7節にある$\Delta G°$の定義に二つの付加パラメータが追加されていることを表す．それは"pH 7の水溶液中で反応が起こる"および"水の濃度は一定である"の二つである．

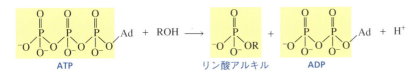

ATP   リン酸アルキル   ADP

ATPに比べてADPとリン酸アルキルが安定である要因は三つある．

1. **ATPにおける強い静電反発**．生理的pH(7.4)において，ATPは3.3，ADPは2.8，リン酸アルキルは1.8の負電荷をもつ(問題1を見よ)．ATPの大きな負電荷のため，いずれの生成物よりもATPにおける静電反発が大きい．静電反発は分子を不安定化させる．

2. **生成物における大きな溶媒和による安定化**．負電荷をもつイオンは，水溶液中では溶媒和により安定化される(上巻；3.9節参照)．反応物は3.3の負電荷をもつが，生成物の負電荷の総和は4.6(2.8 + 1.8)であるので，反応物よりも生成物のほうが大きな溶媒和により安定化されている．

3. **生成物におけるより大きな共鳴安定化**．二つのリン原子をつなぐ酸素上の孤立電子対は効果的に非局在化されない．なぜならば，非局在化すると酸素原子上に部分的に正電荷が生じるためである．リン酸無水物結合が切断されると，さらに1組の孤立電子対が効果的に非局在化される．電子の非

局在化は分子を安定化させる（上巻；8.6節参照）．

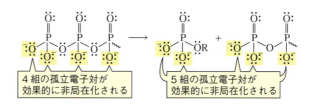

求核剤がATPと反応して置換されたAMPとピロリン酸を生じるとき，そしてピロリン酸が2当量のリン酸に加水分解されるときに生じる大きな負の$\Delta G^{\circ\prime}$も，同様の要因により説明される．

問題 1（解答あり）

ATPのpK_a値は0.9, 1.5, 2.3, 7.7, ADPのpK_a値は0.9, 2.8, 6.8, リン酸のpK_a値は1.9, 6.7, 12.4である．pH 7.4では次のようになることを計算せよ．

a. ATPの電荷が-3.3である．
b. ADPの電荷が-2.8である．
c. リン酸アルキルの電荷が-1.8である．

1aの解答 pH 7.4はATPのはじめの三つのイオン化のpK_a値より大きな値であるので，これら三つの基はpH 7.4において完全に塩基の形で存在しており，ATPに-3の電荷を与える（上巻；2.10節参照）．問題に解答するためには，pK_a値が7.7である基がpH 7.4において塩基の形で存在している割合を決めなければならない．

$$\frac{塩基の形の濃度}{全濃度} = \frac{[A^-]}{[A^-]+[HA]}$$

$[A^-]$ ＝ 塩基の形の濃度
$[HA]$ ＝ 酸の形の濃度

この式には二つの未知数が含まれているので，その一方をもう一方の未知数によって表現しなければならない．酸解離定数（K_a）の定義に従って，酸の濃度$[HA]$を$[A^-]$，K_a，および$[H^+]$で表現する．このようにして，未知数を一つだけにする．

$$K_a = \frac{[A^-][H^+]}{[HA]}$$

$$[HA] = \frac{[A^-][H^+]}{K_a}$$

$$\frac{[A^-]}{[A^-]+[HA]} = \frac{[A^-]}{[A^-]+\frac{[A^-][H^+]}{K_a}} = \frac{K_a}{K_a+[H^+]}$$

この式に基づいて，7.7のpK_a値をもつ基の塩基の形で存在する割合を算出することができる．（K_aはpK_aから計算し，$[H^+]$はpHから計算することに注目しよう．）

$$\frac{K_a}{K_a+[H^+]} = \frac{2.0\times 10^{-8}}{2.0\times 10^{-8}+4.0\times 10^{-8}} = 0.3$$

したがって，
ATPの負電荷の合計 ＝ 3.0 ＋ 0.3 ＝ 3.3 となる．

25.5 異化の四つの段階

生命活動に必要な反応物は食餌から摂取される．この点では，私たちは私たち自身が食べたものそのものであるといっても過言ではない．24 章で述べたように，哺乳類の栄養として，脂肪，炭水化物，タンパク質に加え，ビタミンやミネラルが必要とされる．

異化は四つの段階に分けられる（図 25.1）．異化の一段階目は消化と呼ばれる過程である．この段階では，脂肪，炭水化物，タンパク質が，脂肪酸，単糖，アミノ酸にそれぞれ加水分解される．これらの反応は口腔，胃，および小腸で行われる．

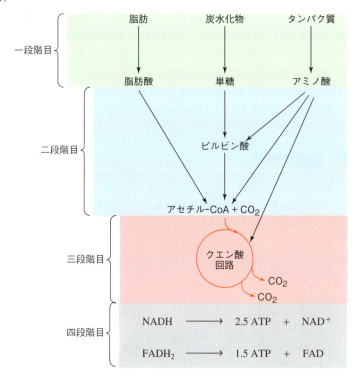

異化の一段階目では，脂肪，炭水化物，タンパク質が，脂肪酸，単糖，アミノ酸にそれぞれ加水分解される．

異化の二段階目では，一段階目で得られた生成物がクエン酸回路に導入可能な化合物に変換される．

◀ 図 25.1
異化の四段階：1．消化；2．一段階目で得られた生成物をクエン酸回路に導入可能な化合物に変換；3．クエン酸回路；4．酸化的リン酸化．

異化の二段階目では，一段階目で得られた生成物である脂肪酸，単糖，アミノ酸が，クエン酸回路に導入可能な化合物に変換される．これらの化合物は，(1) クエン酸回路のなかにある化合物（いいかえれば，クエン酸回路中間体），(2) アセチル-CoA，(3) ピルビン酸（アセチル-CoA に変換することができる）だけである．

しかし，ピルビン酸，アセチル-CoA ともにクエン酸回路の中間体ではないので，このままではクエン酸回路に入ることはできない．24.3 節で述べたように，はじめにピルビン酸は，ピルビン酸脱水素酵素複合体が触媒する反応によってアセチル-CoA に変換される．その後，アセチル-CoA がクエン酸回路の中間体であるクエン酸に変換されることによってクエン酸回路に入る．

異化の三段階目はクエン酸回路である．クエン酸回路では，アセチル-CoA のアセチル基が 2 分子の CO_2 に変換される．

クエン酸回路は異化の三段階目である．

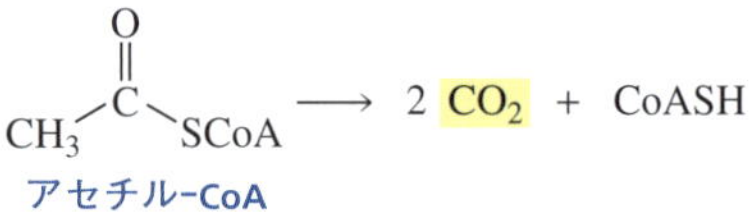

$$CH_3-\overset{\overset{O}{\|}}{C}-SCoA \longrightarrow 2\ CO_2 + CoASH$$
アセチル-CoA

細胞は栄養素である分子を用いて ATP を生成し，必要とするエネルギーを得ていることを学んだ．異化の最初の三段階では少量の ATP しか生産されない．ATP のほとんどは異化の四段階目で生産される．（この章を学び終えるときにはこのことが理解できるであろう．さらに，問題 52，54，および 55 の解答を比較できるようになっているであろう．）

酸化的リン酸化反応は異化の四段階目である．

異化における多くの反応は酸化反応であることがわかるだろう．異化の四段階目では，（酸化反応を行うときに利用された NAD^+ から）異化の初期段階で生成した NADH が，酸化的リン酸化反応として知られる過程において 2.5 分子の ATP に変換される．さらに，酸化的リン酸化反応は，（酸化反応を行うのに FAD を用いた場合）異化の初期段階で生成した $FADH_2$ 分子をそれぞれ 1.5 分子の ATP に変換する．したがって，脂肪，炭水化物，およびタンパク質によってもたらされたエネルギー（ATP）のほとんどが，この異化の四段階目で獲得される．

細胞は栄養素をアデノシン三リン酸(ATP)に変換する．

25.6 脂肪の異化

異化の最初の二つの段階は，脂肪，炭水化物，およびタンパク質がクエン酸回路に導入できる化合物に変換される過程であることを学んだ（25.5 節）．この節では，脂肪がクエン酸回路に導入できるように変化する反応を学ぶ．

脂肪の異化における一段階目では，脂肪の三つのエステル基が酵素触媒反応によってグリセロールと 3 分子の脂肪酸に加水分解される（16.9 節参照）．

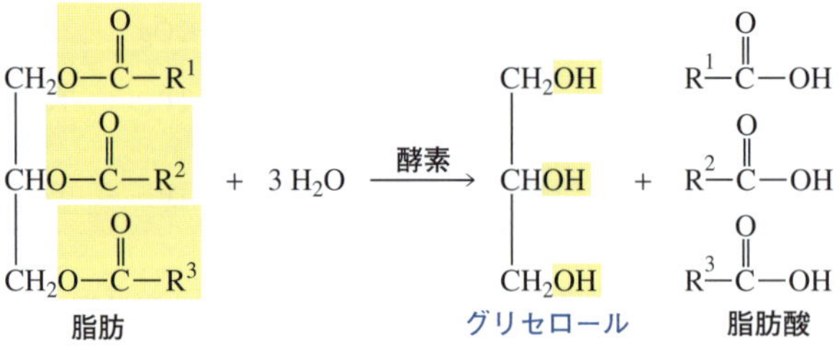

次の一連の反応は，上に示した反応で生じたグリセロールが，異化の二段階目でどのような反応を経るのかを示している．

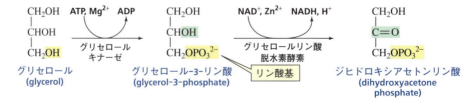

■ グルコースと ATP が反応してグルコース-6-リン酸を生じるのと同様の過

程(25.1節)を経て，グリセロールはATPと反応しグリセロール-3-リン酸を生じる．この反応を触媒する酵素はグリセロールキナーゼと呼ばれている．<u>キナーゼ</u>とは基質にリン酸基を導入する酵素である．したがって，グリセロールキナーゼはグリセロールにリン酸基を導入する．このATP依存性酵素はMg^{2+}も必要とすることに注目しよう(24.4節参照)．

- グリセロール-3-リン酸の第二級アルコール基はNAD$^+$によってケトンに酸化される．この反応を触媒する酵素はグリセロールリン酸脱水素酵素と呼ばれている．<u>脱水素酵素</u>は基質を酸化する酵素であることを思い出そう(24.1節参照)．基質がNAD$^+$によって酸化されるとき，基質はNAD$^+$のピリジン環の4位にヒドリドイオンを供与することをすでに学んだ(24.1節参照)．Zn^{2+}は反応の補助因子であり，酸素に配位することによって第二級アルコールのプロトンの酸性度を増大させている(23.5節参照)．

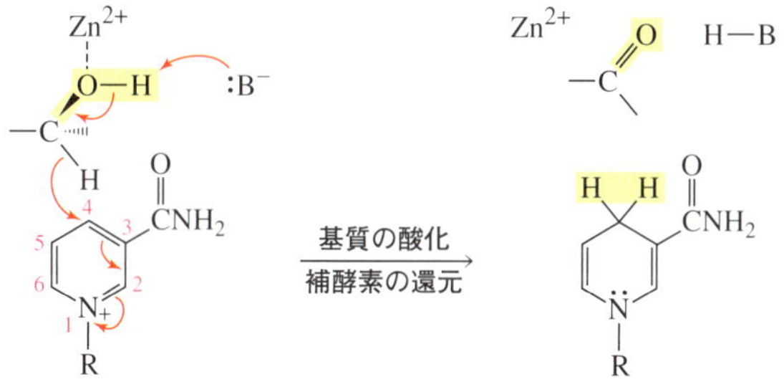

一連の反応の生成物であるジヒドロキシアセトンリン酸は，解糖系における中間体の一つであり，解糖系に直接導入され，さらに分解を受ける(25.7節)．

生化学反応を記述するとき，一般的に示される構造式はおもな反応物とおもな生成物だけであることに注目しよう．(1322ページの最後の反応を見よ．) そのほかの反応物や生成物の構造は省略されたり，反応の矢印と交差する矢印の上に書かれている．

問題2
グリセロールがATPと反応してグリセロール-3-リン酸を生じる反応機構を示せ．

問題3
グリセロール-3-リン酸の不斉中心はR配置である．(R)-グリセロール-3-リン酸の構造を書け．

次に，脂肪の加水分解で得られるもう一方の生成物である脂肪酸がどのように代謝されるのかを見ていこう．脂肪酸は代謝される前に活性化されなければならない．細胞の中で，カルボキシラートイオンがATPのαリン原子を攻撃して生成したアシルアデニル酸へ変換されることにより，カルボン酸が活性化されることを学んだ．その後，アシルアデニル酸は求核付加-脱離反応によって補酵素Aと反応し，チオエステルを生成する(16.23節参照)．

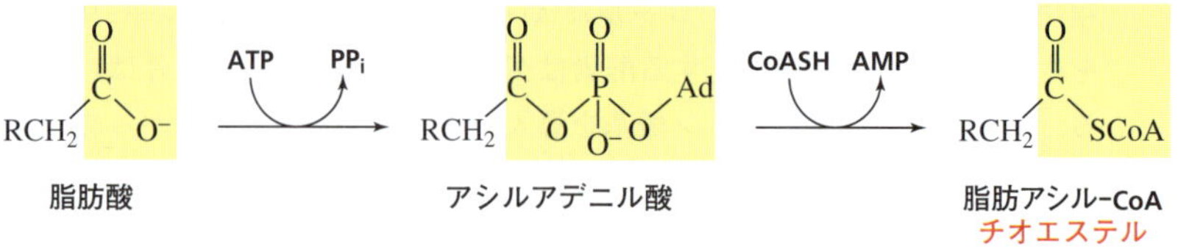

$$\underset{\text{脂肪酸}}{RCH_2\overset{O}{\underset{\|}{C}}-O^-} \xrightarrow[PP_i]{ATP} \underset{\text{アシルアデニル酸}}{RCH_2\overset{O}{\underset{\|}{C}}-\overset{O}{\underset{\underset{O^-}{\|}}{P}}-O-Ad} \xrightarrow[AMP]{CoASH} \underset{\underset{\color{red}{\text{チオエステル}}}{\text{脂肪アシル-CoA}}}{RCH_2\overset{O}{\underset{\|}{C}}-SCoA}$$

その後，脂肪アシル-CoA は，**β酸化**（β-oxidation）と呼ばれる四段階の反応を繰り返すことによってアセチル-CoA に変換される．この四つの反応の組合せは，脂肪アシル-CoA から 2 炭素を除去し，この 2 炭素をアセチル-CoA に変換している（図 25.2）．このβ酸化を構成する 4 種の反応はそれぞれ異なった酵素によって触媒される．

1. 最初の反応は，α炭素とβ炭素から水素を引き抜く酸化反応であり，α,β-不飽和脂肪アシル-CoA を生じる．酸化剤は FAD である．この反応の機構は 24.2 節に示した．明らかに健康そうなのに寝ているあいだに死亡する乳幼児突然死症候群（sudden infant death syndrome，SIDS）を発症する乳幼児の 10% は，この反応を触媒する酵素が欠損している．食事の直後，細胞の一次燃料としてグルコースが使われ，その後，細胞はグルコースと脂肪酸の両方を利用するようになる．しかし，酵素が欠損していると脂肪を酸化できないので，乳幼児の細胞は十分なエネルギーが得られなくなる．

β酸化

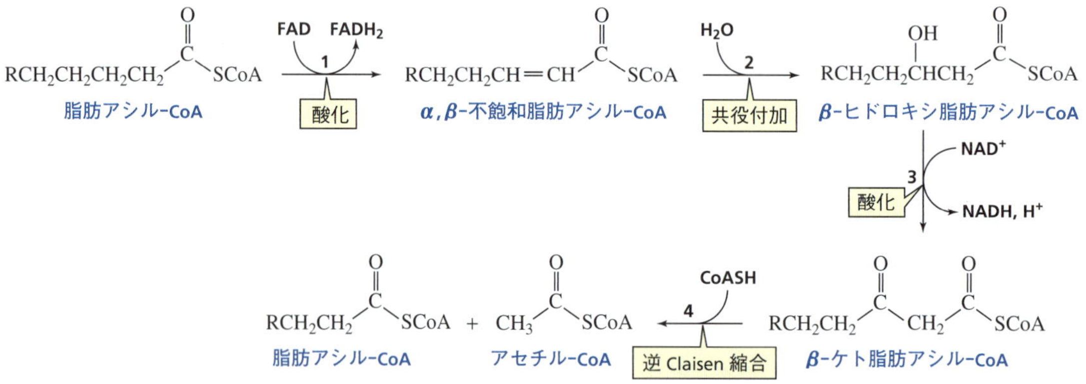

▲ **図 25.2**
β酸化では，脂肪アシル-CoA がすべてアセチル-CoA 分子に変換されるまで一連の四段階の酵素触媒反応が繰り返される．それぞれの反応を触媒する酵素は，1. アシル-CoA 脱水素酵素；2. エノイル-CoA 水和酵素；3. 3-L-ヒドロキシアシル-CoA 脱水素酵素；4. β-ケトアシル-CoA チオラーゼ．

2. 次に示す反応機構の 2 番目の反応は，α,β-不飽和脂肪アシル-CoA に水が共役付加する反応である（17.18 節参照）．酵素中のグルタミン酸イオン側鎖が水からプロトンを引き抜き，より優れた求核剤に変換する．生じたエノラートイオンはグルタミン酸によってプロトン化される．

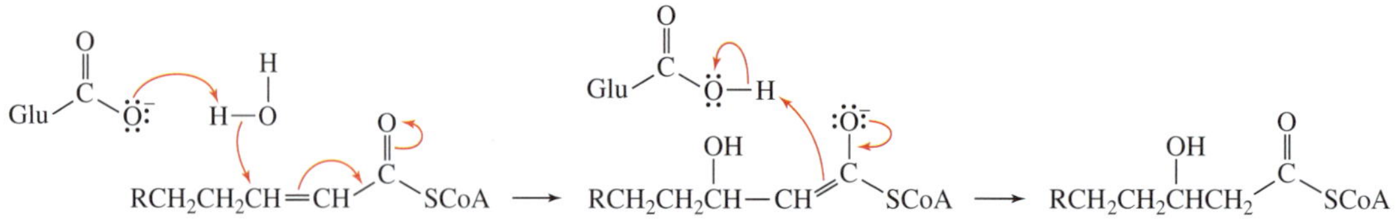

3. 3番目の反応はもう一つの酸化反応である．NAD$^+$が第二級アルコールをケトンに酸化する．すべてのNAD$^+$による酸化反応の機構は，基質からNAD$^+$のピリジン環の4位にヒドリドイオンを供与する過程を含むことを思い出そう（1323ページを見よ）．

4. 4番目の反応はClaisen縮合の逆反応であり（18.13節参照），続いて，エノラートイオンがケト互変異性体に変換される（18.3節参照）．この反応の機構を示す．最終生成物はアセチル-CoAと出発物質の脂肪アシル-CoAから2炭素が除去された脂肪アシル-CoAである．

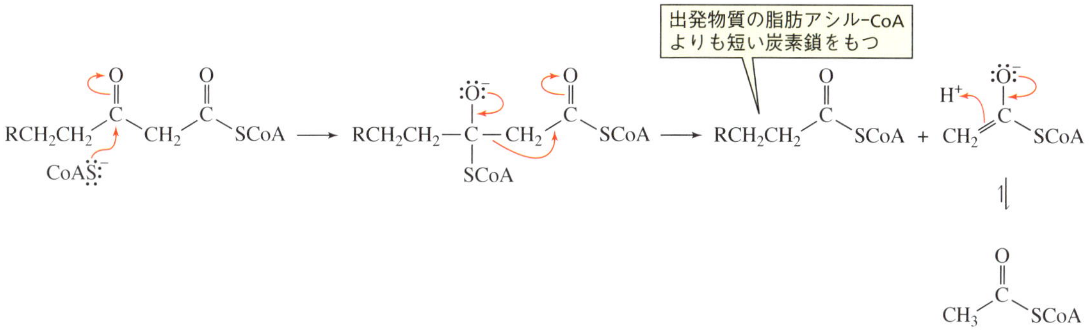

この一連の4反応が繰り返されると，もう1分子のアセチル-CoAと最初の出発物質である脂肪アシル-CoAから4炭素が除去された脂肪アシル-CoAが生じる．一連の4反応が繰り返されるたびに，脂肪アシル-CoAからさらに2炭素がアセチル-CoAとして除去される．すべての脂肪酸がアセチル-CoA分子に変換されるまで，この一連の反応は繰り返される．25.10節において，アセチル-CoAがどのようにしてクエン酸回路に導入されるのかを学ぶ．

脂肪酸は何分子ものアセチル-CoA分子に変換される．

問題 4 ◆
脂肪のβ酸化における2番目の反応で，OH基がα炭素よりもβ炭素に付加するのはなぜか．（ヒント：17.18節参照．）

問題 5 ◆
パルミチン酸は16炭素の飽和脂肪酸である．1分子のパルミチン酸の異化によって何分子のアセチル-CoAが生成するか．

問題 6 ◆
1分子のパルミチン酸のβ酸化により，何分子のNADHが生成するか．

25.7　炭水化物の異化

炭水化物の異化における一段階目では，グルコースサブユニットをアセタールとして結びつけているグリコシド結合が酵素触媒反応によって加水分解され，個々のグルコース分子が生成する（21.16節参照）．

異化の二段階目では，グルコース分子が**解糖**(glycolysis)あるいは解糖系として知られる一連の10種の反応を経て，2分子のピルビン酸に変換される（図25.3）.

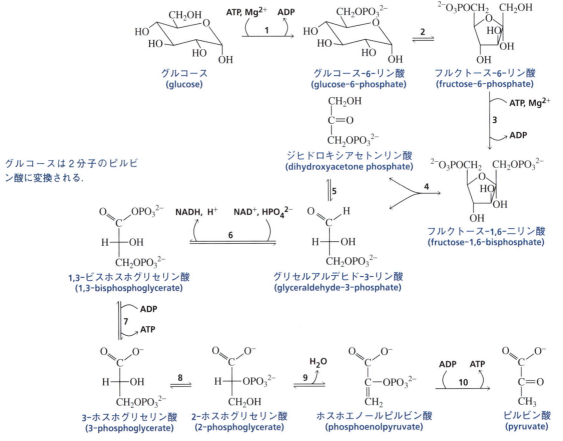

▲ 図 25.3
解糖系．一連の酵素触媒反応により1 molのグルコースが2 molのピルビン酸に変換される．それぞれの反応を触媒する酵素は，1. ヘキソキナーゼ；2. ホスホグルコース異性化酵素；3. ホスホフルクトキナーゼ；4. アルドラーゼ；5. トリオースリン酸異性化酵素；6. グリセルアルデヒド-3-リン酸脱水素酵素；7. ホスホグリセリン酸キナーゼ；8. ホスホグリセリン酸転移酵素；9. エノラーゼ；10. ピルビン酸キナーゼ.

1. 最初の反応では，グルコースがグルコース-6-リン酸に変換される．この反応は 1316 ページで学んだ.

2. グルコース-6-リン酸がフルクトース-6-リン酸に異性化される．この反応の機構は 23.11 節で学んだ．
3. 3番目の反応では，ATP が第二のリン酸基をフルクトース-6-リン酸に導入し，フルクトース-1,6-二リン酸を生成する．この反応の機構は，グルコースをグルコース-6-リン酸に変換する反応の機構と同じである．
4. 4番目の反応はアルドール付加反応の逆反応である．この反応の機構は 23.12 節で学んだ．
5. 4番目の反応で生成したジヒドロキシアセトンリン酸は，エンジオールを生成する．このエンジオールはグリセルアルデヒド-3-リン酸（C-1 位の OH 基がケト型に異性化したもの）を生成するか，あるいはジヒドロキシアセトンリン酸（C-2 位の OH 基がケト型に異性化したもの）を再生する（21.5 節参照）．

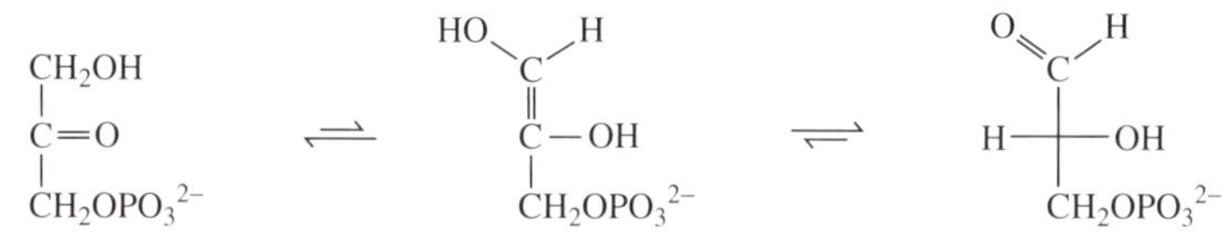

ジヒドロキシアセトンリン酸　　エンジオール　　グリセルアルデヒド-3-リン酸

エンジオール転位

この反応の機構は次のように示される．酵素のグルタミン酸イオン側鎖部が α 炭素からプロトンを引き抜き，プロトン化されたヒスチジン側鎖がカルボニル酸素にプロトンを供与する．二段階目では，ヒスチジンが C-1 位の OH 基からプロトンを引き抜き，グルタミン酸が C-2 位をプロトン化する．この反応機構を 1143 ページに示したエンジオール転位の一つと比べてみよう．

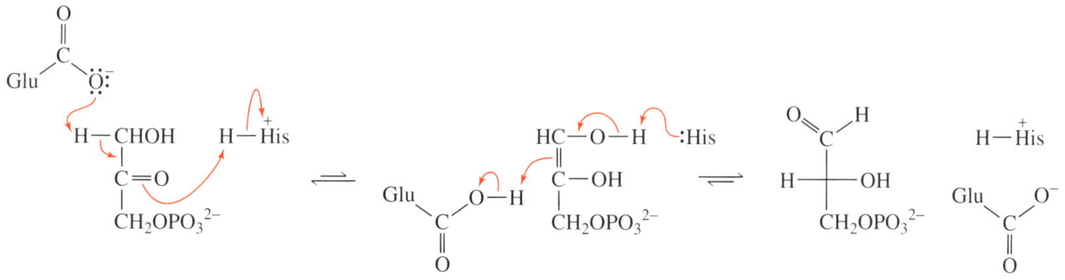

グルコース 1 分子は 1 分子のグリセルアルデヒド-3-リン酸と 1 分子のジヒドロキシアセトンリン酸に変換され，さらにジヒドロキシアセトンリン酸 1 分子はグリセルアルデヒド-3-リン酸に変換されるので，反応全体ではグルコース 1 分子が 2 分子のグリセルアルデヒド-3-リン酸に変換される．

6. グリセルアルデヒド-3-リン酸のアルデヒド基は NAD^+ によって酸化されて 1,3-ビスホスホグリセリン酸を生成する．この反応ではアルデヒドがカルボン酸に酸化され，リン酸とエステルを生成する．この反応の機構は 24.1 節で学んだ．

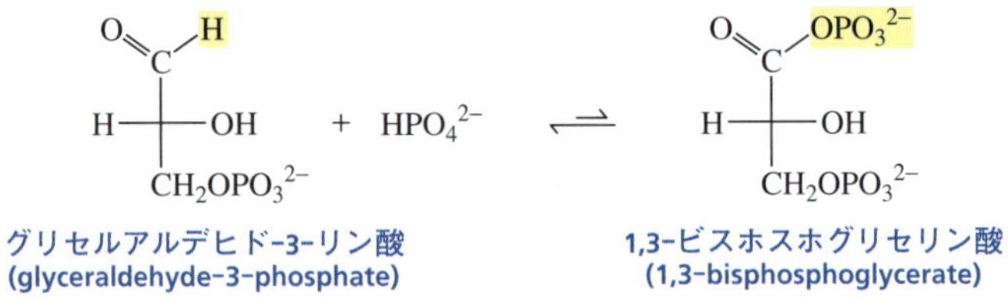

グリセルアルデヒド-3-リン酸
(glyceraldehyde-3-phosphate)

1,3-ビスホスホグリセリン酸
(1,3-bisphosphoglycerate)

7. 7番目の反応では，酸無水物結合の開裂によって1,3-ビスホスホグリセリン酸からADPへリン酸基が移動する．

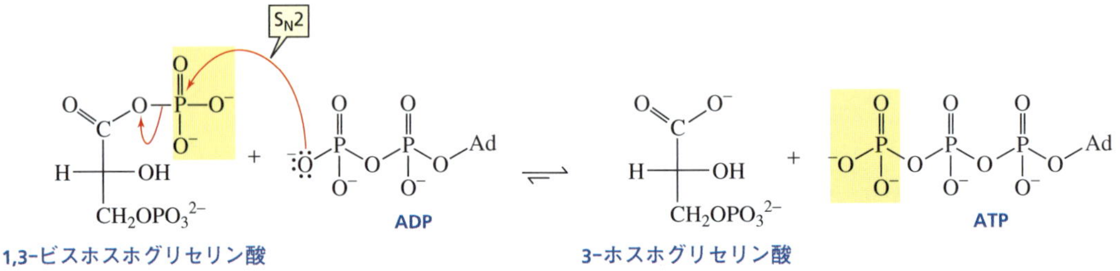

1,3-ビスホスホグリセリン酸   ADP   3-ホスホグリセリン酸   ATP

8. 8番目の反応は異性化である．3-ホスホグリセリン酸が2-ホスホグリセリン酸に変換される．この反応を触媒する酵素はヒスチジン側鎖に結合したリン酸基をもつ(1337ページ最上部の3-ホスホヒスチジンを見よ)．このリン酸基は3-ホスホグリセリン酸の2位へ移動し，二つのリン酸基をもつ中間体が生成する．この中間体の3位のリン酸基がヒスチジン側鎖へ移動する．

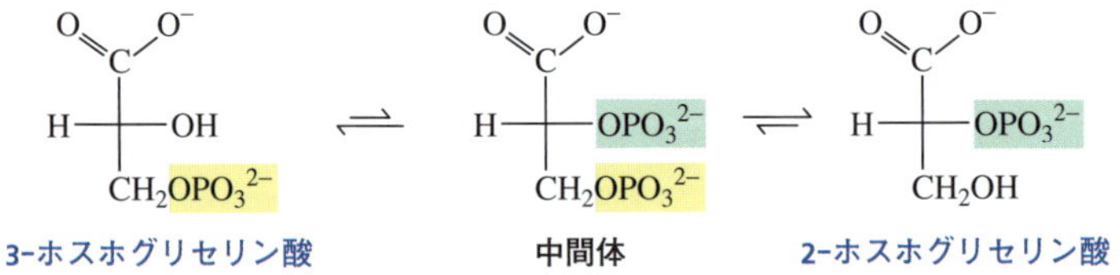

3-ホスホグリセリン酸   中間体   2-ホスホグリセリン酸

9. 9番目の反応は，ホスホエノールピルビン酸が生成する脱水反応である．リシン側鎖は，非局在化したカルボアニオン中間体を生成するE1cB反応において，α炭素からプロトンを引き抜く(18.11節参照)．このプロトンは，カルボキシラートイオンのα炭素上にあるので，十分に酸性であるとはいえない(18.5節参照)．二つのマグネシウムイオンが，共役塩基を安定させることによって，その酸性度を大きくしている．中間体におけるHO基はグルタミン酸側鎖部によってプロトン化され，より優れた脱離基へと変換される(上巻；11.1節参照)．

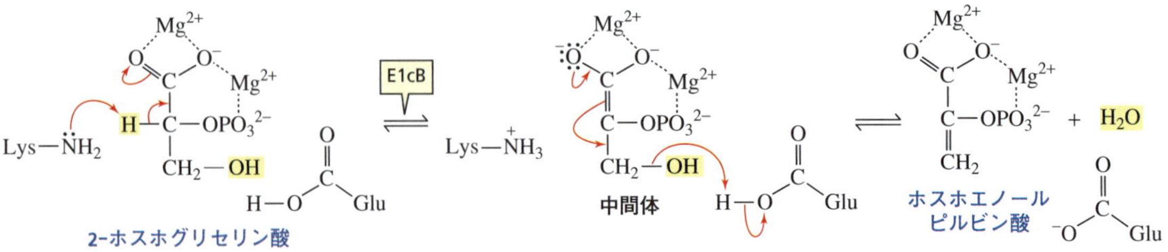

2-ホスホグリセリン酸   中間体   ホスホエノールピルビン酸

10. 解糖経路の最後の反応では，ホスホエノールピルビン酸から ADP へリン酸基が移動し，ATP とピルビン酸が生成する．

ホスホエノールピルビン酸

ピルビン酸

ADP

ATP

解糖系の最初の反応であるグルコースのリン酸化や 3 番目の反応であるフルクトース-6-リン酸のリン酸化は，グルコースやフルクトース-6-リン酸の反応性を高めるものではない．リン酸化の目的は，これらの化合物それぞれを酵素が認識できるような（解糖系において，これらの化合物に続いて生成する中間体を酵素が認識できるような）官能基を導入することである．これにより，化合物は酵素の活性部位に結合できるようになる．糖分子の上にこれらの〝ハンドル″を導入するのに用いた 2 分子の ATP は，解糖の最後の段階，すなわち，2 分子のホスホエノールピルビン酸を 2 分子のピルビン酸に変換する過程で再生する．

解糖は全体として発エルゴン的であるが，各段階の反応がすべて発エルゴン的であるというわけではない．たとえば，グリセルアルデヒド-3-リン酸を 1,3-ビスホスホグリセリン酸に変換する反応（6 番目の反応）は吸エルゴン反応である．しかし，これに続く反応（1,3-ビスホスホグリセリン酸を 3-ホスホグリセリン酸に変換する反応）は発エルゴン的である．したがって，2 番目の反応が **B** を **C** に変換するように，最初の反応は平衡下における **B** の濃度を補充している．そうすることによって，発エルゴン反応はその反応が進行するように仕向ける．この二つの反応（吸エルゴン反応とこれに続く発エルゴン反応）は**共役反応**（coupled reaction）と呼ばれている．共役反応は，吸エルゴン反応と発エルゴン反応の両方から形成されており，どのように代謝過程が進行しているのかを示す，熱力学的基礎そのものである．

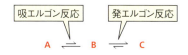

問題 7
解糖の 3 番目の反応であるフルクトース-6-リン酸と ATP からフルクトース-1,6-二リン酸が生成する反応の機構を書け．

問題 8 ◆
a. 解糖系の何番目の反応が ATP を必要とするか．
b. 解糖系の何番目の反応が ATP を生産するか．

> **問題 9**
> グリセルアルデヒド-3-リン酸から 1,3-ビスホスホグリセリン酸への酸化反応は吸エルゴン反応であるが，解糖においてはこの段階が容易に進行している．望ましくない平衡定数をどのようにして克服しているのか．

【問題解答の指針】
ATP の生産数を計算する

1 分子のグルコースがピルビン酸に代謝されるとき，何分子の ATP を生産するか．

まず，グルコースをピルビン酸に変換する過程で何分子の ATP が使われているのかを数える必要がある．2 分子の ATP が利用されていることがわかる．一つはグルコース-6-リン酸が生成するときであり，もう一つはフルクトース-1,6-二リン酸が生成するときである．次に，何分子の ATP が生産されるかを数える必要がある．グリセルアルデヒド-3-リン酸がピルビン酸に代謝されるとき，2 分子の ATP が生産される．1 分子のグルコースから 2 分子のグリセルアルデヒド-3-リン酸が生成するので，1 分子のグルコースから 4 分子の ATP が生産されることになる．利用された分子の数を引くと，1 分子のグルコースがピルビン酸に代謝されるとき 2 分子の ATP が生産されることがわかる．

問題 10 へ進む．

> **問題 10◆**
> 1 分子のグルコースをピルビン酸に変換する過程では，何分子の NAD^+ が必要か．

25.8 ピルビン酸の運命

解糖系において NAD^+ が酸化剤として利用される過程を前節で学んだ．解糖が続くのであれば，生成した NADH は NAD^+ に再び酸化されなければならない．そうでなければ，NAD^+ を酸化剤として利用できなくなるだろう．

通常の好気性条件では，酸素が存在すると，酸素が NADH を酸化して NAD^+ に戻す（これは異化の 4 番目の段階で行われる）．ピルビン酸はアセチル-CoA に変換され，クエン酸回路に導入される．これは，ピルビン酸脱水素酵素複合体として知られる三つの酵素と五つの補酵素からなる複合体により触媒される一連の反応を経由して行われる．この一連の反応の結果，ピルビン酸上のアセチル基が補酵素 A に転移する．この反応の機構は 24.3 節で学んだ．

$$\underset{\text{ピルビン酸}}{CH_3-\underset{\underset{O}{\|}}{C}-\underset{\underset{}{\|}}{\overset{O}{C}}-O^-} + CoASH \xrightarrow{\text{ピルビン酸脱水素酵素複合体}} \underset{\text{アセチル-CoA}}{CH_3-\underset{\underset{O}{\|}}{C}-SCoA} + CO_2$$

酸素が少ししか供給されていないとき，すなわち筋肉細胞が激しく動きすべての酸素を消費したようなとき，ピルビン酸（解糖の生成物）は NADH を酸化して

NAD$^+$に戻す．この過程で，ピルビン酸は乳酸エステル（乳酸）に還元される．酸素の供給が必要なので，ヒトは運動のあいだしっかりと呼吸する．

$$\text{ピルビン酸} \xrightleftharpoons[\text{乳酸脱水素酵素}]{\text{NADH, H}^+ \quad \text{NAD}^+} \text{乳酸 (lactate)}$$

動物では，嫌気性（酸素がない）条件下でピルビン酸が乳酸に還元されるが，酵母では異なった運命をたどる．すなわち，ピルビン酸脱炭酸酵素（動物には存在しない酵素）によってピルビン酸が脱炭酸され，アセトアルデヒドになる．この反応機構は 24.3 節で学んだ．

$$\text{ピルビン酸} \xrightarrow[\text{ピルビン酸脱炭酸酵素}]{\text{H}^+ \quad \text{CO}_2} \text{アセトアルデヒド} \xrightleftharpoons[\text{アルコール脱水素酵素}]{\text{NADH, H}^+ \quad \text{NAD}^+} \text{エタノール}$$

この場合，アセトアルデヒドは NADH を NAD$^+$ へ再酸化する化合物であり，この過程を経てアセトアルデヒドはエタノールに還元される．この反応は数千年ものあいだ，人類によってワイン，ビール，およびその他の発酵飲料を生成するのに使われてきた．（酵素の名前は正反応あるいは逆反応のどちらかを引用して名づけられることに注目しよう．たとえば，ピルビン酸脱炭酸酵素は正反応を引用して名づけられているが，アルコール脱水素酵素は逆反応を引用して名づけられている．）

問題 11◆
アセトアルデヒドをエタノールに変換する正反応に基づいて，アルコール脱水素酵素のほかの名称を提案せよ．

問題 12◆
ピルビン酸が乳酸に変換されるとき，ピルビン酸のどの官能基が還元されるか．

問題 13◆
ピルビン酸がアセトアルデヒドに変換されるときに必要な補酵素は何か．

問題 14
アセトアルデヒドが NADH により還元されてエタノールが生成する反応の機構を示せ．（ヒント：24.1 節参照．）

25.9 タンパク質の異化

タンパク質の異化における一段階目では，酵素触媒反応によってタンパク質が

アミノ酸に加水分解される．

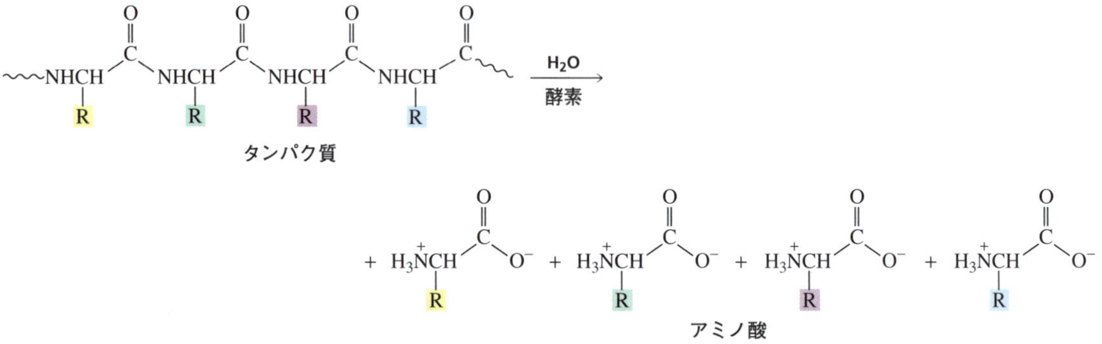

異化の二段階目では，アミノ酸の種類によって，アミノ酸はアセチル-CoA かピルビン酸，もしくはクエン酸回路の中間体のいずれかのに変換される．そして，異化の二段階目のこれらの生成物は，異化の三段階目であるクエン酸回路に導入され，さらに代謝される．

アミノ酸はアセチル-CoA かピルビン酸，もしくはクエン酸回路の中間体のいずれかに変換される．

アミノ酸がどのように代謝されるのか，フェニルアラニンの異化を例に見てみよう（図 25.4）．フェニルアラニンは必須アミノ酸の一つであるので食物から摂取しなければならない（22.1節参照）．フェニルアラニンヒドロキシ化酵素がフェニルアラニンをチロシンに変換する．したがって，食餌によりフェニルアラニンを十分摂取していれば，チロシンは必須アミノ酸ではなくなる．

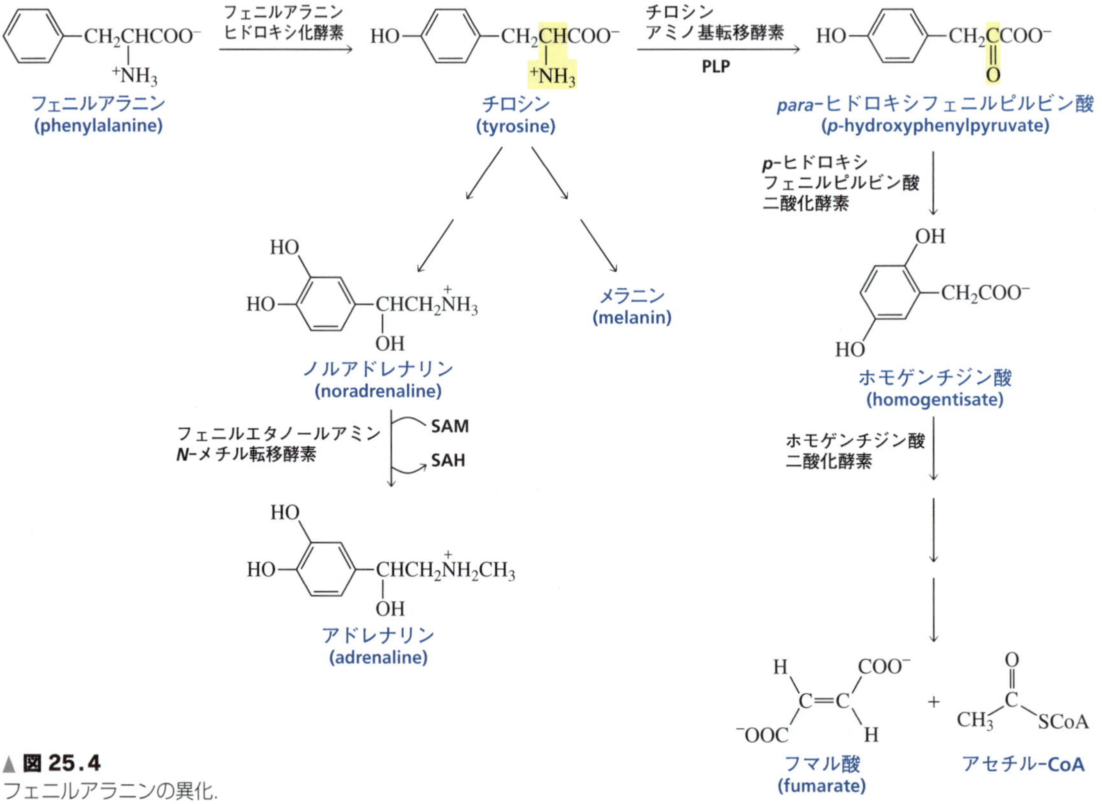

▲ 図 25.4
フェニルアラニンの異化．

ほとんどのアミノ酸の異化における一段階目の反応はアミノ基転移反応であり，補酵素としてピリドキサルピロリン酸を必要とする．アミノ基転移反応は，アミノ酸中のアミノ基をケトン基に置換する反応であることを学んだ（24.5 節参照）．チロシンのアミノ基転移反応の生成物である *para*-ヒドロキシフェニルピルビン酸は，一連の反応を経てフマル酸とアセチル-CoA に変換される．

フマル酸はクエン酸回路中間体であり，このままの形でクエン酸回路に導入される．アセチル-CoA はクエン酸回路の中間体ではないが，クエン酸回路に導入可能な化合物であることを 25.10 節で学ぶ．異化経路の反応はそれぞれ別べつの酵素によって触媒されることを思い出そう．

摂取したアミノ酸は，エネルギーのためだけに利用されるのではなく，タンパク質の合成やほかの生体分子の合成にも利用される．たとえば，チロシンは神経伝達物質（ドーパミンやアドレナリン）および皮膚や髪の色素であるメラニンの合成に利用される．SAM（*S*-アデノシルメチオニン）は生物学的なメチル化剤であり，ノルアドレナリンをアドレナリンに変換することを思い出そう（上巻；9.9 節参照）．

フェニルケトン尿症（PKU）：先天性代謝障害

約 2 万人に 1 人の割合で，フェニルアラニンをチロシンに変換する酵素であるフェニルアラニンヒドロキシ化酵素を生まれつきもっていない人がいる．この遺伝病はフェニルケトン尿症（phenylketonuria, PKU）と呼ばれている．フェニルアラニンヒドロキシ化酵素がないと，フェニルアラニンの濃度が上昇し，それが高濃度に達するとアミノ基転移が起きて，正常な脳の発育を阻害するフェニルピルビン酸が生成する．尿中に高濃度のフェニルピルビン酸が蓄積されるので，この病気はフェニルケトン尿症と呼ばれる．

アメリカでは，生後 24 時間以内に，すべての新生児は血清フェニルアラニン濃度が高いかどうかのテストを受ける．これによりフェニルアラニンヒドロキシ化酵素欠損のために引き起こされたフェニルアラニンの蓄積量がわかる．新生児のフェニルアラニン濃度が高い場合にはすぐに，フェニルアラニン含有量が低くチロシン含有量の多い食物が与えられる．フェニルアラニンの濃度を生後 5〜10 年かけて注意深く制御すれば，子どもには有害な症状は現れなくなる．NutraSweet® を含有する食品の包装紙には，フェニルアラニンを含有する旨の注意事項が書かれていることに気づくであろう．（この甘味料は L-アスパラギン酸と L-フェニルアラニンからなるジペプチドのメチルエステルであることを思い出そう；1207 ページ参照）．

しかし，食餌中のフェニルアラニンを制御しないと，生後数カ月で極度の精神障害が現れる．治療を受けていない子どもは青白い肌で，家族のなかのほかの人に比べると髪の色が薄い．これはチロシンなしでは皮膚や髪の色素であるメラニンを合成できないからである．治療を受けていない PKU 患者の半数は 20 歳までに死に至る．また，PKU の女性が妊娠した場合には，子どものときのようにフェニルアラニン含有量の少ない食事に戻す必要がある．なぜならば，高濃度のフェニルアラニンは胎児に奇形をもたらす可能性があるからである．

アルカプトン尿症

フェニルアラニンの分解に関与する酵素の欠損によって起こるもう一つの遺伝病はアルカプトン尿症であり、これはホモゲンチジン酸二酸化酵素の欠損に起因する．この酵素の欠損症の唯一の病理作用は黒色尿である．アルカプトン尿症にかかった人の尿が黒くなるのは，患者が排泄するホモゲンチジン酸が空気中で直ちに酸化され，黒い化合物が生成するからである．

問題 15◆
どの補酵素がアミノ基転移反応に必要か．

問題 16◆
アラニンがアミノ基転移反応を起こすとどのような化合物が生成するか．

25.10　クエン酸回路

　クエン酸回路(citric acid cycle)(異化の三段階目)は，脂肪，炭水化物，およびアミノ酸の異化によって生成したアセチル–CoA 分子のアセチル基が，それぞれ 2 分子の CO_2 に変換される八つの連続する反応である(図 25.5)．

> クエン酸回路に導入されるアセチル–CoA のアセチル基は，2 分子の CO_2 に変換される．

$$CH_3-C(=O)-SCoA \longrightarrow 2\,CO_2 + CoASH$$

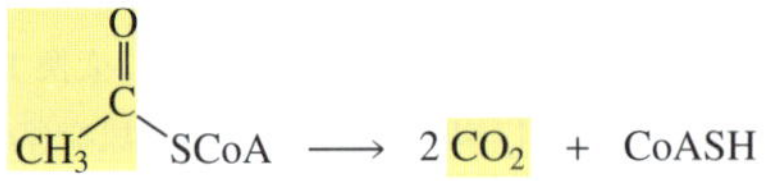

　この一連の反応は，ほかの代謝過程の反応とは異なり，8 番目の反応の生成物(オキサロ酢酸)が最初の反応の反応物であり，一連の反応は閉じた環を成しているので<u>回路</u>と呼ばれている．

1. クエン酸回路の最初の反応では，アセチル–CoA がオキサロ酢酸と反応し，クエン酸が生成する．反応機構に示したように，酵素のアスパラギン酸側鎖がアセチル–CoA の α 炭素からプロトンを引き抜き，エノラートイオンを生じる．このエノラートイオンはオキサロ酢酸のケト部のカルボニル炭素に付加し，カルボニル酸素はヒスチジン側鎖からプロトンを引き抜く．これは，一方の分子の α-カルボアニオン(エノラートイオン)が求核剤となり，もう一方の分子のカルボニル炭素が求電子剤となるアルドール付加と同じである(18.10 節参照)．求核付加脱離反応(16.9 節参照)において生成した中間体(チオエステル)は加水分解されてクエン酸になる．

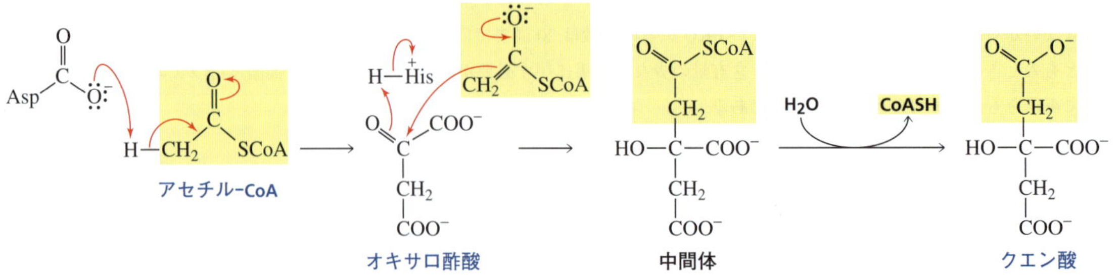

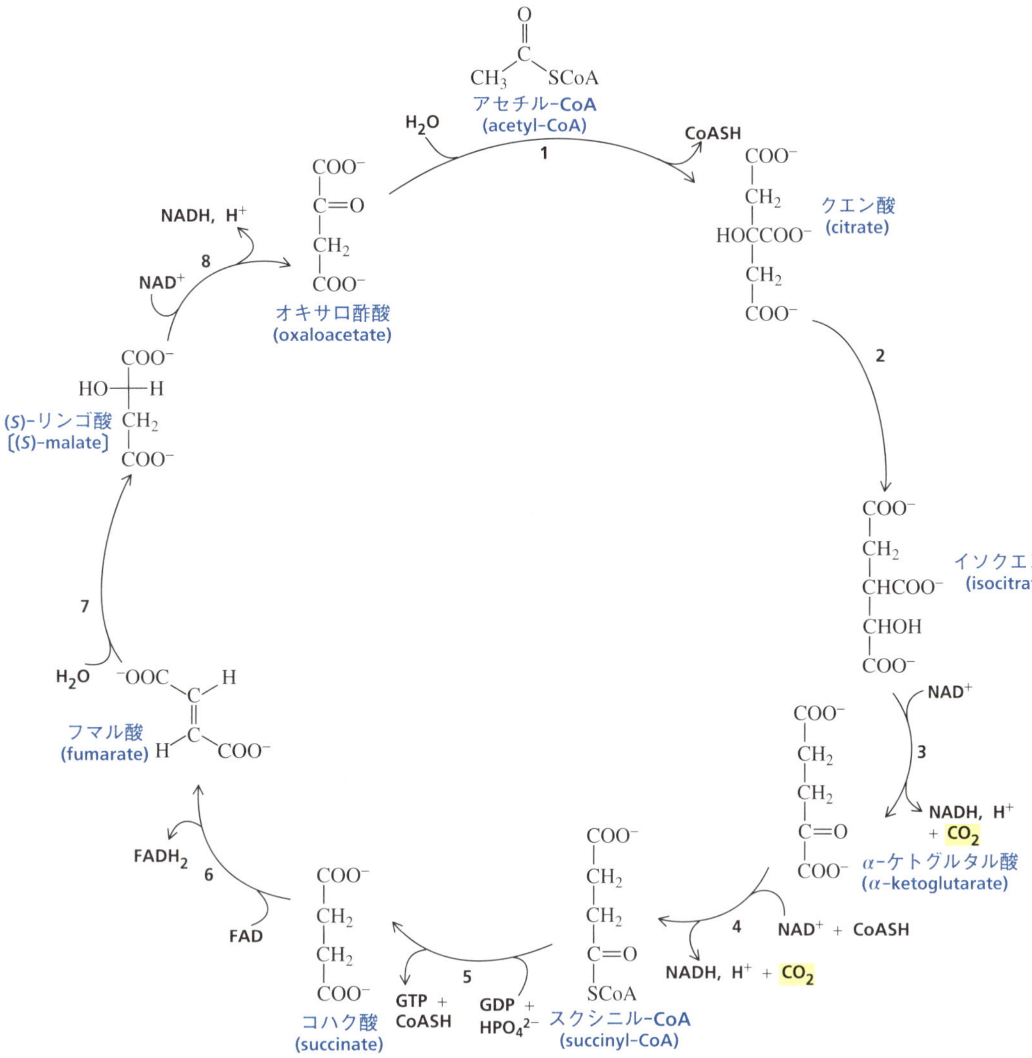

▲ 図 25.5
クエン酸回路．一連の酵素触媒反応によりアセチル-CoA のアセチル基は 2 分子の CO_2 に変換される．それぞれの反応を触媒する酵素は，1．クエン酸合成酵素；2．アコニターゼ；3．イソクエン酸脱水素酵素；4．α-ケトグルタル酸脱水素酵素；5．スクシニル-CoA 合成酵素；6．コハク酸脱水素酵素；7．フマラーゼ；8．リンゴ酸脱水素酵素．

2. 2 番目の反応では，クエン酸がイソクエン酸に異性化される．この反応は二段階を経て進行する．一段階目で水分子が除去され，二段階目で再び付加する．一段階目は E2 脱水反応である（上巻；11.4 節参照）．セリン側鎖がプロトンを引き抜き，ヒスチジン側鎖によって脱離する OH 基がプロトン化される．プロトン化された OH 基はより弱い塩基（H_2O）であり，それゆえ，より優れた脱離基となる．二段階目では，中間体に対して水が共役付加し，イソクエン酸が生成する（17.19 節参照）．

3. 3番目の反応では，1分子目の CO_2 が放出される．この反応も二段階を経て進行する．一段階目では，イソクエン酸の第二級アルコール基が NAD^+ によってケトンに酸化される（24.1 節参照）．二段階目では，Mg^{2+} が触媒としてはたらき，ケトンが CO_2 を失う（1245 ページ参照）．カルボニル炭素に隣接する炭素に結合している CO_2 基は，残された電子がカルボニル酸素上へ非局在化できるので脱離しうることをすでに学んだ（18.17 節参照）．エノラートイオンはケトンに互変異性化する（18.3 節参照）．

4. 4番目の反応では，2分子目の CO_2 が放出される．この反応は一連の酵素系と，アセチル–CoA を生成する際に用いられたピルビン酸脱水素酵素複合体が必要とするものと同じ五つの補酵素を必要とする（1321 ページを見よ）．ピルビン酸脱水素酵素複合体によって触媒される反応のように，この反応全体では結果としてアシル基が CoASH に転移する．したがって，反応の生成物はスクシニル–CoA である．

5. 5番目の反応は二段階を経て進行する．はじめに，リン酸水素イオンは求核付加–脱離反応によってスクシニル–CoA と反応し，中間体を生成する．この中間体から GDP にリン酸基が転移する．

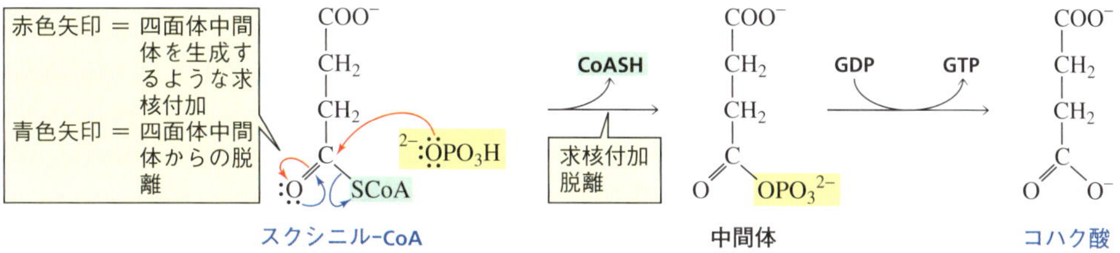

25.10 クエン酸回路

| 赤色矢印 = 四面体中間体を生成するような求核付加 |
| 青色矢印 = 四面体中間体からの脱離 |

スクシニル-CoA → 中間体 → コハク酸

中間体はそのリン酸基を直接 GDP に転移しない．その代わり，酵素のヒスチジン側鎖にリン酸基が転移し，3-ホスホヒスチジンが生成する．その後，GDP にリン酸基が転移する．

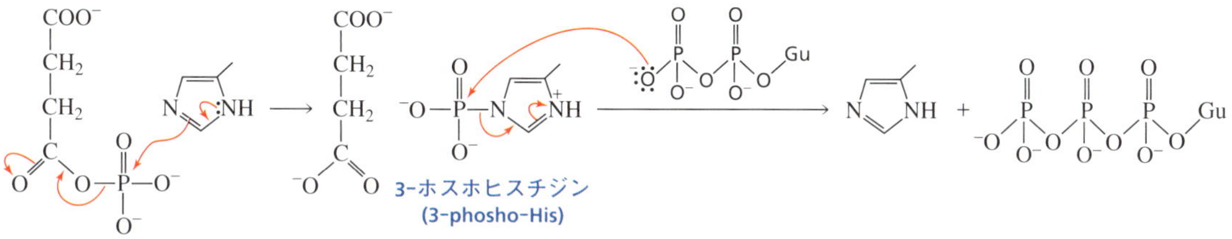

3-ホスホヒスチジン
(3-phosho-His)

いったん生成すると，GTP から ADP へリン酸基が転移し，ATP が生産される．GTP と ATP の間の速い相互変換は，ヌクレオチドニリン酸キナーゼと呼ばれる酵素によって触媒される．

$$GTP + ADP \rightleftharpoons GDP + ATP$$

すでにこの段階で，クエン酸回路は必要な変換過程を成し遂げている．すなわち，アセチル-CoA は CoASH と 2 分子の CO_2 に変換される．残るは，コハク酸をオキサロ酢酸に変換する過程であり，オキサロ酢酸はほかのアセチル-CoA 分子と反応して回路が再始動する．

6. 6 番目の反応では，FAD がコハク酸を酸化し，フマル酸が生成する．この反応の機構は 24.2 節で学んだ．
7. フマル酸の二重結合に水が共役付加し，(S)-リンゴ酸が生成する．この反応がたった一つのエナンチオマーだけを生じる理由は上巻の 6.16 節で学んだ．
8. (S)-リンゴ酸の第二級アルコールが NAD^+ によって酸化され，オキサロ酢酸が生成し，回路は一巡し出発点に戻る．オキサロ酢酸は再び回路に導入され，次のアセチル-CoA 分子と反応し，アセチル-CoA のアセチル基を 2 分子の CO_2 へ変換していく．

クエン酸回路の 6，7，および 8 の反応は，脂肪酸の β 酸化反応の 1，2，および 3 の反応と似ていることに注目しよう（25.6 節）．

問題 17

酸触媒下で起こる脱水反応は通常 E1 反応である．クエン酸回路の 2 番目の反応である酸触媒下での脱水反応はなぜ E2 反応なのか．

問題 18◆
クエン酸回路の3番目の反応でイソクエン酸のどの官能基が酸化されるか.

問題 19◆
クエン酸回路はトリカルボン酸回路(あるいは TCA 回路)とも呼ばれる.クエン酸回路中間体のうちどの化合物がトリカルボン酸に相当するか.

問題 20◆
クエン酸回路の4番目の反応で,チアミンピロリン酸によってどのようなアシル基が転移されるのか.

問題 21
ヌクレオチド二リン酸キナーゼにより触媒される反応の機構を書け.

問題 22◆
クエン酸回路の八つの酵素のうちのどれが逆反応に由来して名づけられているか.

25.11 酸化的リン酸化

異化の二段階目および三段階目で生成する NADH と $FADH_2$ は,異化の四段階目である**酸化的リン酸化**(oxidative phosphorylation)を受けて,NAD^+ と FAD に酸化される.それゆえ,さらなる酸化反応を起こすことができる.

NAD^+ や FAD が酸化されるときに失われる電子は,電子受容体と結合したシステムに移動する.最初の電子受容体のうちの一つは,キノン構造をもつ補酵素 Q_{10} である.キノンが電子を受け取る(還元される)と,ヒドロキノンが生成することを学んだ(上巻;13.11 節参照).ヒドロキノンが次の電子受容体に電子を渡すと,再び酸化されてキノンに戻る.最後の電子受容体は O_2 である.O_2 が電子を受け取ると,還元されて水になる.この酸化-還元反応の連鎖は,ADP を ATP に変換するのに用いられるエネルギーを供給している.

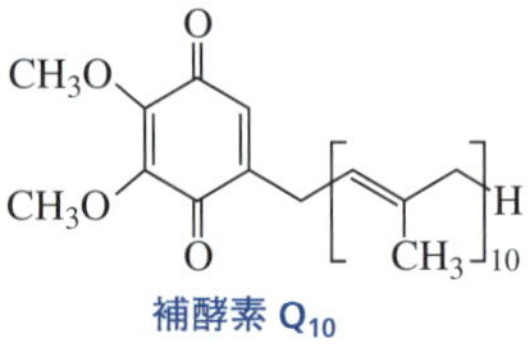

補酵素 Q_{10}

1分子の NADH が酸化的リン酸化を受けることによって 2.5 分子の ATP が生産され,1分子の $FADH_2$ が酸化的リン酸化反応を受けることによって 1.5 分子の ATP が生産される.

$$NADH \longrightarrow NAD^+ + 2.5\ ATP$$
$$FADH_2 \longrightarrow FAD\ + 1.5\ ATP$$

酸化的リン酸化では,1分子の NADH が 2.5 分子の ATP に変換され,1分子の $FADH_2$ が 1.5 分子の ATP に変換される.

クエン酸回路が一巡すると,3分子の NADH,1分子の $FADH_2$,および1分子の ATP が生成する.したがって,クエン酸回路に導入されるアセチル-CoA 分子

は，NADH から 7.5 分子の ATP が，FADH$_2$ から 1.5 分子の ATP が，回路から 1 分子の ATP が生じ，全部で 10 分子の ATP がつくられる．

$$3\,\text{NADH} + \text{FADH}_2 \longrightarrow 3\,\text{NAD}^+ + \text{FAD} + 9\,\text{ATP} \xrightarrow{\text{GTP, ADP} \to \text{GDP}} 10\,\text{ATP}$$

基礎代謝率

基礎代謝率(basal metabolic rate，BMR)は，ヒトが 1 日中ベッドで寝ているときに消費するカロリー数である．BMR は性別，年齢，および遺伝的要素の影響を受ける．BMR は女性よりも男性のほうが大きく，老人よりも若い人のほうが大きい．また，ある人は生まれながらにしてほかの人よりも代謝速度が速いという場合もある．BMR は体脂肪率の影響も受ける．体脂肪率が高い人は，BMR が低い．ヒトでは，平均の BMR は約 1600 kcal/日である．

ヒトは基礎代謝を維持するためにカロリーを消費するのに加え，身体活動を行うのに必要なエネルギーとしてもカロリーを消費している．ヒトが活動的であればあるほど，現在の体重を維持するためにはより多くのカロリーを必要とする．あるヒトがBMRと身体活動を保つために必要なカロリーよりも多くのカロリーを摂取すれば，体重が増える．逆に，カロリー摂取量が少なくなれば体重は減る．

問題 23 ◆
次の条件で 1 分子のグリセロールがピルビン酸に変換されるとき，何分子の ATP が生産されるか．
 a. 異化の四段階目を含まないとき　　　**b.** 異化の四段階目を含むとき

25.12 同 化

同化は異化の逆反応である．同化ではアセチル-CoA，ピルビン酸，クエン酸回路中間体，および解糖で生成した中間体が脂肪酸や炭水化物，およびタンパク質の合成のための出発物質として使われる．

たとえば，私たちはすでに細胞がどのようにしてアセチル-CoA を使って脂肪アシル-CoA を合成しているのかを学んでいる(18.21 節参照)．脂肪アシル-CoA が合成されると，解糖の中間体として生成したジヒドロキシアセトンリン酸の還元により得られるグリセロール-3-リン酸がエステル化され，脂肪や脂肪油へと変換される．

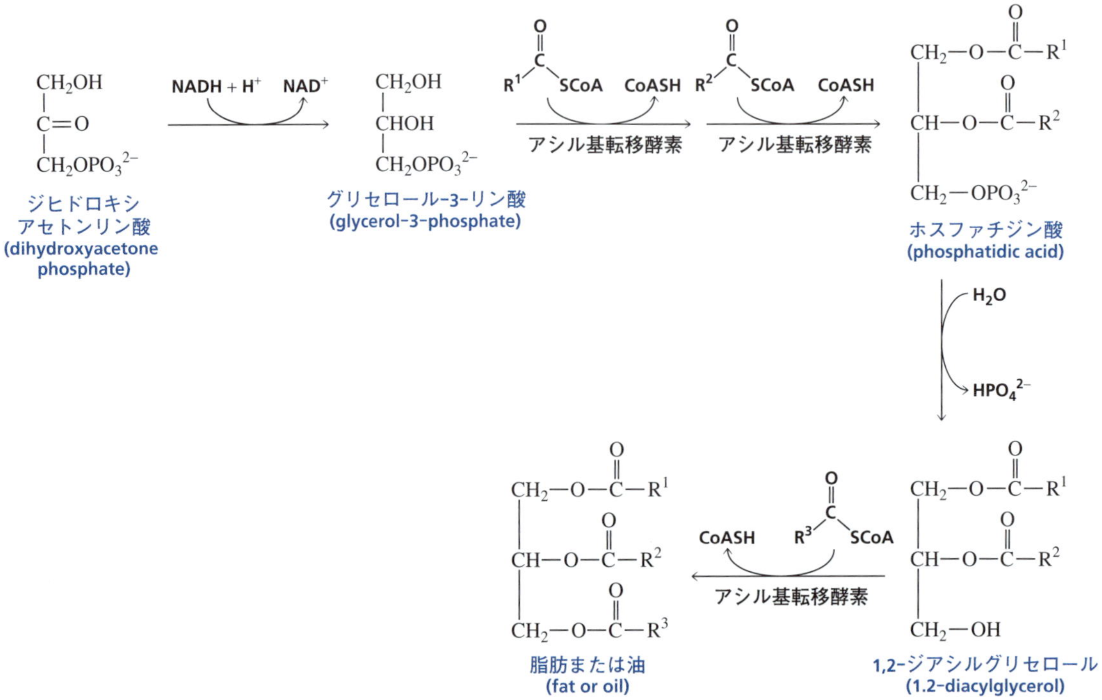

[反応スキーム: ジヒドロキシアセトンリン酸 (dihydroxyacetone phosphate) → (NADH + H⁺ → NAD⁺) → グリセロール-3-リン酸 (glycerol-3-phosphate) → (R¹COSCoA, CoASH, アシル基転移酵素) → (R²COSCoA, CoASH, アシル基転移酵素) → ホスファチジン酸 (phosphatidic acid) → (H₂O, HPO₄²⁻) → 1,2-ジアシルグリセロール (1,2-diacylglycerol) → (R³COSCoA, CoASH, アシル基転移酵素) → 脂肪または油 (fat or oil)]

問題 24 ◆

a. グリセロールをグリセロール-3-リン酸に変換する酵素の名前は何か.

b. ホスファチジン酸を 1,2-ジアシルグリセロールに変換する酵素の名前は何か.

25.13　糖 新 生

　ピルビン酸からグルコースを合成する**糖新生**（gluconeogenesis）は同化の一過程である．身体にとってグルコースは一次燃料である．しかし，長時間の運動や断食のときには，グルコースを使い切り，脂肪を燃料として使う．脳は脂肪を代謝できないので，グルコースの継続的な供給が必要となる．それゆえ，脳にグルコースを十分に供給できないときのために，身体はグルコースを合成する経路をもっている．

　図 25.6 からわかるように，グルコースの合成に含まれる多くの反応は，ちょうど解糖の逆反応であり，解糖でグルコースからピルビン酸が生成する反応を触媒するのと同じ酵素によって行われている．しかしながら，糖新生におけるすべての反応が，解糖の反応の真逆というわけではない．各段階におけるいくつかの酵素は，本質的に不可逆な反応を触媒しており，逆方向へ進むときには迂回しなければならない．不可逆的な正反応および逆反応を行うのに異なる酵素を使うことによって，正反応と逆反応がともに熱力学的に進行しやすくなっている．

　解糖における反応 **1**，**3** および **10** は不可逆的である（図 25.6）．したがって，糖新生においてこれらの逆反応を触媒するには異なる酵素が必要となる．解糖に

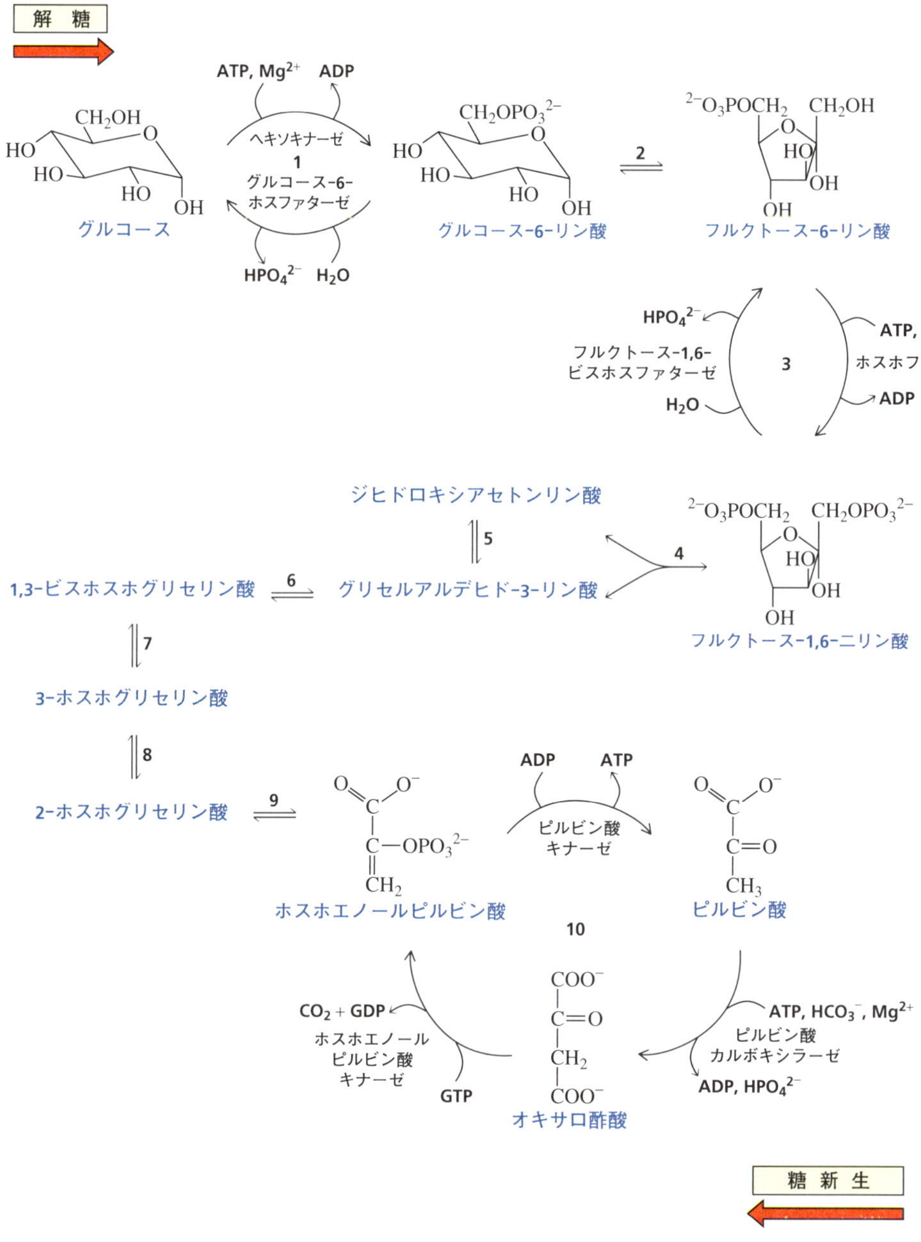

▲ 図 25.6
解糖(グルコースからピルビン酸への変換)と糖新生(ピルビン酸からグルコースの生合成).

おける最後の不可逆的反応の逆反応は，実際には二つの連続する酵素触媒反応である．最初にピルビン酸カルボキシラーゼによってピルビン酸がオキサロ酢酸に変換される．このピルビン酸カルボキシラーゼはビオチン依存性の酵素であり，その反応機構は 24.4 節で学んだ．次に，オキサロ酢酸がホスホエノールピルビン酸に変換される．この反応では 3-オキソカルボン酸が脱炭酸され(18.17 節参照)，エノラートイオンの酸素が GTP の γ リン原子を攻撃する(1342 ページを見よ).

オキサロ酢酸 + GTP ⟶ ホスホエノールピルビン酸 + CO_2 + GDP

糖新生における次の反応であるフルクトース-6-リン酸へのフルクトース-1,6-二リン酸の変換は，逆反応が不可逆的なので酵素(**3**)を必要とし，フルクトース-1,6-ビスホスファターゼによって触媒される．**ホスファターゼ**(phosphatase)はリン酸基を除去する酵素である．結果として，グルコース-6-ホスファターゼ(**1**)はグルコース-6-リン酸を不可逆的に加水分解し，グルコースを生成する．

25.14 代謝経路の調節

　グルコースの合成と分解が同時に行われるのは，非生産的である．有用な化学的成果は何も成し遂げられないのにもかかわらず，ATPは消費される．したがって，二つの経路は制御されなければならない．つまり，細胞がエネルギーとしてグルコースを必要としていないときにグルコースは合成され，蓄積される．そして，エネルギーが必要とされるときには，グルコースは分解される．経路のはじめに近い段階において，不可逆的な反応を触媒する酵素は，経路を動かしたり止めたりする．この酵素は**調節酵素**(regulatory enzyme)と呼ばれる．調節酵素は細胞の要求に応答して，独立に分解や合成を調整している．解糖における三つの不可逆的な酵素と，糖新生における三つの不可逆的な酵素による調節のしくみは非常に複雑である．したがって，ここでは2，3の調節機構についてだけ考えてみよう．

　ヘキソキナーゼは，解糖の最初に出てくる不可逆的な酵素であり，調節酵素である．この酵素は，この反応の生成物であるグルコース-6-リン酸によって阻害される．グルコース-6-リン酸の濃度が通常の値より高くなると，それ以上グルコース-6-リン酸を合成する理由はなくなり，酵素は機能しなくなる．グルコース-6-リン酸は**フィードバック阻害化合物**(feedback inhibitor)である．すなわち，その生合成経路のはじめの段階を阻害する．

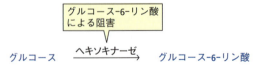

　ホスホフルクトキナーゼは，フルクトース-6-リン酸をフルクトース-1,6-二リン酸に変換する酵素であり，解糖における不可逆的な反応を触媒する酵素である．これも調節酵素である．細胞内のATPの濃度の上昇は，ATPの産生が消費よりも速いというシグナルであり，それ以上グルコースの分解を続ける理由はない．したがって，ATPはホスホフルクトキナーゼの阻害化合物である．ATPは酵素と結合し，基質との親和性を下げるようにコンホメーションの変化をもたらす．

ATP はアロステリック阻害化合物の一例である．**アロステリック阻害化合物**（allosteric inhibitor）は，酵素の活性部位以外の部位に結合し，酵素を阻害する（*allos* と *stereos* は〝ほか〟と〝空間〟を指すギリシャ語である）．この酵素とアロステリック阻害剤の結合は活性部位の構造に影響を及ぼし，そして反応を触媒する能力に影響を及ぼす．一方，細胞内における ADP と AMP の濃度の上昇は，ATP の消費が産生よりも速いというシグナルである．したがって，ADP や AMP はホスホフルクトキナーゼの**アロステリック活性化化合物**（allosteric activator）である．ADP や AMP は酵素と結合し，ATP が酵素と結合することによってもたらされた阻害作用を覆す．

クエン酸もまたホスホフルクトキナーゼのアロステリック阻害化合物である．細胞内におけるクエン酸（クエン酸回路の中間体）の濃度の上昇は，脂肪やタンパク質の酸化によって必要とされるエネルギーを細胞が得ているというシグナルであり，それゆえ，炭水化物の酸化が一時的に止まる．

糖新生の最初の不可逆的な酵素であるピルビン酸カルボキシラーゼも調節酵素である．ピルビン酸は（ピルビン酸カルボキシラーゼによって）オキサロ酢酸に変換されるか，あるいは（ピルビン酸脱水素酵素複合体によって）アセチル-CoA に変換され，クエン酸回路に導入される．アセチル-CoA はピルビン酸カルボキシラーゼのアロステリック活性化化合物であり，ピルビン酸脱水素酵素複合体のフィードバック阻害化合物である．高濃度のアセチル-CoA は，エネルギーのためのグルコースの酸化が不必要であるというシグナルであり，ピルビン酸はクエン酸回路に導入される準備というよりもグルコースに変換される．

25.15 アミノ酸の生合成

身体の中でつくられるアミノ酸は，10 種の非必須アミノ酸だけである．ほかのアミノ酸は食物から摂取しなければならない．非必須アミノ酸は，4 種の代謝中間体であるピルビン酸，オキサロ酢酸，α-ケトグルタル酸，および 3-ホスホグリセリン酸のいずれかから生合成される．各アミノ酸はそれぞれ独自の過程により生合成される．

たとえば，グルタミン酸は，アミノ酸を窒素供与体とし，α-ケトグルタル酸を窒素受容体としたアミノ基転移反応によって生合成されることを学んだ．アラニンとアスパラギン酸も同様にアミノ酸を窒素供与体としたアミノ基転移反応によって生合成される．

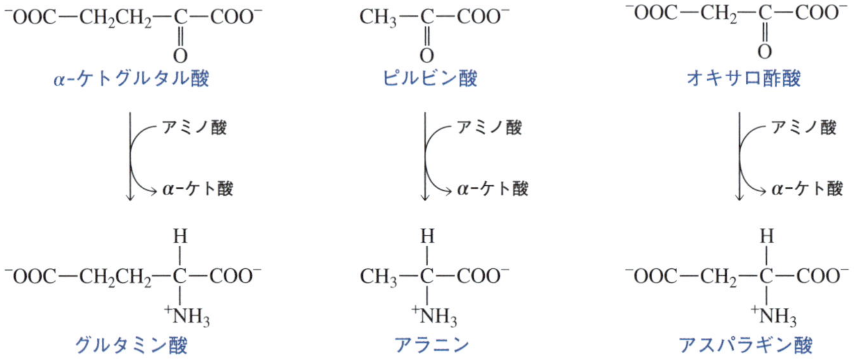

セリンは3-ホスホグリセリン酸(解糖の中間体)の酸化, グルタミン酸を窒素供給体としたアミノ基転移反応, それに続くリン酸基の加水分解により生合成される. 26.9節では, アミノ酸からどのようにしてタンパク質が生合成されるかを学ぶ.

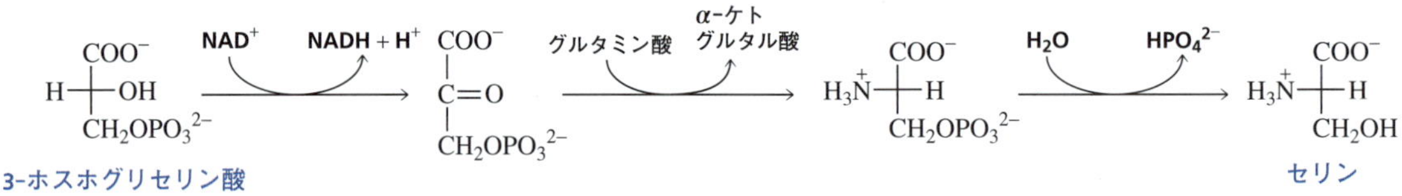

問題 25

グルタミンは, ATPとアンモニアを用いてグルタミン酸から二段階で生合成される. この生合成の機構を示せ.

25.16 テルペンは5の倍数の炭素原子を含んでいる

テルペン(terpene)は 10, 15, 20, 25, 30, あるいは 40 個の炭素をもつ多様な化合物群である. 2万種類以上のテルペンが知られており, 香りのよい植物から抽出される精油中に多くのテルペンが見いだされている. テルペンは炭化水素であるものや, 酸素を含むもの, そしてアルコール, ケトン, アルデヒドであるものもある. 酸素官能基を含むテルペンは**テルペノイド**(terpenoid)と呼ばれることもある. テルペンとテルペノイドは, 数千年ものあいだ, 香辛料, 香料, そして薬として使われてきた.

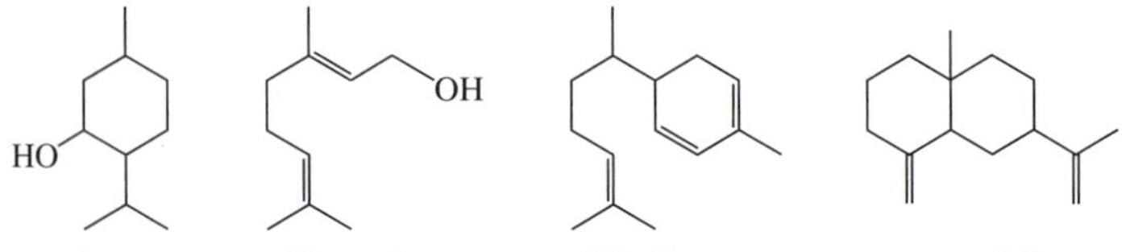

メントール
(menthol)
はっか油

ゲラニオール
(geraniol)
ゼラニウム油

ジンジベレン
(zingiberene)
ショウガ油

β-セリネン
(β-selinene)
セロリ油

テルペンの構造は，その合成過程を反映している．通常，頭-尾型（イソプレンの枝分かれした末端を頭，枝分かれしていない末端を尾と呼ぶ）で5炭素のイソプレン単位が結合している．イソプレンは2-メチル-1,3-ブタジエンの慣用名であり，5炭素からなる化合物である．

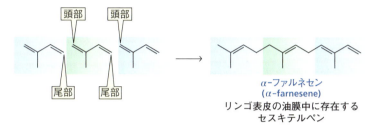

環状化合物の場合，一つのイソプレン単位の頭部とほかのイソプレン単位の尾部が結合し，もう一つの結合が形成されて環が生成する．二つ目の結合は頭-尾型である必要はないが，どのような結合も安定な五員環あるいは六員環の形成に必要である．

テルペンの生合成には，イソプレンではなく，イソプレンと同じ炭素骨格をもつイソペンテニルピロリン酸が用いられていることを25.17節で学ぶ．イソペンテニルピロリン酸単位が頭-尾型で結合される機構についても見ていく．

テルペンは含まれる炭素数によって分類される．**モノテルペン**（monoterpene）は二つのイソプレン単位からなり，したがって10個の炭素をもつ．

15炭素からなる**セスキテルペン**（sesquiterpene）は，三つのイソプレン単位をもつ（*sesqui* は〝1と半分〟を意味するラテン語に由来する）．植物の多くの香気成分はモノテルペンまたはセスキテルペンである．これらの化合物は精油として知られている．

トリテルペン（triterpene）（30炭素）と**テトラテルペン**（tetraterpene）（40炭素）は重要な生物学的役割を担っている．たとえば，トリテルペンの**スクアレン**（squalene）はコレステロールの前駆体であり，コレステロールはほかのすべてのステロイドホルモン（上巻：3.15節参照）の前駆体である．リコピン（リコペン）とカロテンは，多くの果物や野菜の赤色や橙色のもととなる化合物であり，テトラテルペンである（上巻：717ページ参照）．

モノテルペンは10個の炭素をもっている．

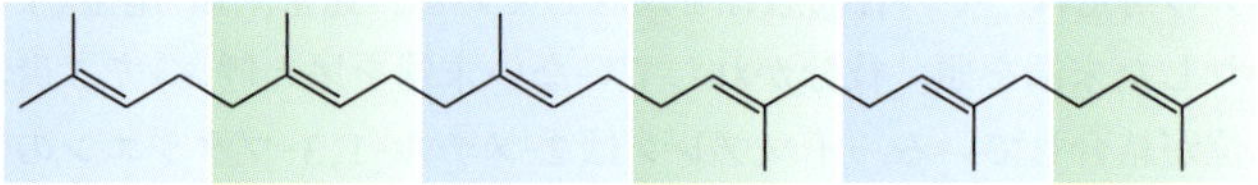

スクアレン
(squalene)

問題 26◆
スクアレンには頭-尾結合ではなく尾-尾結合がある．このことはスクアレンが天然でどのように生合成されるかについて何を示唆しているか．（ヒント：尾-尾結合を図示してみよう．）

問題 27
リコピンとβ-カロテンのイソプレン単位を図示せよ．（これらの構造は上巻の717ページ参照）．これらの化合物とスクアレンの生合成に類似点はあるか．

25.17 テルペンはどのようにして生合成されるか

テルペンの生合成に用いられる5炭素の化合物は，3-メチル-3-ブテニルピロリン酸であり，より一般的にはイソペンテニルピロリン酸として知られている．イソペンテニルピロリン酸の生合成の各段階は異なる酵素により触媒される．

イソペンテニルピロリン酸の生合成過程

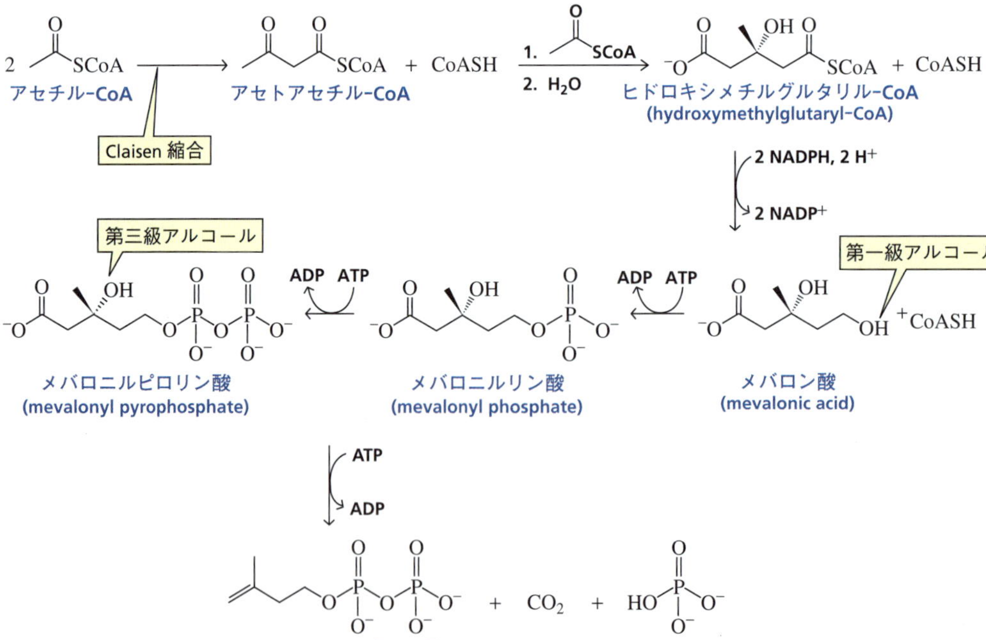

アセチル-CoA → アセトアセチル-CoA + CoASH → ヒドロキシメチルグルタリル-CoA (hydroxymethylglutaryl-CoA) + CoASH

Claisen 縮合

メバロニルピロリン酸 (mevalonyl pyrophosphate) ← メバロニルリン酸 (mevalonyl phosphate) ← メバロン酸 (mevalonic acid)

第三級アルコール ／ 第一級アルコール

イソペンテニルピロリン酸 (isopentenyl pyrophosphate) + CO_2 + $HO-PO_3^{2-}$

25.17 テルペンはどのようにして生合成されるか

- 一段階目は，Claisen 縮合である（18.13 節参照）．
- 二段階目は，3 分子目のアセチル-CoA へのアルドール付加反応であり，続いてチオエステル基の一つが加水分解される（問題 28 を見よ）．
- チオエステルは NADPH によって還元され，メバロン酸を生成する（問題 29 を見よ）．
- ATP による第一級アルコールの二度の連続するリン酸化によって，ピロリン酸基が付加される（問題 30 を見よ）．
- 第三級アルコールが ATP によってリン酸化される．続く脱炭酸とリン酸基の除去によってイソペンテニルピロリン酸が生成する（問題 31 を見よ）．

問題 28
イソペンテニルピロリン酸の生合成の最初の二段階である Claisen 縮合とアルドール付加の機構を示せ．

問題 29◆
ヒドロキシメチルグルタリル-CoA をメバロン酸に還元するときに，なぜ 2 当量の NADPH が必要なのか．

問題 30
メバロン酸をメバロニルピロリン酸に変換するときの反応機構を示せ．

問題 31（解答あり）
イソペンテニルピロリン酸の生合成の最終段階の機構を示し，なぜ ATP が必要となるかを示せ．

解答 イソペンテニルピロリン酸の構造にある二重結合を生成するため，CO_2 の脱離がヒドロキシドイオンの脱離とともに行われる必要がある．しかし，ヒドロキシドイオンは強塩基であり，脱離能が低い．したがって，ATP を用いて OH 基をリン酸基に変換する．リン酸基は弱塩基であるので容易に脱離する．

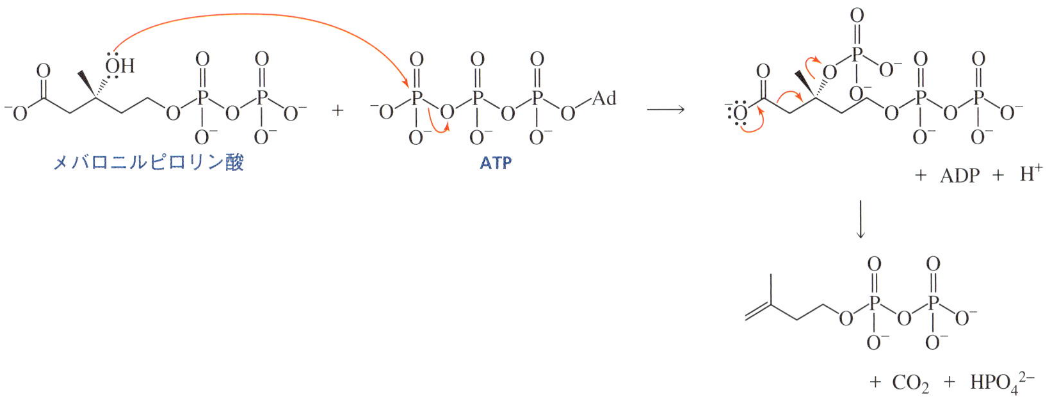

🧪 スタチン類がコレステロール値を下げるしくみ

スタチン類(Lipitor® や Zocor®, Mevacor®)が血清中のコレステロール値を下げることを上巻の 3.15 節で学んだ．これらの医薬品は，ヒドロキシメチルグルタリル-CoA をメバロン酸に還元する酵素の競合阻害薬である(1346 ページを見よ)．競合阻害薬は基質と競合して酵素の活性部位に結合することを思い出そう(24.7 節参照)．メバロン酸の濃度が低下すると，イソペンテニルピロリン酸の濃度が低下し，コレステロールを含むすべてのテルペン類の合成も抑えられる．コレステロールの生合成量の減少の結果として，肝臓は LDL 受容体を増やす．この LDL 受容体は血中の LDL を除く役割を果たしている．LDL(低密度リポタンパク質)は悪玉コレステロールと呼ばれていることを思い出そう(上巻；3.15 節参照)．

テルペンの生合成には**イソペンテニルピロリン酸**(isopentenyl pyrophosphate)と**ジメチルアリルピロリン酸**(dimethylallyl pyrophosphate)の両方が必要である．したがって，イソペンテニルピロリン酸の一部は二段階からなる酵素触媒反応によってジメチルアリルピロリン酸に変換される．

イソペンテニルピロリン酸のジメチルアリルピロリン酸への変換機構

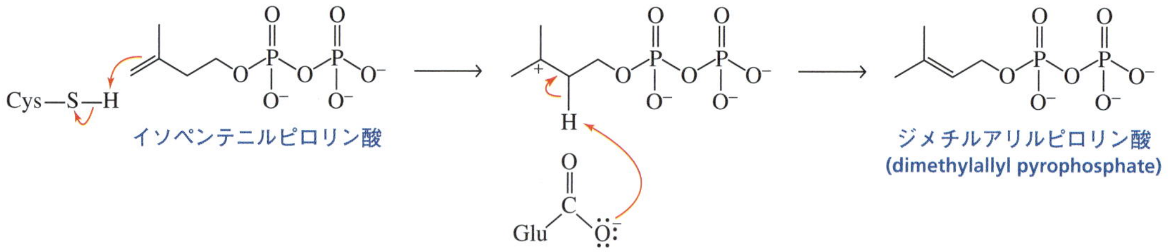

プロトン付加とプロトン脱離が，イソペンテニルピロリン酸をジメチルアリルピロリン酸に変換する．

- システイン側鎖が酵素の活性部位のなかの適当な位置にあり，水素が最も多く結合したアルケンの sp^2 炭素にプロトンを供与する(上巻；6.4 節参照)．
- 水素が最も少なく結合したカルボカチオン中間体の β 炭素から，グルタミン酸イオン側鎖がプロトンを引き抜く(Zaitsev 則に従う；上巻 10.2 節参照)．

ジメチルアリルピロリン酸とイソペンテニルピロリン酸の酵素触媒反応により，10 炭素の化合物であるゲラニルピロリン酸が生成する．

テルペン生合成の反応機構

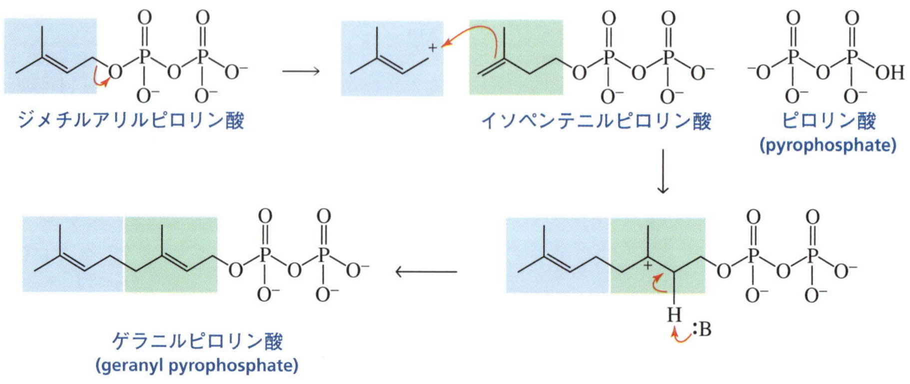

25.17 テルペンはどのようにして生合成されるか **1349**

- 実験結果は，この反応が S_N1 反応であることを示唆している（問題 34 を見よ）．したがって，脱離基が脱離し，アリルカチオンが生じる．
- イソペンテニルピロリン酸はアリルカチオンに付加する求核剤である．
- 塩基がプロトンを引き抜き，ゲラニルピロリン酸が生じる．

以下のスキームは，ゲラニルピロリン酸から多くのモノテルペンが合成される経路を示す．

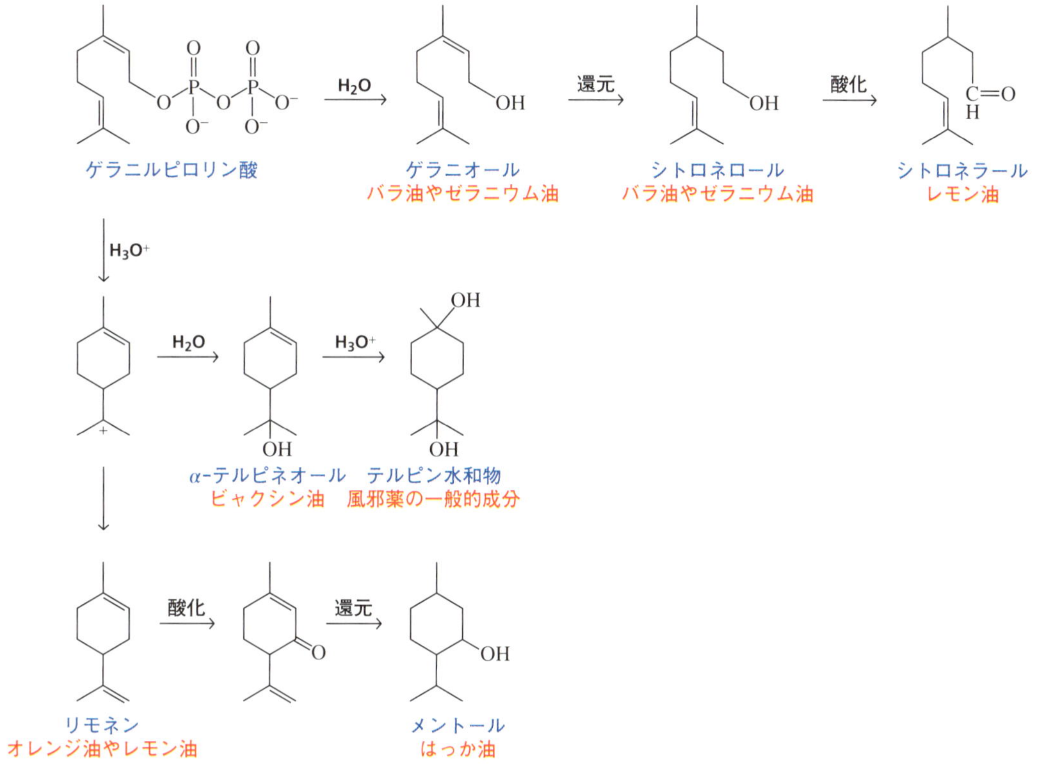

ゲラニルピロリン酸 → H_2O → ゲラニオール（バラ油やゼラニウム油）→ 還元 → シトロネロール（バラ油やゼラニウム油）→ 酸化 → シトロネラール（レモン油）

↓ H_3O^+

→ H_2O → α-テルピネオール（ビャクシン油）→ H_3O^+ → テルピン水和物（風邪薬の一般的成分）

↓

リモネン（オレンジ油やレモン油）→ 酸化 → → 還元 → メントール（はっか油）

【問題解答の指針】
生合成機構の提案

ゲラニルピロリン酸からリモネンが生合成される機構を示せ．

ゲラニルピロリン酸がジメチルアリルピロリン酸と同様に反応すると仮定すると，S_N1 反応によって脱離基が脱離する．π結合の電子がアリルカチオンを攻撃し，六員環構造と新しいカルボカチオンを生じる．塩基がプロトンを引き抜き，必要な二重結合が形成される．

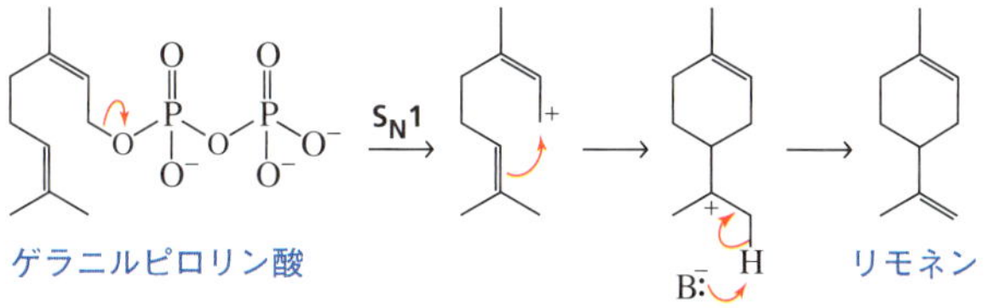

ゲラニルピロリン酸 → S_N1 → → → リモネン

ここで学んだ方法を使って問題 32 を解こう．

問題 32
ゲラニルピロリン酸からα-テルピネオールが生合成される機構を示せ.

問題 33
ゲラニルピロリン酸がE異性体からZ異性体に異性化する機構を示せ.

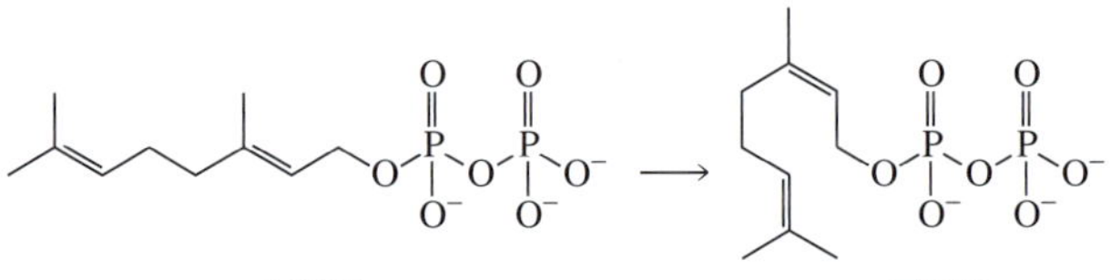

*E*異性体 → *Z*異性体

ジメチルアリル ＝ 5炭素
イソペンテニル ＝ 5炭素
ゲラニル ＝ 10炭素
ファルネシル ＝ 15炭素
ゲラニルゲラニル ＝ 20炭素

ゲラニルピロリン酸はもう1分子のイソペンテニルピロリン酸と反応し, 15炭素のファルネシルピロリン酸を生成する. ファルネシルピロリン酸は別のイソペンテニルピロリン酸と反応して, 20炭素のゲラニルゲラニルピロリン酸を生成する.

ゲラニルピロリン酸

ファルネシルピロリン酸
(farnesyl pyrophosphate)

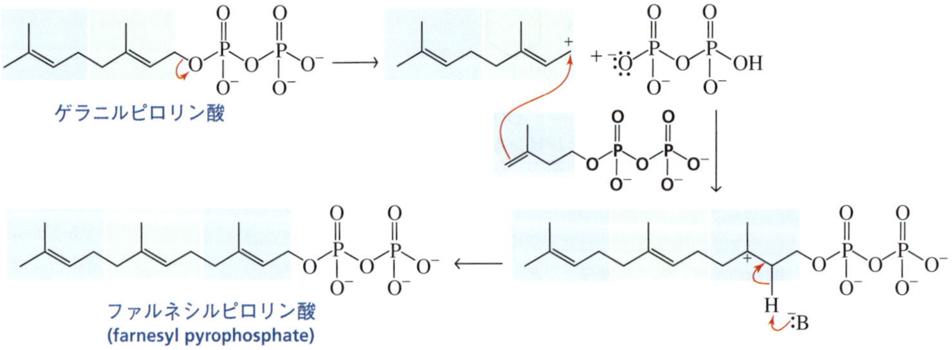

問題 34◆
ここに示したフッ素置換ゲラニルピロリン酸はイソペンテニルピロリン酸と反応し, フッ素置換ファルネシルピロリン酸を生じる. この反応速度は, フッ素置換されていないゲラニルピロリン酸を用いた反応の反応速度と比べ1％も遅くなっていない. この現象は, この反応の機構に関して何を語っているか.

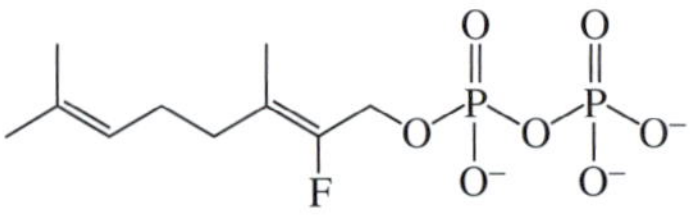

2分子のファルネシルピロリン酸から30炭素のスクアレンが生成する. この反応は, ファルネシルピロリン酸2分子を尾-尾結合させるスクアレン合成酵素により触媒される. 先に述べたように, スクアレンはコレステロールの前駆体であり, コレステロールはステロイドホルモンの前駆体である.

タンパク質のプレニル化

ファルネシル基とゲラニルゲラニル基はタンパク質に導入され，タンパク質を細胞膜に留めるように働く(21.18節参照)．"イソペンテニル"は"プレニル"とも呼ばれているので，イソペンテニル単位のポリマーをタンパク質に導入することは**タンパク質のプレニル化**(protein prenylation)として知られている．最も一般的にプレニル化されるタンパク質中の部位は，CaaXという四つのアミノ酸からなる単位である．この"C"はシステインを，"a"は脂肪族アミノ酸を，"X"はいくつかのアミノ酸のうちの一つを表す．Xがグルタミン(Gln)やメチオニン(Met)，あるいはセリン(Ser)のときは，ファルネシル基がタンパク質に導入される．これに対し，Xがロイシン(Leu)のときは，ゲラニルゲラニル基がタンパク質に導入される．

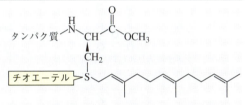

S-ファルネシルシステインメチルエステル
(*S*-farnesyl cisteine methyl ester)

CaaX中のシステイン側鎖部は，ファルネシルピロリン酸またはゲラニルゲラニルピロリン酸と反応する求核剤であり，チオエーテルを生成し，ピロリン酸部を脱離させる．いったんタンパク質がプレニル化されると，C—aaX部のアミド結合が加水分解され，C末端のアミノ酸がシステインに変わる．その後，システインのカルボキシ基がメチル基によってエステル化される．

問題 35

ファルネシルピロリン酸はここに示すセスキテルペンを生成する．この反応の機構を示せ．

問題 36（解答あり）

カルボニル炭素を ^{14}C で標識した酢酸を含む培地でスクアレンを合成すると，スクアレンのどの炭素が標識されるか．

解答 酢酸塩はATPと反応してアセチルアデニル酸を生成し，続いて補酵素CoASHと反応してアセチル-CoAを与える．2当量のアセチル-CoAは，Claisen縮合によりアセトアセチル-CoAを生成する．アセチル-CoAからイソペンテニルピ

ロリン酸が生合成される機構の各段階を調べることにより，イソペンテニルピロリン酸のどの炭素が放射標識されているかがわかる．同様にゲラニルピロリン酸の標識された炭素の位置も，イソペンテニルピロリン酸からの生合成経路からわかる．さらに，ゲラニルピロリン酸からの生合成機構からファルネシルピロリン酸の ^{14}C 標識位置が同定される．スクアレンが二つのファルネシルピロリン酸の尾-尾結合により生成することがわかっているので，スクアレンの標識された炭素の位置が明らかとなるであろう．

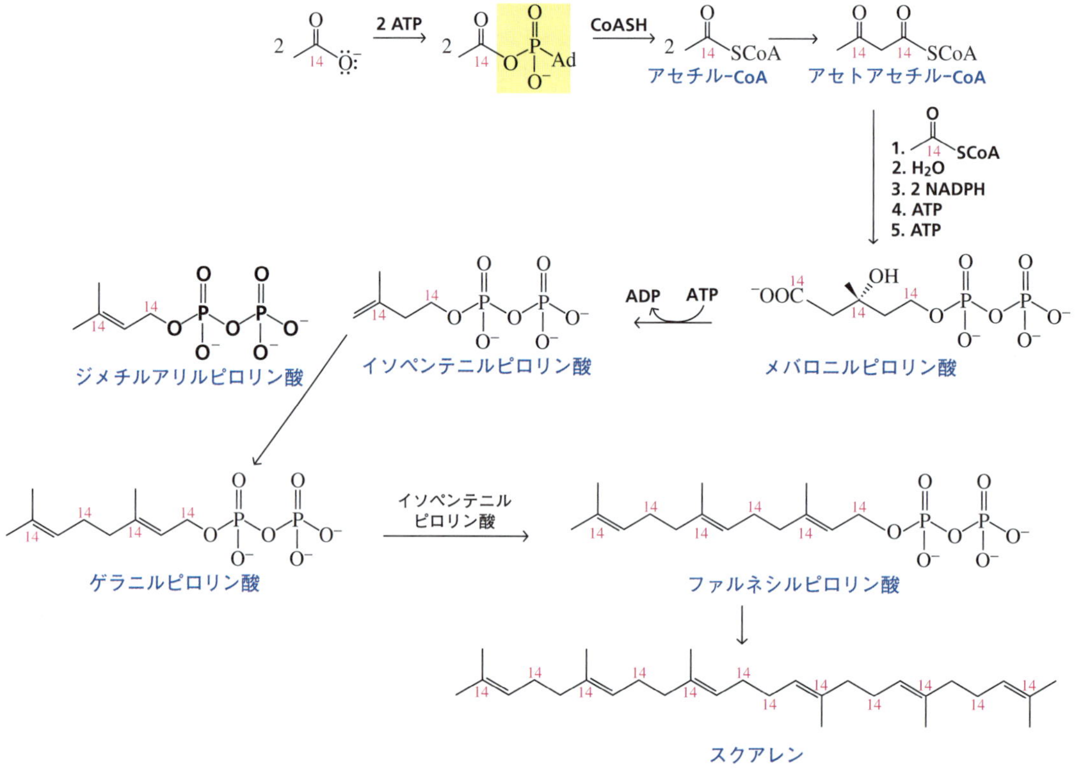

25.18 自然はどのようにコレステロールを合成しているか

すべてのステロイドホルモンの前駆体であるコレステロールはどのように生合成されるのであろうか．生合成の出発物質であるトリテルペンのスクアレンは，最初にラノステロールに変換され，ラノステロールから19段階を経てコレステロールに変換される．

ラノステロールとコレステロールの生合成過程

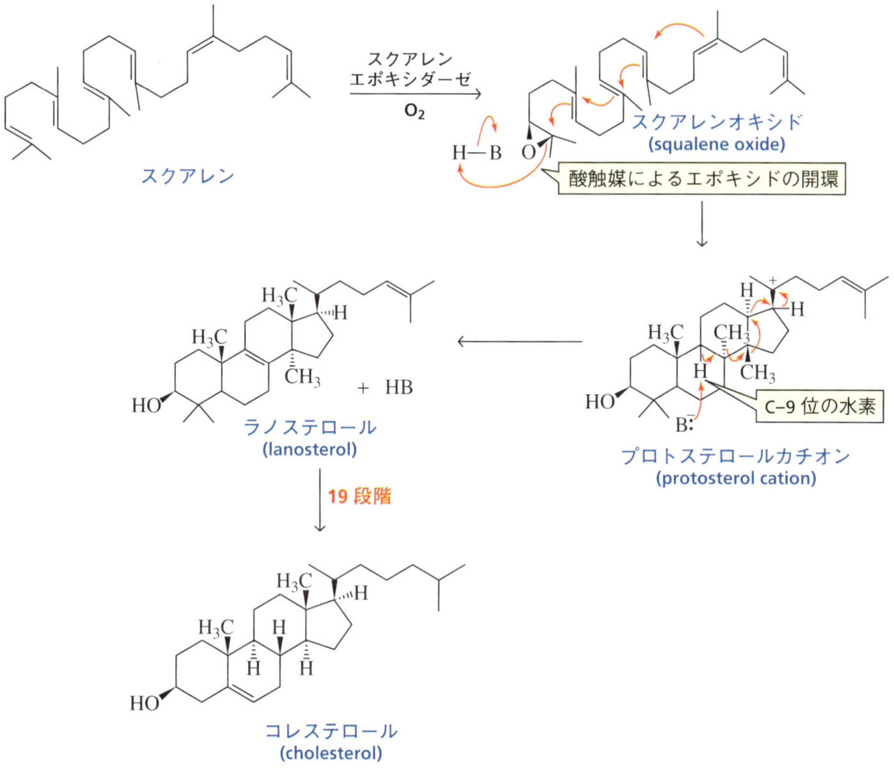

- 一段階目は，スクアレンの 2 位と 3 位の間の二重結合のエポキシ化である．
- エポキシドの酸触媒開環反応が，プロトステロールカチオンを生成する一連の環化反応を開始させる．
- カチオンへの 1,2-ヒドリドシフトと続く 1,2-メチルシフトの結果，C-9 位プロトンが脱離してラノステロールが生成する．

ラノステロールからコレステロールへの変換には，ラノステロールにある三つのメチル基の除去，二つの二重結合の還元，および新たな二重結合の導入が必要となる．炭素原子に結合しているメチル基を除くのは容易ではなく，19 段階の変換を行うためには多くの異なる酵素が必要である．自然はなぜそんなに繁雑なことをするのだろうか．なぜコレステロールの代わりにラノステロールを使わないのか．Konrad Bloch はこの問いに，コレステロールの代わりにラノステロールを含む膜では透過性が高くなることを示して答えた．低分子はラノステロールを含む膜を容易に通過することができる．ラノステロールからメチル基を除くにつれて，膜の透過性はどんどん低下する．

問題 37 ◆

プロトステロールカチオンからラノステロールへの変換に関与する 1,2-ヒドリドシフトと 1,2-メチルシフトを式で示せ．ヒドリドシフトは何回起こるか．またメチルシフトは何回起こるか．

覚えておくべき重要事項

- **代謝**は，生命体がエネルギーを獲得したり，必要な化合物を合成したりするために行う一連の反応である．代謝は同化と異化に分類される．
- **異化の経路**は，ある化合物を分解し，エネルギーとともにより単純な構造の化合物を生じる一連の反応である．
- **同化の経路**は，より単純な構造の化合物からある化合物を合成する一連の反応である．
- ATP は細胞中の最も重要な化学エネルギー源である．ATP は優れた脱離基をもっているので，ほかの脱離性の低い脱離基では進行しないような反応経路を可能にする．これは，リン酸転移反応を介して行われる．
- **リン酸基転移反応**は，**リン酸無水物結合**が切断され，ATP 中のリン酸基が求核剤に転移する過程を含んでいる．
- リン酸基転移反応は，**アシル**（あるいは**アルキル**）**リン酸**か**アシル**（あるいは**アルキル**）**アデニル酸**のどちらか一方を中間体として生成する．
- 静電反発，溶媒和，および電子の非局在化のため，求核剤とリン酸無水物結合の反応は高発エルゴン反応である．
- **異化**は四つの段階に分けられる．<u>一段階目</u>では脂肪，炭水化物，およびタンパク質が加水分解され，脂肪酸，単糖，およびアミノ酸に変換される．
- <u>二段階目</u>では，一段階目における生成物がクエン酸回路に導入可能な化合物に変換される．クエン酸回路に導入されるためには，化合物はクエン酸回路中間体，アセチル-CoA，あるいはピルビン酸（アセチル-CoA に変換することができるので）のいずれかでなくてはならない．
- <u>二段階目</u>で，脂肪アシル-CoA は**β酸化**と呼ばれる経路を経てアセチル-CoA に変換される．脂肪酸がすべてアセチル-CoA 分子に変換されるまで，一連の4反応が繰り返し行われる．
- <u>二段階目</u>で，グルコースは，**解糖**として知られる一連の10反応を経て2分子のピルビン酸に変換される．
- 好気性条件下では，ピルビン酸はアセチル-CoA に変換され，その後，クエン酸回路に導入される．
- アミノ酸の種類によって異なるが，アミノ酸は，二段階目で，ピルビン酸，アセチル-CoA，もしくはクエン酸回路中間体に変換される．
- クエン酸回路は異化の<u>三段階目</u>であり，一連の8反応からなり，アセチル-CoA が回路に導入されることによって，1分子のアセチル-CoA のアセチル基を2分子の CO_2 に変換する．
- **酸化的リン酸化**と呼ばれる異化の<u>四段階目</u>では，異化の二および三段階目における酸化反応で生成した NADH と $FADH_2$ が，それぞれ 2.5 分子と 1.5 分子の ATP に変換される．
- 同化は異化の真逆である．同化において，アセチル-CoA，ピルビン酸，解糖中間体，クエン酸回路中間体は，脂肪酸，炭水化物，およびタンパク質合成にとっての出発物質になる．
- **キナーゼ**はリン酸基を基質に導入する酵素である．
- **ホスファターゼ**は基質からリン酸基を除去する酵素である．
- **糖新生**という，ピルビン酸からグルコースを合成する過程に含まれる多くの反応は，ちょうど真逆の過程である解糖に含まれる反応を触媒する酵素と同じ酵素を用いて行われている．
- 各段階のはじめのほうで使われるいくつかの酵素は，本質的に不可逆的な反応を触媒する．そして，これらの反応は，異なった方向へ進むときには迂回しなければならない．
- 各段階のはじめに近い所にある不可逆的反応を触媒する酵素は，**調節酵素**であり，活性化されたり不活化されたりする．
- フィードバック阻害化合物は生合成のはじめの段階を阻害する．
- **アロステリック阻害化合物**あるいは**活性化化合物**は，酵素の活性部位の機能に影響を与えるような，酵素の活性部位以外の部位に結合し，酵素を阻害あるいは活性化する．
- すべての非必須アミノ酸は，4種の代謝中間体であるピルビン酸，オキサロ酢酸，α-ケトグルタル酸，および 3-ホスホグリセリン酸のいずれかから生合成される．
- **テルペン類**は5炭素のイソプレン単位が通常は頭-尾型に結合した化合物である．
- **モノテルペン**は二つのイソプレン単位からなり，10炭素であり，**セスキテルペン**は15炭素，**トリテルペン類**

は 30 炭素，**テトラテルペン類**は 40 炭素からなる．
- イソペンテニルピロリン酸は 5 炭素化合物であり，テルペン類の生合成に用いられる．
- イソペンテニルピロリン酸から生成する**ジメチルアリルピロリン酸**と**イソペンテニルピロリン酸**により 10 炭素化合物のゲラニルピロリン酸が生成する．
- ゲラニルピロリン酸ともう 1 分子のイソペンテニルピロリン酸から 15 炭素化合物のファルネシルピロリン酸が生成する．
- ファルネシルピロリン酸はもう 1 分子のイソペンテニルピロリン酸と反応し，20 炭素化合物のゲラニルゲラニルピロリン酸を与える．
- 2 分子のファルネシルピロリン酸から 30 炭素化合物の**スクアレン**が生成する．
- スクアレンはコレステロールの前駆体である**ラノステロール**の生合成前駆体である．
- **コレステロール**はすべてのステロイドホルモンの前駆体である．

章末問題

38. 次の記述は同化過程と異化過程のどちらであるかを示せ．
 a. エネルギーを ATP のかたちで生産する   **b.** 初期酸化反応を行う

39. ガラクトースは解糖系に導入されるが，最初に ATP と反応し，ガラクトース-1-リン酸を生成しなければならない．このガラクトース-1-リン酸が生成する反応の機構を示せ．

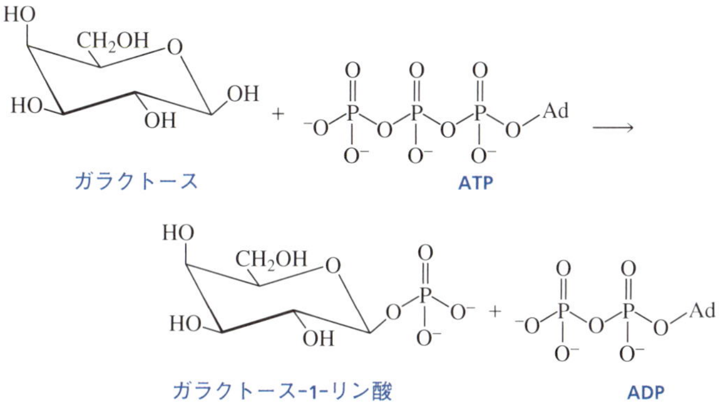

40. ピルビン酸が NADH によって乳酸に還元されるとき，乳酸の構造のなかのどの水素が NADH に由来するか．

41. 解糖における十段階目の反応に該当するものは次のどれか．
 a. リン酸化反応   **b.** 異性化反応   **c.** 還元反応   **d.** 脱水反応

42. クエン酸回路のなかのどの反応が不斉中心をもった生成物を生じるか．

43. アシル-CoA 合成酵素は，一連の 2 反応によって脂肪酸を脂肪アシル-CoA(25.6 節)に変換し，脂肪酸を活性化する酵素である．最初の反応では，脂肪酸が ATP と反応し，生成物の一つは ADP である．もう一つの生成物は 2 番目の反応で CoASH と反応し，脂肪アシル-CoA が生成する．それぞれの反応の機構を示せ．

44. いくつかの脳腫瘍では，イソクエン酸脱水素酵素が，イソクエン酸の第二級アルコールの酸化を触媒する代わりに，α-ケトグルタル酸の還元を触媒する．この反応の生成物の構造を書け．

45. 3-ホスホグリセリン酸のリン原子を放射性標識すると，2-ホスホグリセリン酸を生成する反応が終わったとき，標識されたリン原子はどこにあるか．

46. グルコース中のどの炭素原子がピルビン酸のカルボキシ基になるか．

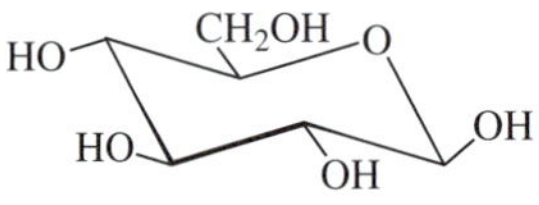

D-グルコース

47. 嫌気性条件下の酵母においてグルコースが代謝されるとき，どの炭素原子がエタノールに含まれるか．

48. フルクトース-1,6-ビスホスファターゼが欠乏しているとき，24時間の絶食の前後で血中のグルコース値はどのような影響を受けるか．

49. ピルビン酸の乳酸への変換は可逆的な反応であるが，ピルビン酸のアセトアルデヒドへの変換が可逆的でないのはなぜか，説明せよ．

50. 1分子の16炭素の飽和脂肪アシル-CoA が β酸化されると，何分子のアセチル-CoA が生成するか．

51. 1分子の16炭素の飽和脂肪アシル-CoA が完全に代謝されると，何分子の CO_2 が生成するか．

52. 1分子の16炭素の飽和脂肪アシル-CoA が β酸化されると，何分子の ATP が生成するか．

53. 1分子の16炭素の飽和脂肪アシル-CoA が β酸化されると，何分子の NADH と $FADH_2$ が生成するか．

54. 1分子の16炭素の飽和脂肪アシル-CoA が β酸化されると，生成する NADH と $FADH_2$ から，何分子の ATP が生成するか．

55. 1分子の16炭素の飽和脂肪アシル-CoA が完全に代謝されると(異化の四段階目を含む)，何分子の ATP が生成するか．

56. 1分子のグルコースが完全に代謝されると(異化の四段階目を含む)，何分子の ATP が生成するか．

57. 哺乳類の細胞において，四つの可能なピルビン酸の運命は何か．

58. ほとんどの脂肪酸は偶数個の炭素原子からなり，それゆえ，アセチル-CoA に完全に代謝される．奇数個の炭素原子からなる脂肪酸はアセチル-CoA と1分子のプロピオニル-CoA に代謝される．次の二つの反応はプロピオニル-CoA をクエン酸回路中間体であるスクシニル-CoA に変換し，それはさらに代謝される．それぞれの反応には補酵素が必要である．それぞれの反応の補酵素を記せ．補酵素はどのビタミンに由来するか．（ヒント：24章参照.）

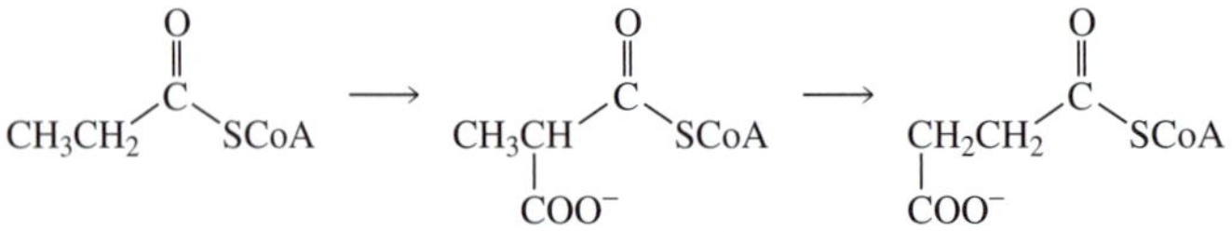

プロピオニル-CoA → メチルマロニル-CoA → スクシニル-CoA

59. グルコースの次のそれぞれの位置が ^{14}C によって放射性標識されている場合，ピルビン酸のどの位置が放射性標識されるか．

　a. グルコース-1-^{14}C　　**b.** グルコース-2-^{14}C　　**c.** グルコース-3-^{14}C
　d. グルコース-4-^{14}C　　**e.** グルコース-5-^{14}C　　**f.** グルコース-6-^{14}C

60. 2 当量のピルビン酸からクエン酸が合成される反応を書け．これらの反応に必要とされる酵素は何か．

61. 飢餓状態のとき，アセチル-CoA は，クエン酸回路に導入され分解される代わりにアセトンと 3-ヒドロキシブタン酸に変換される．これらの化合物はケトン体と呼ばれ，脳の一時的な燃料として使うことができる．これらの化合物が生成する機構を示せ．

$$CH_3-\overset{O}{\underset{}{C}}-SCoA \longrightarrow CH_3-\overset{O}{\underset{}{C}}-CH_3 + CH_3CHCH_2-\overset{O}{\underset{}{C}}-O^-$$
$$\hspace{8em}\text{アセトン}\hspace{3em}\underset{OH}{}\text{3-ヒドロキシブタン酸}$$

62. ^{14}C で標識されたグリセルアルデヒド-3-リン酸を酵母の抽出物に加え少し経つと，C-3 位と C-4 位が標識されたフルクトース-1,6-二リン酸が得られる．グリセルアルデヒド-3-リン酸のどの炭素が ^{14}C で標識されていたのか．また，フルクトース-1,6-二リン酸はどのようにして 2 番目の標識を得たのか．

63. UDP-ガラクトース-4-異性化酵素は UDP-ガラクトースを UDP-グルコースに変換する．この反応は NAD^+ を補酵素として必要とする．

　a. この反応の機構を示せ．　　**b.** この酵素はなぜ異性化酵素と呼ばれるのか．

UDP-ガラクトース $\xrightarrow{\text{UDP-ガラクトース-4-異性化酵素}}$ UDP-グルコース

64. カルボキシラートイオンの活性化に ATP が使われ，さらにチオールと反応する機構を，ある学生が確かめようとしている．カルボキシラートイオンが ATP の γ リン原子に攻撃すれば，反応生成物はチオエステルと ADP，リン酸である．しかし，カルボキシラートイオンが ATP の α リン原子または β リン原子のどちらを攻撃するかは，反応生成物からは決定できない．なぜなら，どちらの反応も AMP とピロリン酸を生成するからである．酵素，カルボキシラートイオン，ATP，および放射性標識されたピロリン酸を混合し，そこから ATP を単離する実験によって機構を区別することができた．単離した ATP が放射性標識されていれば，攻撃は α リン原子上で起こったことになる．ATP が放射性標識されていなければ，攻撃は β リン原子上で起こったことになる．これらの結論を説明せよ．

65. 放射性標識されたピロリン酸の代わりに放射性標識された AMP を培養液に加えると，章末問題 64 に示した実験はどのような結果になるか．

66. ^{14}C でカルボニル炭素が標識された酢酸を含む培地で次のセスキテルペンが合成されると，どの炭素が標識されるか．

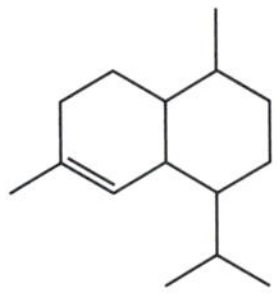

67. ゲラニルピロリン酸から α-ピネンが生合成される反応機構を示せ．

α-ピネン
(α-pinene)

68. ユーデスモールはユーカリの木から発見されたセスキテルペンである．この化合物の生合成機構を示せ．

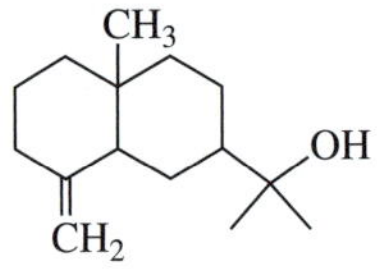

ユーデスモール
(eudesmol)

26 核酸の化学

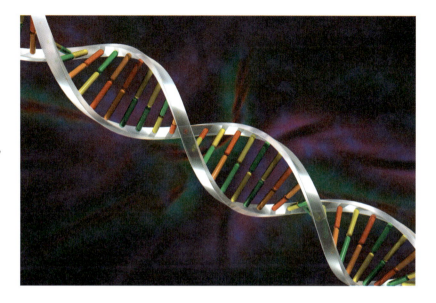

二重らせん

代表的な 3 種類の生体高分子のうち，21 章で多糖，そして 22 章でタンパク質について学んできた．この章では，3 番目の生体分子である核酸について詳しく学ぶ．核酸にはデオキシリボ核酸(deoxyribonucleic acid, DNA)とリボ核酸(ribonucleic acid, RNA)の 2 種類がある．DNA は生物のすべての遺伝情報を記録し，細胞の増殖と分裂を制御する．すべての生物(ある種のウイルスを除く)では，DNA に蓄えられた遺伝情報が RNA に転写される．その情報は細胞の構造や機能に必要なすべてのタンパク質の合成のために翻訳される．

DNA は 1869 年に白血球の核から初めて単離された．この物質は核で見つけられた酸性物質であったため，核酸と呼ばれた．やがて，科学者はすべての細胞の核に DNA が含まれているという事実を知ることになるが，1944 年に DNA が遺伝的特性とともに一つの個体からほかの個体に移ることが示されるまで，DNA が遺伝情報の運び屋であるとは知るよしもなかった．1953 年，James Watson と Francis Crick が DNA の三次元構造，すなわち有名な二重らせんを発表した．

26.1　ヌクレオシドとヌクレオチド

核酸(nucleic acid)は五員環の糖がリン酸基によって結合した鎖状の化合物である．結合が**リン酸ジエステル**(phosphodiester)であることに注目しよう(図 26.1)．RNA では五員環の糖は D-リボースである．DNA ではそれは 2′-デオキシ-D-リボース(2′ 位に OH 基のない D-リボース)である．

それぞれの糖のアノマー炭素は，複素環化合物の窒素原子と β-グリコシド結合している．(21.10 節で，β-結合は C-1 位と C-4 位の置換基がフラノース環の同じ側にある結合様式であることを学んだ．) 複素環化合物はアミンなので，通常，それらは**塩基**(base) と呼ばれる．

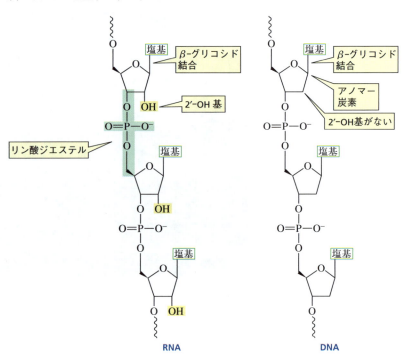

図 26.1 ▶
核酸はリン酸基によって結合した五員環の糖の連鎖からなる．それぞれの糖(RNA では D-リボース，DNA では 2′-デオキシ-D-リボース)は，複素環アミン(塩基)と β-グリコシド結合している．

異なる種間や同一種間における遺伝の広範な違いは，DNA の塩基配列により決定される．驚くべきことに，DNA には四つの塩基しかなく，そのうちの二つは置換プリン(アデニンとグアニン)であり，残りの二つは置換ピリミジン(シトシンとチミン)である．

RNA もたった四つの塩基からなる．そのうちの三つ(アデニン，グアニン，シトシン)は DNA と同じであるが，RNA はチミンの代わりにウラシルをもっている．チミンとウラシルの違いはメチル基だけであることに注目しよう．(チミンは 5-メチルウラシルである．) DNA がウラシルの代わりにチミンをもつ理由は 26.10

26.1 ヌクレオシドとヌクレオチド

節で説明する．

フラノース環のアノマー炭素は，N-9 位でプリンと，また N-1 位でピリミジンと結合している．D-リボースや 2′-デオキシ-D-リボースに結合している塩基をもつ化合物を**ヌクレオシド**（nucleoside）と呼ぶ．ヌクレオシドの糖成分の位置番号はプライム（′）をつけて表し，塩基部分の位置番号と区別する．これにより DNA の構成糖は 2′-デオキシ-D-リボースと表される．糖が D-リボースである RNA のヌクレオシドはより正確にリボヌクレオシドと呼ばれ，2′-デオキシ-D-リボースをもつ DNA のヌクレオシドはデオキシリボヌクレオシドと呼ばれる．

RNA 中のヌクレオシド

アデノシン (adenosine) グアノシン (guanosine) シチジン (cytidine) ウリジン (uridine)

DNA 中のヌクレオシド

2′-デオキシアデノシン (2′-deoxyadenosine) 2′-デオキシグアノシン (2′-deoxyguanosine) 2′-デオキシシチジン (2′-deoxycytidine) チミジン (thymidine)

表 26.1 に示した塩基の名称とそれらの塩基に対応するヌクレオシドの名称の違いに注目しよう．たとえば，アデニンは塩基であり，アデノシンはヌクレオシドである．同様に，シトシンは塩基であり，シチジンはヌクレオシドである．以下も同様である．ウラシルは RNA にのみ見られるので，2′-デオキシ-D-リボースではなく D-リボースに結合し，同じくチミンは DNA にのみ見られるので，D-リボースではなく 2′-デオキシ-D-リボースに結合している．

表 26.1 塩基，ヌクレオシド，およびヌクレオチドの名称

塩 基	リボヌクレオシド	デオキシリボヌクレオシド	リボヌクレオチド	デオキシリボヌクレオチド
アデニン	アデノシン	2′-デオキシアデノシン	アデノシン 5′-リン酸	2′-デオキシアデノシン 5′-リン酸
グアニン	グアノシン	2′-デオキシグアノシン	グアノシン 5′-リン酸	2′-デオキシグアノシン 5′-リン酸
シトシン	シチジン	2′-デオキシシチジン	シチジン 5′-リン酸	2′-デオキシシチジン 5′-リン酸
チミン	—	チミジン	—	チミジン 5′-リン酸
ウラシル	ウリジン	—	ウリジン 5′-リン酸	—

ヌクレオシド = 塩基 + 糖

ヌクレオチド = 塩基 + 糖 + リン酸

ヌクレオチド(nucleotide)は，糖の OH 基がエステル結合でリン酸と結合しているヌクレオシドである．RNA 中のヌクレオチドはより正確には**リボヌクレオチド**(ribonucleotide)と呼ばれ，DNA のヌクレオチドは**デオキシリボヌクレオチド**(deoxyribonucleotide)と呼ばれる．

リン酸は無水物を生成できるので，ヌクレオチドは一リン酸，二リン酸，三リン酸として存在する(25.1 節参照)．それらはヌクレオシドの名称に一リン酸，または二リン酸，または三リン酸をつけて呼ばれる．

アデノシンのヌクレオチド

アデノシン 5′-一リン酸
(adenosine 5′-monophosphate)
AMP

アデノシン 5′-二リン酸
(adenosine 5′-diphosphate)
ADP

アデノシン 5′-三リン酸
(adenosine 5′-triphosphate)
ATP

2′-デオキシアデノシンのヌクレオチド

2′-デオキシアデノシン 5′-一リン酸
(2′-deoxyadenosine 5′-monophosphate)
dAMP

2′-デオキシアデノシン 5′-二リン酸
(2′-deoxyadenosine 5′-diphosphate)
dADP

2′-デオキシアデノシン 5′-三リン酸
(2′-deoxyadenosine 5′-triphosphate)
dATP

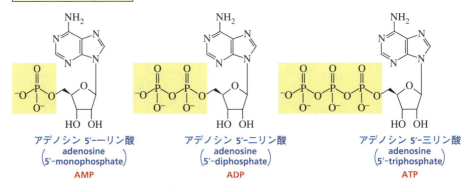

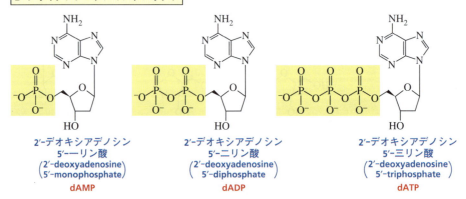

ヌクレオチドの名前は省略される〔A，G，C，T，U に続いて MP(一リン酸)，DP(二リン酸)，または TP(三リン酸)をつける．D-リボースの代わりに 2′-デオキシリボースを含む場合は最初に小文字の d をつける〕．

問題 1

酸性溶液中では，ヌクレオシドは糖と複素環塩基に加水分解される．この反応の機構を説明せよ．

問題 2

次のそれぞれの化合物の構造式を書け．

a. dCDP　**b.** dTTP　**c.** dUMP　**d.** UDP

e. グアノシン三リン酸　**f.** アデノシン一リン酸

🧪 DNAの構造：Watson, Crick, Franklin, および Wilkins

James D. Watson は 1928 年にシカゴで生まれた．19 歳でシカゴ大学を卒業し，3 年後にインディアナ大学で Ph.D. を取得した．1951 年に博士研究員としてケンブリッジ大学で DNA の三次元構造を決定する研究に携わった．

Francis H. C. Crick（1916〜2004）はイギリスのノーサンプトンで生まれた．最初は物理学者としての教育を受け，第二次世界大戦中にはレーダーの研究に携わっていた．戦後，科学における最も興味ある課題は生命の物理学的基礎であると考え，生体分子の構造を X 線で研究するためにケンブリッジ大学に入学した．DNA の二重らせん構造の提案につながる研究をしたのは大学院生時代である．1954 年に化学の Ph.D. を取得した．

Rosalind Franklin（1920〜1958）はロンドンで生まれた．ケンブリッジ大学を卒業し，パリで X 線回折の技術を学んだ．1951 年，イギリスに戻り，キングスカレッジの生物物理学科で X 線回折グループを立ち上げる地位についた．彼女の X 線研究から，DNA は糖とリン酸基を分子の外側にもつらせん構造であることが示された．不幸にも Franklin は，X 線源から自分自身を防護していなかったため，自分の研究が DNA 二重らせん構造の決定に果たした重要な役割を知ることなく，また，貢献も認められないまま亡くなった．

Rosalind Franklin

Watson と Crick は Maurice Wilkins とともに，DNA 二重らせん構造の決定により 1962 年，ノーベル医学生理学賞を受賞した．Wilkins（1916〜2004）は二重らせん構造を裏づける X 線研究に寄与した．Wilkins はニュージーランド生まれのアイルランド移民で，両親とともに 6 歳のときにイギリスに移住した．彼はバーミンガム大学から Ph.D. を授与された．第二次世界大戦中はアメリカ人やほかのイギリス人科学者とともに原子爆弾の開発に従事した．彼は 1945 年にイギリスに戻ったあと，物理学に対する興味を失い，生物学に傾倒した．

Francis Crick（左）と James Watson（右）

26.2 ほかの重要なヌクレオチド

ATP は最も重要な化学エネルギー源であることをすでに学んだ（25.1 節参照）．しかし，ATP だけが生物学的に重要な唯一のヌクレオチドではない．グアノシン 5′-三リン酸（GTP）はいくつかのリン酸転移反応において ATP の代わりに用いられる（25.10 節参照）．また，ジヌクレオチドが酸化剤として用いられること（NAD^+，FAD）や還元剤として用いられること（NADPH，$FADH_2$）も学んだ（24.1 節および 24.2 節参照）．

もう一つの重要なヌクレオチドは，一般的にはサイクリック AMP として知られているアデノシン 3′,5′-一リン酸である．サイクリック AMP は〝セカンド（第二）メッセンジャー〟と呼ばれている．なぜなら，この物質はいくつかのホルモン（第一メッセンジャー）と細胞の機能を制御する酵素との間を結びつけているからである．アドレナリンなどのある種のホルモンが分泌されると，ATP からサイクリック AMP を合成する酵素であるアデニル酸シクラーゼが活性化される．サイクリック AMP は次に生体機能を制御する酵素を，一般的にはリン酸化することによって活性化する．環状ヌクレオチドは，細胞の中で起こる反応の調節において非常に重要である．

[ATP → サイクリック AMP の反応式図。アデニル酸シクラーゼによる反応]

問題 3

サイクリック AMP の加水分解で得られる生成物は何か．

26.3 核酸はヌクレオチドサブユニットで構成されている

　核酸はヌクレオチドサブユニットの長い鎖から構成されている（図 26.1）．**ジヌクレオチド**（dinucleotide）は 2 個のヌクレオチドサブユニットを含み，**オリゴヌクレオチド**（oligonucleotide）は 3～10 個のサブユニットを含んでいる．そして，**ポリヌクレオチド**（polynucleotide）は多数のヌクレオチドサブユニットから構成されている．DNA と RNA はポリヌクレオチドである．

　ヌクレオチド三リン酸は核酸の生合成の出発物質である．DNA は DNA ポリメラーゼと呼ばれる酵素によって合成され，RNA は RNA ポリメラーゼと呼ばれる酵素によって合成される．ヌクレオチドは，一つのヌクレオチド三リン酸の $3'$-OH 基が別のヌクレオチド三リン酸の α リン原子を求核攻撃することにより生成する．この反応によりリン酸無水物結合が切断され，ピロリン酸が脱離する（図 26.2）．すなわち，リン酸ジエステルは一方のヌクレオチドの $3'$-OH 基と次のヌクレオチドの $5'$-OH 基をつないでおり，伸長するポリマーは $5' \rightarrow 3'$ 方向に合成される．いいかえれば，新しいヌクレオチドは $3'$ 末端に付加される．生成したピロリン酸は続いて加水分解され，その結果，反応は不可逆となる．DNA の遺伝情報が保存されるためには，不可逆性が重要である（25.2 節参照）．RNA は $2'$-デオキシリボヌクレオチドの代わりにリボヌクレオチドを用いて同様に生合成される．

　核酸の**一次構造**（primary structure）とは，鎖中の塩基配列を指す．慣例として，塩基配列は $5' \rightarrow 3'$ 方向（$5'$ 末端が左にくる）に表記する．鎖の $5'$ 末端のヌクレオチドは結合していない $5'$-三リン酸基をもち，$3'$ 末端のヌクレオチドは結合していない $3'$-ヒドロキシ基をもつことを覚えておこう．

ATGAGCCATGTAGCCTAATCGGC

[$5'$末端] [$3'$末端]

DNA は $5' \rightarrow 3'$ 方向に合成される．

　Watson と Crick は，DNA は糖-リン酸骨格を外側に，塩基を内側にもつ 2 本のヌクレオチドの鎖からなると結論した．2 本の鎖は逆平行であり（反対方向に伸び

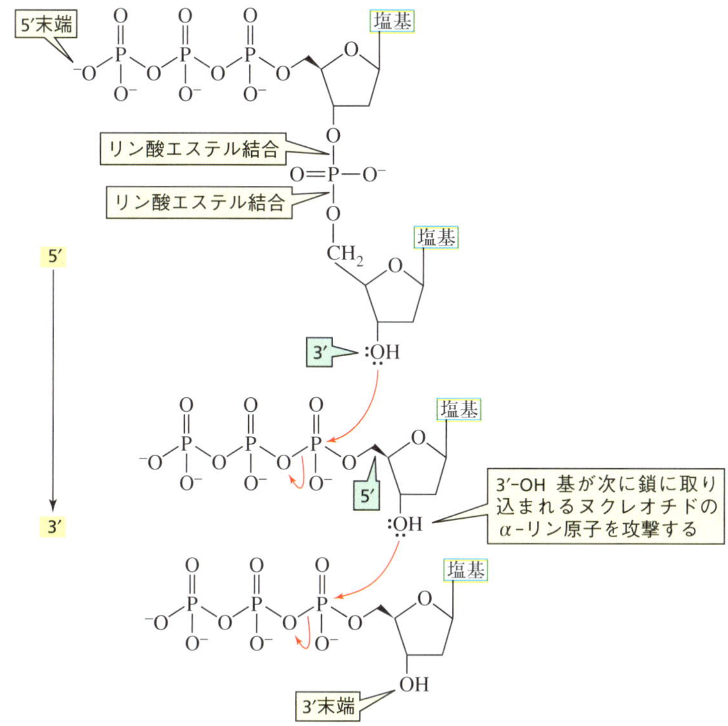

◀図 26.2
伸長する DNA 鎖へのヌクレオチドの付加．生合成は 5′→3′ 方向に進む．

ている），それぞれの鎖にある塩基間の水素結合により結びつけられている（図 26.3）．

Erwin Chargaff によって行われた実験は，Watson と Crick が提案した DNA の構造に対して決定的に重要であった．実験結果は，DNA 中のアデニンの数はチミンの数に等しく，グアニンの数はシトシンの数に等しいことを示していた．Chargaff はまた，グアニンとシトシンの数に対するアデニンとチミンの数の相対的な比は，種ごとには特徴的であるが，種と種の間では異なっていることにも気づいた．たとえば，ヒトの DNA ではアデニンとチミンは全塩基の 60.4% であるが，細菌の *Sarcina lutea* では全塩基の 74.2% である．

［アデニン］＝［チミン］と［グアニン］＝［シトシン］を示す Chargaff のデータは，アデニン（A）が常にチミン（T）と，グアニン（G）が常にシトシン（C）と対を形成していることをうまく説明できた．これは，二つの鎖が相補的である，すなわち一方の鎖に A があればもう一方の鎖には T が，また，一方の鎖に G があればもう一方の鎖には C があることを示している（図 26.3）．したがって，一方の鎖の塩基配列がわかれば，もう一方の鎖の塩基配列もわかる．

なぜ A は T と対をなすのか．また，なぜ G は C と対をなすのか．まず，二重鎖の幅は比較的一定である．そのため，プリンはピリミジンと対をなさなければならない．もし大きなプリンどうしが対をなせば，鎖はふくらみ，もし小さいピリミジンどうしが対をなせば，鎖は二つのピリミジンを水素結合するのに十分な距離まで引っ張らなければならない．しかし，なぜ A は T と対をなし，ほかのピリミジンである C とは対をなさないのだろうか．

塩基対の形成は水素結合によって説明できる．Watson は塩基がエノール形で

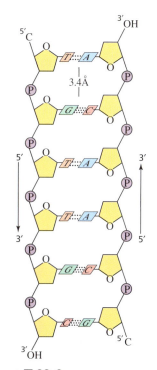

▲ 図 26.3
DNA の糖-リン酸骨格は外側にあり，塩基は内側にある．A は T と，G は C と対をなす．2 本の鎖は逆平行で，すなわち，両者は逆方向に伸びている．

はなくてケト形で存在することを知って(18.2節参照)，塩基対形成説にたどりついた*．アデニンはチミンと二つの水素結合を形成するが，シトシンとは一つの水素結合しか形成しない．グアニンはシトシンと三つの水素結合を形成するが，チミンとは一つの水素結合しか形成しない(図26.4)．

* Watson は塩基がエノール形で存在していると考えていたので(問題5参照)，DNA における塩基対形成をうまく説明できなかった．アメリカ人結晶学者，Jerry Donohue が，塩基がケト形で存在していることを彼に知らせた時点で，Chargaff のデータをアデニンとチミン，およびグアニンとシトシンの水素結合により簡単に説明できた．

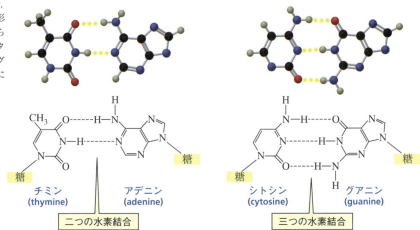

◀ 図 26.4
DNA における塩基対形成．アデニンとチミンは二つの水素結合を，シトシンとグアニンは三つの水素結合を形成する．

二つの逆平行の DNA 鎖は真っ直ぐではなく，共通の軸のまわりにらせん状にヘリックスを形成している(図26.5a)．ヘリックスの内部では塩基対は平面で，互いに平行である(図26.5c)．そのために，二次構造は**二重らせん**(double helix)として知られている．二重らせんはらせん階段に似ている．塩基対ははしごの段で糖-リン酸骨格は手すりである(1359 ページ，および下図参照)．リン酸ジエステル結合の OH 基の pK_a 値は約2であり，生理的 pH では塩基形(負に帯電している)である(図 26.2)．負に帯電した骨格は求核剤を拒み，リン酸ジエステル結合の切断を防いでいる．

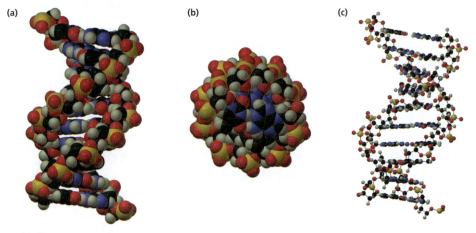

▲ 図 26.5
(a) DNA 二重らせん．
(b) ヘリックスを長軸から見下ろした図．
(c) ヘリックスの内部で塩基対は平面で，互いに平行に位置する．

塩基対間の水素結合は，DNA 二重らせんの二つの鎖を結びつける力の一つで

しかない．塩基は平面的な芳香族分子であり，互いに積み重なっている．塩基対は，手のなかでトランプのカードを広げたときのように，隣りの塩基対に対して少し回転している．このような配置をとると，隣接した塩基対に生じた双極子の間に有利な van der Waals 力が働く．これらの相互作用は**スタッキング相互作用**（stacking interactions）として知られ，弱い引力である．しかし，ほかの相互作用と相まって，二重らせんの安定化に大きく寄与している．スタッキング相互作用は二つのプリン間で最も大きく，二つのピリミジン間で最も弱い．ヘリックスの内部に塩基を格納することによりさらに安定性が増している．すなわち，水に接触する比較的非極性な部分の表面積を少なくして，二本鎖を取り巻いている水分子のエントロピーを増大させている（22.15節参照）．

DNA 二重らせんには交互に繰り返される2種類の溝がある．**主溝**（major groove）とそれより狭い**副溝**（minor groove）である．タンパク質やほかの分子はこの溝に結合できる．それぞれの溝に面した官能基の水素結合形成の性質により，どのような分子が溝に結合するかが決まる．たとえば，抗生物質ネトロプシンはDNA の副溝に結合することにより作用を示す（図 26.6）．

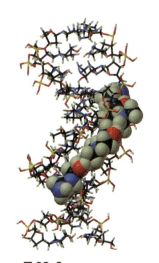

▲ 図 26.6
抗生物質のネトロプシンはDNA の副溝に結合する．

> **問題 4**
> 核酸にある五つの複素環のそれぞれの官能基が，水素結合の受容体（A），供与体（D），あるいはその両方（D/A）のいずれであるかを示せ．

> **問題 5**
> 問題 4 で考えた D，A，および D/A に対応する各複素環を用いて，塩基がエノール形で存在すると仮定した場合，塩基対形成がどのような影響を受けるかを示せ．

> **問題 6 ◆**
> DNA の一方の鎖が $5'\to 3'$ 方向に次の塩基配列をもつ場合，
> $$5'-G-G-A-C-A-A-T-C-T-G-C-3'$$
> a. 相補鎖の塩基配列は何か．
> b. 相補鎖の $5'$ 末端に最も近い塩基は何か．

26.4 なぜ DNA は $2'$-OH 基をもたないのか

DNA とは異なり，RNA は安定ではない．なぜならば，リボースの $2'$-OH 基がRNA の切断における求核触媒として働くからである（図 26.7）．このことは，DNA に $2'$-OH 基がない理由を説明してくれる．遺伝情報を保存するためには，細胞の生涯を通して DNA は無傷でいなければならない．DNA の容易な切断は，細胞と生命そのものに悲劇的な結果をもたらす．これとは対照的に，RNA は必要に応じて合成され，その目的が達成されると分解される．

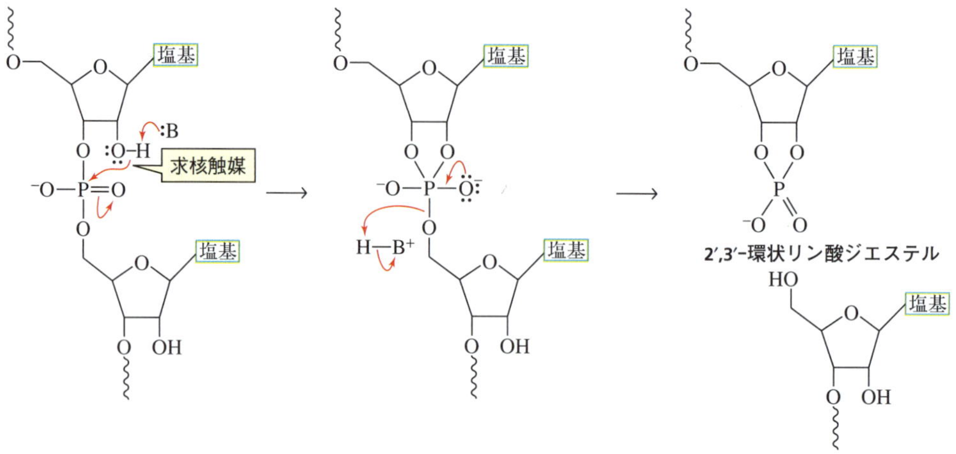

▲ 図 26.7
2′-OH 基による RNA 切断の触媒．RNA は DNA に比べ約 30 億倍速く切断される．

問題 7

RNA が切断されたときに生じる 2′,3′-環状リン酸ジエステル（図 26.7）は，水と反応して 2′- および 3′-リン酸化ヌクレオチドの混合物を生成する．この反応の機構を示せ．

26.5　DNA の生合成は複製と呼ばれる

　ヒトの細胞の遺伝情報は，23 対の染色体に詰められている．それぞれの染色体は数千の**遺伝子**（gene）（DNA の部分領域）からなる．ヒトの細胞の全 DNA，すなわち**ヒトゲノム**（human genome）は 31 億塩基対からなる．

　Watson と Crick が提案した DNA 構造が興奮をもたらしたのは，DNA がどのようにしてあとの世代に遺伝情報を受け渡しているかを直ちに理解させたからである．DNA の二本鎖は相補的なので，どちらの鎖も同じ遺伝情報をもっている．すなわち，生物が増殖するとき，DNA 分子はその構造の基盤をなす塩基対形成原理と同じ原理を使ってコピーされる．それは，それぞれの鎖が相補的な鎖の合成において鋳型として働くことを意味する（図 26.8）．新しい（娘）DNA 分子はもとの（親）分子とまったく同じである．すなわち，娘 DNA はすべてのもとの遺伝情報を含んでいる．まったく同じ DNA のコピーの合成は**複製**（replication）と呼ばれる．

　核酸合成に関与するすべての反応は酵素によって触媒される．DNA の合成は二つの鎖が分離し始める分子の領域で起こる．核酸は 5′→3′ 方向にのみ合成されるので，図 26.8 の左にある娘鎖だけが一つの分子として連続的に合成される（なぜなら，この鎖は 5′→3′ 方向に合成されるからである）．もう一方の娘鎖は 3′→5′ 方向に伸長する必要があるため，これは小さな断片として不連続的に合成される．それぞれの断片は 5′→3′ 方向に合成され，DNA リガーゼと呼ばれる酵素によって 1 本につながれる（1225 ページの図 22.10 参照）．DNA の新しい二つの分子はそれぞれ娘分子と呼ばれ，1 本のもとの鎖（図 26.8 の青色の鎖）と 1 本

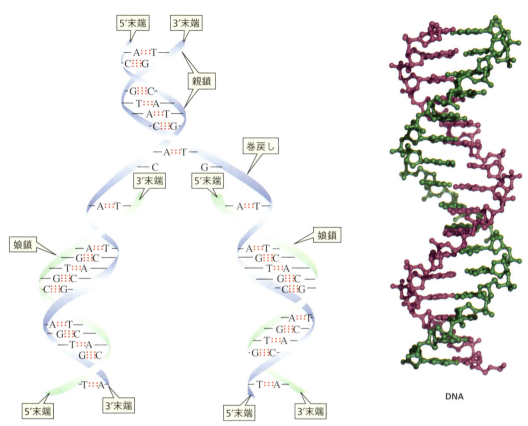

▲ 図 26.8
DNA の複製．左側の緑色の娘鎖は 5′→3′ 方向に連続的に合成される．右側の緑色の娘鎖は 5′→3′ 方向に不連続的に合成される．

の新しく合成された鎖（緑色）で構成されている．この過程は**半保存的複製**（semiconservative replication）と呼ばれている．

> **問題 8**
> もともとの親 DNA を実線，親 DNA から合成される DNA を波線で表すと，四世代目の DNA の分布がどうなっているかを示せ．（親 DNA が第一世代である．）

26.6　DNA と遺伝

もし DNA が遺伝情報をもつのであれば，その情報を解読する方法がなければならない．解読は二つの段階で行われる．

1. DNA の塩基配列は RNA 合成の青写真となる．DNA 青写真からの RNA の合成を**転写**（transcription）と呼ぶ（26.7 節）．
2. RNA の塩基配列はタンパク質のアミノ酸配列を決める．RNA を青写真としてタンパク質が合成されることを**翻訳**（translation）という（26.9 節）．

転写：DNA→RNA

翻訳：mRNA→タンパク質

転写と翻訳を混同しないようにしよう．これらの言葉は英語で使われているのと

ちょうど同じ意味で使われる．転写(DNA から RNA)は<u>同じ言語内</u>(この場合ヌクレオチドという言語)での複写であり，翻訳(RNA からタンパク質)は<u>異なる言語</u>(アミノ酸という言語)に変えることである．最初に転写から見ていこう．

DNA を修飾する天然化合物

抗がん剤として認可されている化合物の 3/4 以上が，植物，海洋生物，あるいは微生物から得られた DNA と相互作用する天然化合物である．がんは細胞の無秩序な成長と増殖を伴うので，DNA の複製や転写を阻害する化合物は，がん細胞の成長を阻止する．これらの薬剤は，塩基対間に結合する(インターカレーションと呼ばれる)，もしくは主溝や副溝に結合することにより，DNA と相互作用する．ここで議論する三つの抗がん剤は，土壌中にいる細菌の *Streptomyces* 属の細菌から単離された．

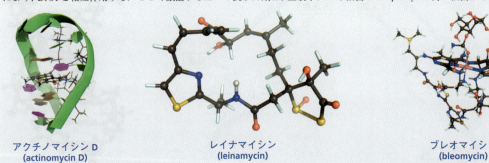

アクチノマイシン D
(actinomycin D)

レイナマイシン
(leinamycin)

ブレオマイシン
(bleomycin)

インターカレーション化合物は，DNA の積み重なった塩基の間にはさまれるので，これらの分子は平面的で多くの場合芳香族性である．これらの分子の DNA への結合は，隣接する塩基対によるスタッキング相互作用により安定化される．アクチノマイシン D はインタカレーターの例である．この薬剤は，DNA に結合するとき二重らせんをゆがめ，DNA の転写と翻訳を阻害する．アクチノマイシン D はさまざまながんの治療に使われている．

DNA の主溝や副溝に結合する薬剤は，水素結合，van der Waals 相互作用，および静電的引力，すなわちタンパク質が基質と結合するのに使う同じ力の組合せによって結合する．レイナマイシンは DNA の主溝に結合する抗がん剤の例である．いったんレイナマイシンが結合すると，プリン環の N-7 位をアルキル化する．

ブレオマイシンは DNA の副溝に結合する．いったん副溝に入ると，DNA から水素原子を引き抜くために，自身に結合している鉄原子が使われる．これが DNA 切断の一段階目である．この薬剤は Hodgkin リンパ腫の治療薬に認可されている．

26.7 RNA の生合成は転写と呼ばれる

転写は，DNA がプロモーター部位と呼ばれる特定の場所で巻き戻され，二つの一本鎖を形成することで始まる．2 本のうちの 1 本がセンス鎖(sense strand)と呼ばれ，残りの相補鎖は鋳型鎖(template strand)と呼ばれる．$5'\rightarrow 3'$ 方向に RNA が合成されるには，鋳型鎖が $3'\rightarrow 5'$ 方向に読まれる必要がある(図 26.9)．鋳型鎖中の塩基は，DNA の複製で使われるのと同じ塩基対形成原理に従って，RNA に取り込まれるべき塩基を特定する．たとえば，鋳型鎖中のグアニンは RNA へのシトシンの取込みを指示し，鋳型鎖中のアデニンは RNA へのウラシルの取込みを指示する．(RNA では，チミンの代わりにウラシルが使われることを思い起こそう．) RNA と DNA のセンス鎖の両方とも鋳型鎖に対して相補的であるので，RNA と DNA のセンス鎖は，チミンがウラシルに代わっていることを除いて，まったく同じ塩基配列をもっている．どこから RNA 合成を開始するのかを知らせるプロモーター部位が DNA にあるのと同じように，伸長する RNA 鎖にこれ以上塩基を付加しないことを知らせる部位がある．

> RNA は $5'\rightarrow 3'$ 方向に合成される．

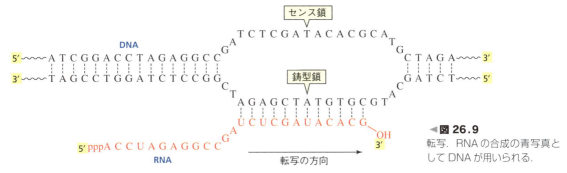

◀図 26.9
転写．RNA の合成の青写真として DNA が用いられる．

最近まで，私たちの細胞にある DNA のうちたった 2% だけがタンパク質をつくることに使われ，残りの DNA はまったく情報をもたないと考えられてきた．しかしながら，初めてヒトゲノムが解読されてから（26.12 節）この 10 年間で，400 人以上の科学者が約 1600 もの実験結果に基づいて，<u>ヒト DNA の百科事典</u>（Encyclopedia of DNA Elements, ENCODE）をつくった．この情報は DNA に関する私たちの知識を大きく広げた．ヒトゲノム中にある約 80% の DNA の生物学的目的が明らかにされ，そして，残りの目的を明らかにする実験が期待されている．

一見すると，大量の DNA は制御することを目的としている．ヒトの細胞は約 150 種類あり，すべての細胞がそれぞれ 21,000 個のタンパク質をコードした DNA をもつ．しかし，その一部分だけが特定の細胞で活性化される．たとえば，髪の毛をつくる遺伝子はインスリンをつくる細胞では活性化されず，またその逆も同様である．

タンパク質まで翻訳されない RNA をつくる遺伝子も約 3 万個あることが知られている．その代わり，これらの RNA は制御に使われている．いいかえると，RNA 鎖は遺伝子をオン/オフするスイッチである．科学者はきわめて多くのスイッチに驚いたが，さらにもっと多くのスイッチが見つけられようとしている．いまや問題はこれらのスイッチがどのように働いているかにある．

🧪 DNA には四つ以上の塩基がある

しばらく前に，DNA の 5 番目の塩基，5-メチルシトシンが見つけられた．この塩基は遺伝子がそれ以上転写されないように沈黙させる．最近，5-メチルシトシンを 5-ヒドロキシメチルシトシンに変換する酵素が発見された．5-ヒドロキシメチルシトシンもまた遺伝子をオン/オフする役割をもつようである．

5-メチルシトシン
(5-methylcytosine)

5-ヒドロキシメチルシトシン
(5-hydroxymethylcytosine)

5-ホルミルシトシン
(5-formylcysteine)

最近，ほかの塩基が発見された．またしても 5 置換シトシン（この場合は 5-ホルミルシトシン）である．5-ホルミルシトシンは胚幹細胞 DNA 中で見いだされた．その機能はまだわかっていないが，受精卵を胚幹細胞へ転換する役割をもつものと考えられている．

問題 9 ◆
チミンとウラシルの両方ともがアデニンの取込みを指定しているのはなぜか．

26.8 タンパク質の生合成に使われている RNA

RNA 分子は DNA 分子よりはるかに短く，通常は一本鎖である．DNA 分子は何十億の塩基対をもつこともあるが，RNA 分子が 1 万以上のヌクレオチドをもつことはまれである．RNA にはいくつかの種類がある．タンパク質の生合成に使われている RNA には，以下の 3 種類がある．

- **メッセンジャー RNA**（messenger RNA，mRNA）：その塩基配列はタンパク質のアミノ酸配列を決定する．
- **リボソーム RNA**（ribosomal RNA，rRNA）：その上でタンパク質の生合成が起こる粒子リボソームの構成成分である．
- **トランスファー RNA**（transfer RNA，tRNA）：タンパク質を合成するためのアミノ酸を運ぶ．

tRNA 分子は mRNA 分子や rRNA 分子に比べてはるかに小さく，70 〜 90 ヌクレオチドしか含んでいない．一本鎖の tRNA は三つのループと右側ループの隣りの小さな膨らみ（バルジ）からなる特徴的なクローバーの葉に似た構造に折りたたまれている（図 26.10a）．相補的な塩基対をもつ少なくとも四つの領域がある．5′ 末端と 3′ 末端の反対側のループの一番下にある三つの塩基は**アンチコドン**（anticodon）と呼ばれる．すべての tRNA は 3′ 末端に CCA 配列をもっている（図 26.10a および b）．

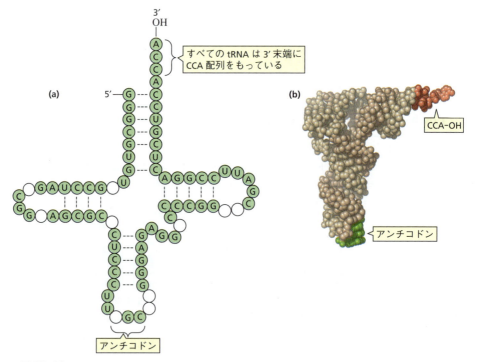

▲ **図 26.10**
(a) トランスファー RNA．ほかの RNA と比較して，tRNA は修飾塩基（空の円で示した）を含む割合が高い．これらの塩基は通常の四つの塩基が酵素による修飾を受けて生じる．
(b) トランスファー RNA：アンチコドンは緑色，3′ 末端の CCA は赤色で示す．

それぞれの tRNA は，3′ 末端の OH 基にエステル結合したアミノ酸を運ぶことができる．そのアミノ酸が，タンパク質の生合成の過程でタンパク質に挿入される．それぞれの tRNA は特定の一つのアミノ酸だけを運ぶ．アラニンを運ぶ tRNA を tRNA^{Ala} と表記する．

アミノ酸の tRNA への付加は，アミノアシル tRNA 合成酵素とよばれる酵素によって触媒される．その反応機構をここに示す．

tRNA にアミノ酸を付加する反応機構

- アミノ酸のカルボキシラート基がアシルアデニル酸の生成によって活性化される．その結果，アミノ酸は優れた脱離基をもつ（25.2 節参照）．
- 脱離したピロリン酸は続いて加水分解され，リン酸転移反応を非可逆にしている（25.2 節参照）．
- tRNA の 3′-OH 基がアシルアデニル酸のカルボニル炭素に付加し，四面体中間体が生成する．
- この四面体中間体から AMP が脱離し，アミノアシル tRNA が生成する．

すべての段階は酵素の活性部位で起こる．それぞれのアミノ酸はそれ自身のアミノアシル tRNA 合成酵素をもっている．それぞれの合成酵素には二つの特異的な結合部位があり，一つはアミノ酸に対しての結合部位であり，もう一つはアミノ酸を運ぶ tRNA に対する結合部位である（図 26.11）．

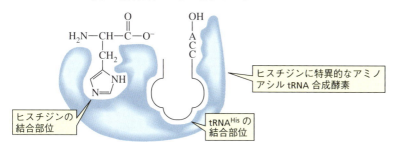

◀ 図 26.11
アミノアシル tRNA 合成酵素は，アミノ酸に対する結合部位と，アミノ酸を運ぶ tRNA に対する結合部位をもっている．この例ではヒスチジンがアミノ酸であり，tRNA^{His} が tRNA である．

適正なアミノ酸が tRNA に結合されることはきわめて重要である．そうでないと，タンパク質は決して適正に合成されない．幸いにも，合成酵素は自らの間違いを修復できる．たとえば，バリンとトレオニンはほとんど同じサイズであるが，トレオニンはバリンの CH_3 基の代わりに OH 基をもっている．したがって，この二つのアミノ酸はバリンのアミノアシル tRNA 合成酵素のアミノ酸結合部位に結合することができ，ATP との反応によって活性化されアシルアデニル酸を生成する．バリンのアミノアシル tRNA 合成酵素は二つの隣接した触媒中心をもち，アシルアデニル酸を tRNA に付加する部位に加えて，アシルアデニル酸を加水分解する部位をもつ．

tRNA にアシルアデニル酸を付加する部位は疎水的であるので，バリンアシルアデニル酸はこの部位に優先的に結合する．アシルアデニル酸を加水分解する部位は極性が大きく，トレオニンアシルアデニル酸が結合する．したがって，トレオニンがバリンのアミノアシル tRNA 合成酵素によって活性化されても，tRNA へ転移されずに加水分解を受ける．

26.9 タンパク質の生合成は翻訳と呼ばれる

タンパク質は，mRNA 鎖の塩基を $5' \rightarrow 3'$ 方向に読む過程によって，N 末端から C 末端に向けて合成される．タンパク質に取り込まれるアミノ酸は，**コドン** (codon) と呼ばれる三塩基配列によって指定される．これらの塩基は連続的に読まれ，決して読み飛ばされることはない．三塩基配列とそれぞれの配列が指定するアミノ酸の関係は，**遺伝コード** (genetic code) として知られている（表 26.2）．コドンは 5′ 側のヌクレオチドを左にして表記される．たとえば，mRNA の UCA はアミノ酸のセリンをコードし，CAG はグルタミンをコードする．

表 26.2 遺伝コード

5′位	中央				3′位
	U	C	A	G	
U	Phe	Ser	Tyr	Cys	U
	Phe	Ser	Tyr	Cys	C
	Leu	Ser	終止	終止	A
	Leu	Ser	終止	Trp	G
C	Leu	Pro	His	Arg	U
	Leu	Pro	His	Arg	C
	Leu	Pro	Gln	Arg	A
	Leu	Pro	Gln	Arg	G
A	Ile	Thr	Asn	Ser	U
	Ile	Thr	Asn	Ser	C
	Ile	Thr	Lys	Arg	A
	Met	Thr	Lys	Arg	G
G	Val	Ala	Asp	Gly	U
	Val	Ala	Asp	Gly	C
	Val	Ala	Glu	Gly	A
	Val	Ala	Glu	Gly	G

塩基は4種類あり，コドンには3個の塩基（トリプレット）を使うので，4の3乗（64）の異なるコドンが可能である．これは20種類のアミノ酸を特定するには多すぎるので，メチオニンとトリプトファンを除くすべてのアミノ酸は2個以上のコドンをもっている．したがって，メチオニンとトリプトファンがタンパク質中で最も少ないアミノ酸であるというのは驚くべきことではない．実際には，61個のコドンがアミノ酸を特定し，残り3個のコドンはストップコドンである．**ストップコドン**（stop codon）は「ここでタンパク質合成を停止せよ」と細胞に指令する．

mRNAの情報がどのようにしてポリペプチドに翻訳されるかを図26.12に示した．この図では，伸長するポリペプチド鎖の末端に，コドンAGCで指定されるセリンが取り込まれたところを表している．

- セリンはmRNA上のAGCコドンによって特定される．なぜならば，セリンを運ぶtRNAのアンチコドンがGCU（3′-UCG-5′）であるからである．（塩基配列は5′→3′方向に読まれることを思い出そう．したがって，アンチコドンの塩基配列は右から左に読まれなければならない．）
- 次のコドンはCUUで，AAG（3′-GAA-5′）のアンチコドンをもつtRNAに信号を出す．そのtRNAはロイシンを運ぶ．ロイシンのアミノ基は酵素触媒求核付加–脱離反応により，隣りのセリンを運ぶtRNAのエステルと反応し，セリンを運んできたtRNAを置換する（25.2節参照）．
- 次のコドン（GCC）はアラニンを運ぶtRNAを指定する．アラニンのアミノ基は酵素触媒求核付加–脱離反応により，隣りのロイシンを運ぶtRNAのエステルと反応し，ロイシンを運んできたtRNAを置換する．

取り込まれるアミノ酸を特定するmRNA上のコドンが，アミノ酸を運ぶtRNA上のアンチコドンと相補的な塩基対を形成することにより，続くアミノ酸を1回につき1個ずつつないでいく．

タンパク質はN末端→C末端方向に合成される．

問題 10◆

オリゴペプチドに最初に取り込まれるアミノ酸がメチオニンであるとすると，次のmRNAによってコードされるオリゴペプチドを示せ．

5′—G—C—A—U—G—G—A—C—C—C—C—G—U—U—A—U—U—A—A—A—C—A—C— 3′

問題 11◆

問題10のmRNAの断片にはCが四つ連続して並んでいる．この四つのCのうち一つが欠落したmRNAからはどのようなオリゴペプチドが生成するか．

問題 12

UAAはストップコドンである．問題10のmRNAの配列にあるUAA配列はなぜタンパク質の合成を停止しないのか．

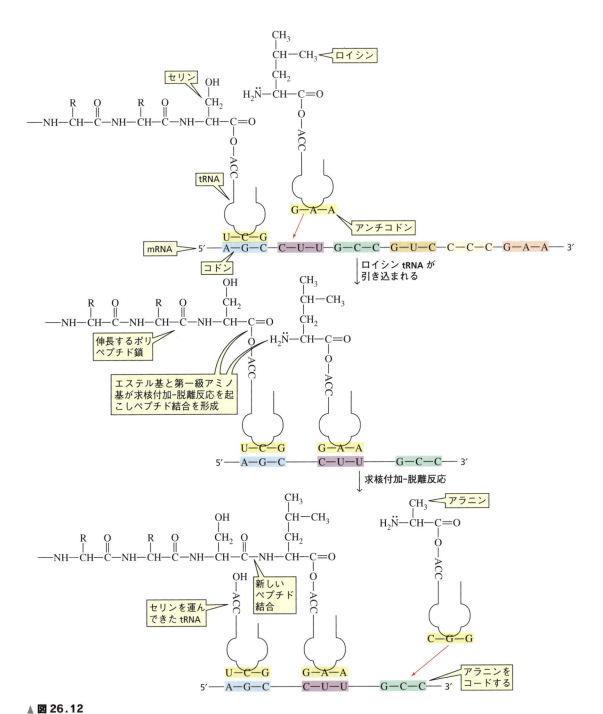

▲ 図 26.12
翻訳．mRNA の塩基配列がタンパク質中のアミノ酸配列を決定する．

　タンパク質の合成を行うリボソームは，リボソーム RNA (rRNA) とタンパク質で構成されている (図 26.13)．リボソームは RNA 分子に結合する三つの領域をもつ．リボソームは，塩基配列が読まれるべき mRNA と伸長するペプチド鎖をもつ tRNA，および次にタンパク質に取り込まれるアミノ酸をもつ tRNA に結合

する.

1. DNAの転写は細胞中の核内で起こる.最初のRNA転写産物は,すべてのRNAの前駆体である.
2. 生成したRNAは,まず多くの場合,生物活性を獲得する前に化学的に修飾されなければならない.修飾は,ヌクレオチド部分の脱離,5′末端または3′末端へのヌクレオチドの付加,あるいは特定のヌクレオチドの化学的変換などを伴う.
3. rRNAにタンパク質が付加し,リボソームが形成される.tRNA,mRNA,およびリボソームは核から出る.
4. それぞれのtRNAは適正なアミノ酸と結合する.
5. tRNA,mRNA,およびリボソームは共同してmRNAの情報をタンパク質に翻訳する.

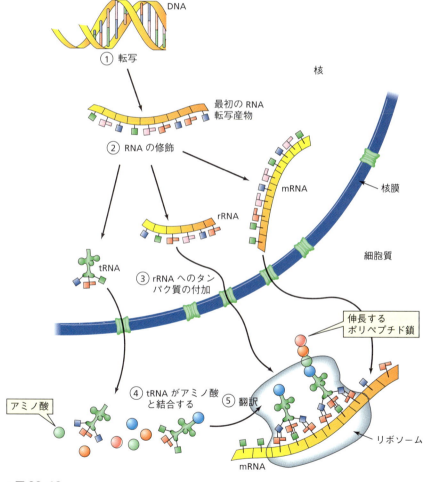

▲ 図 26.13
転写と翻訳.

鎌状赤血球貧血

鎌状赤血球貧血は DNA の一つの塩基の変異により引き起こされる病気の一例である(22 章の章末問題 73 参照)．この遺伝病は，ヘモグロビンの β サブユニットをコードするセンス鎖にある GAG

正常な赤血球細胞

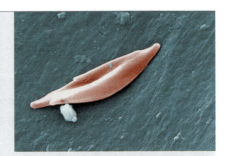
鎌状赤血球細胞

トリプレットが GTG トリプレットに変異することにより起こる遺伝病である(22.16 節参照)．変異の結果，mRNA のコドンは GUG となり，GAG の場合に取り込まれるはずのグルタミン酸の代わりにバリンが取り込まれる．極性の大きいグルタミン酸から非極性なバリンへの変化は，デオキシヘモグロビン分子の形態を変化させるのに十分であり，変形により細胞は硬くなり，血管を通るために伸縮するのが難しくなる．鎌状赤血球は血管を詰まらせて強い痛みを引き起こし，場合によっては死に至る．

翻訳を阻害することにより機能する抗生物質

ピューロマイシンは天然の抗生物質であり，翻訳を阻害することにより機能する抗生物質の一つである．ピューロマイシンは tRNA の 3′-CCA-アミノアシル部分を模倣することによって翻訳を阻害するが，酵素が伸長するペプチド鎖を 3′-CCA-アミノアシル tRNA の NH_2 基ではなくピューロマイシンの NH_2 基に転移させる．その結果，タンパク質合成は停止する．ピューロマイシンは原核生物だけではなく真核細胞のタンパク質合成も停止させるので，ヒトにとっても有害であり，したがって，臨床上有用な抗生物質ではない．臨床上で有用な抗生物質は，原核細胞に選択的な効果をもたなければならない．

臨床上有用な抗生物質	作用機序
テトラサイクリン	アミノアシル tRNA のリボソームへの結合を阻害
エリスロマイシン	タンパク質への新しいアミノ酸の取込みを阻害
ストレプトマイシン	タンパク質合成の開始を阻害
クロラムフェニコール	新しいペプチド結合の形成を阻害

ピューロマイシン
(puromycin)

問題 13 ◆
コドンのなかのどの塩基の置換が変異を起こしにくいだろうか．

問題 14 ◆
問題 10 の mRNA を与える DNA のセンス鎖の塩基配列を書け．

問題 15
問題 10 のそれぞれのアミノ酸を特定する mRNA の可能なコドンと，アミノ酸を運ぶ tRNA のアンチコドンを示せ．

26.10 DNAはなぜウラシルの代わりにチミンをもつのか

24.7節において，メチル基を供給する補酵素の N^5, N^{10}-メチレンテトラヒドロ葉酸によって，dTMPがdUMPのメチル化により生成することを学んだ．

dUMP + N^5,N^{10}-メチレン-THF $\xrightarrow{\text{チミジル酸}\atop\text{合成酵素}}$ dTMP + ジヒドロ葉酸　　　R′ = 2′-デオキシリボース-5-P

ウラシルにメチル基を導入するとテトラヒドロ葉酸がジヒドロ葉酸に酸化されるので，次の触媒反応に使う補酵素を準備するために，ジヒドロ葉酸はテトラヒドロ葉酸に還元されなければならない．還元剤はNADPHである．

ジヒドロ葉酸 + NADPH + H⁺ $\xrightarrow{\text{ジヒドロ葉酸}\atop\text{還元酵素}}$ テトラヒドロ葉酸 + NADP⁺

この反応で生成したNADP⁺は，NADHによってNADPHに還元されなければならない．細胞内で生じるすべてのNADHは，2.5個のATPを生産することができる(25.11節参照)．それゆえに，ジヒドロ葉酸を還元することは，ATPの消費を伴う．これはチミンの合成はエネルギー的に高価であることを意味し，これこそがDNAがウラシルの代わりにチミンを含む十分な理由であるに違いない．

DNA中のウラシルの代わりのチミンの存在は，致命的な変異を防いでいる．シトシンは互変異性によりイミンを生じ(18.2節参照)，それは加水分解されてウラシルを生じる(17.10節参照)．全体の反応はアミノ基が脱離するので**脱アミノ化**(deamination)と呼ばれる．

シトシン(アミノ互変異性体) ⇌ イミノ互変異性体 $\xrightarrow[H_2O]{\text{脱アミノ化}}$ ウラシル + NH₃

DNA中のCがUに脱アミノ化されると，複製の際に，Cによって特定されていたGの代わりにAが娘鎖に取り込まれる．そして，すべての娘鎖の子孫は同じ変異した染色体をもつことになる．幸いにも，DNA中のUを〝誤り〟として認識し，誤った塩基が娘鎖に取り込まれる前にUをCに置換する酵素がある．これらの酵素はUを切り出し，Cに置き換える．もしUがDNAに存在するのが通常だとすると，酵素は正しいUとシトシンの脱アミノ化によって生じたUとを区別できないだろう．DNAがUの代わりにTをもつことにより，DNA中のUの存在が誤りとして認識される．

自己複製するDNAとは違い，RNAにおける誤りはすべて長くは残らない．なぜならば，RNAは絶えず分解され，DNA鋳型から再合成されるからである．それゆえに，RNAでのCからUへの変異は，いくつかの欠陥タンパク質のコピー

を生みだすが，ほとんどのタンパク質は欠陥をもたない．したがって，RNAにTを取り込むために余分なエネルギーを使う価値はない．

抗生物質は共通の機構で働く

最近，三つの異なる種類の抗生物質（β-ラクタム，キノロン，アミノグリコシド）が細菌を同じ方法で殺していることが見いだされた．抗生物質はヒドロキシラジカルの生産を引き起こす．ヒドロキシラジカルはグアニンを 8-オキソグアニンに酸化する．細胞は 8-オキソグアニンを誤りとして認識することができ，グアニンと置き換える．しかしながら，DNA に 8-オキソグアニンが多くありすぎると，細胞の修復機構は圧倒されてしまう．その結果，8-オキソグアニンを切り出す代わりに，DNA 鎖を切断し，それは細胞死を引き起こす．この発見は，グアニンの酸化をとくに狙った新しい抗生物質が見つかる可能性を示唆している．

8-オキソグアニン
(8-oxoguanine)

問題 16◆
アデニンはヒポキサンチンに，グアニンはキサンチンに脱アミノ化される．ヒポキサンチンとキサンチンの構造式を示せ．

問題 17
チミンが脱アミノ化されない理由を説明せよ．

26.11 抗ウイルス剤

ウイルス感染に対して臨床的に有効な薬剤は比較的少ない．薬剤探索の努力がなかなか実らないのは，ウイルスの性質や複製方法による．ウイルスは細菌より小さく，タンパク質の殻でおおわれた核酸（DNA もしくは RNA）から構成されている．ウイルスのなかには宿主細胞に突き刺さるものもいれば，単にウイルスの核酸を宿主細胞に注入するものもいる．どちらの場合にせよ，ウイルスの核酸が宿主により転写され，宿主の遺伝子に組み込まれる．

たいていの**抗ウイルス剤**(antiviral drug)は，ヌクレオシドの類似化合物であり，ウイルスの核酸合成を阻害する．この方法により，薬剤はウイルスの複製を妨げる．たとえば，ヘルペスウイルスに用いられるアシクロビルは，グアニンに似た三次元構造をもっている．それゆえ，アシクロビルはウイルスをだまして，グアニンの代わりに DNA のなかに薬剤を取り込ませる．いったん取り込まれると，アシクロビルはリボースの 3′-OH 基を欠くので，DNA 鎖はもはや伸長できない．伸長が停止した DNA は DNA ポリメラーゼに結合したまま残り，非可逆的に酵素を不活化する（26.3 節）．

急性骨髄白血病に用いられるシタラビンは，ウイルス DNA にシトシンと競合して取り込まれる．シタラビンはリボースではなくアラビノースを含む（表 21.1

アシクロビル
(acyclovir)
Aclovir®
単純ヘルペス感染に対して使われる

シタラビン
(cytarabine)
Cytosar®
急性骨髄白血病に対して使われる

リバビリン
(ribavirin)
Viramid®
C型肝炎に対して使われる

イドクスウリジン
(idoxuridine)
Herplex®
角膜に対して認可されている

参照). 2′-OH 基がβ位にあるので(天然のリボヌクレオシドの 2′-OH 基はα位にあることを思い出そう), シタラビンが取り込まれた DNA の塩基は正しく積み重なることができない(26.3節).

グアノシン三リン酸(GTP)の合成に関与する代謝経路のある段階では, イノシン一リン酸(IMP)をキサントシン一リン酸(XMP)に変換する. リバビリンはこの段階を触媒する酵素の競合阻害剤である(26.3節). すなわち, リバビリンは GTP の合成を阻害し, その結果, 核酸の合成を阻害する. この薬剤は C 型肝炎の治療に使われる.

イドクスウリジンはほかの国ぐにではヘルペスの感染に対して使われているが, アメリカにおいては眼感染症の局所的治療にだけ認可されている. イドクスウリジンはチミンのメチル基に代わってヨード基をもち, チミンに代わって DNA に取り込まれる. 3′-OH 基をもつために鎖の伸長は続くが, 生じる DNA は壊れやすく, 正しく転写されない(1388ページの AZT も見よ).

インフルエンザの世界的大流行

毎年私たちはインフルエンザ(flu)の発生に直面する. ほとんどの場合, 既存のウイルスが原因であり, それゆえ予防接種により制御可能である. しかし, ときどき新型のインフルエンザウイルスが出現する. そしてそのウイルスは, ヒトが旧型のインフルエンザに対してもつ免疫の影響を受けず, それゆえすばやく広がり, 非常に多くの人びとに感染する可能性があるため, 全世界を巻き込んだ大流行を引き起こす. 加えて, そのインフルエンザに対して効果をもつ抗ウイルス剤はほとんどない(1264ページの Tamiflu® を参照).

1889～1890年のロシア風邪が最初のインフルエンザの世界的大流行であった. それによって, 100 万人の命が失われた. 1918～1919年のスペイン風邪は世界中で 5000 万人の命を奪った. 1956～1958年のアジア風邪は, 1957年にワクチンが開発されたものの, 流行が食い止められる前に 200 万人の命を奪った. 1968～1969年のホンコン風邪(ホンコンの人口の 15% が冒されたためにそう呼ばれている)は, 約 75 万人の命を奪ったが致死率ははるかに低かった. これは, アジア風邪に感染した人がなんらかの免疫を獲得していたためと考えられた. これが最後の世界的大流行であったので, 公衆衛生の担当者は, 次の世界的大流行がすぐに来るかもしれないと案じている.

最近, 憂慮されているインフルエンザの発生は, 1997年に発見された鳥インフルエンザや 2009年に発見された豚インフルエンザである. 鳥インフルエンザはニワトリに伝搬され, 続いて数百人に伝染し, そのうちの 60% が亡くなった. 豚インフルエンザは豚の呼吸器系の病気であるが, 人に感染することが知られている. これらのインフルエンザのどちらかが世界的大流行になるのではないかと懸念されている.

ウイルス株種ごとの最も大きな相違点は, ウイルスタンパク質の表面に結合する糖鎖である. 鼻や喉にある糖鎖に最初に結合するウイルスが引き起こす症状は, 肺の奥深くの糖鎖に結合するウイルスが引き起こす症状ほど深刻ではない.

26.12 DNA の塩基配列はどのように決定されるか

2000年6月，2チームの科学者（一つはバイオテクノロジー企業，もう一つは各国が助成したヒトゲノムプロジェクトによるチーム）がヒトDNAの31億塩基対の配列を決定したと公表した．これは偉大な業績である．

明らかに，DNA分子は一つのユニットとして配列を調べるには長すぎる．それゆえに，DNAは最初に特定の塩基配列のところで切断され，生じたDNA断片が個々に調べられる．

特定の塩基配列でDNAを切断する酵素を**制限エンドヌクレアーゼ**（restriction endonuclease，制限酵素）と呼ぶ．生じたDNA断片は**制限断片**（restriction fragment）と呼ばれる．現在，数百の制限エンドヌクレアーゼが知られている．いくつかの例を，認識する塩基配列と配列中の切断される部位とともに欄外に示す．

ほとんどの制限エンドヌクレアーゼが認識する塩基配列は回文である．回文とは前から読んでもうしろから読んでも同じに読める単語や一群の語のことである．"Was it a car or a cat I saw ?" や "toot"，"race car" などが回文の例である．制限エンドヌクレアーゼは鋳型鎖がセンス鎖の回文である，いいかえると，鋳型鎖の塩基配列（右から左に読む）とセンス鎖の塩基配列（左から右に読む）が同じであるDNAを認識する．

制限酵素	認識配列
AluI	AGCT TCGA
FnuDI	GGCC CCGG
PstI	CTGCAG GACGTC

問題 18◆

次の塩基配列のうち制限酵素に最も認識されそうな配列はどれか．

a. ACGCGT **b.** ACGGGT **c.** ACGGCA
d. ACACGT **e.** ACATCGT **f.** CCAACC

Frederick Sanger（初めてタンパク質の一次配列を明らかにしたことで1953年にノーベル化学賞を受賞）とWalter Gilbertは，DNA配列に関する研究業績に対して1980年度のノーベル化学賞を受賞した．長い年月のあいだに，彼らの考案した手法はほかの方法に取って代わられ，現在使われている技術は，**パイロシークエンシング**（pyrosequencing）と呼ばれる自動化された方法である．この方法では，まず小さなDNAプライマーが，調べられる配列の制限酵素断片に付加され，次いでヌクレオチドが制限断片との塩基対形成に基づいてプライマーに付加される．合成による配列決定として知られるこの方法は，プライマーに付加される各塩基（の身元）を調べる．

パイロシークエンシングは，DNA鎖にヌクレオチドを付加する酵素DNAポリメラーゼと，ピロリン酸が検出されたときに発光する二つの酵素を必要とする．

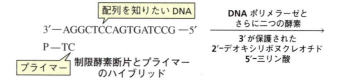

パイロシークエンシングは，さらにそれぞれ3′-OH基が保護されている四つの2′-デオキシリボヌクレオチド5′-三リン酸を必要とする．

3′が保護された 2′-デオキシリボヌクレオチド三リン酸

制限酵素断片とプライマーのハイブリッドは，固相支持体(カラム)に取りつけられる．これはポリペプチドの自動合成に使われる固相支持体に似ている(22.11節参照)．パイロシークエンシングに含まれる各段階は以下である．

- 酵素と4種類の3′保護 2′-デオキシリボヌクレオチド 5′-三リン酸の一つ(たとえば，3′保護 dATP)がカラムに加えられる．
- 反応剤が固相支持体から洗い出される．
- 異なる3′保護 2′-デオキシリボヌクレオチド 5′-三リン酸(たとえば，3′保護 dGTP)を加える過程を繰り返す．
- 3′保護 dCTP を加える過程を繰り返し，次いで3′保護 dTTP を加えて再度繰り返す．
- シークエンサーは4種類のヌクレオチドのうちどれを加えたときに発光が観察されたのか．いいかえれば，プライマーに付加された結果，どのヌクレオチドがピロリン酸を放出したかを追跡し続ける．
- 3′-OH 基の保護基が除かれる．

これらの段階がプライマーに付加する次のヌクレオチド(の身元)を決定するために繰り返される．パイロシークエンシングで 500 ヌクレオチド長もの制限断片の塩基配列を決定することができる．

制限断片の配列が決定されると，同じ方法を用いて断片の相補鎖の塩基配列を調べ，結果に誤りがないか確認する．さらに，この操作を異なる制限酵素で得られた断片に対して繰り返し，重なった部分を見つけることによってもとの DNA の塩基配列が決定される．

🧪 The X PRIZE

31 億塩基対をもつ初のヒトゲノムの配列決定の成功には，27 億ドルと 10 年の月日を費やした．次世代シークエンシング技術(たとえばパイロシークエンシング)を使うことにより，たった 100 万ドルのコストと 2 カ月間でヒトゲノムの配列を決定できる．

ヒトゲノムの配列決定の加速とコストを低減する新しい技術の開発を促すために，1000 万ドルの賞金のかかった the X PRIZE が創設された．この賞は，100 人の全ゲノム配列を 30 日以内に下記の条件で決定することができるデバイスを作成した最初のチームに与えられる．

- 高い精度(100 万塩基につき，エラーは 1 カ所以内)
- 低いコスト(1 ゲノムにつき 1000 ドル以下)

これには 100 歳の誕生日を迎えた 100 人のゲノムが使われる．これらの人びとは，老化に伴う疾病に対して抵抗するまれな遺伝子をもつと考えられる．

最初に the X PRIZE が発表されて以来，配列決定の技術は時間とコストの両方について，進歩し続けている．ヒトゲノムの

配列決定が短時間に，しかも納得できるコストで可能になれば，，個別化治療の時代が始まる．そのときには私たちは，何が病気にかかりやすくしているのか，なぜ薬効には個人差があるのかを理解しているだろう．ゆくゆくは，個人の遺伝プロファイルに合わせた薬が処方されることになるだろう．

26.13 ポリメラーゼ連鎖反応（PCR）

1983年に開発された**ポリメラーゼ連鎖反応**（polymerase chain reaction，**PCR**）は，科学者が非常に短時間でDNAを増幅すること（何十億ものコピーをつくること）を可能にした．PCRを用いると，分析に必要な十分量のDNAを1本の毛包や1個の精子からでも得ることができる．

PCRは増幅するDNA部分（標的DNA）を含む溶液に次のものを加えて行う．

- 増幅するDNA断片の両端のヌクレオチド配列と塩基対を形成する（アニールする）大過剰のプライマー（短いDNA断片）
- 四つのデオキシリボヌクレオチド三リン酸（dATP，dGTP，dCTP，dTTP）
- 熱に安定なDNAポリメラーゼ

次の3工程が行われる（図 26.14）．

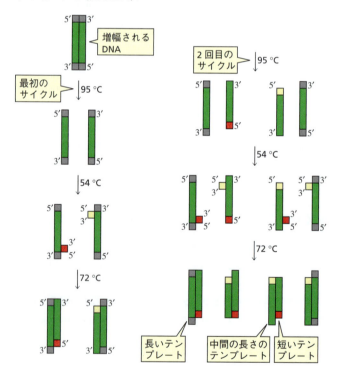

図 26.14 ▶
2サイクルのポリメラーゼ連鎖反応．

- <u>二本鎖の解離</u>：溶液は95 ℃に加熱され，二本鎖DNAは二つの一本鎖に分かれる．
- <u>プライマーの塩基対形成</u>：溶液は，プライマー（図 26.14の赤色と黄色のボックス）が標的（緑色）DNAの3′末端と塩基対を形成できる温度である

54 ℃に保たれる
- DNA 合成：溶液は，DNA ポリメラーゼがプライマーにヌクレオチドを付加する反応を触媒する温度である 72 ℃に加熱される．プライマーは標的 DNA の 3′ 末端に結合しているので，標的 DNA の複製は 5′→3′ に向けて合成されることに注目しよう．

次いで，溶液は 95 ℃に加熱され 2 回目の工程に入る．2 回の工程を終えた時点で 4 本の DNA 二重鎖が合成されている．したがって，3 回目の工程では，8 本の一本鎖 DNA からスタートして 16 本の一本鎖 DNA が生じる．DNA を何十億倍に増幅する十分なサイクル数をこなすには約 1 時間かかる．増幅はサーマルサイクラーで行われる．サーマルサイクラーは三段階のおのおのが実行されるように温度を自動的に変化させる機器である．

PCR は幅広く医療に使われている．がんを引き起こす変異の検出，遺伝子病の診断，抗体検査では見逃される HIV の検出，がん化学療法のモニタリング，および感染病の迅速診断などに使われている．

琥珀のなかに保存されていた 4000 万年前の葉の DNA が PCR で増幅され，配列が決定された．

DNA フィンガープリンティング

PCR は科学捜査において，犯罪現場で採取された DNA と容疑者の DNA を比べるのに使われている．非翻訳領域の DNA 塩基配列は人それぞれ異なる．科学捜査では最も正確に個人を特定するのに 13 カ所の DNA 断片が使われる．二つの DNA サンプルの塩基配列が同じ場合，それらが異なる人からの DNA である確率は約 800 億分の 1 である．親子鑑定に用いられる DNA フィンガープリンティングは 1 年に 10 万件を数える．

26.14 遺伝子工学

組換え DNA（recombinant DNA）分子は適合した宿主細胞へ DNA を運搬するための小さな断片が付加され，何百万倍に複製することを可能にする（天然または合成の）DNA 分子である．**遺伝子工学**（genetic engineering）としても知られている組換え DNA 技術は，実用的に応用されている．たとえば，ヒトインスリンをコードする DNA の複製は多量のインスリンタンパク質の合成を可能とした（22.8 節参照）．

農業は，干ばつや害虫に対する抵抗性を強めた新しい遺伝子をもつ農産物の生産などにより遺伝子工学の恩恵を受けている．たとえば，遺伝子操作されたワタは，ワタミノムシに対して抵抗性を示し，遺伝子操作されたトウモロコシは，根切り虫に対しての抵抗性をもつ．遺伝子操作された生物（GMO）によってアメリカの農業化学製品の売上は 50% 近く減少した．最近では，トウモロコシはエタノール生産を増大するように，またリンゴは切ったときに茶色くなるのを防ぐように遺伝子操作されている．

除草剤抵抗性

有名な除草剤 Roundup® の有効成分であるグリホサートは，植物の生長に必要なアミノ酸であるフェニルアラニンとトリプトファンの生合成に必要な酵素を阻害することによって雑草を枯らす．除草剤に耐えるよう遺伝子操作されたトウモロコシやワタの農場にグリホサートを散布すると，雑草は枯れるが農作物は枯れない．

これらの農産物には，アセチル-CoA を用いた求核付加-脱離反応によってグリホサートをアセチル化して不活性にする酵素の遺伝子が組み込まれている．グリホサートとは違い，N-アセチルグリホサートはフェニルアラニンとトリプトファンを合成する酵素を阻害しない．

除草剤のグリホサートをアセチル化することによって，グリホサートに抵抗性を示すように遺伝子操作されたトウモロコシ．

グリホサート (glyphosate) 除草剤 + CH₃-C(O)-SCoA → 酵素 → N-アセチルグリホサート (N-acetylglyphosate) 植物に無害 + CoASH

覚えておくべき重要事項

- **デオキシリボ核酸(DNA)**は生物の遺伝情報を符号化し，細胞の増殖と分裂を制御する．
- **ヌクレオシド**はD-リボースや$2'$-デオキシ-D-リボースに結合した塩基を含む．**ヌクレオチド**はエステル結合によってリン酸に結合している糖のOH基をもったヌクレオシドである．
- **核酸**はヌクレオチドサブユニットがリン酸ジエステル結合でつながった長い鎖からなる．これらの結合は，一つのヌクレオチドの$3'$-OH 基と次のヌクレオチドの$5'$-OH 基を結びつけている．
- DNA は $2'$-デオキシ-D-リボースを含み，一方 RNA は D-リボースを含む．この糖の違いは，DNA を安定に，RNA を容易に切断されるようにしている．
- 核酸の**一次構造**は鎖中の塩基配列である．DNA は A, G, C, および T を含み，RNA は A, G, C, および U を含む．
- DNA における U に代わる T の存在は，互変異性と C のイミンが加水分解されて U を生じることにより変異が起こるのを防いでいる．
- DNA は二本鎖である．二つの鎖は反対の方向に伸び，よじれて主溝と副溝をもつ二重らせんを形成している．
- 塩基はらせんの内側に閉じ込められ，糖とリン酸基は外側にある．二つの鎖は，異なる鎖の塩基間の水素結合と，**スタッキング相互作用**により結びつけられている．
- 一つは**センス鎖**，もう一つは**鋳型鎖**と呼ばれる二つの鎖は互いに相補的である．A は T と，G は C と塩基対を形成する．
- DNA は $5'\to 3'$ 方向に**半保存的複製**と呼ばれる過程により合成される．
- DNA の塩基配列は RNA 合成(**転写**)の青写真となる．RNA は DNA 鋳型鎖の塩基を $3'\to 5'$ 方向に読みながら $5'\to 3'$ 方向に合成される．
- タンパク質の生合成に使われる RNA にはメッセンジャー RNA，リボソーム RNA，およびトランスファー RNA の 3 種類がある．
- 3 塩基の組合せ，すなわち**コドン**は，タンパク質に取り込まれるアミノ酸を指定する．コドンとそれが指定するアミノ酸は**遺伝コード**として知られている．

- タンパク質の合成（翻訳）は，5′→3′ 方向に mRNA 鎖の塩基を読むことによって，N 末端から C 末端に向かって進行する．
- tRNA は，その 3′ 末端にエステルとして結合しているアミノ酸を運ぶ．
- シトシンはウラシルに脱アミノ化される．**脱アミノ化**とはアミノ基が除かれる反応である．
- 制限エンドヌクレアーゼは特定の回文配列の部位で DNA を切断し，**制限断片**を与える．
- パイロシークエンシングは制限断片の塩基配列を調べる方法の一つである．
- **ポリメラーゼ連鎖反応（PCR）**は DNA 断片を増幅する．
- **遺伝子操作**によって特定のタンパク質を大量に合成することができる．
- ヒトゲノムは 31 億塩基対ある．

章末問題

19． 次の化合物を命名せよ．

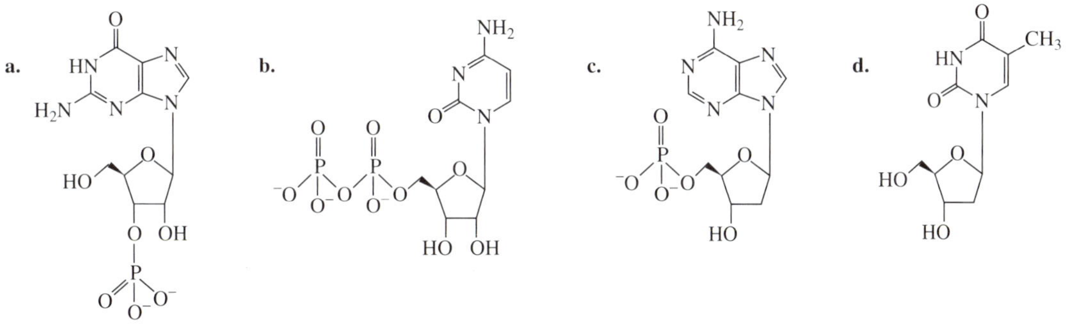

a．　　b．　　c．　　d．

20． 次の mRNA によって特定されるノナペプチドは何か．

5′—AAA—GUU—GGC—UAC—CCC—GGA—AUG—GUG—GUC—3′

21． 問題 20 の mRNA をコードする鋳型鎖の塩基配列を示せ．

22． 問題 20 の mRNA をコードするセンス鎖の塩基配列を示せ．

23． 問題 20 の mRNA の 3′ 末端のコドンが次のように変異した場合，C 末端のアミノ酸は何になるかを示せ．
  a. 最初の塩基が A に変わる　　b. 2 番目の塩基が A に変わる
  c. 3 番目の塩基が A に変わる　　d. 3 番目の塩基が G に変わる

24． 次のヘキサペプチドの生合成に必要な DNA 断片の塩基配列を示せ．

Gly-Ser-Arg-Val-His-Glu

25． 次の反応の機構を示せ．

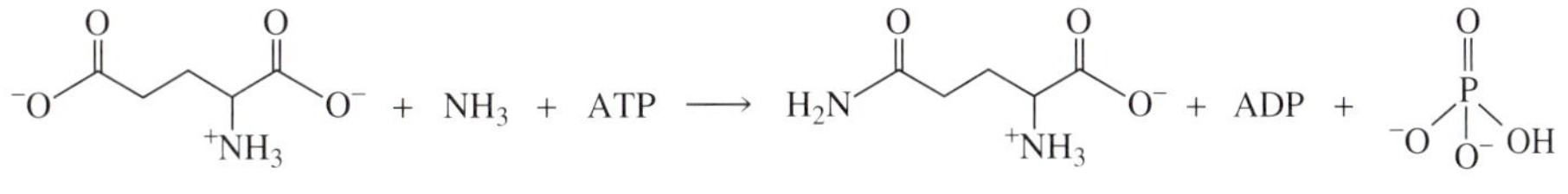

26． ある DNA の領域は 18 塩基対あり，シトシンを 7 個含んでいる．
  a. その領域にはウラシルがいくつ含まれるか．　　b. その領域にはグアニンがいくつ含まれるか．

27. コドンとアンチコドンを結びつけよ．

コドン	アンチコドン
AAA	ACC
GCA	CCU
CUU	UUU
AGG	AGG
CCU	UGA
GGU	AAG
UCA	GUC
GAC	UGC

28. 表22.2のアミノ酸の一文字表記を使って，自分の名前の最初の異なる4文字で表されるテトラペプチドの配列を示せ．同じ文字は二度使わないこと．（注意：すべての文字がアミノ酸に対応しているわけではないので，姓の1，2文字を使う場合もある．）そのペプチドの合成を指令するmRNAの塩基配列の一つを示せ．そのmRNA断片の情報を生じさせるDNAのセンス鎖の塩基配列を示せ．

29. 次のジヌクレオチドの対のうち，DNAに等量含まれるものはどれか．
　　a. CCとGG　　　　**b.** CGとGT　　　　**c.** CAとTG
　　d. CGとAT　　　　**e.** GTとCA　　　　**f.** TAとAT

30. ヒト免疫不全ウイルス（HIV）はエイズの原因となるレトロウイルスである．AZTはレトロウイルスによるDNA合成を阻害するためにデザインされた最初の薬剤の一つである．AZTは細胞に取り込まれるとAZT-三リン酸に変換される．AZTがどのようにしてDNA合成を阻害するか説明せよ．

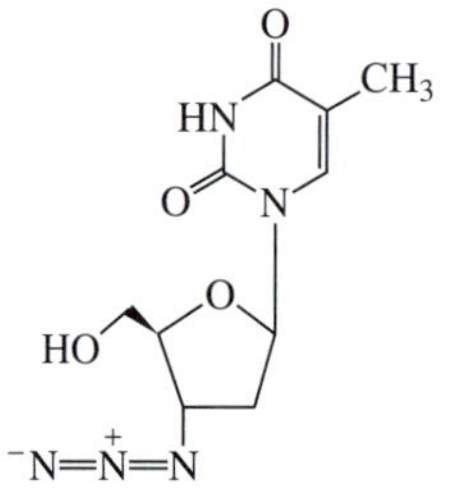

3′-アジド-2′-デオキシチミジン
(3′-azido-2′-deoxythymidine)
AZT

31. UとGだけを含むmRNA（配列はランダム）が翻訳されると，どんなアミノ酸がタンパク質に存在しているだろうか．

32. コドンは3塩基（トリプレット）で，2塩基や4塩基でないのはなぜか．

33. RNAの加水分解を触媒するRNaseは，その活性中心に触媒活性を示す二つのヒスチジンをもつ．一方のヒスチジン残基は酸の形で触媒活性をもち，他方は塩基の形で触媒活性をもつ．RNaseの反応機構を示せ．

34. 正常なタンパク質から得られたペプチド断片のアミノ酸配列を，変異遺伝子から合成されたペプチド断片のアミノ酸配列と比較した．両者はペプチド断片が1カ所違っていた．それらのアミノ酸配列を下に示す．

   正常：　　Gln-Tyr-Gly-Thr-Arg-Tyr-Val
   変異：　　Gln-Ser-Glu-Pro-Gly-Thr

   a. DNA で欠失しているのは何か．
   b. 正常なペプチドはオクタペプチドで，C 末端が Val-Leu であることがわかった．変異型ペプチドの C 末端は何か．

35. 次の DNA のセンス鎖にあるシトシンのうち，脱アミノ化が起こったとき，生物に最も大きなダメージを与えるものはどれか．

   A—T—G—T—C—G—C—T—A—A—T—C

36. 高い変異原性化合物（DNA に変異を引き起こす化合物）の 5-ブロモウラシルはがんの化学療法に用いられる．患者に投与されたとき，5-ブルモウラシルは三リン酸に変換され，立体的に似ているチミンの代わりに DNA に取り込まれる．なぜ 5-ブルモウラシルは変異を引き起こすのか．（ヒント：臭素置換はエノール互変異性体の安定性を増す．）

37. よく使われる食品保存料である亜硝酸ナトリウム（1067 ページ参照）は酸性条件下でシトシンをウラシルに変換して変異を引き起こす可能性がある．なぜそうなるかを説明せよ．

38. DNA は複製が始まる前になぜ完全に分離しないのか．

39. *Staphylococcus*（ブドウ球菌）のヌクレアーゼは，DNA の加水分解を触媒する酵素である．
   この反応は Ca^{2+}，43 番目のグルタミン酸と 87 番目のアルギニンによって触媒される．この反応の機構を示せ．DNA のヌクレオチドはリン酸ジエステル結合をもっていることを思い出そう．

40. 原核生物のポリペプチド鎖生合成の最初に取り込まれるのは *N*-ホルミルメチオニンである．ホルミル基のもつ意味を説明せよ．（ヒント：リボソームは伸長中のペプチド鎖と取り込まれるアミノ酸の結合部位をもっている．）

PART 8 特筆すべき有機化学のトピックス

27章　合成高分子

ここまでの章で，細胞が合成する高分子，すなわちタンパク質，炭水化物，および核酸について学んできた．27章では，化学者が合成する高分子について学ぶ．合成高分子はその物理的な特性を活かして，私たちの生活に浸透し，生活を豊かにするための何千もの物質に利用されている．

Super Glue® の一部分

28章　ペリ環状反応

28章では，ペリ環状反応について学ぶ．これらは環状電子系再構築の結果として起こる反応である．この章では，軌道対称性保存則が，ペリ環状反応における反応物，生成物，および反応条件それぞれの間の関係をどのように説明するかを学ぶ．

ビタミン D_3

27 合成高分子

合成ゴムでできた長靴

　おそらく，合成化合物のグループのなかで合成高分子ほど現代の生活に重要なものはないだろう．化学的性質が重要な小さな有機分子とは異なり，数千から数百万の分子量をもつこれらの巨大分子は，日常生活で役立つそれらの物理的性質のために大きな関心が寄せられている．天然物と似た合成高分子もあるが，ほとんどの合成高分子は天然に見られる高分子とは著しく異なっている．写真フィルム，コンパクトディスク，じゅうたん，食品用ラップ，人工関節，Super Glue®(瞬間接着剤)，おもちゃ，プラスチックのボトル，目地剤(雨漏り防止のためすき間に詰める資材)，車体，および靴底などのいろいろな製品が合成高分子でできている．

　高分子(polymer，ポリマーまたは重合体ともいう)とは，**モノマー**(monomer，単量体ともいう)と呼ばれる小さい分子の繰返し単位がつながり合ってできている巨大な分子である．モノマーが互いにつながり合う過程を**重合**(polymerization)と呼ぶ．

　高分子は**合成高分子**(synthetic polymer)と**生体高分子**(biopolymer)の二つの大きなグループに分けることができる．合成高分子は科学者により合成され，一方，生体高分子は細胞によって合成される．生体高分子の例としては，遺伝情報を貯蔵する分子であるDNA，生化学変換反応を進みやすくする分子であるRNAやタンパク質，エネルギーと構造材料としての機能を備えた化合物である多糖類などがあげられる．これらの生体高分子の構造と性質に関してはほかの章で述べ，この章では，合成高分子について述べる．

はじめに

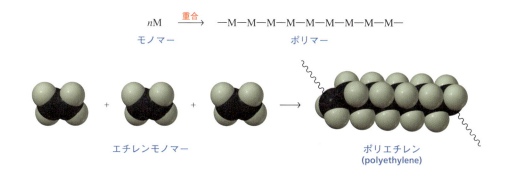

　人類は，最初のころ衣類を生体高分子に依存し，動物の皮革や毛皮で体を覆っていた．のちに天然の繊維を紡いで糸にして布を織ることを知った．今日では衣類の多くは合成高分子(たとえばナイロン，ポリエステル，ポリアクリロニトリル)からつくられている．合成高分子が利用できなければ，アメリカのすべての農地を服のための綿と羊毛の生産に使わなければならなくなるだろう．

　プラスチック(plastic)は成形することができる高分子である．最初のプラスチック商品はセルロイドであった．1856年に発明されたもので，ニトロセルロースとショウノウの混合物であった．セルロイドは不足しがちな象牙に代わってビリヤードのボールやピアノの鍵盤の製造に用いられた．セルロイドはまたより安定な高分子である酢酸セルロースに取って代わられるまで，映画のフィルムにも用いられていた．

　最初の合成繊維はレーヨンであった．1865年，フランスの絹工業はカイコの伝染病による大量死に脅かされていた．Louis Pasteurはこの病気の原因を特定したが，彼の助手であったLouis Chardonnetは，絹の代替品が強く望まれていることを悟った．Chardonnetはテーブルにこぼれたニトロセルロースをふいているとき，ふきんとテーブルの間に長い絹のような糸がくっついているのに気づき，合成繊維の出発物質を発見した．"Chardonnet silk"は1891年のパリの万国博覧会で発表され，光線(rays of light)を発しているかのような光沢があったのでレーヨン(rayon)と呼ばれた．今日"レーヨン"には，ニトロ基はまったく含まれていない．

　最初の合成ゴムは第一次世界大戦中の封鎖による生ゴムの不足に応じて，1917年にドイツの化学者によって合成された．

　高分子がモノマーの無秩序な塊ではなく，モノマーが共有結合で互いにつながり合ってできた鎖であると初めて認識したのはHermann Staudingerであった．今日，高分子合成は，かつての化学的な理解に乏しい過程からより洗練された科学へと進化し，人びとのニーズに見合う新しい材料をつくるために，既存の生成法を利用して分子を修飾するようになった．その例としては，弾性をもつ繊維であるLycra®，市販されているなかで最も強い繊維であるDyneema®がある．

　高分子化学(polymer chemistry)は，より大きい概念である**材料科学**(materials science)の一分野であり，私たちがすでに手にしている金属，ガラス，布，および木材に加え，さらに改良された物性をもつ新しい材料を創出している．高分子化学は一兆ドルビジネスへと発展してきた．毎年，アメリカでは2.5×10^{13} kg

もの合成高分子が生産されている．現在，高分子に関して約3万種の特許が出願されており，さらに新しい材料が次つぎと科学者によって開発されている．

27.1 合成高分子には2種類の大きなグループがある

合成高分子は大きく二つのグループに分けられる．一つは**付加重合体**(addition polymer)として知られている**連鎖重合体**(chain-growth polymer)であり，**連鎖反応**(chain reaction)，すなわち成長末端へのモノマーの付加によって生成する．成長末端は，ラジカル，カチオン，またはアニオンであるので反応性に富む．熱い飲み物用のカップ，卵のパック，および断熱剤など多くのものに用いられているポリスチレンは，連鎖重合体の一例である．ポリスチレンに大量に空気を吹き込むと，家屋の断熱材として用いられる材料になる．

連鎖重合体は付加重合体ともいう．

連鎖重合体は連鎖反応によってできる．

スチレン (styrene) → ポリスチレン (polystyrene)
連鎖重合体

逐次重合体は縮合重合体ともいう．

逐次重合体は分子の両端の反応性官能基がそれぞれつながって生じる．

もう一つのグループである**逐次重合体**(step-growth polymer)は，**縮合重合体**(condensation polymer)とも呼ばれ，(多くの場合は)小さな分子，一般的には水やアルコールが脱離してモノマーがつながって生成する．モノマーは両末端に反応性の官能基をもっている．個々のモノマーが成長末端にのみ付加する連鎖重合とは異なり，逐次重合ではどの二つの反応性のモノマーまたはオリゴマーがつながってもよい．逐次重合体の例としてDacron® がある．Dacron® は動脈グラフト(心臓バイパス用血管)として初めて医療用途に使われた合成高分子である．

テレフタル酸ジメチル (dimethyl terephthalate) + 1,2-エタンジオール (1,2-ethanediol) → ポリ(エチレンテレフタレート) [poly(ethylene terephthalate)] Dacron®
逐次重合体

27.2 連鎖重合体

連鎖重合に用いられるモノマーの多くはエチレン(エテン)と置換エチレン(CH_2=CHR)である．エチレンまたは置換エチレンからつくられた高分子を**ビニルポリマー**(vinyl polymer)という．連鎖重合によって合成されたビニルポリマーのいくつかを表27.1にまとめる．

表 27.1　いくつかの重要な連鎖重合体とその用途

モノマー	繰返し単位	ポリマーの名称	用途
$CH_2=CH_2$	$-CH_2-CH_2-$	ポリエチレン (polyethylene)	おもちゃ，飲料ボトル，レジ袋
$CH_2=CH$ 　　$\vert$ 　　Cl	$-CH_2-CH-$ 　　　　$\vert$ 　　　　Cl	ポリ(塩化ビニル) 〔poly(vinyl chloride)〕	シャンプーボトル，パイプ，羽目板，床，透明な食品包装袋
$CH_2=CH-CH_3$	$-CH_2-CH-$ 　　　　$\vert$ 　　　　CH_3	ポリプロピレン (polypropylene)	成形によってつくられたキャップ，マーガリンのチューブ，屋内/屋外カーペット，室内装飾品
$CH_2=CH$ 　　$\vert$ 　　C_6H_5	$-CH_2-CH-$ 　　　　$\vert$ 　　　　C_6H_5	ポリスチレン (polystyrene)	CDケース，卵のパッケージ，熱い飲み物用のカップ，絶縁体
$CF_2=CF_2$	$-CF_2-CF_2-$	ポリテトラフルオロエチレン (polytetrafluoroethylene) Teflon®	非接着性表面加工，服の裏地，電線の絶縁体
$CH_2=CH$ 　　$\vert$ 　　C 　　$\vert\vert\vert$ 　　N	$-CH_2-CH-$ 　　　　$\vert$ 　　　　C 　　　　$\vert\vert\vert$ 　　　　N	ポリアクリロニトリル (polyacrylonitrile) Orlon®, Acrilan®	じゅうたん，毛布，毛糸，衣類，人工毛皮
$CH_2=C-CH_3$ 　　　$\vert$ 　　　$COCH_3$ 　　　$\vert\vert$ 　　　O	CH_3 　　　　$\vert$ $-CH_2-C-$ 　　　　$\vert$ 　　　　$COCH_3$ 　　　　$\vert\vert$ 　　　　O	ポリ(メタクリル酸メチル) 〔poly(methyl methacrylate)〕 Plexiglas®, Lucite®	照明器具，看板，ソーラーパネル，天窓
$CH_2=CH$ 　　$\vert$ 　　$OCCH_3$ 　　$\vert\vert$ 　　O	$-CH_2-CH-$ 　　　　$\vert$ 　　　　$OCCH_3$ 　　　　$\vert\vert$ 　　　　O	ポリ(酢酸ビニル) 〔poly(vinyl acetate)〕	ラテックス塗料，接着剤

　連鎖重合は，**ラジカル重合**(radical polymerization)，**カチオン重合**(cationic polymerization)，または**アニオン重合**(anionic polymerization)の3種類の反応機構の一つによって進行する．それぞれの反応機構には独立した三つの段階，重合を開始する<u>開始段階</u>，高分子が成長する<u>成長段階</u>，高分子の成長が止まる<u>停止段階</u>がある．次に，モノマーの<u>構造およびモノマー</u>の活性化に用いる重合開始剤に応じて，連鎖重合反応の機構を見ていこう．

ラジカル重合

　<u>ラジカル重合</u>は上巻の13.2節と13.7節で学んだラジカル反応と同様に連鎖開始，連鎖成長，および連鎖停止の3段階からなる．

　ラジカル機構によって進行する連鎖重合の場合は，ポリマー鎖の成長を開始させるラジカルを発生させるためのラジカル開始剤をモノマーに添加しなければならない．

ラジカル重合の反応機構

開始段階

$$RO-OR \xrightarrow[h\nu]{\Delta \text{ または}} 2\,RO\cdot \text{ ラジカル}$$

ラジカル開始剤

$$RO\cdot + CH_2=CH(Z) \longrightarrow RO-CH_2\dot{C}H(Z)$$

アルケンモノマーがラジカルと反応する

成長段階

$$RO-CH_2CH(Z) + CH_2=CH(Z) \longrightarrow RO-CH_2CHCH_2\dot{C}H \text{ (Z, Z)}$$

$$RO-CH_2CHCH_2CH(Z,Z) + CH_2=CH(Z) \longrightarrow RO-CH_2CHCH_2CHCH_2\dot{C}H \text{ (Z, Z, Z)}$$

成長末端

- 開始剤は均等に開裂してラジカルとなり，それぞれのラジカルがモノマーと反応する．
- 最初の成長段階で，モノマーラジカルがほかのモノマーと反応して，そのモノマーはラジカルに変換される．
- このラジカルはほかのもう一つのモノマーと反応し，新たなサブユニットが鎖に加わる．不対電子は最後に鎖に付加したユニットの末端に移る．これを**成長末端**(propagating site)と呼ぶ．

この成長段階は何度も繰り返され，数百，ときには数千ものアルケンモノマーが次つぎにつながり，鎖を伸ばす．最終的に，連鎖反応は成長末端が停止段階で失活することによって止まる．失活は以下のような場合に起こる．

- 二つの鎖が成長末端どうしで結合する場合．
- 一つの鎖末端からもう一つの鎖末端に水素原子が移動することで，二つの鎖の一方がアルケンに酸化され，他方がアルカンに還元される<u>不均化</u>が起こる場合．

停止段階

連鎖結合

$$2\,RO\!-\![CH_2CH(Z)]_n\!-\!CH_2\dot{C}H(Z) \longrightarrow RO\!-\![CH_2CH(Z)]_n\!-\!CH_2CHCHCH_2(Z,Z)\!-\![CHCH_2(Z)]_n\!-\!OR$$

不均化

$$2\,RO\!-\![CH_2CH(Z)]_n\!-\!CH_2\dot{C}H(Z) \longrightarrow RO\!-\![CH_2CH(Z)]_n\!-\!CH=CH + RO\!-\![CH_2CH(Z)]_n\!-\!CH_2CH_2(Z)$$

ポリマーの分子量は**連鎖移動**(chain transfer)として知られる方法によって制御できる．連鎖移動では，成長鎖は成長を停止させるために分子 XY の X・と反応し，残った Y・は新しい連鎖を開始させる．分子 XY は溶媒，ラジカル開始剤，ある

いは均等開裂をする結合をもった分子なら何でもよい.

$$-CH_2-[CH_2\overset{|}{\underset{Z}{C}}H-]_n CH_2\overset{|}{\underset{Z}{\dot{C}}}H + XY \longrightarrow -CH_2-[CH_2\overset{|}{\underset{Z}{C}}H-]_n CH_2\overset{|}{\underset{Z}{C}}HX + Y\cdot$$

高分子が大きい分子量をもつかぎり, ポリマー鎖の末端の基(RO など)が物理的性質に影響することはあまりなく, ふつうは末端基を同定することもない. 高分子の性質を決めるのは分子の末端以外の残りの部分である.

置換エチレンの連鎖重合では**頭-尾付加**(head-to-tail addition), すなわちモノマーの頭部が別のモノマーの尾部と反応する傾向があり, これはテルペンの生合成と同様である(25.16 節参照).

$$\underset{尾部}{CH_2}=\underset{頭部}{\underset{Z}{\overset{|}{C}H}}$$

$$\underset{頭-尾}{-CH_2\overset{|}{\underset{Z}{C}}HCH_2\overset{|}{\underset{Z}{C}}H-} \quad \underset{頭-頭}{-CH_2\overset{|}{\underset{Z}{C}}H\overset{|}{\underset{Z}{C}}HCH_2-} \quad \underset{尾-尾}{-\overset{|}{\underset{Z}{C}}HCH_2CH_2\overset{|}{\underset{Z}{C}}H-}$$

頭-尾付加が優先されるのには二つの理由がある. 一つは, アルケンの無置換 sp^2 炭素は立体障害が小さいので, 成長末端はその sp^2 炭素を優先的に攻撃するためである. (置換エチレンの頭-尾付加の結果, ポリマー鎖の炭素は一つおきに置換基をもつようになっていることに注目しよう.)

$$RO\cdot + \underset{\underset{塩化ビニル\,(vinyl\ chloride)}{立体障害が小さいほうの\,sp^2\,炭素}}{CH_2=\underset{Cl}{\overset{|}{C}H}} \longrightarrow \underset{ポリ(塩化ビニル)\,[poly(vinyl\ chloride)]}{-CH_2\overset{|}{\underset{Cl}{C}}HCH_2\overset{|}{\underset{Cl}{C}}HCH_2\overset{|}{\underset{Cl}{C}}HCH_2\overset{|}{\underset{Cl}{C}}HCH_2\overset{|}{\underset{Cl}{C}}H-}$$

もう一つは, 無置換の sp^2 炭素に付加が起こって生じるラジカルが, もう一方の sp^2 炭素上の置換基によって安定化されるためである. たとえば, Z がフェニル置換基である場合, ベンゼン環が電子の非局在化によってラジカルを安定化する.

Z が小さくて(したがって立体障害の影響が小さく), 電子の非局在化によって成長末端のラジカルを安定化する効果も小さい場合, 頭-頭付加や尾-尾付加も起こる. この現象は, Z がフッ素のときに最も顕著に見られる. しかし, このような変則的な付加は全鎖のうちの 10% 以下しか見られない.

ラジカル機構の連鎖重合が最も進行しやすいモノマーは, 電子の非局在化によって成長ラジカルを安定化する置換基 Z をもつモノマー(表 27.2, 上段)か,

プレキシガラスの窓

あるいは置換基 Z が電子求引性基のモノマー(表 27.2, 下段)である. メタクリル酸メチルのラジカル重合で生じる透明プラスチックはプレキシガラスという名前で知られている. 1 枚のプレキシガラスでつくられた世界最大の窓〔長さ 54 フィート(約 16.5 m), 高さ 18 フィート(約 5.5 m), 厚さ 13 インチ(約 0.33 m)〕は, モントレーベイ水族館のサメとバラクーダ(オニカマス)の水槽に使われている.

表 27.2 ラジカル重合するアルケンの例

スチレン (styrene)	アクリロニトリル (acrylonitrile)	1,3-ブタジエン (1,3-butadiene)
塩化ビニル (vinyl chloride)	酢酸ビニル (vinyl acetate)	メタクリル酸メチル (methyl methacrylate)

熱や紫外線によって容易に均等開裂し, 生じたラジカルがアルケンをラジカルに変換するのに十分なエネルギーをもつ化合物であれば, どんな化合物でもラジカル重合の開始剤になる. いくつかのラジカル開始剤を表 28.3 に示す. 一つの例外を除き, すべて酸素—酸素の弱い結合をもっている.

表 27.3 ラジカル開始剤

特定の連鎖重合のためにラジカル開始剤を選ぶ場合には，二つの要素を考慮する必要がある．一つは開始剤の溶媒への溶解性である．たとえば，ペルオキソ二硫酸カリウムは開始剤が水に溶けてほしいときによく使われる．一方，開始剤が非極性溶媒に溶けてほしいときは，炭素鎖の長い開始剤が使われる．もう一つは，重合反応を行う温度である．たとえば，tert-ブトキシラジカルは比較的安定であり，比較的高い温度での重合に用いられる．

テフロン®(Teflon®)：偶然の発見

テフロン®はテトラフルオロエチレンの高分子である(表27.1)．1938年，ある科学者が新しい冷却剤を合成するためにテトラフルオロエチレンを使おうとした．彼がテトラフルオロエチレンのシリンダーを開けてもガスが出てこなかったのに，シリンダーは空のシリンダーよりも重かった．実際，それはシリンダーに満杯のテトラフルオロエチレンが入っているときと等しい重さだったのである．何がシリンダーに入っているのだろうと思った彼は，シリンダーを切断して開き，よく滑る高分子を見つけた．この高分子をさらに調べ，彼は，この物質がほとんどすべてのものに対して化学的に不活性で融けないことを見つけた．1961年，テフロンコーティングされた，初のこげつかないフライパン，"ハッピーパン"が一般に売り出された．テフロン®は摩擦を軽減する潤滑油や腐食性の化学薬品を通す配管にも用いられている．

問題1◆
次のそれぞれの高分子を合成するにはどのようなモノマーを用いればよいか．

a. $-CH_2CHCH_2CHCH_2CHCH_2CHCH_2CH-$
         $|$ $|$ $|$ $|$ $|$
         Cl   Cl   Cl   Cl   Cl

b. 　　CH₃　CH₃　CH₃　CH₃　CH₃　CH₃
　　　 $|$　　$|$　　$|$　　$|$　　$|$　　$|$
$-CH_2CCH_2CCH_2CCH_2CCH_2CCH_2C-$
　　　 $|$　　$|$　　$|$　　$|$　　$|$　　$|$
　　　C=O　C=O　C=O　C=O　C=O　C=O
　　　 $|$　　$|$　　$|$　　$|$　　$|$　　$|$
　　　OCH₃ OCH₃ OCH₃ OCH₃ OCH₃ OCH₃

c. $-CF_2CF_2CF_2CF_2CF_2CF_2CF_2CF_2CF_2CF_2-$

問題2◆
ポリ(塩化ビニル)とポリスチレンとで，変則的な頭-頭付加を含みやすいのはどちらの高分子か．

問題3
頭-頭付加，尾-尾付加，および頭-尾付加をそれぞれ二つずつ含むポリスチレンの部分構造を書け．

問題4
過酸化水素水によって開始され，塩化ビニルユニットを三つを含むポリ(塩化ビニル)の断片が生成する反応機構を示せ．

ポリマー鎖の枝分れ

成長末端がポリマー鎖から水素原子を引き抜くと，そこから枝分れが始まる．成長末端は別のポリマー鎖からも同じポリマー鎖からも水素原子を引き抜くこと

ができる.

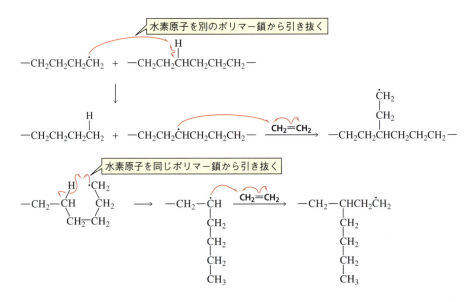

ポリマー鎖の末端に近い炭素から水素原子が引き抜かれた場合は短い枝分れとなり，真ん中近くの炭素から水素原子が引き抜かれた場合は長い枝分れとなる．ポリマー鎖の末端部位どうしは接近しやすいため，短い枝分れが長い枝分れより起こりやすい．

短い枝分れをもつポリマー鎖　　長い枝分れをもつポリマー鎖

枝分れは高分子の物理的性質に大きな影響を与える．枝分れのないポリマー鎖は，枝分れのあるポリマー鎖に比べて密に充填できる．その結果，直鎖状ポリエチレン(高密度ポリエチレンとして知られている)は比較的硬いプラスチックであり，人工股関節の製造などに利用されている．一方，枝分れポリエチレン(低密度ポリエチレン)ははるかに柔軟性のある高分子で，ゴミ袋やドライクリーニングの袋に利用されている．

枝分れのある分子ほど柔軟性がある．

リサイクルシンボル

プラスチックをリサイクルするときには，さまざまな種類のプラスチックを分別する必要がある．分別を助けるため，アメリカの多くの州では，どの種類のプラスチックであるかを示すリサイクルシンボルを製品につけることを義務づけている[†]．プラスチックの容器の底に浮き彫りにしてあるこれらのシンボルを見たことがあるだろう．このシンボルは七つの数字のうちの一つが三つの矢印に囲まれた形をしている．シンボルの下にある略号は，容器がどの種類の高分子からできているかを表している．シンボルの真ん中の数字が小さくなるほどリサイクルしやすい容器である．1(PET)はポリ(エチレンテレフタレート)，2(HDPE)は高密度ポリエチレン，3(PVC)はポリ(塩化ビニル)，4(LDPE)は低密度ポリエチレン，5(PP)はポリプロピレン，6(PS)はポリスチレン，7はそれ以外のすべてのプラスチックを表している．

リサイクルシンボル

問題 5 ◆
ポリエチレンはビーチボールだけでなく，ビーチチェアの製造にも用いられる．どちらの製品が高度に枝分れしたポリエチレンからできているか．

問題 6
枝分れポリスチレンの部分構造を書け．

[†] 訳者注：アメリカで用いられているこれらのマークはSPIコードといわれ，日本もこのSPIコードに準じたマークを使用している．また日本では，これ以外にもプラスチック容器包装材料を示す識別マークが用いられている．

PE　　PP,PET　　キャップ：PE
　　　　　　　　　ボトル：PET

カチオン重合

カチオン重合では重合開始剤が求電子剤（一般的にはプロトン）であり，これがモノマーに付加してカルボカチオンが生じる．HClなどの酸は，カルボカチオンとCl⁻が反応してしまうため開始剤としては使えない．したがって，カチオン重合に最もよく用いられる開始剤は，BF_3などのLewis酸と，プロトンを供与する水などのLewis塩基との組合せである．反応は求電子付加反応を決定する則規に従う．つまり，求電子剤（開始剤）は水素が最も多く結合しているsp^2炭素に結合する（上巻；6.4節参照）．

カチオン重合の反応機構

開始段階

$$F_3B + H_2\ddot{O}: \rightleftharpoons F_3\bar{B}-\overset{+}{\underset{H}{O}}-H + CH_2=C\underset{CH_3}{\overset{CH_3}{|}} \longrightarrow CH_3\overset{CH_3}{\underset{CH_3}{\overset{|}{C}^+}} + F_3\bar{B}-OH$$

アルケンモノマーが求電子剤と反応する

成長段階

$$CH_3\overset{CH_3}{\underset{CH_3}{\overset{|}{C}^+}} + CH_2=C\underset{CH_3}{\overset{CH_3}{|}} \longrightarrow CH_3\overset{CH_3}{\underset{CH_3}{\overset{|}{C}}}-CH_2\overset{CH_3}{\underset{CH_3}{\overset{|}{C}^+}}$$

成長末端

$$CH_3\overset{CH_3}{\underset{CH_3}{\overset{|}{C}}}-CH_2\overset{CH_3}{\underset{CH_3}{\overset{|}{C}^+}} + CH_2=C\underset{CH_3}{\overset{CH_3}{|}} \longrightarrow CH_3\overset{CH_3}{\underset{CH_3}{\overset{|}{C}}}-CH_2\overset{CH_3}{\underset{CH_3}{\overset{|}{C}}}-CH_2\overset{CH_3}{\underset{CH_3}{\overset{|}{C}^+}}$$

- 開始段階で生成したカチオンは二つ目のモノマーと反応して新しいカチオンを生成し，さらに三つ目のモノマーと反応する．モノマーは次つぎと鎖に付加し，正に帯電した成長末端は常に最後に付加したユニットの末端にある．

カチオン重合は次の理由によって停止する．

- プロトンの脱離
- 成長末端への求核剤の付加
- 溶媒(XY)との連鎖移動反応

停止段階

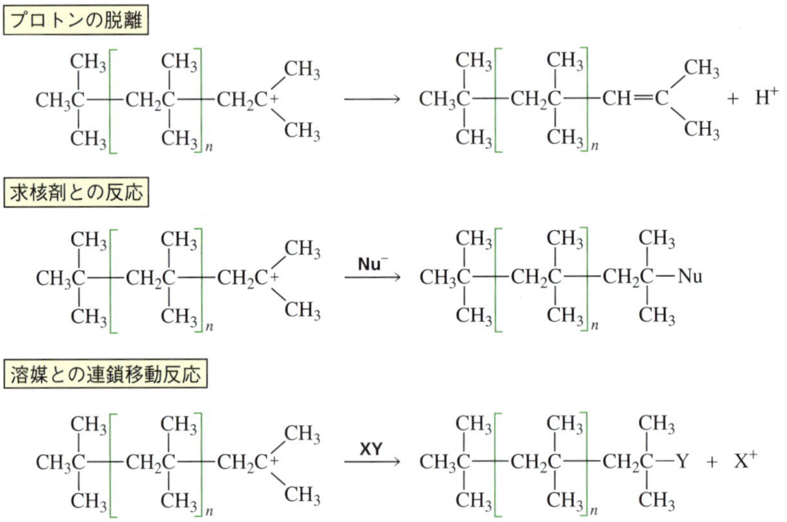

プロトンの脱離

求核剤との反応

溶媒との連鎖移動反応

カチオン重合の過程で生成するカルボカチオン中間体が，転位によってより安定なカルボカチオンとなる場合には，ほかのすべてのカルボカチオンと同様に，1,2-ヒドリドシフトや1,2-メチルシフトによる転位が進行する(上巻；6.7節参照)．たとえば，3-メチル-1-ブテンのカチオン重合によって生成した高分子は，転位したユニットと転移していないユニットの両方をもっている．

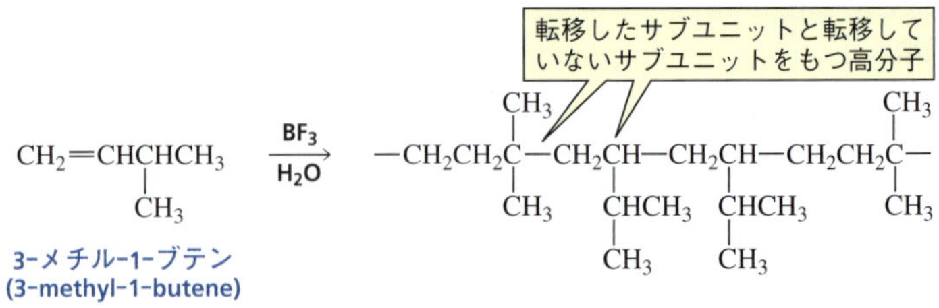

3-メチル-1-ブテン
(3-methyl-1-butene)

転移したサブユニットと転移していないサブユニットをもつ高分子

転位していないユニットでは，成長末端は第二級カルボカチオンであるが，転位したユニットでは，成長末端は1,2-ヒドリドシフトによって得られるより安定な第三級カルボカチオンである．転位の程度は反応温度に依存する．

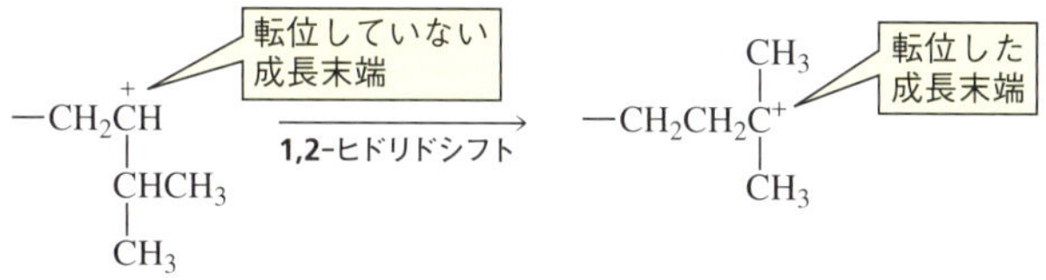

$$\underset{\underset{\underset{CH_3}{|}}{\overset{|}{CHCH_3}}}{-CH_2\overset{+}{CH}} \xrightarrow{\text{1,2-ヒドリドシフト}} -CH_2CH_2\overset{CH_3}{\underset{CH_3}{\overset{|}{\underset{|}{C^+}}}}$$

（転位していない成長末端 → 転位した成長末端）

　カチオン重合に最適なモノマーは，超共役（表27.4の最初の化合物）または共鳴による電子供与（表27.4の残りの二つの化合物）のいずれかによって，成長末端の正電荷を安定化する置換基をもつものである（19.14節参照）．

表27.4　カチオン重合を起こすアルケンの例

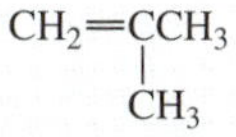

$$CH_2=\underset{\underset{CH_3}{|}}{CCH_3} \qquad CH_2=\underset{\underset{OCH_3}{|}}{CH} \qquad CH_2=CH-\text{（フェニル）}$$

イソブチレン (isobutylene)　　メチルビニルエーテル (methyl vinyl ether)　　スチレン (styrene)

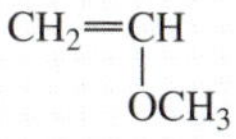

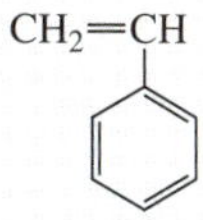

問題 7 ◆

次の各組のモノマーをカチオン重合を最も起こしやすいものから最も起こしにくいものの順に並べよ．

a. $CH_2=CH-C_6H_4-NO_2$　　$CH_2=CH-C_6H_4-CH_3$　　$CH_2=CH-C_6H_4-OCH_3$

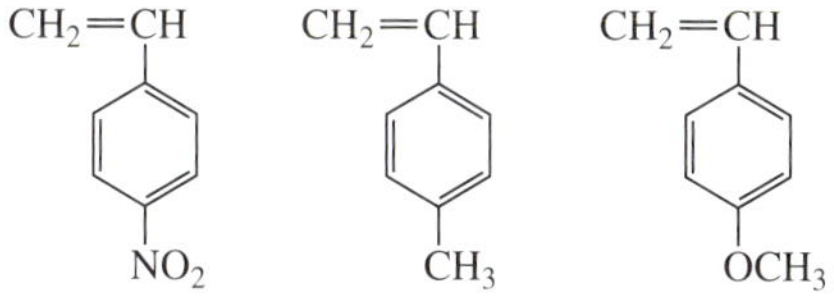

b. $CH_2=\underset{\underset{CH_3}{|}}{CCH_3}$　　$CH_2=CHOCH_3$　　$CH_2=CH\overset{O}{\overset{||}{C}}CH_3$

c. $CH_2=CH-C_6H_5$　　$CH_2=CCH_3-C_6H_5$

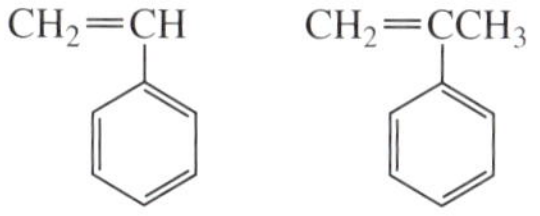

アニオン重合

　アニオン重合では重合開始剤は求核剤であり，これがモノマーと反応して，アニオンである成長末端を生成する．アルケン自体が電子豊富であるので，アルケンへの求核攻撃は容易には起こらない．それゆえ，開始剤はナトリウムアミドやブチルリチウムのような非常に優れた求核剤である必要があり，アルケンは共鳴により電子を求引し，二重結合の電子密度を減少させる置換基をもっていなければならない．

アニオン重合の反応機構

開始段階

$$\overset{-}{Bu}\ Li^+ + CH_2=CH(Ph) \longrightarrow Bu-CH_2\overset{..}{\overset{-}{C}}H(Ph)$$

アルケンモノマーが求核剤と反応する

成長段階

$$Bu-CH_2\overset{-}{C}H(Ph) + CH_2=CH(Ph) \longrightarrow Bu-CH_2CH(Ph)-CH_2\overset{-}{C}H(Ph)$$

成長末端

$$Bu-CH_2CH(Ph)-CH_2\overset{-}{C}H(Ph) + CH_2=CH(Ph) \longrightarrow Bu-CH_2CH(Ph)-CH_2CH(Ph)-CH_2\overset{-}{C}H(Ph)$$

連鎖は反応系中の不純物との反応で停止する．不純物が徹底的に除去されていれば，連鎖成長はすべてのモノマーが消費されるまで続く．この時点で，成長末端はまだ活性であり，反応系にモノマーを加えると重合反応は続く．このように停止反応のない重合を**リビング重合**（living polymerization）という．なぜならそれは，ポリマー鎖が停止される（"殺される"）まで活性だからである．

リビング重合は，最も一般的にはアニオン重合に見られる．それは，（カチオン重合に見られるような）プロトンの脱離による重合の停止や，（ラジカル重合に見られるような）不均化や再結合による重合の停止が起こらないためである．

アニオン重合を起こすアルケンは，負に帯電した成長末端を共鳴電子求引効果によって安定化できるものである（表 27.5）．

表 27.5　アニオン重合を起こすアルケンの例

アクロレイン (acrolein)	メタクリル酸メチル (methyl methacrylate)	スチレン (styrene)
$CH_2=CH-CHO$	$CH_2=C(CH_3)-COOCH_3$	$CH_2=CH-C_6H_5$

Super Glue®（瞬間接着剤）は α-シアノアクリル酸メチルの重合体である．モノマーが二つの電子求引性基をもっているので，表面吸着水のような中程度に優れた求核剤でも容易にアニオン重合を開始する．瞬間接着剤が指について，この反応を経験した人もいるだろう．皮膚の表面の求核性基が重合反応を開始して，2本の指がぴったりくっついてしまう．対象物の表面の官能基と共有結合を形成してくっつける能力こそが，瞬間接着剤の驚くべき強さの理由である．瞬間接着剤に類似の高分子，つまりメチルエステルの代わりにブチルエステル，イソブチルエステル，またはオクチルエステルは，医療用接着剤として，医者が手術や治療の際に傷をふさぐのに使われている．

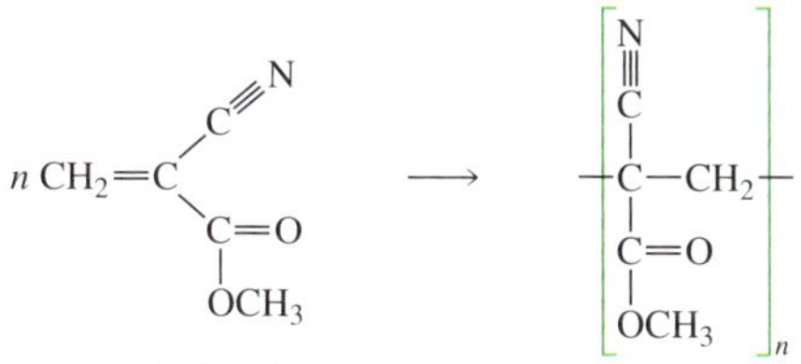

$n\ CH_2=C(CN)(COOCH_3)$ → Super Glue®

α-シアノアクリル酸メチル
(methyl α-cyanoacrylate)

問題 8 ◆

次の各組のモノマーをアニオン重合を最も起こしやすいものから最も起こしにくいものの順に並べよ．

a. $CH_2=CH$–C$_6$H$_4$–NO$_2$, $CH_2=CH$–C$_6$H$_4$–CH$_3$, $CH_2=CH$–C$_6$H$_4$–OCH$_3$

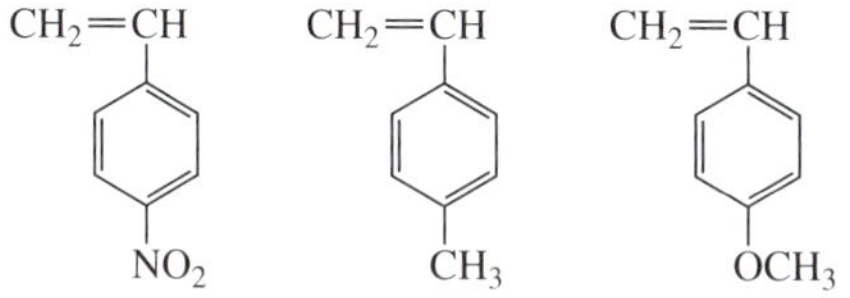

b. $CH_2=CHCH_3$, $CH_2=CHCl$, $CH_2=CHC\equiv N$

何が反応機構を決めるのか？

連鎖重合に最適な反応を決定するのはアルケンにくっついた置換基であることを学んできた．ラジカルを安定化する置換基をもつアルケンでは容易にラジカル重合が，カチオンを安定化する電子供与性置換基をもつアルケンではカチオン重合が，アニオンを安定化する電子求引性置換基をもつアルケンではアニオン重合が容易に進行する．カチオン重合は三つの連鎖成長反応機構のなかでは最も例が少ない．

複数の反応機構で重合するアルケンがいくつかある．たとえば，スチレンはラジカル機構，カチオン機構，およびアニオン機構で重合する．これは，フェニル基がベンジルラジカル，ベンジルカチオン，およびベンジルアニオンを安定化するためである．その重合がどの反応機構で起こるかは，反応開始剤の性質によって決まる．

問題 9 ◆

メタクリル酸メチルがカチオン重合しないのはなぜか．

開環重合

連鎖重合体の合成に用いられる最も一般的なモノマーはエチレンや置換エチレンであるが，ほかの化合物も同様に重合する．たとえば，エポキシドは連鎖重合反応を起こす．

開始剤が求核剤の場合，アニオン機構で重合が起こる．エポキシドの反応について学んだように，求核剤はエポキシドの立体障害のより小さい炭素を攻撃する

(上巻；11.7 節参照)．

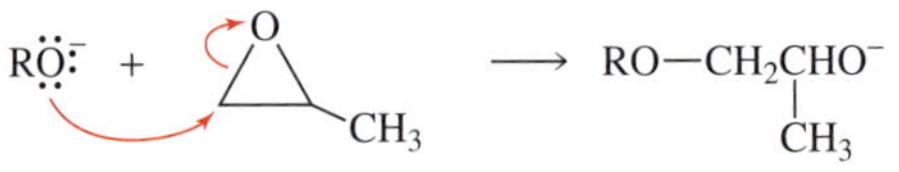

$$\text{RO}^- + \overset{O}{\underset{CH_3}{\triangle}} \longrightarrow \text{RO}-\text{CH}_2\text{CHO}^- \ (\text{CH}_3)$$

$$\text{RO}-\text{CH}_2\text{CHO}^- + \overset{O}{\underset{CH_3}{\triangle}} \longrightarrow \text{RO}-\text{CH}_2\text{CHOCH}_2\text{CHO}^-$$

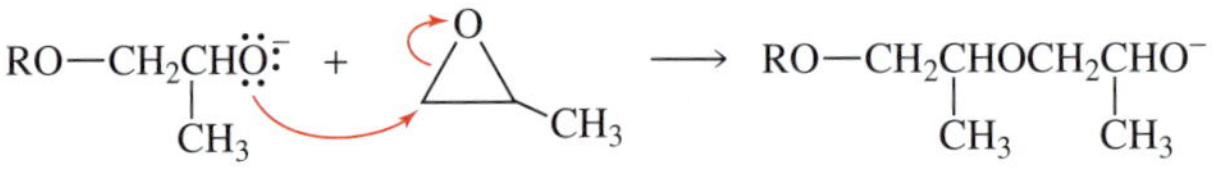

開始剤が Lewis 酸やプロトン供与酸の場合，エポキシドはカチオン機構で重合する．開環反応を伴う重合反応を**開環重合**(ring-opening polymerization)という．酸性条件下では，求核剤はエポキシドのより置換基の多い炭素を攻撃することに注目しよう．

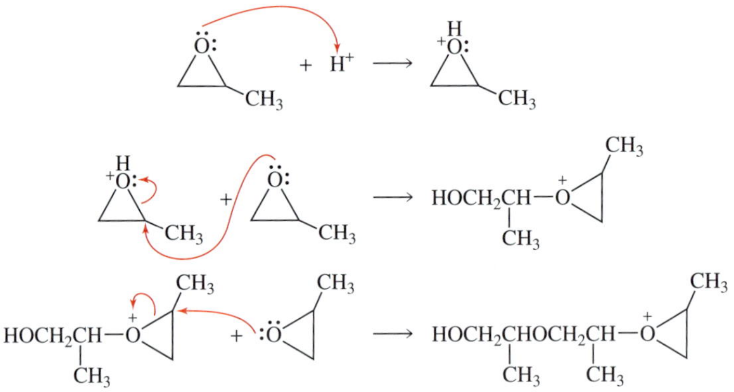

問題 10
プロピレンオキシドがアニオン重合するときは，エポキシドのより置換基の少ない炭素が求核攻撃を受けるが，カチオン重合するときは，より置換基の多い炭素が求核攻撃を受けるのはなぜか説明せよ．

問題 11
次の反応機構による 2,2-ジメチルオキシランの重合について説明せよ．
a. アニオン機構　　　**b.** カチオン機構

問題 12◆
次のそれぞれの高分子を合成するのに，どのようなモノマーとどのタイプの開始剤を用いればよいか．

a. 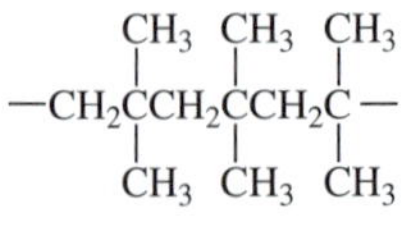 $-\text{CH}_2\text{CCH}_2\text{CHCH}_2\text{C}-$ （CH₃ 置換）

b. 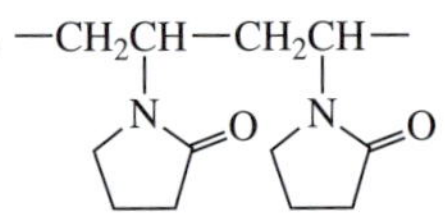 $-\text{CH}_2\text{CH}-\text{CH}_2\text{CH}-$ （N-ピロリドン置換）

c. $-\text{CH}_2\text{CH}_2\text{OCH}_2\text{CH}_2\text{O}-$

d. 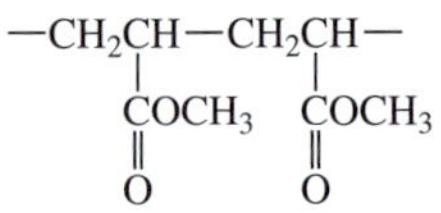 $-\text{CH}_2\text{CH}-\text{CH}_2\text{CH}-$ （COCH₃ 置換）

問題 13◆

3,3-ジメチルオキサシクロブタンのカチオン重合体から生成する高分子の繰返し単位の構造を書け.

3,3-ジメチルオキサシクロブタン
(3,3-dimethyloxacyclobutane)

27.3 重合の立体化学・Ziegler–Natta 触媒

一置換エチレンから生成するポリマーには，イソタクチック，シンジオタクチック，アタクチックの三つの立体配置がある．**イソタクチック重合体**(isotactic polymer)では，すべての置換基が完全に引き伸ばされた炭素鎖の同じ側にある(*iso* と *taxis* はそれぞれ"同じ"と"順序"を意味するギリシャ語である)．**シンジオタクチック重合体**(syndiotactic polymer)(*syndio* は"交互"を意味する)では，それぞれの置換基は炭素鎖の両側に規則的に交互にある．**アタクチック重合体**(atactic polymer)では置換基が無秩序に配向している．

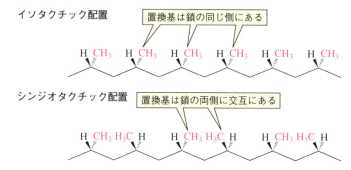

イソタクチック配置　置換基は鎖の同じ側にある

シンジオタクチック配置　置換基は鎖の両側に交互にある

高分子の立体配置はその物理的性質に影響を与える．イソタクチック配置やシンジオタクチック配置の高分子は結晶化しやすい(27.8 節)．その理由は，置換基の配置が規則的だと充填構造も規則的になるからである．アタクチック配置の高分子は置換基の配列が無秩序であるため，ポリマー鎖が互いにうまく充填しないので硬くならず，軟らかい．

高分子の立体配置は重合の機構に依存する．一般に，ラジカル重合ではアタクチック配置で枝分れのある高分子がおもに生成する．アニオン重合では最も立体規則性のよい高分子をつくることができる．炭素鎖に占めるイソタクチックあるいはシンジオタクチック配置の割合は，重合温度を下げるほど，そして溶媒の極性が小さくなるほど増大する．

1953 年，Karl Ziegler と Giulio Natta は，アルミニウム—チタン開始剤に成長末端と次に付加するモノマーを配位させれば，ポリマーの構造を制御できることを発見した．現在，これらの重合開始剤は **Ziegler–Natta 触媒**(Ziegler–Natta catalyst)と呼ばれている．

Ziegler–Natta 触媒を用いれば，イソタクチックまたはシンジオタクチック配置

をもつ長くて枝分かれのない重合体が得られる．ポリマー鎖がイソタクチックになるかシンジオタクチックになるかは，用いる触媒による．これらの触媒は，耐亀裂性と耐熱性に優れた強くて硬い高分子の合成を可能にし，高分子化学の分野に革命をもたらした．高密度ポリエチレンは Ziegler-Natta 触媒によって合成される．

Ziegler-Natta 触媒による置換エチレンの重合について，提唱されている反応機構をここに示す．

Ziegler-Natta 触媒による置換エチレン重合の反応機構

- モノマーはチタンの空配位座，すなわち電子を受容できる配位座と錯体を形成する．
- 配位したアルケンがチタンと成長末端との間に挿入されてポリマー鎖を伸ばしていく．
- モノマーの挿入によって新しい空配位座ができるので，この過程は何度も繰り返される．

ポリアセチレンも Ziegler-Natta 触媒によって合成される高分子である．ポリアセチレンは**導電性ポリマー**（conducting polymer）へと変換することができる．なぜなら，ポリアセチレンの主鎖からいくつかの電子を除去するか，あるいはいくつかの電子を加えるかすれば（上巻；404 ページ参照），共役する二重結合に沿って電気が流れるようになるからである．

$$n\ HC \equiv CH \xrightarrow{\text{Ziegler-Natta 触媒}} \text{-}[CH=CH]_n\text{-}$$

アセチレン (acetylene) → ポリアセチレン (polyacetylene)

ゴムノキから集められるラテックス

27.4　ジエンの重合・ゴムの製造

ゴムノキの皮を切ると，粘着性の白い液体がにじみ出てくる．これと同じ液体がタンポポやトウワタの茎のなかに見いだされている．実際，400 種以上の植物でこの物質が生産されている．この粘着性の物質は**ラテックス**で，ゴムの粒子が水中に懸濁した液である．その生物学的機能は，植物が傷つけられたあとに包帯のように傷を覆って自身を保護することである．

天然ゴムは，イソプレンとも呼ばれる（25.26 節参照）2-メチル-1,3-ブタジエ

ンの重合体である．平均して，ゴムは 1 分子あたり 5000 のイソプレン単位を含んでいる．ほかの天然のテルペンの場合と同様に，実際にゴムの生合成に用いられる 5 炭素化合物はイソペンテニルピロリン酸である（25.17 節参照）．

天然ゴムのすべての二重結合は Z 配置である．ゴムは，親水性をもたない炭化水素鎖が絡み合ってできているので撥水性である．Charles Macintosh はゴムをレインコートの撥水剤として初めて利用した人物である．

イソプレン単位 → Z-ポリ（2-メチル-1,3-ブタジエン）
〔Z-poly(2-methyl-1,3-butadiene)〕
天然ゴム

グッタペルカ（gutta-percha，マレーシア語で getah は〝ゴム〟を，percha は〝木〟を意味する）は天然ゴムの異性体であり，すべての二重結合が E 配置である．ゴムと同様，グッタペルカはある種の木から採れるが，ゴムよりもはるかに珍しい．それはゴムよりも硬くてもろく，歯科医が歯茎に詰める物質であり，かつてはゴルフボールの外被に使われていたが，寒い日にはもろくなりたたくと割れやすかった．

問題 14
グッタペルカの繰返し単位の構造を書け．

自然をまねることによって，科学者は人類の需要に応える性質をもつ合成ゴムを開発してきた．これらの合成ゴムは，撥水性や弾性といった天然ゴムの性質に加えて，天然ゴムよりも丈夫で，柔軟性があり，耐久性に富むように改良されている．

合成ゴムはイソプレン以外のジエンを水と界面活性剤の懸濁液の中でラジカル重合させてつくられてきた．界面活性剤はミセルをつくり（16.13 節参照），モノマーはミセルの中に溶けて重合する．したがって，モノマーは容易にほかのモノマーと反応し，停止反応は起こりにくい．

すべての二重結合がシスの合成ゴムの一つは 1,3-ブタジエンの重合によって生成する．1,2-重合よりも 1,4-重合が優先するのには二つの理由がある．一つは，4 位のほうが 2 位よりも立体障害が小さいため，もう一つは 1,4-重合の生成物のほうが安定なためである．これは，1,4-重合生成物はそれぞれ sp^2 炭素上に置換基を二つもつのに対し，1,2-重合生成物は sp^2 炭素上に置換基を一つしかもたないためである（上巻：6.14 節参照）．

1,3-ブタジエンモノマー → (Z)-ポリ(1,3-ブタジエン)
〔(Z)-poly(1,3-butadiene)〕
合成ゴム

ネオプレンは，2-クロロ-1,3-ブタジエンの重合によってつくられる合成ゴムで，ウェットスーツ，靴底，タイヤ，ホース，ゴム引布などに使われている．

$$n\text{CH}_2=\underset{\underset{\text{Cl}}{|}}{\text{C}}\text{CH}=\text{CH}_2 \longrightarrow \left[\begin{array}{c}\\ \\ \end{array}\underset{\underset{\text{Cl}}{|}}{\text{C}}=\right]_n$$

2-クロロ-1,3-ブタジエン
(2-chloro-1,3-butadiene)
クロロプレン
(chloroprene)

ネオプレン
(neoprene)

　天然ゴムとほとんどの合成ゴムに共通の問題点は，軟らかく粘着性であるという点である．しかし，これらは<u>加硫</u>によって硬くすることができる．Charles Goodyear はゴムの性質の改良法を<u>模索</u>する過程でこの方法を発見した．彼は偶然にゴムと硫黄の混合物を熱いストーブの上にこぼしてしまった．すると，驚いたことに，その混合物は硬いがしなやかになったのである．彼はゴムを硫黄とともに加熱することを，古代ローマの火の神 Vulcan にちなんで"vulcanization（加硫）"と名づけた．

　ゴムを硫黄とともに加熱すると，別べつのポリマー鎖間にジスルフィド結合による**橋かけ**（cross-linking）が起こる（図 27.1，22.8 節も参照）．こうして加硫されたポリマー鎖は互いに共有結合によって結合して一つの巨大な分子となる．ポリマー鎖は二重結合をもっているため，曲がったりねじれたりしており，伸縮性をもたらす．ゴムを引っ張ると，ポリマー鎖は引っ張られた方向に真っ直ぐに伸びる．橋かけは引っ張られたときにゴムが裂けるのを防ぎ，さらに，引っ張る力がなくなると，もとの構造に戻るのを助ける．

橋かけの度合いが大きければ大きいほど，ポリマーは硬くなる．

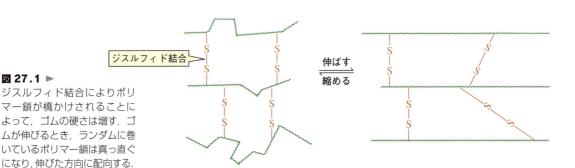

図 27.1 ▶
ジスルフィド結合によりポリマー鎖が橋かけされることによって，ゴムの硬さは増す．ゴムが伸びるとき，ランダムに巻いているポリマー鎖は真っ直ぐになり，伸びた方向に配向する．

　ゴムの物理的性質は，加硫で用いる硫黄の量で制御できる．1～3%の硫黄添加でつくられたゴムは軟らかく，輪ゴムなどに用いられる．3～10%の硫黄添加でつくられたゴムはより硬く，タイヤの製造に使われる．Goodyear の名は今日売られている多くのタイヤで見ることができる．ゴムの話は，科学者が天然の物質をより使いやすいように改良した好例である．

問題 15
1,3-ブタジエンの 1,2-重合によって生成するポリマーの繰返し単位の構造を書け．

27.5 共重合体

ここまで1種類のモノマーのみからできている高分子である**ホモポリマー**（homopolymer）について学んできた．**共重合体**（copolymer）を合成するのに二つまたはそれ以上の種類のモノマーがしばしば使われる．共重合体の合成に用いる異なるモノマーの種類が増えると，生じる共重合体の種類は劇的に増える．2種類のモノマーしか用いていない場合でも，それぞれのモノマーの含まれる割合によって，非常に異なる性質をもつ共重合体が合成される．連鎖重合と逐次重合のいずれによっても共重合体を合成することができる．今日利用されている合成高分子の多くは共重合体である．表27.6に一般的な共重合体とそれを構成するモノマーを示す．

表 27.6　いくつかの共重合体とその用途例

モノマー	共重合体の名称	用途
$CH_2=CH\text{-}Cl$ (塩化ビニル, vinyl chloride) + $CH_2=CCl_2$ (塩化ビニリデン, vinylidene chloride)	サラン	食品包装用ラップ
$CH_2=CH\text{-}C_6H_5$ (スチレン, styrene) + $CH_2=CH\text{-}CN$ (アクリロニトリル, acrylonitrile)	SAN	自動食器洗浄機用器具，掃除機の部品
$CH_2=CH\text{-}CN$ (アクリロニトリル, acrylonitrile) + $CH_2=CH\text{-}CH=CH_2$ (1,3-ブタジエン, 1,3-butadiene) + $CH_2=CH\text{-}C_6H_5$ (スチレン, styrene)	ABS	バンパー，ヘルメット，電話機，旅行鞄
$CH_2=C(CH_3)_2$ (イソブチレン, isobutylene) + $CH_2=CHC(CH_3)=CH_2$ (イソプレン, isoprene)	ブチルゴム	タイヤのチューブ，ボール，ふくらませて使うスポーツ用品

共重合体には4種類ある．二つのモノマーが交互に重合している**交互共重合体**（alternating copolymer），2種類のモノマーそれぞれのブロックからなる**ブロック共重合体**（block copolymer），2種類のモノマーがランダムに配置している**ランダム共重合体**（random copolymer），1種類のモノマーからできているポリマー主鎖上に別の種類のモノマーでできている枝分れがある**グラフト共重合体**（graft copolymer）である．共重合体を設計する科学者は，その構造的な違いを利用して，利用可能な物理的性質の範囲を広げている．

交互共重合体	ABABABABABABABABABABABA
ブロック共重合体	AAAAABBBBBAAAAABBBBBAAA
ランダム共重合体	AABABABBBABAABBABABBAAAB
グラフト共重合体	AAAAAAAAAAAAAAAAAAAAAAA 　　B　　　　B　　　　B 　　B　　　　B　　　　B 　　B　　　　B　　　　B 　　B　　　　B　　　　B 　　B　　　　B　　　　B

> **ナノコンテナ**
>
> 科学者はミセルを形成するブロック共重合体を合成してきた（16.13 節参照）．最近，これらの球状の共重合体を，非水溶性の薬剤を標的細胞に届けるためのナノコンテナ（直径 10 〜 100 ナノメートル）として用いるための研究が進められている．この手法により通常の溶液よりも高濃度の薬剤を細胞に届けられる．また，必要な細胞に薬剤が確実に届けば，薬剤の用量を減らすことができる．

27.6 逐次重合体

逐次重合体（step-growth polymer）は両端に官能基をもつ分子の分子間反応によって生成する．官能基が反応するとき，ほとんどの場合，H_2O やアルコール，または HCl などの小さい分子が失われる．このことからこれらの高分子は<u>縮合重合体</u>とも呼ばれる（18.11 節参照）．

逐次重合体は 2 種類の官能基 A と B をもつ 1 種類の二官能性化合物との反応によって生成する．一方の分子の官能基 A がほかの分子の官能基 B と反応して，重合するモノマー（A—X—B）を生成する．

$$A—B \quad A—B \quad \longrightarrow \quad A—X—B$$

逐次重合体は，2 種類の二官能性化合物の反応によっても生成する．一方の化合物は官能基 A を二つもっており，ほかの化合物は官能基 B を二つもっている．一方の化合物の官能基 A がほかの化合物の官能基 B と反応して，重合性をもつモノマー（A—X—B）を生成する．

> 逐次重合体は，両端に反応性官能基をもつ分子がつながることによってできる．

$$A—A \quad B—B \quad \longrightarrow \quad A—X—B$$

伸長中のポリマー鎖は A—[ポリマー]—B という構造をもち，新しいモノマーが加わる（分子間反応）代わりに環化する（分子内反応）可能性がある．これまでに，モノマー濃度を増大させることで，分子内反応は抑えられることを学んだ（上巻；9.8 節参照）．小員環よりも大員環のほうが生成されにくいので，ポリマー鎖が約 15 原子を超えると環化傾向は低下する．

逐次重合体の生成は，連鎖重合体の生成と異なり，連鎖反応を介しては起こらない．二つのモノマー（または短い鎖）のいずれもが反応できる．典型的な逐次重

合が進行する様子を模式的に図27.2に示す．反応が50%終わったとき(25のモノマーの間に12の結合が形成されたとき)，反応生成物はおもに二量体と三量体である．反応が75%終わったときでさえ，長い鎖は生成していない．これは，逐次重合で長鎖の重合体を得るには，非常に高い収率を達する必要があることを意味している．逐次重合に含まれる反応は比較的単純である(エステルやアミド生成)．しかし，高分子量体を得るために，高分子化学者は合成法とプロセス法に改良の努力を重ねている．

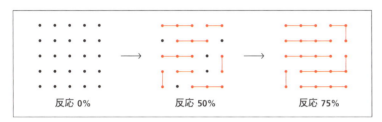

▲ **図 27.2**
逐次重合の進行．

27.7 逐次重合の分類

ポリアミド

ナイロン6は二つの異なる官能基をもつモノマーの逐次重合体の一例である．一つのモノマーのカルボキシ基がもう一方のモノマーのアミノ基と反応し，アミドを生成する(16.15節参照)．したがって，ナイロンは**ポリアミド**(polyamide)である．この特殊なナイロンは，6炭素の化合物である6-アミノヘキサン酸の重合によって生成するので，ナイロン6と呼ばれた．

$$n\ H_3\overset{+}{N}(CH_2)_5CO^- \xrightarrow[-H_2O]{\Delta} \left[NH(CH_2)_5\overset{O}{\underset{}{C}}\right]_n$$

6-アミノヘキサン酸
(6-aminohexanoic acid)

ナイロン 6
(nylon 6)
ポリアミド

塩化アジポイルと1,6-ヘキサンジアミンの入ったビーカーから引っ張りだされるナイロン

ナイロン6の工業的合成で用いられる出発物質はε-カプロラクタムである．塩基によってラクタムは開環する．

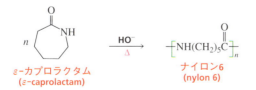

ε-カプロラクタム
(ε-caprolactam)

ナイロン6
(nylon 6)

同類のポリアミドであるナイロン66は，2種類の二官能性モノマーによって生成する逐次重合体の一例であり，塩化アジポイルと1,6-ヘキサンジアミンの重合体である．どちらの出発物質も6炭素からなるので，ナイロン66と呼ばれる．

$$n\ \text{ClC(CH}_2)_4\text{CCl} \ + \ n\ \text{H}_2\text{N(CH}_2)_6\text{NH}_2 \ \xrightarrow{-\text{H}_2\text{O}} \ -[\text{NH(CH}_2)_6\text{NHC(CH}_2)_4\text{C}]_n-$$

塩化アジポイル (adipoyl chloride) 1,6-ヘキサンジアミン (1,6-hexanediamine) ナイロン 66 (nylon 66)

ナイロンは当初，織物やじゅうたんに広く用いられたが，その応力耐性ゆえに登山ロープやタイヤコード，釣り糸，金属のベアリングやギアの代用品としても広く応用されている．ナイロンの有用性が，きわめて優れた強度と超耐熱性をもつ新しい「スーパー繊維」の研究を活発にしている．

問題 16◆

a. ナイロン 4 の繰返し単位の構造を書け．
b. ナイロン 44 の繰返し単位の構造を書け．

問題 17

ナイロン 66 のホースに硫酸をこぼしたときに起こる反応の化学式を書け．

問題 18

ε-カプロラクタムの塩基触媒による重合の反応機構を示せ．

ナイロンロープ

Kevlar® はスーパー繊維の一つであり，芳香族ポリアミドである．それは 1,4-ベンゼンジカルボン酸と 1,4-ジアミノベンゼンの重合体である．芳香族ポリアミドは**アラミド**（aramide）と呼ばれる．

ポリマー鎖に芳香環が取り込まれることにより，それらのポリマーは優れた物理的強度を発揮する．Kevlar® は同じ重さで比べると鋼鉄の 5 倍もの強度をもっている．軍隊用ヘルメット，軽量防弾チョッキ，自動車部品，高性能スキー，火星探査機，アメリカズカップで用いられる高性能帆などが Kevlar® でできている．Kevlar® は非常に高温でも安定なので，消防服にも使われている．

$$n\ \text{HO-C(=O)-C}_6\text{H}_4\text{-C(=O)-OH} \ + \ n\ \text{H}_2\text{N-C}_6\text{H}_4\text{-NH}_2 \ \xrightarrow[-\text{H}_2\text{O}]{\Delta} \ -[\text{NH-C}_6\text{H}_4\text{-NH-C(=O)-C}_6\text{H}_4\text{-C(=O)}]_n-$$

1,4-ベンゼンジカルボン酸 (1,4-benzenedicarboxylic acid)
テレフタル酸 (terephthalic acid)

1,4-ジアミノベンゼン (1,4-diaminobenzene)

Kevlar® アラミド

Kevlar® の強さは個々のポリマー鎖どうしの相互作用によるものである．ポリマー鎖どうしは水素結合しており，シートのような構造をとっている．

ポリエステル

Dacron® は最も一般的な逐次重合体であり，多くのエステル基をもつ**ポリエステル**(polyester)として知られている．ポリエステルは衣類に用いられており，多くの布地のしわになりにくい性質に貢献している．Dacron® はテレフタル酸ジメチルとエチレングリコールのエステル交換(16.10節参照)によってつくられている．Dacron® は耐久性，耐湿性に優れ，〝洗ってすぐ着られる〟特性をもっている．PET は軽いのでソフトドリンクなどの飲料用の透明ボトルとしても用いられている．

$$n\ CH_3O-\overset{O}{\underset{\parallel}{C}}-C_6H_4-\overset{O}{\underset{\parallel}{C}}-OCH_3 + n\ HOCH_2CH_2OH \xrightarrow[-2n\ CH_3OH]{\Delta} \left[-OCH_2CH_2O-\overset{O}{\underset{\parallel}{C}}-C_6H_4-\overset{O}{\underset{\parallel}{C}}-\right]_n$$

テレフタル酸ジメチル
(dimethyl terephthalate)

1,2-エタンジオール
(1,2-ethanediol)
エチレングリコール
(ethylene glycol)

ポリ(エチレンテレフタレート)
[poly(ethylene terephthalate)]
PET
Dacron®
ポリエステル

ポリ(エチレンテレフタレート)は Mylar® として知られているフィルムになる．Mylar® は裂けにくく，加工すると鉄に匹敵する引っ張り強度を示す．磁気記録テープや帆の製造に用いられる．アルミニウムを蒸着した Mylar® は地球を回る軌道に乗っている通信衛星 Echo の巨大電磁波反射板として用いられている．

ポリエステルの Kodel® は，テレフタル酸ジメチルと 1,4-ジ(ヒドロキシメチル)シクロヘキサンのエステル交換によって生成する．硬いポリエステル鎖ゆえに，ザラザラした感じの繊維になるが，綿や羊毛とこの繊維を混紡することで軟らかくできる．

Mylar® バルーン

$$n\ CH_3O-\overset{O}{\underset{}{C}}-\text{[benzene]}-\overset{O}{\underset{}{C}}-OCH_3 + n\ HOCH_2-\text{[cyclohexane]}-CH_2OH \xrightarrow[-2n\ CH_3OH]{\Delta}$$

テレフタル酸ジメチル
(dimethyl terephthalate)

1,4-ジ(ヒドロキシメチル)シクロヘキサン
[1,4-di(hydroxymethyl)cyclohexane]
(シスおよびトランス)

$$\left[-OCH_2-\text{[cyclohexane]}-CH_2O-\overset{O}{\underset{}{C}}-\text{[benzene]}-\overset{O}{\underset{}{C}}-\right]_n$$

Kodel®

問題 19

ポリエステルのスラックスに NaOH 水溶液をこぼすと何が起こるか．

一つの炭素に二つの OR 基が結合しているポリエステルを**ポリカルボナート**(polycarbonate)という．Lexan® は，炭酸ジフェニルとビスフェノール A のエステル交換反応でつくられるポリカルボナートで，防弾窓ガラスや信号機のレンズに使われる，強くて透明な高分子である．近年，ポリカルボナートは自動車工業とともにコンパクトディスクの製造においても重要になってきている．

自動車の Lexan® レンズ

$$n\ \text{Ph}-O-\overset{O}{\underset{}{C}}-O-\text{Ph} + n\ HO-\text{[Ar]}-\overset{CH_3}{\underset{CH_3}{C}}-\text{[Ar]}-OH \xrightarrow[-2n\ \text{PhOH}]{\Delta}$$

炭酸ジフェニル
(diphenyl carbonate)

ビスフェノール A
(bisphenol A)

$$\left[-O-\text{[Ar]}-\overset{CH_3}{\underset{CH_3}{C}}-\text{[Ar]}-O-\overset{O}{\underset{}{C}}-\right]_n$$

Lexan®
ポリカルボナート

エポキシ樹脂

エポキシ樹脂(epoxy resin)は最も強い接着剤として知られており，縦横に架橋している．あらゆる物の表面にくっつくことができ，耐溶媒性，耐熱性に優れている．エポキシ接着剤は，低分子量の<u>プレポリマー</u>(多くの場合，ビスフェノール A とエピクロロヒドリンの共重合体)と混合したときに反応して架橋ポリマーを生成する<u>硬化剤</u>とがセットになって売られている．

$$n\ HO-\text{[Ar]}-\overset{CH_3}{\underset{CH_3}{C}}-\text{[Ar]}-OH + n\ \underset{CH_2-CHCH_2Cl}{\overset{O}{\triangle}}$$

ビスフェノール A
(bisphenol A)

エピクロロヒドリン
(epichlorohydrin)

$$\downarrow -n+1\ HCl$$

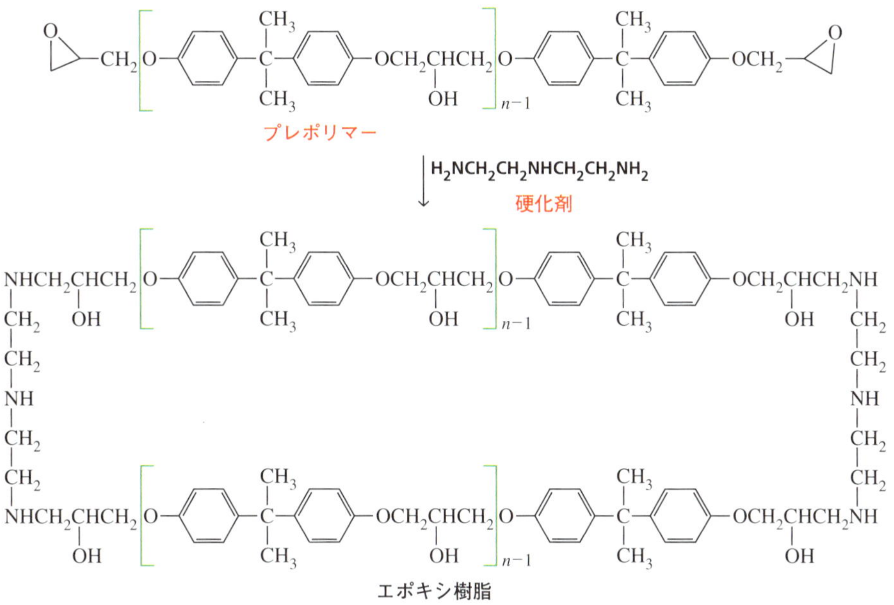

27.7 逐次重合の分類

(構造式:プレポリマー → 硬化剤 H₂NCH₂CH₂NHCH₂CH₂NH₂ → エポキシ樹脂)

† 訳者注：架橋するのであって，環状になるわけではない．

問題 20

a. ビスフェノール A とエピクロロヒドリンからプレポリマーを生成する反応機構を示せ．

b. 硬化剤とプレポリマーの反応機構を示せ．

ポリウレタン

カルバメートとも呼ばれる**ウレタン**(urethane)は，OR 基と NHR 基が一つのカルボニル炭素に結合している化合物である．ウレタンは第三級アミンのような触媒の存在下でイソシアナートとアルコールから合成できる．

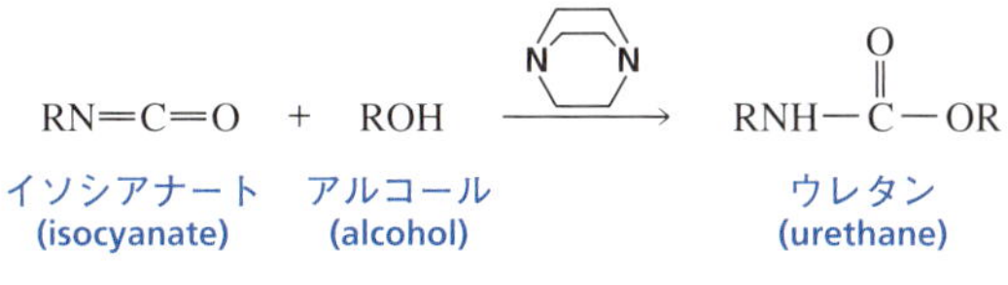

$$RN=C=O + ROH \longrightarrow RNH-\overset{O}{\underset{\|}{C}}-OR$$

イソシアナート　アルコール　　　　　ウレタン
(isocyanate)　(alcohol)　　　　　(urethane)

最も一般的な**ポリウレタン**(polyurethane)は，ウレタン基をもつ高分子であり，トルエン-2,6-ジイソシアナートとエチレングリコールの重合によって合成される．反応を窒素や二酸化炭素ガスなどの発泡剤の存在下で行うと，ポリウレタンフォームが生成する．一時期，クロロフルオロカーボン(加熱すると気化する沸点の低い液体)が用いられていたこともあったが，環境的な理由から禁止されている(上巻；13.12 節参照)．ポリウレタンフォームは家具の詰め物やじゅうたんの裏地，絶縁体に使われている．ポリウレタンはジイソシアナートとジオールから合成される．これまで見てきたなかで唯一，重合の過程で小さな分子が脱離しない逐次重合体であることに注目しよう．

$$n \; \underset{\substack{\text{トルエン-2,6-ジイソシアナート} \\ \text{(toluene-2,6-diisocyanate)}}}{\text{O=C=N-C}_6\text{H}_3(\text{CH}_3)\text{-N=C=O}} + n \; \underset{\substack{\text{エチレングリコール} \\ \text{(ethylene glycol)}}}{\text{HOCH}_2\text{CH}_2\text{OH}} \longrightarrow \underset{\substack{\text{ポリウレタン} \\ \text{(polyurethane)}}}{\left[-\text{OCH}_2\text{CH}_2\text{O-C(O)-NH-C}_6\text{H}_3(\text{CH}_3)\text{-NH-C(O)-} \right]_n}$$

ポリウレタンの最も重要な用途の一つは，一般的にスパンデックスとして知られる Lycra® のような伸縮性のある繊維である．この繊維は，ポリウレタン，ポリエステル，およびポリエーテルの各断片をもつブロック共重合体であり，通常，綿や毛と混紡される．ポリウレタンのブロックは硬くて短く，織物にしやすくし，ポリエーテルとポリエステルのブロックは軟らかくて長く，伸縮性を与える．引っ張られると，硬いブロックで架橋された軟らかいブロックはより高い秩序性を示し，張力がなくなればもとの状態に戻る．

問題 21

トルエン-2,6-ジイソシアナートとエチレングリコールを混合してポリウレタンフォームを合成する際，少量のグリセロールを加えるとより硬い高分子ができるのはなぜか説明せよ．

$$\underset{\substack{\text{グリセロール} \\ \text{(glycerol)}}}{\text{CH}_2\text{(OH)-CH(OH)-CH}_2\text{(OH)}}$$

27.8 高分子の物理的性質

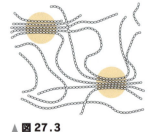

▲ 図 27.3
微結晶(円で囲んだ部分)では，ポリマー鎖は規則的に配列している．円と円の間は非晶(アモルファス)領域で，ポリマー鎖はランダムに配向している．

高分子は個々の鎖の配向のしかたによってもたらされる物理的性質により分類される．高分子の個々の鎖は互いに van der Waals 力によって集合している．これらの力は短い距離でしか働かないため，ポリマー鎖が規則的に配列し，密に充填した場合に最も強く働く．

ポリマー鎖が互いに規則的に配列している領域を**微結晶**(crystallites)と呼ぶ(図27.3)．微結晶間はアモルファス，すなわち，ポリマー鎖がランダムに配向している非晶領域である．結晶性が高い(より規則的に配列されている)高分子ほど，高密度で，硬く，耐熱性に優れている(表27.7)．ポリマー鎖が置換基をもっている，あるいは枝分れがあれば，ポリマー鎖が互いに密に充填することが阻害され，高分子の密度は下がる．

表 27.7 ポリエチレンの結晶化度と物理的性質

結晶化度(%)	55	62	70	77	85
密度(g cm^{-3})	0.92	0.93	0.94	0.95	0.96
融点(℃)	109	116	125	130	133

熱可塑性ポリマー

熱可塑性ポリマー（thermoplastic polymer）は，規則的に配列している結晶領域とアモルファス状の非晶領域を合わせもっている．これらのプラスチックは室温では硬いが，高温では個々の鎖が自由に動けるため，加熱すれば成形するのに十分なほど軟らかくなる．熱可塑性ポリマーは，くし，おもちゃ，スイッチ板など，日常生活で最もよく見かけるプラスチックである．これらは簡単に割れる．

熱硬化性ポリマー

ポリマー鎖を架橋すると，非常に強く硬い物質が得られる．架橋の程度が大きければ大きいほど，その高分子は硬くなる．このように架橋された高分子は**熱硬化性ポリマー**（thermosetting polymer）と呼ばれる．これらのポリマーはいったん固まると，熱により再び溶けることはない．それは，架橋が van der Waals 力ではなく共有結合によってなされているからである．架橋はポリマー鎖の流動性を低下させ，その結果，高分子は比較的もろくなる．熱硬化性ポリマーは，熱可塑性ポリマーほど特性が幅広くないため，用途は限られている．

Melmac® はメラミンとホルムアルデヒドが高度に架橋した熱硬化性ポリマーで，硬く，耐湿性に優れた物質である．無色なので，Melmac® は製品に淡い色をつけることができ，カウンターの表面や軽量皿に使われている．

🧪 メラミン中毒

数年前，中国製の乳製品にメラミンが故意に混入されていたことがわかった．メラミンが食品添加剤として認可されたことはないが，牛乳販売業者は薄めた牛乳にメラミンを加えて見た目のタンパク質含有量を水増ししていた．この牛乳は粉ミルク，乳児用調製粉乳，クッキー，およびほかの食品をつくるのに使われた．汚染牛乳により 30 万人の中国人の子どもたちが病気になり，少なくとも 6 人の赤ちゃんが死亡した．その前年，アメリカで約 1000 匹の犬と猫が中国製のメラミン含有原料でできたペットフードを食べて死んだ．この悲劇を受けて，中国議会は食の安全法を可決し，いまでは製造者に食品添加物を明示するよう義務づけている．

🧪 高分子の設計

今日，高分子はより精密に，個別の需要に合わせて設計されるようになっている．たとえば，歯型に用いられる高分子は歯に合わせて成形するために最初は軟らかく，そして形を維持するためにあとで硬くならなければならない．一般に歯型に用いられる高分子は，ポリマー鎖間を架橋するために三員環のアジリジン環を含んでいる．アジリジン環は反応性がそれほど高くな

いため，架橋は比較的ゆっくり起こる．したがって，高分子が患者の口から取り除かれるまで高分子の硬化はほとんど起こらない．

歯型に用いられる高分子

問題 22
Melmac® が生成する反応機構を示せ．

問題 23
ベークライトは初期のラジオやテレビの外枠に用いられた耐久性のあるプラスチックで，最初の熱硬化性ポリマーであった．フェノールとホルムアルデヒドの酸触媒重合によって生成する，高度に架橋された高分子である．Melmac® より色が濃いので，ベークライトの色を変えることのできる範囲は限られる．ベークライトの構造を示せ．

エラストマー

エラストマー(elastomer)は伸びたのちにもとの形に戻る高分子である．ランダムに配向しているアモルファス状の高分子であるが，架橋構造がいくつかあり，鎖が互いに滑ってずれることはない．エラストマーが引っ張られると，ランダムなポリマー鎖も伸びて結晶化する．しかし，van der Waals 力はこの配列を維持するほど強くはなく，そのため引っ張る力がなくなれば，鎖はもとのランダムな状態に戻る．ゴムやスパンデックスはエラストマーの一例である．

配向性ポリマー

通常の重合で得られるポリマー鎖を引き伸ばしてから充填し，もとの状態よりも分子鎖を平行に並べると，鋼鉄より強かったり，銅に匹敵するぐらい電気の流れる高分子が得られたりする．このような高分子は**配向性ポリマー**(oriented polymer)と呼ばれる．ふつうの高分子を配向性ポリマーに変えることは，スパゲティの"逆調理"にたとえられる．ふつうの高分子は無秩序に並んでいるゆでたスパゲティ，一方，配向性ポリマーは規則的に配列されているゆでる前のスパゲティである．

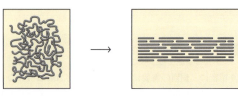

ふつうのポリマー　　　　　配向性ポリマー
"調理済みスパゲティ"　　"箱の中の調理前のスパゲティ"

Dyneema® は市販されているなかで最も強い繊維であり，高密度ポリエチレンの 100 倍以上の分子量をもつポリエチレンの配向性ポリマーである．それは Kevlar® よりも軽く，少なくとも 40％強い．Dyneema® のロープは，同じ太さの鋼鉄のロープと比べて約 9 倍の重さに耐える．炭素鎖を伸ばし，再配向させると，鋼鉄よりも強い物質をつくることができるとは驚きである．Dyneema® はフルフェイスヘルメット，フェンシングの防護服，およびハンググライダーなどに用いられている．

可塑剤

可塑剤は柔軟性をもたせるために高分子に混合される．**可塑剤**(plasticizer)はポリマー鎖間の相互作用を弱め，ポリマー鎖が動きやすいようにする．フタル酸ジ-2-エチルヘキシルは最も広く用いられている可塑剤で，ビニール製のレインコート，シャワーカーテン，庭のホースなどの製品をつくるために，そのままはもろい高分子であるポリ(塩化ビニル)に加えられている．

可塑剤を選ぶ際に考慮すべき重要な性質は耐久性，すなわち，いつまで可塑剤が高分子のなかに残留するかである．車の持ち主が〝新車のにおい〟と意識するのは，ビニール製の車内装飾から蒸発した可塑剤のにおいである．大量の可塑剤が蒸発すると，ビニール製の車内装飾はもろくなり，ひび割れしやすくなる．

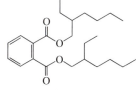

フタル酸ジ-2-エチルヘキシル
(di-2-ethylhexyl phthalate)
可塑剤

🧪 健康不安：ビスフェノール A とフタル酸エステル

動物実験の結果，人体がビスフェノール A とフタル酸エステルにさらされることに対する懸念が指摘された．妊娠したラットをビスフェノール A に暴露すると，乳管に前がん病変が，3〜4 倍高い率で出現した．ビスフェノール A (BPA) はポリカルボナートやエポキシ樹脂の製造に用いられている (27.7 節)．ビスフェノール A が人体に悪影響を及ぼすという証拠はないが，多くのポリカルボナート製造メーカーはこの化合物の使用を停止し，BPA フリーの水のボトルがいまは店頭に並んでいる．

フタル酸エステルは内分泌撹乱物質，すなわちホルモンの正常なバランスを崩すものであることがわかった．そこで，それらがもたらす第一の危険性は発育段階にある胎児にあることが提唱されている．フタル酸エステルは実に多くのもの (たとえば，多くの食品や飲み物のアルミニウム缶の内貼り) に含まれているため，避けることは容易ではない．

27.9 ポリマーのリサイクル

27.2 節で，リサイクルの分類が簡単にわかるように 1〜6 の番号が高分子に割り当てられていることを学んだ．それは番号が小さいほどリサイクルしやすいというものであった．残念ながら，十分にリサイクルされているのは，番号の小さいほうから 2 種類だけ，つまり，ソフトドリンクなどの飲料に使われている PET(1) とジュースや牛乳のボトル†に使われている高密度高分子の HDPE(2) だけである．この量は全高分子の 25％ に満たない．ほかのものはゴミ処理用埋め立て地行きである．

PET は酸性のメタノール溶液中で加熱してリサイクルされている．このエステル交換反応 (16.10 節参照) は高分子生成のエステル交換反応 (1415 ページ) の逆反応である．PET のリサイクルで生じた生成物は，その高分子をつくるためのモノマーなので，これから再び PET をつくることができる．

† 訳者注：日本ではジュースや牛乳はおもに紙パックに入っているが，アメリカでは HDPE のガロンボトルに入って売られている．

$$\left[-\text{OCH}_2\text{CH}_2\text{O}-\overset{\text{O}}{\underset{\|}{\text{C}}}-\text{C}_6\text{H}_4-\overset{\text{O}}{\underset{\|}{\text{C}}}-\right]_n \xrightarrow[\Delta]{\text{HCl} \atop 2n\,\text{CH}_3\text{OH}} n\,\text{CH}_3\text{O}-\overset{\text{O}}{\underset{\|}{\text{C}}}-\text{C}_6\text{H}_4-\overset{\text{O}}{\underset{\|}{\text{C}}}-\text{OCH}_3 + n\,\text{HOCH}_2\text{CH}_2\text{OH}$$

ポリ(エチレンテレフタラート)　　　　　　　　　テレフタル酸ジメチル　　　1,2-エタンジオール
〔poly(ethylene terephthalate)〕　　　　　　　(dimethyl terephthalate)　　(1,2-ethanediol)
PET

27.10　生分解性ポリマー

生分解性ポリマー(biodegradable polymer)は細菌，菌類，または藻類などの微生物によって小さい断片に分解される高分子である．ポリ乳酸(PLA)は乳酸からなる生分解性ポリマーで広く使われている．乳酸を重合すると水1分子が生じるが，これが新しいエステル結合を加水分解しうる．

$$2\ \text{HOCH(CH}_3\text{)COOH} \rightleftharpoons \text{HOCH(CH}_3\text{)C(O)-O-CH(CH}_3\text{)COOH} + \text{H}_2\text{O}$$

乳酸
(lactic acid)

しかし，乳酸が環状二量体に変換された場合には，この二量体は開環重合によって水を失うことなく高分子を生成できる．(赤矢印は四面体中間体の生成を示し，青矢印はそれに続く四面体中間体からの脱離を示す.)

乳酸の環状二量体

PLAでできたカップ

乳酸には不斉中心があるので，高分子には多くの構造がある．高分子の結晶性の程度とそれに付随する多くの重要な物性は，合成に用いられる R および S エナンチオマーの比に依存する．ポリ乳酸はしわにならない布地，電子レンジで使える食品トレイ，食品包装などの用途に加え，縫合糸，ステント，およびドラッグデリバリーなどの医療用途にも使われている．冷たい飲み物のカップにも使われている．残念ながら，熱い飲み物を入れるとPLAは液化してしまう．非分解性の高分子に比べてポリ乳酸は高価だが，生産量の増大につれて価格は下がってきている．

ポリヒドロキシアルカン酸(PHA)から合成される高分子も生分解性ポリマーである．これらは3-ヒドロキシアルカン酸の縮重合体で，ポリ乳酸と同様，ポリエステルである．最も一般的なPHAはPHB，すなわち3-ヒドロキシ酪酸の高分子で，現在，ポリプロピレンが用いられている多くの用途に利用できる．ポリプロピレンは水に浮くが，PHBは沈む．PHBV，すなわちBiopol®の商標名で市販されているPHAは，3-ヒドロキシ酪酸と3-ヒドロキシ吉草酸の共重合体である．

それらはごみ箱，歯ブラシの柄，および液体石鹸のディスペンサーなどに用いられている．PHA は細菌によって，CO_2 と H_2O に分解される．

3-ヒドロキシ酪酸
(3-hydroxybutyric acid)

3-ヒドロキシ吉草酸
(3-hydroxyvaleric acid)

問題 24

a. PHB の繰返し構造を書け．
b. PHBV のモノマーが交互になっている繰返し構造を書け．

覚えておくべき重要事項

- 高分子とは，モノマーと呼ばれる小さい分子が繰返し共有結合でつながってできる巨大な分子である．モノマーが互いにつながり合う過程を**重合**という．
- 高分子は，科学者によって合成される**合成高分子**と，細胞によって合成される**生体高分子**の二つのグループに分けられる．
- 合成高分子は，**付加重合体**とも呼ばれる**連鎖重合体**と，**縮合重合体**としても知られる**逐次重合体**の二つに分類することができる．
- 連鎖重合体は**連鎖反応**，すなわち成長末端へのモノマーの付加によってつくられる．
- 連鎖反応は，**ラジカル重合**，**カチオン重合**，または**アニオン重合**の三つの機構のうちの一つで進行する．
- それぞれの機構には，重合が開始する開始段階，**成長末端**にモノマーが付加する成長段階，ポリマー鎖の成長が終わる停止段階がある．
- どの機構が選ばれるかは，モノマーの構造とモノマーを活性化する重合開始剤の種類によって決まる．
- ラジカル重合の開始剤はラジカル，カチオン重合の開始剤は求電子剤，アニオン重合の開始剤は求核剤である．
- 連鎖重合では**頭-尾付加**をする傾向がある．
- 枝分れのないポリマー鎖は枝分れのあるポリマー鎖より密に充填できるので，枝分れはポリマーの物理的性質に大きな影響を与える．
- 停止反応のないポリマー鎖を**リビング重合体**という．
- **イソタクチック重合体**では置換基がすべて炭素鎖の同じ側にあり，**シンジオタクチック重合体**では炭素鎖の両側に交互にあり，**アタクチック重合体**ではランダムに配向している．
- **Ziegler-Natta 触媒**を用いればポリマーの構造を制御できる．
- 天然ゴムは 2-メチル-1,3-ブタジエンの高分子であり，合成ゴムは 2-メチル-1,3-ブタジエン以外のジエンの重合によってつくられる．
- ゴムを硫黄と加熱して架橋することを**加硫**と呼ぶ．
- **ホモポリマー**は 1 種類のモノマーからなる高分子で，**共重合体**は複数の種類のモノマーからなる高分子である．
- **逐次重合体**は両端に反応性の官能基を二つもつ分子がつながってできている．
- ナイロンは**ポリアミド**である．**アラミド**は芳香族ポリアミドである．Dacron® は**ポリエステル**である．
- **ポリカルボナート**は同じカルボニル炭素に結合している二つのアルコキシ基をもつ．**ウレタン**は同じカルボニル炭素にアルコキシ基とアミノ基をもつ化合物である．
- **微結晶**とはポリマーが規則的に配列している領域である．結晶性が高ければ高いほど，その高分子は高密度で，硬く，熱に強い．
- **熱可塑性ポリマー**は結晶領域と非晶領域をもつ．**熱硬化性ポリマー**は架橋されたポリマー鎖をもつ．架橋の度合いが大きければ大きいほど，その高分子は硬くなる．
- **エラストマー**は伸びて，またもとの形に戻るプラスチックである．

- **可塑剤**は高分子に溶ける有機化合物で，ポリマー鎖を互いにずれやすくする．
- **生分解性ポリマー**は微生物によって分解される．

章末問題

25. 次のモノマーから得られる高分子の繰返し単位の構造を書け．それぞれの場合について，重合が連鎖重合か逐次重合かを示せ．

   a. $CH_2=CHF$　　　b. $CH_2=CHCO_2H$　　　c. $HO(CH_2)_5COH$ (末端 $C=O$)

   d. $ClC(CH_2)_5CCl$ (両端 $C=O$) + $H_2N(CH_2)_5NH_2$

   e. 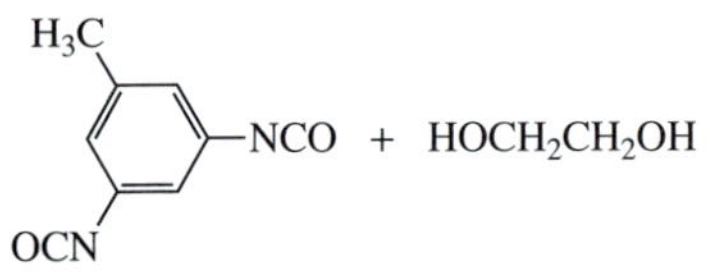 3-メチル-5-イソシアナト-1-シアナトベンゼン (H_3C, OCN, NCO 置換ベンゼン) + $HOCH_2CH_2OH$

26. 次のそれぞれのモノマーの組合せで生成する逐次重合体の繰返し単位の構造を書け．

   a. 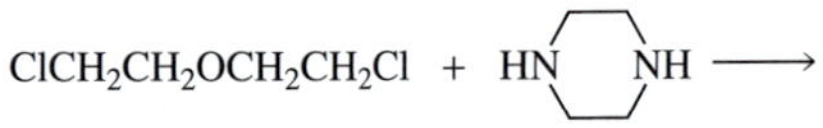 $ClCH_2CH_2OCH_2CH_2Cl$ + $HNNH$ (ピペラジン) ⟶

   b. 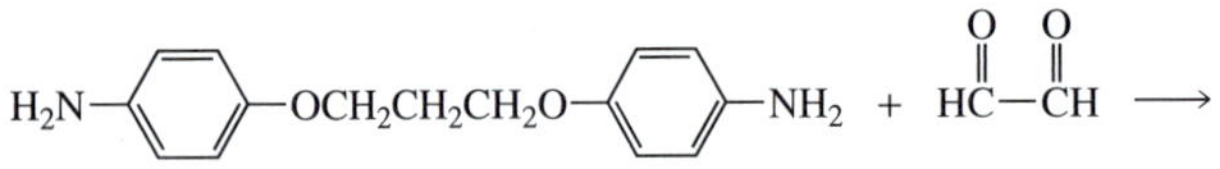 H_2N–C$_6$H$_4$–OCH_2CH_2O–C$_6$H$_4$–NH_2 + $HC(=O)CH(=O)$ (グリオキサール) ⟶

   c. 1,4-シクロヘキサンジオン (O=⌬=O) + $(C_6H_5)_3P=CH$–C$_6$H$_4$–$CH=P(C_6H_5)_3$ ⟶

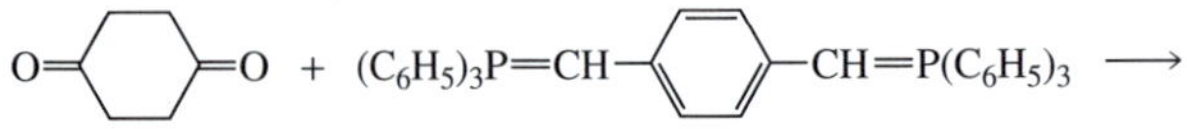

27. 次の繰返し単位をもつ高分子の合成に用いられるモノマーの構造を書け．また，それぞれの高分子について，連鎖重合体か逐次重合体かを示せ．

   a. $-CH_2CH(CH_2CH_3)-$

   b. $-CH_2CH(CHO)(CH_3)-$ (側鎖 CHO と CH_3)

   c. 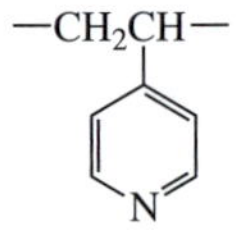 $-CH_2CH-$ (側鎖 4-ピリジル)

   d. 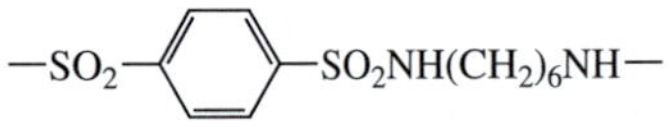 $-SO_2$–C$_6$H$_4$–$SO_2NH(CH_2)_6NH-$

   e. $-CH_2C(CH_3)=CHCH_2-$

   f. $-OCH_2CH_2CH_2CH_2C(=O)-$

   g. 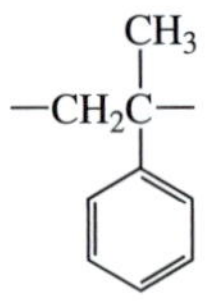 $-CH_2C(CH_3)(C_6H_5)-$

   h. 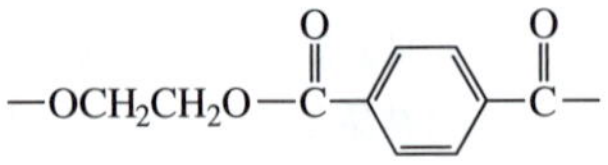 $-OCH_2CH_2O-C(=O)$–C$_6$H$_4$–$C(=O)-$

28. イソブチレンの重合体の立体配置が，イソタクチックでもシンジオタクチックでもアタクチックでもないのはなぜか説明せよ．

29. 与えられた反応条件で，次の化合物から得られる高分子の繰返し単位の構造を書け．

a. H₂C—CHCH₃ (エポキシド) $\xrightarrow{CH_3O^-}$

b. CH₂=C(CH₃)—CHCH₃(C₆H₅) $\xrightarrow{過酸化物}$

c. CH₂=CH—COCH₃(=O) $\xrightarrow{CH_3CH_2CH_2CH_2Li}$

d. CH₂=CHOCH₃ $\xrightarrow{BF_3, H_2O}$

30. Quiana® は肌触りが絹に非常によく似た合成繊維である．

a. Quiana® はナイロンかポリエステルか．
b. Quiana® の合成に用いられるモノマーは何か．

—NH—⟨シクロヘキサン⟩—CH₂—⟨シクロヘキサン⟩—NH—C(=O)—(CH₂)₆—C(=O)—

Quiana®

31. 3,3-ジメチル-1-ブテンのカチオン重合では，ランダム共重合体が得られるのはなぜか説明せよ．

CH₂=CH—C(CH₃)₂—CH₃ ⟶ —CH₂—CH(C(CH₃)₃)—CH₂—C(CH₃)(CH(CH₃)₂)—CH₂—C(CH₃)₂—CH₂—C(CH₃)(CH(CH₃)₂)—CH₂—CH—

32. ある化学者が二つの重合反応を行った．一つのフラスコには連鎖重合機構によって重合するモノマーが，もう一つのフラスコには逐次重合機構によって重合するモノマーが入っている．反応を早い段階で終了させ，フラスコの中身を分析した．その結果，一つのフラスコには高分子量体とごくわずかの中間の分子量の物質が含まれていて，もう一つには中間の分子量の物質とごくわずかの高分子量体が含まれていた．どちらのフラスコにどの生成物が入っていたか．説明せよ．

33. ポリ(ビニルアルコール)は繊維や接着剤をつくるのに用いられる高分子であり，酢酸ビニルの重合によって得られた高分子を加水分解や加アルコール分解によって次に示すように合成する．

—CH₂—CH(OCCH₃=O)—CH₂—CH(OCCH₃=O)—CH₂—CH(OCCH₃=O)— $\xrightarrow[\Delta]{H_2O}$ —CH₂—CH(OH)—CH₂—CH(OH)—CH₂—CH(OH)—

ポリ(酢酸ビニル) 〔poly(vinyl acetate)〕　　ポリ(ビニルアルコール) 〔poly(vinyl alcohol)〕

a. ポリ(ビニルアルコール)をビニルアルコールの重合によって合成しないのはなぜか．
b. ポリ(酢酸ビニル)はポリエステルか．

34. 4-メチル-1-ペンテンのカチオン重合によって得られた高分子には五つの異なる繰返し単位が存在する．これらの繰返し単位の構造を示せ．

35. スチレンに過酸化物を加えると，ポリスチレンとして知られる高分子が生成する．少量の1,4-ジビニルベンゼンを反応混合物に加えると，より強くて硬い高分子が生成する．このより硬い高分子の繰返し単位の構造を書け．

$$CH_2=CH-\text{[benzene]}-CH=CH_2$$

1,4-ジビニルベンゼン
(1,4-divinylbenzene)

36. 電子部品に用いられる特別に強くて硬いポリエステルは，Glyptal® の商標名で販売されている．これはテレフタル酸とグリセロールの重合体である．この高分子の繰返し単位の構造を書き，なぜそれほど強いのか，説明せよ．

37. 次の二つの化合物は交互共重合体を 1:1 で生成する．重合開始剤は必要としない．共重合体の生成機構を示せ．

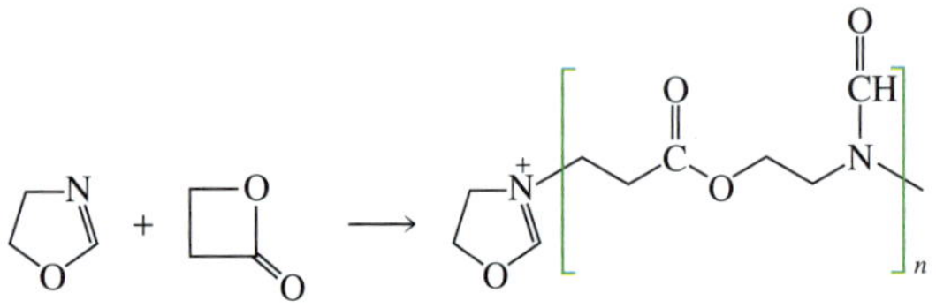

38. 5-ヒドロキシペンタン酸と 6-ヒドロキシヘキサン酸のどちらのモノマーが高収率で高分子を生成するか．選んだ理由を説明せよ．

39. 天然ゴムでできているゴムボールやほかの製品が長い期間空気にさらされると，もろくなりひび割れする．これがポリエチレンからできている製品ではもっとゆっくり起こるのはなぜか，説明せよ．

40. アクロレインがアニオン重合を起こすとき，二つのタイプの繰返し単位をもつ高分子が得られる．繰返し単位の構造を書け．

$$CH_2=CHCH=O$$

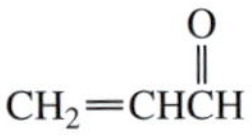

アクロレイン
(acrolein)

41. ビニル製のレインコートが，空気やほかの汚染物にさらされていなくても，古くなるにしたがってもろくなるのはなぜか．

42. 次に示す高分子は，水酸化物イオンが促進するメタクリル酸 para-ニトロフェニルとアクリラートアニオンの共重合体を加水分解することによって合成される．
   a. 共重合体が生成する反応機構を示せ．
   b. 共重合体の加水分解が起こって高分子が生成するほうが，メタクリル酸 para-ニトロフェニルの加水分解よりもはるかに速く起こるのはなぜか，説明せよ．

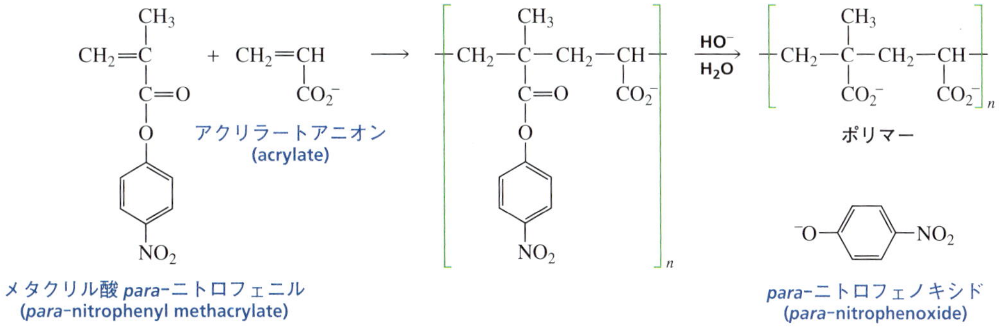

43. スチレンと酢酸ビニルの交互共重合体は，加水分解してエチレンオキシドを加えるとグラフト共重合体となる．グラフト共重合体の構造を書け．

44. 頭-頭ポリ(臭化ビニル)の合成法を示せ．

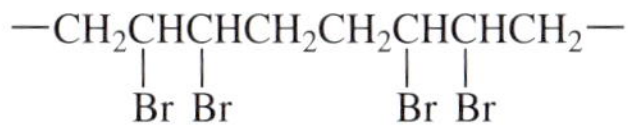

45. Delrin®(ポリオキシメチレン)は歯車に使われる丈夫で滑らかな高分子であり，酸触媒存在下でのホルムアルデヒドの重合によって合成される．
   a. 高分子の繰返し単位ができる反応機構を示せ．
   b. Delrin® は連鎖重合体かそれとも逐次重合体か．

28 ペリ環状反応

この章では,なぜビタミンDが"サンシャインビタミン"と呼ばれるのか,そしてなぜ太陽光が皮膚がんを引き起こすのかを学ぶ.また,ホタルの発光を引き起こす反応についても見ていく.

有機化合物の反応は,極性反応,ラジカル反応,およびペリ環状反応の3種類に分類できる.最も一般的なのは極性反応である.**極性反応**(polar reaction)は求核剤と求電子剤との反応である.新たな結合に供される電子対は求核剤由来である.前章まで見てきた反応のほとんどは極性反応である.

極性反応

$$H-\ddot{\underset{..}{O}}:^- + \overset{\delta+}{CH_3}-\overset{\delta-}{Br} \longrightarrow CH_3-OH + Br^-$$

ラジカル反応(radical reaction)は二つの反応物が電子を1個ずつ出し合って新たに結合を形成する反応である.

ラジカル反応

$$CH_3\dot{C}H_2 + Cl-Cl \longrightarrow CH_3CH_2-Cl + \cdot Cl$$

ペリ環状反応(pericyclic reaction)は,一つあるいはそれ以上の反応物が電子環状機構によって構造を再構築する反応である.これまでに出合ったペリ環状反応はDiels-Alder反応だけである.

28.1　3種類のペリ環状反応

　この章では，ペリ環状反応のなかでもとくによく見られる電子環状反応，付加環化反応，およびシグマトロピー転位について学ぶ．

　電子環状反応（electrocyclic reaction）は，共役π電子系の両端の原子どうしが新たなσ結合を形成する分子内反応である．この反応は直感的にとらえやすく，生成物は反応物に比べて環が一つ多く，π結合が一つ少ない環状化合物である．

電子環状反応

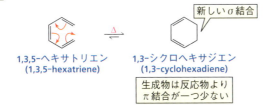

電子環状反応は可逆反応である．逆反応においては，環状化合物のσ結合が開裂し，反応物より環が一つ少なく，π結合が一つ多い共役電子系が形成される電子環状反応が起こる．

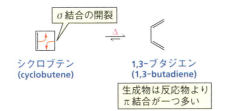

　付加環化反応（cycloaddition reaction）では，π結合をもつ二つの異なる分子が反応して環状化合物を生成する．各反応物はπ結合を一つずつ失い，二つのσ結合を新しく形成することで環状生成物を生じる．付加環化反応のよく知られている例に，Diels-Alder反応がある（上巻；8.19節参照）．

付加環化反応

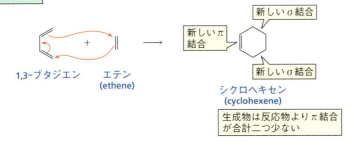

　シグマトロピー転位（sigmatropic rearrangement）では，反応物の一つのσ結合が開裂し，生成物中に新たなσ結合が形成され，π結合が転位する．π結合の数は変化せず，それらの位置だけが変化する．開裂するσ結合は，π電子系の中央かあるいは末端に存在する．

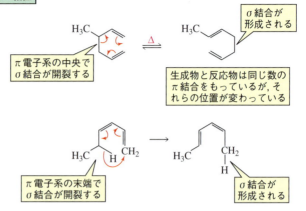

シグマトロピー転位

電子環状反応とシグマトロピー転位は分子内反応であることに注目しよう．一方，付加環化反応は二つの分子の相互作用を伴う反応であり，これらは分子間反応である．3種類のペリ環状反応は，次のような共通の特徴をもっている．

- これらの反応はすべて協奏反応である．すなわち，すべての電子系の再構築が一段階で起こることを意味する．したがって，環状遷移状態は存在するが，中間体は存在しない．
- これらの反応は高度に立体選択的である．
- 一般に，これらの反応は触媒による，あるいは溶媒を変えることによる影響を受けない．

ここで，以下の条件に依存したペリ環状反応の生成物の立体配置を考えよう．

- 反応物の立体配置．
- 反応系における共役二重結合の数または電子対の数．
- その反応が熱反応であるか光化学反応であるか．

光化学反応（photochemical reaction）は，反応物が光を吸収する際に起こる．**熱反応**（thermal reaction）は，反応物が光を吸収することなく起こる．熱反応とはいうものの，室温での反応と比べ必ずしも特別に加熱を必要とするわけではない．適当な反応速度を実現するために加熱を必要とする場合もあるが，それ以外は室温か，あるいは室温以下でも進行する．

長年にわたり，ペリ環状反応は化学者を悩ませてきた．その理由は，熱反応条件下でのみ起こる反応があったり，光化学反応条件下でのみ起こる反応があったり，あるいは熱反応および光化学反応の両条件下で起こる反応があったりしたからである．

生成物の立体配置も化学者を悩ませた．多くのペリ環状反応を調べていくにつれ，熱反応および光化学反応の両条件下で反応が進行する場合，一方の条件下で得られた生成物の立体配置は，もう一方の条件下で反応が進行した際の生成物の立体配置と異なることがわかった．たとえば，熱反応条件下でシス異性体が得られる場合，光化学反応条件下では逆のトランス異性体が得られる．

しかしついに，二人の気鋭の化学者がそれぞれに自身のノウハウを駆使してこの問題を考察し，ペリ環状反応の不可解な挙動のしくみを解明した．1965 年，実験家の R. B. Woodward と理論家の Roald Hoffmann は，**軌道対称性保存則**(conservation of orbital symmetry theory)を見いだし，反応物の構造と立体配置，反応条件(熱反応条件，光化学反応条件，あるいは両条件)，および生成物の立体配置の間にある関連性を示した．ペリ環状反応のふるまいはきわめて正確なので，この反応のすべてを単純な一つの理論で説明できることは驚くにあたらない．ただ，この理論に導くだけの洞察力をもつことが困難なのである．

軌道対称性保存則によれば，ペリ環状反応が進行する際には同位相の軌道が重なり合う．軌道対称性保存則は，福井謙一が 1954 年に提唱した**フロンティア軌道理論**(frontier orbital theory)に基づくものであった．福井の理論は軌道対称性保存則に 10 年以上も先んじて発表されていたものであったが，数学的にあまりに煩雑であることと，立体選択的反応の説明に成功していなかったことから注目を集めずにいた．

問題 1 ◆

次のペリ環状反応について考察し，それぞれの反応を，電子環状反応，付加環化反応，シグマトロピー転位のいずれかに分類せよ．

a. シクロオクタテトラエン → ビシクロ化合物

b. 5,5-ジメチルシクロペンタジエン → 1-メチルシクロペンタジエン

c. o-キシリレン + CH₂=CHOCH₃ → 2-メトキシテトラヒドロナフタレン

d. o-(1-メチルメチレン)キシリレン + HC≡CH → 1-メチルジヒドロナフタレン

28.2 分子軌道と軌道対称性

軌道対称性保存則によれば，分子軌道の対称性はペリ環状反応が起こる反応条件と生じる生成物の立体配置を制御する．したがって，ペリ環状反応を理解するためには，ここで分子軌道理論について復習しておく必要がある．

π 分子軌道を形成する p 原子軌道の重なりは，量子力学を用いて数学的に記述できる．幸いにも数学的演算により得られた結論は，**分子軌道(MO)理論** (molecular orbital theory) により数学的でない簡便な形で表現できる．MO 理論については上巻の 1.6 節と 8.14 節で学んだ．これらの節で述べた要点を以下にまとめる．

- p 軌道の二つのローブは異なる位相をもつ．同位相の二つの原子軌道が相互作用すると，共有結合が形成される．逆位相の二つの原子軌道による相

MO 理論の詳しい情報は，『ブルース有機化学 問題の解き方 (英語版)』の Special Topic II を参照．

互作用は，二つの原子核間に節が形成されるため結合を減少させる．

- 電子は，それらがどのように原子軌道を満たすのかを左右する規則に従って分子軌道を満たしていく（上巻；1.2 節参照）．すなわち，電子は最もエネルギー準位の低い空の MO へ入る（構成原理）．また，各 MO には二つの電子しか占有することができず，それらは反対のスピンでなければならない（Pauli の排他原理）．そして電子は対を形成する前に，空の縮退軌道を満たす（Hund 則）．
- π結合を形成する炭素原子はそれぞれ p 軌道をもっており，その炭素の p 軌道が結合して 1 組のπ MO が形成される．したがって，MO は**原子軌道関数の一次結合**（linear combination of atomic orbitals，**LCAO**）によって表すことができる．π MO においては，もともと各炭素原子の p 軌道に収まっていたそれぞれの電子が，相互作用している p 軌道によって取り囲まれた分子全体に分布している．

エテンの分子軌道図を図 28.1 に示す．（p 軌道の二つのローブの逆位相を異なる色で表している．）エテンには一つのπ結合があるので，二つの p 原子軌道が結合して，二つのπ分子軌道をつくっている．（軌道は保存されることを思い出そう；上巻 1.6 節参照．）二つの p 原子軌道の同位相での相互作用によって，結合性π MO が形成され，この分子軌道はψ_1と表される．また，逆位相での相互作用によって，非結合性π* MO が形成され，この MO はψ_2と表される．（ψはギリシャ文字で*psi*と表され，"プサイ"と読む．）結合性π MO のエネルギー準位は p 原子軌道よりも<u>低く</u>，反結合性π* MO のエネルギー準位は p 原子軌道より高い．

> 軌道は保存される．すなわち，二つの原子軌道が結合すると二つの MO が形成され，四つの原子軌道が結合すると四つの MO が形成され，六つの原子軌道が結合すると六つの MO が形成される．

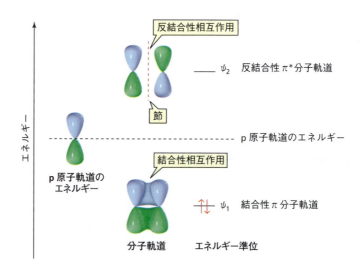

図 28.1 ▶
エテンの二つの p 原子軌道が結合し，二つのπ MO を形成する．

結合性 MO は結合次数を増やすように働く二つの原子軌道間の相互作用であり，一方，反結合性 MO は結合次数を減らすように働く原子軌道間の相互作用であることを思い出そう．いいかえると，同位相の軌道の相互作用は互いの原子を引きつけ，一方，逆位相の軌道の相互作用は互いの原子を遠ざける．このように，同位相の重なりは結合性相互作用を生み出し，逆位相の重なりは節を形成する．節には電子が存在しないことを思い出そう（上巻；1.5 節参照）．

電子は，可能な限りエネルギー準位の低い MO に入っていく性質があり，また，一つの MO は二つの電子によって満たされるので，エテンに含まれる二つのπ電子は，結合性π MO に存在することになる．図 28.1 は，一つの炭素—炭素二重結合をもつすべての分子に当てはまる．

1,3-ブタジエンは二つの共役π結合をもっているので，四つの p 原子軌道をもっている（図 28.2）．四つの原子軌道はψ_1，ψ_2，ψ_3，およびψ_4の四つのπ MO をつくる．このうちの半分が結合性 MO（ψ_1とψ_2）で，残りの半分が反結合性 MO（ψ_3とψ_4）である．エタンの MO のように，結合性π MO は p 原子軌道よりもエネルギー準位が低く，反結合性π*MO は p 原子軌道よりもエネルギー準位が高い．四つのπ電子はエネルギー準位の低い MO から順に入っていくので，ψ_1とψ_2に 2 電子ずつ存在することになる．各 MO はエネルギー準位こそ異なるものの，それぞれが確実にそして同時に存在していることを覚えておこう．図 28.2 は，二つの共役炭素—炭素二重結合をもつ分子すべてに当てはまる．

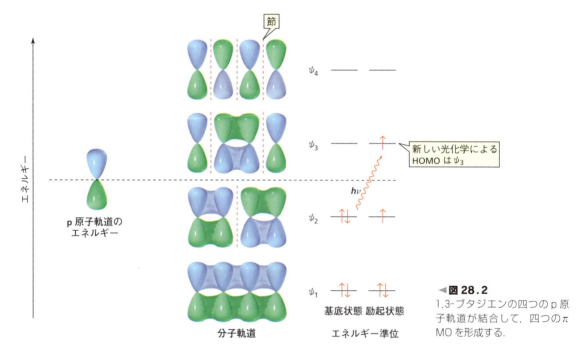

◀図 28.2
1,3-ブタジエンの四つの p 原子軌道が結合して，四つのπ MO を形成する．

図 28.2 は，MO のエネルギー準位が上がるにつれて結合性相互作用の数が減少し，原子核間の節の数が増えることを示している．たとえば，ψ_1は三つの結合性相互作用をもち，原子核間に節が一つもなく，ψ_2は二つの結合性相互作用と原子核間に一つの節面をもち，ψ_3は一つの結合性相互作用と原子核間の二つの節をもち，ψ_4は結合性相互作用がなく，原子核間に三つの節面をもっている．一般に，MO は，結合性相互作用の数が原子核間の節の数を上回るときは結合性であり，逆に結合性相互作用の数が原子核間の節の数よりも少なければ反結合性である．

分子のふつうの状態の電子配置を**基底状態**（ground state）という．1,3-ブタジエンの基底状態において，**最高被占分子軌道**（highest occupied molecular orbital,

HOMO)はψ_2であり，**最低空分子軌道**(lowest unoccupied molecular orbital，**LUMO**)はψ_3である．分子が適当な波長の光を吸収すると，光は電子をその基底状態のHOMOからLUMOに(ψ_2からψ_3に)昇位させる．そのとき，分子は**励起状態**(excited state)にある．この励起状態においては，HOMOはψ_3であり，LUMOはψ_4である．分子は，熱反応においては基底状態から反応し，光化学反応においては励起状態から反応する．

いくつかのMOは対称であるが，いくつかは非対称である．対称および非対称MOは容易に区別することができる．MOの両端のローブが同位相にある場合(両方とも上に青いローブをもち，下に緑のローブをもつ場合)，そのMOは対称である．一方，両端のローブが逆位相にある場合，そのMOは非対称である．図28.2のψ_1およびψ_3は**対称MO**(symmetric MO)であり，ψ_2とψ_4は**非対称MO**(antisymmetric MO)である．

ここで，MOのエネルギー準位が上がると，対称であったものが非対称に変わることに注目しよう．したがって，基底状態のHOMOと励起状態のHOMOは，常に互いに反対の対称性をもつ．すなわち，一方が対称であれば，もう一方は非対称である．三つの共役二重結合をもつ化合物である1,3,5-ヘキサトリエンの分子軌道図を図28.3に示す．図を見て，以下の点について復習しよう．

- 基底状態と励起状態における電子の分布；
- MOのエネルギー準位が上がれば上がるほど，結合性相互作用の数は減少し，節面の数は増加する；
- MOのエネルギー準位が上がると，MOの対称性が変化する；

> 分子は，熱反応においては基底状態から反応し，光化学反応においては励起状態から反応する．

> 基底状態のHOMOと励起状態のHOMOは互いに反対の対称性をもっている．

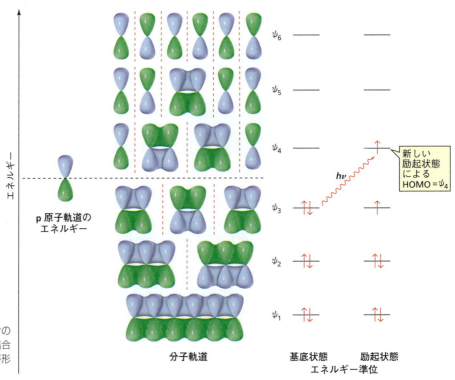

図28.3 ▶ 1,3,5-ヘキサトリエンの六つのp原子軌道が結合して，六つのπ MOが形成する．

- 基底状態と比較すると，励起状態は新しい HOMO と LUMO をもっている．

化合物の化学的性質はその化合物のすべての MO によって決定されるが，HOMO と LUMO のみから化学について考えるだけでも，多くのことを学べる．これらの MO は**フロンティア軌道**(frontier orbitals)として知られている．これからペリ環状反応の反応物のフロンティア軌道の一つに注目して，これらについて簡単に見ていく．そうすれば，その反応が進行する条件（熱反応，光化学反応，あるいは両条件）と，そのときに生じる生成物を予想できるようになるだろう．

問題 2 ◆

1,3,5-ヘキサトリエンの π MO について，次の質問に答えよ．

- **a.** どれが結合性 MO で，またどれが反結合性 MO か．
- **b.** 基底状態における HOMO および LUMO はどの MO か．
- **c.** 励起状態における HOMO および LUMO はどの MO か．
- **d.** 対称軌道および非対称軌道はどの MO か．
- **e.** HOMO，LUMO，対称，および非対称 MO の関係を述べよ．

問題 3 ◆

- **a.** 1,3,5,7-オクタテトラエンにはいくつの π MO が含まれるか．
- **b.** その HOMO はどの結合性 MO（ψ_1，ψ_2など）に相当するか．
- **c.** エネルギー準位が最も高い π MO は原子核間にいくつの節をもっているか．

問題 4

次の分子について，分子軌道図を書け．

- **a.** 1,3-ペンタジエン
- **b.** 1,4-ペンタジエン
- **c.** 1,3,5-ヘプタトリエン
- **d.** 1,3,5,8-ノナテトラエン

28.3　電子環状反応

電子環状反応とは，π 電子系の末端どうしで σ 結合を形成し，π 電子の転位によって，反応物より一つ少ない π 結合をもつ環状生成物が生じる分子内反応である．電子環状反応は完全に立体選択的であり，それはまた立体特異的でもある．

たとえば，(2E,4Z,6E)-オクタトリエンが熱反応条件下で電子環状反応を起こすと，シス体のみが生じる（シス異性体はメソ化合物であることに注意しよう）．それとは対照的に，(2E,4Z,6Z)-オクタトリエンが熱反応条件下で電子環状反応を起こすと，トランス体のみが生じる（トランス異性体は一対のエナンチオマーであることに注意しよう；上巻 4.12 節参照）．E は二重結合の反対側に優先される官能基があり，Z は二重結合の同じ側に優先される官能基があることを意味していることを思い出そう（上巻；5.4 節参照）．

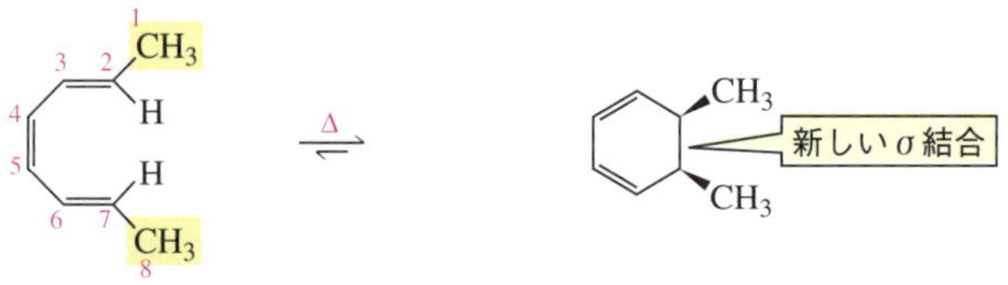

(2E,4Z,6E)-オクタトリエン
〔(2E,4Z,6E)-octatriene〕
⇌ Δ
cis-5,6-ジメチル-1,3-シクロヘキサジエン
(cis-5,6-dimethyl-1,3-cyclohexadiene)
新しいσ結合 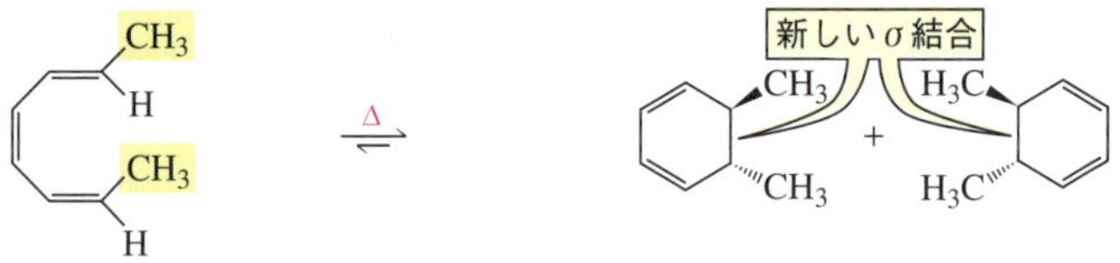

(2E,4Z,6Z)-オクタトリエン
⇌ Δ
新しいσ結合
trans-5,6-ジメチル-1,3-シクロヘキサジエン

しかし，これらの反応が光化学反応条件下で進行する場合には，生成物は反対の立体配置をもつ．すなわち，熱反応条件下でシス異性体を生じる化合物は，光化学反応条件下ではトランス異性体を生じ，熱反応条件下でトランス異性体を生じる化合物は，光化学反応条件下ではシス異性体を生じる．

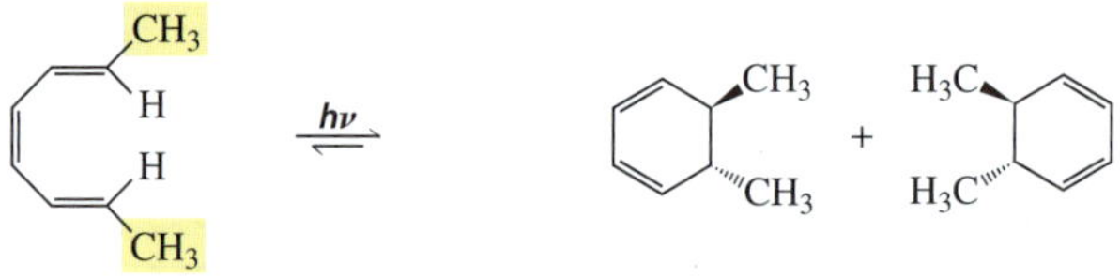

(2E,4Z,6E)-オクタトリエン
⇌ hν
trans-5,6-ジメチル-1,3-シクロヘキサジエン

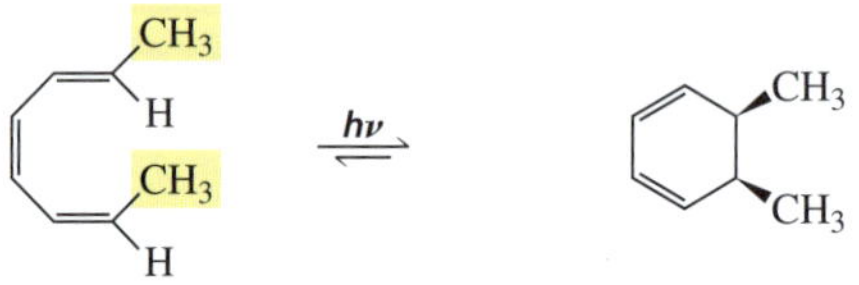

(2E,4Z,6Z)-オクタトリエン
⇌ hν
cis-5,6-ジメチル-1,3-シクロヘキサジエン

熱反応条件下では，(2E,4Z)-ヘキサジエンは閉環して cis-3,4-ジメチルシクロブテンを生じ，(2E,4E)-ヘキサジエンは閉環して trans-3,4-ジメチルシクロブテンを生じる．

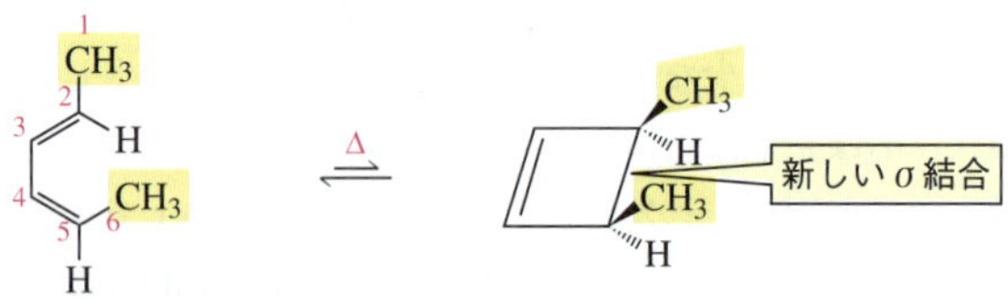

(2E,4Z)-ヘキサジエン
〔(2E,4Z)-hexadiene〕
⇌ Δ
cis-3,4-ジメチルシクロブテン
(cis-3,4-dimethylcyclobutene)
新しいσ結合

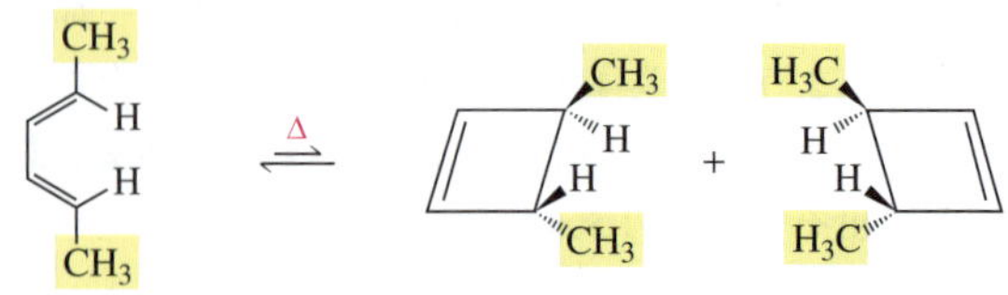

(2E,4E)-ヘキサジエン
⇌ Δ
trans-3,4-ジメチルシクロブテン

これまでにいくつかのオクタトリエン体で見てきたように，反応が光化学反応

条件下で進む場合には，生成物の立体配置は変化する．すなわち，(2E,4Z)-ヘキサジエンはトランス異性体を生成し，(2E,4E)-ヘキサジエンはシス異性体を生成する．

(2E,4Z)-ヘキサジエン ⇌ (hν) trans-3,4-ジメチルシクロブテン

(2E,4E)-ヘキサジエン ⇌ (hν) cis-3,4-ジメチルシクロブテン

電子環状反応は可逆的である．電子環状反応が起こるとき，六員環を形成する反応では環状化合物を生じる傾向にあるが，四員環を形成する反応では非環状化合物を生じる傾向にある．このことは，四員環の角ひずみに起因している（上巻；3.11 節参照）．

ここで，これまでに MO について学んできたことを活用して，上述の反応生成物の立体配置を説明する．これにより，ほかのあらゆる電子環状反応生成物の立体配置を予想できるようになるだろう．

電子環状反応生成物は，新たな σ 結合を形成することによって生じる．この結合を形成するためには，sp^2 から sp^3 に再混成されながら共役系の両端の p 軌道が互いに頭-頭で重なり合うように回転しなければならない．この回転には 2 通りある．両軌道が同じ方向に回転（両方が時計回りか反時計回り）する場合，閉環は**同旋的**（conrotatory）であるという．

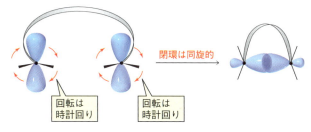

両軌道が反対方向に回転（一方が時計回りでもう一方が反時計回り）する場合，閉環は**逆旋的**（disrotatory）であるという．

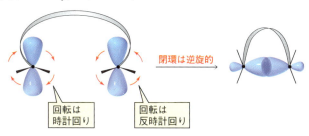

同旋的であろうと逆旋的であろうと，閉環は，閉環を起こす化合物のHOMOの対称性にのみ依存する．電子環状反応の進行様式を決定する際には，最もエネルギーの高い電子が存在するHOMOの対称性によって決まる．HOMOに存在する電子対は，その分子に含まれる電子のうちで最も弱い束縛を受けており，これは反応中に最も容易に移動できる電子である．

新たにσ結合を形成するには，同位相のp軌道が重なるように，その軌道は回転しなければならない．(同位相の軌道の重なりは結合性相互作用で，一方，逆位相の軌道の重なりは反結合性相互作用となることを思い出そう．) HOMOが対称である場合(両端の軌道の位相が等しい場合)，同位相の軌道が重なるためには回転は逆旋的でなければならない．つまり，この場合は同旋的閉環は対称禁制であるのに対し，逆旋的閉環は対称許容である．

一方，HOMOが非対称である場合は，同位相の軌道が重なるためには回転は同旋的でなければならない．つまり，この場合は同旋的閉環は対称許容であるのに対し，逆旋的閉環は対称禁制である．

対称許容経路は，同位相での軌道の重なりの一部である．

対称許容経路(symmetry-allowed pathway)は同位相の軌道が重なる過程であり，**対称禁制経路**(symmetry-forbidden pathway)は逆位相の軌道が重なる過程である．対称許容反応は比較的穏やかな条件下で進行する．対称禁制反応は，協奏的機構では起こりえない．

この節ではじめに取り上げた電子環状反応がなぜそのような生成物を生じるのか，そしてなぜ反応が熱条件から光化学反応に変わると生成物の立体配置が変化するのか，いまならこのことが理解できるだろう．

はじめに，(2E,4Z,6E)-オクタトリエンの電子環状反応から見ていこう．三つの共役π結合をもつ化合物の基底状態のHOMO(ψ_3)は対称である(図28.3)．これは，熱反応条件下での閉環が逆旋的であることを意味する．(2E,4Z,6E)-オクタトリエンの逆旋的閉環においては，両端のメチル基が上向き(または下向き)に移動し，シス体が生成する．

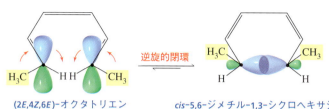

(2E,4Z,6E)-オクタトリエン　　cis-5,6-ジメチル-1,3-シクロヘキサジエン

次に，(2E,4Z,6Z)-オクタトリエンの電子環状反応を見よう．この化合物の基底状態のHOMOもまた対称であり，逆旋的な閉環を引き起こす．逆旋的閉環においては，一方のメチル基が上向きに，もう一方が下向きに移動するので，トランス体が生成する．そして，上向きと下向きに置換基が反転することによってエナンチオマーが得られる．

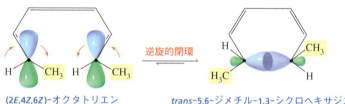

(2E,4Z,6Z)-オクタトリエン　　trans-5,6-ジメチル-1,3-シクロヘキサジエン

しかし，光化学反応条件下でこの化合物の電子環状反応が進行する場合は，基底状態のHOMOではなく励起状態のHOMOに注目しなければならない．三つのπ結合をもつ化合物の励起状態のHOMO(ψ_4)は非対称である(図28.3)．したがって，光化学反応条件下では(2E,4Z,6Z)-オクタトリエンは同旋的に閉環し，両端のメチル基は上向き(または下向き)に移動し，シス体が生成する．

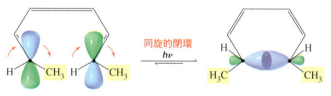

(2E,4Z,6Z)-オクタトリエン　　cis-5,6-ジメチル-1,3-シクロヘキサジエン

同様に，熱反応条件下で生成したシス形異性体である(2E,4Z,6E)-オクタトリエンは，光化学反応条件下でトランス形のエナンチオマーを生成する．

　もう，なぜ光化学反応条件下で得られた生成物の立体配置が，熱反応条件下で得られた生成物の立体配置の反対であるかが理解できるだろう．つまり，基底状態のHOMOと励起状態のHOMOは非対称であるので，一方が対称であった場合，もう一方は逆対称となる．そのため，電子環状反応の立体化学的結果は，閉環するHOMOの対称性によってのみ決まるといえる．

　続いて，(2E,4Z)-ヘキサジエンが閉環するとなぜcis-3,4-ジメチルシクロブテンを生じるかについて考える．この場合，閉環する化合物は二つの共役π結合をもっている．二つの共役π結合をもつ化合物の基底状態のHOMOは非対称であるので(図28.2)，閉環は同旋的である．(2E,4Z)-ヘキサジエンの同旋的閉環は

閉環する化合物のHOMOの対称性は，電子環状反応の立体化学的結果を制御する．

シス体を生成する．

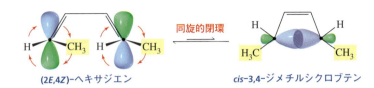

同様に，(2E,4E)-ヘキサジエンの同旋的閉環はトランス体を生成する．

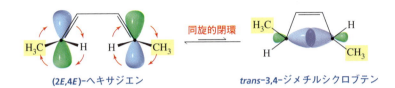

　これに対して，光化学反応条件下で反応が進行する場合は，二つの共役π結合をもつ化合物の励起状態のHOMOは対称である．したがって，(2E,4Z)-ヘキサジエンは逆旋的に閉環してトランス体を生成するが，(2E,4E)-ヘキサジエンは逆旋的に閉環してシス体を生成する．

　これまで見てきたように，二つの共役二重結合をもつ化合物の基底状態のHOMOは非対称であるが，三つの共役二重結合をもつ化合物の基底状態のHOMOは対称である．さらに，四つ，五つ，六つ，あるいはもっと多くの共役二重結合をもつ化合物の分子軌道図から，偶数個の共役二重結合をもつ化合物の基底状態のHOMOは非対称であり，奇数個の共役二重結合をもつ化合物の基底状態のHOMOは対称であることがわかる．

　したがって，ある化合物の共役二重結合の数から，熱反応条件下において，その閉環反応が同旋的であるか(偶数個の共役二重結合)，あるいは逆旋的であるか(奇数個の共役二重結合)を判断することができる．しかし，その閉環反応が光化学反応条件下で進行する場合，共役二重結合の数と閉環様式との関係はすべて逆転する．これは，たとえば基底状態のHOMOが対称であれば励起状態のHOMOは非対称であるように，基底状態と励起状態でHOMOの対称性が逆転するためである．

　ここまでに電子環状反応について学んできたことは，表28.1に示した**選択則**(selection rule)に集約される．これらは電子環状反応の**Woodward-Hoffmann則**(Woodward-Hoffmann rule)としても知られている．この規則は，反応を熱反応あるいは光化学反応条件下のいずれで行うかにかかわらず，閉環様式は反応物中の共役二重結合の数に依存することを表している．そして，いったん閉環の様式がわかれば，電子環状反応の生成物を決定することができる．

　表28.1にある選択則は，電子環状反応による閉環の軌道対称性許容様式を示している．このほかにも，付加環化反応による結合形式の対称許容様式(1445ページの表28.3)やシグマトロピー転位による転位の対称許容様式(1448ページの表28.4)を示す選択則もある．これらの規則を記憶することはかなり面倒だが，これらの規則はすべて，記憶を助けるための"TE-AC"という単語でまとめられる．

> 偶数個の共役二重結合をもつ化合物の基底状態のHOMOは非対称である．
>
> 奇数個の共役二重結合をもつ化合物の基底状態のHOMOは対称である．

"TE-AC" による覚え方は，28.7 節を参照のこと．

表 28.1　電子環状反応のWoodward-Hoffmann則

共役π結合の数	反応条件	閉環の許容様式
偶　数	熱	同旋的
	光化学	逆旋的
奇　数	熱	逆旋的
	光化学	同旋的

問題 5

a. 2,3,4,5,6,7 個の共役π結合をもつ共役系について，簡略化した MO 図を書き（1437 〜 1439 ページの図のように共役系の末端にローブを書く），各系の HOMO が対称か非対称かを示せ．

b. 書いた図を見ながら，表 28.1 の Woodward-Hoffmann 則が正しいことを確かめよ．

問題 6 ◆

a. 熱反応条件下において，(2E,4Z,6Z,8E)-デカテトラエンの閉環反応は同旋的であるか逆旋的であるか．

b. このときの生成物はシスおよびトランス立体配置のどちらをとるか．

c. 光化学反応条件下において，(2E,4Z,6Z,8E)-デカテトラエンの閉環反応は同旋的であるか逆旋的であるか．

d. このときの生成物はシスおよびトランス立体配置のどちらをとるか．

図 28.4 の一連の反応を見れば，その反応の閉環様式，ひいては電子環状反応の生成物の決定がいかに容易であるかがわかるだろう．

最初の反応の反応物は三つの共役二重結合をもち，熱反応条件下で閉環している．したがって，閉環は逆旋的である（表 28.1）．この反応物の逆旋的閉環によって，閉環後の生成物においてはπ電子系の末端(この場合は水素)で置換し，シス形となる．これらの水素の相対配置を決めるには，反応物に水素を書き込み(図 28.4**A**)，逆旋的閉環反応の際の分子の挙動を矢印で書いてみるとよい．

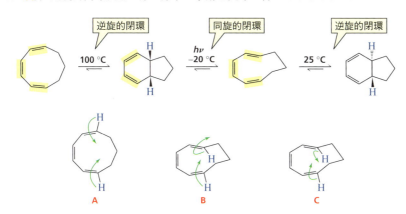

◀ 図 28.4
電子環状反応の生成物の立体化学の決定．

二つ目の反応では，光化学反応条件下で電子環状反応が起こり，開環する．こ

れは微視的可逆性の原理のために（19.6節参照），閉環反応の際に用いられる軌道対称性の規則が，そのまま逆開環反応にも適用できる．逆閉環反応を起こす化合物は，三つの共役二重結合をもっている．反応は光化学反応条件下で進行するから，この場合の閉環反応と逆開環反応は同旋的である．（可逆的な電子環状反応において，その開環および閉環様式を左右する共役二重結合の数は，環状分子のそれに等しいことに注目しよう．）水素がシス形に配向した生成物（くさびで示されている）を生じる同旋的な回転が起こるには，閉環反応の化合物における水素は同じ方向を向いていなければならない（図28.4B）．

三つ目の反応では，三つの共役二重結合をもつ化合物が，熱反応条件下で閉環しているので，閉環は逆旋的である．反応物中の水素を同様の矢印で示すと（図28.4C），逆旋的閉環が起こり閉環生成物はトランス形となる．

これらすべての電子環状反応において，反応物における置換基（この場合は水素）の結合が反対方向を向いている場合（たとえば図28.4A），閉環反応が逆旋的である場合は生成物においてそれらの置換基はシス形となり，同旋的である場合はトランス形となることに注目しよう．一方で，もともと置換基が同じ方向を向いている場合（図28.4B,Cのように），閉環が逆旋的であればトランス形となり，閉環が同旋的であればシス形となる（表28.2）．

表28.2 電子環状反応の生成物の立体配置

反応物の置換基	閉環様式	生成物の立体位置
反対方向を向いている	逆旋的	シス
	同旋的	トランス
同じ方向を向いている	逆旋的	トランス
	同旋的	シス

問題7◆

次の文章のなかで正しいものはどれか．また，誤っている部分を正せ．

a. 熱反応条件下において，偶数個の二重結合をもつ共役ジエンの閉環反応は同旋的である．

b. 熱反応条件下において，非対称のHOMOをもつ共役ジエンの閉環反応は同旋的である．

c. 奇数個の二重結合をもつ共役ジエンは，対称のHOMOをもつ．

問題8◆

a. 次の電子環状反応の閉環様式を分類せよ．

b. 図中の水素はシスまたはトランスの立体配置のどちらか．

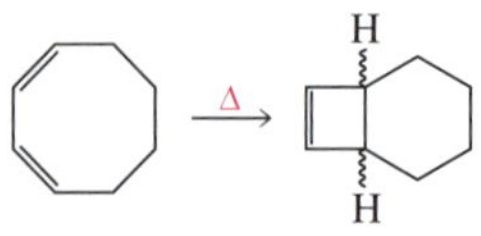

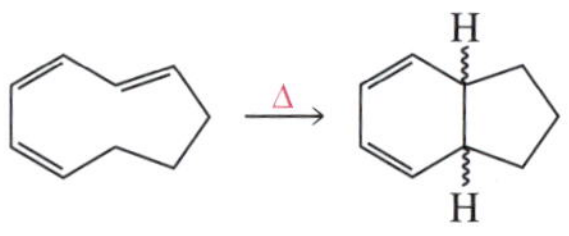

28.4 付加環化反応

　付加環化反応においては，π結合をもつ二つの反応物が反応してπ電子の転位によって環状化合物を生じ，二つの新しいσ結合が形成される．Diels-Alder 反応は付加環化反応の最もよく知られている例の一つである（上巻；8.19 節参照）．

　付加環化反応は，生成物を生じるために相互作用するπ電子の数によって分類される．Diels-Alder 反応は一方の反応物が相互作用するπ電子を 4 個，もう一方の反応物が 2 個もっているので，[4 + 2]付加環化反応である．このとき，電子の転位に関与する電子のみを数える．

[4 + 2] 付加環化 (Diels-Alder 反応)

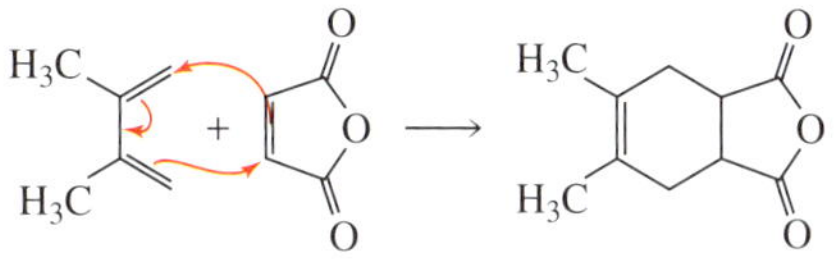

[2 + 2] 付加環化

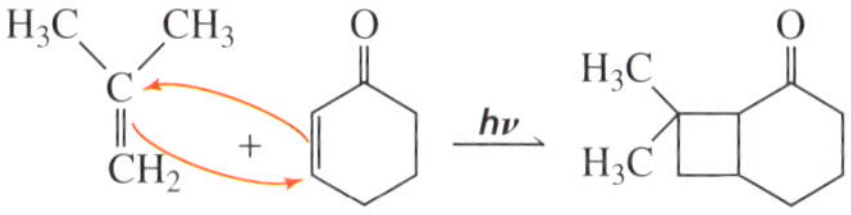

[8 + 2] 付加環化

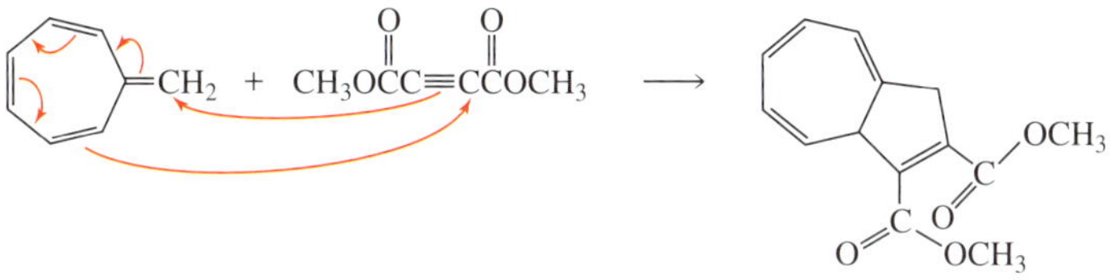

　付加環化反応においては，一方の反応物からもう一方の反応物への電子密度の供与によって，生成物の新しいσ結合が形成される．空軌道にしか電子受容能はないから，一方の反応物の HOMO と，もう一方の反応物の LUMO を考慮しなければならない．一つの分子の HOMO ともう一方の分子の LUMO との間で電子供与がありさえすれば，反応する際に反応物のどの HOMO が用いられるかは問題ではない．

　二つのσ結合を同時に形成する軌道の重なり方には，スプラ型とアンタラ型の 2 種類がある．**スプラ型**(suprafacial)の結合形成では，二つのσ結合が反応物のπ電子系の同じ側に形成され，**アンタラ型**(antarafacial)の結合形成では，π電子系の反対側に形成される．スプラ型の結合形成はシン付加に似ているのに対して，アンタラ型の結合形成はアンチ付加に似ている（上巻；6.15 節参照）．

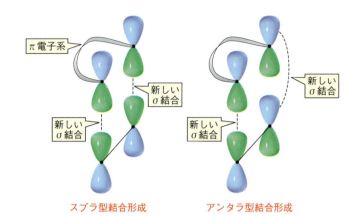

四，五，または六員環を生じる付加環化反応には，スプラ型の結合形成が必ず関与している．これらの小さい環の幾何学的制約のために，それが対称許容だとしても，アンタラ型の結合形成はきわめて起こりにくい．(対称許容とは同位相の軌道の重なりであることを思い出そう．) より大きな環を生成する付加環化反応においては，アンタラ型結合形成が起こりやすい．

図 28.5 に示すように，[4 + 2]環化付加反応においては，σ結合形成のためにスプラ型の軌道の重なりが必要である．ジエンの HOMO(二つの共役二重結合の系)と求ジエンの LUMO(二重結合の系；図 28.5 左)，もしくは求ジエン体の HOMO とジエンの LUMO(図 28.5 右)のどちらかでこの反応を説明することができる．

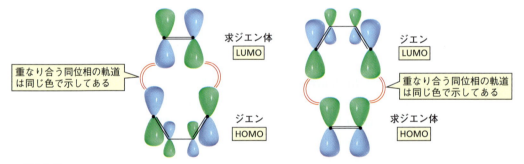

▲ 図 28.5
結合形成においてスプラ型の重なりを必要とする[4 + 2]付加環化反応のフロンティア分子軌道解析．反応物の一方の HOMO がもう一方の LUMO と重なり合う．

[2 + 2]付加環化反応は熱反応条件下では進行しないが，光化学反応条件下においては進行する．

図28.6のフロンティア分子軌道を見れば，その理由がわかる．熱反応条件下では，スプラ型の軌道の重なりは対称許容ではない（重なり合う軌道は逆位相である）．また，アンタラ型の軌道の重なりは対称許容ではあるが，環の大きさが小さいために起こりえない．

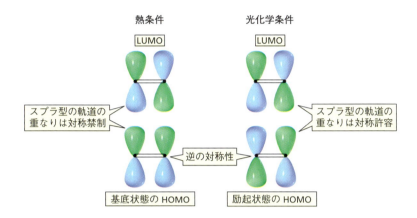

◂**図 28.6**
熱および光化学条件下での[2 + 2]付加環化反応のフロンティア分子軌道解析．

しかし，光化学反応条件下においては，励起状態の HOMO が基底状態の HOMO と反対の対称性をもつために反応が進行する．したがって，一つのアルケンの励起状態の HOMO と別のアルケンの基底状態の LUMO の重なりは，対称許容であるためスプラ型の結合形成を引き起こす．付加環化反応の選択則を表 28.3 にまとめる．

表 28.3　付加環化反応の Woodward-Hoffmann 則

二つの反応剤の反応系中の π結合の総数	反応条件	閉環様式
偶　数	熱	アンタラ型[a]
	光化学	スプラ型
奇　数	熱	スプラ型
	光化学	アンタラ型[a]

[a]アンタラ型閉環は示した条件において対称許容であるが，七員環もしくはそれ以上の環の大きさをもつもののときだけに起こる．

問題 9

熱反応条件下において，マレイン酸無水物は 1,3-ブタジエンと速やかに反応するのに対し，エテンとはまったく反応しないのはなぜか説明せよ．

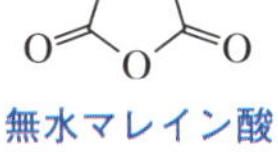

無水マレイン酸
(maleic anhydride)

問題 10（解答あり）

2,4,6-シクロヘプタトリエノンと，シクロペンタジエンおよびエテンとのそれぞれの反応を比較せよ．またこのとき，2,4,6-シクロヘプタトリエノンは一方の反

応では2個のπ電子を用いるのに対し，もう一方では4個のπ電子を用いるのはなぜか．

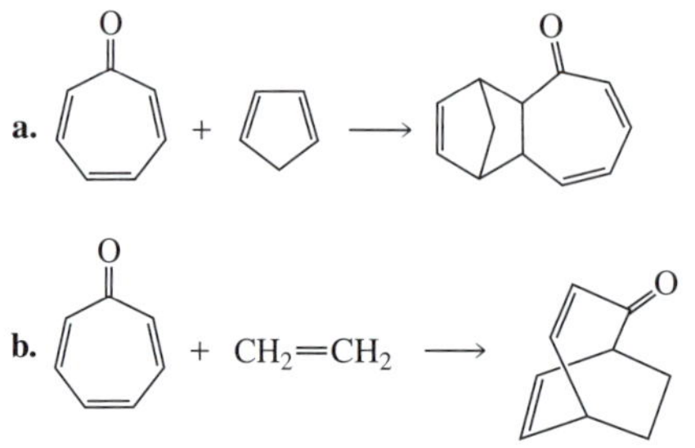

解答 どちらの反応も[4 + 2]付加環化反応である．2,4,6-シクロヘプタトリエノンがシクロペンタジエンと反応するとき，シクロペンタジエンは4個のπ電子がすべて関与する反応物として働くので，2,4,6-シクロヘプタトリエノンは2個のπ電子を用いて反応する．これに対し，2,4,6-シクロヘプタトリエノンがエテンと反応するとき，エテンはπ電子を2個しかもたない反応物であるから，2,4,6-シクロヘプタトリエノンは4個のπ電子を用いて反応する．

問題 11 ◆

紫外線を照射したとき，1,3-ブタジエンと2-シクロヘキセノンは協奏反応を起こすか．

28.5 シグマトロピー転位

　3種類目の協奏的ペリ環状反応として，<u>シグマトロピー転位</u>として知られる反応のグループについて考える．シグマトロピー転位においては，反応物中の一つのσ結合が開裂し，一つの新しいσ結合が形成し，そしてπ電子系が転位する．

　開裂するσ結合はアリル位炭素の形成に用いられる．その際，開裂するσ結合は炭素と水素の間や炭素と炭素の間，あるいは炭素と酸素，窒素，あるいは硫黄との間のσ結合であっても構わない．"sigmatropic"はギリシャ語で"変化"を意味する"*tropos*"に由来し，したがって，sigmatropicは"sigma-change"という意味をもつ．

　シグマトロピー転位を記述するために用いられる番号づけは，これまでの番号づけとは異なる．はじめに反応物のアリル位炭素におけるσ結合の開裂を考え，その結合の両端の原子の番号を1とする．それから生成物の新しいσ結合を確認する．そして開裂したσ結合と，新しく生成したσ結合にはさまれたそれぞれのフラグメントの原子数を数える．それらの数を括弧に入れ，小さいほうの数を先に記す．次に示す[2,3]シグマトロピー転位の場合，フラグメントの一方は(N＝N)の2原子が古いσ結合と新しいσ結合をつないでおり，フラグメントの

もう一方は(C—C＝C)の3原子が古いσ結合と新しいσ結合をつないでいる．

[2,3] シグマトロピー転位

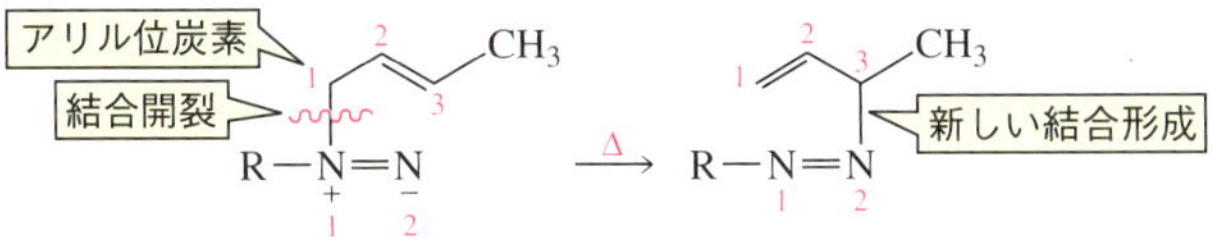

[1,5] シグマトロピー転位

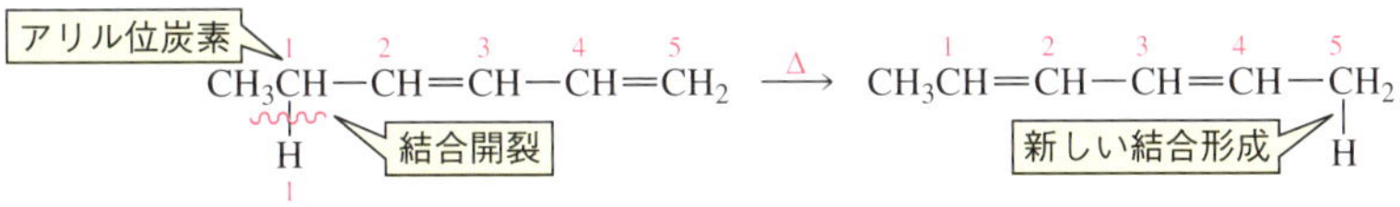

[1,3] シグマトロピー転位

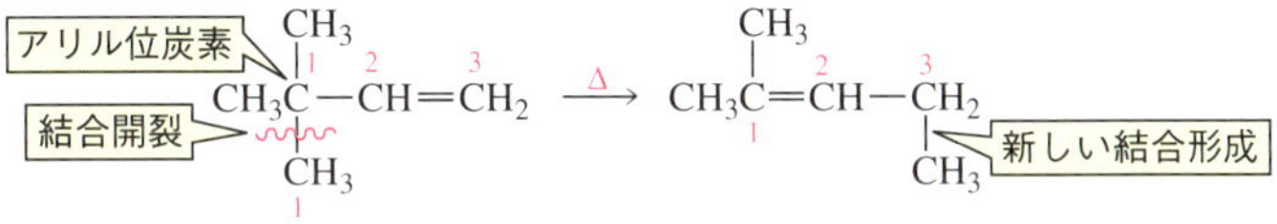

[3,3] シグマトロピー転位

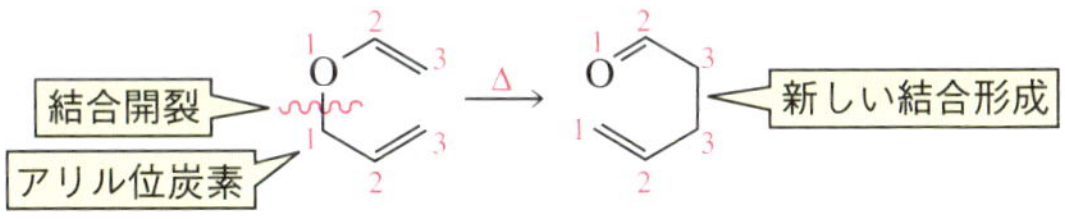

上述の例においてはどの反応もアリル位炭素上の結合開裂によって始まることに注目しよう．

問題 12

a. 次の反応で起こるシグマトロピー転位の種類を答えよ．
b. 矢印を用いて，それぞれの反応で起こる電子の転位を示せ．

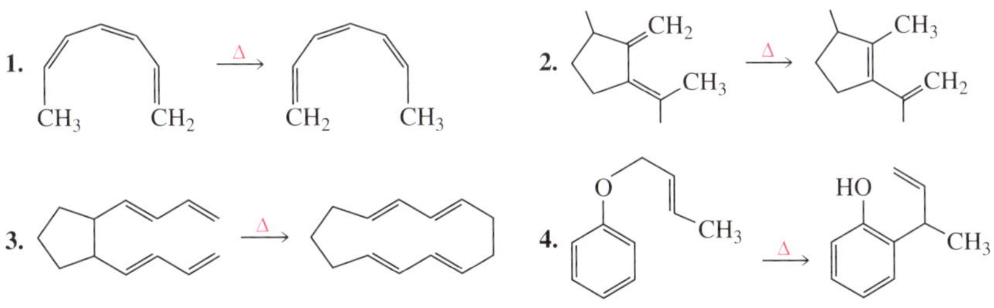

シグマトロピー転位の遷移状態において，転移基は転移元および転移先の両原子と部分的に結合している[†]．付加環化反応と同様に，これらの転位様式には二つの可能性が考えられる．転移基がπ電子系の同じ面で移動するとき，この転位はスプラ型であり，これに対して，転移基がπ電子系の反対面に移動するとき，この転位はアンタラ型である．

[†] 訳者注：転移は部位(原子や原子団)の移動を，転位は反応全体を見たときの部位の移動による分子の骨格構造の変化を表す．

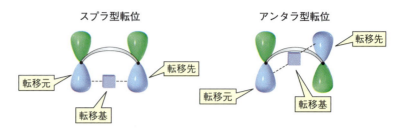

シグマトロピー転位は環状の遷移状態をとる．この遷移状態が六員環か，あるいはより小さい環構造であるとき，小員環の幾何学的制約のために転位はスプラ型となる．

[1,3]シグマトロピー転位においては，一つのπ結合と1組のσ電子対が転位反応に寄与するといえるし，あるいは，2組の電子対が転位反応を起こすともいえる．[1,5]シグマトロピー転位では，二つのπ結合と1組のσ電子対（3組の電子対）が，そして[1,7]シグマトロピー転位では4組の電子対が転位反応を起こす．シグマトロピー転位の対称性の規則は，付加環化反応において適用した規則とよく似ている．違うのは，「π結合の数」ではなく「電子対の数」という点だけである．（表 28.3 と 28.4 を比較せよ）．

表 28.4 シグマトロピー転位の Woodward–Hoffmann 則

反応系における電子対の数	反応条件	閉環様式
偶　数	熱	アンタラ型[a]
	光化学	スプラ型
奇　数	熱	スプラ型
	光化学	アンタラ型[a]

[a] アンタラ型転位は示した条件において対称許容であるが，少なくとも七員環以上の環をもつもののみで起こる．

Cope 転位 (Cope rearrangement) は 1,5-ジエンの[3,3]シグマトロピー転位である．**Claisen 転位** (Claisen rearrangement) はアリルビニルエーテルの[3,3]シグマトロピー転位である．これらの転位反応はともに六員環遷移状態を経由する．したがって，これらの反応はスプラ型経路で進む．スプラ型経路が対称許容であるかどうかは，転位に関与する電子対の数に依存する（表 28.4）．[3,3]シグマトロピー転位は 3 組の電子対の移動によって起こるので，熱反応条件下においてスプラ型経路で進行する．したがって，Cope 転位と Claisen 転位は熱反応条件下で容易に起こる．

Ireland–Claisen 転位では，Claisen 転位において用いたアリルビニルエーテルの代わりにアリルエステルを用いる．塩基を用いてエステルのα炭素からプロトン

を引き抜き，生成したエノラートイオンは塩化トリメチルシリルとして捕らえられる(17.13 節参照). そして，穏やかな条件で加熱することで Claisen 転位が進行する.

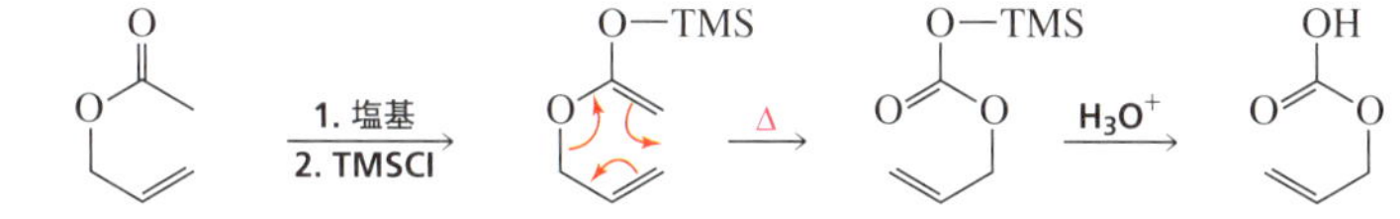

アリルエステル
(allyl ester)

問題 13 ◆

a. 次の反応の生成物を書け.

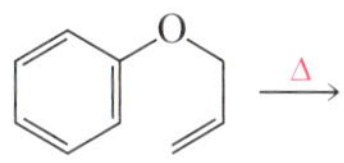

b. ベンゼン環に結合した置換基の末端の sp^2 炭素が ^{14}C で標識されている場合，^{14}C は生成物中のどこに含まれるか.

水素の転移

シグマトロピー転位で水素が転移するとき，遷移状態において水素原子の s 軌道は転移元と転移先の両原子と少しずつ結合している.

水素の転移

スプラ型転位　　　　アンタラ型転位

水素の [1,3] シグマトロピー転位は四員環の遷移状態を経由して進行する(以下の反応を見よ). このとき, 2 組の電子対が関与するので, 選択則は熱力学的条件下でアンタラ型転位を必要とするため HOMO は非対称である(表 28.4). その結果, 1,3-水素シフトは熱反応条件下では起こらない. これは, 四員環遷移状態がアンタラ型転位を許容しないためである.

1,3-水素シフトは，反応が光化学反応条件下で行われる場合に進行する. なぜならば, HOMO が対称になるため, スプラ型転位が起こるからである(表 28.4).

1,3-水素シフト

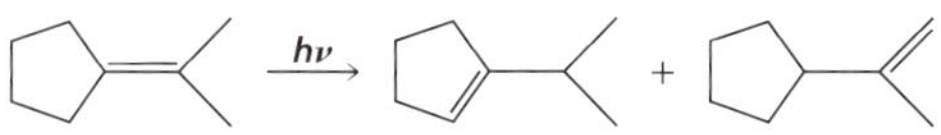

上記の反応では，反応物のもつ二つの異なるアリル位水素が 1,3-水素シフトすることによって二つの生成物が得られる.

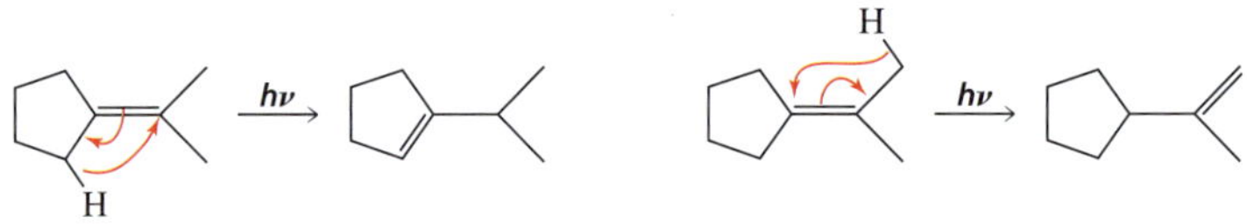

水素の[1,5]シグマトロピー転位は広く知られている．この反応は3組の電子対の移動で生じるので，熱反応条件下ではスプラ型経路で進行する．

1,5-水素シフト

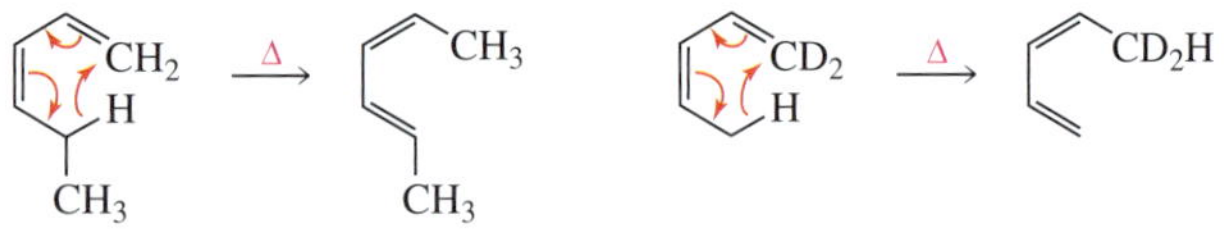

問題 14◆
前述の1,5-水素シフトの例で重水素化合物が用いられたのはなぜか．

問題 15
光化学および熱反応条件下で得られる生成物の違いについて説明せよ．

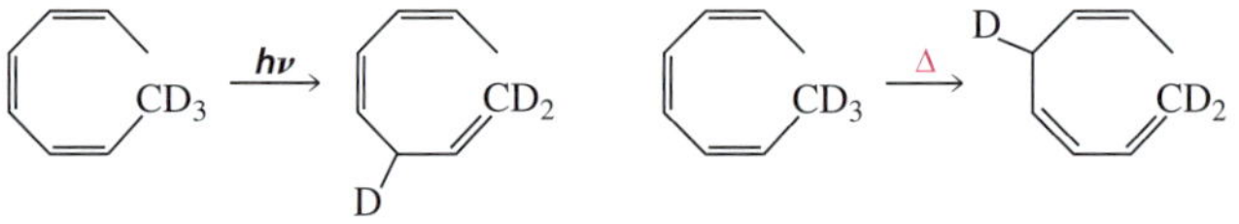

水素の[1,7]シグマトロピー転位は4組の電子対の転位と見なすことができる．八員環遷移状態はアンタラ型転位を許容するので，熱反応条件下で反応が進行する．

1,7-水素シフト

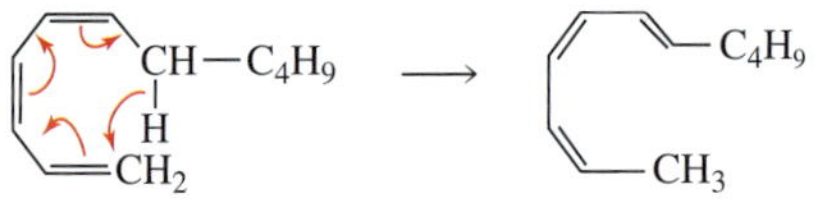

問題 16（解答あり）
どのように5-メチル-1,3-シクロペンタジエンが転位し，1-メチル-1,3-シクロペンタジエンおよび2-メチル-1,3-シクロペンタジエンを生成するか示せ．

解答 それぞれの反応が実は[1,5]シグマトロピー転位であることに気づこう．隣接する炭素間で水素が移動するにもかかわらず，すべての原子がπ電子系の転位に関与するために1,2-シフトとは考えられない．

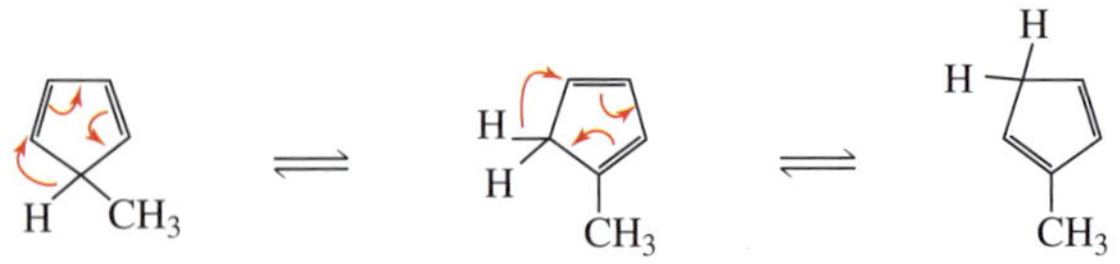

5-メチル-1,3-シクロペンタジエン
(5-methyl-1,3-cyclopentadiene)

1-メチル-1,3-シクロペンタジエン
(1-methyl-1,3-cyclopentadiene)

2-メチル-1,3-シクロペンタジエン
(2-methyl-1,3-cyclopentadiene)

炭素の転移

水素原子はその球形の s 軌道のために一つの転移形式だけを考えればよかったが，炭素は二つのローブからなる p 軌道のために 2 通りの転位反応を起こす．炭素原子は p 軌道の片方のローブのみを用いて，転移元と転移先の両原子と同時に相互作用することができる．

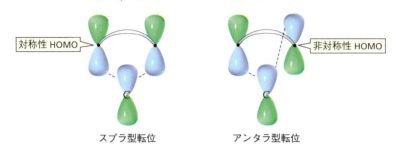

さらに，炭素原子は転移元と転移先の両原子との相互作用に同時に，p 軌道の両方のローブを用いることもできる．

上図は，転位反応がスプラ型経路で進行する場合，HOMO が対称ならば p 軌道の片方のローブを用いて転移し，HOMO が非対称ならば p 軌道の両方のローブを用いて転移することを示す．

炭素原子が p 軌道の片方のローブのみで相互作用するときは，転移前と同じローブが転移後も結合に関与するので，その立体配置が保存される．炭素原子が p 軌道の両方のローブを用いて転移するとき，転移後は転移前と反対側のローブで新たな σ 結合が生成される．したがって，転移は立体配置の反転を伴って起こる．

次に示した [1,3] シグマトロピー転位は，スプラ型経路での四員環遷移状態を経由して進行する．反応系には 2 組の電子対が関与しているために，その HOMO は非対称である．したがって，転移する炭素原子は p 軌道の両方のローブを用いて相互作用しており，その結果，転移は立体配置の反転を伴って起こる．

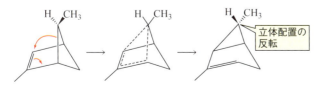

問題 17
熱反応条件下において，水素の[1,3]シグマトロピー転位は起こらないが，炭素の[1,3]シグマトロピー転位は起こるのはなぜか説明せよ．

問題 18◆
a. 熱反応条件下で炭素が[1,3]転位を起こすとき，立体配置は保持されるか，それとも反転するか．
b. 熱反応条件下で炭素が[1,5]転位を起こすとき，立体配置は保持されるか，それとも反転するか．

28.6 生体内におけるペリ環状反応

ここで細胞で起こるいくつかのペリ環状反応を見よう．

生体内の付加環化反応

紫外線への暴露は皮膚がんを引き起こす．これは，多くの科学者が希薄になるオゾン層に関心をもつようになった理由の一つである．なぜなら，オゾン層は紫外線を上層の大気中で吸収し，地球上の生命体を保護してくれているからである（上巻；13.12 節参照）．

チミン二量体の生成が皮膚がんの原因の一つと考えられている．二つのチミン残基が隣接している DNA のあらゆる部分で（26.1 節参照），[2 + 2]付加環化反応の進行が可能であり，そのために，チミン二量体が生じてしまう．[2 + 2]付加環化反応は光化学反応条件下でしか起こらないので，この反応は紫外線なしには進行しない．チミン二量体は，DNA の構造を変化させることでがんの原因となる．DNA の構造に変化が起これば，それがどんなものであれ変異を引き起こすおそれがあり，発がんの可能性も考えられる．

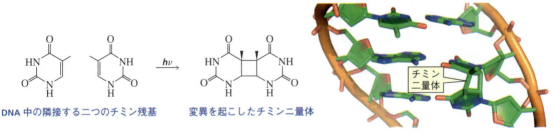

幸運なことに，傷害を受けた DNA を修復する酵素（DNA フォトリアーゼと呼ばれる）が存在する．この修復酵素がチミン二量体を認識すると，[2 + 2]付加環化の逆反応によって，その部分にもともとあった二つのチミンを再生する．しかし，修復酵素も完全ではなく，いくつかの損傷部分は修復されることなく残ってしまう．この修復酵素を欠損した人で，二十歳まで生存した事例はほとんどない．しかし幸いにも，このタイプの遺伝子欠損はたいへん珍しい．

冷 光

ホタル

ホタルは[2 + 2]付加環化反応の逆反応によって光を発する(冷光)生物種の一つである．ホタルの体内にある酵素(ルシフェラーゼ)は，ルシフェリン，ATP，および分子状酸素から不安定な四員環構造を含む化合物をつくりだす反応を触媒する．

ATPの目的は優れた脱離基を与えることによってカルボキシ基を活性させることである(25.2節参照)．塩基が α 炭素からプロトンを引き抜き，O_2 と反応する求核種を生成し，求核付加-脱離反応によって四員環化合物が生成する．逆[2 + 2]環化付加により四員環が開裂するとき，環のひずみが解消され，安定な分子である CO_2 が生成する．この反応はとても大きなエネルギーを放出するため，オキシルシフェリンの電子は励起状態となる．励起状態の電子が基底状態へと戻るとき，光子が放出される．

ルシフェリン
(luciferin)

+ ピロリン酸

不安定な四員環

+ AMP

逆 2 + 2 付加環化反応

励起状態で電子をもっている

オキシルシフェリン
(oxyluciferin)

+ CO_2 → + 光

電子環状反応とそれに続くシグマトロピー転位を伴う生体内反応

ビタミン D はビタミン D_2 とビタミン D_3 の総称である．これらの唯一の構造的相違は，ビタミン D_2 には五員環にくっついている側鎖部分に二重結合があるが，ビタミン D_3 にはない点である．

また，ビタミン D_3 は 7-デヒドロコレステロールから(ビタミン D_2 はエルゴステロールから) 2 回のペリ環状反応によって生成する．はじめに電子環状反応によって出発物質中の六員環を一つ開いてプレビタミン D_3 (またはプレビタミン D_2)が生成する．この反応は光化学反応条件下でのみ進行する．2 番目のペリ環状反応によってこのプレビタミンは[1,7]シグマトロピー転位を起こし，ビタミン D_3 (またはビタミン D_2)となる．このシグマトロピー転位は熱反応条件下で進行するが，光化学的条件下で起こる電子環状反応よりも遅いため，ビタミン類は太陽光を浴びてから数日間合成され続ける．これがビタミンの活性型となるためには，ビタミン D_3 と D_2 のさらに二段階の連続したヒドロキシ化反応を受けなければならず，その一段階目は肝臓で，二段階目は腎臓で行われる．

サンシャインビタミン

ビタミン D は食物内には含まれないが，いくつかの食物に前駆体分子が含まれる．たとえば，7-デヒドロコレステロールは乳製品や魚の脂に含まれ，エルゴステロールは野菜に含まれている．アメリカで売られているすべての牛乳は紫外線照射により，7-デヒドロコレステロールがビタミン D_3 へと変えられているため，ビタミン D_3 を豊富に含む．

太陽光はこれらの前駆体分子をビタミン D_3 やビタミン D_2 へと変える．しかし多くの人びとはビタミンを合成するために必要不可欠な UV 光を遮断する日焼け止めを使用する．このことにより人口の 50％〜75％ の人びとのビタミン D レベルが最適以下の水準であると推定されている．

古くから，ビタミン D は腸でのカルシウム吸収を改善することが知られている．ビタミン D が欠乏すると，くる病として知られる疾患を引き起こす．くる病になると骨形成が阻害され，成長が止まってしまう．最近の研究により，ビタミン D 不足は心血管疾患，高血圧，および糖尿病などの危険性を高める可能性が指摘されている．

逆に，ビタミン D が過剰にあるときにも異常をきたす．これは，軟組織へのカルシウム塩の沈着を引き起こすためである．皮膚色素の増大は，太陽光の UV 線を吸収して皮膚を守っているだけでなく，過剰のビタミン D の合成を防ぐ役割もあるといわれている．これは，赤道付近に住む人びとの皮膚色素がより多いことと矛盾しない．

問題 19 ◆
プロビタミン D_3 をビタミン D_3 に変換する [1,7] シグマトロピー転位は，スプラ型転位か，それともアンタラ型転位か．

問題 20
プロビタミン D_3 の光化学的閉環反応により 7-デヒドロコレステロールが生成するが，その際，水素とメチル置換基が互いにトランスとなるのはなぜか，説明せよ．

問題 21 ◆
コリスミン酸変異化酵素は，コリスミン酸に対して反応に適した立体配座をとらせてペリ環状反応を促進する酵素である．このペリ環状反応の生成物は，のちにアミノ酸のフェニルアラニンとチロシンに変換されるプレフェン酸である．このとき，コリスミン酸変異化酵素はどのような種類のペリ環状反応を触媒するか．

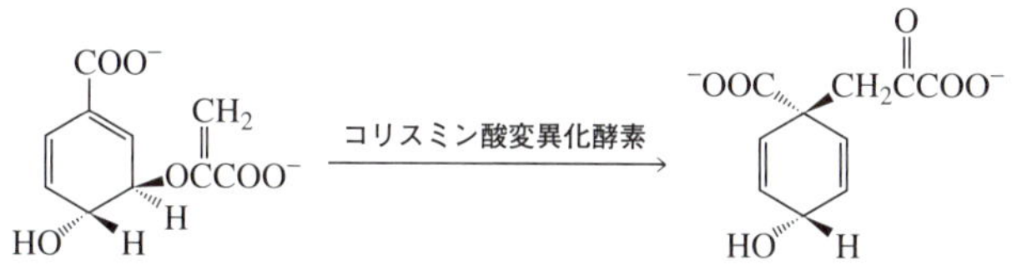

コリスミン酸 (chorismate) → コリスミン酸変異化酵素 → プレフェン酸 (prephenate)

28.7 ペリ環状反応の選択則のまとめ

電子環状反応，付加環化反応，およびシグマトロピー転位の生成物を決定する選択則を，表 28.1，28.3，28.4 にそれぞれまとめた．覚えるのはたいへんだが，幸い，すべてのペリ環状反応の選択則は TE-AC でまとめることができる．TE-AC の使い方を次に示す．

- 反応が TE〔Thermal/Even（熱条件/偶数）〕で進むとき，AC〔Antarafacial or Conrotatory（アンタラ型または同旋的）〕の過程を経て進行する．
- TE の二つの文字が異なる場合〔Photochemical/Odd（光化学条件/奇数）〕でも，AC 過程を経て進行する．
- TE の一方の文字が異なる〔すなわち，反応が Thermal/Even（熱条件/偶数）ではなく，Thermal/Odd（熱条件/奇数）もしくは Photochemical/Even（光化学条件/偶数）である〕場合，AC ではなくスプラ型または逆施的過程を経て進行する．

問題 22
表 28.1，28.3，28.4 の情報を学ぶのに TE-AC という簡易則が有効であることを説明せよ．

覚えておくべき重要事項

- **ペリ環状反応**は，反応物中の電子対が環化条件に従って再構築される反応である．
- 代表的なペリ環状反応として，電子環状反応，付加環化反応，およびシグマトロピー転位があげられる．
- ペリ環状反応は，一般に触媒や溶媒の違いによる影響を受けない協奏反応であり，また高度に立体選択的な反応である．
- ペリ環状反応の生成物の立体配置は，反応物の立体配置，共役二重結合の数あるいは反応系中の電子対の数，およびその反応が**熱反応**であるか**光化学反応**であるかに依存する．
- ペリ環状反応の結果は，**TE-AC**に要約される**選択則**によって与えられる．
- p軌道の二つのローブは，互いに逆の位相をもつ．二つの同位相の軌道が相互作用するとき共有結合が形成され，二つの逆位相の軌道が相互作用するとき節が生じる．
- **軌道対称性保存則**によれば，ペリ環状反応が進行する際には同位相の軌道が重なり合うとされている．
- **対称許容経路**は同位相の軌道の重なりによって生じる．
- MOの両端のローブが同位相の場合，このMOは**対称**であり，MOの両端のローブが逆位相の場合，このMOは**非対称**である．
- 偶数個の二重結合を含むか，あるいは偶数組の電子対をもつ分子の**基底状態**のHOMOは非対称である．一方，奇数個の二重結合を含むか，あるいは奇数組の電子対をもつ分子の基底状態のHOMOは対称である．
- 分子が適切な波長の光を吸収した場合，光は電子を基底状態のHOMOからLUMOへと押し上げる．そして分子は**励起状態**となる．
- 熱反応では反応物は基底状態で反応し，光反応では反応物は励起状態で反応する．
- 基底状態のHOMOと励起状態のHOMOはそれぞれ反対の対称性を示す．
- **電子環状反応**は，共役π電子系の両端の原子間で新しいσ結合が形成される分子内反応である．
- 新しいσ結合を形成するために，共役系の両端の軌道が回転し，そしてそれらは同位相で重なり合う．両方の軌道が同じ方向に回転する場合，閉環は**同旋的**であり，両方の軌道が反対方向に回転する場合，閉環は**逆旋的**である．
- HOMOが非対称であれば同旋的閉環反応が進行し，反対に対称である場合には逆旋的閉環反応が進行する．
- **付加環化反応**においては，それぞれπ結合をもつ二つの異なる分子が反応し，π電子対の転位と二つの新たなσ結合の形成によって環状化合物が生成する．
- π電子系の同じ側にσ結合が形成される場合，その結合形成は**スプラ型**であり，π電子系の反対側に二つのσ結合が両側に形成される場合，その結合形成は**アンタラ型**である．
- 七員環原子よりも少ない環の形成はスプラ型の軌道の重なりを必要とする．
- **シグマトロピー転位**においては，反応物のアリル位炭素へのσ結合が開裂し，生成物中に新しいσ結合が形成され，π結合が転位する．
- 転移基がπ電子系の同じ面で移動するとき，この転位を**スプラ型**といい，転移基がπ電子系の反対面へ移動するとき，これを**アンタラ型**という．

章末問題

23. 次のそれぞれの反応の生成物を書け．

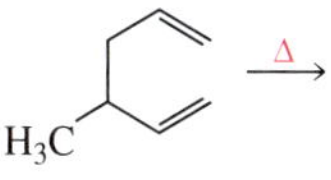

24. 次のそれぞれの反応の生成物を書け．

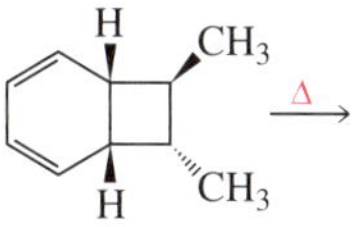

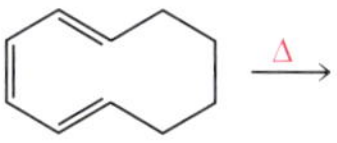

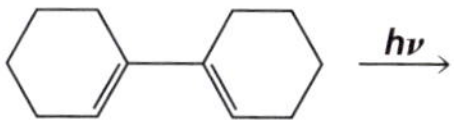

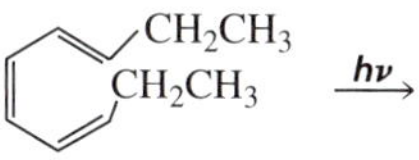

25. 次の反応の生成物の違いについて説明せよ．

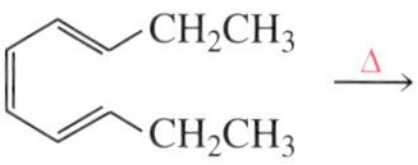

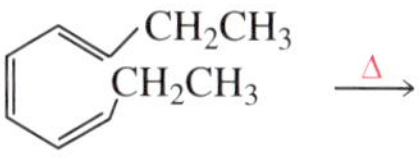

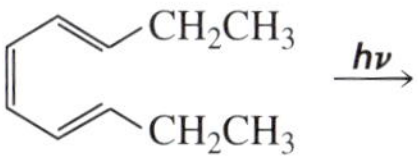

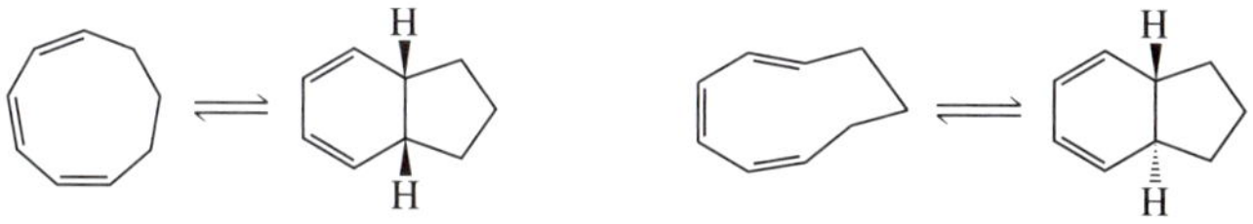

26. ノルボルナンをシクロペンタジエンから得るにはどうすればよいか示せ．

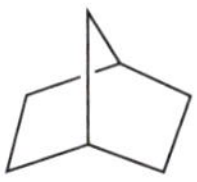

ノルボルナン
(norbornane)

27. 次のそれぞれの化合物が以下に示す条件下で電子環状反応を行ったときに得られる生成物を書け．
   a. 熱反応条件　　　b. 光化学反応条件

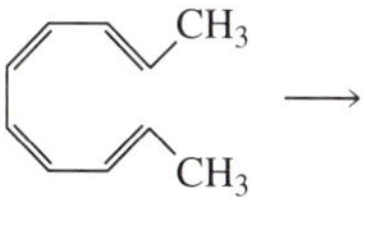

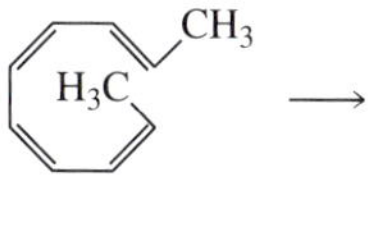

28. 次のそれぞれの反応の生成物を書け．

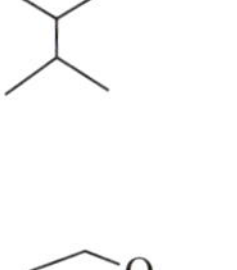

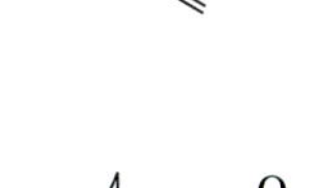

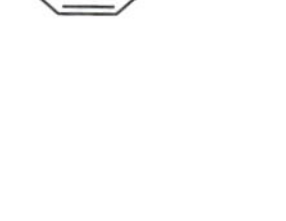

29. ここに示す反応は協奏的機構で進行するか．

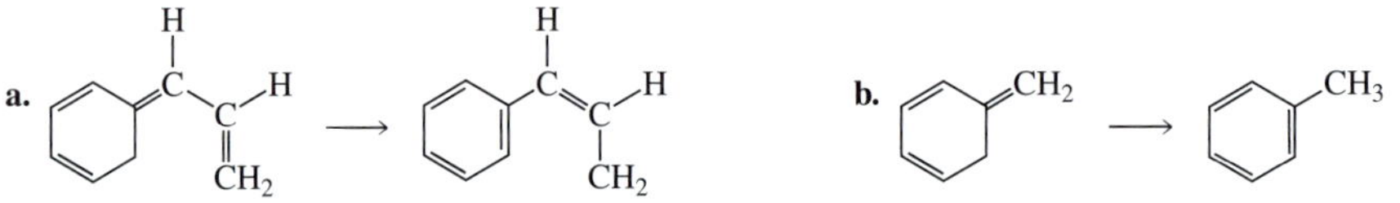

a. [構造式] → [構造式]　　b. [構造式] → [構造式]

30. 次の[1,3]シグマトロピー転位の生成物は **A** と **B** のどちらか．

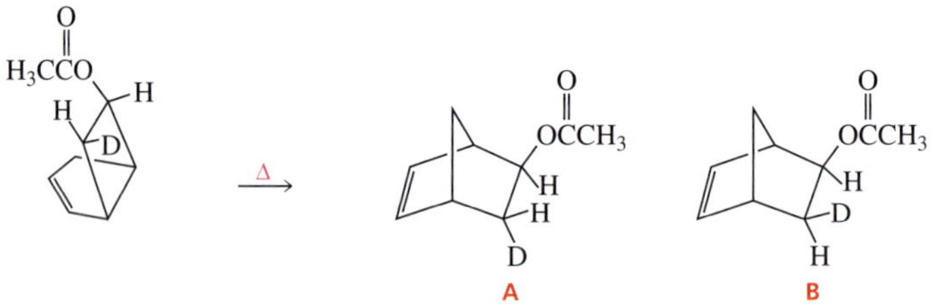

[構造式] →(Δ) **A** または **B**

31. Dewarベンゼンは高度にひずんだベンゼンの異性体である．これは熱力学的に不安定であるにもかかわらず，速度論的にはきわめて安定である．すなわち，ゆっくりとベンゼンに転位するが，そのためには非常に高温に熱しなければならない．この速度論的安定性の原因は何か．

[構造式] Dewarベンゼン →(非常に遅い反応, Δ) [ベンゼン]

32. 次の化合物を熱すると，一方は[1,3]シグマトロピー転位により一つの生成物を生じ，もう一方は2通りの[1,3]シグマトロピー転位によって二つの生成物を生じる．これらの生成物を書け．

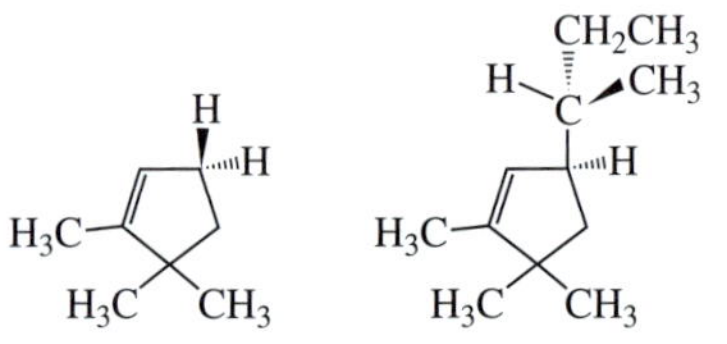

[構造式二つ]

33. 次の化合物を熱して得られた生成物は，1715 cm^{-1}に赤外吸収帯を示した．この生成物の構造を書け．

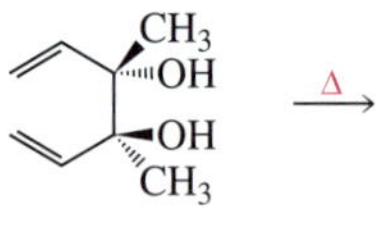

34. 次の[1,7]シグマトロピー転位から二つの化合物が得られるが，一方の反応では水素が転移し，もう一方では重水素が転移する．A 基と B 基をそれぞれ適切な原子（H または D）で置き換え，生成物の立体配置を示せ．

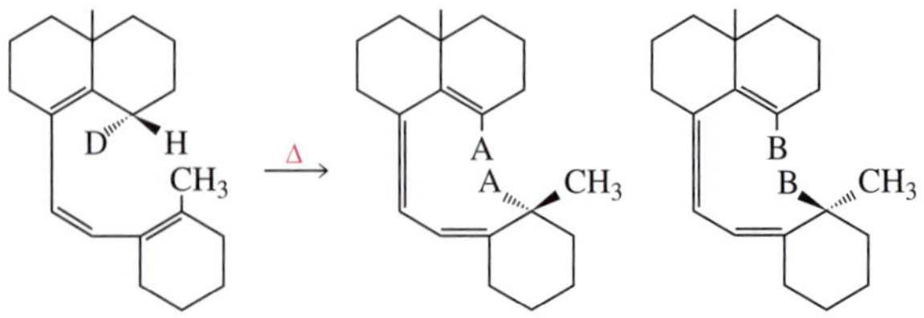

[構造式三つ]

35. a. 次の反応の機構を示せ．（ヒント：電子環状反応に続いて Diels-Alder 反応が起こる．）
    b. この反応で，エテンの代わりに trans-2-ブテンを用いると得られる生成物は何か．

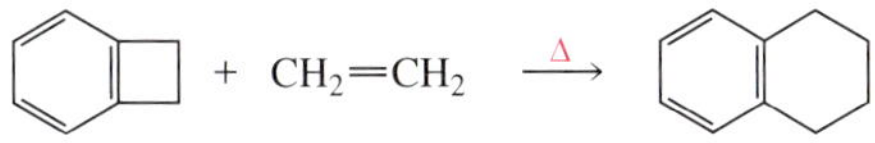

36. (2E,4Z,6Z)-オクタトリエンの逆旋的閉環反応では二つの異なる化合物が生成するのに対して，(2E,4Z,6E)-オクタトリエンの逆旋的閉環反応では単一の化合物しか生成しないのはなぜか，説明せよ．

37. 次のそれぞれのシグマトロピー転位の生成物を示せ．

    a. [3,3]シグマトロピー転位 Δ

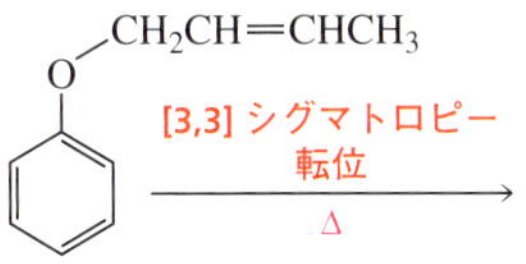

    b. [3,3]シグマトロピー転位 Δ

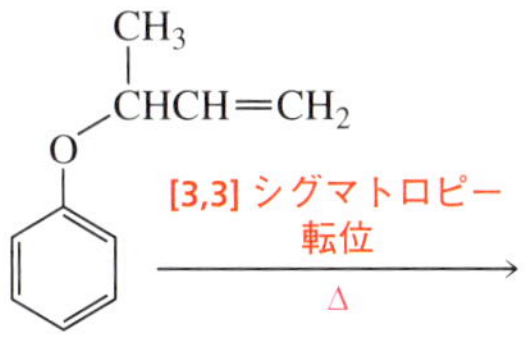

    c. [5,5]シグマトロピー転位 Δ

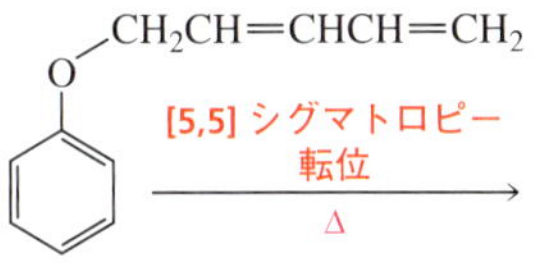

    d. [5,5]シグマトロピー転位 Δ

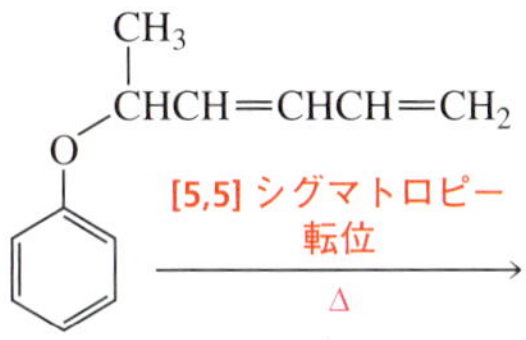

38. cis-3,4-ジメチルシクロブテンは加熱により開環すると，次の二つの生成物を生じる．このとき，一方の生成物の収率は 99％だが，もう一方の収率は 1％である．主生成物はどちらか．

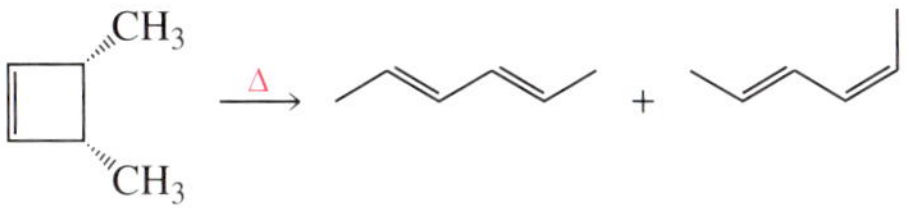

39. 異性体 A を約 100 ℃まで熱すると，異性体 A と B の混合物が生成する．このとき，異性体 C と D が生成しないのはなぜか説明せよ．

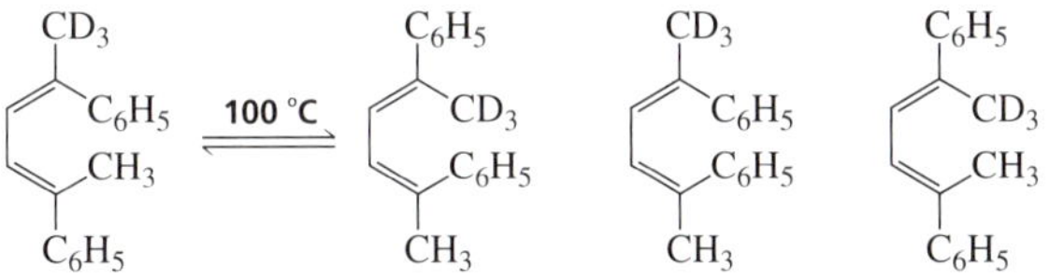

40. 次の反応の機構を示せ．

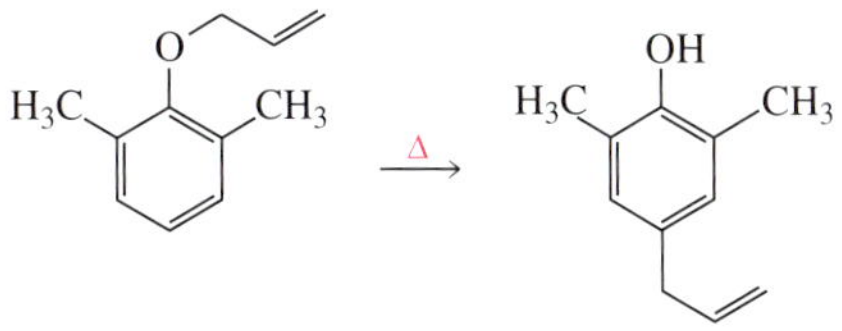

41. 化合物 A は熱反応条件下では開環反応の進行が見られないが，化合物 B の場合は同条件で開環反応が進行するのはなぜか，説明せよ．

42. ある学生が，ここに示した異性体のどれか一つを加熱することで，五員環に含まれる三つの炭素すべてに重水素が散らばることを見いだした．この現象を説明する機構を示せ．

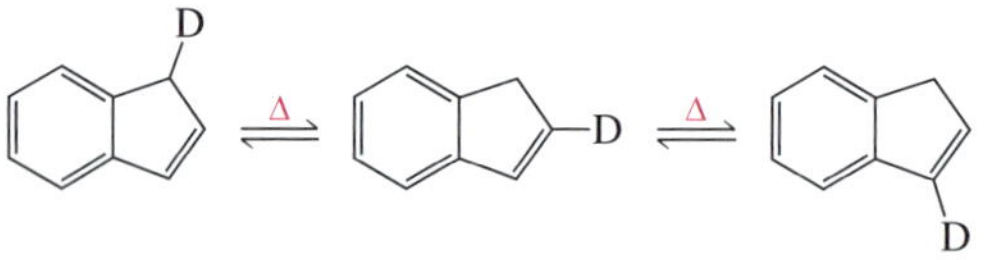

43. 熱反応条件または光化学反応条件下で，次の異性化はどのようにして進行するか．

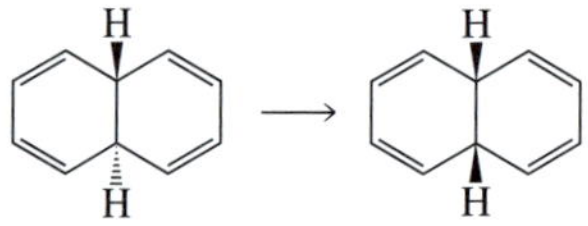

44. 次の反応に含まれる工程を示せ．

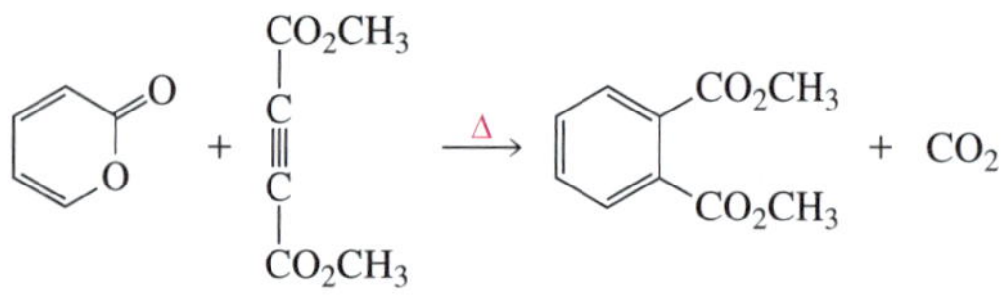

45. ここに示した反応の機構を示せ．

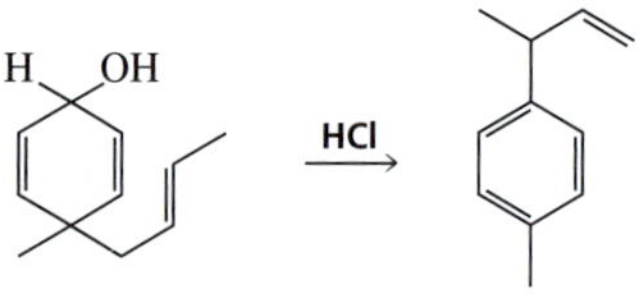

問題の解答

＊本文中の問題のうち，◆印のあるものの解答を掲載する．

16章

16-1
a. 酢酸ベンジル b. イソペンチル酢酸 c. メチル酪酸

16-3
a. ブタン酸カリウム，酪酸カリウム b. ブタン酸イソブチル，酪酸イソブチル c. N,N-ジメチルヘキサンアミド，N,N-ジメチルカプロアミド d. 塩化ペンタノイル，塩化バレリル e. 5-メチルヘキサン酸；δ-メチルカプロン酸 f. プロパンアミド；プロピンアミド g. 2-アザシクロペンタノン，γ-ブチロラクタム h. シクロペンタンカルボン酸 i. 5-メチル-2-オキサシクロヘキサノン，β-メチル-δ-バレロラクトン

16-5
B

16-6
アルコール中では電子がまったく非局在化しないため

16-7
最も短い結合が最も高い周波数を示す

16-8
塩化アシル(1800 cm^{-1})；エステル(1730 cm^{-1})；アミド(1640 cm^{-1})

16-11
a. 酢酸 b. 反応しない

16-12
a. 酢酸 b. アセトアミド

16-13
a. 反応しない b. 酢酸ナトリウム c. 反応しない d. 反応しない

16-14
正しい

16-15
a. 新しい b. 反応しない c. 二つの混合物

16-16
a. CH$_3$CH$_2$CH$_2$OH b. NH$_3$ c. (CH$_3$)$_2$NH d. H$_2$O e. シクロヘキサノール f. HO–C$_6$H$_4$–NO$_2$

16-21
a. エステルのカルボニル基が比較的反応性が低いこと，求核剤が比較的反応性が低いこと，脱離基が強塩基であること
b. アミノリシス(アミンはより優れた求核剤のため)

16-23
a. 安息香酸とエタノール b. ブタン酸とメタノール c. 5-ヒドロキシペンタン酸

16-25
a. プロトン化されたカルボン酸，四面体中間体I，四面体中間体III，H$_3$O$^+$，CH$_3$O$^+$H$_2$，Cl$^-$，カルボン酸，四面体中間体II，H$_2$O，CH$_3$OH c. H$_3$O$^+$ d. もし過剰の水を使ったならばH$_3$O$^+$；そうでなければ CH$_3$OH$_2^+$

16-27
a. 安息香酸イソプロピル b. エチル酢酸

16-30
a. プロポキシドイオン b. プロトンがアミンの求核性を破壊する；HO$^-$とRO$^-$は誤った求核基を提供する

16-31
ブタン酸メチルとメタノール

16-32
a. アルコール b. カルボン酸

16-34
C$_{14}$H$_{27}$O$_2$

16-35
トリパルミチン酸グリセリド

16-38
a. 酪酸イオンとヨードメタン b. 酢酸イオンと1-ヨウ化オクタン

16-40
a. 塩化ブタノイル＋エチルアミン b. 塩化ベンゾイル＋ジメチルアミン

16-41
a. 2と5

16-43
B＞C＞A

16-44
a. 臭化ペンチル b. 臭化イソヘキシル c. 臭化ベンジル d. 臭化シクロヘキシル

16-46
aとb

16-47
a. 1-ブロモプロパン b. 1-ブロモ-2-メチルプロパン c. ブロモシクロヘキサン

16-51
アミンに比べて弱い塩基であるカルボキシラートイオンが四面体中間体から脱離するため，アミンとの反応が進む

16-53
PDS

16-54
a. プロパン酸と塩化チオニルを反応させて，その後フェノールと反応させる b. 安息香酸と塩化チオニルを反応させて，その後エチルアミンと反応させる

17章

17-1
ケトンはほかの位置にないため．

17-2
a. 3-メチルペンタナール，β-メチルバレルアルデヒド b. 4-ヘプタノン，ジプロピルケトン c. 2-メチル-4-ヘプタノン，イソブチルプロピルケトン d. 4-フェニルブタナール，γ-フェニルブチルアルデヒド e. 4-エチルヘキサナール，γ-エチルカプロアルデヒド f. 1-ヘプテン-3-オン，ブチルビニルケトン

17-3
a. 6-ヒドロキシ-3-ヘプタノン b. 2-オキソシクロヘキサンカルボニトリル c. 4-ホルミルヘキサンアミド

17-4
a. 2-ヘプタノン b. 塩化メチルフェニルケトン

17-5
a. 2-ブタノール b. 2-メチル-2-ペンタノール

c. 1-メチルシクロヘキサノール
17-6

$$\underset{\text{O}}{\text{CH}_3\overset{\|}{\text{C}}\text{CH}_2\text{CH}_3} \ + \ \text{CH}_3\text{CH}_2\text{CH}_2\text{MgBr}$$

$$\underset{\text{O}}{\text{CH}_3\text{CH}_2\overset{\|}{\text{C}}\text{CH}_2\text{CH}_3} \ + \ \text{CH}_3\text{MgBr}$$

17-7
a. 二つ；(R)-3-メチル-3-ヘキサノールと(S)-3-メチル-3-ヘキサノール **b.** 一つ；2-メチル-2-ペンタノール
17-9
BとD
17-11
AとC
17-14

$$\text{RC}\equiv\text{C}-\underset{\underset{\text{R'}}{|}}{\overset{\overset{\text{OH}}{|}}{\text{C}}}-\text{C}\equiv\text{CR}$$

17-15
プロトンは塩化物イオンに比べてより強い塩基であるため、シアン化物イオン上に残る
17-16
できない．
17-17
強い酸の共役塩基は弱く、すぐに脱離するから．
17-20
a. CH$_3$CHCH$_2$OH (CH$_3$ 側鎖) **b.** シクロヘキサノール
c. (CH$_3$)$_3$C—〈シクロヘキシル〉—OH **d.** フェニル-CHCH$_3$ (OH 側鎖)
17-21
a. 1-ブタノール + エタノール **b.** ベンジルアルコール **c.** ベンジルアルコール + メタノール **d.** 1-ペンタノール
17-22
a. C$_6$H$_5$C(=O)NHCH$_3$ **b.** CH$_3$C(=O)NH$_2$
c. CH$_3$C(=O)NHCH$_2$CH$_3$ **d.** CH$_3$C(=O)N(CH$_2$CH$_3$)$_2$
17-24
a. ベンジルアルコール **b.** 1-ブタンアミン（ブチルアミン）
c. シクロヘキサノール **d.** 反応しない
17-26
炭素—窒素間の二重または三重結合は極性をもっているため、炭素が部分的な正の電荷をもっており、負に帯電したヒドリドイオンを引きつける．一方，炭素—炭素結合は極性をもたないため、ヒドリドイオンは求核性アルケンには引きつけられない
17-29
OH 基は電子求引性誘起効果をもつ
17-30
〜 8.5
17-31
a. 1×10^{-12} **b.** 1×10^{-9} **c.** 3.1×10^{-3}
17-35
第二級アミンと第三級アミン

17-38
B
17-40
a. 1, 7, 8 **b.** 2, 3, 5 **c.** 4, 6
17-43
a. 2-(ヒドロキシメチル)シクロヘキサノール **b.** NaBH$_4$
17-46
a. 26% **b.** 17%

18章
18-1
プロペンの共役塩基は非局在化電子だが，それらは炭素上で非局在化しているから
18-2

a. CH$_3$$\overset{\text{O}}{\overset{\|}{\text{C}}}CH_2$C≡N **b.** CH$_3O\overset{\text{O}}{\overset{\|}{\text{C}}}CH_2$$\overset{\text{O}}{\overset{\|}{\text{C}}}OCH_3$ **c.** CH$_3$$\overset{\text{O}}{\overset{\|}{\text{C}}}CH_2$CHO
　β-ケトニトリル　　β-ジエステル　　β-ケトアルデヒド

18-3
窒素上のプロトンはα炭素上のプロトンよりもより酸性であるから
18-4
N または O 上の孤立電子対によって競争している電子の非局在化は，エステルにとってよりもむしろアミドにとってより重要であるから
18-5

a. CH$_3$CHO > HC≡CH > CH$_2$=CH$_2$ > CH$_3$CH$_3$

b. CH$_3$C(=O)CH$_2$C(=O)CH$_3$ > CH$_3$C(=O)CH$_2$C(=O)OCH$_3$ > CH$_3$OC(=O)CH$_2$C(=O)OCH$_3$ > CH$_3$C(=O)CH$_3$

c. 2-ピペリジノン > 1,3-シクロヘキサンジオン > シクロヘキサノン > δ-バレロラクトン > N-メチル-2-ピペリジノン

18-7
a. CH$_3$CH=C(OH)CH$_3$ **b.** C$_6$H$_5$C(OH)=CH$_2$ **c.** 1-シクロヘキセン-1-オール

d. 3-ヒドロキシ-2-シクロヘキセノン（より安定）と 3-ヒドロキシ-3-シクロヘキセノン

e. CH$_3$CH$_2$C(OH)=CHCH$_2$CH$_3$（より安定）と CH$_3$CH=C(OH)CH$_2$CH$_2$CH$_3$

f. C$_6$H$_5$CH=C(OH)CH$_3$ と C$_6$H$_5$CH$_2$C(OH)=CH$_2$

18-10
反応の律速段階は，ケトンのα炭素からプロトンを引き抜く過

A-3　問題の解答

程である
18-12

(structure: cyclohexanone with 4 D atoms at α positions)

18-15
a. 1　b. 2

18-19
a. (cyclohexenone) + CH₃CCH₂CCH₃ (diketone) + HO⁻
b. CH₃CCH=CH₂ + CH₃CH₂OCCH₂COCH₂CH₃ + CH₃CH₂O⁻

18-21
a. CH₃CH₂CH(=O)　b. CH₃C(=O)CH₃
c. cyclohexyl-CH₂CHO　d. CH₃CH₂CCH₂CH₃

18-22
(cyclohexylidene cyclohexanone structure)

18-27
a. CH₃CH₂CH₂CCHCOCH₃ with CH(CH₃)₂ substituent
b. CH₃CHCH₂CCHCOCH₂CH₃ with CH₃ and CH(CH₃) substituents

18-28
A，B および D

18-32
a. (cyclobutanol with OH, CH₃, and COCH₃)
b. (cyclooctanone with OH and CH₃)

18-34
a. (decalin with OH and ketone)　b. (bicyclic with HO and ketone)
c. (cyclohexane with OH and CHO)　d. (bicyclic with OH and COCH₃)

18-37
A と D

18-38
a. 臭化メチル　b. 臭化メチル(二度)　c. 臭化ベンジル
d. 臭化イソブチル

18-40
a. 臭化エチル　b. 臭化ペンチル　c. 臭化ベンジル

18-44
7 分子

18-45
a. 三つ　b. 七つ

19章

19-1
a. CH₃CHCH₂CH₂CH₃ (with phenyl)
b. C₆H₅-CH₂OH
c. CH₃CH₂CHCH₂CH₃ (with CH₂-phenyl)
d. C₆H₅-CH₂Br

19-2
アルケンは一般的に付加生成物の方が安定であるが，ベンゼンは付加生成物よりも安定であるため

19-3
Br₂同様，水もルイス塩基である．よってBr₂ではなくFeBr₃が水と反応する

19-7
a. エチルベンゼン　b. イソプロピルベンゼン　c. *sec*-ブチルベンゼン　d. *tert*-ブチルベンゼン　e. *tert*-ブチルベンゼン　f. 3-フェニルプロペン

19-9
a. C₆H₅-COOH　b. benzene-1,3-dicarboxylic acid
c. C₆H₅-CH₂OCH₃　d. C₆H₅-CH₂CH₂NH₂

19-11
a. *ortho*-エチルフェノール　b. *meta*-ブロモクロロベンゼン
c. *meta*-ブロモベンズアルデヒド　d. *ortho*-エチルトルエン

19-14
a. 1,3,5-トリブロモベンゼン　b. 3-ニトロフェノール　c. *p*-ブロモメチルベンゼン　d. 1,2-ジクロロベンゼン

19-15
a. 共鳴による電子供与性，および誘起的な電子求引性　b. 超共役による電子供与性　c. 共鳴による電子求引性，および誘起的な電子求引性　d. 共鳴による電子供与性，および誘起的な電子求引性　e. 共鳴による電子供与性，および誘起的な電子求引性　f. 誘起的な電子求引性

19-16
a. フェノール＞トルエン＞ベンゼン＞ブロモベンゼン＞ニトロベンゼン　b. トルエン＞クロロメチルベンゼン＞ジクロロメチルベンゼン＞ジフルオロメチルベンゼン

19-19
a. (p-nitroethylbenzene) + (o-nitroethylbenzene)

b. [4-ブロモニトロベンゼン] + [2-ブロモニトロベンゼン] **c.** 3-ニトロベンズアルデヒド **d.** 3-ニトロベンゾニトリル

e. 3-ニトロベンゼンスルホン酸 **f.** [4-ニトロシクロヘキシルベンゼン] + [2-ニトロシクロヘキシルベンゼン]

19–20
すべてメタ配向基

19–22
a. ClCH$_2$COOH **b.** O$_2$NCH$_2$COOH **c.** H$_3$N$^+$CH$_2$COOH
d. C$_6$H$_5$–COOH **e.** HOCCH$_2$COOH **f.** HCOOH
g. FCH$_2$COOH **h.** Cl–C$_6$H$_4$–COOH

19–24
a. *ortho*-塩化安息香酸 **b.** 安息香酸

19–26
a. 反応しない **b.** 2,4,6-トリブロモアニリン
c. 反応しない **d.** p-キシレン + o-キシレン

19–27
a. 反応しない **b.** 反応する

19–29
a. 4-メチル-3-ブロモ安息香酸 **b.** 4-クロロフタル酸 **c.** 3-ブロモ-4-クロロ安息香酸
d. 1-メトキシ-2-ニトロ-4-フルオロベンゼン **e.** 3-ニトロ-4-メトキシベンズアルデヒド **f.** 2-メチル-3-ニトロ-5-tert-ブチルベンゼン

19–30
反応する

19–32
FeBr$_3$はアミノ基と錯体を生成して，その結果メタ配向基にしてしまう

19–39
下向きのカルボニル基の左にあるアミド結合

19–43
a. 1-クロロ-2,4-ジニトロベンゼン＞p-クロロニトロベンゼン＞クロロベンゼン **b.** クロロベンゼン＞p-クロロニトロベンゼン＞1-クロロ-2,4-ジニトロベンゼン

20 章

20–1
a. 2,2-ジメチルアジリジン **b.** 4-エチルピペリジン **c.** 2-メチルチアシクロプロパン **d.** 3-メチルアザシクロブタン **e.** 2,3-ジメチルテトラヒドロフラン **f.** 2-エチルオキサシクロブタン

20–2
電子求引性の酸素が共役塩基を安定化するから

20–3
a.   **b.** pK_a ～8 **c.** 3-クロロキヌクリジンの共役酸

20–8
ピロールは酸性形，塩基形ともに芳香族である．シクロペンタジエンの塩基形だけが芳香族である

20–10
N-エチルピリジニウム

20–13
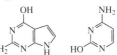

20–14
4-ブロモ-1-メチルイミダゾール

20–15
ピロール ＞ イミダゾール ＞ ベンゼン

20–16
イミダゾールは分子間水素結合を生成するが，N-メチルイミダゾールは生成できないから

20–19
[7-デアザグアニン型構造] [シトシン型構造]

20–20
ピリミジンは電子求引性誘起効果のある第2の窒素原子をもっている

21 章

21–1
D-リボースはアルドペントース，D-セドヘプツロースはケトヘプトース，D-マンノースはアルドヘキソースである

A-5 問題の解答

21-3
a. L-グリセルアルデヒド b. L-グリセルアルデヒド c. D-グリセルアルデヒド

21-4
a. エナンチオマー対 b. ジアステレオマー対

21-5
a. D-リボース b. L-タロース c. L-アロース d. L-リボース

21-6
a. (2R,3S,4R,5R)-2,3,4,5,6-ペンタヒドロキシヘキサナール
b. (2S,3S,4R,5R)-2,3,4,5,6-ペンタヒドロキシヘキサナール
c. (2R,3S,4S,5R)-2,3,4,5,6-ペンタヒドロキシヘキサナール
d. (2S,3R,4S,5S)-2,3,4,5,6-ペンタヒドロキシヘキサナール

21-7
D-プシコース

21-8
a. ケトヘプトースには不斉中心が4個存在するので $2^4 = 16$ となり，16 種類の立体異性体が存在する
b. アルドヘプトースには不斉炭素が5個存在するので $2^5 = 32$ となり，32 種類の立体異性体が存在する
c. ケトトリオースは不斉中心をもたない．よって立体異性体は存在しない

21-11
D-タガトース，D-ガラクトース，D-タロース，D-ソルボース

21-12
a. D-イジトール b. D-イジトールと D-グリトール

21-13
a. 1. D-アルトロース 2. L-グロース 3. L-ガラクトース
b. 1. D-タガトース 2. D-プシコース

21-14
a. L-グロース b. L-グラル酸 c. D-アロースと L-アロース，D-アルトロースと D-タロース，L-アルトロースと L-タロース，D-ガラクトースと L-ガラクトース

21-15
a. D-グロースと D-イドース b. L-キシロースと L-リキソース

21-16
a. D-アロースと D-アルトロース b. D-グルコースと D-マンノース c. L-アロースと L-アルトロース

21-18
A = D-グルコース，B = D-マンノース，C = D-アラビノース，D = D-エリトロース

21-22

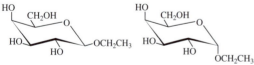

21-23
a. C-2 位の OH 基 b. C-2, C-3, C-4 位の OH 基
c. C-1 と C-3 位の OH 基

21-24

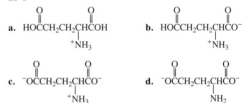

21-25
プロトン化したアミンは求核剤としては機能しないから

21-26
a. プロピル β-D-アロシド（非還元）
b. α-D-タロース（還元） c. メチル α-D-ガラクトシド（非還元）
d. エチル β-D-プシコシド（非還元）

21-27
−74.2

21-28
a. アミロースは α-1,4′-グリコシド結合，セルロースは β-1,4′-グリコシド結合を持つ
b. アミロペクチンは 1,6′-グリコシド結合で分枝を形成するが，アミロースは分枝を持たない
c. グリコーゲンはアミロペクチンより多くの分枝構造を持つ
d. キチンは 2 位の OH 基が N-アセチルアミド基になっている

21-29
C-3 位の OH 基からプロトンが除かれると，残された電子は酸素上に非局在化する．一方，C-2 位の OH 基からプロトンが除かれると，残された電子は炭素上に非局在化する

21-30
a. A，B，それに AB 型の血液を受け入れることはできない．これらの血液型は O 型にはない糖をもっているからである．
b. AB 型の血液には A,B,それに O 型には存在しない糖がある．よって AB 型の血液は，A，B，O 型の人間には与えることはできない．

22 章

22-2
a. (R)-アラニン b. (R)-アスパラギン酸 c. システインを除くすべての D-アミノ酸の α 炭素は R の立体配置をもっている．

22-4
Ile

22-5
pH > 2.34 および pH < 9.69

22-6
電子求引性のアンモニウム基が存在するため．

22-8
a. HOCCH$_2$CH$_2$CHOH
     $^+$NH$_3$
   (C=O 両端)

b. HOCCH$_2$CH$_2$CHCO$^-$
     $^+$NH$_3$

c. $^-$OCCH$_2$CH$_2$CHCO$^-$
     $^+$NH$_3$

d. $^-$OCCH$_2$CH$_2$CHCO$^-$
     NH$_2$

22-11
a. 5.43 b. 10.76 c. 5.68 d. 2.98

22-12
a. Asp b. Arg c. Asp d. Met

22-14
2-メチルプロパナール

22-15
ロイシンとイソロイシンは同程度の極性をもち，かつ pI 値も近いので，同一のスポットとして観測されるから．

22-18
His > Val > Ser > Asp

22-19
アンモニアの 1 当量はカルボン酸によってプロトン化される．

22-20
a. L-Ala，L-Asp，L-Glu b. L-Ala と D-Ala，L-Asp と D-Asp，L-Glu と D-Glu

22-21
a. ロイシン b. メチオニン

22-22
a. 4-ブロモ-1-ブタンアミン b. ベンジルブロミド

問題の解答   **A-6**

22–23
a. アラニン　b. イソロイシン　c. ロイシン

22–26
Ala-Gly-Met　Ala-Met-Gly　Met-Gly-Ala　Met-Ala-Gly
Gly-Ala-Met　Gly-Met-Ala

22–28
α炭素の両側のσ結合

22–29
どちらも S 立体配座である

22–31
Leu-Val と Val-Val

22–34
a. 5.8%　b. 4.4%

22–37
Edman 反応剤と反応させれば，2 種類のアミノ酸がほぼ同じ量生成する

22–38
Gly-Arg-Trp-Ala-Glu-Leu-Met-Pro-Val-Asp

22–40
a. His-Lys　Leu-Val-Glu-Pro-Arg　Ala-Gly-Ala
b. Leu-Gly-Ser-Met-Phe-Pro-Tyr　Gly-Val

22–42
Leu-Tyr-Lys-Arg-Met-Phe-Arg-Ser

22–44
α ヘリックスで 110 Å，伸長構造では 260 Å

22–45
非極性基が外側に，極性基が内側に位置する．

22–46
a. 葉巻き形のタンパク質　b. ヘキサマーのサブユニット

23 章

23–1
$\Delta H^{\ddagger}$, E_a, $\Delta S^{\ddagger}$, $\Delta G^{\ddagger}$, $k_{速度}$

23–3
特殊酸触媒作用

23–7
それらは一つの炭素上に負電荷を帯びた酸素および隣接した炭素上にカルボニル基をもたないから

23–9
ほぼ 1 となる

23–10

23–12
ニトロ基を導入することによりカルボキシ基よりもフェノキシ基のほうがよい脱離基となるから

23–15
2, 3 および 4

23–16
Ser-Ala-Leu；末端アミノ酸が疎水性ポケットに最も適合する

23–18
アルギニンが直接水素結合を形成し，リシンが間接的水素結合を形成する

23–20
NAM

23–21
酸が酵素を分解するから

23–25
2

23–29
ヨード酢酸で処理するとシステインに置換反応が起こり，基質の結合や触媒機能が阻害されるため

24 章

24–1
カルボニル炭素の求核種に対する反応性を高めるとともに，水の求核性を高め，かつ遷移状態で生じる負電荷を安定化する

24–2

24–3

24–4
a. 七つ　b. 三つ　これはほかの二つの共役した二重結合と離れている

24–5
N-1 上の孤立電子対と違い，N-5 上の孤立電子対は酸素上に非局在化されないため N-5 のほうがより強い塩基である

24–12
a. アラニン　b. アスパラギン酸

24–15
右

24–16
もし窒素原子がプロトン化されなければ，非局在化電子の供給源にならないため

24–17
OH 基によって形成される水素結合は α 炭素原子との結合を弱めるように働く

24–19

24–20
THF において C-4 位はカルボニル基であり，C-3 と C-4 の間の結合は単結合になる．一方，アミノプテリン中では C-4 位はアミノ基で，C-3 と C-4 の間の結合は二重結合である

25 章

25–4
β 炭素は部分的に正電荷であるため

25–5
8

25–6
7

25–8

A-7 問題の解答

a. グルコースのグルコース-6-リン酸への変換，フルクトース-6-リン酸のフルクトース-1,6-二リン酸への変換
b. 1,3-ビスホスホグリセリン酸の3-ホスホグリセリン酸への変換，ホスホエノールピルビン酸のピルビン酸への変換

25–10
2
25–11
アセトアルデヒド還元酵素
25–12
ケトン
25–13
チアミンピロリン酸
25–15
ピリドキサールリン酸
25–16
ピルビン酸
25–18
第二級アルコール
25–19
クエン酸とイクソエン酸
25–20
スクシニル基
25–22
スクシニル-CoA 合成酵素
25–23
a. 1 **b.** 1 + 5 = 6
25–24
a. グリセロールキナーゼ **b.** ホスファチジン酸ホスファターゼ
25–26
二つの部分は頭-尾様式で合成され，尾-尾結合でつなげられる
25–29
まずエステルが還元されてアルデヒドになる．次に，アルデヒドが還元されて第一級アルコールになる
25–34
ジメチルアリルピロリン酸とイソペンテニルピロリン酸の反応は S_N1 反応である
25–37
1,2-ヒドリドシフトと 1,2-メチルシフトがそれぞれ 2 回ずつ起こり，最後の段階はプロトンの脱離である

26 章

26–6
a. 3'-C-C-T-G-T-T-A-G-A-C-G-5' **b.** グアニン
26–9
チミンとウラシルは，同じ箇所に水素結合のドナーとアクセプターをもっているため
26–10
Met-Asp-Pro-Val-Ile-Lys-His
26–11
Met-Asp-Pro-Leu-Leu-Asn
26–13
第 3 の塩基
26–14
5'-G-C-A-T-G-G-A-C-C-C-C-G-T-T-A-T-T-A-A-A-C-A-C-3'

26–16

キサンチン　　ヒポキサンチン

26–18
a

27 章

27–1
a. $CH_2=CHCl$ **b.** $CH_2=CCH_3$ / $COCH_3$ (O) **c.** $CF_2=CF_2$

27–2
ポリ(塩化ビニル)
27–5
ビーチボール
27–7
a. (p-OCH₃ 置換スチレン) > (p-CH₃ 置換スチレン) > (p-NO₂ 置換スチレン)

b. $CH_2=CHOCH_3$ > $CH_2=CHCH_3$ > $CH_2=CHCOCH_3$

c. $CH_2=CCH_3$(フェニル) > $CH_2=CH$(フェニル)

27–8
a. (p-NO₂ 置換スチレン) > (p-CH₃ 置換スチレン) > (p-OCH₃ 置換スチレン)

b. $CH_2=CHC≡N$ < $CH_2=CHCl$ < $CH_2=CHCH_3$

27–9
電子求引性誘起効果のために，カルボカチオンは不安定である

27–12
a. $CH_2=CCH_3$ (CH_3) + BF_3 + H_2O **b.** $CH_2=CH$(N-ピロリドン-2-オン) + BF_3 + H_2O

c. エポキシド + CH_3O^- **d.** $CH_2=CH$(COCH_3, O) + BuLi

27–13

H_3C-（オキセタニウム）-$OCH_2CH_2OCH_2CH_2OCH_2CH_2OH$ （側鎖 CH_3 基複数）

27-16

a. $-\text{NHCH}_2\text{CH}_2\text{CH}_2\overset{\text{O}}{\text{C}}\text{NHCH}_2\text{CH}_2\text{CH}_2\overset{\text{O}}{\text{C}}-$

b. $-\text{NH}(\text{CH}_2)_4\text{NH}\overset{\text{O}}{\text{C}}\text{CH}_2\text{CH}_2\overset{\text{O}}{\text{C}}\text{NH}(\text{CH}_2)_4\text{NH}\overset{\text{O}}{\text{C}}\text{CH}_2\text{CH}_2\overset{\text{O}}{\text{C}}-$

28章

28-1
a. 電子環状反応　b. シグマトロピー転位　c. 付加環化反応
d. 付加環化反応

28-2
a. 結合性軌道 = ψ_1, ψ_2, ψ_3；反結合性軌道 = ψ_4, ψ_5, ψ_6
b. 基底状態 HOMO = ψ_3；基底状態 LUMO = ψ_4
c. 励起状態 HOMO = ψ_4；励起状態 LUMO = ψ_5
d. 対称軌道 = ψ_1, ψ_3, ψ_5；非対称軌道 = ψ_2, ψ_4, ψ_6
e. HOMO と LUMO は反対の対称性をもつ

28-3
a. 8　b. ψ_4　c. 7

28-6
a. 同旋的　b. トランス　c. 逆旋的　d. シス

28-7
a. 正解　b. 正解　c. 正解

28-8
1. a. 同旋的　b. トランス　2. a. 逆旋的　b. シス

28-11
起こす

28-13
a. 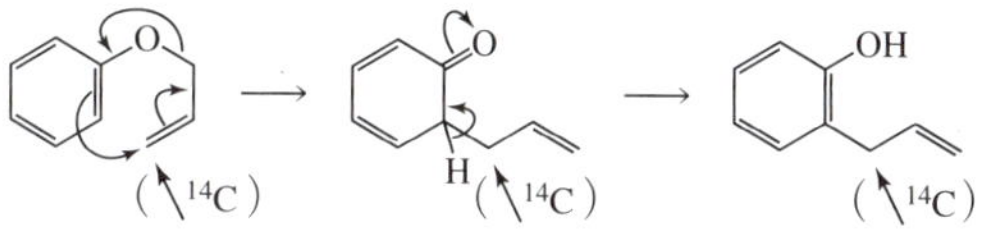
b.

28-14
重水素化されていない反応物を使うと，生成物と反応物を区別できないため，転位が起こったかどうかを検出できないから

28-18
a. 反転　b. 保持

28-19
アンタラ面

28-21
［3,3］シグマトロピック Claisen 転位

用語解説

数字

1,2-メチルシフト(1,2-methyl shift) 結合電子対をもつメチル基の炭素から隣接する炭素への移動.

1,2-ヒドリドシフト(1,2-hydride shift) ヒドリドイオンの炭素から隣接する炭素への移動.

1,2-付加(直接付加)〔1,2-addition(direct addition)〕 共役系の1位および2位への付加.

1,3-ジアキシアル相互作用(1,3-diaxial interaction) シクロヘキサン環上の同じ側にある一つのアキシアル置換基とそれ以外の二つのアキシアル置換基との間の相互作用.

1,4-付加(共役付加)〔1,4-addition(conjugate addition)〕 共役系の1位および4位への付加.

[4＋2]付加環化反応([4＋2]cycloaddition reaction) 四つのp電子をもつ反応物と二つのp電子をもつ反応物との付加環化反応.

ギリシャ文字

α-1,4′-グリコシド結合(α-1,4′-glycosidic linkage) 糖のC-1位の酸素と2番目の糖のC-4位間のグリコシド結合で,2番目の糖の酸素原子とのグリコシド結合はアキシアル位にある.

α-オレフィン(alpha olefin) 一置換オレフィン.

α開裂(α-cleavage) α-置換基と炭素間の均等開裂.

α水素(α-hydrogen) 通常,カルボニル炭素に隣接した炭素に結合した水素.

α-スピン状態(α-spin state) このスピン状態の核は外部磁場と同じ向きの磁気モーメントをもつ.

α脱離(α-elimination) 同一の炭素原子から二つの元素あるいは基が除かれること.

α炭素(α-carbon) 脱離基に結合した炭素またはカルボニル炭素に隣接している炭素.

α-置換基(α-substituent) 核間メチル基と反対側にあるステロイド環系の置換基.

αヘリックス(α-helix) 右巻きらせん状のポリペプチド骨格.ヘリックス内で水素結合を形成している.

β-1,4′-グリコシド結合(β-1,4′-glycosidic linkage) 糖のC-1位の酸素と2番目の糖のC-4位間の結合で,2番目の糖の酸素原子でのグリコシド結合がエクアトリアル位にある.

β-ケトエステル(β-keto ester) β位にもう一つのカルボニル基をもつエステル.

β酸化(β-oxidation) 脂肪酸アシル-CoAから2炭素減炭する四つの反応過程.

β-ジケトン(β-diketone) カルボニルβ位にもう一つのカルボニル基をもつケトン.

β-スピン状態(β-spin state) このスピン状態の核は外部磁場と反対の向きの磁気モーメントをもつ.

β脱離(β-elimination) 隣り合った炭素原子から二つの元素あるいは基が除かれること.

β炭素(β-carbon) α炭素の隣りの炭素.

β-置換基(β-substituent) 核間メチル基と同じ側にあるステロイド環系の置換基.

βプリーツシート(β-pleated sheet) ジグザグに伸びているポリペプチド骨格.隣接鎖の間で水素結合が形成される.

λ_{max} 紫外・可視吸収の最大値をとる波長.

π結合〔pi(π) bond〕 p軌道が平行に並んで重なって生じた結合.

A–Z

Arrhenius 式(Arrhenius equation) 反応速度定数と活性化エネルギー,反応温度との関係を示した式 ($k = Ae^{-Ea/RT}$).

Baeyer-Villiger 酸化(Baeyer-Villiger oxidation) アルデヒドあるいはケトンをH_2O_2によって酸化し,カルボン酸あるいはエステルを生成する反応.

Birch 還元(Birch reduction) ベンゼンを1,4-シクロヘキサジエンに変える部分的還元.

Brønsted 塩基(Brønsted base) プロトンを受け取る物質.

Brønsted 酸(Brønsted acid) プロトンを供与する物質.

C 末端アミノ酸(C-terminal amino acid) ペプチドあるいはタンパク質において遊離のカルボキシ基をもつ末端アミノ酸.

Claisen 縮合(Claisen condensation) エステルの2分子間の反応で,エステルのα炭素がもう一方のカルボニル炭素と結合し,アルコキシドイオンが脱離する.

Claisen 転位(Claisen rearrangement) アリルビニルエーテルの[3,3]シグマトロピー転位.

Clemmensen還元(Clemmensen reduction) Zn(Hg)/HClを用いてケトンのカルボニル基をメチレン基に還元する反応.

Cope 脱離反応(Cope elimination reaction) アミンオキシドからプロトンとヒドロキシルアミンが脱離する反応.

Cope 転位(Cope rearrangement) 1,5-ジエンの[3,3]シグマトロピー転位.

COSY スペクトル(COSY spectrum) プロトンどうしのカップリングを示す2D NMR スペクトル.

Cram 則(Cram's rule) カルボニル基に隣接した不斉中心をもつ化合物との付加反応で生じる主生成物を説明する法則.

Curtius 転位(Curtius rearrangement) アジドイオン($^-N_3$)を用いた塩化アシルの第一級アミンへの変換.

DEPT ^{13}C NMR スペクトル(DEPT ^{13}C NMR spectrum) ―CH_3,―CH_2,―CH基どうしを区別する4種類のスペクトル.

Dieckmann 縮合(Dieckmann condensation) 分子内 Claisen 縮合.

Diels-Alder 反応(Diels-Alder reaction) [4＋2]付加環化反応.

DNA(デオキシリボ核酸)(deoxyribonucleic acid) デオキシヌクレオチドの重合体.

E1 反応(E1 reaction) 一次の脱離反応.

E2 反応(E2 reaction) 二次の脱離反応.

Edman反応剤(Edman's reagent) フェニルチオイソシアネート.ポリペプチドのN末端アミノ酸を決めるときに用いられる反応剤.

E 異性体(E isomer) 二重結合の反対側に優先順位の高い基が結合している異性体.

E 配置(E conformation) カルボン酸あるいはその誘導体の配置で,そのカルボニル酸素とカルボキシ酸素あるいは窒素に結合した置換基とが単結合の互いに反対側にある場合.

Favorskii 反応(Favorskii reaction) α-ハロケトンと水酸化物イオンとの反応.

Fischer エステル化反応(Fischer esterification reaction) 酸触媒存在下,カルボン酸とアルコールとでエステルを合成する反応.

Fischer 投影式(Fischer projection) 不斉中心に結合している

置換基の空間配置を示す一つの方法．不斉中心は二つの垂直な直線が交差する点で，水平方向の線は結合が紙面から読者に向かって突き出ており，垂直方向の線は，読者から紙面奥に結合が伸びている．

Fourier 変換 NMR(Fourier transform NMR)　すべての核が rf パルスによって同時に励起され，その緩和を検知し，データがスペクトルに数学的に変換される．

Friedel-Crafts アシル化(Friedel-Crafts acylation)　ベンゼン環にアシル基を導入する求電子置換反応．

Friedel-Crafts アルキル化(Friedel-Crafts alkylation)　ベンゼン環にアルキル基を導入する求電子置換反応．

Gabriel 合成(Gabriel synthesis)　フタルイミドを出発物質として用い，ハロゲン化アルキルを第一級アミンに変換する合成法．

***gem*-ジアルキル効果**(*gem*-dialkyl effect)　炭素上の二つの置換基の存在が，閉環反応を起こす適切な立体配座をとる確率を大きくする効果．

***gem*-ジオール（水和物）**〔*gem*-diol(hydrate)〕　同じ炭素上に二つの OH 基をもつ化合物．

Gibbs の標準自由エネルギー変化($\Delta G°$)(Gibbs standard free-energy change)　標準状態(1 mol L^{-1}, 25 ℃, 1 atm)での生成物の自由エネルギーから反応物の分を引いた値．

Gilman 反応剤(Gilman reagent)　有機銅アート反応剤ともいい，有機リチウム反応剤と銅(I)塩からハロゲン化物イオンをアルキル基で交換することにより調製される．

Grignard 反応剤(Grignard reagent)　マグネシウムがハロゲン化アルキルの炭素—ハロゲン結合に挿入することで生じた化合物(RMgBr, RMgCl)．

Hagemann エステル(Hagemann's ester)　ホルムアルデヒドとアセト酢酸エチルとの混合物に塩基を加え，次いで酸と熱することで調製した化合物．

Hammond 仮説(Hammond postulate)　遷移状態の構造がある種（反応物か生成物か）に近ければ近いほどエネルギー的にも近いという仮説．

Haworth 投影式(Haworth projection)　糖の構造を示す方法の一つで，五員環あるいは六員環を平面に書いたもの．

Heck 反応(Heck reaction)　Pd(PPh$_3$)$_4$ の存在下，塩基性溶液中アルケンとハロゲン化アリール，ベンジル，ビニル，およびそれらのトリフラートとのカップリング．

Heisenberg の不確定性原理(Heisenberg uncertainty principle)　電子の位置と運動量を正確に同時に決められない状態．

Hell-Volhard-Zelinski(HVZ)反応〔Hell-Volhard-Zelinski(HVZ) reaction〕　α-臭化カルボン酸に変換するために，カルボン酸を Br$_2$ + P とともに加熱する反応．

Henderson-Hasselbalch 式(Henderson-Hasselbalch equation)　pK_a = pH + log[HA]/[A$^-$]

HETCOR スペクトル(HETCOR spectrum)　互いに結合しているプロトンと炭素とのカップリングを示す 2D NMR スペクトル．

Hofmann 脱離（アンチ Zaitsev 脱離）〔Hofmann elimination(anti-Zaitsev elimination)〕　結合している水素の数が最も多いβ 炭素からプロトンが引き抜かれること．

Hofmann 脱離反応(Hofmann elimination reaction)　水酸化第四級アンモニウムからプロトンと第三級アミンを脱離させる反応．

Hofmann 転位(Hofmann rearrangement)　Br$_2$/OH$^-$ を用いることでアミドからアミンへ変換する反応．

Hofmann 分解(Hofmann degradation)　アミンの徹底メチル化．Ag$_2$O との反応，次いで加熱することにより Hofmann 脱離が起こる反応．

Hoogsteen 塩基対(Hoogsteen base pairing)　二重らせん DNA の塩基対と，合成された DNA 鎖の塩基が形成する対．

Hooke の法則(Hooke's law)　振動しているばねの動きを表す方程式．

Hückel 則(Hückel's rule)　化合物が芳香族性を示すには，電子雲が 4n + 2 個(n は整数)の π 電子をもっていなければならない．すなわち，電子雲は奇数組のπ 電子対をもたなければならない．

Hund 則(Hund's rule)　縮重している軌道では，ほかの電子と対をつくる前に電子は空の軌道にまず入らなければならない．

Hunsdiecker 反応(Hunsdiecker reaction)　カルボン酸の重金属塩を臭素あるいはヨウ素と加熱することにより，カルボン酸をハロゲン化アルキルに変換する反応．

IUPAC 命名法(IUPAC nomenclature)　化合物の体系的命名法．

Kekulé 構造式(Kekulé structure)　結合を線で表すモデル．

Kiliani-Fischer 合成(Kiliani-Fischer synthesis)　アルドースにおける炭素数を一つずつ増加させる方法で，その結果 C-2 位のエピマー対が生成する．

Knoevenagel 縮合(Knoevenagel condensation)　α 水素のないアルデヒドあるいはケトン，および二つの電子求引性基と結合したα 炭素をもつ化合物との縮合．

Kolbe-Schmitt カルボキシ化反応(Kolbe-Schmitt carboxylation reaction)　CO$_2$ を用いてフェノールをカルボキシ化する反応．

Krebs 回路（クエン酸回路，トリカルボン酸回路，TCA 回路）〔Krebs cycle(citric acid cycle, tricarboxylic acid cycle, TCA cycle)〕　アセチル-CoA のアセチル基を CO$_2$ 2 分子に変換する一連の反応．

Lambert-Beer の法則(Lambert-Beer law)　可視紫外光の吸収強度，試料の濃度，光路長，およびモル吸光率($A = cl\varepsilon$)の間の関係．

Le Châtelier の原理(Le Châtelier's principle)　平衡が外部によって変化したときに，その外部変化を打ち消す方向に平衡は移動する．

Lewis 塩基(Lewis base)　電子対を与える物質．

Lewis 構造(Lewis structure)　原子間結合を線あるいは点として，価電子を点で表すモデル．

Lewis 酸(Lewis acid)　電子対を受け取る物質．

London 力(London forces)　誘起双極子-誘起双極子間相互作用．

Lucas 試験(Lucas test)　アルコールが第一級，第二級，第三級のどれであるかを決める試験．

Mannich 反応(Mannich reaction)　第二級アミンとホルムアルデヒド，炭素酸との縮合．

Markovnikov 則(Markovnikov's rule)　「非対称アルケンにハロゲン化水素が反応するとき，アルケンの水素原子の数の最も少ない sp^2 炭素にハロゲンが結合するように付加する」のが実際の規則である．より広い意味での規則は「求電子剤は多い数の水素をもつ sp^2 炭素に付加する」である．

McLafferty 転位(McLafferty rearrangement)　ケトン分子イオンの転位．α, β 炭素間の結合が切れ，γ 水素が酸素に転位する．

Michael 反応(Michael reaction)　α, β-不飽和カルボニル化合物のβ 炭素へのα カルボアニオンの付加．

MRI スキャナー(MRI scanner)　医学で身体全体に用いられる NMR 分光計．

***N* + 1 則**(*N* + 1 rule)　隣接位の炭素に結合した N 個の等価な水素により，水素の ^{1}H NMR シグナルは N + 1 個に分裂する．

G-3　用語解説

N 個の水素と結合する炭素の ^{13}C NMR シグナルは $N+1$ 個のピークに分裂する.

N-グリコシド (N-glycoside)　グリコシド結合の酸素が窒素に置き換わったグリコシド.

N-フタルイミドマロン酸エステル合成 (N-phthalimidomalonic ester synthesis)　マレイン酸エステルと Gabriel 合成を結びつけたアミド酸の合成法.

N 末端アミノ酸 (N-terminal amino acid)　ペプチドあるいはタンパク質において遊離のアミノ基をもつ末端アミノ酸.

NIH シフト (NIH shift)　アレーンオキシドから得られるカルボカチオンの1,2-ヒドリドシフトによりエノンが生成する.

NMR 分光法 (NMR spectroscopy)　有機化合物の構造を決定するための電磁気放射吸収法. NMR 分光法では, 炭素一水素骨格を決めることができる.

Pauli の排他原理 (Pauli exclusion principle)　一つの軌道に3個以上の電子は占有できない, また同一の軌道を占有している2個の電子は必ず反対の向きのスピンをもつ.

Perkin 縮合 (Perkin condensation)　芳香族アルデヒドと酢酸との縮合.

pH　pH の大きさは溶液の酸性度を表す ($pH = -\log[H^+]$).

pH 活性相関図 (pH-activity profile)　酵素の活性を反応混合物の pH の関数としてプロットしたもの.

pH-反応速度相関図 (pH-rate profile)　反応速度の実測値を反応混合物の pH の関数としてプロットした図.

pK_a　化合物がプロトンを失う傾向を示したもの ($pK_a = -\log K_a$, K_a は酸解離定数).

pro-R-水素 (pro-R-hydrogen)　この水素を重水素で置換すると R の立体配置をもつ光学活性体になる.

pro-S-水素 (pro-S-hydrogen)　この水素を重水素で置換すると S の立体配置をもつ光学活性体になる.

R 配置 (R configuration)　不斉中心に結合する四つの置換基の相対的な優先順位を定めたあとに, 優先順位の最低の基を Fischer 投影式での垂直方向の結合上に置き (読者からは遠ざかっている), 優先順位の最高の基から2番目に高い基に時計回りの矢印が書ける場合の立体配置.

rf 放射線 (rf radiation)　電磁波スペクトルのラジオ波領域での放射線.

Reformatsky 反応 (Reformatsky reaction)　α-ハロエステルから調製する亜鉛エノラートとアルデヒドあるいはケトンとの反応.

Ritter 反応 (Ritter reaction)　ニトリルと第二級あるいは第三級アルコールの反応で第二級アミドが生成する.

RNA (リボ核酸) (ribonucleic acid)　リボヌクレオチドの重合体.

RNA スプライシング (RNA splicing)　不必要な塩基 (イントロンともいう) を切断し, 情報をもっている断片を接合 (splice) する RNA プロセシング (成熟した RNA 種に変換する) の過程.

Robinson 環化 (Robinson annulation)　Michael 反応のあとに分子内アルドール縮合の起こる環構築反応.

Rosenmund 還元 (Rosenmund reduction)　不活性化したパラジウム触媒による塩化アシルからアルデヒドへの還元.

Ruff 分解 (Ruff degradation)　アルドースを1炭素減らすために用いられる反応.

s-シス配座 (s-cis conformation)　二つの二重結合が単結合の同じ側にあるときの立体配座.

s-トランス配座 (s-trans conformation)　二つの二重結合が単結合の反対側にある立体配座.

S 配置 (S configuration)　キラル中心に結合する四つの置換基の相対的な優先順位を定めたあとに, 優先順位の1番低い基が Fischer 投影式での水平方向の結合上にある場合 (優先順位の1番高い基が2番目に高い基に対して反時計回りの関係にある場合) の立体配置.

Sandmeyer 反応 (Sandmeyer reaction)　アレーンジアゾニウム塩と銅(I)塩との反応.

Schiemann 反応 (Schiemann reaction)　アレーンジアゾニウム塩と四フッ化ホウ素 (HBF_4) との反応.

Schiff 塩基 (Schiff base)　$R_2C=NR$

Simmons-Smith 反応 (Simmons-Smith reaction)　$CH_2I_2 + Zn(Cu)$ を用いてシクロプロパンを生成する反応.

S_N1 反応 (S_N1 reaction)　単分子求核置換反応.

S_N2 反応 (S_N2 reaction)　二分子求核置換反応.

S_NAr 反応 (S_NAr reaction)　芳香族求核置換反応.

Stille 反応 (Stille reaction)　$Pd(PPh_3)_4$ 存在下でのハロゲン化アリール, ハロゲン化ベンジル, ハロゲン化ビニルおよびトリフラートとスズ化合物とのカップリング反応.

Stork エナミン反応 (Stork enamine reaction)　Michael 反応で求核剤としてエナミンを用いる反応.

Strecker 合成 (Strecker synthesis)　アミノ酸合成に用いられる方法で, アルデヒドが NH_3 と反応してイミンを生じ, 次いでシアン化物イオンと反応する. その生成物を加水分解するとアミノ酸が得られる.

Suzuki 反応 (Suzuki reaction)　$Pd(PPh_3)_4$ 存在下でのハロゲン化アリール, ハロゲン化ベンジル, ハロゲン化ビニルと有機ホウ素化合物とのカップリング反応.

Tollens 試験 (Tollens test)　Tollens 試薬 (Ag_2O/NH_3) 存在下で, 銀鏡が生じるかどうかでアルデヒドの有無を判定することができる.

van der Waals 半径 (van der Waals radius)　原子または基の効果的な大きさを測定したもの. 二つの原子の距離が van der Waals 半径の和よりも小さくなった場合に斥力 (van der Waals 反発) が生じる.

van der Waals 力 (London 力) [van der Waals force (London forces)]　誘起双極子-誘起双極子間相互作用.

Williamson エーテル合成 (Williamson ether synthesis)　エーテルを生成させるアルコキシドイオンとハロゲン化アルキルとの反応.

Wittig 反応 (Wittig reaction)　アルデヒドあるいはケトンがホスホニウムイリドと反応してアルケンを生成する反応.

Wohl 分解 (Wohl degradation)　アルドースを1炭素分少なくするのに用いられる方法.

Wolff-Kishner 還元 (Wolff-Kishner reduction)　H_2NNH_2/HO^- を用いてケトンのカルボニル基をメチレン基に還元する反応.

Woodward-Fieser 則 (Woodward-Fieser rules)　四つ以下の共役二重結合をもつ化合物の $\pi \to \pi^*$ 遷移の λ_{max} の予測.

Woodward-Hoffmann 則 (Woodward-Hoffmann rules)　ペリ環状反応の一連の選択則.

X 線回折 (X-ray diffraction)　結晶内の電子密度を決定するのに用いる画像を得るための手法.

X 線結晶解析法 (X-ray crystallography)　結晶内の原子の配列を決定するのに用いられる手法.

Z 異性体 (Z isomer)　二重結合の同じ側に優先順位の高い基が結合している異性体.

Z 配座 (Z conformation)　カルボン酸あるいはその誘導体の配座で, そのカルボニル酸素とカルボキシ酸素あるいは窒素に結合した置換基とが単結合の互いに同じ側にある場合.

Zaitsev 則 (Zaitsev's rule)　最も少ない水素と結合した β 炭素からプロトンを除くことによって置換基の多いアルケン生成物が得られる.

用語解説

Ziegler-Natta 触媒(Ziegler-Natta catalyst)　ポリマーの立体化学を制御するアルミニウム-チタン反応開始剤.

あ

アキシアル結合(axial bond)　いす形のシクロヘキサンが書かれているとき,平面に垂直な結合(上下の結合).

アキラル(光学不活性)〔achiral(optically inactive)〕　アキラル分子は互いに重なる鏡像体構造をもつ.

アジリジン(aziridine)　環上に窒素原子をもつ三員環化合物.

アシルアデニル酸(acyl adenylate)　アデノシン一リン酸(AMP)を脱離基としたカルボン酸誘導体.

アシル基(acyl group)　アルキル基あるいはアリール基と結合しているカルボニル基.

アシル酵素中間体(acyl-enzyme intermediate)　酵素のアミノ酸残基がアセチル化されるときに生じる中間体.

アシルリン酸(acyl phosphate)　リン酸を脱離基としたカルボン酸誘導体.

アセタール(acetal)　

$$R-\underset{OR}{\overset{OR}{C}}-H \quad または \quad R-\underset{OR}{\overset{OR}{C}}-R$$

アセトアミドマロン酸エステル合成(acetamidomalonic ester synthesis)　アミノ酸の合成法の一つで, N-フタルイミドマロン酸エステルの合成法を改良したもの.

アセト酢酸エステル合成(acetoacetic ester synthesis)　出発物質としてアセト酢酸エチルを用いるメチルケトンの合成.

アゾ結合(azo linkage)　$-N=N-$

アタクチック重合体(atactic polymer)　引き伸ばされた炭素鎖上に置換基が無秩序に連なっているポリマー.

アニオン重合(anionic polymerization)　アニオン求核剤が開始剤である連鎖重合. そのため, 成長末端はアニオンである.

アヌレン(annulene)　二重結合と単結合が交互に連なっている単環性炭化水素.

アノマー(anomers)　鎖状の形のときにカルボニル炭素になる炭素の立体配置のみが異なる2種類の環状の糖.

アノマー効果(anomeric effect)　六員環をもつ糖のアノマー炭素と結合したある種の置換基がアキシアル位に優先的に位置すること.

アノマー炭素(anomeric carbon)　鎖状の形のときにカルボニル炭素になる環状の糖における炭素.

油(oil)　室温では液体であるグリセロールのトリエステル.

アポ酵素(apoenzyme)　補酵素因子を除いた酵素.

アミド(amide)　
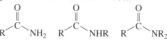

アミノ酸(amino acid)　α-アミノカルボン酸. 天然に存在するアミノ酸は L 立体配置をもつ.

アミノ酸残基(amino acid residue)　ペプチドあるいはタンパク質のモノマー単位.

アミノ基転移(transamination)　ある化合物上のアミノ基がほかの化合物に転移する反応.

アミノ酸分析計(amino acid analyser)　アミノ酸のイオン交換クロマトグラフィーを自動的に行う機器.

アミノ糖(amino sugar)　OH 基の一つが NH_2 で置換された糖.

アミノリシス(aminolysis)　アミンとの反応.

アミン(amine)　アルカンの水素の一つが窒素に置換された化合物：RNH_2, R_2NH, R_3N

アミン反転(amine inversion)　非結合電子対をもつ sp^3 混成窒素の配置がすばやく反転すること.

アラミド(aramide)　芳香族ポリアミド.

アリル位炭素(allylic carbon)　ビニル炭素に隣接した sp^3 炭素.

アリルカチオン(allylic cation)　アリル位炭素上に正電荷をもつ化学種.

アリル基(allyl group)　$CH_2=CHCH_2-$

アリール基(aryl group)　ベンゼンあるいは置換ベンゼン基.

アルカロイド(alkaloid)　植物の葉, 樹皮, 種などに存在する一つ以上の窒素原子をもつ天然物.

アルカン(alkane)　単結合しかもたない炭化水素.

アルキル化反応(alkylation reaction)　アルキル基の反応物への付加反応.

アルキル置換基(アルキル基)〔alkyl substituent(alkyl group)〕　アルカンから水素を除くことによって生成する置換基.

アルキルトシラート(alkyl tosylate)　p-トルエンスルホン酸のアルキルエステル.

アルキン(alkyne)　三重結合を含む炭化水素.

アルケン(alkene)　二重結合を含む炭化水素.

アルケンメタセシス(alkene metathesis)　アルケンの二重結合(またはアルキンの三重結合)を切断し, 断片どうしを再びつなぎ合わせる(結合を組み換える)反応.

アルコーリシス(alcoholysis)　アルコールとの反応.

アルコール(alcohol)　アルカンの水素の一つを OH 基で置換した化合物；ROH

アルジトール(alditol)　それぞれの炭素に結合している OH 基をもつ化合物. アルドースあるいはケトースの還元によって得られる.

アルダル酸(aldaric acid)　それぞれの炭素に結合している OH 基をもつジカルボン酸. アルドースのアルデヒド基と第一級ヒドロキシ基を酸化することによって得られる.

アルデヒド(aldehyde)　

アルドース(aldose)　ポリヒドロキシアルデヒド.

アルドール縮合(aldol condensation)　アルドール反応とそれに続く脱水反応.

アルドール付加(aldol addition)　2分子のアルデヒド(あるいは2分子のケトン)間の反応で, 基質の α 炭素ともう一方の基質のカルボニル炭素との結合が生じる反応.

アルドン酸(aldonic acid)　それぞれの炭素に結合している OH 基をもつカルボン酸. アルドースのアルデヒド基を酸化することで得られる.

アレン(allene)　二つの隣り合う二重結合をもつ化合物.

アレーンオキシド(arene oxide)　1本の二重結合がエポキシドに変換された芳香族化合物.

アロステリック活性化因子(allosteric activator)　(活性部位以外の)酵素の部位に結合し, 酵素を活性化させる化合物.

アロステリック阻害因子(allosteric inhibitor)　(活性部位以外の)酵素の部位に結合し, 酵素を不活性化させる化合物.

アンタラ型結合形成(antarafacial bond formation)　二つの σ 結合が π 電子系の反対方向に形成されること.

アンタラ型転位(antarafacial rearrangement)　転移基が π 電子系の反対側に移動する転位.

アンチ形立体配座異性体(anti conformer)　最も安定なねじれ形立体配座.

アンチコドン(anticodon)　tRNA のループの中間で下方にある三つの塩基.

アンチジーン剤(antigene agent)　特異的な部位に DNA が結合するようにデザインされたポリマー反応剤.

アンチセンス鎖(鋳型鎖)〔antisense strand(template strand)〕　転写のあいだ読まれる DNA 鎖.

G-5　用語解説

アンチセンス剤(antisense agent)　特定の mRNA に結合するようにデザインされたポリマー反応剤.
アンチ脱離(anti elimination)　分子の反対側の二つの置換基が脱離する反応.
アンチ付加(anti addition)　二つの置換基が分子の反対側についたときの付加反応.
アンチペリプラナー(anti-periplanar)　分子の反対側で互いに平行な置換基.
アンドロゲン(androgens)　男性ホルモン.
アンビデント求核剤(ambident nucleophile)　二つの求核部位をもつ求核剤.

い

イオノホア(ionophore)　金属イオンが強く結合する化合物.
イオン化エネルギー(ionization energy)　原子から電子を奪い取るのに必要なエネルギー.
イオン結合(ionic bond)　反対の符号の電荷をもつ二つのイオン間の引力によってつくられる結合.
イオン交換クロマトグラフィー(ion-exchange chromatography)　不溶性の樹脂をカラムに詰め，電荷と分極の原理に基づいて化合物を分離する操作.
イオン-双極子相互作用(ion-dipole interaction)　分子のイオンと双極子間の相互作用.
イオン対電子(非結合性電子)〔ion-pair electrons (nonbonding electrons)〕　結合には用いられない電子.
異化(catabolism)　複雑な化合物から単純な分子とエネルギーを得るために起こる代謝.
鋳型鎖(アンチセンス鎖)〔template strand (antisense strand)〕　転写の間読まれる DNA 鎖.
いす形配座(chair conformation)　いすによく似たシクロヘキサンの立体配座．シクロヘキサンの最も安定な立体配座.
異性体(isomers)　同一の分子式ではあるが異なる化合物.
イソタクチック重合体(isotactic polymer)　完全に引き伸ばされた炭素鎖の同じ側にすべての置換基があるポリマー.
イソプレン則(isoprene rule)　イソプレン単位の頭-尾結合を表す規則.
イソプロピル分裂(isopropyl split)　メチル基による IR スペクトルの分裂．イソプロピル基に帰属される.
一次構造(核酸の)〔primary structure (of a nucleic acid)〕　核酸塩基の配列.
一次構造(タンパク質の)〔primary structure (of a protein)〕　タンパク質のアミノ酸の配列.
一次速度定数(first-order rate constant)　一次反応の速度定数.
一次反応(単分子反応)〔first-order reaction (unimolecular reaction)〕　一つの反応物の濃度に速度が依存している反応.
一重線(singlet)　分裂していない NMR シグナル.
位置選択的反応(regioselective reaction)　いくつかの構造異性体のうち，一方を優先的に生成させる反応.
一般塩基触媒作用(general-base catalysis)　反応の進行が遅い段階で反応物からプロトンを引き抜くことによる触媒作用.
一般酸触媒作用(general-acid catalysis)　反応の進行が遅い段階で反応物をプロトン化することによる触媒作用.
一般名(generic name)　WHO(世界保健機関)の一つの委員会で命名される医薬品の名称．ほかの医薬品と明確に区別できるものが選ばれる.
遺伝子(gene)　DNA の部分.

遺伝子工学(genetic engineering)　組換え DNA 技術.
遺伝子コード(genetic code)　mRNA の 3 塩基対で同定されるアミノ酸.
遺伝子治療(gene therapy)　遺伝子上問題のある器官の DNA に合成した遺伝子を挿入する治療法.
イミノ基転移(transimination)　第一級アミンとイミンとの反応で，そのイミン由来の新しい第一級アミンとイミンの生成.
イミン(imine)　$R_2C=NR$
医薬品(drug)　生体分子と反応する化合物で，生理活性を示す.
イリド(ylide)　隣接して共有結合を形成している，完全なオクテットを満たす二つの原子が反対の符号の電荷をもっている化合物.
陰イオン交換樹脂(anion-exchange resin)　イオン交換クロマトグラフィーに用いられる正に荷電した樹脂.

う

右旋性(dextrorotatory)　偏光が時計回りに回転するエナンチオマー.
ウレタン(urethane)　アミドとエステル部位をともにカルボキシ基に含む化合物.

え

エキソ(exo)　より短いあるいはより飽和度の高い架橋に近いとき，その置換基はエキソである.
エキソペプチダーゼ(exopeptidase)　ペプチド鎖の末端にあるペプチド結合を加水分解する酵素.
エクアトリアル結合(equatorial bond)　いす形配座異性体のシクロヘキサン環からいすを含む平面にほぼ平行に突出した結合.
エステル(ester)　
エステル交換反応(transesterification reaction)　エステルとアルコールの反応による別のエステルを生成する反応.
エストロゲン(estrogens)　女性ホルモン.
エーテル(ether)　酸素と二つの炭素原子で結合した部分を含む化合物(ROR).
エナミン(enamine)　α, β-不飽和第三級アミン.
エナンチオ選択的反応(enantioselective reaction)　一方のエナンチオマーを過剰に生み出す反応.
エナンチオトピック水素(enantiotopic hydrogens)　二つの異なる基に結合している炭素に結合した二つの水素.
エナンチオマー(enantiomers)　重ね合わせられない鏡像体分子.
エナンチオマー過剰率(光学純度)〔enantiomeric excess (optical purity)〕　一対のエナンチオマーの混合物の中で，片方がどの程度過剰に存在しているかを示す割合.
エナンチオマー的に純粋(enantiomerically pure)　唯一のエナンチオマーを含む.
エノール化(enolization)　ケト-エノール相互変換.
エピマー(epimers)　ただ一つの不斉中心の立体配置が異なる異性体.
エピマー化(epimerization)　不斉中心の絶対配置がプロトンを失い，同じ側の再プロトン化が起こった結果変化すること.
エポキシ化(epoxidation)　エポキシドの生成.
エポキシ樹脂(epoxy resin)　交差共重合体を生成する化合物と低分子量のプレポリマーを混合することで生じる物質.

エポキシド(オキシラン)〔epoxide(oxirane)〕 三員環に酸素原子が取り込まれているエーテル.

エラストマー(elastomer) 伸びたのちにもとの形に戻るポリマー.

エリトロ形エナンチオマー(erythro enantiomers) Fischer投影式で書いたときに同じ側に類似の置換基をもつエナンチオマーの対.

塩化アシル(acyl chloride)

遠隔カップリング(long-range coupling) 三つのσ結合よりも遠くにあるプロトンによるプロトンの分裂.

塩基[1](base) プロトンを受け取る物質.

塩基[2](base) DNAとRNAの複素環化合物(プリンかピリミジン).

塩基触媒(base catalyst) プロトンを除去することによって反応速度を増大させる触媒.

塩基性(basicity) 電子対をプロトンと共有する化合物の傾向.

エンケファリン(enkephalin) 鎮痛作用をもつ生体内で合成されるペンタペプチド.

エンジオール転位(enediol rearrangement) アルドースと一つ以上のケトースとの間の相互転位.

エンタルピー(enthalpy) 反応過程で起こる発熱($-\Delta H°$)あるいは吸熱($+\Delta H°$).

エンド(endo) より長いあるいはより不飽和度の高い架橋に近いならばその置換基はエンドにある.

エンドペプチダーゼ(endopeptidase) ペプチド鎖の末端でないペプチド結合を加水分解する酵素.

エントロピー(entropy) 系内で運動の自由度を測る尺度.

お

オキシアニオン(oxyanion) 負に帯電した酸素をもつイオン.

オキシム(oxime) $R_2C=NOH$

オキシラン(エポキシド)〔oxirane(epoxide)〕 三員環に酸素原子が取り込まれているエーテル.

オキソニウムイオン(oxonium ion) 正に帯電した酸素をもつイオン.

オクテット則(八隅子則)(octet rule) 原子が,閉殻にするために電子を供与したり,受け取ったり,共有したりする状態.満たされたL殻が8個の電子を含むために,オクテット則と呼ばれる.

オサゾン(osazone) アルドースあるいはケトースを過剰のフェニルヒドラジンに作用させることで得られる生成物.

オゾニド(ozonide) モルオゾニドが転位した結果として生じる五員環化合物.

オゾン分解(ozonolysis) 炭素一炭素二重結合あるいは三重結合とオゾンによる反応.

オートラジオグラフ(autoradiograph) オートラジオグラフィーで得られる感光した写真板.

オートラジオグラフィー(autoradiography) DNAの塩基配列を決定するのに用いられる手法.

オーファンドラッグ(希少疾病用医薬品)(orphan drug) 対象患者が20万人未満(日本では5万人未満)の,まれな病気に使う医薬品.

オフ共鳴デカップリング(off-resonance decoupling) 炭素と炭素に結合した水素との間のスピン-スピンカップリングを消したときの^{13}C NMRスペクトルの形式.

親イオン(分子イオン)〔parent ion(molecular ion)〕 最も大きなm/z値をもつ質量スペクトルのピーク.

親炭化水素(parent hydrocarbon) 分子内で最も長い連続炭素鎖.

オリゴ糖(oligosaccharide) 3〜10個の糖分子がグリコシド結合したもの.

オリゴヌクレオチド(oligonucleotide) ホスホジエステル結合でつながった3〜10個のヌクレオチド.

オリゴペプチド(oligopeptide) 3〜10個のアミノ酸がアミド結合でつながったもの.

オリゴマー(oligomer) 複数のペプチド鎖をもつタンパク質.

オルト-パラ配向基(ortho-para-directing substituent) オルト位およびパラ位に配向させるような置換基.

オレフィン(olefin) アルケンのこと.

オレフィンメタセシス(olefin metathesis) アルケンの二重結合(またはアルキンの三重結合)を開裂し,断片どうしを再結合する反応.

オングストローム(angstrom) 長さの単位:100ピコメートル $=10^{-8}$ cm $=1$ オングストローム.

か

開環重合(ring opening polymerization) モノマーの環が開く過程を含む連鎖重合.

開鎖化合物(open-chain compound) 環状でない化合物.

解糖(系)(解糖サイクル)〔glycolysis(glycolytic cycle)〕 D-グルコースを2分子のピルビン酸に変換する過程.

外部磁場(applied magnetic field) 系の外部から加えられた磁場.

解離エネルギー(dissociation energy) 結合切断に必要なエネルギーの度合い,あるいは結合が生成することで解放されるエネルギーの度合い.

化学交換(chemical exchange) ある分子から異なる分子へのプロトンの移動.

化学シフト(chemical shift) NMRスペクトルのシグナルの位置.参照した分子(よく用いられるのはTMS)からの低磁場シフトで測る.

化学的に等価なプロトン(chemically equivalent protons) 分子の残りの部分との関係が同じ配置のプロトン.

鍵と鍵穴モデル(lock-and-key model) 酵素の基質特異性を記述するモデルで,鍵が鍵穴に合うようにその基質は酵素に合う.

架橋二環式化合物(bridged bicyclic compound) 2個の隣接していない炭素を共有している二つの環をもつ化合物.

核間メチル基(angular methyl group) ステロイド環の10位あるいは13位のメチル基.

核酸(nucleic acid) 核酸にはDNAとRNAの2種類がある.

角ひずみ(angle strain) 結合角が理想の角度よりもずれることで生じるひずみ.

重なり形立体配座(eclipsed conformation) 炭素一炭素結合を見下し,隣接炭素上の結合がそろったときの立体配座.

過酸(peroxyacid) カルボン酸のOH基がOOH基になっているもの.

可視光線(visible light) 400〜780 nmの波長の電磁波.

加水分解(hydrolysis) 水との反応.

可塑剤(plasticizer) ポリマーに溶け,重合鎖が外れやすくなっている有機分子.

カチオン重合(cationic polymerization) 求電子剤が開始剤である連鎖重合.そのため,成長末端はカチオンである.

活性化自由エネルギー($\Delta G^{\ddagger}$)(free energy of activation) 反応の真のエネルギー障壁.

活性化置換基(activating substituent) 芳香環の反応性を高める置換基.電子供与性置換基によって芳香環は求電子攻撃を受け,電子求引性置換基によって芳香環は求核攻撃を許す.

活性部位(active site) 基質が結合する酵素内のポケットあるいは割れ目.

カップリングしているプロトン(coupled protons) 互いに分裂したプロトン.カップリングしたプロトンは同じカップリング定数をもつ.

カップリング定数(coupling constant) 分裂しているNMRシグナルの隣接する2本のピークの間隔(ヘルツ単位).

カップリング反応(coupling reaction) 二つのCHを含む基どうしが結合する反応.

価電子(valence electron) 最外殻にある電子.

加溶媒分解(solvolysis) 溶媒との反応.

加硫(vulcanization) 硫黄を加えて加熱し,ゴムの伸縮性を向上させること.

カルベン(carbene) 非結合電子対と空軌道をもつ炭素種.

カルボアニオン(carbanion) 負に帯電した炭素を含む化学種.

カルボカチオン(carbocation) 正に帯電した炭素を含む化学種.

カルボカチオン転位(carbocation rearrangement) カルボカチオンからより安定なカルボカチオン種への転移.

カルボキシ酸素(carboxyl oxygen) カルボン酸あるいはエステルの単結合をつくる酸素.

カルボキシ基(carboxyl group) COOH

カルボニル化合物(carbonyl compound) カルボニル基を含む化合物.

カルボニル基(carbonyl group) 炭素と酸素の二重結合をもっている基.

カルボニル酸素(carbonyl oxygen) カルボニル基上の酸素.

カルボニル炭素(carbonyl carbon) カルボニル基上の炭素.

カルボニル付加(直接付加)〔carbonyl addition(direct addition)〕 カルボニル炭素への求核付加.

カルボン酸(carboxylic acid)

カルボン酸誘導体(carboxylic acid derivative) カルボン酸を加水分解して生じる化合物.

カロテノイド(carotenoid) 果実,野菜,落ち葉の赤やオレンジ色を発色させる化合物(テトラテルペン)類.

環拡大転位(ring-expansion rearrangement) カルボカチオンの転位で,正に帯電した炭素が環状化合物に結合し,その転位の結果,環が1炭素分増える.

環化反応(annulation reaction) 環構築反応.

還元(reduction) 原子あるいは分子によって電子数を増やすこと.

還元的アミノ化(reductive amination) アルデヒドまたはケトンを,還元剤(H_2/Raney Ni)存在下でアンモニアまたは第一級アミンと反応させてアミノ化する反応.

還元的脱離(reductive elimination) 金属に結合していた二つの置換基の脱離.

還元糖(reducing suger) Ag^+またはBr_2のような反応剤によって酸化される糖.還元糖は,開環したアルドースやケトースと平衡にある.

還元反応(reduction reaction) C—H結合の数が増加,あるいはC—O, C—N, C—X(Xはハロゲン)の結合が減少する反応.

緩衝剤(buffer) 弱酸とその共役塩基.

完全ラセミ化(complete racemization) 等量のエナンチオマー対が生じること.

環電流(ring current) 芳香環をまわるπ電子.

官能基(functional group) 分子の反応中心.

官能基相互変換(functional group interconversion) ある官能基を別の官能基へ変換すること.

官能基領域(functional group region) ほとんどの官能基が吸収バンドを示すIRスペクトルの左側2/3の領域.

環反転(いす形-いす形配座相互変換)〔ring flip(chair-chair interconversion)〕 シクロヘキサンのいす形立体配座からもう一つのいす形立体配座への変換.いす形立体配座のアキシアル結合はエクアトリアル結合に変わる.

慣用名(common name) 体系的でない名称.

き

擬一次反応(pseudo-first-order reaction) 反応物の一方を他方よりも圧倒的に濃度を高くすることで一次反応として取り扱うことができる二次反応.

幾何異性体(geometric isomers) シス-トランス(あるいはE, Z)異性体.

基質(substrate) 酵素触媒反応の反応物.

基準化合物(reference compound) NMRを測定するときに反応剤に加える化合物.NMRスペクトルのシグナルの位置は基準化合物によって与えられる.

基礎代謝率(basal metabolic rate) 目覚めた状態で1日中ベッドで安静にして過ごした際に燃焼するカロリー量.

拮抗阻害剤(競争阻害剤)〔competitive inhibitor〕 活性部位へ結合して基質と競争することで酵素を不活性化させる化合物.

基底状態の電子配置(ground-state electronic configuration) すべての電子が最もエネルギー準位の低い軌道に入るようにしたときの,原子あるいは分子のどの軌道を電子が占めているかの記述.

軌道(orbital) 電子が見つかる確率が最も高いと思われる空間領域.

軌道対称性保存則(conservation of orbital symmetry theory) 反応物の構造と立体配置,ペリ環状反応の起こる反応条件,生成物の立体配置の関係を説明する理論.

軌道の混成(orbital hybridization) 軌道の混合.

キナーゼ(kinase) 基質にリン酸基を導入する酵素.

逆Diels-Alder反応(retro Diels-Alder reaction) Diels-Alder反応の逆の反応.

逆合成(逆合成解析)〔retrosynthesis(retrosynthetic analysis)〕 標的分子から市販の出発物質に紙面上で(仮想的に)たどる方法.

逆旋的閉環反応(disrotatory ring closure) 軌道の回転が反対側に起こることによってp軌道どうしの頭-頭の重なりが起こる反応.

吸エルゴン反応(endergonic reaction) 正の$\Delta G°$を含む反応.

求核アシル(あるいはアリール)置換反応〔nucleophilic acyl(or aryl) substitution reaction〕 アシル基あるいはアリール基に結合した置換基がほかの基に置換される反応.

求核剤(nucleophile) 電子豊富な原子あるいは分子.

求核触媒(nucleophilic catalyst) 求核剤として作用することにより反応速度が増大する触媒.

求核触媒作用(共有結合触媒作用)〔nucleophilic catalysis(covalent catalysis)〕 反応物の一つと求核剤が共有結合を形成した結果,起こる触媒作用.

求核性(nucleophilicity) 原子あるいは分子が孤立電子対とどのように速やかに反応するかを示す尺度.

求核置換反応(nucleophilic substitution reaction) ある原子

に結合している，一つの原子もしくは基に起こる求核置換.

求核付加-脱離-求核付加反応(nucleophilic addition-elimination-nucleophilic addition reaction)　求核付加反応が起こり，続いて脱離反応，求核付加反応が起こる反応．アセタール生成がその例である．カルボニル炭素にアルコールが付加し，水が脱離し，アルコールの2番目の分子が脱水生成物に付加する．

求核付加-脱離反応(nucleophilic addition-elimination reaction)　求核付加反応が起こり，続いて脱離反応が起こる反応．イミンの生成がその例である．アミンがカルボニル炭素に付加したあと，脱水反応が起こる．

求核付加反応(nucleophilic addition reaction)　求核剤が反応剤に付加する過程を示す反応．

求ジエン体（ジエノフィル）(dienophile)　Diels-Alder 反応でジエンと反応するアルケン．

吸収帯(absorption band)　エネルギーの吸収の結果として生じるスペクトルのピーク．

球状タンパク質(globular protein)　おおよその形が球のような形をとる傾向にある水に可溶なタンパク質．

求電子剤(electrophile)　電子不足の原子あるいは分子．

求電子触媒作用(electrophilic catalysis)　反応を促進するのが求電子剤である触媒作用．

求電子付加反応(electrophilic addition reaction)　反応物に付加する最初の化学種が求電子剤である付加反応．

吸熱反応(endothermic reaction)　正の $\Delta H°$ をもつ反応．

共重合体(copolymer)　2種類以上の異なるモノマーが重合したポリマー．

協奏反応(concerted reaction)　結合形成と結合開裂の過程が一段階で起こる反応．

共通中間体(common intermediate)　二つの化合物が共通にもつ中間体．

共鳴(resonance)　非局在化電子をもつ化合物は共鳴しているという．NMR 吸収シグナルのこともいう．

共鳴エネルギー（非局在化エネルギー）〔resonance energy (delocalization energy)〕　非局在化電子をもつ結果として生じる化合物の特定の安定化エネルギー．

共鳴寄与体（共鳴構造，共鳴寄与構造）〔resonance contributor (resonance structure, contributing resonance structure)〕　非局在化電子をもつ化合物の実際の構造を局在化電子をもつように近似したときの構造で示したもの．

共鳴混成体(resonance hybrid)　非局在化電子をもつ化合物の実際の構造．いくつかの局在化電子をもつ構造（共鳴寄与体）で表現される．

共鳴電子求引(resonance electron withdrawal)　隣接する原子のπ軌道をp軌道間の重なりを通して電子を求引すること．

共鳴電子供与(resonance electron donation)　隣接する原子のπ結合をp軌道間の重なりを通して電子を供与すること．

共役塩基(conjugate base)　その共役酸をつくるために生じるプロトン供与体．

共役酸(conjugate acid)　その共役塩基をつくるために生じるプロトン受容体．

共役二重結合(conjugated double bonds)　一つの単結合で隔てられた二重結合．

共役付加(conjugate addition)　α,β-不飽和カルボニル構造への1,4-付加．

共有結合(covalent bond)　電子を共有することで得られる結合．

共有結合触媒作用（求核触媒作用）〔covalent catalysis (nucleophilic catalysis)〕　求核剤が反応物の一つと共有結合を形成して反応を触媒すること．

局在化電子(localized electrons)　特定の部位に限定されている電子．

極性共有結合(polar covalent bond)　異なる電気陰性度の原子間の共有結合．

極性転換(umpolung)　官能基の通常の分極とは逆転したもの．

極性反応（イオン反応）〔polar reaction (ionic reaction)〕　求核剤と求電子剤との反応．

キラル（光学活性）〔chiral (optically active)〕　キラル分子どうしは鏡像では重なり合わない．

キラル中心(chirality center)　四つの異なる基が結合した正四面体型原子．

キラル補助基(chiral auxiliary)　反応物に結合したとき特有の立体配置のみを導く純粋なエナンチオマー．

均一系触媒(homogeneous catalyst)　反応混合物に可溶な触媒．

近接効果(proximity effect)　ある化学種がほかに近いことによって生じる効果．

金属イオン触媒作用(metal-ion catalysis)　反応を活性化する化学種が金属イオンである触媒のこと．

金属活性化酵素(metal-activated enzyme)　金属イオンと弱く結合する酵素．

金属交換(transmetallation)　金属の交換．

金属酵素(metalloenzyme)　金属イオンと強く結合する酵素．

均等結合開裂（ホモリシス）〔homolytic bond cleavage (homolysis)〕　結合開裂によってそれぞれの原子が結合電子を一つずつもつこと．

緊密イオン対(intimate ion pair)　カチオンとアニオンに開裂した共有結合の対であるが，カチオンとアニオンは近傍に存在している．

〈く〉

クエン酸回路（Krebs 回路）〔citric acid cycle (Krebs cycle)〕　アセチル-CoA が2分子の CO_2 に変換される反応の一連の過程．

くさび-破線構造(wedge-and-dash structure)　基の空間配置を表す方法．くさびは，紙面から読者に向かって突き出ている結合表示に使われ，破線は読者から紙面奥に伸びる結合表示に使われる．

屈曲点(inflection point)　滴定曲線の平らにならされた中点．

組換え DNA(recombinant DNA)　主宿細胞へと組み込まれた DNA．

クラウンエーテル(crown ether)　エーテル結合部位を複数もつ環状化合物．

クラウン-ゲスト複合体(crown-guest complex)　クラウンエーテルが基質に結合しているときの複合体．

グラフト共重合体(graft copolymer)　ポリマー主鎖に違う種類のモノマーでできている枝分れをもつ共重合体．

グリコシド(glycoside)　糖のアセタール．

N-グリコシド(N-glycoside)　グリコシド結合の酸素が窒素に置き換わったグリコシド．

グリコシド結合(glycosidic bond)　アノマー炭素とグリコシドのアルコール間の結合．

グリコール(glycol)　二つ以上の OH 基を含む化合物．

クリプタンド(cryptand)　包接することによって基質が結合する三次元の多環状化合物．

クリプテート(cryptate)　クリプタンドが基質と結合するときに生じる錯体．

クロマトグラフィー(chromatography)　分離したい混合物を溶媒に溶かして，溶液を吸着性をもつ固定相で充塡したカラ

G-9　用語解説

ムに通す分離法．

け

形式電荷(formal charge)　価電子数(非結合電子数＋結合電子数の 1/2)．

ケタール(ketal)
```
    OR
    |
  R-C-R
    |
    OR
```

結合距離(bond length)　エネルギーが最小のときの二つの原子間距離．

結合次数(bond order)　二つの原子によって共有されている共有結合数．

結合性分子軌道(bonding molecular orbital)　原子軌道が同位相で近づくときに生じる分子軌道．結合性軌道電子によって結合が強くなる．

結合の強さ(bond strength)　均一に結合を切るために必要なエネルギー．

結合バンド(combination band)　二つの基本振動($\nu_1 + \nu_2$)の和で起こる．

ケト-エノール互変異性(ケト-エノール相互変換)〔keto-enol tautomerism (keto-enol interconversion)〕　ケトとエノールが互変異性体の相互変換．

ケト-エノール互変異性体(keto-enol tautomers)　ケトンと，その異性体であるα,β-不飽和アルコール．

ケトース(ketose)　ポリヒドロキシケトン．

ケトン(ketone)
```
    O
    ||
  R-C-R
```

ケン化(saponification)　塩基存在下でのエステル(たとえば脂肪)の加水分解．

原子価殻電子対間反発(VSEPR)法〔valence-shell electron-pair repulsion model〕　原子軌道，共有電子対，および電子間反発の最小化という三つの概念を結びつけたモデル．

原子軌道(atomic orbital)　原子とともにある軌道．

原子軌道の一次結合(LCAO)(linear combination of atomic orbitals)　分子軌道を表すために原子軌道を組み合わせたもの．

原子番号(atomic number)　中性原子のもつ陽子(あるいは電子)の数．

原子量(atomic weight)　天然に存在する元素の平均質量．

元素分析(elemental analysis)　化合物に存在する各元素の比を決定する分析．

こ

コイルコンホメーション(ループコンホメーション)〔coil conformation (loop conformation)〕　αヘリックスでもβシート構造でもないが高度に組織されたタンパク質の部分．

抗ウイルス薬(antiviral drug)　ウイルスの複製を抑えるためにDNAとRNAの合成を阻害する薬．

高エネルギー結合(high-energy bond)　開裂したときに大量のエネルギーを放出する結合．

光化学反応(photochemical reaction)　反応物が光を吸収する際に起こる反応．

光学異性体(optical isomers)　キラル中心をもつ立体異性体．

光学活性(optically active)　偏光面が回転する．

光学純度(エナンチオマー過剰率)〔optical purity (enantiomeric excess)〕　一対のエナンチオマーの混合物中で，片方がどの程度過剰に存在しているかを示す割合．

光学不活性(optically inactive)　偏光面は回転しない．

抗原(antigens)　免疫系からの応答を生み出すことのできる化合物．

光合成(photosynthesis)　CO_2とH_2OからグルコースとO_2を合成する反応．

交互共重合体(alternating copolymer)　二つのモノマーが交互に結合する共重合体．

交差アルドール付加(混合アルドール付加)〔crossed (mixed) aldol addition〕　2種類の異なるカルボニル化合物間のアルドール付加．

交差共役(cross-conjugation)　非直線型共役．

構成原理(aufbau principle)　電子は常に最も低いエネルギー準位の軌道を占有するという原理．

合成高分子(synthetic polymer)　天然に合成されたわけではない高分子．

合成樹(synthetic tree)　利用可能な出発物質から望みの生成物を得るための有効経路の概要．

合成等価体(synthetic equivalent)　シントン源として実際に使われる反応剤．

抗生物質(antibiotic)　微生物の成長を阻止する化合物．

酵素(enzyme)　触媒作用をもつタンパク質．

構造異性体〔structural isomers (constitutional isomers)〕　同じ分子式をもつが，原子の結合のしかたが異なる分子．

構造タンパク質(structural protein)　生物構造に強度を与えるタンパク質．

抗体(antibody)　体内の外部の粒子を認識する化合物．

高分解能NMR分光法(high-resolution NMR spectroscopy)　高周波の振動数をもつ分光器を用いたNMR分光法．

高分子(ポリマー)(polymer)　モノマーどうしが結合してできる巨大分子．

高分子化学(polymer chemistry)　合成高分子を扱う化学の一分野で，材料科学として知られる学問分野の大きな一翼を占めている．

合理的薬物設計(rational drug design)　特有の目的を満たすために特定の構造をもった医薬品をデザインすること．

ゴーシュ(gauche)　Newman投影式でXとYは互いにゴーシュである：

ゴーシュ型配座異性体(gauche conformer)　最もかさ高い置換基が互いにゴーシュであるねじれ形配座異性体．

ゴーシュ相互作用(gauche interaction)　互いにゴーシュの関係にある二つの原子あるいは置換基間の相互作用．

固相合成(solid-phase synthesis)　化合物の末端を保持固体に共有結合でつなげて合成していく技術．

骨格構造(skeletal structure)　炭素-炭素結合を線で示し，炭素および炭素を結合している水素を省略したもの．

コドン(codon)　タンパク質合成のためアミノ酸を示すmRNAの三つの塩基配列．

互変異性(tautomerism)　互変異性体どうしの相互変換．

互変異性体(tautomers)　結合電子の位置が異なる平衡の速い異性体．

孤立電子対(非結合電子対)〔lone pair electrons (nonbonding electrons)〕　結合に用いられない価電子．

孤立二重結合(isolated double bonds)　一つ以上の単結合ではさまれた複数の二重結合．

コリン環系(corrin ring system)　ポルフィリン環系の一方のメチン架橋を取り去って五員環どうしを直接結合させた環．

コレステロール(cholesterol)　動物のステロイドの前駆体とな

混合 Claisen 縮合(mixed Claisen condensation)　2 種類の異なるエステル間で行われる Claisen 縮合.

混合酸無水物(mixed anhydride)　2 種類の異なる酸から生成する酸無水物.

混合トリアシルグリセロール(mixed triacylglycerol)　異なる脂肪酸を含むトリアシルグリセロール.

混成軌道(hybrid orbital)　軌道の混合(混成)によって生じる軌道.

コンビナトリアル有機合成(combinatorial organic synthesis)　さまざまな構造をもつ部分構造を共有させることで構築する化合物のライブラリー合成.

コンビナトリアルライブラリー(combinatorial library)　構造的に関連した化合物の群.

さ

最高被占軌道(HOMO)(highest occupied molecular orbital)　電子を含む最も高いエネルギー準位の軌道.

最低空軌道(LUMO)(lowest unoccupied molecular orbital)　電子を含まない最も低いエネルギー準位の軌道.

材料科学(materials science)　金属, ガラス, 木材, ボール紙, 紙のような知られた材料にとって代わる新材料の開発のための科学.

左旋性(levorotatory)　偏光を反時計回りに回転させる光学活性体.

殺菌薬(bactericidal drug)　細菌を殺す薬物.

サブユニット(subunit)　オリゴマーの個々のペプチド鎖.

酸(Brønsted)(acid)　プロトンを与える物質.

酸-塩基反応(acid-base reaction)　酸がそのプロトンを塩基に与え, 塩基の電子を共有する反応.

酸化(oxidation)　原子, イオン, あるいは分子が電子を失うこと.

酸解離定数(acid dissociation constant)　溶液中で酸が解離する度合いを示す尺度.

酸化的開裂(oxidative cleavage)　反応物が 2 種類以上の化合物に分解する酸化反応.

酸化的付加(oxidative addition)　二原子間への金属の挿入.

酸化的リン酸化(oxidative phosphorylation)　NADH 1 分子と FADH$_2$ 1 分子からそれぞれ ATP の 2.5 分子, 1 分子に変換する一連の反応.

酸化反応(oxidation reaction)　C—H 結合の数が減少するか, C—O, C—N, および C—X(X はハロゲン)の数が増加する反応.

三次構造(タンパク質の)[tertiary structure(of a protein)]　タンパク質のすべての原子の三次元配置を示したもの.

三重結合(triple bond)　一つのσ結合と二つのπ結合.

三重線(triplet)　三つのピークに分裂した NMR シグナル.

酸触媒(acid catalyst)　プロトンを与えることで反応速度が増大する触媒.

酸触媒反応(acid-catalyzed reaction)　酸によって触媒される反応.

三方平面型炭素(trigonal planar carbon)　sp^2 混成炭素.

酸無水物(acid anhydride)

し

1,3-ジアキシアル相互作用(1,3-diaxial interaction)　シクロヘキサン環上の同じ側にある一つのアキシアル置換基とそれ以外の二つのアキシアル置換基との間の相互作用.

ジアステレオトピック水素(diastereotopic hydrogens)　重水素に置換したときに一対のジアステレオマーになる炭素と結合した二つの水素.

ジアステレオマー(diastereomer)　エナンチオマー以外の配置立体異性体.

ジアゾニウムイオン(diazonium ion)　ArN≡N$^+$ あるいは RN≡N$^+$

ジアゾニウム塩(diazonium salt)　ジアゾニウムイオンとアニオンとでできる塩(ArN≡NX$^-$).

シアノヒドリン(cyanohydrin)

gem-ジアルキル効果(gem-dialkyl effect)　炭素上の二つの置換基の存在が, 閉環反応を起こす適切な立体配座をとる確率を大きくする効果.

ジェミナルカップリング(geminal coupling)　同じ炭素に結合している二つの同一でないプロトンの相互分裂.

ジェミナルジハロゲン化物(geminal dihalide)　二つのハロゲンが同じ炭素に結合している化合物.

ジエン(diene)　二つの二重結合をもつ炭化水素.

gem-ジオール(水和物)[gem-diol(hydrate)]　同じ炭素上に二つの OH 基をもつ化合物.

紫外・可視分光法(UV/Vis spectroscopy)　スペクトルの可視・紫外領域での電磁波の吸収で, 共役系の情報を決めるのに用いられる.

紫外線(ultraviolet light)　180〜400 nm の波長の電磁波.

磁気異方性(magnetic anisotropy)　σ電子と比較してπ電子の分極率が大きくなる結果, 磁場によりπ電子雲が動く自由度が大きくなることに用いられる用語.

磁気回転比[magnetogyric ratio(gyromagnetic ratio)]　特有な種類の核の磁気的性質によるもの(単位は T^{-1} s^{-1}).

磁気共鳴イメージング(MRI)(magnetic resonance imaging)　医学に用いられる NMR. 異なる組織上にある水分子がシグナルの変化を生み出して, 器官の違いや, 健康な組織と病気の組織との違いを区別する.

シグマ(σ)結合[sigma(σ)bond]　円筒型に対称な電子の分布を示す結合.

シグマトロピー転位(sigmatropic rearrangement)　反応物のσ結合が開裂し, 生成物中に新しいσ結合が形成され, π結合が転移する反応.

シクロアルカン(cycloalkane)　閉じた環を構成する炭素原子を含むアルカン.

自殺型阻害剤(メカニズム準拠型阻害剤)[suicide inhibitor(mechanism-based inhibitor)]　自身がその酵素反応を受けることで酵素を不活性化する化合物.

脂質(lipid)　生体にある水に不溶な化合物.

脂質二重層(lipid bilayer)　ホスホアシルグリセロールの二つの層が重なっているために, その分極した末端が外側にあり, 非極性の脂肪酸の鎖は内側にある.

四重線(quartet)　四つに分裂した NMR シグナル.

シス異性体(cis isomer)　二重結合または環状構造の同じ側に同一の水素をもつ異性体.

シス縮合(cis fused)　二つのシクロヘキサンがともに縮合するとき，一方の環から見たときに2番目の環に連なる一つの置換基がアキシアル位で，もう一つの置換基がエクアトリアル位にある場合．

シス-トランス異性体(cis-trans isomers)　幾何異性体．

ジスルフィド架橋(disulfide bridge)　ペプチドあるいはタンパク質中のジスルフィド(—S—S—)結合．

実験式(empirical formula)　分子内の異なる種類の原子の相対比を与える式．

実験的活性化エネルギー($E_a = \Delta H° - RT$)(experimental energy of activation)　反応の平均エネルギー障壁の測定値(エントロピー項を含まないため近似にすぎない)．

実測旋光度(observed rotation)　旋光計で観測された回転の量．

質量数(mass number)　原子における陽子の数と中性子の数の和．

質量スペクトル(mass spectrum)　質量スペクトル計による正に帯電したフラグメントの存在比とそのm/zの値の関係を表示したもの．

質量分析法(mass spectrometry)　分子量，分子式など化合物の構造に関するいくつかの情報を知ることができる．

自動固相ペプチド合成(automated solid-phase peptide synthesis)　ペプチドのC末端アミノ酸残基を支持固体に結合させたペプチドの自動合成技術．

ジヌクレオチド(dinucleotide)　リン酸ジエステル結合でつながった二つのヌクレオチド．

シネ置換(cine substitution)　脱離基と結合している炭素に隣接した炭素で起こる置換．

ジペプチド(dipeptide)　2個のアミノ酸がアミド結合でつながったもの．

脂肪(fat)　室温で固体として存在するグリセロールの三量体．

脂肪酸(fatty acid)　長鎖カルボン酸．

脂肪族(aliphatic)　芳香族でない有機化合物．

四面体中間体(tetrahedral intermediate)　アシル求核置換反応で生成する中間体．

指紋領域(fingerprint region)　吸収バンドが全体としてその化合物を示すようなIRスペクトルの右側1/3の領域．

遮へい(shielding)　プロトンの環境に電子が存在することによって起こる現象．電子は，外部磁場の影響によりプロトンを遮へいする．プロトンがより遮へいされると，NMRスペクトルのより右側にシグナルが現れる．

重合(polymerization)　モノマーからポリマーをつくる過程．

重水素速度論的同位体効果(deuterium kinetic isotope effect)　水素を含む化合物の反応速度定数と1個以上の水素が重水素に置換された同一化合物の速度定数の比．

集積二重結合(cumulated double bonds)　互いに隣接する二重結合．

収束合成(convergent synthesis)　独立に合成した標的化合物の部分を集める合成．

充填(packing)　個々の分子の結晶格子での配列．

周波数(frequency)　波の速さをその波長で割った値(単位はサイクル/秒)．

自由誘導減衰(free-induction decay)　励起核の緩和．

縮合二環式化合物(fused bicyclic compound)　二つの隣接する炭素を共有する二環式化合物．

縮合反応(condensation reaction)　小さい分子(通常は水やアルコール)の脱離を伴って，二つの分子が結合する反応．

縮重した軌道(degenerated orbitals)　等しいエネルギーをもつ軌道．

主溝(major groove)　DNAの2種類の互い違いに現れる溝のうち，深くて大きいほうの溝．

受容体部位(receptor site)　その生理学的効果を発揮させるために医薬品が結合する部位．

商標(trademark)　登録名，記号，写真．

商標名(商品名，ブランド名)〔proprietary name(trade name, brand name)〕　一つの製品だけを示し，ほかの製品と区別するための名前．

情報鎖(センス鎖)〔informational strand(sense strand)〕　転写のあいだ読まれていないDNA鎖．合成mRNAとしての塩基の配列と同じである(UとTの違いはある)．

触媒(catalyst)　反応速度を増大させるが，反応によって消費されない化合物．反応の平衡定数は変わらないので，生成物の量は変化しない．

触媒抗体(catalytic antibody)　遷移状態の方向に基質の配座を固定することにより反応を活性化する化合物．

助色団(auxochrome)　発色団に結合しているときにλ_{max}と可視/紫外光の吸収強度を変える置換基．

真核生物(eukaryote)　細胞が核を含む単細胞あるいは多細胞生物．

神経伝達物質(neurotransmitter)　神経衝撃を伝達する化合物．

シンジオタクチック重合体(syndiotactic polymer)　炭素鎖に対しそれぞれの置換基が規則的に交互に配置されているポリマー．

伸縮周波数(伸縮振動数)(stretching frequency)　伸縮振動が起こる振動数．

伸縮振動(stretching vibration)　結合線に沿った振動．

シン脱離(syn elimination)　脱離する二つの置換基が分子の同じ側から除かれる脱離反応．

シントン(合成素子)(synthon)　切断によって生じた断片．

シン付加(syn addition)　二つの置換基が同じ側から分子に付加する反応．

シンペリプラナー(syn-periplanar)　分子の同じ側から平行に伸びている二つの置換基の関係．

す

pro-R-水素(pro-R-hydrogen)　この水素を重水素で置換するとRの立体配置をもつ光学活性体になる．

pro-S-水素(pro-S-hydrogen)　この水素を重水素で置換するとSの立体配置をもつ光学活性体になる．

水素イオン(プロトン)〔hydrogen ion(proton)〕　正に帯電した水素．

水素化(hydrogenation)　水素の付加．

水素化熱(heat of hydrogenation)　水素化反応で放出される熱量($-\Delta H°$)．

水素結合(hydrogen bond)　双極子-双極子相互作用(5 kcal mol^{-1})のとくに強いもので，O，N，Fと結合した水素と，別の分子のO，N，ハロゲンの孤立電子対との結合．

水和(hydration)　水の化合物への付加．

水和した(hydrated)　水が化合物に加わること．

水和物(gem-ジオール)〔hydrate(gem-diol)〕
$$\begin{array}{c} OH \\ | \\ R-C-R(H) \\ | \\ OH \end{array}$$

スクアレン(squalene)　ステロイド分子の前駆体となるトリテルペン．

スタッキング相互作用(stacking interactions)　DNAに隣接する塩基対の誘起双極子どうしのvan der Waals相互作用．

ステロイド(steroid)　ステロイド環系をもつ化合物．

ストップコドン(stop codon)　タンパク質の合成を止めるコドン．

スピロ環化合物(spirocyclic compound)　一つの炭素を共有する二つの環をもつ化合物.
スピンカップリング(spin coupling)　NMRシグナルに生じる原子が分子の残りにカップリングする.
スピンカップリングした^{13}C NMRスペクトル(spin-coupled ^{13}C NMR spectrum)　炭素のそれぞれのシグナルが炭素に結合する水素によって分裂した^{13}C NMRスペクトル.
スピン-スピンカップリング(spin-spin coupling)　$N+1$則で示されるNMRスペクトルでのシグナルの分裂.
スピンデカップリング(spin decoupling)　NMRシグナルに生じる原子が分子の残りにデカップリングするもの.
スフィンゴ脂質(sphingolipid)　スフィンゴシンを含む脂質.
スフィンゴミエリン(sphingomyelin)　スフィンゴシンの末端OH基がホスホクロリンかホスホエタノールアミンに結合したスフィンゴ脂質.
スプラ型結合形成(suprafacial bond formation)　二つのσ結合がπ電子系の同じ方向に形成されること.
スプラ型転位(suprafacial rearrangement)　転移基がπ電子系の片側一方のみで移動するときの転位.
スルフィド(チオエーテル)〔sulfide(thioether)〕　エーテルの硫黄類縁体(RSR).
スルホン化(sulfonation)　スルホン酸(SO_3H)基がベンゼン環の水素と置換すること.
スルホン酸エステル(sulfonate ester)　スルホン酸のエステル(RSO_2OR).

せ

生化学(生物化学)〔biochemistry(biological chemistry)〕　生体内の化学.
静菌薬(bacteriostatic drug)　細菌のさらなる成長を阻害する薬物.
制限エンドヌクレアーゼ(restriction endonuclease)　DNAの特定の塩基配列のみを切断する酵素.
制限断片(restriction fragment)　DNAが制限エンドヌクレアーゼによって切断されるときに生じる断片.
生合成(biosynthesis)　生体系における合成.
正四面体型結合角(tetrahedral bond angle)　sp^3混成水素の隣接結合で生成する結合角(109.5°).
正四面体型炭素(tetrahedral carbon)　sp^3混成炭素;sp^3混成軌道を用いて共有結合を生成する炭素.
整数分子質量(nominal mass)　最も近い整数に丸められた質量の値.
生成熱(heat of formation)　標準状態で分子がそれぞれの単体から生成するときに放出される熱量.
生体高分子(biopolymer)　天然に合成された高分子.
生体有機化合物(bioorganic compound)　生体系に見いだされる有機化合物.
成長末端(propagating site)　連鎖重合体の反応末端.
静電引力(electrostatic attraction)　異符号の電荷どうしの引力.
静電的触媒作用(electrostatic catalysis)　反応が求電子的になるように促進する触媒作用.
生分解性ポリマー(biodegradable polymer)　酵素反応によって小さな断片に分解されるポリマー.
精油(essential oils)　植物の蒸発残渣から単離される香料あるいは調味料. ほとんどがテルペンである.
赤外スペクトル(IRスペクトル)〔infrared spectrum(IR spectrum)〕　赤外放射の波数(あるいは波長)に対する透過の割合をプロットしたもの.

赤外線(infrared radiation)　熱として私たちになじみの深い電磁波の放射.
赤外分光法(infrared spectroscopy)　化合物の官能基の情報を得るため赤外線のエネルギーを用いた分析法.
セスキテルペン(sesquiterpene)　15個の炭素原子を含むテルペン.
節(node)　電子を見つける確率がゼロの軌道の部分.
セッケン(soap)　脂肪酸のナトリウム塩あるいはカリウム塩.
接触水素化(catalytic hydrogenation)　金属触媒の存在下に, 水素が二重, 三重結合へ付加する反応.
絶対配置(absolute configuration)　不斉化合物の三次元構造. その配置はRかSで表される.
切断(disconnection)　炭素との結合を切り, 単純な化学種にすること.
セファリン(cephalin)　リン酸の2番目のOH基がエタノールアミンとエステルを生成するときのホスホアシルグリセロール.
セミカルバゾン(semicarbazone)　$R_2C=NNHCNH_2$ の構造 (C=Oを含む)
セレニル化反応(selenenylation reaction)　セレノキシドの生成を経由する, α-ブロモケトンのα,β-不飽和ケトンへの変換.
セレブロシド(cerebroside)　スフィンゴシンの末端OH基が糖の残基に結合しているときのスフィンゴ脂質.
遷移金属触媒(transition metal catalyst)　カップリング反応などで使われる$Pd(PPh_3)_4$のように, 遷移金属を含む触媒.
遷移状態(transition state)　二次元の反応経路図で丘の最高点. 遷移状態では, 開裂する反応物は部分的に壊れており, 生成物中の結合は部分的に形成している.
遷移状態アナログ(transition state analog)　酵素触媒反応の遷移状態に構造上似ている化合物.
繊維状タンパク質(fibrous protein)　ポリペプチド鎖が束になっている水に不溶なタンパク質.
旋光計(polarimeter)　偏光面の回転を測定する装置.
洗剤(detergent)　スルホン酸の塩.
センス鎖(情報鎖)〔sense strand(informational strand)〕　転写の際に読まれないDNAのらせん. 合成されたmRNAらせん(U, Tの違いはあるが)とその塩基配列は同じである.
選択則(selection rules)　ペリ環状反応の結果を示す規則.

そ

相間移動触媒(phase-transfer catalyst)　極性反応剤を非極性の相に移動させる化合物.
相間移動触媒作用(phase-transfer catalysis)　極性の反応剤を非極性の相に移動させ, 極性と非極性の化合物の反応を起こすための触媒作用.
双極子-双極子相互作用(dipole-dipole interaction)　一方の分子の双極子ともう一方の双極子の間の相互作用.
双極子モーメント(μ)(dipole moment)　一つの結合か一つの分子内の電荷の分離の尺度.
操作周波数(operating frequency)　NMR分光計が動く振動数.
双性イオン(zwitterion)　負電荷と正電荷を隣接していない原子上にもつ化合物.
相対速度(relative rate)　実際の速度定数の比較. 最も遅い反応の速度定数で割ることによって得られる.
相対配置(relative configuration)　ほかの化合物の立体配置に対する化合物の立体配置.
速度定数(rate constant)　反応の遷移状態に進めるのが容易かどうか(反応の活性化エネルギーを超えるかどうか)を示す尺

度.
速度論(kinetics)　化学反応の速度を取り扱う化学.
速度論的支配(kinetic control)　速度論的支配下で反応が起こるとき，生成物の相対比は生成反応の速度に依存する.
速度論的安定性(kinetic stability)　$\Delta G^{\ddagger}$で示される化学反応性. $\Delta G^{\ddagger}$が大きければその化合物は速度論的に安定であり(反応性はそれほど高くない)，$\Delta G^{\ddagger}$が小さければその化合物は速度論的に不安定である(反応性は高い).
速度論的生成物(kinetic product)　ある反応で複数の生成物が生じる場合，最も速やかに生成する生成物.
速度論的同位体効果(kinetic isotope effect)　化合物の反応速度と，ある一つの原子をその同位体に置き換えたときの同一化合物の反応速度が異なるようになる効果.
速度論的分割(kinetic resolution)　酵素を用いて，それらの反応速度の違いを利用したエナンチオマー対の分割.
疎水性相互作用(hydrophobic interactions)　非極性基間の相互作用．この相互作用は系内の水分子のエントロピーを増大させることによってタンパク質の安定性を増大させる.

た

第一級アミン(primary amine)　窒素が一つの炭素原子と結合したアミン.
第一級アルキルラジカル(primary alkyl radical)　第一級炭素上に非共有電子対をもつラジカル.
第一級アルコール(primary alcohol)　OH基が第一級炭素に結合しているアルコール.
第一級カルボカチオン(primary carbocation)　第一級炭素上に正電荷をもつカルボカチオン.
第一級水素(primary hydrogen)　第一級炭素と結合している水素.
第一級炭素(primary carbon)　一つだけ炭素原子と結合している炭素.
第一級ハロゲン化アルキル(primary alkyl halide)　ハロゲンが第一級炭素に結合したハロゲン化アルキル.
体系的命名法(systematic nomenclature)　構造に基づく命名法.
第三級アミン(tertiary amine)　窒素が三つの炭素原子と結合したアミン.
第三級アルキルラジカル(tertiary alkyl radical)　第三級炭素上に孤立電子をもつラジカル.
第三級アルコール(tertiary alcohol)　OH基が第三級炭素に結合しているアルコール.
第三級カルボカチオン(tertiary carbocation)　第三級炭素上に正電荷をもつカルボカチオン.
第三級水素(tertiary hydrogen)　第三級炭素と結合している水素.
第三級炭素(tertiary carbon)　三つの炭素原子と結合している炭素.
第三級ハロゲン化アルキル(tertiary alkyl halide)　ハロゲンが第三級炭素に結合したハロゲン化アルキル.
代謝(metabolism)　エネルギーを得るため，また求められる化合物を合成するために生物が行う反応.
対称エーテル(symmetrical ether)　同一の置換基が酸素と結合しているエーテル.
対称点(point of symmetry)　対称点を通るどんな線でもその点から同じ距離にある点どうしがまったく同一の環境にあること.
対称許容経路(symmetry-allowed pathway)　同位相の軌道が重なる過程.

対称禁制経路(symmetry-forbidden pathway)　逆位相の軌道が重なる過程.
対称酸無水物(symmetrical anhydride)　同一のR基をもつ酸無水物：

$$R-\overset{O}{\underset{\|}{C}}-O-\overset{O}{\underset{\|}{C}}-R$$

対称な分子軌道(symmetric molecular orbital)　同位相の軌道の重なりを起こすような分子軌道.
対称面(plane of symmetry)　分子を鏡像面で二等分した仮想的な平面.
第二級アミン(secondary amine)　窒素が二つの炭素原子と結合したアミン.
第二級アルキルラジカル(secondary alkyl radical)　第二級炭素上に孤立電子対をもつラジカル.
第二級アルコール(secondary alcohol)　OH基が第二級炭素に結合したアルコール.
第二級カルボカチオン(secondary carbocation)　第二級炭素上に正電荷をもつカルボカチオン.
第二級水素(secondary hydrogen)　第二級炭素と結合している水素.
第二級炭素(secondary carbon)　二つの炭素原子と結合している炭素.
第二級ハロゲン化アルキル(secondary alkyl halide)　ハロゲンが第二級炭素に結合したハロゲン化アルキル.
第四級アンモニウムイオン(quaternary ammonium ion)　四つのアルキル基と結合した窒素を含むイオン(R_4N^+).
第四級アンモニウム塩(quaternary ammonium salt)　第四級アンモニウムイオンとアニオンの対($R_4N^+X^-$).
多重線(multiplet)　7個のピークより多く分裂するNMRのシグナル.
多重度(multiplicity)　NMRシグナルでのピークの数.
多段階合成(multistep synthesis)　複数の段階が必要な経路による化合物の合成.
脱アミノ化(deamination)　アンモニアの除去反応.
脱酸素化(deoxygenation)　反応物から酸素が取り除かれること.
脱水素酵素(デヒドロゲナーゼ)(dehydrogenase)　基質から水素を取り除いて酸化反応を行う酵素.
脱水反応(dehydration)　水の除去反応.
脱炭酸(decarboxylation)　CO_2が脱離する反応.
脱ハロゲン化水素反応(dehydrohalogenation)　プロトンとハロゲン化物イオンの脱離反応.
脱プリン化(depurination)　プリン環の脱離.
脱離基(leaving group)　求核置換反応で置換される基.
脱離反応(elimination reaction)　原子(あるいは分子)が反応物から脱離する反応.
多糖(polysaccharide)　10個以上の糖分子が互いに結合している化合物.
炭化水素(hydrocarbon)　炭素と水素を含む化合物.
単結合(single bond)　1個のσ結合.
胆汁酸(bile acids)　乳化剤として作用するステロイドであり，水に不溶な化合物を消化する.
単純トリアシルグリセロール(simple triacylglycerol)　脂肪酸部分が同じであるトリアシルグリセロール.
炭水化物(carbohydrate)　糖および糖類．天然に存在する炭化水素はD配置である.
炭素酸(carbon acid)　炭素に結合している相対的に強い酸性を示す水素をもつ化合物.
単糖(単純な炭水化物)〔monosaccharide(simple carbohydrate)〕　単純な1個の糖分子.

タンパク質(protein)　40〜4000のアミノ酸がアミド結合でつながったポリマー.

タンパク質のプレニル化(protein prenylation)　タンパク質へのイソペンテニルユニットの導入.

単分子反応(一次反応)〔unimolecular reaction (first-order reaction)〕　反応速度が一方の反応物の濃度に依存する反応.

ち

チアミンピロリン酸(TPP)(thiamine pyrophosphate)　二つの炭素をもつ断片を基質に転移させる反応を触媒する酵素に必要な補酵素.

チイラン(thiirane)　環を形成する原子の一つが硫黄である三員環化合物.

チオエステル(thioester)　エステルの硫黄類縁体:

チオエーテル(スルフィド)〔thioether (sulfide)〕　エーテルの硫黄類縁体(RSR).

チオール(メルカプタン)〔thiol (mercaptan)〕　アルコールの硫黄類縁体(RSH).

逐次重合体(縮合重合体)〔step-growth polymer (condensation polymer)〕　小さい分子(通常,水やアルコール)を脱離させるが二つの分子が結合することでできるポリマー.

中間体(intermediate)　反応において生成される化学種のうち,反応の最終生成物でないもの.

超共役(hyperconjugation)　炭素—水素あるいは炭素—炭素σ結合と空のp軌道との重なりによる電子の非局在化.

調節酵素(regulatory enzyme)　(代謝過程を)動かしたり止めたりする酵素.

直鎖アルカン(通常のアルカン)〔straight-chain alkane (normal alkane)〕　枝分かれのない炭素原子が連続した鎖状のアルカン.

直接置換(direct substitution)　脱離基と結合している炭素原子上での置換.

直接置換機構(direct displacement mechanism)　求核剤が脱離基を一段階で置換する反応.

直接付加(direct addition)　1,2-付加.

直線共役(linear conjugation)　直線上にある共役系での原子群.

直線合成(linear synthesis)　出発物質から一段階ごとに分子を構築する合成.

直線に並んだ置換機構(in-line displacement mechanism)　リン酸無水物結合が切れるのと同時に起こるリンの求核攻撃.

治療係数(therapeutic index)　医薬品の致死投与量と治療投与量の比.

沈降定数(sedimentation constant)　化学種が超遠心分離によってどこで沈降するのかを示す.

て

定量的構造活性相関(QSAR)(quantitative structure-activity relationship)　化合物の特定の性質とその生理活性間の関係.

デオキシ糖(deoxy sugar)　OH基の一つが水素で置換された糖.

デオキシリボ核酸(DNA)(deoxyribonucleic acid)　デオキシヌクレオチドの重合体.

デオキシリボヌクレオチド(deoxyribonucleotide)　糖の部位がD-2'-デオキシリボースであるヌクレオチド.

滴定曲線(titration curve)　pHと水酸化物イオンの当量をプロットしたもの.

徹底メチル化(exhaustive methylation)　アミンを過剰量のヨウ化メチルと反応させてヨウ化第四級アンモニウムが生じる反応.

鉄プロトポルフィリンIX(iron protoporphyrin IX)　鉄とヘムのポルフィリン系が結合したもの.

テトラエン(tetraene)　四つの二重結合をもつ炭化水素.

テトラテルペン(tetraterpene)　40炭素を含むテルペン.

テトラヒドロ葉酸(THF)(tetrahydrofolate)　一つの炭素を含む基とその基質との結合反応を触媒する酵素で必要となる補酵素.

テトロース(tetrose)　4炭素を含む単糖類.

テルペノイド(terpenoid)　一群のテルペン.

テルペン(terpene)　植物から単離され,炭素数が5の倍数である脂質.

電気陰性元素(electronegative element)　電子を容易に受け取る元素.

電気陰性度(electronegativity)　電子を引きつける原子の尺度.

電気泳動(electrophoresis)　それぞれのpI値に基づいてアミノ酸を分離する方法.

電気的陽性元素(electropositive element)　電子を容易に失いやすい元素.

電子環状反応(electrocyclic reaction)　反応物のπ結合が消えることによって新しいσ結合をもつ環状化合物が生成する反応.

電子求引性誘起効果(inductive electron withdrawal)　σ結合を通じた電子の求引.

電子供与性誘起効果(inductive electron donation)　σ結合を通じた電子の供与.

電子親和力(electron affinity)　原子が電子を受け取るときに放出するエネルギー.

電子遷移(electronic transition)　HOMOからLUMOへの電子の昇位.

電子貯め(electron sink)　電子が非局在化する部位.

転写(transcription)　DNAの青写真からのmRNAの合成.

電磁波(electromagnetic radiation)　波の性質を示す放射エネルギー.

天然存在比原子量(natural-abundance atomic weight)　天然元素の原子の平均質量.

天然物(natural product)　生体内で合成された生成物.

と

同位体(isotopes)　同じ数の陽子をもちながら,異なる数の中性子をもつ原子.

同化(anabolism)　単純な前駆体分子から複雑な化合物を合成するために生物が行う反応.

同化ステロイド(anabolic steroids)　筋肉の発達を助けるステロイド.

透視式(perspective formula)　キラル中心に結合している基の空間配置を表現する方法.2種類の結合を平面上に置いて書く.紙面から読者に向かって突き出ている結合をくさび形の実線で,読者から紙面奥に伸びる結合をくさび形の波線で示す.

糖新生(gluconeogenesis)　ピルビン酸からのD-グルコースの合成.

同旋的閉環反応(conrotatory ring closure)　同じ方向へ軌道が回転して,p軌道が同じ軸上で重なること.

同族体(homolog)　同族列を構成する化合物.

同族列(homologous series)　メチレン基の数のみが異なる同じグループの化合物の列.

糖タンパク質(glycoprotein)　多糖と共有結合しているタンパク質.

導電性ポリマー(conducting polymer)　電気伝導性を示すポリマー.

等電点(pI) (isoelectronic point)　アミノ酸の総電荷がゼロとなるpHの値.

頭-尾付加(head-to-tail addition)　分子の頭部がほかの分子の尾部に付加する反応.

特殊塩基触媒作用(specific-base catalysis)　反応の遅い過程が進行する前にプロトンを反応物から完全に引き抜く触媒作用.

特殊酸触媒作用(specific-acid catalysis)　反応の遅い過程が進行する前に，プロトンが完全に反応物のほうに移動する触媒作用.

ドーピング(doping)　共役二重結合をもつポリマー鎖からの電子の除去または付加.

トランス(異性)体(trans isomer)　水素が二重結合または環状構造の反対側にある異性体．同一の置換基が二重結合の反対側にある異性体.

トランス環水素(旗ざお水素)〔transannular hydrogens (flagpole hydrogens)〕　シクロヘキサンの舟形配座における互いに近い二つの水素.

トランス縮合(trans fused)　2番目の環を最初の環と結合している置換基の対として考える場合，両方の置換基がエクアトリアル位にあるように縮合した二つのシクロヘキサン環.

トリアシルグリセロール(triacylglycerol)　グリセロールの三つのOH基が脂肪酸によってエステル化した化合物.

トリエン(triene)　二重結合を三つもつ炭化水素.

トリオース(triose)　3炭素を含む単糖類.

トリテルペン(triterpene)　30炭素原子をもつテルペン.

トリペプチド(tripeptide)　3個のアミノ酸がアミド結合でつながったもの.

トレオ形エナンチオマー(threo enantiomers)　Fischer投影式で書かれるときの反対側にある似た基をもつエナンチオマーの対.

な

内部アルキン(internal alkyne)　三重結合が炭素鎖の末端にないアルキン.

に

二環式化合物(bicyclic compound)　少なくとも一つの炭素を共有する二つの環をもつ化合物.

二官能性分子(bifunctional molecule)　二つの官能基をもつ分子.

ニコチンアミドアデニンジヌクレオチド(NAD^+) (nicotinamide adenine dinucleotide)　いくつかの酸化反応で必要な補酵素．NADHに還元される．NADHが酸化されてNAD^+に戻るときの酸化的リン酸化でATPが2.5分子生成する.

ニコチンアミドアデニンジヌクレオチドリン酸($NADP^+$) (nicotinamide adenine dinucleotide phosphate)　NADPHに還元される補酵素．同化反応において還元剤として用いられる.

二次構造(secondary structure)　タンパク質骨格の立体配座を示したもの.

二次速度定数(second-order rate constant)　二次反応の速度定数.

二次反応(二分子反応)〔second-order reaction (bimolecular reaction)〕　反応速度が二つの反応物の濃度に依存する反応速度.

二重結合(double bond)　二つの原子をつなぐσ結合とπ結合.

二重線(doublet)　二つのピークに分裂したNMRシグナル.

二重線の二重線(doublet of doublets)　ほぼ等しい高さの四つのピークに分裂したNMRシグナル．一方の水素原子によってシグナルが二重線に分裂し，さらにほかの(非等価な)水素によって幅の異なる二重線を生じる.

二糖(disaccharide)　二つの糖分子が互いに結合している化合物.

ニトリル(nitrile)　炭素一窒素三重結合(RC≡N)を含む化合物.

ニトロ化(nitration)　ニトロ(NO_2)基がベンゼン環の水素と置換すること.

ニトロソアミン(N-ニトロソ化合物)〔nitrosoamine (N-nitroso compound)〕　$R_2NN=O$

二分子反応(二次反応)〔bimolecular reaction (second-order reaction)〕　2種類の反応物の濃度に依存する反応.

二量体(dimer)　二つの同一分子がともに加わって生成する一つの分子.

ぬ

ヌクレオシド(nucleoside)　糖(D-リボースあるいは2′-デオキシ-D-リボース)のアノマー炭素に結合した複素環状の塩基(プリンあるいはピリミジン).

ヌクレオチド(nucleotide)　ホスホリル化されたリボースのβ位に結合している複素環.

ね

ねじれ舟形配座〔twist-boat conformation (skew-boat conformation)〕　シクロヘキサンの立体配座のうちの一つ.

ねじれ形立体配座(staggered conformation)　炭素一炭素結合を見下したときに，炭素から出る結合が隣接する炭素からの結合の角度を二等分するときの立体配座.

熱可塑性ポリマー(thermoplastic polymers)　規則的に配列されている結晶性領域とアモルファス状の領域を合わせもつポリマー.

熱硬化性ポリマー(thermosetting polymers)　いったん固められると熱でも再び溶けることがない，橋かけされたポリマー.

熱反応(thermal reaction)　反応物が光を吸収することなく起こす反応.

熱分解(thermal cracking)　分子を解離させる熱を用いる.

熱力学(thermodynamics)　化学反応や平衡などの現象をエネルギーの観点から議論する化学の一分野.

熱力学的安定性(thermodynamic stability)　$\Delta G°$で示される化学反応性．$\Delta G°$が負であれば生成物は反応物よりも熱力学的に安定であり，$\Delta G°$が正であれば反応物が生成物よりも熱力学的に安定である.

熱力学的支配(thermodynamic control)　反応が熱力学的支配であるとき，その生成物の相対比は生成物の安定性に依存する.

熱力学的生成物(thermodynamic product)　最も安定な生成物.

燃焼熱(heat of combustion)　炭素を含む分子がO_2と完全に反応してCO_2とH_2Oを生じるときに発生する熱量.

は

配位(ligation) 孤立電子対を金属イオンと共有すること.

倍音バンド(overtone band) 基本吸収振動数($2v, 3v$)の倍音の吸収が起こるバンド.

配向性ポリマー(oriented polymer) 重合鎖を伸ばし，平行に並べることで得られるポリマー.

配座異性体(conformer) 分子の異なる立体配座.

背面攻撃(back-side attack) 脱離基に結合している側と反対側からの求核攻撃.

パイロシークエンス(pyrosequencing) プライマーを付加するそれぞれの塩基の種類を検出することによりポリヌクレオチド中の塩基配列を決定するのに用いられる手法.

薄層クロマトグラフィー(thin-layer chromatography) その極性をもとに分子を分離する方法.

橋かけ（架橋）(cross-linking) 分子間での結合形成によってポリマー鎖が連結すること.

波数(wavenumber) 1 cm のなかにある波の数.

旗ざお水素（トランス環水素）〔flagpole hydrogens (transannular hydrogens)〕 シクロヘキサンの舟形配座での互いに近い二つの水素.

波長(wavelength) ある波の任意の点から次の波での対応する点までの距離（通常，単位は μm あるいは nm）.

発エルゴン反応(exergonic reaction) 負の $\Delta G°$ を含む反応.

発色団(chromophore) UV あるいは可視スペクトルで吸収帯が見える分子の部分.

発熱反応(exothermic reaction) 負の $\Delta H°$ をもつ反応.

波動関数(wave functions) 波動方程式の一連の解.

波動方程式(wave equation) 原子，分子のそれぞれの電子のふるまいを記述する方程式.

バナナ結合(banana bond) 正面から重なるよりも角度をつけて重なる結果として弱くなる小員環のσ結合.

パラフィン(paraffin) アルケン.

ハロゲン化(halogenation) ハロゲン(Br_2, Cl_2, I_2)との反応.

ハロゲン化アシル(acyl halide)

$$\underset{R}{\overset{O}{\|}}{C}-Cl \quad または \quad \underset{R}{\overset{O}{\|}}{C}-Br$$

ハロゲン化アルキル（アルキルハライド） alkyl halide アルカン水素の一つがハロゲンで置換された化合物.

ハロヒドリン(halohydrin) ハロゲンと OH 基が互いに隣接した炭素に結合した有機分子.

ハロホルム反応(haloform reaction) ハロゲンおよび HO− とメチルケトンとの反応.

半いす形立体配座(half-chair conformation) シクロヘキサンの最も不安定な立体配座.

反結合性分子軌道(antibonding molecular orbital) 反対の符号をもつ二つの原子軌道が相互作用するときの分子軌道．反結合性軌道の電子によって，結合の強さが低下する.

反対称分子軌道(antisymmetric molecular orbital) 左半分（あるいは上半分）が，右半分（あるいは下半分）の鏡像にならない分子軌道.

反応機構(mechanism of a reaction) 反応物から生成物への変化を一段階ずつ書いたもの.

反応座標図(reaction coordinate diagram) 反応過程でのエネルギー変化の図.

反応性-選択性の原理(reactivity-selectivity principle) 化学種の反応性が増大すると選択性が低下するという原理.

反復合成(iterative synthesis) 反応過程が一段階以上で行われる合成.

反芳香族(antiaromatic) 偶数組のπ電子対を含む p 軌道をもつ原子を含んだ環をもち，環状かつ平面である化合物.

半保存的複製(semiconservative replication) もとの DNA らせんの一方と合成らせんをもつ DNA から娘分子が生成する複製の形式.

ひ

ビオチン(biotin) エステル部位またはケト基に隣接した炭素のカルボキシ化を触媒する補酵素.

非還元糖(nonreducing sugar) Ag^+ や Cu^+ のような反応剤によって酸化されない糖．非還元糖は開いた鎖状のアルドースやケトースと平衡にはない.

非環状(acyclic) 環状でない.

非局在化エネルギー（共鳴エネルギー）〔delocalization energy (resonance energy)〕 電子の非局在化の結果として生じる安定化エネルギー.

非局在化電子(delocalized electrons) 二つ以上の原子によって共有されている電子.

非極性共有結合(nonpolar covalent bond) 結合電子を等しく共有する二つの原子間にできる結合.

非結合性分子軌道(nonbonding molecular orbital) 異なる原子上にある二つの原子軌道どうしが近づくことで生じる二つの分子軌道のうち，エネルギーの高いほう．逆位相で重なる.

非結合電子対（孤立電子対）〔nonbonding electrons (lone-pair electrons)〕 結合に用いられない価電子.

微結晶(crystallite) ポリマー鎖が互いに規則的に配列された領域.

微視的可逆性の原理(principle of microscopic reversibility) 正方向の反応の中間体と律速段階は逆方向の反応と同じである.

ビシナルジオール（ビシナルグリコール）〔vicinal diol (vicinal glycol)〕 隣接位の炭素に結合した OH 基を二つもつ化合物.

ビシナルジハロゲン化物(vicinal dihalide) 隣接位の炭素に結合したハロゲンを二つもつ化合物.

比旋光度(specific rotation) 1.0 dm の長さの試験管中の 1.0 g mL^{-1} の濃度の化合物溶液によって引き起こされる旋光の度合い.

非対称エーテル(unsymmetrical ether) 酸素に結合する置換基が異なるエーテル.

ビタミン(vitamin) 生体内で合成できない，または十分な必要量を合成できない，生体が日常機能するのに少量だけ必要な物質.

ビタミン KH$_2$(vitamin KH$_2$) グルタミン酸側鎖のカルボキシ化を触媒する酵素に必要な補酵素.

必須アミノ酸(essential amino acid) 体内でまったく合成されないか，合成されても不十分であるため，人間が日常の食餌から必ず摂取しなければならないアミノ酸.

ヒトゲノム(human genome) 人間の細胞の DNA 全体.

ヒドラゾン(hydrazone) $R_2C=NNH_2$

ヒドリドイオン(hydride ion) 負に帯電した水素.

1,2-ヒドリドシフト(1,2-hydride shift) ヒドリドイオンの炭素から隣接する炭素への移動.

ヒドロホウ素化-酸化(hydroboration-oxidation) ボランをアルケンあるいはアルキンに付加させたのち，過酸化水素と反応させる反応.

ピナコール転位(pinacol rearrangement) ビシナルジオールの転位反応.

ビニルカチオン(vinylic cation) ビニル炭素上に正電荷をもつ化学種.

ビニル基(vinyl group)　$CH_2=CH-$
ビニル炭素(vinylic carbon)　炭素-炭素二重結合上の炭素.
ビニルポリマー(vinyl polymer)　エチレンまたは置換エチレンをモノマーとしてつくられたポリマー.
ビニルラジカル(vinylic radical)　ビニル炭素上に不対電子をもつ化学種.
ビニロジー(vinylogy)　二重結合を通じた反応性の伝達.
非プロトン性溶媒(aprotic solvent)　酸素あるいは窒素に結合する水素をもたない溶媒.
標的分子(target molecule)　合成における望みの最終生成物.
ピラノシド(pyranoside)　六員環のグリコシド.
ピラノース(pyranose)　六員環構造の糖.
ピリドキサールリン酸(PLP)(pyridoxal phosphate)　アミノ酸のある種の変換を触媒する酵素に必要な補酵素.

ふ

部位特異的突然変異誘発(site-specific mutagenesis)　タンパク質上のアミノ酸の一つをほかのアミノ酸に置換する技術.
部位特異的認識(site-specific recognition)　DNA の特定部位の認識.
フィードバック阻害因子(feedback inhibitor)　その化合物自身の生合成のはじめの段階を阻害する化合物.
フェニル基(phenyl group)　C_6H_5-
フェニルヒドラゾン(phenylhydrazone)　$R_2C=NNHC_6H_5$
フェノン(phenone)　$C_6H_5-\overset{O}{\underset{\|}{C}}-R$
フェロモン(pheromone)　生理学的あるいは行動による応答を刺激する同種の動物によって分泌される化合物.
1,2-付加(直接付加)〔1,2-addition(direct addition)〕　共役系の 1 位および 2 位への付加.
1,4-付加(共役付加)〔1,4-addition(conjugate addition)〕　共役系の 1 位および 4 位への付加.
付加環化反応(cycloaddition reaction)　π 結合をもつ二つの分子から環状化合物が生成する反応.
[4+2]付加環化反応([4+2]cycloaddition reaction)　四つの p 電子をもつ反応物と二つの p 電子をもつ反応物との付加環化反応.
付加重合体(連鎖重合体)〔addition polymer(chain-growth polymer)〕　成長鎖の末端へモノマーを付加してできるポリマー.
不活性化置換基(deactivating substituent)　芳香環の反応性を低下させる置換基. 電子求引性置換基は芳香環の求電子攻撃を低下させる. 電子供与性置換基により芳香環の求核攻撃は低下する.
付加反応(addition reaction)　原子や置換基が反応物に加えられる反応.
不均一系触媒(heterogeneous catalyst)　反応混合物に溶けない触媒.
不均化(disproportionation)　ラジカルによって水素原子がほかのラジカルに転移し, アルカンとアルケン分子を生じること.
不均等結合開裂(ヘテロリシス)〔heterolytic bond cleavage (heterolysis)〕　結合開裂によって結合電子がともに一方の原子に残ること.
副溝(minor groove)　DNA の 2 種類の互い違いに現れる溝のうち, 狭くて浅いほうの溝.
複雑な炭水化物(complex carbohydrate)　二つまたはそれ以上の糖が互いに結合した炭化水素.
副腎皮質ステロイド(adrenal cortical steroids)　グルココルチコイドとミネラルコルチコイド.
複製(replication)　DNA の同一のコピーの合成.
複製フォーク(replication fork)　複製が始まる DNA 上の位置.
複素環化合物〔heterocyclic compound(heterocycle)〕　1 個あるいはそれ以上のヘテロ原子を環に含んでいる環状化合物.
不斉中心(asymmetric center)　四つの異なる原子あるいは基に結合する原子.
N-フタルイミドマロン酸エステル合成(N-phthalimidomalonic ester synthesis)　マレイン酸エステルと Gabriel 合成を結びつけたアミド酸の合成法.
沸点(boiling point)　蒸気圧が気圧に等しくなる温度.
舟形配座(boat conformation)　舟によく似たシクロヘキサンの立体配座.
部分加水分解(partial hydrolysis)　ポリペプチドのペプチド結合のいくつかのみを加水分解する操作.
部分ラセミ化(partial racemization)　エナンチオマーの対が部分的に生じること.
不飽和炭化水素(unsaturated hydrocarbon)　二重結合または三重結合を一つ以上含む炭化水素.
ブラインドスクリーニング(ランダムスクリーニング)〔blind screening(random screening)〕　活性についての化学構造情報なしに薬理学的に活性な化合物を探索する方法.
フラノシド(furanoside)　五員環のグリコシド.
フラノース(furanose)　五員環構造の糖.
フラビンアデニンジヌクレオチド(FAD)(flavin adenine dinucleotide)　いくつかの酸化反応で必要な補酵素. $FADH_2$ に還元される. $FADH_2$ が酸化されて FAD に戻るときの酸化的リン酸化で ATP が 1.5 分子する.
フラビンモノヌクレオチド(FMN)(flavin mononucleotide)　いくつかの酸化反応で必要な補酵素. $FMNH_2$ に還元され, ほかの反応の還元剤として働く.
ブランド名(商標名, 登録名)〔brand name(proprietary name, trade name)〕　ほかの商品と区別するための商品名. 登録商標のもち主によってのみ使用できる.
ブルーシフト(blue shift)　短波長シフト.
プロキラルカルボニル炭素(prochiral carbonyl carbon)　すでに結合している基がそれとは別のある基によって攻撃された場合に不斉中心となるカルボニル炭素.
プロキラル中心(prochirality center)　水素の一つが重水素と置き換わった場合に, 不斉中心となる二つの水素に結合する炭素.
プロスタサイクリン(prostacyclin)　アラキドン酸由来の脂質で, 血管を拡張させ血小板の凝集を抑制する.
ブロック共重合体(block copolymer)　2 種類のモノマーのブロックが存在する共重合体.
プロトポルフィリン IX(protoporphyrin IX)　ヘムを構成するポルフィリン環構造.
プロドラッグ(prodrug)　体内で反応が起きるまでは薬理作用を示さない化合物.
プロトン(proton)　正に帯電している水素(H^+). 原子核の正に帯電している粒子.
プロトン移動反応(proton transfer reaction)　プロトンが酸から塩基に移動する反応.
プロトン性溶媒(protic solvent)　酸素あるいは窒素に結合する水素をもつ溶媒.
プロトンデカップリング ^{13}C NMR スペクトル(proton-decoupled ^{13}C NMR spectrum)　原子核とそこに結合した水素間のカップリングがないために, すべてのシグナルが一

重線として現れる ^{13}C NMR スペクトル.

プロモーター部位(promoter site) 遺伝子のはじめにある短い塩基配列.

フロンティア軌道(frontier orbitals) HOMO と LUMO.

フロンティア軌道解析(frontier orbital analysis) ペリ環状反応などの反応をフロンティア軌道で説明する方法.

フロンティア軌道理論(frontier orbital theory) 軌道の対称性の保存のように,反応物と生成物の関係,ペリ環状反応などの多くの化学反応の反応条件を説明する理論.

分極率(polarizability) 原子の電子雲のゆがみやすさを示す尺度.

分光法(spectroscopy) 物質と電磁波の相互作用を示す方法.

分子イオン(親イオン)〔molecular ion(parent ion)〕 最も大きな m/z をもつ質量スペクトルのピーク.

分子間反応(intermolecular reaction) 二つの分子間で起こる反応.

分子軌道(molecular orbital) 分子にある軌道.

分子軌道理論(molecular orbital theory) 電子が原子の軌道にあるように,分子全体に存在するモデルを記述したもの.

分子修飾(molecular modification) リード化合物の構造を変えること.

分子内触媒作用(隣接基補助)〔intramolecular catalysis(anchimeric assistance)〕 反応の進行中の分子の一部に反応を促進する部位がある触媒作用.

分子内反応(intramolecular reaction) 同一分子内で起こる反応.

分子認識(molecular recognition) 特有の相互作用の結果,ほかの分子によって標的の分子を認識すること.たとえば,酵素と基質の特異的な相互作用など.

分子モデリング(molecular modeling) 化合物の分子構造の特徴をコンピューターを用いてデザインしたもの.

分配係数(distribution coefficient) 互いに接触している 2 種類の溶液それぞれに溶けている化合物の量の比.

分離した電荷(separated charges) 電子の運動によって中和できる正と負の電荷.

分裂図(splitting diagram) プロトンの集合の分裂を示す図.

へ

平衡支配(equilibrium control) 熱力学支配.

平衡定数(equilibrium constant) 平衡における生成物の反応物に対する比あるいは正反応と逆反応の速度定数の比.

ベースピーク(base peak) 質量スペクトルでの最も存在度の高いピーク.

ヘキソース(hexose) 6 炭素を含む単糖類.

ベクトル和(vector sum) 複数の結合の双極子の大きさと方向の両方を考慮したもの.

ヘテロ原子(heteroatom) 炭素あるいは水素以外の原子.

ペプチド(peptide) アミノ酸がアミド結合で連結したポリマー.ペプチドはタンパク質に比べてアミノ酸残基の数が少ない.

ペプチド核酸(PNA)(peptide nucleic acid) DNA あるいは mRNA の特定の残基に結合するようにデザインされたアミノ酸と塩基の両方を含む多量体.

ペプチド結合(peptide bond) ペプチドあるいはタンパク質において,アミノ酸どうしをつないでいるアミド結合.

ペプチド鎖間ジスルフィド架橋(interchain disulfide bridge) 異なるタンパク質の二つのシステイン残基が鎖をまたがって形成するジスルフィド架橋.

ペプチド鎖内ジスルフィド架橋(intrachain disulfide bridge) 二つのシステイン残基が同じタンパク質の鎖をまたがって形成するジスルフィド架橋.

ヘプトース(heptose) 7 炭素を含む単糖類.

ヘミアセタール(hemiacetal)

$$R-\underset{OR}{\underset{|}{C}}-H \quad \text{または} \quad R-\underset{OR}{\underset{|}{\overset{OH}{\underset{|}{C}}}}-R$$

ヘミケタール(hemiketal)

$$R-\underset{OR}{\underset{|}{\overset{OH}{\underset{|}{C}}}}-R$$

ペリ環状反応(pericyclic reaction) 電子の環状転移の結果として起こる協奏反応.

変角振動(bending vibration) 結合線に沿って起こらない振動モードで,結合角の変化するもの.

偏光(polarized light) 一つの面上でのみ振動する光.

ベンザイン中間体(benzyne intermediate) ベンゼンの二重結合の一つが三重結合になった化合物.

ベンジル位炭素(benzylic carbon) ベンゼン環に結合した sp^3 混成炭素.

ベンジルカチオン(benzylic cation) ベンジル位炭素上に正電荷をもつ化学種.

ベンジル基(benzyl group) C₆H₅—CH₂—

変性(denaturation) タンパク質の高度に組織化した三次構造が壊れること.

変旋光(mutarotation) 旋光度の値が徐々に変化して平衡値に達する現象.

ベンゾイル基(benzoyl group) カルボニル基と結合したベンゼン環をもつ置換基.

ペントース(pentose) 5 炭素を含む単糖類.

ほ

補因子(cofactor) ある酵素が反応を触媒するのに必要な有機分子あるいは金属イオン.

芳香族(aromatic) 奇数組の π 電子対を含む p 軌道をもつ原子からなる連続した環をもち,環状かつ平面である化合物.

芳香族求核置換反応(nucleophilic aromatic substitution) 求核剤が芳香族環の置換基と置換する反応.

芳香族求電子置換反応(electrophilic aromatic substitution) 求電子剤が芳香族環の水素を置換する反応.

放出反応(extrusion reaction) 中性分子(CO_2,CO,および N_2)が分子から脱離する反応.

包接化合物(inclusion compound) 金属イオンあるいは有機化合物と特異的に結合した化合物.

飽和炭化水素(saturated hydrocarbon) 水素で完全に飽和した(すなわち二重結合も三重結合も含まない)炭化水素.

補欠分子族(prosthetic group) アポ酵素と強く結合した場合の補酵素.

補酵素(coenzyme) 有機分子の補因子.

補酵素 A(coenzyme A) チオエステルを生成するために生体で用いるチオール.

補酵素 B_{12}(coenzyme B_{12}) いくつかの転位反応を触媒する酵素に必要な補酵素.

保護基(protecting group) そのままでは反応してしまうような合成操作から官能基を保護する反応剤のこと.

ホスファターゼ(phosphatase) 基質からリン酸基を除去する酵素.

ホスファチジン酸(phosphatidic acid) リン酸エステルの OH

基のうちの一つだけがエステル結合になっているホスホアシルグリセロール.

ホスホアシルグリセロール (ホスホグリセリド) [phosphoacyl-glycerol (phosphoglyceride)] グリセロールの二つの OH 基が脂肪酸とエステルを生成し，残りの末端の OH 基がリン酸エステルを形成したときの化合物.

ホモトピック水素 (homotopic hydrogens) 炭素原子に結合する二つの原子が同一のとき，その炭素原子に結合する残りの二つの水素.

ホモポリマー (homopolymer) モノマーを 1 種類のみ含むポリマー.

ポリアミド (polyamide) アミドをモノマーとするポリマー.

ポリウレタン (polyurethane) ウレタンを単位とするポリマー.

ポリエステル (polyester) エステルを単位とするポリマー.

ポリエン (polyene) いくつかの二重結合をもつ化合物.

ポリカーボネート (polycarbonate) 炭酸ジエステル部位をもつ逐次重合体.

ポリヌクレオチド (polynucleotide) ホスホジエステル結合でつながっている多くのヌクレオチド.

ポリ不飽和脂肪酸 (polyunsaturated fatty acid) 二重結合をもつ脂肪酸.

ポリペプチド (polypeptide) 多くのアミノ酸がアミド結合でつながったもの.

ポリメラーゼ連鎖反応 (polymerase chain reaction) DNA の断片を増幅させる方法.

ポルフィリン環構造 (porphyrin ring system) 四つのピロール環が間に炭素を一つはさんで橋かけされて結合している化合物.

ホルモン (hormone) 腺で合成される有機化合物で，その標的の組織に血液によって運ばれるもの.

ホロ酵素 (holoenzyme) 酵素に補酵素を足したもの.

翻訳 (translation) mRNA の青写真に基づいたタンパク質の合成.

ま

膜 (membrane) 細胞の内容を孤立化させるために細胞を囲む物質.

末端アルキン (terminal alkyne) 炭素鎖の末端に三重結合のあるアルキン.

マロン酸エステル合成 (malonic ester synthesis) マロン酸ジエチルを出発物質として用いたカルボン酸の合成.

み

ミセル (micelle) 分子の球状会合で，それぞれが長い疎水性の尾部と極性の大きい頭部をもつことで，極性の大きい頭部が球の外側に配置している.

む

ムターゼ (mutase) ある位置から別の位置へ官能基を移動させる酵素.

め

メカニズム準拠型阻害剤 (自殺型阻害剤) [mechanism-based inhibitor (suicide inhibitor)] 自身がその酵素反応を受けることで酵素を不活性化する化合物.

メソ化合物 (meso compound) 不斉中心を複数もち対称面をもつ化合物.

メタ配向置換基 (meta-directing substituent) すでにある置換基のメタ位に配向させるような置換基.

1,2-メチルシフト (1,2-methyl shift) 結合電子対をもつメチル基の炭素から隣接する炭素への移動.

メチレン基 (methylene group) CH_2 基.

メチン水素 (methine hydrogen) 第三級水素.

メルカプタン (チオール) [mercaptan (thiol)] アルコールの硫黄置換体 (RSH).

も

モノテルペン (monoterpene) 10 炭素を含むテルペン.

モノマー (monomer) ポリマー (高分子) で繰り返されている単位.

モルオゾニド (molozonide) アルケンとオゾンとの反応で生じる，三つの酸素原子をもつ五員環を含む不安定中間体.

モル吸光率 (molar absorptivity) 1.00 cm の光路長をもつセル中の $1.00\ mol\ L^{-1}$ の溶液の吸光度.

や

薬剤耐性 (drug resistance) 特定の薬への生物学的耐性.

薬物相乗作用 (drug synergism) 2 種類の医薬品を組み合わせて使うことによる効果で，それぞれを単独で投与したときに比べて効果が大きい.

ゆ

有機化合物 (organic compound) 炭素を含む化合物 (ただし，CO，CO_2，炭酸塩などは除く).

有機金属化合物 (organometallic compound) 炭素―金属結合を含む化合物.

有機合成 (organic synthesis) ほかの有機化合物から特定の有機化合物を得ること.

誘起双極子-誘起双極子間相互作用 (induced-dipole-induced-dipole interaction) 一方の分子の一時的に生じた双極子ともう一方の分子の一時的に生じた双極子との間の相互作用.

有機ホウ素化合物 (organoboron compound) C—B 結合を含む化合物.

有効磁場 (effective magnetic field) プロトンが周囲の電子雲を通して "感じる" 磁場.

有効モル濃度 (effective molarity) 分子間反応が分子内反応と同じ反応速度で進行するために，分子内反応で必要な反応物の濃度.

融点 (melting point) 固体が液体に変化する温度.

誘電率 (dielectric constant) 溶媒が互いに反対の符号の電荷をどの程度打ち消し合うかを決める尺度.

誘導適合モデル (induced-fit model) 酵素と基質の特異性を記述するモデル. 基質が酵素と結合するまでは，活性部位の形は基質の形と完全には適合しない.

よ

陽イオン交換樹脂 (cation-exchange resin) イオン交換クロマトグラフィーに用いられる負に荷電した樹脂.

溶解金属還元 (dissolving-metal reduction) ナトリウムあるいはリチウム金属を液体アンモニアに溶解させて行う還元.

溶媒分離イオン対 (solvent-separated ion pair) 溶媒分子に

溶媒和(solvation)　溶媒とほかの分子(あるいはイオン)との相互作用.

四次構造(quaternary structure)　タンパク質中の個々のポリペプチド鎖の互いの位置関係を示したもの.

ヨードホルム試験(iodoform test)　I_2/HO をメチルケトンに加えることでトリヨードメタンの沈殿が起きる.

ら

ラクタム(lactam)　環状アミド.

ラクトン(lactone)　環状エステル.

ラジカル(radical)　孤立電子をもつ化学種.

ラジカルアニオン(radical anion)　負電荷と孤立電子をもつ化学種.

ラジカル開始剤(radical initiator)　ラジカルを生成する化合物.

ラジカルカチオン(radical cation)　正電荷と孤立電子をもつ化学種.

ラジカル重合(radical polymerization)　ラジカル開始剤によって，その成長末端がラジカルになる連鎖成長重合.

ラジカル阻害剤(radical inhibitor)　ラジカルを捕捉する化合物.

ラジカル置換反応(radical substitution reaction)　ラジカル中間体を含む置換反応.

ラジカル反応(radical reaction)　ある反応剤から1電子，もう一方の反応剤から1電子を使って新しい結合が生成する反応.

ラジカル付加反応(radical addition reaction)　付加する種がラジカルである付加反応.

ラジカル連鎖反応(radical chain reaction)　ラジカルが生じてそのラジカルが連鎖成長段階で変化する反応.

ラセミ混合物(ラセミ体)〔racemic mixture(racemate, racemic modification)〕　エナンチオマーの対が等量混合したもの.

ラセミ混合物の分割(resolution of a racemic mixture)　ラセミ混合物を個々のエナンチオマーに分離すること.

ランダム共重合体(random copolymer)　二つのモノマーがランダムに重合している共重合体.

ランダムコイル(random coil)　完全に変性したタンパク質のコンホメーション.

ランダムスクリーニング(ブラインドスクリーニング)〔random screening(blind screening)〕　活性についての化学構造情報なしに薬理学的に活性な化合物を探索する方法.

り

律速段階〔rate-determining step(rate-limiting step)〕　多段階反応で遷移状態のエネルギーが最も高い段階.

立体異性体(stereoisomers)　構成原子の空間的配置だけが異なっている異性体.

立体化学(stereochemistry)　分子構造を三次元で扱う化学の分野.

立体効果(steric effects)　置換基が空間のある部分を占める事実による効果.

立体障害(steric hindrance)　反応場において反応中心にあるかさ高い置換基が反応物が互いに近接することを困難にすること.

立体選択的反応(stereoselective reaction)　一方の立体異性体を他方よりも優先的に得る反応.

立体中心〔stereogenic center(stereocenter)〕　二つの基の交換により立体異性体を生じる原子.

立体電子効果(stereoelectronic effects)　立体効果と電子効果をあわせたもの.

立体特異的反応(stereospecific reaction)　反応物が立体異性体の混合物として存在し，それぞれの異性体がそれぞれ異なる立体異性体を生成物として与える場合の反応.

立体配座(conformation)　σ結合の回転によって生じる分子の三次元表示.

立体配座解析(conformational analysis)　化合物のさまざまな立体配座とその相対的安定性を究明すること.

立体配置(configuration)　化合物の特定の原子の三次元構造. R か S で示される.

立体配置異性体(configurational isomers)　共有結合が開裂しない限り，互いに変換しない立体異性体. シス-トランス異性体および光学異性体が含まれる.

立体配置の反転(inversion of configuration)　強風によってひっくり返った傘のように炭素の配置が変わること. これにより生成物の立体化学が反応物と反対になる.

立体ひずみ(van der Waals ひずみ, van der Waals 反発)〔steric strain(van der Waals strain, van der Waals repulsion)〕　原子や基の電子雲とほかの原子(あるいは基)の電子雲間の反発.

リード化合物(lead compound)　ほかの生物活性化合物の探索のための基準物質.

リビング重合体(living polymer)　停止反応がなく，成長末端をもたないポリマー鎖. すなわち，この重合反応はモノマーがある限り反応し続ける.

リボ核酸(RNA)(ribonucleic acid)　リボヌクレオチドの重合体.

リボザイム(ribozyme)　触媒として働く RNA 分子.

リポ酸(lipoate)　ある酸化反応で必要なジスルフィド架橋をもつ補酵素.

リボソーム(ribosome)　約40%がタンパク質で60%が RNA で構成されている，タンパク質合成を行う粒子.

リボヌクレオチド(ribonucleotide)　糖の単位が D-リボースであるヌクレオチド.

量子数(quantum numbers)　原子内の電子の性質を表すための量子力学で現れる数.

両性化合物(amphoteric compound)　酸と塩基のいずれとしてもふるまうことができる化合物.

リン酸転移反応(phosphoryl transfer reaction)　リン酸部位の分子から分子への転移.

リン酸無水物結合(phosphoanhydride bond)　二つのリン酸分子の縮合による結合.

リン脂質(phospholipid)　リン酸を含む脂質.

隣接基補助(分子内触媒)〔anchimeric assistance(intramolecular catalysis)〕　反応を促進する触媒部位が反応進行中の分子の一部になる触媒.

る

ループコンホメーション(コイルコンホメーション)〔loop conformation(coil conformation)〕　高次に組織されたタンパク質で，αヘリックスでもβシートでもない配座.

れ

励起状態の電子配置(excited-state electronic configuration)　基底状態の電子が高いエネルギー準位に移ったときに生じる

電子配置.
レシチン(lecithin) リン酸イオンの 2 番目の OH 基がコリンとエステルを生成するホスホアシルグリセロール.
レッドシフト(red shift) 長波長側への吸収の移動.
レドックス反応(酸化-還元反応)〔redox reaction(oxidation-reduction reaction)〕 化学種間の電子の授受を含む反応.
レトロウイルス(retrovirus) 遺伝情報がその RNA に貯蔵されているウイルス.
連鎖移動(chain transfer) 成長鎖が分子 XY と反応するとき,X が鎖の成長を停止し,Y が新しい連鎖を開始させること.
連鎖開始段階(initiation step) ラジカルが生じる段階,あるいは成長段階の最初でラジカルが必要になる段階.
連鎖重合体(付加重合体)〔chain-growth polymer(addition polymer)〕 成長鎖の末端へモノマーを付加させてできるポリマー.
連鎖成長段階(propagation step) 連鎖成長段階の最初では,ラジカル(求核剤か求電子剤でもよい)が反応して別のラジカル(あるいは求核剤か求電子剤)を生成し,それが反応物となって別のラジカル(あるいは求核剤か求電子剤)を生成する.
連鎖停止段階(termination step) 二つのラジカルが結合し,すべての電子が対になる段階.

ろ

ろう(wax) 長鎖のカルボン酸と長鎖アルコールから生成するエステル.

写真版権一覧

16章 p.810 Robert plotz/Fotolia　p.815 Pearson Science/Eric Schrader　p.816 kellyrichardson/depositphotos　p.820 Paula Bruice　p.832（上）Andre Nantel/Shutterstock　p.832（下）Arvedphoto/iStockpoto　p.844 AtWaG/iStockphoto　p.847 ©Jack Milchanowski/age footstock　p.855 Uwe Bumann/StockPodium　p.862 Daily Mail/Rex/Alamy

17章 p.884 Symbiot/Shutterstock　p.929 T. Karanitsch/Shutterstock　p.933（上）mountainpix/Shutterstock　p.933（下）AlessandroZocc/Shutterstock　p.934 Kefca/Shutterstock

18章 p.956 Jasminka KERES/Shutterstock

19章 p.1016 col/Shutterstock　p.1018 elnavegante/Fotolia　p.1064 pressmaster/Fotolia　p.1067 Baronb/Fotolia

20章 p.1103 Paula Bruice　p.1107 kanusommer/Shutterstock

21章 p.1135 Teptong/Fotolia　p.1149 Mary Evans Picture Library/©PPS通信社　p.1163 Paula Bruice　p.1164 volff/Fotolia　p.1167（上）Biophoto Associates/Science Photo Library/©PPS通信社　p.1167（下）Justin Black/Shutterstock　p.1168 Willee Cole/Fotolia　p.1171 Mary Evans Picture Library/©PPS通信社

22章 p.1182 Kateryna Larina/Shutterstock　p.1228 by-studio/Fotolia

24章 p.1272 Image Source/Alamy　p.1274 kneiane/Fotolia　p.1277 Joanie Blum/Bundy Baking Solutions Museum　p.1309 ultimathule/Shutterstock

25章 p.1314 Erich Lessing/Art Resource　p.1331 Anthony Stanlet/Actionplus/Newscom　p.1339 Tsurukame Design/Shutterstock

26章 p.1359 Paul Fleet/Shutterstock　p.1363（右）National Library of Medicine/©PPS通信社　p.1363（左）A. Barrington Brown/Science Photo Library/©PPS通信社　p.1378 CDC　p.1385 Professor George O. Poinar/Oregon State University　p.1386 Pioneer Hi-Bred, International, Inc.

27章 p.1392 emar/Fotolia　p.1398 photobank.ch/Shutterstock　p.1401 Pearson Science/Renn Sminkey　p.1408 tanewpix/Shutterstock　p.1413 Charles D. Winters/Science Source/©PPS通信社　p.1414 South 12th/Fotolia　p.1415 Jeremy Smith/Shutterstock　p.1422 Pearson Education

28章 p.1428 Vibrant Image Studio/Shutterstock　p.1453 Fer Gregory/Shutterstock　p.1454 HitToon.Com/Shutterstock

用語索引

人　名

Adolf von Baeyer	143
Alan Heeger	405
Alan MacDiarmid	405
Albert Einstein	5
Alexander Fleming 卿	851
Alexander M. Zaitsev	512
Alexander Williamson	537
Alfred Bernhard Nobe	531
André Dumas	1150
Andre Geim	37
Archer J. P. Martin	529
Arthur A. Frost	401
Bruce Merrifield	1212
Charles Friedel	1028
Charles Goodyear	1410
Charles Macintosh	1409
Christiaan Eijkman	1274
Christopher Ingold	464
Daniel Koshland	1252
Derek Barton	529
D. N. Kursanov	842
Donald Woods	1303
Dorothy Crowfoot Hodgkin	788, 1299
Edward Hughes	464
Eilhardt Mitscherlich	207, 1016
Elias J. Corey	1095
Emil Fischer	
	180, 848, 1138, 1148, 1149, 1252
Erich Hückel	393
Ernest Chain	851
Erwin Chargaff	1365
Erwin Schrödinger	6
Eugene Geiling	1065
Felix Hoffman	840
Frances O. Keisey	327, 1065
Francis H. C. Crick	788, 1359, 1363
Frederick Sanger	1382
Friedrich August Kekulé von Stradonitz	
	379, 380, 1150
Friedrich Wöhler	2
Gilbert N. Lewis	9, 87
Giulio Natta	1407
Guglielmo Marconi	736
Harold W. Kroto	395
Henry Gilman	612
Hermann Staudinger	1393
Howard Florey	851
Ira Remsen	1173
James Crafts	1028
James D. Watson	788, 1359, 1363
Jean-Baptiste Biot	186, 207
Jerry Donohue	1366
Johann Friedrich Wilhelm Adolf von Baeyer	
	144
Johann Lambert	715
John Collins Warren	575
Jöns Jakob Berzelius	2
Joseph Lister 卿	851
Julius Bredt	446
Karl Ziegler	1407
Konrad Bloch	1353
Konstantin Novoselov	37
Kurt Alder	427
Leo Sternbach	915
Linus Pauling	32, 609
Louis Chardonnet	1393
Louis de Broglie	6
Louis Pasteur	206, 1393
Ludwig Eduard Boltzmann	247
Maurice Wilkins	1363
Max Planck	6
Michael Faraday	1016
Myron Bender	841
Nikola Tesla	736
Otto Diels	427
Paul Sabatier	379
Paul Walden	468
Percival Pott	587
Rachel Carson	462
Richard Buckminster Fuller	395
Richard E. Smalley	395
Richard L. M. Synge	529
Roald Hoffmann	1431
Robert B. Woodward	1095, 1431
Robert F. Curl, Jr.	395
Robert Hooke	699
Rosalind Franklin	788, 1363
Thomas Edison	736
van't Hoff	380
Vicks Vapor Inhaler	171
Victor Grignard	610
Vladimir Markovnikov	279
Walter Gilbert	1382
Walter Haworth	529
Wilhelm Beer	715
William H. Bragg	529
William Thomson（ケルビン卿）	241
白川英樹	405
福井謙一	1431

数　字

1日当たりの許容摂取量（ADI）	1175
2,4-D	1018
2,4,5-T	1018
2-D NMR	786
2D ^{13}C INADEQUATE＊スペクトル	786
3D, 4D NMR	783
$4n+2$ 則（$4n+2$ rule）	393
5-FU	1305
9-BBN	357
13 の規則（rule of 13）	680

アルファベット

ABS	1411
Aclovir®	1381
Acrilan®	1395
ADI	1175
ADP	1362
Advil®	208, 841, 1086
Agent Orange	1018
Aleve®	171, 190, 324, 841
Allegra®	1123
ALS	1189
AMP	1362
Amytal®	1014
Antabuse®	571
ArOH	1019
Arrhenius 式（Arrhenius equation）	248
ATP	1276, 1317, 1318, 1330, 1362, 1363
Azilect®	342
AZT	1388
Baeyer-Villiger 酸化（Baeyer-Villiger oxidation）	926
Baylis-Hillman 反応（Baylis-Hillman reaction）	955
Beer-Lambert の法則（Beer-Lambert law）	715
Benzocaine®	590
BF$_3$	1113
BHA	660
BHT	660
BINAP	324
Biological Macromolecule Crystallization Database	788
Biopot®	1422

Bitrex®		590
t-Boc		1210, 1212
Boltzmann 分布曲線		247
BPA		1421
Breathalyzer TM 試験		571
Bredt 則		446
Brønsted-Lowry の定義		60, 93
Cahn-Ingold-Prelog 順位則		181
Cannizzaro 反応		1013
Cardura®		880
CAS		789
Celebrex®		841
Claisen 縮合（Claisen condensation）		981, 999
Claisen-Schmidt 縮合（Claisen-Schmidt condensation）		979
Claisen 転位（Claisen rearrangement）		1448
Claritin®		1123
Clemmensen 還元（Clemmensen reduction）		1033
Contergan		327
Cope 脱離（Cope elimination）		1130
Cope 転位（Cope rearrangement）		1448
COSY スペクトル（COSY spectrum）		784
エチルビニルエーテルの——		784
1-ニトロプロパンの——		785
Coumadin®		1309
COX-2 阻害剤		840
Cubicin®		1169
Cytosar®		1381
C 型肝炎		1381
C 末端アミノ酸（C-terminal amino acid）		1202, 1217
D（debye）		14
D_2O		774
DABCO		955
Dacron®		864, 1394, 1415
dADP		1362
dAMP		1362
dATP		1362
DBN		534
DBU		534
DCC		1209, 1212
DDE		462
DDT		462
Delrin®		1427
DEPT ^{13}C NMR		783
Dewar ベンゼン		1458
Dexon®		864
Dieckmann 縮合（Dieckmann condensation）		985
Diels-Alder 反応（Diels-Alder reaction）		427, 1428, 1443
Diels-Alder 反応の逆合成解析		434
Diels-Alder 反応の立体化学		433
Distortionless Enhancement by Polarization Transfer（分極移動による無ひずみシグナル増感）		783
DNA		133, 585, 721, 911, 1124, 1159, 1168, 1359, 1359
——二重らせん構造		1363
——の構造		1363
——の融解温		721
——フィンガープリンティング		1385
——フォトリアーゼ		1452
——ポリメラーゼ		938, 1364, 1384
——リガーゼ		1368
Dowex®50		1197
Dulcin®		1174
Dyneema®		1393, 1421
d 軌道（d orbital）		6
E7974		1103
E1 反応（E1 reaction）		517
S_N1/E1 反応		535
アルコールの E1 脱水反応		562
E2 反応（E2 reaction）		509
S_N2/E2 反応		532
アルコールの E2 脱水反応		564
——で生成する立体異性体		523
——の主生成物		526
E1cB 反応		977
Edman 反応剤（Edman's reagent）		1216
Enovid®		950
EPA		844
Equal®		877, 1174, 1207
E,Z 構造（E,Z structure）		
——の書き方		231
E,Z 表記（E,Z system）		227
E 異性体（E isomer）		228, 229
Favorskii 反応（Favorskii reaction）		1012
Fischer エステル化（Fischer esterification）		848
Fischer 投影式（Fischer projection）		180, 217, 1138, 1151, 1188
Fourier 変換（Fourier transform）		737, 777
——IR（FT-IR）		696
——NMR（FT-NMR）スペクトル		737
Freon®		661
Friedel-Crafts アシル化（Friedel-Crafts acylation）		1022, 1028
Friedel-Crafts アルキル化（Friedel-Crafts alkylation）		1022, 1029, 1031
Friedel-Crafts 反応（Friedel-Crafts reaction）		1113
Frost 円（Frost circle）		401
Frost デバイス（Frost devise）		401
Gabriel 合成（Gabriel synthesis）		856, 1200
Gatterman-Koch 反応（Gatterman-Koch reaction）		1029
GC-MS		692
Gibbs の自由エネルギー変化（Gibbs free-energy change, $\Delta G°$）		240
Gilman 反応剤（Gilman reagent）		612
Give-Tan F		715
Glyptal®		1426
GMO		1385
Grignard 反応剤（Grignard reagent）		610, 892, 894, 924
Grubbs 触媒（Grubbs catalyst）		623
Hammet 置換基定数（σ）		883, 955
Hammond の仮説（Hammond postulate）		275
Haworth 投影式（Haworth projection）		1152
HDL		158
HDPE		1421
Heck 反応（Heck reaction）		619
Heisenberg の不確定性原理（Heisenberg uncertainty principle）		23
Hell-Volhard-Zelinski 反応（Hell-Volhard-Zelinski reaction）		965
Henderson-Hasselbalch 式（Henderson-Hasselbalch equation）		81, 83
Herceptin®		1306
Herplex®		1381
HETCOR スペクトル（HETCOR spectra）		786
HGPRT		560
^1H NMR（プロトン磁気共鳴, proton magnetic resonance）		733
——スペクトル		775
——スペクトルの分解能		775
Hofmann 脱離（Hofmann elimination）		592
——の反応機構		591
HOMO（最高被占軌道, highest occupied molecular orbital）		410, 465, 717, 1435
Hooke の法則（Hooke's law）		699
Hückel 則（Hückel's rule）		393
Hund の規則（Hund's rule）		8, 408
HVZ 反応（HVZ reaction）		965, 1199
Ireland-Claisen 転位（Ireland-Claisen conversion）		1448
IR スペクトル（赤外スペクトル, infrared spectrum）		
イソペンチルアミンの——		708
エチルベンゼンの——		706
ジエチルエーテルの——		708
2-シクロヘキセノンの——		700
シクロヘキセンの——		706
1-ヘキサノールの——		702
2-ペンタノールの——		697
3-ペンタノールの——		697
2-ペンタノンの——		700
ペンタン酸の IR スペクトル		703
メチルシクロヘキサンの——		706
IR 分光計（infrared spectrometer）		695
IUPAC（International Union of Pure and Applied Chemistry）		105
IUPAC 命名法（IUPAC nomenclature）		105
Kekulé 構造（Kekulé structure）		21, 381
Kevlar®		864, 1414
Kiliani-Fischer 合成（modified Kiliani-Fischer

I-3　用語索引

synthesis）	1146	
Knoevenagel 縮合（Knoevenagel condensation）	1009	
Kolbe-Schmitt カルボキシ化反応（Kolbe-Schmitt carboxylation reaction）	969	
LD_{50}	1018	
LDA	966, 984	
LDL	158	
Le Châtelier の原理（Le Châtelier's principle）	241	
LED	405	
Lesch-Nyhan 症候群（Lesch-Nyman disease）	560	
Lewis 塩基（Lewis base）	88, 234	
Lewis 構造（Lewis structure）	16, 384	
Lewis 酸（Lewis acid）	88, 234, 1028	
——触媒（Lewis acid catalyst）	1023	
Lexan®	864, 1416	
Lexapro®	1017	
$LiAlH_4$	904	
Librium®	915	
Lindlar 触媒（Lindlar catalyst）	358	
Lipitor®	158, 1348	
Lou Gehrig 病（Lou Gehrig disease）	1189	
Lucas 試験（Lucas test）	554	
Lucite®	1395	
LUMO	410, 465, 717, 1435	
Lycra®	1393, 1418	
M＋1 ピーク	682	
M＋2 ピーク	682	
Mannich 反応（Mannich reaction）	1012	
Markovnikov 則（Markovnikov's rule）	279	
McLafferty 転位（McLafferty rearrangement）	689	
MCPBA	297	
Meisenheimer 錯体	1069	
Melmac®	1419	
Merrifield 法	1212	
Mevacor®	158, 1348	
Michael 反応（Michael reaction）	972	
milnamide A	1103	
milnamide B	1103	
Motrin®	208, 841, 1086	
MRI（magnetic resonance imaging）	787	
——スキャナー	787	
Mylar®	1415	
m/z 値（xxx）	678	
N＋1 則（N＋1 rule）	751	
$NaBH_4$	1144	
NAD^+	1278, 1330	
NADH	1330	
NADPH	1280	
NeutraSweet®	1174, 1207	
Newman 投影式（Newman projection）	139, 218	
NIH 転位（NIH rearrangement）	583	

NMR	733, 735	
2D——	786	
3D, 4D——	783	
^{13}C——	777	
DEPT ^{13}C——	783	
Fourier 変換——	737	
^1H——	733	
NMR スペクトル（NMR spectrum）	736	
^1H——	775	
エチルベンゼンの ^1H——	758	
クロロシクロブタンの ^1H——	739	
シトロネラールの DEPT ^{13}C——	783	
1,3-ジブロモプロパンの ^1H——	756	
2,2-ジメチルブタンの ^{13}C——	780	
ニトロベンゼン ^1H——	759	
2-ブタノールの ^{13}C——	778	
2-ブタノールのプロトンカップリング ^{13}C——	779	
ブタノンの ^1H——	745	
ブタン酸イソプロピルの ^1H——	756	
プロトンカップリング ^{13}C——	779	
ブロモエタンの ^1H——	739	
1-ブロモ-2,2-ジメチルプロパンの ^1H——	741, 748	
3-ブロモ-1-プロペンの ^1H——	757	
NMR 分光計（NMR spectrometer）	735	
NMR 分光法（NMR spectroscopy）	675, 733	
——の時間依存性	770	
NOESY	786	
Norlutin®	950	
Novocain®	590, 1087	
NSAID	85, 134, 840	
Nuprin®	208, 841, 1086	
NutraSweet®	877, 1333	
N 末端アミノ酸（N-terminal amino acid）	1202, 1216	
Orlon®	1395	
Padimate O	715	
Pauli の排他原理（Pauli exclusion principle）	7, 408	
PBr_3	965	
Pd/C	302	
Perkin 縮合	1009	
PET	1415, 1421	
pH	62	
pH-活性相関図（pH-activity profile）	1263	
pH-反応速度相関図（pH-rate profile）	911, 1263	
PHB	1422	
PHBV	1422	
PITC	1216	
pK_a	62	
含窒素複素環の——	1114	
Planck 定数（Planck constant）	694	
Plavix®	1017	
Plexiglas®	1395	

Program®	1168	
Prontosil®	1064	
Protonix®	1123	
Prozac®	208	
PTH-アミノ酸	1216	
p 軌道（p orbital）	6, 227	
Quiana®	1425	
RaneyNi	906	
RCSB Protein Data Bank	789	
Reformatsky 反応（Reformatsky reaction）	1009	
rf 照射（rf radiation）	735	
Ritter 反応	882	
RNA	1124, 1159, 1168, 1359	
——ポリメラーゼ	1364	
Robinson 環化（Robinson annulation）	988	
ROESY	786	
Rohypnol®	915	
Roundup®	1386	
R, S 表記（R, S system）	228	
——によるエナンチオマーの命名	181	
RU-486	344	
R 配置（R configuration）	181	
S_NAr 反応（S_NAr reaction）	1068	
SAM	501, 1333, 1411	
Sandmeyer 反応（Sandmeyer reaction）	1060	
Schiemann 反応（Schiemann reaction）	1061	
Schiff 塩基（Schiffbase）	909	
SI unit	15	
S_N1 反応（S_N1 reaction）	478	
$S_N1/E1$ 反応	535	
アルコールの——	552	
エーテルの——	573	
ハロゲン化アルキルの——	479	
——に影響を与える要因	481	
——における求核剤	482	
——における脱離基	481	
——の機構	478	
S_N2 反応（S_N2 reaction）	464, 924	
$S_N2/E2$ 反応	532	
アルコールの——	553	
エーテルの——	573	
ハロゲン化アルキルの——	465	
——と S_N1 反応の競争	485	
——と S_N1 反応の比較	486	
——に影響を与える要因	469	
——における求核剤	471	
——における脱離基	469	
——の相対的な反応速度	464	
$SnCl_4$	1113	
sp^2 混成	381	
sp^2 炭素	448, 449, 450	
SPF	714	
Splenda®	1174	
sp 混成	347	
S—S 結合	1204	

Strecker 合成	1201
Sunette®	1174
Super Glue®（瞬間接着剤）	1404
Suzuki 反応（Suzuki reaction）	616, 1034
Sweet and Safe®	1174
Sweet'N Low®	1173
Sweet One®	1174
Swern 酸化（Swern oxidation）	604
Synthroid®	1025
s 軌道（s orbital）	6
S 配置（S configuration）	181
Tagamet®	1123
Tamiflu®	1264, 1381
Taxol®	933, 934
TBDMS エーテル	924
Teflon®	1395
Tollens 試薬（Tollens reagent）	1145
TPP	1286
——イリド	1289
Tylenol®	134, 1087
UDP-ガラクトース-4-異性化酵素	1357
UV	693, 713, 714
——分光法	721
UV/Vis 分光法	720
UV スペクトル	713
アセトンの——	714
Valium®	915
van der Waals 相互作用（van der Waals force）	347
van der Waals 力（van der Waals force）	129
Viramid®	1381
Walden 反転（Walden inversion）	468
Williamson エーテル合成（Williamson ether synthesis）	537
Wittig 反応（Wittig reaction）	928
Wohl 分解（Wohl degradation）	1147
Wolff–Kishner 還元（Wolff-Kishner reduction）	1033
Woodward–Hoffmann 則（Woodward-Hoffmann rule）	1440
X PRIZE	1383
Xylocaine®	590
X 線（X-ray）	692
X 線回折（X-ray diffraction）	789
X 線結晶構造解析（X-ray crystallography）	788
Zaitsev 則（Zaitsev's rule）	512
Zantac®	1123
Ziegler–Natta 触媒（Ziegler-Natta catalyst）	1407
$ZnCl_2$	552
Zocor®	158, 1348
Zyrtec®	1123, 1017
Zyvox®	1169
Z 異性体（Z isomer）	228, 229

ギリシャ文字

α,β-不飽和アルデヒド（α,β-unsaturated aldehyde）	976
α,β-不飽和カルボニル化合物（α,β-unsaturated carbonyl compound）	989
α,β-不飽和カルボン酸誘導体（α,β-unsaturated carboxylic acid derivative）	939
α,β-不飽和環状ケトン（α,β-unsaturated cyclic ketone）	988
α,β-不飽和ケトン（α,β-unsaturated ketone）	976
α,β-不飽和脂肪アシル-CoA（α,β-unsaturated fatty acyl-CoA）	1324
α,β-不飽和第三級アミン（α,β-unsaturated tertiary amine）	912
(−)-α-アセチルメタドール〔(−)-(α-acetylmetadol)〕	208
α-アミノカルボン酸（α-amino carboxylic acid）	916
α-アミノケトン（α-aminoketone）	1147
α-アミノ酸（α-amino acid）	1121
α 開裂（α-cleavage）	634, 685
α-1,4′-グリコシド結合（α-1,4′-glycosidic linkage）	1161, 1165
α-1,6′-グリコシド結合（α-1,6′-glycosidic linkage）	1165
α-D-グルコース（α-D-glucose）	1152
α-ケトグルタル酸脱水素酵素（α-ketoglutarate dehydrogenase）	1311, 1335
α-ケト酸（α-keto acid）	1200
α-シアノアクリル酸メチル（α-methylcyanoacrylate）	1404
α-臭素置換カルボン酸（α-brominated carboxylic acid）	965
α 水素（α-hydrogen）	956
——の酸性度	957
α スピン状態（α-spin state）	734
α 炭素（α-carbon）	510, 813, 956
——からの CO_2 の脱離	990
——からのプロトンの脱離	991
——のアシル化	972
——のアルキル化	967, 971
——のハロゲン化	963
α 置換基（α-substituent）	1252
α 置換反応（α-substitution reaction）	963
α-トコフェロール（α-tocopherol）	659
α-ヒドロキシカルボン酸（α-hydroxy carboxylic acid）	815, 899
α-ファルネセン（α-Farnesene）	376, 1345
α ヘリックス（α-helix）	1223, 1224
α リン原子（α-phosphorus）	1318
β-エンドルフィン（β-endorphin）	1206
β-カロテン（β-carotene）	222, 717, 720, 929
β-グリコシド結合（β-glycosidic linkage）	1360
β-1,4′-グリコシド結合（β-1,4′-glycosidic linkage）	1161, 1166, 1167
β-グルコシダーゼ（β-glucosidase）	1167
β-D-グルコース（β-D-glucose）	1152
β-ケトエステル（β-keto ester）	959, 981, 983, 985
β-ケト脂肪アシル-CoA（β-keto fatty acyl-CoA）	1324
β 構造（β structure）	1224
β 酸化（β-oxidation）	1324
β-ジケトン（β-diketone）	959, 961
β シート構造（β sheet structure）	1224
β 遮断薬（β-blocker）	208
β スピン状態（β-spin state）	734
β 脱離反応（β elimination reaction）	510
β 炭素（β-carbon）	510
——のアルキル化	972
β-D-2-デオキシリボース（β-D-2-deoxyribose）	1168
β-ヒドロキシアルデヒド（β-hydroxyaldehyde）	974, 975, 980
β-ヒドロキシケトン（β-hydroxyketone）	974, 976, 986
β-ヒドロキシ脂肪アシル-CoA（β-hydroxy fatty acyl-CoA）	1324
β プリーツシート（β-pleated sheet）	1224
β-ペプチド（β-peptide）	1226
β-ポリペプチド（β-polypeptide）	1226
β-ラクタム（β-lactam）	1380
β-D-リボース（β-D-ribose）	1168
γ-カルボキシグルタミン酸（γ-carboxygulutamate）	1308
γ 線（γ-ray）	692
γ リン原子（末端リン原子）	1317
π（パイ）結合（π bond）	29
π 錯体（π-complex）	350
π 電子（π electron）	448, 449
π 電子雲（π cloud）	393
$\pi \to \pi^*$ 遷移（$\pi \to \pi^*$ transition）	716
σ（シグマ）結合（σ bond）	26
ω 脂肪酸（ω-fatty acid）	820

あ

アキシアル（axial）	157, 1155
——位（axial position）	528
——結合（axial bond）	146
アキラル（achiral）	176
悪性貧血（pernicious anemia）	1300
アクチノマイシン D（actinomycin D）	1370
アクロレイン（acrolein）	1426
アコニターゼ（aconitase）	1335
2-アザシクロアルカノン（2-azacycloalkanone）	816
アシクロビル（acyclovir）	1381

アシドーシス（酸血症）(acidosis) 87
亜硝酸(nitrite) 1109
――ナトリウム (sodium nitrite) 1067
アシリウムイオン (acylium ion) 1028
アジリジン環 (aziridine ring) 1419
アシル C―O 結合 (acyl C―O bond) 842
アシルアデニル酸 (acyl adenylate) 867, 1319
アシル化-還元 (acylation-reduction) 1032
アシル基 (acyl group) 810
アシル酵素中間体 (acyl-enzyme intermediate) 1259, 1258
アシル置換ベンゼン (acyl-instituted benzene) 1033
アシル転移反応 (acyl transfer reaction) 823
アシルリン酸 (acyl phosphate) 867, 1317, 1319
アスコルビン酸 (ascorbic acid) 659, 1067, 1170
アスパラギン (aspartate) 1186
アスパルテーム (aspartame) 877, 1174, 1207
アスピリン (aspirin) 85, 840, 969
アスファルト (asphalt) 633
アセスルファムカリウム (acesulfame potassium) 1174, 1175
アセタール (acetal) 920
――基 921
――生成 1160
――の挙動 922
アセチリドイオン (acetylide ion) 361, 363, 897
アセチル-CoA (acetyl-CoA) 869, 999, 1321
――カルボキシ化酵素 1293
――カルボキシ基転移酵素 1292
N-アセチルアミノ基 (N-acetylamino group) 1167
N-アセチルグリホサート (N-acetylglyphosate) 1386
N-アセチルグルコサミン (NAG) 1168, 1260
アセチルコリン (acetylcholine) 870
――エステラーゼ 870
――受容体 1107
アセチルサリチル酸 (acetylsalicylic acid) 134, 969
N-アセチルムラミン酸 (NAM) 1260, 1264
アセチレン (acetylene) 343
アセトアミド (acetamide) 850
アセトアミノフェン (Tylenol®) 134
アセトアルデヒド (acetaldehyde) 1289
アセト酢酸 (acetoacetic acid) 1001
――エステル合成 (acetoacetic ester synthesis) 994
――脱炭酸酵素 (acetoacetate decarboxylase) 1001
アセトニトリル (acetonitrile) 857
アセト乳酸合成酵素 (acetlactate synthase)
アセトン (acetone) 1287
――888
――の UV スペクトル 714
アゾ化合物 (azo compound) 1063
アゾ結合 (azo linkage) 1063
アゾ染料 (azo dye) 1064
アゾベンゼン (azobenzene) 718, 1064
アタクチック重合体 (atactic polymer) 1407
アデニル酸シクラーゼ (adenylate cyclase) 1363
S-アデノシルメチオニン (SAM：AdoMet) 499, 501
アデノシン (adenosine) 1124, 1275, 1282, 1360, 1361
アデノシン 3′,5′―一リン酸 (adenosine 3′,5′-monophosphate) 1363
アデノシン 5′-三リン酸 (adenosine 5′-triphosphate, ATP) 867, 1315
アトルバスタチン (Lipitor®) (atorvastatin) 158
アドレナリン (adrenaline) 500, 1017, 1188, 1333
アトロピン (atropine) 1107
アニオン (anion) 18
――重合 (anionic polymerization) 1395, 1403, 1426
アニソール (anisole) 1047, 1053
アニリニウムイオン (anilinium ion) 1106
アニリン (aniline) 413, 1054, 1115
アノマー (anomer) 1152
――効果 (anomeric effect) 1160
――炭素 (anomeric carbon) 1152, 1154
アビジン (avidin) 1291
油 (oil) 844
アミド (amide) 811, 812, 816, 831, 850, 904, 1108
――イオン 361
――の加水分解反応 853, 855
――の命名 816
アミノアシル tRNA 合成酵素 (aminoacyl-tRNA synthetase) 1373
p-アミノ安息香酸 (p-aminobenzoic acid) 1303
アミノ基転移 (transamination) 1296, 1333
アミノグリコシド (aminoglycoside) 1380
――系抗生物質 1169
アミノ酸 (amino acid) 386, 1182, 1343
D-――1188
D-――酸化酵素 325, 1284
L-――1188
PTH-――1216
――側鎖 1252
――代謝 1332
――デカルボキシラーゼ 342
――の pK_a 値 1191
――の脱炭酸反応 1295
――の分離 1194
――の命名法 1183
――のラセミ化 1296
――のラセミ体 1202
――の立体配置 1188
アミノ酸分析計 (amino acid analyzer) 1198
アミノ糖 (amino sugar) 1168
アミノプテリン (aminopterin) 1306
アミノリシス反応 (aminolysis reaction) 831
アミロース (amylose) 151, 1165
アミロペクチン (amylopectin) 1165, 1166
アミン (amine) 64, 106, 124, 126, 588, 831, 904, 1104
――の pK_a 値 588, 1106
――の構造 127
――の物理的性質 129
――の命名法 124, 1105
――の溶解度 137
――反転 209
――をアシル化 1108
――をアルキル化 1108
アメフラシ (sea hare) 509
アモバルビタール (amobarbital) 1014
アモルファス (amorphous) 1418, 1420
アラニン (alanine) 82, 1186
アラミド (aramide) 1414
アラントイン (allantoin) 854
アラントイン酸 (allantoin acid) 854
アリル位水素 (allylic hydrogen) 225
アリル位炭素 (allylic carbon) 225, 406
アリルカチオン (allylic cation) 406, 1031
アリル基 (allyl group) 225
アリルラジカル (allylic radical) 650
アリール基 (aryl group) 617, 1019
アリール有機ホウ素化合物 (aryl organoborane) 617
アルカプトン尿症 (alkaptonuria) 1334
アルカリ化合物 (alkaline compound) 59
アルカロイド (alkaloid) 589
アルカン (alkane) 103, 129, 632
――の体系的名称 110
――の命名法 110
――の溶解度 136
――のラジカル塩素化 639
アルギニン (arginine) 1186
アルキル C―O 結合 (alkyl C―O bond) 842
アルキル化剤 (alkylation reagent) 595
アルキルカチオン (alkyl cation) 349
アルキル化反応 (alkylation reaction) 363
アルキル基 (alkyl group) 106, 617
――の名称 109
アルキル置換アルケン (alkyl-substituted alkene) 306
アルキル置換基 (alkyl substituent) 106
アルキル置換基の反応 1035
アルキル置換ベンゼン (alkyl-substituted

benzene) 1019, 1033	——の求核置換反応 551	523, 528
アルキルヒドロペルオキシド	——の酸化反応 569, 570	アントシアニン(anthocyanin) 674, 719, 720
(alkyl hydroperoxide) 658	——の伸縮振動 701	アンピシリン(ampicillin) 852
アルキルボラン(alkyl borane) 290	——のスルホン酸エステルへの変換	アンフェタミン(amphetamine) 1017
アルキル有機ホウ素化合物	558	アンモニア(ammonia) 42
(alkyl organoborane) 617	——の脱水 976	アンモニウムイオン(ammonium ion)
アルキルラジカル(alkyl radical) 646	——の脱離反応 562	42, 904, 1106
第一級—— 637	——のハロゲン化アルキルへの変換	アンモニウム塩(ammonium salt) 854
第二級—— 637	556	
第三級—— 637	——の命名法 121	い
——の相対的安定性 637	——の溶解度 137	
——の相対的生成速度 639	アルジトール(alditol) 1144	イエバエ(common fly) 614
O-アルキル化(O-alkylation) 921	アルダル酸(aldaric acid) 1145	硫黄求核剤(sulfur nucleophile) 925
アルキン(alkyne) 340	アルツハイマー病(Alzheimer's disease) 1228	イオン結合(ionic bond) 11, 13
——へのハロゲン水素の求電子付加	アルデヒド(aldehyde)	イオン交換クロマトグラフィー(ion-
351	299, 357, 884, 890, 892, 957	exchange chromatography) 1197
——へのハロゲンの求電子付加 351	——脱水素酵素 571	イオン性化合物(ionic compound) 11
——の構造 347	——の命名 885	イオン-双極子相互作用(ion-dipole
——の命名法 342	アルドース(aldose) 1137	interaction) 473, 490
——への水素の付加 358	アルドテトロース(aldotetrose) 1139	異化(catabolism) 1276, 1314, 1321
——へのボランの付加 356	アルドヘキソース(aldohexose) 1140	鋳型鎖(template strand) 1370
——への水の付加 354	アルドペントース(aldopentose) 1140	イクチオテレオール(ichthyothereol) 340
アルケニル基(alkenyl group) 617	アルドラーゼ(aldolase)	いす形配座異性体(chair conformer)
アルケニル有機ホウ素化合物(alkenyl	998, 1266, 1270, 1326	146, 199, 1155
organoborane) 617	アルドール縮合(aldol condensation)	異性体(isomer) 171
アルケン(alkene) 220, 270	976, 998	E——(E——) 228, 229
cis-—— 314, 358	アルドール付加(aldol addition)	Z——(Z——) 228, 229
trans-—— 314, 358	974, 998, 1266	——の命名法 201
——のエポキシ化 297	アルドン酸(aldonic acid) 1145	幾何——(geometric isomer) 152, 172
——の官能基 222	アルミニウム-チタン開始剤(aluminum-	鏡像—— 178
——の構造 226	titanium initiator) 1407	構造——(constitutional isomer)
——の相対的安定性 306	アレン(allene) 404	21, 104, 171, 278, 308
——の反応 233	アレーン(arene) 583	互変——(tautomer) 354
——の命名法 222	アレーンオキシド(arene oxide) 583, 585	エノール形—— 355
——の立体異性体 223	——の転位 583	ケト-エノール—— 354
——へのアルコールの付加 283	アレーンジアゾニウムイオン	ケト形—— 355
——への過酸の付加 297	(arenediazonium ion) 1063	シス——(cis——) 152
——への水素の付加 302	アレーンジアゾニウム塩(arenediazonium	シス-トランス——(cis-trans ——)
——へのハロゲンの付加 292	salt) 1060, 1109	152, 172, 192
——へのボランの付加 288	L-アロイソロイシン(L-alloisoleucine) 1188	トランス——(trans ——) 152, 173
——への水の付加 281	アロステリック活性化化合物(allosteric	配座——(conformer, conformational
アルケンメタセシス(alkene metathesis) 622	activator) 1343	isomer) 139
アルコキシ(OR)基 902	アロステリック阻害化合物(allosteric	アンチ形体——(anti conformer) 141
アルコキシドイオン(alkoxide ion)	inhibitor) 1343	いす形——(chair conformer)
291, 496, 537, 832, 892, 895, 903	L-アロトレオニン(L-allothreonine) 1188	146, 199
アルコキシラジカル(alkoxylic radical) 646	アロマターゼ(aromatase) 980	重なり形——(eclipsed conformer)
アルコーリシス反応(alcoholysis reaction)	アンタラ型(antarafacial) 1443	139
831, 853	——閉環(antarafacia ring closure	ゴーシュ形体——(gauche conformer)
アルコール(alcohol)	reaction) 1445	141
64, 106, 121, 127, 129, 281, 550, 551, 831	アンチ Zaitsev 脱離(anti-Zaitsev	ねじれ形——(staggered conformer)
——依存症 571	elimination) 591	139
——脱水素酵素 1281, 1331	アンチ形体配座異性体(anti conformer) 141	ねじれ舟形——
——の E1 脱水反応 562	アンチコドン(anticodon) 1372	(twist-boat conformer) 148
——の E2 脱水反応 564	アンチ脱離(anti elimination) 523	半いす形——(half-chair conformer)
——の S_N1 反応 552	アンチ付加(anti addition) 312	148
——の S_N2 反応 553	アンチペリプラナー(anti-periplanar)	舟形——(boat conformer) 148, 199

用語索引

配置——(configurational isomer)　172
立体——(stereoisomer)　172, 308
位相(phase)　24
イソ基(iso group)　109
イソクエン酸脱水素酵素(isocitrate dehydrogenase)　1280, 1335
イソタクチック重合体(isotactic polymer)　1407
イソブタン(isobutane)　104
イソブチルカチオン(isobutyl cation)　272
イソブチル基(isobutyl group)　108
イソプレン(isoprene)　1345, 1408
イソペンタン(isopentane)　104
イソペンテニルピロリン酸(isopentenyl pyrophosphate)　1346, 1348, 1409
イソメラーゼ(isomerase, 異性化酵素)　938
イソロイシン(isoleucine)　1186
一次構造(primary structure)　1214, 1364
一次速度定数(first-order rate constant)　247
一次反応(first-order reaction)　247, 478
一重線(singlet)　750
位置選択性(regioselectivity)　278
位置選択的(regioselective)　523
——反応(regioselective reaction)　278, 308
一置換ベンゼン(single substituted benzene)　1018
一般塩基触媒作用(general-base catalysis)　1242
一般酸触媒作用(general-acid catalysis)　1239
遺伝コード(genetic code)　1374
遺伝子(gene)　1368
遺伝子工学(genetic engineering)　1385
——の技術　1214
遺伝子操作された生物(GMO)　1385
イドクスウリジン(idoxuridine)　1381
イブフェナク(ibufenac)　134
イブプロフェン(Ibuprofen)　134, 208, 841
イミダゾール(imidazole)　1121, 1243
——環(imidazole ring)　1121, 1187
イミド(imide)　856
——の加水分解反応　856
イミニウムイオン(iminium ion)　1093
イミノ基転移(transimination)　1294, 1295, 1297
イミン(imine)　909, 914, 1001, 1108
——誘導体(imine derivative)　912
医薬品(drug)　915, 1017
——開発(drug development)　589
イリド(ylide)　928
陰イオン交換樹脂(anion-exchange resin)　1197
インジゴ(indigo)　144
インスリン(insulin)　1148, 1205, 1206
——受容体　1206
インターカレーション(intercalation)　1370

インタカレーター(intercalator)　1370
インドール環(indole ring)　1095, 1121, 1187
インフルエンザ(flu)　1264, 1381

う

ウイルス(virus)　1380
牛海綿状脳症(bovine spongiform encephalopathy, BSE)　1228
右旋性(dextrorotatory)　187
宇宙線(cosmic ray)　692
ウラシル(uracil)　1124, 1360
ウリジン(uridine)　1361
ウレタン(urethane)　1417
ウロビリノーゲン(urobilinogen)　1126
ウロビリン(urobilin)　1126

え

エイズ(HIV)　1388
エキソペプチダーゼ(exopeptidase)　1217
エキソ立体配置(exo configuration)　432
液体アンモニア(liquid ammonia)　362
エクアトリアル(equatorial)　157, 1155
——位(equatorial position)　528
——結合(equatorial bond)　146
エステラーゼ活性(esterase activity)　1256
エステル(ester)　811, 812, 814, 831, 894, 957
——結合　1362
——交換反応　831, 837
——の加水分解　834, 838
——の水酸化物イオン促進加水分解反応　842
——の命名　814
エストラジオール(estradiol)　343, 980
エストロゲン(estrogen)　980
エストロン(estrone)　441, 980
エタナール(ethanal)　885
エタノール(ethanol)　555
——アミンアンモニアリアーゼ (ethanolamine ammonium lyase)　1301
枝分れポリエチレン(branched polyethylene)　1400
エタン(ethane)　33
——の配座異性体　139
——のモノ臭素化反応　636
エチニルエストラジオール (ethinyl estradiol)　344
エチルアミン(ethyl amine)　476, 830
エチル基(ethyl group)　106
エチレン(エテン)〔ethylene(ethene)〕　1394
エチレンオキシド(ethylene oxide)　298
エチン(アセチレン)〔ethyne(acetylene)〕　38
エーテル(ether)　106, 120, 127, 129, 283, 537, 550, 575, 572
——のS_N1反応　573

——のS_N2反応　573
——の求核置換反応　572
——の伸縮振動　701
——の命名法　120
——の溶解度　137
エテン(ethene)　220, 407
エトキシドイオン(ethoxide ion)　475
エナミン(enamine)　912, 971, 1108
エナンチオ選択的反応(enantioselective reaction)　324
エナンチオトピック水素(enantiotopic hydrogens)　768
エナンチオマー(enantiomer)　178, 190, 209, 310, 480, 649
——過剰率(enantiomeric excess, ee)　190
——対の識別　184
——的に純粋　190
——とジアステレオマーを書く　196
——の書き方　179, 184
——の分離法　206
エノラーゼ(enolase)　568, 1326
エノラートイオン(enolate ion)　962, 966, 972, 978, 984, 1142
速度論的——　969
熱力学的——　969
エノール(enol)　354
——形互変異性体　355
エノール互変異性体(enol tautomer)　961
エノン(enone)　583, 976
エピネフリン(アドレナリン)〔epinephrine(adrenaline)〕　500
エピマー(epimers)　1140
——化(epimerization)　1143
エフェドリン(ephedrine)　589
エポキシド(epoxide)　297, 316, 576
——の求核置換反応　576
——の命名法　298
エポキシ樹脂(epoxy resin)　1416
エラスターゼ(elastase)　1219, 1257
エラストマー(elastomer)　1420
エリスロマイシン(erythromycin)　1378
エリトロ形エナンチオマー(erythro enantiomer)　192, 314
エリトロース(erythrose)　1139
D-エリトロース(D-erythrose)　206
エルゴステロール(ergosterol)　1453, 1454
エンジオール(enediol)　1143
塩化アジポイル(adipoyl chloride)　1413
塩化アシル(acyl chloride)　812, 814, 828, 894, 901, 1028
——とアルコールとの反応機構　829
——の命名　814
塩化アセチル(acetyl chloride)　828
塩化アルキル(alkyl chloride)　462
塩化イソプロピル(isopropyl chloride)　107

遠隔カップリング(long-range coupling)
　　755, 762
塩化水素(hydrogen chloride)　45
塩化スルファイト基(chlorosulfite group)
　　558
塩化チオニル(thionyl chloride)
　　557, 859, 865
p-塩化トルエンスルホニル(TsCl)
　　(p-toluenesulfonyl chloride)　559
塩化ナトリウム(sodium chloride)　11, 491
塩化プロピオニル(propionyl chloride)　876
塩化ホルミル(formyl chloride)　1029
塩化リチウム(lithium chloride)　11
塩基(base)
　　59, 60, 88, 93, 471, 509, 1360, 1361, 1371
　　Lewis——　88, 234
　　共役——　60, 93
　　——触媒(base catalyst)　1241
　　——触媒によるケト-エノール相互変
　　　換反応　357
　　——性アミノ酸　1186
　　——によって促進されるハロゲン化
　　　964
塩基性度(basicity)　61, 471
　　相対的——　362
塩基対形成(base pairing)　1366
塩基配列(sequence)　1364
エンジイン(enediyne)　340
　　——化合物　667
エンジオール(enediol)　1327
　　——転位(enediol rearrangement)
　　　1143, 1264, 1327
塩素ラジカル(chlorine radical)　642, 662
エンタルピー(enthalpy, $\Delta H°$)　241, 249
エンテロトキシン(enterotoxin)　733
エンド立体配置(endo configuration)　432
エンドペプチダーゼ(endopeptidase)
　　1218, 1256
エントロピー(entropy, $\Delta S°$)　242, 249

お

黄疸(jaundice)　1126
2-オキサシクロアルカノン
　　(2-oxacycloalkanone)　815
オキシアニオンホール(oxianion hall)
　　1258, 1259
オキシ塩化リン($POCl_3$)(phosphorus
　　oxychloride)　567
オキシトシン(oxytocin)　1207
オキシム(oxime)　912, 1147
オキシラン(oxirane)　⇒エポキシドを見よ
　　298
オキシラン環(oxirane ring)　577
オキソカルベニウムイオン(oxocarbenium
　　ion)　1159

——中間体　1261
3-オキソカルボン酸(3-oxocarboxylic acid)
　　990, 992
8-オキソグアニン(8-oxoguanine)　1380
オキソニウムイオン(oxonium ion)　16
3-オキソブタン酸エチル(ethyl 3-
　　oxobutyrate)　959
オクタン価(octane number)　113
オクテット則(octet rule, 八隅子則)　9
オゾニド(ozonide)　299
　　——形成　299
オゾン(O_3)(ozone)　299, 661
　　——除去剤　662
　　——層　299, 1452
　　——のアルケンへの付加　299
　　——分解　299
　　——ホール　300, 661
オプシン(opsin)　175
親子鑑定(paternity test)　1385
オリゴ糖(oligosaccharide)　1137
オリゴヌクレオチド(oligonucleotide)　1364
オリゴペプチド(oligopeptide)　1183
折りたたみ構造(フォールディング)　1228
オルセリン酸(orsellinic acid)　1013
オルト($ortho$)　1037
　　——異性体　1046
　　——-パラ配向基($ortho$-$para$ director)
　　　1046
　　——-パラ比　1052
オルニチン(ornithine)　1189
オレストラ(Olestra)　1157
オレフィンメタセシス(olefinmetathesis)
　　622
音響探知システム(sonic wave detection
　　system)　845
オングストローム(Å)(angstrom)　15
温室効果(greenhouse effect)　634

か

開環重合(ring-opening polymerization)
　　1405, 1406
壊血病(scurvy)　1171
カイコガ(silk moth)　608
開始段階(initiation step)　1395
解糖(glycolysis)　976, 998, 1326
解糖系(glycolysis)　568, 1264, 1326
外部磁場(applied magnetic field)　734
潰瘍(ulcer)　1123
　　——薬　1122
改良 Kiliani-Fisher 合成法(modified Kiliani-
　　Fisher synthesis)　1146
化学イオン化法質量分析(CI-MS)　691
化学シフト(chemical shift)　741
　　——値　744, 778
化学選択的反応(chemoselective reaction)

　　907
科学捜査(forensics)　692, 1385
化学兵器(chemical weapon)　595
鍵と鍵穴モデル(lock-and-key model)　1252
可逆的(reversible)　60
架橋結合(cross-linking)　999
架橋二環式化合物(bridged bicyclic
　　compound)　432
核 Overhauser 効果分光法(NOESY)(nuclear
　　Overhauser effect spectroscopy)　786
核酸(nucleic acid)　1124, 1359
核磁気共鳴(nuclear magnetic resonance,
　　NMR)　733, 735
　　——分光法　675
核磁気モーメント(nuclear magnetic
　　moment)　734
角ひずみ(angle strain)　143
核付加-脱離反応(nucleophilic addition-
　　elimination reaction)　823
重なり形配座(eclipsed conformation)　199
　　——異性体(eclipsed conformer)　139
重ね図(stack plots)　784
過酸(peroxyacid)　297, 926
過酸化水素(hydrogen peroxide)　16
　　——イオン(hydrogen peroxide ion)　291
過酸化物(peroxide)　645, 646
　　——効果　648
　　——生成　645
　　——ラジカル　658
過酸付加の立体化学　316
可視光(visible light)　693, 713, 718
可視スペクトル(visible spectrum)　713, 718
加水分解反応(hydrolysis reaction)　831, 1321
ガスクロマトグラフィー質量分析法
　　(GC-MS)　692
化石燃料(fossil fuel)　633
可塑剤(plasticizer)　1421
ガソリン(gasoline)　113, 633
カダバリン(cadavarine)　126
カチオン(cation)　18
　　——重合(cationic polymerization)
　　　1395, 1401
香月-Sharpless エポキシ化反応(Katsuki-
　　Sharpless epoxidation)　325
脚気(beriberi)　1274, 1286
活性化自由エネルギー(free energy of
　　activation)　244, 249, 1235
活性化置換基(activating substituent)　1040
活性部位(active site)　253, 324, 1251
カップリング
　　——しているプロトン(coupled
　　　proton)　751
　　——定数(coupling constant, 結合定
　　　数)　761, 762
　　——反応(coupling reaction)
　　　612, 615, 1034

カテキン(catechin)	660	
価電子(valence electron)	8	
——数	17	
ガドリニウム(Gadolinium)	787	
カフェイン(caffeine)	51,589	
——レスコーヒー	657	
カプロン酸(caproic acid)	813	
鎌状赤血球貧血(sickle-cell anaemia)	1378	
髪の毛(hair)	1206	
加溶媒分解(solvolysis)	482	
可溶縫合糸(soluble surgical suture)	864	
ガラクトシド(galactoside)	1158	
ガラクトース血症(Galactosemia)	1163	
カリオフィレン(caryophyllene)	1096	
加硫(vulcanisation)	1410	
カルバメート(carbamate)	1417	
カルビノールアミン(carbinolamine)	909,912	
カルボアニオン(carbanion)	18	
——の相対的な安定性	516	
カルボカチオン(carbocation)	18,273,391,1030	
——中間体(carbocation intermediate)	270,312	
——転位(carbocation rearrangement)	286,1030,1031	
——の相対的な安定性	273,350,406,516	
カルボキシ基(carboxyl group)	812	
カルボキシ酸素(carboxyl oxygen)	814	
カルボキシペプチダーゼ(carboxypeptidase)	1217,1219,1253	
カルボキシラートアニオン(carboxylate anion)	868	
カルボキシラートイオン(carboxylate ion)	860,903,1317	
カルボニル化合物(carbonyl compound)	299,810,956	
——の相対的反応性	891	
——の沸点	819	
カルボニル基(carbonyl group)	299,810,889	
カルボニル酸素(carbonyl oxygen)	814,818	
カルボニル炭素(carbonyl carbon)	813,818,822,956	
カルボニル付加(carbonyl addition)	894	
カルボン(carvone)	326,885	
カルボン酸(carboxylic acid)	64,811,812,831,991,999	
——の活性化	865	
——の伸縮振動	701	
——の命名	812	
カルボン酸誘導体(carboxylic acid derivative)	811,822,859	
——の相対的反応性	825,860	
枯葉剤(agent orange)	1018	
カロテン(carotene)	1345	
カロリー(cal)(calorie)	27	
がん(cancer)	585,595	
——細胞(cancer cell)	938	
——の化学療法	1304	
環化反応(annulation reaction)	954,988	
還元的アミノ化(reductive amination)	914,1200	
還元的脱離(reductive elimination)	618	
還元糖(reducing sugar)	1160,1161,1162	
還元反応(reduction reaction)	302,901,905	
環状アミド(cyclic amide)	816	
環状アミン(cyclic amine)	1105	
環状アルケン(cyclic alkene)	224,315	
環状エステル(cyclic ester)	815	
環状エーテル(cyclic ether)	542	
環状オスミウム酸塩中間体(cyclic osmate intermediate)	581	
環状化合物(cyclic compound)		
——の合成	1070	
——の立体化学(stereochemistry of cyclic compound)	194	
環状ケトン(cyclic ketone)	954	
環状ヌクレオチド(cyclic nucleotide)	1363	
環状ブロモニウムイオン中間体(cyclic bromonium ion intermediate)	293	
環状平面構造(cyclic planar structure)	1110	
環状ヘミアセタール(cyclic hemiacetal)	1151,1153	
環状マーキュリニウムイオン(cyclic mercurinium ion)	356	
緩衝液(buffer solution)	86	
完全タンパク質食品(complete proteins)	1188	
完全ラセミ化(complete racemization)	480	
肝臓(liver)	657	
官能基(functional group)	121,232	
——の位置変換	1089	
——の接尾語の優先順位	346	
——のフラグメンテーションパターン	684	
——の命名法	887	
——変換	1088	
——領域	696	
環反転(ring flip)	147	
慣用名(common name)	106	
簡略構造(condensed structure)	21	

き

幾何異性体(geometric isomer)	152,172	
気管支拡張剤(bronchodilator)	1017	
ギ酸(formic acid)	813	
基質(substrate)	253,1251	
基準化合物(reference compound)	741	
基準値(base value)	680	
基準ピーク(base peak)	678	
基礎代謝率(basal metabolic rate, BMR)	1339	
気体定数(gas constant)	240	
キチン(chitin)	1167	
拮抗阻害剤(competitive inhibitor)	1306,1309	
吉草酸(valeric acid)	813	
基底状態(ground state)	410,1433	
——の電子配置	6	
軌道(orbital)	6,7	
d——	6	
p——	6,227	
s——	6	
結合性π分子——(π bonding molecular ——)	407	
結合性σ分子——(σ bonding molecular ——)	27	
原子——(atomic ——)	6,32	
混成——(hybrid ——)	32	
最高被占分子——(highest occupied molecular ——, HOMO)	410,465,717	
最低空分子——(lowest unoccupied molecular ——, LUMO)	410,465,717	
縮重した——(degenerate ——)	6	
対称な分子——(symmetric molecular ——)	410	
反結合性π*分子——(π^* antibonding molecular ——)	407	
反結合性σ*分子——(σ^* antibonding molecular ——)	27	
非対称な分子——(antisymmetric molecular ——)	410	
分子——(molecular ——, MO)	25,713	
——のs性	50	
キナーゼ(kinase)	1323	
絹(silk)	1225	
キヌクリジン(quinuclidine)	1106	
キノリン(quinoline)	1131	
キノロン(quinolone)	1380	
キノン(quinone)	659,1307,1338	
忌避剤(repellent)	346	
軌道対称性保存則(conservation of orbital symmetry theory)	1431	
キモトリプシン(chymotrypsin)	1219,1257	
逆アルドール付加(retro-aldol addition)	975	
逆合成解析(retrosynthetic analysis)	365,542,897,929,979,989,993,994,1062,1090	
逆旋的(disrotatory)	1437	
——閉環	1441	
逆反応速度(reverse reaction rate)	249	
逆平行βプリーツシート(antiparallel β-pleated sheet)	1224	
吸エルゴン反応(endergonic reaction)	240,1329	
求核アシル置換反応(nucleophilic acyl substitution reaction)	823	

求核剤(nucleophile)	88, 234, 471	
求核触媒(nucleophilic catalyst)		1242
——作用(nucleophilic catalysis)		1242
求核性(nucleophilicity)	471, 474	
求核置換反応(nucleophilic substitution reaction)		463
アルコールの——		551
エーテルの——		572
エポキシドの——		576
有機銅アート反応剤とエポキシドの——		614
——におけるハロゲン化アルキルの反応性		486
——における溶媒の影響		491
求核付加-脱離反応(nucleophilic addition-elimination reaction) 825, 841, 891, 892, 894, 902, 910, 939		
——の一般的機構		827
——の相対的反応性		848
求核付加反応(nucleophilic addition reaction) 891, 892, 894, 902		
吸光係数(absorption coefficient)		716
求ジエン体(dienophile)	427, 432, 434	
吸収帯(absorption band)	696, 698	
C—H——		704
N—H——		704
O—H——		704
——の欠如		708
球状タンパク質(globular protein)		1183
急性骨髄白血病(acute myeloid leukemia)		1380
求電子剤(electrophile)	88, 233	
求電子付加反応(electrophilic addition reaction) 236, 277, 309, 349		
吸入麻酔薬(inhalational anaesthetic)		575
吸熱反応(endothermic reaction)		242
強塩基性求核剤(strong base nucleophile)		900
狂牛病(bovine spongiform encephalopathy, BSE)		1228
共重合体(copolymer)		1411
交互——(alternating copolymer)		1411
ブロック——(block copolymer)		1411
ランダム——(random copolymer)		1411
グラフト——(graft copolymer)		1411
協奏反応(concerted reaction)	289, 428, 465	
共通中間体(common intermediate)		423
共鳴(resonance)		390
——エネルギー(resonance energy)		390
——寄与構造(contributing resonance structure)		382
——寄与体(resonance contributor) 78, 382, 448, 669		
——の安定性の予測		387
——の書き方	383, 448	
——構造(resonance structure)		382
——混成体(resonance hybrid) 78, 382, 448		
——による電子求引(resonance electron withdrawal)	415, 430, 1041	
——による電子供与(resonance electron donation)	416, 430, 1041	
共役塩基(conjugate base)	60, 93	
共役系末端(end of the conjugated system)		420
共役酸(conjugate acid)	60, 93	
共役ジエン(conjugated diene)	402, 419, 431	
共役二重結合(conjugated double bond) 402, 419, 713, 716		
共役反応(coupled reaction)		1329
共役付加(conjugate addition)	419, 934, 939	
——生成物		937
共役ポリエン(conjugated polyene)		716
共有結合(covalent bond)		11
——触媒作用(covalent catalysis)		1243
局在化(localize)		77
——電子(localized electrons)	78, 377	
局所麻酔薬(local anesthesic)		590
極性共有結合(polar covalent bond)		12
極性反応(polar reaction)		1428
極性分子(polar molecule)		136
鏡像異性体(optical isomer)		178
キラル(chiral)		176
——触媒(chiral catalyst)		324
——中心(chiral center)		177
——な医薬品(chiral drug)		208
——認識体(chiral probe)		207
筋萎縮性側索硬化症(amyotrophic lateral sclerosis)		1189
筋弛緩剤(muscle relaxant)		575
近接効果(proximity effect)		425
金属交換(transmetallation, metal exchange)		612
金属酵素(metal enzyme)		1254
金属触媒(metal catalyst)		302
均等結合開裂(homolytic bond cleavage)	634, 685	
緊密イオン対(intimate ion pair)		481

く

グアニン(guanine)	1124, 1360	
グアノシン(guanosine)		1361
グアノシン5′-三リン酸(GTP)		1363
クエン酸(citric acid)		126
——回路	568, 1321, 1334	
——合成酵素		1335
グッタペルカ(gutta-percha)		1409
組換えDNA(recombinant DNA)		1385
クラウンエーテル(crown ether)	581, 582	
クラッキング(cracking)		633
グラフェン(graphene)		37
グラフト共重合体(graft copolymer)		1411
グラミシジンS(Gramicidin S)		1189
グリコーゲン(glycogen)	1165, 1166	
グリコシド(glycoside)	1158, 1159, 1160	
——結合(glycosidic bond)	1158, 1164	
グリシン(glycine)		1186
グリシンアミド(glycine amide)		1246
——リボヌクレオチド(GAR)ホルミル基転移酵素		1302
グリース(grease)		633
グリセルアルデヒド(glyceraldehyde)		1138
グリセルアルデヒド-3-リン酸(glyceraldehyde-3-phosphate)	1266, 1327	
——脱水素酵素(GAPDH)	1278, 1326	
グリセロール(glycerol)	845, 1322	
——キナーゼ		1323
——リン酸脱水素酵素		1323
クリセン(chrysene)		394
グリホサート(glyphosate)		1386
グリーンケミストリー(green chemistry)		370
グルクロニド(glucuronide)		1179
D-グルクロン酸(D-glucuronic acid)		1179
グルコシド(glucoside)		1158
グルコース(glucose) 151, 998, 1148, 1150, 1151, 1155, 1340		
D-グルコース	921, 1136	
——の立体化学		1148
——-6-リン酸異性化酵素	1252, 1264	
グルタチオン(glutathione)	501, 1207	
グルタミン(glutamine)		1186
グルタミン酸アニオン(glutamate anion)		1186
(S)-(+)-グルタミン酸一ナトリウム(MSG)		189
クールー病(Kuru)		1228
くる病(Rachitis)		1454
クロイツフェルト-ヤコブ病(CJD)		1228
グロビン(globin)	1125, 1226	
クロマトグラフィー(chromatography)	207, 674	
クロム酸(H_2CrO_4)(chromic acid)		569
クロラムフェニコール(chloramphenicol)	203, 1378	
meta-クロロ過安息香酸(MCPBA)		297
クロロクロム酸ピリジニウム(pyridinium chlorochromate)		569
クロロヒドリン(chlorohydrin)		294
クロロフィル(chlorophyll)	718, 720	
—— a		1125
クロロフルオロカーボン		1417
クーロン力(Coulomb force)		11

け

形式電荷(formal charge)		17
ケイ素(silicon)		477
軽油(diesel fuel)		633

削り状マグネシウム(magnesium shavings)
　　　　　　　　　　　　　　　610
ケタミン(ketamine)　　　　　　208
ケタール(ketal)　　　　　　　　920
血液(blood)　　　　　　　　　　87
　——型　　　　　　　　　　1172
　——凝固作用　　　　　　　1307
　——凝固タンパク質　　　　1183
　——脳関門　　　　　　　　1123
結合(bond)　　　　　　　　　　11
　S—S——　　　　　　　　1204
　π(パイ)——(pi ——)　　　29
　σ(シグマ)——(sigma ——)　26
　アキシアル——(axial ——)　146
　イオン——(ionic ——)　11,13
　エクアトリアル——(equatorial ——)
　　　　　　　　　　　　　　146
　共役二重——(conjugated double ——)
　　　　　　　　　402,419,713,716
　極性共有——(polar covalent ——)　12
　孤立二重——(isolated double ——)
　　　　　　　　　　　　402,418
　三重——(triple ——)　　　　38
　三中心二電子——　　　　　　288
　集積二重——(cumulated double ——)
　　　　　　　　　　　　　　404
　水素——(hydrogen ——)
　　　　　　132,704,1126,1223,1366
　水素—ハロゲン——　　　　　45
　単——(single ——)　　　　　34
　炭素—金属——　　　　　　610
　炭素—炭素単——　　　　　　37
　炭素—炭素二重——　　220,232
　炭素—炭素三重——　　　　348
　二重——(double ——)　　　36
　半——(half ——)　　　　　288
　ペプチド——(peptide ——)　386,1202
　ベンゼンの——(—— of benzene)　381
結合解離エネルギー(bond dissociation
　energy)　　　　　　　27,243,684
結合解離エンタルピー(bond dissociation
　enthalpy)　　　　　　　　　244
結合角(bond angle)　　　　　　52
結合距離(bond length)　　　　　26
結合次数(bond order)　　　48,699
結合性π分子軌道(π bonding molecular
　orbital)　　　　　　　　　　407
結合性σ(シグマ)分子軌道(σ bonding
　molecular orbital)　　　　　　27
血小板凝集阻害剤(anti platelet agents)　1017
血中アルコール濃度(blood-alcohol level)
　　　　　　　　　　　　　　570
血糖値(blood sugar concentration / blood
　glucose level)　　　　　　1147
欠乏症(avitaminosis)　　　　1274
ケト-エノール互変異性体(keto-enol
　tautomer)　　　　　　　　354
ケト-エノール相互変換(keto-enol
　interconversion)　　　　354,962
ケト形互変異性体(keto tautomer)　355,961
ケトーシス(ketosis)　　　　1001
ケトース(ketose)　　　1137,1141
ケトン(ketone)
　　　299,354,357,884,890,892,895,957
　——酸素　　　　　　　　　888
　——転移酵素　　　　　　1290
　——の命名　　　　　　　　888
ケラチン(keratin)　　　1183,1206
ケン化(saponification)　　　　845
原子(atom)　　　　　　　　　　4
　——間の結合距離　　　　　　29
　——の大きさ　　　　　　　　73
原子価殻電子対間反発(VSEPR)モデル
　(valence-shell electron-pair repulsion
　model, VSEPR model)　　　694
原子軌道(atomic orbital)　　　　6
　——の一次結合(linear combination of
　atomic orbitals, LCAO)　409,1432
原子質量単位(atomic mass unit, amu)　5
原子番号(atomic number)　　　　4
原子量(atomic weight)　　5,683
元素分析(element analysis)　　676
ゲンタマイシン(gentamicin)　1169

こ

コイルコンホメーション(coil
　conformation)　　　　　　1225
抗ウイルス剤(antiviral drug)　1264,1380
抗鬱剤(antidepressant)　　208,1017
高エネルギー結合(high-energy bond)
　　　　　　　　　　　　　1319
光化学反応(photochemical reaction)　1430
光学活性(optically active)　　187
光学不活性(optically inactive)　187,189
硬化剤(hardener)　　　　　　1416
抗がん剤(anticancer drug)
　　　　595,938,1066,1103,1305,1306,1370
抗凝血剤(anticoagulant)　1169,1309
抗菌剤(antibacterial drug)　　1303
抗原(antigen)　　　　　　　1172
光合成(photosynthesis)　　　1136
交互共重合体(alternating copolymer)　1411
交差 Claisen 縮合(crossed Claisen
　condensation)　　　　　　983
交差アルドール縮合(crossed aldol
　condensation)　　　　　　979
交差アルドール付加(crossed aldol addition)
　　　　　　　　　　　　　　978
交差縮合(crossed condensation)　984
交差ピーク(cross peak)　　　784
抗酸化物質(antioxidant)　659,660,1171,1273
高磁場(upfield)　　　　　　　738
硬水軟化装置(water softening machine)　1199
合成甘味料(artificial sweetener)　1173,1207
合成クロロフルオロカーボン(CFC)　661
構成原理(aufbau principle)　7,408
合成高分子(synthetic polymer)　1392
合成ゴム(synthetic rubber)　1393,1409
合成ステロイド(synthetic steroid)　344
合成繊維(synthetic fiber)　　1393
合成デザイン(designing synthesis)　364,541
合成等価体(synthetic equivalent)　931
抗生物質(antibiotic)
　　　1017,1065,1168,1169,1189,1306,1378
合成ペニシリン(synthetic penicillin)　852
合成ポリマー(synthetic polymer)　864
合成有機化合物(synthetic organic
　compound)　　　　　　　　4
酵素(enzyme)
　　　253,323,325,894,938,1183,1251,1314
構造異性体(constitutional isomer)
　　　　　　　21,104,171,278,308
構造タンパク質(constructive protein)　1183
構造データベース(structure database)　789
構造表記の相互変換(interconverting
　structural reprensentation)　217
高速原子衝突(fast-atom bombardment;
　FAB)　　　　　　　　　　691
酵素触媒反応(enzyme-catalyzed reaction)
　　　　　　　　　　　　323,1251
　——の立体化学　　　　　　323
抗体(antibody)　　　　　1172,1183
広範囲抗菌性抗生物質(broad-spectrum
　antibiotic)　　　　　　　　203
抗ヒスタミン薬(antihistamine)　1017,1122
高分解能質量分析法(high-resolution mass
　spectrometry)　　　　　　683
高分子(polymer)　　　　404,1392
高分子化学(polymer chemistry)　1393
酵母酵素(yeast enzyme)　　　555
高密度ポリエチレン(high-density
　polyethylene)　　　　　　1400
高密度リポタンパク質(high-density
　lipoprotein, HDL)　　　　158
氷(ice)　　　　　　　　　　　44
コカイン(cocaine)　　　550,590
コカノキ(Erythroxylon coca)　550
黒鉛(graphite)　　　　　　　　37
国際純正および応用化学連合(IUPAC,
　International Union of Pure and Applied
　Chemistry)　　　　　　　　105
国際単位系〔Système International(SI)unit〕
　　　　　　　　　　　　　　15
穀物アルコール(grain alcohol)　555
ゴーシュ形配座異性体(gauche
　conformer)　　　　　　　　141
ゴーシュ相互作用(gauche interaction)　142

骨格構造(skeletal structure) 115, 217
　──の解釈 117
骨粗鬆症(osteoporosis) 79
固定波(standing wave) 24
コドン(codon) 1374
コニイン(coniine) 65
コハク酸脱水素酵素(succinate dehydrogenase) 1284, 1285, 1335
木挽き台投影図(sawhorse projections) 523
互変異性化(tautomerization) 354, 962, 991, 1143
互変異性体(tautomer) 354, 961
　　エノール形──(enol tautomer) 355
　　ケト-エノール──(keto-enol tautomer) 354
　　ケト形──(keto tautomer) 355
ゴム(rubber) 1420
コラーゲン(collagen) 998, 1183
　──線維 1171
孤立ジエン(isolated diene) 402, 418
孤立電子対(lone pair electrons) 17, 450
孤立二重結合(isolated double bond) 402, 418
コルチゾン(cortisone) 441
コレステロール(cholesterol) 117, 138, 157, 158, 1345, 1352
　──値 1348
コングロメレート(conglomerate) 20796
混合酸無水物(mixed anhydride) 860, 1317
混合トリアシルグリセリド(mixed triacylglyceride) 844
混成(hybridization) 32, 71
混成軌道(hybrid orbital) 32

さ

催奇性(teratogenesis) 327
サイクリック AMP(cyclic-AMP) 1363
最高エネルギー準位(highest energy level) 27
最高被占分子軌道(highest occupied molecular orbital, HOMO) 410, 465, 717, 1433
最低エネルギー準位(lowest energy level) 27
最低空分子軌道(lowest unoccupied molecular orbital, LUMO) 410, 465, 717, 1434
細胞壁(cell wall) 254, 1167, 1260
細胞膜(cell membrane) 138, 157
材料科学(materials science) 1393
酢酸(acetic acid) 62, 813, 848
　　──オクチル 849
　　──メチル 831, 849
左旋性(levorotatory) 187
サッカリン(saccharin) 1087, 1173
殺鼠剤(rodenticide) 1309
殺虫剤(pesticide) 329, 870
砂糖(sugar) 1137, 1164

サブユニット(subunit) 1228
サーモリシン(Thermolysin) 1226, 1219
サラン(saran) 1411
サリチル酸(salicylic acid) 134, 969
サリドマイド(thalidomide) 327
サルファ剤(sulfur agent) 851, 1065, 1303
酸(acid) 59, 60, 88, 93
　　酸触媒 282, 283, 853, 858, 1237
　　酸触媒脱水反応 562
　　酸の構造 70
　　Lewis 酸 88, 234
　　アスコルビン酸 659, 1067, 1170
　　アミノ酸 386, 1182, 1343
　　アセチルサリチル酸 134, 969
　　過酸 297, 926
　　カルボン酸 64, 811, 812, 831, 991, 999
　　共役酸 60, 93
　　クエン酸(citric acid) 126
　　クロム酸 569
　　酢酸 62, 813, 848
　　サリチル酸 134, 969
　　炭酸 64, 817
　　脂肪酸 304, 820, 843, 845, 999, 1301, 1322
　　酒石酸 203
　　硝酸 64
　　スルホン酸 560
　　(S)-乳酸 187
　　パラアミノ安息香酸(PABA) 715
　　バルビツール酸 144
　　ブドウ酸 207
　　マレイン酸 324
　　(+)-マンデル酸 190
　　酪酸 658, 813
　　硫酸(H_2SO_4) 64, 283
　　リンゴ酸 323
三塩化リン(PCl_3) 865
酸-塩基反応(acid-base reaction) 60, 94
　　──の平衡 69
酸解離定数(acid dissociation constant) 62
酸化的開裂(oxidative cleavage) 299
酸化的付加(oxidative addition) 617
酸化的リン酸化(oxidative phosphorylation) 1322, 1338
酸化反応(oxidation reaction) 291
酸化防止剤(antioxidant) 660
三酸化硫黄(sulfur trioxide) 1026
三酸化ヒ素(arsenic trioxide) 1018
三次構造(tertiary structure) 1226, 1214
三重結合(triple bond) 38
三重線(triplet) 751
　　──の四重線の分裂図 766
酸触媒(acid catalysis) 282, 283, 853, 858, 1237
　　──アミド加水分解反応 853
　　──加水分解反応 899

　　──脱水反応 562
　　──によるエステル加水分解の反応機構 834
　　──によるハロゲン化 963
　　──反応 283
酸性アミノ酸(acidic amino asid) 1186
酸性雨(acid rain) 59, 64
酸性度(acidity) 61
　　化合物の── 362
　　相対的── 71, 362
1,2-二酸素化(1,2-dioxygenated) 1092
1,3-二酸素化(1,3-dioxygenated) 1092
1,4-二酸素化(1,4-dioxygenated) 1092
1,5-二酸素化(1,5-dioxygenated) 1093
1,6-二酸素化(1,6-dioxygenated) 1093
三中心二電子結合 288
三ハロゲン化リン(phosphorus trihalide) 557
三方平面型炭素(trigonal planar carbon) 36
酸無水物(acid anhydride) 859, 1028, 1113
　　──とアルコールとの反応機構 861

し

1,3-ジアキシアル相互作用(1,3-diaxial interaction) 149
1,4-ジアザビシクロ[2.2.2]オクタン(DABCO) 878
ジアステレオトピック水素(diastereotopic hydrogens) 768
ジアステレオマー(diastereomer) 192, 311, 1140, 1152
ジアゾ化(diazotization) 1120
ジアゾニウムイオン(diazonium ion) 1066
ジアゾニウム基(diazonium group) 1109
ジアニオン(dianion) 390
シアノ(C≡N)基(cyano group) 857, 899
シアノ水素化ホウ素ナトリウム($NaBH_3CN$) 914
シアノヒドリン(cyanohydrin) 898
ジアミド(diamide) 1210
gem-ジアルキル効果(gem-dialkyl effect) 1248
ジアルキル置換アルケン(dialkyl substituted alkene) 307
ジアルキルボラン(dialkylborane) 290
シアン化アルキル(alkyl cyanide) 857
シアン化ナトリウム(sodium cyanide) 582, 1018
シアン化物イオン(cyanide ion) 898
ジイソプロピルアミン(diisopropylethylamine) 966
ジエステル(diester) 1315
ジエチルアミド(LSD) 1095
ジエチルエーテル(diethyl ethel) 575
　　──の IR スペクトル 708
ジエチレングリコール(diethylene glycol)

用語索引

	1065
ジェット燃料(jet fuel)	633
ジェネリック医薬品(generic drug)	1017
ジェミナルカップリング(geminal coupling)	757
ジェミナルジハロゲン化物(geminal dihalide)	351, 540
ジエン(diene)	402, 417
——の安定性	402
——の立体配座	431
ジオール(diol)	923
gem-——(gem-——)	916
cis-1,2-——(cis-1,2-——)	580
trans-1,2-——(trans-1,2-——)	580
——脱水素酵素	1300
紫外・可視(ultraviolet and visible, UV/Vis)	713
紫外線(ultraviolet light, UV light)	693, 713, 714
1,3-ジカルボニル化合物(1,3-dicarbonyl compound)	985
1,5-ジカルボニル化合物(1,5-dicarbonyl compound)	973
ジカルボン酸(dicarboxylic acid)	862
磁気回転比(gyromagnetic ratio)	735, 777
磁気共鳴イメージング(magnetic resonance imaging, MRI)	787
色素(pigment)	719
シークエンサー(sequencer, 配列決定装置)	1216, 1383
シグマトロピー転位(sigmatropic rearrangement)	1429, 1430, 1446
[1,3]——	1448
[1,5]——	1448
[1,7]——	1448
ジクマロール(dicoumarol)	1309
シクラミン酸ナトリウム(sodium cyclamate)	1174
シクロアルカン(cycloalkane)	115, 143
——のひずみエネルギーの計算	145
シクロアルケン(cycloalkene)	221
シクロオクタテトラエン(cyclooctatetraene)	383, 393
シクロブタジエン(cyclobutadiene)	393, 400, 447
シクロブタン(cyclobutane)	143
シクロプロパン(cyclopropane)	143, 654
シクロヘキサノール(cyclohexanol)	875
シクロヘキサン(cyclohexane)	144, 157
——の配座異性体	146
2-シクロヘキセノン環(2-cyclohexenone ring)	988
シクロペンタジエニルアニオン(cyclopentadienyl anion)	394
シクロペンタジエニルカチオン(cyclopentadienyl cation)	394, 400
シクロペンタジエン(cyclopentadiene)	394
シクロペンタノン環(cyclopentanone)	1125
シクロペンタン(cyclopentane)	144
ジクロロメタン(CH_2Cl_2)(dichloromethane)	657
歯垢(dental plaque)	1166
自殺型阻害剤(suicide inhibitor)	1306
四酸化オスミウム(osmium tetroxide)	581
ジシクロヘキシルカルボジイミド(dicyclohexylcarbodiimide)	1209
ジシクロヘキシル尿素(dicyclohexyl urea)	1209
脂質(lipid)	845
脂質二重層(lipid bilayer)	138, 846
四重線(quartet)	751
シス(cis)	227
——異性体(cis isomer)	152, 173
s-——形立体配座(s-cis conformation)	431
——縮合(cis-fused)	157
シスチン(cystine)	1204
システイン(cysteine)	1186, 1204
シス-トランス異性体(cis-trans isomer)	152, 172, 192
——の区別	152
シス-トランス異性化酵素(cis-trans isomerase)	938
シス-トランス相互変換(cis-trans conversion)	175, 938
ジスルフィド(disulfide)	1204
——架橋(disulfide bridge)	1205
——の還元	1215
——結合(disulfide bond)	1226, 1410
ジスルフィラム(Disulfiram)	571
シタラビン(cytarabine)	1381
ジチオトレイトール(dithiothreitol)	1233
シチジン(cytidine)	1361
実験に基づく活性化エネルギー(experimental energy of activation)	249
実効電荷(effective charge)	1193
実測旋光度(observed rotation)	188
実測反応速度定数(observed kinetic rate constant)	910
実測比旋光度(observed specific rotation)	190
質量数(mass number)	5
質量スペクトル(mass spectrum)	677
2-イソプロポキシブタンの——	686
2-クロロプロパンの——	685
1-ブロモプロパンの——	684
2-ヘキサノールの——	688
ペンタンの——	677
2-メチルブタンの——	679
——における同位体の扱い	682
——を利用した構造決定	681
質量分析計(mass spectrometer)	676
質量分析法(mass spectrometry)	675, 676
自動固相ペプチド合成(automated solid-phase peptide synthesis)	1212
シトクロム c(cytochrome c)	1214
シトクロム P450(cytochrome P450)	583, 585, 657
シトシン(cytosine)	1124, 1360
ジヌクレオチド(dinucleotide)	1364
ジハロゲン化物(dihalide)	636
ジヒドロキシアセトンリン酸(dihydroxyacetone phosphate)	1266, 1323, 1327
ジヒドロ葉酸(DHF)	1304, 1379
——還元酵素	1304, 1306, 1379
ジヒドロリポ酸(dihydrolipoic acid)	1289
——脱水素酵素	1283
ジ-tert-ブチルジカルボナート(di-tert-butyldicarbonate)	1209
$^1H-^1H$ シフト相関分光法($^1H-^1H$ shift-Correlated Spectroscopy)	784
ジペプチド(dipeptide)	1183
脂肪(fat)	844, 1321, 1322, 1340
脂肪アシル-CoA(fatty acyl-CoA)	1324
脂肪酸(fatty acid)	304, 820, 843, 845, 999, 1301, 1322
ジボラン(B_2H_6)(diborane)	289
シムバスタチン(Simvastatin)	158
ジメチルアリルピロリン酸(dimethylallyl pyrophosphate)	1348
1,4-ジメチルシクロヘキサン(1,4-dimethylcyclohexane)	152
2,2-ジメチルプロパン(2,2-dimethylpropane)	130
ジメチルホルムアミド(DMF)	820
四面体アルコキシドイオン(tetrahedral alkoxide ion)	892
四面体化合物(tetrahedral compound)	910
四面体型結合角(tetrahedral bond angle)	33
四面体中間体(tetrahedral intermediate)	822, 826, 891, 1238
指紋領域(fingerprint region)	696
遮へい(shielding)	737
自由エネルギー(free energy)	240
臭化アルキル(alkyl bromide)	462
臭化エチルマグネシウム(ethylmagnesium bromide)	893
臭化シアン(BrC≡N)(cyanogen bromide)	1120, 1219
臭化水素(hydrogen bromide)	45
臭化プロピルマグネシウム(propylmagnesium bromide)	893
臭化メチルマグネシウム(methylmagnesium bromide)	893
臭化リチウム(lithium bromide)	11
重金属カチオン(heavy metal cation)	593
重合(polymerization)	404, 1392
重合体(polymer)	1392

重水素(deuterium)	774	
──化(deuteride)	774	
──速度論的同位体効果(deuterium kinetic isotope effect)	530, 1269	
集積二重結合(cumulated double bond)	404	
臭素ラジカル(bromine radical)	642	
充填(packing)	135	
──構造(close-packed structure)	1407	
周波数(frequency)	693	
縮合環(fused ring)	157	
縮合重合体(condensation polymer)	1394, 1412	
縮合反応(condensation reaction)	976, 983	
縮重した軌道(degenerate orbital)	6	
主溝(major groove)	1367	
酒石英(cream of tartar)	207	
酒石酸(tartaric acid)	203	
受容体(receptor)	134, 326, 608, 1122	
ジュール(J)(joule)	27	
潤滑油(grease)	633	
昇華(sublimation)	674	
消化(digestion)	1321	
──酵素(digestive enzymes)	1218	
──性潰瘍治療薬	1123	
松果体(pineal body)	816	
消炎鎮痛剤(anti-inflammatory drug)	1087	
硝酸(nitric acid)	64	
ショウノウ(camphor)	885	
静脈麻酔薬(intravenous anesthetic)	575	
蒸留(distillation)	674	
触媒(catalyst)	252, 894, 1235, 1314	
Grubbs──	623	
Lindlar──	358	
キラル──	324	
金属──	302	
酸──	282, 283	
パラジウム──	615	
不斉──	324	
ルテニウム──	623	
──量	1236	
食品添加物(food additive)	1157, 1419	
食品保存料(food preservative)	660, 1067	
植物ホルモン(plant hormone)	220	
食欲抑制剤(anoretic)	1017	
助色団(auxochrome)	717	
女性ホルモン(female hormone)	343	
除草剤抵抗性(herbicide resistance)	1386	
シリルエーテル(silyl ether)	924	
シンクロトロン(synchrotron)	788	
神経インパルス(neuroimpulse)	870	
神経伝達物質(neuro transmitter)	341, 870, 1333	
人工甘味料(artificial sweetener)	1017	
人工血液(artificial blood)	662	
人工殺虫剤(artificial pesticide)	329	
進行波(traveling wave)	24	

シンジオタクチック重合体(syndiotactic polymer)	1407	
ジンジベレン(zingiberene)	419	
伸縮振動(stretching vibration)	694, 701	
C─H	698	
C≡N 結合伸縮	699	
C=N 結合伸縮	699	
C─N 結合伸縮	699	
C=O 結合伸縮	699	
C─O 結合伸縮	699	
アルコールの──	701	
エステルの──	701	
エーテルの──	701	
カルボン酸の──	701	
心臓発作(heart attack)	1298	
シン脱離(syn elimination)	523	
親炭化水素(parent hydrocarbon)	110	
振動数(vibration number)	693	
振動副準位(vibrational sublevel)	715	
シントン(synthon)	931	
シンナー(paint thinner)	1019	
シン付加(syn addition)	312, 358	
シンペリプラナー(syn-periplanar)	523	
新薬(new drug)	342	

す

水酸化物イオン(hydroxide ion)	16, 838, 855	
水素(H_2)(──)	302	
pro-R-──(pro-R-──)	768	
pro-S-──(pro-S-──)	768	
──イオン(── ion)	10	
──の[1,3]シグマトロピー転位	1449	
──の[1,5]シグマトロピー転位	1450	
──ーハロゲン結合(── ─halogen bond)	45	
──付加の立体化学(stereochemistry of addition of ──)	313	
水素化(hydrogenation)	303	
水素化アルミニウムリチウム($LiAlH_4$)	902	
水素化ジイソブチルアルミニウム(diisobutylalminum hydride, DIBALH)	903	
水素化熱(heat of hydrogenation)	303, 306	
水素化物イオン(hydride ion)	10	
水素化ホウ素ナトリウム($NaBH_4$)	900, 901, 902	
水素結合(hydrogen bond)	132, 704, 1226, 1223, 1366	
──の予測	133	
水溶性ビタミン(soluble vitamin)	1273	
水和(hydration)	282	
水和物(hydrate)	916	
スクアレン(squalene)	1345, 1351, 1352	
スクシニル-CoA 合成酵素(succinyl-CoA synthase)	1335	

スクラロース(sucralose)	1174, 1175	
スクレイピー病(scrapie disease)	1228	
スクロース(sucrose)	1164	
スタチン(statin)	158	
──類	1348	
スタッキング相互作用(stacking interactions)	1367	
スチレン(styrene)	1394	
ステロイド(steroid)	157, 441	
──ホルモン(steroid hormone)	1345	
ストップコドン(stop codon)	1375	
ストリキニーネ(strychnine)	1018	
ストレートパーマ(hair straightening)	1206	
ストレプトマイシン(streptomycin)	1169, 1378	
スパンデックス(Spandex)	1420	
スピード(speed)	1017	
スピン(spin)	7	
スピン-スピンカップリング(spin-spin coupling)	753	
スピンデカップリング(spin-decoupling)	779	
スプラ型(suprafacial)	1443	
スモッグ(smog)	299	
スルファニルアミド(sulfanilamide)	1065, 1303	
スルフィド(sulfide)	594	
スルホニウムイオン(sulfonium ion)	551, 1026	
スルホニウム塩(sulfonium salt)	594	
スルホンアミド(sulfonamide)	1303	
スルホン化(sulfonation)	1022	
スルホン酸(sulfonic acid)	560	
──エステル(sulfonate ester)	551, 558, 568	

せ

正四面体型炭素(tetrahedral carbon)	33	
生化学(biochemistry)	323	
制限エンドヌクレアーゼ(restriction endonuclease, 制限酵素)	1382	
制限断片(restriction fragment)	1382	
生合成(biosynthesis)	866	
精神安定剤(ataractic drug)	915	
生成熱(heat of formation)	145	
成層圏オゾン層(stratospheric ozone)	661	
生体高分子(biopolymer)	1392	
生体触媒(biocatalysis)	1251	
生体有機化合物(bioorganic compound)	1135	
生体有機反応(bioorganic reaction)	1135	
成長段階(propagating step)	1395	
成長末端(propagating site)	1396	
静電引力(electrostatic attraction, クーロン力)	11, 1226	
静電的触媒作用(electrostatic catalysis)	1259	

静電ポテンシャル図(electrostatic potential map) 15
正に帯電した陽子(positively charged proton) 4
正反応速度(forward rate) 249
性フェロモン(sex pheromone) 608
生分解性ポリマー(biodegradable polymer) 1422
性ホルモン(sex hormone) 885
精密分子質量(exact molecular mass) 683
性誘引物質(sex attractant) 221,614
赤外スペクトル(infrared spectrum) ⇒ IR スペクトルも見よ 695
——の解釈 710
赤外線(infrared radiation) 693,695
赤外で検出できない振動(infrared inactive vibration) 709
赤外分光法(infrared spectroscopy) 675,694
積分曲線(integration curve) 748
積分値(integration) 748
石油(petroleum) 633
赤リン(red phosphorus) 965
セスキテルペン(sesquiterpene) 1345
節(node) 23
赤血球(erythrocyte) 1172,1378
セッケン(soap) 845
接触水素化(catalytic hydrogenation) 303,304,313,906
切断(disconnection) 931,1091
セファリン(cephalin) 846
セミキノン(semiquinone) 659
セリン(serine) 1186
セリンプロテアーゼ(serine protease) 1256,1258
セルロイド(celluloid) 1393
セルロース(celllose) 151,921,1164,1166
セレギリン(selegiline, Eldepryl®) 342
セレネニル化-酸化反応(selenenylation-oxidation reaction) 1013
セレンディピティー(serendipity) 915,916
セロビオース(cellobiose) 1161
遷移金属(transition metal) 612,615
遷移状態(transition state) 238,244,251,275
——アナログ 883
——の安定性 349
繊維状タンパク質(fibrous protein) 1183
染色体(chromosome) 1368
センス鎖(sense strand) 1370
選択則(selection rule) 1440

そ

双極子(dipole) 14
——-双極子相互作用(dipole-dipole interaction) 130,819
——モーメント(dipole moment) 14,174

操作周波数(operating frequency) 735
総収率(total yield) 925
双性イオン(zwitterion) 1191,1192
相対速度(relative rate) 1247
相対的安定性(relative stability) 71
相対的塩基性度(relative basicity) 362
相対的酸性度(relative acidity) 71,362
相対的電気陰性度(relative electronetivity) 95
側鎖(side chain) 1183
速度式(rate law) 247
速度定数(rate constant) 247,464,471
速度論(kinetics) 238,244
——的安定性(kinetic stability) 245
——的エノラートイオン 969
——的生成物(kinetic product) 422
——的に支配されている(kinetically controlled) 422,935
——的分割(kinetic resolution) 1202
疎水性相互作用(hydrophobic interactions) 1227
ソーダアミド(sodamide) 362
ソマトスタチン(somatostatin) 1126
ソルビトール(sorbitol) 1144,1166

た

第一殻(first shell) 6
第一級アミノ基(primary amino group) 1183
第一級アミン(primary amine) 124
第一級アリールアミン(primary arylamine) 1109
第一級アルコール(primary alcohol) 121
第一級カルボカチオン(primary carbocation) 273,1031
第一級水素(primary hydrogen) 108
第一級炭素(primary carbon) 107
第一級ハロゲン化アルキル(primary alkyl halide) 118
第二殻(second shell) 6
第二級アミノ基(secondary amino group) 1183
第二級アミン(secondary amine) 124,1106
第二級アルコール(secondary alcohol) 121
第二級カルボカチオン(secondary carbocation) 273
第二級水素(secondary hydrogen) 108
第二級炭素(secondary carbon) 107
第二級ハロゲン化アルキル(secondary alkyl halide) 118
第二メッセンジャー(second messenger) 1363
第三殻(third shell) 6
第三級アミン(tertiary amine) 124,1106
第三級アルコール(tertiary alcohol) 121,895
第三級カルボカチオン(tertiary carbocation) 273

第三級水素(tertiary hydrogen) 108
第三級炭素(tertiary carbon) 108
第三級ハロゲン化アルキル(tertiary alkyl halide) 118
第四殻(fourth shell) 6
第四級アンモニウムヒドロキシド(quaternary ammonium hydroxide) 590
第四級アンモニウム塩(quaternary ammonium salt) 125,551
ダイオキシン(TCDD) 1018
体系的命名法(systematic nomenclature) ⇒ 「命名法」の項目も見よ 105
代謝(metabolism) 1314
対称 MO(symmetric MO) 1434
対称エーテル(symmetrical ether) 120
対称許容経路(symmetry-allowed pathway) 1438
対称禁制経路(symmetry-forbidden pathway) 1438
対称酸無水物(symmetrical anhydride) 860
対称内部アルキン(symmetry xxx) 355
対称な分子軌道(symmetric molecular orbital) 410
対称面(plane of symmetry) 198
大腸菌(Escherichia coli) 733
帯電していない中性子(uncharged neutron) 4
ダイナマイト(dynamite) 531
ダイヤモンド(diamond) 37
多核カップリング(heteronuclear coupling) 779
多価不飽和(polyunsaturated) 304
多極子-多極子相互作用(dipole-dipole interaction) 133
多重線(multiplet) 751
多重度(multiplicity) 751
多段階合成(multistep synthesis) 364,654
多置換ベンゼン(multi substituted benzene) 1039
脱アミノ化(deamination) 1379
脱水剤(dehydration reagent) 866
脱水素酵素(dehydrogenase) 1277,1323
脱水反応(dehydration) 562
生体内での——(biological dehydration) 568
——の起こしやすさ 563
——の立体化学 567
脱スルホン化(desulfonylation) 1027
脱炭酸(decarboxylation) 990,1001,1122
——酵素(decarboxylase) 1286
脱ハロゲン化水素反応(dehydrohalogenation) 510
脱プロトン化(deprotonation) 511,518,1241
脱保護(deprotection) 925
脱離イオン化法(DI)(Desorption/Ionization) 691
脱離基(leaving group) 462

脱離単分子共役塩基（E1cB；elimination unimolecular conjugated base）反応　977
脱離能（leaving group ability）　470
脱離反応（elimination reaction）　461, 508, 977
　1,2-──　510
　──におけるハロゲン化アルキルの反応性　522
脱硫（desulfurization）　926
多糖（polysaccharide）　1137, 1164
ダプトマイシン（Cubicin®）　1169
タモキシフェン（Tamoxifen）　231
タール（tar）　633
炭化水素（hydrocarbon）　103, 220
　──の沸点　347
単結合（single bond）　34
炭酸（carbonic acid）　64, 817
　──の誘導体　817
炭酸デヒドラターゼ（carbonate dehydratase）　1270
単純トリアシルグリセリド（simple triacylglyceride）　843
炭水化物（carbohydrate）　921, 1136, 1321
　単純な──　1137
炭素（carbon）
　──求核剤　898
　──－金属結合（carbon-metal bond）　610
　──原子の相対的電気陰性度　360
　──骨格の変換　1089
　──－水素結合の IR 吸収　705
　──担持パラジウム（palladium on carbon）　302
　──－炭素単結合の回転　139
　──－炭素単結合（carbon-carbon single bond）　37
　──－炭素二重結合（carbon-carbon double bond）　220, 232, 820
　──－炭素三重結合（carbon-carbon triple bond）　348
　──の官能基化　1088
　──の転移　1451
炭素酸（carbon acid）　957
　──の pK_a 値　958
単糖（monosaccharide）　1137
　──の酸化-還元反応　1144
タンパク質（protein）　132, 386, 1121, 1182, 1188, 1321
　──構造　386, 1214
　──の一次構造の決定法　1215
　──の生合成　1372
　──のプレニル化（protein prenylation）　1351
単分子（unimolecular）　478
単量体（monomer）　1228

ち

チアゾリノン（thiazolinone）　1216
チアミン（ビタミン B_1）　1274
チアミンピロリン酸（thiamine pyrophosphate）　1286, 1286
チオアセタール（thioacetal）　925
チオエステル（thioester）　868, 869, 999
チオエーテル（thioether）　594
チオ尿素（thiourea）　948
チオフェン（thiophene）　1110, 1111
チオペンタール（Thiopental）　575
チオール（thiol）　593, 925, 938, 1204
置換（substitution）　75
N-置換アミド　905
N,N-二置換アミド　959
置換安息香酸（substituted benzoic acid）　1051
置換エチレン（substituted ethylene）　1394
置換基（substituent）　75
　──効果（substituent effect）　1040, 1050, 1053
置換シクロヘキサン（substituted cyclohexane）　530
　──の脱離反応　528
置換反応（substitution reaction）　461
　──と脱離反応の競合　536
　──と脱離反応の立体化学　527
　──の反応速度　466
置換ピリジン（substituted pyridine）　1120
置換ピリミジン（substituted pyrimidine）　1360
置換フェノール（substituted phenol）　1050
置換プリン（substituted purine）　1360
置換ベンゼン（substituted benzene）　1017, 1046
　──の相対的反応性　1042
　一置換ベンゼンの合成　1055
　二置換ベンゼンの合成　1055
　三置換ベンゼンの合成　1058
逐次重合体（step-growth polymer）　1394, 1412, 1415, 1413
チクロ（sodium cyclamate）　1174
窒素則（nitrogen rule）　681
チミジル酸合成酵素（thymidylate synthase）　1303, 1379
チミジン（thymidine）　1361
チミン（thymine）　1124, 1360
　──二量体（thymine dimer）　1452
中間体（intermediate）　251
中性子（neutron）　4
超共役（hyperconjugation）　140, 273, 518
　──による電子供与　1041
長鎖カルボキシラートイオン（long-chain carboxylate ion）　845
調節酵素（regulatory enzyme）　1342
直鎖アルカン（straight-chain alkane）　103

　──の命名法　103
直鎖状ポリエチレン（linear polyethylene）　1400
直接付加（direct addition）　419, 934
　──生成物　937
チョコレート（chocolate）　660
チラミン（tyramine）　1086
チロキシン（thyroxine）　1025, 1188
チロシン（tyrosine）　1025, 1187
　──ヒドロキシラーゼ（tyrosine hydroxylase）　342
鎮静剤（abirritant）　144, 919, 1086
鎮痛薬（analgesic）　208

つ

痛風（gout）　855
積み上げ原理（aufbau principle）　7

て

低温殺菌法（pasteurization）　206
低級アルカン（smallest alkane）　130
停止段階（termination step）　1395
低磁場（downfield）　738
ディーゼル油（diesel oil）　633
低密度リポタンパク質（low-density lipoprotein, LDL）　158
低密度ポリエチレン（low-density polyethylene）　1400
2′-デオキシアデノシン（2′-deoxyadenosine）　1361
2′-デオキシグアノシン（2′-deoxyguanosine）　1361
2′-デオキシシチジン（2′-deoxycytidine）　1361
デオキシ糖（deoxy sugar）　1168
デオキシリボ核酸（deoxyribonucleic acid, DNA）　1359
2′-デオキシ-D-リボース（2′-deoxy-D-ribose）　1359
デオキシリボヌクレオシド（deoxyribonucleoside）　1361
デオキシリボヌクレオチド（deoxyribonucleotide）　1362
適合性（snugfit）　134
デキストラン（dextran）　1166
デキストロース（dextrose）　1150
テストステロン（testosterone）　885
デート・レイプ・ドラッグ（date rape drug）　915
テトラサイクリン（tetracycline）　177, 1378
テトラテルペン（tetraterpene）　1345
テトラヒドロフラン（THF）（tetrahydrofuran）　289, 579
テトラヒドロ葉酸（tetrahydrofolate, THF）

I-17　用語索引

	1301, 1379
テトラピロール (tetrapyrrole)	1126
テトラフルオロエチレン (tetrafluoroethylene)	1399
テトラメチルシラン (TMS) (tetramethylsilane)	741
テトロース (tetrose)	1137
デバイ (debye)	14
7-デヒドロコレステロール (7-dehydrocholesterol)	1453, 1454
テフロン® (Teflon®)	1399
テモゾロミド (Temozolomide)	1066
テルペノイド (terpenoid)	1344
テルペン (terpene)	1344
転化 (invert)	1164
──酵素 (invertase)	1164
──糖 (invert sugar)	1164
電界発光 (electroluminescence)	405
電気陰性度 (electronegativity)	12, 13, 70, 609
相対的──	95
電気泳動 (electrophoresis)	1194
電気的陰性 (electronegative)	9
電子 (electron)	4
π──	448, 449
価── (valence electron)	8
局在化── (localized electrons)	78, 377
内殻── (core electron)	8
非局在化── (delocalized electrons)	78, 377
不対──	634
不対価──	11
負に荷電している── (negatively charged electron)	4
──イオン化質量分析計	677
──イオン化法 (EI)	676
──雲	23
──環状反応 (electrocyclic reaction)	1429, 1435, 1437
──求引性置換基	1043
──求引性誘起効果 (inductive electron withdrawal)	75, 96, 412, 1040
──供与性置換基	1043
──遷移 (electronic transition)	714
──貯め (electron sink)	1287
──の動き	236
──の非局在化 (electron delocalization)	77, 390
電子配置 (electronic configuration)	6
基底状態の── (ground-state electronic configuration)	6
励起状態の── (excited-state electronic configuration)	6
電磁波照射 (electromagnetic radiation)	692
電磁波スペクトル (electromagnetic radiation)	693
転写 (transcription)	1369, 1370

天然ガス (natural gas)	633
天然ゴム (natural rubber)	1408
天然有機化合物 (natural organic compound)	4
デンプン (starch)	151, 921, 1164, 1165

と

同位体 (isotope)	5, 682
──の原子質量	683
──の天然存在比	682
同化 (anabolism)	1314, 1339
等核カップリング (homonuclear coupling)	779
等価なプロトン (equivalent proton)	752
同化反応 (anabolic reaction)	1276
動径節 (radial node)	23
透視式 (perspective formula)	31, 179, 217, 1138
糖新生 (gluconeogenesis)	998, 1340
同旋的 (conrotatory)	1437
──閉環	1441
同族体 (homolog)	103
同族列 (homologous series)	103
糖タンパク質 (glycoprotein)	1171
導電性ポリマー (conducting polymer)	405, 1408
等電点 (isoelectric point, pI)	1193
糖尿病 (diabetes)	1147, 1206
頭-尾付加 (head-to-tail addition)	1397
動脈硬化 (arterial sclerosis)	158
灯油 (heating oil)	633
糖類 (糖質) (sugar)	1137
トキシン (toxin)	1018
特殊塩基触媒作用 (specific-base catalysis)	1242
特殊酸触媒作用 (specific-acid catalysis)	1239
トシル酸アルキル (alkyl tosylate, ROT)	559
ドーナツ型の電子雲 (donut-shaped electron cloud)	381
L-ドーパ (L-DOPA)	341
ドーパミン (dopamine)	341, 1086, 1333
ドーピング (doping)	404
ドープ (dope)	395
ドライアイス/アセトン浴 (dryice/acetone bath)	903
トランス (trans)	227
──異性体 (trans isomer)	152, 173
──脂肪 (trans fat)	304
──縮合環 (trans-fused ring)	157
s-トランス形立体配座 (s-trans conformation)	431
トランスファー RNA (transfer RNA, tRNA)	1372
トリアシルグリセロール (triacylglycerol)	843
トリアルキルボラン (trialkylborane)	290

鳥インフルエンザ (bird flu)	1381
トリオース (triose)	1137
──リン酸異性化酵素 (triosephosphate isomeras, TIM)	1271, 1326
トリグリセリド (triglyceride)	843
トリクロロアセトアルデヒド (trichloroacetaldehyde)	919
トリテルペン (triterpene)	1345
2,4,6-トリニトロフェノール (2,4,6-trinitrophenol)	969
トリフェニルホスフィン (triphenylphosphine)	928
トリフェニルメチルカチオン (triphenyl methylcation)	441
トリプシン (trypsin)	1219, 1257
トリプトファン (tryptophan)	816, 1121, 1187
トリペプチド (tripeptide)	1183
2,4,6-トリメチル安息香酸 (2,4,6-trimethylbenzoic acid)	880
2,2,4-トリメチルペンタン (2,2,4-trimethylpentane)	113
トリメトプリム (trimethoprim)	1306
トリリン酸 (triphosphate)	1315
トルエン (toluene)	1019, 1048
トレオ形エナンチオマー (threo enantiomer)	192, 314
D-トレオース (D-threose)	206
トレオース (threose)	1139
トレオニン (threonine)	205, 1186
トレハロース (trehalose)	1180
トロポコラーゲン (tropocollagen)	999

な

ナイアシン (ビタミン B_3) (niacin)	1276, 1277
──欠乏症	1277
内殻電子 (core electron)	8
内部アルキン (internal alkyne)	343
ナイロン (nylon)	864, 1414
──6	1413
──の工業的合成	1413
──66	1413
ナトリウム (Na) (sodium)	9, 10
ナトリウムアミド ($Na^+ - NH_2$) (sodium amide)	362
ナノコンテナ (nano-container)	1412
ナフタレン (naphthalene)	394, 584
──オキシド (naphthalene oxide)	584
ナプロキセン (Aleve®) (naproxen)	134, 190, 324, 841

に

二官能性分子 (bifunctional molecule)	496
二クロム酸ナトリウム ($Na_2Cr_2O_7$) (sodium	

dichromate)	569	
ニコチン(nicotine)	57, 589	
ニコチンアミド(nicotinamide)	1275, 1276	
——アデニンジヌクレオチド (nicotinamide adenine dinucleotide, NAD$^+$)		1275
——アデニンジヌクレオチドリン酸 (nicotinamide adenine dinucleotide phosphate, NADPH)		1275
ニコチン酸(nicotinic acid)		1277
二酸化炭素(carbon dioxide)		893
二次イオンMS(SIMS)		691
二次元NMR分光法(2D NMR)		783
二次構造(secondary structure)	1214, 1222	
二次速度定数(second-order rate constant)		248
二次反応(second-order reaction)	247, 463	
二重結合(double bond)		36
二重線(doublet)		751
——の二重線の分裂図		766
——の二重線(doublet of doublets)		757
二重らせん(double helix)		1366
二置換ベンゼン(disubstituted benzene)		1037
ニッケル触媒(Ni catalyst)		906
二糖(disaccharide)	1137, 1161	
ニトリル(nitrile)	857, 959	
——の加水分解		858
——の命名		857
ニトロアルカン(nitroalkane)		959
ニトロエタン(nitroethane)	383, 720	
ニトロ化(nitration)		1022
ニトロソアミン(nitrosamine)	1066, 1067	
ニトロソニウムイオン(nitrosonium ion)		1065
ニトロニウムイオン(nitronium ion)		1025
二分子(bimolecular)		464
乳がん(breast cancer)		980
乳酸(lactic acid)		187
乳酸脱水素酵素(lactase dehydrogenase)		720, 1331
(S)-乳酸ナトリウム(sodium lactate)		187
乳幼児突然死症候群(sudden infant death syndrome, SIDS)		1324
尿素(urea)		854
二量体(dimer)	288, 1128	
ニンヒドリン(ninhydrin)		1198
——溶液		1195

ぬ

ヌクレオシド(nucleoside)		1361
——の類似化合物		1380
ヌクレオチド(nucleotide)	1276, 1361, 1362	
——二リン酸キナーゼ(nucleotide bisphosphate kinase)		1337

ね

ネオプレン(neoprene)	1409, 1410	
ネオマイシン(neomycin)		1169
ねじれ形配座(staggered conformation)		199
——異性体(staggered conformer)		139
ねじれ舟形配座異性体(twist-boat conformer)		148
熱可塑性ポリマー(thermoplastic polymer)		1419
熱硬化性ポリマー(thermosetting polymer)		1419
熱反応(thermal reaction)		1430
熱分解(pyrolysis)		633
熱力学(thermodynamics)	238, 239	
——的安定性		245
——的エノラートイオン		969
——的生成物		422
——的に支配されている		422
ネトロプシン(netropsin)		1367
燃焼反応(combustion reaction, burning reaction)		634

の

ノイラミニダーゼ(neuraminidase)		1264
ノッキング(knocking)		113
ノーベル賞(Nobel prize)		531
ノルアドレナリン(noradrenarine)	500, 1333	
ノルエチンドロン(norethindrone)		344
ノルエピネフリン(norepinephrine)		500

は

バイアグラ(Viagra)		916
配位(ligation)		1125
配向性(orientation)		1046
——ポリマー(oriented polymer)		1420
配座異性体(conformer, conformational isomer)		139
アンチ形——(anti conformer)		141
いす形——(chair conformer)	146, 199	
重なり形——(eclipsed conformer)		139
ゴーシュ形体——(gauche conformer)		141
ねじれ形——(staggered conformer)		139
ねじれ舟形——(twist-boat conformer)		148
半いす形——(half-chair conformer)		148
舟形——(boat conformer)	148, 199	
配座解析(conformational analysis)		139
配置異性体(configurational isomer)		172
背面攻撃(back-side attack)		465
パイロシークエンシング(pyrosequencing)		1382
パーキンソン病(Parkinson's disease)		341
白色光(white light)		718
薄層クロマトグラフィー(thin-layer chromatography, TLC)		1196
白内障(cataract)		1148
橋かけ(cross-linking)		1410
波数(wave number)		694
バソプレッシン(vasopressin)		1207
バターイエロー(butter yellow)		718
旗ざお水素(flagpole hydrogen)		148
波長(wavelength)	693, 713	
発エルゴン反応(exergonic reaction)	240, 1329	
発煙硫酸(oleum)		1026
発がん性(carcinogen)		585
バッキーボール(bucky ball)		395
バックミンスターフラーレン (buckminsterfullerene)		395
発色団(chromophore)		715
発熱反応(exothermic reaction)		242
波動方程式(wave equation)		6
バニリン(vanillin)		885
パーフルオロカーボン(perfluorocarbon)		662
パーマネント(permanent)		1206
パラ(para)		1037
パラアミノ安息香酸(PABA)		715
パラアルデヒド(paraldehyde)		953
パラ異性体(para isomer)		1046
パラジウム(palladium)		302
——触媒(palladium catalyst)		615
パラチオン(Parathion)		870
パラフィン(paraffin)		633
バリン(valine)		1186
バルビツール剤(barbituric reagent)	144, 145	
バルビツール酸(barbituric acid)		144
ハロアルカン(haloalkane)		119
ハロゲン(halogen)		18
ハロゲン化(halogenation)		1022
ハロゲン化アシル(acyl halide)	811, 828	
ハロゲン化アリル(allylic halide)	482, 520	
ハロゲン化アリール(aryl halide)	483, 484, 613, 616	
ハロゲン化アルキル(alkyl halide)	106, 118, 127, 129, 271, 462, 499, 509, 511, 521, 532, 537, 582, 1029	
——の命名法		118
——のS_N1反応		479
——のS_N2反応		465
——の合成を計画する		279
——の溶解度		137
ハロゲン化水素(hydrogen halide)	45, 271	
ハロゲン化反応(halogenation reaction)		634
ハロゲン化ビニル(vinylic halide)	483, 484, 613, 616	
ハロゲン化物イオン(halide ion)		73

I-19　用語索引

ハロゲン化ベンジル（bezylic halide） 482, 520
ハロアルケン（haloalkene） 352
ハロヒドリン（halohydrin） 294
ハロホルム反応（haloform reaction） 1008
半いす形配座異性体（half-chair conformer） 148
反響定位（echolocation） 845
半結合（half-bond） 288
反結合性π*分子軌道（π*antibonding molecular orbital） 407
反結合性σ*分子軌道（σ*antibonding molecular orbital） 27
半減期（half-life） 5
反磁性異方性（diamagnetic anisotropy） 746
反磁性遮へい（diamagnetic shielding） 737
反遮へい（化）（diamagnetic shielding） 738
ハンチントン病（Huntington's disease） 1228
パントテン酸（pantothenic acid） 1289
反応機構（mechanism of the reaction） 235, 272
反応剤（reagent）
　Gilman――（Gilman reagent） 612
　Grignard――（Grignard reagent） 610
　有機銅アート――（organocuprate, R_2CuLi） 612
反応座標図（reaction coordinate diagram） 238, 250, 826
反応性-選択性の原理（reactivity-selectivity principle） 643
反応速度（rate of reaction） 275, 478, 1246
　――式（rate law） 463
　――論（kinetics） 238, 463
反応熱力学（thermodynamic） 238
反芳香族化合物（antiaromatic compound） 399, 401
半保存的複製（semiconservative replication） 1369

ひ

ヒアルロン酸（hyaluronic acid） 1179
ビオチン（biotin，ビタミン H） 1291
　――欠乏症 1291
非還元糖（nonreducing sugar） 1160
非環状アミン（acyclic amine） 1106
非環状アルケン（acyclic alkene） 221
非環状化合物（noncyclic compound, acyclic compound） 221
非共有電子対（unshared electron pair） 17
非局在化（delocalization） 77
　――エネルギー（delocalization energy） 390, 392, 412
非局在化電子（delocalized electrons） 78, 377
　――による pK_a への影響 412
非極性共有結合（nonpolar covalent bond） 12

非極性分子（nonpolar molecule） 31, 136
非極性溶媒（aprotic polar solvent） 472, 845
ピクリン酸（picric acid） 969
非結合電子（nonbonding electrons） 17
微結晶（crystallites） 1418
微視的可逆性の原理（principle of microscopic reversibility） 1027
ビシナル（vicinal） 292
ビシナルグリコール（vicinal glycol） 580
ビシナルジオール（vicinal diol） 580
ビシナルジハロゲン化物（vicinal dihalide） 540
ビシナル二塩化物（vicinal dichloride） 293
ビシナル二臭化物（vicinal dibromide） 293
非遮へい（化）（diamagnetic shielding） 738
非晶（amorphous） 1418
非水溶性ビタミン（non-soluble vitamin） 1273
ヒスタミン（histamine） 1122
　――H_2受容体 1123
ヒスチジン（histidine） 1121, 1122, 1125, 1187
非ステロイド系抗炎症薬（NSAID） 841
ビスフェノール A（bisphenol A） 1421
比旋光度（specific rotation） 188, 190
非対称 MO（antisymmetric MO） 1434
非対称エーテル（unsymmetrical ether） 120
非対称ケトン（asymmetric ketone） 968
非対称内部アルキン（asymmetric internal alkyne） 355
非対称な分子軌道（asymmetric molecular orbital） 410
ひだ折り構造（pleated structure） 1224
ビタミン（vitamin） 1272, 1274
　――A 929
　――B_1 1286, 1289
　――B_2 1282
　――B_3 1277
　――B_6 911, 1293
　――B_{12} 1126
　――C（vitamin C） 659, 1170, 1171
　――D 1453, 1454
　――D_2 1453
　――D_3 1453
　――D 欠乏症 1274
　――E（vitamin E） 659, 1309
　――K 1307
　――KH_2（vitamin KH_2） 1031, 1307
必須アミノ酸（essential amino acid） 1187
非等価なプロトン（nonequivalent proton） 755
ヒトゲノム（human genome） 1368, 1371, 1383
　――プロジェクト 1382
ヒト免疫不全ウイルス（HIV） 1388
ヒドラジン（hydrazine） 912, 1033
ヒドラゾン（hydrazone） 912, 1033
ヒドリドイオン（hydride ion） 900, 901, 902

1,2-ヒドリドシフト（1,2-hydride shift） 286, 555
N-ヒドロキシアゾ化合物（N-hydroxyazo compound） 1066
ヒドロキシピリジン（hydroxypyridine） 1120
ヒドロキシメチルグルタリル-CoA（hydroxymethylglutaryl-CoA） 1348
5-ヒドロキシメチルシトシン（5-hydroxymethylcytosine） 1371
3-ヒドロキシ酪酸（3-hydroxybutyric acid） 1422, 1423
ヒドロキシラジカル（hydroxy radical） 1380
ヒドロキシルアミン（hydroxylamine） 912
ヒドロキノン（hydroquinone） 659, 1307, 1338
ヒドロニウムイオン（hydronium ion） 16
ヒドロホウ素化-酸化（hydroboration-oxidation） 288, 356
ヒドロホウ素化-酸化の立体化学（stereochemistry of hydroboration-oxidation） 317
ビニルアニオン（vinylic anion） 359
ビニルカチオン（vinylic cation） 349
ビニル基（vinyl group） 225
ビニル水素（vinylic hydrogen） 225
ビニル炭素（vinylic carbon） 225
ビニルポリマー（vinyl polymer） 1394
ビニルラジカル（vinylic radical） 359
皮膚がん（skin cancer） 714
非プロトン性極性溶媒（aprotic polar solvent） 474
非プロトン性溶媒（aprotic solvent） 490
ピペリジン（piperidine） 1106
日焼け（sunburn） 714
日焼け止め（sunscreen） 714
ピューロマイシン（puromycin） 1378
標的分子（target molecule, desired product） 284, 541
ピラノシド（pyranoside） 1158
ピラノース（pyranose） 1153
ピラン（pyran） 1153
ピリジニウムイオン（pyridinium ion） 898, 1115
ピリジン（pyridine） 397, 557, 567, 1115
ピリジンヌクレオチド補酵素（pyridine nucleotide coenzyme） 1275
ピリドキサルピロリン酸（pyridoxal pyrophosphate） 1333
ピリドキサールリン酸（pyridoxal phosphate, PLP） 1293
ピリドキシン（pyridoxine） 1293
ピリドン（pyridone） 1120
ビリベルジン（Biliverdin） 1126
ピリミジン（pyrimidine） 1124, 1360
ビリルビン（Bilirubin） 1126
ピルビン酸（pyruvic acid, pyruvate）

——カルボキシ基転移酵素 998, 1321
——カルボキシラーゼ 1292
——キナーゼ 1341, 1343
——脱水酵素複合体 1326
——脱炭酸酵素 1288
ピロリジン(pyrrolidine) 1286, 1287, 1331
——環 1106, 1110
ピロリン酸(pyrophosphate) 1121
ピロール(pyrrole) 867, 1315
——環 398, 443, 1110
貧血(anemia) 1125
部位特異的変異(site-specific mutagenesis) 1293
 1259

ふ

フィードバック阻害化合物(feedback inhibitor) 1342
フィンガープリンティング法(fingerprinting) 1197
フェナントレン(phenanthrene) 394
フェニルアラニン(phenylalanine) 1187, 1334
——ヒドロキシ化酵素 1332, 1333
フェニルイソチオシアナート(phenyl isothiocyanate) 1216
フェニル基(phenyl group) 483, 1018
フェニルケトン尿症(phenylketonuria, PKU) 1333
フェニルチオヒダントイン(PTH) 1216
フェニル置換アルカン(phenyl substituted alkane) 1019
フェニルピルビン酸(phenylpyruvic acid) 1333
フェノキシドイオン(phenoxide ion) 832, 833
フェノラートイオン(phenolate ion) 413, 721
フェノール(phenol) 412, 961, 969, 1050
フェロモン(pheromone) 221, 608
フォサマック(Fosamax) 79
付加(addition)
 1,2-付加(1,2-addition) 419, 934
 ——生成物(1,2-addition product) 419
 1,4-付加(1,4-addition) 419, 934
 ——生成物(1,4-addition product) 419
 [2+2]付加環化反応([2+2] cycloaddition reaction) 625, 928, 1444
 [4+2]付加環化反応([4+2] cycloaddition reaction) 428, 1443
 ——環化反応(cycloaddition reaction) 428, 1429, 1443
 生体内の—— 1452
 ——重合体(addition polymer) 1394

——反応(addition reaction) 236
不活性化置換基(deactivating substituent) 1040
不均等結合開裂(heterolytic bond cleavage) 634, 685
複雑な炭水化物(complex carbohydrate) 1137
副作用(side effect) 85, 1123
複製(replication) 1368
複素環(heterocycles) 1104, 1187
——化合物(heterocyclic compound) 397, 1104, 1276, 1360
不斉触媒(chiral catalyst) 324
不斉中心(asymmetric center) 172, 177, 179, 209, 310
——の数 191
不足水素指標 221
1,3-ブタジエン(1,3-butadiene) 408, 1409
1-ブタノール(1-butanol) 554
ブタノン(butanone) 836
N-フタルイミドマロン酸エステル合成(N-phthalimidomalonateesther synthesis) 1200
フタル酸エステル(phthalate esters) 1421
ブタン(butane)
——の臭素化反応 641
——の配座異性体 140
——のモノ塩素化反応 638
ブタンジオン(butanedione) 889
tert-ブチルカチオン(tert-butyl cation) 272
ブチル基(butyl group) 106, 108
ブチルゴム(isobutylene-isoprene rubber) 1411
tert-ブチルジメチルクロロシラン(tert-Butylchlorodimethylsilane) 924
ブチルリチウム(butyllithium) 928
不対電子(unpaired electron) 11, 634
フッ化アルキル(alkyl fluoride) 462, 515
フッ化水素(hydrogen fluoride) 45
二日酔い(hangover) 1289
フッ化リン酸ジイソプロピル(DFP) 870
副溝(minor groove) 1367
フッ素(fluorine) 9
沸点(boiling point, bp) 129, 131
フッ化テトラブチルアンモニウム(tetrabutylammonium fluoride) 924
1-ブテン(1-butene) 223
cis-2-ブテン(cis-2-butene) 307
trans-2-ブテン(trans-2-butene) 307
ブドウ酸(racemic acid) 207
tert-ブトキシドイオン(tert-butoxide ion) 475
tert-ブトキシラジカル(tert-butoxy radical) 1399
プトレシン(putrescine) 126
舟形配座異性体(boat conformer) 148, 199
負に荷電している電子(negatively charged electron) 4

部分ラセミ化(partial racemization) 480
部分加水分解(partial hydrolysis) 1217, 1218
不飽和脂肪酸(unsaturated fatty acid) 820
不飽和炭化水素(unsaturated hydrocarbon) 222, 347
不飽和度(degree of unsaturation) 221
フマラーゼ(fumarase) 323, 568, 1335
プライマー(primer) 1382, 1384
プライム(′) 1161
フラグメンテーション(fragmentation) 678, 1096
フラグメントイオン(fragment ion) 678
——ピーク(fragment ion peak) 678
ブラジキニン(bradykinin) 1207
プラスチック(plastic) 1393
フラノシド(furanoside) 1158
フラノース(furanose) 1153
フラビン(flavin) 1282
フラビンアデニンジヌクレオチド(flavin adenine dinucleotide, FAD) 1282
フラーレン(fullerene) 37, 395
フラン(furan) 398, 443, 1110, 1111, 1153
プリオン(prion) 1228
フリーラジカル(free radical) 18, 634, 636
プリン(purine) 442, 1124, 1360
5-フルオロウラシル(5-fluorouracil) 508, 1103, 1305
フルオロシクロヘキサン(fluorocyclohexane) 152
D-フルクトース(D-fructose) 1136
——1,6-二リン酸(fructose-1,6-diphosphatase) 998, 1266
——-1,6-ビスホスファターゼ(fructose-1,6-bisphosphatase) 1342
ブレオマイシン(Bleomycin) 1370
プレキシガラス(Plexiglas) 1398
プレポリマー(prepolymer) 1416
プロキラル炭素(prochiral carbon) 768
プロゲステロン(progesterone) 343, 885
プロスタグランジン(prostaglandin) 840
ブロック共重合体(block copolymer) 1411, 1412
ブロックバスター薬(blockbuster drug) 1103
プロテアーゼ(protease) 1256
プロドラッグ(prodrug) 1065
プロトロンビン(prothrombin) 1307
プロトン(proton) 4, 10, 60
 NH—— 773
 OH—— 771
 化学的に等価な——(chemically equivalent proton) 738
 カップリングしている——(coupled proton) 751
 等価な—— 752
 非等価な—— 755
 メチル——(methyl protons) 745

メチレン——（methylene protons） 743, 745
——移動反応（proton-transfer reaction） 60
——カップリング ^{13}C NMR スペクトル（proton-coupled ^{13}C NMR spectrum） 779
——交換（proton exchange） 772
——磁気共鳴（proton magnetic resonance, 1H NMR） 733
——性溶媒（protic solvent） 472, 490
——転移反応（xxx） 94
プロトン化（protonated） 572, 1237
——されたアニリン 1048
——された置換アニリン 1051
——体 65
プロパギルアルコール（propagylicalalcohol） 712
プロパノン（propanone） 888
プロピオン酸（propionic acid） 813
プロピル基（propyl group） 106, 107
プロポフォール（propofol） 575
N-ブロモコハク酸イミド（N-bromosuccinimide; NBS） 651
ブロモシクロヘキサン（bromocyclohexane） 875
プロモーター部位（promoter region） 1370
ブロモヒドリン（bromohydrin） 294
ブロモホスファイト基（bromophosphite group） 557
プロリン（proline） 1121, 1187
フロンティア軌道（frontier orbitals） 1435
——理論（frontier orbital theory） 1431
分極率（polarizability） 131, 470
分光学（spectroscopy） 692, 713
分子イオン（molecular ion） 676, 678
分子間水素結合（intermolecular hydrogen bond） 819
分子間反応（intermolecular reaction） 496, 1246
分子軌道（molecular orbital, MO） 25, 713
——図 27, 824
——理論 25, 400, 1431
分子修飾（molecular modification） 590
分子内 Claisen 縮合（intramolecular Claisen condensation） 985
分子内アルドール付加（intramolecular aldol addition） 987
分子内触媒作用（intramolecular catalysis） 1249
分子内反応（intramolecular reaction） 497, 1246, 1430
分子認識（molecular recognition） 254, 582, 1136, 1252, 1280
分子の双極子モーメント（dipole moment of molecule） 52

分子モデル（molecular model） 169, 217
分別再結晶（fractional recrystalization） 674
分離した電荷（separated charge） 387
分裂図〔splitting diagram, 分裂樹（splitting tree）〕 765
　　二重線の二重線の—— 766
　　三重線の四重線の—— 766

へ

閉環メタセシス（ring-closing metathesis） 623
平行 β プリーツシート（parallel β-pleated sheet） 1224
平衡定数（equilibrium constant） 62, 239, 471
平衡の位置 95
平面環状構造（cyclic and planar） 1121
——式 1151
平面偏光（plane-polarized light） 186
3-ヘキサノン（3-hexanone） 897
1,6-ヘキサンジアミン（1,6-hexanediamine） 1413
ヘキサンジアール（hexanedial） 886
ヘキソキナーゼ（hexokinase） 1252, 1253, 1326, 1342
ヘキソース（hexose） 1137
ベークライト（Bakelite） 1420
ヘテロ原子（heteroatom） 397, 1104
ヘテロリシス（heterolysis） 634
ペニシラミン（penicillamine） 208
ペニシリナーゼ（penicillinase） 851, 882
ペニシリン（penicillin） 4, 851
——の半合成 852
ヘパリン（heparin） 1169
ヘビ毒（snake venom） 847
ヘプタン（heptane） 113
ペプチド（peptide） 1182
ペプチド結合（peptide bond） 386, 1202
——の合成 1209
ペプチド鎖間ジスルフィド架橋（interchain disulfide bridge） 1205
ペプチド鎖内ジスルフィド架橋（intrachain disulfide bridge） 1205
ペプチド性抗生物質（peptide antibiotic） 1183, 1189
ペプチドホルモン（peptide hormone） 1206
3-ヘプチン（3-heptin） 364
ヘプトース（heptose） 1137
ヘミアセタール（hemiacetal） 919, 1151
ヘミケタール（hemiketal） 920
ヘム（heme） 1125
ヘムロック（hemlock） 65
ヘモグロビン（hemoglobin） 87, 1125, 1126, 1229, 1378
ヘモグロビン A_{1c}（hemoglobinA_{1c}） 1147
ペラグラ（Pellagra） 1277
ベラドンナ（belladonna） 1107

ペリ環状反応（pericyclic reaction） 427, 1428
ペルオキソ二硫酸カリウム（potassium persulfate） 1399
ベルノレピン（vernolepin） 938
ヘルペスウイルス（Herpesvirus） 1380
ヘレナリン（helenalin） 938
ヘロイン（heroin） 861
変角振動（bending vibration） 694, 695
旋光計（polarimeter） 188
偏光面（plane of polarization） 186
ベンジル位炭素（benzylic carbon） 406
ベンジルカチオン（benzylic cation） 406
ベンジル基（benzyl group） 483, 1018
ベンジルラジカル（benzylic radical） 650
ベンズアルデヒド（benzaldehyde） 711, 1029
変性（denaturation） 1229
ベンゼン（benzene） 378, 1016, 1019
——のアルキル化 1032, 1034
——の結合 381
——の構造 378
——のスルホン化 1026
——のニトロ化 1025
——のハロゲン化 1023
——のヨウ素化 1024
——の塩素化 1023
——の臭素化 1023
変旋光（mutarotation） 1153, 1161
ベンゾ[a]ピレン（Benzo[a]pyrene） 585, 587
ベンゾイン縮合（benzoin condensation） 1013
ベンゾジアゼピン（benzodiazepine） 915
ベンゾジアゼピン4-オキシド（benzodiazepine 4-oxide） 915
1,4-ペンタジエン（1,4-pentadiene） 411
ペンタン（pentane） 130
——酸の IR スペクトル 703
——の質量スペクトル 677
2,4-ペンタンジオン（2,4-pentanedione） 959
ペンチル基（pentyl group） 106
ペントース（pentose） 1137
ペントタールナトリウム（sodium pentothal） 575

ほ

補因子（cofactor） 1272
防御タンパク質（defence protein） 1183
芳香剤（air freshener） 1017
芳香族化合物（aromatic compound） 392, 401
芳香族求核置換（nucleophilic aromatic substitution）反応 1068, 1118
芳香族求電子置換反応（electrophilic aromatic substitution reaction） 1020, 1021, 1022, 1111, 1118
芳香族ポリアミド（aromatic polyamide） 1414

包接化合物(inclusion compound)		581
ホウ素(boron)		288
防虫剤(insect repellent)		1017
飽和環状アミン(saturated cyclic amine)		1105
飽和含窒素複素環(saturated nitrogen containing heterocyclic compound)		1106
飽和脂肪酸(saturated fatty acid)		820
——尾部		844
飽和炭化水素(saturated hydrocarbon)		222, 632
飽和複素環(saturated heterocyclic compound)		1105
補酵素(coenzyme)		1272, 1379
——A(CoASH)		869, 999, 1289
——B_{12}		1299
——Q_{10}		1338
保護基(protective group)		923
ホスト-ゲスト錯体(host-guest complex)		581
ホスファターゼ(phosphatase)		1342
ホスファチジルエタノールアミン(phosphatidylethanolamine)		846
ホスファチジルコリン(phosphatidylcholine)		846
ホスホアシルグリセロール(phosphoacylglycerol)		846
ホスホグリセリド(phosphoglyceride)		846
ホスホグリセリン酸キナーゼ(phosphoglycerate kinase)		1326
ホスホグリセリン酸転移酵素(phosphoglycerate transferase)		1326
ホスホグルコース異性化酵素(phosphoglucose mutase)		1326
ホスホニウムイリド(phosphonium ylide)		928
ホスホフルクトキナーゼ(Phosphofructokinase)		1326, 1342
ホスホリパーゼ(Phospholipase)		847
保存料(preservative)		660
ホタル(firefly)		1453
ボツリヌス毒素(Botulinum toxin)		1018
——中毒		1067
ポテンシャル図(potential diagram)		15
ホモゲンチジン酸二酸化酵素(homogentisic acid dioxidase)		1334
ホモシステインメチル基転移酵素(homocysteine methyltransferase)		1303
ホモセリン脱水素酵素(homoserine dehydrogenase)		1277
ホモポリマー(homopolymer)		1411
ホモリシス(homolysis)		634
9-ボラビシクロ[3.3.1]ノナン(9-BBN)		357
ボラン(BH_3)(borane)		288, 317
ポリ(エチレンテレフタラート)〔poly(ethylene terephthalate)〕		1415
ポリ(ビニルアルコール)〔poly(vinyl alcohol)〕		1425
ポリ(メタクリル酸メチル)〔poly(methyl methacrylate)〕		1395
ポリ(塩化ビニル)〔poly(vinyl chloride)〕		1395
ポリアクリロニトリル(polyacrylonitrile)		1395
ポリアセチレン(polyacetylene)		1408
ポリアミド(polyamide)		864, 1413
ポリウレタン(polyurethane)		1417
ポリエステル(polyesther)		864, 1415, 1416, 1422
ポリエチレン(polyethylene)		1393, 1395
直鎖状——		1400
高密度——		1400
枝分れ——		1400
低密度——		1400
ポリ(エチレンテレフタレート)〔poly(ethylene terephthalate)〕		1394
ポリオキシメチレン(polyoxymethylene)		1427
ポリカルボナート(polycarbonate)		1416
ポリ(酢酸ビニル)〔poly(vinyl acetate)〕		1395
ポリジオキサノン(PDS)		864
ポリスチレン(polystyrene)		1394, 1395, 1426
ポリテトラフルオロエチレン(polytetrafluoroethylene)		1395
ポリ乳酸(PLA)		1422
ポリヒドロキシアルカン酸(PHA)		1422
ポリヒドロキシアルデヒド(polyhydroxy aldehyde)		1136, 1142
ポリヒドロキシケトン(polyhydroxy ketone)		1136, 1142
ポリ不飽和脂肪酸(polyunsaturated fatty acid)		820
ポリプロピレン(polypropylene)		1395
ポリペプチド(polypeptide)		1183, 1209
——鎖		1214
ポリマー(polymer)		1182, 1392
——のリサイクル		1421
ポリメラーゼ連鎖反応(polymerase chain reaction, PCR)		1384
ポルフィリン(porphyrin)		1125, 1126
——環構造(porphyrin ring system)		1125
ホルマリン(formalin)		919
N^5-ホルミル-THF(N^5-formyl-THF)		1306
5-ホルミルシトシン(5-formylcytosine)		1371
ホルムアルデヒド(formaldehyde)		890
ホルモン(hormone)		157, 816, 1017, 1025, 1183
ボンビコール(bombykol)		608
翻訳(translation)		1369, 1374

ま

マイクロ波(micro wave)		693
曲がった矢印(curved arrow)		66, 235, 236
ラジカル系の——の書き方		668
膜(membrane)		846
麻酔薬(anesthetic)		208, 575
マスタードガス(mustard gas)		595
末端アルキン(terminal alkyne)		343, 897
末端アルケン(terminal alkene)		929
末端リン原子(γリン原子)(terminal phosphorus)		1317
マトリクス支援レーザー脱離イオン化(MALDI)		691
麻痺(Paralysis)		870
麻薬探知犬(drug-enforcement dog)		861
マラチオン(malathion)		870
マルトース(maltose)		1161
マレイン酸(maleic acid)		324
マロニル-CoA(malonyl-CoA)		999
マロン酸エステル合成(malonic ester synthesis)		992, 1200
(+)-マンデル酸(mandelicacid)		190
マンニトール(mannitol)		1166

み

ミオグロビン(myoglobin)		1125
水(water)		43, 44
——の結合角		44
——の沸点		132
ミスフォールディング(misfolding)		1228
ミセル(micelle)		845, 1412
ミフェプリストン(mifepristone)		344

む

無煙火薬(smokeless powder)		531
無機物(inorganic compound)		2
無水酢酸(acetic anhydride)		859
無水マレイン酸(maleic anhydride)		446, 1232
ムスカルア(muscalure)		614
ムターゼ(mutase)		1300

め

命名法(nomenclature)		
IUPAC——(IUPAC nomenclature)		105
アミンの——		124
アルカンの——		110
アルキンの——		342
アルケンの——		222
アルコールの——		121
異性体の——		201

エーテルの—— 120
エポキシドの—— 298
体系的——(systematic nomenclature) 105
直鎖アルカンの—— 103
ハロゲン化アルキルの—— 118
メカニズム準拠型阻害剤(mechanism-based inhibitor) 1306
メクロロエタミン(mechlorethamine) 596
メソ化合物(meso compound) 197, 314
メタ(meta) 1037
メタ異性体(meta-isomer) 1046
メタセシス(metathesis) 622
メタドン(methadone) 208
メタナール(methanal) 885
メタノール(methanol) 555
——中毒 571
メタ配向基(meta director) 1046
メタン(CH_4)(methane) 31
——のモノ塩素化反応 635
——のモノハロゲン化 643
メタンフェタミン(methamphetamine) 171, 1017
メチオニン(methionine) 1186
——エンケファリン(methionine enkephalin) 1207
N-メチルアセタミド(N-methylacetamide) 712
メチルアニオン(methyl anion) 41
メチルアミン(methylamine) 915, 1106
メチルオレンジ(methyl orange) 718
メチル化剤(methylating agent) 499
メチルカチオン(methyl cation) 40, 288
メチル基(methyl group) 106
メチルケトン(methylketone) 994
メチルジアゾニウムイオン (methyldiazonium ion) 1066
メチルシクロヘキサン(methyl cyclohexane) 149
——の IR スペクトル 706
5-メチルシトシン(5-methylcytosine) 1371
1,2-メチルシフト(1,2-methyl shift) 286, 564
4-メチルヒスタミン(4-methylhistamine) 1123
N-メチルピロリジン(N-methylpyrrolidin) 1106
2-メチル-1,3-ブタジエン(2-methyl-1,3-butadiene) 1345, 1408
メチルプロトン(methyl protons) 745
N-メチルプロパンアミド (N-methylpropanamide) 876
メチルプロピルエーテル(methyl propylether) 574
メチルマロニル-CoA 変異化酵素 (methylmalonyl coenzyme A mutase) 1300

メチルラジカル(methyl ragical) 41
メチレン(CH_2)基(methylene group) 103
N^5,N^{10}-メチレンテトラヒドロ葉酸 (N^5,N^{10}-methylenetetrahydrofolate) 1379
メチレンプロトン(methylene protons) 743, 745
メチンプロトン(methine proton) 745
メッセンジャー RNA(messenger RNA, mRNA) 1372
メトキシクロール(methoxychlor) 463
メトキシドイオン(methoxide ion) 895, 1238
メトトレキセート(methotrexate) 1306
メバロン酸(mevalonic acid) 1348
メープルシロップ尿症(maple syrup urine disease) 1312
メラトニン(melatonin) 816
メラニン(melanin) 714, 1188, 1333
メラミン中毒(melamine poisoning) 1419
メルカプタン(mercaptan) 593
メルカプト(mercapto) 593
2-メルカプトエタノール (2-mercaptoethanol) 1215

も

木精(wood alcohol) 555
モノアミンオキシダーゼ(monoamine oxidase) 341, 342
モノアルキル化(monoalkylation) 968
モノエステル(monoester) 1315
モノテルペン(monoterpene) 1345
モノマー(単量体)(monomer) 864, 1392
モラカルコン A(morachalcone A) 980
モルオゾニド(molozonide) 299
モル吸光率(molar absorptivity, ε) 715
モルヒネ(morphine) 4, 117, 589, 861, 1206
モルホリン(morpholine) 1106, 1270

や

薬剤開発(drug development) 589
薬剤耐性(drug resistance) 1169
薬物検出(drug detection) 692
薬理試験(pharmacological test) 1315

ゆ

有機塩基(organic base) 1106
有機化合物(organic compound) 3
有機金属化合物(organometallic compound) 609
誘起磁場(induced magneticfield) 747
誘起双極子-誘起双極子相互作用(induced dipole-induced dipole interaction) 129
有機超伝導体(organic superconductor) 395
有機銅アート反応剤(organocuprate,

R_2CuLi) 612, 937, 1034
——とエポキシドの求核置換反応 614
有機パラジウム化合物(organopalladium compound) 616
有機ハロゲン化物(organohalide) 509
有機物(organic compound) 2
有機ホウ素化合物(organoboron compound) 616
有機マグネシウム化合物(organomagnesium compound) 610
有機リチウム化合物(organolithium compound) 610
有効磁場(effective magnetic field) 737, 747
有効モル濃度(effective molarity) 1247
融点(melting point, mp) 135
誘電率(dielectric constant) 490
誘導適合モデル(induced-fit model) 1252
遊離イオン対(dissociated ion pair) 481
油脂(oil) 657
——酸化反応(oil oxidation) 658

よ

陽イオン交換樹脂(cation-exchange resin) 1197, 1199
溶解金属還元(dissolving metal reduction) 358, 907
溶解度(solubility) 136
ヨウ化アルキル(alkyl iodide) 462
ヨウ化水素(hydrogen iodide) 45
ヨウ化物イオン(Iodide ion) 1243
ヨウ化メチル(methyl iodide) 476, 499
葉酸(folate) 1301
陽子(proton) 4
溶媒(solvent) 774
——介入イオン対 481
——効果 491
——として用いられるエーテル 574
——の誘電率および沸点 491
溶媒和(solvation) 136, 243, 490
四次構造(quaternary structure) 1228, 1214
ヨード酢酸(iodoacetic acid) 1215
ヨードペルオキシダーゼ 1025
四量体(tetramer) 1228

ら

酪酸(butyric acid) 658, 813
ラクターゼ(lactase) 1163
ラクタム(lactam) 816
ラクトース(lactose) 1162, 1163
——不耐症 1163
ラクトン(lactone) 815
ラサジリン(rasagiline, Azilect®) 342
ラジオ波(radio wave) 693
ラジカル(radical) 18, 636, 634, 1397

第一級——(primary radical)	636
第二級——(secondary radical)	636
第三級——(tertiary radical)	636
——アニオン(radical anion)	359
——開始剤	645, 648, 1398
——カチオン(radical cation)	676
——重合(radical polymerization)	1395
——阻害剤(radical inhibitor)	648, 659, 660, 1273
——置換反応(radical substitution reaction)	635, 649
——中間体	635, 650
——のアルケンへの付加	646
ラジカル反応(radical reaction)	668, 1428
生体系で起こる——反応(biological radical reaction)	656
ラジカル付加反応(radical addition reaction)	647, 649
ラジカル連鎖反応(radical chain reaction)	635
ラセミ混合物(racemic mixture)	207
ラセミ体(racemic mixture, racemate)	189, 207, 208, 310, 649
——の分割(resolution of a racemic mixture)	207
らせん(helix)	1224
ラテックス(latex)	1408
ラノステロール(lanosterol)	1353
ランダム共重合体(random copolymer)	1411

り

リガーゼ(ligase)	1225
リコピン(lycopene)	717, 720, 1345
リサイクルシンボル(recycle symbol)	1401
リシン(lysine)	1186
リゼルグ酸(lysergic acid)	1095
リゾチーム(lysozyme)	254, 788, 1235, 1260
立体配置(configuration)	181
リチウム(Li)(lithium)	9
律速段階(rate-determining step, rate-limiting step)	252, 277, 478, 487
立体異性体(stereoisomer)	172, 308
——の最大数	191
立体化学(stereochemistry)	308
Diels-Alder 反応の——	433
過酸付加の——	316
環状化合物の——	194
酵素触媒反応の——	323
水素付加の——	313
脱水反応の——	567
置換反応と脱離反応の——	527
ヒドロホウ素化-酸化の——	317
立体効果(steric effect)	467, 474
立体障害(steric hindrance)	467
立体選択性(stereoselectivity)	523
立体選択的(stereoselective)	308
立体中心(stereocenter, stereogenic center)	179
立体特異的(stereospecific)	308
立体配置(configuration)	173
——の反転(inversion of configuration)	468
立体ひずみ(steric strain)	142, 307
リドカイン(lidocaine)	1087
リード化合物(lead compound)	342, 589, 1123
リネゾリド(linezolid)	1169
リノール酸(linoleic acid)	820
リノレン酸(linolenic acid)	820
リバビリン(ribavirin)	1381
リビトール基(ribitol residue)	1282
リビング重合(living polymerization)	1404
リボ核酸(ribonucleic acid, RNA)	1359
リポ酸(lipoate)	1289
D-リボース(D-ribose)	1359
リボソーム RNA(ribosomal RNA, rRNA)	1372
リボヌクレオチド(ribonucleotide)	1362
リボフラビン(riboflavin)	1282
リモネン(limonene)	208, 1349
硫酸(H_2SO_4)	64, 283
量子力学(quantum mechanics)	6
リンゴ酸(malate)	323
——脱水素酵素(malate dehydrogenase)	1277, 1335
リン酸(phosphate)	867, 1315, 1316
リン酸基転移反応(phosphoryl transfer reaction)	1316
リン酸ジエステル(phosphodiester)	1359
——結合(phosphodiester bond)	1366
リン酸無水物(phosphoanhydride)	867, 1315
——結合(phosphoanhydride bond)	867, 1316, 1319
リン脂質分子(phospholipid)	138
臨床実験(clinical trial)	85, 342

る

ルシフェラーゼ(luciferase)	1453
ルシフェリン(luciferin)	1453
ルテニウム触媒(ruthenium catalyst)	623
ルフェヌロン(lufenuron)	1168
ループコンホメーション(loop conformation)	1225

れ

励起状態(excited state)	410, 1434
——の電子配置(excited-state electronic configuration)	6
冷光(luminescence)	1453
レイナマイシン(Leinamycin)	1370
レシチン(lecithin)	846
レチナール(retinal)	175
レトロウイルス(retrovirus)	1388
レボノルゲストレル(levonoregestrel)	344
レーヨン(layon)	1393
連鎖移動(chain transfer)	1396
連鎖開始段階(initiation step)	635
連鎖重合体(chain-growth polymer)	1394
連鎖成長段階(propagation step)	635
連鎖停止段階(termination step)	635
連鎖反応(chain reaction)	1394

ろ

ロイシン(leucine)	1186
ロイシンエンケファリン(leucine enkephalin)	1207
ろう(wax)	832
ろ紙クロマトグラフィー(paper chromatography)	1196
ロドプシン(rhodopsin)	175
ロバスタチン(xxx)	158
ローブ(robe)	24

わ

ワルファリン(warfarin, Coumadin®)	1309

化合物索引

※構造式のあるページを示す．

A – Z

Aclovir®	1381
Acrilan®	1395
AdoMet	500
ADP	868, 1362
Advil®	134
Aleve®	134
Allegra®	1123
AMP	1362
Amytal®	1014
Ansaid®	162
Antabuse®	571
Ativan®	916
ATP	867, 1276, 1315, 1362
AZT	1388
9-BBN（9-borabicyclo[3.3.1]nonane）	291
Benadryl®	1123
Benzocaine®	590
BHA（butylated hydroxyanisole）	660
BHT（butylated hydroxytoluene）	660
Bitrex®	590
Cardura®	880
Celebrex®	841
Chlortrimetron®	1123
Claritin®	1123
CoASH	869, 1289
Coumadin®	1309
Cytosar®	1381
2,4-D	1018
DABCO	878, 955
Dacron®	864, 1394, 1415
dADP	1362
Dalmane®	916
dAMP	1362
dATP	1362
DCC	1209
DDE	462
DDT	462
Dewar ベンゼン	1458
Dexon®	864
DFP	870
DHF	1303
DIBALH	903
Diprivan®	575
DME（1,2-dimethoxyethane）	574
DMF（N,N-dimethyl-formamide）	474
DMSO（dimethyl sulfoxide）	474
dTMP	1303
dUMP	1303
E7974	1104
Enovid®	950
EPA	821
Equal®	1207
5-FU	1305
Give-Tan F〔2-ethoxyethyl（E）-3-(4-methoxyphenyl)-2-propenoate〕	715
Herplex®	1381
Kevlar®	864, 1414
Klonopin®	916
Kodel®	1416
LDA	967
Lexan®	864, 1416
Lexapro®	1017
Librium®	915
Lipitor®	158
Lucite®	1395
Melmac®	1419
Mevacor®	158
milnamide A	1103
milnamide B	1103
Motrin®	162
NBS（N-bromosuccinimide）	651
Norlutin®	950
Novocain®	590, 1087
NutraSweet®	1207
Orlon®	1395
PABA（$para$-aminobenzoic acid）	715
Padimate O〔2-ethylhexyl 4-(dimethylamino)benzoate〕	715
PCC（pyridinium chlorochromate）	569
PDS®	864
PET	1415, 1422
PITC	1216
Plavix®	1017
Plexiglas®	1395
PLP	1294
Prontosil®	1064
Protonix®	1123
Prozac®	52
Quiana®	1425
Rohypnol®	916
SAH（S-adenosylhomocysteine）	500
SAM（S-adenosylmethionine）	500
SAMe	501
Sinovial®	341
Super Glue®	1405
Supirdyl®	341
2,4,5-T	1018
Tagamet®	1123
Tamiflu®	215, 1264
Taxol®	933
TBDMS エーテル	924
TBME（$tert$-butylmethyl ether）	574
TCDD	1018
Teflon®	1395
TEM（triethylenemelamine）	607
Tenormin®	91
THF（tetrahydrofuran）	574, 1302
THP（tetrahydropyran）	574
TMS（tetramethylsilane）	741
TPP	1286
Tylenol®	134
UDP-ガラクトース	1357
UDP-グルコース	1357
Valium®	916
Vicks Vapor Inhaler	208
Viramid®	1381
Xanax®	916
Xylocaine®	590
Zantac®	1123
Zocor®	158
Zyrtec®	1017, 1123
Zyvox®	1169

ギリシャ文字

α,β-不飽和アルデヒド（α,β-unsaturated aldehyde）	973, 976
α,β-不飽和ケトン（α,β-unsaturated ketone）	973, 977
α-アセト-α-ヒドロキシ酪酸（α-aceto-α-hydroxybutyrate）	1288
α-D-グルコース（α-D-glucose）	1152
α-ケトグルタル酸（α-ketoglutaric acid）	1200, 1335
α-ケト酪酸（α-ketobutyrate）	1288
α-シアノアクリル酸メチル（methyl α-cyanoacrylate）	1405
α-テルピネオール（α-tepeneol）	1349
α-トコフェロール（α-tocopherol）	659
α-ピネン（α-pinene）	1358
α-ファルネセン（α-farnesene）	376, 1345
α-D-フルクトピラノース（α-D-fructopyranose）	1154
α-D-フルクトフラノース（α-D-fructofuranose）	1154
α-ブロモプロピオンアルデヒド（α-bromopropionaldehyde）	886

α-ブロモマロン酸エステル
　（α-bromomalonic ester）　1200
α-ホスホグリセリン酸
　（α-phosphoglycerate）　568
α-メトキシ酪酸（α-methoxybutyric acid）
　　813
α-D-リボース（α-D-ribose）　1153
β-アスパラギン酸セミアルデヒド
　（β-aspartate-semialdehyde）　1277
β-カロテン（β-carotene）　717, 929
β-D-グルクロン酸（β-D-glucuronic acid）
　　1179
β-D-グルコース（β-D-glucose）　1152
β-クロロブチルアルデヒド
　（β-chlorobutyraldehyde）　886
β-ケトアルデヒド（β-ketoaldehyde）　985
β-ケトエステル（β-ketoester）　981, 985, 986
β-ジエステル（β-diester）　973
β-ジケトン（β-diketone）　973, 984
β-セリネン（β-selinene）　1344
β-D-2-デオキシリボース
　（β-D-2-deoxyribose）　1168
β-ヒドロキシアルデヒド
　（β-hydroxyaldehyde）　974, 976
β-ヒドロキシケトン
　（β-hydroxyketone）　974, 977, 987
β-フェランドレン（β-phellandrene）　220
β-D-フルクトピラノース
　（β-D-fructopyranose）　1154
β-D-フルクトフラノース
　（β-D-fructofuranose）　1154
β-プロピオラクタム（β-propiolactam）　817
β-ブロモ吉草酸（β-bromovaleric acid）　813
β-ブロモ酪酸メチル
　（methyl β-bromobutyrate）　814
β-メチルアミノ-L-アラニン　1189
β-ラクタム（β-lactam）　817
β-D-リボース（β-D-ribose）　1153, 1168
γ-カプロラクトン（γ-caprolactone）　815
γ-カルボキシグルタミン酸　1308
γ-クロロカプロン酸
　（γ-chlorocaproic acid）　813
γ-クロロブチルアミド
　（γ-chlorobutyramide）　816
γ-ブチロラクタム（γ-butyrolactam）　817
γ-ブチロラクトン（γ-butyrolactone）　815
γ-ラクタム（γ-lactam）　817
γ-ラクトン（γ-lactone）　815
δ-カプロラクトン（δ-caprolactone）　815
δ-バレロラクタム（δ-valerolactam）　817
δ-バレロラクトン（δ-valerolactone）　815
δ-メチルカプロニトリル
　（δ-methylcapronitrile）　857
δ-ラクタム（δ-lactam）　817
δ-ラクトン（δ-lactone）　815
ε-カプロラクタム（ε-caprolactam）　1413

ア

アキシアルメチルシクロヘキサン
　（axial methylcyclohexane）　150
アクリラートアニオン（acrylate）　1427
アクリル酸（acrylic acid）　813
アクリロニトリル（acrylonitrile）
　　857, 1398, 1411
アクロレイン（acrolein）　1404, 1426
2-アザシクロブタノン
　（2-azacyclobutanone）　817
アザシクロブタン（azacyclobutane）　1105
アザシクロプロパン（azacyclopropane）　1105
2-アザシクロヘキサノン
　（2-azacyclohexanone）　817
アザシクロヘキサン（azacyclohexane）　1105
2-アザシクロペンタノン
　（2-azacyclopentanone）　817
アザシクロペンタン（azacyclopentane）　1105
アシクロビル（acyclovir）　1381
3′-アジド-2′-デオキシチミジン
　（3′-azido-2′-deoxythymidine）　1388
アジピン酸（adipic acid）　863
亜硝酸（nitrous acid）　1066
亜硝酸ナトリウム（sodium nitrite）　1066
アシリウムイオン（acylium ion）　1028
アジリジニウムイオン（aziridinium ion）
　　606, 1107
アジリジン（aziridine）　1105, 1241
アシルイミダゾール　1244
L-アスコルビン酸（ascorbic acid）　659, 1170
アスパラギン（asparagine）　1185
アスパラギン酸（aspartic acid）　1185
アスパルテーム（aspartame）
　　877, 1173, 1207
アスピリン（Aspirin）
　　85, 840, 969, 1017, 1087
アセスルファムカリウム
　（acesulfame potassium）　1173
アゼチジン（azetidine）　1105
アセチリドアニオン（acetylide anion）　361
アセチリドイオン（acetylide cation）　361
アセチル-CoA（acetyl-CoA）
　　212, 870, 999, 1288, 1335
アセチルアセトン（acetylacetone）　888, 959
N-アセチルグリホサート
　（N-acetylglyphosate）　1386
アセチルコリン　870
アセチルサリチル酸（acetylsalicylic acid）
　　134, 840, 969, 1017
2-アセチルチオフェン（2-acetylthiophene）
　　1113
N-アセチルノイラミン酸
　（N-acetylneuramic acid）　1264
2-アセチルピロール（2-acetylpyrrole）　1113

2-アセチルフラン（2-acetylfuran）　1113
アセチレン（acetylene）　38, 343, 1408
アセトアニリド（acetanilide）　1054
アセトアミド（acetamide）　816, 850
para-アセトアミドベンゼンスルホンアミド（para-acetamidobenzenesulfonamide）
　　1065
アセトアミドマロン酸エステル
　（acetamidomalonic acid ester）　1201
アセトアミノフェン（acetaminophen）
　　134, 1087
アセトアルデヒド（acetaldehyde）　886, 1286
2-アセトキシシクロヘキシルトシラート
　（2-acetoxycyclohexyl tosylate）　1271
アセト酢酸（acetoacetate）　1001, 1246
アセト酢酸エチル（ethyl acetoacetate）
　　959, 994
アセトニトリル（acetonitrile）　857
アセト乳酸（acetolactate）　1287
アセトフェノン（acetophenone）　888
アセトン（acetone）　172, 716, 888, 1001
アセトンシアノヒドリン
　（acetone cyanohydrin）　898
cis-アゾベンゼン（cis-azobenzene）　1064
trans-アゾベンゼン（trans-azobenzene）　1064
アデニン（adenine）　1124, 1276, 1360
S-アデノシルホモシステイン
　（S-adenosylhomocysteine; SAH）　500
S-アデノシルメチオニン
　（S-adenosylmethionine; SAM）　500
アデノシン 5′-一リン酸
　（adenosine 5′-monophosphate）　1362
アデノシン 5′-二リン酸
　（adenosine 5′-diphosphate）　1362
アデノシン 5′-三リン酸
　（adenosine 5′-triphosphate）　1362
アデノシン二リン酸
　（adenosine diphosphate）　868
アデノシン三リン酸
　（adenosine triphosphate）　867, 1276, 1315
アデノシン（adenosine）　1361
アテノロール（atenolol）　91
アトルバスタチン（Atorvastatin）　158
アドレナリン（adrenaline）　500, 1017, 1332
アトロピン（atropine）　1107
アニソール（anisole）　1018, 1041, 1047, 1053
アニリニウムイオン（anilinium ion）
　　717, 1106
アニリン（aniline）　414, 717
アニリン（aniline）　1018
[18]-アヌレン（[18]-annulene）　748
アミドイオン（amide ion）　361
p-アミノ安息香酸（p-aminobenzoic acid）
　　1303
3-アミノ-2-オキシインドール
　（3-amino-2-oxindole）　1271

化合物索引

D-アミノ酸 1189
L-アミノ酸 1189
アミノ酸(amino acid) 1182
2-アミノピリジン(2-aminopyridine) 1120
4-アミノピリジン(4-aminopyridine) 1120
アミノプテリン(aminopterin) 1306
6-アミノヘキサン酸
　(6-aminohexanoic acid) 1413
para-アミノベンゼンスルホンアミド
　(para-aminobenzenesulfonamide) 1065
p-アミノ安息香酸(para-amino benzoic acid; PABA) 715
アミロース(amylose) 151, 1165
アミロペクチン(amylopectin) 1165, 1166
アモキシリン(amoxicillin) 852
アラキジン酸(arachidic acid) 821
アラキドン酸(arachidonic acid) 821
アラニン(alanine) 184, 1184
D-アラビノース(D-arabinose) 1140
アラントイン(allantoin) 854
アラントイン酸(allantoic acid) 854
アリルシクロヘキサン(allylcyclohexane) 226
アルギニン(arginine) 1185
D-アルトロース(D-altrose) 1140
アルプラゾラム(alprazolam) 916
アレン(allene) 345
アレーンジアゾニウム塩
　(arenediazonium salt) 1060
D-アロース(D-allose) 1140
安息香酸(benzoic acid) 814, 1018, 1036
安息香酸ナトリウム(sodium benzoate) 815
アントシアニン(anthocyanin) 719
アンピシリン(ampicillin) 852
アンフェタミン(amphetamine) 1017
アンモニア(ammonia) 65, 88
アンモニウムイオン(anmonium ion) 1106

イ

イクチオテレオール(ichthyotherol) 340
イソクエン酸(isocitrate) 1280, 1335
イソシアナート(isocyanate) 1417
イソバレルアルデヒド(isovaleraldehyde) 886
イソブタン(isobutane) 104
イソブチルアミン(isobutylamine) 109
イソブチルアルコール(isobutyl alcohol) 121
イソブチレン(isobutylene) 1403
イソフルラン(isoflurane) 575
イソプロピルアルコール(isopropyl alcohol) 121
3-イソプロピルヘキサン
　(3-isopropylhexane) 113
イソプロピルベンゼン(isopropylbenzene) 1019
5-イソプロピル-2-メチルオクタン
　(5-isopropyl-2-methyloctane) 112
1-イソプロピル-2-メチルシクロペンテン
　(1-isopropyl-2-methylcyclopentene) 315
イソヘキサン(isohexane) 105, 111
イソヘキシルメチルケトン(isohexyl methyl ketone) 888
イソヘプタン(isoheptane) 105
イソペンタン(isopentane) 105, 172
イソペンチルアルコール(isopentyl alcohol) 109
イソペンテニルピロリン酸(isopentenyl pyrophosphate) 1346, 1348
イソロイシン(isoleucine) 1184
イドクスウリジン(idoxuridine) 1381
D-イドース(D-idose) 1140
イブフェナク(ibufenac) 134
イブプロフェン(ibuprofen) 134, 1087
イミダゾール(imidazole) 399, 924, 1187
インドール(indole) 399, 1187

ウ

ウラシル(uracil) 1124, 1360
ウリジン(uridine) 1361
ウレタン(urethane) 1417

エ

(5Z,8Z,11Z,14Z)-エイコサテトラエン酸
　〔(5Z,8Z,11Z,14Z)-eicosatetraenoic acid〕 821
(5Z,8Z,11Z,14Z,17Z)-エイコサペンタエン酸
　〔(5Z,8Z,11Z,14Z,17Z)-eicosapentaenoic acid〕 821
エイコサン酸(eicosanoic acid) 821
エクラナミン(eclanamine) 607
エストラジオール(estradiol) 343, 980
エストロン(estrone) 441, 980
エタナール(ethanal) 886
エタノール(ethanol) 121, 171, 412
エタン(ethane) 34, 104
エタンアミド(ethanamide) 816, 960
エタン酸(ethanoic acid) 813
エタン酸エチル(ethyl ethanoate) 814
エタン酸カリウム(potassium ethanoate) 815
エタン酸無水物(ethanoic anhydride) 860
エタン酸メタン酸無水物(ethanoic methanoic anhydride) 860
1,2-エタンジオール(1,2-ethanediol) 923, 1394, 1415, 1422
エタンチオール(ethanethiol) 593, 948
エタンニトリル(ethanenitrile) 857
エチニルエストラジオール
　(ethinyl estradiol) 344
2-エチル-N-プロピルシクロヘキサンアミン(2-ethyl-N-propylcyclohexanamine) 125
エチルα-D-グルコシド 1158
エチルβ-D-グルコシド 1158
N-エチルアザシクロペンタン
　(N-ethylazacyclopentane) 1105
エチルアセチレン(ethylacetylene) 343
N-エチルアセトアミド(N-ethylacetamide) 830
エチルアミン(ethylamine) 106
p-エチルアリニン(p-ethylaniline) 1061
エチルアルコール(ethyl alcohol) 64, 106, 121
エチルエーテル(ethyl ether) 120
3-エチル-2-オキサシクロペンタノン
　(3-ethyl-2-oxacyclopentanone) 815
2-エチルオキシラン(2-ethyloxirane) 298
4-エチルオクタン(4-ethyloctane) 110
エチルシクロヘキサン(ethylcyclohexane) 116
エチルシクロペンタン(ethylcyclopentane) 632, 681
3-エチルシクロペンテン
　(3-ethylcyclopentene) 224
N-エチル-2,4-ジニトロアニリン
　(N-ethyle-2,4-dinitroaniline) 1069
6-エチル-3,4-ジメチルオクタン(6-ethyl-3,4-dimethyloctane) 112
4-エチル-3,3-ジメチルデカン(4-ethyl-3,3-dimethyldecane) 632
6-エチル-2,3-ジメチルノナン(6-ethyl-2,3-dimethylnonane) 116
5-エチル-2,5-ジメチルヘプタン(5-ethyl-2,5-dimethylheptane) 111
N-エチルピロリジン(N-ethylpyrrolidine) 1105
ortho-エチルフェノール
　(ortho-ethylphenol) 1038
2-エチルフェノール(2-ethylphenol) 1038
N-エチル-1-ブタンアミン
　(N-ethyl-1-butanamine) 1105
エチルプロピルケトン(ethyl propyl ketone) 888
3-エチル-3-ヘキサノール
　(3-ethyl-3-hexanol) 895
3-エチルヘキサン(3-ethylhexane) 111
N-エチル-3-ヘキサンアミン(N-ethyl-3-hexanamine) 125
N-エチルヘキサン-3-アミン
　(N-ethylhexan-3-amine) 125
3-エチル-3-ヘキセン(3-ethyl-3-hexene) 930
エチルベンゼン(ethylbenzene) 1018, 1036, 1061
2-エチル-1-ペンタノール
　(2-ethyl-1-pentanol) 122
3-エチルペンタン(3-ethylpentane) 105

化合物索引　I-28

2-エチルペンタン-1-オール
　（2-ethylpentan-1-ol）　122
エチルメチルアセチレン
　（ethylmethylacetylene）　343
エチルメチルアミン（ethylmethylamine）
　　904, 1108
エチルメチルエーテル（ethyl methyl ether）
　　106, 120
5-エチル-3-メチルオクタン
　（5-ethyl-3-methyloctane）　111
6-エチル-3-メチル-3-オクテン
　（6-ethyl-3-methyl-3-octene）　224
2-エチル-5-メチルシクロヘキサノール
　（2-ethyl-5-methylcyclohexanol）　123
4-エチル-3-メチルシクロヘキセン
　（4-ethyl-3-methylcyclohexene）　224
5-エチル-1-メチルシクロヘキセン
　（5-ethyl-1-methylcyclohexene）　225
1-エチル-3-メチルシクロペンタン
　（1-ethyl-3-methylcyclopentane）　116
4-エチル-1-メチル-2-ニトロベンゼン
　（4-ethyl-1-methyl-2-nitrobenzene）　1059
1-エチル-4-メチル-2-ニトロベンゼン
　（1-ethyl-4-methyl-2-nitrobenzene）　1059
N-エチル-N-メチル-1-プロパンアミン
　（N-ethyl-N-methyl-1-propanamine）
　　125, 1105
N-エチル-N-メチルプロパン-1-アミン
　（N-ethyl-N-methylpropan-1-amine）　125
エチルメチルプロピルアミン
　（ethylmethylpropylamine）　124, 1105
4-エチル-2-メチル-1-プロピルシクロヘキサン（4-ethyl-2-methyl-1-propylcyclohexane）
　　116
3-エチル-2-メチルヘキサン
　（3-ethyl-2-methylhexane）　113
N-エチル-5-メチル-3-ヘキサンアミン
　（N-ethyl-5-methyl-3-hexanamine）　125
3-エチル-5-メチルヘプタン
　（3-ethyl-5-methylheptane）　112
p-エチルメチルベンゼン
　（p-ethylmethylbenzene）　1059
N-エチル-N-メチルペンタンアミド
　（N-ethyl-N-methylpentanamide）　816
2-エチル-3-メチル-1-ペンテン
　（2-ethyl-3-methyl-1-pentene）　527
2-エチル-4-ヨードアニリン
　（2-ethyl-4-iodoaniline）　1039
1-エチル-2-ヨードシクロペンタン
　（1-ethyl-2-iodocyclopentane）　119
エチレン（ethylene）　35, 223, 298
エチレンオキシド（ethylene oxide）
　　298, 576, 1105
エチレングリコール（ethylene glycol）
　　1415, 1418
エチン（ethyne）　38, 343, 366

エテン（ethene）　35, 223, 232, 538
2-エトキシプロパン（2-ethoxypropane）　534
1-エトキシ-3-メチルペンタン
　（1-ethoxy-3-methylpentane）　120
エナミン（enamine）　971, 1001
エノラートイオン（enolate ion）　1142
エピクロロヒドリン（epichlorohydrin）　1416
エピネフリン（epinephrine）　500, 1017
エフェドリン（ephedrine）　212, 589, 1017
エポキシ樹脂　1417
1,2-エポキシブタン（1,2-epoxybutane）　298
2,3-エポキシブタン（2,3-epoxybutane）　298
1,2-エポキシ-2-メチルプロパン（1,2-epoxy-2-methylpropane）　298
3,4-エポキシ-4-メチル-シクロヘキサノール（3,4-epoxy-4-methyl-cyclohexanol）　630
エライジン酸（elaidic acid）　305
D-エリトルロース（D-erythrulose）　1142
D-エリトロース（D-erythrose）　1139, 1140
L-エリトロース（L-erythrose）　1139
エルゴカルシフェロール（ビタミン D_2）
　〔ergocalciferol（vitamin D_2）〕　1454
エルゴステロール（ergosterol）　1454
塩化 p-トルエンジアゾニウム　1061
塩化 m-ブロモベンゼンジアゾニウム
　（m-bromobenzenediazonium chloride）
　　1060, 1063
塩化 p-トルエンジアゾニウム
　（p-toluenediazonium chloride）　1060
塩化アジポイル（adipoyl chloride）　1414
塩化アセチル（acetyl chloride）　814, 824, 828
塩化アルキルベンジルジメチルアンモニウム
　（alkylbenzyldimethyl ammonium chloride）
　　504
塩化アルミニウム（aluminium chloride）　88
塩化イソブチル（isobutyl chloride）　272
塩化イソプロピル（isopropyl chloride）　107
塩化イソヘキシル（isohexyl chloride）　109
塩化エタノイル（ethanoyl chloride）　814
塩化エチルジメチルプロピルアンモニウム
　（ethyldimethylpropylammonium chloride）
　　125
塩化エチルマグネシウム（ethylmagnesium chloride）　612
塩化オキサリル（oxalyl chloride）　950
塩化シクロペンタンカルボニル
　（cyclopentanecarbonyl chloride）　814
塩化ジメトリスルホニウムイオン
　（dimethylchloro-sulfonium ion）　950
塩化チオニル（thionyl chloride）　557, 865
塩化トリフェニルメチル（triphenylmethyl chloride）　441
塩化トリフルオロメタンスルホニル
　（trifluoromethanesulfonyl chloride）　559
p-塩化トルエンスルホニル

　（p-toluenesulfonyl chloride）　559
塩化ネオメンチル（neomenthyl chloride）　529
塩化ビニリデン（vinylidene chloride）　1411
塩化ビニル（vinyl chloride）
　　226, 1397, 1398, 1411
塩化ブタノイル（butanoyl chloride）　901
塩化ブチリル（butyryl chloride）　895
塩化ブチル（butyl chloride）　106
塩化 tert-ブチル（tert-butyl chloride）　272
塩化プロピル（propyl chloride）　107
塩化ベンジル（benzyl chloride）　482, 1019
塩化ベンゼンジアゾニウム
　（benzenediazonium chloride）　1060
塩化ホルミル（formyl chloride）　1029
塩化メタンスルホニル（methanesulfonyl chloride）　559
塩化メチル（methyl chloride）　119
塩化メンチル（menthyl chloride）　529
塩化水素（hydrogen chloride）　62
エンジイン（enediyne）　340, 667
エンジオール（enediol）　1143, 1327
エンフルラン（enflurane）　575

オ

オキサシクロブタン（oxacyclobutane）　1105
オキサシクロプロパン（oxacyclopropane）
　　1105
2-オキサシクロヘキサノン
　（2-oxacyclohexanone）　815
オキサシクロヘキサン（oxacyclohexane）
　　1106
2-オキサシクロペンタノン
　（2-oxacyclopentanone）　815
オキサシクロペンタン（oxacyclopentane）
　　1106
オキサシリン（oxacillin）　852
オキサロ酢酸（oxaloacetic acid）
　　212, 954, 1200, 1277, 1335
オキシ塩化リン（phosphorus oxychloride）
　　568
オキシラン（oxirane）　1105
オキシルシフェリン（oxyluciferin）　1453
オキセタン（oxetane）　1105
オキソカルベニウムイオン
　（oxocarbenium ion）　1158
8-オキソグアニン（8-oxoguanine）　1380
2-オキソシクロヘキサンカルボン酸
　（2-oxocyclohexanecarboxylic acid）　991
3-オキソブタン酸エチル
　（ethyl 3-oxobutyrate）　959, 994
3-オキソブタン酸メチル
　（methyl 3-oxobutanoate）　888
5-オキソヘキサンアミド
　（5-oxohexanamide）　888
3-オキソヘキサン酸（3-oxohexanoic acid）

化合物索引

	991
4-オキソペンタナール (4-oxopentanal)	888
5-オキソペンタン酸メチル (methyl 5-oxopentanoate)	887
(9Z,12Z)-オクタデカジエン酸〔(9Z,12Z)-octadecadienoic acid〕	821
(9Z,12Z,15Z)-オクタデカトリエン酸〔(9Z,12Z,15Z)-octadecatrienoic acid〕	821
オクタデカン酸 (octadecanoic acid)	821
(9Z)-オクタデセン酸〔(9Z)-octadecenoic acid〕	821
(2E,4Z,6E)-オクタトリエン〔(2E,4Z,6E)-octatriene〕	1436
4-オクタノール (4-octanol)	177
1-オクテン-3-オール (1-octen-3-ol)	346
オゾニド (ozonide)	299
オゾン (ozone)	299, 662
オルセリン酸 (orsellinic acid)	1014
オルニチン (ornithine)	1190
オレイン酸 (oleic acid)	305, 821
オレイン酸ナトリウム (sodium oleate)	845
オレストラ (Olestra)	1157

カ

カテキン (catechin)	660
カテコールボラン (catecholborane)	618
カピリン (capillin)	340
カフェイン (caffeine)	51, 589
カプロン酸 (caproic acid)	813
D-ガラクトース (D-galactose)	1138, 1140, 1355
ガラクトース-1-リン酸	1355
カリオフィレン (caryophyllene)	1096
カリセン (calicene)	397
カルバミン酸 (carbamic acid)	817
カルバミン酸メチル (methyl carbamate)	817
(R)-(−)-カルボン〔(R)-(−)-carvone〕	327, 885, 1345
(S)-(+)-カルボン〔(S)-(+)-carvone〕	327, 885
カルムスチン (carmustine)	595, 813

キ

ギ酸 (formic acid)	64
ギ酸エチル (ethyl formate)	985
ギ酸ナトリウム (sodium formate)	815
D-キシルロース (D-xylulose)	1142
meta-キシレン (meta-xylene)	1038
D-キシロース (D-xylose)	1140
キチン	1167
吉草酸 (valeric acid)	813
キナゾリン 3-オキシド (quinazoline 3-oxide)	915
キヌクリジニウムイオン (quinuclidinium ion)	1106
キヌクリジン (quinuclidine)	506
キノリン (quinoline)	358, 399, 1131
キノン (quinone)	659

ク

グアニン (guanine)	1124, 1360
グアノシン (guanosine)	1361
クエン酸 (citric acid)	126, 212, 1335
クメン (cumene)	1019
グラフェン (graphene)	37
グリコーゲン (glycogen)	1166
グリシン (glycine)	1184
グリシンアミド	1246
グリセルアルデヒド (glyceraldehyde)	1138
D-グリセルアルデヒド (D-glyceraldehyde)	1140
グリセルアルデヒド-3-リン酸 (glyceraldehyde-3-phosphate)	998, 1271, 1278, 1326, 1327, 1328
グリセロール (glycerol)	844, 845, 1131, 1322, 1418
グリセロール-3-リン酸 (glycerol-3-phosphate)	1322, 1340
クリセン (chrysene)	395
グリホサート (glyphosate)	1386
D-グルカル酸 (D-glucaric acid)	1146
グルコース (glucose)	164, 998, 1326
D-グルコース (D-glucose)	215, 921, 952, 1136, 1140
グルコース-6-リン酸 (glucose-6-phosphate)	1326
D-グルコン酸 (D-gluconic acid)	1145
D-グルシトール (D-glucitol)	1144
グルタチオン (glutathione)	1208
グルタミン (glutamine)	1185
グルタミン酸 (glutamic acid)	1185
グルタミン酸アニオン (glutamate)	1185
(S)-(+)-グルタミン酸一ナトリウム〔(S)-(+)-monosodium glutamate〕	189
グルタル酸 (glutaric acid)	863
グルタル酸無水物 (glutaric anhydride)	863
para-クレゾール (para-cresol)	1038, 1062
クロキサシリン (cloxacillin)	852
D-グロース (D-gulose)	1140
クロナゼパム (clonazepam)	916
クロラムフェニコール (chloramphenicol)	204, 1017
クロルジアゼポキシド (chlordiazepoxide)	915
クロルダン (chlordane)	507
クロルフェニラミン (chlorpheniramine)	1123
3-クロロ-N-メチル-1-ブタンアミン (3-chloro-N-methyl-1-butanamine)	125
m-クロロ安息香酸	1056
p-クロロ安息香酸 (p-chlorobenzoic acid)	1056
クロロアンブシル (chloroambucil)	595
para-クロロエチルベンゼン	1038, 1061
o-クロロエチルベンゼン	1061
1-クロロ-4-エチルベンゼン (1-chloro-4-ethylbenzene)	1038
クロロエテン (chloroethene)	226
クロロクロム酸ピリジニウム (pyridinium chlorochromate; PCC)	569
クロロシクロブタン (chlorocyclobutane)	739
2-クロロ-1,3-ジメチルシクロヘキサン (2-chloro-1,3-dimethylcyclohexane)	594
2-クロロ-2,3-ジメチルブタン (2-chloro-2,3-dimethylbutane)	285
3-クロロ-2,2-ジメチルブタン (3-chloro-2,2-dimethylbutane)	285
1-クロロ-2,2-ジメチルプロパン (1-chloro-2,2-dimethylpropane)	1031
3-クロロ-3,4-ジメチルヘキサン (3-chloro-3,4-dimethylhexane)	313
1-クロロ-6,6-ジメチルヘプタン (1-chloro-6,6-dimethylheptane)	119
クロロフィル a (chlorophyll a)	718
クロロフィル b (chlorophyll b)	718
2-クロロ-2-フェニルブタン (2-chloro-2-phenylbutane)	520
2-クロロ-1,3-ブタジエン (2-chloro-1,3-butadiene)	1410
3-クロロブタナール (3-chlorobutanal)	886
3-クロロ-2-ブタノール (3-chloro-2-butanol)	192
4-クロロ-2-ブタノール (4-chloro-2-butanol)	122
1-クロロブタン (1-chlorobutane)	171, 638, 1030
2-クロロブタン (2-chlorobutane)	171, 638
4-クロロブタンアミド (4-chlorobutanamide)	816
クロロプレン (chloroprene)	1410
2-クロロプロパン (2-chloropropane)	277, 534, 685
cis-3-クロロプロペン酸 (cis-3-chloropropenoic acid)	763
trans-3-クロロプロペン酸 (trans-3-chloropropenoic acid)	763
(R)-3-クロロヘキサン〔(R)-3-chlorohexane〕	183
(S)-3-クロロヘキサン〔(S)-3-chlorohexane〕	183
4-クロロヘキサン酸 (4-chlorohexanoic acid)	813
2-クロロ-3-ヘキセン (2-chloro-3-hexene)	426
4-クロロ-2-ヘキセン (4-chloro-2-hexene)	

		426
ortho-クロロベンズアルデヒド		1038
2-クロロベンズアルデヒド（2-chlorobenzaldehyde）		1038
クロロベンゼン（chlorobenzene）		610, 1018, 1023
2-クロロ-3-ペンタノール（2-chloro-3-pentanol）		123
3-クロロ-2-ペンタノール（3-chloro-2-pentanol）		204
2-クロロペンタン（2-chloropentane）		512
クロロホルム（chloroform）		337
クロロメタン（chloromethane）		119, 634
クロロメチルシクロヘキサン（chloromethylcyclohexane）		226
3-クロロ-1-メチルシクロヘキセン（3-chloro-1-methylcyclohexene）		427
3-クロロ-3-メチルシクロヘキセン（3-chloro-3-methylcyclohexene）		427
5-クロロ-1-メチル-2-ニトロベンゼン（5-chloro-1-methyl-2-nitrobenzene）		1058
3-クロロ-1-メチル-4-ニトロベンゼン（3-chloro-1-methyl-4-nitrobenzene）		1058
1-クロロ-2-メチルブタン（1-chloro-2-methylbutane）		641
1-クロロ-3-メチルブタン（1-chloro-3-methylbutane）		641
2-クロロ-2-メチルブタン（2-chloro-2-methylbutane）		518, 641
2-クロロ-3-メチルブタン（2-chloro-3-methylbutane）		641
4-クロロ-5-メチル-1-ヘキセン（4-chloro-5-methyl-1-hexene）		513
5-クロロ-5-メチル-1-ヘキセン（5-chloro-5-methyl-1-hexene）		418
クロロメチルベンゼン（chloromethylbenzene）		1019
m-クロロメチルベンゼン（m-chloromethylbenzene）		1058
p-クロロメチルベンゼン（p-chloromethylbenzene）		1060
meta-クロロヨードベンゼン		1038
1-クロロ-3-ヨードベンゼン（1-chloro-3-iodobenzene）		1038

ケ

桂皮アルデヒド（cinnamaldehyde）		885
ケトプロフェン（ketoprofen）		1087
ゲラニオール（geraniol）		1344, 1349
ゲラニルピロリン酸（geranyl pyrophosphate）		1348, 1349
ゲンタマイシン（gentamicin）		1169

コ

コカイン（cocaine）		590
黒鉛（graphite）		37
コデイン（codeine）		861
コニイン（coniine）		65
コハク酸（succinic acid）		863, 1335
コハク酸イミド（succinimide）		651
コハク酸無水物（succinic anhydride）		863
コラーゲン（collagen）		999
コリスミ酸（chorismate）		1455
コリン（choline）		870
コルチゾン（cortisone）		441
コレカルシフェロール（ビタミン D_3）〔cholecalcifelol（vitamin D_3）〕		1454
コレステロール（cholesterol）		117, 157, 194, 233, 1353

サ

サイクリック AMP（cyclic AMP）		1364
酢酸（acetic acid）		62, 64, 813, 848, 1244
酢酸イソプロピル（isopropyl acetate）		534
酢酸エチル（ethyl acetate）		814
酢酸カリウム（potassium acetate）		815
酢酸ギ酸無水物（acetic formic anhydride）		860
酢酸シクロヘキシル（cyclohexyl acetate）		927
酢酸鉛（Ⅱ）〔lead（Ⅱ）acetate〕		358
酢酸ビニル（vinyl acetate）		1398
酢酸フェニル（phenyl acetate）		832, 1244
（S）-2-酢酸ブチル		843
酢酸メチル（methyl acetate）		824, 831, 832, 876
サッカリン（saccharin）		1017, 1087, 1173
サリチル酸（salicylic acid）		134, 969
サリドマイド（thalidomide）		327
三塩化リン（phosphorus trichloride）		865
酸化型グルタチオン（oxidized glutathione）		1208
三臭化リン（phosphorus tribromide）		557
三リン酸（triphosphoric acid）		867

シ

1,8-ジアザビシクロ［5.4.0］-7-ウンデセン（1,8-diazabicyclo［5.4.0］undec-7-ene）		534
1,5-ジアザビシクロ［4.3.0］-5-ノネン（1,5-diazabicyclo［4.3.0］non-5-ene）		534
1,4-ジアザビシクロ［2.2.2］オクタン（1,4-diazabicyclo［2.2.2］octane）		878
1,2-ジアシルグリセロール（1.2-diacylglycerol）		1340
ジアゼパム（diazepam）		916
ジアゾニウムイオン		1066
ジアゾメタン（diazomethane）		377, 954, 1068
1,4-ジアミノベンゼン（1,4-diaminobenzene）		1414
シアン酸アンモニウム（ammonium cyanate）		2
ジイソプロピルアミン（diisopropylamine）		967
1,4-ジイソプロポキシブタン（1,4-diisopropoxybutane）		120
1,6-ジエステル（1,6-diester）		986
1,7-ジエステル（1,7-diester）		986
ジエチルアミン（diethylamine）		124
ジエチルエーテル（diethyl ether）		120, 506, 574, 576
cis-2,3-ジエチルオキシラン（cis-2,3-dimethyloxirane）		368
ジエチルカドミウム（diethylcadmium）		612
N,N-ジエチルブタンアミド（N,N-diethylbutanamide）		816
ジェミナル二臭化物（geminal dibromide）		540
1,4-ジオキサシクロヘキサン（1,4-dioxacyclohexane）		1106
1,4-ジオキサン（1,4-dioxane）		574, 1106
trans-1,2-ジオール（trans-1,2-diol）		580
ジオールエポキシド（diolepoxide）		585
ジクマロール（dicoumarol）		1309
シクラミン酸ナトリウム（sodium cyclamate）		1173
シクロオクタテトラエン（cyclooctatetraene）		383, 394
cis-シクロオクテン（cis-cyclooctene）		315
trans-シクロオクテン（trans-cyclooctene）		315
シクロブタジエン（cyclobutadiene）		394, 400, 447
シクロブタン（cyclobutane）		115
1-シクロブチルペンタン（1-cyclobutylpentane）		116
シクロブテン（cyclobutene）		1429
シクロプロパン（cyclopropane）		115
シクロプロペニルアニオン（cyclopropenyl anion）		395
シクロプロペニルカチオン（cyclopropenyl cation）		395
シクロプロペン（cyclopropene）		395
1,3-シクロヘキサジエン（1,3-cyclohexadiene）		1429
シクロヘキサノール（cyclohexanol）		412, 552
シクロヘキサノン（cyclohexanone）		888, 954, 991
シクロヘキサン（cyclohexane）		115, 146, 379, 1036
シクロヘキサンカルバルデヒド（cyclohexanecarbaldehyde）		886

シクロヘキサンカルボン酸
　（cyclohexanecarboxylic acid）　814
シクロヘキサンカルボン酸エチル（ethyl
　cyclohexanecarboxylate）　814
シクロヘキサンカルボン酸メチル（methyl
　cyclohexanecarboxylate）　927
cis-1,2-シクロヘキサンジオール（cis-1,2-
　cyclohexanediol）　580
1,2-シクロヘキサンジオールジアセテー
　ト（1,2-cyclohexanediol diacetate）　1271
シクロヘキシルイソペンチルエーテル
　（cyclohexyl isopentyl ether）　120
N-シクロヘキシルプロパンアミド
　（N-cyclohexylpropanamide）　816
シクロヘキシルメチルケトン（cyclohexyl
　methyl ketone）　927
2-シクロヘキセノン（2-cyclohexenone）　700
シクロヘキセン（cyclohexene）
　　　　　223, 271, 315, 580, 651, 1429
3-シクロヘキセンアミン
　（3-cyclohexenamine）　346
シクロヘキセンオキシド（cyclohexene
　oxide）　580
シクロヘプタトリエニルアニオン
　（cycloheptatrienyl anion）　395
シクロヘプタトリエニルカチオン
　（cycloheptatrienyl cation）　395
シクロヘプタトリエン（cycloheptatriene）
　　　　　395
シクロヘプタノン（cycloheptanone）　954
シクロペンタジエニルアニオン
　（cyclopentadienyl anion）　394
シクロペンタジエニルカチオン
　（cyclopentadienyl cation）　394, 400
シクロペンタジエン（cyclopentadiene）　394
シクロペンタン（cyclopentane）　115, 131
シクロペンテン（cyclopentene）　223, 315
シクロホスファミド（cyclophosphamide）595
1,1-ジクロロエタン（1,1-dichloroethane）
　　　　　749
1,2-ジクロロエタン（1,2-dichloroethane）
　　　　　752
ジクロロカルベン（dichlorocarbene）　337
1,6-ジクロロシクロヘキセン
　（1,6-dichlorocyclohexene）　225
ジクロロシクロペンタン（dichloropentane）
　　　　　640
2,4-ジクロロフェノキシ酢酸
　（2,4-dichlorophenoxyacetic acid）　1018
1,4-ジクロロ-2-ブテン（1,4-dichloro-2-
　butene）　419
3,4-ジクロロ-1-ブテン（3,4-dichloro-1-
　butene）　419
p-ジクロロベンゼン（p-dichlorobenzene）
　　　　　1017
1,2-ジクロロ-2-メチルプロパン（1,2-

dichloro-2-methylpropane）　293, 749
1,4-ジケトン（1,4-diketone）　987
1,5-ジケトン（1,5-diketone）　987
1,6-ジケトン（1,6-diketone）　987
1,7-ジケトン（1,7-diketone）　987
ジシクロヘキシルカルボジイミド
　（dicyclohexylcarbodiimide）　1209
ジシクロヘキシル尿素（dicyclohexylurea）
　　　　　1210
cis-3,4-ジジュウテリオ-3-ヘキセン
　（cis-3,4-dideuterio-3-hexene）　314
cis-2,3-ジジュウテリオ-2-ペンテン
　（cis-2,3-dideuterio-2-pentene）　314
trans-2,3-ジジュウテリオ-2-ペンテン
　（trans-2,3-dideuterio-2-pentene）　314
シスチン（cystine）　1205
システイン（cysteine）　1184, 1205
シタラビン（cytarabine）　1381
ジチオトレイトール（dithiothreitol）　1233
シチジン（cytidine）　1361
シトシン（cytosine）　1124, 1360
シトロネラール（citronellal）　783, 1349
シトロネロール（citronellol）　220, 1349
ジヒドロキシアセトン（dihydroxyacetone）
　　　　　1142
ジヒドロキシアセトンリン酸
　（dihydroxyacetone phosphate）
　　　998, 1271, 1322, 1326, 1327, 1340
1,4-ジ（ヒドロキシメチル）シクロヘキサ
　ン〔1,4-di（hydroxymethyl）cyclohexane〕
　　　　　1416
ジヒドロ葉酸　1303
ジヒドロリポ酸（dihydrolipoate）　1283
1,4-ジビニルベンゼン
　（1,4-divinylbenzene）　1426
ジフェニルエーテル（diphenyl ether）　1019
ジフェニルケトン（diphenyl ketone）　888
ジフェンヒドラミン（diphenhydramine）
　　　　　1123
ジ-tert-ブチルジカルボナート（di-tert-
　butyldicarbonate）　1209
ジプロピルカドミウム（dipropylcadmium）
　　　　　609
m-ジプロピルベンゼン（m-dipropylbenzene）
　　　　　1057
1,2-ジブロモエタン（1,2-dibromoethane）
　　　　　293
cis-1,2-ジブロモシクロヘキサン（cis-1,2-
　dibromocyclohexane）　198
trans-1,2-ジブロモシクロヘキサン（trans-
　1,2-dibromocyclohexane）　198
2,3-ジブロモブタン（2,3-dibromobutane）　197
3,3-ジブロモヘキサン（3,3-dibromohexane）
　　　　　369
2,5-ジブロモ-3-ヘキセン（2,5-dibromo-3-

hexene）　420
4,5-ジブロモ-2-ヘキセン（4,5-dibromo-2-
　hexene）　420
1,2-ジブロモベンゼン
　（1,2-dibromobenzene）　1038
1,3-ジブロモベンゼン
　（1,3-dibromobenzene）　1038
1,4-ジブロモベンゼン
　（1,4-dibromobenzene）　1038
1,2-ジブロモ-3-メチルブタン
　（1,2-dibromo-3-methylbutane）　293
ジベンジルエーテル（dibenzyl ether）　1019
ジボラン（diborane）　288
シムバスタチン（simvastatin）　158
シメチジン（cimetidine）　1123
N,N-ジメチルアセトアミド
　（N,N-dimethylacetamide）　959
N,N-ジメチルアニリン
　（N,N-dimethylaniline）　1064
p-N,N-ジメチルアミノアゾベンゼン
　（p-N,N-dimethylaminobenzene）　1064
4-（ジメチルアミノ）安息香酸 2-エチルヘ
　キシル〔2-ethylhexyl 4-（dimethylamino）
　benzoate〕　715
ジメチルアリルピロリン酸（dimethylallyl
　pyrophosphate）　1348
N,N-ジメチルエタンアミド（N,N-
　dimethylethanamide）　960
5-(1,1-ジメチルエチル)-3-エチルオクタ
　ン〔5-（1,1-dimethylethyl）-3-ethyloctane〕
　　　　　112
ジメチルエーテル（dimethyl ether）　88, 171
3,3-ジメチルオキサシクロブタン（3,3-
　dimethyloxacyclobutane）　1407
ジメチルオキサロ酢酸
　（dimethyloxaloacetate）　1245, 1246
2,2-ジメチルオキシラン
　（2,2-dimethyloxirane）　298
2,3-ジメチルオキシラン
　（2,3-dimethyloxirane）　298
2,5-ジメチル-4-オクテン（2,5-dimethyl-4-
　octene）　224
ジメチルケトン（dimethyl ketone）　888
cis-3,4-ジメチルシクロブテン
　（cis-3,4-dimethylcyclobutene）　1436
trans-3,4-ジメチルシクロブテン
　（trans-3,4-dimethylcyclobutene）　1436
cis-5,6-ジメチル-1,3-シクロヘキサジエ
　ン（cis-5,6-dimethyl-1,3-cyclohexadiene）
　　　　　1436
trans-5,6-ジメチル-1,3-シクロヘキサジエン
　（trans-5,6-dimethyl-1,3-cyclohexadiene）
　　　　　1436
2,2-ジメチルシクロヘキサノン
　（2,2-dimethylcyclohexanone）　968
2,6-ジメチルシクロヘキサノン

（2,6-dimethylcyclohexanone） 968
（R,R）-1,3-ジメチルシクロヘキサン
　〔（R,R）-1,3-dimethylcyclohexane〕 632
1,3-ジメチルシクロヘキサン
　（1,3-dimethylcyclohexane） 116
cis-1,4-ジメチルシクロヘキサン（cis-1,4-dimethylcyclohexane） 152,154,173
trans-1,4-ジメチルシクロヘキサン（trans-1,4-dimethylcyclohexane） 152,154,173
1,2-ジメチル-1,4-シクロヘキサンジオール（1,2-dimethyl-1,4-cyclohexanediol） 630
4,5-ジメチルシクロヘキセン（4,5-dimethylcyclohexene） 224
3,4-ジメチルシクロペンタノール（3,4-dimethylcyclopentanol） 123
cis-1,3-ジメチルシクロペンタン（cis-1,3-dimethylcyclopentane） 198
trans-1,3-ジメチルシクロペンタン（trans-1,3-dimethylcyclopentane） 198
1,2-ジメチルシクロペンテン（1,2-dimethylcyclopentene） 315
ジメチルスルフィド（dimethyl sulfide） 594
ジメチルスルホキシド（dimethyl sulfoxide，DMSO） 474,950
2,2-ジメチル-1-フェニルプロパン（2,2-dimethyl-1-phenylpropane） 1031
3,3-ジメチル-1-ブタノール（3,3-dimethyl-1-butanol） 292
3,3-ジメチル-2-ブタノール（3,3-dimethyl-2-butanol） 564
2,2-ジメチルブタン（2,2-dimethylbutane） 105
2,3-ジメチル-1-ブテン（2,3-dimethyl-1-butene） 514,564
2,3-ジメチル-2-ブテン（2,3-dimethyl-2-butene） 271,514,564,709
3,3-ジメチル-1-ブテン（3,3-dimethyl-1-butene） 285,286,292,564
2,2-ジメチルプロパン（2,2-dimethylpropane） 105,130
6-（1,2-ジメチルプロピル）-4-プロピルデカン〔6-（1,2-dimethylpropyl）-4-propyldecane〕 112
2,4-ジメチルヘキサン（2,4-dimethylhexane） 111,177
（Z）-3,4-ジメチル-3-ヘキセン〔（Z）-3,4-dimethyl-3-hexene〕 313
3,4-ジメチル-2-ヘキセン（3,4-dimethyl-2-hexene） 527
3,4-ジメチル-3-ヘキセン（3,4-dimethyl-3-hexene） 527
2,6-ジメチルヘプタン（2,6-dimethylheptane） 366
2,3-ジメチル-2-ヘプテン（2,3-dimethyl-2-heptene） 709

4,4-ジメチル-2-ペンタノール（4,4-dimethyl-2-pentanol） 122
2,2-ジメチルペンタン（2,2-dimethylpentane） 105
2,3-ジメチルペンタン（2,3-dimethylpentane） 105
2,4-ジメチルペンタン（2,4-dimethylpentane） 105
3,3-ジメチルペンタン（3,3-dimethylpentane） 105
N,N-ジメチルホルムアミド（N,N-dimethyl-formamide, DMF） 474
2,3-ジメチル-5-（2-メチルブチル）デカン〔2,3-dimethyl-5-（2-methylbutyl）decane〕 112
1,2-ジメトキシエタン（1,2-dimethoxyethane; DME） 574
臭化 sec-ブチル（sec-butyl bromide） 119
臭化 tert-ブチル（tert-butyl bromide） 109,538
臭化 tert-ペンチル（tert-pentyl bromide） 109
臭化 β-メチルバレリル（β-methylvaleryl bromide） 814
臭化アリル（allyl bromide） 226
臭化イソブチル（isobutyl bromide） 109
臭化イソプロピル（isopropyl bromide） 109
臭化イソペンチル（isopentyl bromide） 117
臭化エチルマグネシウム（ethylmagnesium bromide） 609,611,893
臭化シクロヘキシル（cyclohexyl bromide） 610
臭化シクロヘキシルマグネシウム（cyclohexylmagnesium bromide） 610
臭化鉄（Ⅲ）〔iron（Ⅲ）bromide〕 88
臭化ビニル（vinyl bromide） 610
臭化ビニルマグネシウム（vinylmagnesium bromide） 610
臭化ブチル（butyl bromide） 108,538
臭化プロピル（propyl bromide） 106,533,538
臭化プロピルマグネシウム（propylmagnesium bromide） 893
臭化ベンジル（benzyl bromide） 483,1035
臭化ベンゼンジアゾニウム（benzenediazonium bromide） 1060
臭化 3-メチルペンタノイル（3-methylpentanoyl bromide） 814
臭化メチルマグネシウム（methylmagnesium bromide） 893
シュウ酸（oxalic acid） 863
酒石酸ナトリウムアンモニウム（ammonium sodium tartrate） 207
硝酸（nitric acid） 1025
ショウノウ（camphor） 885
ジンジベレン（zingiberene） 419,1344

ス

水酸化テトラメチルアンモニウム（tetramethylammonium hydroxide） 125
水酸化物アニオン（hydroxide anion） 361
水素化ジイソブチルアルミニウム（diisobutylalminum hydride） 903
スクアレン（squalene） 1346
スクアレンオキシド（squalene oxide） 1353
スクシニル-CoA（succinyl-CoA） 1335
スクラロース（sucralose） 1173
スクロース（sucrose） 1164
スチレン（styrene） 1018,1035,1394,1403
ステアリン酸（stearic acid） 821
ステアリン酸ナトリウム（sodium stearate） 845
ズルチン（dulcin） 1173
スルファニルアミド（sulfanilamide） 1065,1303
スルホニウムイオン（sulfonium ion） 1026
スルホンアミド（sulfonamide） 1303

セ

セチリジン（cetirizine） 1123
D-セドヘプツロース（D-sedoheptulose） 1137
セファリン（cephalin） 847
セミキノン（semiquinone） 659
セリン（serine） 1184
セルロース（cellulose） 151,1166
セレギリン（selegiline） 342
セレノキシド（selenoxide） 1013
セロビオース（cellobiose） 1162

ソ

D-ソルボース（D-sorbose） 1142

タ

ダイヤモンド（diamond） 37
D-タガトース（D-tagatose） 1142
タモキシフェン（tamoxifen） 231
D-タロース（D-talose） 1140
炭酸（carbonic acid） 817
炭酸ジエチル（diethyl carbonate） 985
炭酸ジフェニル（diphenyl carbonate） 1416
炭酸ジメチル（dimethyl carbonate） 817

チ

チアシクロプロパン（thiacyclopropane） 1105
チアゾリノン（thiazolinone） 1216
チアミン（thiamine） 1286
チアミンピロリン酸（thiamine

pyrophosphate）	1286
チイラン（thiirane）	1105
チオアニソール（thioanisole）	1079
チオ尿素（thiourea）	948
チオフェン（thiophene）	397, 1110
チオペンタールナトリウム（thiopental sodium）	575
チミジン（thymidine）	1361
チミン（thymine）	1124, 1360
チラミン（tyramine）	1086
チロキシン（thyroxine）	1025
チロシン（tyrosine）	341, 1025, 1185, 1332

テ

ディスパールア（disparlure）	221
5′-デオキシアデノシルコバラミン（5′-deoxyadenosyl-cobalamin）	1300
2′-デオキシアデノシン5′-一リン酸（2′-deoxyadenosine 5′-monophosphate）	1362
2′-デオキシアデノシン5′-二リン酸（2′-deoxyadenosine 5′-diphosphate）	1362
2′-デオキシアデノシン5′-三リン酸（2′-deoxyadenosine 5′-triphosphate）	1362
2′-デオキシアデノシン（2′-deoxyadenosine）	1361
2′-デオキシウリジン-5′-一リン酸（2′-deoxyuridine-5′-monophosphate）	1303
2′-デオキシグアノシン（2′-deoxyguanosine）	586, 1361
2′-デオキシシチジン（2′-deoxycytidine）	1361
2′-デオキシチミジン-5′-一リン酸（2′-deoxythymidine-5′-monophosphate）	1303
デカン（decane）	142
テストステロン（testosterone）	885
2,3,4,6-テトラ-O-メチルガラクトース（2,3,4,6-tetra-O-methylgalactose）	1163
テトラエチル鉛（tetraethyllead）	609
2,3,7,8-テトラクロロジベンゾ[b,e][1,4]ジオキシン（2,3,7,8-tetrachlorodibenzo[b,e][1,4]dioxin）	1018
テトラサイクリン（tetracycline）	178
テトラデカン酸（tetradecanoic acid）	821
テトラヒドロピラン（tetrahydropyran; THP）	574, 1106
テトラヒドロフラン（tetrahydrofuran; THF）	131, 165, 506, 574, 1106
テトラヒドロ葉酸（tetrahydrofolate）	1302
テトラメチルシラン（tetramethylsilane, TMS）	741
テノーミン（tenormin）	91
L-デヒドロアスコルビン酸（L-dehydroascorbic acid）	1170
7-デヒドロコレステロール（7-dehydrocholesterol）	1454
デメロール（demerol）	52
テモゾロミド（temozolomide）	1067
テルピン水和物（terpin hydrate）	1349
テレフタル酸ジメチル（dimethyl terephthalate）	1394, 1415, 1416, 1422
天然ゴム（natural gum）	1409
デンプン（starch）	921

ト

ドデカン酸（dodecanoic acid）	821
L-ドーパ（L-dopa）	341
ドーパミン（dopamine）	341, 1086
2,3,6-トリ-O-メチルグルコース（2,3,6-tri-O-methylglucose）	1163
トリエチルアミン（triethylamine）	126, 506
3,3,6-トリエチル-7-メチルデカン（3,3,6-triethyl-7-methyldecane）	112
トリエチレングリコール（triethylene glycol）	605
トリエチレンメラミン（triethylenemelamine, TEM）	607
トリクロロアセトアルデヒド（trichloroacetaldehyde）	919
トリクロロ酢酸ナトリウム（trichloroacetic acid）	337
2,4,5-トリクロロフェノキシ酢酸（2,4,5-trichlorophenoxyacetic acid）	1018
トリフェニルホスフィン（triphenylphosphine）	928
トリフェニルホスフィンオキシド（triphenylphosphine oxide）	928
トリプトファン（tryptophan）	816, 1121, 1186
2,4,6-トリブロモアニソール（2,4,6-tribromoanisole）	1053
1,3,5-トリブロモベンゼン（1,3,5-tribromobenzene）	1062
トリメチルアミン（trimethylamine）	124
1,1,2-トリメチルシクロペンタン（1,1,2-trimethylcyclopentane）	116
2,2,3-トリメチルブタン（2,2,3-trimethylbutane）	105
2,2,4-トリメチルペンタン（2,2,4-trimethylpentane）	112, 113
3,4,4-トリメチル-2-ペンテン（3,4,4-trimethyl-2-pentene）	525
トリメトプリム（trimethoprim）	1306
トリリン酸（triphosphoric acid）	1315
ortho-トルイジン（ortho-toluidine）	1038
トルエン（toluene）	1018, 1036
トルエン-2,6-ジイソシアナート（toluene-2,6-diisocyanate）	1418
D-トレオース（D-threose）	1139, 1140
L-トレオース（L-threose）	1139
トレオニン（threonine）	1184

ナ

ナイアシン（niacin）	1276
ナイアシンアミド（niacinamide）	1276
ナイロン 6（nylon 6）	864, 1413
ナイロン 66（nylon 66）	1414
ナフタレン（naphthalene）	395
ナフタレンオキシド（naphthalene oxide）	584
1-ナフトール（1-naphthol）	584
2-ナフトール（2-naphthol）	584
ナプロキセン（naproxen）	134, 324

ニ

ニコチン（nicotine）	57, 589
ニコチンアミド（nicotinamide）	1276
ニコチンアミドアデニンジヌクレオチド（nicotinamide adenine dinucleotide, NAD^+）	1275
ニコチンアミドアデニンジヌクレオチドリン酸（nicotinamide adenine dinucleotide phosphate, NADPH）	1275
ニコチン酸（nicotinic acid）	1276
二酸化炭素（carbon dioxide）	893
1,2-二塩素化化合物	1092
1,3-二塩素化化合物	1092
1,5-二塩素化化合物	1093
1,6-二塩素化化合物	1094
p-ニトロアセトアニリド（p-nitroacetanilide）	1054
m-ニトロアセトフェノン（m-nitroacetophenone）	1056
p-ニトロアニソール（p-nitroanisole）	1069
4-ニトロアニリン（4-nitroaniline）	1038
para-ニトロアニリン	1038, 1054
ニトロエタン（nitroethane）	383, 720, 959
ニトロエタンアニオン（nitroethane anion）	720
ニトロソアミン（nitrosamine）	1066
ニトロソニウムイオン（nitrosonium ion）	1066
ニトロニウムイオン（nitronium ion）	1025
3-ニトロピリジン（3-nitropyridine）	1118
para-ニトロフェノキシド（para-nitrophenoxide）	1427
ニトロベンゼン（nitrobenzene）	1018, 1025, 1041
乳酸（lactic acid）	187, 1139, 1331, 1422
(S)-(+)-乳酸イオン〔(S)-(+)-lactate〕	815
(S)-(-)-乳酸ナトリウム〔(S)-(-)-sodium lactate〕	187
尿酸（uric acid）	854, 948
尿素（urea）	2, 817, 854
ニンヒドリン（ninhydrin）	1012, 1195

ネ

ネオプレン（neoprene） 1410

ノ

ノルアドレナリン（noradrenaline） 500, 1332
ノルエチンドロン（norethindrone） 344
ノルエピネフリン（norepinephrine） 500
ノルボルナン（norbornane） 1457

ハ

バターイエロー（butter yellow） 719
バックミンスターフラーレン
　（buckminsterfullerene） 395
バニリン（vanillin） 885
パラアルデヒド（paraldehyde） 953
パラチオン（parathion） 870
バリン（valine） 1184
パルサルミド（parsalmide） 341
パルジリン（pargyline） 341
バルビタール（barbital） 145
パルミチン酸（palmitic acid） 821
パルミトレイン酸（palmitoleic acid） 821
ハロタン（halothane） 575
1-ハロ-1-メチルシクロヘキサン（1-halo-1
　-methylcyclohexane） 643
パントプラゾール（pantoprazole） 1123

ヒ

ビオチン（biotin） 1292
ビシナル二塩化物（vicinal dichloride） 540
ヒスタミン（histamine） 1122
ヒスチジン（histidine） 1121, 1122, 1185
ビスフェノール A（bisphenol A） 1416
1,3-ビスホスホグリセリン酸（1,3-
　bisphosphoglycerate） 1278, 1326, 1328
ビタミン A アルデヒド（vitamin A
　aldehyde） 929
ビタミン B_1（vitamin B_1） 1286
ビタミン B_2（vitamin B_2） 1282
ビタミン B_3（vitamin B_3） 1276
ビタミン B_6（vitamin B_6） 1294
ビタミン C（vitamin C） 56, 659, 1170
ビタミン E（vitamin E） 659
ビタミン H（vitamine H） 1292
ビタミン K 1307
ビタミン KH_2（vitamin KH_2） 1032, 1307
ヒドラジン（hydrazine） 912
N-ヒドロキシアゾ化合物 1066
o-ヒドロキシ安息香酸（o-hydroxybenzoic
　acid） 969
3-ヒドロキシ吉草酸（3-hydroxyvaleric
　acid） 1423
2-ヒドロキシピリジン（2-hydroxypyridine）
　 1120
4-ヒドロキシピリジン（4-hydroxypyridine）
　 1120
para-ヒドロキシフェニルピルビン酸
　（p-hydroxyphenylpyruvate） 1332
3-ヒドロキシブタナール
　（3-hydroxybutanal） 887
3-ヒドロキシブタン酸（3-hydroxybutanoic
　acid） 1357
ヒドロキシメチルグルタリル-CoA
　（hydroxymethylglutaryl-CoA） 1346
5-ヒドロキシメチルシトシン
　（5-hydroxymethylcytosine） 1371
3-ヒドロキシ酪酸（3-hydroxybutyric acid）
　 1423
ヒドロキシルアミン（hydroxylamine） 912
ヒドロキノン（hydroquinone） 659
ビニルシクロヘキサン（vinylcyclohexane）
　 226
ビフェニル（biphenyl） 1083
ピペリジニウムイオン（piperidinium ion）
　 1106, 1116
ピペリジン（piperidine）
　 604, 1086, 1105, 1116
ピューロマイシン（puromycin） 1378
ピラン（pyran） 1153
ピリジニウムイオン（pyridinium ion） 1115
ピリジン（pyridine） 397, 557, 1115
ピリジン-3-スルホン酸（pyridine-3-sulfonic
　acid） 1118
ピリドキサールリン酸（pyridoxal
　phosphate） 1294
ピリドキシン（pyridoxine） 1294
2-ピリドン（2-pyridone） 1120
4-ピリドン（4-pyridone） 1120
ピリミジン（pyrimidine） 399, 1124, 1360
ピルビン酸（pyruvic acid, pyruvate）
　 815, 1200, 1286, 1326
ピロリジニウムイオン（pyrrolidinium ion）
　 1106
ピロリジン（pyrrolidine） 971, 1105, 1109
ピロリン酸（pyrophosphoric acid,
　pyrophosphate） 867, 999, 1031, 1315, 1317
ピロール（pyrrole） 397, 443, 1110

フ

S-ファルネシルシステインメチルエステ
　ル（S-farnesyl cisteine methyl ester） 1351
ファルネシルピロリン酸（farnesyl
　pyrophosphate） 1350
フェキソフェナジン（fexofenadine） 1123
フェナントレン（phenanthrene） 395, 587
N-フェニル α-D-リボシルアミン
　（N-phenyl α-D-ribosylamine） 1159
N-フェニル β-D-リボシルアミン
　（N-phenyl β-D-ribosylamine） 1159
フェニルアセトニトリル
　（phenylacetonitrile） 1035
フェニルアラニン（phenylalanine）
　 1185, 1332
フェニルイソチオシアナート（phenyl
　isothiocyanate） 1216
2-フェニルインドール（2-phenylindole）
　 1132
2-フェニルエタノール（2-phenylethanol）
　 1055
フェニルエタノン（phenylethanone） 1113
フェニルピルビン酸（phenylpyruvate） 1333
1-フェニル-1-ブタノール（1-phenyl-1
　-butanol） 893
1-フェニルブタン（1-phenylbutane） 1030
2-フェニルブタン（2-phenylbutane） 1030
1-フェニルブタン-2-オン（1-phenylbutan
　-2-one） 712
2-フェニル-2-ブテン（2-phenyl-2-butene）
　 525
フェニルプロピルケトン（phenyl propyl
　ketone） 888
2-フェニルペンタン（2-phenylpentane） 1019
3-フェニルペンタン（3-phenylpentane） 1019
フェニルリチウム（phenyllithium） 610
2-フェノキシエタノール
　（2-phenoxyethanol） 852
フェノキシドイオン（phenoxide ion） 717
フェノール（phenol）
　 412, 717, 1018, 1050, 1062, 1244
D-プシコース（D-psicose） 1142
ブタクラモール（butaclamol） 213
1,3-ブタジエン（1,3-butadiene）
　 403, 408, 1398, 1429
ブタナール（butanal） 893, 900
(R)-2-ブタノール〔(R)-2-butanol〕 183
(S)-2-ブタノール〔(S)-2-butanol〕
　 183, 468, 843
1-ブタノール（1-butanol） 565, 900, 901
2-ブタノール（2-butanol）
　 122, 464, 567, 843, 893
ブタノン（butanone） 644, 745, 837, 876
フタルイミド（phthalimide） 856
フタルイミドカリウム（potassium
　phthalimide） 1200
N-フタルイミドマロン酸エステル
　（N-phthalimidomalonic ester） 1200
フタル酸（phthalic acid） 856, 863, 1200
フタル酸ジ-2-エチルヘキシル
　（di-2-ethylhexyl phthalate） 1421
フタル酸無水物（phthalic anhydride） 863
ブタン（butane）
　 116, 104, 140, 302, 632, 638, 837, 906, 967

化合物索引

1-ブタンアミン（1-butanamine） 125
ブタン-1-アミン（butan-1-amine） 125
ブタン-2-オール（butan-2-ol） 122
ブタン酸（butanoic acid） 813, 893
ブタン酸メチル（methyl butyrate） 903
1,4-ブタンジアミンプトレシン
　（1,4-butanediamine putrescine） 126
ブタンジオン（butanedione） 888, 889
ブチルアミン（butylamine） 906
sec-ブチルアルコール（sec-butyl alcohol） 117
tert-ブチルイソブチルエーテル
　（tert-butylisobutyl ether） 120
sec-ブチルイソプロピルエーテル
　（sec-butylisopropyl ether） 120
ブチルエチルアミン（butylethylamine） 1105
tert-ブチルエチルエーテル（tert-butylethyl ether） 538
ブチルジメチルアミン
　（butyldimethylamine） 124
tert-ブチルジメチルクロロシラン
　（tert-butyldimethylsilyl chloride） 924
ブチルプロピルエーテル（butylpropyl ether） 538
3-ブチル-1-ヘキセン-4-イン（3-butyl-1-hexen-4-yne） 345
sec-ブチルベンゼン（sec-butylbenzene） 1019
tert-ブチルベンゼン（tert-butylbenzene） 1019, 1036
sec-ブチルメチルアセチレン
　（sec-butylmethylacetylene） 343
tert-ブチルメチルエーテル（tert-butylmethyl ether; TBME） 574
cis-1-tert-ブチル-3-メチルシクロヘキサン（cis-1-tert-buthyl-3-methylcyclohexane） 155
trans-1-tert-ブチル-3-メチルシクロヘキサン（trans-1-tert-buthyl-3-methylcyclohexane） 155
tert-ブチルメチルシリルエーテル
　（tert-butyldimethylsilyl ether） 924
ブチルリチウム（butyllithium） 609, 610, 967
ブチロフェノン（butyrophenone） 888
1-ブチン（1-butyne） 343, 364, 365
2-ブチン（2-butyne） 350, 907
フッ化エチル（ethyl fluoride） 119
フッ化ペンチル（pentyl fluoride） 108
フッ化水素（hydrogen fluoride） 45
1-ブテン（1-butene）
　223, 309, 511, 514, 565, 567, 646, 709, 906
2-ブテン（2-butene）
　223, 302, 511, 514, 565, 567
cis-2-ブテン（cis-2-butene） 307, 317
trans-2-ブテン（trans-2-butene）
　307, 319, 907
（E）-2-ブテン〔（E）-2-butene〕 769

（Z）-2-ブテン〔（Z）-2-butene〕 769
2-ブテン-1-オール（2-buten-1-ol） 483
1-ブトキシ-2,3-ジメチルペンタン
　（1-butoxy-2,3-dimethylpentane） 120
tert-ブトキシドイオン（tert-butoxide） 514
3-ブトキシ-1-プロパノール（3-butoxy-1-propanol） 122
3-ブトキシプロパン-1-オール
　（3-butoxypropan-1-ol） 122
tert-ブトキシペンタン（tert-butoxypentane） 533
フマル酸（fumarate） 323, 568, 1332, 1335
フラビンアデニンジヌクレオチド（flavin adenine dinucleotide, FAD） 1282
フラン（furan） 397, 443, 1110, 1153
プリン（purine） 399, 442, 1124, 1360
5-フルオロウラシル（5-fluorouracil） 1305
フルオロエタン（fluoroethane） 119
p-フルオロニトロベンゼン
　（p-fluoronitrobenzene） 1069
フルオロベンゼン（fluorobenzene） 1061
2-フルオロペンタン（2-fluoropentane） 515
D-フルクトース（D-fructose） 1136, 1142
フルクトース-1,6-二リン酸（fructose-1,6-bisphosphate） 998, 1326
フルクトース-6-リン酸（fructoce-6-phosphate） 1326
フルニトラゼパム（flunitrazepam） 916
フルベン（fulvene） 397
フルラゼパム（flurazepam） 916
プレフェン酸（prephenate） 1455
プロカイン（procaine） 590
プロゲステロン（progesterone） 343, 885
プロトステロールカチオン（protosterol cation） 1353
プロパギルアルコール（propargylalcohol） 712
プロパジエン（propadiene） 345
プロパナール（propanal） 893, 1300
1-プロパノール（1-propanol） 289, 552, 893
2-プロパノール（2-propanol） 282, 289
プロパノン（propanone） 888
プロパン（propane） 104, 107
プロパン酸（propanoic acid） 813, 903
プロパン酸フェニル（phenyl propanoate） 814
プロパン酸メチル（methyl propanoate） 902, 995
1,3-プロパンジオール（1,3-propanediol） 923
1,3-プロパンジチオール
　（1,3-propanedithiol） 926
1-プロパンチオール（1-propanethiol） 593
プロピオンアルデヒド（propionaldehyde） 172
プロピオン酸（propionic acid） 813
プロピオン酸フェニル（phenyl propionate）

814
プロビタミン D_2（provitamin D_2） 1454
プロビタミン D_3（provitamine D_3） 1454
N-プロピルアセトアミド
　（N-propylacetamide） 830
プロピルアミン（propylamine） 106
プロピルアルコール（propyl alcohol） 121
4-プロピルオクタン（4-propyloctane）
　110, 111
2-プロピル-1-ヘキセン
　（2-propyl-1-hexene） 223
プロピルベンゼン（propylbenzene）
　1034, 1035
p-プロピルベンゼンスルホン酸
　（p-propylbenzenesulfonic acid） 1057
プロピレン（propylene） 223, 298
プロピレンオキシド（propylene oxide）
　298, 1406
プロペン（propene）
　223, 294, 309, 511, 533, 534
2-プロペン-1-オール（2-propen-1-ol） 346
プロペン酸（propenoic acid） 813
プロペンニトリル（propenenitrile） 857
プロポフォール（propofol） 575
3-ブロモ-4′-ヒドロキシアゾベンゼン
　（3-bromo-4′-hydroxyazobenzene） 1063
4-ブロモ-N,N-ジメチル-2-ペンタンアミン
　（4-bromo-N,N-dimethyl-2-pentanamine）
　125
p-ブロモアニソール（p-bromoanisole） 1053
o-ブロモアニソール（o-bromoanisole） 1053
ブロモエタン（bromoethane） 634, 739
7-ブロモ-4-エチル-2-オクタノール
　（7-bromo-4-ethyl-2-octanol） 123
1-ブロモ-2-エチルベンゼン（1-bromo-2-ethylbenzene） 740
1-ブロモ-3-エチルベンゼン（1-bromo-3-ethylbenzene） 740
1-ブロモ-4-エチルベンゼン（1-bromo-4-ethylbenzene） 740
2-ブロモ-4-エチル-7-メチル-4-オクテン
　（2-bromo-4-ethyl-7-methyl-4-octene） 225
3-ブロモ-2-クロロ-4-オクチン（3-bromo-2-chloro-4-octyne） 343
cis-1-ブロモ-3-クロロシクロブタン
　（cis-1-bromo-3-chlorocyclobutane） 172
trans-1-ブロモ-3-クロロシクロブタン
　（trans-1-bromo-3-chlorocyclobutane） 172
1-ブロモ-4-クロロ-2-ニトロベンゼン
　（1-bromo-4-chloro-2-nitrobenzene） 1039
2-ブロモ-4-クロロ-1-ニトロベンゼン
　（2-bromo-4-chloro-1-nitrobenzene） 1039
4-ブロモ-1-クロロ-2-ニトロベンゼン
　（4-bromo-1-chloro-2-nitrobenzene） 1039
3-ブロモ-4-クロロフェノール
　（3-bromo-4-chlorophenol） 1039

化合物索引　　I-36

2-ブロモ-3-クロロブタン
　（2-bromo-3-chlorobutane）　112
5-ブロモ-4-クロロ-1-ヘプテン
　（5-bromo-4-chloro-1-heptene）　224
4-ブロモ-2-クロロ-1-メチルシクロヘキサン
　（4-bromo-2-chloro-1-methylcyclohexane）
　119
6-ブロモ-3-クロロ-4-メチルシクロヘキセン（6-bromo-3-chloro-4-methylcyclohexene）　225
N-ブロモコハク酸イミド
　（N-bromosuccinimide; NBS）　651
cis-4-ブロモシクロヘキサノール
　（cis-4-bromocyclohexanol）　549
trans-4-ブロモシクロヘキサノール
　（trans-4-bromocyclohexanol）　549
ブロモシクロヘキサン（bromochlohexane）
　552
3-ブロモシクロヘキセン
　（3-bromocyclohexene）　651
2-ブロモ-1,1-ジジュウテリオ-1-フェニルエタン（2-bromo-1,1-dideuterio-1-phenylethane）　531
1-ブロモ-2,4-ジニトロベンゼン（1-bromo-2,4-dinitrobenzene）　1069
3-ブロモ-2,5-ジメチルチオフェン
　（3-bromo-2,5-dimethylthiophene）　1112
2-ブロモ-2,3-ジメチルブタン（2-bromo-2,3-dimethylbutane）　271,514
1-ブロモ-2,2-ジメチルプロパン（1-bromo-2,2-dimethylpropane）　467
3-ブロモ-2,2,3-トリメチルペンタン
　（3-bromo-2,2,3-trimethylpentane）　525
5-ブロモ-2-ニトロ安息香酸（5-bromo-2-nitrobenzoic acid）　1039
meta-ブロモニトロベンゼン
　（meta-bromonitrobenzene）　1038
1-ブロモ-3-ニトロベンゼン（1-bromo-3-nitrobenzene）　1038
3-ブロモピリジン（3-bromopyridine）　1118
1-ブロモ-1-フェニルエタン（1-bromo-1-phenylethane）　740,1035
1-ブロモ-2-フェニルエタン（1-bromo-2-phenylethane）　483,531,740
2-ブロモ-3-フェニルブタン（2-bromo-3-phenylbutane）　525
1-ブロモ-1-フェニルプロパン（1-bromo-1-phenylpropane）　1035
3-ブロモ-2-ブタノール（3-bromo-2-butanol）　201
(R)-2-ブロモブタン〔(R)-2-bromobutane〕
　182,310,468
(S)-2-ブロモブタン〔(S)-2-bromobutane〕
　182,310,464
1-ブロモブタン（1-bromobutane）
　610,641,646

2-ブロモブタン（2-bromobutane）
　119,177,178,235,309,511,641,646
3-ブロモブタン酸メチル
　（methyl 3-bromobutanoate）　814
1-ブロモ-2-ブテン（1-bromo-2-butene）
　419,420,483
3-ブロモ-1-ブテン（3-bromo-1-butene）
　419,420
2-ブロモフラン（2-bromofuran）　1111
2-ブロモプロパナール（2-bromopropanal）
　886
3-ブロモ-1-プロパノール（3-bromo-1-propanol）　122
1-ブロモプロパン（1-bromopropane）
　684,766
2-ブロモプロパン（2-bromopropane）
　309,511
3-ブロモプロペン（3-bromopropene）　326
ブロモベンゼン（bromobenzene）
　1018,1023,1060
ブロモベンゼンスルホン酸
　（bromobenzene sulfonic acid）　1055,1056
m-ブロモベンゾニトリル
　（m-bromobenzonitrile）　1060
1-ブロモペンタン（1-bromopentane）　533
2-ブロモペンタン（2-bromopentane）
　278,366,523
3-ブロモペンタン（3-bromopentane）　278
3-ブロモペンタン酸
　（3-bromopentanoic acid）　813
4-ブロモ-2-ペンテン（4-bromo-2-pentene）
　520
ブロモメタン（bromomethane）　463,752
cis-1-ブロモ-3-メチルシクロブタン
　（cis-1-bromo-3-methylcyclobutane）　195
trans-1-ブロモ-3-メチルシクロブタン
　（trans-1-bromo-3-methylcyclobutane）　195
1-ブロモ-1-メチルシクロヘキサン
　（1-bromo-1-methyl-cyclohexane）　278
1-ブロモ-2-メチルシクロヘキサン
　（1-bromo-2-methyl-cyclohexane）　278
cis-1-ブロモ-3-メチルシクロヘキサン
　（cis-1-bromo-3-methylcyclohexane）　195
trans-1-ブロモ-3-メチルシクロヘキサン
　（trans-1-bromo-3-methylcyclohexane）195
cis-1-ブロモ-4-メチルシクロヘキサン
　（cis-1-bromo-4-methylcyclohexane）　195
trans-1-ブロモ-4-メチルシクロヘキサン
　（trans-1-bromo-4-methylcyclohexane）195
cis-1-ブロモ-2-メチルシクロペンタン
　（cis-1-bromo-2-methylcyclopentane）　194
trans-1-ブロモ-2-メチルシクロペンタン
　（trans-1-bromo-2-methylcyclopentane）
　194
2-ブロモ-5-メチルピロール
　（2-bromo-5-methylpyrrole）　1111

2-ブロモ-3-メチル-1-フェニルブタン
　（2-bromo-3-methyl-1-phenylbutane）　513
2-ブロモ-4-メチルフェノール（2-bromo-4-methylphenol）　1058
1-ブロモ-2-メチルブタン（1-bromo-2-methylbutane）　649
1-ブロモ-3-メチルブタン（1-bromo-3-methylbutane）　647
2-ブロモ-2-メチルブタン（2-bromo-2-methylbutane）　285,512,514,552,555
2-ブロモ-3-メチルブタン（2-bromo-3-methylbutane）　285,555
1-ブロモ-3-メチル-2-ブテン（1-bromo-3-methyl-2-butene）　421
3-ブロモ-3-メチル-1-ブテン（3-bromo-3-methyl-1-butene）　421
2-ブロモ-2-メチルプロパン（2-bromo-2-methylpropane）　477,509,517,533
1-ブロモ-5-メチル-3-ヘキシン（1-bromo-5-methyl-3-hexyne）　343
2-ブロモ-4-メチル-3-ヘキセン（2-bromo-4-methyl-3-hexene）　224
2-ブロモ-5-メチルヘプタン（2-bromo-5-methylheptane）　119
meta-ブロモメチルベンゼン
　（meta-bromomethylbenzene）　1038
3-ブロモ-1-メチルベンゼン（3-bromo-1-methylbenzene）　1038
4-ブロモ-2-メチル-2-ペンテン（4-bromo-2-methyl-2-pentene）　426
4-ブロモ-4-メチル-2-ペンテン（4-bromo-4-methyl-2-pentene）　426
プロリン（proline）　1121,1185

へ

(2E,4E)-ヘキサジエン〔(2E,4E)-hexadiene〕　1436
(2E,4Z)-ヘキサジエン〔(2E,4Z)-hexadiene〕　1436
1,5-ヘキサジエン（1,5-hexadiene）　418
2,4-ヘキサジエン（2,4-hexadiene）　420
ヘキサデカン酸（hexadecanoic acid）　821
(9Z)-ヘキサデセン酸〔(9Z)-hexadecenoic acid〕　821
1,3,5-ヘキサトリエン（1,3,5-hexatriene）
　1429
3-ヘキサノン（3-hexanone）　888,970
ヘキサン（hexane）　105
ヘキサン酸（hexanoic acid）　813
ヘキサンジアール（hexanedial）　886
2,4-ヘキサンジオール（2,4-hexanediol）122
ヘキサン-2,4-ジオール（hexane-2,4-diol）
　122
1-ヘキシン（1-hexyne）　343
3-ヘキシン（3-hexyne）　343,353,365

ヘキセタール(hexethal)	145
cis-2-ヘキセン(cis-2-hexene)	228
trans-2-ヘキセン(trans-2-hexene)	228
2-ヘキセン(2-hexene)	223
1-ヘキセン-5-イン(1-hexen-5-yne)	345
2-ヘキセン-4-イン(2-hexen-4-yne)	345
3-ヘキセン-2-オール(3-hexen-2-ol)	346
4-ヘキセン-2-オン(4-hexen-2-one)	888
1,6-ヘキサンジアミン(1,6-hexanediamine)	1414
ペニシリン(penicillin)	851, 852
ペニシリン G(penicillin G)	851, 852
ペニシリン O(penicillin O)	852
ペニシリン V(penicillin V)	852
ペニシリン酸(penicillinic acid)	852
ヘパリン(heparin)	1170
2,4-ヘプタジエン(2,4-heptadiene)	223
ヘプタン(heptane)	105, 113
3-ヘプチン(3-heptyne)	363
6-ヘプテン-2-アミン(6-hepten-2-amine)	346
1-ヘプテン-5-イン(1-hepten-5-yne)	345
5-ヘプテン-1-イン(5-hepten-1-yne)	345
ヘム(heme)	1125
ヘモグロビン A_{1c}(hemoglobin A_{1c})	1148
ベルノレピン(vernolepin)	938
ヘレナリン(helenalin)	938
ヘロイン(heroin)	861
ベンジルアミン(benzylamine)	904, 1035, 1036, 1108
ベンジルアルコール(benzyl alcohol)	1035
ベンジルメチルエーテル(benzyl methyl ether)	482
ベンズアミド(benzamide)	816, 904
ベンズアルデヒド(benzaldehyde)	711, 886, 1018, 1029
ベンゼン(benzene)	583, 717, 1016, 1036
ベンゼンオキシド(benzene oxide)	583
ベンゼンカルバルデヒド(benzenecarbaldehyde)	886
ベンゼンカルボキサミド(benzenecarboxamide)	816
ベンゼンカルボニトリル(benzenecarbonitrile)	857
ベンゼンカルボン酸(benzenecarboxylic acid)	814
ベンゼンカルボン酸ナトリウム(sodium benzenecarboxylate)	815
1,2-ベンゼンジカルボン酸(1,2-benzenedicarboxylic acid)	814
1,4-ベンゼンジカルボン酸(1,4-benzenedicarboxylic acid)	1414
ベンゼンスルホン酸(benzenesulfonic acid)	1018, 1026
ベンゾ[a]ピレン(benzo[a]pyrene)	585
4,5-ベンゾ[a]ピレンオキシド(4,5-benzo[a]pyreneoxide)	585
7,8-ベンゾ[a]ピレンオキシド(7,8-benzo[a]pyreneoxide)	585
ベンゾイン(benzoin)	1013
ベンゾジアゼピン4-オキシド(benzodiazepine 4-oxide)	915
ベンゾニトリル(benzonitrile)	857, 1018, 1036
ベンゾフェノン(benzophenone)	888
1,3-ペンタジエン(1,3-pentadiene)	223, 403
1,4-ペンタジエン(1,4-pentadiene)	223, 403, 411, 604
2-ペンタノール(2-pentanol)	900
3-ペンタノール(3-pentanol)	122
2-ペンタノン(2-pentanone)	689, 700, 893, 900, 991
3-ペンタノン(3-pentanone)	893, 970
ペンタン(pentane)	105, 130, 172, 906
1-ペンタンアミン(1-pentanamine)	1105
ペンタン-3-オール(pentan-3-ol)	122
ペンタン酸(pentanoic acid)	813
1,5-ペンタンジアミンカダバリン(1,5-pentanediamine cadavarine)	126
2,4-ペンタンジオン(2,4-pentanedione)	888, 959
ペンチルアミン(pentylamine)	117, 1105
1-ペンチン(1-pentyne)	364, 906
2-ペンチン(2-pentyne)	343, 353
3-ペンテナール(3-pentenal)	887
(E)-2-ペンテン[(E)-2-pentene]	368, 524
(Z)-2-ペンテン[(Z)-2-pentene]	524
1-ペンテン(1-pentene)	512, 515, 523, 533
2-ペンテン(2-pentene)	278, 512, 515, 523
cis-2-ペンテン(cis-2-pentene)	173, 223, 316, 318
trans-2-ペンテン(trans-2-pentene)	173, 223, 316, 318
4-ペントキシ-1-ブテン(4-pentoxy-1-butene)	224
ペントタールナトリウム(sodium pentothal)	575

ホ

ホウ酸トリメチル(trimethylborate)	618
抱水クロラール(chloral hydrate)	919
補酵素 A(coenzyme A)	869, 999, 1289
補酵素 B_{12}(coenzyme B_{12})	1299
補酵素 Q_{10}(coenzyme Q_{10})	1338
ホスゲン(phosgene)	817
ホスファチジルエタノールアミン(phosphatidylethanolamine)	501, 847
ホスファチジルコリン(phosphatidylcholine)	501, 847
ホスファチジルセリン(phosphatidylserine)	847
ホスファチジン酸(phosphatidic acid)	1340
ホスホエノールピルビン酸(phosphoenolpyruvic acid)	568, 1326
2-ホスホグリセリン酸(2-phosphoglycerate)	1326
3-ホスホグリセリン酸(3-phosphoglycerate)	1326
ホスホニウムイリド(phosphonium ylide)	928
3-ホスホヒスチジン(3-phosho-His)	1337
ホモゲンチジン酸(homogentisate)	1332
ホモセリン(homoserine)	1277
9-ボラビシクロ[3.3.1]ノナン(9-borabicyclo[3.3.1]nonane; 9-BBN)	291
ボラン(borane)	288
ポリ(p-フェニレンビニレン)[poly(p-phenylene vinylene)]	405
ポリアクリロニトリル(polyacrylonitrile)	1395
ポリアセチレン(polyacetylene)	404, 1408
ポリウレタン(polyurethane)	1418
ポリエチレン(polyethylene)	1395
ポリ(エチレンテレフタレート)[poly(ethylene terephthalate)]	1394, 1415, 1422
ポリ(塩化ビニル)[poly(vinyl chloride)]	1395, 1397
ポリ(酢酸ビニル)[poly(vinyl acetate)]	1395, 1425
ポリスチレン(polystyrene)	1394, 1395
ポリチオフェン(polythiophene)	405
ポリテトラフルオロエチレン(polytetrafluoroethylene)	1395
ポリ(ビニルアルコール)[poly(vinyl alcohol)]	1425
ポリピロール(polypyrrole)	405
(Z)-ポリ(1,3-ブタジエン)[(Z)-poly(1,3-butadiene)]	1409
ポリプロピレン(polypropylene)	1395
ポリ(メタクリル酸メチル)[poly(methyl methacrylate)]	1395
Z-ポリ(2-メチル-1,3-ブタジエン)[Z-poly(2-methyl-1,3-butadiene)]	1409
N^5-ホルミル-THF	1302
N^{10}-ホルミル-THF	1302
5-ホルミルシトシン(5-formylcysteine)	1371
4-ホルミルヘキサン酸エチル(ethyl 4-formylhexanoate)	887
ホルムアルデヒド(formaldehyde)	885, 886, 893, 1419
N^5-ホルムイミノ-THF	1302
ボンビコール(bombykol)	630

マ

マスタードガス(mastard gas)	595

マラチオン(malathion) 870
マルトース(maltose) 1161
マレイン酸(maleate) 324
マロニル-CoA(malonyl-CoA) 999
マロン酸(malonic acid) 863,991
マロン酸エステル(malonic ester) 992
マロン酸ジエチル(diethyl malonate) 992
D-マンノース(D-mannose) 1137,1140

ミ

水(water) 44
ミフェプリストン(mifepristone) 344
ミリスチン酸(myristic acid) 821

ム

無水酢酸(acetic anhydride) 860,864
無水マレイン酸(maleic anhydride) 446,1232,1445
ムスカルア(muscalure) 221,614

メ

メスカリン(mescaline) 1017
メタクリル酸 para-ニトロフェニル
 (para-nitrophenyl methacrylate) 1427
メタクリル酸メチル(methyl methacrylate) 1398,1404
メタナール(methanal) 886
メタノール(methanol) 121,463
メタン(methane) 104
メタン酸(methanoic acid) 813
メタン酸ナトリウム(sodium methanoate) 815
メタンチオール(methanethiol) 926
メタンフェタミン(methamphetamine) 208,1017
メチオニン(methionine) 1184
メチシリン(methicillin) 852
N^5-メチル-THF 1302
N-メチル-γ-ブチロラクタム
 (N-methyl-γ-butyrolactam) 904
2-メチルアザシクロヘキサン
 (2-methylazacyclohexane) 1105
N-メチルアセタミド(N-methylacetamide) 712
N-メチルアセトアミド
 (N-methylacetamide) 904
メチルアミン(methylamine) 65,124,1108
メチルアルコール(methyl alcohol) 64,106
N-メチルエタンアミド
 (N-methylethanamide) 960
4-(1-メチルエチル)ヘプタン
 〔4-(1-methylethyl)heptane〕 112
3-メチル-2-オキサシクロヘキサノン
 (3-methyl-2-oxacyclohexanone) 815
4-メチルオクタン(4-methyloctane) 110
メチルオレンジ(methyl orange) 719
メチルジアゾニウムイオン
 (methyldiazonium ion) 1067
3-メチルシクロヘキサノール
 (3-methylcyclohexanol) 123
trans-4-メチルシクロヘキサノール
 (trans-4-methylcyclohexanol) 469
2-メチルシクロヘキサノン
 (2-methylcyclohexanone) 968
メチルシクロヘキサン(methylcyclohexane) 149,303,643,681
6-メチル-2-シクロヘキセノール(6-methyl-2-cyclohexenol) 346
1-メチルシクロヘキセン
 (1-methylcyclohexene) 278,303
3-メチルシクロヘキセン
 (3-methylcyclohexene) 652
1-メチル-1,3-シクロペンタジエン
 (1-methyl-1,3-cyclopentadiene) 1450
2-メチル-1,3-シクロペンタジエン
 (2-methyl-1,3-cyclopentadiene) 1450
5-メチル-1,3-シクロペンタジエン
 (5-methyl-1,3-cyclopentadiene) 1450
メチルシクロペンタン
 (methylcyclopentane) 116
5-メチルシトシン(5-methylcytosine) 1371
1-メチル-2,4-ジニトロベンゼン(1-methyl-2,4-dinitrobenzene) 1058
p-メチルニトロベンゼン
 (p-methylnitrobenzene) 1058
4-メチルヒスタミン(4-methylhistamine) 1123
メチルビニルエーテル(methyl vinyl ether) 1403
メチルビニルケトン(methyl vinyl ketone) 716
2-メチルピペリジン(2-methylpiperidine) 1105
N-メチルピロリジニウムイオン
 (N-methylpyrrolidinium ion) 1106
N-メチルピロリジン(N-methylpyrrolidine) 904
メチルフェニルケトン(methyl phenyl ketone) 888
2-メチル-2-フェニルブタン(2-methyl-2-phenylbutane) 1031
3-メチル-1-フェニル-1-ブテン
 (3-methyl-1-phenyl-1-butene) 513
3-メチル-1-フェニル-2-ブテン
 (3-methyl-1-phenyl-2-butene) 513
p-メチルフェノール(p-methylphenol) 1058
2-メチル-1,3-ブタジエン(2-methyl-1,3-butadiene) 421,1345
3-メチルブタナール(3-methylbutanal) 886
(R)-2-メチル-1-ブタノール〔(R)-2-methyl-1-butanol〕 189
(S)-2-メチル-1-ブタノール
 〔(S)-2-methyl-1-butanol〕 189,206
2-メチル-2-ブタノール(2-methyl-2-butanol) 552
3-メチル-1-ブタノール(3-methyl-1-butanol) 292
3-メチル-2-ブタノール(3-methyl-2-butanol) 555
2-メチルブタン(2-methylbutane) 130
(+)-2-メチルブタン酸〔(+)-2-methylbutanoic acid〕 206
3-メチル-1-ブタンチオール(3-methyl-1-butanethiol) 593
2-メチル-1-ブテン(2-methyl-1-butene) 303,512,514,518,649
2-メチル-2-ブテン(2-methyl-2-butene) 278,294,303,512,514,518
3-メチル-1-ブテン(3-methyl-1-butene) 285,286,292,293,303,310,579,647
3-メチル-1-ブテン(3-methyl-1-butene) 1402
2-メチル-2-プロパノール(2-methyl-2-propanol) 477
メチルプロピルアミン(methylpropylamine) 124,906
メチルプロピルエーテル(methyl propyl ether) 533
1-メチル-2-プロピルシクロペンタン
 (1-methyl-2-propylcyclopentane) 116
5-(2-メチルプロピル)デカン
 〔5-(2-methylpropyl)decan〕 112
3-メチル-4-プロピルヘプタン(3-methyl-4-propylheptane) 116
2-メチルプロペン(2-methylpropene) 272,277,278,293,509,517,538
2-メチル-1,4-ヘキサジエン(2-methyl-1,4-hexadiene) 345
2-メチルヘキサ-1,4-ジエン
 (2-methylhexa-1,4-diene) 345
2-メチル-1,5-ヘキサジエン(2-methyl-1,5-hexadiene) 418
5-メチル-1,3-ヘキサジエン(5-methyl-1,3-hexadiene) 513
5-メチル-1,4-ヘキサジエン(5-methyl-1,4-hexadiene) 513
3-メチル-1-ヘキサノール(3-methyl-1-hexanol) 122
4-メチル-3-ヘキサノン(4-methyl-3-hexanone) 969,970
(R)-3-メチルヘキサン
 〔(R)-3-methylhexane〕 324
(S)-3-メチルヘキサン
 〔(S)-3-methylhexane〕 324
2-メチルヘキサン(2-methylhexane)

3-メチルヘキサン（3-methylhexane） 105,116
3-メチルヘキサン（3-methylhexane） 105
3-メチルヘキサン-1-オール
　（3-methylhexan-1-ol） 122
5-メチルヘキサンニトリル
　（5-methylhexanenitrile） 857
4-メチル-2-ヘキシン（4-methyl-2-hexyne） 343
6-メチル-1,4-ヘプタジイン（6-methyl-1,4-heptadiyne） 345
6-メチルヘプタ-1,4-ジイン
　（6-methylhepta-1,4-diyne） 345
2-メチル-4-ヘプタノール（2-methyl-4-heptanol） 123
4-メチル-3-ヘプタノン（4-methyl-3-heptanone） 995
6-メチル-2-ヘプタノン（6-methyl-2-heptanone） 888
3-メチル-3-ヘプテン（3-methyl-3-heptene） 224
4-メチル-1,3-ペンタジエン（4-methyl-1,3-pentadiene） 224,426
4-メチル-2,3-ペンタジオール（4-methyl-2,3-pentanediol） 122
3-メチル-3-ペンタノール（3-methyl-3-pentanol） 893
2-メチルペンタン（2-methylpentane） 105,111
3-メチルペンタン（3-methylpentane） 105
4-メチルペンタン-2,3-ジオール
　（4-methylpentane-2,3-diol） 122
2-メチル-1-ペンテン（2-methyl-1-pentene） 523,711
2-メチル-2-ペンテン（2-methyl-2-pentene） 523
4-メチル-1-ペンテン（4-methyl-1-pentene） 287
4-メチル-2-ペンテン（4-methyl-2-pentene） 224
4-メチル-3-ペンテン-1-オール（4-methyl-3-penten-1-ol） 346
N^5,N^{10}-メチレン-THF 1302,1303
メチレンシクロヘキサン
　（methylenecyclohexane） 226,929
N^5,N^{10}-メテニル-THF 1302
メトキシクロール（methoxychlor） 463
2-メトキシ-3-シクロヘキセン-カルボアルデヒド（2-methoxy-3-cyclohexene-carbaldehyde） 430
5-メトキシ-3-シクロヘキセン-カルボアルデヒド（5-methoxy-3-cyclohexene-carbaldehyde） 430
メトキシドイオン（methoxide ion） 515
(E)-3-(4-メトキシフェニル)-2-プロペン酸 2-エトキシエチル〔2-ethoxyethyl (E)-3-(4-methoxyphenyl)-2-propenoate; Give-Tan F〕 715
3-メトキシ-2-ブタノール（3-methoxy-2-butanol） 577
2-メトキシブタン（2-methoxybutane） 120
2-メトキシブタン酸（2-methoxybutanoic acid） 813
1-メトキシ-2-プロパノール（1-methoxy-2-propanal） 577
2-メトキシ-1-プロパノール（2-methoxy-1-propanol） 577
2-メトキシプロパン（2-methoxypropane） 283,745
1-メトキシ-2-メチルプロパン（1-methoxy-2-methylpropane） 533
メトトレキセート（methotrexate） 1306
メバロニルピロリン酸（mevalonyl pyrophosphate） 1346
メバロニルリン酸（mevalonyl phosphate） 1346
メバロン酸（mevalonic acid） 1346
メラトニン（melatonin） 816
メラミン（melamine） 1419
2-メルカプトエタノール
　（2-mercaptoethanol） 593
2-メルカプトエタノール
　（2-mercaptoethanol） 1215
メルファラン（melphalan） 595
メントール（menthol） 1344,1349

モ

モラカルコン A（morachalcone A） 980
モルヒネ（morphine） 117,861
モルホリニウムイオン（morpholinium ion） 1106
モルホリン（morpholine） 1270

ユ

ユーデスモール（eudesmol） 1358

ヨ

ヨウ化 N-メチルピリジニウム
　（N-methylpyridinium iodide） 1116
ヨウ化トリメチルスルホニウム
　（trimethylsulfonium iodide） 594
葉酸（folic acid, folate） 1302
ヨウ化イソプロピル（isopropyl iodide） 119
ヨウ化メチル（methyl iodide） 106
ヨード酢酸（iodoacetic acid） 1215
ヨードシクロヘキサン（iodocyclohexane） 271
p-ヨードトルエン（p-iodotoluene） 1061
2-ヨードブタン（2-iodobutane） 514
1-ヨードプロパン（1-iodopropane） 552
2-ヨードプロパン（2-iodopropane） 119
ヨードベンゼン（iodobenzene） 1024
(R)-1-ヨード-2-メチルブタン〔(R)-1-iodo-2-methylbutane〕 206
2-ヨード-2-メチルブタン（2-iodo-2-methylbutane） 278
2-ヨード-3-メチルブタン（2-iodo-3-methylbutane） 278

ラ

ラウリン酸（lauric acid） 821
酪酸（butyric acid） 813
ラクトース（lactose） 1162
ラクトン（lactone） 1096
ラサジリン（rasagiline） 342
ラニチジン（ranitidine） 1123
ラノステロール（lanosterol） 1353

リ

D-リキソース（D-lyxose） 1140
リコピン（lycopene） 717
リシン（lysine） 1185
リゼルグ酸（lysergic acid） 1095
リチウムジイソプロピルアミド（lithium diisopropylamide） 967
リドカイン（lidocaine） 590,1087
リネゾリド（linezolid） 1169
リノール酸（linoleic acid） 304,820,821
リノール酸ナトリウム（sodium linoleate） 845
リノレン酸（linolenic acid） 820,821
リバビリン（ribavirin） 1381
D-リブロース（D-ribulose） 1142
リポ酸（lipoate） 1283
D-リボース（D-ribose） 1137,1140
リモネン（limonene） 220,1349
(−)-リモネン〔(−)-limonene〕 208
(+)-リモネン〔(+)-limonene〕 208
硫酸（sulfuric acid） 1026
リンゴ酸（malate） 323,568,1277
(S)-リンゴ酸〔(S)-malate〕 323,1335
リン酸（phosphoric acid） 867,1315
リン酸ジエステル（phosphodiester） 1316
リン酸トリエステル（phosphotriester） 1316
リン酸無水物（phosphoanhydride） 867
リン酸モノエステル（phosphomonoester） 1316

ル

ルシフェリン（luciferin） 1453
ルフェヌロン（lufenuron） 1168

レ

レシチン (lecithin)	847
cis-レチナール (*cis*-retinal)	175
trans-レチナール (*trans*-retinal)	175
レボノルゲストレル (levonorgestrel)	344

ロ

ロイシン (leucine)	1184
ロドプシン (rhodopsin)	175
ロバスタチン (Lovastatin)	158
ロラゼパム (lorazepam)	916
ロラタジン (loratadine)	1123

ワ

ワルファリン (warfarin)	1309

●監訳者略歴　大 船 泰 史
　　　　　　　（おお ふね やす ふみ）
　　　　　　　1948年　北海道に生まれる
　　　　　　　1976年　北海道大学大学院理学研究科博士課程修了
　　　　　　　現　在　大阪市立大学名誉教授
　　　　　　　専　門　有機合成化学
　　　　　　　理学博士

　　　　　　　香 月　 勗
　　　　　　　（かつき つとむ）
　　　　　　　1946年　佐賀県に生まれる
　　　　　　　1971年　九州大学大学院理学研究科修士課程修了
　　　　　　　2014年　逝去
　　　　　　　理学博士　九州大学名誉教授

　　　　　　　西 郷 和 彦
　　　　　　　（さい ごう かず ひこ）
　　　　　　　1946年　愛知県に生まれる
　　　　　　　1969年　東京工業大学理工学部化学科卒業
　　　　　　　現　在　東京大学名誉教授・高知工科大学名誉教授
　　　　　　　専　門　有機合成化学
　　　　　　　理学博士

　　　　　　　富 岡　 清
　　　　　　　（とみ おか きよし）
　　　　　　　1948年　東京都に生まれる
　　　　　　　1976年　東京大学大学院薬学系研究科博士課程修了
　　　　　　　現　在　京都大学名誉教授・関西大学客員教授
　　　　　　　専　門　有機合成化学
　　　　　　　薬学博士

2004年12月25日　第4版第1刷　発行
2009年 3月20日　第5版第1刷　発行
2015年 2月20日　第7版第1刷　発行
2025年 2月10日　　　第11刷　発行

ブルース有機化学（第7版）〔下〕

訳者代表　富 岡　 清
発 行 者　曽 根 良 介
発 行 所　（株）化学同人

〒600-8074　京都市下京区仏光寺通柳馬場西入ル
編 集 部　Tel 075-352-3711　Fax 075-352-0371
企画販売部　Tel 075-352-3373　Fax 075-351-8301
　　　　　　振替　01010-7-5702
e-mail webmaster@kagakudojin.co.jp
URL https://www.kagakudojin.co.jp

印刷・製本　（株）太洋社

検印廃止

JCOPY〈出版者著作権管理機構委託出版物〉
本書の無断複写は著作権法上での例外を除き禁じられています。複写される場合は、そのつど事前に、出版者著作権管理機構（電話 03-5244-5088、FAX 03-5244-5089、e-mail: info@jcopy.or.jp）の許諾を得てください。

本書のコピー，スキャン，デジタル化などの無断複製は著作権法上での例外を除き禁じられています．本書を代行業者などの第三者に依頼してスキャンやデジタル化することは，たとえ個人や家庭内の利用でも著作権法違反です．

Printed in Japan　Ⓒ K. Tomioka et al. 2015　無断転載・複製を禁ず　ISBN978-4-7598-1585-6
乱丁・落丁本は送料小社負担にてお取りかえします．

元素の周期表

	1A[a] 1	2A 2	3B 3	4B 4	5B 5	6B 6	7B 7	8B 8	8B 9	8B 10	1B 11	2B 12	3A 13	4A 14	5A 15	6A 16	7A 17	8A 18
1	1 **H** 1.00794																	2 **He** 4.002602
2	3 **Li** 6.941	4 **Be** 9.012182											5 **B** 10.811	6 **C** 12.0107	7 **N** 14.0067	8 **O** 15.9994	9 **F** 18.998403	10 **Ne** 20.1797
3	11 **Na** 22.989770	12 **Mg** 24.3050											13 **Al** 26.981538	14 **Si** 28.0855	15 **P** 30.973761	16 **S** 32.065	17 **Cl** 35.453	18 **Ar** 39.948
4	19 **K** 39.0983	20 **Ca** 40.078	21 **Sc** 44.955910	22 **Ti** 47.867	23 **V** 50.9415	24 **Cr** 51.9961	25 **Mn** 54.938049	26 **Fe** 55.845	27 **Co** 58.933200	28 **Ni** 58.6934	29 **Cu** 63.546	30 **Zn** 65.39	31 **Ga** 69.723	32 **Ge** 72.63	33 **As** 74.92160	34 **Se** 78.96	35 **Br** 79.904	36 **Kr** 83.80
5	37 **Rb** 85.4678	38 **Sr** 87.62	39 **Y** 88.90585	40 **Zr** 91.224	41 **Nb** 92.90638	42 **Mo** 95.94	43 **Tc** [98]	44 **Ru** 101.07	45 **Rh** 102.90550	46 **Pd** 106.42	47 **Ag** 107.8682	48 **Cd** 112.411	49 **In** 114.818	50 **Sn** 118.710	51 **Sb** 121.760	52 **Te** 127.60	53 **I** 126.90447	54 **Xe** 131.293
6	55 **Cs** 132.90545	56 **Ba** 137.327	71 **Lu** 174.967	72 **Hf** 178.49	73 **Ta** 180.9479	74 **W** 183.84	75 **Re** 186.207	76 **Os** 190.23	77 **Ir** 192.217	78 **Pt** 195.078	79 **Au** 196.96655	80 **Hg** 200.59	81 **Tl** 204.3833	82 **Pb** 207.2	83 **Bi** 208.98038	84 **Po** [208.98]	85 **At** [209.99]	86 **Rn** [222.02]
7	87 **Fr** [223.02]	88 **Ra** [226.03]	103 **Lr** [262.11]	104 **Rf** [261.11]	105 **Db** [262.11]	106 **Sg** [266.12]	107 **Bh** [264.12]	108 **Hs** [269.13]	109 **Mt** [268.14]	110 **Ds** [271.15]	111 **Rg** [272.15]	112 **Cn** [285]	113 **Nh** [278]	114 **Fl** [289]	115 **Mc** [259]	116 **Lv** [293]	117 **Ts** [293]	118 **Og** [294]

典型元素 / 遷移元素（遷移金属）/ 典型元素

*ランタノイド系

57 *La 138.9055	58 Ce 140.116	59 Pr 140.90765	60 Nd 144.24	61 Pm [145]	62 Sm 150.36	63 Eu 151.964	64 Gd 157.25	65 Tb 158.92534	66 Dy 162.50	67 Ho 164.93032	68 Er 167.259	69 Tm 168.93421	70 Yb 173.04

†アクチノイド系

89 †Ac [227.03]	90 Th 232.0381	91 Pa 231.03588	92 U 238.02891	93 Np [237.05]	94 Pu [244.06]	95 Am [243.06]	96 Cm [247.07]	97 Bk [247.07]	98 Cf [251.08]	99 Es [252.08]	100 Fm [257.07]	101 Md [258.10]	102 No [259.10]

a) 一番上にある表示（1A, 2A など）はアメリカで一般的に使われているものである。これらの下にある表示（1, 2 など）は国際純正応用化学連合（IUPAC）によって推奨されている。
113, 115, 117 および 118 番目の元素の名称と記号はまだ決定されていない。
角括弧（[ ]）内の原子質量は最も半減期が長い、あるいは放射性原子のなかで最も重要な元素の同位体の質量を示している。
より詳しい情報は http://www.webelements.com/ を参照。

一般的な官能基

官能基	構造	官能基	構造	官能基	構造
アルカン (alkane)	RCH_3	アニリン (aniline)	C₆H₅–NH₂	ベンゼン (benzene)	C₆H₆
アルケン (alkene)	$R_2C=CR_2$ 内部 / $R_2C=CH_2$ 末端	フェノール (phenol)	C₆H₅–OH	ピリジン (pyridine)	
アルキン (alkyne)	$RC\equiv CR$ 内部 / $RC\equiv CH$ 末端	カルボン酸 (carboxylic acid)	R–C(=O)–OH	ピロール (pyrrole)	
ニトリル (nitrile)	$RC\equiv N$	塩化アシル (acyl chloride)	R–C(=O)–Cl	フラン (furan)	
エーテル (ether)	R–O–R	酸無水物 (acid anhydride)	R–C(=O)–O–C(=O)–R	チオフェン (thiophene)	
エポキシド (epoxide)	エポキシ環	エステル (ester)	R–C(=O)–OR	アシルリン酸 (acyl phosphate)	R–C(=O)–O–P(=O)(O⁻)–O⁻
チオール (thiol)	RCH_2–SH	チオエステル (thioester)	R–C(=O)–SR	アシルアデニル酸 (acyl adenylate) (Ad = アデノシル)	R–C(=O)–O–P(=O)(O⁻)–O–Ad
スルフィド (sulfide)	R–S–R	アミド (amide)	R–C(=O)–NH₂, –NHR, –NR₂		
ジスルフィド (disulfide)	R–S–S–R	アルデヒド (aldehyde)	R–C(=O)–H		
スルホニウム塩 (sulfonium salt)	R_3S^+ X^-	ケトン (ketone)	R–C(=O)–R		
第四級アンモニウム塩 (quaternary ammonium salt)	R_4N^+ X^-				

	第一級	第二級	第三級
ハロゲン化アルキル (alkyl halide)	$R-CH_2-X$ (X=F, Cl, Br, または I)	R_2CH-X	R_3C-X
アルコール (alcohol)	$R-CH_2-OH$	R_2CH-OH	R_3C-OH
アミン (amine)	$R-NH_2$	R_2NH	R_3N